# 現代汽車電子學(修訂版)

高義軍　編著

全華圖書股份有限公司　印行

謹以此書獻給所有在汽車工程領域

默默耕耘的教育人員

# 彭序

從事電子技術教學已快三十年，發現這些年來汽車機械與電系結構方面有極大的進步，在機械結構的部份固然進步不少，但電子高科技融入汽車領域後，汽車系統性能的突飛猛進，則更是整個時代的趨勢。

電子科技進步神速，各行各業無不以此來提升其產品的品質與效能。汽車業也同樣面臨這種高科技機械與電子整合的壓力與挑戰。電子科技應用在汽車領域中的主要目的，在於改善傳統汽車的缺失，提高汽車的效率、安全性、舒適性，以及最重要的環保問題。愈是先進的國家，在減低汽車排放廢汽對環境所造成污染的要求愈爲嚴格，如何利用高科技如微處理機(或微電腦)及電子電路與電子元件如積體電路、感知器等，結合機械結構達成上述的要求，幾乎是各汽車廠家追求的目標。

個人以多年從事汽車電子教學的經驗，有感遺憾於汽車學科的教學仍偏重在機械工程的領域，對電子工程的課程則只有極少的點綴。而現代車輛系統滿佈著各種電子部件，技術人員以傳統的知能，面對現代化的汽車，勢必感到難以勝任。

汽車工業是一種機電整合型的工業，在校修習的時間有限，學生對機械工程的知識和技術確要充實，但電子科技又是另一種有別於機械部份的學科。要機械專長的汽車科系學生深入探討電子學的理論與實務，有時間不足的無奈；如果將汽車電子的維修工作交給電子專長的技術人員，則又會有對機械部份摸不著邊的感覺。爲了彌補這個缺憾，除了提升汽車領域師資在電學方面的能力外，還要有良好的教材，兩者都不可或缺。

國內外有關汽車電子學的書籍頗多，但能提供給技職院校汽車領域學生研究參考的書籍不多且零散。近日，欣見高義軍君將十多年來，投身於汽車教學工作，並在汽車電子領域中鑽研的心得，編寫成「現代汽車電子學」一書，對汽車電子的理論做系統的介紹。全書涵蓋汽車領域中各個部份，內容極爲完整。由汽車電子的演進、電子元件、基本電路，談到類比與數位電路、感知器、類比與數位的轉換到微處理機，這些都是汽車電子的重要基礎，每個單元的內容都很豐富。其中理論與實際應用的電路實例，都有詳盡的介紹。本書以汽車科系學生的背景來探討電子技術的深奧道理，由淺入深，艱深的部份亦能深入淺出，可做爲高職汽車科教學的參考，技院、科大學校的教本，企業界技術人員進修的良好書籍。在此爲高君的努力肯定之外，也預期本書對我國汽車電子技術的提升必定有很大的貢獻。

彭信成<br>辛巳年初夏<br>于國立台灣師範大學

# 張序

“現代汽車電子學”與電子學的範疇多有相同。對於汽車技術從業人員而言，面對現今大量應用在車上的自動控制、安全防護與環保污染防治系統中的電子、電腦及人工智慧診斷技術，唯實際深入瞭解電子學，乃當務之急！

本書作者，以其多年教學實務經驗，完成此著作，實爲相當寶貴之資源。全書共分12章，由淺入深，有系統的整理出汽車從業人員必備之汽車電子知識：

第一章爲汽車電子系統應用範圍與發展。

第二章從電子的發現切入，詳述電流、電壓、電阻、電容的觀念與特性。車上所有被控元件均爲線圈。

第三章以電磁原理細說電磁元件的控制與作用，並以波形檢測、應用實例來對照，爲相當用心的一份教材。

第四章爲基本波形。任何波形的基本三要素是：ON-OFF 迴路、線圈迴路及升降壓迴路。在汽車電學的實測中，常忽略時間因素，波形的分析著重於電壓(電流)與時間變化的關係，而延伸出Hz(頻率)、duty%(百分比)、ms(仟分秒)等單位。本章說明波形的形成與條件，並輔以示波器實例。

第五章解說半導體之原理與特性，瞭解電子元件的特性後，才能正確的運用及量測，文中的公式與曲線，是讀者必須充份理解的重點。要準確應用檢測儀器來量測電路，就須具備正確的電路概念並理解定律。

第六章是汽車從業人員必讀且必須融會貫通的重要資料。汽車電路中所使用的電源有四種：由電瓶來的、由發電機輸出的、經由開關或控制繼電器來的，以及由電腦輸出供給的電源。

第七章描繪出電源的整流、濾波、穩壓及A/D，D/A之轉換原理。

第八章介紹放大電路；即以小電流（壓）控制大電流（壓）的電路，諸如繼電器與電晶體之等效電路。由於控制技術的精準化，非一般機械式繼電器所能達到，因此須借助晶體、電阻、電容，三個基礎元件來完成任務。本章亦深入淺出解說偏壓電流與控制放大率間的關係。

第九章爲運算放大器。電路的控制是在有效條件下所執行的動作，因此，運算判斷與放大控制的條件都須在已知的範圍內，運算電路便是由此而生。本章介紹諸多積體元件(IC)，並藉應用電路，讓讀者容易理解放大電路與運算電路的作用原理。感知器輸出的信號不外乎電壓、頻率、電流的變化，作用原理是如此簡單，但應用範圍卻是相當廣泛。

第十章全以實車實例解說，有助於讀者充份應用在車輛實務檢測技術中。由0-1，Hi-Lo 之變化條件做爲人工智慧的控制，即爲數位原理。其後，並組合成邏輯判斷與記憶比較之控制修。

第十一章著重於數位判斷之基礎原理，也是車輛電子控制程式化原理的基礎。控制的三要素：輸入(信號)—處理(運算)—控制(線圈)。

第十二章將實際的車輛，以模組化的方式解說分析輸入訊號、處理器和程式化記憶體，並導入人工智慧的自我診斷。有系統的綜合歸納，爲讀者建立一個完整的觀念。

綜論本書，實爲不可多得的好教材，已足涵汽車從業人員在汽車電子方面應有的知識。唯讀者需實際應用在實車的經驗，以取得理論與實務的結合。願作者與讀者，均從教學相長中獲益。

粗淺之見爲書提筆作序。希冀讀者藉由序言，掌握學習重點並建立概念，實爲本意！

笛威科技 總經理
張珉豪　謹識

# 自序

十五年前，對於一位修習車輛工程的人來說，若是懂得電子學中的分壓器電路、電晶體放大作用；或是能以三用電錶讀取線路的端電壓、電阻值，便可以稱得上是汽車電子學界的"專家"了！

然而，十五年來，由於材料科學、微電子學、自動控制等理論發展的不斷突破，引領汽車電子學走入另一新的紀元。今天，這一部會動的"機器" 裡面，已採用了許多的微處理器、類比或數位元件，以及車身網路系統做控制，而未來更將與網際網路發生關係！

所以，現代的汽車電子學專家，在理論方面可能需要懂一點霍爾效應、邏輯電路或是PWM、ADC，以至於MUX、CAN_BUS….的概念；在實務方面則還要會使用示波器、頻譜分析儀等儀器。汽車電子學的領域幾已涵蓋了：電子學、電路學、電磁學、數位電子學和微電腦、通訊網路等學科！

這是我寫『現代汽車電子學』的初始負擔。多年以來，一直想爲汽車科系的同學寫一本簡單、易懂的汽車電子學 textbook，它沒有 reference book 般的複雜深奧，卻是可以作爲接觸汽車電子學的入門書籍。全書以歷史性的、啓示性的軟性基調切入，將理論電子學與現今的汽車電子元件結合。期盼讀者能夠獲得具啓發與宏觀視野的電子學概念。

事實上，在進入網際網路時代的今天，取得知識或技術的方法已變得多元，書本的角色與地位亦不若昔往。本書定位在textbook，即以能提供基礎學習爲旨。本書參考教育部新訂之大專汽車電子學及職校工科電子學標準編著，可提供作爲：

⑴ 科大、技院車輛工程科系學生的汽車電子學科目選讀或參考用書；

⑵ 高工汽車科（實施學年學分制）汽車電子學校訂選修科目用書；

⑶ 實際從事車輛維修之技術人員訓練或自修教材。

『現代汽車電子學』得以完成，要感謝許多人的支持與鼓勵，感謝張勇富學長、李詩鍠老師、張舜長教授在電子學理論、新技術文獻上的協助；感謝葉富祿先生提供實務經驗與數據；感謝師大彭信成教授、笛威張珉豪總經理爲本書作序；最後感謝16個月來辛勤付出的家人。願榮耀歸神，祝福給讀者！

高義軍

於台灣花蓮

yjiun.kao @msa.hinet.net

# 編輯部序

「系統編輯」是我們的編輯方針，我們所提供給您的，絕不只是一本書，而是關於這門學問的所有知識，它們由淺入深，循序漸進。

本書是一本簡單、易懂的汽車電子學，以歷史演變、啓示性切入。將理論電子學與現今的汽車元件結合，讓讀者獲得啓發、宏觀視野的電子學概念；並蒐集歐、美、日等車廠最新發展實務資料，結合汽車電子學理論，作有系統說明。本書適合大專院校車輛工程、高工汽車科系及從事車輛維修之技術人員訓練或自修使用。

同時，爲了使您能有系統且循序漸進研習相關方面的叢書，我們以流程圖方式，列出各有關圖書的閱讀順序，以減少您研習此門學問的摸索時間，並能對這門學問有完整的知識。若您在這方面有任何問題，歡迎來函連繫，我們將竭誠爲您服務。

## 相關叢書介紹

書號：0606001
書名：現代低污染省油汽車的排放管制與控制技術(第二版)
編著：黃靖雄、賴瑞海
16K/496 頁/520 元

書號：0618002
書名：車輛感測器原理與檢測(第三版)
編著：蕭順清
16K/224 頁/300 元

書號：0555302
書名：汽車煞車系統 ABS 理論與實際(第三版)
編著：趙志勇、楊成宗
20K/408 頁/380 元

書號：0556904
書名：現代汽油噴射引擎(第五版)
編著：黃靖雄、賴瑞海
16K/368 頁/450 元

書號：0155601
書名：汽車感測器原理(修訂版)
編著：李書橋、林志堅
20K/288 頁/250 元

書號：0507401
書名：混合動力車的理論與實際(修訂版)
編著：林振江、施保重
20K/288 頁/350 元

◎上列書價若有變動，請以最新定價為準。

## 流程圖

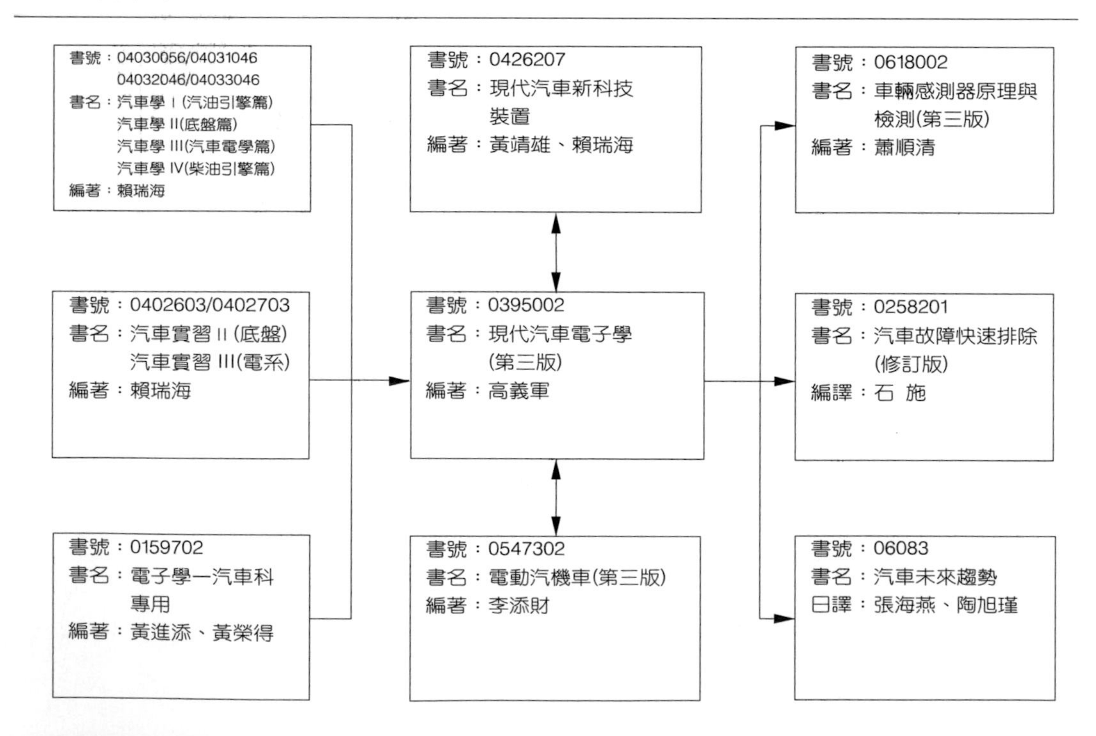

# 目錄

## 第 3 章　電磁原理

## 第 4 章 基本波形



## 第 5 章 半導體原理

## 第 6 章　電子學重要定律和基本電路

## 第 7 章　電源電路

## 第 10 章 汽車用感知器

## 第 11 章　數位原理



## 第 12 章　汽車電子控制模組

## 附　錄　各章習題參考解答

# 1 現代汽車電子的應用及發展

## 1-1 概 述

電是看不見的，然而今天我們卻能夠如此豐富地享受電所帶來的便利。這實在是因爲二百多年來許多在科學和工程學界的先驅努力於「電子學」的領域研究的結果。

「電」是電子在導體內流動的結果。所謂「電子學」是指研究帶電粒子(如電子或電洞)在導體、氣體、眞空或半導體中流動的科學或技術。早期的電子學實驗是在玻璃眞空管內所作的電流試驗，距今約 100 年。而在 1947 年 12 月 23 日，美國貝爾實驗室發明了電晶體，電子學研究便進入「固態電子」的時代，其後，半導體理論的突破及電子材料科學的創新、電子零件製造技術的不斷改良，使電子學研究漸次擴展到：影音訊號的處理、發射與接收、雷達偵測、航太衛星工業、自動化控制、微處理器、通信及電腦等領域。

電子學發展的結果，直接影響人類的生活，從歷史面來看，其發展方向不外乎三方面：**1.零件、器材的開發與製造**。**2.自動控制領域**。**3.資訊網路領域**。**汽車工業即屬於自動控制領域**。今天汽車工業的發展普遍以電子控制機構取代行諸已久的機械動作元件。對汽車百年來的發展史而言，可以說是極重要的轉變。電子控制所具備的特性，如：精確、靈敏、快速、量輕…等，再加上資訊網路(CAN)的觀念開始運用於車上，都在在說明另一次的汽車工業革命已在無聲無息中展開了。

現今車輛上採用了許多的電子控制系統，諸如引擎電子控制系統(EECS)、恆溫控制系統(CCS)、轉向與懸吊控制系統(SSS)及防鎖死煞車系統(ABS)等等。這些系統的共同特色就是由電子模組來控制它們的運作。每個系統包含著不同的電子零件，藉由這些元件，將各種訊號傳送到它們所屬的中央處理器(單元)。處理器負責編譯這些訊號並依所需調整出維持最佳運作的輸出訊號。

# 1-2 引擎動力系統

## 1-2-1 引擎電子控制系統

引擎電子控制系統簡稱EECS，它是整個引擎工作系統中的心臟。包含了：1.電子控制模組(ECM)，2.感知器，3.輸出裝置以及4.線路。

ECM 就是一個微電腦，它不斷地搜集、計算並處理來自引擎各處不同感知器的輸入訊號，同時決定出最佳運轉的輸出結果。這些感知器遍佈在引擎室和引擎四周，較常見的像是：冷卻水溫感知器(WT)、岐管絕對壓力感知器(MAP)、進氣溫度感知器(AT)、車速感知器(VSS)及爆震感知器、含氧感知器等。

ECM 將處理過的訊號送到一些輸出裝置以便控制：空氣燃料混合比、點火正時及引擎怠速。常見的輸出裝置有：噴油嘴、點火模組、廢汽再循環(EGR)及怠速空氣旁通閥(IAC)等。

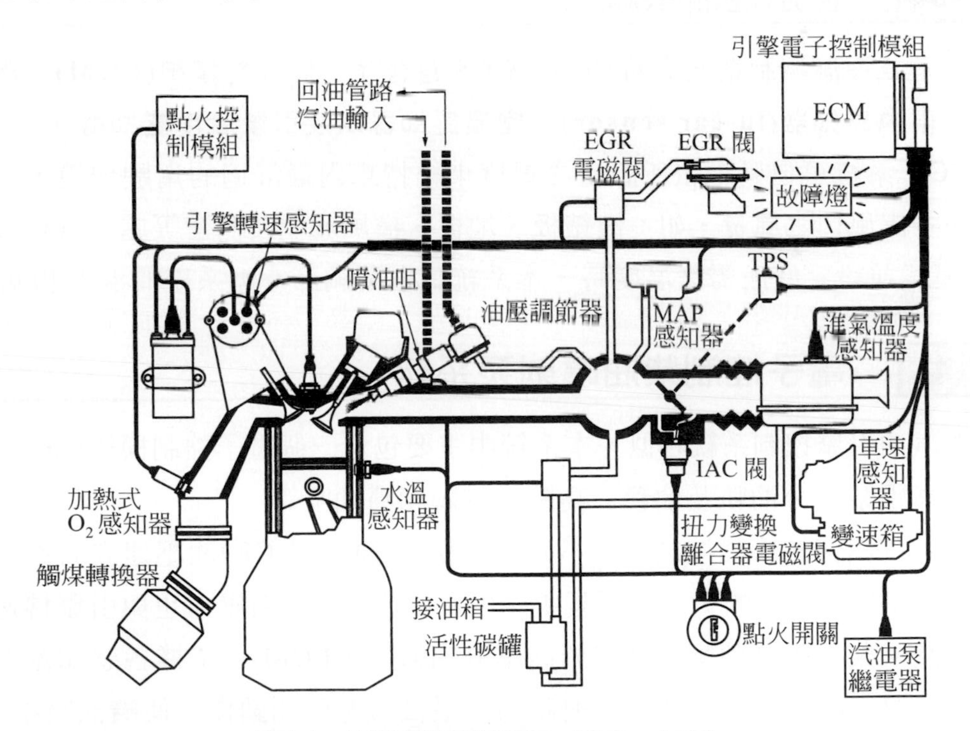


圖 1-1 引擎電子控制系統 (取自：ASE)

所有引擎電子控制系統中的零件都只爲了一個目的努力，那就是：以最低的排放廢汽來完成最佳的引擎性能表現。

## 1-2-2 電子式車速控制系統

電子式車速控制系統簡稱 ESCS。ESCS 可以讓車子依駕駛者所需來設定在某一個固定速率下行駛。**整套系統包括有：1.電子控制模組(ECM)，2.車速感知器，3.伺服器總成及 4.電子與真空零件**。在某些車上，ESCS 會和上一節所介紹的EECS系統結合成一套控制系統，而另外也有許多車子會將ESCS獨立出來，有自己的控制電腦。

當你啓動了本系統後，ECM 便開始監控車速感知器所送來之頻率訊號。當車速訊號的頻率有所變化時，ECM 便作用伺服器總成，使車速維持在固定的速率之下。

## 1-2-3 恆溫控制系統

電子式恆溫控制系統簡稱 CCS。**CCS 包含了一個控制模組(ECM)、陽光感知器、車內感知器(in-car sensor)、室溫感知器以及引擎溫度感知器**。

CCS 系統可自動地依所設定之溫度來維持車內最舒適的駕駛環境，並且自動調節各出風口之風量，如：儀錶板、地板、擋風玻璃及側窗等處。當你設定在 Auto 模式並設定好所需之溫度時，本系統將自動調節空調系統的溫度和風量。

## 1-2-4 電子控制柴油噴射泵系統

與汽油引擎控制系統相似，本系統中主要包含一個電子控制模組(ECM)、感知器、高壓泵、分油軌及油管、高壓電磁閥和噴油咀等。

此系統與傳統柴油控制方式不同，共軌式(簡稱作 CR)油壓建立的過程與燃料的噴射是獨立分開的，經高壓泵所產生並做控制的噴射壓力也與引擎轉速、噴油量無關。柴油先經蓄壓並儲存於高壓分油軌中，ECM 再依據各感知器之輸入訊號，計算出噴油開始時間和噴射壓力，最後令電磁閥動作，使噴油咀噴油。

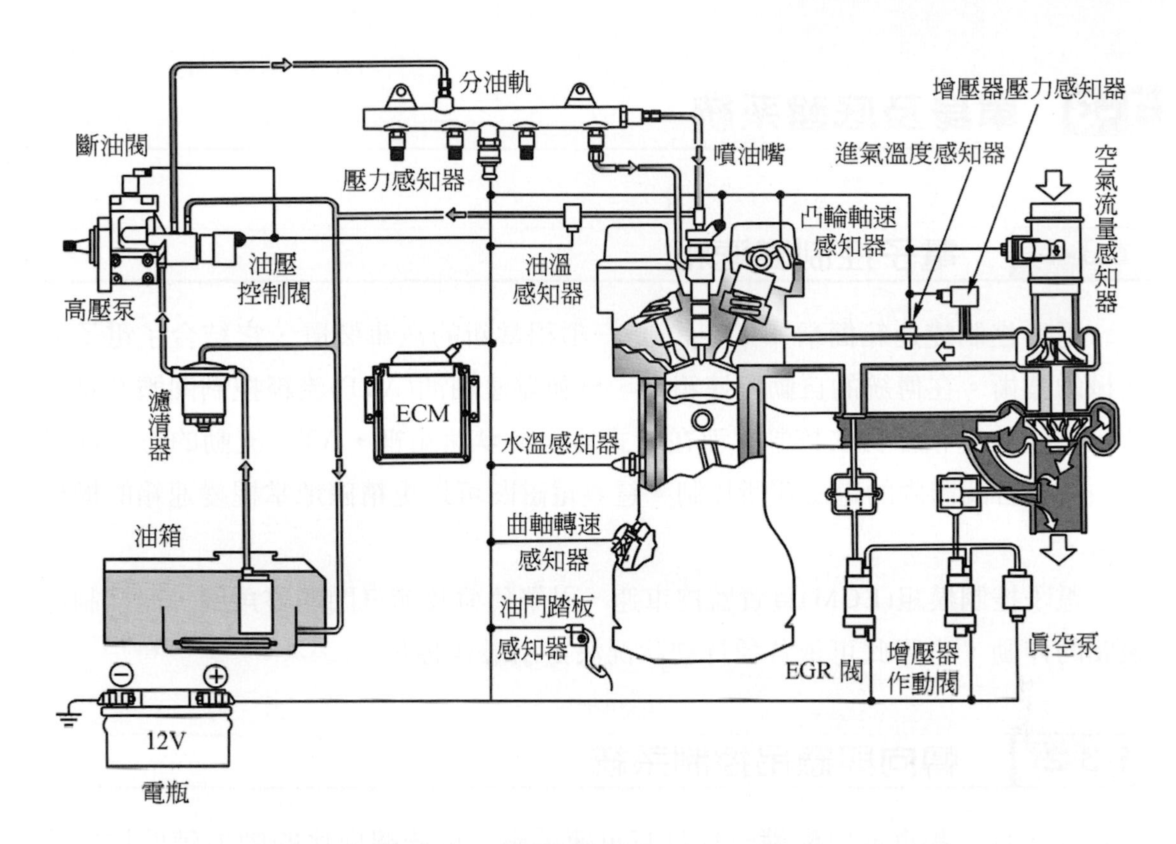


圖 1-2　共軌式電子控制柴油噴射泵系統（取自：BOSCH)

常見的感知器有：曲軸位置感知器(CKP)、凸輪軸感知器(CMP)、空氣流量計、油門踏板位置感知器等。車輛行駛期間，ECM 隨時接受開迴路與閉迴路之控制，使維持最佳整體性能表現。

# 1-3 車身及底盤系統

## 1-3-1 電子控制變速箱

電子控制變速箱簡稱 ECT，這是一項相當新的汽車裝置，它結合了電子與機械的技術。在傳統的自動變速箱中，自動變速箱油(ATF)流經控制閥體乃是靠機械式的柱塞和彈簧來控制。而在新式的自動變速箱裡，ATF 流動的方向卻是藉由位在各閥體內的電磁閥所控制。這些電磁閥可以更精確地掌握變速箱的換檔時機。

電子控制模組(ECM)負責監控車速、引擎負荷及節汽門開啓角度，而控制電磁閥的作動，也因此可依各種行駛狀況決定出最佳檔位。

## 1-3-2 轉向與懸吊控制系統

當今有一些車款已配備一種具有車速感應、可變轉向比的動力輔助轉向系統。**在這種系統中包含：1.控制模組(ECM)，2.方向盤速率感知器，3.車速感知器和 4.作動器閥。**

ECM 監測位於方向柱上的方向盤感知器和裝在變速箱上的車速感知器，以決定車速、方向盤轉動率及轉角。ECM 依據感知器所傳來的訊號，經過計算處理後再輸出訊號到位於轉向齒輪(或轉向泵)上的作動器閥，以便調整流到動力轉向齒輪的液壓油油量。

在車輛高速行駛時，只需少量的液壓輔助；然而在車速較低或停車時，便需要較多的液壓油輔助了。

在新式的懸吊系統上所採用的型式稱作「主動式懸吊系統」。**本系統中包括：1.控制模組，2.車高感知器及 3.可調型避震筒。**利用這些元件可以控制車輛懸吊的軟硬及車身高度。當車身狀況發生變化時，感知器將訊號傳送到 ECM，ECM 便使空氣彈簧電磁閥作用，並且依車輛載重情形來調整車子高度。

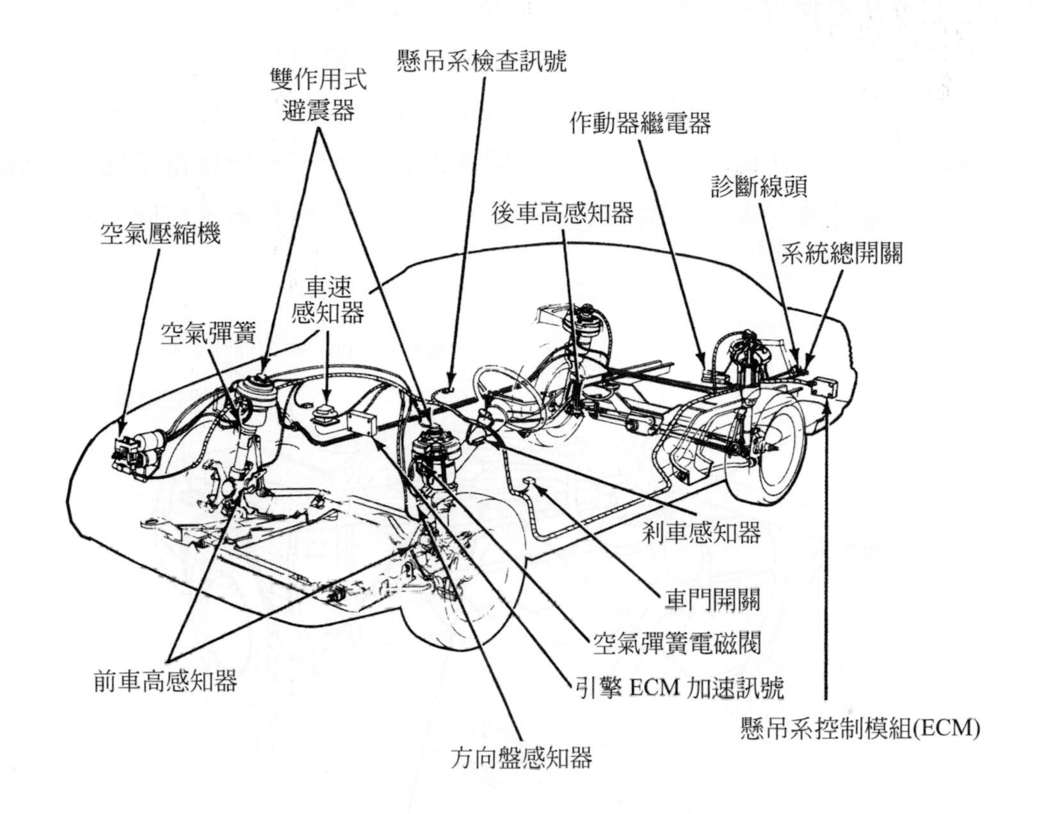


圖 1-3　可變轉向系統與主動式懸吊系統 (取自：ASE)

## 1-3-3　輔助空氣安全氣囊系統

輔助空氣安全氣囊系統簡稱 SAS，它是除了現今幾已成爲標準配備的被動式安全系統–ABS之外，另一汽車上基本的被動式安全機構。SAS系統中採用了一個診斷型監控器以及許多的撞擊和安全感知器。主要分成兩個部份：

1. 氣囊系統：包括駕駛與乘客座的摺疊氣囊(或含側邊氣囊)及充氣元件。
2. 電路系統：包括各個感知器和一個診斷監控器。

診斷監控器不斷地檢查系統中各項訊號；包括撞擊感知器和線路接頭、指示燈、氣囊電源和氣囊本身。

撞擊感知器和安全感知器横置於車子前方。這兩個感知器的作用在比對正常撞擊與嚴重撞擊之間的不同。當車輛受到一相對車速約 40km/h 狀況下的撞擊力時，這兩個感知器便會令電路完成接地迴路，使氣囊引爆。

除非經過兩個安全感知器中的一個確認過，安全器囊是不會引爆的。平時，安全感知器開關的接點是斷開不通的，只有當車子出現足夠加速力時，才會導通而使氣囊作用。只要任何一個安全感知器開關閉合接通，它便使電路完成一個迴路。氣囊要引爆必須至少有一個撞擊感知器及一個安全感知器，在同一時間閉合導通才會作用。

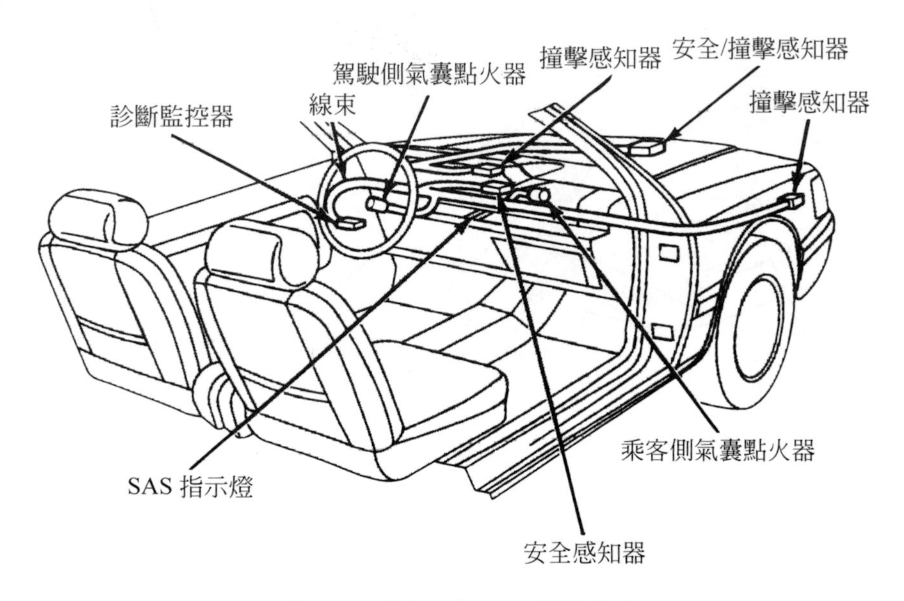


圖 1-4　輔助空氣安全氣囊系統

## 1-3-4　電子式儀錶

大部分現代化車輛上所採用的電子控制系統，在執行工作時，並沒有明顯可見的結果。然而，從車子的儀錶板上，我們卻可以清楚地看到電子系統所顯現的效果。

電子儀錶包含了一個以電腦爲基礎的模組，它可以處理感知器的訊號並且控制顯示幕。顯示幕則包括了車速／里程錶、機油及冷卻水溫、燃料存量、電瓶狀況等的資料。甚至在某些車上還包含了一個行車資料庫(message center)。

## 1-3-5 防鎖死煞車系統／循跡控制系統

拜數位電子學的進步之賜，因而能夠處理車輛煞車複雜的過程以及對極短的時間做出反應。1978 年，德 BOSCH 公司便利用此電子技術推出了第一代的防鎖死煞車系統–ABS2S。自此以後，ABS 系統不斷演進，並結合循跡控制系統(TCS)，且藉著界面與引擎電腦互傳資訊。

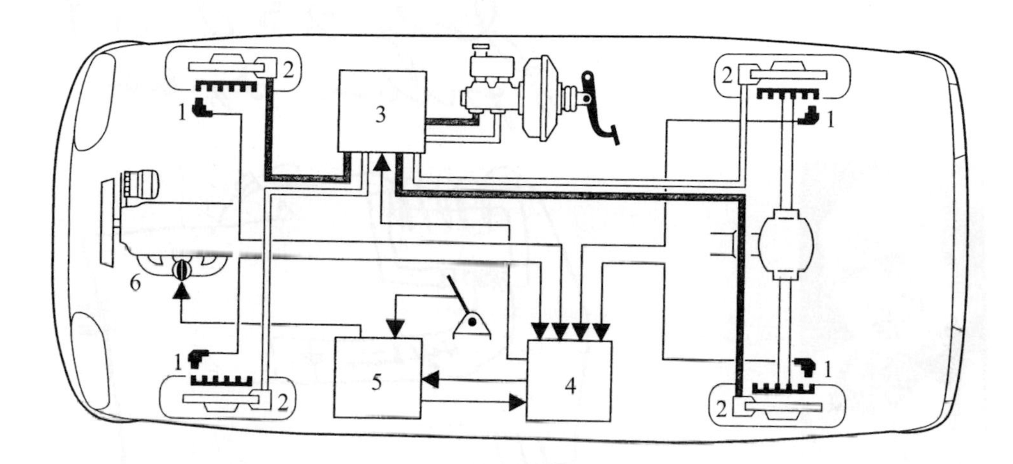


1. 輪速感知器　2. 剎車分泵　3. 單元 ABS/TCS 液壓控制
4. ABS/TCS 電子控制模組　5. 引擎電腦　6. 節汽門

圖 1-5　ABS/TCS 系統圖 (取自：BOSCH 技術手冊)

防鎖死煞車系統(ABS)，在緊急煞車時，會藉由自動調節的煞車油壓，來防止車輪鎖死，以避免車子打滑、方向盤失控。TCS 系統則是在防止驅動輪因加速過度而高速空轉。

**一套標準的 ABS/TCS 系統應包括：1.電子控制模組(ECM)，2.液壓控制單元(HCU)，3.輪速感知器和 4.線路。**ECM 隨時監控整個系統的運作，它可以說是 ABS/TCS 系統的大腦中樞。TCS 是 ABS 的一種延伸，它們共用相同的感知器，並輸入到 ECM。在 ECM 內，ABS 與 TCS 兩組輸入訊號是以兩個平行微控制器來處理，然後轉換成同一輸出訊號到 HCU 的電磁閥組去，以控制煞車油壓及迴路。

## 1-4 汽車電子化的未來

雖然早在19世紀，內燃機引擎便已在陸地上行駛了，但卻是在1908年美國發明家C.F.Kettering(Delco公司創立人，車用發電機發明人)獲得了電瓶點火系統的美國專利之後，汽車史才算是眞正走進電子化的時代。

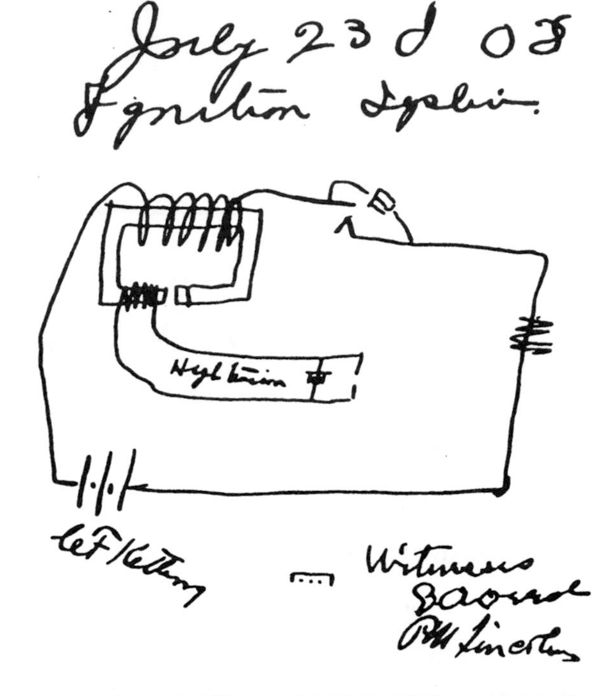


圖 1-6　凱特林(C.F.Kettering,1876-1958)和他獲得美國專利的電瓶點火系統手稿

一百多年來隨著汽車電子化的程度與日俱增，“電子”對汽車的影響已不僅只是在動力系統，安全裝置和舒適配備等方面。進入電腦化的汽車世界：車身網路、自動導航、電腦化的燃油控制、智慧型自我診斷…都漸將讓我們看見一台趨於完美的陸地之「舟」。

未來汽車的電子化，將有許多新的系統被開發，物如其名，像是：自動公路控制系統(AHCS)、自動行進控制(ASC)、電腦化能源分配與自動化控制(CEDAC)、雷射光系統(LOS)、雷達煞車系統(RBS)以及行駛路線導引系統(RGS)…。

## 自動公路控制系統

自動公路控制系統(Automatic Highway Control System，簡稱 AHCS)可以依據車速和路況，自動保持車輛間的安全距離。針對交通擁塞狀況，此系統可減少人爲因素的駕駛失誤。藉由保持所有車輛間的「近理想距離」(near-ideal spacing)，可同時協助交通控制系統的運作，大大增加車流量。

AHCS 將大幅降低因駕駛人疲倦引起判斷錯誤所導致的後方衝撞。

## 自動行進控制

事實上，美國的一些汽車製造廠，如GM，已經開始以這種稱作「自動行進控制」(Automatic Steering Control，簡稱 ASC)的實驗車在其廠房內行駛。然而，目前仍多採線控導引(wire-guidance)型式。不論何種型式，其原理大多相同。ASC 是屬於一個自動單向傳輸電腦系統，能夠與自動車輛間一直保持連續性的行進軌跡的接觸。電腦系統持續地提供行進導引、號誌資訊並且傳送聲音和數位邏輯資料給車子。除此之外，還能提供其他功能如車速、煞車及轉向。當然，這些控制功能也是經由聲音或自動化程式傳到車上。

## 電腦化能源分配與自動化控制

電腦化能源分配與自動化控制(Computerized Energy Distribution and Automatic Control，簡稱 CEDAC)將車上所有的副系統(Subsystems)聯結形成一個「電子流體學控制系統」(electrofluidics control system)，其中含有一中央電腦和單條能源分配與控制線束，如圖 1-7。

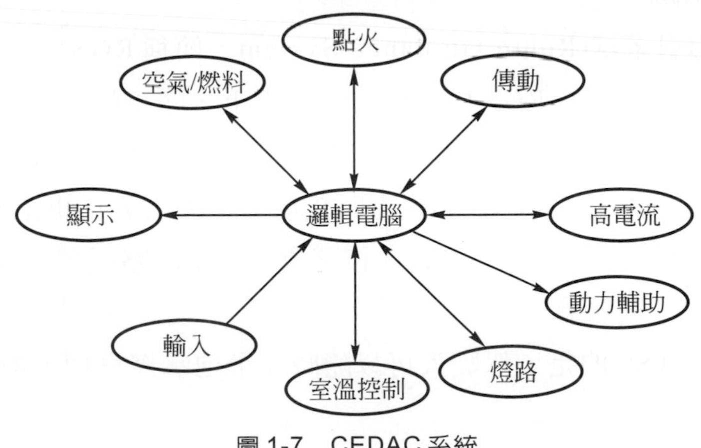


圖 1-7　CEDAC 系統

藉由掃描，CEDAC的控制電腦能夠監控到許多車上的功能，從ABS到警告燈的故障，甚至於恆溫控制系統中的溫度、濕度狀況。車上邏輯電腦的一些副系統將記憶並控制所有的狀況，包括：

1. 燈光照明的開與關，亮與暗以及煞車、轉向指示。
2. 恆溫控制：溫度、濕度。
3. 燃料系統：空燃比。
4. 點火系統：正時，低、高電壓控制。
5. 變速箱：換檔或扭力變化範圍。
6. 煞車系統：防鎖死及防衝撞。

因爲CEDAC採用邏輯記憶體(logic memory)，所以將減少開關和儀錶板上控制鍵(桿)的數目與複雜性。許多目前仍在駕駛者操控的項目將會由寫在“明日汽車”內程式化的記憶電腦邏輯來自動操控。

### 雷達煞車系統

當車子以高速駛近一慢速行進中的車輛時，雷達煞車系統(Radar Branking System，簡稱RBS)能提供自動煞車的功能。除此之外，它還能讓一部車子完全自動地煞停在任何障礙物前2到3公尺處。

根據路面和交通狀況，其煞車效果可做半自動式的調整。RBS有兩種模式：市區(city)模式和快速道路(highway)模式。市區模式使煞車於停車前9～12公尺處開始動作，而快速道路模式則使煞車開始動作的長度提早到45公尺。

### 行駛路線導引系統

行駛路線導引系統(Route Guidance System，簡稱RGS)在許多方面很類似於先前所述的ASC系統。RGS由一個安裝於車上，隨車輛行動的接收發射器，以及一個固定於公路上的接收發射裝置所構成。藉由這些設備使車輛與“路面”建立起雙向傳輸的聯結關係。在開車上路以前，駕駛人先以車上的RGS按鍵輸入一代碼，來提供目的地的地址資料。接著會有適當的路徑和行進指示被傳回到車上。

RGS不同於ASC的是，駕駛人可以隨時完全地掌控車輛，RGS只建議行進的路線。

### 雙電壓電路系統

未來車將使用一種重新設計的「雙電壓電路系統」(Dual Voltage Electrical System，簡稱 DVES)，一部車子內將同時包含 14V 和 42V 兩種電壓，如圖 1-8 所示。藉由 14/42V 電壓系統中的 DC/DC 轉換器能將 42V 轉換成 14V 供燈路和其他低功率電器設備使用。

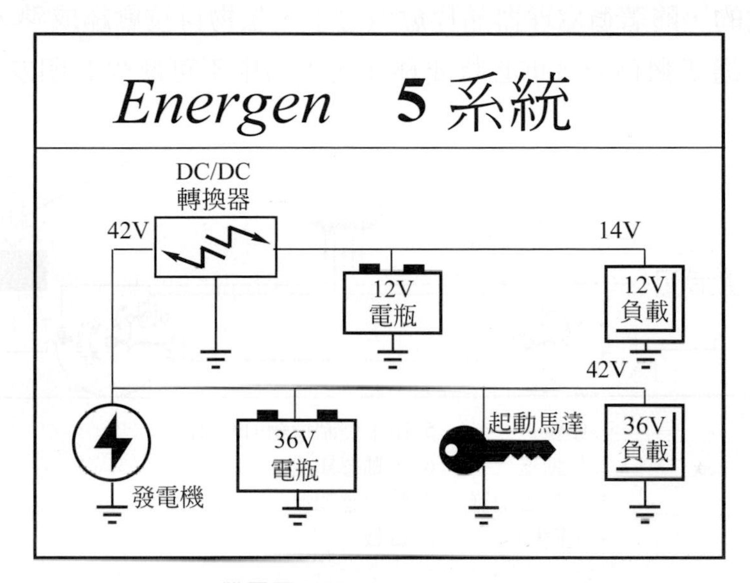


圖 1-8　雙電壓電路系統（取自：motor 雜誌）

由於受到愈來愈嚴格的能源管制，明日汽車需要在有限的經濟效益下獲得更多的電能。預計在 21 世紀初出現在歐洲大陸的 DVES，讓傳統的低電壓裝置如燈路照明、音響，仍由 14V 系統驅動，而 42V 系統則以更高的功率來推動其他需要高效率的電子設備。原來靠引擎動力的皮帶驅動機構，如水泵、動力輔助轉向機，都可改由電動驅動方式，減少引擎的拖曳損耗，並降低引擎室空間需求。

今天一部豪華房車至少需耗能 2800W，但五年內將成倍數值。愈來愈多的電子機構出現，如電子煞車、電子轉向、電子加熱式觸媒和電磁汽門，使汽車需要更大的功率，而這些需求可以藉提高電壓系統來完成。

在相同功率的負載下，高電壓系統能以較低的電流完成任務，因此車上可以採用較細且輕的電線。車上的線束減少一半，可提高燃料的效率 5～10％。高電壓系統還可以執行怠速熄火來節省燃料消耗，因為當紅燈轉綠燈時，車子能夠很快地再發動。

十九世紀的人們無法瞭解二十世紀電子世界是如何發達，同樣地，今天的我們也無法想像電子在未來對汽車所可能產生的影響。儘管如此，許多的夢想確實實現了，像是 GM 車廠開發的智慧燈路系統、BOSCH 的電子油門和雖然早在 1920 年代便已提出，卻是在最近才由 BMW 進行實車測試的電子汽門…。

可以預見的，隨著微處理器晶片愈做愈小，生物科技愈趨成熟，未來結合人工智慧系統、通訊網路的汽車必將成爲你我生活中不可缺少的朋友了！

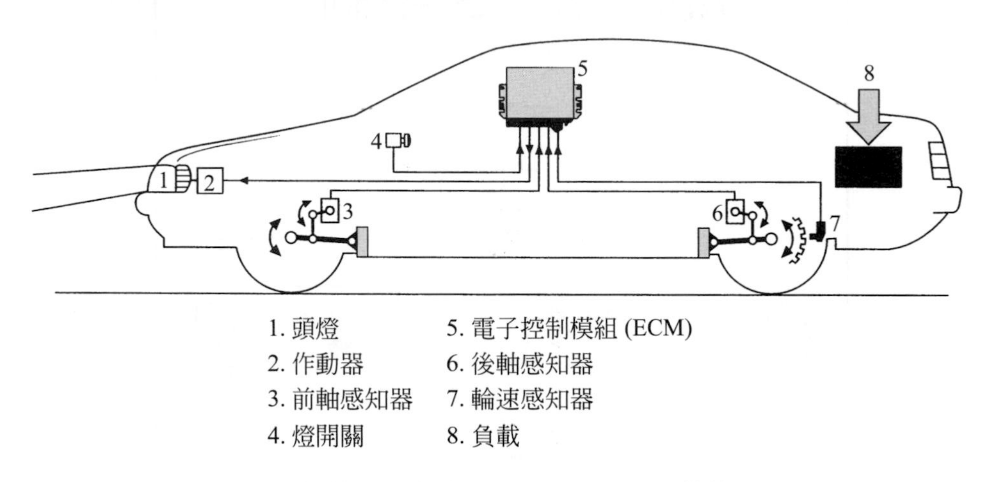


圖 1-9　智慧型燈路系統 (取自：BOSCH 技術手冊)

## 第一章　習題

A. 選擇部份：

1-1 概述

(　) 1. 研究帶電粒子在導體、半導體或氣體中流動的科學稱作：　(A)電學　(B)電子學　(C)電磁學　(D)電動學。

(　) 2. 電子學進入"固態電子"時代約在：　(A)19 世紀中葉　(B)19 世紀末　(C)20 世紀中葉　(D)20 世紀末。

(　) 3. 日本 HONDA 所發展的 V-TEC 機構屬於一種：　(A)油壓機構　(B)電子控制機構　(C)純機械機構　(D)以上皆是。

(　) 4. 電子控制系統具有何特點：　(A)傳輸速率快　(B)輕量化　(C)精確化　(D)以上皆是。

(　) 5. 汽車在電子電腦化後，將具有：　(A)更高的行駛安全性　(B)更低的耗能性　(C)更多的駕駛樂趣　(D)以上皆是。

1-2 引擎動力系統

(　) 6. 引擎電子控制系統可以直接控制：　(A)點火順序　(B)引擎進氣量　(C)汽車車速　(D)汽門正時。

(　) 7. 下列何者為引擎電子控制模組(ECM)的輸出元件？　(A)IAC閥　(B)VSS　(C)CKS　(D)MAP。

(　) 8. 下列何者為引擎 ECM 的輸入元件？　(A)MAF　(B)IAC 閥　(C)噴油嘴　(D)電磁閥。

(　) 9. 引擎採用電腦控制的主要目的是為：　(A)產生更大的馬力　(B)省油　(C)降低有毒廢氣的排放　(D)減少引擎噪音。

(　)10. 以 2000 年 SAAB 9-5 車款為例，車上的電子定速控制電腦：　(A)可與引擎電子控制模組分開安裝　(B)已與引擎電子控制模組製成一體　(C)與 ABS 電腦結合　(D)與變速箱電腦結合。

(　)11. 電子式恆溫控制系統在控制哪裡的溫度？　(A)引擎室　(B)冷卻水溫　(C)冷媒管路　(D)車廂。

(　)12. 在電子控制柴油噴射泵中的ECM會接收哪一訊號？ (A)齒桿位置 (B)渦輪增壓壓力 (C)引擎轉速 (D)電子調速器。

1-3 車身及底盤系統

(　)13. 電子控制變速箱的ECM可以監控： (A)車速 (B)引擎負荷 (C)引擎轉速 (D)以上皆是。

(　)14. 電子控制變速箱ECM主要控制的輸出元件為： (A)節氣門 (B)柱塞 (C)檔位開關 (D)換檔電磁閥。

(　)15. 當車輛高速行駛時，動力輔助轉向的輔助油壓應： (A)增加 (B)減少 (C)不變 (D)不一定。

(　)16. 在電子控制動力輔助轉向系中，ECM 會監控哪些訊號？ (A)引擎RPM (B)節氣門角度 (C)方向盤轉角 (D)動力泵油壓。

(　)17. 在非電子控制式轉向系統中，方向盤旋轉角度越大時，轉向機油壓會： (A)越高 (B)越低 (C)不變 (D)不一定。

(　)18. 新型主動式懸吊系統可依車身變化來改變： (A)減震筒油壓 (B)避震彈簧軟硬 (C)車身高度 (D)以上皆是。

(　)19. 下列何者不屬於“被動式”防護裝置？ (A)腳煞車 (B)ABS (C)SRS (D)防撞側樑。

(　)20. 下列敘述何者為誤？ (A)在車身網路系統中，電子儀錶板模組即是一個電腦 (B)智慧型安全氣囊的引爆程度隨撞擊力而改變 (C)安全感知器負責察知車身的加速力 (D)ABS 系統首由美國 Bendix 公司推出。

(　)21. 循跡控制系統(TCS)可： (A)防止車輪起步時咬死 (B)防止驅動輪空轉 (C)增加汽車的直行穩定性 (D)防止煞車時輪胎打滑。

(　)22. 下列何者非TCS之優點： (A)過彎性佳 (B)雨天抓地力增加 (C)煞車時車身穩定性高 (D)起步時不易打滑。

(　)23. 防鎖死煞車系統(ABS)能夠： (A)縮短緊急煞車的距離 (B)增加煞車時的方向操控性 (C)增強煞車力 (D)讓煞車變得省力。

1-4 汽車電子化的未來

(　)24. 可以讓汽車自己行駛的是： (A)RGS (B)AHCS (C)RBS (D)ASC。

(　)25. 與OBDIII規範發展有密切關係的控制系統是： (A)RGS (B)AHCS (C)RBS (D)ASC。

(　)26. 在雙電壓電路系統中使用了42V高電壓，它可以： (A)使車重降低 (B)採用較細的電線 (C)提供更大的功率輸出 (D)以上皆對。

## B. 簡答及繪圖部份：

1-1 概述

1. 試述近一世紀來，電子學發展對人類所產生的影響。
2. 在課堂上與老師、同學討論，並列舉出電子學發展對汽車工業的影響(五項)。
3. 請寫出現代汽車上有哪些電子控制系統。
4. 試發揮想像力：汽車上有哪些機械動作是可以改以電子操控的。
5. 汽車在電子電腦化後將會有哪些優、缺點？

1-2 引擎動力系統

6. 引擎電子控制系統包括哪些部分？
7. 製作一簡表，列出引擎ECM有哪些的輸出、入元件。
8. 寫出引擎電子控制系統的優點(4項)。
9. 電子定速控制系統包含哪些組件？
10. 試比較電子式恆溫控制系統與傳統空調系統有何不同。
11. 簡述電子控制柴油噴射泵的工作原理。

1-3 車身及底盤系統

12. 新式電子控制變速箱與傳統自動變速箱在控制上有何不同。
13. 寫出新式電子控制變速箱的優點。
14. 現今汽車上使用了哪些“主動式”的控制系統？
15. 輔助空氣安全氣囊(SAS)主要由哪兩部份構成？
16. 寫出循跡控制系統的優點(4項)。

17. 請畫出ABS/TCS系統電路圖，並指出各元件名稱。
18. 說明ABS與TCS系統之間的關係。

1-4 汽車電子化的未來

19. 試從汽車相關網站中，找出未來汽車電子化將有哪些新系統誕生。
20. 何謂自動公路控制系統，試說明之。
21. 從網路上搜尋當今世界各大車廠在"汽車自動行進控制"(ASC)方面的研究文獻。
22. 何謂雙電壓電路系統？有什麼優、缺點？

# 2 電子與電

翻開物理學史或電子學史的扉頁，不難看出電子學上重要理論的創見大多出現在 19 世紀的一百年當中。安培氏、歐姆氏、法拉第氏、楞次氏以至於克希荷夫氏、布林氏和隸摩根氏等人於十九世紀所提出的理論都在在影響了電子學發展的方向。

如果說19世紀是電子學理論的濫傷，那麼20世紀便是科學家們將理論基礎實化的世紀。從眞空管、電晶體到電話、電腦的發明，都證明唯有植基於前輩努力的蘊育之上，才能有花朵綻放的一日。然而，若要追溯起電的發現，則又是18世紀以前的歷史了。

至於汽車電子化的歷史則是從 20 世紀中葉，電晶體發明後的數年才逐漸開始起步。1886年，德國人朋馳(Karl Benz)製造出具有單汽缸的四行程三輪汽車，如圖 2-1 所示。此後半世紀的“汽車”都以機械式的磁電機點火爲主，嚴格說來，汽車上雖然有“電”，但卻稱不上電子化。直到1960年代，汽車上開始有純電子控制的點火系統，這當然要拜電晶體之賜。在汽車的充電系統上亦然，早期的發電機多爲直流發電機，1970 年之後的汽車發電機則都改以性能更佳的交流發電機。

圖 2-1　朋馳所製的單汽缸四行程三輪汽車 (取自：BENZ 公司)

## 2-1 電的歷史

18世紀時，美國政治家與發明家富蘭克林(Benjamin Franklin,1706～1790)以實驗證明雷是一種電氣現象，並且以正、負的概念來說明電的存在。富蘭克林讓我們看見，“電子”存在於宇宙之中，已經是很久的事了！然而，電除了隱於自然之外，它也可以藉人爲方式產生，這一點對修習車輛工程的讀者來說是頗具意義的。

在 1789 年和 1800 年左右，分別有兩位義大利科學家先後以化學作用方法“製造”出電，爲爾後電瓶的發明奠定了重要的基礎。這兩位歷史人物便是義生理學家伽凡尼(Luigi Galvani,1737～1798)和物理學家伏特(Alessandro Graf Volta,1745～1827)。伏特在發明了伏特電池之後，並成功地以電位差概念來傳送電力，爲了紀念他，電壓(voltage)的單位就取名作伏特(Volt)。

圖 2-2　伏特(A.G.Volta,1745～1827)

進入19世紀後，奧斯特(Hans Christian Oersted,1777～1851)、安培(André Marie Ampere,1855～1836)等人相繼證明電磁作用與電流的關係，至此，一項項以電爲研究對象的試驗逐一展開。

早期的電子實驗是在玻璃眞空管內所進行的電流試驗，德國物理學家蓋斯勒(Heinrich Geissler,1814～1879)將密封的玻璃管抽眞空，發現當電流流過時，玻璃管會發光。此乃因電子在低壓氣體內放電所致。蓋斯勒管(Geissler tube)便是一種性質類似氖燈的玻璃管，藉由電流通過所產生的耀眼色光，可做為分光鏡(spectroscopy)的可見光源。

(a) 愛迪生(T.A.Edison, 1847-1931)

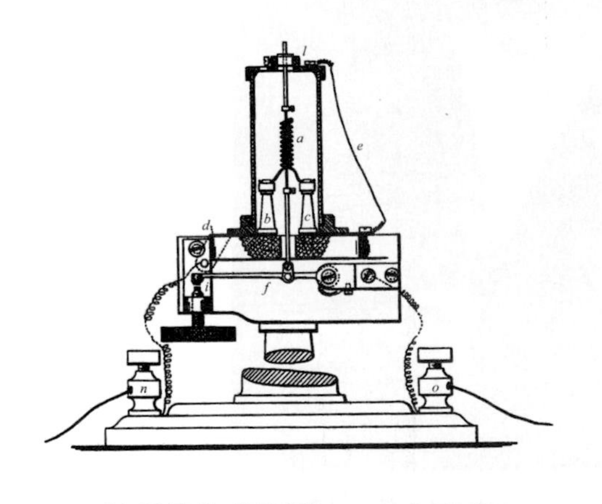

(b) 最早的“電燈”(1879 年專利)

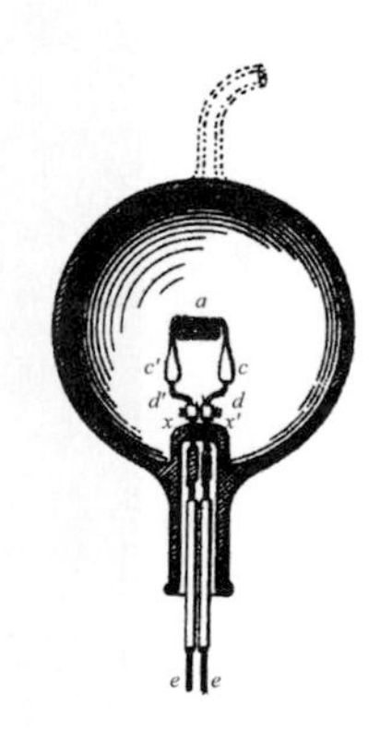

(c) 電燈泡(1880 年專利)

圖 2-3　愛迪生和他的電燈泡（取自：http://edison.rutegers.edu 網站）

1883 年，美國發明家愛迪生(Thomas Alva Edison,1847～1931)在他所發明的碳絲燈管內放進一小片金屬板，在金屬板加上正電荷時，即發現金屬板與燈絲間會產生微小電流，此裝置爲第一個熱離子二極管(thermionic diode)，後人稱作「愛迪生效應」。1899 年，英國物理學家湯姆森(Sir Joseph John Thomas, 1856～1940)爵士在實驗中測出電流流動時的負電荷質點特性，此即後人所稱的「電子」。據此得以解釋愛迪生效應爲熱體放射電子的緣故。湯姆森並在 1906 年榮獲諾貝爾物理學獎。

1904 年，英國科學家弗來明(Sir John Ambrose Fleming,1849～1945)爵士利用愛迪生效應，發明了第一個二極眞空管，可做爲整流、檢波之用，被稱作「熱電子管」(Thermionic valve)，它是後來眞空管的始祖。原來，眞空管的誕生還是源自於電燈泡的副產品呢！

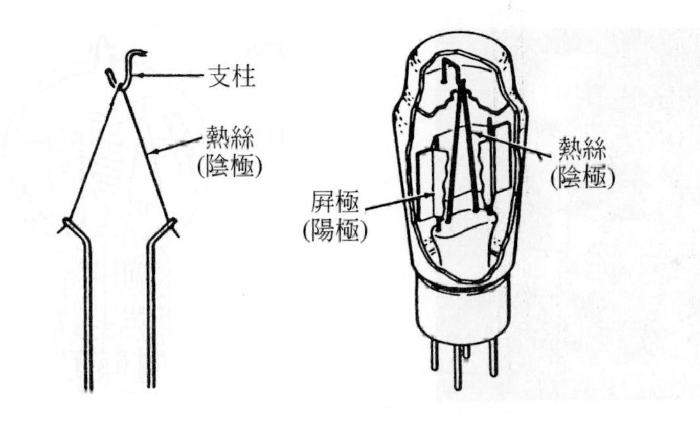


(a) 直接加熱式

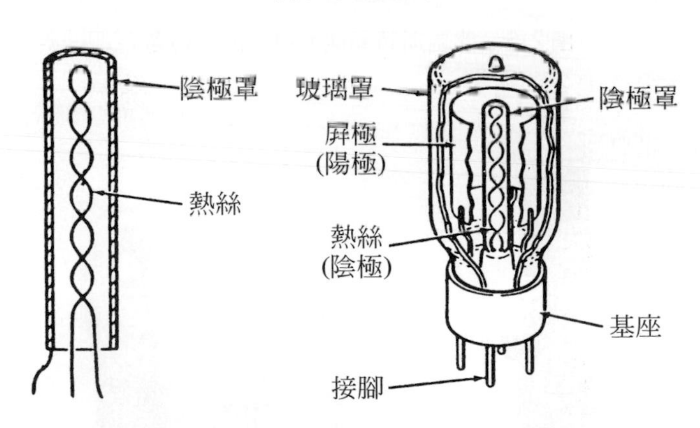


(b) 間接加熱式

圖 2-4　二極真空管

眞空管眞正具有實用價値的時間是在1906年，美國科學家弗瑞斯特(Lee De Forest,1873～1961)在二極眞空管的燈絲和屏極之間加上一金屬柵極，而成爲三極眞空管(triode)。弗瑞斯特的三極管能藉由輸入燈絲一微小電流來改變(控制)柵極上的電壓，產生較大的輸出電流。在20世紀初，這種將微弱電流轉變成較強電流的技術可謂劃時代的新發明，貝爾實驗室(Bell Labs)便利用它來發展長途電話系統。眞空管自此以後很快地被應用在許多方面，如收音機、電視機。1920年代以後，電子工程師們不斷由三極管研究改良，設計了各種放大器、整流器，並爲了特性上的需要而製造出四極管、五極管、雙三極管等。今天，透過上網查詢，都還可以購買到1951年所生產的眞空管呢！

(a) 弗瑞斯特(Lee De Forest,1873-1961)

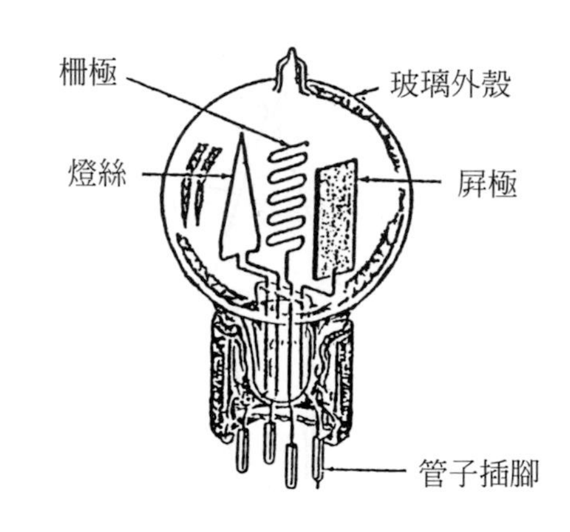



(b) 三極管

圖 2-5　弗瑞斯特和他所發明的三極管

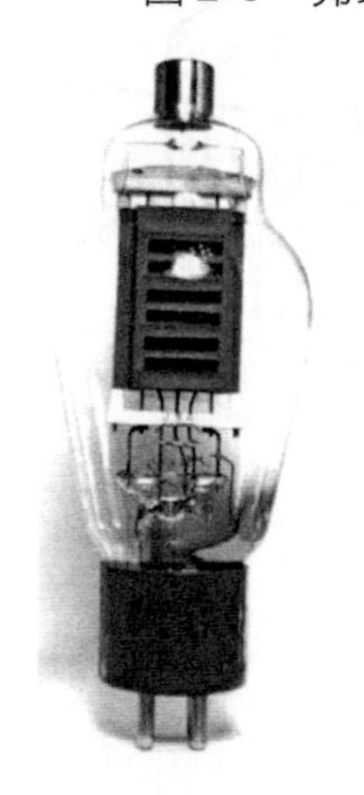

(a) 三極管

圖 2-6　各種真空管

(b) 五極管

(c) 雙三極管

圖 2-6 (續)

1948 年，美國貝爾實驗室內蕭克萊(William Shockley,1910～1989)等三位物理學家發現點觸式的電晶體電流放大作用，此發現為固態(solid-state)電子揭開序幕。當時的電晶體放大器，結構是由兩個很尖的鎢絲壓在一塊半導體片上所製成，而非現在的「雙極接面」構造。1950 年貝爾實驗室又根據蕭氏的改進構想而製作出第一個接面型電晶體，其增益值和抗雜訊的特性都較先前的真空管為優。電晶體的出現確實掀起了一次電子工業革命，到了 1952 年，電晶體幾已取代了真空管。1960 年，貝爾實驗室的另一位科學家阿泰拉(John Atalla)根據蕭克萊原始構想發展出「場效」(field effect)理論，在一半導體兩端加上電場，可改變其導電狀況。今天，有大部分的電晶體都屬於這種場效電晶體(FET)。

圖 2-7 蕭克萊 (William Shockley,1910～1989)

固態電子學在探討電流經由固體材料導通的特性。固態電子時代的到來看似自然，然而在演進的背後，確有無數科學家辛勤耕耘的痕跡，它們包括了不同種族、國籍的物理學、光學、金屬材料學領域專家對電子理論所不斷進行的鑽研。1960 年代初期，因著在固態電子學上累積的經驗，積體電路(IC)問世了！這種將許多電晶體和其他零件集中在一小塊半導體晶片內的新元件，可謂把電子工業歷史再推上另一高峰。

IC 出現後，使得小小的晶片內便可包含許多複雜的電路。1965 年推出了第一個通用型線性運算放大器(OPA)的 IC，這種便宜、功能強大的電子元件提供了電子電路更佳的可靠性。

今天，隨著數位化電路的應用，大型 IC 多用來支援微電腦、通訊器材的製造，使電子產生愈臻完美。回顧電子學的發展史，近兩百年的歷程，不論在實驗、理論或製造各面，都可以看出人類在未知領域所作的努力和進步。

## 2-2 汽車電子化的發展史

在汽車電子化的歷史方面，首先是燃料系統，1957 年，美國本的士(Bendix)公司早於德國波西(Bosch)公司，率先發表由電子方式控制的汽油噴射引擎，並使用在克萊斯勒(Chrysler)汽車上(註)。1960 年，克萊斯勒汽車公司首先將矽二極體應用在交流發電機的全波整流，而發展出今天的汽車發電機。在汽車點火系統上，則是在 1961 年首度出現由傳統機械式白金與電晶體互相結合的「半晶體電子點火系統」。兩年後的 1963 年，通用汽車公司(General Motor，GM)正式發展出毋需白金的全晶體電子點火系統。日本三菱電機，則於 1969 年製造出這種無接點的磁感應式電子點火系統。

註：美國本的士公司在 1961 年將 Electrojector 專利權賣給了德國的波西公司，自此波西公司將此構想加以研究改良，於 1967 年推出 D-Jetronic(壓力計量式)電子控制噴射引擎。此後波西公司幾乎引領汽油噴射系統的演進。

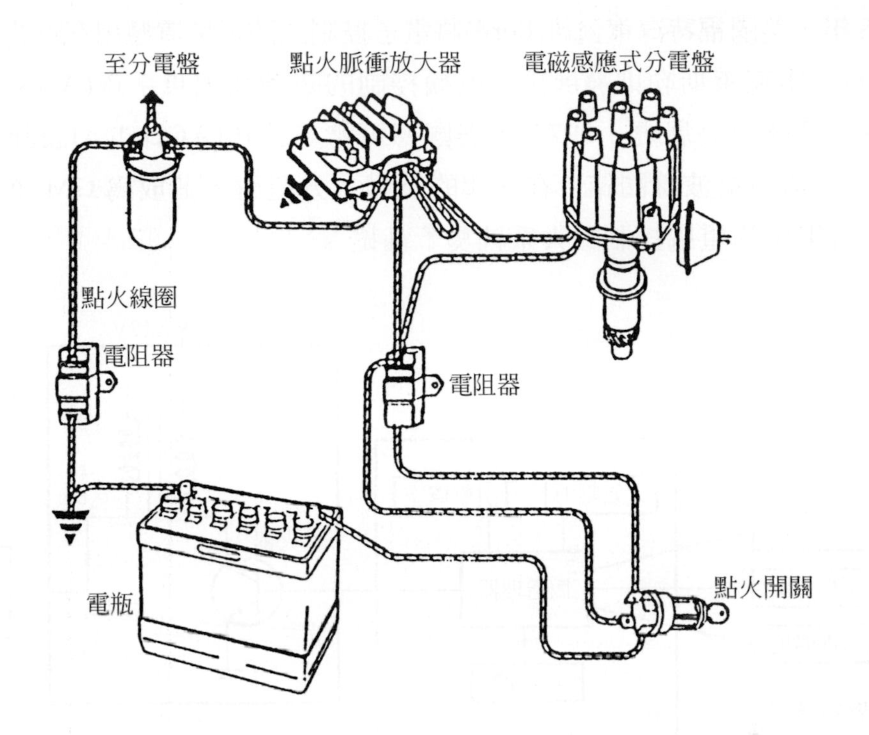


(a) 線路圖

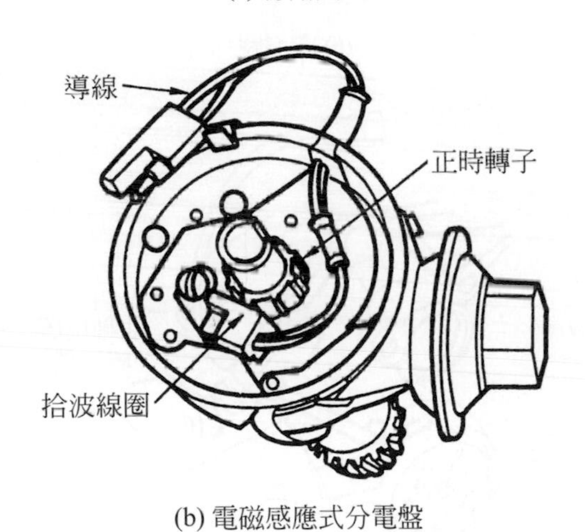


(b) 電磁感應式分電盤

圖 2-8　全晶體電子點火系統 (Pontiac, GM)

隨著積體電路(IC)產品的漸趨成熟，汽車上首見IC元件是在1967年，美國通用汽車將交流發電機加上IC調整器。日本日立公司也於1970年生產內建式IC交流發電機，將IC調整器與交流發電機製成一體。

1968年，美國福特汽車公司(Ford)將電子控制式防滑裝置應用在林肯(Lincoln)車上，1971 年克萊斯勒則發展出具四輪控制的防鎖死煞車系統(ABS)。接著，再回到點火系統的發展史，1974 年美國德可雷美公司(ACDelco)設計製造出一種將 IC 點火器與拾波線圈結合在一起的整體式分電盤，並成為 GM 車系的標準配備，為兩年後的電腦控制點火系統奠下基礎。

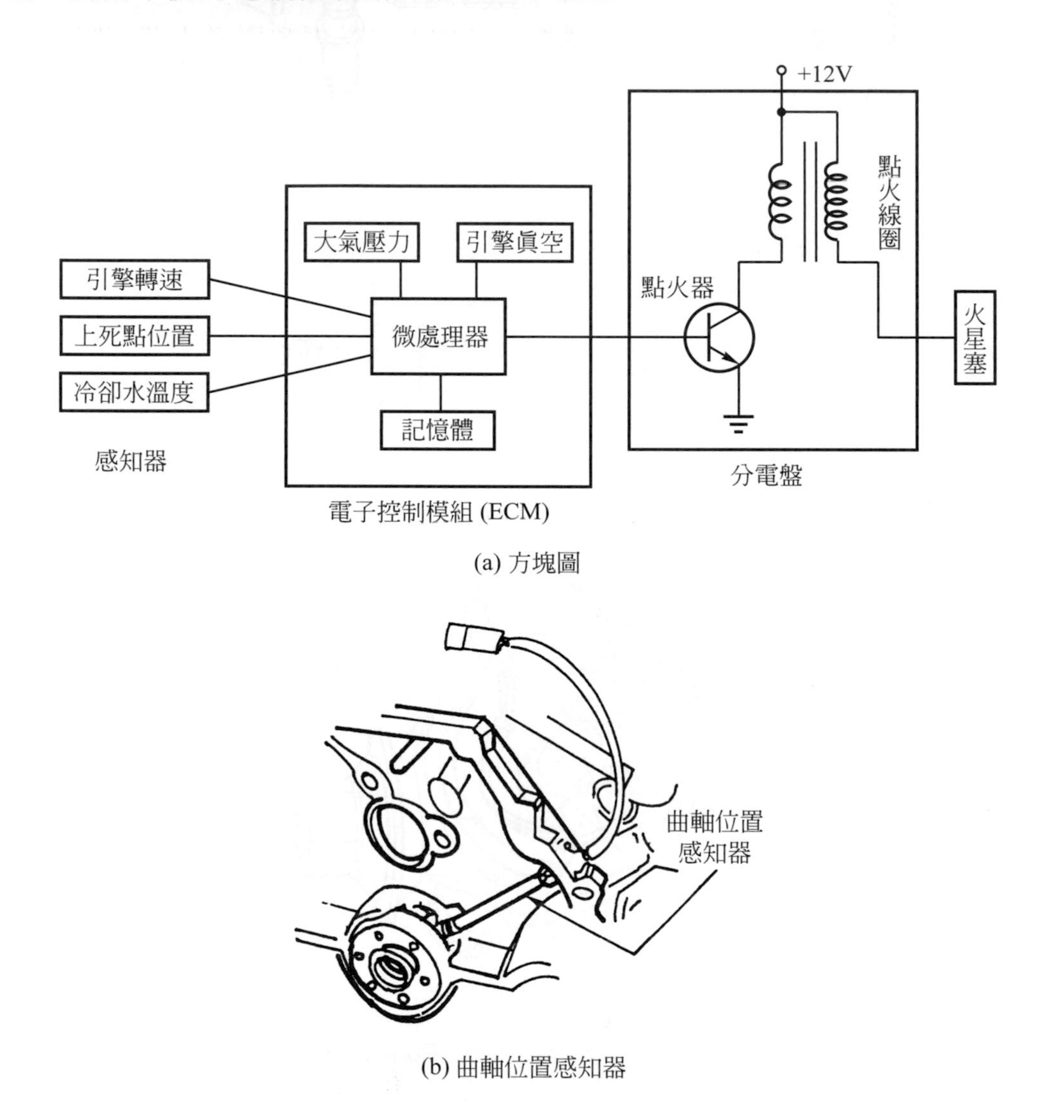


(a) 方塊圖

(b) 曲軸位置感知器

圖 2-9　MISAR 系統 (GM)

1976 年後，汽車電子進入了電腦化時代，這是受到當時石油危機以及先進國家對汽車排放廢汽管制漸驅嚴格的時代背景影響所致。電腦在控制方面的優點已廣被運用於汽車上，包括：點火控制、燃料(廢汽)控制。

1977 年，GM 汽車公司首次在 Oldsmobil 的 Toronado 車上安裝了第一套的電腦控制引擎系統“MISAR”(Microprocessed Sensing and Automatic Regulation Electronic Spark Timing)，稱做「微電腦感知與自動調整電子火花正時」。它以 3 個感知器來感測引擎運轉狀態，並送訊號至微處理器，使電子控制模組(ECM)能送出精準的點火訊號到火星塞。MISAR 大大降低了排汽中的有毒廢汽，且有效提昇引擎性能、油耗等。MISAR 最值得一提的是，它首度使用了曲軸位置感知器來取代分電盤內的拾波線圈感知器，分電盤不負責高壓電的觸發，而只將點火線圈所感應出的高壓電分送各缸。

MISAR 只利用電腦來對點火做控制，然而 1979 年福特汽車公司所推出的 EEC-II(Electronic Engine Control II)，則對引擎做了更多的控制，除了擁有點火控制外，還以電腦控制化油器，使引擎能在不同運轉狀況下得到適當的混合比。EEC-II 已採用了含氧感知器做爲排汽回授感測之用。

1981 年，福特再推出EEC-III系統，其中含有電子化油器與電子汽油噴射兩種，感知器與控制方式大多和EEC-II 相同，而電子汽油噴射系統便是著名的EFI (Electronic Fuel Injection)系統。另外。從 1979 起，美國GM公司、日本本田、豐田和法國雷諾汽車公司亦相繼發展出電腦控制的汽油噴射引擎，然而多離不開德國的 BOSCH 系統。

1983 年，日本豐田汽車(TOYOTA)首次發表電子控制換檔自動變速箱A140E，福特公司則在 1987 年推出一款具四速控制的電子自動變速箱 A4LD，並安裝在 2.3L 渦輪增壓車款 Thunderbird 上，EEC-IV的引擎電子控制模組會控制 3-4 檔電磁閥和變換離合器。

近年來各國對汽車的環保要求愈見嚴格。舉例來說，美聯邦政府便在 1996 年要求進口至美國的車輛必須符合 OBDII 規範(參閱第十章，10-5-1 節)。事實上，早在 1994 年部份車廠的進口美規車種，即已經符合OBDII，如，TOYOTA、SAAB 等。

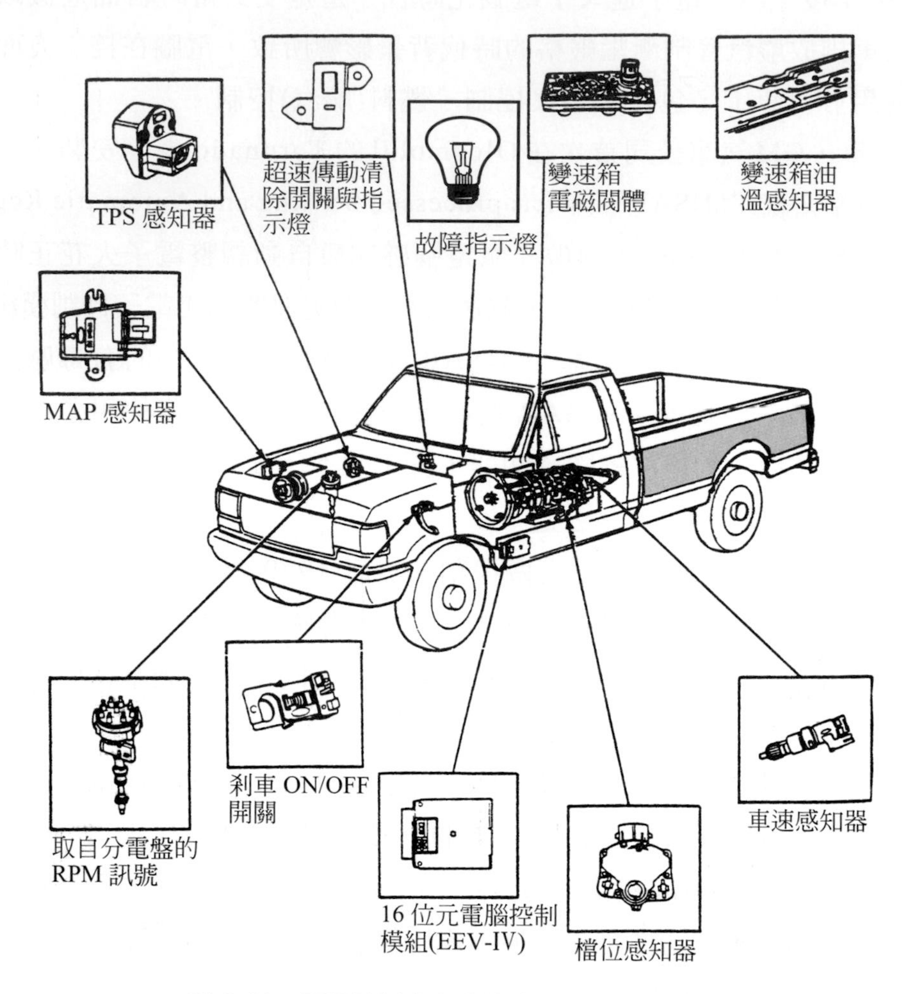


圖 2-10　電子控制式自動變速箱系統 (FORD)

美國加州空氣資源局(CARB)正要求年產 35000 輛以上的汽車廠必須按產量製造一定比例的「零污染汽車」(Zero Emission Vehicles，ZEV)。1998～2000 年的比例爲 2 %，2001～2002 年爲 5 %，而 2003 年以後則是 10 %。要製造零污染汽車的唯一辦法便是生產電動車(Electric Vehicle，EV)。目前在美、歐及日本各大車廠都正戮力研發 EV 車及複合動力車輛(hybrid)，例如：GM 公司的 Impact 使用一組 57hp 的交流感應式馬達，時速 100 公里的轉速爲 9500rpm，極速可達 160km/hr。

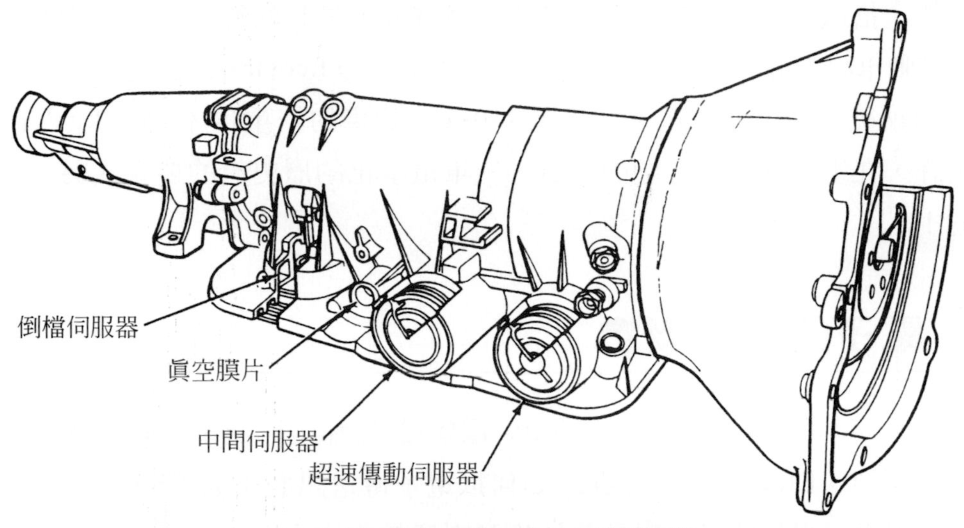


圖 2-11　福特 A4LD 電子自動變速箱

圖 2-12　福特汽車公司推出的電動車 Ecostar

如圖 2-12 所示爲福特汽車公司所發展的EV車Ecostar。Ecostar屬於前置馬達驅動車，馬達爲 75hp，三相交流感應式，由福特與奇異(GE)公司共同開發。馬達的充電輸入可使用兩種規格：240V/30A或 120V/15A。Ecostar亦有複合動力的車款，搭載一台由引擎帶動的22kW發電機，最長的行駛距離為400公里。目前，電動車亟需解決的問題在電瓶的效能方面。以Ecostar爲例，它採用330V，120Ah的鈉硫電池，但是重量卻高達350kg。實車的空重也才1433kg而已。

也許，在電動車滿街行駛的那日，汽車電子化的歷史眞的要走入另一嶄新的紀元吧！

## 2-3 電子的基本概念

Electronics(電子學)與 Electricity(電學)雖然都是研究電子的科學，但在定義上卻不相同。Electronics 在探討如何以電子傳送訊號；而 Electricity 則在研究如何利用電子提供能量。對於一位修習車輛工程的人而言，這兩種學科似乎都必須瞭解。

大自然界中不同元素的性質各不相同，但是所含的微粒子特性卻都一樣。元素中的微粒子有許多種，如質子、中子、電子、…J粒子、W粒子等，當中與基本電子學有關的則只有前三種。一元素的性質與另一元素不同，僅僅是由於組成元素的微粒子數目不同罷了。

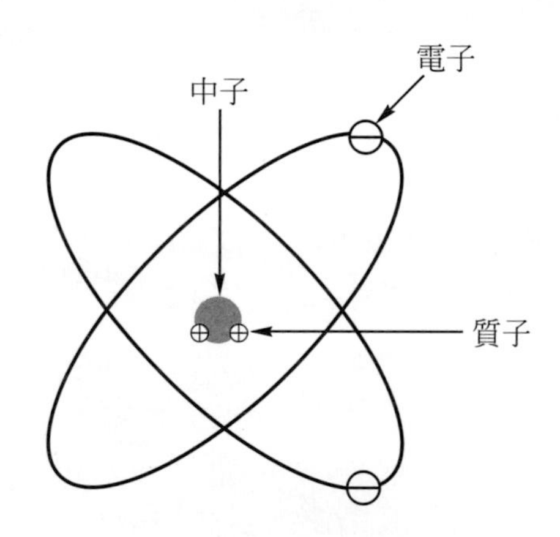


圖 2-13　原子結構模型圖

如圖 2-13 所示爲原子結構的模型圖，其中的質子與中子組成原子核，質子帶正電，體積小而重，重量約爲電子的 1836 倍。中子不帶電。電子帶負電，大而輕，容易運動，依軌道繞原子核運行。原子模型是由丹麥物理學家波耳(Niels

Bohr,1885～1962)在1913年提出，它滿足了過去許多科學家在研究電子現象時的難題，這是20世紀物理學上極重要的突破。波耳先生並在1922年獲得諾貝爾物理學獎的殊榮。

## 2-3-1 原子結構

我們似乎很難描繪出一個原子的結構圖，儘管如此，卻有一個希臘字能夠幫助我們，這個希臘字叫做“Valence”，原義是“鉤”，可以藉此鉤住其他的原子。其實，這個“鉤”就是在原子最外層，使原子具有結合能力的電子。在最外層軌道上的電子，我們稱作**「價電子」(Valence electron)**。

原子本身為中性，乃因電子(帶負電)總數與質子(帶正電)總數相等所致，例如碳(C)原子在週期表中的原子序為 6，即表示其擁有 6 個帶正電的質子，但同時，碳原子也擁有 6 個帶負電荷的電子。這 6 個原子按一定的原子軌道順序排列，如圖 2-14 所示。氫(H)的原子序是 1，所以，只有 1 個質子以及 1 個電子，並且軌道層數也只有一層。鋁原子的原子序13，它的13個電子共使用了3層軌道。

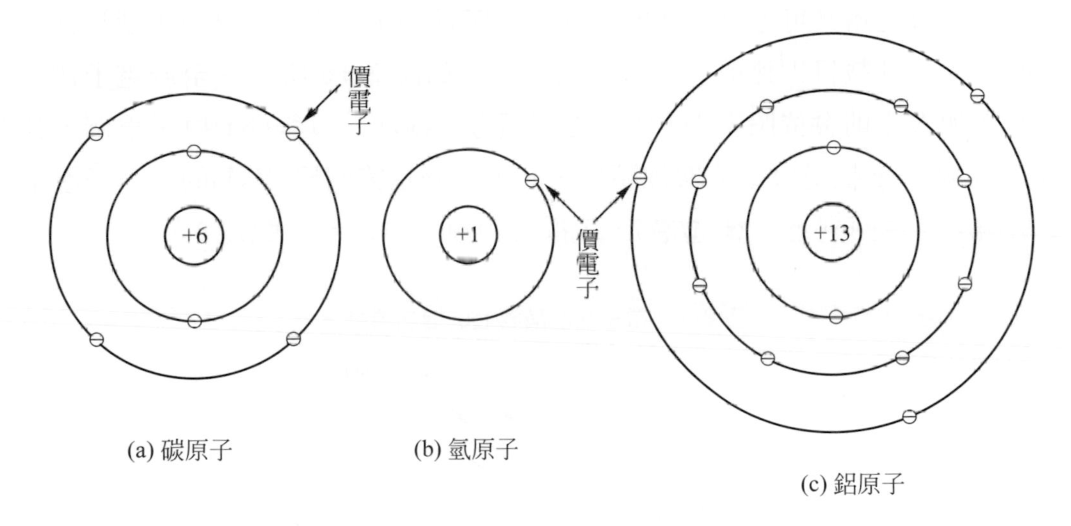


圖 2-14　原子的波耳模型

以波耳所提的簡化原子模型來說，在原子核外有一層層的能量軌道，分別以 $K$、$L$、$M$、$N$…表示各能階層。各層都可看成一殼狀空間，各有一定數目的電子及能量。愈接近原子核的電子能量愈低($K$層)，反之能量愈高。每一層軌道上的

電子總數依公式 $2n^2$ 得出，其中 $n$ 為軌道層數，例如第一層($K$層)保持的電子數不能多於2個，第二層($L$層)不能多於8個，第三層($M$層)不能多於18個…依此類推。

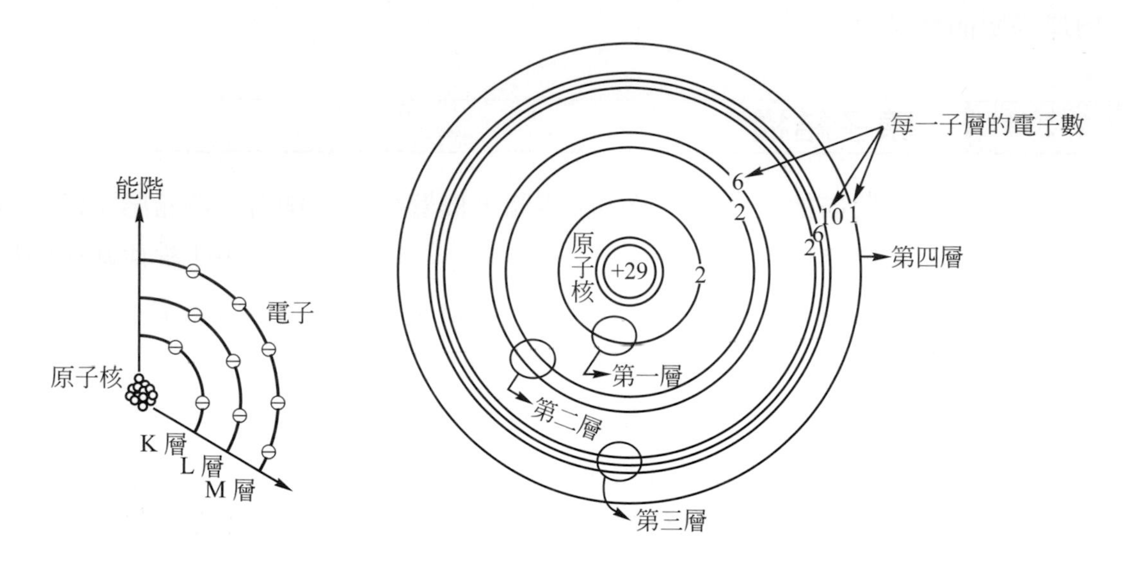


圖 2-15　原子模型中的電子能階

圖 2-16　銅(Cu)原子的波耳模型

每一層軌道內又可分成許多的子層，依序為 $s$、$p$、$d$、$f$，每一子層包含一定數目的電子，其數目則比前一子層多出4個，如圖 2-16 所示。至於電子在各子層上的增加次序則會依照表 2-1 所示之箭頭方向擴增。以鎳(Ni)原子為例，其電子數為28個，依軌道層電子增加順序，必須先滿足第四層($N$層)的第一子層電子數2個後，才會回到第三層($M$層)，故形成鎳原子的價電子數為2。

表 2-1　電子在能階層上的增加順序

1　2　3　4　5　6　7 增加順序

| 軌道層數 | 各子層電子數 | | | |
|---|---|---|---|---|
| K (1) | $S_2$ | | | |
| L (2) | $S_2$ | $P_6$ | | |
| M (3) | $S_2$ | $P_6$ | $d_{10}$ | |
| N (4) | $S_2$ | $P_6$ | $d_{10}$ | $f_{14}$ |
| O (5) | $S_2$ | $P_6$ | $d_{10}$ | |
| P (6) | $S_2$ | $P_6$ | | |
| Q (7) | $S_2$ | | | |

表 2-2　自然界元素之軌道電子數分佈表

| 原子序 | 化學元素(符號) | 每一層軌道的電子數 1 | 2 | 3 | 4 | 5 | 原子序 | 化學元素(符號) | 每一層軌道的電子數 1 | 2 | 3 | 4 | 5 | 6 | 7 |
|---|---|---|---|---|---|---|---|---|---|---|---|---|---|---|---|
| 1 | 氫(H) | 1 | | | | | 55 | 銫(Cs) | 2 | 8 | 18 | 18 | 8 | 1 | |
| 2 | 氦(He) | 2 | | | | | 56 | 鋇(Ba) | 2 | 8 | 18 | 18 | 8 | 2 | |
| 3 | 鋰(Li) | 2 | 1 | | | | 57 | 鑭(La) | 2 | 8 | 18 | 18 | 9 | 2 | |
| 4 | 鈹(Be) | 2 | 2 | | | | 58 | 鈰(Ce) | 2 | 8 | 18 | 18 | 9 | 2 | |
| 5 | 硼(B) | 2 | 3 | | | | 59 | 鐠(Pr) | 2 | 8 | 18 | 19 | 9 | 2 | |
| 6 | 碳(C) | 2 | 4 | | | | 60 | 釹(Nd) | 2 | 8 | 18 | 19 | 9 | 2 | |
| 7 | 氮(N) | 2 | 5 | | | | 61 | 鉅(Pm) | 2 | 8 | 18 | 18 | 9 | 2 | |
| 8 | 氧(O) | 2 | 6 | | | | 62 | 釤(Sm) | 2 | 8 | 18 | 18 | 9 | 2 | |
| 9 | 氟(F) | 2 | 7 | | | | 63 | 銪(Eu) | 2 | 8 | 18 | 18 | 9 | 2 | |
| 10 | 氖(Ne) | 2 | 8 | | | | 64 | 釓(Gd) | 2 | 8 | 18 | 18 | 9 | 2 | |
| 11 | 鈉(Na) | 2 | 8 | 1 | | | 65 | 鋱(Tb) | 2 | 8 | 18 | 18 | 9 | 2 | |
| 12 | 鎂(Mg) | 2 | 8 | 2 | | | 66 | 鏑(Dy) | 2 | 8 | 18 | 18 | 9 | 2 | |
| 13 | 鋁(Al) | 2 | 8 | 3 | | | 67 | 鈥(Ho) | 2 | 8 | 18 | 18 | 9 | 2 | |
| 14 | 矽(Si) | 2 | 8 | 4 | | | 68 | 鉺(Er) | 2 | 8 | 18 | 18 | 9 | 2 | |
| 15 | 磷(P) | 2 | 8 | 5 | | | 69 | 銩(Tm) | 2 | 8 | 18 | 18 | 9 | 2 | |
| 16 | 硫(S) | 2 | 8 | 6 | | | 70 | 鐿(Yb) | 2 | 8 | 18 | 18 | 9 | 2 | |
| 17 | 氯(Cl) | 2 | 8 | 7 | | | 71 | 鎦(Lu) | 2 | 8 | 18 | 18 | 9 | 2 | |
| 18 | 氬(Ar) | 2 | 8 | 8 | | | 72 | 鉿(Hf) | 2 | 8 | 18 | 18 | 10 | 2 | |
| 29 | 鉀(K) | 2 | 8 | 8 | 1 | | 73 | 鉭(Ta) | 2 | 8 | 18 | 18 | 11 | 2 | |
| 20 | 鈣(Ca) | 2 | 8 | 8 | 2 | | 74 | 鎢(W) | 2 | 8 | 18 | 18 | 12 | 2 | |
| 21 | 鈧(Sc) | 2 | 8 | 9 | 2 | | 75 | 錸(Re) | 2 | 8 | 18 | 18 | 13 | 2 | |
| 22 | 鈦(Ti) | 2 | 8 | 10 | 2 | | 76 | 鋨(Os) | 2 | 8 | 18 | 18 | 14 | 2 | |
| 23 | 釩(V) | 2 | 8 | 11 | 2 | | 77 | 銥(Ir) | 2 | 8 | 18 | 18 | 15 | 2 | |
| 24 | 鉻(Cr) | 2 | 8 | 13 | 1 | | 78 | 鉑(Pt) | 2 | 8 | 18 | 18 | 16 | 2 | |
| 25 | 錳(Mn) | 2 | 8 | 13 | 2 | | 79 | 金(Au) | 2 | 8 | 18 | 18 | 18 | 1 | |
| 26 | 鐵(Fe) | 2 | 8 | 14 | 2 | | 80 | 汞(Hg) | 2 | 8 | 18 | 18 | 18 | 2 | |
| 27 | 鈷(Co) | 2 | 8 | 15 | 2 | | 81 | 鉈(Tl) | 2 | 8 | 18 | 18 | 18 | 3 | |
| 28 | 鎳(Ni) | 2 | 8 | 16 | 2 | | 82 | 鉛(Pb) | 2 | 8 | 18 | 18 | 18 | 4 | |
| 29 | 銅(Cu) | 2 | 8 | 18 | 1 | | 83 | 鉍(Bi) | 2 | 8 | 18 | 18 | 18 | 5 | |
| 30 | 鋅(Zn) | 2 | 8 | 18 | 2 | | 84 | 釙(Po) | 2 | 8 | 18 | 18 | 18 | 6 | |
| 31 | 鎵(Ga) | 2 | 8 | 18 | 3 | | 85 | 鈪(At) | 2 | 8 | 18 | 18 | 18 | 7 | |
| 32 | 鍺(Ge) | 2 | 8 | 18 | 4 | | 86 | 氡(Rn) | 2 | 8 | 18 | 18 | 18 | 8 | |
| 33 | 砷(As) | 2 | 8 | 18 | 5 | | 87 | 鍅(Fr) | 2 | 8 | 18 | 18 | 18 | 8 | 1 |
| 34 | 硒(Se) | 2 | 8 | 18 | 6 | | 88 | 鐳(Ra) | 2 | 8 | 18 | 18 | 18 | 8 | 2 |
| 35 | 溴(Br) | 2 | 8 | 18 | 7 | | 89 | 錒(Ac) | 2 | 8 | 18 | 18 | 18 | 9 | 2 |
| 36 | 氪(Kr) | 2 | 8 | 18 | 8 | | 90 | 釷(Th) | 2 | 8 | 18 | 18 | 19 | 9 | 2 |
| 37 | 銣(Rb) | 2 | 8 | 18 | 8 | 1 | 91 | 鏷(Pa) | 2 | 8 | 18 | 18 | 20 | 9 | 2 |
| 38 | 鍶(Sr) | 2 | 8 | 18 | 8 | 2 | 92 | 鈾(U) | 2 | 8 | 18 | 18 | 21 | 9 | 2 |
| 39 | 釔(Y) | 2 | 8 | 18 | 9 | 2 | 93 | 錼(Np) | 2 | 8 | 18 | 18 | 22 | 9 | 2 |
| 40 | 鋯(Zr) | 2 | 8 | 18 | 10 | 2 | 94 | 鈽(Pu) | 2 | 8 | 18 | 18 | 23 | 9 | 2 |
| 41 | 鈮(Nb) | 2 | 8 | 18 | 12 | 1 | 95 | 鋂(Am) | 2 | 8 | 18 | 18 | 24 | 9 | 2 |
| 42 | 鉬(Mo) | 2 | 8 | 18 | 13 | 1 | 96 | 鋦(Cm) | 2 | 8 | 18 | 18 | 25 | 9 | 2 |
| 43 | 鎝(Tc) | 2 | 8 | 18 | 14 | 1 | 97 | 鉳(Bk) | 2 | 8 | 18 | 18 | 26 | 9 | 2 |
| 44 | 釕(Ru) | 2 | 8 | 18 | 15 | 1 | 98 | 鉲(Cf) | 2 | 8 | 18 | 18 | 27 | 9 | 2 |
| 45 | 銠(Rh) | 2 | 8 | 18 | 16 | 1 | 99 | 鑀(Es) | 2 | 8 | 18 | 18 | 28 | 9 | 2 |
| 46 | 鈀(Pd) | 2 | 8 | 18 | 18 | 0 | 100 | 鐨(Fm) | 2 | 8 | 18 | 18 | 29 | 9 | 2 |
| 47 | 銀(Ag) | 2 | 8 | 18 | 18 | 1 | 101 | 鍆(Md) | 2 | 8 | 18 | 18 | 30 | 9 | 2 |
| 48 | 鎘(Cd) | 2 | 8 | 18 | 18 | 2 | 102 | 鍩(No) | 2 | 8 | 18 | 18 | 31 | 9 | 2 |
| 49 | 銦(In) | 2 | 8 | 18 | 18 | 3 | 103 | 鐒(Lr) | 2 | 8 | 18 | 18 | 32 | 9 | 2 |
| 50 | 錫(Sn) | 2 | 8 | 18 | 18 | 4 | 104 | 鉝(Rf) | 2 | 8 | 18 | 18 | 32 | 10 | 2 |
| 51 | 銻(Sb) | 2 | 8 | 18 | 18 | 5 | 105 | 銲(Ha) | 2 | 8 | 18 | 18 | 32 | 11 | 2 |
| 52 | 碲(Te) | 2 | 8 | 18 | 18 | 6 | 106 | 鏰(Sg) | 2 | 8 | 18 | 18 | 32 | 12 | 2 |
| 53 | 碘(I) | 2 | 8 | 18 | 18 | 7 | 107 | 鐽(Ns) | 2 | 8 | 18 | 18 | 32 | 13 | 2 |
| 54 | 氙(Xe) | 2 | 8 | 18 | 18 | 8 | | | | | | | | | |

價電子的數目常常決定了該元素的導電特性，價電子最遠離原子核，只要用熱、電壓或其他方法施以一能量時，價電子便可從原子的軌道上脫離，獲得自由，成為自由電子，提供導電的媒介。通常，良導體所具有的共通性就是擁有易鬆動的價電子，如金(1)、銀(1)、銅(1)和鐵(2)等。

## 2-3-2 離子化

當原子獲得或釋放最外層軌道的電子時，稱此原子被「離子化」(ionization)。一個原子若獲得較多電子，便會成為負離子(陰離子)；反之，若釋放出電子，則會成為正離子(陽離子)。

如前節所述，每一原子中，質子數目與電子數目相同，故呈電中性。但是當原子在受到熱、光或電磁感應而吸收能量後，電子便因獲得能量而由內層往外層移離原子核，價電子尤其更容易因此而跳至較高能階的軌道上。如果價電子所吸收的能量夠大的話，便可自外層軌道上完全脫離並且不受原子核的束縛。**游離的電子稱做自由電子**。

原本呈電中性的原子會因為價電子的離開，使質子的數目多於電子的數目，正電荷大於負電荷。離子化的結果使該原子變成了帶正電的正離子。

如圖 2-17 所示，3 價原子可能因獲得一個外來電子而變成帶電荷－1 的負離子。在半導體技術中，3 價原子得到一個電子比失去一個電子的機會較大。如圖 2-18 所示，5 價原子在失去一個電子後變成帶電荷＋1 的正離子。我們可以清楚看出，原子核內的質子數比外層的電子數多出 1 個。

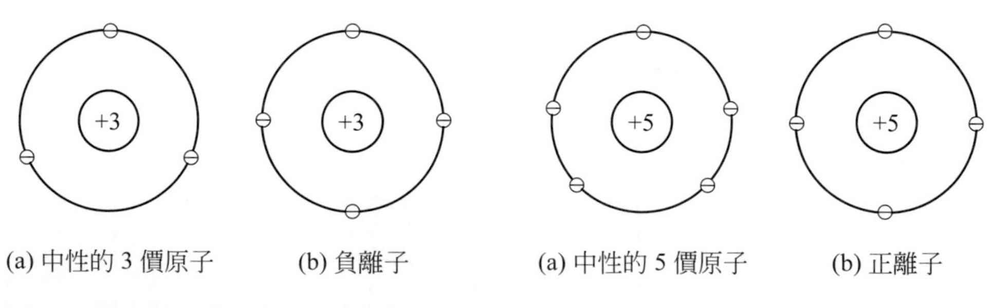


(a) 中性的 3 價原子　(b) 負離子

圖 2-17　負離子的形成

(a) 中性的 5 價原子　(b) 正離子

圖 2-18　正離子的形成

## 2-4 電流與電壓

電的產生方式有許多的可能，除了在自然界中“蘊藏”著電，如雷電、電鰻等之外，電還可以藉由人爲方式生產，商用上最普遍的方法便是利用**電磁感應(induction)**的原理。線圈在切割磁力線後能感應出電子，今天絕大部分的發電元件都是採用這種電磁感應原理製成，範圍從小型發電機到大型核能發電機組。(參閱本書第3-4節)。

除了上述兩種產生電的方式外，另外還有一種藉由化學能轉換成電能的方法也可以“製造”出電子，這類產品對學習車輛工程的讀者而言定不陌生，因爲汽車上的電瓶便屬於此種發電元件。

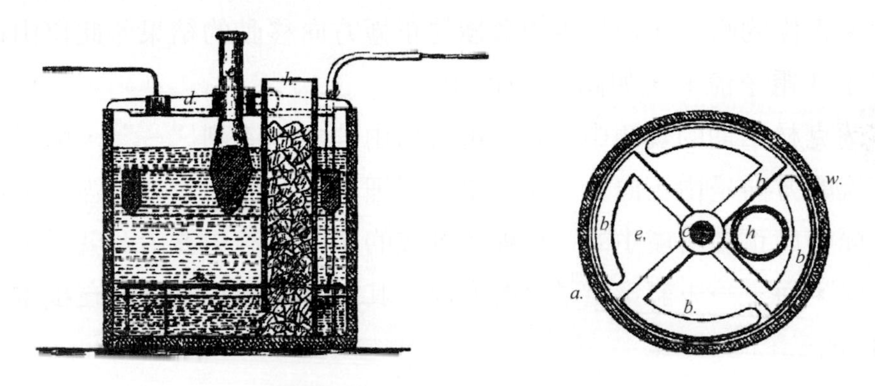


(a) Galvanic 電瓶 (取自:美國專利局)

(b) 1950 年代的汽車電瓶 (取自:BOSCH)

圖 2-19　電瓶

如圖 2-19(a)所示爲愛迪生在 1872 年 25 歲時根據 18 世紀末伽凡尼發明的化學電池而做的改良型產品，他利用銅、鋅做電極，並以硫酸鹽做介質。從 19 世紀末到今天，鉛酸電池大致維持著與發明之初相同的結構：分電池、極板與硫酸液。

其實，藉由靜電、光電、壓電等效應，也都可以“製造”出電。

## 2-4-1 電 流

**電流(current)是指電子(自由電子)的流動現象**。將良導體製成電線，一端連接於電瓶的負極(產生負電荷電子的一端)，另一端連接於電瓶的正極(缺少負電荷電子的一端)。在同性相斥，異性相吸的現象下，導線內的自由電子便受到負極的排斥，正極的吸引，而呈現由負極往正極方向移動的結果。此自由電子的流動便形成了「電子流」，如圖 2-20 所示。

在富蘭克林早期的實驗中因註明電流係由“＋”流到“－”，所以沿用下來都認爲電流的方向是由正向負。隨著電子學理論的發展，我們已經發現電流乃是電子由負極移向正極所產生的。爲顧及既成的習慣和避免混淆，就以＋→－表示電流的方向，而－→＋訂爲電子流的方向。其實，電流和電子流在根本上指的是同一件事。

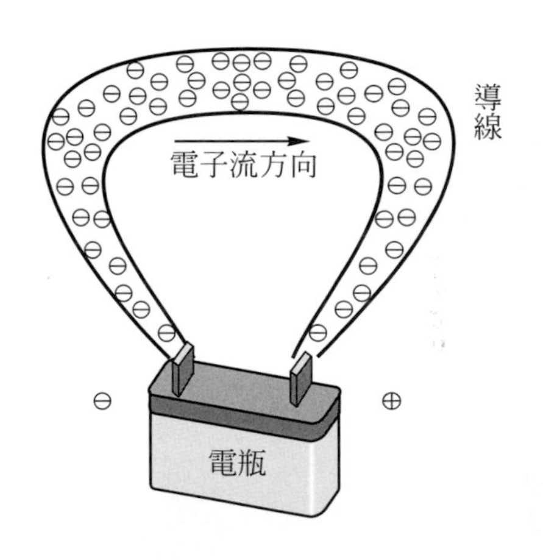


圖 2-20　電子的流動

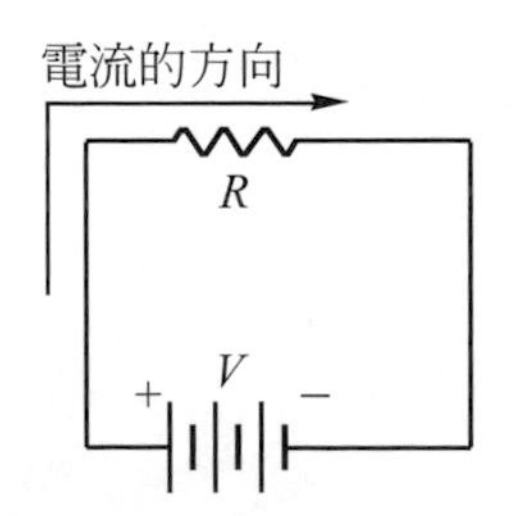


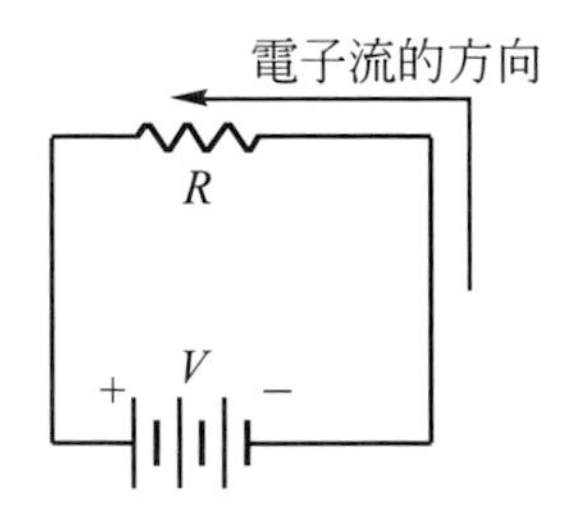


圖 2-21　電流與電子流的方向

**電流的測量單位是安培(Ampere)，簡稱A，1安培定義為每一秒有1庫倫的電量流過**。在實際的電路中，電流常以毫安培(milliampere，mA)來表示，1A等於1000mA。電流符號以**I**代表。

## 2-4-2 電　壓

電壓(voltage)是推動電子流動的力量，它是電流產生的原動力。如圖 2-22 (a)所示，瀑布的形成乃是因爲高處的水在達到一定的水位差(位能)後，所形成的水流現象。電的流動也和水的流動一樣，單單只有電子還不夠，尚需讓電子具有一定的電位差，電流才會產生。電位差就是電壓的物理性意義。電子從高電位往低電位流。

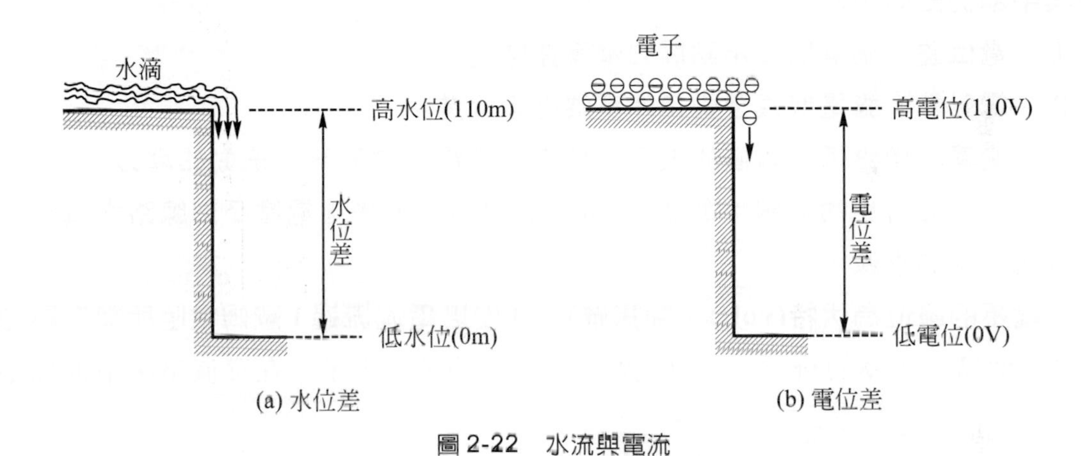


圖 2-22　水流與電流

電壓愈高，電位差也愈大，電子較容易發生流動，而產生電流。相同數目的電子分別在110V 和20kV 電壓下，後者將比前者更容易“電”到人。有時，微量的電子在1.5V 電壓時無法導通，卻可以在12V 電壓的條件下導通，便是這個道理。

然而，我們也曾遇到過「有電壓、無電流」的狀況，例如以三用電錶測量出電瓶電壓爲10.5V，但是電瓶卻一點電都沒有，這就是具有電位差，卻沒有電子所造成的結果。電流要能流動的必備條件即是：電位差與電子，缺一不可。正如尼加拉瓜大瀑布若徒具50公尺的水位差(電位差)卻沒有一滴水(電子)，聲名必不若今日。電與水的關係如表2-3所示。

表 2-3　電流與水流的條件對照表

| | 電流 | 水流 |
|---|---|---|
| 介質 | 電子 | 水滴 |
| 推動力 | 電壓(電位差) | 水位差 |

在電學上，使電子產生流動的外加力量又稱作電動勢(electromotive force)，簡稱為 emf。電位差(potential difference)則指某一點電位與參考點(零電位)間的差值。在汽車電路中常用的「搭鐵」一詞，其意義即是指「接地」(grounding)而言，也就是以搭鐵作為參考點，電壓值為 0V。(註)。所以，12V 的電瓶是指電瓶的正、負極間電位差是 12V。**電位差、電動勢或電壓三名詞常被互換使用，然其中卻仍略有不同：**

1. 電位差：指導體任兩點間的電壓差值。
2. 電動勢：指電瓶或發電元件兩端之電位差。
3. 電壓：常指電力數值的大小。原指引起電子在導線上流動的壓力。

另外一個常見的名詞：電壓降(**voltage drop**)，是指電壓受到線路中電阻的影響所產生的衰減。

**電壓的單位為伏特(volt)，簡寫做V。1安培電流流過1歐姆電阻所需之壓力稱作1伏特**。電壓的符號，在直流電源中以大寫的V表示，在交流電源中則以小寫的*v*表示。

## 2-5 電　阻

**電阻(resistance)是指電子在流動時所受到的阻力**。所有的物質都有電阻，唯程度的不同而已。容易導電的物質，電阻較小，稱之為導體；不容易導電的物質，電阻較大，稱之為絕緣體。

註：對於晚進所採用電子控制的汽車，車上搭鐵的觀念似乎須做些許修正，這是因為各電系的搭鐵位置不盡相同所致。受到搭鐵線所產生的電壓降各有不同，參考點的電位便會不同，例如電源的搭鐵位置多在防火牆、引擎腳，而感知器的搭鐵多在引擎汽缸體，至於點火系統的搭鐵則一定在電瓶的負極上。

**在直流電路中，電流唯一的阻力即為電阻，但是交流電路中，除了電阻之外，電感器、電容器也都會對電流產生阻力**。因此，在交流電路中便以「阻抗」(impedance)來代表這些阻力的向量和(參見第3-3-1節)。

**電阻的單位為歐姆(ohm)，以符號Ω示之。1歐姆定義為當具有1V電位差之導體兩端，能夠產生1安培電流時的阻力**。任何電路中的電阻大小受到下列5個因素所決定：

1. **材料的原子結構**：導體材料的自由電子數目愈少時，電阻愈大。
2. **導體的長度**：導體愈長，電阻也愈大。
3. **導體的直徑**：導體截面積愈小時，其電阻愈大。
4. **溫度**：一般來說，金屬材質導體的溫度升高時，電阻也隨之增大。
5. **導體的物理性狀況**：如果導體出現腐蝕、斷裂等毀損狀況時，電阻亦增加。這是由於導體的截面積變小之故。另外，接點鬆動也會使線路電阻增大。

## 2-5-1 電阻器

電阻器(resister)可說是電子電路中最基本且重要的電子元件。(註)。線路需要有精心設計的電阻，才能作功，而這些電阻值的變化就要靠電阻器的幫忙了。電阻器一般簡稱爲電阻，其用途不外乎下列三種：

1. **做爲負載。**
2. **控制電流量。**
3. **做爲感測元件，提供電腦系統變化訊號。**

註：電子元件依其所具有之放大特性及耗能程度，可分爲被動元件和主動元件兩類：

| 分類 | 定義 | 元件例 |
|---|---|---|
| 被動元件 | 1. 不具有放大特性<br>2. 耗能較大 | 電阻器、電容器、電感器 |
| 主動元件 | 1. 具有放大之特性<br>2. 耗能較小 | 二極體、電晶體、OPA、數位IC元件、CPU |

電阻器的種類繁多，若依工作性質可分成固定電阻、可變電阻及特殊用電阻等三大類。汽車上的可變電阻依接線和作用的不同又分為變阻器(rheostat)與電位計(potentiometer)兩種，如圖 2-25 所示。這兩種可變電阻器極易混淆。

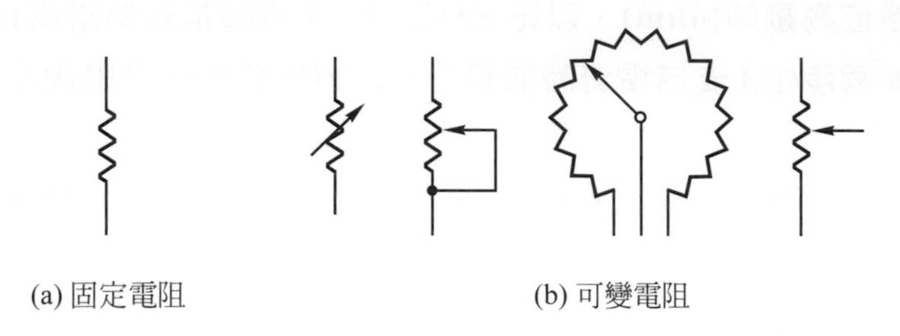


圖 2-23　電阻器的符號

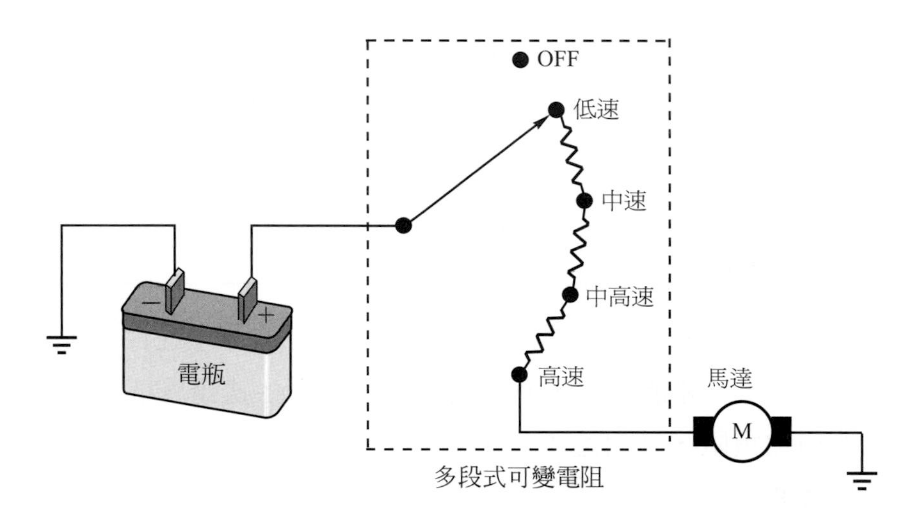


圖 2-24　利用可變電阻器來調整馬達轉速

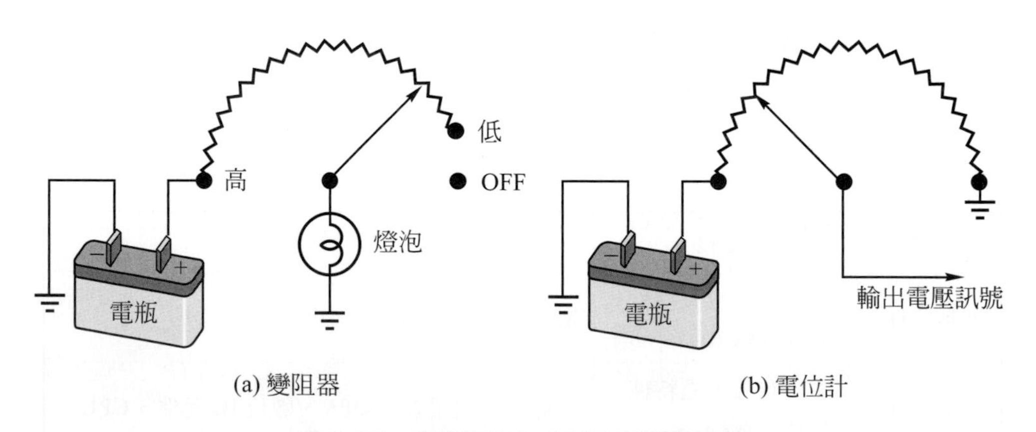


圖 2-25　兩種汽車上常見的可變電阻器

rheostat 是一種兩線式的可變電阻器，用來調節負載元件(如燈泡)的電流大小。電阻器的一頭爲固定端，而另一頭則連接到滑動臂接點處。汽車儀表板上的調光器開關便是rheostat的應用例。當旋轉調光器鈕時，滑動臂轉動，電阻值跟著變化，使燈泡亮度改變。

potentiometer 則是一個三線式的可變電阻器，其作用如分壓器(voltage divider)。當滑動接點改變位置時，輸出的電壓值亦隨之呈連續比例性變化。安裝電位計時，將電阻器一頭接到電源端，另一頭連接搭鐵端，第三條線則接到滑動臂。當滑動臂在電阻器上移動時，便可感測出電壓降的變化。**由於電流所流經的電阻大小一直保持在固定值，因此電位計所測得的總電壓降非常穩定。這也是電位計能夠成為現今汽車電腦所常用的輸入感知器(如 TPS)的原因。**

汽車上常用的特殊電阻器爲熱敏電阻，它是一種會隨溫度改變而變化電阻值的電子元件，分爲正溫度係數(PTC)和負溫度係數(NTC)兩型，多用在溫度感知器上，參閱第 10-2 節。

如圖 2-26 所示爲各種電阻器，利用先進的電阻器製造技術，如眞空蒸著法、濺射法(sputtering)，將導電物質或半導體物質於高眞空中蒸發，噴塗在陶瓷棒表面而形成很薄的金屬薄膜，然後再覆以塑膠保護絕緣製成同軸圓筒型金屬膜電阻器，如圖 2-27 所示。

今天，隨著電子產品輕量化需求的增加，除了傳統的圓筒型電阻器之外，晶片(chip)電阻、網路(network)狀的積體電阻器也愈來愈多。厚膜(thick film)式產品已漸漸取代傳統導線型產品，如圖 2-28 所示。

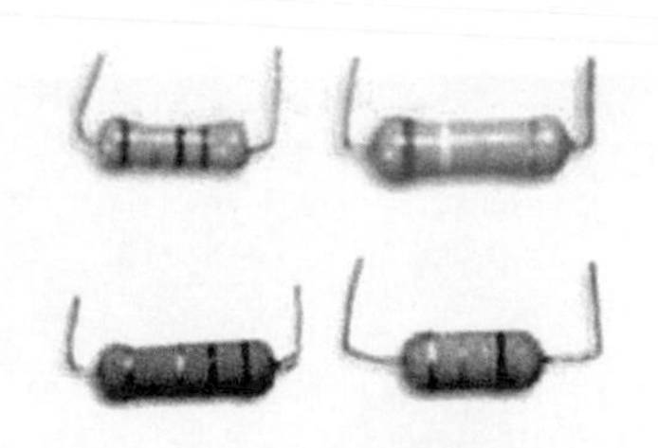

(a) 碳膜、金屬膜電阻

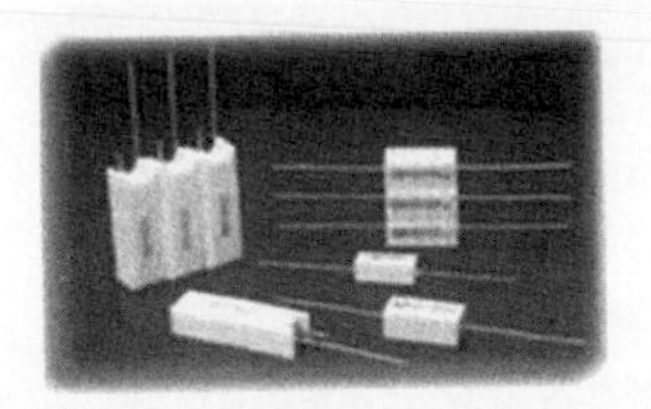

(b) 水泥電阻

圖 2-26　各種電阻器

(c) 晶片電阻

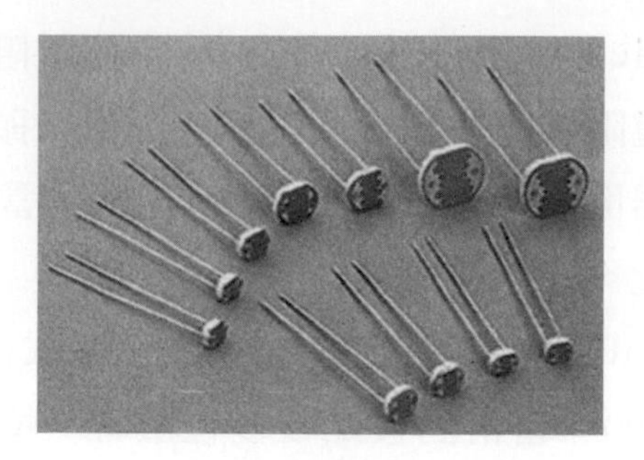

(d) 光敏電阻

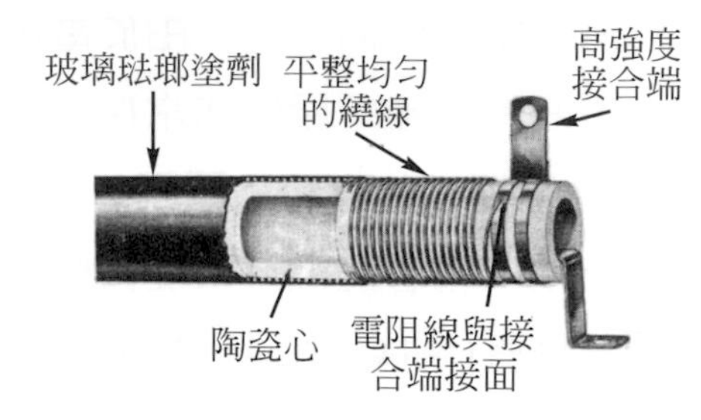

(e) 繞線電組

圖 2-26　各種電阻器 (續)

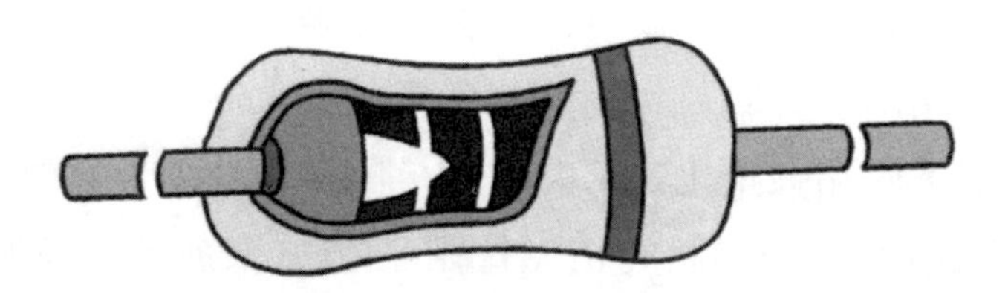

圖 2-27　碳膜、金屬膜同軸圓筒型電阻構造

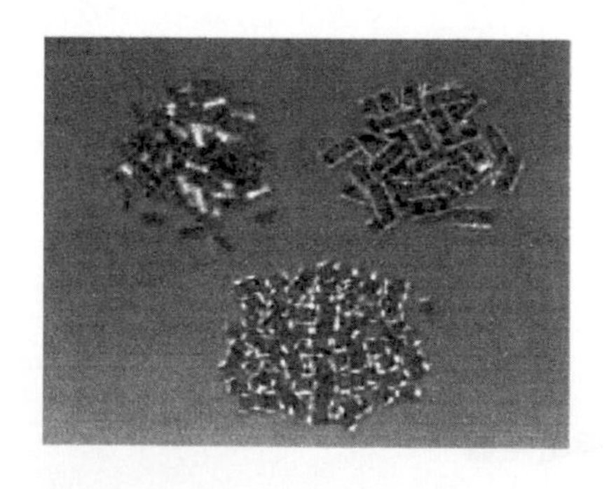

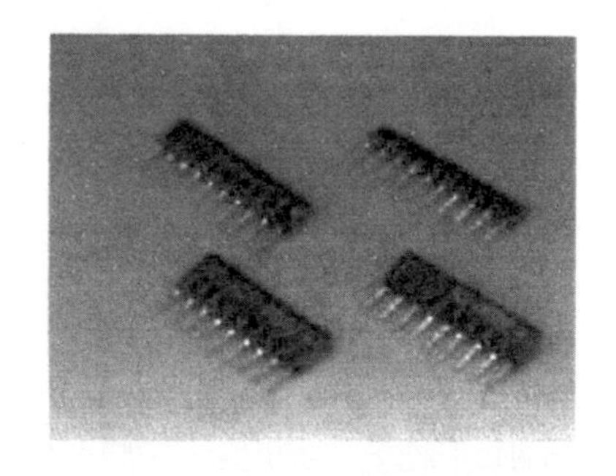

(a) 外觀

圖 2-28　厚膜式電阻器

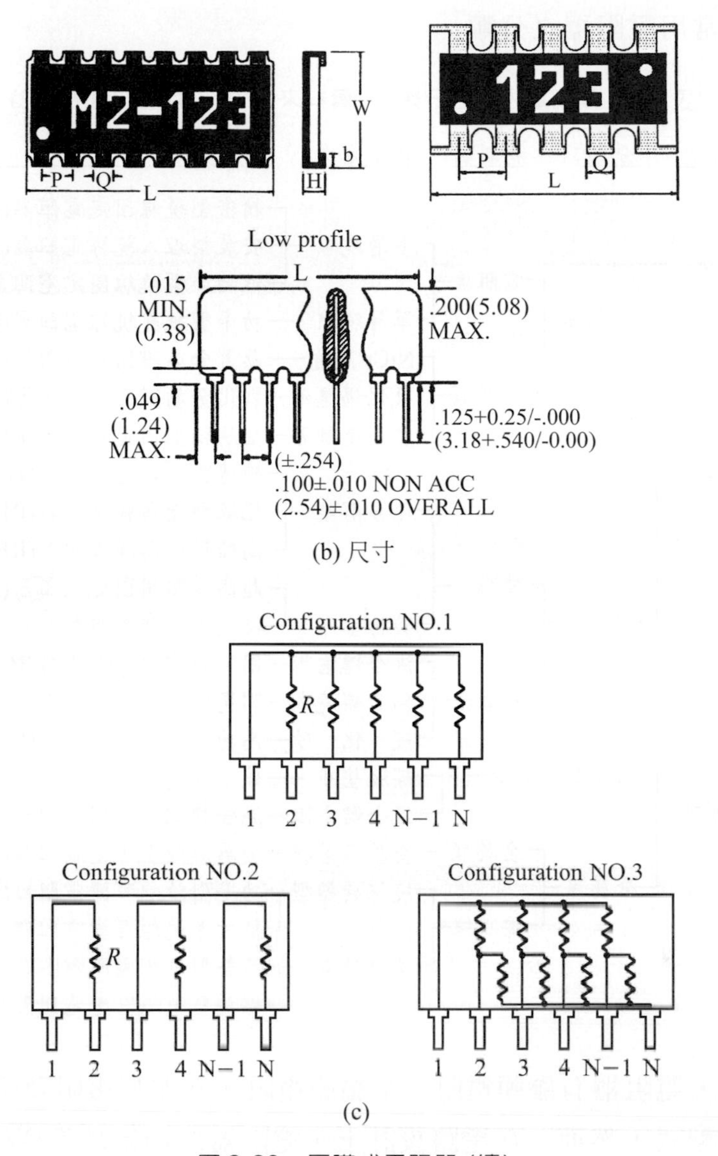


(b) 尺寸

(c)

圖 2-28　厚膜式電阻器 (續)

晶片電阻採用精純氧化鋁結晶陶瓷基板，印上高品質的金屬厚膜導體，外層塗以玻璃釉保護體製成。其優點爲：小型化、適於高精密度之小型基板、高穩定性、低裝配費，並且可用在自動表面黏著之生產線上。

網路電阻精選安定性佳的厚膜電阻材料，將它先印刷在陶瓷基板上，然後燒成，再以高速雷射切割，加上導線針後塗裝製成。其特點爲：高密集包裝、適於印刷電路板、價廉、穩定性高等。

表 2-4 爲常用電阻器之分類。

表 2-4　常用電阻器之分類表 (資料來源：品真電工有限公司)

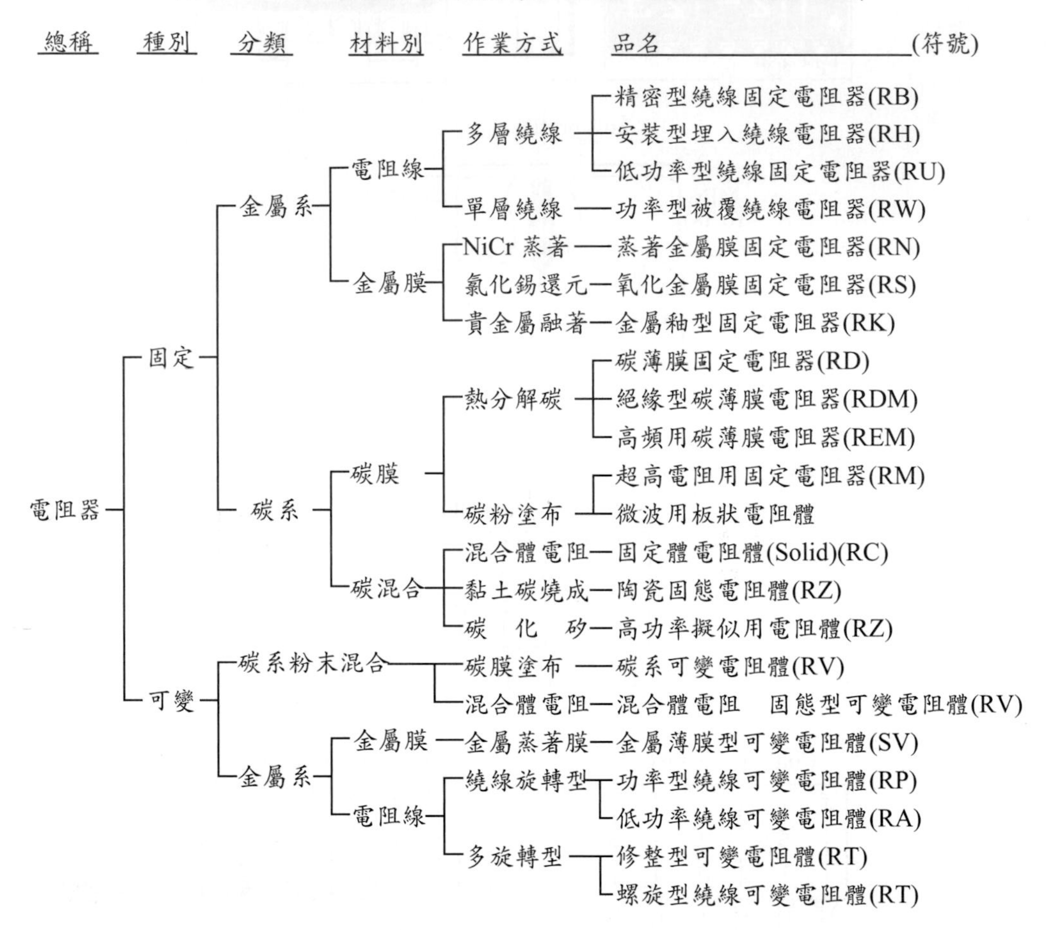


如前所述，電阻器有碳膜電阻、金屬膜電阻、水泥型電阻及繞線式電阻、晶片電阻等各種型式，然而，在電路設計上，電阻器的額定功率(W)卻是一項重要的數據。汽車電子電路中所使用的電阻器功率值多以 1/2W 以下的小功率碳膜電阻和較大功率之金屬氧化膜電阻爲主。由於電子控制模組(ECM)體積愈來愈小，目前也採用到網路電阻、晶片電阻。一般說來，固定電阻器的額定功率如能大於實際消耗功率的話，則使用上應無問題。電阻器的消耗功率依公式$P = I^2R = \dfrac{V^2}{R}$計算之，其中，$V^2 = V_{DC}^2 + V_{rms}^2$。若需考慮安全係數時，則建議選用額定功率 3 至 5 倍的電阻器即可。

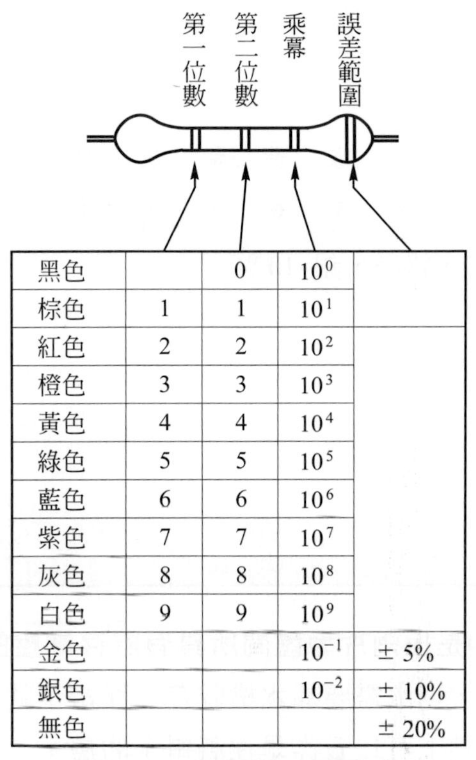


| 黑色 |  | 0 | $10^0$ |  |
|---|---|---|---|---|
| 棕色 | 1 | 1 | $10^1$ |  |
| 紅色 | 2 | 2 | $10^2$ |  |
| 橙色 | 3 | 3 | $10^3$ |  |
| 黃色 | 4 | 4 | $10^4$ |  |
| 綠色 | 5 | 5 | $10^5$ |  |
| 藍色 | 6 | 6 | $10^6$ |  |
| 紫色 | 7 | 7 | $10^7$ |  |
| 灰色 | 8 | 8 | $10^8$ |  |
| 白色 | 9 | 9 | $10^9$ |  |
| 金色 |  |  | $10^{-1}$ | ± 5% |
| 銀色 |  |  | $10^{-2}$ | ± 10% |
| 無色 |  |  |  | ± 20% |

圖 2-29　電阻的色碼標示法

最後來看看電阻值的標示，小型或特殊電阻器(如晶片電阻)的規格多由廠家規範中查得，大型電阻器(如水泥電阻)則將電阻值直接印刷在電阻器上面。至於目前仍居使用量之首的圓筒型電阻器，一般都採用色碼標示法，如圖 2-29 所示。**所謂色碼標示法，就是在電阻外塗上不同的色環來表示電阻值和其容許誤差的方法**。以常見的 4 環電阻爲例，第一和第二環的顏色分別代表第一和第二位數，第三環的顏色則代表著前兩位數的 10 次方乘冪，例如紅色是 10 的 2 次方、藍色爲 10 的 6 次方。第四環顏色大多爲金、銀或無色，代表該色阻值的誤差範圍。倘若你看到的是 5 環電阻的話，那麼它的精密度便會比 4 環電阻來得高。

**【例 2-1】** 如圖所示之電阻器，試說出其電阻值。

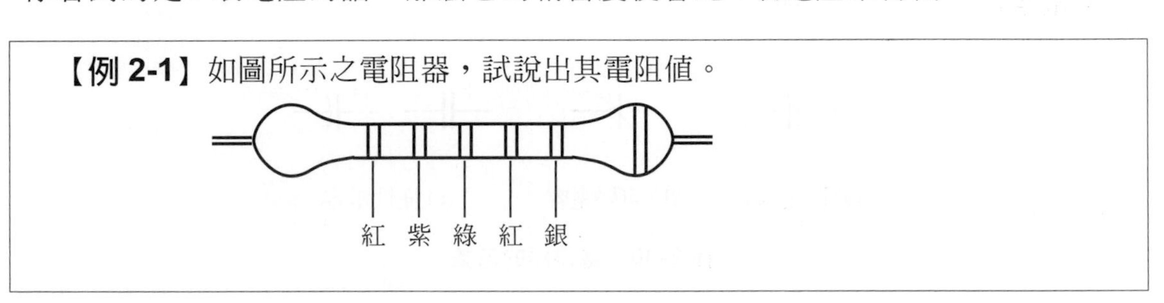

**解**

依色碼標示法：

| 黑 | 棕 | 紅 | 橙 | 黃 | 綠 | 藍 | 紫 | 灰 | 白 | 金 | 銀 |
|---|---|---|---|---|---|---|---|---|---|---|---|
| 0 | 1 | 2 | 3 | 4 | 5 | 6 | 7 | 8 | 9 | 5％ | 10％ |

故：紅色–2，紫–7，綠–5，銀–10％

圖示之電阻值爲：

$275\times10^2\ \Omega\pm10\ \%$

## 2-6 電容器

**電容(capacitance)是指兩片導體間所具有貯存電壓的能力**。電子就和水一樣，將電流比喻成水流，則水需要靠水槽貯存，而電子就需藉由電容器來貯存。電容器(Capacitor)在特性上可以看作是住著電子的房子，有一定的“坪數”。**電容器在電路中具有三種基本功能：**

1. **充電：儲存電能。**
2. **放電。**
3. **控制電路：如濾波、耦合電路。**

**電容器依工作性質可分成固定電容及可變電容兩類，汽車上常用的電容器多屬固定電容**。電容器由兩塊分開的導電板(金屬箔)構成，在兩板片之間加入不易導電的絕緣材料，稱作介電物質(dielectric medium)或介電層，如圖 2-31 所示。將金屬箔與介電層一起捲成筒狀，再封入金屬殼內，拉出導線，即可製成傳統圓筒型電容器，如圖 2-32 所示。

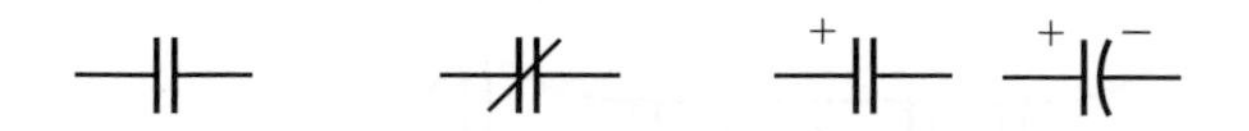


(a) 固定電容　(b) 可變電容　(c) 極性電容

圖 2-30　電容器的符號

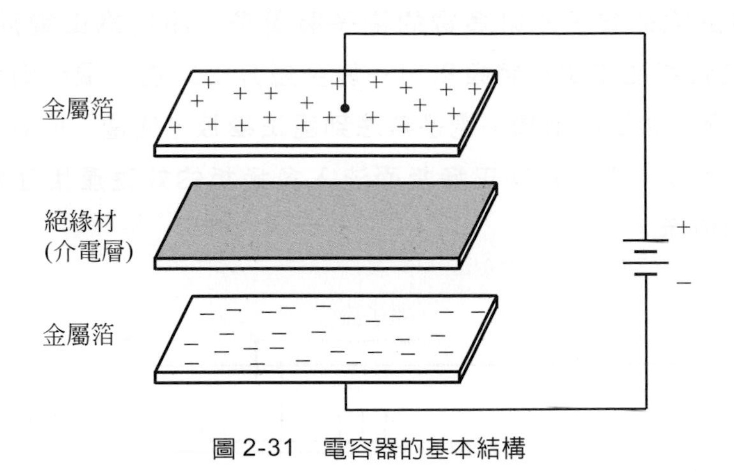


圖 2-31　電容器的基本結構

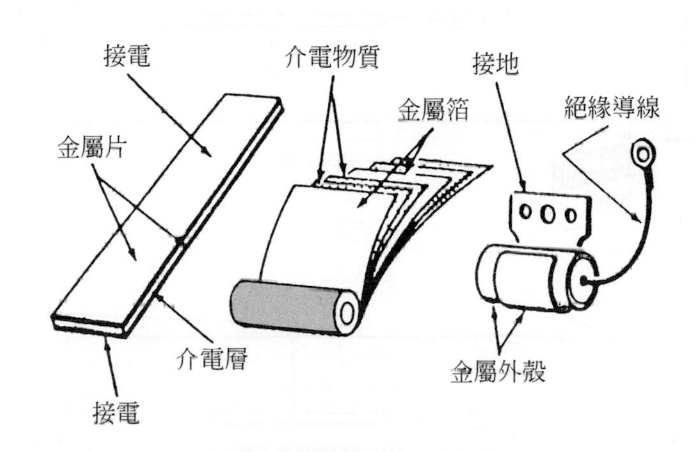


圖 2-32　圓筒型電容器

理論上，電容器並不會消耗任何能量，當放電時，所有貯存在電容器內的電壓應該全部回到電路中。電容器可以無限期地保存其電荷，但實際上這些電荷會慢慢經由介電物質損失掉。通常，**介電物質愈佳，保持電荷的時間愈長**。由於電容器有貯存電壓的特性，所以能夠吸收電路內電壓的變動，因而能控制一些破壞性的電壓脈衝(spike)，常應用在收音機雜訊的衰減上。

電容器的作用是根據電荷異性相吸以及不同極板間具有電位差現象而完成，如圖 2-33 所示：

1. 充電時：當開關接通時，電瓶正極的質子便會吸引電容器上金屬片的一些電子，使它們離開介電物質附近的區域，導致電容器上金屬片原子結構中，帶正電的質子比帶負電的電子數量多，而成為正電荷金屬片(正極板)。正極板的正電荷將吸引另一塊金屬片上來自於電瓶負極的電子，然而受到介電物質的阻擋，電子無法到達正極板，使電子貯存在下金屬片，形成負極板。電子離開正極板而流入負極板的效應產生了電子流，如圖3-33(a)所示。

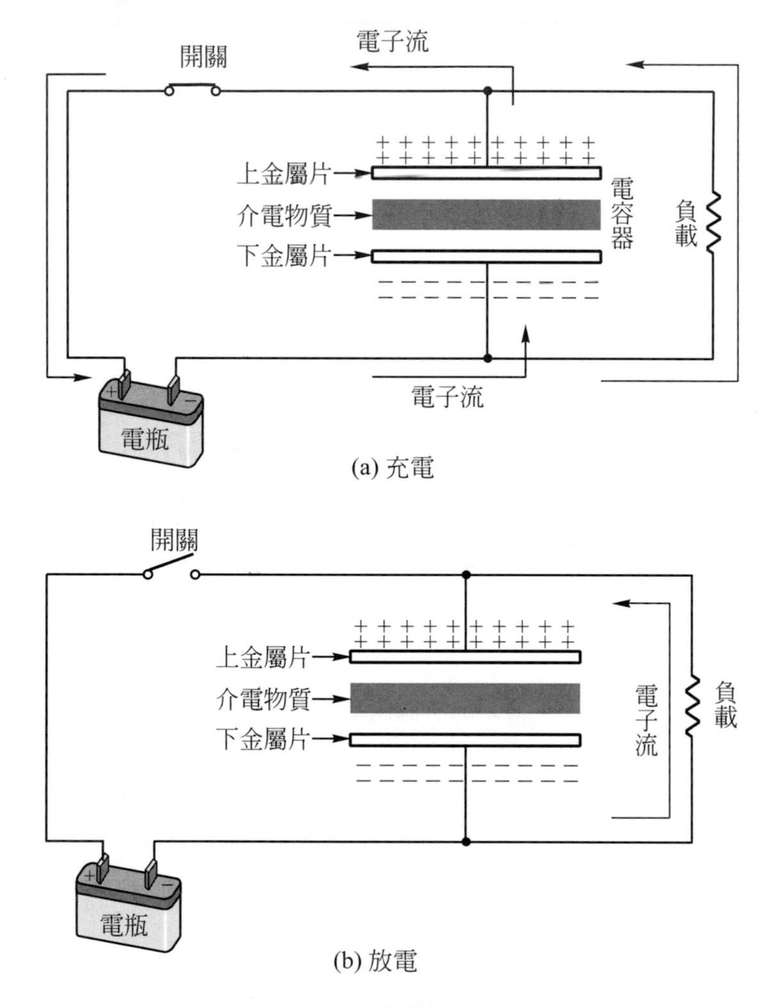


圖 2-33　電容器的作用

電瓶負極繼續送出電子，直到電容器所貯存的電荷電壓值與電瓶電壓相等為止。實際上，電子並未真正地"流過"電容器，正負極板上的電荷並不能穿過靜電場(electrostatic field)。它們只是各自貯存於正負極板上，形成如靜電(不會移動的電子)般的狀態，也不會流到負載去。

2. 放電時：當開關打開時，電瓶流過負載電阻上的電子流停止，但是電容器負極板上卻已貯存足夠的電子。由於正負極板與電阻是串聯的關係，因此電容器的功能就如同一顆電瓶一樣，電容器將向負載電阻放電，直到正負極板上的原子回到平衡狀態爲止，如圖 2-33(b)所示。

除了如前述可利用電容器吸收電壓脈衝，以免損壞電路元件之外，汽車上常見的應用例子如：當線路斷開時，電容器能夠快速地阻止電流流動(點火系統)，在平時貯存高壓電荷，而在電路需要時放電(空氣氣囊系統)。

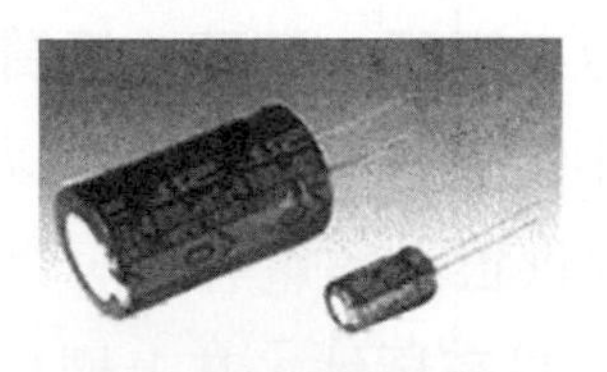

(a) 電解質電容

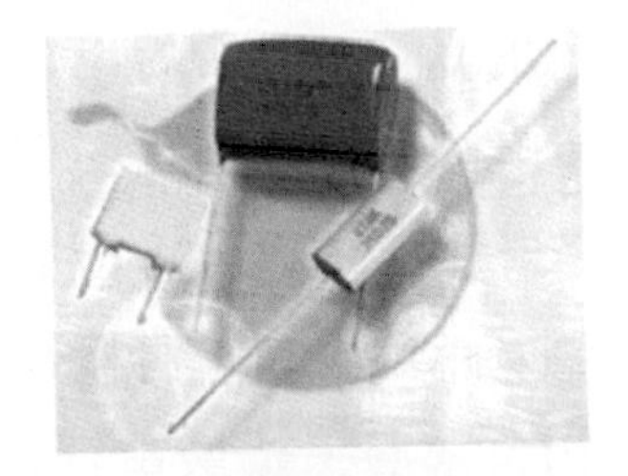

(b) 塑膠電容

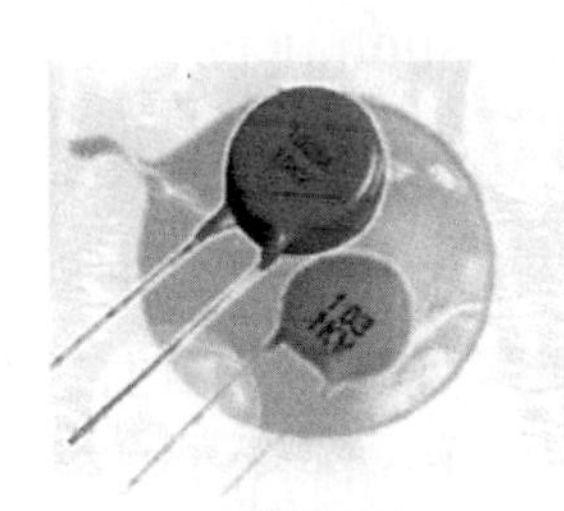

(c) 陶瓷電容

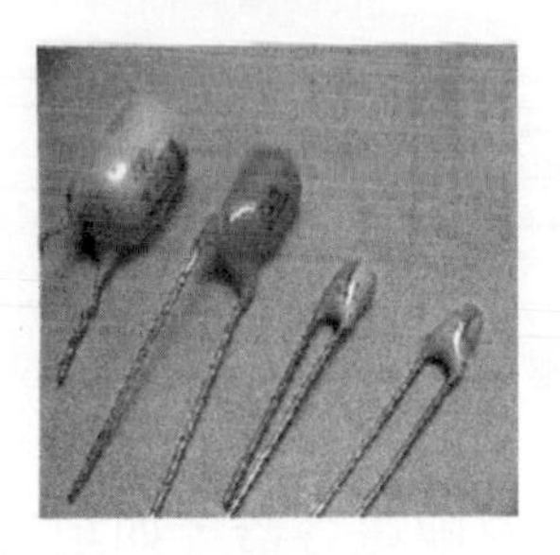

(d) 鉭質電容

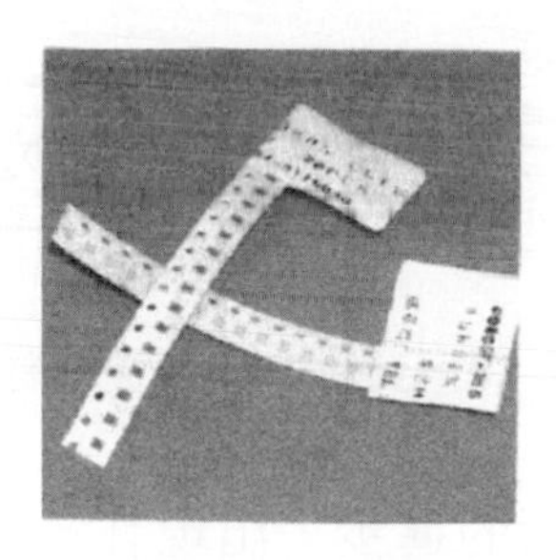

(e) 晶片型積層電容

(f) 多層陶瓷電容

圖 2-34　各種電容器

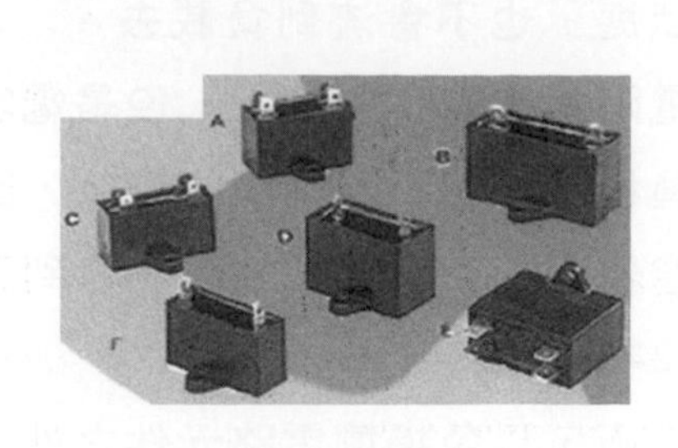

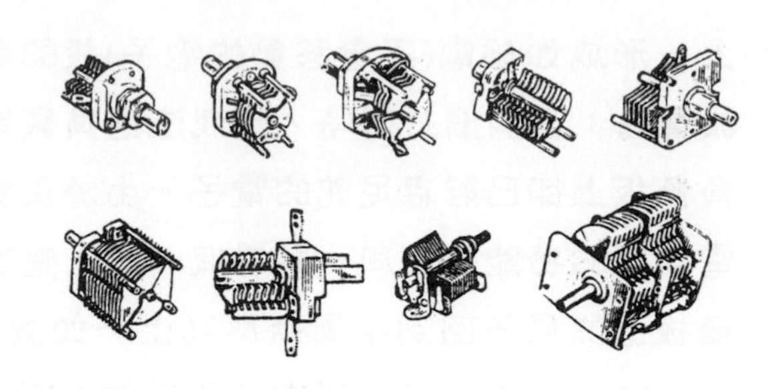

(g) 金屬、膠膜電容　　(h) 可變電容(空氣電容器)

圖 2-34　各種電容器 (續)

**電容器以極板間的介電物質(絕緣材料)來分類可分為陶瓷、玻璃、紙質、塑膠以及電解質等電容器，甚至於還有空氣電容器**。其中，電解質電容器多以氧化膜(oxide film)爲絕緣材，所以能夠在較小的體積內提供很大的電容量，電容量可由 1$\mu$F 至 5000$\mu$F 以上。需留意的是，電解質電容器多具有極性，其上標有＋、－符號，這是由於此類電容器利用電化學作用，製造時在電解質兩側極板上加上直流電壓，使正極板表面形成一層鋁氧化物分子薄層，並做爲介電物質。於是在正極板和電解質之間就有電容量，而負極板是直接和電解質接觸的。電解質電容器的極性若接錯將會破壞介電物質薄層，損壞電容器，如圖 2-35 所示。電解質電容器現亦有無極性產品。

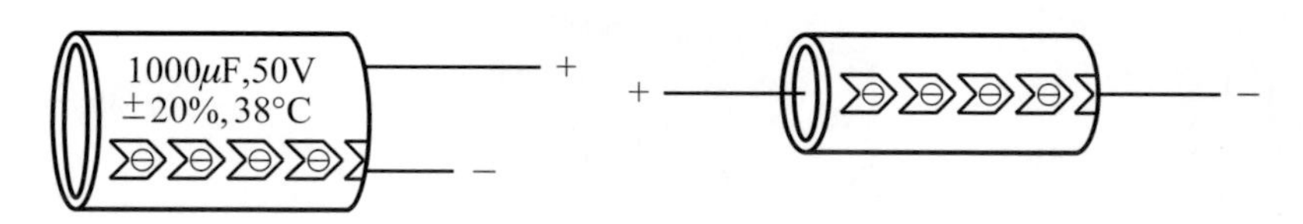


圖 2-35　電解質電容器(長接腳為正極)

近年來隨電子元件製造技術的進步，出現許多新型厚膜電容器，如鉭質電容器，鉭不易與其他元素再反應，故具有較高的電容穩定性，它可以製成有極性與無極性電容。另外以半導體技術製成的晶片電容，因具有體積小的優點，廣被使用在各種小型印刷電路板上。

**電容器的單位為法拉(Farad)，簡寫作 F，1 法拉定義為當將電容器充以 1 伏特電壓時，極板間貯存滿 1 庫侖的電量**。電容量常用的單位爲微法拉(microfarad，$\mu$F)，1F 等於 $10^6\mu$F。

影響電容量大小的因素有三：

1. **極板面積**：正負極板面積愈大，則電容量也愈大。
2. **兩板間的距離**：距離愈小，電容量愈大。
3. **介電物質的材料**：絕緣性愈好，則電容量也愈大。

一般在選擇電容器時，除電容量規格外，還需留意其工作電壓值，即耐壓值，例如150V，1000$\mu$F，便表示使用在150V以下電壓範圍。

**電容器在電子電路中的重要性不僅只是貯存電能或放出電能，電容器所具有的容抗也是一項實用的特性**。容抗以$X_c$代表，$X_c$的大小與所加之電壓的頻率成反比$\left(X_c=\frac{1}{2\pi fC}\right)$。如圖 2-36 所示，對電路輸入含有交流成份的直流訊號(脈動直流，參見第四章)時，由於$X_c$與頻率成反比，所以電容器$C$對直流($f=0$)輸入訊號所呈現的容抗值$X_c$趨近無限大，線路可視做爲斷路(開路)，因此，直流訊號被阻擋，而只輸出交流成份。**這就是電容器的「耦合作用」(coupling)，一般所謂對直流電有阻止流動的效果**。

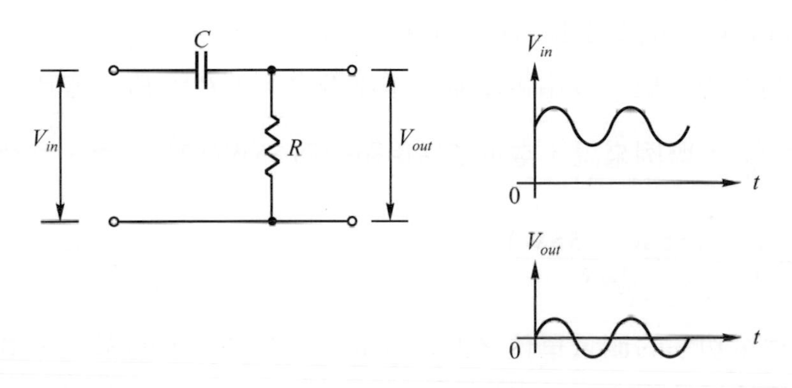


圖 2-36　電容器的耦合作用

如圖 2-37 所示，在電路中並聯電容器，當輸入相同的脈動直流時，由於電容器對交流(脈波)訊號，特別是高頻訊號($f\gg0$)，所呈現的容抗值$X_c$很小，因此，**當交流訊號通過電容器，輸出的則只有直流訊號，此即電容器的「濾波作用」(filtering)**。在此電路中，若電容器的電容量太小或是交流成份的頻率太低時，輸出訊號仍會含有原來的交流成份。因此，**對低頻訊號宜採用電容量較大的電容器；反之，在高頻訊號下，則可選用電容量較小的電容器**。

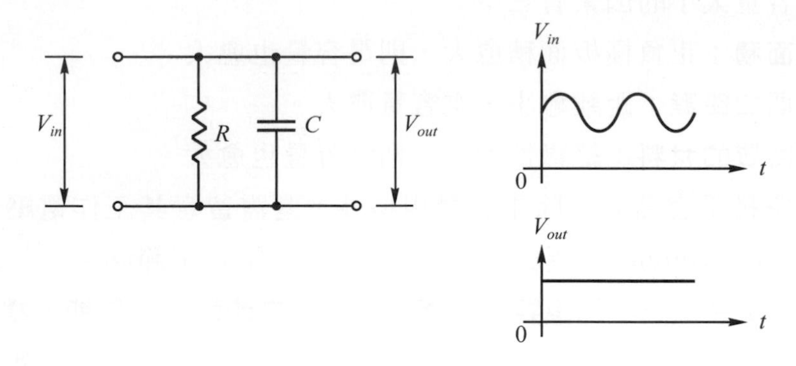


圖 2-37　電容器的濾波作用

## 2-7 電功率

**電功率(electric power)是指電在單位時間內做功的能力。常用的單位為瓦特(Watt)，簡稱作 W，1W 定義為每一秒鐘可產生 1 焦耳(joule)功的電力**(註)。1W 等於 1000mW。電功率以符號$P$代表。

電路中的電功率值可以由電壓乘上電流得之，即$P = VI$。若代入歐姆定律，則$P = I^2R = \frac{V^2}{R}$。舉例來說，當車子採用頭燈爲 55W/12V 兩盞，其消耗電流爲：

$$I = \frac{P}{V} = \frac{(55\text{W} + 55\text{W})}{12\text{V}} = 9.2\text{A}$$

瓦特除了做爲電功率的測量單位之外，也常做爲機械馬力的單位，這是因爲電功率亦可轉換爲機械功率之故。機械功率的英制馬力(HP)和公制馬力(PS)轉換成電功率分別爲：

1HP = 746W

1PS = 735W

註：焦耳(joule)爲功的單位，以 1 牛頓的力量作用物體，並使之移動 1 公尺，稱爲 1 焦耳。機械功率可與電功率互換。

# 第二章　習題

## A. 選擇部份：

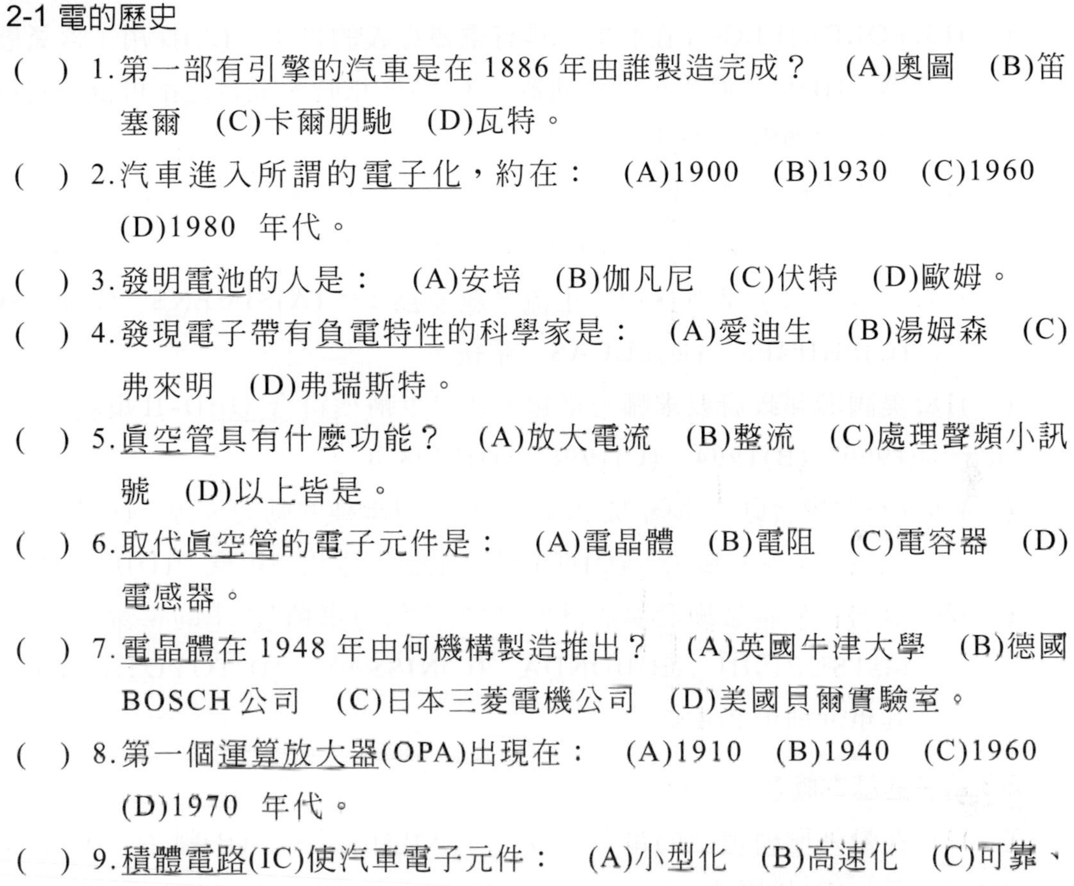

### 2-1 電的歷史

(　)1. 第一部有引擎的汽車是在 1886 年由誰製造完成？　(A)奧圖　(B)笛塞爾　(C)卡爾朋馳　(D)瓦特。

(　)2. 汽車進入所謂的電子化，約在：　(A)1900　(B)1930　(C)1960　(D)1980　年代。

(　)3. 發明電池的人是：　(A)安培　(B)伽凡尼　(C)伏特　(D)歐姆。

(　)4. 發現電子帶有負電特性的科學家是：　(A)愛迪生　(B)湯姆森　(C)弗來明　(D)弗瑞斯特。

(　)5. 眞空管具有什麼功能？　(A)放大電流　(B)整流　(C)處理聲頻小訊號　(D)以上皆是。

(　)6. 取代眞空管的電子元件是：　(A)電晶體　(B)電阻　(C)電容器　(D)電感器。

(　)7. 電晶體在 1948 年由何機構製造推出？　(A)英國牛津大學　(B)德國 BOSCH 公司　(C)日本三菱電機公司　(D)美國貝爾實驗室。

(　)8. 第一個運算放大器(OPA)出現在：　(A)1910　(B)1940　(C)1960　(D)1970　年代。

(　)9. 積體電路(IC)使汽車電子元件：　(A)小型化　(B)高速化　(C)可靠、穩定　(D)以上皆對。

### 2-2 汽車電子化的發展史

(　)10. 最早發表以電子方式控制汽油噴射的公司是：　(A)德 BOSCH　(B)美 Bendix　(C)日本豐田　(D)通用公司。

(　)11. 汽車上首見IC元件的運用是：　(A)1930　(B)1955　(C)1967　(D)1978 年，在 GM 的交流發電機上。

(　)12. 1977 年哪一車廠率先採用電腦控制引擎系統？　(A)FORD　(B)VW　(C)BENZ　(D)GM。

( )13. 由電腦來控制引擎運轉，可以： (A)減少油耗 (B)提昇引擎性能 (C)降低排放有毒廢汽 (D)以上皆是。

( )14. 初期發展的電腦控制引擎，其ECM主要只在控制： (A)電子化油器 (B)噴油量 (C)排放廢氣 (D)點火正時。

( )15. FORD的EEC-II在歷史上具有重要意義的是： (A)採用了含氧感知器 (B)以電腦來控制化油器 (C)點火正時、混合比都可依不同運轉狀況做調整 (D)以上皆是。

( )16. 各國車廠相繼發展出成熟的電腦控制噴射引擎是在： (A)1965 (B)1970 (C)1980 (D)1985 年左右。

( )17. 電腦噴射引擎所採用的主流系統多為： (A)SIMENS (B)BOSCH (C)PHILIPS (D)LUCAS 系統。

( )18. 美國聯邦政府要求哪一年起，進口車輛須符合 OBD-II規範？ (A)1990 (B)1994 (C)1996 (D)1998 年。

( )19. 所謂"複合動力車輛"是指： (A)採用兩種的動力來源 (B)輕負載時以燃料引擎為動力 (C)車上裝有電動馬達和發電機 (D)以上皆對 。

( )20. 目前在日本積極發展並已推出"複合動力車輛"實車的車廠是： (A)MITSUBISHI (B)HONDA (C)NISSAN (D)TOYOTA。(Hint：其車款稱做 Prius)

## 2-3 電子的基本概念

( )21. 在最外層軌道上的電子稱做： (A)自由電子 (B)離子 (C)高階電子 (D)價電子。

( )22. 下列對"原子"的描述何者為非？ (A)電子帶負電，體積小而重 (B)質子帶正電，數目與電子相同 (C)中子與質子組成原子核 (D)原子本身不帶電，為電中性。

( )23. 從表 2-1 推算，鈦(Ti)原子的原子序 22，會使用幾層能量軌道？ (A)2 (B)3 (C)4 (D)5。

( )24. 鍺(Ge)的原子序 32，則其價電子數應為： (A)2 (B)3 (C)4 (D)6。

( )25. 銥(Ir)、鉑(Pt)的原子序分別是77、78，最外層的電子有幾個？ (A) 2、3 (B)3、4 (C)都是2個 (D)都是4個。

( )26. 一個5價原子若獲得了3個電子，易成爲： (A)3價陰離子 (B) 3價陽離子 (C) 2價陰離子 (D) 2價陽離子。

## 2-4 電流與電壓

( )27. 現今廣被應用的發電原理是： (A)光電效應 (B)靜電現象 (C)化學反應 (D)電磁感應。

( )28. 下列敘述何者爲誤？ (A)電流方向是由正到負 (B)電子流方向與電流方向相反 (C)電子流與電流都是描述電子的流動現象 (D)電流是推動電子流動的力量。

( )29. 電壓越高時， (A)電子較易流動 (B)電位差越小 (C)會產生較多的電子 (D)電阻較小。

( )30. 汽車電瓶的"12 伏特"是指正極與車身間的： (A)電動勢 (B)電位差 (C)電壓 (D)電壓降。

( )31. 電壓受到線路中電阻影響所產生之衰減，稱作： (A)電動勢 (B)電位差 (C)分壓 (D)電壓降。

( )32. 下列對電壓的敘述何者爲誤？ (A)電壓是電流產生的原動力 (B)當電瓶沒電時，是指沒有電壓了 (C)電子會由高電壓往低電壓處流動 (D)電壓越高，所能產生的功率也越高。

( )33. 交流電壓的符號是： (A)V (B)v (C)I (D)A。

## 2-5 電阻

( )34. 影響電阻大小的因素有： (A)導線溫度 (B)導線長度 (C)連接狀況 (D)以上皆是。

( )35. 通常，金屬導線愈細，其電阻： (A)愈大 (B)愈小 (C)無直接關係 (D)不一定。

( )36. 交流電路中的電流阻力被稱做： (A)電阻 (B)電壓降 (C)交流抗 (D)阻抗。

( )37. 下列何者不是被動電子元件？ (A)電晶體 (B)電阻器 (C)電容器 (D)電感器。

( )38. 下列對"potentiometer"的描述，何者為非？ (A)大多是 2 線式的可變電阻器 (B)作用如同一個分壓器 (C)TPS 為常見實例 (D)中文譯作電位計。

( )39. 下列對"rheostat"的描述，何者為對？ (A)不適於使用在汽車電腦控制系統上 (B)大多是 3 線式的可變電阻器 (C)總電阻一直保持在固定值 (D)輸出為一變動的電壓訊號。

( )40. 哪一種電阻器較適合使用在越來越小型化的汽車ECM內？ (A)繞線電阻 (B)金屬膜電阻 (C)網路電阻 (D)水泥電阻。

( )41. 晶片型電阻的特點是： (A)小型化 (B)穩定性高 (C) 適於自動化生產、裝配成本低 (D)以上皆是。

( )42. 汽車上常用之碳膜電阻器的功率多在： (A)10W (B)5W (C)2W (D)1/2W 以下。

( )43. 若車上某電路需使用一 300Ω電阻器，則其消耗功率約為： (A)5W (B)2.5W (C)1W (D)0.5W。

( )44. 同上題，在考慮安全係數下，宜選用額定功率多少之電阻器？ (A)20W (B)10W (C)5W (D)3W。

( )45. 某電阻器色碼由左至右分別是：藍-綠-黃-銀色，則其電阻值為多少？ (A)$46\times10^{3}\Omega\pm5\%$ (B)$67\times10^{4}\Omega\pm10\%$ (C)$56\times10^{3}\Omega\pm5\%$ (D)$65\times10^{4}\Omega\pm10\%$。

( )46. 若電阻器色碼只有三環，由左至右分別是：紫-黑-紅，則電阻值：(A)700Ω (B)7200Ω (C)誤差±10％ (D)誤差±20％。

## 2-6 電容器、2-7 電功率

( )47. 電容器介電物質的絕緣性愈好，則 (A)電容量愈大 (B)電壓愈強 (C)放電速率愈快 (D)愈不易充電。

( )48. 理論上，電容器： (A)並不會消耗任何能量 (B)會無限期地放電 (C)正極板上所吸附的是電子 (D)使電子流由正極板流向負極板。

(　)49. 電容器的功用有：　(A)濾波　(B)耦合　(C)儲電　(D)以上皆是。

(　)50. 關於電解質電容的描述，何者爲非？　(A)只能製成有極性產品　(B)介電物質爲鋁氧化物　(C)極性接反會破壞介電物質　(D)長接腳爲正極。

(　)51. 電容器的單位是：　(A)法拉　(B)微法拉　(C)μF　(D)以上皆是。

(　)52. 總表面積相同之電容器，若極板的距離愈大，則電容量：　(A)愈小　(B)愈大　(C)不變　(D)不一定。

(　)53. 交流訊號經過電容器的耦合作用後，輸出訊號成爲：　(A)無脈波的直流　(B)有脈波的直流　(C)純交流波　(D)與輸入訊號同。

(　)54. 下列對電功率的敘述，何者爲非？　(A)以符號P代表　(B)指電在單位時間內做功的能力　(C)機械功率可與電功率互相轉換　(D)相同電功率下，電壓愈高則消耗電流也愈大。

## B. 簡答及繪圖部份：

### 2-1 電的歷史

1. 何謂固態電子學，簡述之。
2. 試述眞空管的發明史。

### 2-2 汽車電子化的發展史

3. 簡述福特汽車公司"電子引擎控制系統"(EEC)的發展過程。
4. 試比較初期所發展的電腦控制引擎與今所採用之系統，有何不同。
5. 從網路上查詢國內、外在複合動力車輛方面發展現況。
6. 何謂"ZEV"，未來展望如何？

### 2-3 電子的基本概念

7. 請寫出電子學與電學的不同點。
8. 試畫出觸媒轉換器內所用之附著材料：鈀(46)、銠(45)的原子模型圖。
9. 何謂自由電子。

### 2-4 電流與電壓

10. 大自然中有哪些方法可以產生出電？
11. 試解釋：電壓、電位差、電動勢及電壓降的意義。

## 2-5 電阻

12. 請寫出影響電路中電阻值的因素。
13. 電阻器有什麼功用？試舉出汽車上的實例。
14. 變阻器與電位計有何不同？試舉例說明之。
15. 何謂厚膜式電阻？
16. 請列出晶片型電阻、網路電阻的優點。

## 2-6 電容器、2-7 電功率

17. 電容器在電路中有什麼功用？
18. 何謂介電物質？對電容器有何影響？
19. 依介電物質的不同，電容器可分爲哪些種類？
20. 請寫出目前有哪些新式的電容，優點爲何。
21. 寫出影響電容量的因素。
22. 何謂電容器的“耦合與濾波”作用，試畫圖說明之。
23. 某車使用90W頭燈四顆，試計算在近光和遠光時，各需消耗多少電流。

# 3 電磁原理

## 3-1 磁的基本概念

自有天地以來，即發現在含有$Fe_3O_4$的礦鐵中，具有吸引鐵屑的特性，這種奇妙現象，就是今天所稱的「磁性」。19世紀初，德國數學家高斯(K.F.Gauss)開始研究地磁效應；接著，丹麥物理學家奧斯特(H.C.Oersted)發現通上電流的導線具有磁效應；最後，法國的安培(A.M.Ampere)則證明了電磁作用與電流的關係。今天，我們都知道電能夠產生磁，而磁也可以感應生電，並且在汽車電子工業上，更是廣泛地運用了電磁原理來製造元件、控制電路。

### 3-1-1 磁的特性

磁鐵
- 天然磁鐵：具有弱磁性之磁鐵礦。
- 人造磁鐵
  - 永久磁鐵：經由磁化後，磁性可保持一長時間。
  - 電磁鐵：只在通電磁化時具有磁性。

#### 地磁

地球本身便具有南北磁極，其位置與地理上的南北極稍有差距，並不一致。磁北是在加拿大北部的威爾斯島附近，磁南則位在南極大陸上的維克斯地。因此，在地球周圍大氣內便有磁性現象。

#### 磁鐵的特性

1. 具有南北二極：靜止時恆指向南北，向北方者爲*N*極；指向南方者稱*S*極。
2. 同性相斥，異性相吸。
3. 磁鐵磁性強弱以所發出之磁力線多少來表示。磁性以兩端最強，中間最弱。
4. 磁力線方向自磁鐵*N*極發出到*S*極，再從磁鐵內部*S*回到*N*極，完成磁迴路。若以三度空間來看，則磁力線所構成的空間，很像一個甜甜圈。

#### 磁場

磁力線雖然看不見，但是磁力卻是存在的。爲了便於瞭解，英國物理學家法拉第(M.Faraday)認爲由許多磁力線所構成的連續力場就叫作**磁場**。有時也稱作**磁通**(magnetic flux)。磁場具有一些性質：

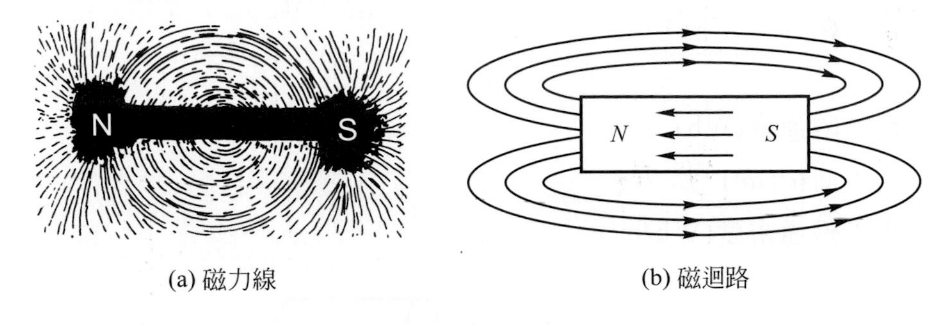

(a) 磁力線　　(b) 磁迴路

圖 3-1　磁鐵的特性

1. 磁場內部的磁力線為一封閉的曲線。
2. 磁力線絕不相交。
3. 磁力線上任何一點之切線方向，即是該點磁場的方向。
4. 磁場強度較大處，其磁力線亦較密。磁場最強處在兩極。
5. 磁力線有排他性，故同性相斥；磁力線具彈性，可自由縮短，故異性相吸。

## 3-1-2　磁化、磁通密度

### 磁化

使不帶磁性的物體變成帶有磁性的過程，稱爲**磁化**。在磁化過程中，物體的磁分子會成規則之排列，磁化的方法有：

1. **摩擦**：拿一小塊含碳量高的鐵，不斷地和天然磁石摩擦，則這塊鐵將會變成永久磁鐵。其磁性將一直保有，除非受到大的撞擊。但是，含碳量較低的軟鐵則無法成爲永久磁鐵。
2. **直流電感應法**：將待磁化之物體繞上線圈，並通以直流電源後，即可使此物體帶有磁性。這也是目前工業上常使用的一種方法。如圖 3-2，在通電一短暫時間後，螺絲起子便具有磁性了。

### 磁通密度

磁場強度一般均以磁力線多寡表示之，而磁力線的數量稱爲**磁通量**($\phi$)。磁通量的單位在 M.K.S 制中爲韋伯(Wb)表示。**磁通密度**則是指每單位面積內，垂直通過的磁力線數目，亦即：

$$B=\frac{\phi}{A} \tag{3-1}$$

$\phi$ ：磁通量(Wb)

$A$ ：面積($m^2$)

$B$ ：磁通密度($Wb/m^2$)

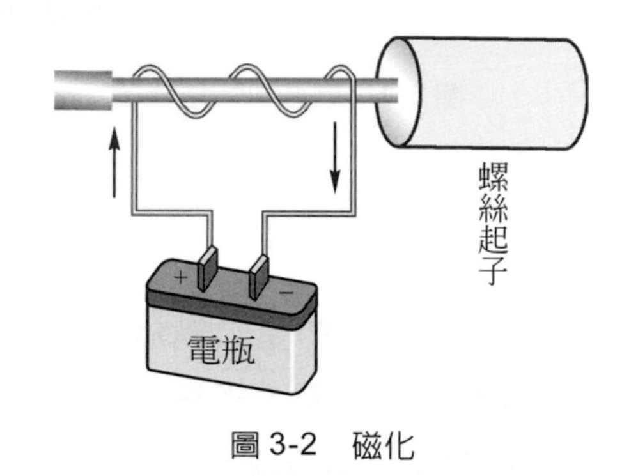


圖 3-2　磁化

## 3-1-3　磁的應用

### 磁化

將一片未帶磁性的鐵片，靠近磁場時，則鐵片也會被磁化成磁鐵，如圖 3-3，在鐵片靠近磁鐵$N$的地方(磁力線的進入端)會被感應成$S$極，鐵片的另一端則被感應成$N$極。因為異性相吸，使得鐵片被吸動。

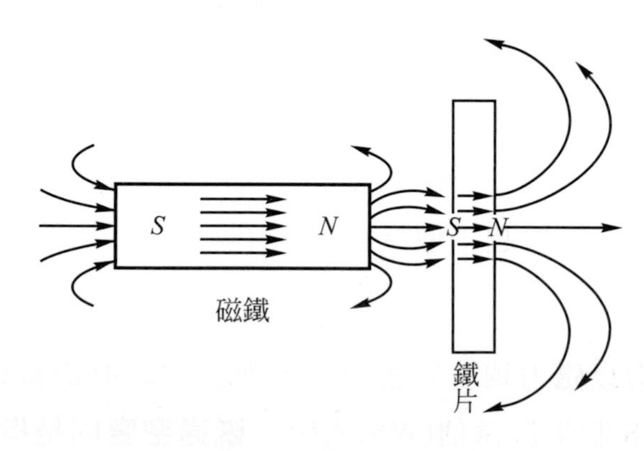


圖 3-3　鐵片被磁化

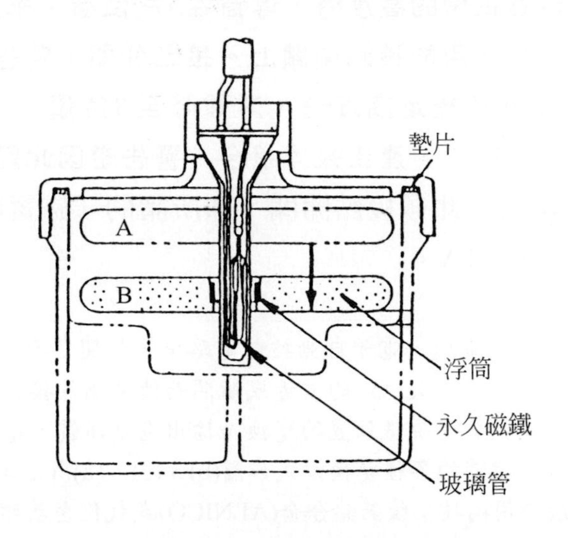


(a) 貯油室

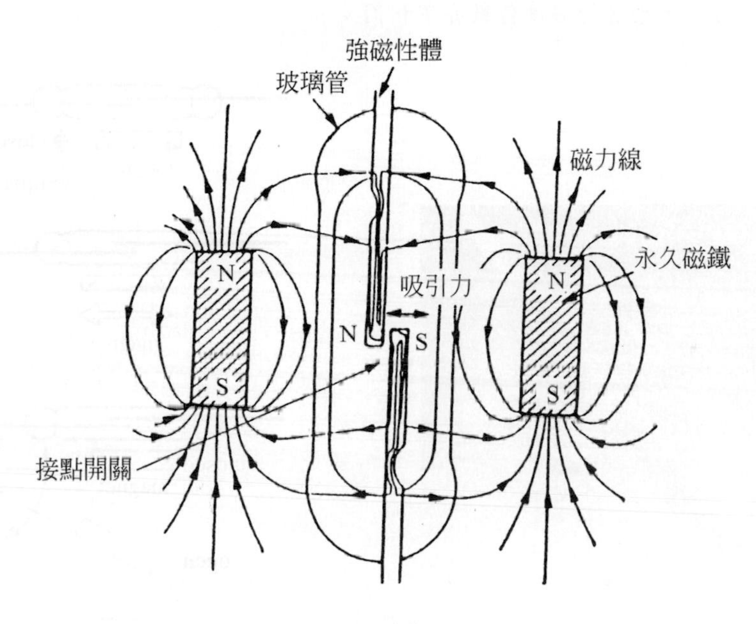


(b) 接點開關

圖 3-4　煞車油面開關

如圖 3-4 爲一煞車總泵貯油室內之煞車油面開關構造。在狹長的玻璃管內，放入兩薄片狀的強磁性體金屬做爲接點開關。玻璃管中封入惰性氣體，以防止接點表面腐蝕。其作用情形如下：

1. 當煞車油面位在正常的高度時，浮筒在$A$之位置，永久磁鐵所產生的磁力線自成迴路，未作用於接點開關上。接點分開，警告燈不亮。
2. 當貯油室油面低於規定高度時，浮筒降至$B$位置，永久磁鐵靠近接點開關，使兩金屬片磁化，產生吸力接合，警告燈因此點亮。

通常汽車上所使用之此類接點開關，即所謂的「磁簧開關」(reed switch)(註)，導通電流大約在0.1A。

---

註：磁簧開關常被應用在許多電機、電子自動控制電路中，如圖3-5(a)。將導磁性良好的兩金屬片封入玻璃管內，然後藉由永久磁鐵的靠近或離開而使金屬片接合或打開。如果金屬片的一端接電壓源，則另一端便會受磁鐵位置的變換而輸出電壓訊號，儀表板內的車速輸出訊號即是利用磁簧開關製成。磁鐵的各種變換方式如圖(b)、(c)、(d)所示。

永久磁鐵的材料一般使用兩種：鎳鈷鋁合金(ALNICO)或氧化金屬類的陶瓷材料。受到所使用的磁鐵材料不同的影響，磁鐵的形狀也有不同。ALNICO多製成柱狀，而氧化鐵材料則製成環狀或片狀。另外，兩者的溫度係數亦不相同。

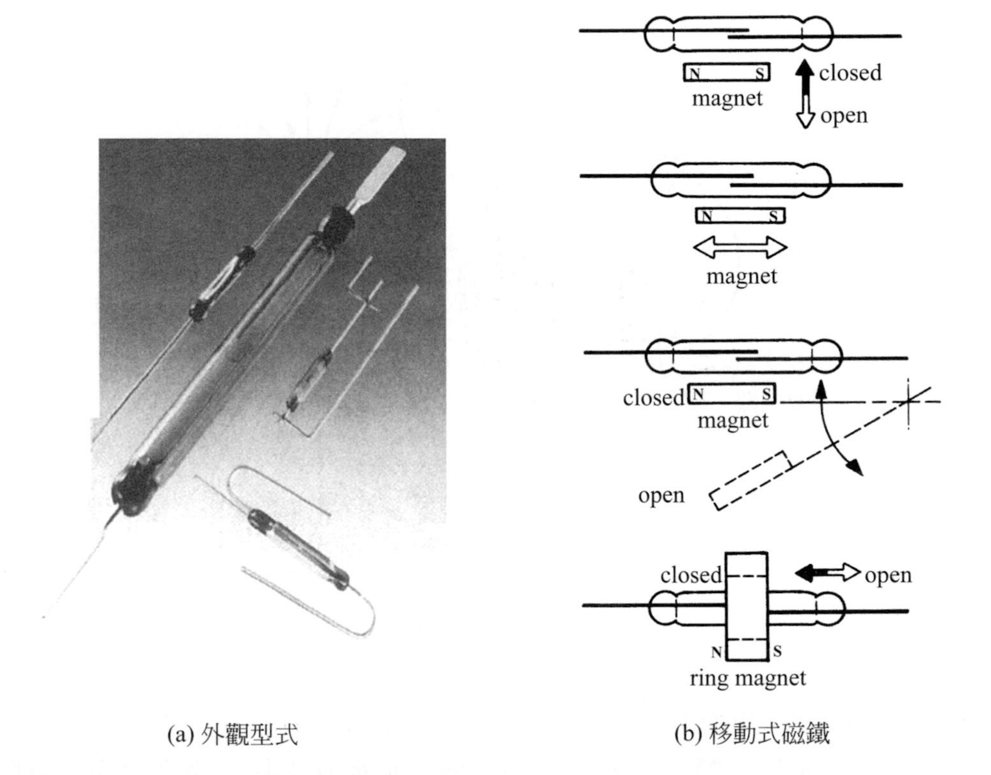


(a) 外觀型式　　(b) 移動式磁鐵

圖3-5　磁簧開關(資料提供：駿融企業)

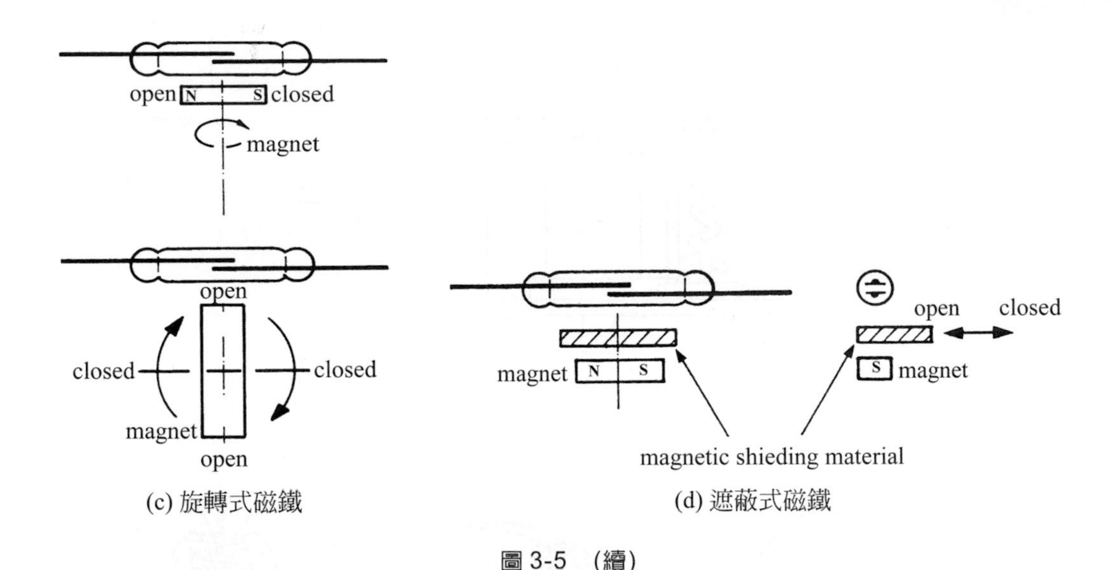


(c) 旋轉式磁鐵

(d) 遮蔽式磁鐵

圖 3-5 (續)

## 磁阻

磁學中的**磁阻**(reluctance)就如電子學中的電阻一樣，磁場分佈中的磁力線總是找尋一條磁阻最小的迴路。而鐵的磁阻比空氣的磁阻小。如圖 3-6 所示，在相同線圈匝數與電流值的條件下，以中間放入導磁體的鐵芯所感應之磁力最強，空氣芯次之，而以抗磁體之銅芯材所感應之磁力最弱。

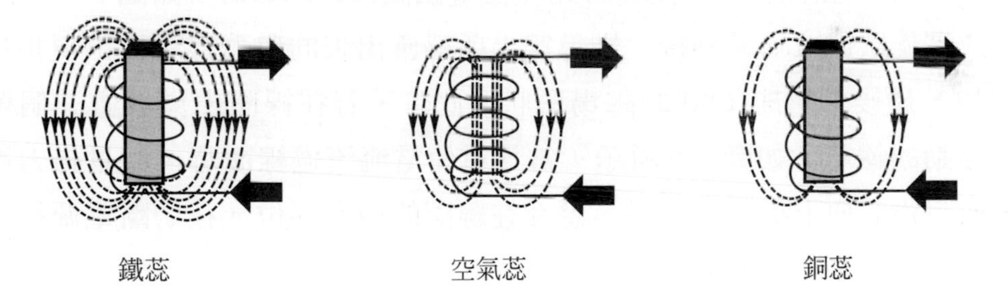


圖 3-6 磁力與中間導磁體之關係

汽車中常見之繼電器(Relay)，如圖 3-7 所示，在線圈中置一鐵芯，導磁率可增加到20000倍，所以只需利用小電流通過線圈，就可產生很強的磁力，將鐵片吸下，使接點閉合或打開。

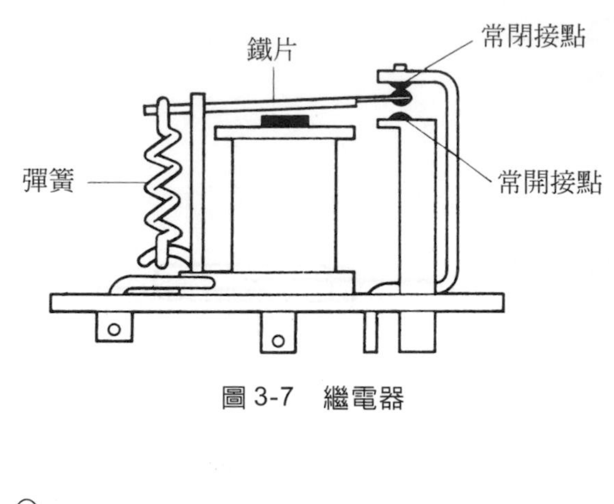


圖 3-7　繼電器

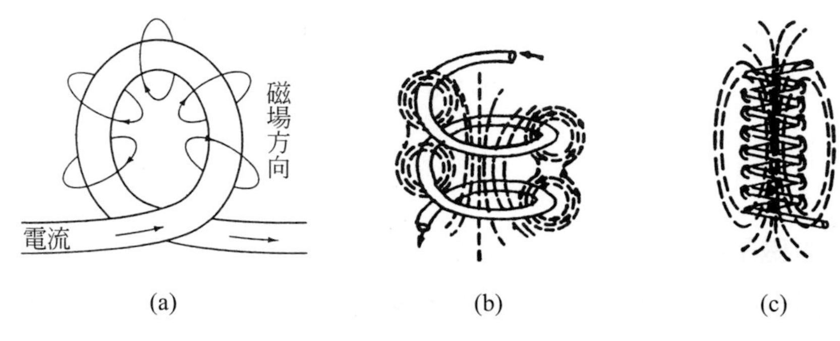


圖 3-8　螺旋狀導線的磁場分佈

另一個應用磁阻原理所製成的元件爲電磁閥(Solenoid)。如圖 3-8 所示，把導線作成螺旋狀或成爲線圈後，則導線上所感應出來的磁力線也會出現相加或抵消的現象，最後會形成(c)圖的磁場形狀。此時，若在線圈中央放置一個可以自由上下移動的鐵芯，如圖 3-9 所示，當通電使電流流過線圈時，大量磁力線通過鐵芯，而將鐵芯向上提起，使鐵芯懸浮在線圈的中心部位。在切斷電源後，鐵芯則在線圈中落下並回到原位。

## 磁性變態

當鐵處於常溫時能夠被磁鐵吸住，但是當鐵的溫度逐漸上升，在溫度到達 768℃時，卻會變得無法被磁鐵所吸引，鐵的這種失去磁性的現象被稱作**磁性變態**。768℃則稱爲磁性變態點。肥粒鐵(Ferrite)爲當今工業上常用的一種磁性物質，它是由$Fe_2O_3$燒結而成。此種材料擁有良好的特性，其磁性變態點只有 80℃

的低溫。不僅如此，它還具有高的導磁性。

利用「磁性變態」原理所製成的水溫開關，常應用於引擎冷卻系統中，做爲控制冷卻風扇運轉的開關。

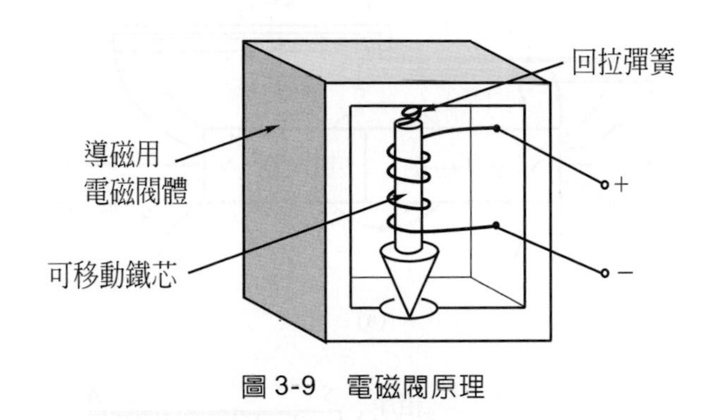


圖 3-9　電磁閥原理

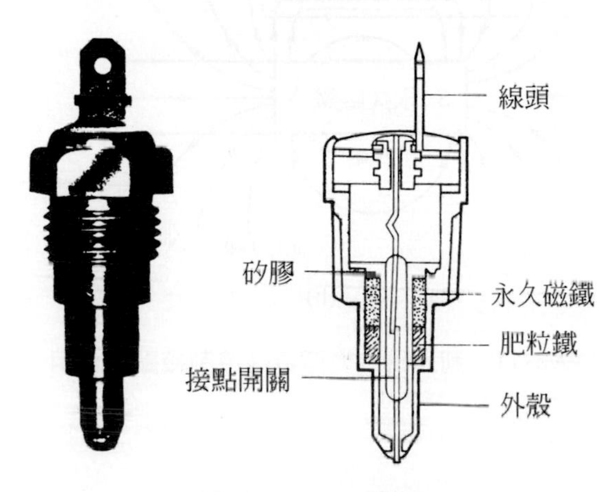


圖 3-10　水溫開關

水溫開關內部主要有永久磁鐵、肥粒鐵和接點開關等。永久磁鐵與肥粒鐵乃製成一體，利用肥粒鐵的「磁性變態」特性使接點開關閉合或打開。其作情形如下：

1. 當引擎水溫低時，永久磁鐵與肥粒鐵可視爲一塊磁鐵，接點開關的兩鐵片上有磁力線通過，因此在接點處的鐵片便會分別形成*S*和*N*極，產生相吸閉合作用，使線路導通。如圖3-11(a)所示。
2. 當引擎達到工作溫度，水溫上升，以致於肥粒鐵達到其磁性變態點(90℃)時，肥粒鐵便失去磁性(不導磁)。由於磁鐵變短，使得磁力線在接點處形成左右分開的情形，如圖 3-11(b)所示。鐵片接點便被磁化成兩個相同的$S$極，產生相斥分開作用。

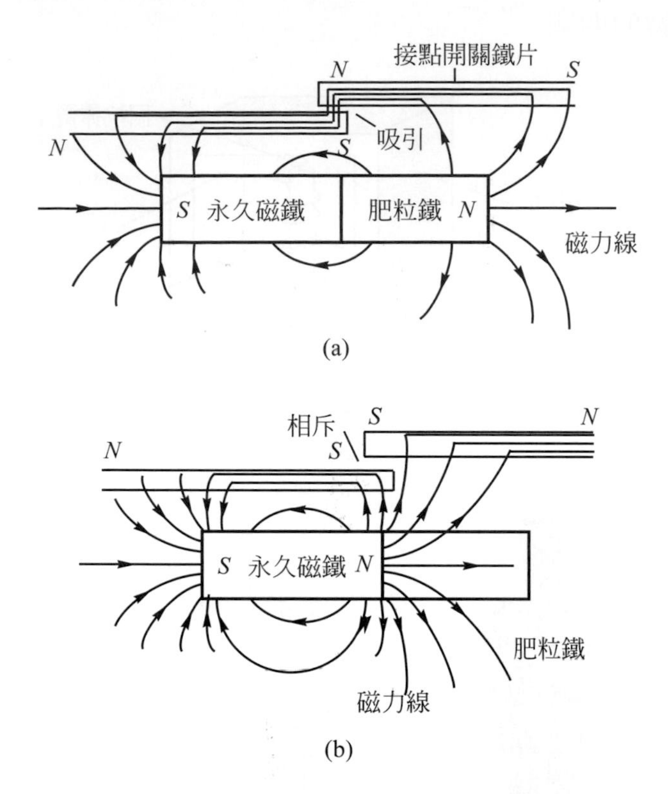


圖 3-11　利用磁性變態特性控制接點的作用

## 渦電流

磁的渦流現象一般出現在鐵芯上。當鐵芯上的磁場因爲電流的改變或是因爲運動而產生變化時，在鐵芯上會感應出一個反向電壓，此感應所生成的電流會在鐵芯內流動，這個現象就叫作**渦電流**(eddy current)。渦電流在導磁體(如鐵芯)內流通時，因導磁體本身具有電阻的緣故，會產生熱，使溫度升高。這種因電阻所造成渦電流的功率損失，稱作**渦電流損失**。

一般工業上所採之鐵芯，其損失主要即來自渦電流損失。根據史丹麥滋經驗，渦電流損失的公式爲：

$$P_e = KeB^2 ft^2 \qquad (3\text{-}2)$$

$P_e$ ：鐵芯單位體積內之渦電流損失($W/m^3$)

$K_e$ ：各種材料之渦電流損失係數

$B$ ：磁通密度($W/m^2$)

$f$ ：電源頻率

$t$ ：鐵芯厚度

由上式可知：當鐵芯的厚度愈薄，其渦電流損失也愈小。故常看到在鐵芯體積維持不變的原則下，減小鐵芯厚度而增加疊片數，或在鐵片間加以絕緣，不使各鐵片互相並聯，則渦電流損失可減至最小。

如圖 3-12 所示，鐵芯的內部會因爲電流導通的瞬間而誘生感應渦電流，此渦電流方向與導通電流方向相反。

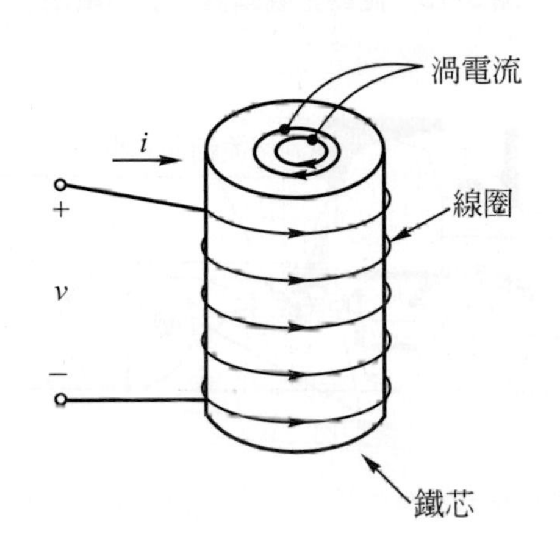


圖 3-12　鐵芯內部的渦電流

另一個例子則如圖 3-13 所示，當圓形金屬圓盤旋轉到磁鐵的兩極中間時，金屬圓盤上會感應出電流，其方向遠離圓心。此感應電流會在金屬圓盤內找尋一條電阻最小的路流通，形成迴路，此電流迴路便是「渦電流」。

請注意渦電流(迴路)的方向爲往回朝向圓心，因此依弗來明右手定則(參見第 3-4 節)得知，此渦電流方向將和磁場作用產生一運動，其方向則和原旋轉方向相反，而阻止金屬圓盤的旋轉。

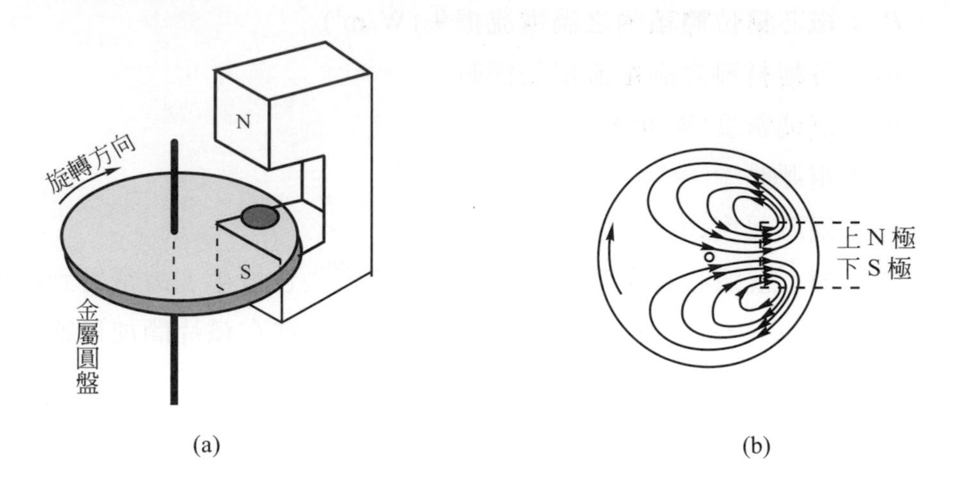


圖 3-13　旋轉金屬圓盤上的渦電流

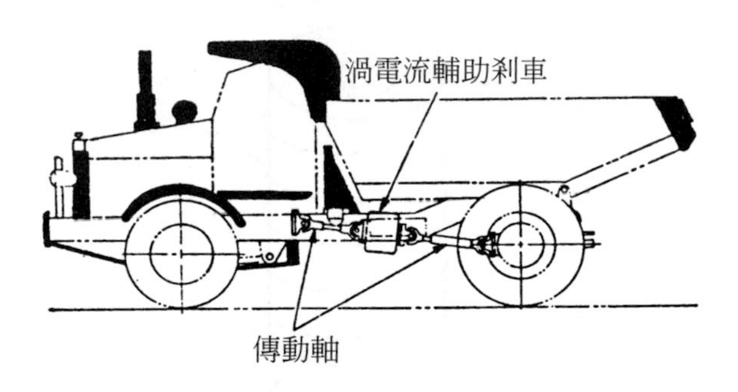


圖 3-14　渦電流輔助煞車安裝位置 (取自：現代汽車原理，黃靖雄著，全華)

在大型車輛上所使用之電磁輔助煞車，即是利用這種渦電流制動的原理，如圖 3-14 所示。大型高速化的汽車對煞車性能的要求也相對提高，尤其在下長而急的斜坡時，除了車輪煞車以外，還需藉助其他型式的輔助煞車(減速裝置)來達到高速安全行駛的目標。如圖 3-15 所示爲渦電流輔助煞車之圓筒，它主要是由線圈組、磁極以及中間的金屬圓盤所組成。如圖 3-16 所示，電磁鐵藉固定螺栓鎖在車大樑上，電磁鐵本身並不會隨傳動軸旋轉。電磁鐵的前後兩面則分別裝有一塊圓形金屬盤，此金屬圓盤中央有栓槽孔與傳動軸結合，當傳動軸轉動時，金屬圓盤便跟著旋轉。

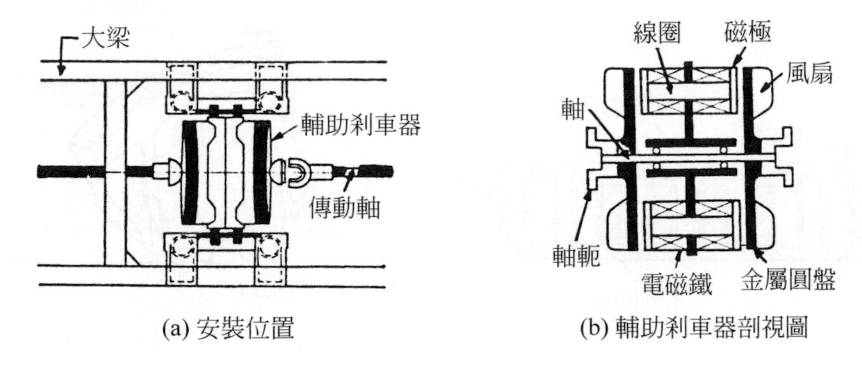


圖 3-15　渦電流輔助煞車簡圖

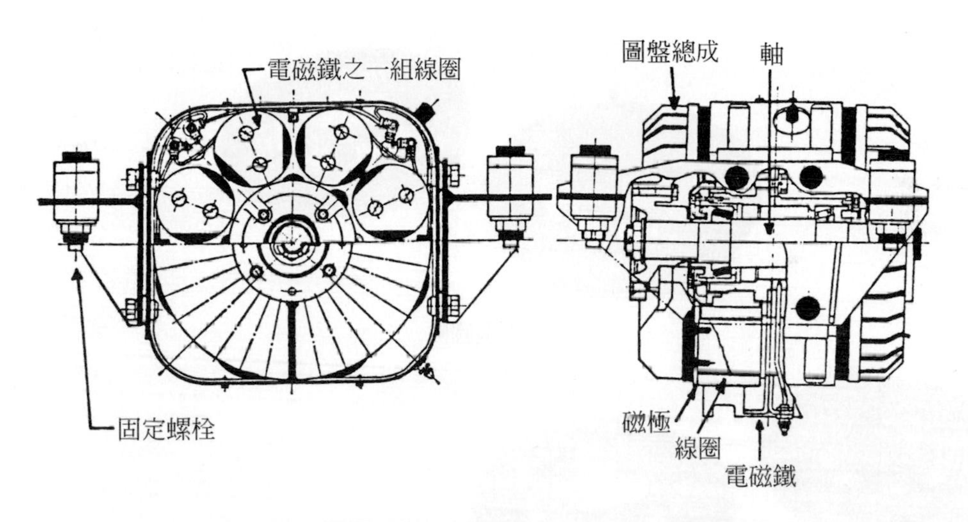


圖 3-16　渦電流輔助煞車構造 (取自：同圖 3-14)

電磁鐵上有數組線圈，當電流自電瓶通過控制繼電器送入線圈時，電磁鐵即產生$N$、$S$極相間之磁極。傳動軸上的金屬圓盤在此磁極左右兩側旋轉而切割磁場，如圖 3-17(a)所示。依渦電流產生之原理，切割磁場的同時，在金屬圓盤上也會產生渦電流，此渦電流再產生磁力線，磁力線所產生之作用力方向則正好與金屬圓盤的旋轉方向相反(與圖 3-13 相似)，達到減緩傳動軸轉動之目的。

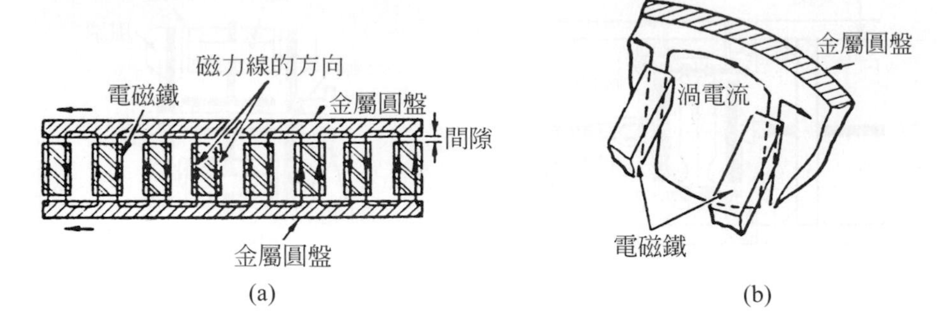


圖 3-17　磁力線與渦電流之產生

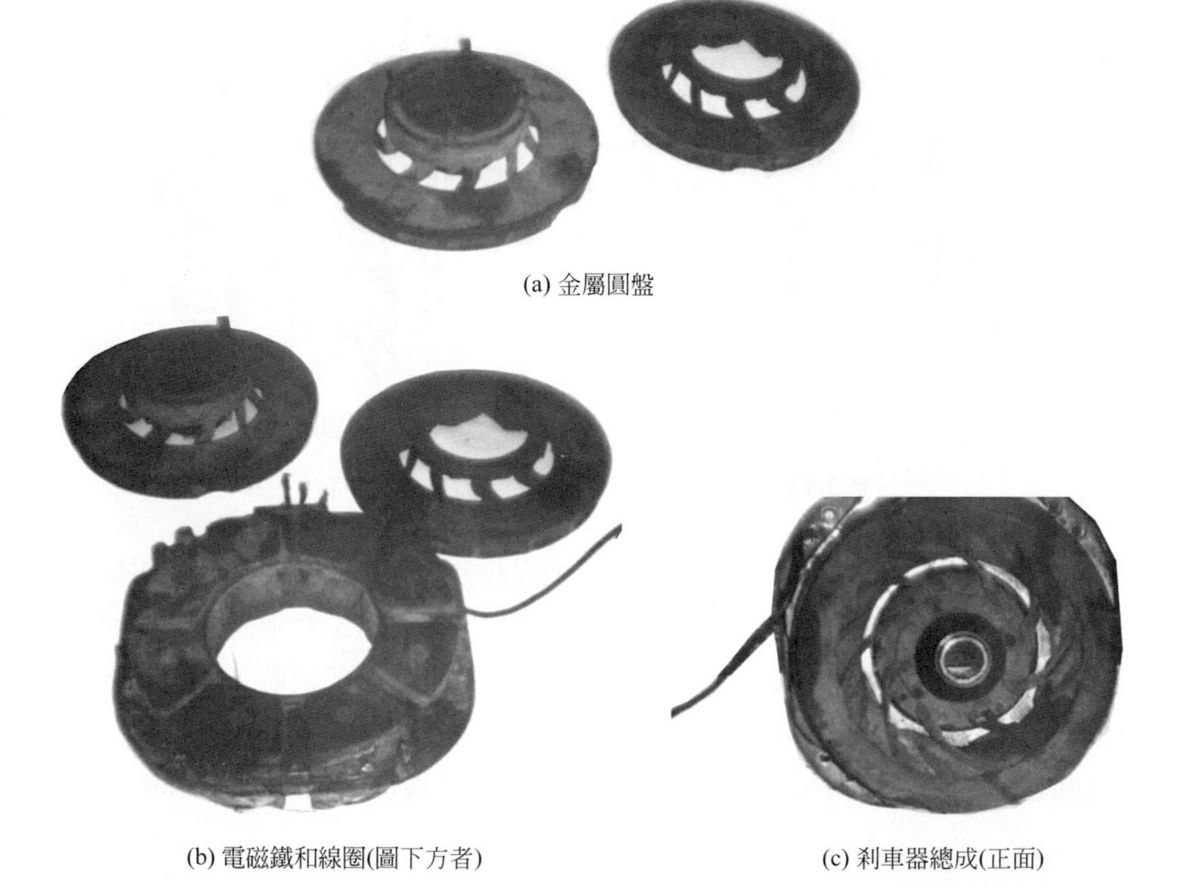

(a) 金屬圓盤

(b) 電磁鐵和線圈(圖下方者)

(c) 刹車器總成(正面)

圖 3-18　渦電流煞車器

由於渦電流煞車時的渦電流會在金屬圓盤上產生熱，因此，在圓盤的外緣都製有散熱風扇葉片。圖 3-18 爲渦電流煞車器之實體圖。渦電流式的電磁輔助煞車(減速器)目前較常出現在歐洲車種(註)，如 SCANIA、VOLVO、DAF…等。日系車則較少見，只在 FUSO(330HP)、Hino(245HP)等少數車型看得到。車子採用此種型式之煞車的主要目的在降低傳動軸轉速，但必須在車速達到40～60km/hr 以上時才有作用。

## 3-2 電與磁的關係

最早發現電與磁關係的科學家是法國的物理及數學家安培，爲了紀念他，電流的單位便取作「安培」。1820 年丹麥物理學家奧斯特做實驗時首先發現，當一根導線通上電流時，會使導線附近的磁針產生偏轉，如圖 3-19 所示。並且，磁針會與導線成垂直方向。

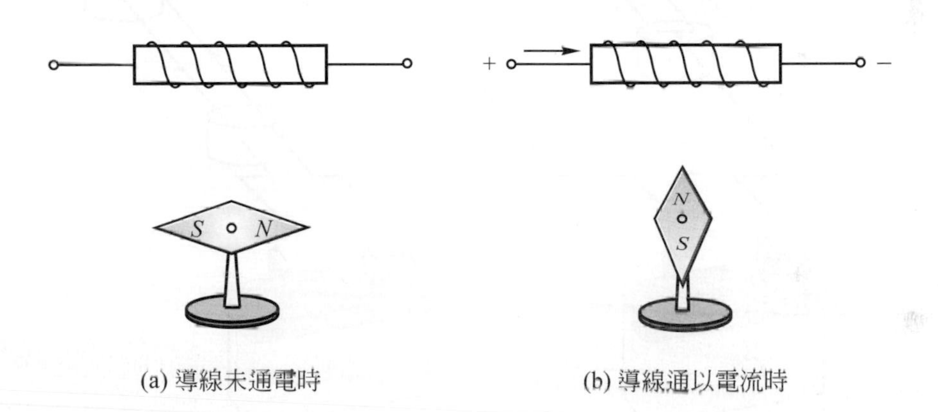


(a) 導線未通電時　　(b) 導線通以電流時

圖 3-19　奧斯特的實驗

自奧斯特發現電流會產生磁場的現象之後，緊接著安培就根據此現象提出解釋，而發表了「安培右手定則」。

註：現在歐洲車種亦相繼改採油壓減速裝置來替代電磁渦流減速器。

## 3-2-1 電磁效應

所謂「電磁效應」方面的研究是指在導線上通以電流而來觀察因磁力線變化，使導線運動的學科。簡言之，電磁效應即是**由電產生磁的現象**。

安培於 1820 年實驗發現在兩平行導線中，通以電流，則平行導線之間會產生作用力。在相距 1m的平行導線中通上 1A的電流時，其間會產生相當於 $2\times10^{7}$ 牛頓的力量。如圖 3-20 所示，若兩平行導線的電流方向相同，則其間將有吸引力發生；若電流方向相反，則產生排斥力。

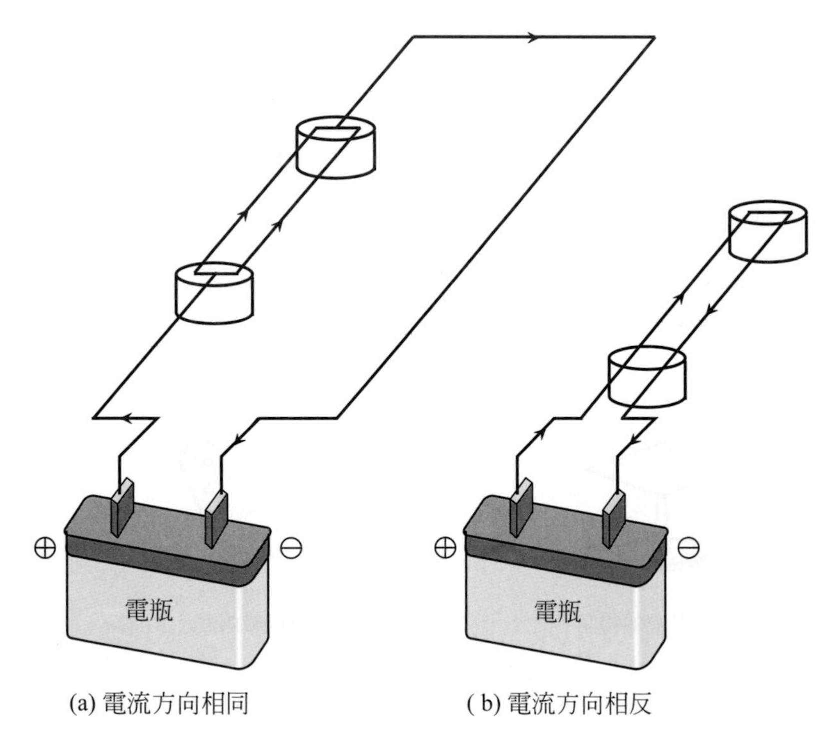


(a) 電流方向相同　　( b) 電流方向相反

圖 3-20　安培的實驗

因爲一條導線對於自己所建立的磁場並不能產生作用力，而須與另一條導線所建立之磁場發生關係，來產生彼此間的作用力。因此此一實驗得出一重要結果，即通有電流之導線將和鄰近磁場的磁力線發生作用力，其大小爲：

$$F = BIl\sin\theta \tag{3-3}$$

$F$ ：作用力(牛頓)

$B$ ：磁通密度($Wb/m^2$)

$I$ ：導線上的電流(A)

$l$ ：導線長度(m)

$\theta$ ：電流方向與磁力線方向的夾角

由公式 3-3 可知，當電流與磁力線成垂直($\theta = 90°$)時，$\sin\theta = 1$，其作用力最大。在這個實驗中，兩條導線因通電的方向不同，而出現不同的運動。這使得安培先生提出了有名的「安培右手定則」。本實驗裡導線所產生的磁力線方向如圖 3-21 所示。安培的發現開啓了往後動電學(dynamo-electronics)的發展，他本人也成了動電學的創始者。

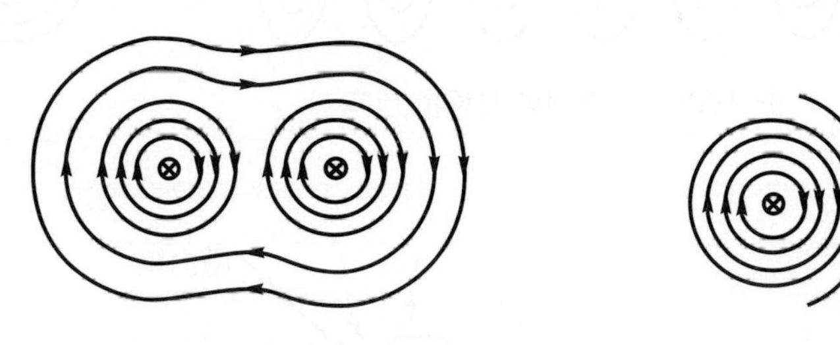

(a) 電流同方向　　(a) 電流反方向

圖 3-21　兩導線因電流方向不同而產生不同磁力線方向

## 3-2-2 安培右手定則

### 安培右手定則

主要在解釋一條導線通以電流後，導線周圍所感應出磁力線的方向。如圖 3-22 所示，以右手握導線，右大拇指表示電流方向(＋→－)，其餘四指則代表所產生之磁力線的方向。

其中的電流方向⊙表示電向我而來；⊗表示電離我而去。

安培右手定則亦可解釋圈狀導線因通電流而感應出的磁場方向。如圖 3-24 所示，若將導線繞成圈狀，則右手四指代表電流流動方向，大拇指表示磁場$N$極的方向。

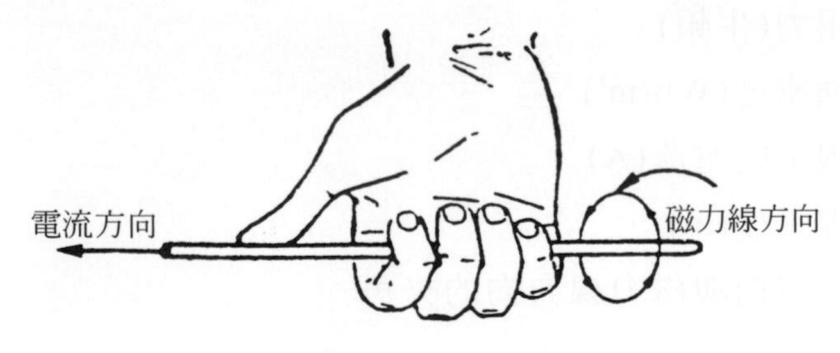


圖 3-22　安培右手定則

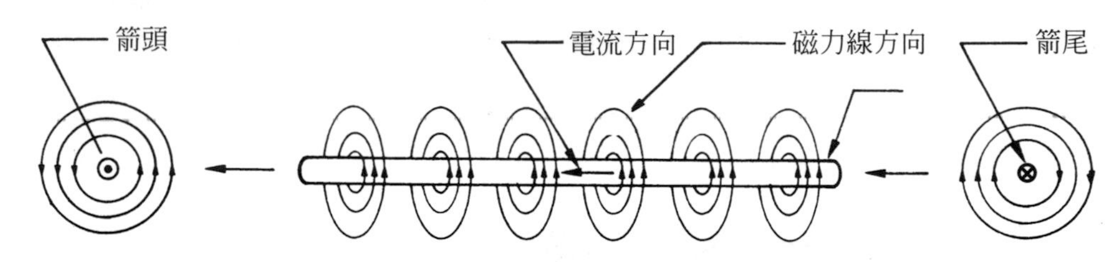


圖 3-23　電流與磁力線的方向

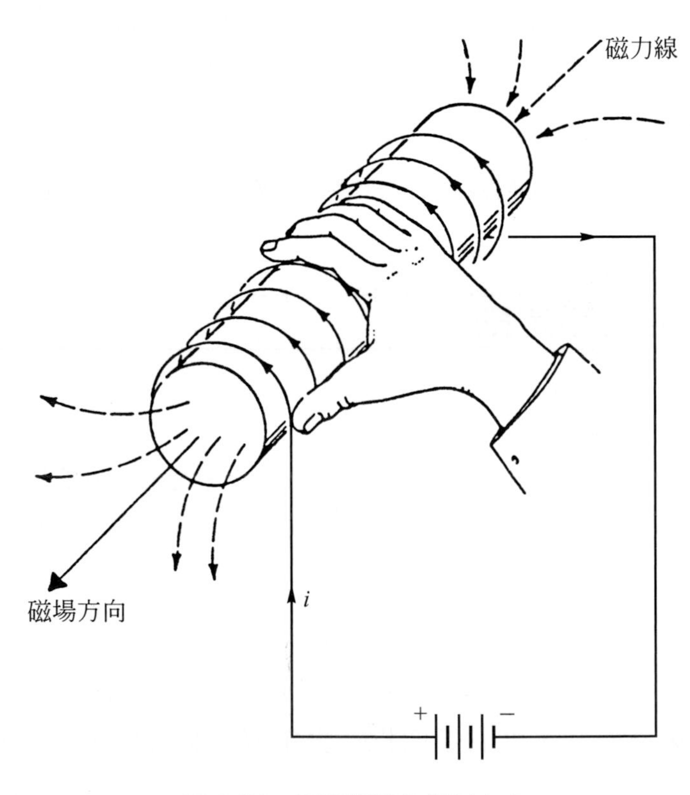


圖 3-24　圈狀導線的磁場方向

## 3-3 電　感

我們都知道將導線繞成線圈通以電流，則其周圍會產生磁場，此磁場本身即是一種能量。當電流出現變化時，磁場也必須跟著變化；於是，磁力線會有抵抗或阻止磁場變化的自然現象。這種對抗線圈內電流變化的能力，就稱作**電感**(inductance)。它是以磁能做為儲存方式。

換句話說，電感的產生主要是因為磁場(磁能)的變化所引起的。線圈所產生的電感量大小是以**亨利**(H)為單位，並以符號 ***L*** 來表示。這是為了紀念美國物理學家亨利(J.Henry)而命名的。實際使用上電感都是非常地小，所以只能以毫亨利(mH)或微亨利($\mu$H)為單位。

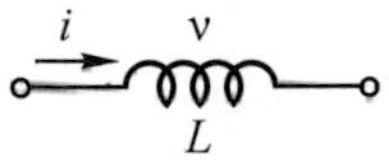

圖 3-25　電感器符號

如圖 3-25 所示，若線圈的電流變化率為每秒 1 安培，並且使線圈本身或另一線圈產生 1 伏特感應電壓(電動勢)，則這個**線圈的電感量就叫做 1 亨利**。若以數學式表示，則如公式 3-4 所示。

$$v = L\frac{di}{dt} \tag{3-4}$$

$v$　：感應電壓(V)

$L$　：電感量(H)

其中$\frac{di}{dt}$是電流$i$對時間$t$的變化率，亦即單位時間內，電流的變化量。若$dt$非常地短暫，則線圈將會感應出相當高的電壓，同樣地，若瞬間電流的改變很大($di$很大)，也會使線圈的感應電壓變得極大。

關於電感量、感應電壓以及自感、互感、充放電等現象，我們將在以下諸節中為各位介紹。

### 電感量

電感量的大小與線圈的三個物理特性有關；即：

1. 線圈的匝數。
2. 線圈的截面積及長度。
3. 線圈中間的芯材種類(即導磁係數)。

**線圈產生的電感量大小與線圈匝數及線圈直徑成平方正比的關係**。亦即，在相同導磁係數材料的芯材下，若線圈匝數加倍或線圈直徑加倍，則電感量爲原來的 4 倍。如若匝數與直徑皆加倍，則電感量會成爲原來的 16 倍。而**線圈的電感量與線圈長度成反比**，因此，當線圈長度加倍，則電感量亦減倍。

上述之物理特性以數學式描述，則如公式 3-5：

$$L = \frac{N^2 \mu A}{l} \tag{3-5}$$

$L$ ：電感量(H)
$N$ ：線圈匝數
$\mu$ ：芯材之導磁係數(Wb/A-m)
$A$ ：線圈截面積($m^2$)
$l$ ：線圈長度(m)

除此之外，電感量的大小也與磁通量有直接的關係。當兩電感器通以相同的電流時，磁通量愈大的線圈，其電感量也愈大。

$$L = \frac{N\phi}{i} \tag{3-6}$$

$L$ ：電感量(H)
$N$ ：線圈匝數
$\phi$ ：磁通量(Wb)
$i$ ：電流量(A)

## 3-3-1 電感器

導線經繞成圈狀而成爲線圈並且具有“電感”之特性的電子元件，即被稱作**電感器**(inductor)。電感器所具有的特性常應用於汽車電路上，如點火線圈(自感與互感)、電磁閥(電磁效應)、濾波電路(抗流)等等。不過，由於大多數電感器有佔空間的缺點，因此，在一些電壓源供應器中已由 IC 電路來取代電感器的濾波功能了。只有需要藉大電流工作的元件中，還可以看到這類“大型”的電子元件。

電子電路中常見的電感器有各種不同的繞線方式和不同的鐵芯形狀，如圖 3-26 所示。

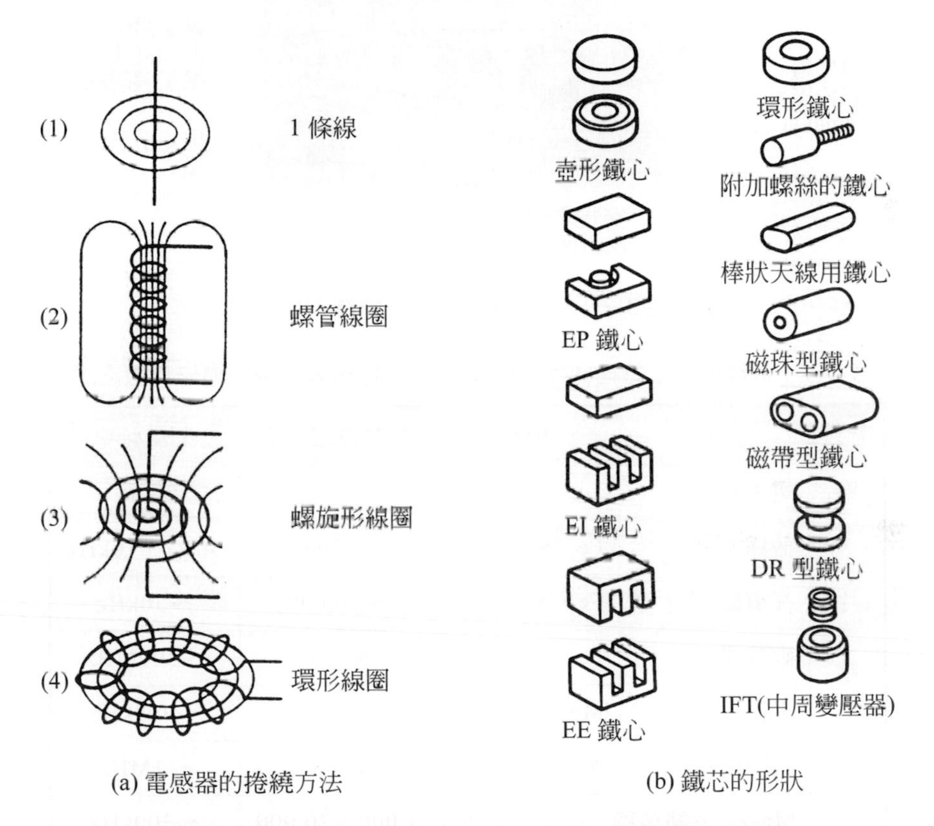


圖 3-26　電感器的捲繞和鐵芯（取自電子電路零組件應用手冊，張西川編，全華）

線圈部份是由導體繞成(理想狀態下，其電阻值爲零)，線圈中間的芯材可以是空氣、磁棒或鐵芯等。不同的鐵芯材，其導磁係數亦不同，見表 3-1。導磁係數是指磁通在材料中建立的難易度，以$\mu$爲符號，空氣的導磁係數$\mu_0 = 4\pi\times10^{-7}$

(Wb/A-m)。導磁係數愈高，愈容易建立磁通量，因此也愈易磁化。日本著名的TDK公司便對各種金屬化合物做了很深入的導磁特性研究。

通常，導磁性愈好的芯材，電感量愈大，這類電感器較適於使用在低、中頻電路(如鋼片芯)；反之，導磁性差的芯材，如鐵氧芯、空氣芯，則多用於無線電的超高頻電路中。

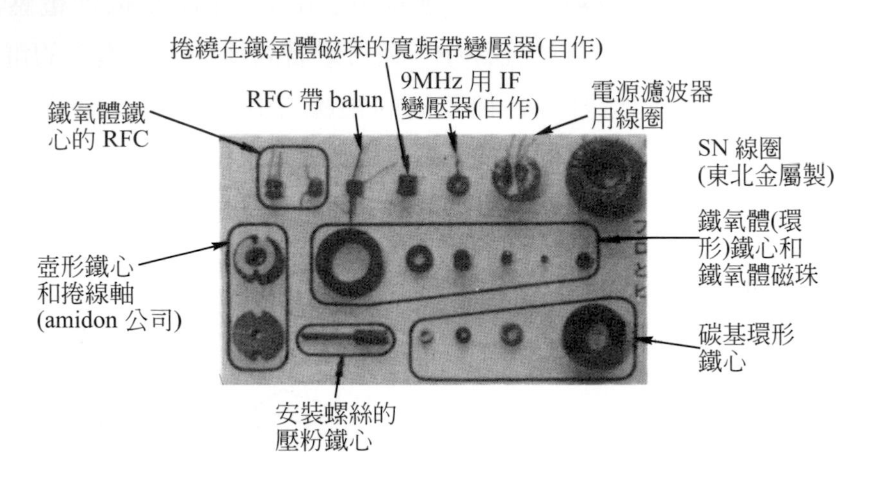


圖 3-27 電感器 (取自：同圖 3-26)

表 3-1 各種鐵芯之特性(相對導磁係數為該材料與真空的導磁係數之比)

| 分類 | 名稱 | 成份 | 相對導磁係數 | 使用頻率 |
|---|---|---|---|---|
| 鋼片 | 電磁軟鐵 | Fe | | 直流 |
| | 矽鐵素鐵 | Fe，Si | ～500 | 50Hz～10kHz |
| | 高導磁合金 | Fe，Ni | ～20,000 | ～30kHz |
| 壓粉 | 碳基鐵 | Fe | 5～20 | ～300MHz |
| | 鉬高導磁合金 | Mo，Ni，Mn | 14～147 | ～300kHz |
| | 鋁矽鐵粉 | Al，Si，Fe | 10～80 | ～1MHz |
| 鐵氧體 | Mn-Zn系鐵氧體 | | 1,000～20,000 | ～300kHz |
| | Ni-Zn系鐵氧體 | | 15～300 | ～100MHz |
| | Cu-Zn-Mg系鐵氧體 | | ～10 | ～200MHz |
| | 鈷鋇，鎂鋇系鐵氧體 | $CO_2Ba_3Fe_{24}O_{41}$<br>$Mg_2Ba_2Fe_{12}O_{22}$ | ～10 | ～1GHz |

## 電感器的感應電壓

要說明電感器上感應電壓的大小和方向，我們以圖 3-28 的實驗來描述之。

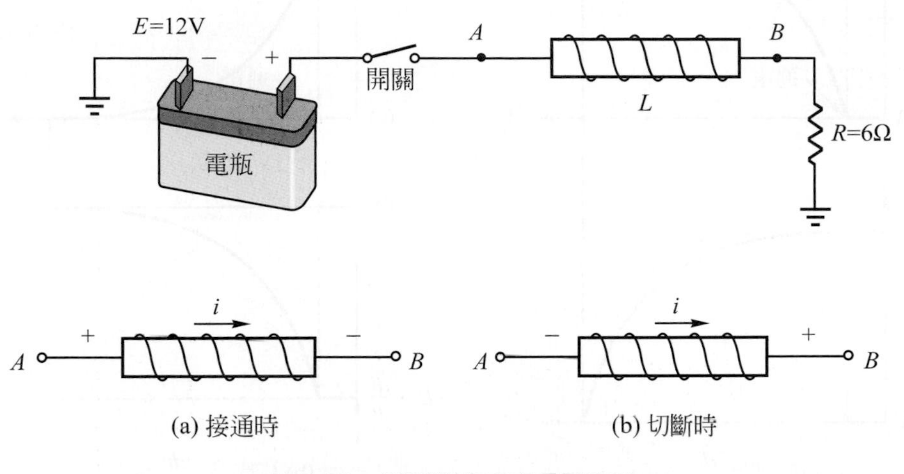


圖 3-28　電感器的感應電壓實驗

1. 當開關接通時，電瓶所送出的電流經開關由電感器左邊$A$點進入，此瞬間電感器會反抗電流的進入，於是，便產生一個與電壓源相同方向的電壓，稱作感應電壓，如圖(a)所示，左邊爲正，右邊爲負。此感應電壓產生的目的在抵抗電源電壓，所以，其大小等於電源電壓，即 12 伏特。

   但是，電感器終究抵不過持續而來的電流，因此，這個反抗的電感電壓便由大漸小，而電感器的電流量則由小漸大，直到達到平衡値($i = E/R$)爲止，如圖 3-29(a)所示。

2. 當開關切斷，電感器爲了使電路維持原電流方向的繼續流動，於是感應出一個反抗電流消失的反向電動勢，即左邊爲負，右邊爲正。如圖 3-28(b)所示。和開關接通瞬間不同的是，接通瞬間電流是由零漸漸變大；但切斷瞬間，電流卻是從飽和狀態(最大値)而漸漸變小，再加上如果斷電的瞬間時間很短，則由公式 3-4 得知， 其反抗的感應電壓將會遠大於電源電壓。

   如圖 3-29(b)所示，感應電壓前加上負號，表示反對原磁場變化。電壓隨時間而漸減至零。

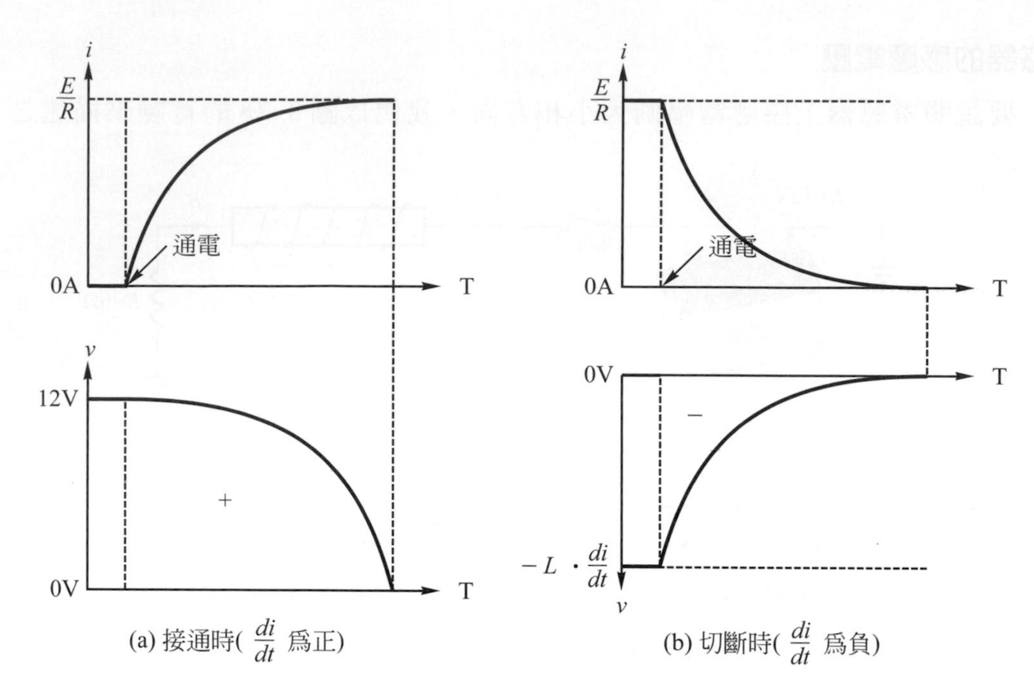


圖 3-29　感應電壓與電流之關係

3. 如果電路上的開關不停地做切換，則電感器便接受到一變化率大的高頻電流，電流不斷地在有與無之間轉換，迫使感應電壓也在正、負之間變換，如圖 3-30 所示。交流電(AC)訊號即與此現象類似。

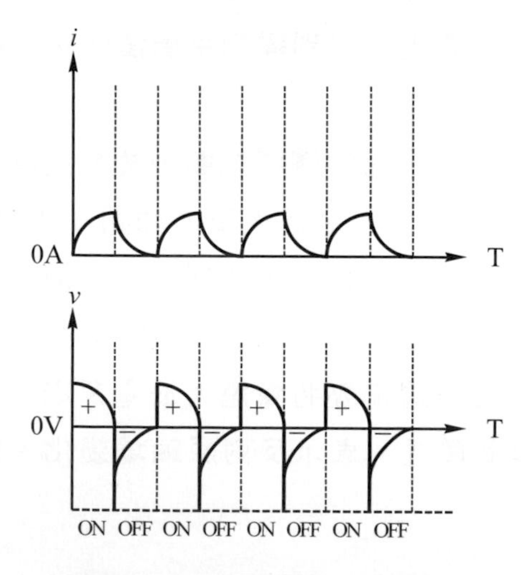


圖 3-30　連續的電流、電壓變化

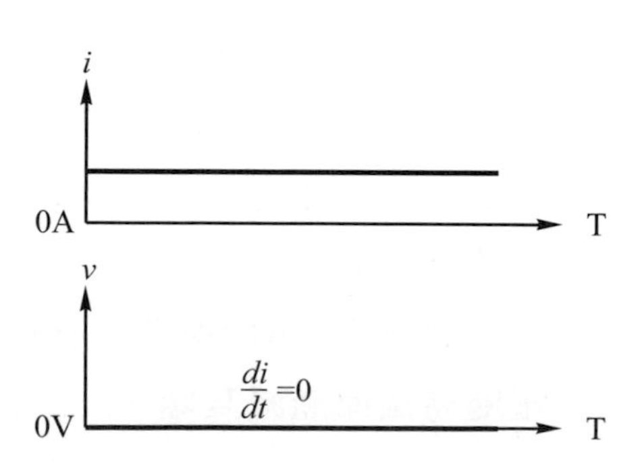


圖 3-31　直流電的感應電壓等於 0V

4. 如果在電路中通以穩定的直流電(DC)，且電流$i$不隨時間$t$而變化，則斜率 $\frac{di}{dt}$ 等於零，也就是說電感器兩端的感應電壓為零。如圖3-31所示。

**對電感器而言，交流電流使感應電壓不停地在正負間變換，會使其磁場變換頻率跟著增加，阻力升高。但是直流電流訊號，卻可以在電感器上暢行無阻。**

## 電感／電阻的時間常數

因為電路中的電感器會有阻止電流變化的特性，所以，當電路中含有電感器時，電流要流通整個電路便會出現時間延遲。**時間常數**($\tau$)便被定義為當電路中電流達到 63.2 %所花費的時間。此時間受到電感值與電阻值大小的影響，其公式如下：

$$\tau=\frac{L}{R} \tag{3-7}$$

$\tau$ ：時間常數(秒)

$L$ ：電感(H)

$R$ ；電阻(R)

電流在$\tau$秒後可到達63.2 %，而在$5\tau$秒後可達最大值(99.3 %)，如圖3-32所示。今以圖 3-33 的電路圖為例，電路中的總電流$I=$ 10A，時間常數$\tau=\frac{L}{R}$為 1 秒。故當開關接通後，電流由0A漸增至最大值10A，但因電感器會對抗電流導通時的瞬間變化，所以在1秒後($1\tau$)，電流才達到6.32A，2秒後則為8.65A…，必須在5秒時才會達到最大值9.93A。因此，電感器使電路時間延遲約5秒鐘。

如果將電感值增加，則$\tau$值就會變大。若想縮短$\tau$值，電路中就須使用較小電感值的電感器。同樣地，加大電阻亦可縮短電路的延遲時間。

在電流已達最大值之後，將開關切斷，則電感器的感應電壓亦會使電流衰減的時間延遲，在第1秒內，電流會減小總電流的63.2 %，即剩下3.68A，第2秒減至1.35A…5秒後才完全沒有電流流動。

不論是電流增加或減小，電感器(線圈)對抗電流變化的能力皆被應用於濾波電路中，關於這一點，我們將在以後章節中討論。

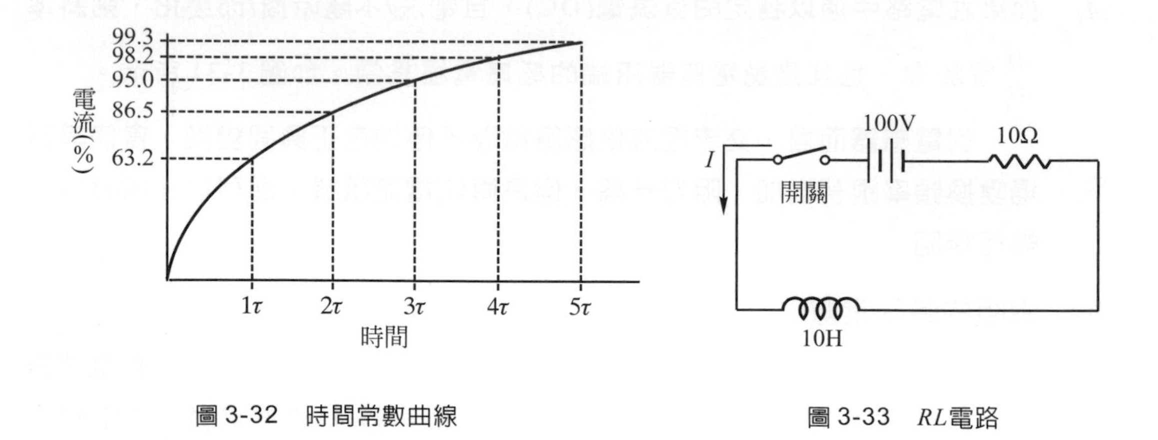


圖 3-32 時間常數曲線

圖 3-33 *RL*電路

## 電感抗

理論上，電感器是由無阻導體所製成，但是一旦將它繞成線圈之後，卻會對交流電流產生阻力，此即**電感抗**或稱作**感抗**(reactance)，以符號$\boldsymbol{X_L}$表示：

$$X_L = 2\pi fL \tag{3-8}$$

$X_L$ ：電感抗(Ω)

$f$ ：電流頻率(Hz)

$L$ ：線圈電感(H)

當電流的頻率爲零時，即直流電，則電感抗等於零，因此，對直流電而言，電感器相當於短路狀況(無阻抗)；但是當(交流)電流頻率愈高時，其電感抗亦愈大。應用在實際的例子上，如果電路中我們只需要一部份的頻率而不希望另一部份頻率出現，我們就可以使用電感器來使某一部份的頻率通過，屏除某一些頻率，例如在收音機的頻道選台器。

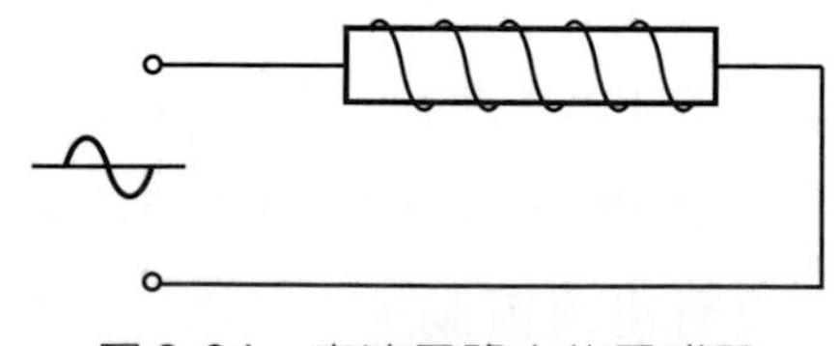

圖 3-34 交流電路中的電感器

### 阻抗

一個電路的阻抗是指電流流動時所有阻力之和。在直流電路中，電流唯一的阻力便是電阻($R$)，但是在交流電路中，除了電阻之外，還有電感和電容會對電流產生阻力，所以，在交流電路中便以阻抗(impedance)來表示電阻、電感抗(或電容抗)的向量和。阻抗的符號爲$Z$。**電阻與阻抗最大的不同點即電阻為一純量，而阻抗則為一向量**。

分析交流電路必須使用向量法。如圖 3-35(a)所示爲一包含電阻與電感器的交流電路，阻抗的求法則如圖 3-35(b)所示的平行四邊形法。

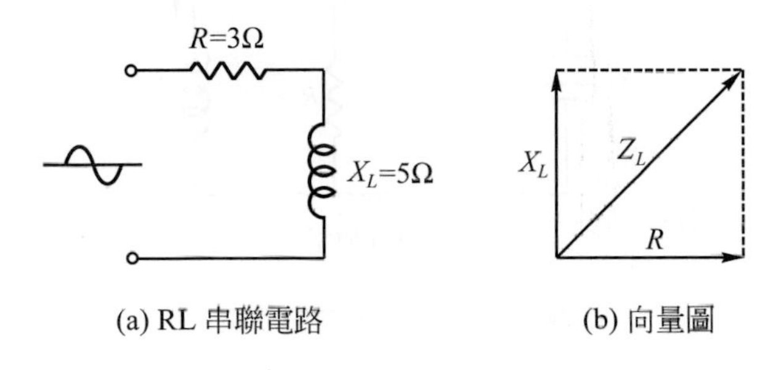

(a) RL 串聯電路　　(b) 向量圖

圖 3-35　阻抗的計算

$$Z_L^2 = R^2 + X_L^2 \tag{3-9}$$

$Z_L$ ：阻抗(Ω)

$R$ ：電路的阻抗值(Ω)

$X_L$ ：電感抗(Ω)

## 3-3-2 充電與放電

電感器最大的特色便是它可以從電源取得電能並轉換成磁能儲存於磁場中，此種現象稱作電感器的**充電**。反之，當移除電源時，電感器又將所儲存的磁能轉換成電能消耗於電路中，此稱之爲**放電**。要有磁場就必須要有電流，因此，電感器的充放電，都是藉著電流的變動來改變其儲能狀態。

爲了瞭解電感器的充放電情形，我們以圖 3-36 來說明。此圖與圖 3-28 討論感應電壓的電路很類似。

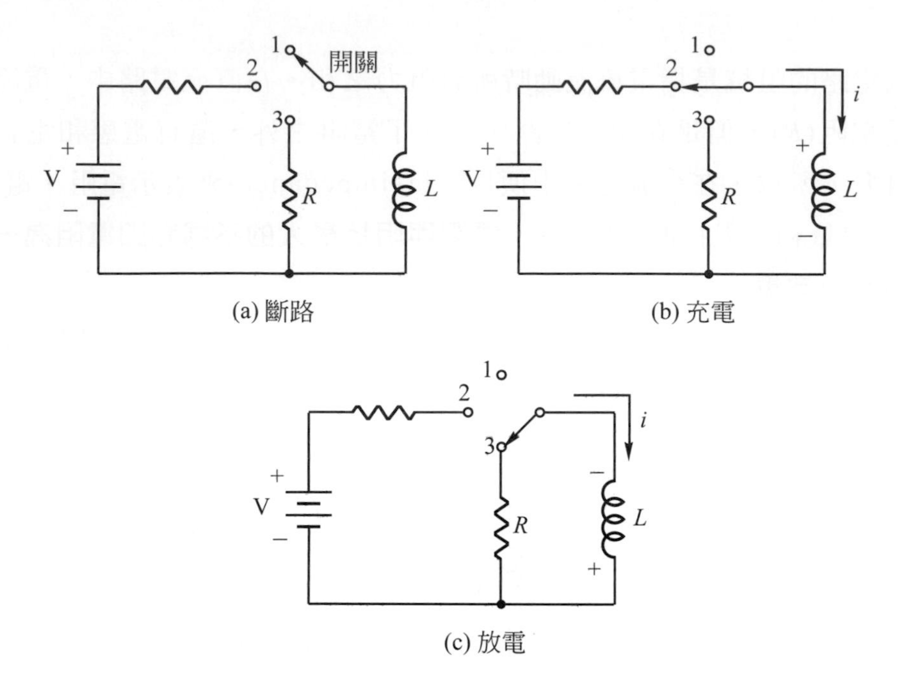


圖 3-36　電感器的充放電

*1.* 如圖 3-36(a)所示，當開關置於 1，電感器$L$兩端無任何電壓，電流亦爲零，因此沒有儲存任何能量。

*2.* 當開關撥至 2，如圖 3-36(b)所示，電感器接通電源，在此瞬間，時間極短暫，$t \fallingdotseq 0$。依公式 3-4 所描述，$\frac{di}{dt}$便是最大值，電感器兩端的感應電壓即爲電源電壓。接著，電流$i$會從零開始，並根據圖 3-32 的曲線增加，時間愈長，電流的增加量愈少，即$\frac{di}{dt}$會漸漸變小，直到兩端感應電壓等於零爲止，這個過程稱作**電感器的充電**。

*3.* 若再把開關撥至 3 如圖 3-36(c)所示，此瞬間，電感器上的電流方向不變而流經電阻$R$，電感器將剛才所吸收的能量逐漸釋放，直到兩端電壓差等於零爲止。傳送到電阻的電流則轉換成熱能消耗掉，此過程稱爲**電感器的放電**。須留意的是，在電感器放電時，其上的感應電壓極性會與充電時的相反，且感應電壓也會大許多，但是，電流方向則會與充電時相同。

## 3-3-3 自感與互感

**自感**(Self-inductance)其實就是線圈本身的電感。就如本節一開始時對「電感」所下的定義，當電流變化時(增加或減少)，導線本身爲了抵抗變動而產生感應電壓的能力。自感量的大小可由公式 3-5 或 3-6 計算得到。至於感應電壓的大小，則依接通或斷開的狀態而有所不同(參見 3-3-1 節)，並且會受到$\frac{di}{dt}$之影響。因爲自感和電感一樣，其感應電壓(電動勢)的方向都會與原電壓方向相反，因此又稱作**反電動勢**(bemf)。反電動勢的大小可由公式 3-4 和 3-6 導出：

$$v=-L\frac{di}{dt}=-N\frac{d\phi}{di}\times\frac{di}{dt}=-N\frac{d\phi}{dt} \tag{3-10}$$

公式 3-10 便是將來要探討的法拉第感應定律。負號表示反對原磁場的變化，與原電壓方向相反，是一個向量符號。反電動勢大小隨匝數及磁通變化率的增加而增大。當然，也隨著$\frac{di}{dt}$增大而升高。

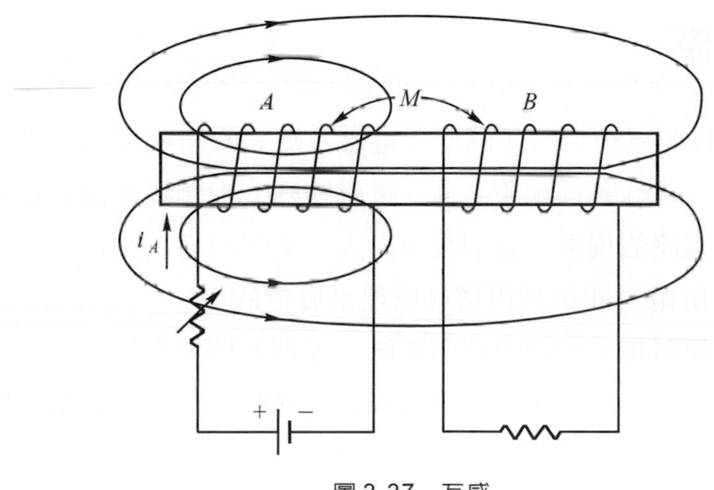


圖 3-37　互感

**互感**(Mutual-inductance)則如圖 3-37 所示。空間中兩靠近的線圈$A$及$B$，若其中$A$線圈通以電流而產生磁通時，則其磁力線有一部份和本身線圈交鏈，同時會有另一部份與$B$線圈發生交鏈，當$A$線圈電流出現變動時，$B$線圈便會感應出一電流，此種現象，我們稱之爲**互感**，以$M$符號表示之。

設兩線圈之自感爲$L_A$及$L_B$，則

$$L_A = N_A \frac{d\phi_A}{di_A}，L_B = N_B \frac{d\phi_B}{di_B}$$

又設由$L_A$對$L_B$的互感量爲$M_{AB}$，由$L_B$對$L_A$之互感量爲$M_{BA}$，則

$$M_{AB} = N_B \frac{d\phi_{AB}}{di_A}，M_{BA} = N_A \frac{d\phi_{BA}}{di_B} \tag{3-11}$$

其中，$\phi_{AB}$表示線圈$A$交鏈到線圈$B$的磁通；$\phi_{BA}$則反之。若磁路的磁阻相等，則$M_{AB}$應等於$M_{BA}$，即

$$M = M_{AB} = M_{BA}$$

$$M = N_B \frac{d\phi_{AB}}{di_A} = N_A \frac{d\phi_{BA}}{di_B}$$

汽車點火系統中所使用的點火線圈(coil)即利用電感線圈的自感互感與充放電(我們稱作充磁)現象製成。

# 3-4 電磁感應

在3-2節中，我們已經探討了關於「電磁效應」的一些現象。不同的是，電磁效應在研究因電生磁的各種現象，而「電磁感應」則剛好相反，它乃**在討論因為磁場變化而產生電流的現象**。這個現象對人類文明的發展頗爲重要，因爲我們現今能夠便利的使用電，即是利用這些原理來發電的。

今天，小到如腳踏車上的發電照明系統，大到如核能發電中的渦輪發電機，其所應用的發電原理盡都相同，只不過切割磁力線的旋轉動力機構不同罷了。本節我們將爲您介紹這些「電磁感應」的相關定律。

## 3-4-1 法拉第感應定律

生於1791年的法拉第先生受到奧斯特實驗的啓發，認爲既然電會生磁，那麼磁當然也可以產生電，於是在1831年，他四十歲的這一年中做了二項有名的

實驗，來證明在一閉合迴路中，若磁通發生變化，則將在此閉合迴路裏感應出一電流。法拉第稱這種因磁通變化而產生電流之效應爲**電磁感應**。閉合迴路中所生之電壓稱作**感應電動勢**，產生之電流稱作**感應電流**。(幾乎同一時間，在美國的亨利先生也發現電壓是由磁場感應而產生的。)

法拉第的實驗如圖 3-38 所示。將線圈連接於電流錶，然後把磁棒的*N*極端迅速地向線圈推進，此刻電流錶上的指針會偏向一邊，然後恢復到中央零線位置。指針的偏向表示線圈中有感應電流發生。接著把磁棒從線圈內抽出，即發現電流錶上的指針往相反方向偏轉，然後回到中央零線位置。

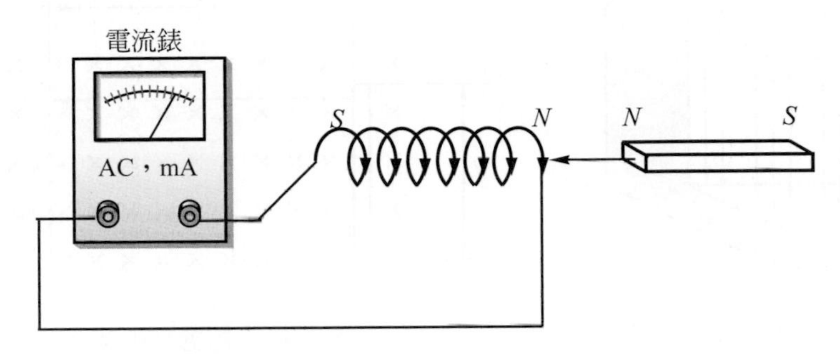


圖 3-38　法拉第的電磁感應實驗(一)

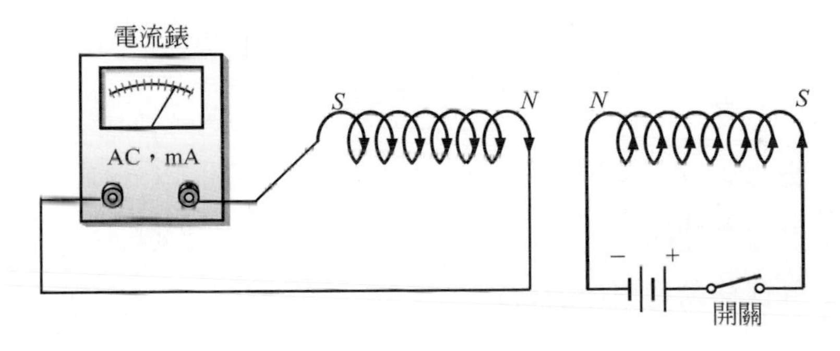


圖 3-39　法拉第的電磁感應實驗(二)

之後，法拉第將磁棒換成了一組通電的線圈，如圖 3-39 所示。當線圈上的開關接通或切斷瞬間，都可見到電流錶指針的偏轉，只是方向相反而已。法拉第的實驗證明不論磁場變化的來源是磁棒的相對移動或是另一線圈磁場的改變，都可以產生感應電動勢(及感應電流)。

法拉第綜合上述兩項實驗而提出了著名的法拉第感應定律(Faraday's Emf Law)：

**線圈在隨時間而變動磁通的磁場中運動，即會產生感應電動勢或電流**，其大

小與線圈匝數及磁通的變動率成正比。此即公式3-10。$v$以小寫英文字母代表此電壓為感應電壓

$$v = -N\frac{d\phi}{dt}$$

據以推之，若磁場沒有變動，但導體在磁場中垂直於磁場移動時，則此導體上亦會產生一感應電動勢，如圖3-40所示。

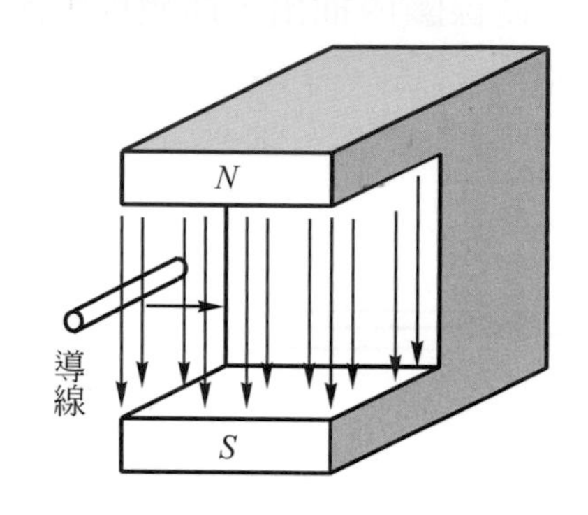


圖3-40　導線移動而產生感應電動勢

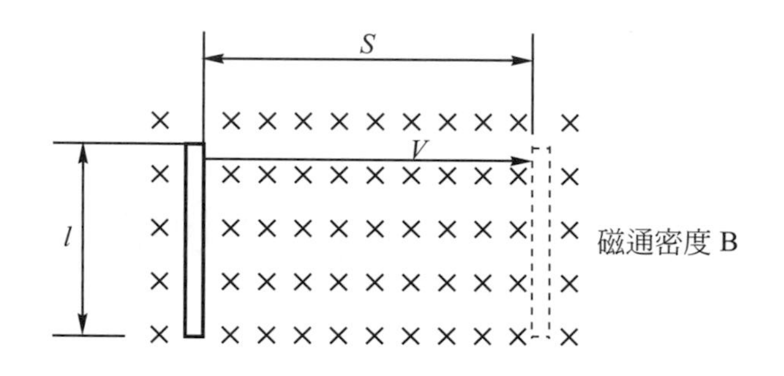


圖3-41　感應電動勢的計算

由公式3-10可以導出：

$$v = -N\frac{d\phi}{dt} = N\frac{B \times dA}{dt} = N\frac{B \times ls}{dt} = BlV \tag{3-12}$$

$B$：磁通密度($Wb/m^2$)

$l$：導線長度(m)

$V$：導線移動速率(m/sec)

## 3-4-2　愣次定律

法拉第雖然發現了感應電動勢的產生及其大小的計算，但卻沒有討論感應電動勢的方向(極性)。1834年，時值30歲的俄羅斯物理學家愣次(Heinrich Friedrich Emil Lenz)，在觀察了各種產生電流和感應電動勢的現象後，綜合得一結論：

**感應電動勢的方向是為了使所產生的感應電流能夠反抗原來磁場的變化**。此即愣次定律。

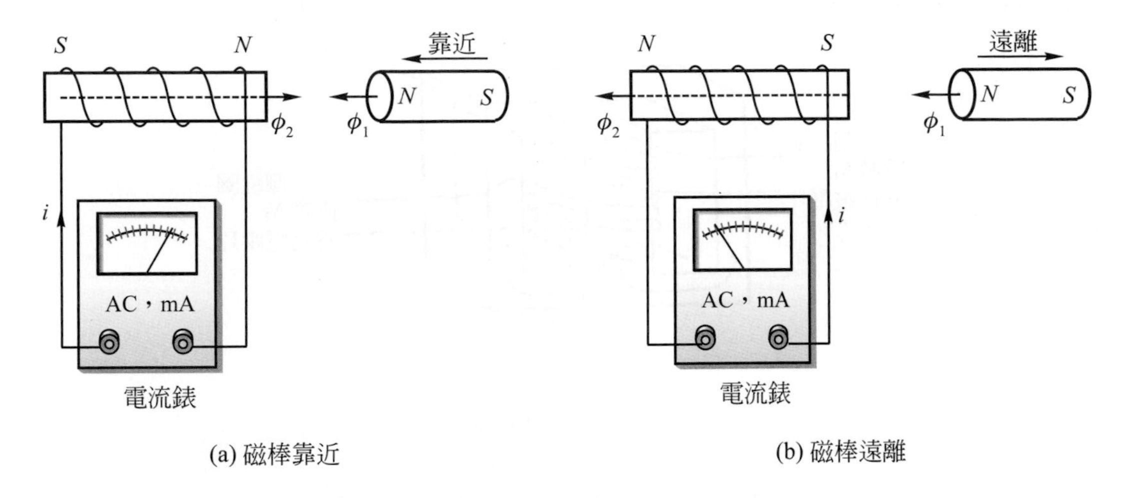


圖 3-42　愣次定律

如圖 3-42(a)所示，當磁棒$N$極靠近線圈時，則磁棒的向左磁力線(磁通為$\phi_1$)將使線圈內之磁力線增加，於是線圈會感應出一電流，而產生向右磁通($\phi_2$)來反抗向左磁力線的增加。此感應流使電流錶指針偏向右。

反之，如圖 3-42(b)所示，當磁棒遠離線圈時，線圈上原來所受的磁棒之磁力線將減少，於是線圈便感應出一電流，以產生相同方向之磁通($\phi_2$)，來補足原磁力線的減少。此感應電流使電流錶指針偏向左。

## DIY 動手做做看

到目前為止，我們已經學習完有關電磁線圈(電感器)的充放電、自感互感現象，以及法拉第感應定律和愣次定律。綜合這些內容，我們可以親手做個試驗來體會一下它們的存在。

一、準備材料

|  | 項目 | 規格 | 數量 |
| --- | --- | --- | --- |
| 1 | 變壓器 | 一般小型用，額定容量 24VA，輸入電壓 110V，輸出 8.5V | 1 個 |
| 2 | 乾電池 | 3 號，1.5V | 1 個 |
| 3 | 花　線 | #14 | 4 小段，每段長 10cm |

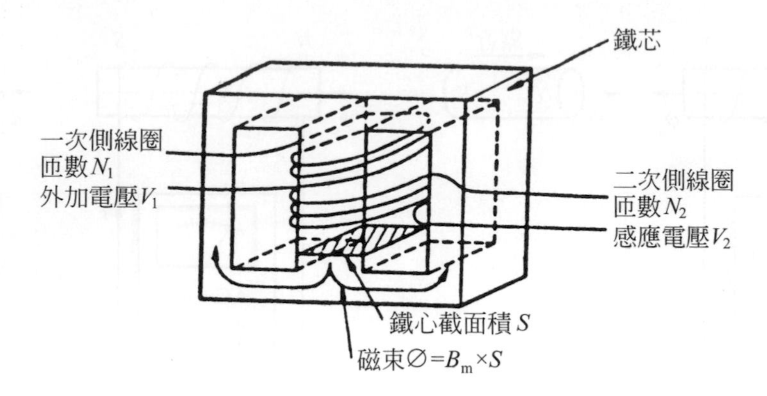


圖 3-43　變壓器

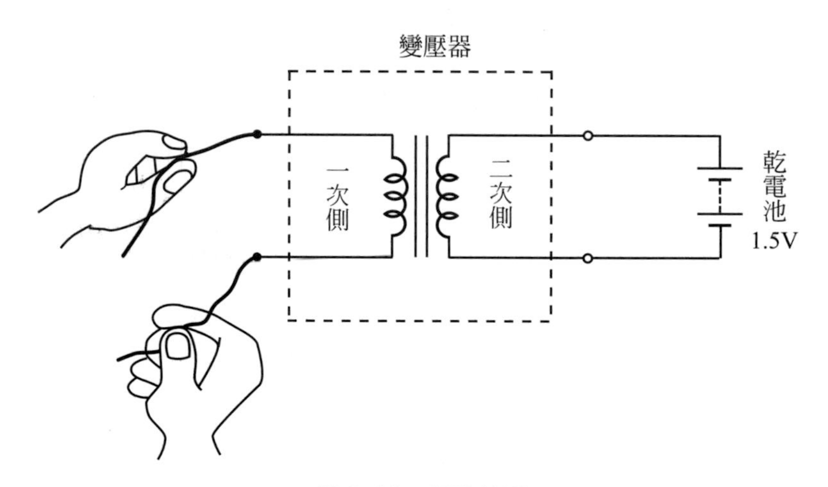


圖 3-44　實驗接圖

## 二、實驗步驟

1. 首先把 4 條花線分別焊到變壓器的輸入(一次側線圈)端和輸出(二次側線圈)端的各兩個端子上。
2. 以本實驗所使用的變壓器爲例，其一次側與二次側線圈的匝數比約爲 13：1(在 DC 中，電壓變動率可忽略不計)。現以圖 3-44 的方式，請一位同學將兩手指頭分別捏緊在變壓器一次側線圈的兩端子接線上。
3. 然後再將變壓器的二次側端子兩線頭接上乾電池的正負極，並充電若干秒鐘。

4. 在充電一短時間之後，迅速地切斷乾電池的電源(放電)。於是，在變壓器一次側這邊的同學會立刻感受到一股遠超過 $1.5 \times 13 = 19.5V$ 的感應電壓。

此即第 3-3-1 節的感應電壓、第 3-3-2 節的放電和第 3-3-3 節的自感互感。至於感應電壓的方向，則與乾電池電壓相反，即第 3-4-2 愣次定律所述者。

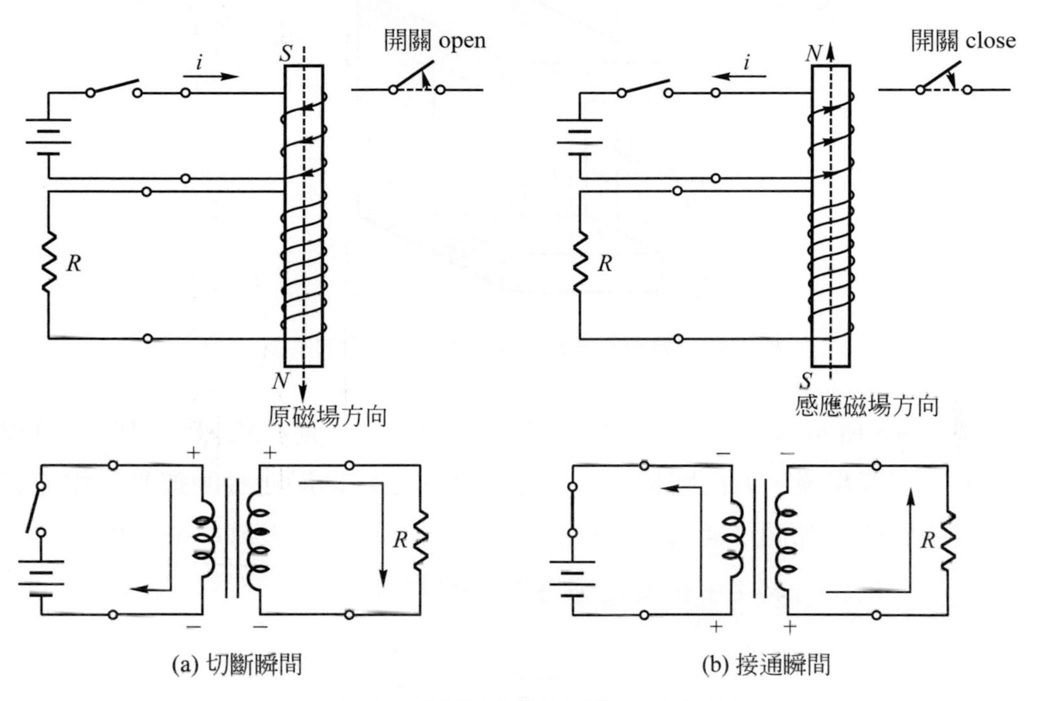


圖 3-45 變壓器上線圈感應電壓的方向

## 三、討論

前述的實驗過程讓我們知道，線圈在放電過程中自感電壓是非常高的。如果你切斷電源的速度愈快，則感應電壓也愈強。同樣地，若想體會充電瞬間的感應電壓，則可將乾電池瞬間接上即可感受到。有趣的是，這回兩手所感受到的感應電壓似乎小得多(約 19.5V)，按理論來說，這個反抗電源電壓進入的電壓值幾乎和電源電壓相等。至於方向則如愣次定律所述，二次側線圈為了反抗磁場的建立，於是感應出反對磁場進入的極性，亦即感應出與乾電池相同極性之電壓。

## 四、研究

1. 在實驗中可否察覺出感應電壓方向的不同？
2. 如果找 30 位同學，手牽手串聯成一線路，再做相同的實驗，其結果如何？

## 3-4-3 弗來明右手定則

從法拉第感應定律中推論得知，導線在磁場中移動，切割磁力線，導線即可產生一感應電流。現在，我們就來看看此感應電流的方向。

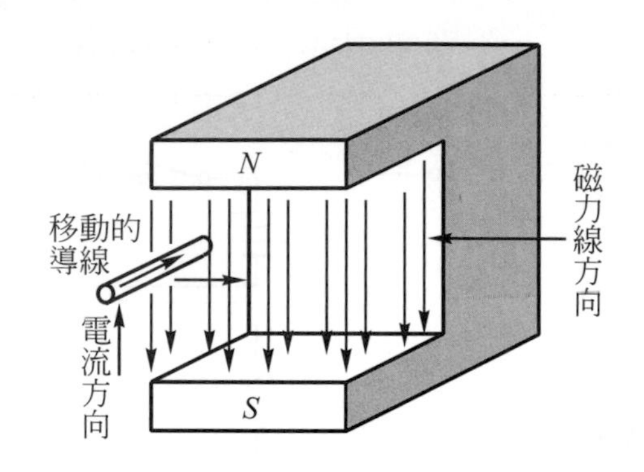


圖 3-46　導線的運動、電流與磁場三者的關係

如圖 3-46 所示，當導線自左向右移動而切割由上向下的磁力線時，導線上便誘生出一感應電流，方向則朝向內。**弗來明右手定則即在說明運動、電流和磁場三者間的關係**。如圖 3-47 所示，將右手伸出；拇指代表導線運動的方向，食指代表磁場方向($N \rightarrow S$)，中指便是感應電流的方向。

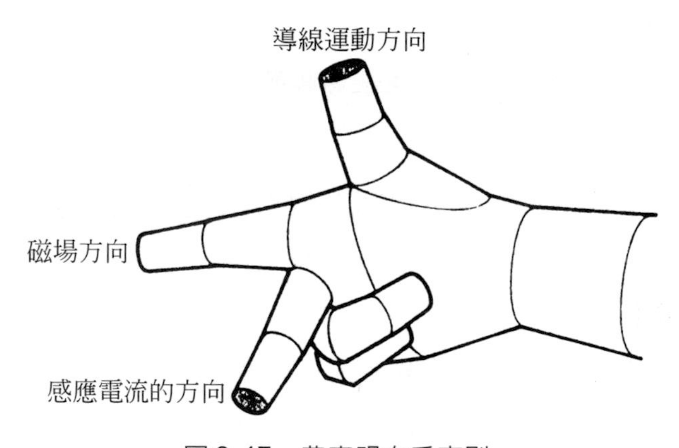


圖 3-47　弗來明右手定則

汽車充電系統中的發電機原理便是應用電磁感應，當導線(靜子線圈)與磁場(轉子)之間發生相對運動時，導線上即產生感應電流輸出。此電流方向在分析時即是利用弗來明右手定則。

另一個在汽車上必備的元件–起動馬達，其實也是應用電磁感應原理製成，不同的是，馬達乃是先輸入電流到導線(電樞線圈)並使產生磁場(磁場線圈)，於是導線便有了運動。**必須留意的是；發電機所產生的電流屬感應電流，亦即因反抗磁場變化而生者(愣次定律)，但是馬達中的電流卻是來自電壓源，非感應所生。也因此，在判斷馬達運動方向時，常利用弗來明左手定則，而不是弗來明右手定則。**

## 3-4-4 霍爾效應

1879 年，就讀於美國霍普金斯大學研究所的霍爾(Edwin Hall)從觀察中發現，當一導體暴露在磁場中，並且在導體上流過與磁場方向垂直的電流時，則此導體會產生出一微小電壓(霍爾電壓)，霍爾電壓與磁場強度成正比。這便是著明的**霍爾效應**(Hall effect)。如圖 3-48 所示。

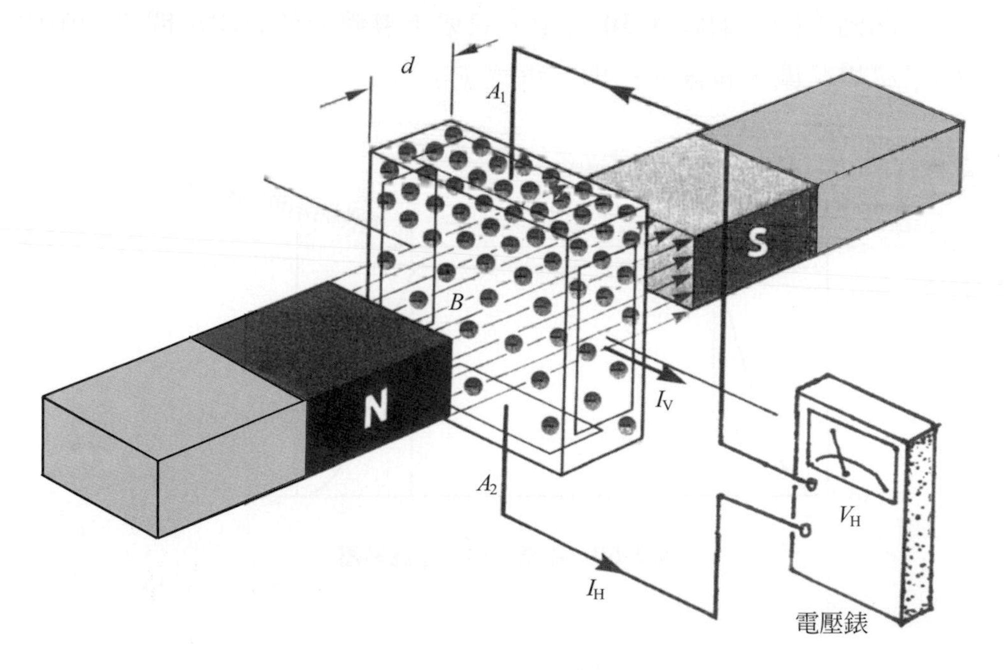


圖 3-48　霍爾效應

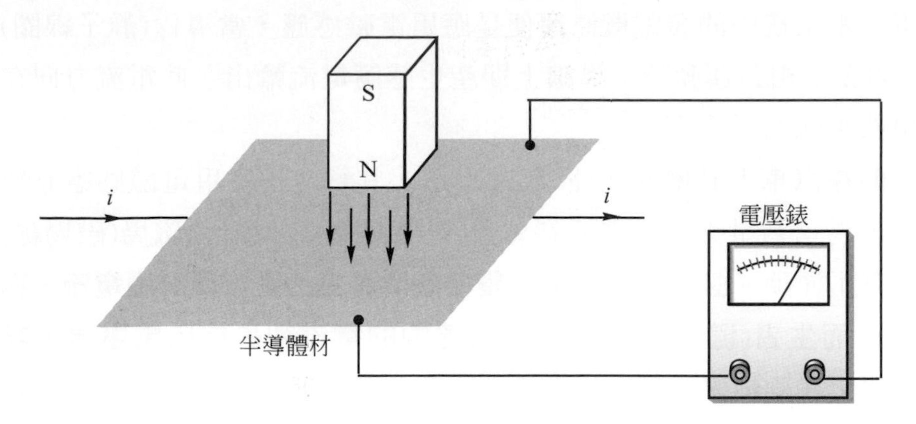


圖 3-49　霍爾效應(半導體材)

其中，$I_V$為電源電流，$I_H$為霍爾電流，$V_H$為霍爾電壓，$B$為磁通密度。晚進的霍爾效應裝置上則採用半導體材料來取代原先的純導體，因爲如此將會產生較大的霍爾輸出電壓，如圖 3-49 所示。

當半導體元件被暴露在磁場環境中時，透過此元件將感應出一電壓(霍爾電壓)。暴露得愈多，感應電壓也愈強。當元件被包覆在磁場中時，其感應電壓將達到最大值，並且會持續到磁場開始受到阻隔爲止。當元件開始被隔離於磁場時，電壓也開始下降，如圖 3-50 所示。只要半導體元件與磁場間受到阻隔或是元件離開了磁場範圍，霍爾元件即不再感應出電壓來。如圖 3-51 所示。

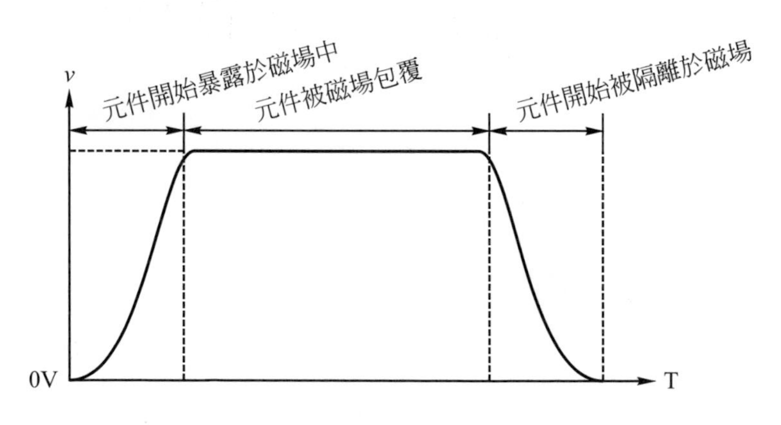


圖 3-50　霍爾元件的感應電壓

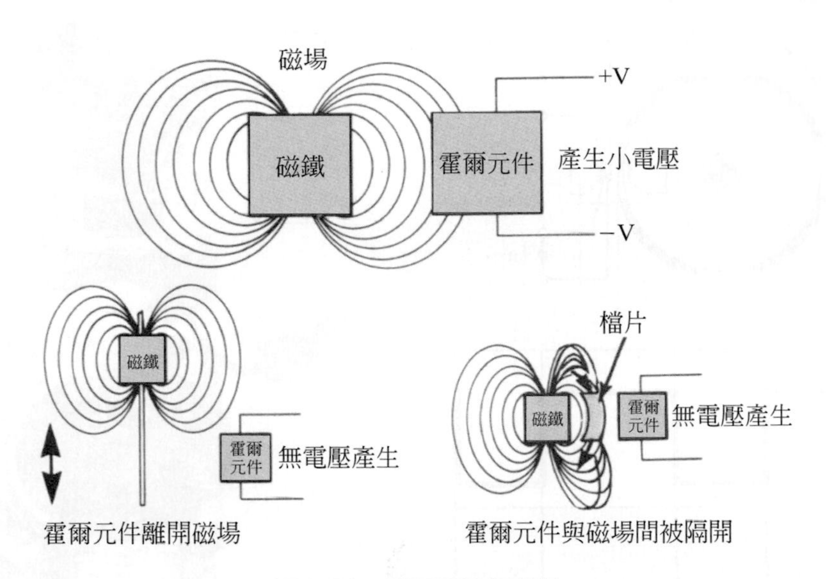


圖 3-51　霍爾電壓與磁場

霍爾效應裝置常使用在汽車點火系統中，霍爾效應裝置可以提供觸發訊號到電晶體點火系統。如圖 3-52 所示，藉由轉盤上的遮罩提供一低磁阻的磁路，使磁力線不流過霍爾半導體元件。轉盤不停地轉動，霍爾元件便送出連續的方波訊號。如圖 3-53 所示。1 爲轉盤，2 爲軟導磁元件和永久磁鐵，3 爲霍爾積體電路，4 是空氣間隙。

圖 3-54 爲採用霍爾效應所製成之點火系統中的分電盤構造。

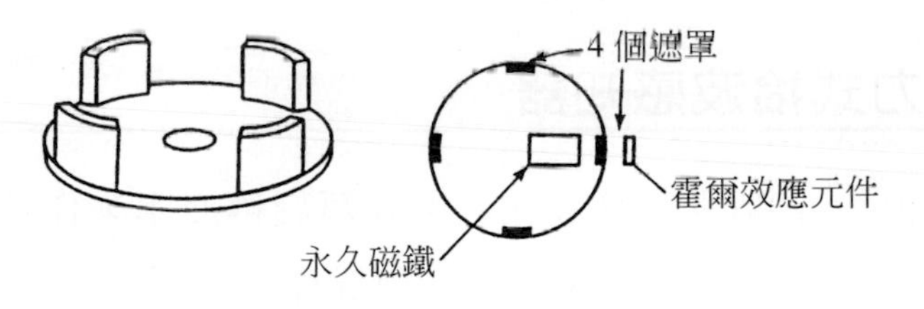


圖 3-52　霍爾效應組件

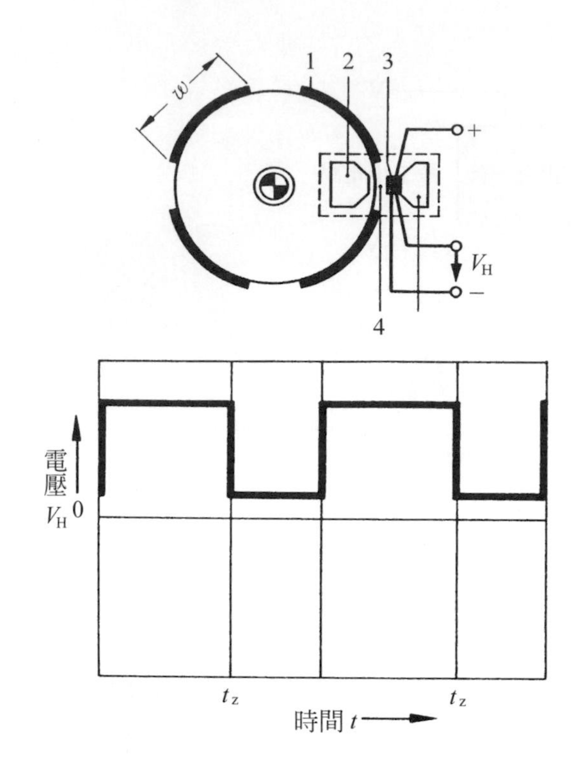


圖 3-53 霍爾元件與波形
(取自 BOSCH 公司)

圖 3-54 霍爾效應型分電盤
(取自：BOSCH 技術訓練手冊)

# 3-5 汽車上常見之電磁元件

## 3-5-1 磁力式拾波感知器

磁力式拾波(pickup)線路通常使用在需要藉旋轉速率來作控制的電系中，例如：無分電盤式點火系統、ABS 系統等。無論哪一種系統，磁力式拾波線路的基本作用都一樣。

線路主要由 4 個部份所組成：

1. 控制模組(ECM)。
2. 磁力式拾波感知器。
3. 磁阻器
4. 電線與各接頭。

在控制模組 ECM 內包含了一個限流電阻和一個訊號處理元件，此處理元件的作用類似一個 AC 電位計。限流電阻與 AC 電位計彼此串聯。

拾波感知器爲一可變磁阻感知器(Variable reluctance sensor)，藉著將磁性材料(磁阻器)通過感知器的磁場範圍，而使感知器的磁場發生變化，於是，感知器內的線圈便送出不同極性的感應電壓。磁阻器上的突齒通過感知器時，拾波感知器內的線圈便感應出正弦波電壓訊號，並傳送到 ECM：

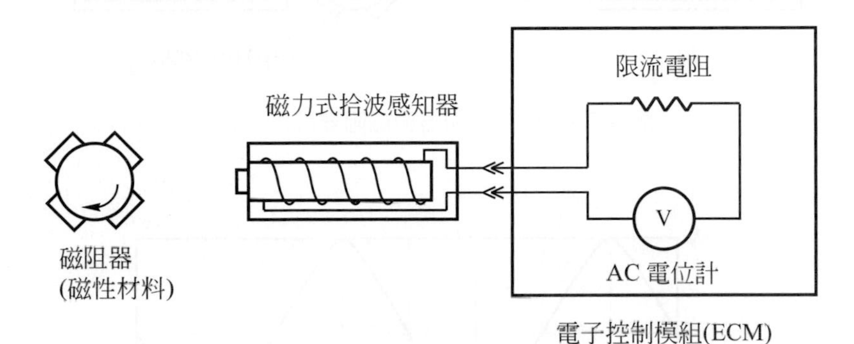


圖 3-55　磁力式拾波感知線路

1. 當磁阻器突齒靠近拾波感知器時，感知器的磁場便開始產生集中的現象，此刻會使拾波感知器裡的線圈感應出正電壓，如圖 3-56(a)所示。磁場的變化愈大，則感應出的電壓也愈強。
2. 當磁阻器突齒與感知器尖端對齊成一直線時，因爲此瞬間磁場的變化率最小，所以也沒有感應電壓生成，如圖 3-56(b)所示。
3. 而當磁阻器突齒繼續轉動，準備要離開感知器時，感知器所受的磁場則出現擴張散開的相反變化，於是使得感知器內的線圈感應出一個負的電壓脈衝訊號。如圖 3-56(c)所示。
4. 直到磁阻器兩突齒間的空隙和感知器尖端對齊，磁場再一次不產生變化，故也無電壓輸出，如圖 3-56(d)所示。

拾波感知器感應產生電壓的方式，其實就是一百多年前法拉第先生所做之實驗的再現(參見 3-4-1 節)。儘管時間久遠，如此簡單產生電壓的原理卻仍不斷地被今人所普遍應用，法拉第先生對人類的貢獻不可謂不大呀！

由電路所產生之電壓訊號，可以藉由示波器觀察。如圖 3-57 所示爲一正常示波器所顯示之拾波感知器調變後的正弦波波形(實際上的波形則如圖 3-58 所示)。

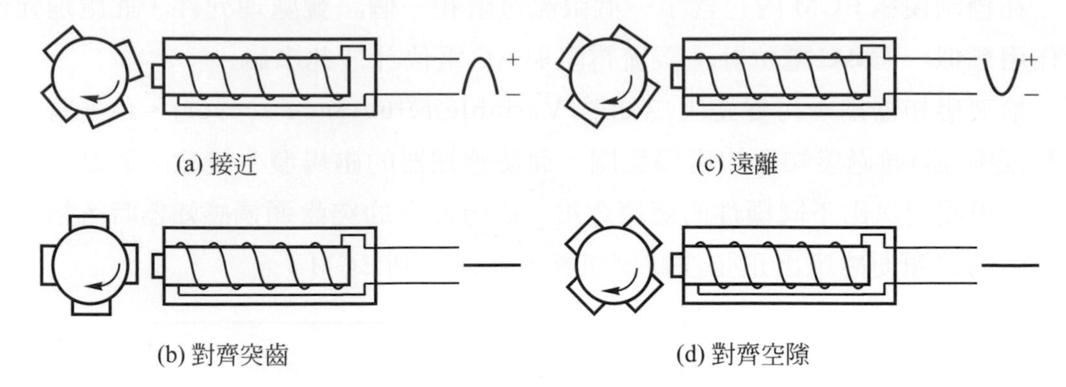


圖 3-56　拾波感知器與磁阻器間的作用

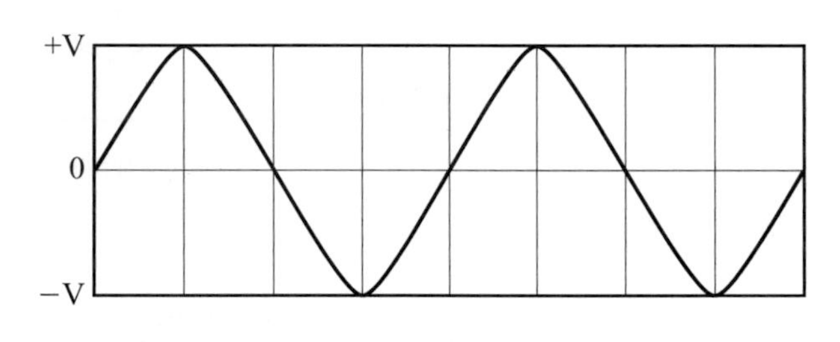


圖 3-57　正常波形

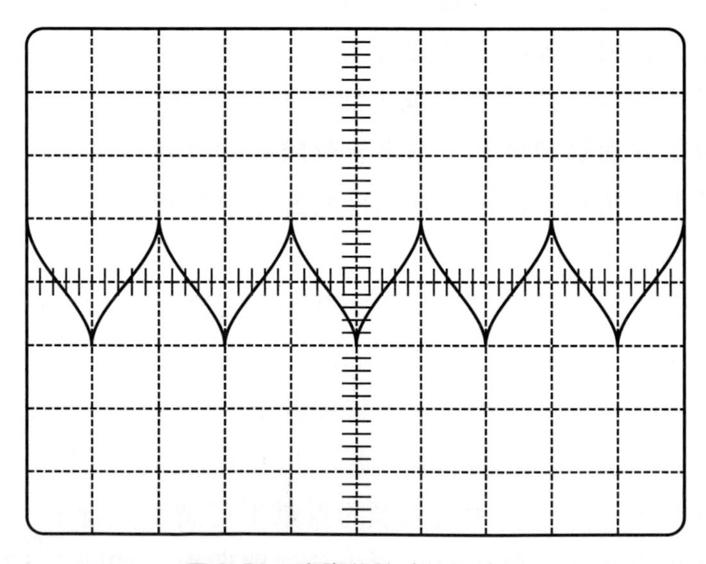

圖 3-58　實際的拾波線圈波形

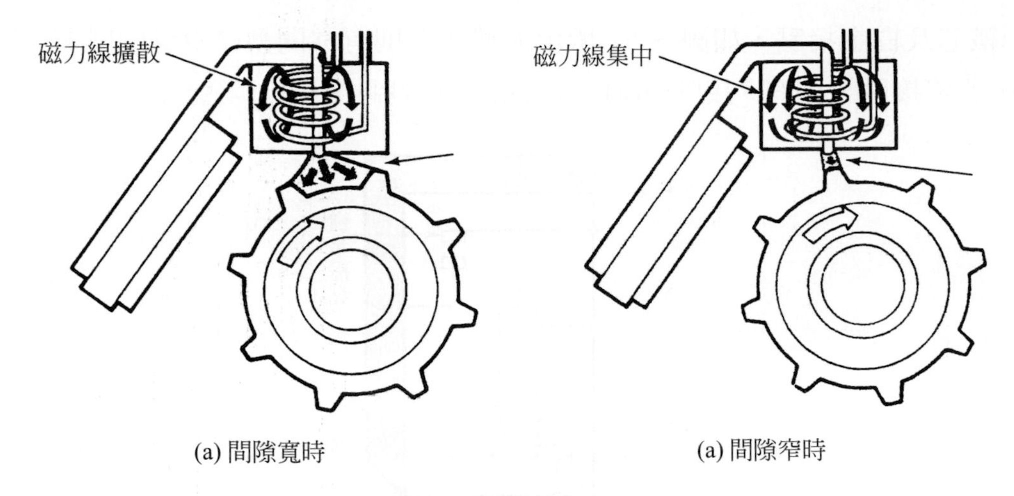


圖 3-59 實際之磁力線變化

若電路中出現較正常值爲高的電阻時，則將使感應電壓值下降(不論正、負電壓)。這種狀況會使傳送到ECM的電壓訊號位準降低，同時也會令示波器上所顯示出的正弦波波峰變得較低，如圖 3-60 所示。

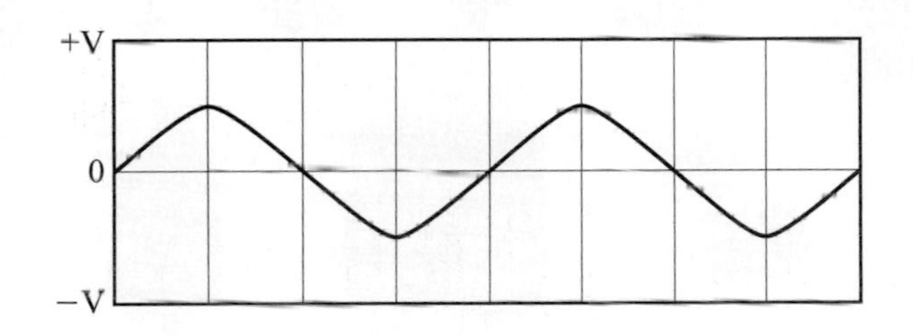


圖 3-60 線路電阻過大導致訊號減弱

相同的情況也會出現在磁阻器與拾波感知器位置安裝不正確的時候。如果兩者的距離太遠，則因磁場強度的變化會比正常時低，而使感應電壓變小，導致訊號微弱。(所以，在安裝 ABS 中的輪速感知器時，常需利用一定位隙片)。

如果線路中出現搭鐵短路或斷路，則將導致控制模組無輸入訊號。

## 3-5-2 繼電器

**繼電器**(Relay)是一種利用電磁做開關的電子元件，它可藉由手動方式或是藉電晶體來切換。它也是一種以小的電流來控制大電流的裝置。其主要構造爲線圈、鐵芯及白金接點，如圖 3-61 所示。型式上則有常開型(*NO*型)和常閉型(*NC*型)，若依接腳分則有 3 接腳(pin)，4 接腳，5 接腳…。

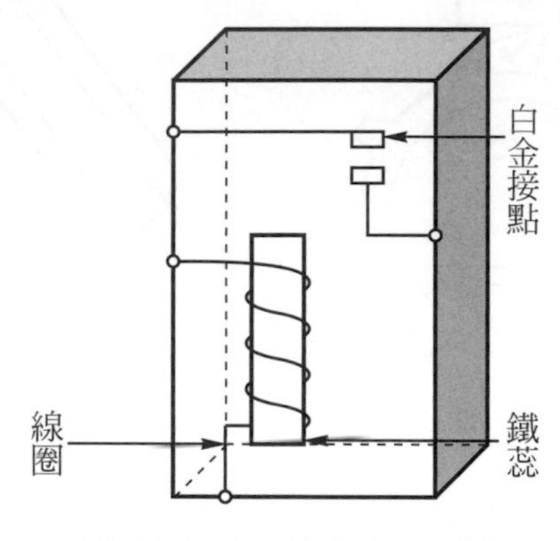


圖 3-61　*NO*型 4 腳繼電器

圖 3-62　各種型式的車用繼電器

繼電器線圈的電阻較大(一般在 60～200Ω)，因此流經線圈的電流也較小。在*NO*型中，當鐵芯上的線圈通以直流電時，鐵芯產生吸力，將白金臂吸下，使白金接點閉合，大量的主電流便經由白金接點流到負載去。如圖 3-63 所示爲一喇叭電路，壓下喇叭開關後，電瓶電壓加在繼電器線圈上，使線圈充磁，產生吸力將接點接合，於是電瓶的大量電流便使喇叭發出響聲。由於繼電器線圈是由很細的導線所繞成，所以喇叭開關只流過少量的電流(約 0.25A)，但是喇叭本身卻可以流過 25A 以上的電流。

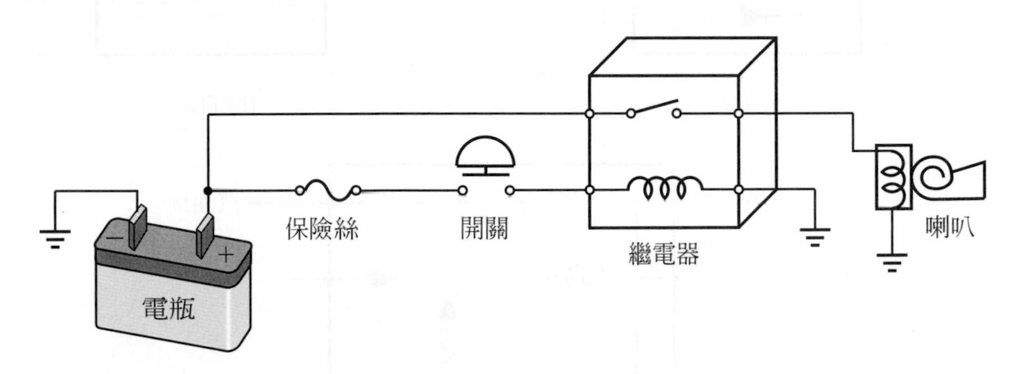


圖 3-63　喇叭繼電器電路

繼電器常被用在需要較大電流的元件上，並且此元件毋須做快速的切換(ON/OFF)動作。這是因為線圈本身的反應時間較慢，不若電晶體般快速的緣故。所以，繼電器就不適合用在噴油嘴的控制電路上。基本上，繼電器可以使元件的切換時間延長到一相當長的時間(數秒到數分鐘)。

由於繼電器主要是以導線繞成，從愣次定律得知，當每一次線圈接通而磁場將建立時，線圈都會因而感應出一反向電壓來。為了消弭這個有趣但不利的現象，通常會在繼電器的內部加一個二極體，如圖 3-64(a)所示。當線圈通電充磁時，二極體並不會導通；但是當線圈產生反向電壓時，二極體即提供一旁通通路，來使反向電壓不會流經繼電器線圈。反向電壓常常會造成精密敏感之控制元件的損毀。在歐洲車系(如 BMW、BENZ)中二極體常與線圈並聯，同時將二極體製作在繼電器內成為單一元件，所以價格也較昂貴。但是在日系車中，此二極體(1N 4001)則常串聯在線圈迴路中，阻斷反向電壓的產生，如圖 3-64(b)、(c)所示。

繼電器可採用搭鐵端控制或是電源端控制，如圖 3-65 所示，但是通常在汽車的電子控制電路中多採用搭鐵端控制，主要因為如此可降低搭鐵短路對控制晶體損毀的機率。例如：噴油嘴和各種電磁閥的控制。

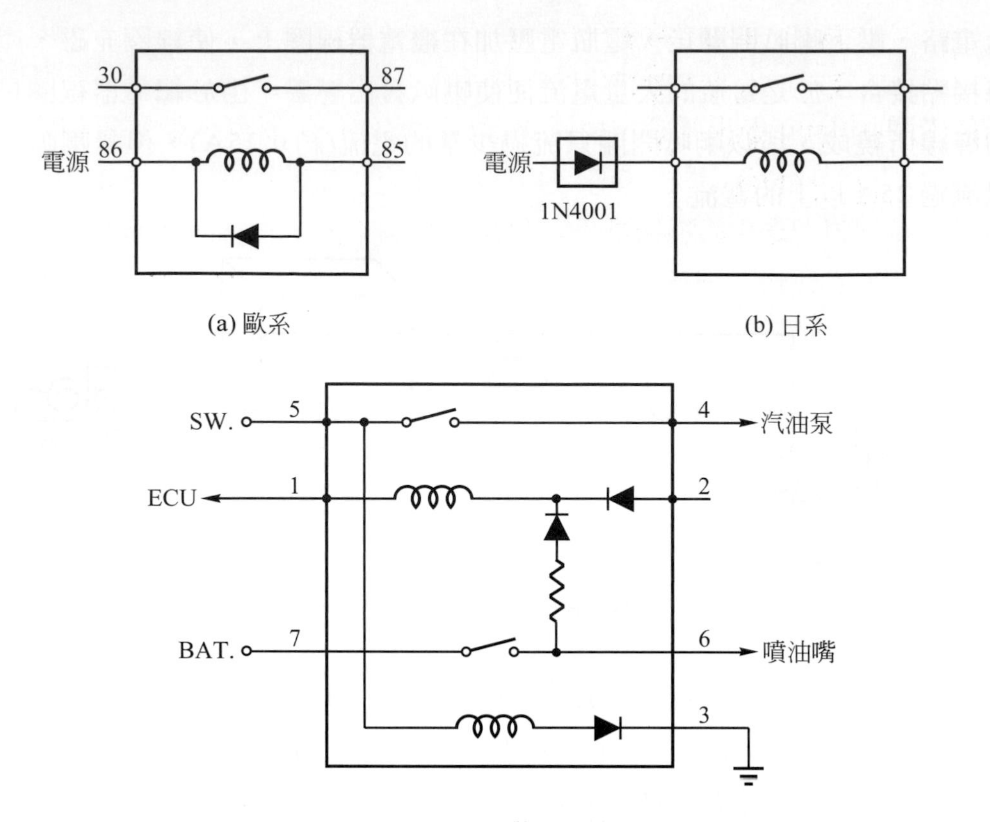


圖 3-64　含二極體之繼電器

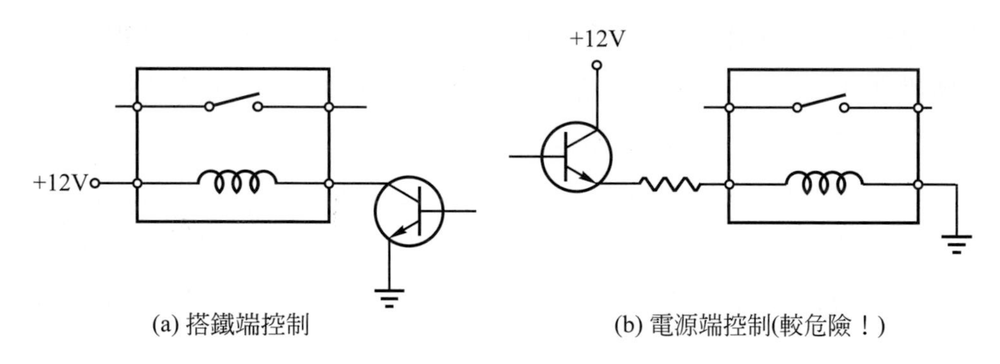


圖 3-65　繼電器的控制端

## 3-5-3 電磁閥

**電磁閥**(solenoid)也屬於一種電磁元件。它的作用原理與繼電器相同，但電磁閥是利用一個可移動的鐵芯來產生作用。幾乎在車子的每一個角落都可以見到電磁閥；電磁閥所產生的機械動作可以用來控制電流、眞空或液體，也可間接藉連桿來操控如車門鎖、行李箱蓋及起動馬達撥叉等。甚至於經過精密地調校與配合，電磁閥還可以用來控制如閥門(汽門)及離合器等機構。

基本構造如圖 3-66 所示。首先將導線繞成中空圈狀，然後把鐵或鋼製的柱塞(可移動電樞)或鐵芯放入其中，當通以直流電時，線圈產生磁場與磁極，並將鐵芯吸入線圈內。當電流切斷時，鐵芯則靠回拉彈簧的力量回到原位。

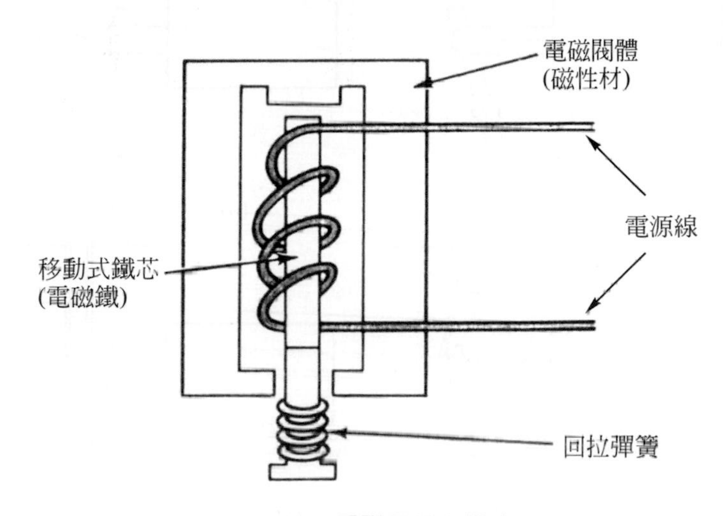


圖 3-66　電磁閥基本構造

電磁閥在分類上屬於**線性作動器**，爲一輸出裝置。它的動作大多爲直線的前進或後退。**作用時的考量在於行程的長度、產生的作用力和動作速度**。線圈的作用力在整個移動行程中並不一致；鐵芯愈靠近磁場，吸力也會愈強。除此之外，線圈的圈數，流過線圈的電流大小，線圈的長度及鐵芯(柱塞)的磁化品質也都會影響其作用力。

至於線圈本身，線圈的材料多爲導磁性佳的銅材並覆以聚亞胺酯製成，所塗覆的絕緣層愈薄，則可以繞的圈數也較多。不過，線圈的長度也決定了線圈的直流電阻。因爲車輛上的工作電壓很低，所以塗佈的絕緣要求相當低，然而比較重要的問題卻是「絕熱」。在引擎上所使用之電磁閥其耐溫度必須至少在150℃以上。

最常導致電磁閥故障的多屬機械性毛病，如髒污、偏心、彈簧斷裂等，這是因爲電磁閥線圈內的空氣間隙必須儘量小以產生最佳效能。另外，回拉彈簧都是經過調校其長度的，以便於使鐵芯回到原位，因此任何增減其張力都將使電磁閥作用不良。

爲防止因電流突然切斷所生成之反向電壓脈衝(spike)，可將線圈並連一個二極體以吸收之，這一點與繼電器內的二極體相似。線圈部份若出現短路現象，則會導致電流的升高，而使得控制電磁閥的固態裝置(IC或電晶體)燒毀。

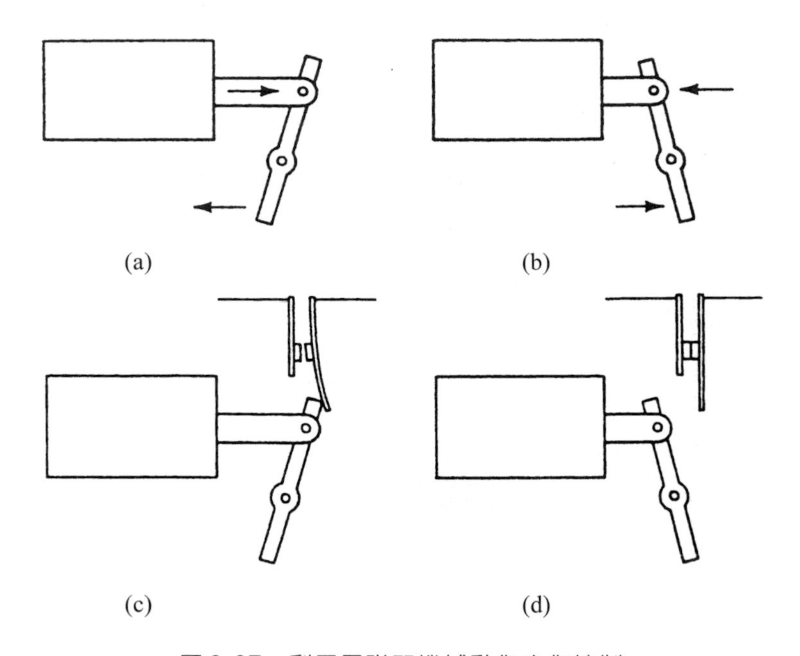


圖 3-67　利用電磁閥機械動作來作控制

噴油嘴(injector)是另一個運用電磁閥結構的元件。如圖3-68所示，噴油嘴由一個固定開口的油孔和一根由電磁線圈作用的油針所組成。未通電時，油針靠彈簧(未顯示)力量抵緊在油孔座，汽油無法噴出；當線圈通以直流電時，磁力將油針吸離油孔座並讓汽油流過油孔噴出。油針的動作宛若ON/OFF閥，至於汽油噴射量的多寡則由閥門打開(ON)的時間長短所決定。

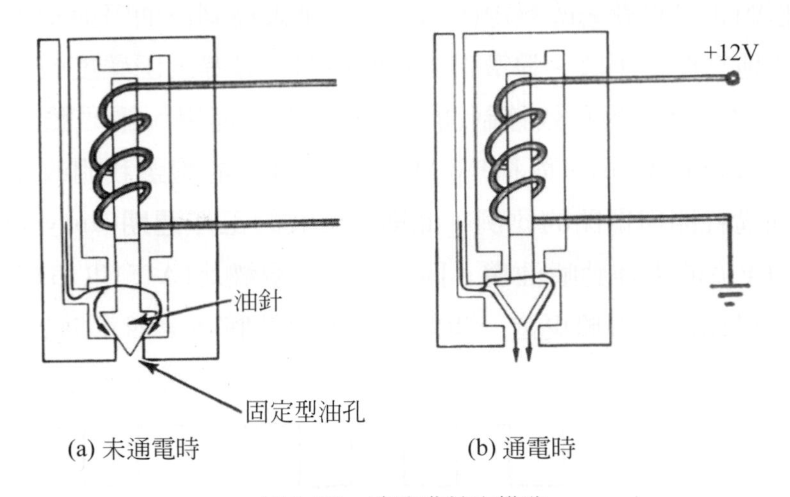


圖 3-68　噴油嘴基本構造

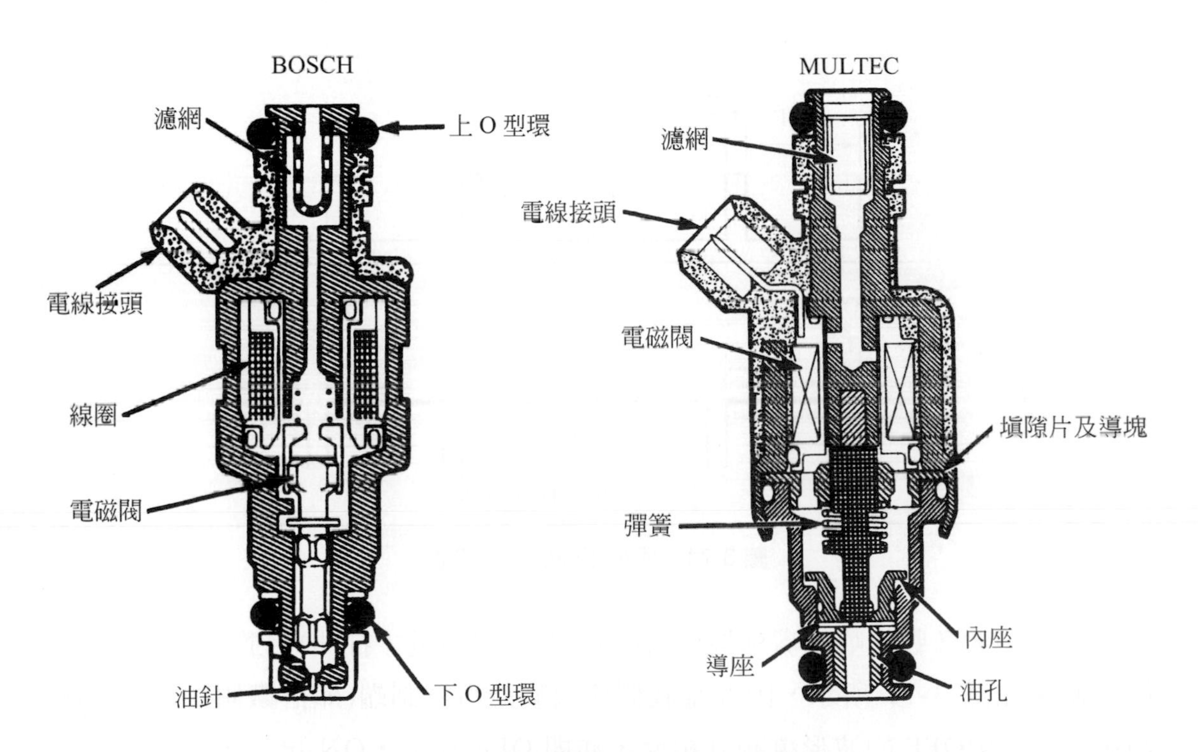


圖 3-69　噴油嘴剖視圖 (取自：ASE)

雖然工程師也可以藉著改變線圈的工作電壓來控制汽油噴射量，但是這樣做必須能夠精確地掌握電壓值、彈簧張力和摩擦問題等等，困難度較高。以生產角度來看，最簡單且實際的有效控制油量的方法則是運用所謂的**脈波寬度調變法**(Pulse Width Modulation)，簡稱PWM法。PWM法能夠讓我們改變同一個時間區段內，噴油嘴打開與關閉的比例，此即為脈波的**工作週期**(duty cycle)。控制電流藉ON/OFF脈波來作動噴油嘴，同時引擎的空燃比(A/F)也和ECM所送出的脈波工作週期成比例。關於更進一步的波形，我們將在第四章為各位說明。

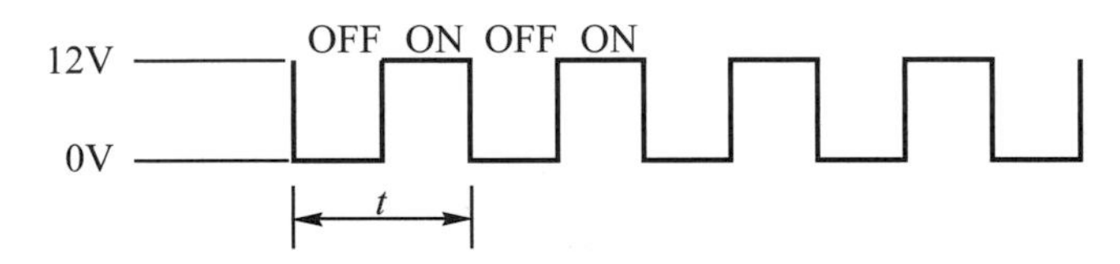


圖 3-70　工作週期(duty cycle)為整段單位時間內 ON 所佔的比例

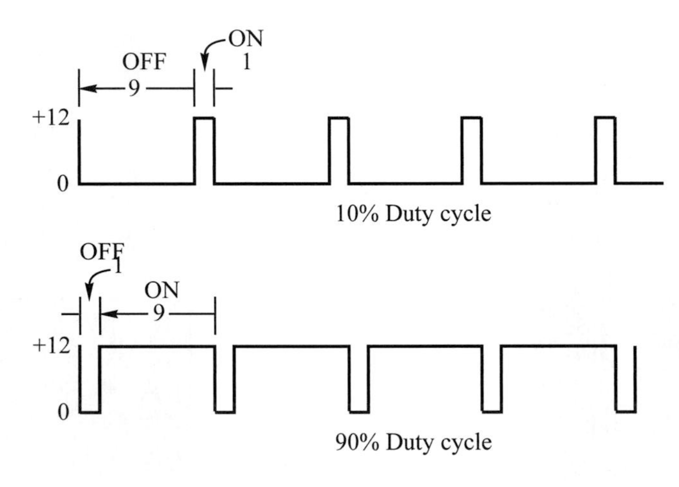


圖 3-71　兩種不同的工作週期

由於絕大多數的噴油嘴都屬於常時關閉型(即通電才打開)，並且多採用搭鐵端控制，如圖 3-72 所示，因此當我們檢視噴油嘴控制端(即搭鐵側)的工作電壓訊號時，ON/OFF 的波形會剛好相反，亦即 OFF 在上，ON 再下，如圖 3-73 所示。噴油嘴標準的正常電壓波形則如圖 3-74 所示，水平線的電壓值為 12V，最低點為搭鐵電壓(即 0V)，此位置也是噴油嘴油針打開噴油的時間。最高點為電磁閥線圈因電流切斷所產生的反向電壓，一般約在 30～48V(標準值 40V)左右。

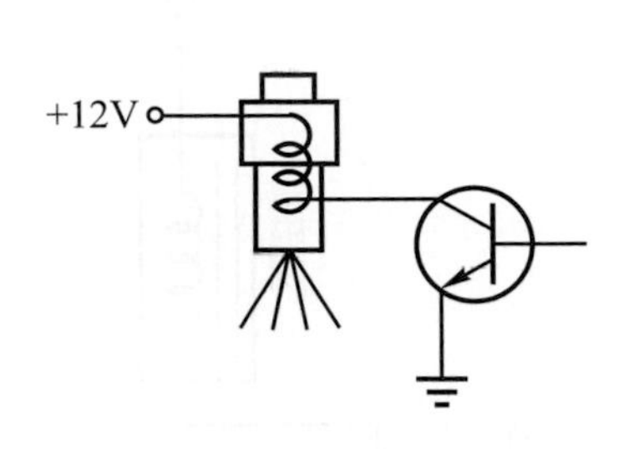


圖 3-72　搭鐵端控制

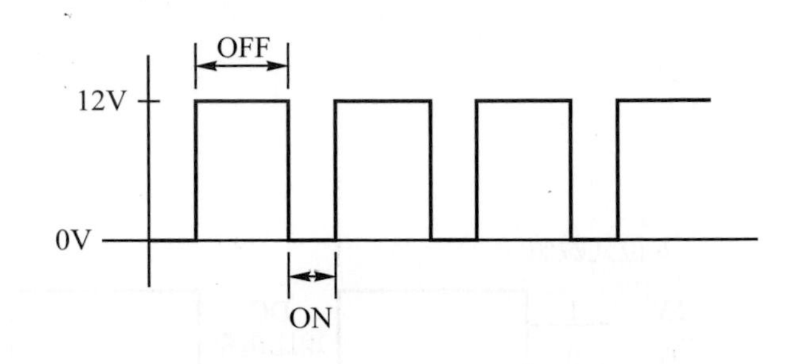


圖 3-73　噴油嘴 ON/OFF 的電壓值

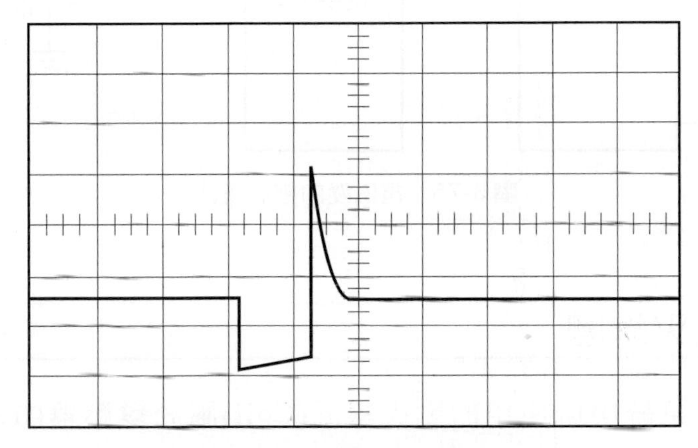

圖 3-74　噴油嘴的正常波形

電磁閥的電路或許可由繼電器來控制，但有些必須嚴格精確控制時間的電磁閥(如噴油嘴)便得由電晶體來作控制了，這是由於電晶體的動作時間比繼電器短且精準。圖 3-75 爲一典型的晶體切換控制電路。ECM 將不同的 8 位元數值送入數位／類比轉換器(D/A converter)，轉換成直流類比電壓訊號，範圍自 0V 到 5V (在 0～5V 之間共可區隔出$2^8 = 256$種變化)，接著進入電壓／工作週期轉換器而得到不同百分比力的方波輸出訊號，此變化不同的電壓訊號依ON/OFF的時間長短來使電晶體導通，同時讓電磁閥作用。如果ON的時間長，噴油量便增多；ON的時間短，噴油量即減少。

利用這種變化方波工作週期來作動的元件除了噴油嘴之外，還有像是 ABS 液壓總成中的電磁閥阻、EGR 控制閥和定速控制等都是。

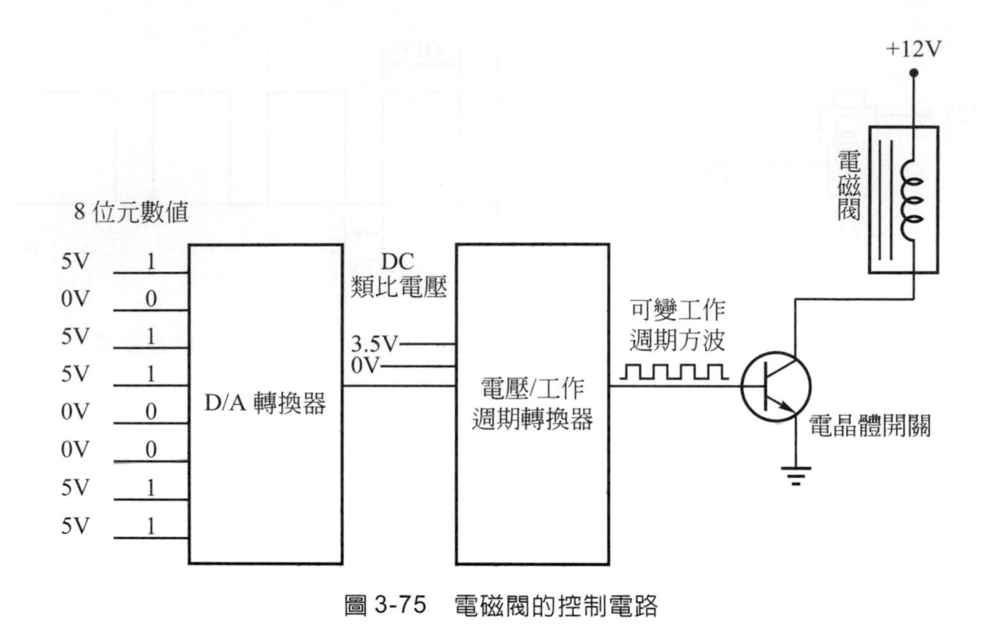


圖 3-75　電磁閥的控制電路

## 3-5-4 點火線圈

在汽車點火系統中所使用的點火線圈(Coil)屬於變壓器(transformer)的一種，變壓器乃是應用電磁感應的原理所製成，透過鐵與銅的結合，而能夠完成升壓或降壓的工作。近來，由於非晶形(amorphous)鐵芯之開發，使變壓器的體積和重量變得小型且輕量化。

點火線圈爲一輸出裝置，它可以將來自電瓶的 12 伏特電壓經由一次線圈的自感應後，並依其匝數比感應給二次線圈，供應火星塞跳火之所需。如圖 3-76 所示爲一典型之點火線圈接線，請留意一次線圈與二次線圈繞線方向上的不同。當開關閉合時，一次線圈充磁，電流與極性的方向如圖 3-77(a)所示，一次線圈所產之磁力線並循鐵芯到二次線圈而完成磁迴路。但是當開關切斷時，在一次線圈內會依愣次定律而產生反抗磁場變化之反向電壓，如圖 3-76(b)。此反向自感電壓遠大於電瓶電壓(12V)，約在 300V 左右，並且方向與原磁場方向相反。磁力線循鐵芯到了二次線圈並使二次線圈也依匝數比感應出反向電壓(20kV 以上)，而產生如圖所示之電流，流到火星塞跳火。

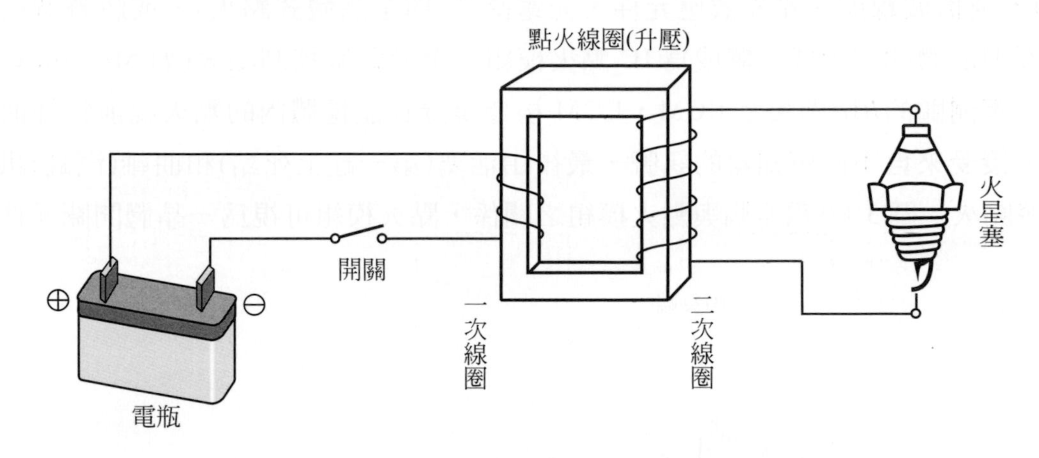


圖 3-76　點火線圈接線

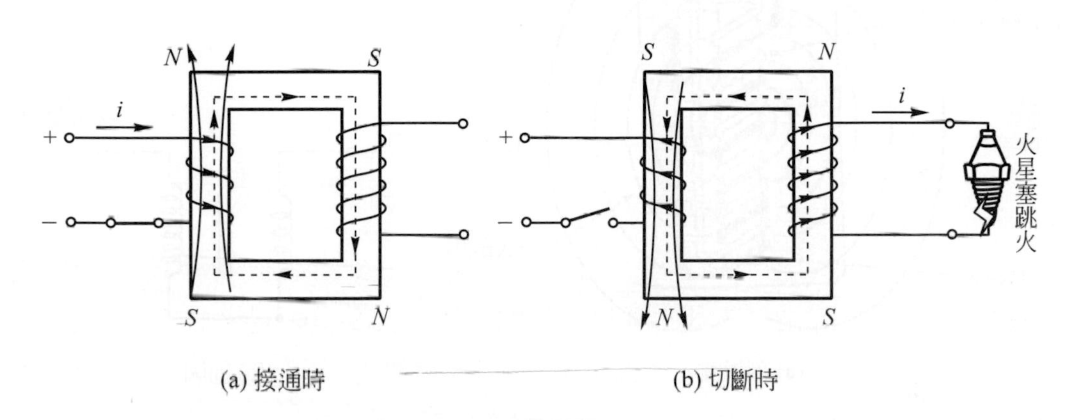


(a) 接通時　　(b) 切斷時

圖 3-77　點火線圈所感應之極性

如圖 3-78 所示爲點火線圈內部的繞線剖視圖，請注意二次線圈與一次線圈在點火線圈的⊖端連結，然後以與一次線圈反方向繞出到中央端頭，故其簡化圖如(b)所示。惟有如此繞，才有正確之跳火極性。

如圖 3-79 所示爲點火系統配線圖。點火系統的主要工作即在根據車輛各種行駛狀況而令火星塞能在最佳的時機跳出火花。從使用了一百多年的早期傳統白金接點式到半晶體、全晶體式以及近期 IC 點火、電腦點火，型式雖多，然而其衍進卻都只與一次線圈開關的方式不同而已。以圖 3-79 爲例，當晶體開關導通時，一次線圈(低壓線路)即通電，完成充磁。晶體開關切斷時，二次線圈(高壓線路)便感應出高壓電供火星塞跳火。圖中的觸發源可以是白金(半晶體式點火系統)，或拾波線圈、霍爾效應元件、光電晶體(即全晶體式點火)，或將整個拾波線圈與晶體開關製成一體成為 IC 點火模組。至於電腦控制點火(如 Motronic)，其晶體開關的$B$極則接至 ECM，ECM 根據燒錄在記憶體內的點火提前特性曲線圖，接受來自不同感知器的訊號，最後由活塞(第一缸上死點)和曲軸(汽缸)訊號觸發點火。圖 3-80 為電腦與點火模組之關係，點火模組可視為一晶體開關元件。

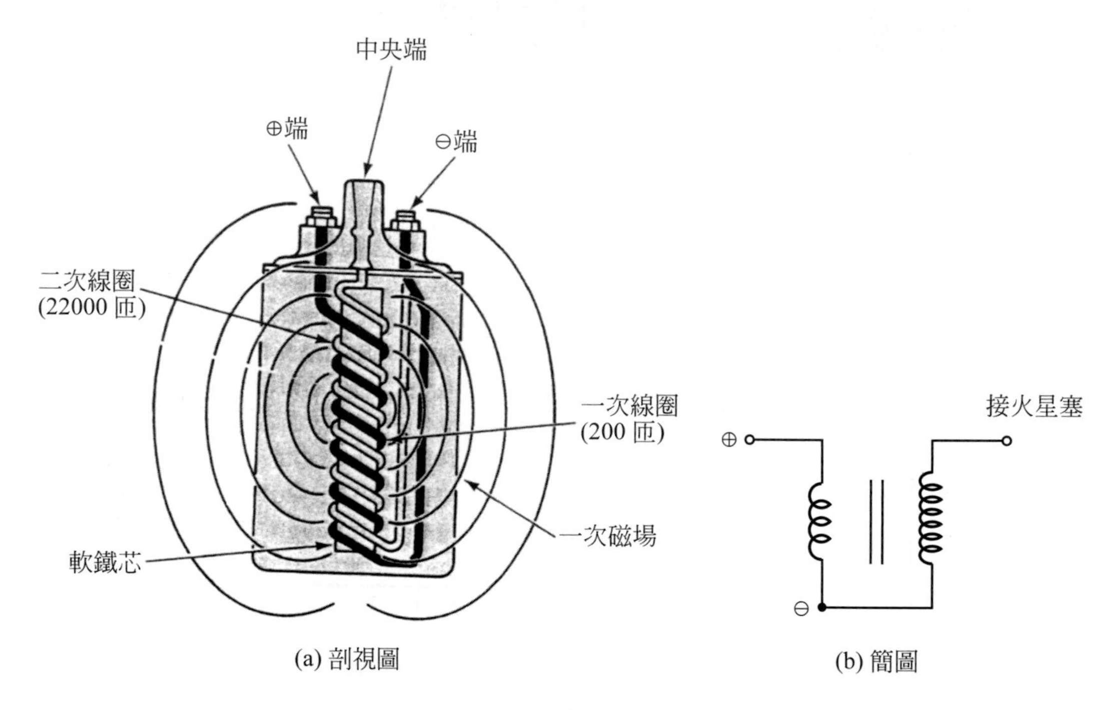


圖 3-78　點火線圈

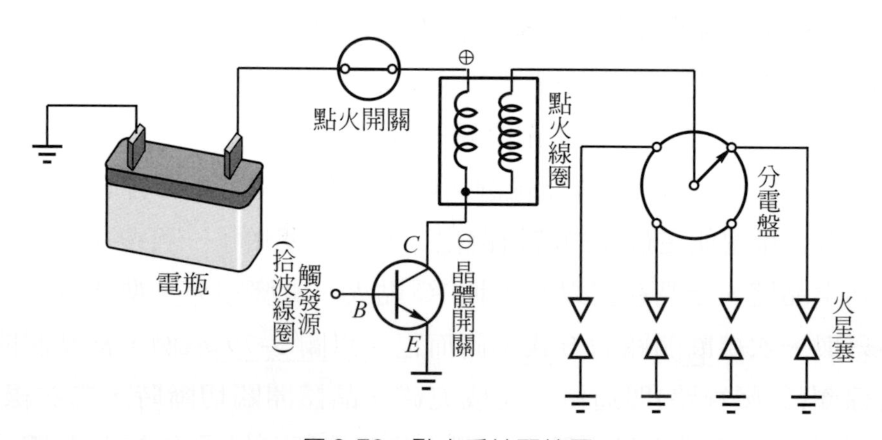


圖 3-79　點火系統配線圖

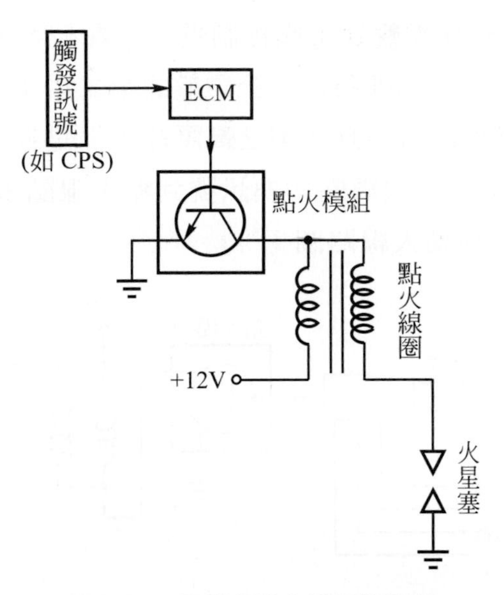


圖 3-80　電腦與點火模組的關係

如圖 3-81 所示爲一典型之電腦控制點火線路圖。在此系統中，**分電盤有兩項工作：**

1. **負責切斷一次線路，使火星塞跳火**
2. **將高壓電依點火順序適時地分配到各缸。**

ECM 則負責點火提前角度的多少。事實上，在現代的系統中，分電盤的第一項工作已經改由曲軸位置感知器(CPS)來觸發電腦完成，毋須靠分電盤了。因此，分電盤的工作已純粹只有負責分配高壓電。

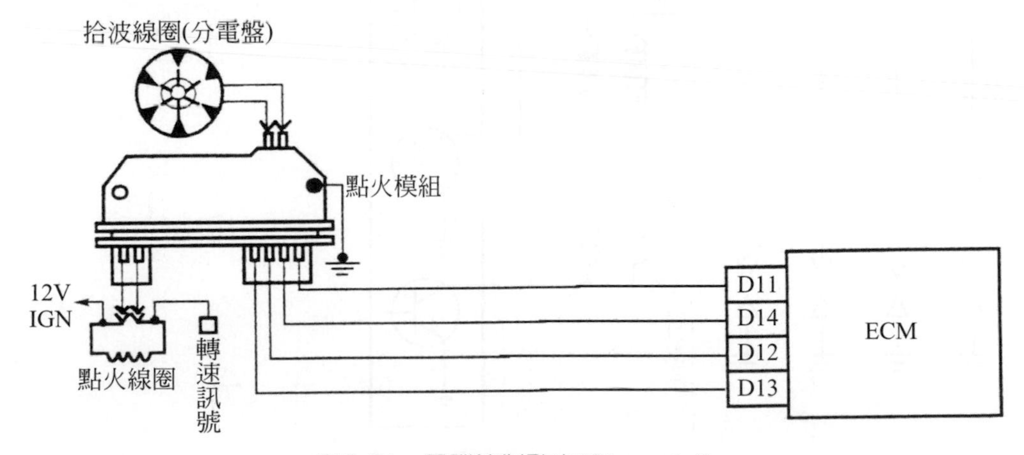


圖 3-81　電腦控制點火(Chevrolet)

如圖 3-82 所示爲有分電盤式電腦控制點火。在較新的設計中，已普遍採用無分電盤式電腦控制點火，亦即將前述分電盤的第二項工作也取代了。高壓電的分配不靠分電盤，當然也沒有各缸所需之高壓線，而是在各缸的火星塞上直接連接點火線圈，再由ECM送一次線圈切換訊號到點火線圈去，如圖 3-83 所示爲兩種無分電盤式的電腦控制點火線路圖。

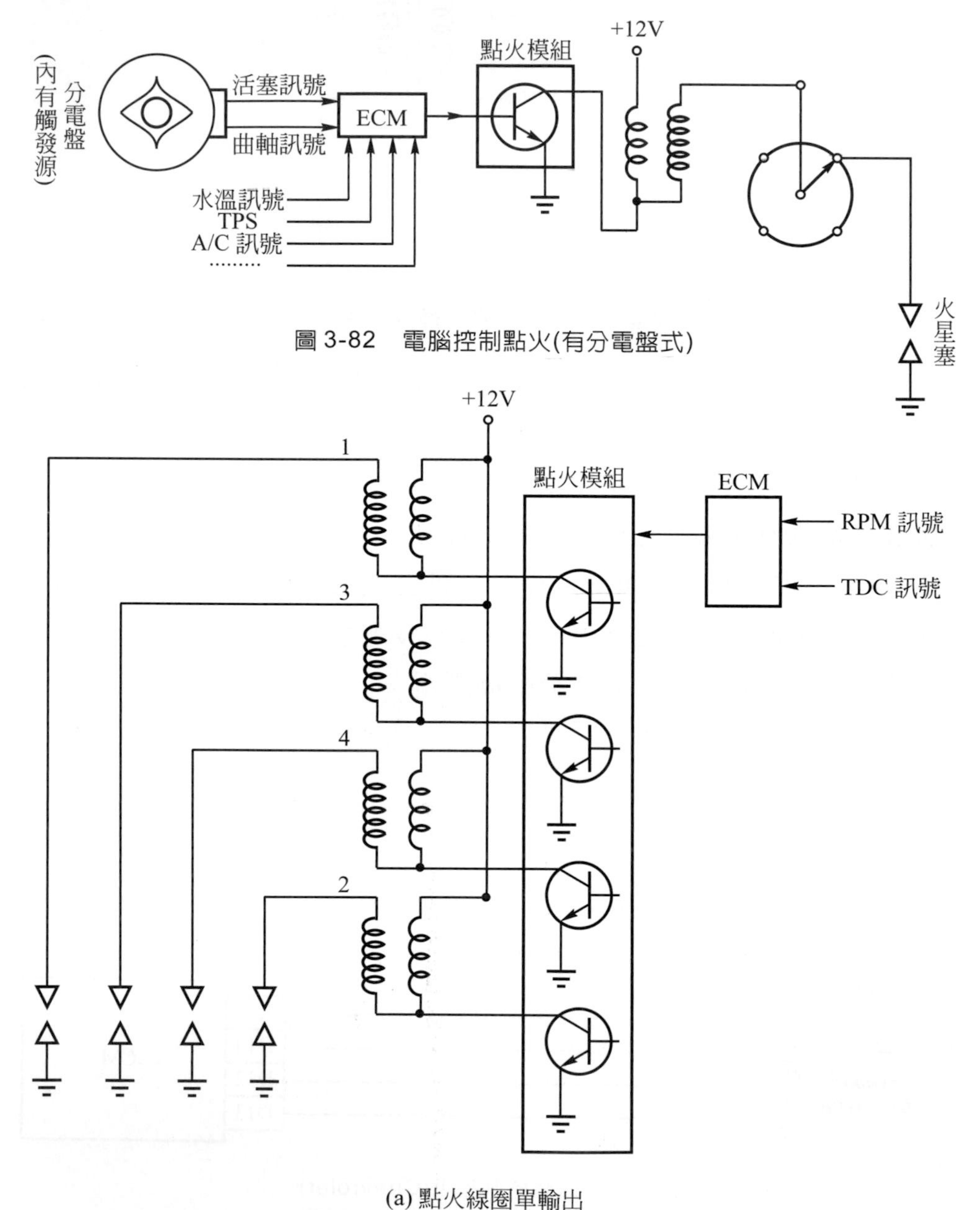


圖 3-82　電腦控制點火(有分電盤式)

(a) 點火線圈單輸出

圖 3-83　電腦控制點火(無分電盤式)

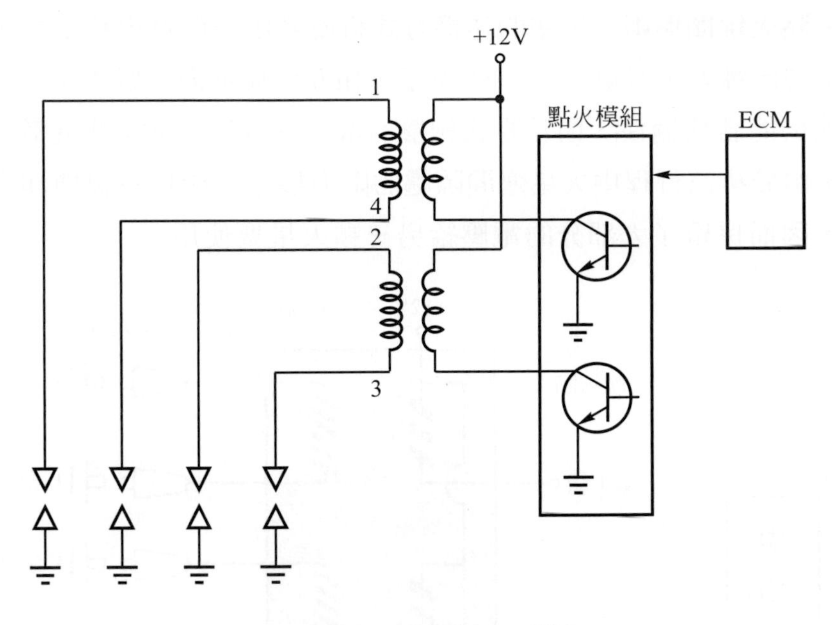


(b) 點火線圈雙輸出

圖 3-83　電腦控制點火(無分電盤式) (續)

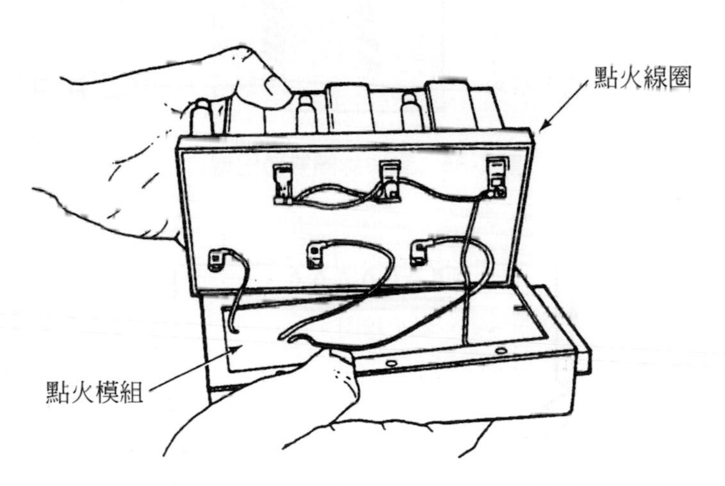


圖 3-84　無分電盤式之點火線圈與點火模組製成一體

在圖 3-83(b)中的點火線圈接線法稱為「點火線圈雙輸出型」，利用一個點火線圈來供應兩個火星塞跳火，並且使用點火模組內的同一個晶體開關。二次線圈的兩端各連接一個相對缸的火星塞(如V6引擎：1-4、2-5、3-6)。如此安排可以使得當兩個火星塞同時跳火時，其中一缸為壓縮行程末了；而另一缸則為排汽行程末了。點火線圈與兩火星塞的連接方式將使其中一個跳火爲正向，而另一個的方向則呈逆向跳火，如圖 3-85、86 所示，如此將使逆向的跳火電壓升高許多，但點火線圈仍能勝任愉快，因爲點火線圈有高達 100kV 的能供電壓可供使用。另一方面，由於排汽行程中火星塞間隙處的阻力極小，所以只需要非常小的電壓便可跳火，因而保留了大部分的電壓給另一顆火星塞使用。

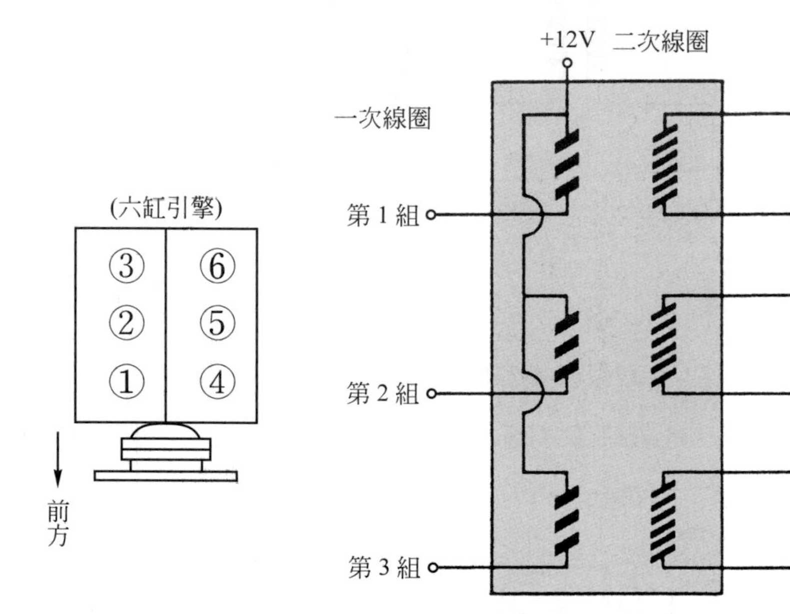


圖 3-85　點火線圈雙輸出型

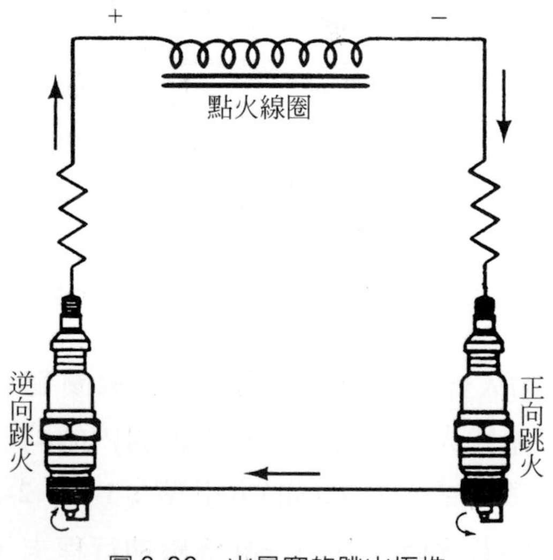


圖 3-86　火星塞的跳火極性

圖 3-87 為示波器從二次線圈上所取得之波形。它顯示了：跳火電壓、火花時間、線圈狀況以及晶體開關的作用情形。不僅如此，還可從橫座標上看出閉角角度、汽缸點火正時以及二次線路的正確與否。通常在維修過程中並不需要檢視一次線圈之波形，除非從二次線圈波形中想要更仔細地檢查一次線圈問題，如切換元件、點火正時等，才需要叫出其波形。

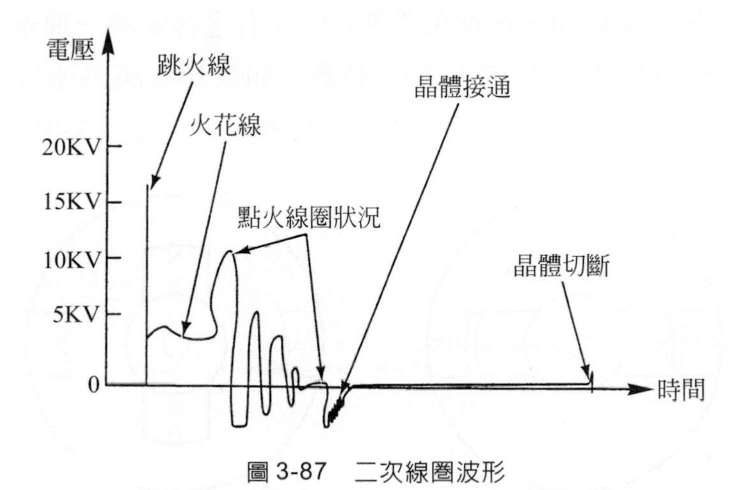


圖 3-87　二次線圈波形

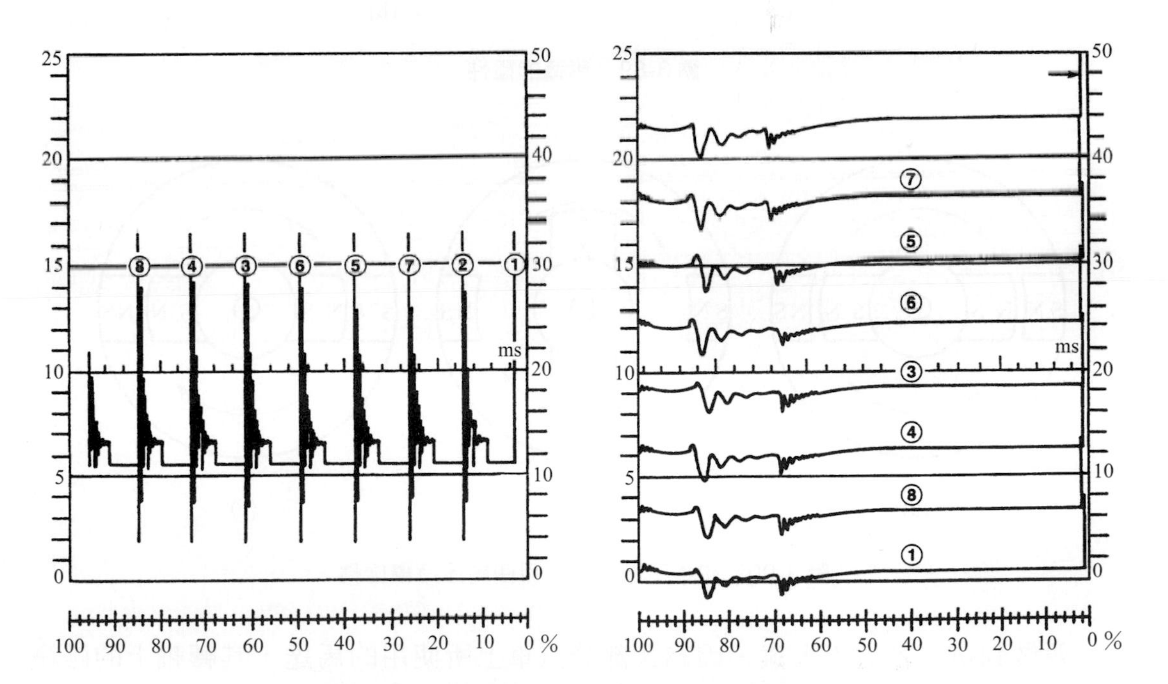


圖 3-88　示波器上之一次與二次線圈實際波形

## 3-5-5 步進馬達

### 馬達原理

本章主題爲「電磁原理」，講到電與磁就不能不提到利用電磁原理所製成的重要元件–馬達。如圖 3-89 所示，磁鐵因同性相斥異性相吸現象，在馬達殼內壁兩側上各固定一塊永久磁鐵，而在馬達轉軸的左右也各安裝一塊永久磁鐵，則馬達會因斥力與吸力的作用而旋轉至(b)的位置。如果想要讓馬達持續不斷地旋轉下去，便需要不停地改變其中一組永久磁鐵的極性了，如圖 3-90 所示。

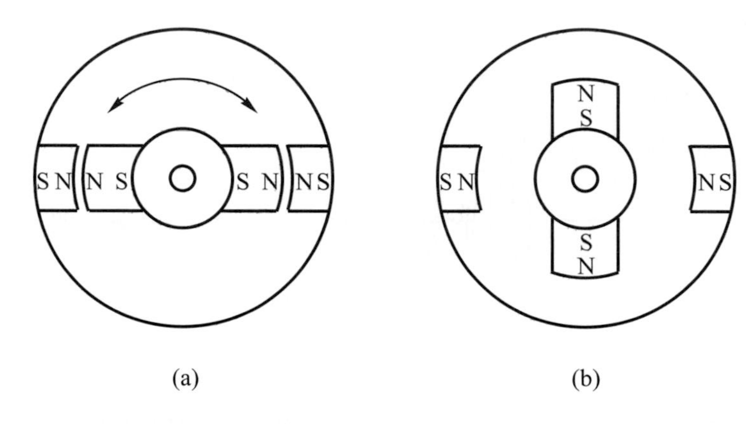


圖 3-89　馬達的極性

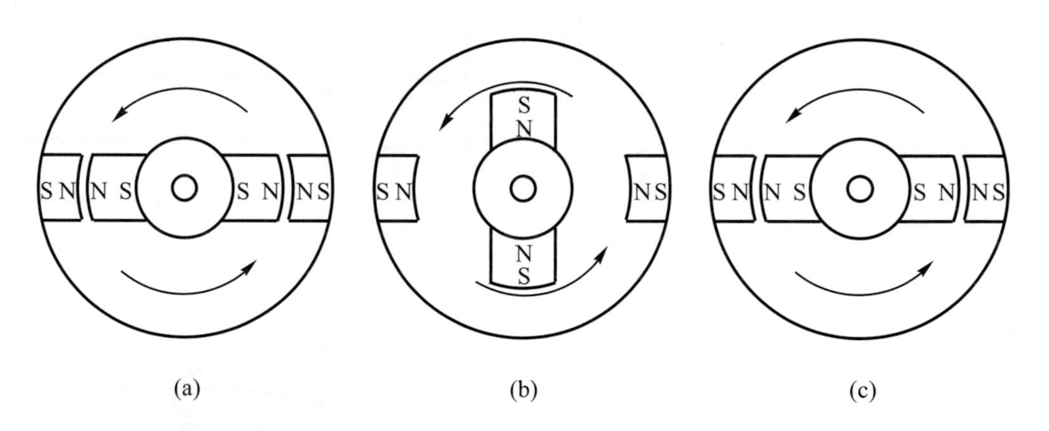


圖 3-90　磁極不斷變換，可使馬達持續旋轉

要做到這一點並不太難，因爲大部分汽車上所使用的馬達，其轉軸上的磁鐵都不採用永久磁鐵，而是利用導線(電磁鐵)。我們知道，當導線所通過的電流方

向改變時，導線上所感應的磁力線方向也會跟著改變，因此，實際的馬達都採取圖 3-91 的方式製成。為便於說明，圖中只畫出一條導線，圓形環狀物稱作整流子(commutator)，接觸其上的則是碳刷(銅刷)。作用情形如圖 3-92 所示。

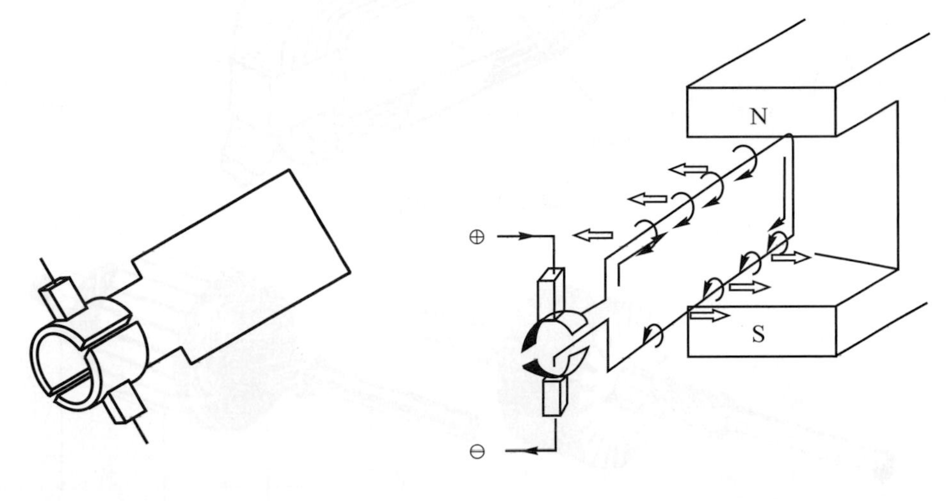


圖 3-91　導線、整流子與碳刷

圖 3-92　馬達的運動

碳刷位置是固定的，整流子則隨導線轉動，當電流由上方經碳刷、整流子進入導線，再由下方整流子與碳刷流出時，依弗來明左手定則(見第 3-4-3 節)得知導線將如圖中**白色箭頭**所示方向運動。當導線轉動到水平位置時，磁場作用力最小，但因導線慣性緣故而能夠繼續往前做逆時鐘旋轉，使原本導線上下對調，但電流方向仍舊不變，因此導線得以持續不斷地做同一方向旋轉。

**動動腦**

何以將汽車的起動馬達正、負端子調換接線，馬達的旋轉方向依舊不變？

圖 3-93 的單繞線式馬達由於轉動扭力小，效率低，故多不採用此種繞法，我們將他介紹給讀者，乃是為了便於說明馬達的運動情形。今日所用之馬達原理雖與圖示原理相同，但結構稍微複雜，請讀者參閱相關之汽車電學書籍。在實際的馬達裡，前述之導線經特殊方式纏繞於電樞鐵芯上，稱作**電樞線圈**，馬達殼內壁之磁鐵則也改由軟鋼繞上線圈，通電以後成為電磁鐵所構成，如圖 3-95 所示有各種繞線型式。

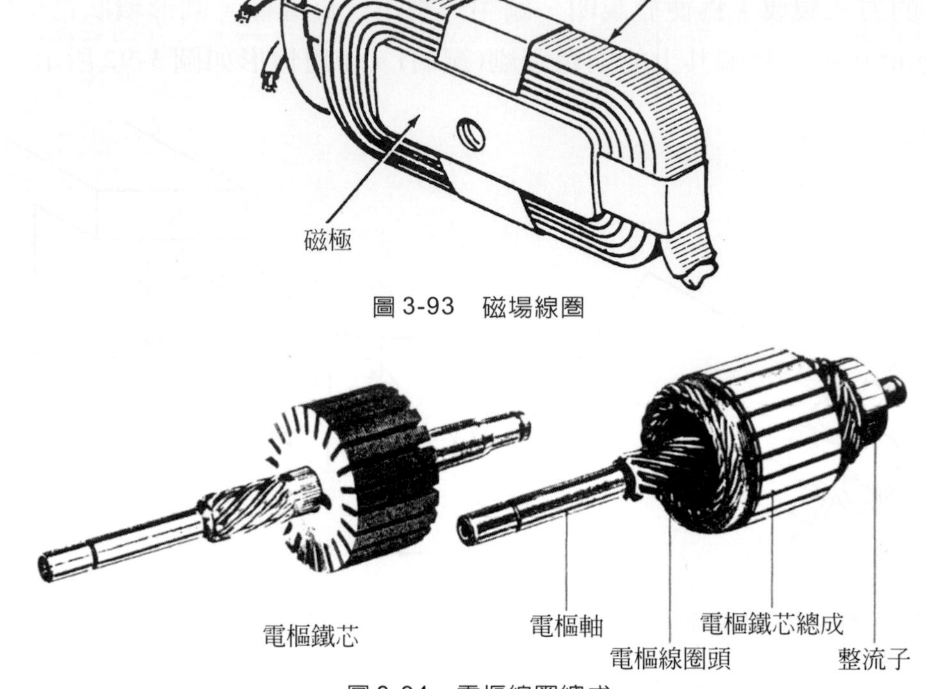


圖 3-93　磁場線圈

電樞鐵芯
電樞軸
電樞鐵芯總成
電樞線圈頭
整流子

圖 3-94　電樞線圈總成

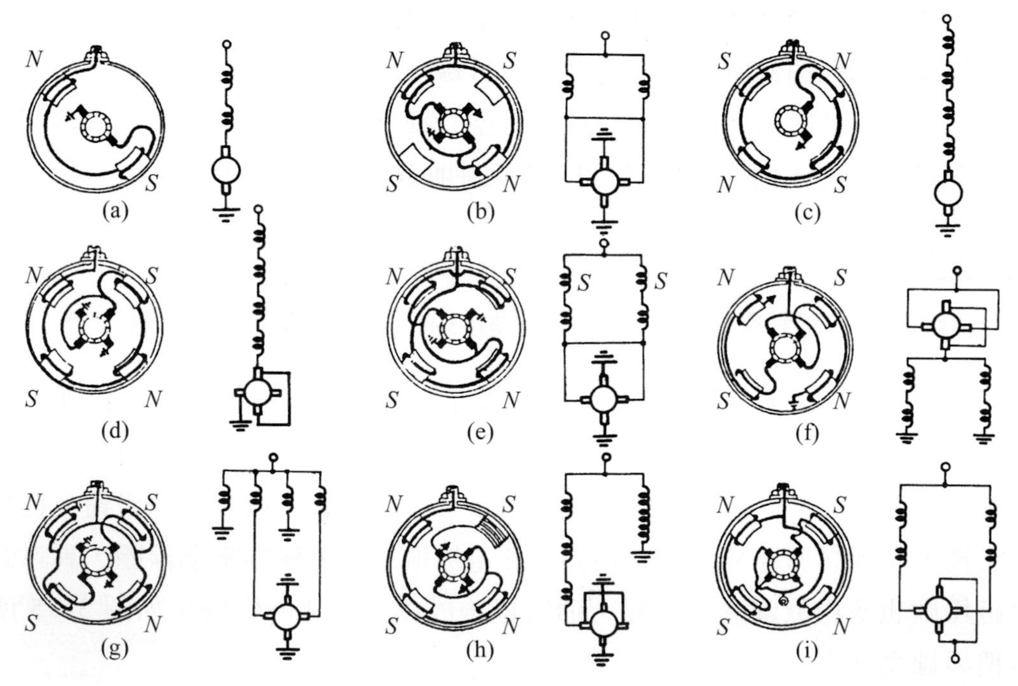


圖 3-95　各種馬達磁場線圈與電樞線圈之關係

## 馬達的控制型式

現代汽車上所使用之馬達幾乎多採直流控制方式，其中又分爲**定速型控制**及**變速型控制**。定速型在使用上多以全速(最高速率)完成任務，控制方式則利用開關操作即可，例如：起動馬達、車窗馬達等。變速型在應用上則必須視所需情況來調整馬達的速率，例如冷氣空調中的鼓風機馬達，在最大冷度時，馬達必須以高速運轉；而在最小冷度需求下，馬達的轉速則必須降低。變速型的馬達控制方式有兩種：過去大多使用串聯電阻的方式，亦即將電阻與馬達串聯，利用電阻做分壓，消耗電能來改變馬達的電壓降，以獲得不同之轉速。但是，在現代的汽車中，“耗能”觀念已經漸遭淘汰，因爲汽車發電機還要供應其他必須性的負載元件所需要之能源。

變速型控制的另一種方法，則是採取前節曾提及過的**脈波寬度調變法**(PWM)，這種歸類爲電子控制的方法可提供更有效率的速率控制。

表 3-2　馬達的控制型式

| 型式 | 控制方式 | 電壓來自 | 應用例 |
|---|---|---|---|
| 定速型<br>(全速型) | 開　關 | 電瓶電壓 | 起動馬達<br>車窗馬達<br>車座椅位置馬達<br>天線馬達 |
| 變速型 | 電阻式 | 電瓶電壓 | 冷氣空調鼓風機馬達<br>汽油泵浦馬達 |
| | PWM | 電瓶 | 怠速空氣控制馬達(IAC) |
| | 步進式 | ECM 內部 12V 電壓 | 怠速空氣控制馬達(IAC)<br>冷氣出風口控制馬達 |

串聯電阻式的馬達控制線路如圖 3-96 所示。不論哪種電阻型式，只要馬達線路上的串聯電阻愈大，則馬達兩端的電壓降(電位差)愈大，電流就會愈小，速率也會愈慢。

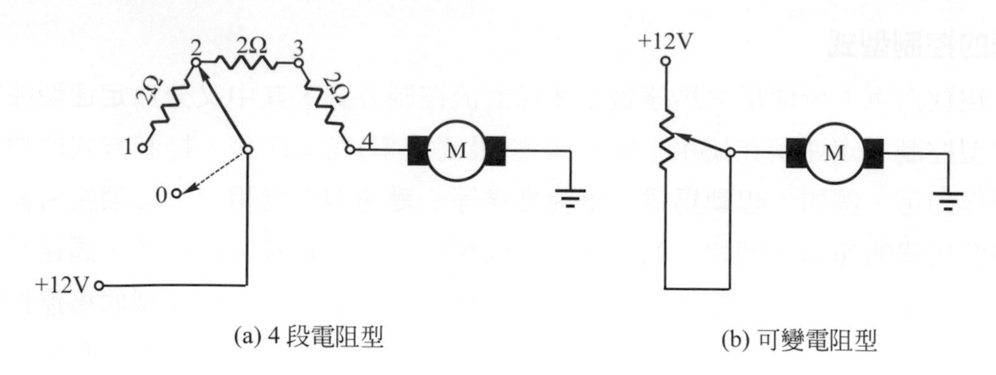


(a) 4 段電阻型　　(b) 可變電阻型

圖 3-96　電阻式馬達速率控制

脈波寬度調變法(PWM)可進行損耗極小的連續性速度變化控制，很符合現代車輛的要求。PWM 的有效控制頻率範圍從 200 到 500Hz，可以說相當低頻，即能完成任務。PWM不是藉頻率來決定馬達的速率，其頻率通常爲固定值(註)，而是根據脈波的寬度(時間)來控制馬達速率。以圖 3-97 爲例，若當 ECM 送出如圖所示的 12V 電壓訊號時，馬達便會在第 1 個 0.5 秒不轉動，而在第 2 個 0.5 秒時以全速旋轉，第 3 個 0.5 秒不轉，第 4 個 0.5 秒全速運轉，依此類推⋯。若馬達在第 0.5 秒消耗功率爲 10W，則第 1 秒爲 0W，第 1.5 秒爲 10W，第 2 秒爲 0W。前 2 秒共累積消耗 20W，而平均功率則爲 5W。理論上來說，前 2 秒的平均速率將是全速的一半，但是實際上馬達是轉一段，停一段。若將頻率提高到 300Hz，則馬達的平均功率仍爲 5W，但馬達要在 1 秒鐘 ON-OFF 300 次，馬達根本無法停下來休息。它乃是不斷地在 0 到全速之間運轉(理論上速率仍是全速的一半)，馬達所得到的功率全由脈波在 ON 時的寬度(比例)所決定，速率亦然。ON 的時間佔週期時間的比例稱作工作週期(duty cycle)。工作週期愈大，馬達的速率也愈高，反之則愈低。ECM 根據車輛狀況送出不同工作週期比例的電壓脈波給馬達，馬達根據工作週期的改變來變化其旋轉速率。

註：通常 PWM 採固定頻率訊號做控制，但是在某些應用例中，如連續多點噴油嘴，不僅工作週期可以改變，其電壓訊號的頻率亦會改變。這是必須的，因爲當引擎轉速升高時，進汽行程的動作也會跟著變快。

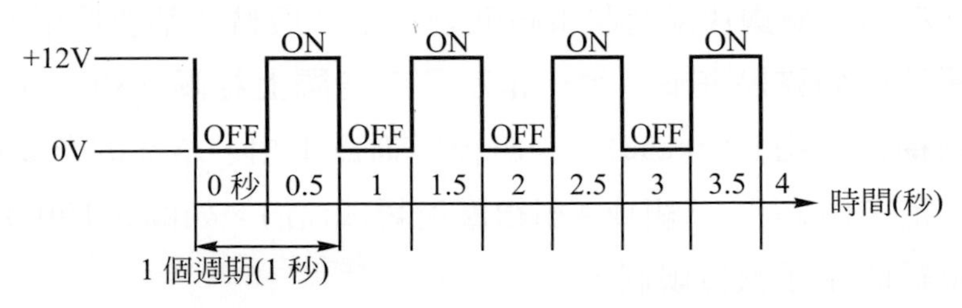


圖 3-97　1Hz 方波(工作週期：50 %)

至於ECM是如何能夠送出不同duty cycle的電壓訊號，我們將在「數位電路」中爲各位說明。

汽車上利用PWM方法來控制的元件除了線圈式的直流馬達之外(註)，常見的還有噴油嘴、EGR電磁閥，自動變速箱控制電磁閥和ABS電磁閥等等。

## 步進馬達

一般直流標準型馬達多只提供單速、雙速或是變速率等的動作，在許多汽車控制應用中並不能滿足所需。步進馬達(stepping motor)可以提供精確的控制角度，這是因爲它以角度增減量或步級數(step)來轉動馬達軸。藉此特性，步進馬達被用來控制各種翼片，如 A/C 中的風門；另外，步進馬達也常被用在怠速空氣控制閥(IAC)上，以維持引擎怠速及各種行車狀況下的適當空氣量。美國 GM 公司已利用步進馬達來操控哩程錶。

1960 年代，近代步進馬達萌芽，剛開始多運用在數値控制機具以及電子計算機週邊裝置，如印字機、讀卡機等等。之後的 70 年代爲步進馬達的全盛期，汽車上使用步進馬達則約在80年代開始。

步進馬達有各式各樣的型式，在構造上和直流馬達相似，本書僅介紹其中較具代表性的*VR*型(Variable Relutance，可變磁阻型)步進馬達(註)。如圖 3-98 所示，馬達殼內壁的電磁鐵稱作「定子」，材料爲多層矽鋼片所構成之鐵芯，由導線繞在鐵芯上，通電產生磁場。馬達的中間則爲電樞軸，其上爲永久磁鐵，稱作

註：利用 PWM 方法的 Duty cycle 來控制的馬達與利用下文將介紹的脈波控制的步進馬達，在控制上是完全不相同。許多人在實際情形裡常易混淆，這可能是受到 IAC 馬達在型式上有各種不同控制方法之故吧。

註：事實上，步進馬達的型式還有*PM*型、混合型等。汽車上所用之步進馬達，並不純屬*VR*型，但基本工作原理相似，只是構造(轉子、繞線)上略不同而已。

「轉子」，材料爲多層鋼片或塊狀電磁軟鋼。定子與轉子都要採用導磁係數高的材料。**步進馬達的特殊點在於，每一組定子在空間上相隔** 180°**，繞經定子上的磁場線圈，被稱作「相」**(phase)。一組線圈稱爲 1 相，常見的有 2 相、3 相及 4 相馬達；亦即定子由 2 組、3 組或 4 組線圈所繞成(註)。如圖 3-100 所示，相數並不受線圈所繞經的定子數目限制。

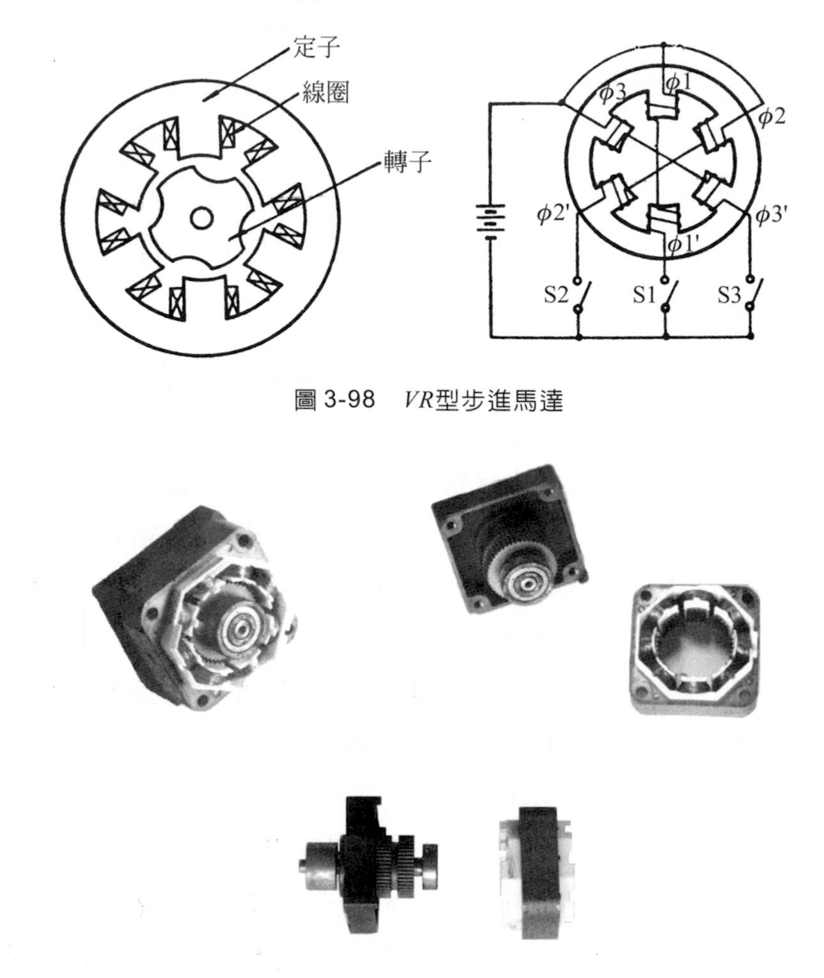


圖 3-98　*VR*型步進馬達

圖 3-99　混合型

註：當脈波訊號送入步進馬達時，馬達只轉動一定的角度，此種迴轉角度稱作步進角(step angle)。步進角的大小是步進馬達重要的規格。步進角角度受到相數(即定子線圈的組數)以及轉子齒數等因素所決定。相數愈多，步進角愈小，馬達的轉動也愈精確。電子設備中常用的角度爲 1.8 度，但在精密設備，如磁碟機讀寫頭，步進角可以小到 1 度以下。汽車引擎上所使用的步進馬達，如 IAC 馬達，並不需如此精密，常見的步進角爲 45 度，與電子設備相比可謂相去甚遠矣。

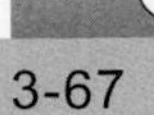

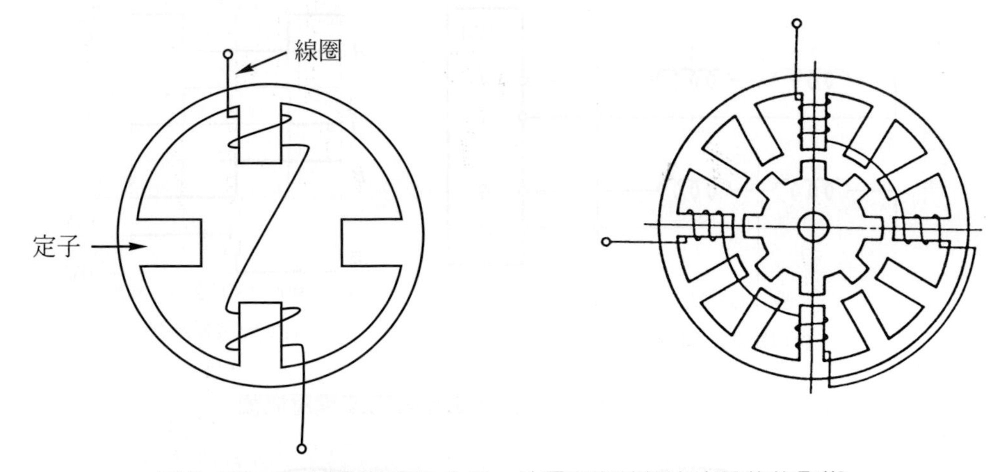


圖 3-100　一組線圈稱為 1 相，並不受所繞經之定子數的影響

步進馬達若要轉動，必須使各組定子線圈按一定的順序通上電流，使該組線圈激磁產生磁場。這個逐序通電的工作屬於步進馬達的控制部份，須靠順序電路(在ECM內)輸入一連串的脈波(似方波)訊號來完成，我們將在後文中爲各位細述。

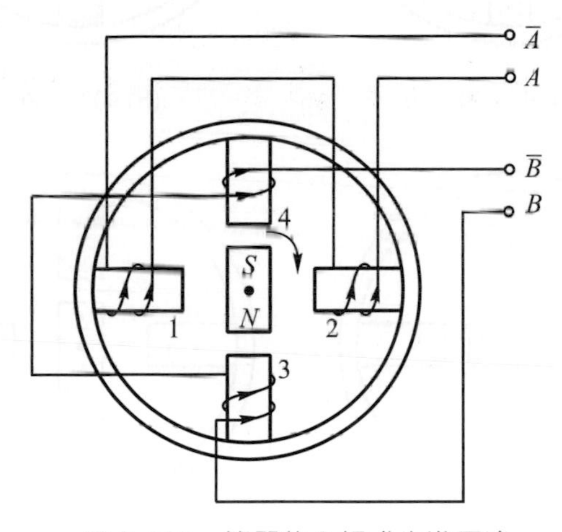


圖 3-101　簡單的 2 相式步進馬達

如圖 3-101 所示爲 2 相步進馬達，中央的轉子齒數爲 2，我們藉著這個簡單的圖來說明步進馬達的轉動情形。在說明之前我們先把 2 相步進馬達畫成圖 3-102 的簡圖型式。

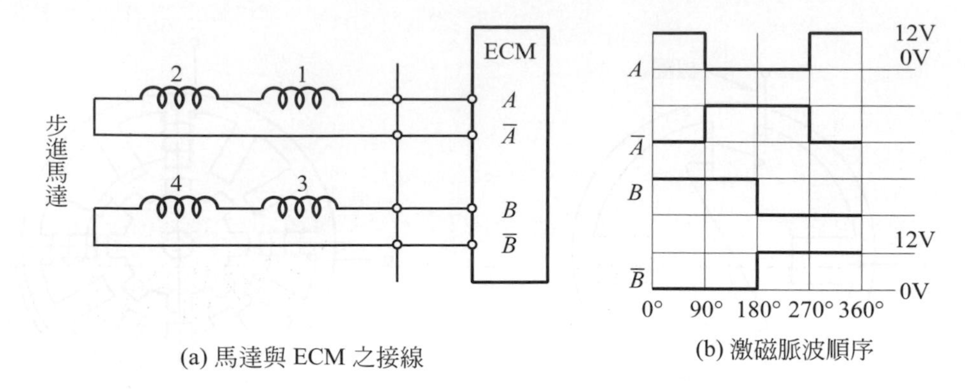


(a) 馬達與 ECM 之接線　　(b) 激磁脈波順序

圖 3-102　2 相步進馬達簡圖及其方波電壓訊號

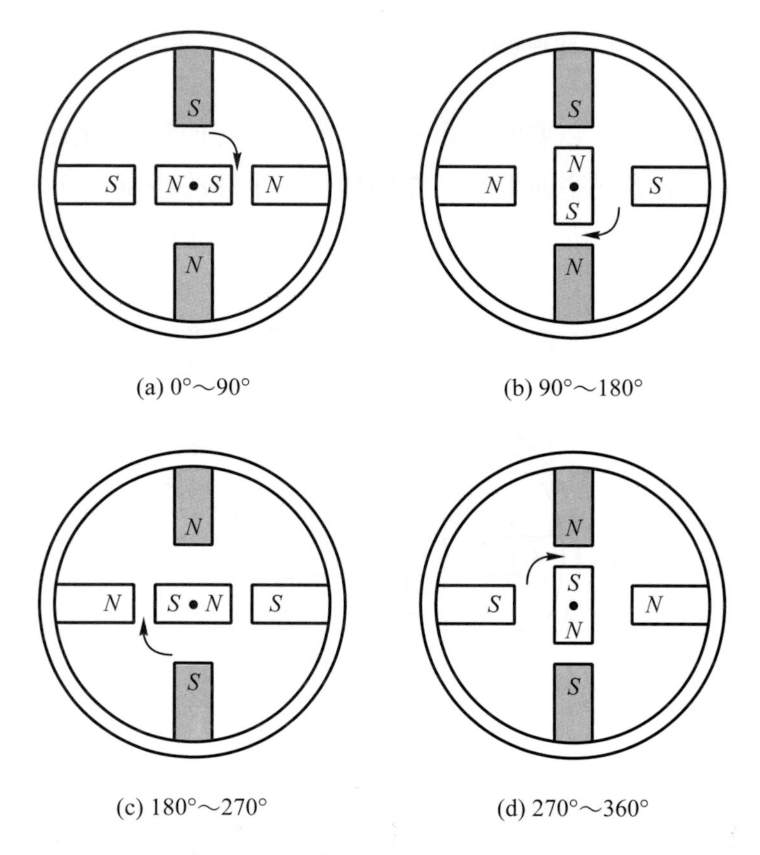


圖 3-103　轉子與定子間激磁變化順序

1. 首先，假設馬達的原始位置是在轉子對準定子 3、4 處(如圖 3-101 所示)。轉子開始轉動前，電子控制模組ECM會先將脈波電壓訊號(12V)從*A*線頭送入定子線圈 1 及 2，使定子 1 和 2 分別產生*S*和*N*極，吸引轉子順時針旋轉。在此同時，ECM 也將脈波電壓從$B$線頭送入定子線圈 3 及 4，然後從$\overline{B}$線頭回到 ECM 內部搭鐵，使定子 3 和 4 分別成爲$N$和$S$極而推動轉子做順時針轉動 90°，成爲圖 3-103(a)所示的情形。

2. 接著，從圖 3-102(b)方波圖可以看出，從 90°～180°ECM 的脈波 12V 電壓訊號從$\overline{A}$線頭送入，再從$A$線頭回到 ECM 搭鐵，使定子 1 和 2 分別變成$S$和$N$極而推動轉子再順轉90°；同一時間 ECM 也將脈波電壓自$B$線頭送入，再自$\overline{B}$回到 ECM 搭鐵，使定子 3 和 4 分別保持$N$和$S$極，吸引轉子順轉，如圖 3-103(b)所示。

3. 到目前爲止，轉子已經旋轉了180°，但是轉子兩側的極性卻也和原始位置時相反。若要令轉子繼續做順時針轉動，則必須藉 ECM 內部的換相電路使 ECM 所送出的脈波電壓可以讓馬達繼續做同向轉動。從脈波順序圖得知 在180°到270°間，方波電壓分別從$\overline{A}$及$\overline{B}$送入定子線圈，使定子的極性成爲如圖 3-103(c)所示的情形，轉子也因此得以繼續順轉90°。

4. 第四個90°，即270°～360°則如(d)之變化情形使轉子順時針轉動一整圈。

在馬達轉動的過程中，若需做逆轉動作，則 ECM 根據引擎各個感知器所送來之訊號，而改變脈波電壓的輸入順序，便可令轉子反轉。在 ECM 內則有一個類似引擎節汽門位置感知器(TPS)的轉子位置感知器來監視馬達轉子軸之位置。ECM 內的微處理器已先將轉子的轉動方向決定在內部程式中。在控制上，步進馬達內每一組的線圈都被視作一個別元件，線圈的所有線頭都連接到 ECM 去。ECM 利用二元輸出訊號(即 ON-OFF，12V － 0V)來驅動切換晶體，切換晶體即控制每組定子線圈的通電與否。圖 3-104 爲示波器上步進馬達內 2 組線圈的實際波形。請留意在示波器上的橫座標爲時間(單位：ms)，而非角度值。

步進馬達元件現已廣被使用在汽車的各電路系統中，例如 NISSAN Cefiro 車上所使用的怠速空氣控制閥–輔助空氣控制(IACV-AAC)閥便是一個 6 線頭端子式步進馬達，IACV 上的 6 個線頭端子分別是$A$、$\overline{A}$、$B$、$\overline{B}$以及 2 個接自電瓶 12V電壓的端子，可將電流送入兩組定子線圈(2 相式)。$A$、$\overline{A}$、$B$、$\overline{B}$四個端子實爲兩組定子線圈的兩端，全都連接到 ECM。請留意此處定子線圈的繞法有些特殊。每個定子上分別繞以兩組不同相的線圈，以便通電時可以產生極性相反的磁極。這種型式的步進馬達在分類上較接近「混合 PM 型步進馬達」。如圖 3-105(a)所示。

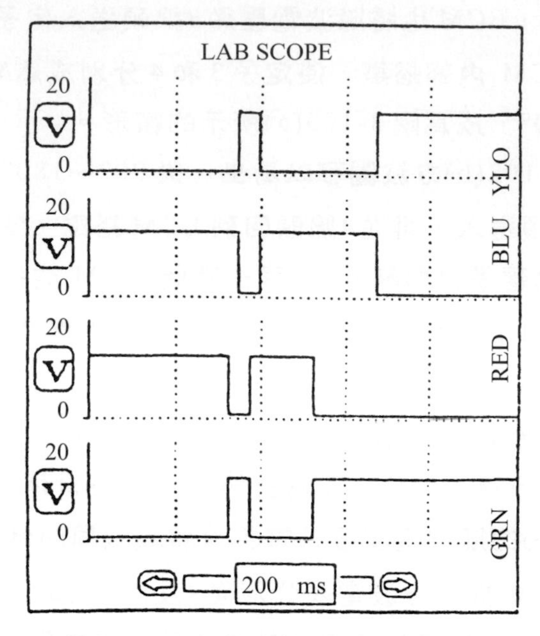


圖 3-104　步進馬達 IAC 之實際波形

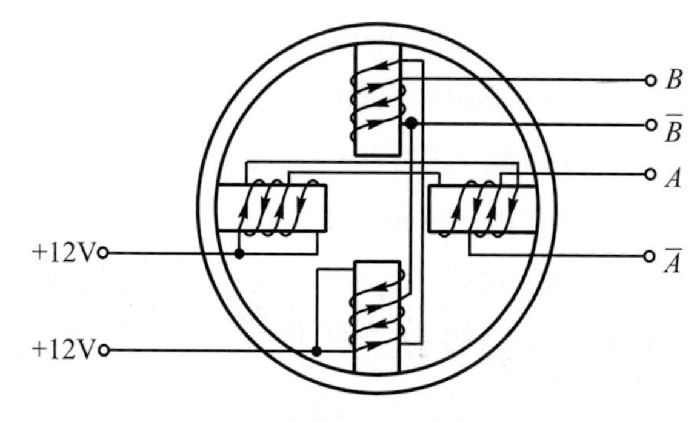


(a) 步達馬達內部繞線

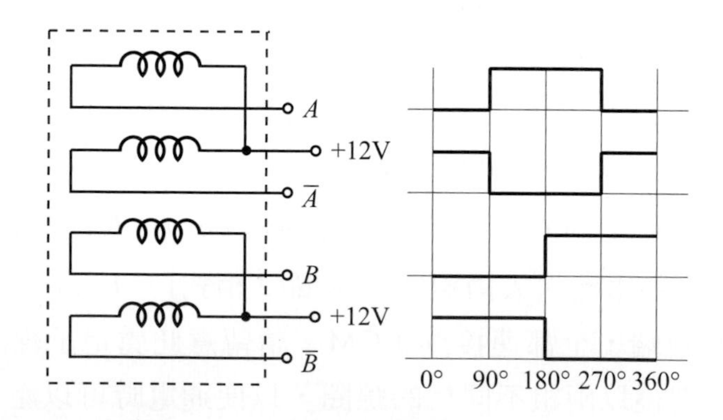


(b) 方波圖

圖 3-105　Cefiro 6 線頭端子 IACV

IACV-AAC閥藉由ECM內部的ON和OFF控制訊號來使兩組定子線圈依不同的導通順序，產生不同的磁極吸引轉子旋轉。ECM 根據各種引擎狀況(如轉速、冷卻水溫度、節汽門位置和車速等…)控制ON/OFF的時間使IACV-AAC閥得以微量調節進入引擎的空氣量，讓引擎轉速維持在記憶體中的最佳狀態。

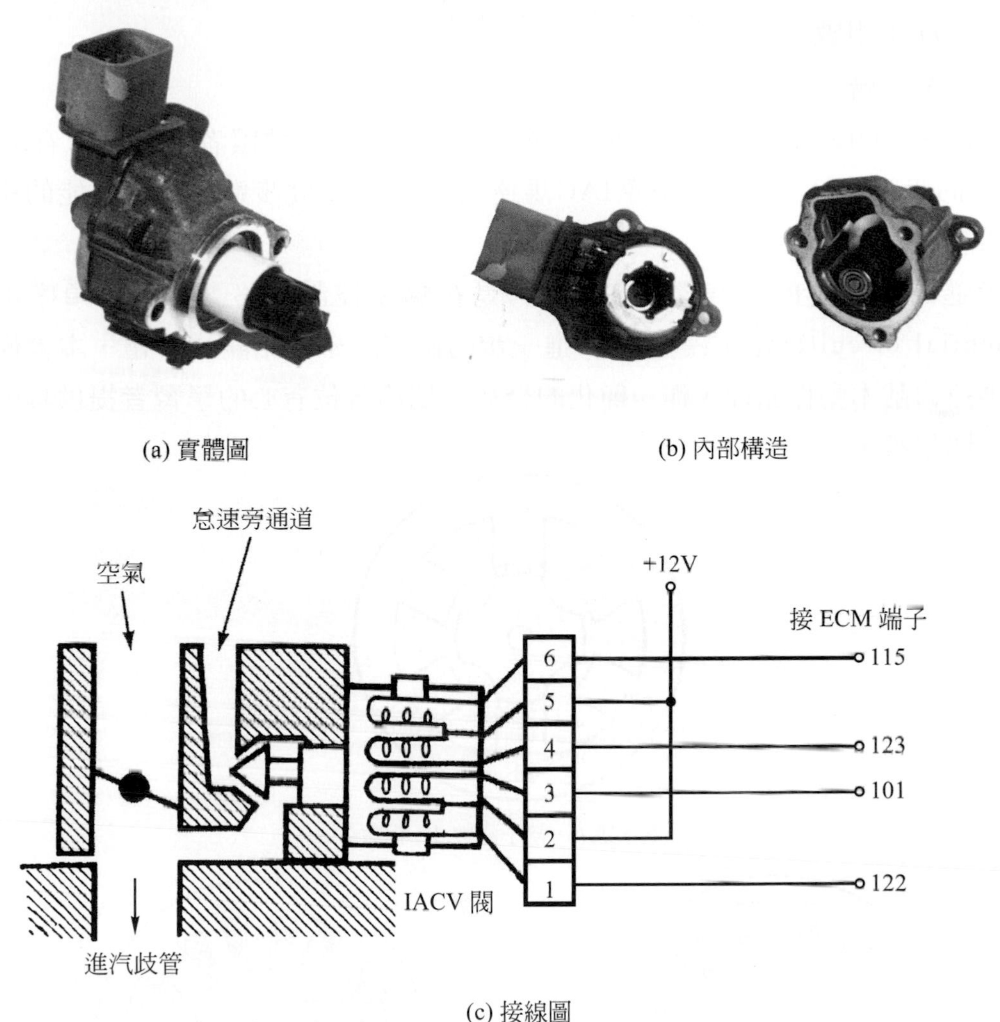


圖 3-106　Cefiro 6 端子式 IACV-AAC

**動動腦**

試試看，自己動手來設計一個 3 線頭端子和 5 線頭端子的步進馬達線圈繞組。其中一個端子必須連接電瓶 12V 電壓。

汽車上所使用的步進馬達由於並不嚴格要求精密的步進角度，所以大部分的定子數在2～6個。定子線圈的組數常爲兩組，即2相步進馬達。

$$\theta = \frac{360^\circ}{mN} \tag{3-13}$$

$\theta$ ：步進角

$m$ ：相數

$N$ ：轉子齒數

以圖3-107(a)爲例，其步進角爲 360/3×4 ＝30°。各位讀者不妨算算看(b)、(c)兩圖的步進角度爲何。以引擎IAC馬達上常見的45度步進角，則可能的組合爲相數2，轉子齒數4。

步進馬達有趣的地方還很多，尤其是在驅動控制電路上，包括順序電路(sequential circuit)和激磁電路等。進一步的研究請參考相關的書籍，本書僅就步進馬達的基本動作原理，作一簡化的介紹，期爲各位有心的學習者提供具啓發性的入門指導。

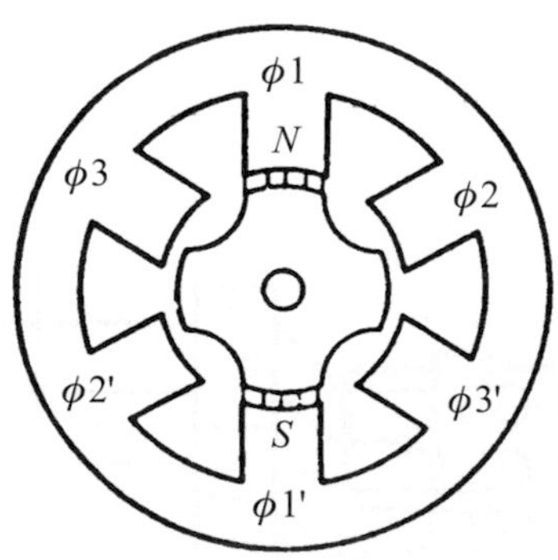


(a) 定子數6，轉子齒數4，相數3

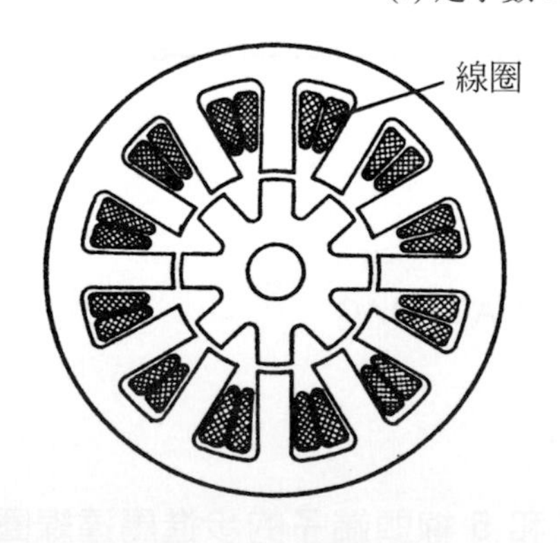


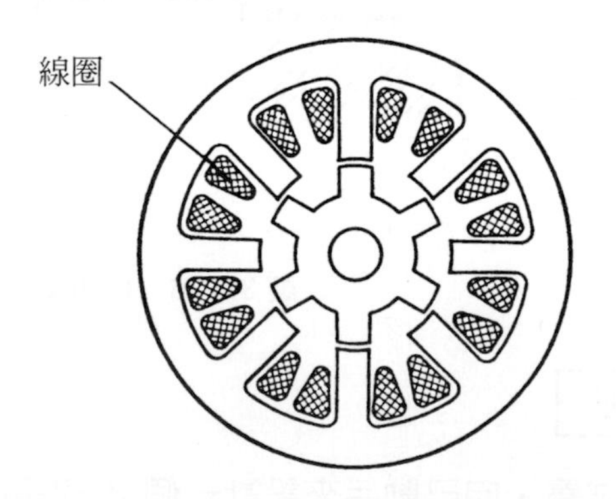


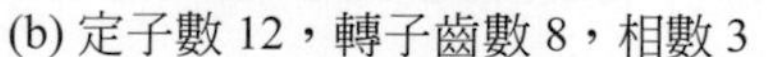

(b) 定子數12，轉子齒數8，相數3

(c) 定子數8，轉子齒數6，相數4

圖3-107　步進角度受相數及轉子齒數決定

# 第三章　習題

## A. 選擇部份：

### 3-1 磁的基本概念

( ) 1.誰證明了電磁作用與電流間的關係？ (A)高斯 (B)安培 (C)奧斯特 (D)法拉第。

( ) 2.下列對磁力線的敘述，何者爲誤？ (A)磁迴路由 N 極出發，再由 S 極回到N極 (B)磁力線絕不相交 (C)磁力線構成的力場稱做磁場 (D)磁場最強處在N 、S 極的中間。

( ) 3.只在通電時才具有磁性的磁鐵稱做： (A)電磁鐵 (B)軟性磁鐵 (C)感應磁鐵 (D)螺線圈。

( ) 4.汽車常見的磁化元件例子爲： (A)噴油嘴 (B)繼電器 (C)電磁閥 (D)以上皆是。

( ) 5.使用哪一芯材所感應出的磁力最弱？ (A)空氣芯 (B)鐵芯 (C)銅芯 (D)一樣。

( ) 6.繼電器的導磁性愈好，則： (A)控制電流要愈大 (B)輸出電流愈大 (C)磁力較弱 (D)繼電器體積可製得較小。

( ) 7.單位面積內通過的磁力線數目稱作： (A)磁通量 (B)磁通密度 (C)磁化量 (D)磁場。

( ) 8.水溫開關利用何原理製成？ (A)磁阻現象 (B)磁性變態 (C)磁化現 (D)渦電流現。

( ) 9.下列對渦電流的敘述，何者爲誤？ (A)可製成大卡車的電磁輔助煞車 (B)因感應反向電壓而產生之反向電流 (C)渦電流在導磁體內流動時，會發生升溫現象 (D)芯材越薄，渦電流越大。

### 3-2 電與磁的關係

( )10.電磁效應在研究： (A)電產生磁 (B)磁產生電 (C)電磁運動 (D)磁感應磁 的現象。

(　)11. 兩相鄰導線通以相反方向電流時，兩導線會：　(A)產生同方向磁場　(B)吸引、靠近　(C)排斥、遠離　(D)順時針旋轉。

(　)12. 由公式 3-3 可知：導線的運動受到什麼因素影響？　(A)導線直徑　(B)磁力線數目　(C)導線間距離　(D)以上皆非。

(　)13. 安培右手定則以什麼代表磁力線方向？　(A)食指　(B)大拇指　(C)中指　(D)大拇指外的四指。

(　)14. 面向導線，若電流的方向爲⊙時，則磁力線方向爲：　(A)順時針　(B)逆時針　(C)朝前而來　(D)朝後離開。

(　)15. 在螺絲起子繞上導線，並通以順時針方向電流，則起子所產生的N極在哪一端？　(A)近身端　(B)遠端　(C)左端　(D)右端。

3-3 電感

(　)16. 下列對電感的敘述，何者爲誤？　(A)電感出現在電流發生變動時　(B)導線必須繞成圈狀　(C)是一種對抗線圈內電流變化的能力　(D)它以電能作爲儲存之方式。

(　)17. 電感的單位是：　(A)韋伯　(B)高斯　(C)亨利　(D)法拉。

(　)18. 線圈所產生的感應電壓大小：　(A)與電流大小成正比　(B)與電流大小成反比　(C)與電流變化率成正比　(D)與線圈長度成正比。

(　)19. 相同材料線圈，若匝數增加 4 倍，則電感量變成原來的：　(A)1/16　(B)1/4　(C)4　(D)16 倍。

(　)20. 影響線圈電感量的因素有：　(A)磁通量　(B)線圈匝數　(C)線圈長度　(D)以上皆是。

(　)21. 理想上，我們視由線圈所繞成之電感器的電阻值爲：　(A)0Ω　(B)無限大　(C)依頻率而定　(D)依繞線而定。

(　)22. 電感器的交流阻抗爲：　(A)0Ω　(B)無限大　(C)頻率越高，阻抗越大　(D)頻率越低，阻抗越大。

(　)23. 芯材的導磁係數越高，則：　(A)越容易磁化　(B)易建立磁通量　(C)適用於中、低頻電路　(D)以上皆對。

(　)24. 線圈元件在切斷電源瞬間，會感應出與電流：　(A)同向的反電動勢　(B)反向的反電動勢　(C)反向的反抗電流　(D)與電源電壓相同值的

反電動勢

(　)25. 直流訊號對於電感器而言，會使其：　(A)感應電壓升高　(B)感應電壓正、負不停變換　(C)磁場阻抗增加　(D)感應電壓趨近於零。

(　)26. 若要縮短電感器在電路中所形成的延遲時間，宜：　(A)選用電感量較小之電感器　(B)選用電感量較大之電感器　(C)降低電路中的電阻值　(D)以上皆非。

(　)27. 電感器對抗電流變化的能力被應用在什麼電路上？　(A)振盪　(B)整流　(C)濾波　(D)偏壓。

(　)28. 電感器對交流訊號所生之阻力稱做：　(A)阻抗　(B)感抗　(C)電抗　(D)電阻。

(　)29. 交流電路中會有哪些阻抗？　(A)感抗　(B)容抗　(C)電阻　(D)以上皆是。

(　)30. 電感 0.2 H，交流訊號頻率 60 Hz，則電路中的感抗等於多少？　(A)8Ω　(B)37Ω　(C)75Ω　(D)85Ω。

(　)31. 電感器對直流電而言，　(A)感抗等於零　(B)相當於斷路　(C)阻抗無限大　(D)能消耗電能。

(　)32. 有一 100 匝線圈，若磁通變化在 0.5 秒內由 0.3Wb 增至 0.6Wb，則感應電動勢為：　(A)40　(B)50　(C)60　(D)70　伏特。

(　)33. 如何能使反電動勢增強？　(A)增加單位時間內電流的變化量　(B)減少磁通變化率　(C)降低線圈匝數　(D)減慢開關的切換速度。

(　)34. 汽車點火線圈是利用何原理完成工作？　(A)自感　(B)互感　(C)充放電　(D)以上皆是。

### 3-4 電磁感應

(　)35. 電磁感應在研究：　(A)電產生磁　(B)磁產生電　(C)電磁運動　(D)磁感應磁　的現象。

(　)36. 汽車中哪些元件是利用電磁感應原理所製成？　(A)發電機　(B)起動馬達　(C)步進馬達　(D)點火線圈。

(　)37. 首次發現線圈在變動磁場中會產生感應電壓、電流的人是：　(A)奧斯特　(B)法拉第　(C)安培　(D)楞次。

(　)38. 楞次發現了感應電動勢的：　(A)產生原因　(B)大小　(C)方向　(D)應用。

(　)39. 弗來明右手定則以中指代表：　(A)磁場 N→S　(B)磁場 S→N　(C)導線運動　(D)感應電流　的方向。

(　)40. 弗來明發現了：　(A)感應電動勢的方向　(B)感應電流的方向　(C)感應電流的產生原因　(D)以上皆非。

(　)41. 弗來明右手定則多用在解釋：　(A)起動馬達　(B)發電機　(C)噴油嘴　(D)磁電機點火 原理上。

(　)42. 由霍爾效應裝置所產生的輸出訊號屬於：　(A)直流電流　(B)交流電流　(C)直流電壓　(D)交流電壓。

(　)43. 霍爾方波訊號的大小：　(A)與轉速成正比　(B)與轉速成反比　(C)不受轉速影響　(D)不一定。

(　)44. 霍爾效應裝置常應用在汽車的哪裡？　(A)曲軸位置感知器　(B)RPM 感知器　(C)點火控制訊號　(D)以上皆有。

3-5 汽車上常見之電磁元件

(　)45. 磁力式拾波感知器可應用於哪一類訊號的輸出：　(A)轉速　(B)流量　(C)壓力　(D)電壓。

(　)46. 磁力式拾波感知器輸出的訊號是：　(A)直流電流　(B)交流電流　(C)直流電壓　(D)交流電壓。

(　)47. 下列哪一位置時，拾波線圈的輸出電壓最小？　(A)對準突齒空隙　(B)突齒離開時　(C)突齒接近時　(D)以上皆非。

(　)48. 磁力式拾波線圈所輸出的實際波形較接近於：　(A)方波　(B)三角波　(C)鋸齒波　(D)鏈波。

(　)49. 磁力式拾波感知器可能出現在：　(A)輪速感知器　(B)變速箱車速感知器　(C)分電盤 TDC 感知器　(D)以上皆是。

(　)50. 繼電器內線圈的電阻一般約在：　(A)0～50Ω　(B)50～200Ω　(C)100～400Ω　(D)500Ω　以上。

(　)51. 繼電器內的白金接點，其電源通常來自：　(A)電瓶正極　(B)點火開關　(C)保險絲　(D)電腦。

(　)52. 下列對繼電器的敘述，何者爲非？ (A)能以小電流來控制大電流 (B)白金接點流過大電流 (C)流經線圈的是控制電流 (D)歐製繼電器內多含有稽納二極體。

(　)53. 繼電器上的接腳 87，應連接至： (A)電瓶電源 (B)點火開關電源 (C)負載元件 (D)搭鐵。

(　)54. 繼電器內的二極體如何接線？ (A)與線圈並聯 (B)與線圈串聯 (C)與白金接點並聯 (D)與白金接點串聯。

(　)55. 繼電器外的二極體如何接線？ (A)與線圈並聯 (B)與線圈串聯 (C)與白金接點並聯 (D)與白金接點串聯。

(　)56. 汽車電子電路中的繼電器多採用何種控制方式： (A)電源端控制 (B)搭鐵端控制 (C)電腦端控制 (D)以上皆可。

(　)57. 檢修電磁閥元件時，宜注意其： (A)輸入電流 (B)工作電壓 (C)旋轉角度 (D)輸出波形。

(　)58. 若噴油嘴的電阻值低於規範值時，則下列何者爲誤： (A)表示線圈短路 (B)較容易燒毀ECM (C)噴油嘴易發熱 (D)工作電壓將升高。

(　)59. 噴油嘴用以控制噴油量的方法是： (A)工作週期法 (B)可變電壓法 (C)固定頻率法 (D)PWM。

(　)60. 汽車上利用變化脈波的工作週期，來控制的元件爲： (A)ABS電磁閥 (B)怠速馬達 (C)EGR電磁閥 (D)以上皆是。

(　)61. 若脈波中的ON/OFF時間分別是：10ms/40ms，則Duty cycle等於： (A)10％ (B)20％ (C)25％ (D)80％。

(　)62. 汽車的點火線圈應用了哪些電學理論？ (A)楞次定律 (B)電磁感應 (C)自感與互感 (D)以上皆是。

(　)63. 點火線圈內一次線圈的反向自感電壓約： (A)12V (B)100V (C)300V (D)7kV。

(　)64. 下列對電晶體點火系統電路的敘述，何者爲對？ (A)當一次線圈的電流流過晶體的B-E極時，稱作充磁 (B)霍爾感知器的輸出接到晶體的射極 (C)點火線圈上的⊖端接至晶體的集極 (D)當電晶體ON時，火星塞跳火。

(  )65. 電晶體點火可以採用何種觸發源？ (A)光電晶體 (B)拾波線圈 (C)霍爾效應元件 (D)以上皆可。

(  )66. 電晶體點火系統中，唯一的控制點火的訊號來自： (A)ECM (B)點火模組 (C)拾波線圈 (D)點火線圈。

(  )67. 電腦控制點火系統中，點火的控制訊號則來自： (A)ECM (B)點火模組 (C)拾波線圈 (D)點火線圈。

(  )68. 在電腦控制點火系統中，ECM 接受哪些訊號後，再送出點火控制訊號？ (A)引擎轉速 (B)水溫 (C)曲軸位置 (D)以上皆是。

(  )69. FORD 車款 MONDEO(四汽缸)所採用的無分電盤式電腦點火屬於： (A)雙點火線圈單輸出 (B)雙點火線圈雙輸出 (C)四點火線圈單輸出 (D)四點火線圈雙輸出 型。

(  )70. 在"點火線圈雙輸出型"中，若第四缸爲壓縮末了狀態，則： (A)第一缸爲排氣點火 (B)第二缸同時在點火 (C)第四缸火星塞呈現正向跳火 (D)第一缸火星塞呈現正向跳火。

(  )71. 汽車上大多數的馬達： (A)轉軸上的磁極都採用永久磁鐵 (B)殼內壁的磁場由永久磁鐵構成 (C)磁場都由電磁效應生成 (D)屬於交流馬達。

(  )72. 馬達內轉動的元件是： (A)電樞線圈 (B)磁場線圈 (C)轉子線圈 (D)銅刷。

(  )73. 通入起動馬達磁場線圈的電屬於： (A)DC (B)AC (C)都可以 (D)不一定。

(  )74. 電樞線圈大多與磁場線圈如何連接？ (A)串聯 (B)並聯 (C)複聯 (D)以上皆可。

(  )75. 定速型馬達： (A)馬達以中速率運轉 (B)以 PWM 方式控制 (C)用在天線馬達上 (D)屬於省能源型馬達。

(  )76. 下列哪一元件不屬於變速型馬達？ (A)IAC (B)冷氣鼓風機馬達 (C)汽油泵 (D)車座椅馬達。

(  )77. 變速型馬達採用何種控制方式？ (A)開關式 (B)電阻式 (C)交換式 (D)以上皆非。

( )78. 電阻式馬達控制方式： (A)可變電阻與馬達串聯 (B)馬達速率與其電壓降成反比 (C)屬省能設計 (D)以上皆非。

( )79. Duty cycle 值愈大，馬達的： (A)頻率愈高 (B)頻率愈低 (C)速率愈快 (D)消耗功率愈少。

( )80. PWM 的特點是： (A)以頻率決定馬達的速率 (B)屬於低頻訊號 (C)可做交流元件之控制 (D)馬達速率愈慢，則愈耗能。

( )81. 目前汽車上以 PWM 方法做控制的線圈元件有： (A)噴油嘴 (B) ABS 電磁閥 (C)怠速馬達 (D)以上皆是。

( )82. 新近引擎上的怠速馬達多已採用何種控制方式？ (A)PWM (B)步進式 (C)電阻式 (D)晶體式。

( )83. 下列對步進馬達的敘述，何者為非： (A)中間的電樞稱為轉子 (B)轉子採用永久磁鐵 (C)定子採用電磁鐵 (D)以上皆非。

( )84. 步進馬達的"步進角"，由何而定？ (A)相數 (B)定子數 (C)轉子數 (D)以上皆是。

( )85. 步進馬達轉子齒數愈多，則： (A)定子數愈少 (B)相數愈多 (C)步進角愈大 (D)步進角愈小。

( )86. 在步進馬達裡，所謂的"一相"，是指： (A)一組定子線圈 (B)兩組定子線圈 (C)一組轉子線圈 (D)兩組轉子線圈。

( )87. NISSAN 車款 Cefiro 所用之 IAC 閥屬於： (A)2 相 (B)3 相 (C)4 相 (D)6 相 式步進馬達。

( )88. 若步進馬達為 2 相、轉子齒數為 6，則其步進角應是： (A)90° (B) 45° (C)30° (D)15°

( )89. 步進馬達的 12V 工作電壓來自： (A)電瓶 (B)點火開關 (C)引擎主繼電器 (D)ECM 內部。

( )90. 步進馬達的控制輸入波形為： (A)類比式 (B)方波 (C)數位脈波 (D)交流訊號。

## B. 簡答及繪圖部份：

### 3-1 磁的基本概念

1. 請寫出磁的現象有哪些應用實例。
2. 何謂磁化？有哪些常用的方法？
3. 何謂渦電流現象？影響渦電流的因素爲何？

### 3-2 電與磁的關係

4. 電與磁有什麼關係，試說明之。
5. 何謂安培右手定則，試說明之。

### 3-3 電感

6. 影響線圈電感量大小的因素爲何？
7. 請列舉出汽車上常見之電感器元件。
8. 電感器是什麼？有哪些種類？
9. 試說明電感抗、阻抗的意義，並列出其影響因素。
10. 試解釋說明電感器的充、放電現象。
11. 影響反電動勢大小的因素有哪些？
12. 兩互感線圈，A 爲 300 匝；B 爲 800 匝，A 線圈通以 2 安培，產生磁通 0.6 Wb，並完全交鏈到 B 線圈，試求：(a)、A 線圈的自感量(b)、兩線圈的互感量。

### 3-4 電磁感應

13. 何謂法拉第感應定律，試說明之。
14. 何謂楞次定律，試說明之。
15. 繪圖說明霍爾效應如何感應生電。

### 3-5 汽車上常見之電磁元件

16. 磁力式拾波感知器線路包括哪 4 部份？
17. 繼電器上的二極體有何功用？它有哪些不同的接線方式？試繪圖說明之。
18. 汽車電子電路中的繼電器有哪兩種控制方式？試繪圖說明之。
19. 何謂電磁閥(Solenoid；常譯作“螺線圈”)？請舉出汽車上的實用例。

20. 何謂PWM？
21. 繪圖說明“工作週期”(Duty cycle)的意義。
22. 汽車上常見的PWM控制元件有哪些？舉例說明之。
23. 試比較電晶體點火與電腦控制點火兩系統的異、同處。
24. 畫出電腦控制點火系統的電路方塊圖。
25. 在電腦控制點火系統中，分電盤的功用為何？可否被取代？
26. 何謂無分電盤式電腦點火？繪圖說明高壓電如何分配到各缸。
27. 何謂“點火線圈雙輸出”？繪圖說明之。
28. 請舉出汽車上所使用的馬達元件名稱(5種)。
29. 依控制型式區分，直流馬達有哪兩種型式？
30. 變速型馬達有何優點？常用的控制方式有哪些？
31. 現代汽車上有哪些變速型馬達？
32. 試比較“PWM”與“步進式”在馬達控制上的差異，並以怠速馬達(IAC)為例，說明其電路上的不同處。
33. 寫出步進馬達的優點(4項)。
34. 何謂步進角？由何而定？

# 4 基本波形

4-1　直流波與交流波

4-2　方波與脈波

4-3　三角波與鋸齒波

4-4　示波器

4-5　汽車上常見之波形

隨著車輛上逐漸大量地出現各類型電子元件，學習汽車設計製造及維修保養，甚至是從事於車輛改裝的專業人士，愈來愈感覺到單單憑著以往簡單的各型電錶來獲取電子元件的輸出入訊號已經顯得不足。他們更需要藉著示波器(oscilloscope)來顯示並分析電子元件的電壓波形。本章將爲各位詳述數種電路中的基本波形，並在末了介紹一些汽車上常見的波形。

所謂**電波波形是指由訊號產生器或電子電路在一定的時間內所產生電流或電壓振幅變化之軌跡**。一般常見的基本波形有直流波、正弦波、方波、脈波、三角波以及鋸齒波等。在汽車電子電路中所遇到的各類波形，表面上似乎很複雜，但實際上這些特殊形狀的波形，卻仍然未脫離基本波的衍生。不同的輸入訊號波形，其所產生的驅動及輸出響應也跟著不同，我們將在文中細述幾種車用波形的輸入訊號。

(a) 掌上型(ELUKE97)

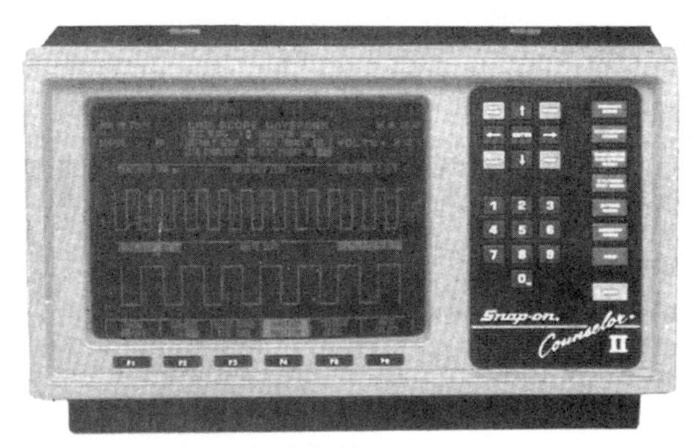


(b) 桌上型(Snap-on)

圖 4-1　汽車專用示波器

# 4-1 直流波與交流波

## 4-1-1 直流波

所謂「直流」(Direct Current，DC)是指電源而言，**不論是電壓源或電流源，在理想狀態下，電壓或電流的輸出大小和方向(極性)不隨時間而變化者**。如圖 4-2(a)所示，當開關ON時，電路中的電流依箭頭所示方向流動，並且電流維持一定之方向和大小，此電流稱爲**直流電流**(DCA)。在此情況下，因電瓶供給之電壓一定，極性(方向)也是一定，故此電壓被稱作**直流電壓**(DCV)。

如圖 4-2(b)所示，電路在每單位時間($t$)內所做的功爲固定不變。一般來說，只有電瓶或電池等純直流電源，其直流電流或電壓之波形爲一水平直線。其他如整流器、直流發電機等的輸出波形，在瞬間時的大小仍會隨時間產生微幅變化，但其極性卻不會改變，這種波形稱之爲**脈動直流**波(Plusating DC)，在分類上，它仍屬於直流電，儘管其波形很似交流波，如圖 4-3 所示。請留意其波形都在零線的上方。

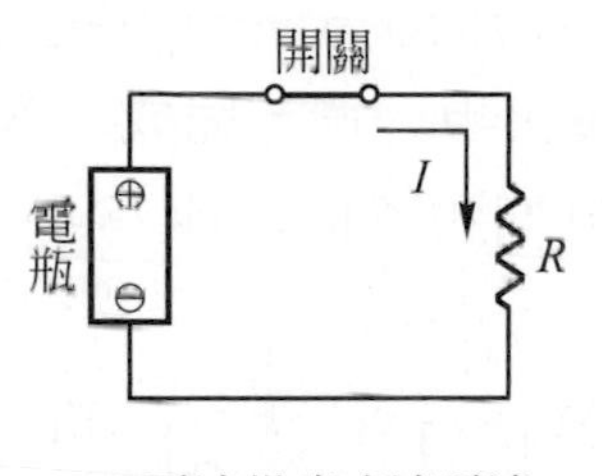

(a) 電流供應直流電流

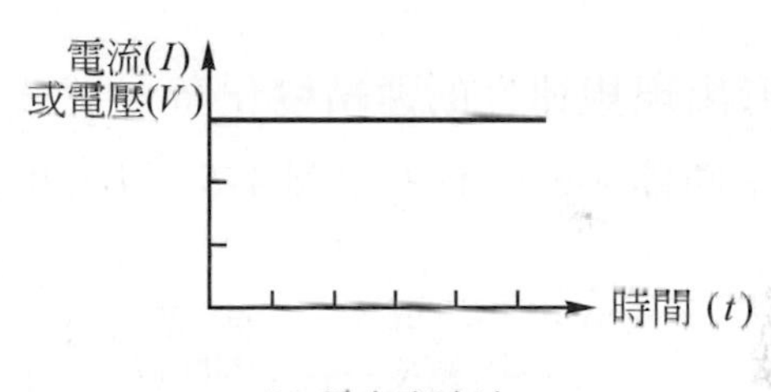

(b) 穩定直流波

圖 4-2　直流電路

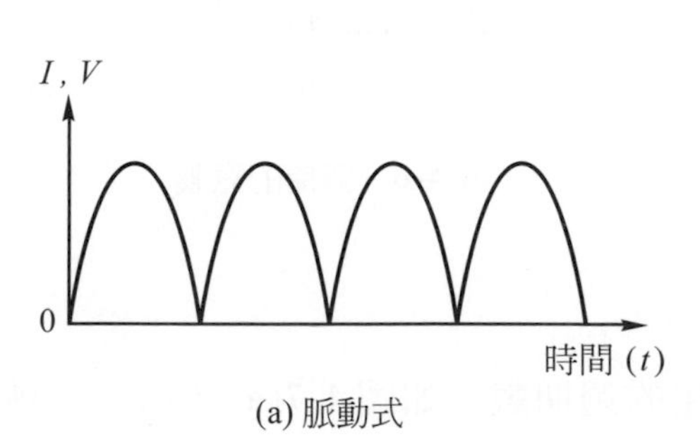

(a) 脈動式

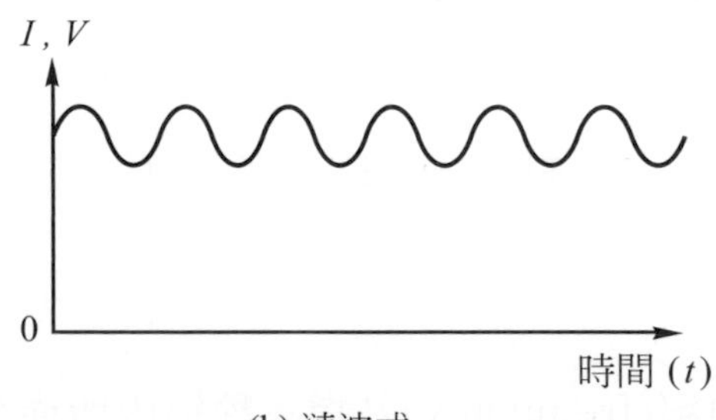

(b) 漣波式

圖 4-3　脈動直流波形

如圖 4-4 所示的引擎含氧感知器($O_2$ sensor)正常波形即為一種脈動直流波形。

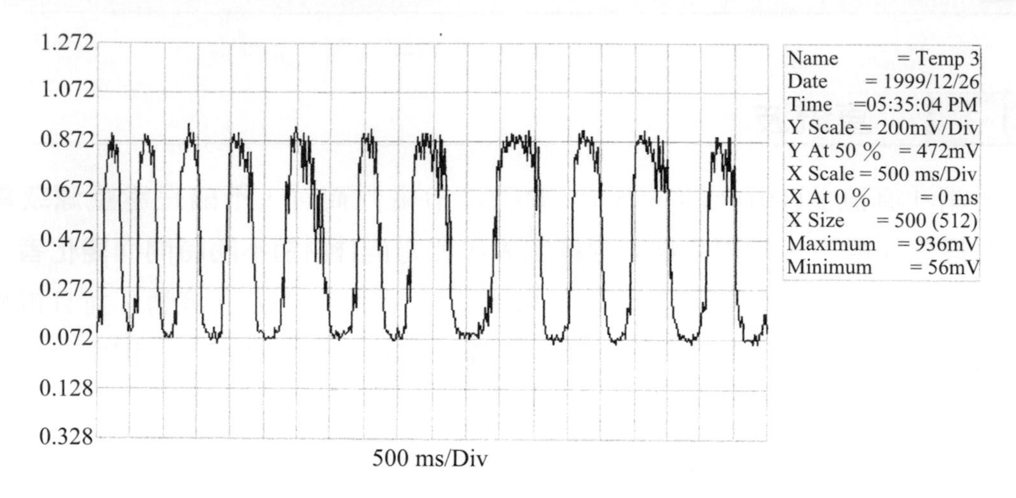


圖 4-4 含氧感知器正常波形 (FORD Mondeo M96′)

## 4-1-2 週期、頻率與振幅

### 週期

當波形出現規律性的連續變化時，則波形重覆出現一週，完成一次循環所需的時間稱作**週期**(period)，如圖 4-5、4-6 所示。週期的單位為秒。

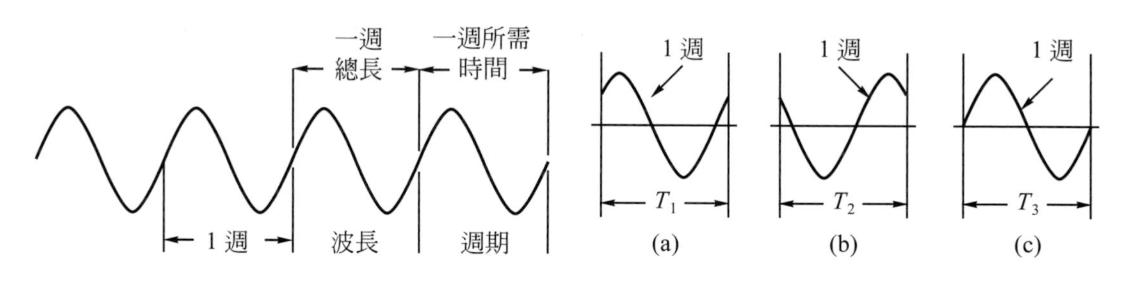


圖 4-5 連續交流波各週完全相同

圖 4-6 週期的意義

### 頻率

**頻率**(frequency)是指一秒鐘內所產生的週期數。如圖 4-7(a)所示，一秒只有 1 個週期，其頻率為每秒 1 週，稱作 1 赫芝(Hertz)，簡寫為 1Hz(赫)。如圖 4-7(b)

所示，週期爲$\frac{1}{2}$秒，故其頻率爲 2Hz。所以頻率與週期的關係互爲倒數，即：

$$f=\frac{1}{T} \tag{4-1}$$

$f$ ：頻率(Hz)

$T$ ：週期(sec)

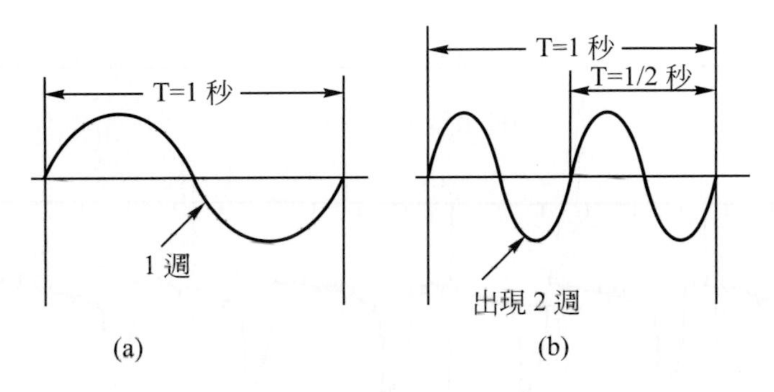


圖 4-7　頻率與週期

我們平常所使用的家用電源爲一交流電源，頻率爲 60Hz，亦即此交流電壓每秒會產生 60 次(60 個週期)的連續變化。相較於日本的 50Hz，台灣每秒的振盪次數還多出 10 次呢！交流訊號的頻率可以從幾赫，到幾十億($10^9$)赫，甚至高到幾萬億($10^{12}$)赫，範圍非常寬，而分成若干頻帶(band)。每一頻帶有一固定頻率範圍，例如國內的調頻(FM)頻帶，其頻率範圍便是從 88MHz 到 108MHz。

## 振幅

比較圖 4-8(a)、(b)兩圖，可以發現兩波形的上下峰值間距離並不相等。雖然兩者的頻率或週期一樣，但其波形的擺動幅度卻出現變化。自零線到峰值間的電壓或電流大小稱作振幅(amplitude)。如圖 4-9 所示，其振幅爲 10V，在此正弦波形中，正半波的最大振幅稱爲**正峰值**；負半波的最大振幅爲**負峰值**，正峰值與負峰值之差，稱爲**峰對峰值**，以$V_{p-p}$表之。

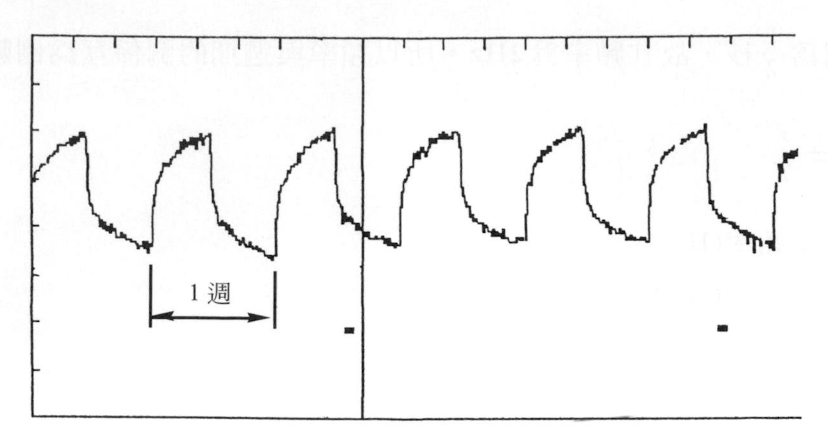


(a) 引擎剛打馬達時

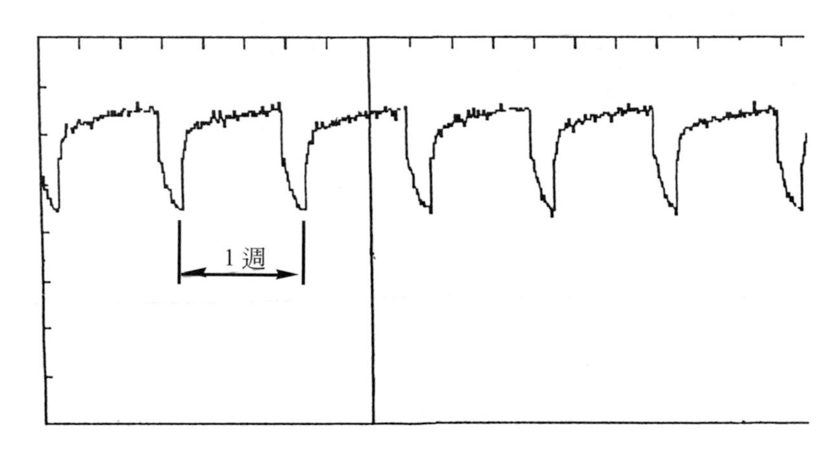


(b) 引擎剛怠速運轉

圖 4-8　怠速空氣控制閥的波形 (FORD TAURUS LX3.0)

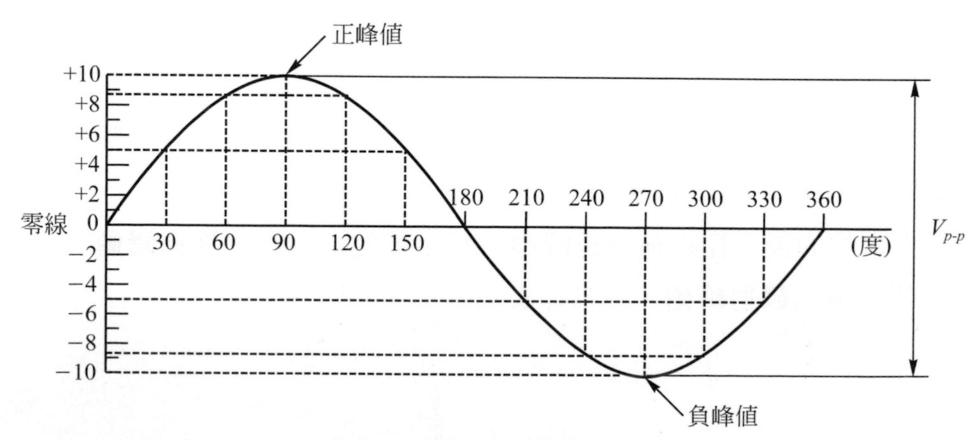


圖 4-9　正弦波形的振幅大小

在分析車輛上電子元件的輸出電壓訊號波形時，除了要觀察波形的形狀、週期和頻率之外，振幅的大小，也常常提供了重要的資訊。圖 4-10 提供我們從電壓波形振幅的改變來查知線圈的毛病。

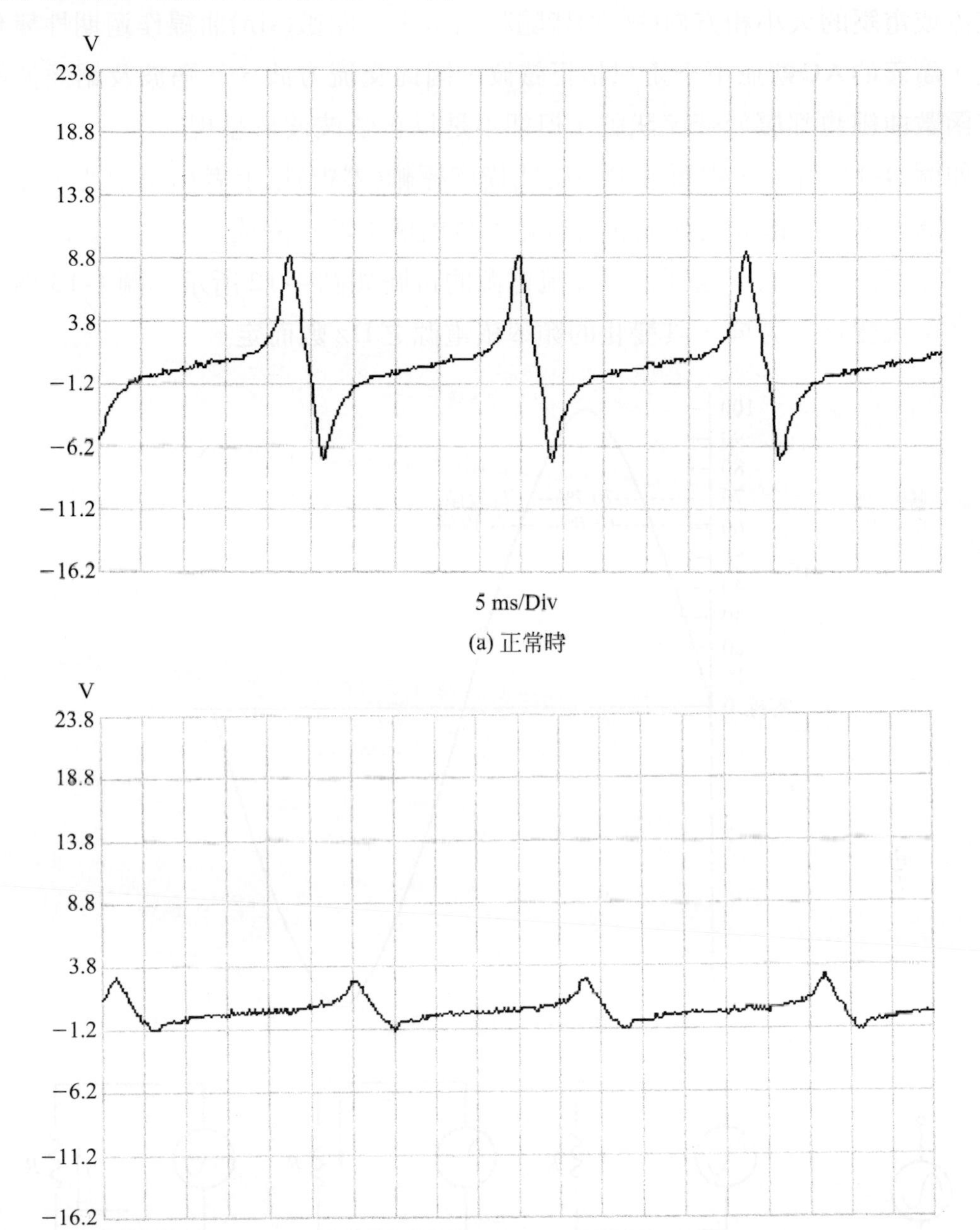


(a) 正常時

(b) 線圈短路時

圖 4-10　拾波線圈所感應出的電壓波形 (AC)

## 4-1-3 交流波

一般所謂的**交流**(Alternating Current，AC)，通常是指正弦交流而言。亦即其電流或電壓的大小和方向(極性)皆隨時間呈正弦函數(sin)曲線作週期性變化。但是，廣義的AC則並不一定只指正弦波，因此交流方波、三角波及鋸齒波等非正弦函數曲線也都屬於交流訊號，但卻不是以正弦波波形呈現。

如圖 4-11 所示，電壓波形在時間橫座標軸(零線)以上者為正半波，在零線以下者為負半波，因此交流波包含有正、負兩個半波。完成一正、一負所需要的時間即是前節所述的「週期」。交流電源的符號如圖 4-12 所示。圖 4-13 為交流電路之電流變化的方向，其變化的頻率依電源之 Hz 數而定。

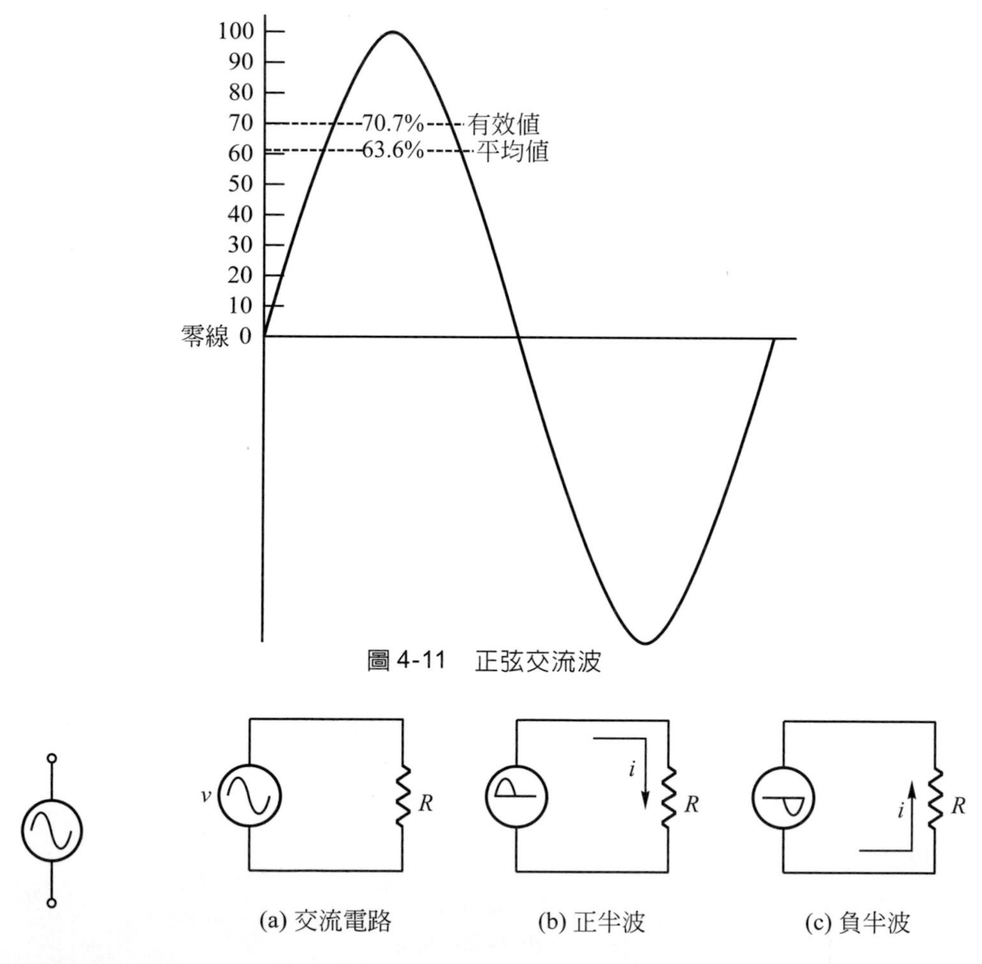


圖 4-11 正弦交流波

圖 4-12 交流電源符號

圖 4-13 交流電流的方向

表 4-1　DC 與 AC 特性比較

| 直流電(DC) | 交流電(AC) |
|---|---|
| 方向、極性固定 | 方向、極性交變 |
| 電壓、電流穩定 | 電壓、電流隨時間變化 |
| 電壓值穩定無法變壓 | 適於變壓 |
| 容易測量 | 易於作放大 |
| 可作爲放大器的電源電壓 | 可作爲放大器的訊號輸入及輸出 |

電力公司所供應之 110V 交流電，是指正弦交流電壓波形的有效值而言，如圖 4-11 所示。**所謂正弦交流電的「有效值」則是指在一週期時間內，足以產生相同熱功率(熱效率)的等值直流電壓或電流值**。一般三用電錶所測得之電壓值皆爲交流電壓的有效值。交流電壓的有效值爲峰值電壓除以$\sqrt{2}$，亦即：

$$V_{rms} = \frac{1}{\sqrt{2}} V_m = 0.707 V_m \tag{4-2}$$

$V_{rms}$　：正弦交流電有效值

$V_m$　：峰值電壓

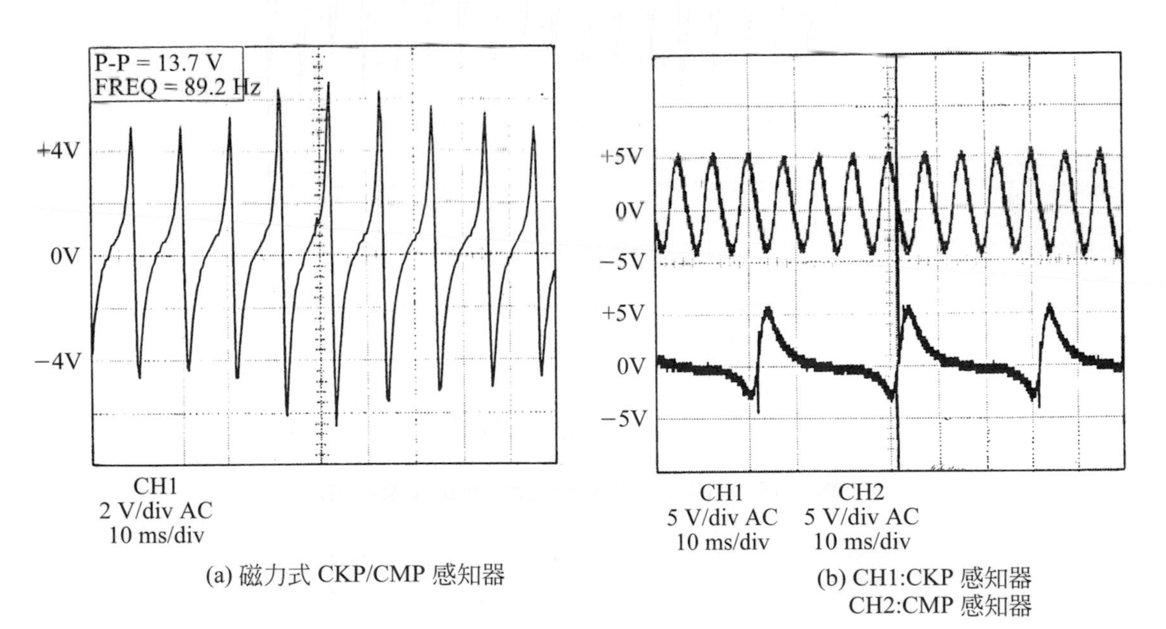


(a) 磁力式 CKP/CMP 感知器

(b) CH1:CKP 感知器
CH2:CMP 感知器

圖 4-14　汽車上常見的交流波 (非正弦波)

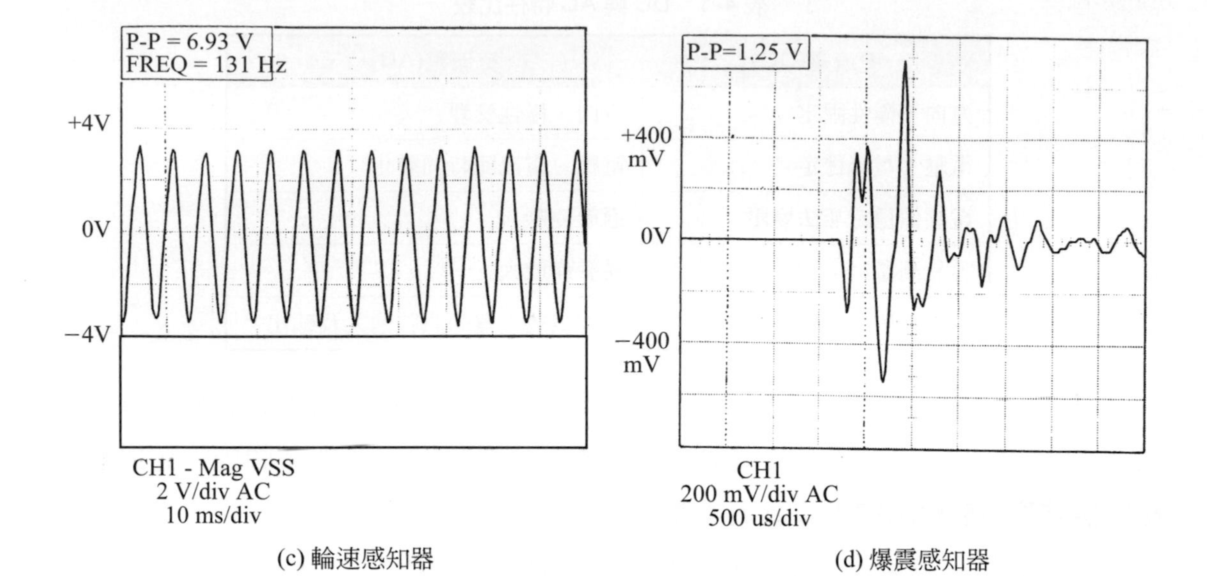


(c) 輪速感知器

(d) 爆震感知器

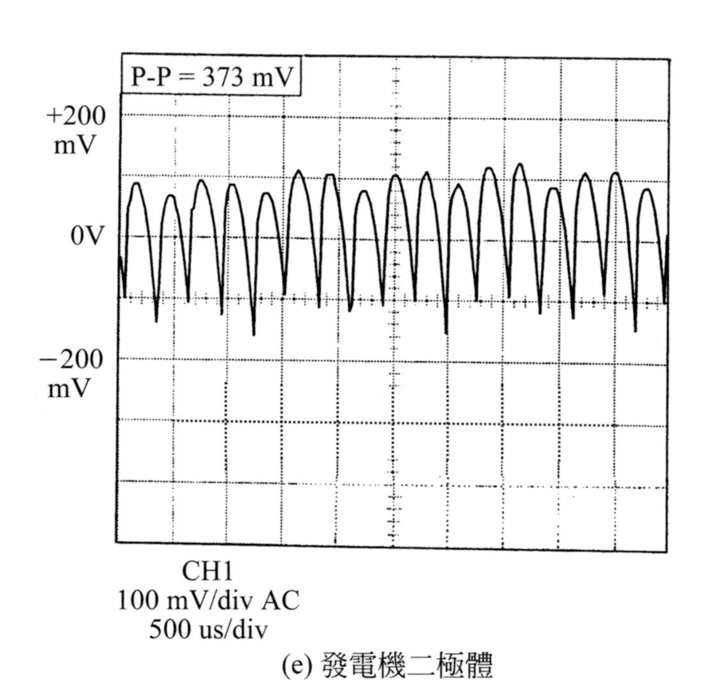


(e) 發電機二極體

圖 4-14　汽車上常見的交流波 (非正弦波) (續)

# 4-2 方波與脈波

## 4-2-1 方　波

簡單地定義方波(square wave)可以指邊緣之上下變化急速，且呈週期性出現的矩形波，即稱之為**方波**。亦即在一週期時間內，正半波與負半波的時間相等者，如圖 4-15 所示。

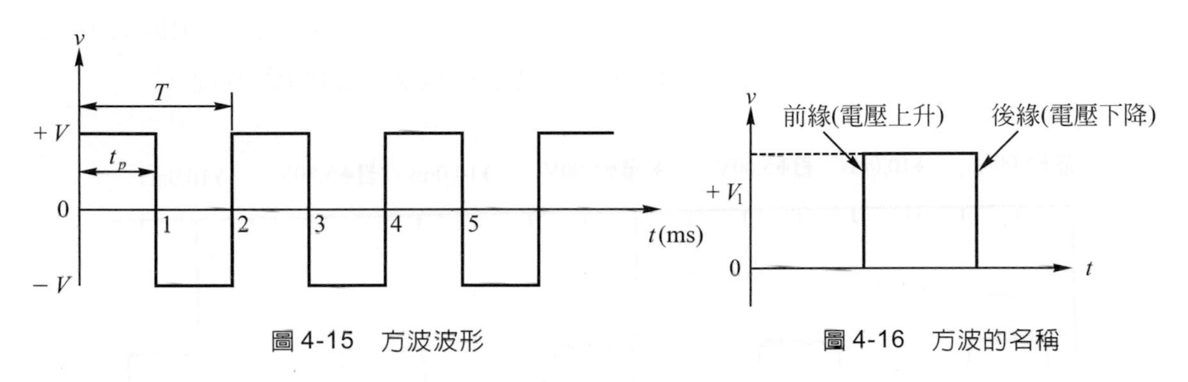


圖 4-15　方波波形

圖 4-16　方波的名稱

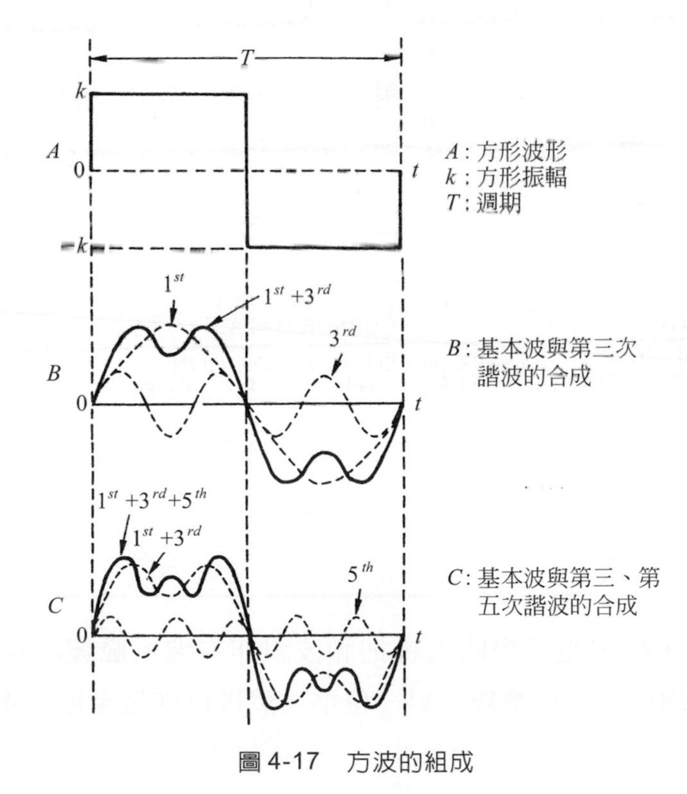


圖 4-17　方波的組成

方波與正弦波的不同處在於正弦波爲一單頻率訊號，而方波則是由基本波(正弦波)和奇數諧波(odd harmonic)頻率所組合而成的訊號。如圖4-17所示，由多次奇數諧波堆疊上去，則最後的波形前緣和後緣將會變得更陡直，波頂也會更平坦。理想的方波，電壓由零上升到最大，或由最大下降到零，都應是垂直，並且時間都很短。

方波經常應用在低頻測試，如測試放大器之頻率響應。將方波輸入至放大器，即如同將許多正弦波和其多次諧波輸入一樣，如果放大器的頻率響應不夠寬大平直，則輸出頻率波形將與輸入者不相同，因而形成一失眞方波。由此失眞程度便可以判斷出放大器的高低頻響應效果，以了解放大器的頻率寬度。

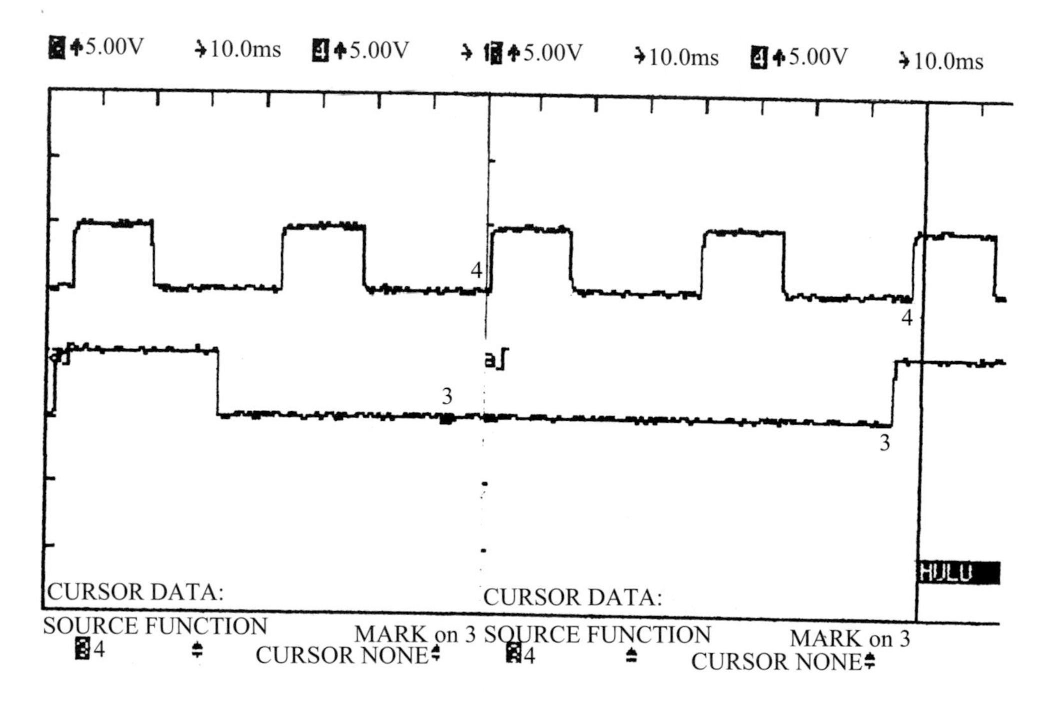


圖 4-18　採用霍爾效應所製成的曲軸及凸輪軸位置感知器方波波形 (三菱 Lancer)

## 4-2-2　脈　波

在許多時候，學習電子學的人會把脈波誤作方波。**脈波**(pulse)也是在極短的時間內，急速地由某一位準變成另一位準，然後再恢復至原位準的訊號，如圖4-19所示。

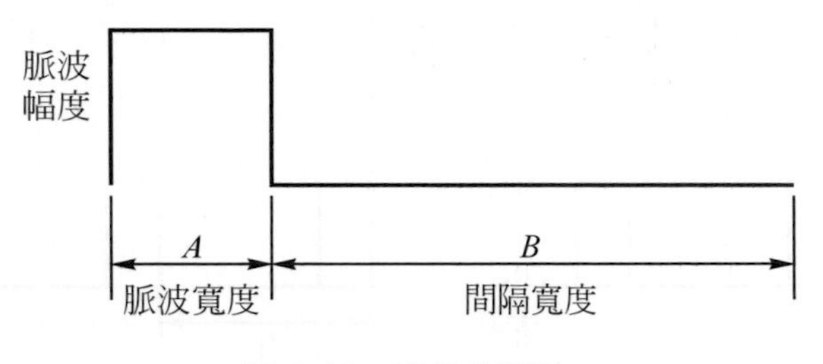


圖 4-19　理想的脈波

脈波與方波的不同點在於工作週期(Duty cycle)的不同。所謂「工作週期」是指在一週期內，脈波的平均值與脈波的最大值之比，**也可以簡單的說是脈波寬度與週期的比值，即：**

$$\text{工作週期}=\frac{\text{脈波寬度}}{\text{週期}} \tag{4-3}$$

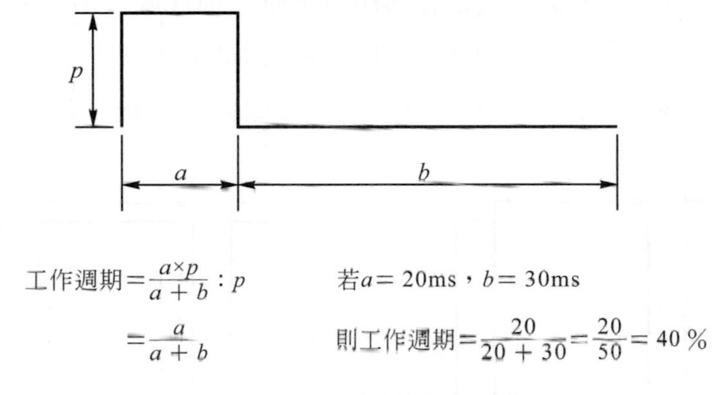


圖 4-20　工作週期的比值和計算

方波的工作週期爲 50 %，亦即兩個電位(正半波與負半波)所佔的時間相等，因而形成固定之比值。當訊號的振盪頻率改變時，其工作週期仍維持 50 %，與振盪頻率無關。但是，脈波的工作週期則可以有不同的比值，從 0～100 %皆可。工作週期少於 50 %稱爲窄幅波；超過 50 %者稱爲寬幅波。通常窄幅波因作用時間(ON-time)短，而使電子元件的功率消耗低，故較常採用。

圖 4-21 說明脈波之頻率與脈波寬度無關。圖 4-21(a)表示兩頻率相同而脈波寬度不同之脈波，(b)圖則是兩個頻率不相同而脈波寬度卻保持不變之脈波。由此可見，利用脈波來作控制，其變化是相當多的。

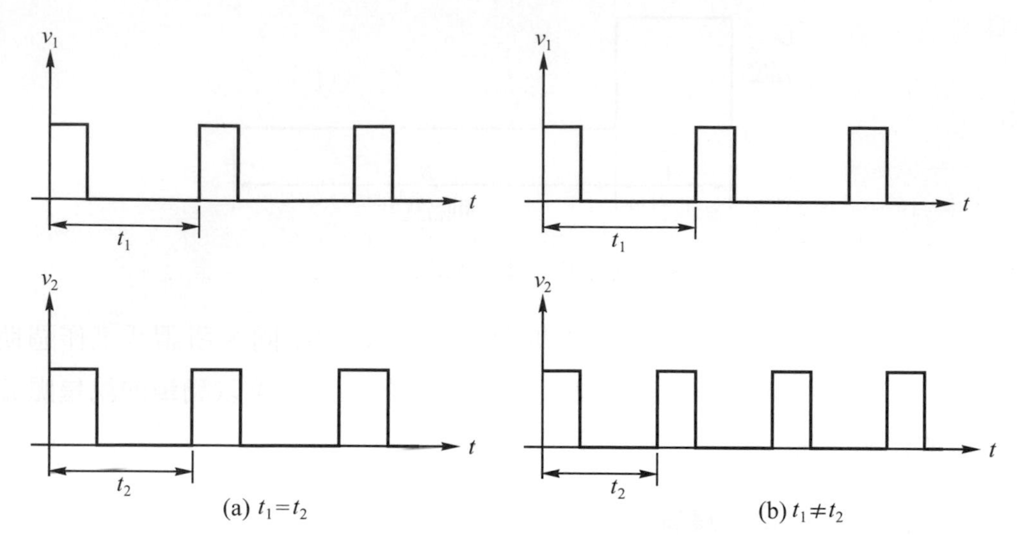

(a) $t_1=t_2$ (b) $t_1\neq t_2$

圖 4-21 脈波的頻率與寬度之變化

如圖 4-22(a)所示，當脈波是在零線以上時，稱此脈波波形為「正向脈波」；反之，如(b)所示，當脈波是在零線以下時，稱此脈波波形為「負向脈波」。此外，脈波的基準線未必是 0V，可以是任何電壓值，如圖 4-23 所示。

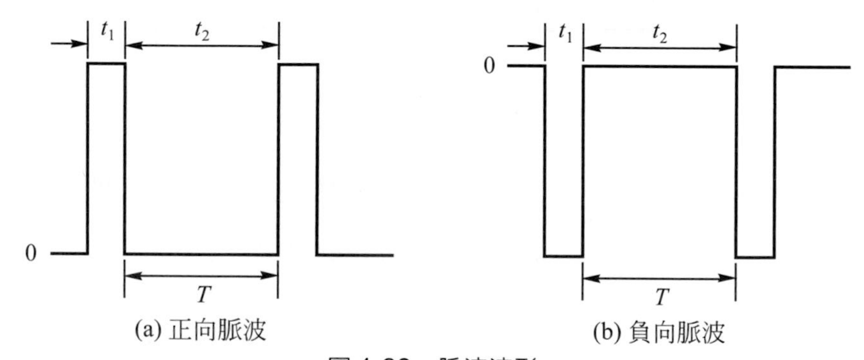

(a) 正向脈波 (b) 負向脈波

圖 4-22 脈波波形

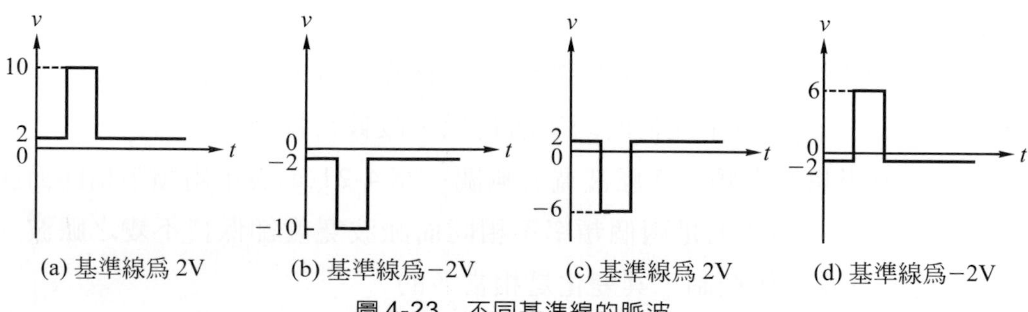

(a) 基準線為 2V (b) 基準線為−2V (c) 基準線為 2V (d) 基準線為−2V

圖 4-23 不同基準線的脈波

## 搭鐵端控制與電源端控制

在前面的描述裡，我們已經學到了關於「工作週期」的觀念。工作週期乃指脈波寬度與週期之比，其中的「脈波寬度」(*PW*)也就是脈波電壓供電的時間(ON-time)，而「間隔寬度」(*SW*)則是脈波電壓停止供電的時間(OFF-time)，如圖4-19所示。通常，脈波波形的ON-time與OFF-time的位置如圖4-24(a)所示之形狀；然而，在汽車的電子元件裡，由於大多採用搭鐵端控制(ground side control)，因此當元件要作用時，必須使搭鐵端的電壓成為0V，讓電壓源得以導通完成迴路。所以，其脈波波形的ON-time與OFF-time將變成如圖4-24(b)所示的關係。從圖4-25可以看出，當採用不同的控制端時，其脈波訊號的ON-time位置也跟著改變了。

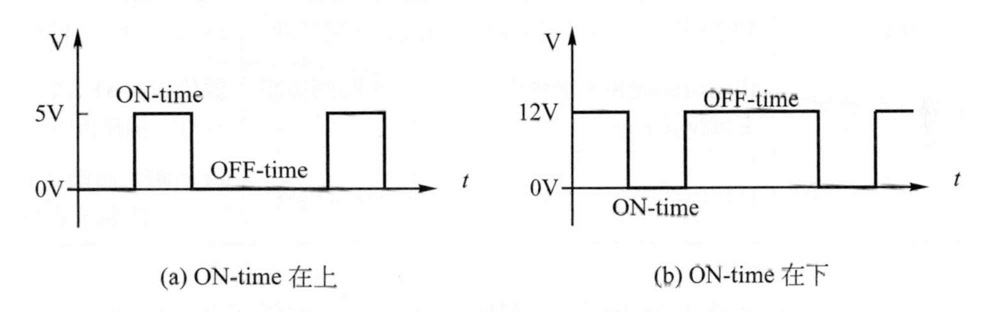


(a) ON-time 在上　　(b) ON-time 在下

圖 4-24　ON-time 與 OFF-time 的關係

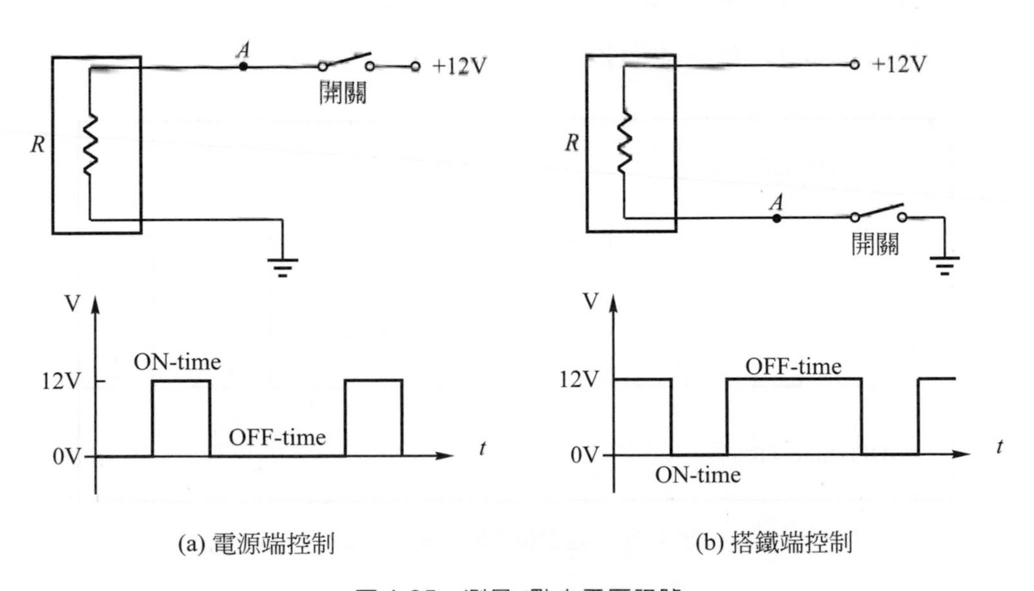


(a) 電源端控制　　(b) 搭鐵端控制

圖 4-25　測量*A*點之電壓訊號

## 4-2-3 脈波寬度調變法(PWM)

車子上許多電子控制元件都是藉由電磁閥(solenoid)的型式來操控，包括像是噴油嘴、EGR、變速箱控制及 ABS 進回油閥等。大多數電磁閥由方波形狀的脈波電壓 ON-OFF 時間比例作控制，這種利用前節所述「工作週期」的電壓控制方法被稱作**脈波寬度調變法**(Pulse Width Modulation，PWM 法)。這種脈波電壓也經常被叫做**可變工作週期方波電壓**(variable duty cycle square wave voltage)。

事實上，PWM 法有幾種不同的型式，如表 4-2 所示。

表 4-2　PWM 法的型式

| 型式 | | 控制方式 | 應用實例 |
|---|---|---|---|
| 固定頻率型 | | 頻率固定，利用 ON/OFF 比例調整作用時間 | EGR、ABS、IAC |
| 可變頻率型 | 固定工作週期式 | 作用時間隨頻率增快而縮短。(作用時間與頻率成反比) | 數位式 MAF、數位式 MAP、儀錶板內磁簧開關 |
| | 變動工作週期式 | 作用時間長短不受頻率影響，可以任意調整 | 噴油嘴、渦輪增壓電磁閥、卡門渦流式 MAF |

最常使用的一種如圖 4-26 所示，為固定頻率型。這種脈波電壓型式只有ON/OFF 的時間比例有所改變，至於訊號的頻率則維持定值。此電壓常用來控制如 EGR、煞車進回油閥以及怠速的控制上。

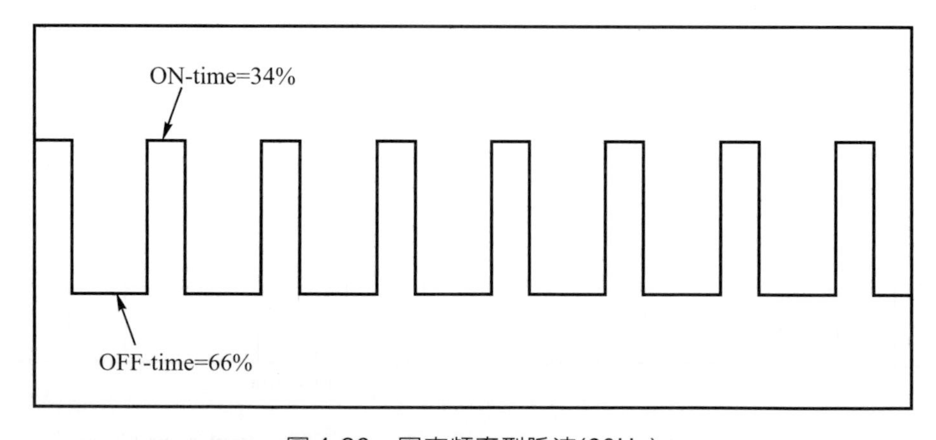


圖 4-26　固定頻率型脈波(60Hz)

在另外的一些元件中，例如連續式噴油嘴，其不僅電壓的工作週期需要變動，甚至連電壓訊號的頻率也都要跟著改變。如此設計是必須的，因爲當引擎的轉速增加時，進汽行程的頻率也會跟著增加。從圖4-27可以看出雖然頻率由60Hz增加至90Hz，但是藉著改變工作週期的比例(ON-time由34％增大至66％)，而使作用脈波寬度(ON-time)維持不變。如圖4-28所示為用於控制引擎渦輪增壓器電磁閥的調變脈波(工作週期＝39.2％)，隨著引擎轉速的變化，PWM亦送出不同的比例的工作週期來調整洩壓門(wastegate)的開度以限制渦輪增壓之增壓值。

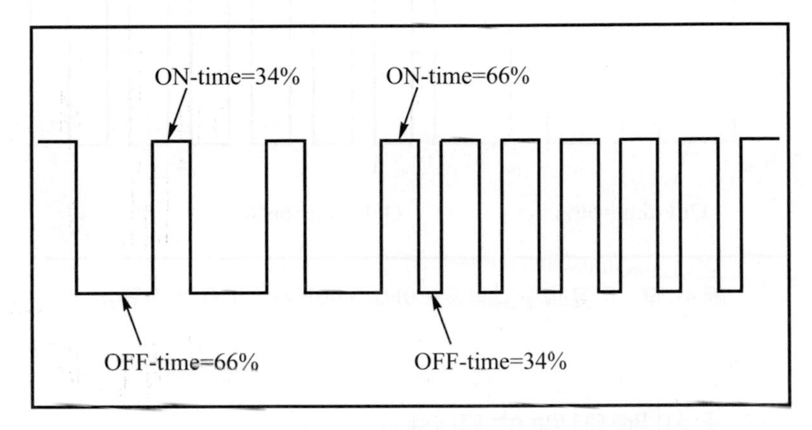


圖4-27　可變頻率型脈波(60Hz→90Hz)：工作週期可變

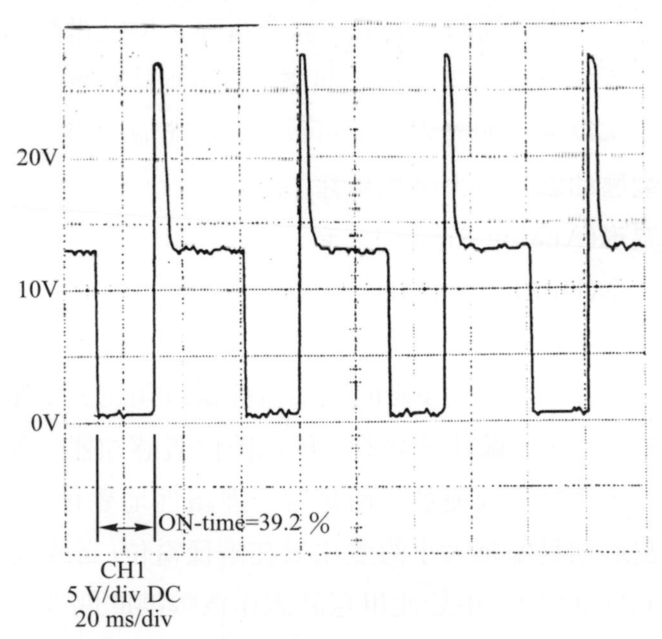


圖4-28　渦輪增壓器電磁閥波形(Chrysler)

較不常見的PWM法型式如圖 4-29 所示。通常，如果只是爲了要輸出頻率訊號的話，電路設計者會採用固定工作週期的方波訊號(50 %～50 %)，如霍爾效應式的曲軸／凸輪軸位置感知器。圖 4-29 的電壓脈波寬度雖然維持固定的 ON/OFF 時間比例，但因頻率增快而使 ON-time 的時間縮短了。

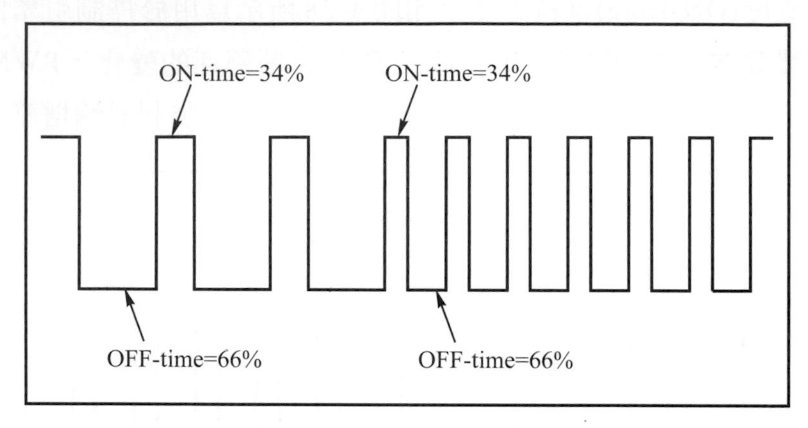


圖 4-29　可變頻率型脈波(60Hz→90Hz)：工作週期固定

## 4-2-4　類比訊號與數位訊號

如第二章所述，流經導線的是電流，而非電壓，但是電壓卻是推動電流流動的壓力源。也因此電壓常被用來作爲「訊號」(signal)，例如：電壓的大小、電壓頻率的變化以及電壓極性的轉變，都可以當作控制訊號用。

總地來說，**電壓的波形可大分爲兩類：**

1. **類比電壓波形**(Analog Signal)，**和**
2. **數位電壓波形**(Digital Signal)。

- **類比電壓波形**是指在一特定範圍(時間、角度等)內，電壓波形的曲線會作連續性的變動者。車上大多數的感知器都是以類比式電壓作輸出訊號，像是溫度感知器、車子輪速感知器、節汽門位置感知器…等。它們的電壓變化都不是突然地變高或變低，而是有一連續性地變化。
- **數位電壓波形**則是電壓大小的變化只在兩種電位(高或低、ON 或 OFF、Yes 或 No)之間轉換。由於使用電晶體作爲轉換的開關，所以電壓的改變是極其快速的，因此其電壓波形都呈現類似方波的形狀。汽車上利用霍爾效應製成的轉速訊號感知器，以卡門渦流(Karman Vortex)式製造的空氣流量感知器和一些採用PWM或步進式控制的線圈類致動器，它們的電壓波形便屬於數位電壓波形。

現代的汽車電子電路多已走向數位波的控制時代，電腦(ECM)的內部雖然都以二進制型式演算，但是傳送到ECM的電子訊號卻仍多屬類比電壓訊號，因此，在ECM內就必須有許多的轉換電路，我們將在「數位電路」一章中爲各位說明。

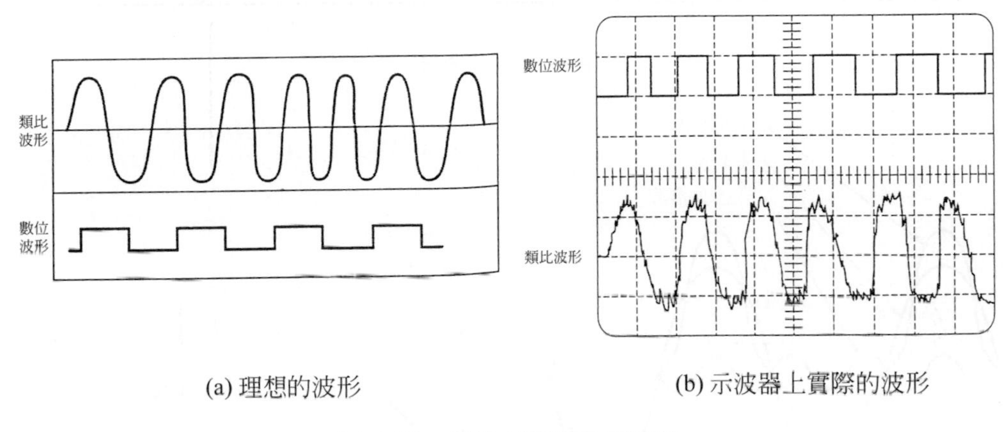


(a) 理想的波形　(b) 示波器上實際的波形

圖 4-30　類比波形與數位波形

# 4-3 三角波與鋸齒波

## 4-3-1 三角波

所謂**三角波**(triangle wave)是指電流或電壓隨時間呈固定速率的增加和減少而形成的對稱性連續斜波，如圖 4-31 所示。與方波的組成原理一樣，三角波也是由基本波(正弦波)和多次奇或(與)偶數諧波所合成，亦即三角波也是含有大量的諧波成份，如圖 4-32 所示。在三角波的每一週期中均含有兩個直線斜波函數，如圖 4-33 所示，直線的斜率爲正者稱爲「正向斜波」，斜率爲負者稱作「負向斜波」。理想的三角波波形，其上升與下降都須是陡直，且波形變化是一個尖銳的轉角。但是在實際上，因爲高頻衰減電壓過大而形成圓角(rounding)或過頭(overshoot)等失眞現象，如圖 4-34 所示。

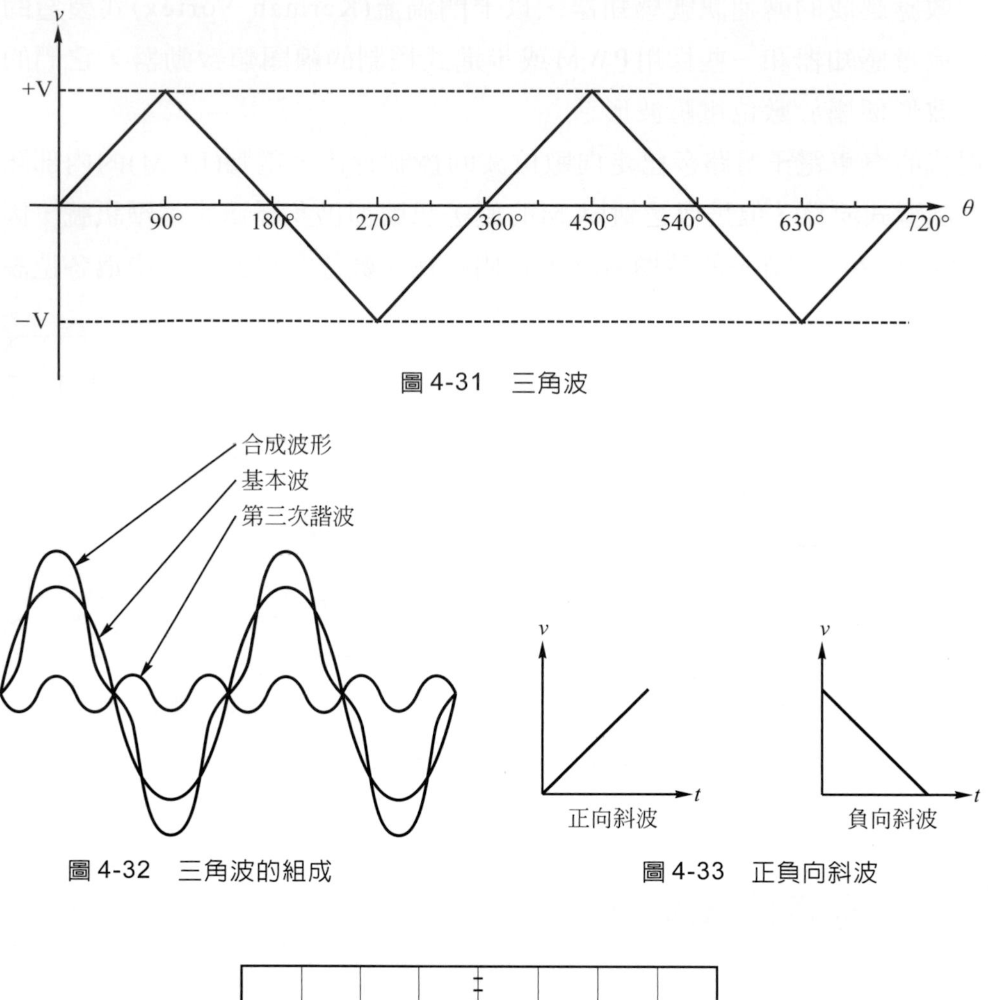


圖 4-31　三角波

圖 4-32　三角波的組成

圖 4-33　正負向斜波

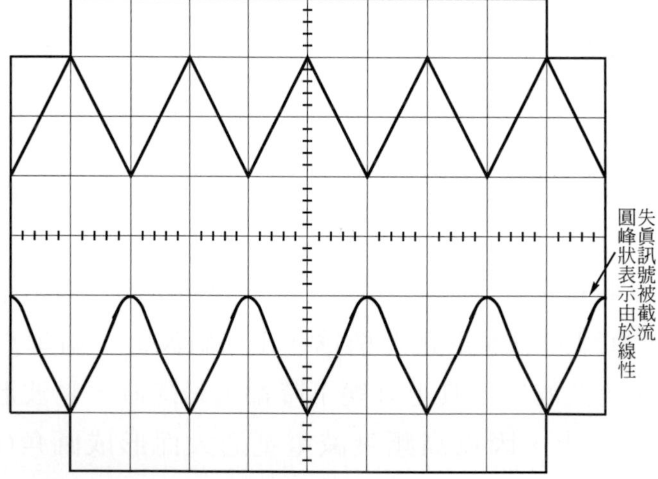


圖 4-34　三角波的失真現象（取自：電子學(一)，王俊澤等編著，華興)

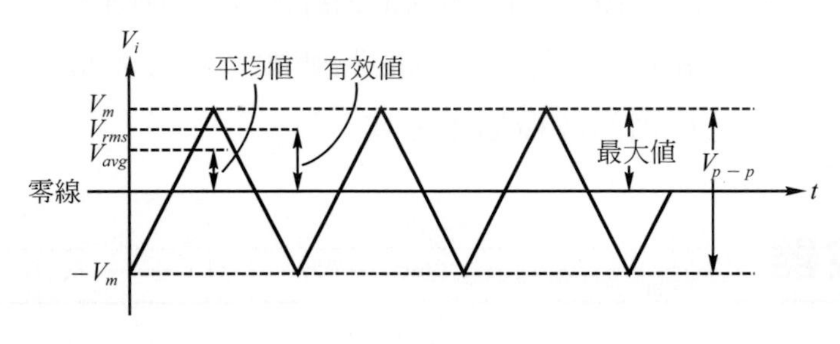


圖 4-35　三角波最大值、有效值及平均值

三角波與鋸齒波的有效值、最大值和峰對峰值之關係如圖 4-35 所示。須注意的是：由於三角波(或鋸齒波)為不規則函數波形，不像正弦波規律，因此不可以利用三用電錶來量取其電壓有效值。如此測量所得到的結果將產生極大的誤差。測量這類不規則波形的最佳儀器為示波器。

$$V_{\rm rms} = \frac{1}{\sqrt{3}} V_m \tag{4-4}$$

$$V_{p-p} = 2\sqrt{3}\, V_{\rm rms} \tag{4-5}$$

$V_{\rm rms}$　：三角波、鋸齒波有效值

$V_m$　：峰值電壓

$V_{p-p}$　：峰對峰值

## 4-3-2　鋸齒波

在討論三角波形時，我們提到如果波形的兩斜波直線成對稱三角形，稱之為三角波；而當兩斜波不對稱時便呈現出**鋸齒波**(saw-tooth wave)的波形，如圖 4-36 所示。

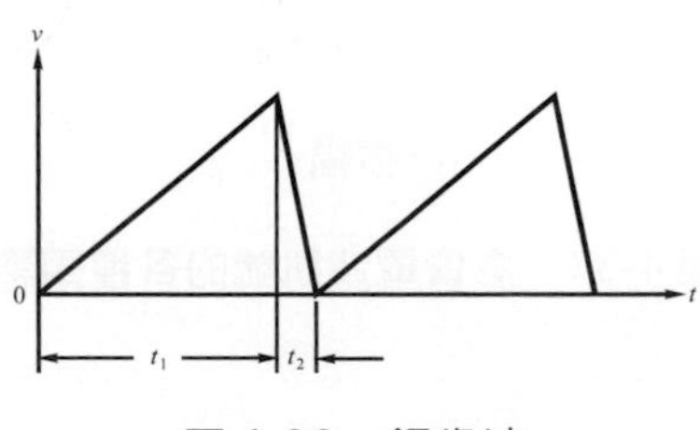


圖 4-36　鋸齒波

鋸齒波是供給示波器掃描時基(time base)線的重要原動力。示波器必須有直線性良好穩定的鋸齒波電流，才能將量測的訊號顯示在螢光幕上。電視機影像的還原，雷達掃描幕也是藉鋸齒波掃描來完成。

## 4-4 示波器

**示波器**(oscilloscope)不僅是電子工程師在測試和設計電路時重要的儀器，對於從事汽車相關行業的專業人士來說，它也已經成爲基本且必備的測試儀器了。這是由於現今汽車電子、電腦化之後，全車流通著各式各樣的電波，若僅藉著傳統數位電錶來顯示電壓、電流數値，而忽略掉電波波形、相位、振幅等的變化，則將會使得測試過程徒勞而無所獲。

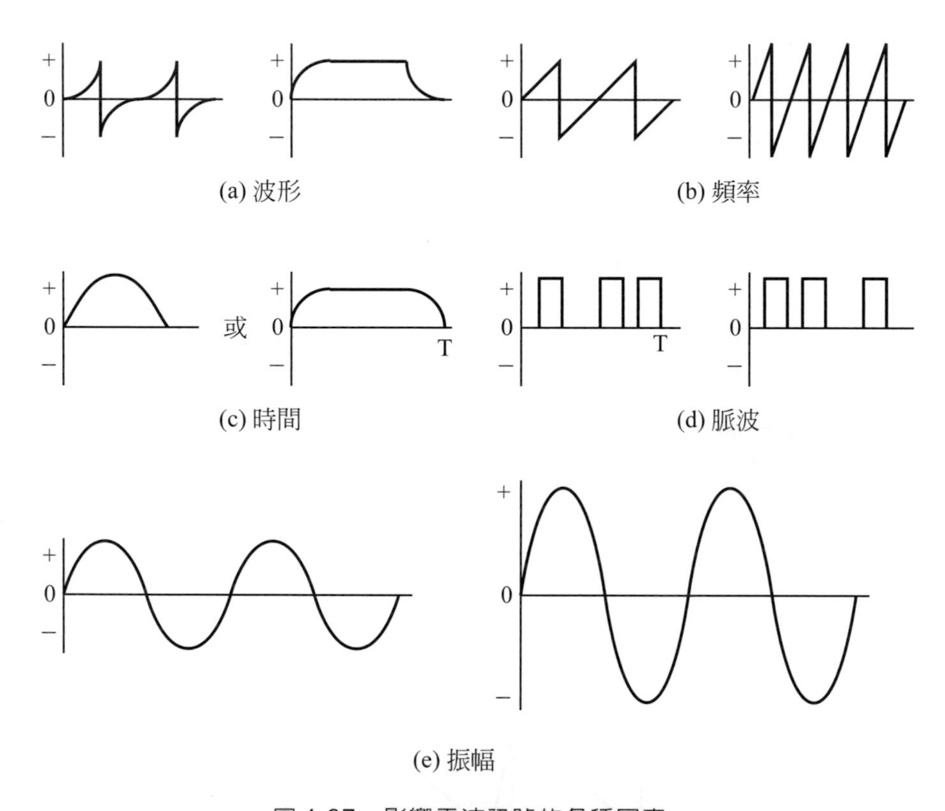


圖 4-37　影響電波訊號的各種因素

在汽車電子電路中的電波有著無窮變化的波形，即使是同樣功能的感知器(sensors)，卻會因所採用的型式不同，而傳送出不同的電波波形。車上的電波大多屬於類比式波形，形狀不若數位式波形易於分析。在一個不良電路中，其波形必然會有問題，不論是干擾雜訊、搭鐵不良或是電子元件本身的機械性毛病，甚至於間歇性電路問題，都可藉由示波器來檢視。雖然目前有一些數位式電錶在偵測非正弦波波形訊號時，可以藉由電錶內的計算電路而算出波形的平均值、峰值及有效值(RMS)等，但仍無法藉檢視波形來找出電路的故障。如圖 4-38 所示。

綜合觀之，可以歸納出示**波器的優點如下：**

1. **電壓視覺化**：可以將訊號電壓變化的全貌輕易地呈現出來，包括波形的位準、振幅，甚至雜訊問題。
2. **測量範圍大**：示波器的頻率測量範圍是由垂直放大器的頻寬來決定。測量範圍可從 DC 到極高頻率(100MHz)AC。
3. **觀察功能強**：除可觀察訊號電壓之暫態現象，在數位式示波器上尚能擷取多變化之重覆訊號並記錄、比對。

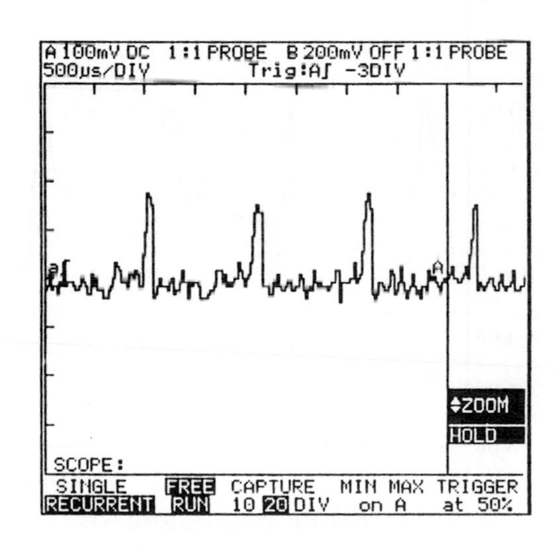


(a) 搭鐵線路的雜訊

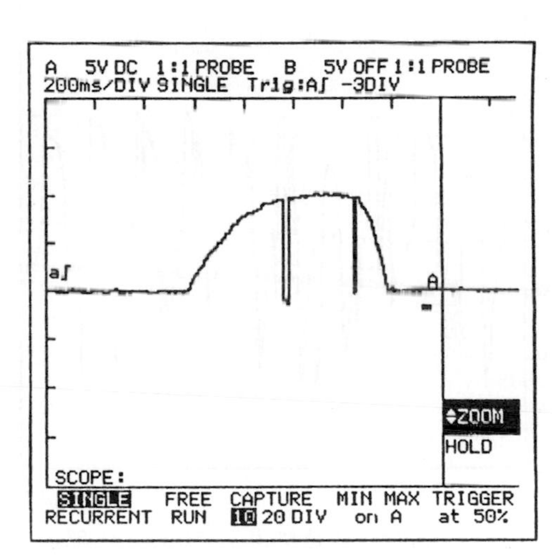


(b) 不良接點導致波形不平滑

圖 4-38　以示波器顯示出車上各種故障波形

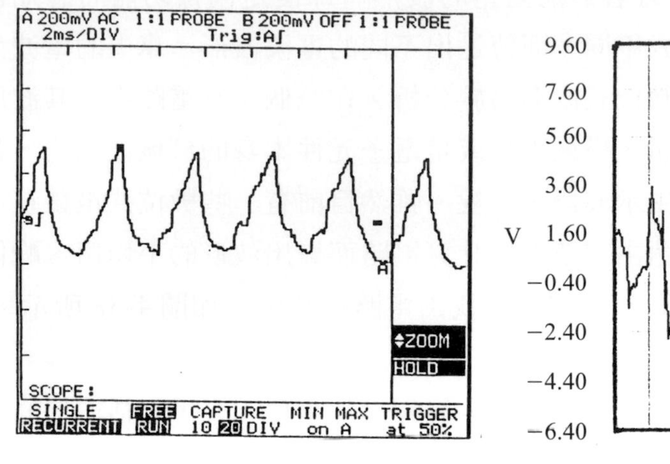


(c) 馬達線圈之干擾雜訊
(過高的峰值電壓與鋸齒邊緣)

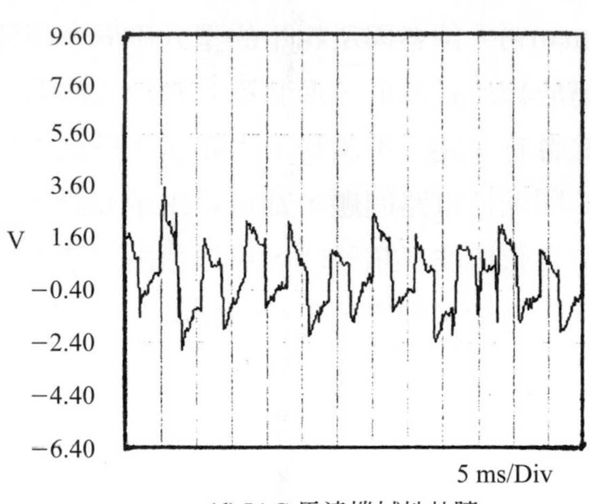


(d) IAC 馬達機械性故障

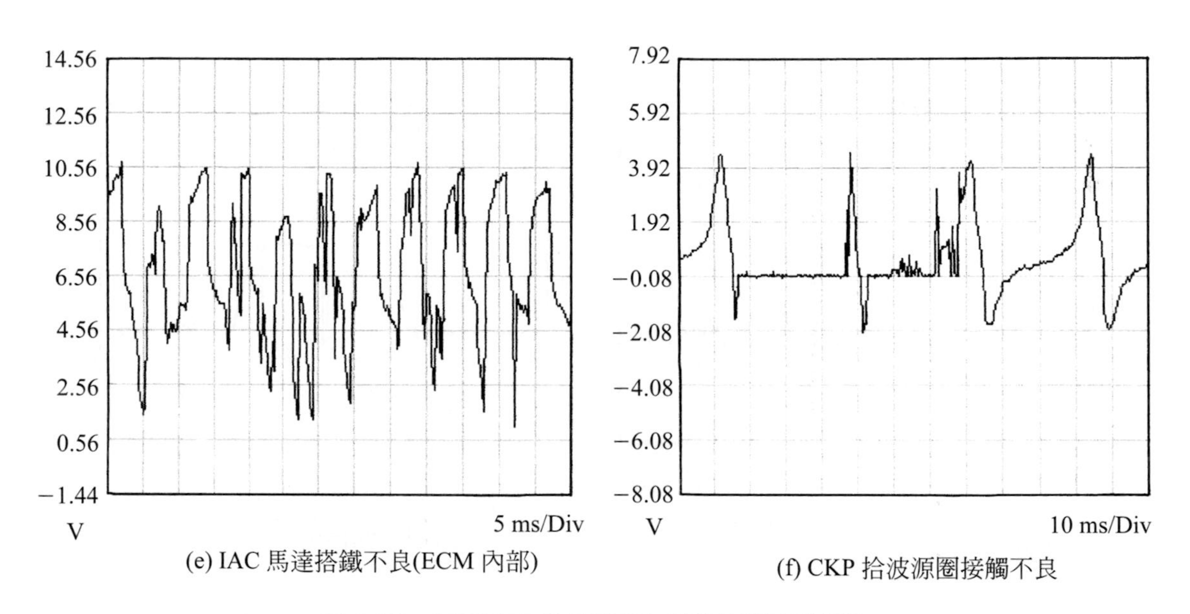


(e) IAC 馬達搭鐵不良(ECM 內部)

(f) CKP 拾波源圈接觸不良

圖 4-38 以示波器顯示出車上各種故障波形(續)

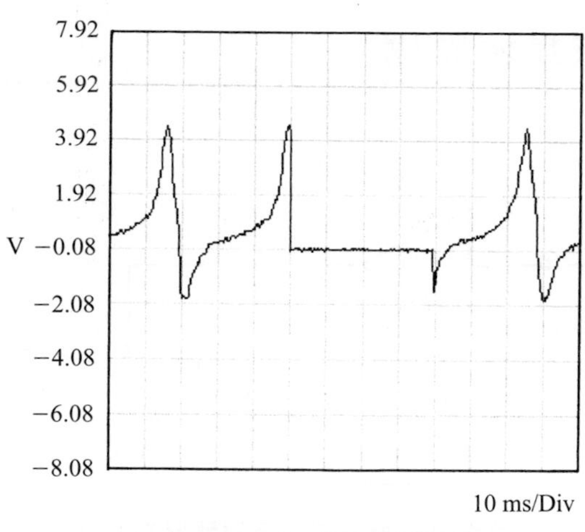


(g) CKP 拾波線圈斷路

圖 4-38　以示波器顯示出車上各種故障波形 (續)

表 4-3　汽車用示波器之分類及其特性

| 示波器分類 | 特性 | 相關機型 |
| --- | --- | --- |
| 類比式示波器<br>(Oscillosocope) | 1. 可以快速地讀出電壓與時間的關係。<br>2. 電壓讀數以線性軌跡呈現。<br>3. 小型以 LCD 顯示，大型以 CRT 螢幕顯示。<br>4. 此型一般被俗稱作「類比式」或「即時型」示波器，亦即**以同步方式顯示**訊號。 | Snap-on 的「Counselor II」 |
| 數位儲存式示波器<br>(DSO，labscope) | 1. 將電壓訊號轉換成數位訊號，並貯存在記憶體中，以便擷取訊號。<br>2. 取樣頻率高達每秒 25M 次以上。<br>3. 訊號波形的呈現**非同步式**，但延遲非常地小。<br>4. 大多數的示波器爲雙軌型，可供兩組波形之比對。 | FLUKE的 97/AUTO SCOPEMETER 和 98II，OTC的Vision 掌上型示波器。 |
| 掃描測試器<br>(Scan tester) | 1. 主要設計用來測試汽車電腦系統。<br>2. 能從車上(onboard)電腦記憶體中叫出故障碼。<br>3. 大部分的機型都利用插取式模組來貯存車型資料。<br>4. 從面板上可選測：引擎電腦、ABS 電腦、SRS 電腦或懸吊系電腦。<br>5. 新型的掃描測試器已具有貯存或定格(freeze)功能。<br>6. 嚴格來說，此型測試器並不屬於「示波器」。 | Snap-on的Scanner，OTC 的 MONITOR 4000 型以及各汽車製造商之專用掌上型電腦(如三菱MUT II) |

## 4-4-1 示波器基本結構

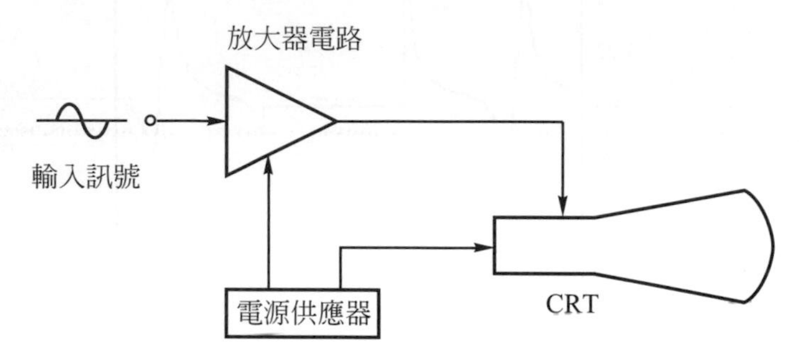


圖 4-39　類比式示波器簡易方塊圖

如圖 4-39 所示爲一般類比式示波器之簡易結構圖解。從圖中可以看出，示波器主要分成三大部分：

1. 陰極射線管(Cathode ray tube，簡稱 CRT)：

   將電子鎗所射出的高速高壓電子束，經由偏向板控制其方向後，聚焦並顯像於前端螢幕上。(註)

2. 放大器電路：

   負責處理檢測所得的輸入訊號，並依此控制 CRT 內兩組偏向板的電壓大小。

   包括：

   (1) 垂直放大器。

   (2) 水平放大器。

   (3) 觸發電路。

   (4) 時基產生器(掃描產生器)。

3. 電源供應器：

   提供CRT與放大器各個電路中所需之穩定電壓。包含高電壓(電子鎗用)與低電壓(其他電路用)。

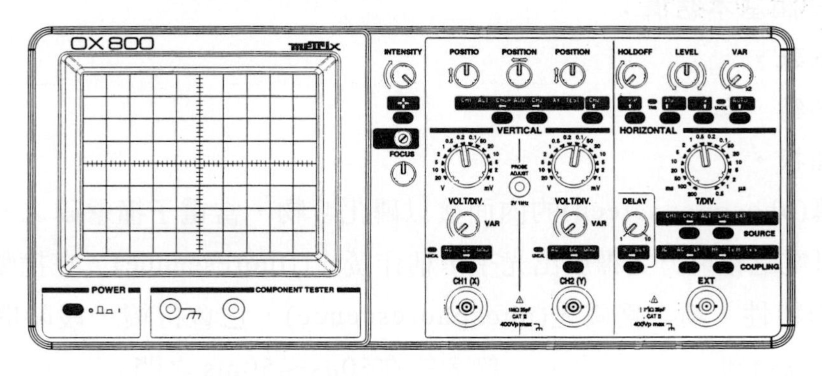


4-40　類比式示波器面板圖示(Metrix)

註：目前許多小型數位式示波器的顯像螢幕已採用「液晶顯示幕」(LCD)元件。它是一種利用結晶狀液體，在通以小量電壓或改變溫度後，引起分子排列和偏光特性變化所製成的顯示裝置。在經過了二十多年的研發，結晶狀液體不斷改良，對偏光及速度暫存等問題都有明顯的突破。至於液晶的驅動電路，現在多以積體電路或單晶片元件，並藉多工分時的方式來驅動。

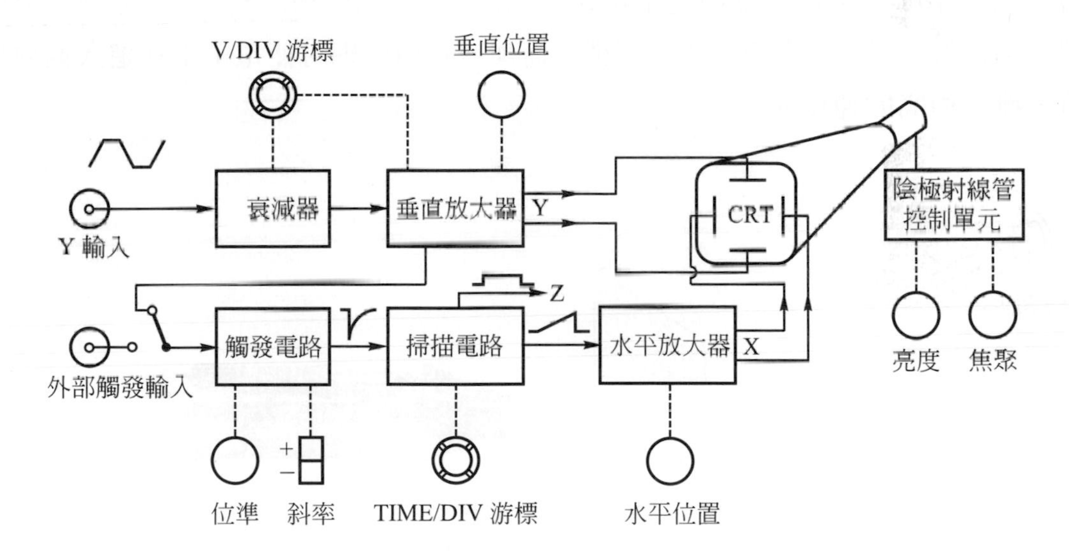


4-41　類比式示波器基本方塊圖 (取自：示波器原理及實務，林子程編著，全華)

## 陰極射線管

示波器的心臟可說是陰極射線管(CRT)，構造如同黑白電視機的映像管。

CRT中有三個基本結構：

1. 螢光幕，
2. 電子鎗，和
3. 偏向板。

螢光幕(phosphor screen)的內面塗以磷化合物，當電子撞擊磷之後，吸收電子動能而以電磁輻射方式釋放出光子，稱作螢光(fluorescence)。在撞擊結束後，持續發光的特性，稱之為磷光(phosphorescence)，它會持續一段時間，時間可由幾個微秒(μs)到1分鐘以上。一般大約在50μs～50ms之間。

目前僅有數種CRT磷塗劑適用於示波器上，不同的塗劑，其所產生的磷光持續時間也不相同，而所發出的顏色亦不相同，常用的有綠色與黃綠色。

電子鎗(electron gun)能產生很細的高速且聚焦的電子射束，以撞擊螢光幕產生光跡。電子鎗由5個部份所組成，即1個陰極(cathod)和4個柵極(grid)，每個部份都由一組絕緣架固定。如圖 4-44 所示為電子鎗的分解圖(含偏向板)。陰極金屬圓柱由加熱絲加熱後而釋放出電子，形成電子雲。電子束從控制柵極$G_1$上的小孔穿出，再通過前置加速電極$G_2$，聚焦電極$G_3$是一個帶有負電位的小金屬環，可以讓電子束具有極小的截面積，而加速電極$G_4$則可使電子束在進入偏向板前，擁有極高的速度。

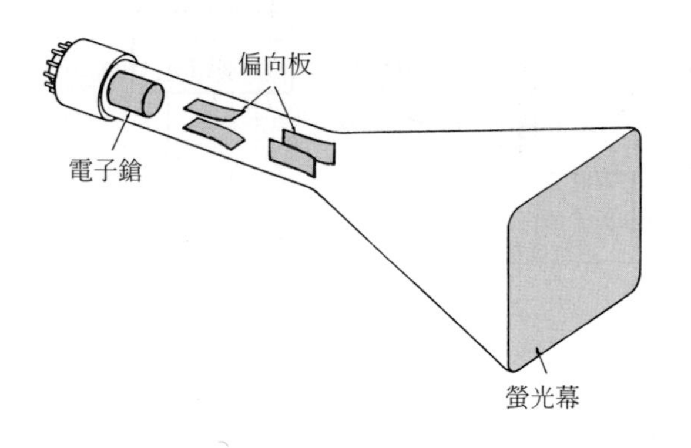

圖 4-42　陰極射線管(CRT)

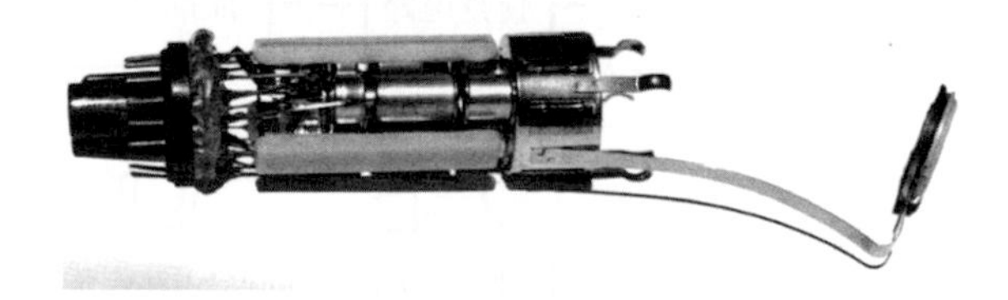
圖 4-43　電子鎗

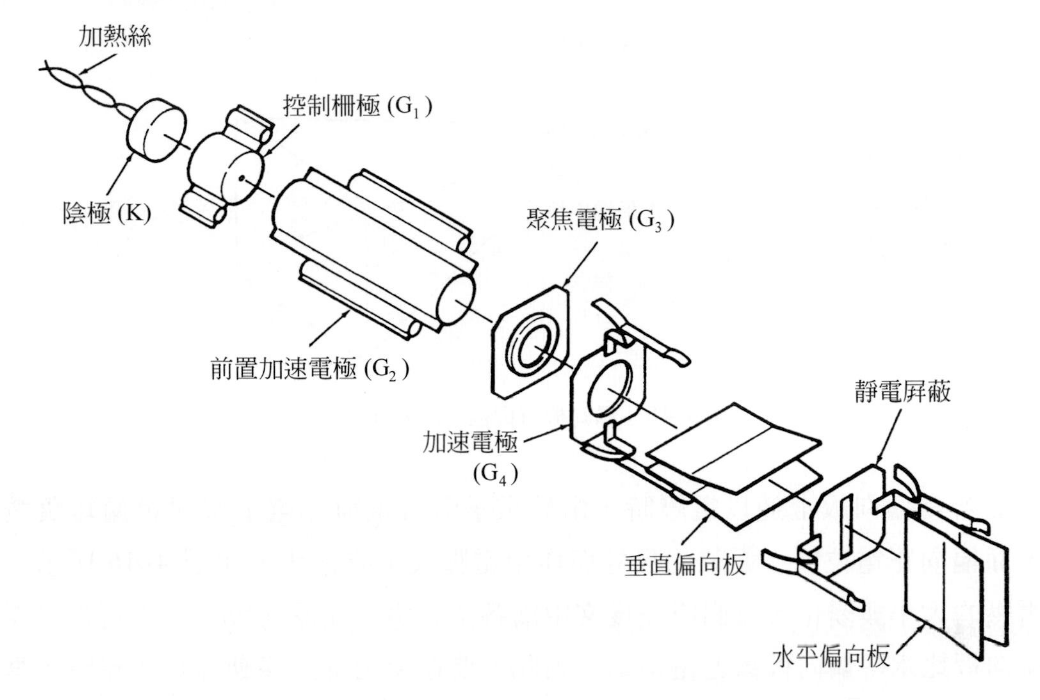


圖 4-44　電子鎗與偏向板之分解圖 (取自：電子測試儀器，陳方譯，徐氏)

增高電子鎗內電極的電壓，或加大偏向板的面積都可提高電子束的能量而增快電子的速度，如此可加大示波器的頻寬(band width)規格。

電子鎗所射出的電子是以直線方向進行，於螢光幕上會形成一個亮點，因此，必須使射束能夠在水平和垂直方向移動，示波器才具有實用價值。大多數的示波器應用靜電排斥(electrostatic repel)的現象，使電子在離開了電子鎗之後，緊接著通過固定於 CRT 管內的兩組偏向板(deflection plate)。一般是先通過垂直偏向板，然後再通過水平偏向板，如圖 4-45 所示。如果在偏向板上未通以電壓，則電子如圖所示，不會偏移而以直線方向撞擊在螢光幕中央。

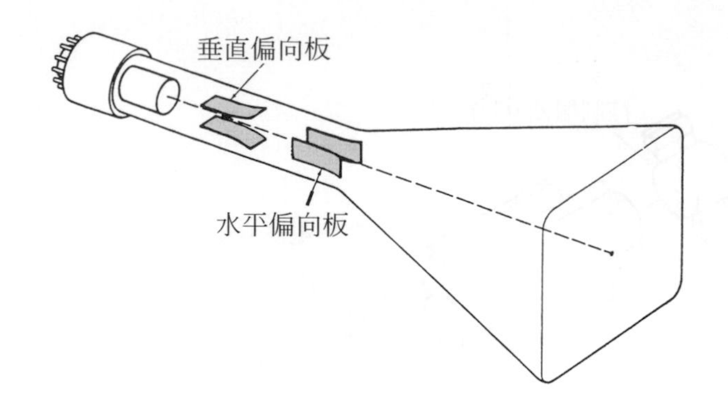


圖 4-45　偏向板（取自：同圖 4-44)

而若當偏向板上通以電壓時，由於電子帶負電荷，電子束便會偏離負電位板，而偏向正電位板。偏離的尺寸與作用電壓大小成正比，如圖 4-46 所示。至於電壓的大小與變化，我們將在後文中爲各位說明，從偏向板的圖中可以發現垂直偏向板比水平偏向板靠近電子鎗，因此，要在螢光幕上移動等長距離時，垂直偏向板的移動角度要小於水平偏向板。以一傳統 CRT 來說，電子要在垂直方向移動 1cm，垂直偏向板之間需有 8 到 12V的電位差。這種每移動 1cm所需的偏向電壓大小即稱作「偏向靈敏度」(deflection sensitivity)，它是指CRT內偏向板的靈敏度。然而，在示波器產品規格中所列的「示波器靈敏度」則遠高於 CRT (偏向板)的靈敏度了。一般CRT靈敏度爲 10V/cm；示波器靈敏度則爲 5mV/cm。

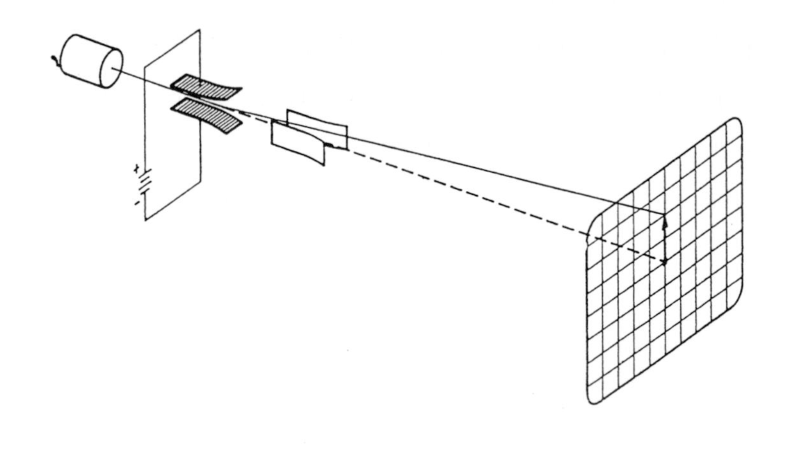

(a) 垂直偏向板

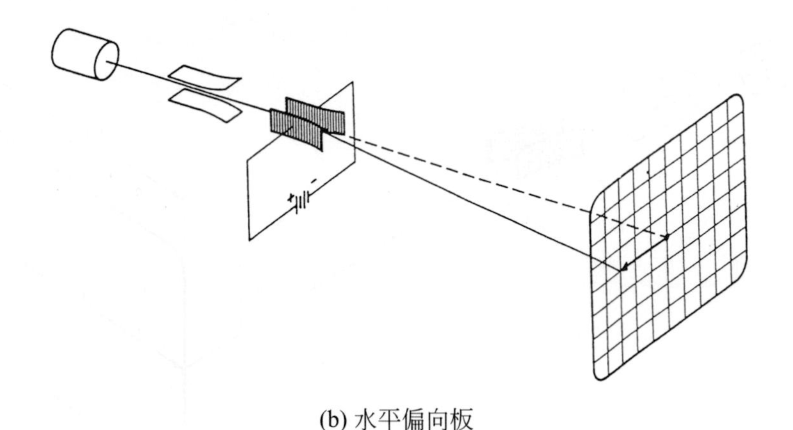

(b) 水平偏向板

圖 4-46　偏向板之作用 (取自：同圖 4-44)

至於水平偏向所需之電壓則在 15 到 20V/cm，遠較垂直偏向爲高。一般常用之螢幕尺寸是8×10cm，如果垂直偏向靈敏度爲 10V/cm，則須有 80V 的電位差加在 CRT 內的垂直偏向板上，如圖 4-47(a)所示。而若水平偏向靈敏度爲 18V/cm，則水平偏向板上便需有 180V 的電位差，如(b)所示。通常二片偏向板均加上正電位(例如 80V)，並使電壓和爲 80V，只需個別調整二片偏向板的電壓(0～80V)即可以控制電子束的偏向。(參見下一節「示波器的原理」)。

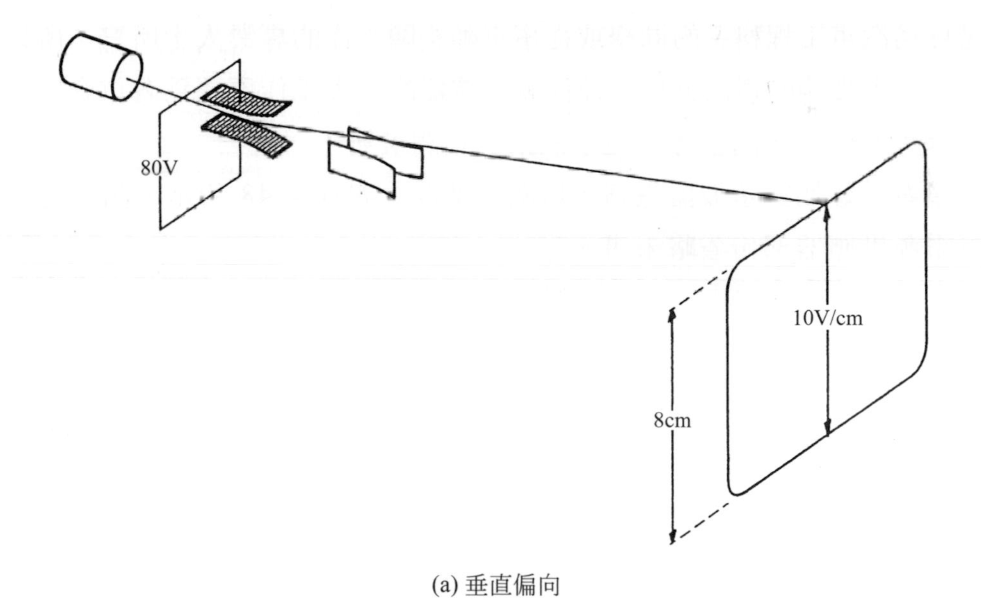


(a) 垂直偏向

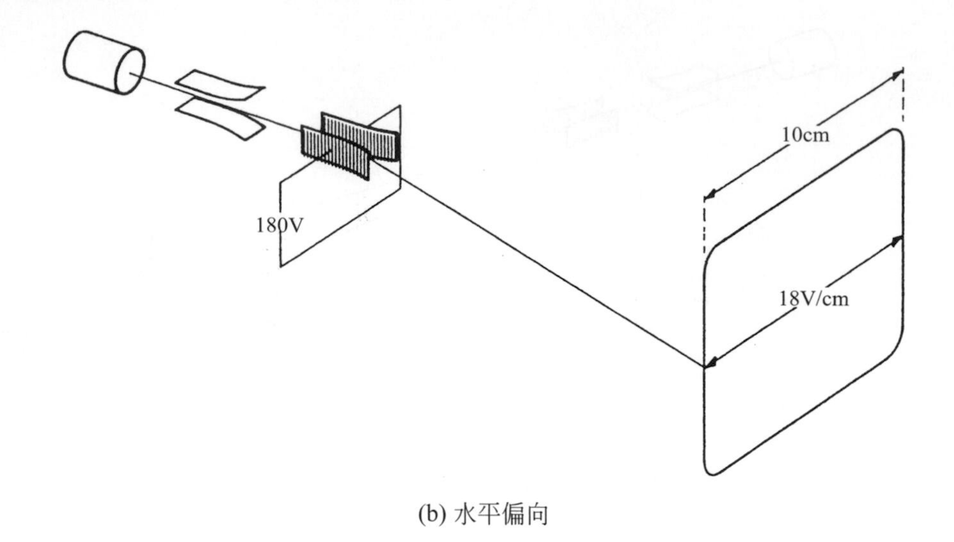


(b) 水平偏向

圖 4-47　偏向板電位差 (取自：同圖 4-44)

## 4-4-2 示波器原理

我們已在前節討論了有關示波器之結構以及各組成元件之相互關係，接著在本節我們將繼續探討示波器工作原理和其簡單的電子電路。值得一提的是，由於本書是專爲汽車工程科系的同學或從事車輛相關工作的專業人士所寫，所以我們不打算探研太複雜的電路分析，而僅就示波器的基本工作原理爲各位介紹，關於示波器深入的研究，請參考「電子儀錶」相關書籍。

先請看看類比式示波器電路方塊圖三部曲，如圖 4-48 所示。請留意，此方塊圖將電源供應器部份省略未畫。

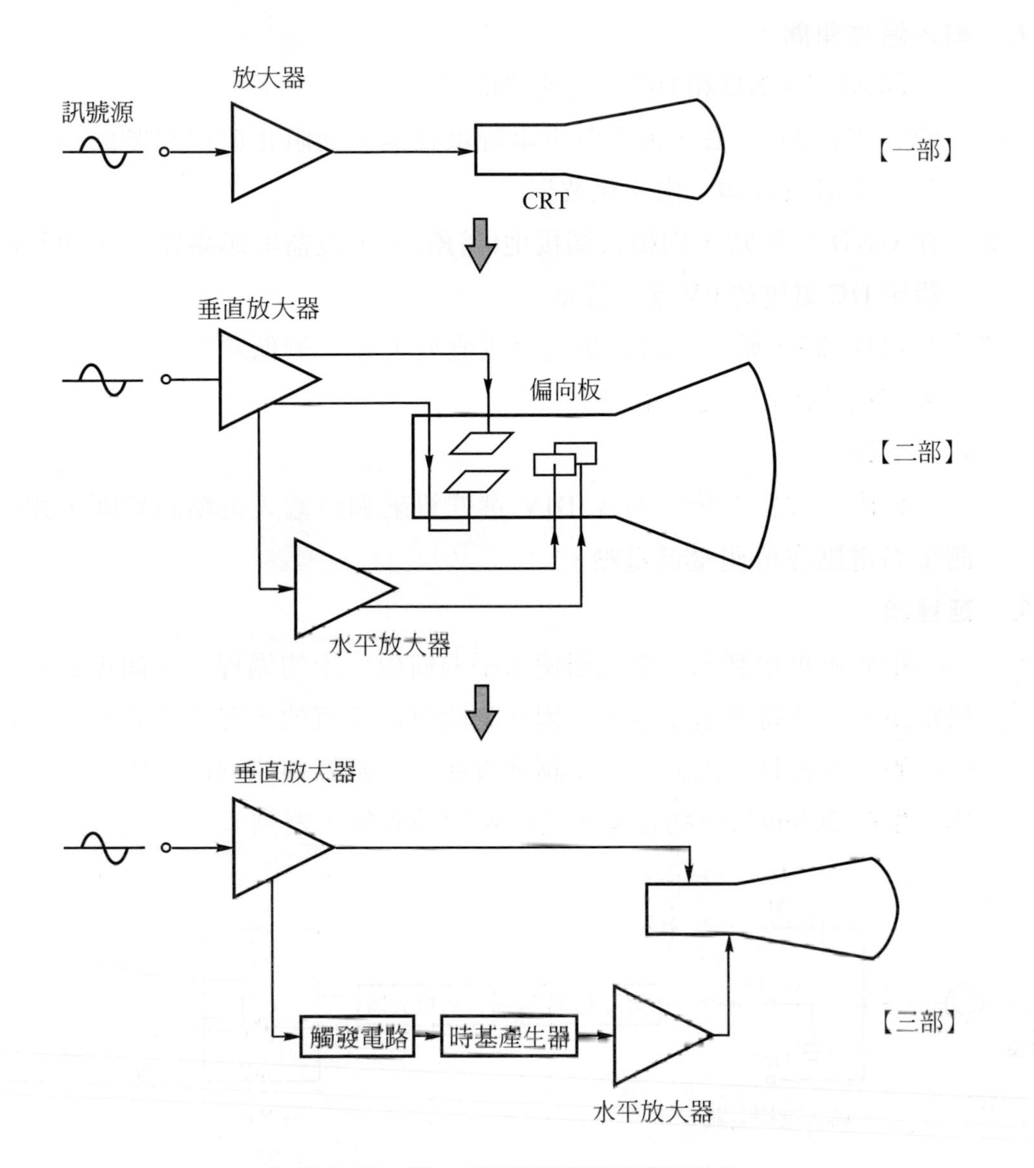


圖 4-48　類比式示波器電路示意三部曲

從示意方塊圖中的第二部可知，放大器包括了「垂直放大器」與「水平放大器」兩個電路，分述如下：

## 垂直放大器電路

垂直放大器電路中包含有四個部份：

1. **輸入選擇開關：**

即AC、GND和DC三個選擇位置。

(1) 開關選在AC位置，因電路中串聯電容器，而阻止直流訊號的通過，因此示波器只可顯示出交流波形。

(2) 在GND位置時，則輸入端接地(搭鐵)，示波器顯示零電位，通常用來設定DC電壓的0V參考位準。

(3) 選在DC時，輸入訊號直接送至垂直放大器，無低頻的限制，因此直流或交流波形都可顯示出來。

2. **輸入衰減器：**

藉由示波器面板上的V/DIV選擇鈕來調整輸入電壓的範圍，如此可測量高電壓亦可測量低電壓。

3. **延遲線：**

由於電壓送到水平放大器使水平偏向板作用的過程中，尚需經過「觸發電路」、「時基產生器」，因此時間會比垂直放大器將訊號電壓送到偏向板的時間較長。因此，為了讓垂直和水平兩條線能夠同步出現，延遲線便產生約200ns的時間延遲，使訊號從垂直放大器到偏向板的時間延後。

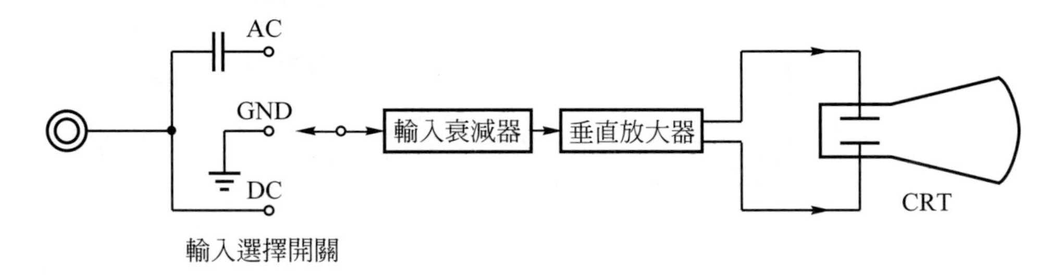


圖4-49 垂直放大器電路

4. **垂直放大器：**

垂直放大器的目的在使輸入阻抗增大、放大功率以使垂直偏向板能有足夠的偏向工作電壓。今以工作電壓100V為例做說明：

(1) 時間在$T_0$時，上偏向板$A$和下偏向板$B$的電位同為50V，因為沒有電位差，故電子束不發生偏移而射在螢幕中央($Y_0$)。

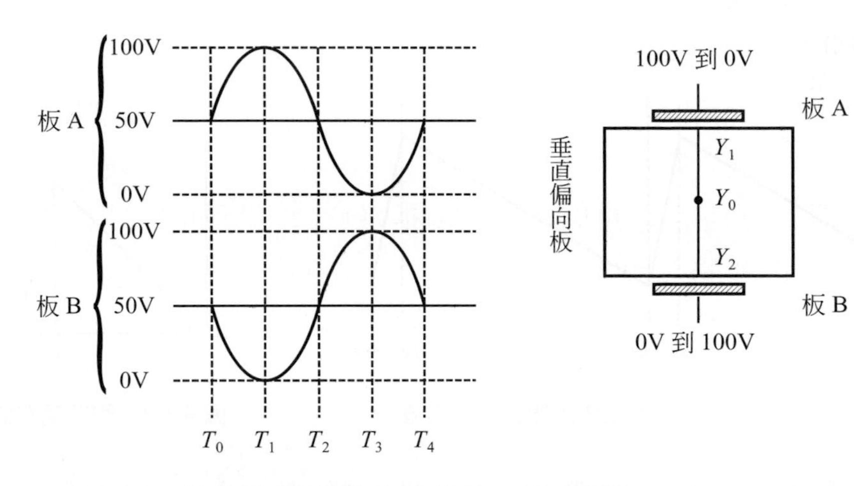


圖 4-50　兩垂直偏向板之工作電壓變化情形

(2) 在$T_1$時，因板$A$電位增至最高(100V)，而板$B$降至最低(0V)，故電子束由$Y_0$移到最上端$Y_1$處。

(3) 在$T_2$時的情形與$T_0$時一樣，電子束回到中央。

(4) 在$T_3$時，板$A$電位漸減至 0V，而板$B$則增大至 100V，電子束受正電吸引而移到最下端$Y_2$處。$T_4$時又回到中央。只要訊號電壓持續地加在垂直偏向板上，電子束即在螢幕中央掃描出一條垂直線。

## 水平放大器電路

水平放大器電路的主要目的在利用來自垂直放大器的一部份訊號電壓做觸發，以產生橫向掃描所需之鋸齒波，並控制水平偏向板的作用。

從圖 4-48 之示意圖的第三部可知在水平放大器電路中亦包含了幾個主要部份：

*1.* **時基產生器：**

「時基產生器」通常又被稱作「掃描產生器」。會有這兩種看似不同的名稱是因為掃描工作的進行，乃是在 CRT 螢幕上，在某一選定的時間內，掃出一水平軌跡(在時基線方向)。掃描產生器可以產生一個隨時間呈線性增加的波形，如圖 4-51 所示。

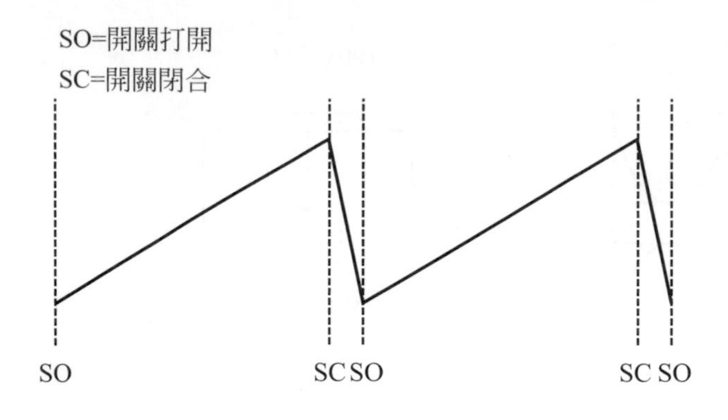


圖 4-51　時基產生器所產生的鋸齒形掃描波

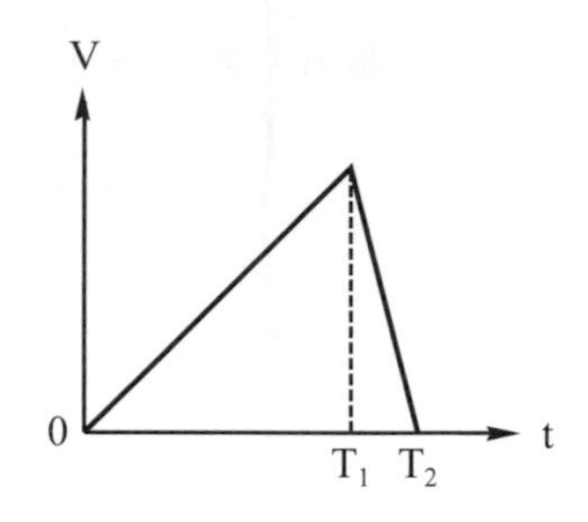


圖 4-52　回歸期間的遮沒

要產生這樣一個鋸齒波，需藉著電容器的穩定充電與快速放電的電路來完成。在掃描波形中，掃描先是緩慢地往正向增加，然後是迅速地往負向下降。在正向掃描結束後，電壓必須迅速地回到原來之位準上，使電子射束能由螢幕的右端回到左端，如圖 4-52 所示。為了避免在螢光幕上出現回掃時的亮線，產生畫面干擾，$T_1$到$T_2$這段回歸時間的波形就必須採取某種電路予以「遮沒」(blanking)。

以螢光幕上每單位格(DIV)代表多少秒作為時基(time base)，便可以測量脈波寬度、週期或波形某一段的時間。一般示波器多以 1 公分距離為一個單位格，來代表一段時間，例如：10ms/DIV、5ms/DIV…。在掃描期間，水平軌跡由左向右，此一訊號可以藉調整 TIME/DIV 選鈕來控制適當的波形顯示。如圖 4-53 所示，時基產生器在收到「觸發電路」送來的觸發訊號時，並不一定在每個觸發訊號下都產生出一個掃描鋸齒波，而是受到 TIME/DIV 選鈕的控制來產生鋸齒波的掃描頻率。從圖 4-53 可以看出，同一頻率的訊號，在不同掃描速度下所出現波形的差異。

同步示波器的掃描電路採取「觸發式掃描」，即每次的掃描都受到觸發脈波訊號所控制。因此每次掃描的起始點都固定在同一位置上，而能隨時使波形保持著同步狀態。

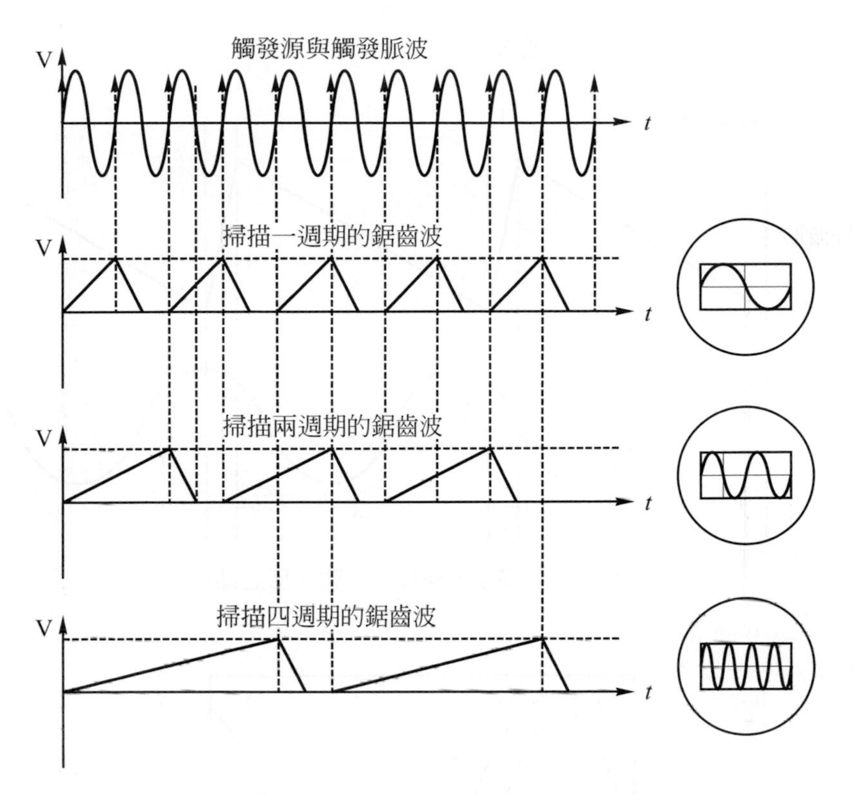


圖 4-53 調整 TIME/DIV 選鈕可產生不同之掃描頻率與波形顯示 (取自：電子學，蔡銘石編著，東大)

2. **觸發電路：**

在大多數的示波器中，掃描都是由觸發(triggering)所啓動。由於掃描工作是持續著進行，因此，若要讓示波器顯示出穩定的波形，必須有兩個條件：

(1) 輸入訊號必須是具週期性的波形。

(2) 對輸入波形每一次掃描的起始點必須相同。

要滿足上述兩條件，就需要一觸發電路。現以「再生掃描」(recurring)爲例說明觸發與掃描之間的關係。圖 4-54 爲一個掃描 3 次的波形圖，假設我們所要觀察的波形週期和掃描波形正好相同。但卻會因掃描波形每一次的起始點不同，使得這 3 次的掃描結果形成圖 4-55 的模樣(本例中尚且只有 3 次，若多次掃描，其結果將使波形無法顯現)。另外，如前所述，掃描波的回歸時段已被遮沒，並沒顯現在螢光幕上。

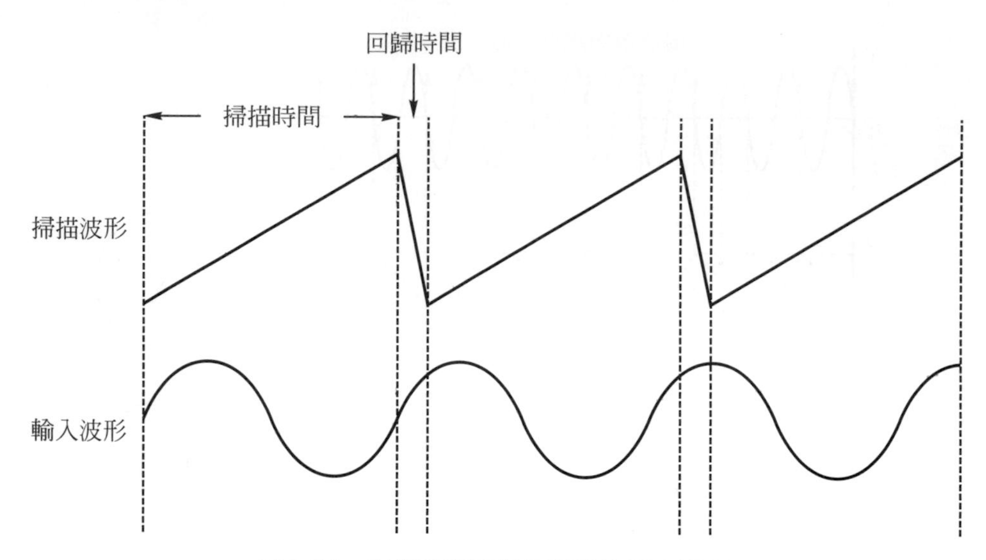


圖 4-54　掃描波形與輸入訊號波形之關係

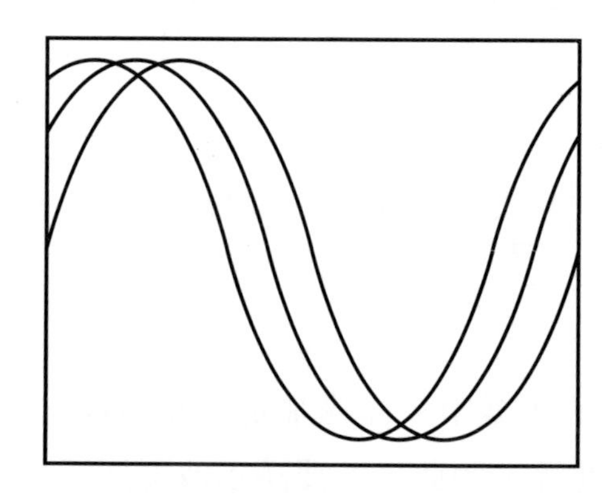

圖 4-55　因缺少觸發訊號而導致「漂移」現象(掃描 3 次)

在再生掃描中，輸入波形的頻率須爲掃描以及回歸波形頻率的整數倍，否則只要有些許偏差，即會因不同步而形成畫面的漂移(drift)現象。

在圖 4-56 中增加了觸發訊號波，觸發訊號控制每次掃描在相同的起始點上，因而不論輸入波形被掃了幾次，其顯現的波形都如圖 4-57 般因重疊而呈現穩定之畫面。

一個典型示波器上可以看到 3 個和觸發有關的符號，分別是 INT、EXT 和 LINE。

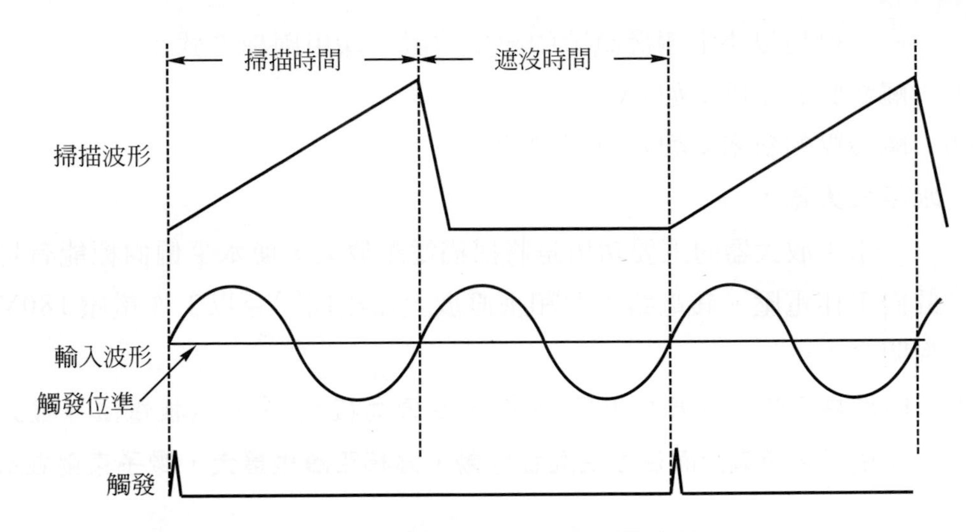


圖 4-56　由觸發訊號來控制掃描波形

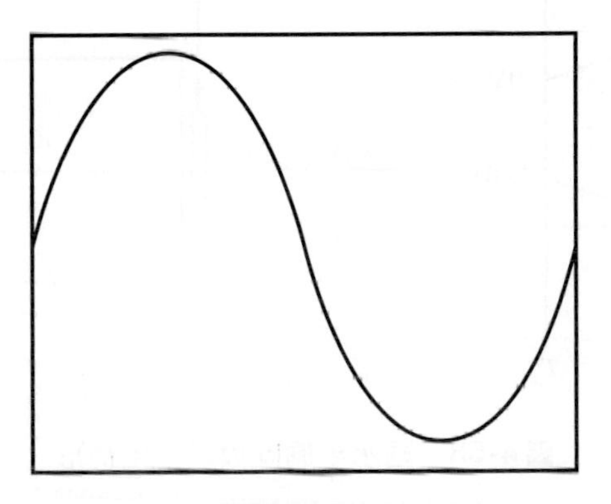

圖 4-57　無漂移現象之正常波形

**觸發電路的觸發源有三種：**

(1) **內部觸發**(INT)：直接利用垂直放大器所送來之訊號作為觸發電路的觸發源。這種方式最容易同步，但是垂直放大器輸入的訊號必須足夠大才能使觸發電路產生觸發脈波訊號。

(2) **外部觸發**(EXT)：由外部另外加上與垂直放大器輸入訊號頻率呈整數倍的觸發訊號來觸發掃描。沒有觸發訊號，掃描動作即不啓動。當內部觸發訊號的振幅太小時，可採用外部觸發方式來掃描。

(3) **電源觸發**(LINE)：觸發訊號由電源回路供應，為60Hz的正弦波電壓，可作為檢視與電源有關之波形。

一般用以決定觸發訊號的起始位置，採用兩種方式：

(1) 觸發點的電壓：如0V。

(2) 觸發點的斜率：如正斜率觸發。

3. 水平放大器：

水平放大器的主要功用是將掃描電壓放大，使水平偏向板能有足夠之偏向工作電壓。其電路大致和垂直放大器相同。今以工作電壓180V爲例說明之：

(1) 時間在$T_1$時，左偏向板爲180V，右偏向板爲0V。兩板電位差最大，電子束因帶負電荷而往左偏向板移動，偏移距離也最大，電子束射在$X_1$處。

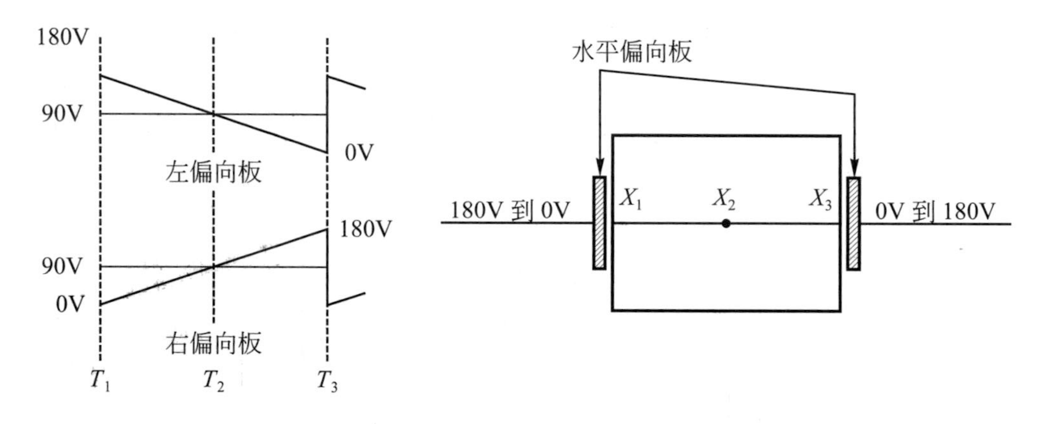


圖 4-58 兩水平偏向板之作用情形

(2) 隨時間變化，左偏向板電壓逐降至90V，而右偏向板漸增至90V，兩板電位同爲90V，無電位差，故電子束射在螢幕中央$X_2$處。

(3) 在$T_3$時，左偏向板電壓繼續下降到0V，右偏向板則繼續上升到180V，使電子束向右偏移到螢幕最右邊位置$X_3$處。

在掃描結束之後，電路使兩板的電位回復到$T_1$時狀態，就可以開始另一次的掃描。只要掃描速度夠快，加上磷光持續的特性，以及人眼視覺暫留等因素，示波器螢幕上即呈現出一條水平亮線。但當掃描速度降低(可調整)，掃描軌跡便開始閃動，並可看出掃描的亮點。

## 掃描波形

在瞭解了垂直與水平放大器的工作原理之後，我們便可以藉此看一看輸入波形是如何被掃描呈現的。

示波器主要特性便是將輸入訊號(電壓或電流)與時間做比較，而顯示出某一週期性波形。以圖 4-59 為例：

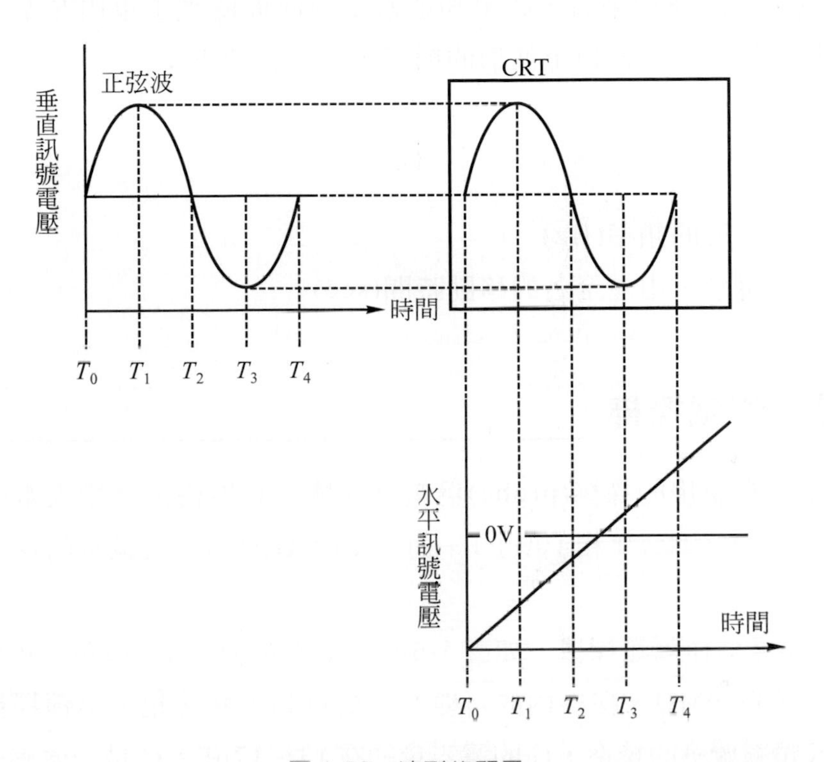


圖 4-59　波形的顯示

1. 當時間在$T_0$時，垂直偏向電壓在正弦波 0V 處，而水平偏向的電壓則使電子束位在螢幕最左邊位置。
2. 在$T_1$時，垂直偏向電壓由最大正值向下減少，水平偏向電壓變化方向使電子束由左向右移動。
3. 在$T_2$時，水平掃描線經過螢幕中央，正弦波則在180°位置，並準備繼續讓電子束向下移動。
4. 在$T_3$時，水平偏向電壓處在正值位置，使電子束繼續往右移動。垂直偏向電壓則在最大負值位置。

5. **最後在$T_4$時，水平偏向電壓達到最大正值，將電子束吸向最右邊，而正弦波亦完成一個週期。**

由上得知，只要水平掃描的時間等於一個正弦波的週期，則螢幕就會顯示出一個波形；若控制水平偏向的頻率，就能夠顯示出作用在垂直偏向板上任何頻率的波形。

以一個週期的波形來看，如果知道水平偏向板使電子束由左至右的移動時間，便可以算出垂直偏向板上波形的頻率，其公式如下：

$$f = \frac{1}{T} \tag{4-6}$$

$f$ ：波形的頻率(Hz)

$T$ ：電子束由左至右的移動時間(sec)

## 4-4-3 測試探棒

示波器最常使用的探棒(probe)爲電壓探棒，其規格依據輸入電壓與輸出電壓之比分爲1：1，10：1和100：1，而以10：1(即×10)衰減量的探棒使用最爲廣泛。

×10探棒又稱作隔離探棒，如圖4-60所示爲探棒內部之電路。$R_1$爲衰減用電阻，其電阻值爲 9MΩ，探棒內的可變電容$C_1$可利用螺絲起子旋轉探棒上之校正螺絲以進行頻率響應的校準，$C_1$的電容量約在13～17pF。$C_1$是一個補償電容器，用來補償同軸電纜本身的電容$C_2$以及示波器內部的輸入電容$C_{in}$，以消除因不同電壓頻率所形成的失真。關係式爲：$R_1C_1 = R_{in}(C_{in} + C_2)$。$R_{in}$的電阻值爲 1MΩ，$R_1$與$R_{in}$的關係依「分壓原理」便可產生出10：1的衰減量。使用同軸電纜的原因在於隔離外界之電源或電磁波之干擾。

1：1(即×1)爲無衰減型探棒，待測之輸入訊號直接經由同軸電纜接到示波器的輸入端(INPUT)，故在輸入端上須有一個很大的並聯電容量，一般，同軸電纜本身的電容加上示波器內部的電容共約150～200pF。這種探棒由於無補償作用可以將$C_2$與$C_{in}$的頻率響應抵消，所以只適用於低頻訊號之測量。

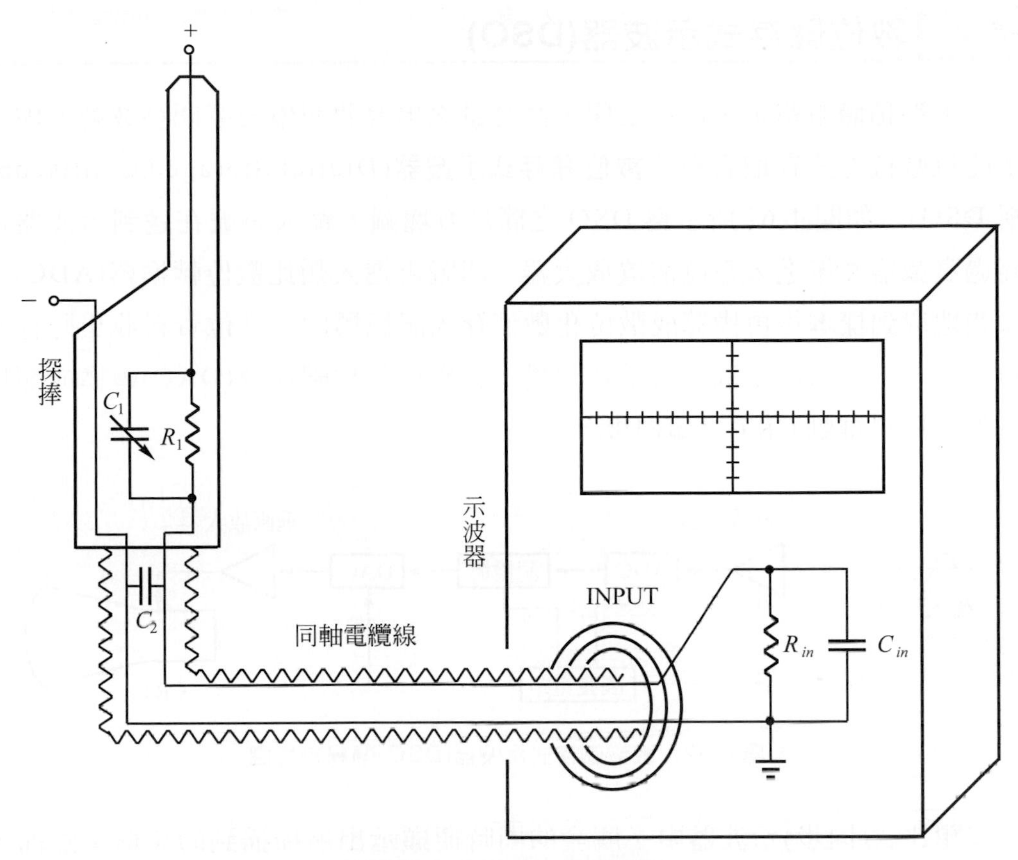


圖 4-60 示波器探棒電路圖

以上所介紹的探棒屬於「被動式探棒」，它是由被動元件所構成，另外還有一種稱作「主動式探棒」，以主動元件構成。其優點爲高輸入阻抗、低衰減量、極低的輸入電容量(5pF 以下)以及良好的高頻響應，不過，價格也較昂貴。

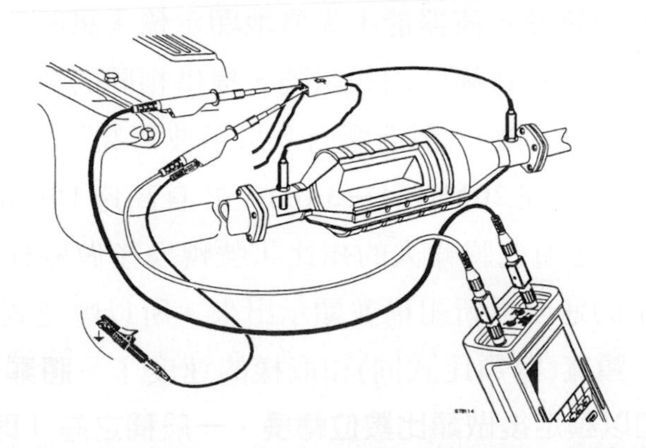

圖 4-61 測試雙含氧感知器之實例 (圖片提供：開富公司)

## 4-4-4 數位儲存式示波器(DSO)

拜大型積體電路迅速發展之賜，高容量之半導體記憶裝置開發成功，因而出現了能以數位方式存取資料的**數位儲存式示波器**(Digital Storage Oscilliscope，簡稱 DSO)。如圖 4-62 所示為 DSO 之簡易方塊圖。輸入訊號在送到示波器後，先經過衰減器然後進入垂直前置放大器。訊號再進入類比數位轉換器(ADC)，高速瞬間地取到樣本後再換算成數位化數值存入記憶體內。數位資料收集貯存於記憶體之後，再將這些擷取資料重新建構，經數位類比轉換器(DAC)轉換成類比電壓訊號並用以推動 CRT 之偏向板。

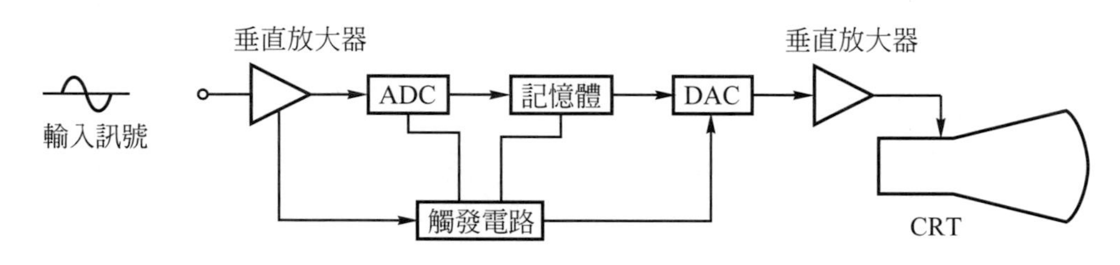


圖 4-62　數位儲存式示波器(DSO)簡易方塊圖

在類比式(同步)示波器中，觸發的同時便顯示出所掃描到的波形；然而，在數位式示波器裡，觸發點卻是在取樣收集資料工作即將要停止的瞬間。這一點是數位式示波器與類比式示波器最大的不同處。

DSO最重要的兩項規格即是：數位頻寬(bandwidth)與最大取樣率(maximum repetitive sample rate)。類比式示波器的頻率測量範圍是由垂直放大器的頻寬來決定。頻寬的範圍是決定於示波器能不失眞地顯示輸入訊號的頻率範圍。理想的垂直放大器電路必須對其頻寬範圍內的訊號，提供相同的放大率，亦即一平坦的放大曲線。但通常是辦不到的，製造廠商多以示波器頻帶內±3dB 以內的變化量定出其頻寬。常見的頻寬在 20MHz(－3dB)，亦有高達 100MHz。

對 DSO 而言，它必須先將輸入的類比訊號轉換後做取樣擷取，然後貯存在記憶體中，再以一定的速度重新組構並顯示出來。所以數位式頻寬便需同時取決於垂直放大器±3dB 頻寬(與類比式同)和取樣的速度了。**將類比輸入訊號分割成很小的時間區段，加以鎖定後做類比數位轉換，一般稱之為「取樣」(sampling)。**

**單位時間內(1 秒)分割的時間區段數目即是取樣率(sample rate)，單位為每秒百萬點(MS/s)**。如圖 4-63 所示，較高的取樣率能對訊號波形的顯示有較高的重現，較低的失真，增加波形分析上的準確度。汽車用DSO的取樣率通常都在每秒2500萬次(25MS/s)，而電子電路上所用的DSO常在1GS/s以上。

表 4-4　DSO 的規格實例 (取自：FLUKE 98 目錄)

| Oscilliscope Specifications | | | | |
|---|---|---|---|---|
| Model | 105B | 99B | 96B | 92B |
| Bandwidth | 100MHz | 100MHz | 60MH | 60MH |
| Maximum Repetitive Sample Rate | 5GS/s | 5GS/s | 2.5GS/s | 2.5GS/s |
| Number of channels | 2＋Ext. Trig | 2＋Ext. Trig | 2＋Ext. Trig | 2＋Ext. Trig |
| Rise Time | < 3.5ns | < 3.5ns | < 5.7ns | < 5.7ns |
| Time/Division | 5ns-60s | 5ns-60s | 10ns-60s | 10ns-60s |
| Volts/Division | 1mV-100V | 1mV-100V | 5mV-100V | 5mV-100V |
| Record Length (bytes) | 512/30,000 | 512/30,000 | 512/30,000 | 512 |
| Screen/Waveform/Set-up Memories | 10/20/40 | 10/20/40 | 5/10/20 | -/-/- |
| Pre & post trigger adjustments in divisions | −20 to ＋640 | −20 to ＋640 | −20 to ＋640 | −20 to ＋640 |
| Autoranging True-rms MultiMeter Specifications | | | | |
| | 105B | 99B | 96B | 92B |
| Display readout<br>(Basic DC Accuracy 0.5 %) | 3000cnts | 3000cnts | 3000cnts | 3000cnts |
| TrendPlot with time and date stamp | 1 channel | 1 channel | 1 channel | 1 channel |
| General Specifications | | | | |
| | 105B | 99B | 96B | 92B |
| Size (H×W×D) | 260×130×60mm | | | |
| Weight | 1.8kg | 1.8kg | 1.8kg | 1.8kg |

Three year warranty on parts and labor.

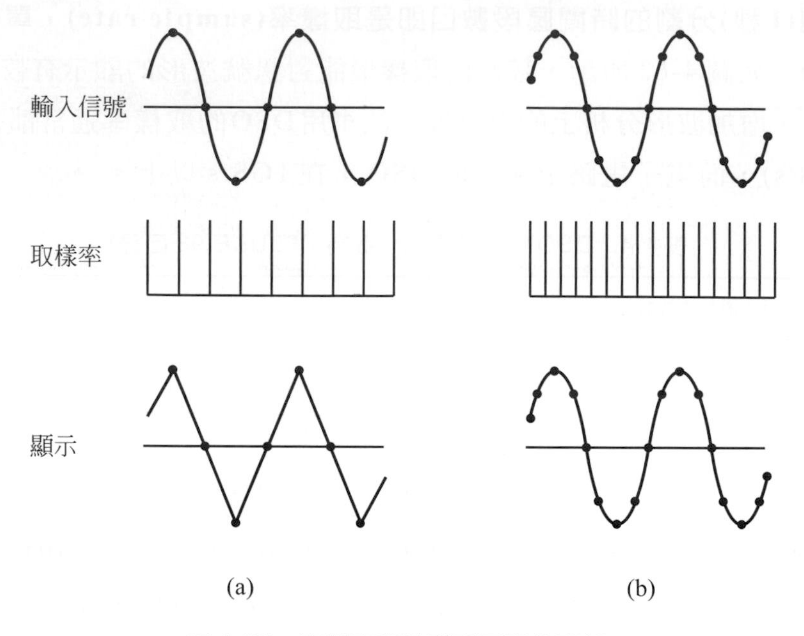


圖 4-63　取樣率與波形顯示間的關係

綜合來說DSO具有下述的優點而漸漸成爲專業場所必備的測試儀器：

1. 輕薄短小；藉由與液晶顯示幕(LCD)的結合使 DSO 的體積與重量都較他型的示波器爲小。
2. 能以極快速的取樣率來讀取、貯存及顯示訊號。DSO 比其他的引擎分析儀之取樣速度快 47000 倍以上。
3. 高取樣速度讓 DSO 可以極精確、詳實地顯示輸入、輸出元件之狀況。不僅如此，也可以顯現出元件(或線路)的雜訊或間歇性毛病。
4. 雖非同步型示波器，但快速的取樣速度也讓 DSO 能將各型感知器及作動器的作用情形以圖形完整顯現。
5. 一些DSO已能呈現雙軌跡(Dual trace)電壓波形，甚至還有可同時顯示 6 軌的示波器(如 Simu-Tech)。
6. 依示波器內所含記憶體大小，可貯存大量的波形記錄，對於分析電路助益甚大。
7. 波形經數位化處理再顯示出數值大小，故解析度高。

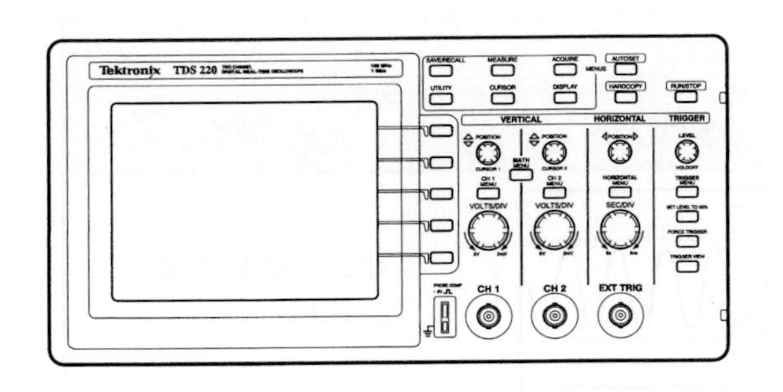


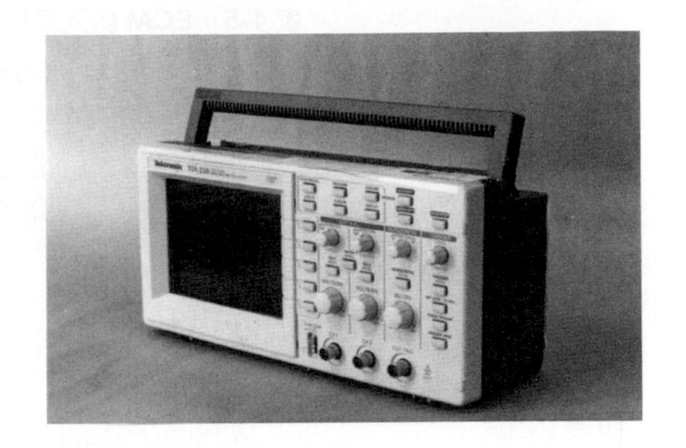

4-64　DSO面板圖示及實物(Tektronix)

## 4-5 汽車上常見之波形

汽車在進入電子電腦化之後，車用電腦成了處理各個電路系統的主角。**車用電腦(ECM、ECU、PCM、CPU)事實上也是一種電子元件，它只看得懂三種不同的電壓訊號：**

1. **直流電壓(DCV)，**
2. **交流電壓(ACV)，和**
3. **頻率(Hz)**

因此，ECM的輸入訊號與輸出訊號也必然離不開上述的三種型式。

ECM接受來自各種不同感知器的輸入訊號，經過轉換處理、貯存、計算比對之後，再轉換輸出至各個作動器去動作。表4-5爲ECM常見的輸入元件及輸出元件實例的典型波形分類表。我們特別以「類比式」訊號和「數位式」訊號來作分類，有趣的是：在ECM的輸入元件中，大部分屬於「類比式」；反之，ECM的輸出元件裡，則多以「數位式」訊號爲主。藉由對各元件之典型波形的熟悉，在實際擷取了波形後，便可以進行較具效率的分析工作。在此同時，我們也一起對照看看一些實際列印出的波形，如圖4-65，圖4-66所示。

表 4-5　ECM 輸入及輸出元件典型電壓波形分類表

(a)輸入元件

| 輸入元件(感知器) | | | | |
|---|---|---|---|---|
| 型式 | 感測功用 | 元件實例 | 典型波形 | 說明 |
| 類比式 | 轉速 | 線圈式RPM感知器、輪速感知器(ABS 用) | 3V<br>0V<br>3V | 類比式脈動交流<br>(Analog AC) |
| | 流量 | 流量板式MAF、熱線式MAF | 5V(some use 0-7Vrange)<br>Closed<br>WOT<br>0V · Voltoge sweep may be inverted | 類比式直流<br>(Analog DC) |
| | 負荷 | 電位計式 TPS | 5V<br>WOT<br>Closed<br>0V | 類比式直流<br>(Analog DC) |
| | 溫度 | CTS、IAT | 5V<br>Cold<br>Hot<br>0V | 類比式直流<br>(Analog DC) |
| | 排放廢氣 | $O_2$感知器 | 1V<br>0V | 類比式脈動直流<br>(Pulsating DC) |
| | 位置 | 線圈式CMP、CKP、TDC 位置感知器 | +5V<br>0V<br>−5V | 類比式脈動交流<br>(Analog AC) |
| | 壓力 | MAP | 5V<br>0°Hg<br>20°Hg<br>0V | 類比式直流<br>(Analog DC) |

表 4-5　ECM 輸入及輸出元件典型電壓波形分類表 (續)

(a)輸入元件

| 輸入元件(感知器) | | | | |
|---|---|---|---|---|
| 型式 | 感測功用 | 元件實例 | 典型波形 | 說明 |
| 數位式 | 轉速 | 霍爾效應式RPM感知器、VSS(變速箱用) | 5V<br>0V | 變頻直流方波 (Frequency DC) |
| | 流量 | 卡門渦流式 MAF | 5V<br>0V | 脈波寬度調變直流 (PWM DC) |
| | 負荷 | N/A | | |
| | 溫度 | N/A | | |
| | 排放廢氣 | N/A | | |
| | 位置 | 霍爾效應式 CKP | 5V<br>0V<br>5V<br>0V | 變頻直流方波 (Frequency DC) |
| | 壓力 | 數位式 MAP | 5V<br>0V | 變頻直流方波 (Frequency DC) |

表 4-5　ECM 輸入及輸出元件典型電壓波形分類表
(b)輸出元件

| 輸出元件(作動器) | | | | |
|---|---|---|---|---|
| 型式 | 類別 | 元件實例 | 典型波形 | 說明 |
| 類比式 | 繼電器 | N/A | | |
| | 電磁閥(流量控制) | EGR 調節器電磁閥 | 12V 0V | 變頻脈動直流(Pulsating DC) |
| | | EGR 閥位置感知器 | 5V 0V | 類比式直流(Analog DC) |
| | 定速馬達 | 鼓風機、風扇馬達 | +1V 0V −1V | 類比式交流(Analog AC) |
| 數位式 | 電晶體開關 | 電子點火器 | 12V 0V | 變頻直流方波(Frequency DC) |
| | 電磁閥(流量控制) | IAC 控制閥 | 12V 0V | 定頻脈動交流(Frequency DC) |
| | | EGR 控制電磁閥 | 12V 0V | 脈波寬度調變直流方波(PWM DC) |

表 4-5 ECM 輸入及輸出元件典型電壓波形分類表（續）
(b)輸出元件

| 輸出元件(作動器) | | | | |
|---|---|---|---|---|
| 型式 | 類別 | 元件實例 | 典型波形 | 說明 |
| 數位式 | 電磁閥(流量控制) | EGR 電磁閥 | 12V Off On 0V | ON/OFF 切換直流(Switched DC) |
| | | 活性碳罐電磁閥 | 12V 0V | ON/OFF 切換直流(Switched DC) |
| | | 渦輪增壓器控制電磁閥 | 12V Off 0V On | 脈波寬度調變直流(PWM DC) |
| | | 噴油嘴 | 12V 0V | 脈波寬度調變直流(PWM DC) |
| | 變速馬達 | Duty Cycle 式 IAC 控制閥 | 12V 0V | 脈波寬度調變直流(PWM DC) |
| | | 步進式 IAC 控制閥 | 12V 0V 12V 0V | 直流脈波(Pulse) |

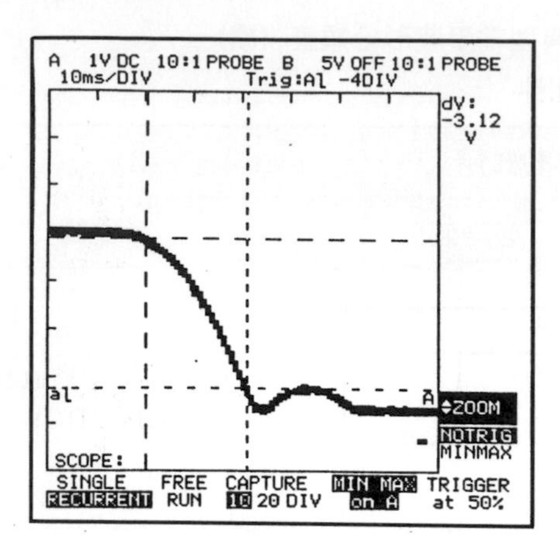


(a) 電位計式 TPS

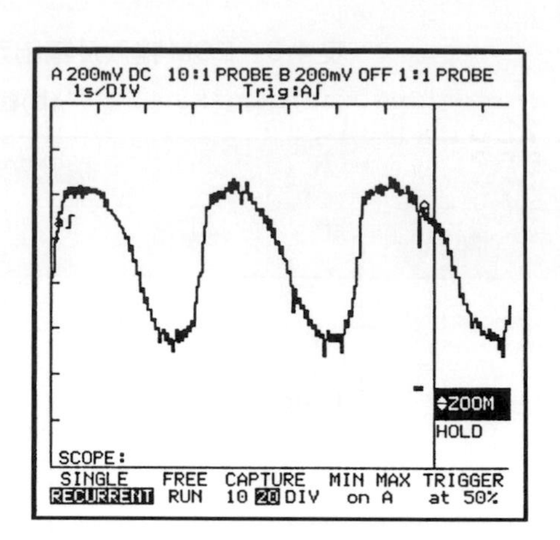


(b) $O_2$ 感知器在怠速時

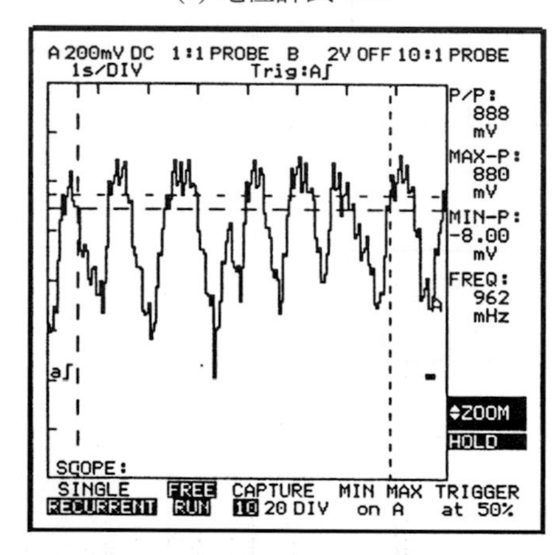


(c) $O_2$ 感知器在 2500RPM 時 10 秒內至少回饋修正 6 次以上

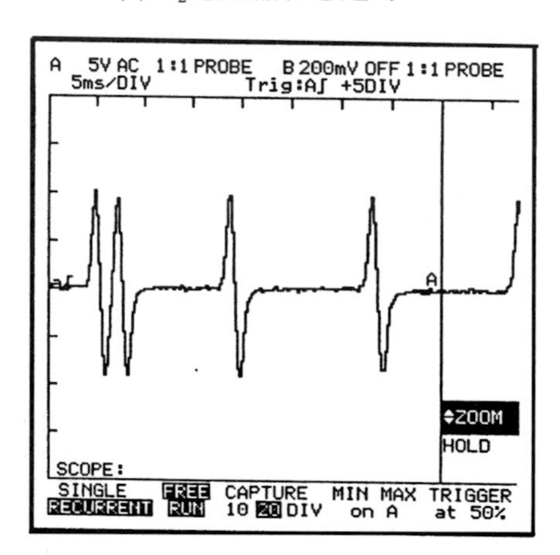


(d) 拾波線圈式車速感知器

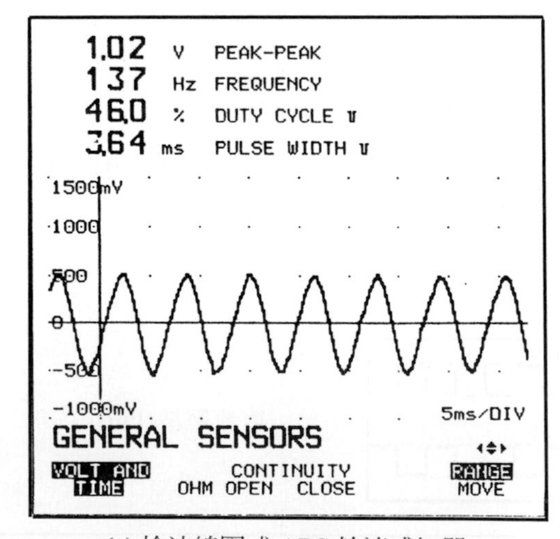


(e) 拾波線圈式 ABS 輪速感知器

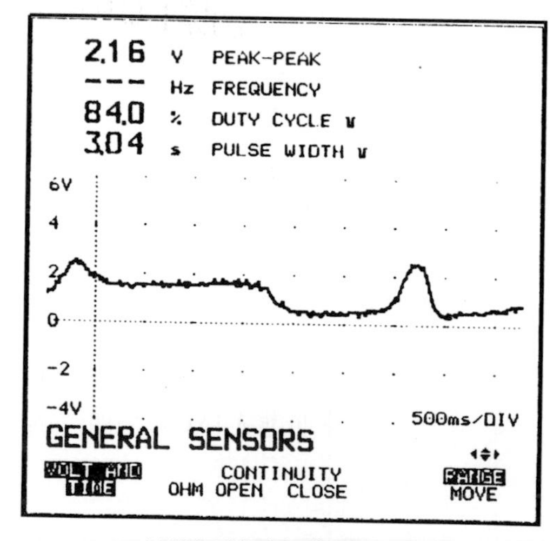


(f) 歧管絕對壓力感知器(MAP)

圖 4-65 輸入感知器訊號波形

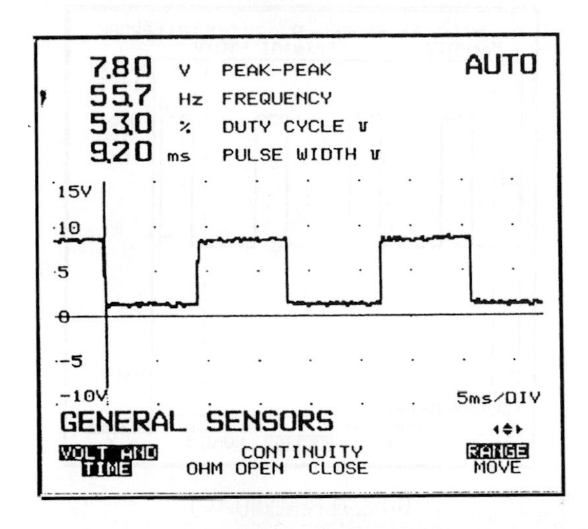


(g) 霍爾效應式車速感知器

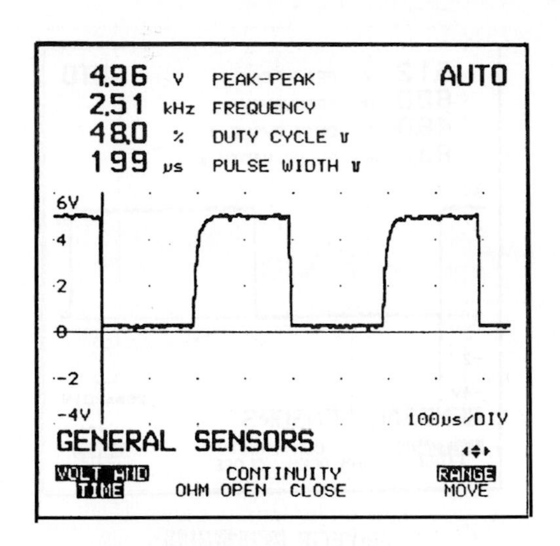


(h) 卡門渦流式 MAF

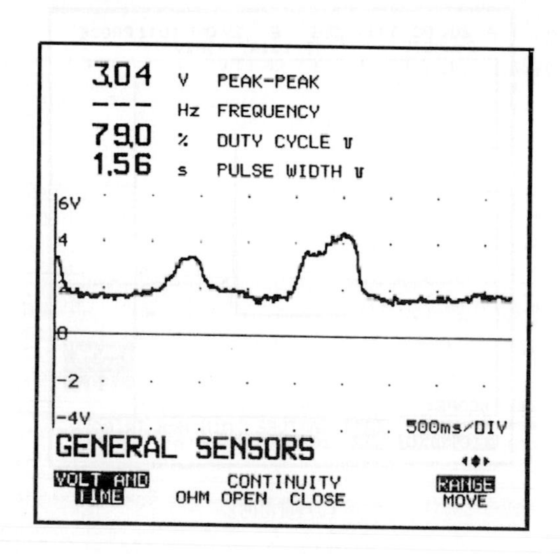


(i) 熱線式 MAF

圖 4-65　輸入感知器訊號波形 (續)

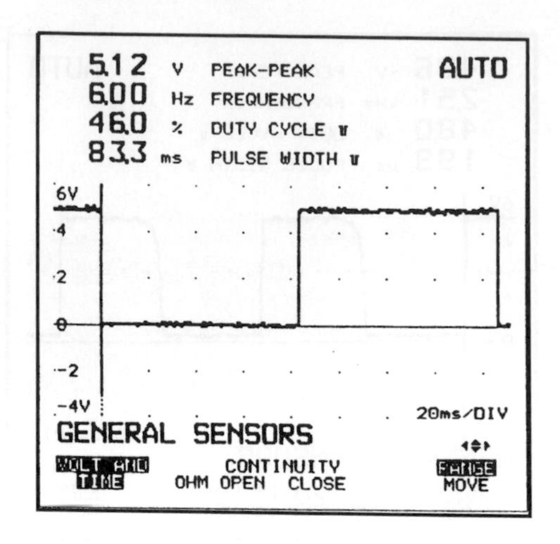


(a) EGR 控制電磁閥

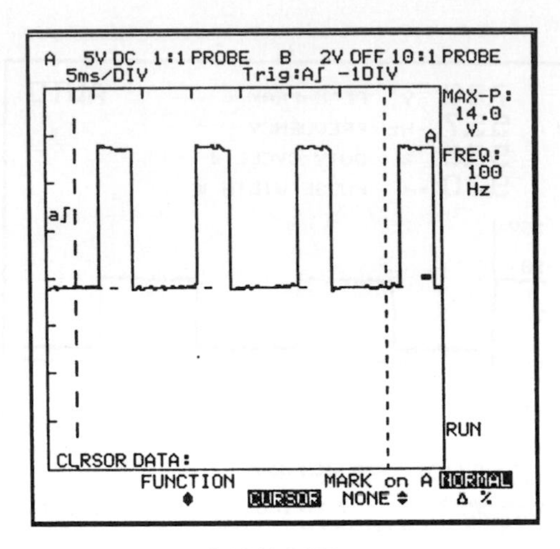


(b) 怠速控制閥(IAC)

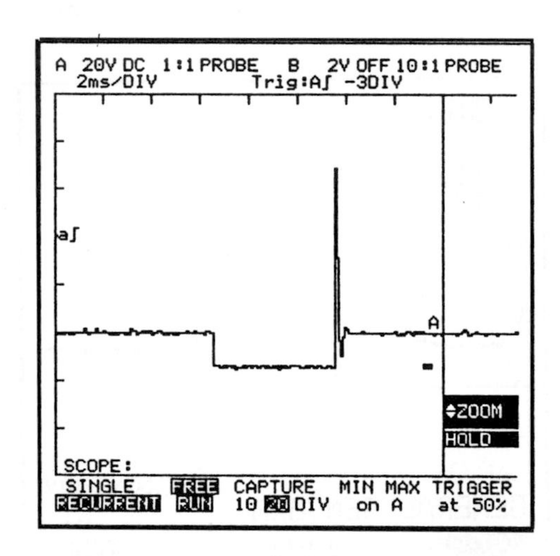


(c) 噴油咀

圖 4-66 輸出元件訊號波形

# 第四章 習題

## A. 選擇部份：

### 4-1 直流波與交流波

( ) 1. 要分析元件的波形，應使用什麼儀器？ (A)三用電錶 (B)數位式電錶 (C)掌上型掃描器 (D)示波器。

( ) 2. 嚴格來說，汽車發電機所輸出的電是： (A)純直流電 (B)脈動直流電 (C)脈動交流電 (D)以上皆非。

( ) 3. 含氧感知器所送出的電壓波形屬於： (A)交流波 (B)數位方波 (C)三角波 (D)脈動直流波。

( ) 4. 某一波形在示波器的橫座標上，顯示波峰至波峰的距離為 10ms，則其： (A)週期為 0.1 秒 (B)頻率為 100Hz (C)振幅為 10 微秒 (D)波長為 0.1 秒。

( ) 5. 脈動直流與交流波形有何異同？ (A)兩者都在 0V 上下波動 (B)前者波形很似交流波形 (C)交流波便是指正弦波而言 (D)前者波形的極性隨頻率而變。

( ) 6. 拾波線圈的輸出訊號多屬於： (A)直流三角波 (B)數位方波 (C)交流正弦波 (D)交流鋸齒波。

( ) 7. 若拾波線圈輸出波形的振幅略低於規範值時，常表示元件內部： (A)搭鐵 (B)斷路 (C)短路 (D)電阻太大。

( ) 8. 電力公司所提供之市電 110V，是指： (A)等效直流電 (B)正弦交流電最大值 (C)正弦交流電平均值 (D)正弦交流電有效值。

( ) 9. 以三用電錶量測交流電，電錶所顯示的數值為交流電的： (A)平均值 (B)有效值 (C)最大值 (D)峰對峰值。

( )10. 汽車上常見的交流波形是： (A)輪速感知器 (B)曲軸位置感知器 (C)爆震感知器 (D)以上皆是。

( )11. 某正弦波的 $V_{P-P}$ 為 220V，則其有效值是： (A)70.7V (B)77.8V (C)110V (D)155.6V。

## 4-2 方波與脈波

( )12. 下列對方波的敘述，何者爲非？ (A)屬於一種複合波 (B)一週期內，正負半波時間相等 (C)方波訊號宜用數位電錶來量測 (D)工作週期爲 50％，與振盪頻率無關。。

( )13. 脈波： (A)爲定頻式訊號 (B)工作週期爲 40％ (C)常應用在數位電路中 (D)較常採用的是寬幅波。

( )14. 脈波的工作週期愈大者， (A)消耗功率愈大 (B)脈波寬度愈大 (C)頻率愈低 (D)以上皆對。

( )15. 採用搭鐵端控制者，其脈波 ON-time 的位置在： (A)上 (B)下 (C)零線以下 (D)都可以。

( )16. 汽車上 EGR 電磁閥大多採用何種 PWM 型式做控制？ (A)固定頻率型 (B)變頻固定工作週期型 (C)變頻可變工作週期型 (D)固定工作週期式。

( )17. 噴油嘴所採用的調變法爲： (A)固定頻率型 (B)變頻可變工作週期型 (C)變頻固定工作週期型 (D)固定工作週期式。

( )18. 某一脈波訊號，頻率 200Hz，ON-time/OFF-time：1ms/4ms，則其工作週期爲： (A)10％ (B)20％ (C)25％ (D)35％。

( )19. 同上題，若頻率增爲 350Hz，欲使ON-time時間維持在 1ms，則其工作週期會調整成： (A)10％ (B)20％ (C)25％ (D)35％。

( )20. 變頻固定工作週期型的輸出波形，當頻率變慢時： (A)工作週期也變小 (B)ON-time 時間增長 (C)ON-time 時間縮短 (D)ON-time 時間不變。

( )21. 一般所謂的電子“訊號”多指： (A)電流 (B)電壓 (C)電功率 (D)電感 而言。

( )22. 未來汽車走向多工化之後，大部份元件的輸出入訊號都爲： (A)類比 (B)數位 (C)低頻 (D)電流 訊號。

## 4-3 三角波與鋸齒波

( )23. 測量三角波的最佳儀器爲： (A)指針式電錶 (B)數位三用電錶 (C)示波器 (D)頻譜分析儀。

( )24. 鋸齒波產生電路常應用在： (A)示波器 (B)電視影像還原 (C)雷達掃描 (D)以上皆是。

( )25. 三角波電壓的有效值為： (A)0.577 $V_m$ (B)0.707 $V_m$ (C)1.732 $V_m$ (D)0.707 $V_{rms}$。。

4-4 示波器

( )26. 下列何者非影響電波訊號的因素？ (A)頻率 (B)振幅 (C)時間 (D)座標寬度。

( )27. 數位式電錶不能獲得電壓訊號的： (A)平均值 (B)峰值 (C)有效值 (D)以上皆非。

( )28. 儀器FLUKE 98 應屬於： (A)數位儲存式示波器 (B)類比式示波器 (C)掃描器 (D)掌上型數位電錶。

( )29. GM、OPEL 及 SAAB 車系所使用的儀器 TECH2 應屬於： (A)數位儲存式示波器 (B)類比式示波器 (C)掃描器 (D)掌上型數位電錶。

( )30. 當CRT內的偏向板未施以電壓時，電子束會呈相在螢光幕的： (A)左側 (B)右側 (C)中央 (D)上端。

( )31. 何者需要延遲線電路？ (A)垂直放大器 (B)水平放大器 (C)兩者皆需要 (D)都不需要。

( )32. 垂直放大器電路主要目的在： (A)掃描出一條垂直線 (B)產生垂直振盪波 (C)產生鋸齒波 (D)控制水平偏向板。

( )33. 通常，螢光幕上的時基線單位多為： (A)距離 (B)電壓 (C)轉速 (D)時間 單位。

( )34. 汽車實務檢修中常用的觸發方式為： (A)INT (B)EXT (C)LINE (D)GND。

( )35. 示波器常用的探棒衰減量為： (A)×1 (B)×10 (C)×100 (D)×1K。

( )36. 測量低頻訊號時，宜採用何種衰減量之探棒？ (A)×1 (B)×10 (C)×100 (D)×1K。

( )37. 下列何者非數位儲存式示波器的特點？ (A)屬於同步式示波器 (B)訊號須轉換為數位訊號 (C)以類比電壓訊號推動CRT (D)體積較小。

(　)38. DSO的取樣率愈高，則：　(A)頻寬愈大　(B)失真愈低　(C)重現率愈高　(D)速度較快。

(　)39. 汽車用 DSO 的取樣率通常約在：　(A)1 MS/s　(B)25 MS/s　(C)1 GS/s　(D)5 GS/s。

(　)40. 示波器的頻寬越大，則：　(A)失真越大　(B)失真越低　(C)與失真無關　(D)取樣速度越高。

4-5 汽車上常見之波形

(　)41. 汽車上大部份的輸入元件，其訊號都屬：　(A)類比式　(B)數位式　(C)頻率式　(D)電流式。

(　)42. 霍爾效應式 CKP 的輸出波形屬於：　(A)類比式交流　(B)脈動直流　(C)變頻數位方波　(D)PWM 脈波。

(　)43. TPS 的輸出波形在"WOT"位置時的電壓爲：　(A)0V　(B)1V　(C)2.5V　(D)5V。

(　)44. 線圈式VSS的輸出波形屬於：　(A)類比式交流　(B)脈動直流(C)變頻直流方波　(D)變頻數位脈波。

(　)45. 步進式怠速馬達的控制訊號屬於：　(A)定頻直流方波　(B)直流脈波　(C)脈動直流　(D)切換直流　電壓訊號。

(　)46. 水溫感知器所送出的訊號是：　(A)變頻數位方波　(B)脈動交流波　(C)類比直流波　(D)類比脈動直流波。

(　)47. 卡門渦流式 MAF 的輸出訊號爲：　(A)固定工作週期式　(B)固定頻率式　(C)變頻數位方波　(D)變頻數位脈波。

## B. 簡答及繪圖部份：

4-1 直流波與交流波

1. 請爲直流與交流各下一定義。
2. 如何區別脈動直流與交流波形？
3. 分析車上電子元件的波形時，要觀察哪些要素？
4. 何謂交流電的有效值？與峰值電壓的關係爲何？

### 4-2 方波與脈波

5. 請簡述方波與脈波的異同處。
6. 何謂脈波的工作週期，試繪圖說明之。
7. 電源端控制與搭鐵端控制有什麼不同？
8. 何謂“脈波寬度調變法”？常應用於何處？
9. PWM 控制有哪幾種型式？請寫出他們的不同點。
10. 試繪圖說明類比與數位波形的不同點。
11. 請列舉出汽車上會輸出類比與數位波形的元件。(各 4 項)

### 4-3 三角波與鋸齒波

12. 繪圖說明三角波與鋸齒波的異同處。

### 4-4 示波器

13. 請寫出影響電波訊號的因素(5 項)。
14. 示波器可以用來檢測哪些電路上的問題？
15. 汽車上所使用的示波器可分成幾類？試說明之。
16. 請列出示波器的優點(3 項)。
17. 繪圖說明示波器包含哪三部份，並簡述其功能。
18. 請比較 INT、EXT 及 LINE 三種觸發源的異同處。
19. 何謂“主動式探棒”？有何優點？
20. 何謂“DSO”？有哪些優點？
21. 如果您要選購一款適合於車用的 DSO，請列出必備的規格條件(5 項)。

### 4-5 汽車上常見之波形

22. 請列舉汽車上的類比式輸入、輸出波形各 2 個。
23. 請列舉汽車上的數位式輸入、輸出波形各 2 個。

# 5 半導體原理

在第二章裡曾經爲讀者們介紹過原子的結構，而在原子最外層軌道的電子，我們稱之爲「價電子」(Valence electron)。價電子的數目可以決定該元素穩定性的程度：價電子數目在“半滿”以下者，價電子極易脫離原子核的束縛，形成自由電子(free electron)，使該元素能成爲導體。例如：金(79)、銀(47)、銅(29)及鋁(13)等。反之，價電子數目超過“半滿”者，自由電子稀少，無法形成電子流，使該元素成爲絕緣體。絕緣體的價電子數多爲8。

以價電子數目來說，第2到第6電子層的價電子數最多爲8個，“半滿”即是4個。當原子擁有4個價電子時，該元素既非導體，亦非絕緣體，而是介於兩者之間，我們稱作**半導體** (semiconductor)。較具代表性的純半導體 (pure semiconductor)材料有矽(14)、鍺(32)及碳(6)等，而常見的複合半導體材料則有砷化鎵。

半導體材料以傳統電子學角度來看，似乎無用，但是自1950年代開始了半導體材料的應用後，固態(solid)電子幾已成爲電子學的主流。這類電子元件在藉由改變外加給原子的能量(如熱、電壓等)時，其導電特性便在絕緣體和導體之間轉變，爲20世紀中葉以降的半導體電子工業提供了重要的房角石。

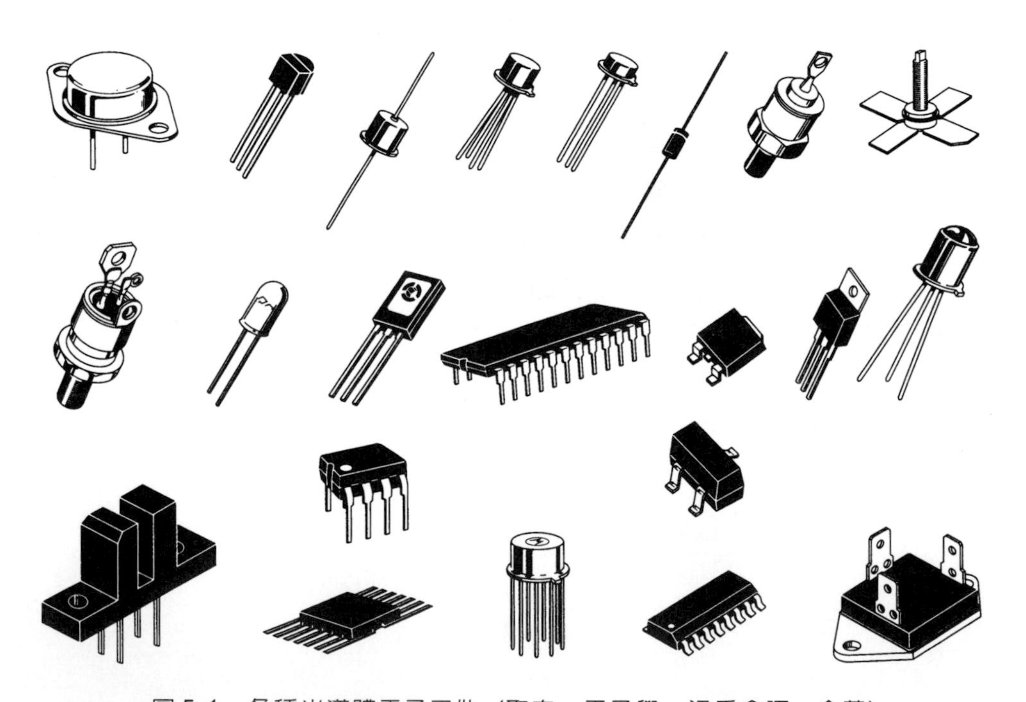

圖 5-1　各種半導體電子元件 (取自：電子學，梁季倉譯，全華)

# 5-1 雙極接面

半導體產品中大致可分為兩大類：

1. 雙極性(bipolar)元件：

   同時利用電子與電洞兩種不同極性粒子的運動而工作。例如：二極體、*NPN*型或*PNP*型電晶體以及數位元件中的 TTL 等。

2. 單極性(unipolar)元件：

   只利用一種載子(電子或電洞)來工作。例如單一*P*型或*N*型物質元件、碳膜電阻以及 FET、數位元件中的 CMOS、CCD 等皆是。

本書第 9-1 節將描述關於積體電路(IC)的製造，IC 即是把許多的半導體元件，如二極體、電阻、電晶體等集合在一小塊晶片(chip)上，如圖 5-2 所示。

積體電路內所使用的半導體元件可以是雙極性或單極性，雙極性IC屬舊型，但卻被廣泛採用，優點為反應速率較快，然而缺點為體積大且較消耗功率；單極性 IC 則具有體積小、低耗能等優點，已漸成 IC 主流。

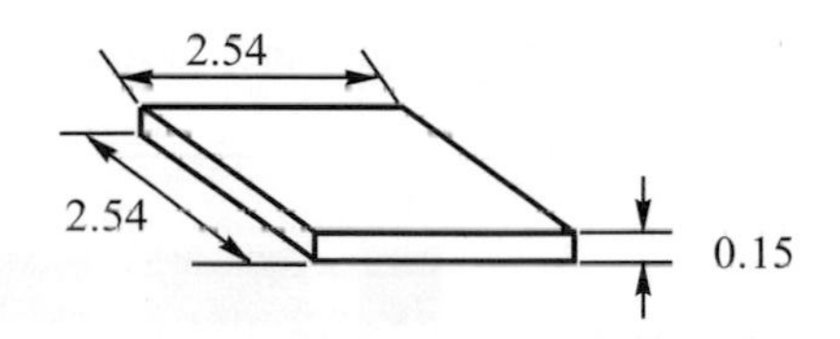


圖 5-2　含有各種半導體元件的小晶片(單位：mm)

## 5-1-1 純質半導體

所謂純質半導體(pure semiconductor)是指未加任何雜質的純淨半導體。在大自然中，純質的矽(Si)和鍺(Ge)均呈晶體(crystal)結構，兩者都為 4 價元素，亦即每一個原子的最外層都有 4 個價電子（註）。如圖 5-3 所示，每個矽原子與其

註：除卻$O_2$以外，矽為地球上含量第二豐富的元素，約佔地表的 25％。矽大多與其他元素化合，許多岩石、砂、石英中都有二氧化矽($SiO_2$)的成份。

相鄰4個矽原子共用價電子，而形成穩固的8個價電子數。這種由原子共用價電子，互相鍵結而形成晶體的結構，稱為「共價鍵」(convalent bond)或共價結合，如圖5-4所示。

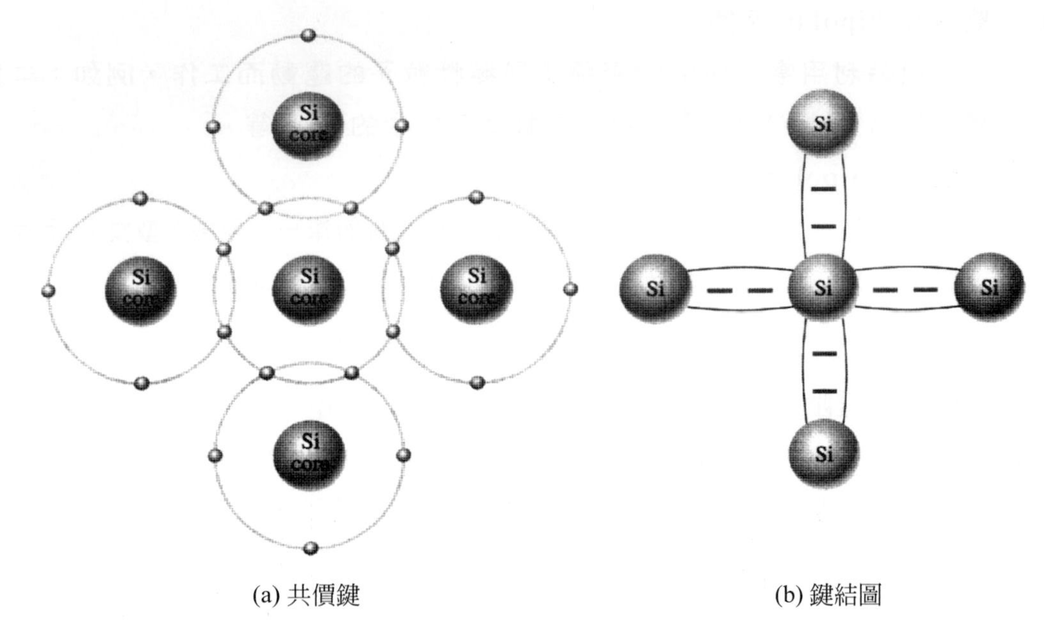


(a) 共價鍵　　(b) 鍵結圖

圖 5-3　矽原子共價鍵 (取自：電子學，梁季倉等譯，全華)

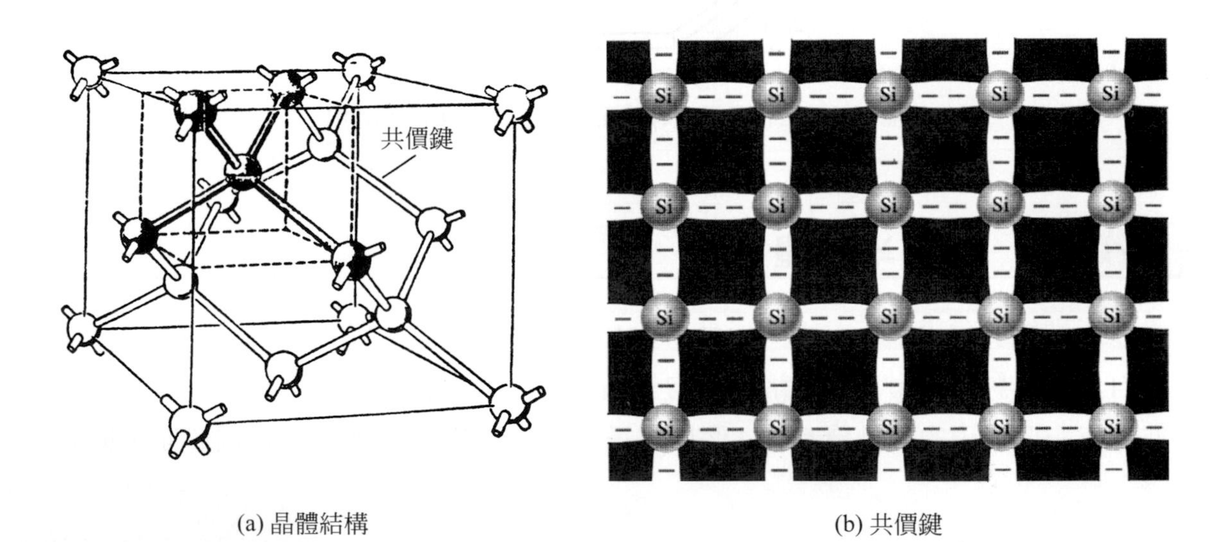


(a) 晶體結構　　(b) 共價鍵

圖 5-4　矽晶體的共價鍵結構

當單一元素物質中的原子結合成爲一固體(solid)時，它們會排列成具有一定規則的三度空間結構，此即本節一開始提到的「晶體」。在晶體結構內，原子間彼此互有作用力使它們能結合在一起。原子結合成晶體時，物質內便具有能帶(energy bands)，如圖 5-5 所示。

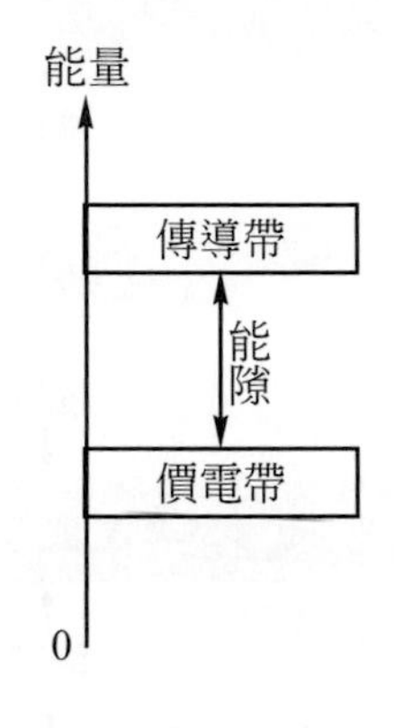


圖 5-5　原子的能帶圖

能帶分爲三個部份：

1. 傳導帶(conduction band)：物質中電子能夠自由移動的能階範圍，此區域的電子稱作自由電子。
2. 價電帶(valence band)：價電子所在的能階範圍。價電帶內存有共價晶體結構之價電子能量，但卻不能自由移動。惟由外部施以足夠的額外能量激發時，就可變成自由電子，而存在於「傳導帶」。
3. 能隙(energy gap)：介於傳導帶與價電帶之間的能量區間。它是價電子(在價電帶)要變成自由電子(在傳導帶)所需的最小能量。

電子一旦到達傳導帶後，就可以自由漂移，不受任何原子的束縛，如圖 5-6 所示爲尚未被激發的矽原子能帶圖，其中傳導帶並無電子存在。

室溫(25℃)下的純矽晶體會自外界獲致熱能，使一些價電子由價電帶跳進傳導帶，變成不受束縛的自由電子。同時，價電子還在其原來的價電帶上留出了空位，此空位就叫作「電洞」(hole)。這個空位與原來電子間的關係稱爲「電子–電洞對」(electron-hole pair)，若在傳導帶的電子失去能量，便會重回價電帶並與電洞再結合，如圖 5-7 所示。

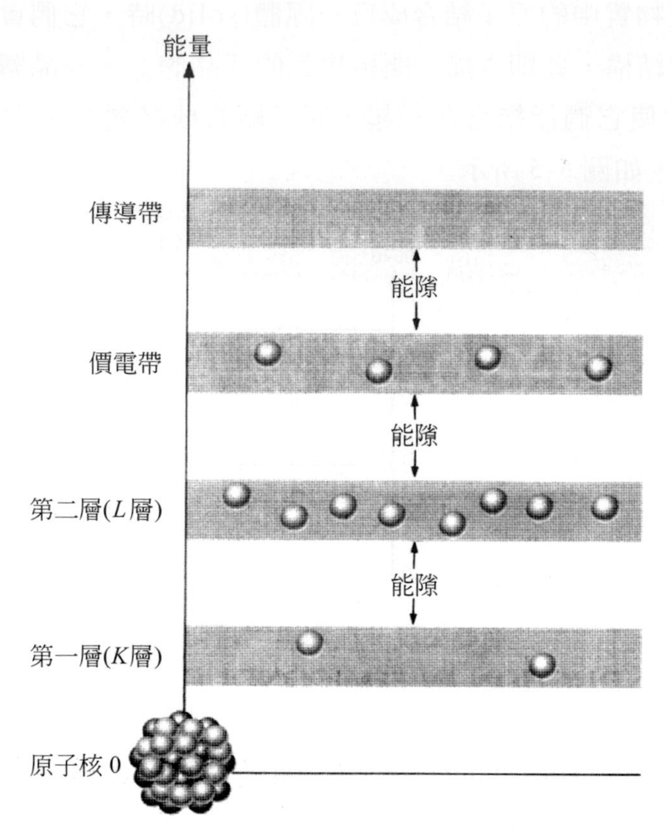


圖 5-6　尚未被激發的矽原子能帶圖（取自：同圖 5-3）

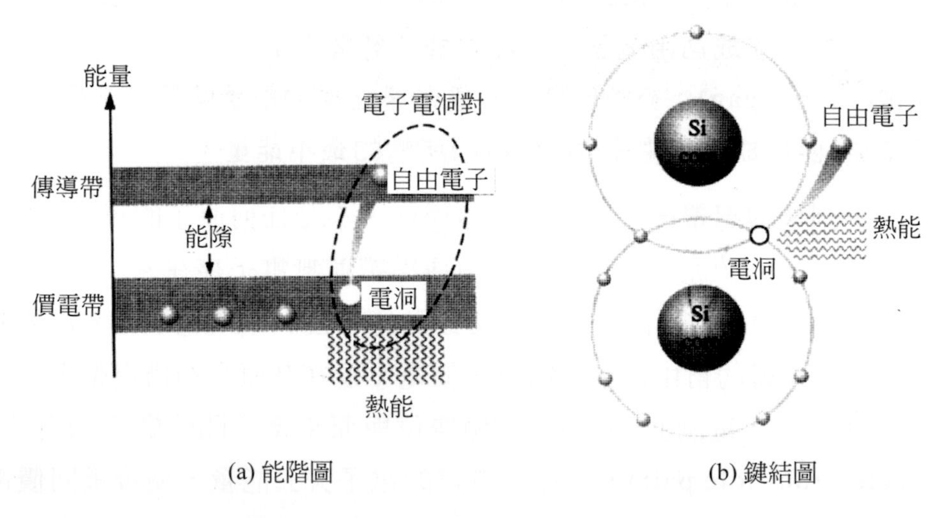


(a) 能階圖　　(b) 鍵結圖

圖 5-7　電子–電洞對（取自：同圖 5-3）

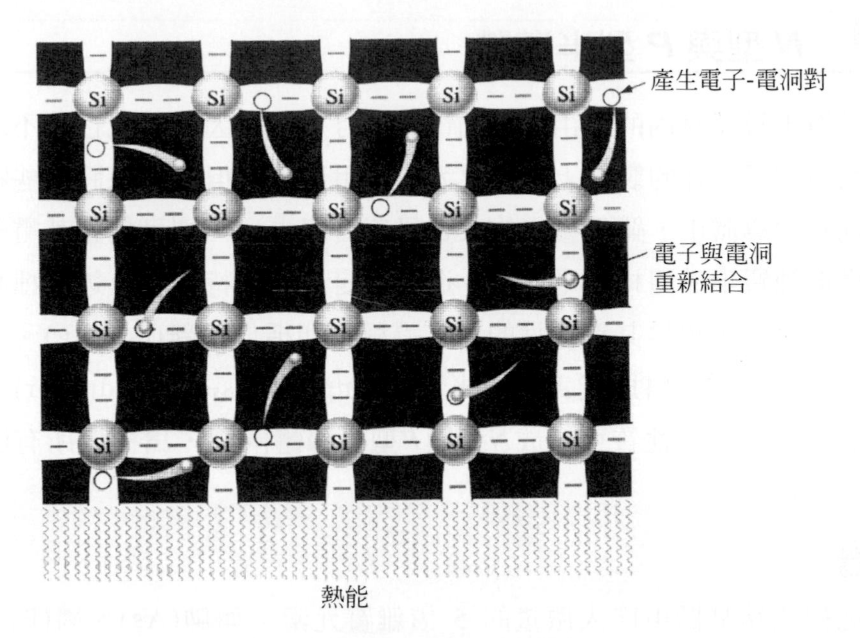


(c) 電子-電洞對的結合

圖 5-7　電子–電洞對 (取自：同圖 5-3) (續)

若對矽晶體加上電壓，則傳導帶的電子便會被吸引到正極端，此自由電子的移動方式是半導體材料內的一種電流，稱爲**電子流**，如圖 5-8 所示。

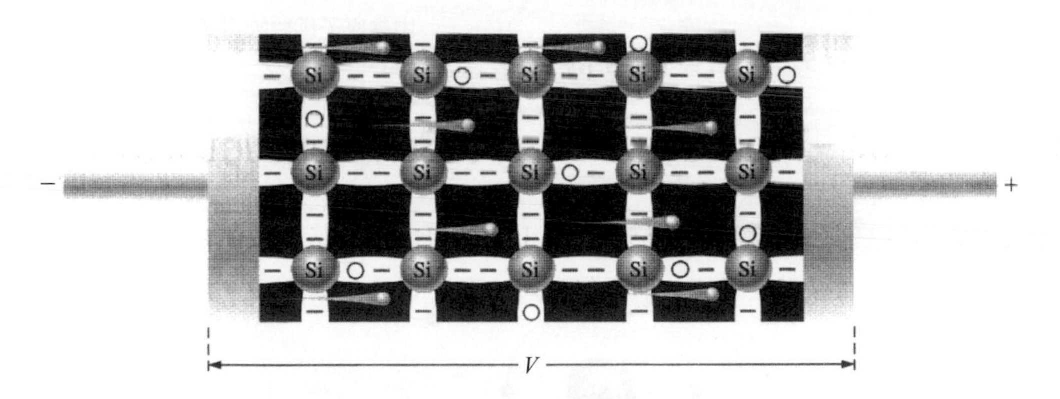


圖 5-8　半導體內的電子流 (取自：同圖 5-3)

## 5-1-2　*N* 型與 *P* 型半導體

由於純質半導體材內的自由電子和電洞數目有限，因此導電性並不理想，使得純矽或鍺在電子元件的製造上沒有很大的使用價值。但是如果將某些特定的雜質加入到純質半導體中，雖然摻入的雜質只有百萬之一，卻可調整其電子和電洞的數目，降低純質半導體材的電阻值，進而改變其導電特性。上述這種將特定雜質摻入純半導體材，提昇其導電性的製造過程，即稱作**摻雜**(doping)。凡是經過摻雜處理後的半導體材料即稱爲**雜質半導體**(impurity semiconductor)。常用的雜質半導體依摻雜後的性質可分成***N*型與*P*型半導體**兩類，爲構成所有固態電子元件的主要成份。

### *N* 型半導體

若在純矽或鍺晶體中摻入微量的 5 價雜質元素，如砷(As)、磷(P)、銻(Sb)等，即形成*N*型半導體材料。如圖 5-9 所示，每個 5 價的銻原子與 4 個鄰近的矽原子形成共價結合，銻有 4 個價電子提供共價鍵用，而多出的一個便成了自由電子，可任意在矽晶體中活動，增加導電性。

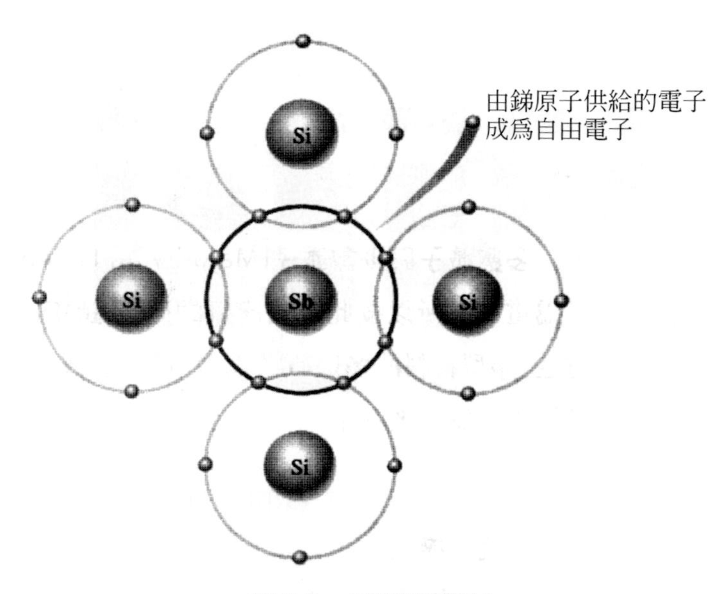


圖 5-9　*N*型半導體材

*N*型半導體的“*N*”代表此半導體內的多數載子(carrier)爲電子的負電荷(Negative)。而*N*型半導體內的少數載子則爲帶正電荷的“電洞”。

### *P*型半導體

若在純矽或鍺晶體內添加微量的 3 價雜質元素，如鋁(Al)、硼(B)、鎵(Ga)等，即形成*P*型半導體材料。如圖 5-10 所示，每個 3 價的硼原子與 4 個矽原子形成共價鍵，硼的 3 個價電子全用於共價鍵，但仍缺一個電子，因而出現一個電洞，會吸引一個電子。

藉改變雜質元素的摻雜量(一般約$10^8$：1)，可改變電洞(或自由電子)的數目，進而改變半導體材的導電性。*P*型半導體的“*P*”代表此半導體內的多數載子爲電洞的正電性(Positive)。*P*型半導體內的少數載子爲電子。

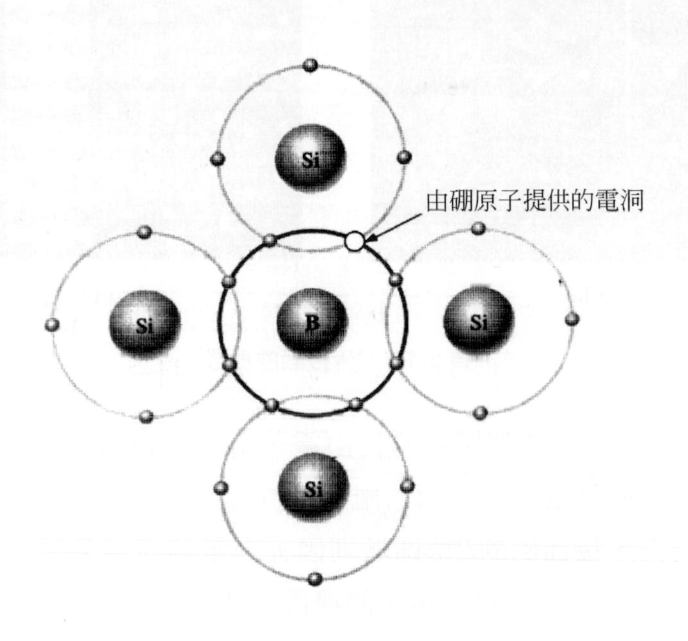


圖 5-10　*P*型半導體

## 5-1-3　*PN* 接面

室溫下，在*P*型半導體材內部，由摻雜而產生的多數載子是電洞，而由熱效應(參見第 5-1-1 節)所產生的少數載子爲自由電子。*N*型半導體材內則含有多數載子的自由電子與由熱效應產生之少數載子的電洞。儘管如此，兩種半導體材在正常狀態下仍不帶電性，而呈電中性。這是因爲在理論上，原子核中帶正電的質子數目仍然等於在軌道上運轉帶負電的自由電子數目。

如果取一塊純矽材料，將一半摻入 3 價雜質成爲*P*型材料，而在另外一半摻入 5 價雜質，使成爲*N*型材料，於是便在兩區域之間形成*PN*接面(PN junction)。如圖 5-11 所示。在無外加電壓的狀況下，原本*N*型區域內的自由電子漫無方向地漂移，當*PN*接面形成的瞬間，有一些接面附近的電子會擴散到*P*型區域內，並與接面附近的電洞結合。

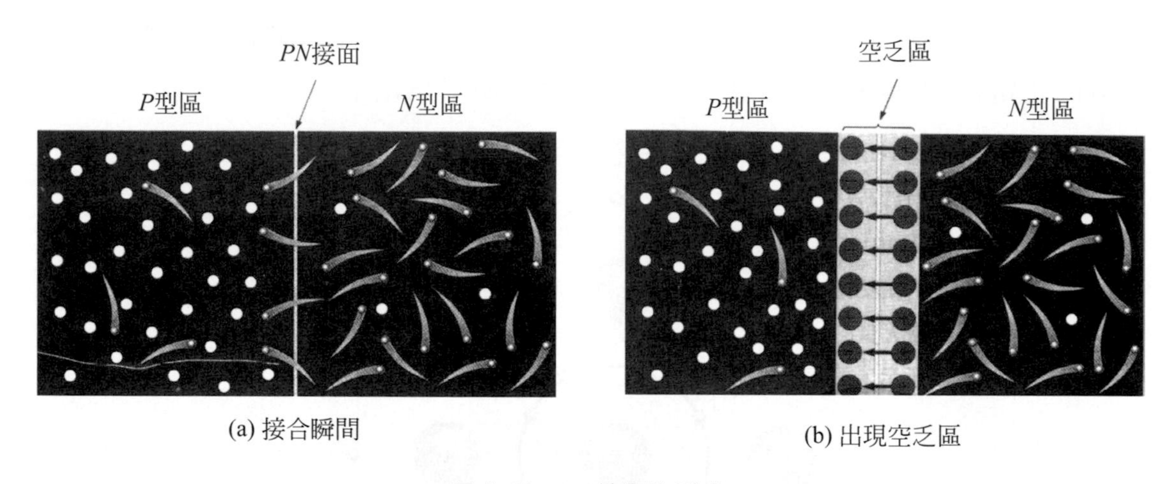


(a) 接合瞬間　　(b) 出現空乏區

圖 5-11　*PN*接面的形成

於是，在靠近接面之*N*型區域的自由電子會因結合而消失，使得接面處的*N*型區域因失去電子而產生帶正電荷的離子；同樣地，在靠近接面之*P*型區域的電洞亦因結合而消失，接面處的*P*型區域則因失去電洞而產生帶負電荷的離子。

因此，在*PN*接面處由於自由電子的擴散，使得靠近接面的*P*型區域因具有負離子而帶負電；在*N*型區域因具有正離子而帶正電，最後，在接面兩邊產生一電位差，此電位差隨電子和電洞的結合數的增加而昇高，並且達到足以阻止電子與電洞繼續擴散爲止。此時，在*PN*接面處形成一平衡狀態。

當*PN*接面呈平衡狀態時，接面附近的區域幾無自由電子和電洞的蹤影，**此缺乏電荷的區域被稱作空乏區**(depletion region)。其義代表因接面附近的擴散作用，使*PN*接面附近幾乎沒有帶電的粒子。

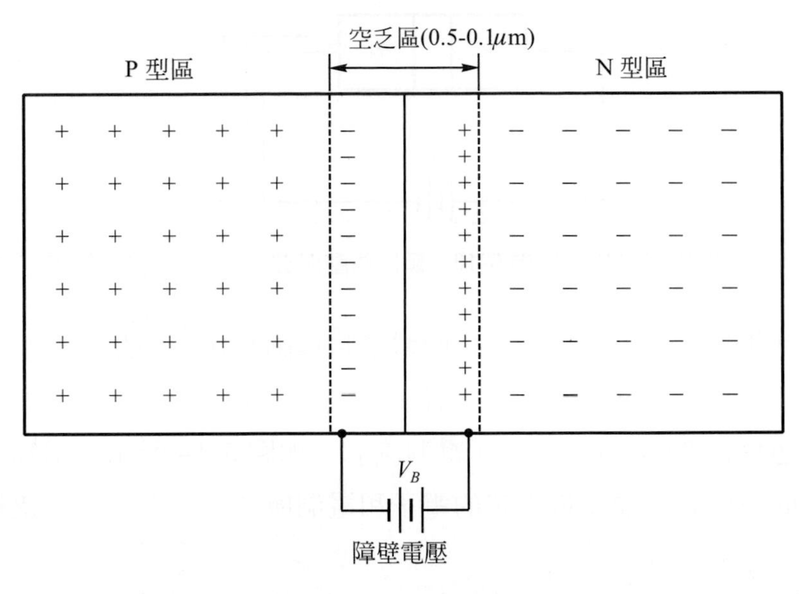


圖 5-12　障壁電壓

如圖 5-12 所示，跨於 $PN$ 接面內側的空乏區，由正、負離子所形成的電位差障礙，則需藉外加的能量才能使自由電子越過，此電位差稱爲**障壁電壓**(barrier potential)。障壁電壓的大小由半導體材料、摻雜量和溫度等因素決定。**室溫(25°C)下，矽的障壁電壓為 0.6～0.7V，鍺的障壁電壓為 0.2～0.3V**，溫度愈高，障壁電壓則愈低。

## 5-1-4　*PN* 接面的偏壓

**偏壓**(bias)是指在 $PN$ 接面上加上適當極性的直流電壓，以設定其工作條件，常又稱作「直流偏壓」。對 $PN$ 接面而言，有兩種偏壓方式：順向偏壓(forward bias)和逆向偏壓(reverse bias)。$PN$ 接面具有讓電流單向導通的特性。

### 順向偏壓

如圖 5-13 所示的接法稱爲**順向偏壓，即電池的正極接到 *P* 型半導體，負極接到 *N* 型半導體**。順向偏壓的第一個基本條件便是讓 $PN$ 接面能有電流通過；第二個條件則是直流偏壓值($V$)必須大於障壁電壓。

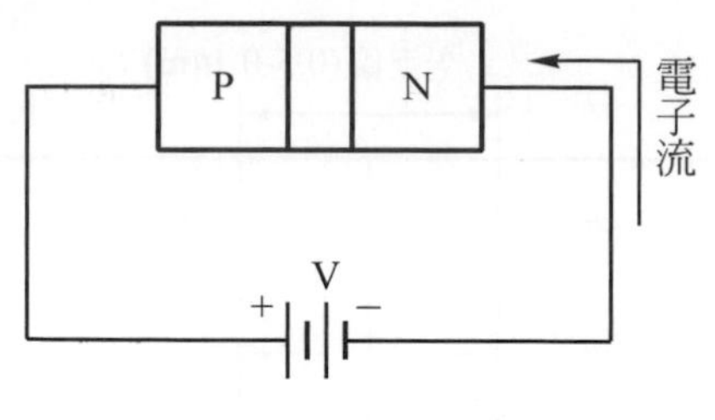


圖 5-13　順向偏壓接法

由於同性相斥，電池負極所提供的電子將推動*N*型區內的自由電子移向*PN*接面，這些電子的流動形成一股「電子流」。另外一邊，*P*型區內的電洞受到電池正極的排斥也移向*PN*接面，形成「電洞流」，如圖 5-14 所示。這種作用情形使得空乏區內的部份正負離子被上述的電子和電洞所“中和”，讓空乏區變窄，障壁電壓降低。

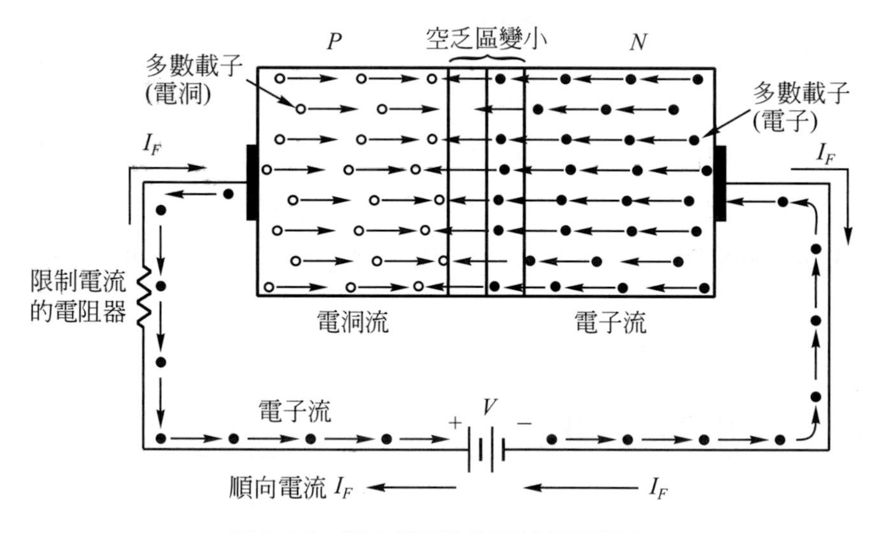


圖 5-14　順向偏壓的電子流和電洞流

順向偏壓降低了空乏區的障壁電壓，使能夠通過空乏區的載子數目增加。電子自*N*型區出發，經過*PN*接面，擴散至*P*型區中，與*P*型區的電洞結合，由於電池不斷地在*P*、*N*兩邊補充多數載子(*P*型區爲電洞，*N*型區爲電子)，所以在*P*型及*N*型區內都保持著大量的多數載子。又電池使通過*PN*接面的載子數目較未加偏壓時多$10^3$～$10^6$倍，故使電流可以通過*PN*半導體，並形成迴路。此時*PN*半導體的功用就和一般的導線效果一樣。

### 逆向偏壓

如圖 5-15 所示，**將電池的正極接到 *N* 型半導體，而將負極接到 *P* 型半導體的接法稱作逆向偏壓**。逆向偏壓的目的在阻止電流通過*PN*接面。

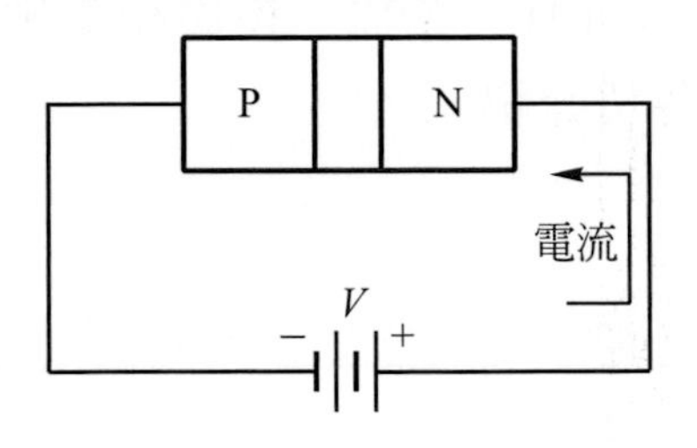


圖 5-15　逆向偏壓接法

由於異性相吸，電池的正極會吸引*N*型區內多數載子的自由電子，使其離開*PN*接面。當自由電子減少，便在*PN*接面處產生出更多的正電荷離子。*P*型區內的電洞情形亦同，當電洞離開*PN*接面時，便也在*PN*接面處產生更多的負電荷離子，於是造成空乏區變寬，並使障壁電壓升高，如圖 5-16 所示。

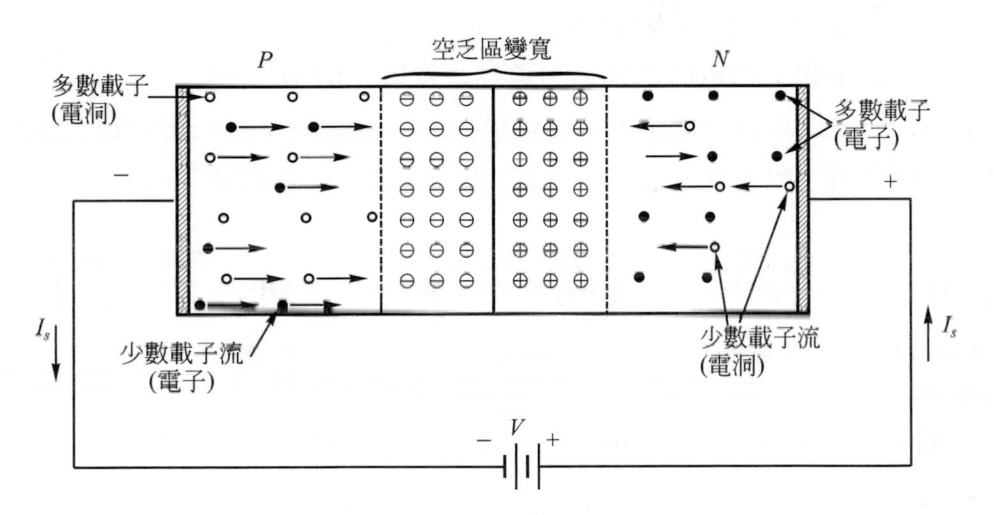


圖 5-16　逆向偏壓時的載子流

逆向偏壓升高了空乏區的障壁電壓，使能夠越過*PN*接面的多數載子大量減少，一直到無多數載子爲止。因此，*PN*半導體內沒有電流流通，但卻仍有極微量的少數載子在流動，此電流稱作**逆向飽和電流**。這時候，*PN*半導體的功能就如同一絕緣體。

綜合上述可知，*PN*半導體的接面特性，使其成爲一具單向導電的元件，亦即施以順向偏壓時會有電流通過；若加以逆向偏壓，則無電流通過。但是當逆向偏壓增加至**逆向崩潰電壓**(reverse breakdown voltage)時，就會產生大量的少數載子，使*PN*接面短路並燒毀元件。整流二極體和雙極性電晶體便是利用此特性製成，我們將在後文中爲各位介紹。

## 5-2 二極體

將*P*型半導體材料與*N*型半導體材料接合在一起，便可成爲*PN*接面二極體，通稱爲**二極體**(diode)，俗稱**整流粒**。二極體依其功能與作用之不同，可分爲下列幾類：

1. 整流二極體：用於低頻整流電路。
2. 檢波二極體：用於高頻檢波電路。
3. 偏壓二極體：用於音響電路。
4. 開關二極體：用於控制電路。
5. 特殊二極體：如稽納二極體、透納二極體、LED…。

本節將僅就汽車電子電路中可能使用到的二極體做介紹，其他的二極體請讀者查閱相關之電子學書籍。圖 5-17 爲各種二極體之代表符號。

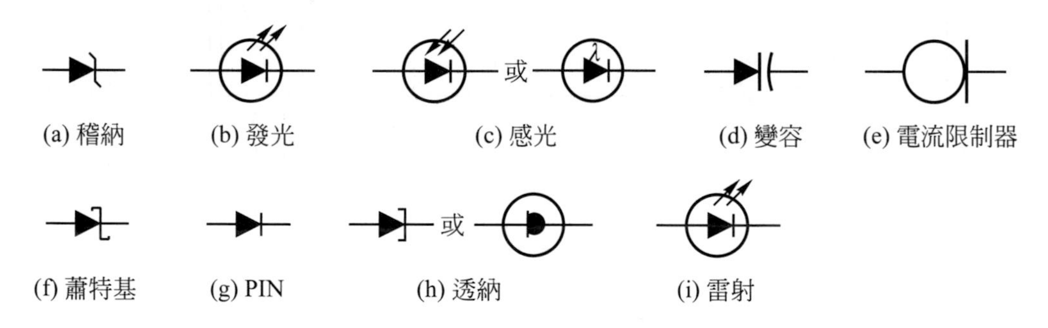


圖 5-17　各種二極體之代表符號

## 5-2-1 整流二極體

二極體的種類繁多，一般常用的二極體稱爲**整流二極體**(rectifying diode)，它是一種單個$PN$接面的電子元件，亦即由$P$型半導體與$N$型半導體所結合而成。整流二極體所採用的工作原理即前節所介紹的$PN$接面之順向偏壓原理。

如圖 5-18 所示，**整流二極體具有兩個電極：**

1. **陽極($A$)：位在$P$型端，具有較高或正的電位。**
2. **陰極($K$)：位在$N$型端，具有較低或負的電位。符號爲有標線之一端。**

二極體具有順向電流導通，逆向電流截止的單向導通特性，如圖 5-19 所示。箭頭所指爲傳統習用之電流方向(與電子流方向相反)。整流二極體主要作爲整流和檢波之用。

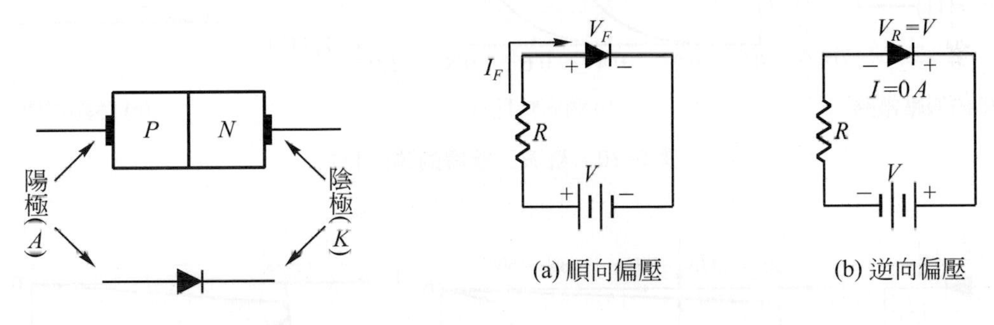


圖 5-18　整流二極體的符號

圖 5-19　二極體的順向和逆向偏壓接線

二極體的順向特性如圖 5-20 所示，當外加順向偏壓$V_F$小於$PN$接面的障壁電壓時，順向電流$I_F$增加得很慢，二極體幾乎不導通。但是當$V_F$值克服障壁電壓後，順向電流$I_F$便以指數比例急速上升。此順向偏壓超過某一定值，二極體電流就急劇增加時的轉變電壓稱作**膝點電壓**(knee voltage，$V_k$)，此值其實就是$PN$接面的障壁電壓，對矽二極體來說，$V_k$約爲 0.6～0.7V，而鍺二極體則爲 0.2～0.3V，如圖所示。

二極體的逆向特性則如圖 5-21 所示。當外加的逆向偏壓仍小時，只會有微量的少數載子流過$PN$接面，形成**逆向飽和電流 $I_R$** (矽二極體約 10nA，鍺二極體約 2$\mu$A)。此刻二極體近於截止狀態。但是當逆向偏壓超過某一定值時，半導體材內的共價鍵將遭到外加的強電場破壞，少數載子瞬間急增，二極體崩潰，逆向電流$I_R$急速上升，此時的電壓稱作**崩潰電壓**(breakdown voltage，$V_{BR}$)。一般矽二極體的$V_{BR}$約為－250V，鍺為－40～－50V。在造成二極體崩潰之前所能加的最大逆向電壓，我們稱之為**峰值逆向電壓**(Peak Inverse Voltage，PIV)，實際使用二極體時，應避免加到PIV破壞電壓，以確保電路的安全。

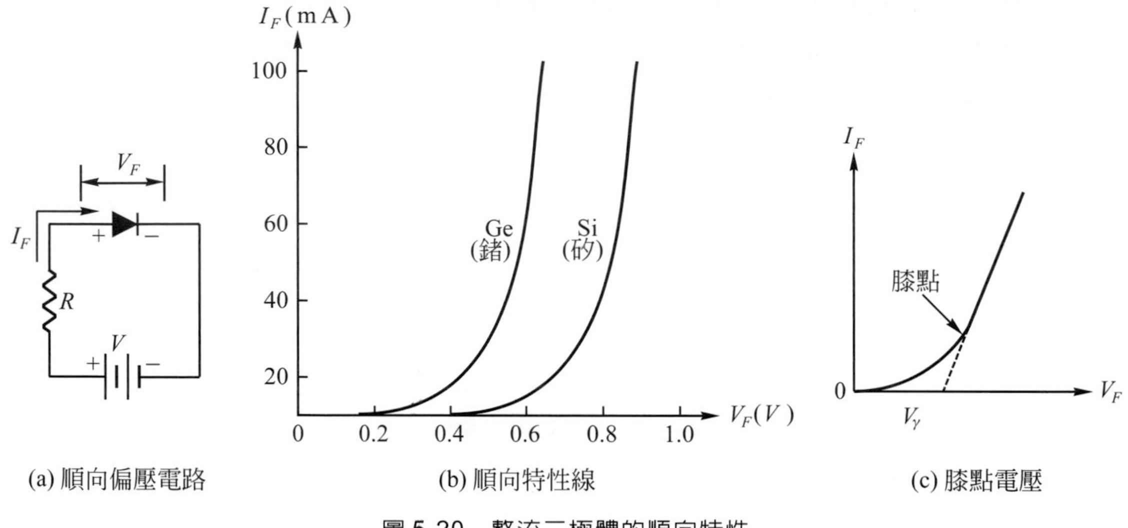


(a) 順向偏壓電路　(b) 順向特性線　(c) 膝點電壓

圖 5-20　整流二極體的順向特性

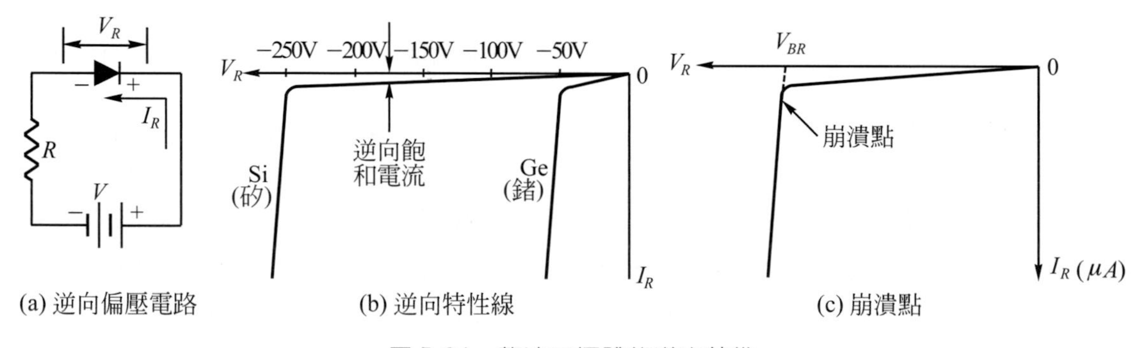


(a) 逆向偏壓電路　(b) 逆向特性線　(c) 崩潰點

圖 5-21　整流二極體的逆向特性

若將整流二極體的順向及逆向特性曲線合併，便可以得到如圖 5-22 所示的完整特性曲線圖。它含有兩個工作區域：

1. 整流區：從崩潰電壓$V_{BR}$到順向偏壓間的區域。
2. 崩潰區：從崩潰電壓$V_{BR}$到逆向飽和電流最大值的區域。

工作於整流區的二極體稱為**整流二極體**，而工作於崩潰區的二極體則稱作**稽納二極體**(Zener diode)。整流一詞的意義是指僅允許電流做單向流通。當整流二極體爲順向偏壓時，有電流$I_F$流過二極體，同時在二極體兩端會產生一固定的電壓降(Si：0.7V，Ge：0.3V)。但是當整流二極體通以逆向偏壓時，則二極體幾無電流流過，可視同斷路。

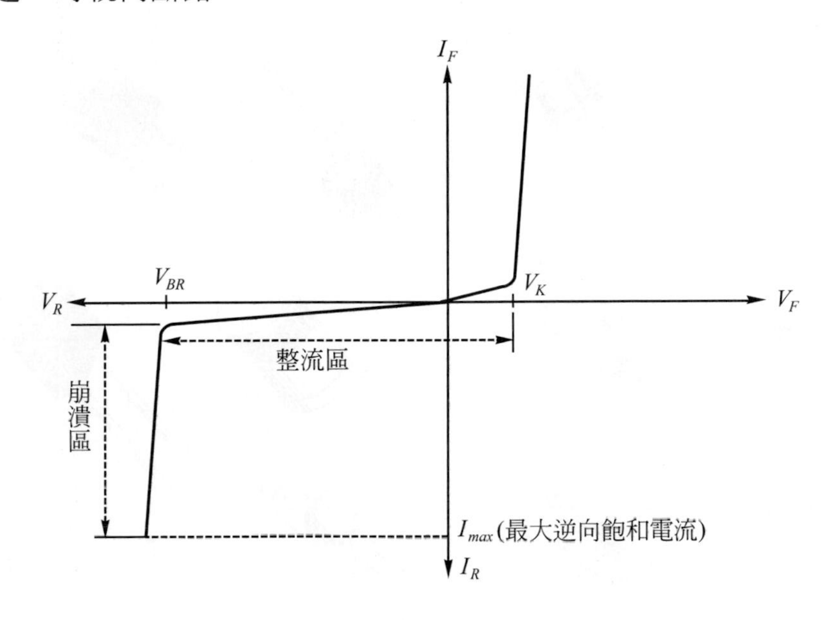


圖 5-22　二極體的特性曲線

如圖 5-23 所示爲各種常用的二極體，其外部封裝材料有塑膠質、金屬質等。

最後，我們再來看看二極體的規格，一般製造廠商多會將每種型號二極體的額定值及特性載明在規格表中，不論哪種型式的二極體，有幾項數據是必須的，包括：

1. **最大順向電壓$V_{F(\max)}$**：在 25℃室溫下，所能外加的順向電壓最大值。一般約在 1V 左右。
2. **最大順向電流$I_{F(\max)}$**：在 25℃室溫下，由外加順向電壓作用所生之順向電流最大值。一般約在 1～10mA。
3. **最大逆向電流$I_{R(\max)}$**：在 25℃下，由外加逆向電壓所生之逆向電流最大值。一般在$10^{-1}$～1$\mu$A。(註)

註：逆向飽和電流$I_R$常會因溫度的改變而影響其值。一般廠家訂規格都以 25℃爲標準，但亦會註明溫度升高時，其$I_R$值的變化。從事電路設計的工程師們大都選用$I_R$值較小的矽二極體，以確保免受溫度之影響。

4. **峰值逆向電壓PIV或稱崩潰電壓$V_{BR}$**：在25℃下，所能外加逆向電壓的許可最大值，亦即二極體所能承受的最大逆向電壓。一般約在25～200V，但也有高達1000V者，如1N4007二極體。

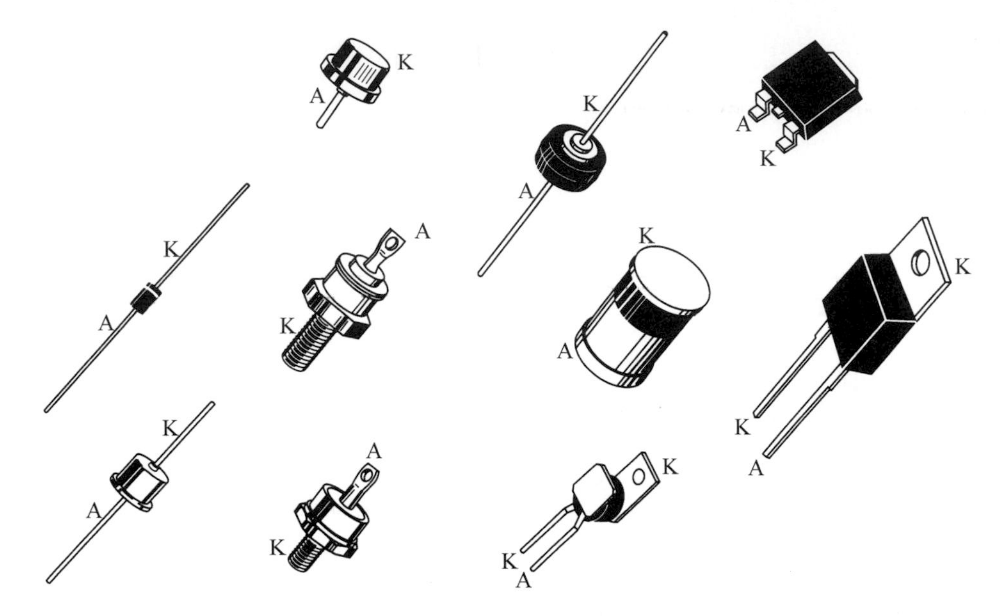


圖5-23　各種常見之二極體（取自：同圖5-3）

如表5-1所示為幾種二極體的規格

表5-1　二極體基本規格例

| 型號 | 封裝材料 | $V_{F(\max)}$ | $I_{F(\max)}$ | $I_{R(\max)}$ | PIV |
|---|---|---|---|---|---|
| 1N4001 | 塑膠 | 0.93V | 1.0A | 0.05$\mu$A | 50V |
| 1N4002 | 塑膠 | 0.93V | 1.0A | 0.05$\mu$A | 100V |
| 1N5400 | 塑膠 | 1.2V | 3.0A | | 50V |
| MR5005 | 金屬 | | 50A | | 50V |
| MR2002 | 金屬 | | 20A | | 200V |

## 5-2-2 稽納二極體

除了整流二極體之外，藉改變摻雜濃度比例、製程，還可以製造出多種的特殊二極體，其中最常使用的便是稽納二極體(Zener diode)。稽納二極體可做爲電壓調整之用，在許多電源供應線路中佔有極重要的角色。因此，稽納二極體常又被稱作**定壓二極體**或**定壓整流粒**。

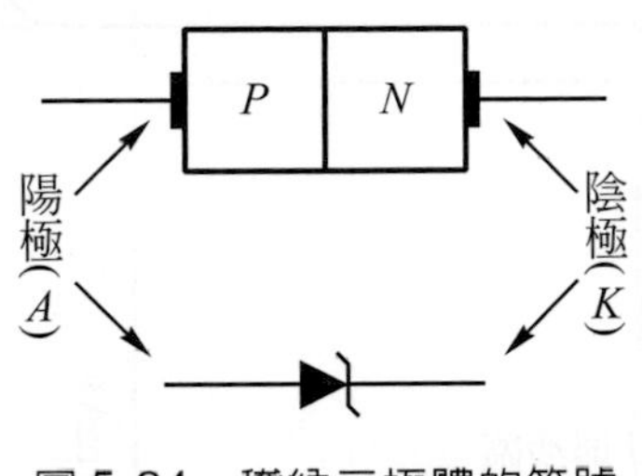


圖 5-24　稽納二極體的符號

圖 5-24 所示爲稽納二極體的符號。稽納二極體一般均以矽材製成，具有適當的功率消耗能力。稽納二極體的順向特性與整流二極體特性相同，惟在逆向偏壓時稍許不同。在$V_{BR}$處，稽納二極體的電流比整流二極體的電流上升更爲快速，如圖 5-25 所示。稽納二極體是專門工作於逆向崩潰電壓區域的二極體，其崩潰電壓值乃在製程中仔細地控制摻雜程度所完成。主要功用爲電壓調整、參考電壓控制、截波電路和保護電路等。

由於稽納二極體是特別經過大量的摻雜而使崩潰電壓降低，如此使空乏區變窄並形成強電場，當逆向電壓接近稽納的崩潰電壓$V_Z$時，電場即增強到能將電子拉出價電帶並形成一股電流。

如圖 5-26 所示，當稽納二極體工作於逆向偏壓而未達崩潰電壓時，只有極小的逆向飽和電流，但若逆向電壓增加到曲線的崩潰點時，稽納二極體的電流$I_Z$便突然增加且出現崩潰現象，此點的電壓稱爲**稽納電壓**或**崩潰電壓**，以$V_Z$表示之。從崩潰點起，$V_Z$值約維持一定值，這種調節的作用爲稽納二極體的主要特性。

另外，爲使稽納二極體保持其調節作用，必須維持一最小逆向電流值$I_{ZK}$，由特性曲線可以看出，當逆向電流低於$I_{ZK}$值以下時，電壓就會急速降低，而失去調節的作用。理論上，只要在$I_{ZK}$和$I_{ZM}$間的逆向電流範圍之內，稽納二極體均可在其兩端維持一固定的電壓值$V_Z$。但若超過最大逆向電流$I_{ZM}$，則稽納二極體會損毀。

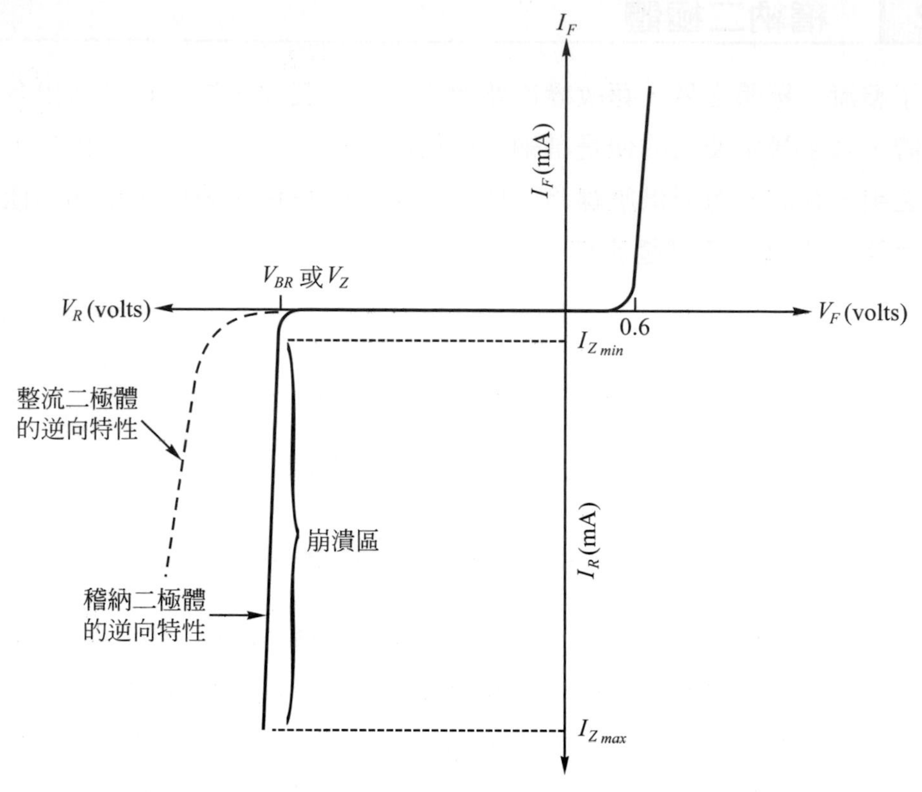


圖 5-25　稽納二極體的特性曲線

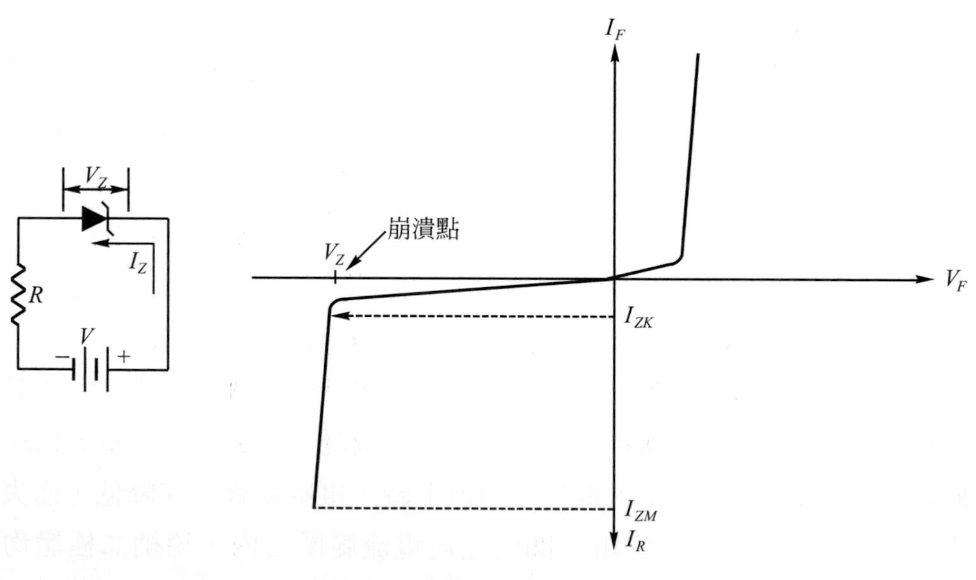


圖 5-26　稽納二極體的工作區間

稽納二極體在使用上應注意下列原則：

1. 外加電壓必須使它爲逆向偏壓，並且電壓須大於崩潰電壓$V_{BR}$。跨於稽納二極體的電壓必爲一定電壓，即$V_Z$。
2. 流過稽納二極體的電流不可大於$I_{ZM}$。
3. 爲使稽納二極體工作保持在崩潰區，流過二極體之逆向電流必須超過$I_{ZK}$。

表 5-2 爲常用稽納二極體的規格資料表，其定義值如附圖所示。

表 5-2　稽納二極體規格資料表

| 型號 | 最大功率 (W) $P_{D\max}$ | 稽納電壓 (V) $V_Z$ @ $I_{ZT}$ | 測試電流 (mA) $I_{ZT}$ | 最小逆向電流(mA) $I_{ZK}$ |
|---|---|---|---|---|
| 1N4728 | 1W | 3.3 | 76 | 1.0 |
| 1N4733 | 1W | 5.1 | 49 | 1.0 |
| 1N4742 | 1W | 12 | 21 | 0.25 |
| 1N4745 | 1W | 16 | 15.5 | 0.25 |
| 1N4761 | 1W | 75 | 3.3 | 0.25 |
| 1N4764 | 1W | 100 | 2.5 | 0.25 |

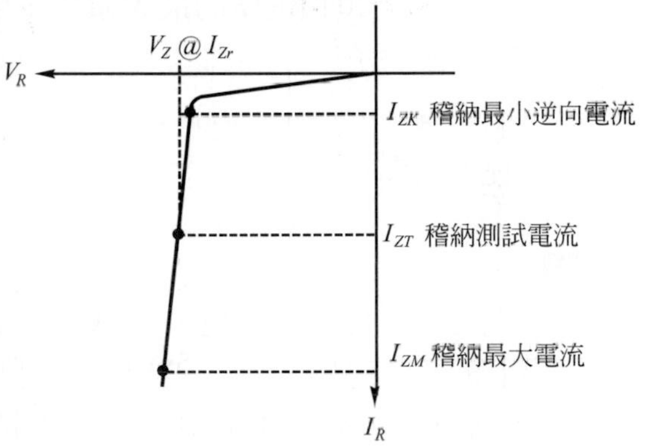

高溫可說是電子元件的致命點，當電子元件工作時，功率元件便開始發熱。因此製造廠商多會將元件所能承受之最大功率標示出來，以$P_{D\max}$表示之。一般稽納二極體的$P_{D\max}$範圍自 0.25W 到 50W 皆有。從$P_{D\max}$和稽納電壓$V_Z$便可以計算出稽納二極體所能流過的最大逆向電流值$I_{ZM}$：

$$I_{ZM}=\frac{P_{D\max}}{V_Z} \tag{5-1}$$

此電流值即爲稽納二極體逆向偏壓工作時，不致燒毀的最大值。

【例 5-1】型號 1N5281 稽納二極體的規格如下：

$$P_{D\max} = 500\text{mW}，V_Z = 200\text{V}$$

試求其$I_{ZM}$值。

解

$$I_{ZM} = \frac{500\text{mW}}{200\text{V}} = 2.5\text{mA}$$

【例 5-2】如圖所示，若欲使稽納二極體的工作電流在 5mA 以上，則電阻$R$的最大值爲多少？

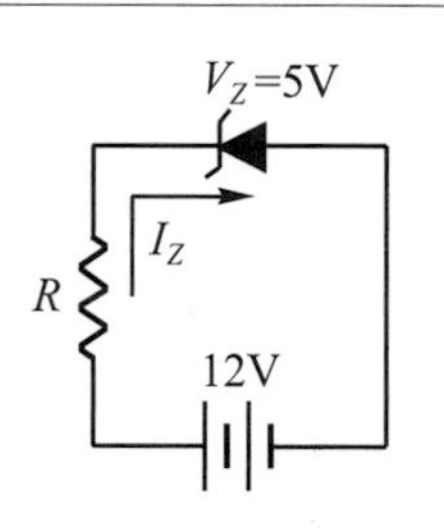


解

$$R_{\max} = \frac{V - V_Z}{I_{ZK}} = \frac{12\text{V} - 5\text{V}}{5\text{mA}} = \frac{7\text{V}}{5\text{mA}} = 1.4\text{k}\Omega$$

【說明】如果$R$值超過 1.4kΩ，則流過稽納二極體的電流將低於 5mA，使其無法工作在崩潰區內。一般稽納二極體約需 5mA 電流，才能使其維持在崩潰區內。$I_Z$都是藉電阻$R$來控制。

## 5-2-3 光電二極體

常見的光電二極體(optical diode)有兩種：

1. 發光二極體(Light Emitting Diode，LED)，和
2. 感光二極體(Photodiode)。

LED爲一能發出光源的二極體，而感光二極體則可感測外來光線。如圖 5-27 所示爲 LED 和感光二極體在外觀上的明顯差異處。

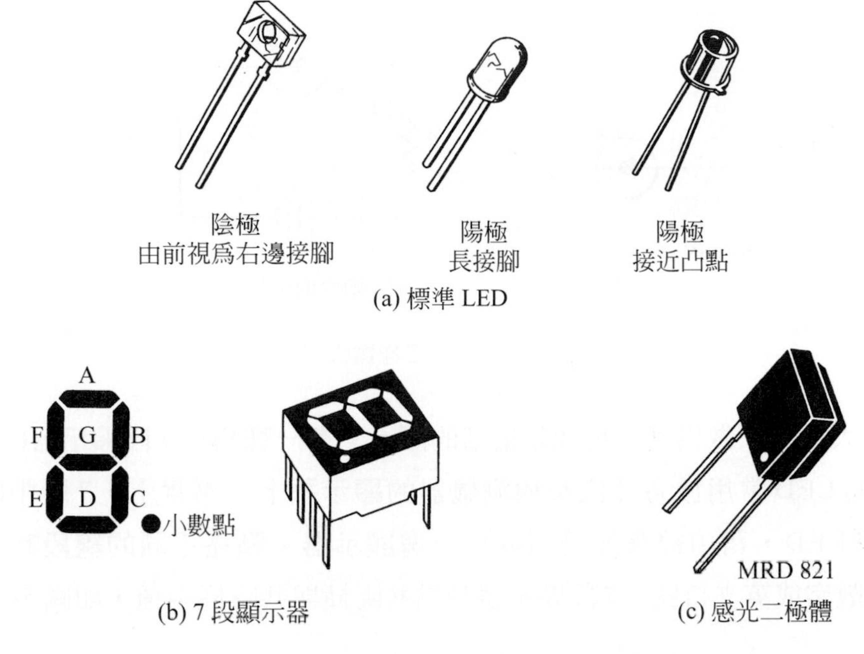


圖 5-27 LED 與感光二極體 (取自：同圖 5-3)

## 發光二極體

二極體元件爲順向偏壓時，電子由$N$型區越過$PN$接面進入$P$型區。當此位在傳導帶的自由電子越過$PN$接面與能階較低位在價電帶的電洞結合時，一般的二極體會將此能量以低於光頻的熱頻型式釋放。然而，在 LED 的材料內有一層透光區，可以讓光質子以可見光型式發射出來。此現象稱爲「電發光」(electrol-minescence)。

LED 非以矽或鍺製成，通常是以砷化鎵(GaAs)、磷化鎵(GaP)或磷化砷鎵(GaAsP)所製成。摻雜不同的雜質材料會產生不同的光譜波長，以致於發出不同的顏色，例如砷化鎵LED會發出不可見的紅外線，磷化砷鎵LED則可發出可見的紅光或綠光，而磷化鎵LED所發出的可見光介於黃色與綠色之間。

典型LED的符號如圖 5-28(a)所示。另外，其順向偏壓接法則如(b)圖所示。LED的順向偏壓較一般矽二極體略高，通常在1.2V～3.2V之間。LED的逆向崩潰電壓則遠小於一般二極體，約在3V～10V 之間，因此，若以汽車電瓶的12V電壓加於LED逆向偏壓，則LED多會燒毀。LED的亮度會隨著順向偏壓之電流大小而變化，$I_F$越大，亮度也愈強。

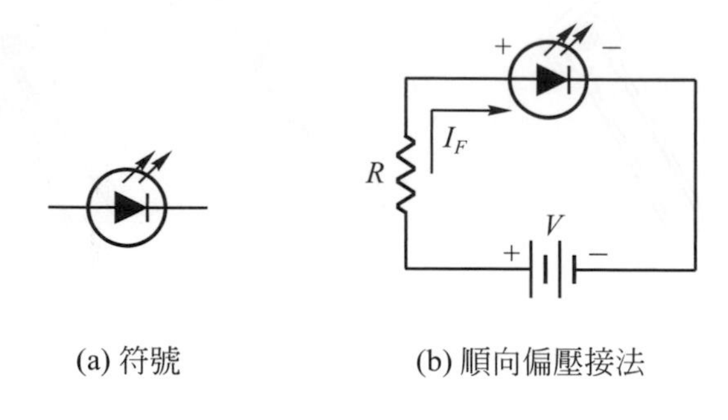


(a) 符號　　(b) 順向偏壓接法

圖 5-28　發光二極體(LED)

LED大多用來做爲指示燈或是儀錶的顯示，有一種稱爲7段顯示器(7-segment display)的LED常用於各種汽車檢測儀器的顯示幕上。事實上，7段中的每一段都是一顆 LED，藉由線路連接而成爲一塊顯示器。點亮不同的線段時，便可出現不同的數字或英文符號。7段顯示器分爲共陽極與共陰極兩種，如圖 5-29 所示。

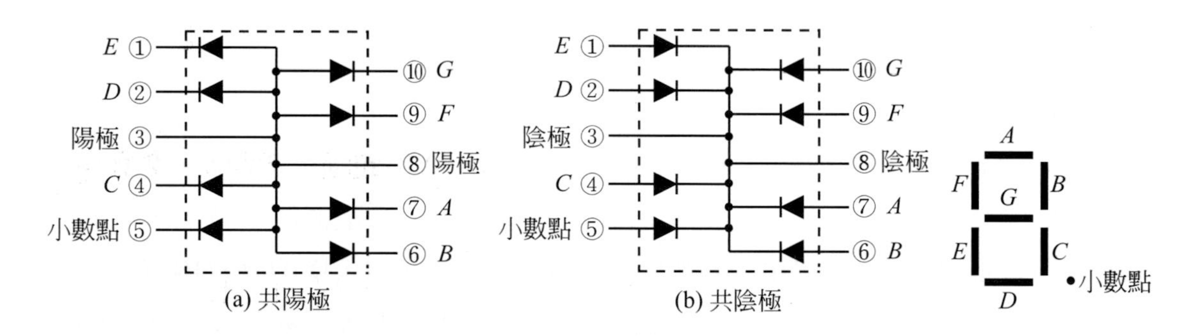


(a) 共陽極　　(b) 共陰極

圖 5-29　7 段顯示器

## 感光二極體

感光二極體屬於一種在逆向偏壓下工作的PN接面元件，其上有一透光的小窗，可以讓光線的能量透過窗口照射在PN接面。如圖 5-30 所示，由於採逆向偏壓接法，所以在平常無光線射入的情況下，即有非常微小的逆向飽和電流流過，通常忽略不計，此電流稱爲「暗電流」(dark current)。當光線射入感光二極體時，逆向電流$I_\lambda$便隨著射入的光度增強而增大。

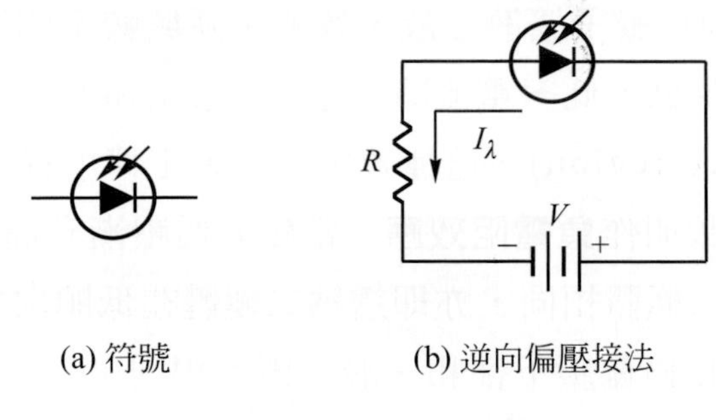


(a) 符號　　(b) 逆向偏壓接法

圖 5-30　感光二極體

## 5-2-4　透納二極體

**透納二極體**(tunnel diode)常又被稱作**隧道二極體**，是由鍺(Ge)或砷化鎵(GaAs)所組成，它的$P$型與$N$型區都比一般二極體摻雜的較濃，故使其空乏區變窄(只有一般二極體的百分之一)。同時在逆向偏壓時，崩潰電壓很低，幾無一般二極體的崩潰效應。

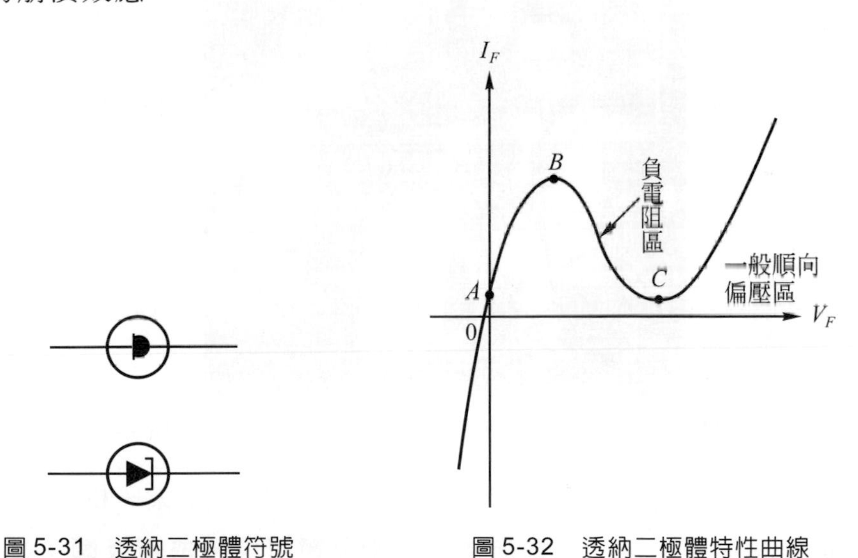


圖 5-31　透納二極體符號　　圖 5-32　透納二極體特性曲線

從圖 5-32 的透納二極體特性曲線可以看出，因極窄的空乏區使電子在較低的順向偏壓下，$P$型與$N$型區雙方的載子毋需克服障壁電壓即可"穿透"空乏區，使電流急速增加，就像導體一樣(如$A$到$B$點之間)。$B$點的電壓值稱爲峰值電壓$V_P$，鍺爲 0.065V，砷化鎵爲 0.16V。

當越過*B*點後，因爲載子擴散之故，致離子區域較不明顯，電場強度因而下降，透納電流亦逐漸降低，此一電流隨電壓的增加而減小的區域稱爲負電阻特性區(negative resistance region)。這種效應與歐姆定律所稱「電壓增加，電流也增加」的敘述相反，故叫作**負電阻效應**。當順向偏壓漸升高，到達*C*點時，電流的增加量則又和一般二極體相同，亦即透納二極體在低順向偏壓下和一般二極體有所差異，但是在高順向偏壓下卻和一般二極體相同。

## 5-3 雙極性接面電晶體(BJT)

1948年，在美國貝爾實驗室(Bell Labs)內，三位科學家巴丁(John Bardeen)、蕭克萊(William Shockley)和布拉頓(Walter Brattain)發明了電晶體(transistor)後，自此將電子學發展史推向了所謂的固態(solid-state)電子時代。三位科學家也因而獲得了1956年的諾貝爾物理學獎，如圖5-33所示。

圖5-33　電晶體發明人，由左至右依序為巴丁、蕭克萊和布拉頓 (取自：同圖5-3)

雖然現今所使用的電晶體與當年三位科學家所發明的不太一樣，但卻是根據當時的理論而繼續發展至今。**目前所使用的電晶體可區分成兩大類：**

1. **雙極性接面電晶體(BJT)和**
2. **場效電晶體(FET)**

本節將先就 BJT 的結構、作用原理及其識別爲各位做介紹，至於其應用，請讀者參閱第八章有關於電晶體偏壓電路的敘述。

## 5-3-1 電晶體的基本結構

**雙極性接面電晶體**(Bipolar Junction Transistor，BJT)是使用最普遍的半導體電子元件。BJT 是由三個經過摻雜的半導體區塊所構成，並且具有兩個*PN*接面，三個區塊分別稱作「射極」(Emitter)、「基極」(Base)和「集極」(Collector)，如圖 5-34 所示。**BJT 共有兩種型式：**

1. ***PNP*型：以*P*型區分隔兩*N*型區，主要以電洞來傳導電流。**
2. ***NPN*型：以*N*型區分隔兩*P*型區，主要以電子來傳導電流。**

射極、基極和集極分別以字母*E*、*B*和*C*代表。介於基極和射極區間的接面稱爲「射極接面」，而在基極和集極間的接面則稱爲「集極接面」。基極比射極和集極薄，並且摻雜濃度比射極(最濃)和集極(次濃)低許多。

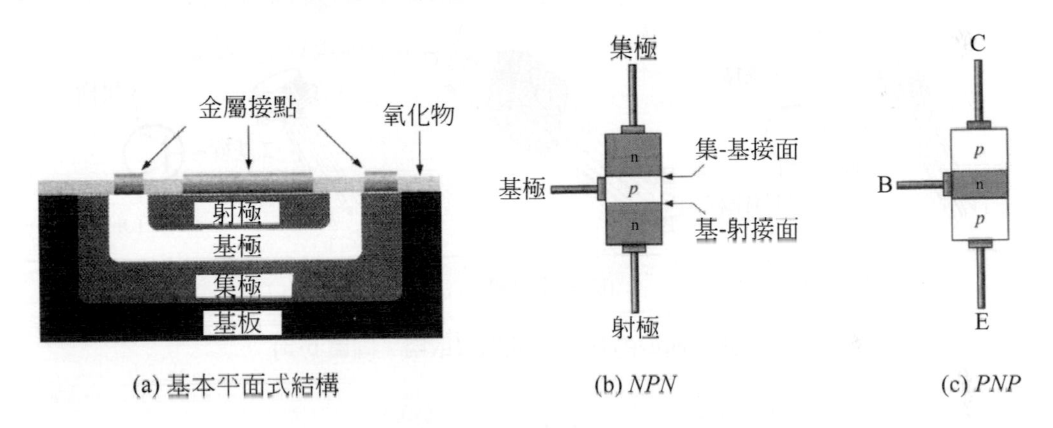


(a) 基本平面式結構　(b) *NPN*　(c) *PNP*

圖 5-34　雙極性接面電晶體（取自：同圖 5-3）

雙極性接面電晶體是指電晶體結構內分別利用電子與電洞做爲傳送電流的載子，故稱作**雙極**。接面表示電晶體中的*PN*接面。電晶體的原文 transistor 意指“轉換的電阻”。

兩種 BJT 的符號如圖 5-35 所示，典型的 BJT 外觀則如圖 5-36 所示。在*E*、*B*、*C*三極中，以*B*極最薄，約佔全部寬度的 1/150，如此設計的原因是爲要使射極所發射的載子能快速地通過基極而到達集極，並且讓集極有足夠的空間來收集自基極過來的載子。

目前電晶體材料以矽爲多，因矽電晶體之工作溫度(125～175℃)遠較鍺電晶體(75～85℃)爲高，並且其接面部份耐溫性佳，可做大功率輸出用。

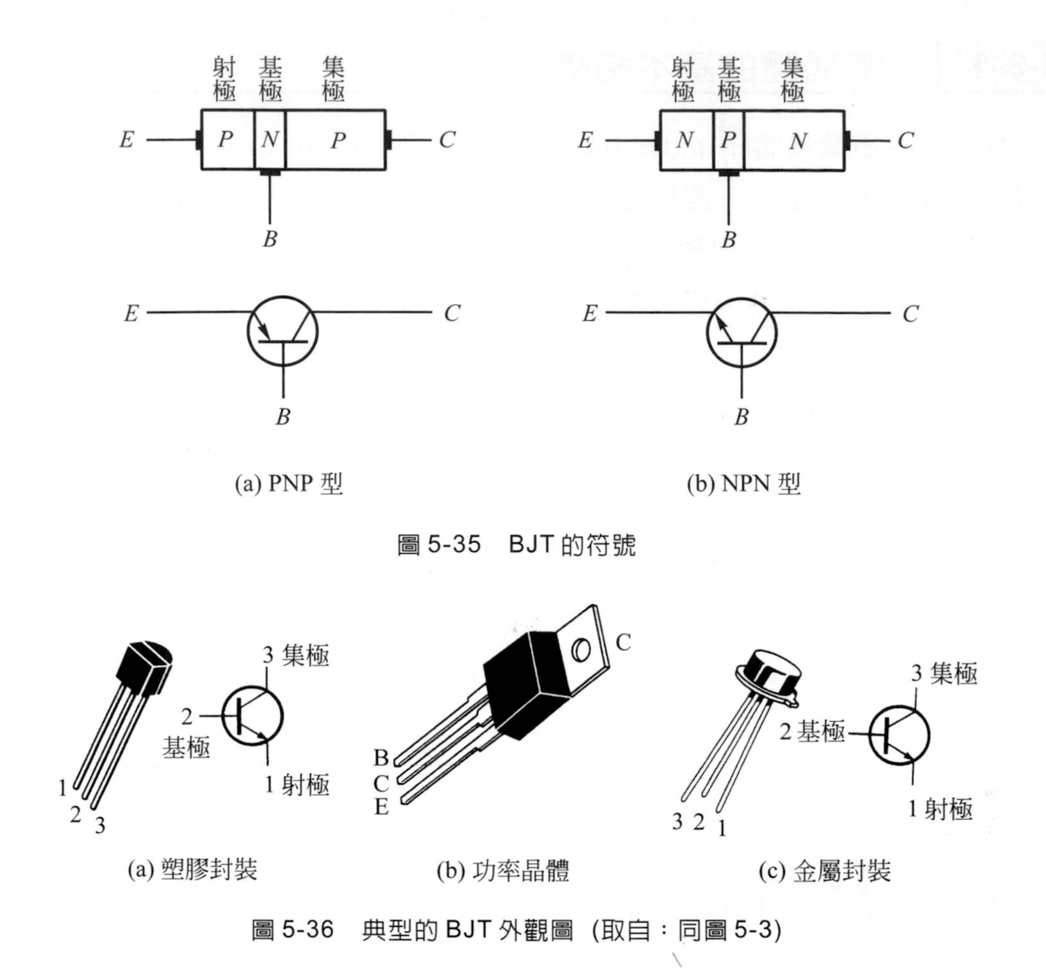


圖 5-35　BJT 的符號



圖 5-36　典型的 BJT 外觀圖 (取自：同圖 5-3)

## 5-3-2　電晶體的工作原理

*PNP*型與*NPN*型電晶體具有互補性，亦即，兩者所加的電流或電壓極性與方向相反。然而爲避免說明上的困擾，我們將以討論*NPN*型電晶體爲主，*PNP*型則以類推解釋得之。

如圖 5-37 所示爲BJT在無外加電壓狀況下，兩*PN*接面間的電荷分佈情形。如第 5-1-3 節所描述，在*PN*接面形成的瞬間，因接面附近電子擴散之故，於平衡後便產生出空乏區。空乏區內幾無帶電粒子，就矽電晶體而言，在 25℃時這兩個空乏區個別的障壁電壓都約爲 0.7V(註)。

註：由於現今市售 BJT 多爲矽電晶體產品，故若無特別標明，本書都採矽電晶體規格爲主。

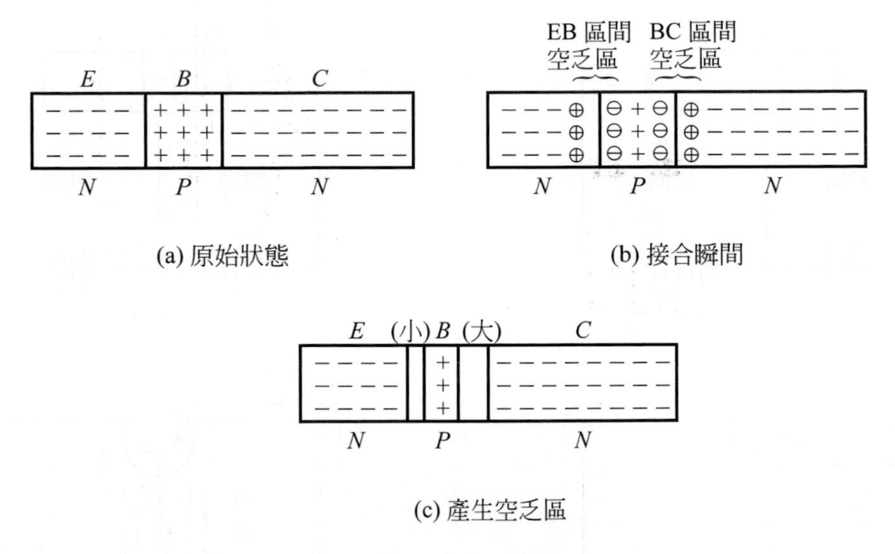


圖 5-37　未加偏壓時的電晶體電荷分佈情形

請留意圖 5-37(c)的兩個空乏區寬度並不相同，這是因爲摻雜量愈多的區域，接面附近的離子集中量愈高，致使空乏區只些微地摻入射極，但在集極接面處，空乏區則摻入集極較多。

電晶體最基本的兩項工作便是作爲放大器與開關之用。但是，要提供這樣的服務，首先就必須給與電晶體正確的偏壓。如圖 5-38 所示爲*NPN*型與*PNP*型電晶體的偏壓接法，兩者皆採 ***FR* 偏壓方式**，即*E*-*B*間採順向(*F*)偏壓，而*B*-*C*間則採逆向(*R*)偏壓接法。*FR*偏壓方式是電晶體做爲放大器時的正常工作方式，它能夠藉*E*、*B*間的小電流來控制*C*到*E*的大電流導通。

如本節一開始所述，*NPN*型與*PNP*型電晶體的工作原理相似，只要將電子與電洞、電壓極性與電流方向均倒過來即可。如圖 5-39 所示爲電子流方向，*E*-*B*之間的順向偏壓導致*E*-*B*間的空乏區變窄(參見第 5-1-4 節內文)，而*B*-*C*間的逆向偏壓則造成*B*-*C*間的空乏區變寬。由於同性相斥，電池負極所提供的電子將推動位在高摻雜濃度之*N*型射極區內，傳導帶上的眾多自由電子移向*EB*間接面，並擴散至*P*型基極區而變成少數載子。

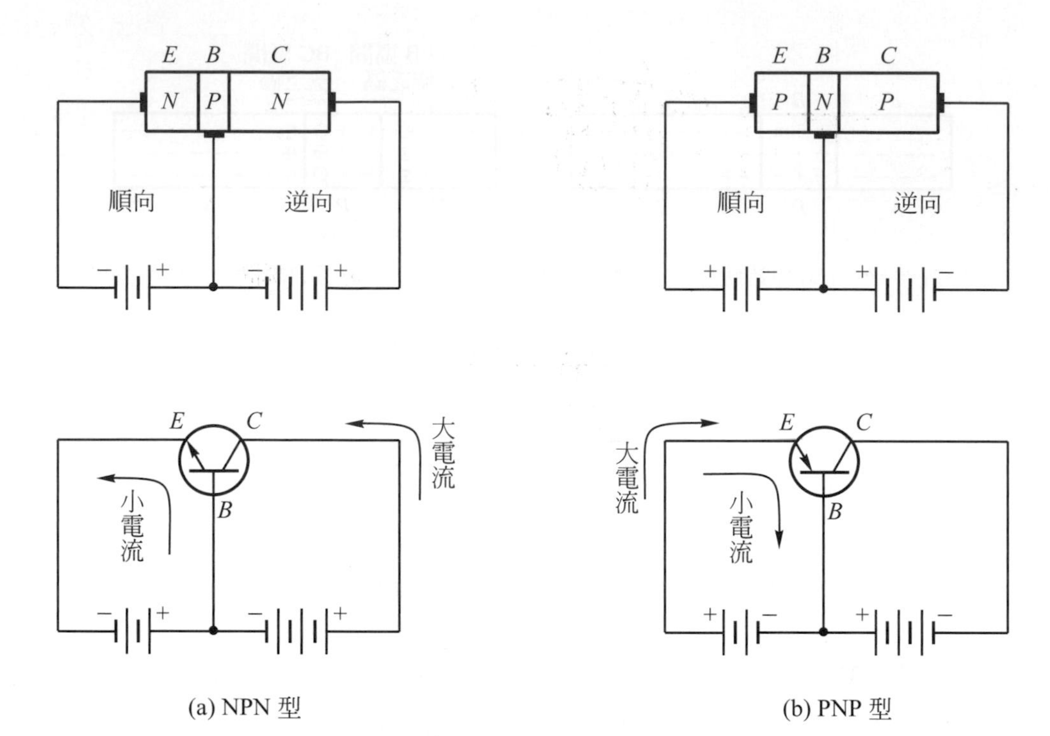


圖 5-38　電晶體的$FR$偏壓方式

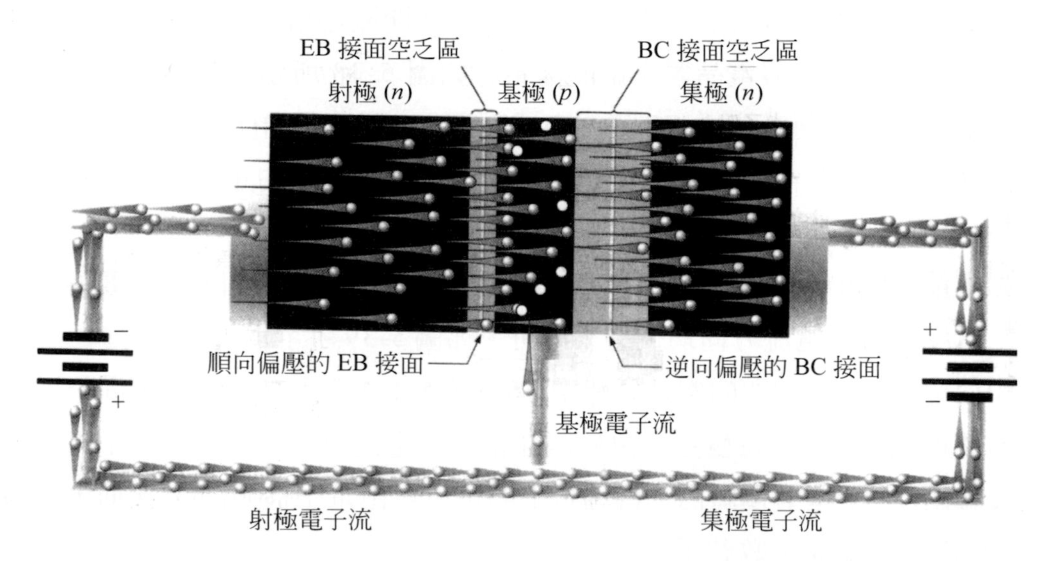


圖 5-39　$NPN$型電晶體的工作原理(以電子流方向) (取自：同圖 5-3)

進入$P$型基極區的電子有兩種流向：一是向下流經基極，另一是越過集極接面而進入集極區。由於基極區內摻雜濃度低且薄，故自由電子與其有限的電洞相結合後，便從基極流出一股小量的價電子流(因與電洞結合後，能階降到價電帶，故爲價電子流)。

只有約5％的電子與基極內的電洞結合，大多數的電子仍受到來自射極內電子同性相斥的推力，而進入面積較大的集極空乏區內。同時，因$B$-$C$間逆向偏壓，使逆向偏壓電池正極將電子吸引通過$B$-$C$接面，並穿過$N$型集極區，流入電池正極，形成大量的集極電子流。

如圖5-40所示爲電晶體上的三股電流：射極電流$I_E$、基極電流$I_B$和集極電流$I_C$，其關係依克希荷夫電流定律(KCL)，流入電流等於流出電流，得：

$$I_E = I_C + I_B \tag{5-2}$$

由於$I_B$比$I_E$和$I_C$小很多，故公式5-2亦可寫成近似値爲：

$$I_E \doteqdot I_C \tag{5-3}$$

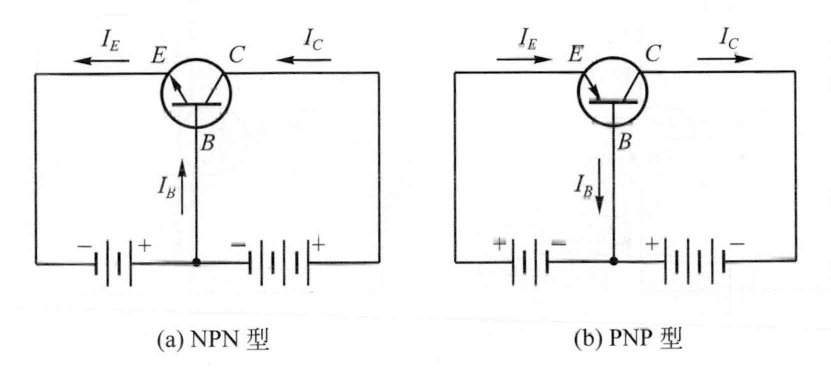


圖5-40　電晶體的電流及方向

## 5-3-3　電晶體的放大作用

電晶體放大電路主要用來將微弱的訊號(signal)轉變爲較大的可用訊號。**所謂「訊號」是指任何輸入的交流電流或交流電壓，但常常是指交流電壓。**放大電路一般可提供做電壓、電流及功率的放大。

電晶體若要做放大之用，其接面必須採前一節所述之*FR*偏壓方式，亦即射極接面為順向偏壓，而集極接面為逆向偏壓。**接線方式則依據訊號輸入與輸出的共同端，可分成三種基本組態**，如圖 5-41 所示：

1. **共射極組態，以*CE*表示，**
2. **共集極組態，以*CC*表示，**
3. **共基極組態，以*CB*表示。**

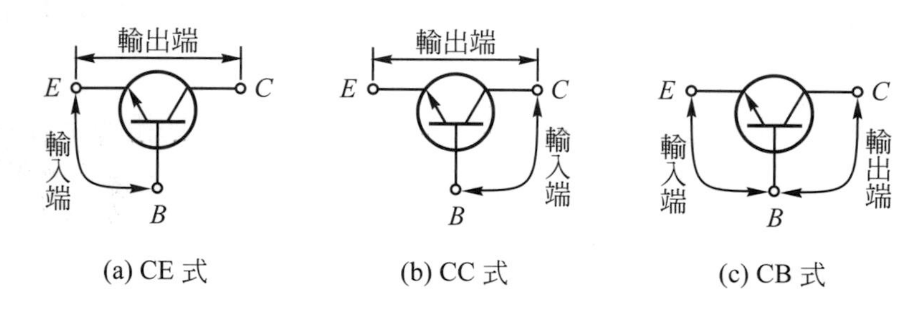


圖 5-41　電晶體放大電路的三種基本組態

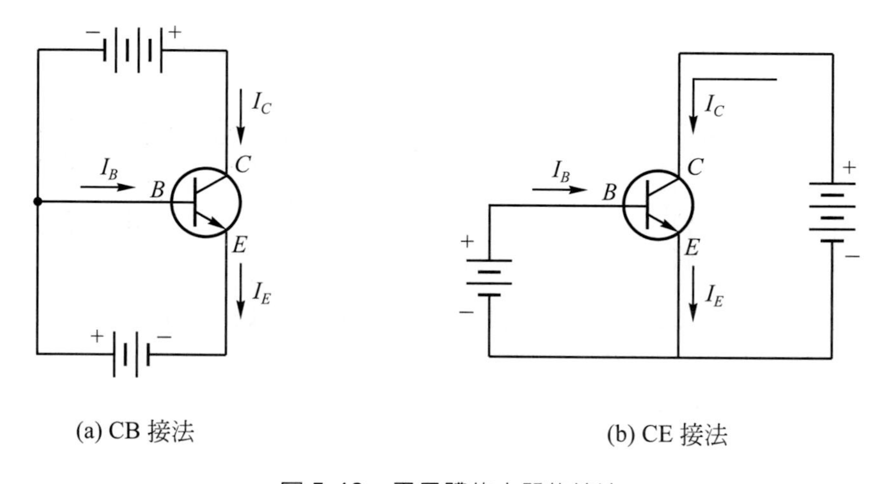


圖 5-42　電晶體放大器的接法

如圖 5-42 所示為*CB*接法與*CE*接法之比較，有關於三種組態的放大電路請參閱本書第 8-2 節，現僅就使用最普遍的*CE*式接法為例說明。*CE*式稱為共射極(Common Emitter)放大器，電晶體以射極作為接地端，或是作為訊號輸入與輸出的共同端。優點為具有高的電流增益$A_I$和電壓增益$A_V$。

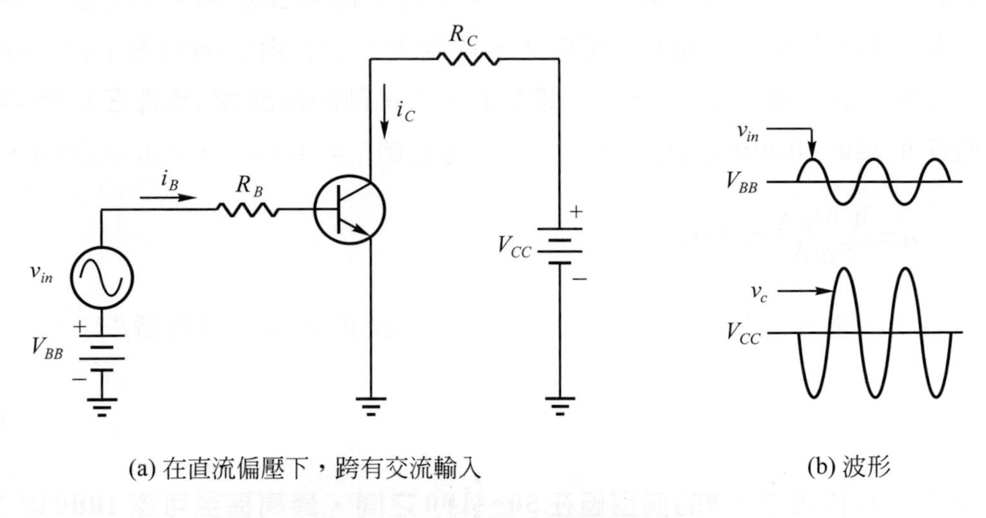


(a) 在直流偏壓下，跨有交流輸入　　(b) 波形

圖 5-43　電晶體放大器基本電路

如圖 5-43 所示，在基極的直流偏壓$V_{BB}$上跨有一交流電壓源$v_{in}$，並且與基極電阻$R_B$串聯。集極的直流偏壓$V_{CC}$則經由集極電阻$R_C$，連接到集極。由交流輸入電壓$v_{in}$所產生的交流基極電流$i_B$，會引起較大的交流集極電流$i_C$，$i_C$在通過$R_C$時便產生出交流電壓$v_C$。相對於$v_{in}$而言，這個出現在集極電阻上的交流集極電壓$v_C$，就稱作經過放大而與輸入電壓反相的輸出電壓。

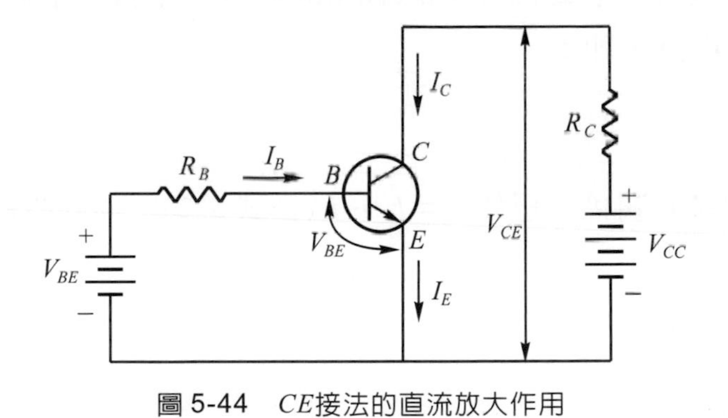


圖 5-44　*CE*接法的直流放大作用

前文曾提到，由射極射出的電子，有 95 %以上繼續流到集極，亦即，集極電流$I_C$幾乎等於射極電流$I_E$，集極電流與射極電流的比值以符號$\alpha$表示，即：

$$\alpha = \frac{I_C}{I_E} \tag{5-4}$$

製造廠商常在規格表中以$h_{FB}$代表之。如果電晶體的基極愈薄，則基極摻雜濃度愈低，其$\alpha$值便愈大。理論上，基極薄，電洞少，則射極射出的電子絕大部分都可穿過基極到達集極，$\alpha$值近於1。**實際上，大多數的電晶體$\alpha$值都在0.95以上，一般值在0.980～0.998之間**。例如：某一電晶體$I_C = 4.9\text{mA}$，而$I_E = 5\text{mA}$，則：

$$\alpha = \frac{4.9\text{mA}}{5\text{mA}} = 0.98$$

電晶體另一項重要規格為集極電流$I_C$與基極電流$I_B$的比值，以符號$\beta$表示，即

$$\beta = \frac{I_C}{I_B} \qquad (5\text{-}5)$$

製造廠常以$h_{FE}$代表之。**$\beta$的典型值在50～100之間，最高甚至可達1000以上**。$\beta$**值稱作「直流電流增益」，有些書以$\beta_{dc}$示之**。例如某一電晶體$\beta$值為150，若基極電流為0.05mA，則其$I_C$值等於：

$$I_C = \beta I_B = 150 \times 0.05\text{mA} = 7.5\text{mA}$$

不論式$CB$接法或是$CE$接法，都需採用$FR$偏壓方式。由公式5-5知道，集極電流$I_C$等於基極電流$I_B$乘上直流電流增益$\beta$，所以從電晶體外部來看就像是將基極電流“放大”成集極電流。除此之外，$I_B$對$I_E$和$I_C$而言，相較之下微小許多，故集極電流約等於射極電流，即：

$$I_C \fallingdotseq I_E \qquad (5\text{-}6)$$

我們再來看看$\alpha$與$\beta$的關係。已知$I_E = I_C + I_B$(公式5-2)，同除以$I_C$得：

$$\frac{1}{\alpha} = 1 + \frac{1}{\beta}$$

故

$$\beta = \frac{\alpha}{1-\alpha} \qquad (5\text{-}7)$$

例如：$\alpha = 0.99$，則$\beta$值為：

$$\beta = \frac{0.99}{1-0.99} = 99$$

由公式5-7亦可導出$\alpha$值等於：

$$\alpha=\frac{\beta}{\beta+1} \tag{5-8}$$

【例 5-3】若$I_B = 20\mu A$，$\beta = 50$，試求出$I_C$及$I_E$值。

**解**

(1)$I_C = \beta I_B = 50\times 20\mu A = 1000\mu A = 1mA$

(2)$I_E = I_C + I_B = 1mA + 20\mu A = 1.02mA$

$CB$接法和$CE$接法時的$\alpha$值與$\beta$值之定義都相同，即$\alpha=\frac{I_C}{I_E}$，$\beta=\frac{I_C}{I_B}$，惟不同的地方在於，當我們在探討正常工作下的電晶體，而以$FR$偏壓時，若重點放在$I_C$如何隨$I_E$而變化，就將電晶體接成$CB$式；而若重點放在$I_C$如何隨$I_B$而改變的話，就採$CE$式接法。換句話說，**CB 接法以 $I_E$ 為輸入變數，$I_C$ 為輸出變數；CE 接法則以 $I_B$ 為輸入變數，$I_C$ 為輸出變數**。

最後關於電晶體的電壓增益，請參見第8-2節，此處暫不敘述。

## 5-3-4 電晶體的開關作用

上一節討論電晶體做線性放大時的作用，電晶體的另一項基本工作便是提供做為電子開關之用。電晶體做開關時，乃是交替地於截止和飽和區間動作。數位電路即普遍地應用了電晶體的這種特性。

如圖5-45(a)所示，由於$B$-$E$間無順向偏壓，故使電晶體處於截止狀態，集、射極之間亦呈不導通狀態，如開關斷開一般。當$B$-$E$間為順向偏壓，並且大於$V_{BE}$，基極電流$I_B$足夠令$I_C$達到飽和值，則集、射極間呈現導通狀態，如開關接通般。

如圖 5-46 所示為利用電晶體做為開關來控制引擎噴油嘴的噴油時間(量)。引擎控制模組(ECM)送入方波電壓訊號，當方波在0V時，電晶體呈截止狀態，噴油嘴線圈無電流$I_C$流過，沒有噴油。當方波送入5V 電壓訊號時，電晶體便呈飽和狀態，導通並使噴油嘴線圈充磁，將油針吸入，燃料因此噴出。其噴出的多少全由電晶體導通時間的長短決定。

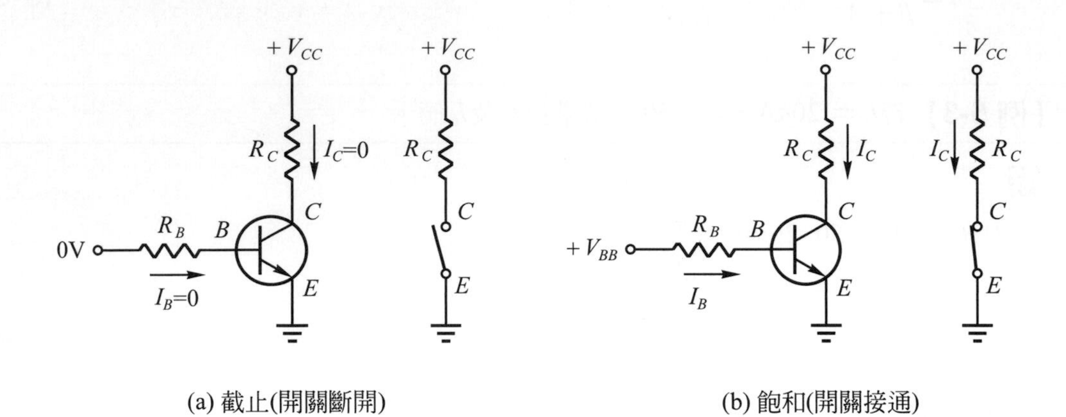


圖 5-45 電晶體的開關作用

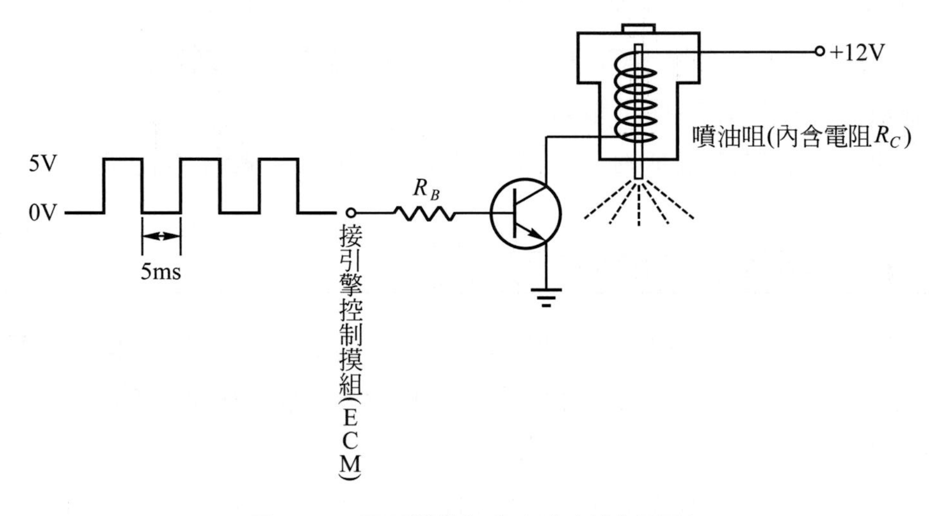


圖 5-46 電晶體做為噴油嘴之控制開關

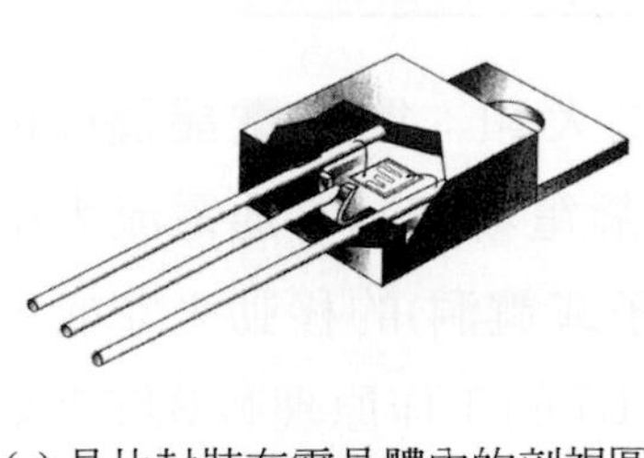

(a) 晶片封裝在電晶體內的剖視圖

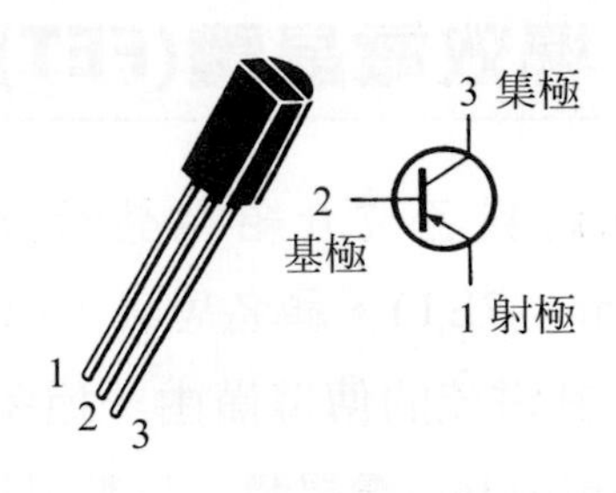


(b) 塑膠封裝型

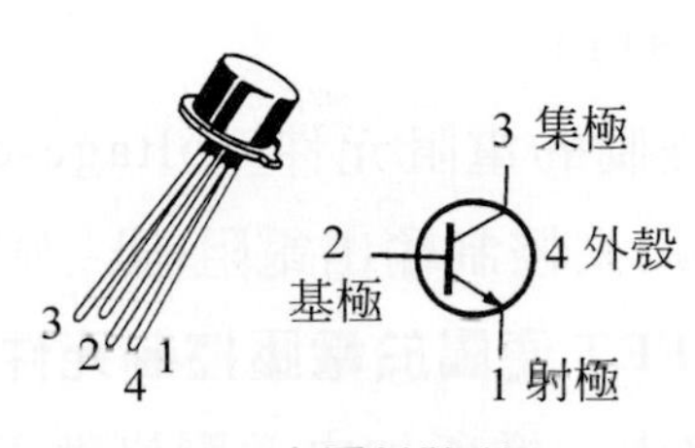


(c) 金屬封裝型

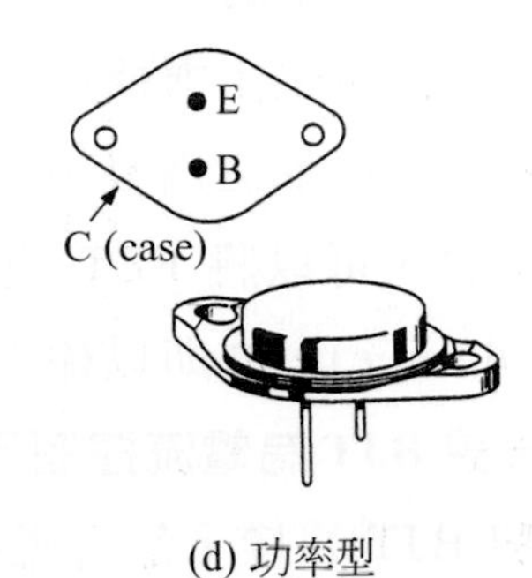


(d) 功率型

14
1
14
1

(e) 特殊之多電晶體封裝型(對排接腳 DIP 式與薄膜陶瓷平面式)

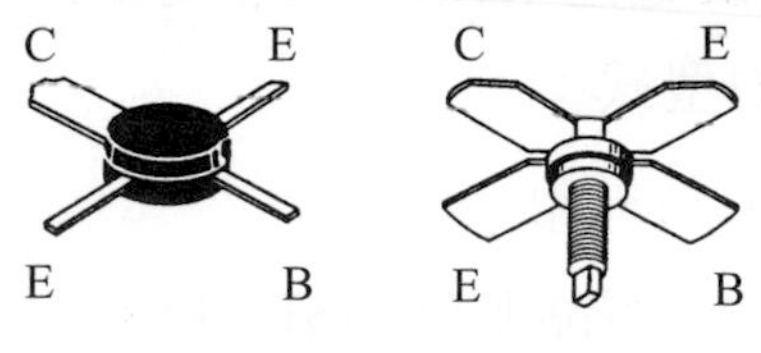


(f) 射頻(RF)電晶體

圖 5-47　各式電晶體及其構造 (取自：同圖 5-3)

## 5-4 場效電晶體(FET)

本節將爲各位介紹電晶體分類中的第二大類：**場效電晶體**(Field Effect Transistor，FET)。顧名思義，FET係一種藉靜電場控制導通電流大小的電壓控制裝置。其電流的傳導僅由一種多數載子(電子或電洞)的移動來完成，故又稱作**單極性(unipolar)電晶體**，這點很似眞空管。FET的工作原理較BJT者更易明瞭。

傳統的電晶體不論*NPN*型或*PNP*型都須靠基極電流來控制集極或射極電流的大小。基極電流產生出兩種電荷載子(電子和電洞)，藉這兩種載子同時移動而完成電流的導通，故稱之爲雙極性接面電晶體(BJT)。

簡單來看，可以將 FET 視爲一種電壓控制的電阻元件(voltage-controlled resistance device)，亦即以輸入電壓(閘–源極)來控制輸出電阻(吸–源極)的電子裝置。**如果說 BJT 為電流控制元件，那麼，FET 便屬於電壓控制元件了**。

FET 與 BJT 一樣，都可應用在放大電路中，惟所加之偏壓條件不同而已。FET 具有下列特點：

1. 高輸入阻抗，通常在數百萬歐姆。
2. 低雜訊，適於做小訊號放大器的輸入級。
3. 製造過程較簡易。
4. 體積小，適於做積體電路(IC)。
5. 熱穩定性佳，無熱逃脫(thermal runaway)現象，亦即不受溫度之影響。
6. 不易受輻射的影響。

但FET卻有高頻響應差(即反應速率慢)、承受功率低以及電流增益低等缺點。

FET有兩種主要不同的型式：

1. 接面場效電晶體(JFET)，和
2. 金屬氧化物半導體場效電晶體(MOSFET)。

FET與BJT兩類電晶體從外觀和型號上皆不易分辨，故仍須從規格中判斷。雖然，目前大多數的電晶體屬於 FET，但由於 FET 在高頻率工作環境下的動作速率較慢，因此近年電晶體的主流有回歸BJT的趨勢。

## 5-4-1 JFET 的基本結構

1945 年，物理學家蕭克萊(W.Shockley)提出一個構想，認爲強電場能夠在半導體附近產生電流。蕭氏試著實化此理論，卻未成功。直到 1960 年 Bell 實驗室科學家 John Atalla 根據 Shockley 原始的場效應理論(field-effect theories)發展出一新的設計。1960 年代末，製造廠商便已將接面型積體電路製成場效應元件了。

接面場效電晶體(Junction Field Effect Transistor，JFET)爲 FET 的一種型式。據以名之，FET的原理爲藉由一微弱電子訊號穿過"電極"而在電晶體內產生出一電場(electrical field)。當訊號進入時，電場會從正快速地跳換成負，並控制流過電晶體的二次電流，電場調節二次電流以模擬一次電流，但事實上，二次電流遠大於一次電流。

如圖 5-48(a)所示爲 JFET 的半導體物質基材，上端稱爲**吸極**(Drain)、下端爲**源極**(Source)，源極與吸極之間的半導體稱作通道(channel)。此圖例中，通道採用*N*型半導體材，故其多數載子爲位在傳導帶上的自由電子。藉 $V_{DD}$ 和通道內電阻的大小，便可獲致一定量的電流。

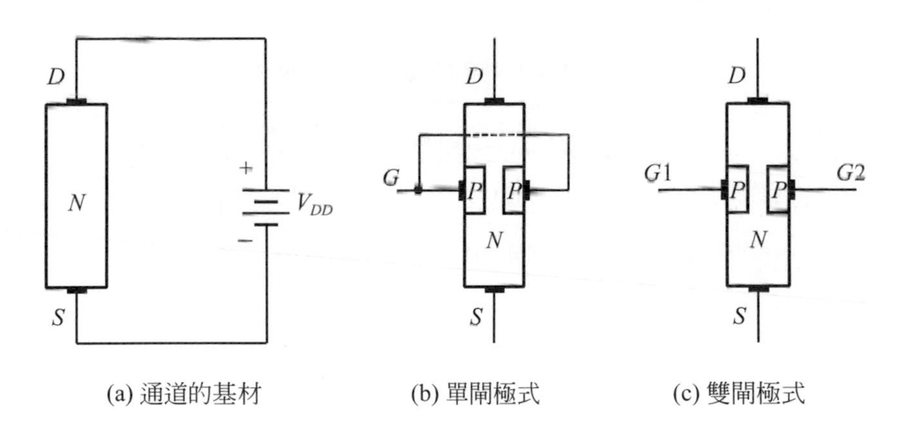

(a) 通道的基材　(b) 單閘極式　(c) 雙閘極式

圖 5-48　JFET 基本結構

在通道的外側再將兩片*P*型半導體材注入並使擴散在基材上，產生*PN*接面，便可形成 JFET。由擴散材引出的電極稱爲**閘極**(Gate)。依引出閘極的數目可分成單閘極 JEFT 和雙閘極 JFET 兩種。單閘極 JFET 在*N*通道內的兩個*P*型區，其內部是互相接連在一起，而只有一個閘極引出到外端，如圖 5-48(b)所示。

JFET 根據所採用的通道材料可分成兩大類，如圖 5-49 所示：

1. $N$通道 JFET：載子為自由電子。
2. $P$通道 JFET：載子為電洞。

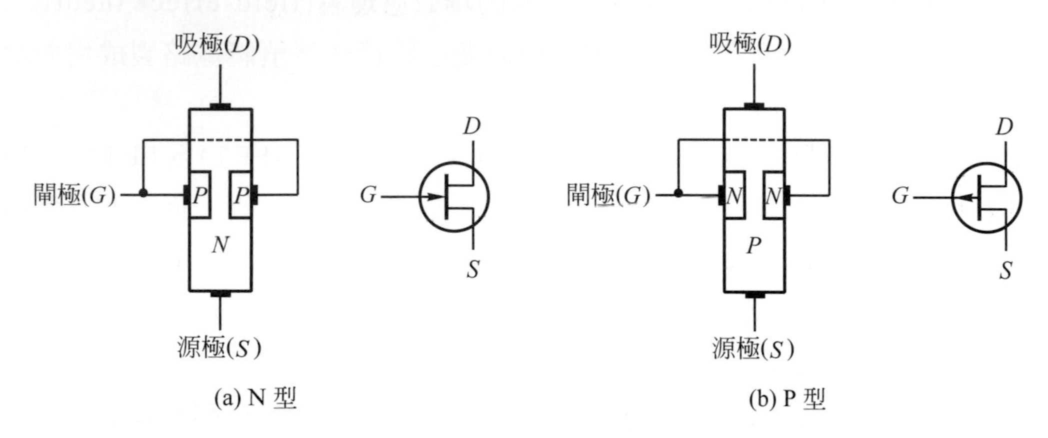


圖 5-49　兩類 JEFT 及其符號

**源極、吸極和閘極分別以字母 *S*、*D* 和 *G* 代表**。為便於理解，JFET 三端與 BJT 間的相對關係如表 5-3 所示。

表 5-3　JFET 與 BJT 電極之相對關係

| | JFET | BJT |
|---|---|---|
| 電極 | 源極($S$) | 射極($E$) |
| | 閘極($G$) | 基極($B$) |
| | 吸極($D$) | 集極($C$) |

## 5-4-2　JFET 的動作原理

現以$N$通道 JFET 來說明其基本工作，如圖 5-50 所示，在$N$通道元件加上一電源電壓$V_{DD}$，$V_{DD}$加在$D$-$S$間而提供一電壓$V_{DS}$，因而產生一股由吸極($D$)流向源極($S$)的電流$I_D$(實際上的電子流方向與$I_D$相反，故稱$D$極為吸極)。

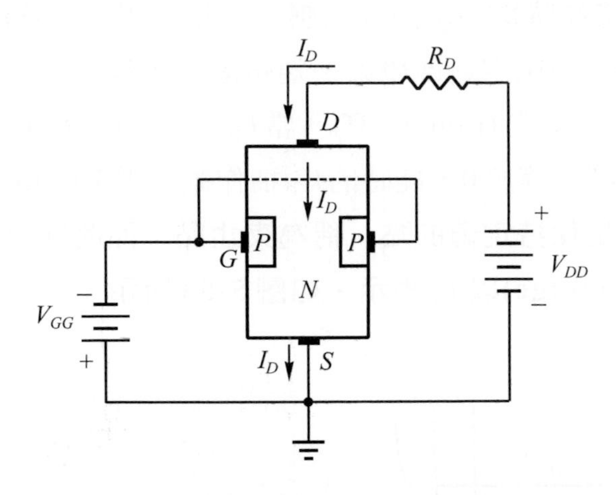


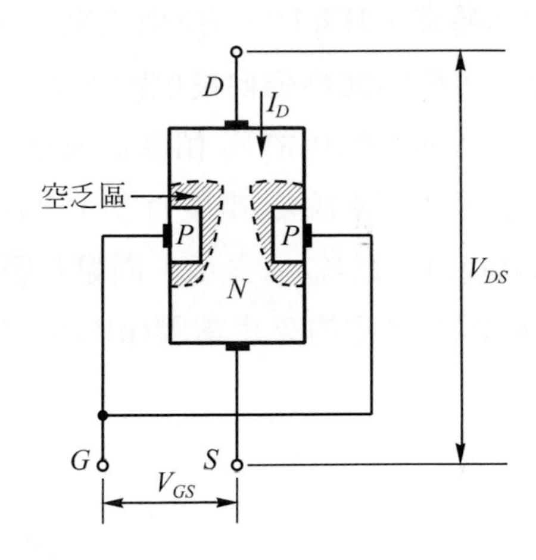

圖 5-50　$N$通道 JFET 的基本工作

圖 5-51　$I_D$、$V_{DS}$與通道變化的關係

另外，在閘極($G$)上外加一逆向偏壓$V_{GG}$以提供$G$-$S$間電壓$V_{GS}$，此逆向偏壓的大小會直接影響$D$極流向$S$極電流$I_D$的大小。原因是$V_{GG}$能改變$G$-$S$極之間的$PN$接面所產生之空乏區的大小，進而引起通道的寬窄變化，使電流$I_D$受到控制。

如圖 5-51 所示，由於$G$極與$D$極的$PN$接面逆向偏壓大於$G$極與$S$極的$PN$接面逆向偏壓，又因爲空乏區的寬度與逆向偏壓大小成正比，所以$G$極在靠近上端$D$極的空乏區較寬，使得其通道的寬度較小(如圖中虛線部份所示)。當$V_{DS}$增加時，$I_D$値會增大。因電流增大，逆向電壓也跟著增大，而使通道變小，於是抵消了$I_D$的增加量，讓$I_D$得以維持恆定。此即 JFET 特性曲線中的「飽和區」(saturation region)，如圖 5-52 所示。在飽和區內，$V_{GS}$逆向偏壓值等於 0V。

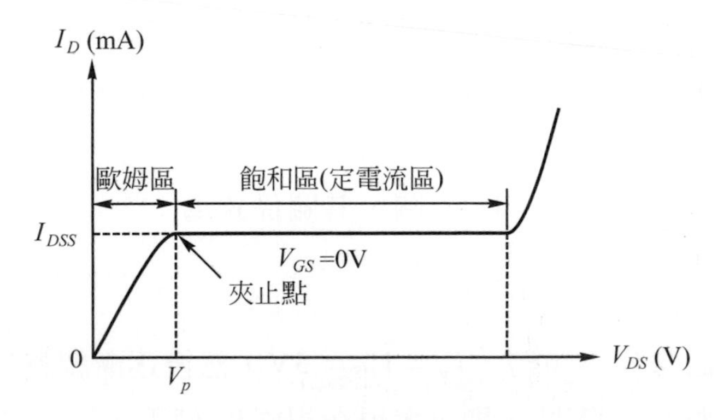


圖 5-52　JFET 的特性曲線

通常，JFET 的$G$-$S$極電壓$V_{GS}$在工作時均加上逆向偏壓，如果$V_{GS}$由 0V 逐漸增大，則因此一逆向電壓的增加，使通道中空乏區變大，通道變窄，最後使$I_D$減小。亦即在較低的$V_{DS}$值就能使通道“夾止”(pinch off)。當$V_{GS}$一直加大到某一電壓值時，不論$V_{DS}$電壓有多大，$I_D$值都只等於 0，此時的$V_{GS}$稱作截止電壓(cutoff voltage)，以$V_{GS(off)}$表示。**而讓$I_D$值開始保持定值的點，稱為夾止點，而此刻的$V_{GS}$稱作 $G$-$S$ 極的夾止電壓(pitch off voltage)以 $V_p$ 表示，如圖 5-53 所示。**

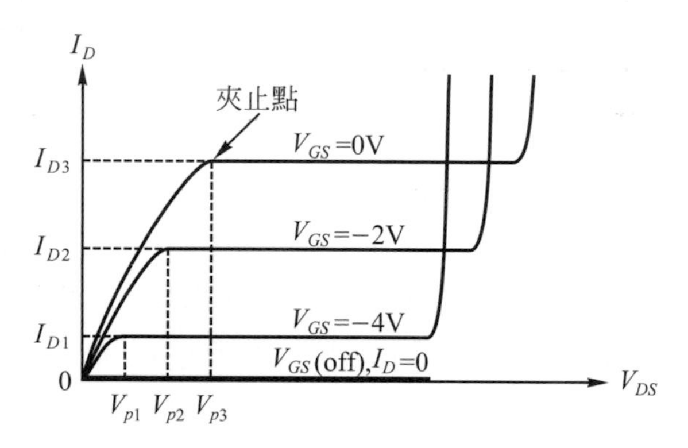


圖 5-53　三種$V_{GS}$電壓的夾止電壓($V_p$)比較(以$N$通道 JFET 為例)

在$N$通道 JFET 中，$V_{GS}$逆向偏壓愈大，則$V_{GS}$值爲愈大的負值；反之在$P$通道 JFET 中，$V_{GS}$逆向偏壓愈大，$V_{GS}$值則爲愈大的正值。從圖 5-53 中可以看出，當$V_{GS}$逆向電壓愈大時，$I_D$值反而愈小，其夾止電壓$V_p$也變得愈低。這是由於改變$V_{GS}$電壓的大小，將會改變通道寬度，而使通道電阻改變，同時改變了$I_D$值。這便是 JFET 的特性：屬於一種電壓控制元件。

JFET特性曲線中，$I_D$隨$V_{DS}$呈線性變化的曲段稱爲「歐姆區」(ohmic region)，如同電阻的$I$-$V$特性，故又叫作電阻區。當$V_{GS}=0$時，飽和區的電流值又稱作吸–源極飽和電流(drain-source saturation current)，以$I_{DSS}$表示。

夾止電壓$V_p$的大小與$V_{DS}$、$V_{GS}$有關，其關係式爲：

$$|V_p| = |V_{DS}| + |V_{GS}| \tag{5-9}$$

如圖 5-54 所示，設當$V_{GS}=0$時，$V_p=V_{DS}=5\text{V}$，然後逐漸調整$V_{GS}$值，使$V_{GS}$逐次增大。若當$V_{GS}$調整到$-1\text{V}$時，則可發現在相同$V_{DS}$值下，所得到的吸極電流$I_D$卻較$V_{GS}=0$時爲小。$V_{GS}=-1\text{V}$ 時的$V_{DS}$值爲：

$$|V_{DS}| = |V_p| - |V_{GS}| = 5V - 1V = 4V$$

其餘$V_{GS}$值亦依相同方法求出$V_{DS}$值。

JFET 與 BJT 最大不同在於$G$極採逆向偏壓而基極爲順向偏壓，所以 JFET 的作用像是一個電壓控制裝置。理想化時，輸入電壓可單獨控制輸出電流。BJT則需使用輸入電壓和輸入電流來控制輸出電流。

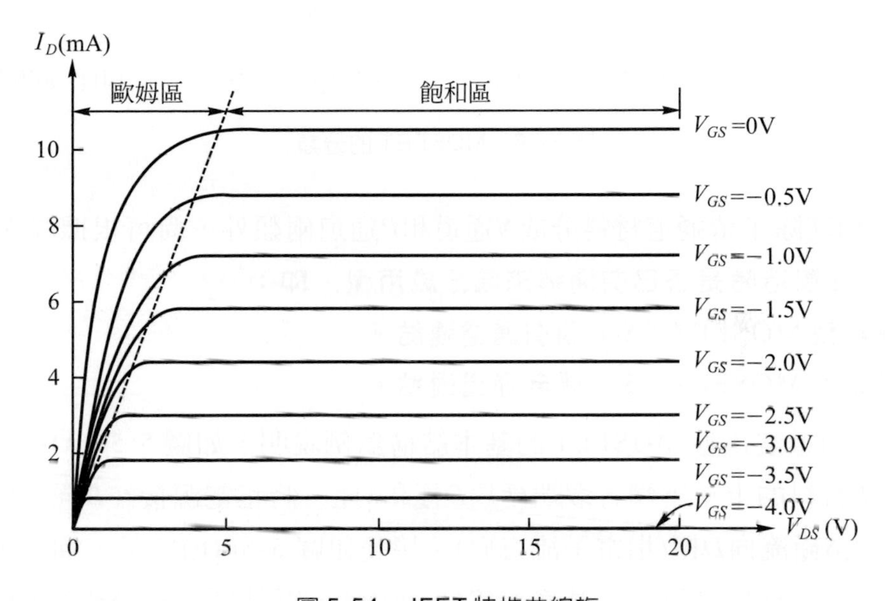


圖 5-54　JFET 特性曲線族

## 5-4-3　MOSFET 的基本結構

**金屬氧化物半導體場效電晶體**(Metal Oxide Semiconductor FET，MOSFET)是場效電晶體的第二種型式。它與 JFET 不同的地方在於：MOSFET 沒有$PN$接面，但其閘極($G$)卻採用和通道絕緣的$SiO_2$材料，故MOSFET或被稱作**絕緣閘場效電晶體**(Insulated Gate FET，IGFET)。

近年來，由於互補式 MOSFET 積體電路在電子工業中佔了重要地位，故修習車輛工程的讀者們也需對 MOSFET 有一初步的認識。

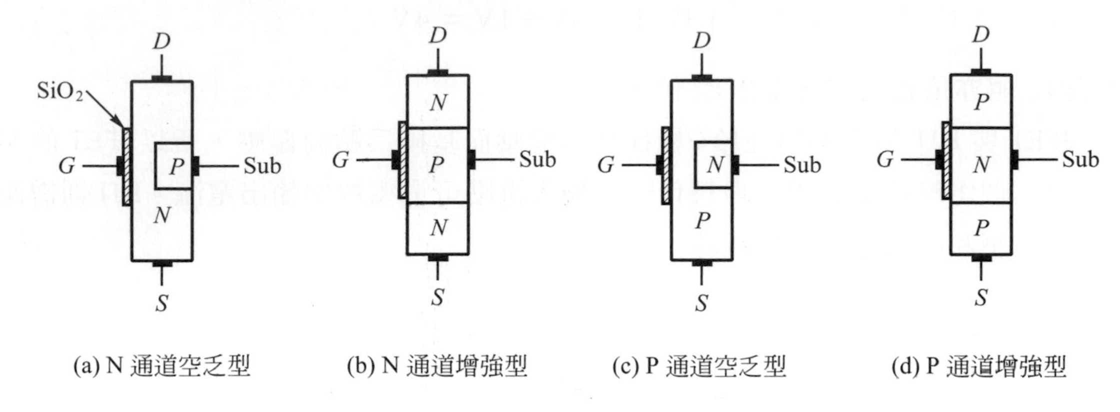


圖 5-55　MOSFET 的分類

MOSFET除了依通道材料分成*N*通道和*P*通道兩類外，尚可根據源極(*S*)與吸極(*D*)間，**在製造時是否已有通道來區分成兩型，即：**

1. **空乏型** MOSFET：*S*-*D*間**有通道連結**。
2. **增強型** MOSFET：*S*-*D*間**無通道連結**。

現以*N*通道空乏型 MOSFET 的基本結構爲例說明，如圖 5-56(a)所示，在一*N*型半導體材料的上、下端各取端極爲*D*極和*S*極。將正電源接在*D*極，使導電帶的電子能由*S*極流向*D*極(指電子流方向)。接著如圖 5-56(b)所示，通道中只有一個*P*型區，我們稱此區域爲「基底」(Substrate)。*P*型區緊縮在*S*極與*D*極之間的通道，只留下很小的通路，讓電子在其間流過。

如圖 5-56(c)所示，有一極薄的氧化金屬材(通常爲$SiO_2$)被放置在通道另一側表面上，此氧化物爲絕緣體，最後從氧化物上取出*G*極。*G*極與通道間絕緣，故又稱 MOSFET 爲 IGFET。

如果說JFET是利用*G*極的*PN*接面做輸入訊號控制，那麼，MOSFET便是藉由*G*極與半導體材之間所形成的閘極電容來做控制。由於電容器的漏電流遠比*PN*接面小，故MOSFET閘極的輸入電阻會較一般JFET閘極電阻還高出許多。通常MOSFET的閘極輸入阻抗可高達$10^{15}\Omega$左右。

MOSFET 的符號如圖 5-58 所示。*G*極如電容器的金屬板，其對面的垂直線代表通道。基底(Sub)上的箭頭指向*N*型區。通常，製造廠商會先將基底與*S*極在內部連接在一起，而成爲 3 端子的元件。

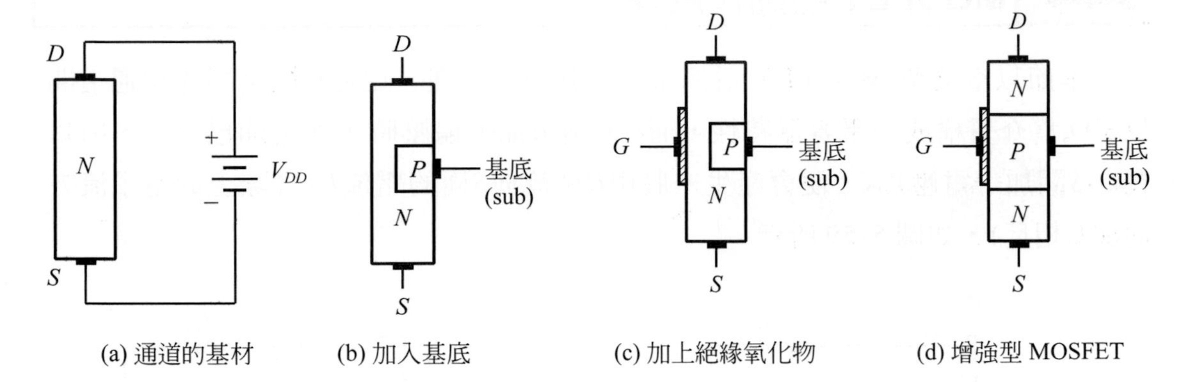


(a) 通道的基材　(b) 加入基底　(c) 加上絕緣氧化物　(d) 增強型 MOSFET

圖 5-56　MOSFET 基本結構

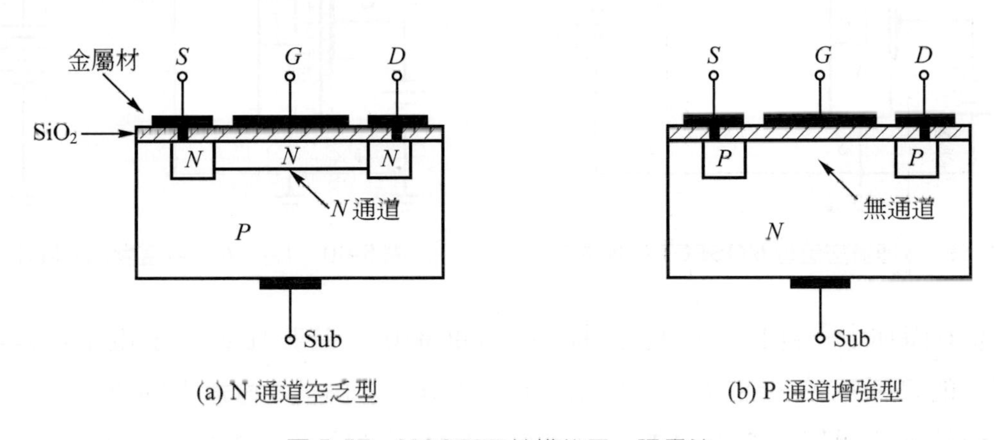


(a) N 通道空乏型　(b) P 通道增強型

圖 5-57　MOSFET 結構的另一種畫法

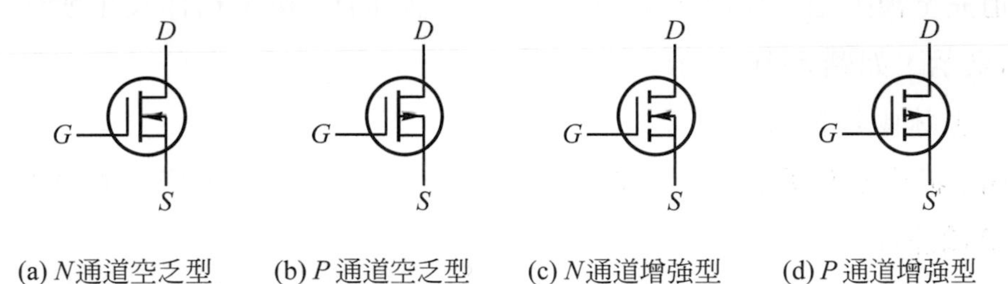


(a) N通道空乏型　(b) P 通道空乏型　(c) N通道增強型　(d) P 通道增強型

圖 5-58　MOSFET 的符號

## 5-4-4 MOSFET 的動作原理

本節以空乏型 MOSFET 爲例來說明其動作原理，由於$G$極金屬片和通道間以$SiO_2$爲介質構成一電容器特性，而在$G$極未加上偏壓時，通道即已存在，所以在$D$-$S$間加一電壓$V_{DD}$，便會產生一股由$D$極流向$S$極的電流$I_D$(實際上的電子流方向與$I_D$相反)，如圖 5-59 所示。

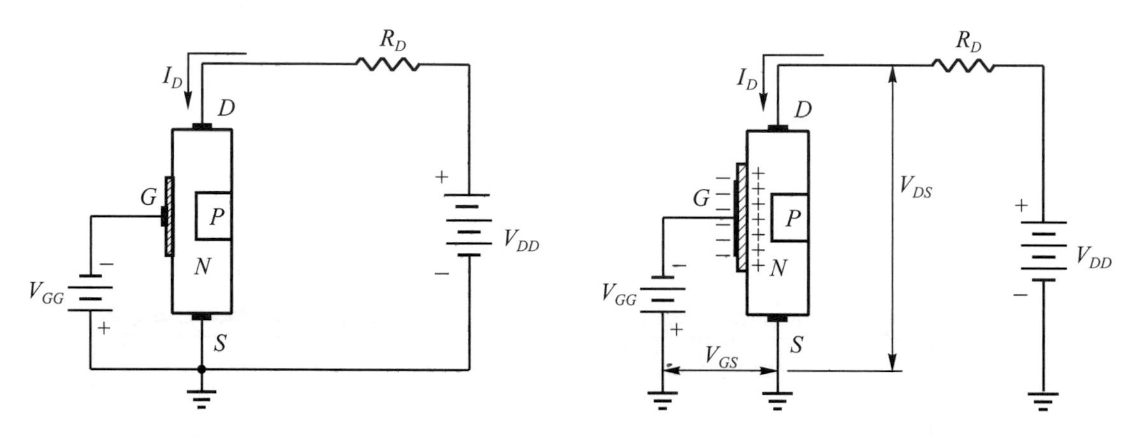


圖 5-59　$N$通道空乏型 MOSFET 的基本工作

圖 5-60　$V_{GS}$、$I_D$與通道變化的關係

當$G$極加上一逆向偏壓$V_{GG}$以提供$G$-$S$間電壓$V_{GS}$時，便會產生電子並排斥從通道來的導通電子，而留下正電荷離子在通道上。由於$N$通道上的電子“空乏”了，致使通道變窄，電阻增加，通道的導電性因而降低。如果$G$-$S$間的逆向偏壓愈大，$N$通道上的電子空乏區也愈大，通道愈窄。當$G$極的負電壓大到某一定值時，通道完全被阻絕，使$D$極電流$I_D$等於 0，此時的$V_{GS}$電壓稱作夾止或截止電壓，以$V_{GS(\text{off})}$表示，如圖 5-60 所示。

綜合上述兩種情形，即：

1. 當$G$極未加偏壓($V_{GS}=0\text{V}$)時，加入適當的$V_{DS}$偏壓，便能在$D$-$S$間產生吸極電流$I_D$。
2. 當$G$極施加負電壓($V_{GS}<0\text{V}$)時，通道內因感應正電荷而出現空乏區，使$N$通道導電性降低，此時MOSFET的動作屬於空乏模式(depletion mode)。

這兩種情形與前幾節所介紹的JFET工作原理相同。但是MOSFET還有另外一種專屬於自己的模式，稱爲增強模式(enhancement mode)，即：

3. 當$G$極加上正電壓($V_{GS} > 0V$)時，通道內會感應出負電荷，通道內電子數目增多，因而增加了$I_D$的電流量。此種增強模式爲MOSFET所特有。

由以上敘述得知，$V_{GS}$電壓可以爲正或負，藉改變$V_{GS}$電壓大小便可以改變通道的導電性，亦即改變$I_D$之大小。圖5-61爲$N$通道空乏型MOSFET之特性曲線，其中，在$V_{GS} = 0V$以上的曲線區稱作**增強模式**，$V_{GS}$以下區域稱爲**空乏模式**。$P$通道空乏型的特性曲線恰與此相反，如圖5-62所示。

至於MOSFET的另一種型式–增強型MOSFET，其動作原理則較空乏型更爲簡單。兩者在結構上很相似，所不同的是增強型MOSFET的基底延伸至金屬氧化層，因此$D$-$S$兩極被分隔而無通道存在。

以$N$通道增強型爲例，由於$D$-$S$間無通道，故若$G$極無偏壓，即$V_{GS} = 0V$時，$D$-$S$間亦無吸極電流$I_D$，這屬於一種正常的截止現象。但如圖5-63所示，當$G$極加上正電壓($V_{GS} > 0V$)，且達到臨界值時，$P$型基底中的電洞會被排開而形成一帶有負電荷($N$型區)的"通道"，於是$D$-$S$間便有電流$I_D$的流動了。若$G$極加上負電壓，則在$N$通道增強型MOSFET中不會出現$N$通道；然而在$P$通道增強型MOSFET，則只在$G$極加上負電壓時($V_{GS} < 0V$)，才會產生$P$通道。

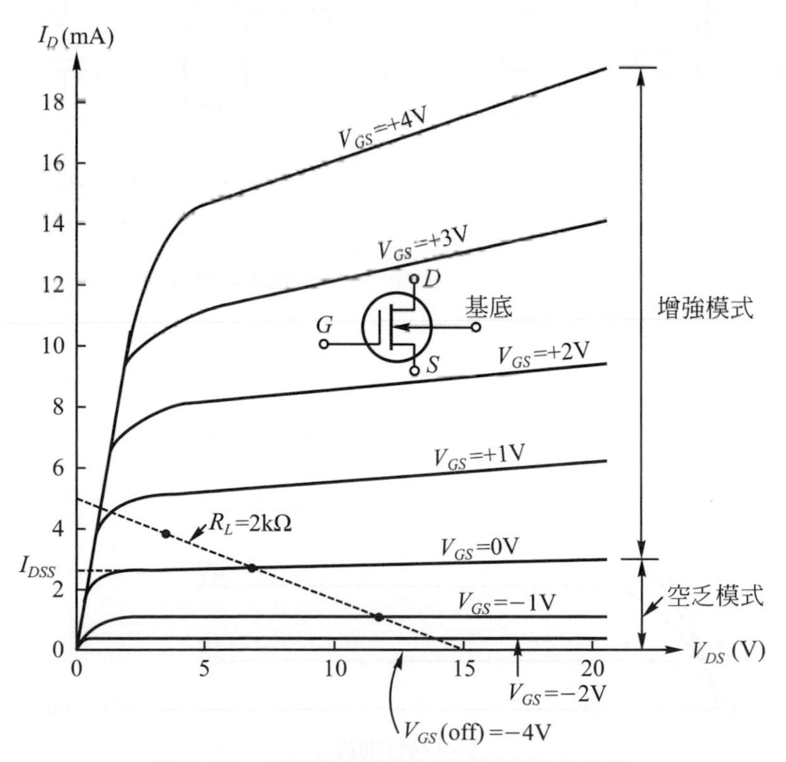


圖5-61　$N$通道空乏型MOSFET特性曲線

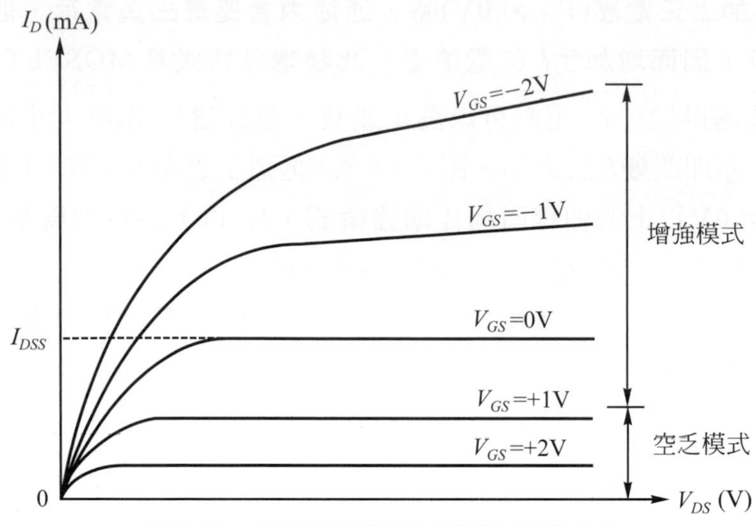


圖 5-62　*P*通道空乏型 MOSFET 特性曲線

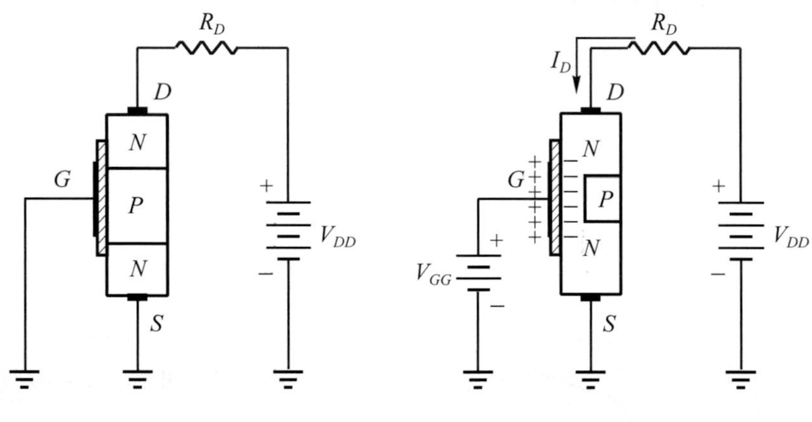


(a) $V_{GS}$＝0，無電流$I_D$

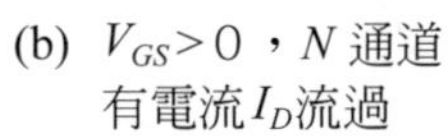


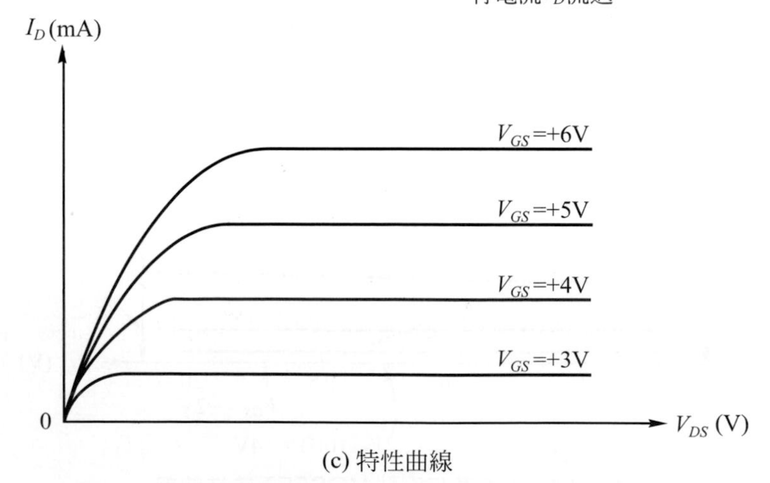


(c) 特性曲線

圖 5-63　*N*通道增強型 MOSFET 動作原理及特性曲線

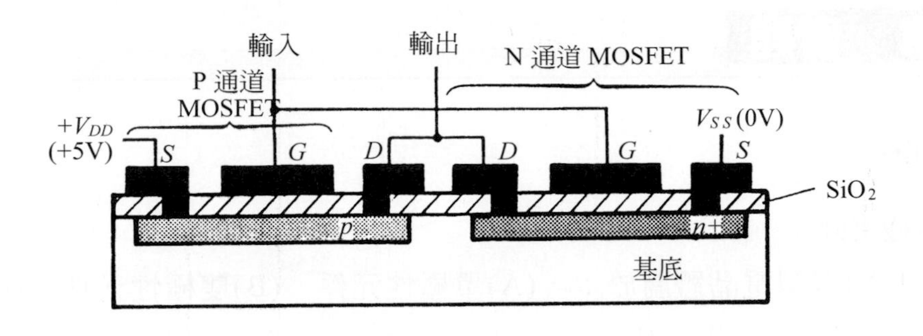


(a) CMOS

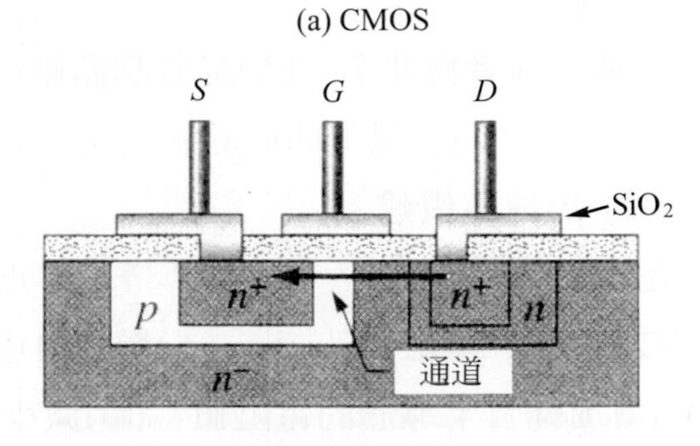


(b) 橫向雙擴散 MOSFET

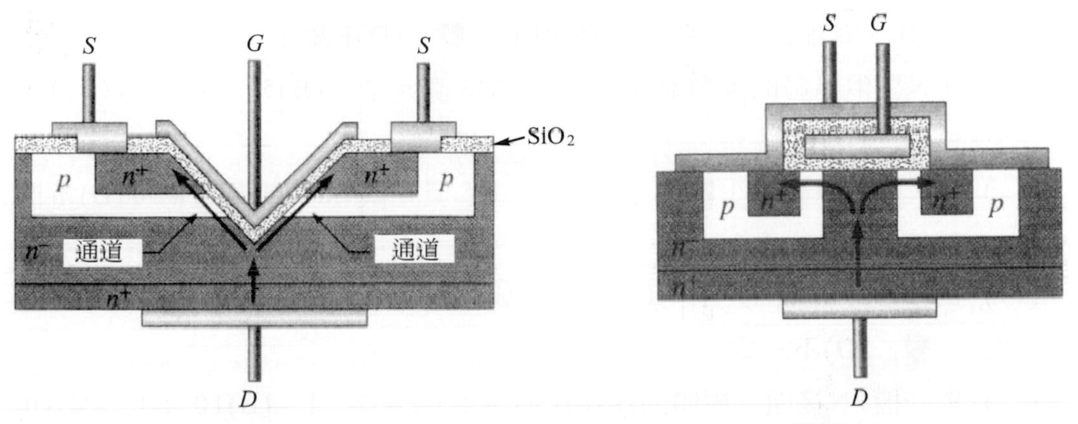


(c) V 槽 MOSFET

(d) 雙閘極 MOSFET

圖 5-64　各種 MOSFET (取自：同圖 5-34)

儘管增強型MOSFET在工作範圍上較空乏型MOSFET受到更大的限制，但卻因構造簡單、體積較小，而較適用在大型積體電路中。MOSFET 的衍生種類繁多，如著名的**互補式金屬氧化物半導體場效電晶體(Complementary MOSFET)，簡稱 CMOS**，廣用於各種數位IC的製造。另外還有可以消耗高功率的各種功率型MOSFET、雙閘極式MOSFET等，如圖 5-64 所示。讀者們若要獲得這方面更深入的內容，請參閱相關之數位電子學書籍。

# 第五章　習題

## A. 選擇部份：

### 5-1 雙極接面

(　) 1. NPN型電晶體屬於：　(A)單極性元件　(B)雙極性元件　(C)三極性元件　(D)以上都有。

(　) 2. 下列對矽的敘述，何者爲非？　(A)純矽晶體屬於純質半導體　(B)矽原子有4個價電子　(C)室溫下的矽晶體便可能產生自由電子　(D)矽原子會和鍺原子形成共價建。

(　) 3. 自由電子存在於：　(A)價電帶　(B)傳導帶　(C)原子核　(D)能隙間。

(　) 4. 半導體製程技術中的"摻雜"可以：　(A)增加自由電子數目　(B)降低導電性　(C)增加純質半導體的電阻值　(D)減少電洞數目。

(　) 5. 在矽晶體內摻入微量的3價元素，可以製成：　(A)矽純質半導體　(B)3價雜質半導體　(C)N型半導體　(D)P型半導體。

(　) 6. N型半導體的多數載子爲：　(A)3價元素　(B)5價元素　(C)自由電子　(D)電洞。

(　) 7. P型半導體的少數載子爲：　(A)5價元素　(B)3價元素　(C)電洞　(D)自由電子。

(　) 8. 當溫度升高時，半導體材料的電阻會：　(A)增加　(B)減少　(C)不變　(D)不一定。

(　) 9. 一般PN接面二極體的摻雜比約爲：　(A)1：1　(B)$10^3$：1　(C)$10^5$：1　(D)$10^8$：1。

(　)10. 空乏區的寬度約爲：　(A)0.5～1.0 cm　(B)1～5 mm　(C)0.05～0.1mm　(D)0.5～1.0 μm。

(　)11. P型區靠近PN接面處呈：　(A)正電　(B)負電　(C)電中性　(D)以上皆非。

(　)12. 障壁電壓的大小，受什麼因素影響？　(A)溫度　(B)半導體材料　(C)摻雜量　(D)以上皆是。

(　)13. 矽半導體材料的障壁電壓為：　(A)0.1～0.2　(B)0.2～0.3　(C)0.6～0.7　(D)0.8～1.0 伏特。

(　)14. 順向偏壓是指：　(A)電池負極接 P 型區　(B)正極接 N 型區　(C)電子流由 P 流向 N 型區　(D)電洞流由 P 型區流入空乏區。

(　)15. 下列對逆向偏壓的敘述，何者為對？　(A)會降低障壁電壓　(B)會讓空乏區變寬　(C)PN 半導體的功用如導線一般　(D)達崩潰電壓時，會有大量的多數載子通過 PN 接面。

## 5-2 二極體

(　)16. 將P型半導體與N 型半導體接合一起，可製成：　(A)二極體　(B)整流二極體　(C)PN 接面二極體　(D)以上皆對。

(　)17. 符號 [symbol] 代表：　(A)整流二極體　(B)稽納二極體　(C)感光二極體　(D)發光二極體。

(　)18. 整流二極體工作時多採：　(A)順向偏壓　(B)逆向偏壓　(C)以上皆是　(D)視情況而定。

(　)19. 當二極體的外加順向偏壓小於障壁電壓時，二極體：　(A)立刻導通　(B)慢慢導通　(C)不導通　(D)順向電流無限大。

(　)20. 稽納二極體工作於：　(A)整流區　(B)崩潰區　(C)逆向區　(D)膝點區。

(　)21. 膝點電壓即：　(A)崩潰電壓　(B)障壁電壓　(C)整流電壓　(D)最大順向電壓。

(　)22. 稽納二極體在達到崩潰電壓時，會：　(A)導通，壞掉　(B)導通，良好　(C)不通，壞掉　(D)不通，良好。

(　)23. 查表 5-1，二極體 1N4001 的崩潰電壓為多少？　(A)1V　(B)5V　(C)12V　(D)50V。

(　)24. 可作為電壓調整之用的二極體是：　(A)定壓整流粒　(B)定壓二極體　(C)稽納二極體　(D)以上皆是。

(　)25. 通常，稽納二極體的崩潰電壓($V_Z$)較整流二極體者為：　(A)低　(B)高　(C)一樣　(D)不一定。

(　)26. 稽納電壓即：　(A)崩潰電壓　(B)障壁電壓　(C)膝點電壓　(D)最大順向電壓。

(　)27. 查表 5-2，哪一顆稽納二極體可作爲5伏特定壓用？　(A)1N4761　(B)1N4742　(C)1N4728　(D)1N4733。

(　)28. 如例 5-2 圖所示，假設稽納二極體的$V_Z = 10V$，今欲使$I_{ZK}$值不得超過3mA，則電阻$R$應爲：　(A)0.67Ω以上　(B)0.67Ω以下　(C)667Ω以上　(D)667Ω以下。

(　)29. LED 的順向偏壓一般約在：　(A)0.2～0.3V　(B)0.6～0.7V　(C)1.2～3.2V　(D)3～10V。

(　)30. 當順向偏壓電流愈大時，LED的亮度會：　(A)愈亮　(B)愈暗　(C)不變　(D)不一定。

(　)31. 感光二極體在應用上多採何種接法：　(A)順向偏壓　(B)逆向偏壓　(C)以上皆可　(D)視情況而定。

## 5-3 雙極性接面電晶體(BJT)

(　)32. 價格最低廉、使用最普遍的半導體元件是：　(A)BJT　(B)FET　(C)CMOS　(D)JFET。

(　)33. BJT具有的載子爲：　(A)電子　(B)電洞　(C)電子與電洞　(D)電子或電洞。

(　)34. 電晶體的特點是：　(A)體積小　(B)效率高　(C)成本低　(D)以上皆是。

(　)35. PNP 型電晶體主要以何種載子來傳導電流？　(A)電子　(B)電洞　(C)電子與電洞　(D)電子或電洞。

(　)36. 電晶體內三個區塊中，集極以何字母代表？　(A)E　(B)B　(C)C　(D)G。

(　)37. 下列對電晶體的敘述，何者有誤？　(A)摻雜濃度最高的是射極　(B)基極最薄　(C)基、射極間的接面稱爲射極接面　(D)集極接面之空乏區較大。

(　)38. 目前電晶體多以矽材爲主，其工作溫度約在：　(A)50～80℃　(B)75～100℃　(C)120～180℃　(D)200℃。

( )39. 功率電晶體通常用來處理幾安培以上的電流？ (A)0.5A (B)1A (C)5A (D)10A。

( )40. 以功率電晶體正面視之，通常中間的接腳為： (A)B (B)C (C)E (D)G 極。

( )41. NPN型電晶體的射極材料為： (A)P型半導體 (B)N型半導體 (C)都可以 (D)以上皆非。

( )42. 電晶體採用何種偏壓方式？ (A)FF (B)FR (C)RF (D)RR。

( )43. 電晶體的基、集極間採用： (A)順向偏壓 (B)逆向偏壓 (C)都可以 (D)視型式而定。

( )44. 電晶體要能導通必須誰先導通？ (A)B-C間 (B)E-C間 (C)E-B間 (D)視型式而定。

( )45. $I_B$、$I_E$、$I_C$三者的關係為： (A)$I_B=I_E+I_C$ (B)$I_C=I_B+I_E$ (C)$I_E=I_C+I_B$ (D)$I_B \fallingdotseq I_C$。

( )46. 電晶體能以小電流來控制大電流，此小電流指的是： (A)$I_B$ (B)$I_E$ (C)$I_C$ (D)以上皆非。

( )47. 電晶體的放大作用，通常是指放大： (A)直流電壓 (B)直流電流 (C)交流電壓 (D)交流電流。

( )48. 使用最普遍的電晶體放大電路是： (A)CE (B)CC (C)CB (D)以上皆是。

( )49. 以射極作為輸出、入訊號的共同端的接線方式為： (A)CE (B)CC (C)CB (D)以上皆非。

( )50. 共射極組態放大電路的優點為： (A)低電流增益 (B)低電壓增益 (C)高 AV 值 (D)低輸入阻抗。

( )51. 關於電晶體的放大作用，下列何者為對？ (A)$\alpha=I_E/I_C$ (B)$\alpha=I_B/I_C$ (C)$\beta=I_E/I_B$ (D)$\beta=I_C/I_B$。

( )52. 若要使電晶體的$\alpha$愈大，則在製造上應使： (A)射極摻雜濃度愈低 (B)基極愈薄 (C)基極摻雜濃度愈高 (D)射極愈厚。

( )53. 大多數電晶體的$\alpha$值為： (A)0.5～0.8 (B)0.9～0.95 (C)0.98～0.99 (D)大於1。

(　)54. 典型的"直流電流增益"值為：　(A)1～10　(B)20～100　(C)100～300　(D)100～1000。

(　)55. 某一電晶體測得電流值如下：$I_B = 0.01\text{mA}$，$I_E = 4.5\text{mA}$，$I_C = 2.5\text{mA}$，則：　(A)$\alpha = 450$　(B)$\alpha = 200$　(C)$\beta = 180$　(D)$\beta = 250$。

(　)56. 與電晶體放大作用有關的規格是：　(A)$h_{FC}$　(B)$h_{FB}$　(C)$h_{FE}$　(D)$A_V$。

(　)57. 電晶體作為開關用時，當開關接通時：　(A)$I_C = 0\text{mA}$　(B)$I_B = 0\text{mA}$　(C)晶體在飽和狀態　(D)$V_{BE} < 0.7\text{V}$。

## 5-4 場效電晶體(FET)

(　)58. 下列對FET的敘述，何者為非？　(A)靠基極電流來控制集極或射極電流大小　(B)可視為一種電壓控制的電阻元件　(C)高頻工作速率較BJT為慢　(D)熱穩定性佳，不易受溫度影響。

(　)59. 接面型場效電晶體(JFET)：　(A)屬於雙極性電晶體　(B)利用電磁場控制導通電流　(C)$V_{GS}$為一逆向偏壓　(D)N通道型JFET的唯一載子是電洞。

(　)60. JFET 中相當於雙極性接面電晶體基極的是：　(A)閘極　(B)源極　(C)吸極　(D)陽極。

(　)61. JFET的閘、源極間採用：　(A)順向偏壓　(B)逆向偏壓　(C)都可以　(D)視型式而定。

(　)62. P 通道 JFET 的電荷載子是：　(A)自由電子　(B)多數載子為自由電子，少數載子為電洞　(C)多數載子為電洞，少數載子為自由電子　(D)電洞。

(　)63. P通道JFET的D極連接電源的：　(A)正極　(B)負極　(C)都可以　(D)以上皆非。

(　)64. 當$V_{GS}$電壓從 1V 增至 2V 時，會使：　(A)空乏區變小　(B)通道變窄　(C)導通電流$I_D$變大　(D)$V_{DS}$變小。

(　)65. JFET 的通道介於：　(A)D 極與 S 極　(B)D 極與 G 極　(C)G 極與 S 極　(D)輸出與輸入 之間。

(　)66. 當$V_{GS} = 0\text{V}$，吸極電流$I_D$成定電流狀態時，$V_{DS}$：　(A)等於$V_P$　(B)大於$V_P$　(C)小於$V_P$　(D)等於 0V。

(　)67. 場效電晶體的飽和區介於：　(A)截止與夾止點　(B)夾止與飽和點　(C)0V與崩潰點　(D)夾止與崩潰點　之間。

(　)68. 閘源極逆向偏壓$V_{GS}$愈大，則吸極導通電流$I_D$：　(A)愈小　(B)愈大　(C)不變　(D)不一定。

(　)69. 若要使P通道JFET的$I_D$、$V_P$值愈大，應使$V_{GS}$值成爲：　(A)愈大的正值　(B)愈小的正值　(C)愈大的負值　(D)愈小的負值。

(　)70. 在$V_{GS(off)}$時：　(A)$V_{GS}=0V$　(B)$V_{DS}=0V$　(C)$I_D=0mA$　(D)$I_D=\infty$。

(　)71. MOSFET與JFET最大的不同點是：　(A)MOSFET有兩個閘極　(B)MOSFET無通道連結　(C)JFET有PN接面　(D)JFET的閘極內有絕緣材。

(　)72. 符號（MOSFET符號）代表：　(A)P通道空乏型　(B)P通道增強型　(C)N通道空乏型　(D)N通道增強型。

(　)73. 下列對MOSFET的敘述，何者爲非？　(A)利用閘極電容特性做控制　(B)閘極輸入阻抗相當高　(C)無通道者稱爲增強型　(D)利用閘極的PN接面做輸入訊號控制。

(　)74. N通道空乏型的$V_{GS}$爲正值時，電晶體工作於：　(A)空乏模式　(B)增強模式　(C)飽和模式　(D)截止模式。

(　)75. 若欲使P通道增強型導通，應先於閘極通以：　(A)正電壓　(B)負電壓　(C)都可以　(D)大於電壓。

## B. 簡答及繪圖部份：

### 5-1 雙極接面

1. 試說明雙極性元件與單極性元件的不同點，並舉出其代表元件。
2. 簡述價電子如何變成自由電子。
3. 請寫出N型與P型半導體的形成過程。
4. 何謂空乏區、障壁電壓？
5. 繪圖說明順向偏壓與逆向偏壓的不同點。

5-2 二極體

6. 請列舉出二極體的種類。
7. 何謂膝點電壓？
8. 購買二極體時，有哪些規格須注意？
9. 請寫出稽納二極體的主要功用(4 項)。
10. 稽納二極體在使用上應注意哪些原則？
11. 光電二極體多使用在哪裡？請列舉一二。
12. 何謂透納二極體的“負電阻效應”？

5-3 雙極性接面電晶體(BJT)

13. 何謂雙極性接面電晶體？共分成幾類？
14. 繪圖說明 NPN、PNP 型電晶體的偏壓方式。
15. 說明電晶體爲何能以小電流來控制大電流。
16. 電晶體放大器的 FR 偏壓接法有哪三種？
17. 繪圖說明電晶體放大器 CE 式與 CC 式接法的不同點。
18. 請舉一實例說明電晶體的開關作用。

5-4 場效電晶體(FET)

19. 寫出場效電晶體的特點。
20. 試列出 FET 與 BJT 的不同點(4 項)。
21. 何謂接面場效電晶體(JFET)？
22. 畫出兩種 JFET 的符號，並標出其各極名稱。
23. 畫出 P 通道型 JFET 的偏壓接線圖。
24. 試比較 MOSFET 與 JFET 的不同點(4 項)。
25. 畫出 P 通道增強型 MOSFET 的偏壓接線圖。

# 6

# 電子學重要定律和基本電路

本章將爲各位介紹一些在分析電路上重要的定律，這些定律可以說是修習電子學人士的必讀內容。除了從事汽車電子電路系統設計的工程師之外；對大多數在汽車工程專業領域的人士而言，瞭解本章所介紹的這些基本但卻是重要的電子學定律以後，便足夠解決車上所發生的大部分與電路有關的問題了。

我們將先建立一些電路的概念，然後從串、並聯電路分析開始，在其後各節中藉由簡單易懂之實際電路計算，來說明各個定律的應用。

## 6-1 串聯電路與並聯電路

「電路」一詞，耳熟能詳，研究電子學的人，幾乎都在設計、分析電路。那麼，「電路」究竟爲何物？它的構成要件又是什麼？簡單來說，**將電源、負載(load)以導線連接起來，就構成一個「電路」(circuit)**。此負載也就是一個消耗或轉換電能的電子元件，例如：電阻、線圈等。電流從電壓源正極流出後，流經負載並回到電壓源的負極，而完成一個迴路(close circuit)，如圖 6-1 所示。

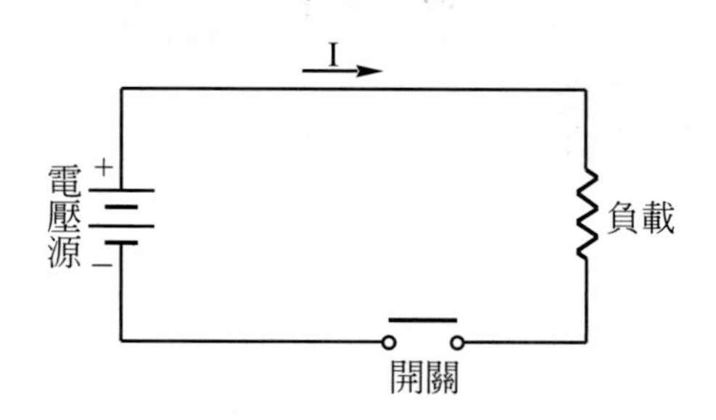


圖 6-1　簡單的完整電路

電路中除電阻外，尚可以有電容或電感的出現，則其電流爲非穩定之直流(脈動直流)，電流流經電容及電感時，亦會出現類似電阻之電壓降。因此，**電阻、電容與電感合稱電路負載之三元件**。本章所述之電路，絕大部分仍以電阻爲代表，這是爲了便於分析計算之故。

在汽車電子學中常常會遇見幾個與電路有關的名詞：**斷路、短路與搭鐵**。現以迴路的觀念解釋：

1. **斷路**：在一完整電路中，任何一處出現中斷，使電流無法流回電源負極，稱之爲「斷路」(open circuit)，亦有稱爲「開路」者。發生斷路現象將使電路無法工作。
2. **短路**：電流原來應流過整個負載及導線而完成迴路，但卻因導線或負載之絕緣損壞使電流流經的路線縮短後再回到電源負極，此現象稱作「短路」(short circuit)，如圖 6-2 所示。短路是否會影響負載之工作，需視短路所發生的位置而定。

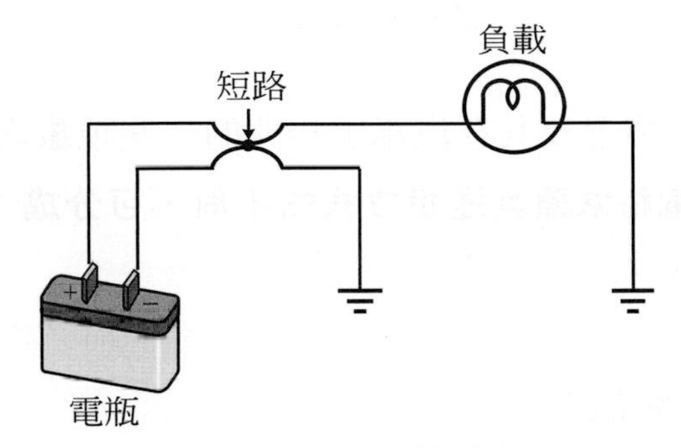


(a) 短路，負載不作用

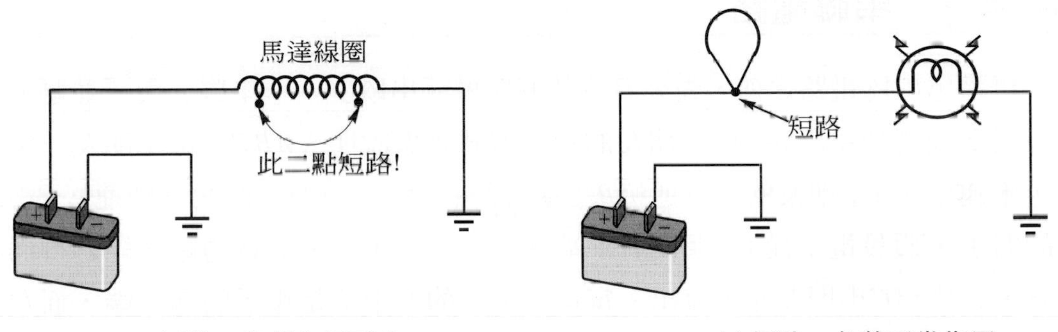


(b) 短路，負載作用不良

(c) 短路，負載正常作用

圖 6-2　短路現象

3. **搭鐵**：搭鐵現象也可以算是短路的一種。當電流因線路絕緣破損而不流經原來電路或負載，直接流到車身搭鐵並回到電源負極的現象稱作「搭鐵」(ground)。搭鐵發生點以後的原電路將不再有電流流過。如圖 6-3 所示，搭鐵出現的位置不同，其所產生的作用結果亦不同。

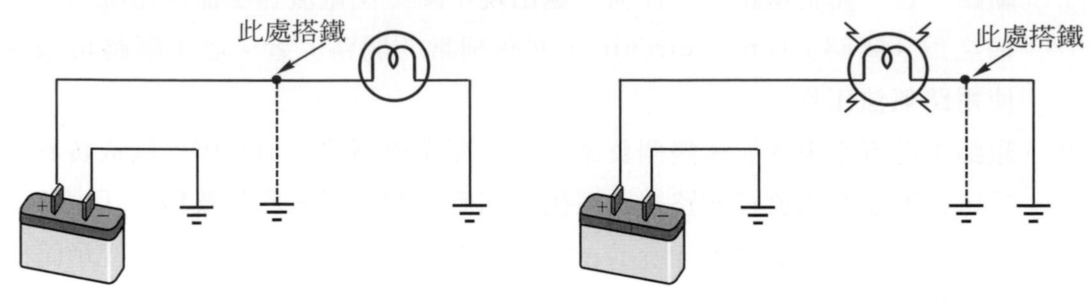


(a) 搭鐵發生在負載之前，燈不亮

(b) 搭鐵發生在負載之後，燈會亮

圖 6-3　搭鐵現象

介紹完電路的基本概念及其在汽車上相關的一些現象之後，我們再來看看電子學上的基本電路。**電路依照其連接方式的不同，可分成：**

1. **串聯電路，**
2. **並聯電路，及**
3. **複聯電路(串並聯電路)。**

## 6-1-1　串聯電路

再講述串聯電路之前，先來看看什麼叫做「串聯」。「串聯」與「並聯」有何不同？我們利用圖 6-4 中小朋友的牽手方式來做說明。*ABC*三位小朋友一字排開，手連手，*A*小朋友的左手連接*B*小朋友的右手，*B*小朋友的左手則連接*C*小朋友的右手，假設電子從*A*小朋友右手端進入，則電子會依前述的順序經過每個小朋友，最後自*C*小朋友左手流出。每位小朋友的右手都是電子的進入端，而左手則都是流出端，如此將不同狀態的端點連接在一起的接法即稱作「串聯」(series)。以上述之觀念來看圖 6-5 電路中的 3 個電感器，便可以清楚地了解其串聯的關係。同樣地，在圖 6-6 中，共有 3 個電阻：$R_1$、$R_2$及$R_3$，但其中卻只有$R_1$與$R_2$爲串聯之關係。

串聯電路可以說是最簡單的電路型式，電路中只有一個電流值流通經過所有負載元件，如圖 6-7 所示。

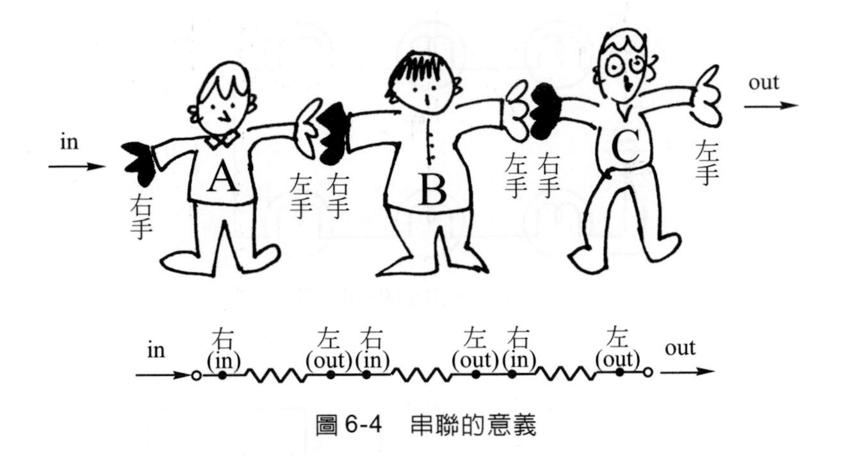


圖 6-4　串聯的意義

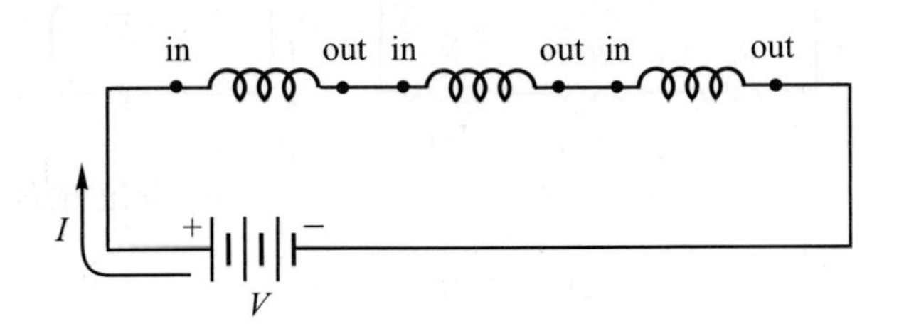


圖 6-5　串聯的電感器

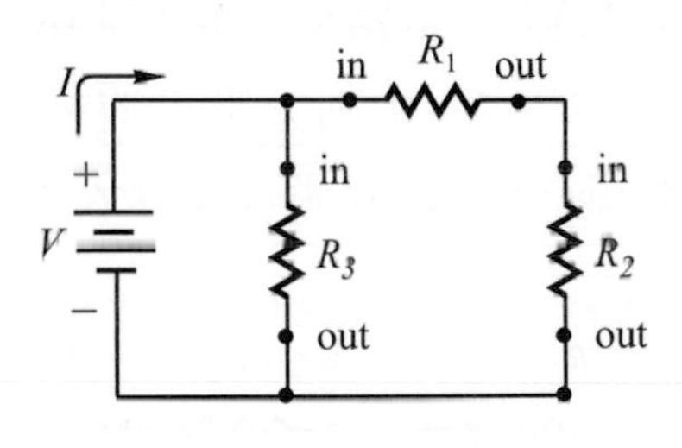


圖 6-6　$R_1$與$R_2$之串聯關係

串聯電路具有下列之特性：

1. 串聯電路中，不論電壓源或電阻如何變化，流經各個負載的電流永遠相同。
2. 串聯電路中，如有任何一個負載斷路，則整個電路便不再有電流流通，所有負載的電流皆等於零。
3. 串聯電路負載連接愈多，電路的電阻也愈大，電阻串聯後的等效電阻等於各個電阻之總和，如圖 6-7(c)所示。

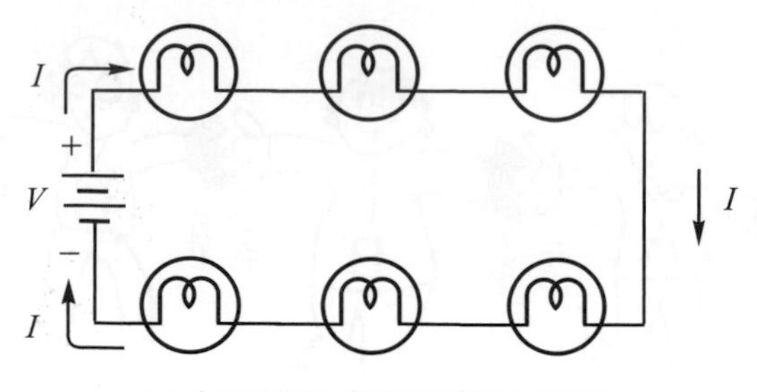


(a) 每個燈泡得到相同之電流

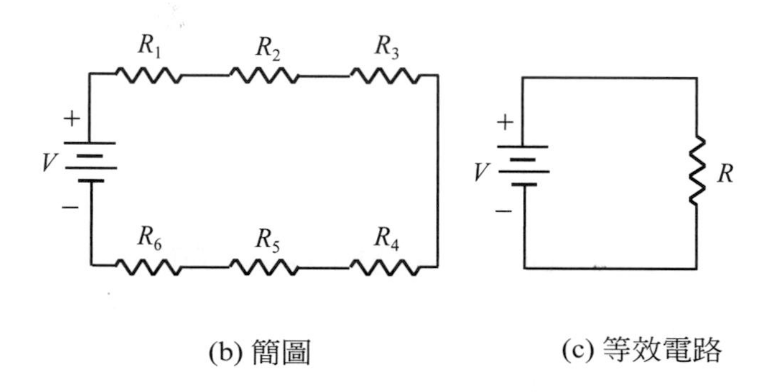


(b) 簡圖　　(c) 等效電路

圖 6-7　串聯電路

## 串聯電路的計算

如圖 6-8 所示，電源電壓爲$V$，電路中分別串聯$R_1$，$R_2$及$R_3$電阻，$V_1$，$V_2$及$V_3$分別爲 3 個電阻之電壓降，而$I_1$、$I_2$、$I_3$則分別爲流經 3 個電阻上的電流值。串聯電路的電流、電阻及電壓關係(見「歐姆定律」，6-2 節)分別如下：

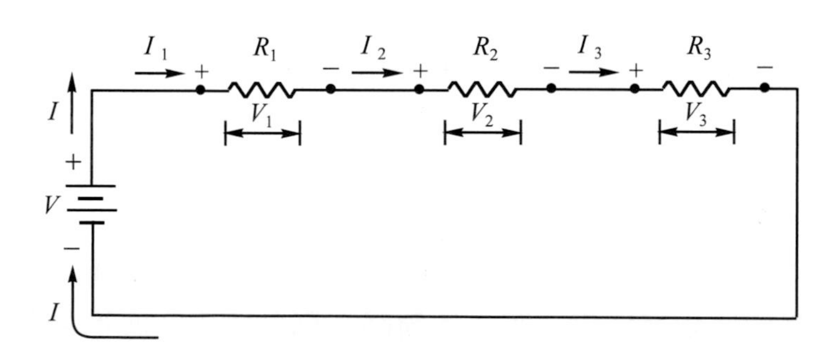


圖 6-8　串聯電路的計算

總電流　$I = I_1 = I_2 = I_3 = \cdots$　(6-1)

總電阻　$R = R_1 + R_2 + R_3 + \cdots$　(6-2)

總電壓　$V = V_1 + V_2 + V_3 + \cdots$

$= I_1R_1 + I_2R_2 + I_3R_3 + \cdots$

$= I(R_1 + R_2 + R_3 + \cdots)$

$= IR$　(6-3)

**【例 6-1】** 如圖所示，$V = 120\text{V}$，$R_1 = 10\Omega$，$R_2 = 20\Omega$，$R_3 = 30\Omega$，請算出：

(1)電路之電流，以及

(2)各電阻之電壓降。

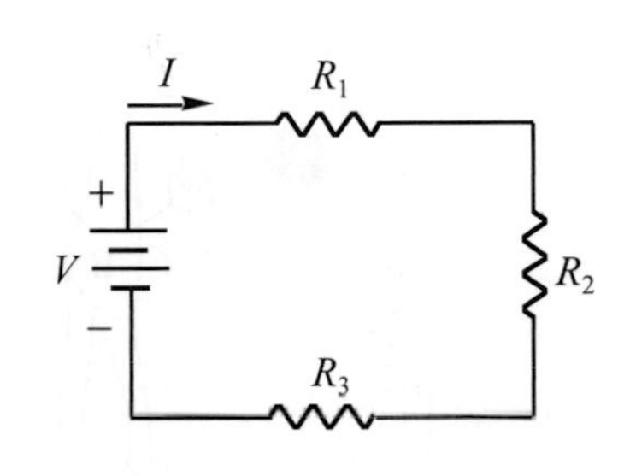


**解**

(1)先求出總電阻值：

$R = R_1 + R_2 + R_3 = 10 + 20 + 30$

$= 60\Omega$

亦即，其等效電路圖如右所示：

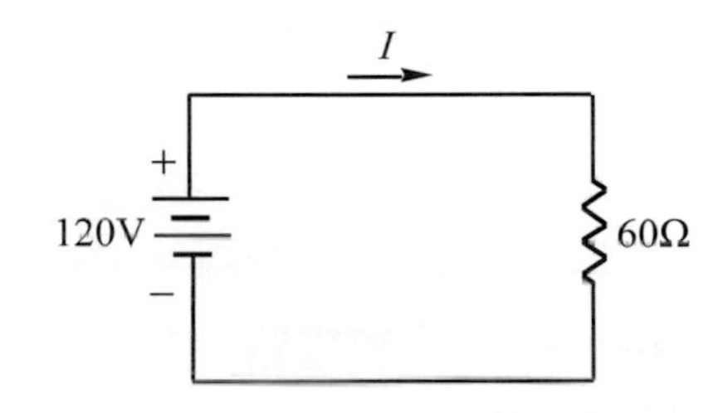


再依據公式 6-3 算出總電流：

$V = IR$

$120 = I \times 60$

$\therefore I = 2\text{A}$

(2)在$R_1$上之電壓降為$V_1 = I \times R_1 = 2 \times 10 = 20\text{V}$

在$R_2$上之電壓降為$V_2 = I \times R_2 = 2 \times 20 = 40\text{V}$

在$R_3$上之電壓降為$V_3 = I \times R_3 = 2 \times 30 = 60\text{V}$

## 6-1-2 並聯電路

在瞭解了串聯的意義之後，我們再來看看「並聯」。串聯是將不同狀態的端點(如左或右、in 或 out)彼此連接在一起，如圖 6-4 的小朋友們。但如若將狀態相同的端點與以連結在一起的接法，便被稱作「並聯」(parallel)，如圖 6-9 所示。電流流入之後，便經由各個分路，然後再匯集流出。

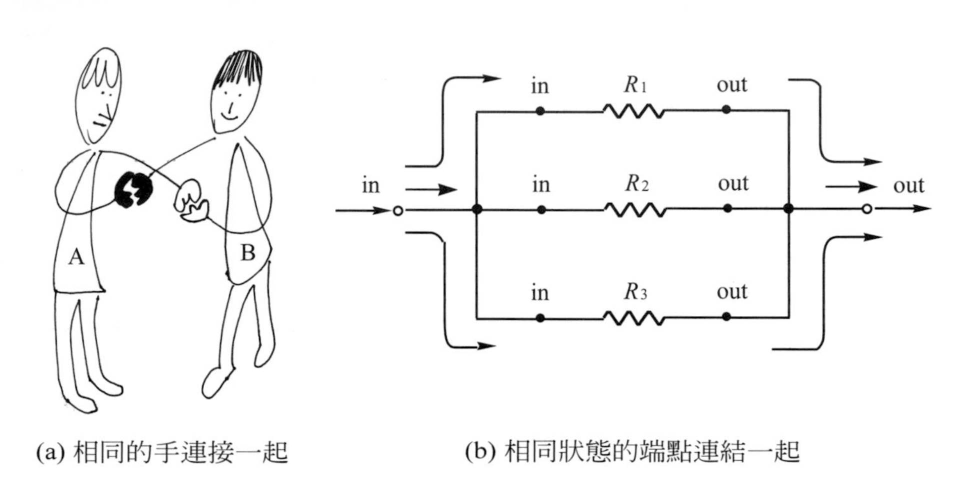


(a) 相同的手連接一起　　(b) 相同狀態的端點連結一起

圖 6-9　並聯的意義

以上述觀念來看圖 6-10 的 3 個電感器，便可輕易分辨其並聯的關係。再看圖 6-11 的串並聯電路，其中有 4 個電阻：$R_1$，$R_2$，$R_3$及$R_4$，但其中$R_1$與$R_4$為串聯，$R_2$與$R_3$為串聯，然後兩組電阻再發生並聯關係，如圖 6-11(b)所示之等效電路。

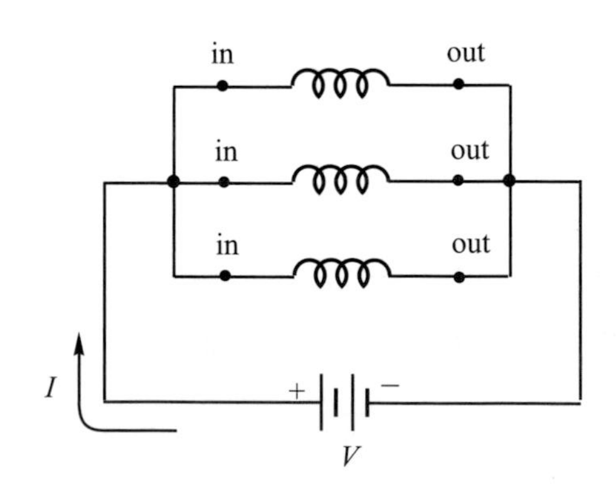


圖 6-10　並聯的電感器

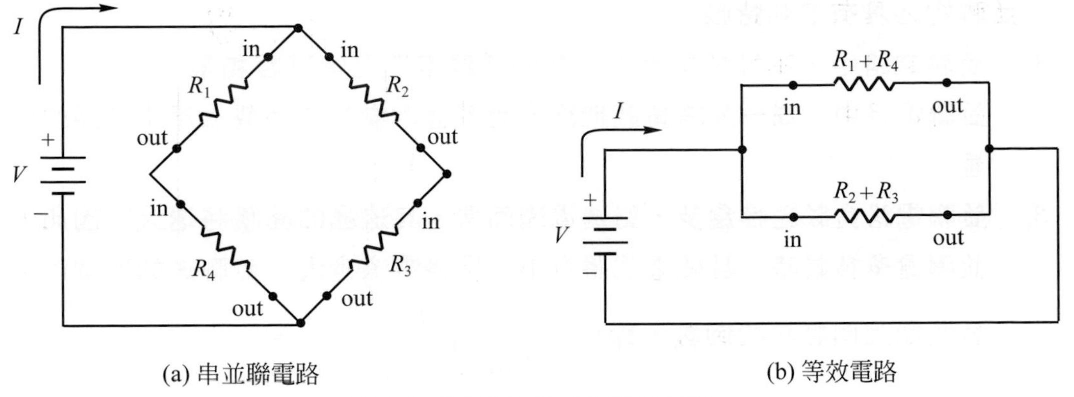


(a) 串並聯電路

(b) 等效電路

圖 6-11 串並聯電路的電阻間關係

並聯電路中，所有分路上的負載元件都具有相同的端點電壓，但電流大小則視負載電阻大小而不相同，如圖 6-12 所示。

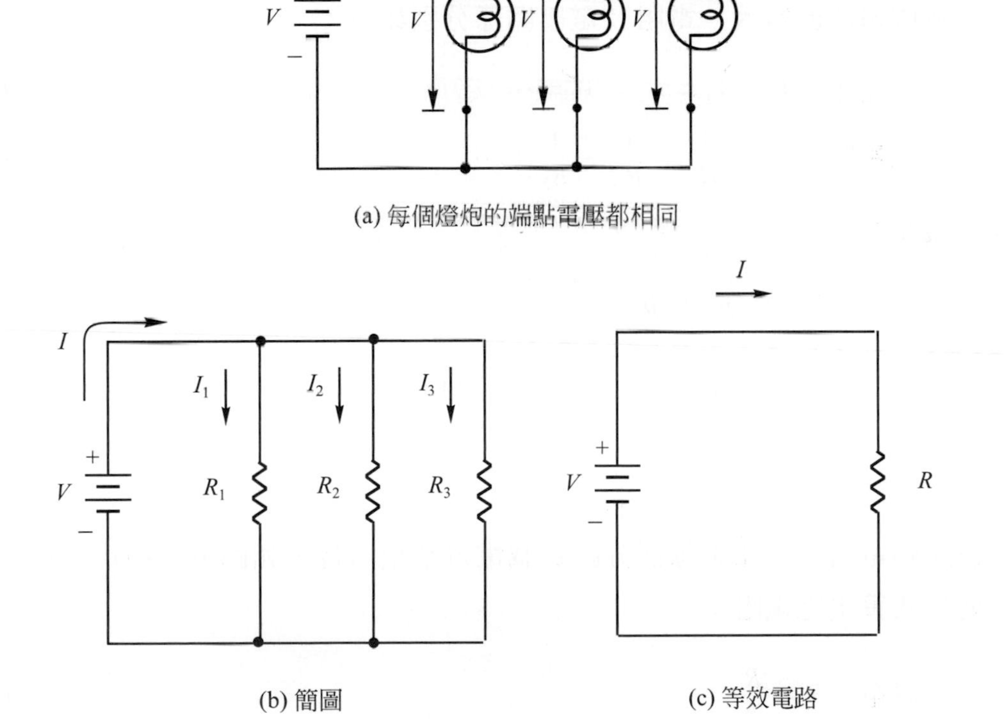


(a) 每個燈炮的端點電壓都相同

(b) 簡圖

(c) 等效電路

圖 6-12　並聯電路

並聯電路具有下列特性：

1. 並聯電路中，不論負載大小，各個負載兩端之電壓恆相等。
2. 並聯電路中，任一分路負載斷路，並不會影響其他負載上原本流通的電流量。
3. 並聯電路負載連接愈多，對總電流而言，其流通的面積將增大，因此，當並聯愈多負載時，其總電阻將愈小，電路電流愈大。並聯後的總電阻爲各負載電阻倒數和的倒數，即$R=\dfrac{1}{\dfrac{1}{R_1}+\dfrac{1}{R_2}+\dfrac{1}{R_3}+\cdots}$。
4. 並聯電路中，各分路之電流量視其電阻大小而定：電阻愈小，流過電流愈大；反之，電阻愈大，則流過電流愈小。電阻大到無限大(∞)即視同斷路；電阻小到零時則視同短路。

### 並聯電路的計算

如圖 6-13 所示，設電源電壓爲$V$，電路中分別並聯$R_1$、$R_2$及$R_3$電阻，$I$爲總電流，$I_1$、$I_2$、$I_3$分別爲流經$R_1$、$R_2$、$R_3$之電流，$V_1$、$V_2$及$V_3$則分別爲 3 個電阻之電壓降。並聯電路的電流、電阻及電壓關係分別如下：

$$\text{總電壓}\quad V=V_1=V_2=V_3=\cdots \tag{6-4}$$

$$\text{總電阻}\quad \frac{1}{R}=\frac{1}{R_1}+\frac{1}{R_2}+\frac{1}{R_3}+\cdots \tag{6-5}$$

$$\begin{aligned}\text{總電流}\quad I&=I_1+I_2+I_3+\cdots\\&=\frac{V_1}{R_1}+\frac{V_2}{R_2}+\frac{V_3}{R_3}+\cdots\\&=V\left(\frac{1}{R_1}+\frac{1}{R_2}+\frac{1}{R_3}+\cdots\right)\\&=V\times\frac{1}{R}\end{aligned} \tag{6-6}$$

在並聯電路中，如果每個分路負載電阻都相同時，如圖 6-14 所示，則可利用下列公式算出總電阻：

$$\text{總電阻}R=\frac{R_b}{N} \tag{6-7}$$

$R_b$ ：分路上之負載電阻值

$N$ ：分路數目

若並聯電路中只有兩條分路，如圖 6-15 所示，則可利用公式 6-8 算出總電阻：

$$\text{總電阻}R = \frac{R_1 \times R_2}{R_1 + R_2} \tag{6-8}$$

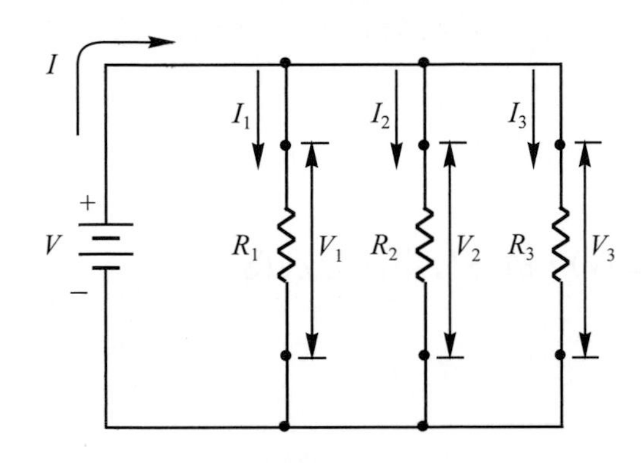


圖 6-13　並聯電路的計算

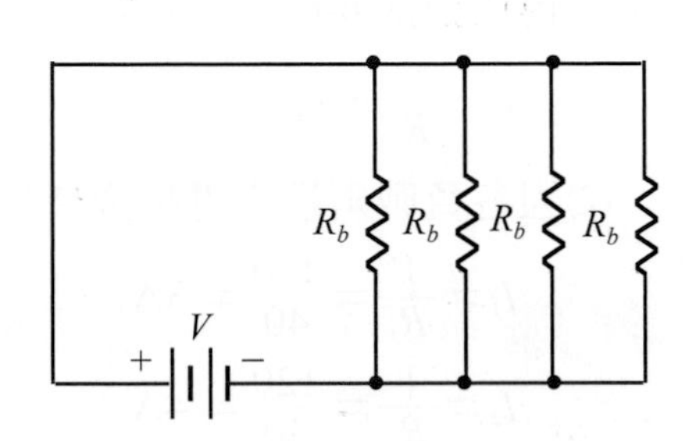


圖 6-14　相同分路負載之電阻計算

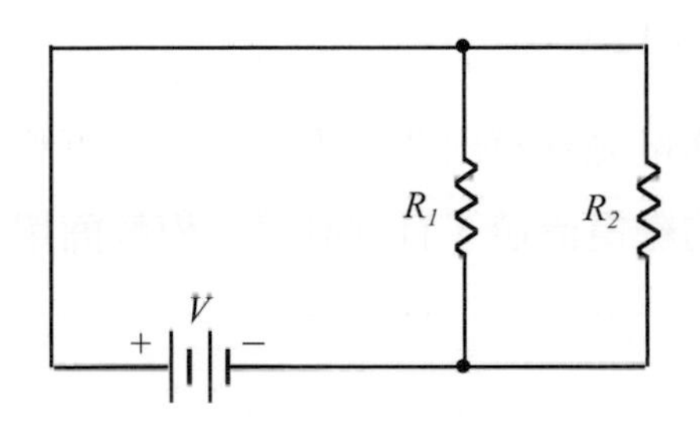


圖 6-15　兩分路電阻之簡易算法

**【例 6-2】** 如圖所示，$V = 120\text{V}$，
$R_1 = 40\Omega$，$R_2 = 30\Omega$，
$R_3 = 20\Omega$，$R_4 = 10\Omega$，請算出：
⑴電路之總電流量，及
⑵各負載之分電流大小。

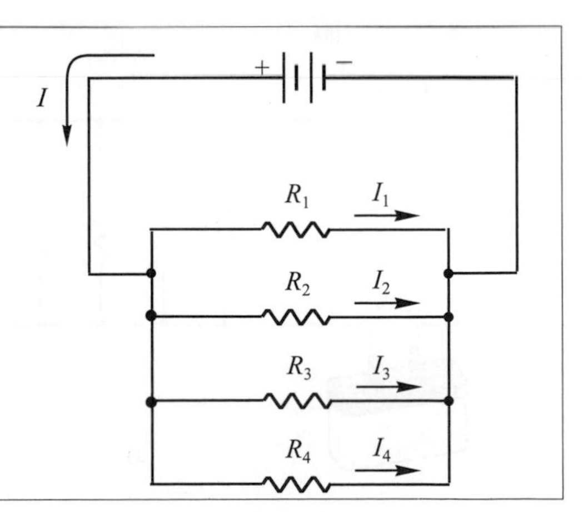

**解**

⑴先求出電路總電阻值：

$$\frac{1}{R}=\frac{1}{R_1}+\frac{1}{R_2}+\frac{1}{R_3}+\frac{1}{R_4}$$

$$=\frac{1}{40}+\frac{1}{30}+\frac{1}{20}+\frac{1}{10}=\frac{25}{120}=\frac{5}{24}$$

$$\therefore R=\frac{24}{5}\Omega$$

再依公式 6-6 算出總電流：

$$I=\frac{V}{R}=120\times\frac{5}{24}=25\text{A}$$

⑵因各負載兩端之電壓降皆相同(120V)，故各分電流分別爲：

$$I_1=\frac{V}{R_1}=\frac{120}{40}=3\text{A}$$

$$I_2=\frac{V}{R_2}=\frac{120}{30}=4\text{A}$$

$$I_3=\frac{V}{R_3}=\frac{120}{20}=6\text{A}$$

$$I_4=\frac{V}{R_4}=\frac{120}{10}=12\text{A}$$

【說明】本例題亦可先計算出各分電流之後，再將分電流相加，也可得到同樣結果的總電流值，且其計算過程較簡單又不易發生計算失誤。

---

**【例 6-3】** 如圖所示，$V=12\text{V}$，各分路電阻皆相同，請分別算出兩電路之總電流值。

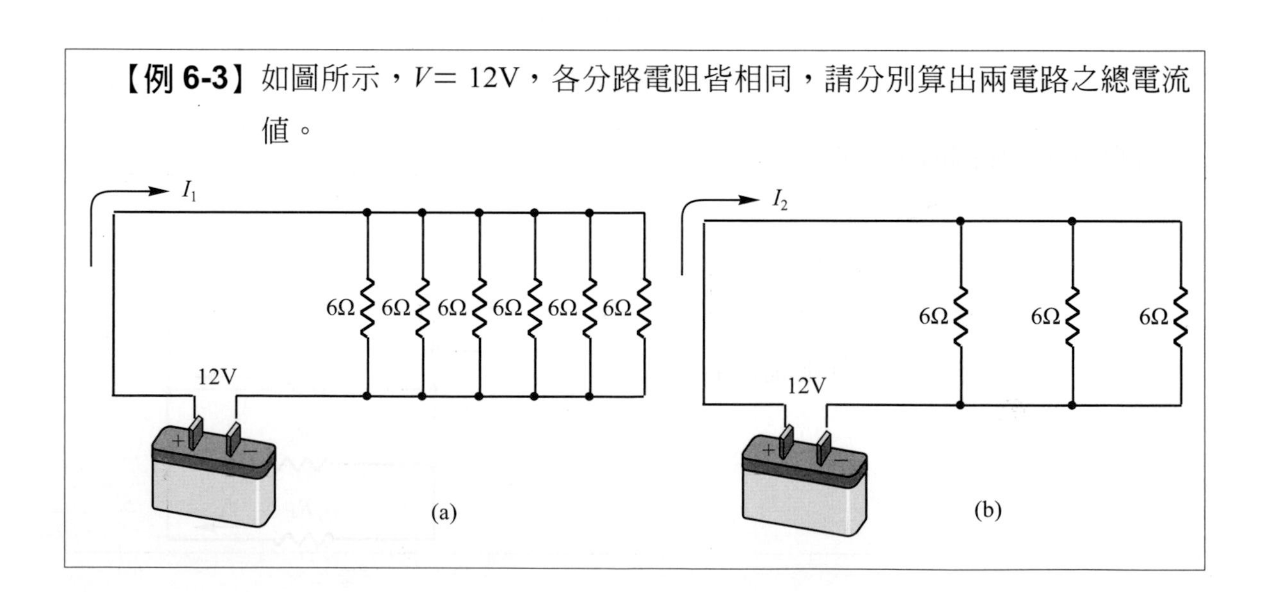

解

本例題先依公式 6-7 求出總電阻，再以公式 6-6 算出總電流。

⑴總電阻$R=\frac{R_b}{N}=\frac{6}{6}=1\Omega$

總電流$I=\frac{V}{R}=\frac{12}{1}=12A$

⑵總電阻$R=\frac{R_b}{N}=\frac{6}{3}=2\Omega$

總電流$I=\frac{V}{R}=\frac{12}{2}=6A$

【說明】由本例題可看出，在相同電阻值條件下，並聯愈多的電阻，其電路將流過愈大的電流量。

---

**【例 6-4】** 如圖所示，$V=$ 12V，並聯 2 個電阻，請算出其電路之電流大小。

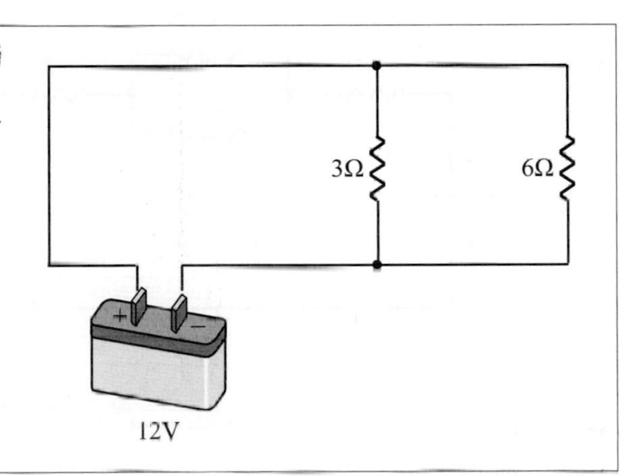


解

依公式 6-8 可快速算出電路電阻值。

$$R=\frac{R_1\times R_2}{R_1+R_2}=\frac{3\times 6}{3+6}=\frac{18}{9}=2\Omega$$

總電流　$I=\frac{V}{R}=\frac{12}{2}=6A$

## 6-1-3 複聯電路

複聯電路係將串聯電路與並聯電路混合而成，故又稱作「串並聯電路」(series-parallel circuit)。在複聯電路中，電流會分別流過串聯的負載元件而又同時流過並聯的負載元件。如圖 6-16 所示爲兩種基本的複聯電路。

在 6-16(a)圖中，欲求其等效電阻，只要先以並聯電路公式算出$R_2$和$R_3$電阻後，再和$R_1$及$R_4$串聯即可。而在(b)圖中，等效電阻的算法，則需個別先將$R_1$和$R_2$，$R_3$和$R_4$相加後，再以並聯公式處理。在絕大多數的電路以及後文要介紹的網路(network)中，都非只是單純的串聯或並聯電路，而是採較複雜的連接的型式。儘管如此，我們仍須藉著運用各樣定理來將電路化簡成等效電路，最後以串、並聯電路視之。

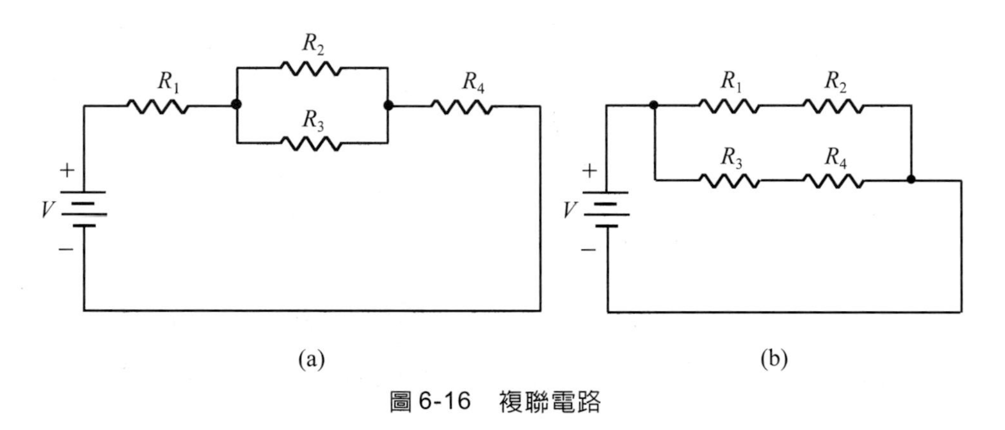


圖 6-16　複聯電路

**【例 6-5】** 如圖所示，試計算出電路的總電流爲多少？

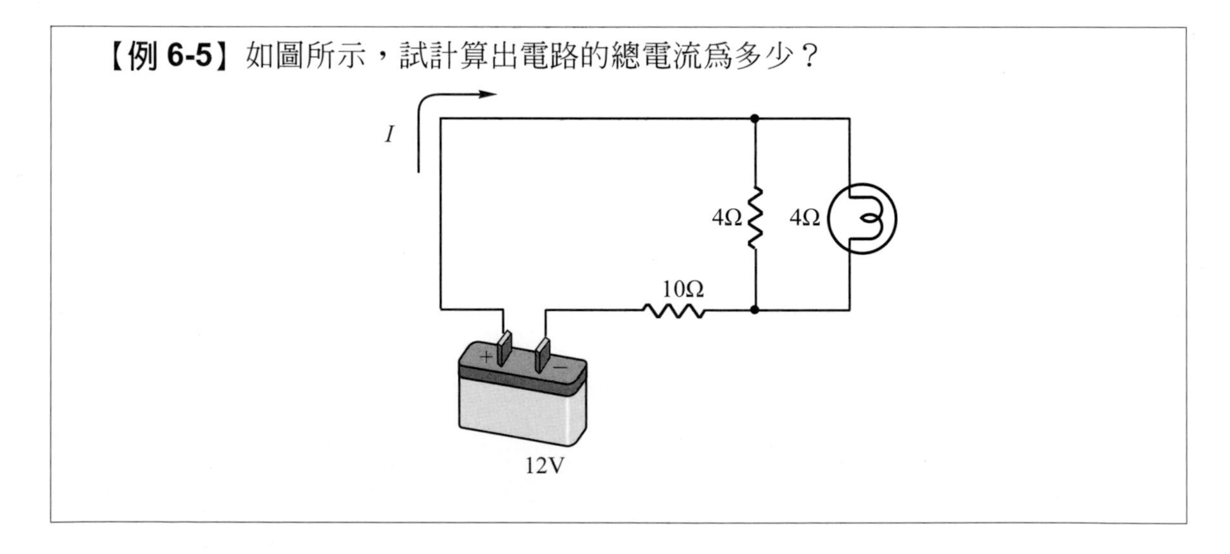

**解**

本例題爲複聯電路，2 個 4Ω的負載並聯後再與 10Ω負載串聯，故應先算出 2 並聯負載之電阻值：

並聯電阻$R_p=\dfrac{R_1\times R_2}{R_1+R_2}=\dfrac{4\times 4}{4+4}=\dfrac{16}{8}=2\Omega$

$R_p$再和 10Ω電阻串聯，故：

串聯電阻$R_s=R_p+10=12\Omega$

依歐姆定律(見第 6-2 節)

總電流$I=\dfrac{V}{R}=\dfrac{12}{12}=1\text{A}$

---

**【例 6-6】** 如圖所示，試算出電路的總電阻值等於多少？

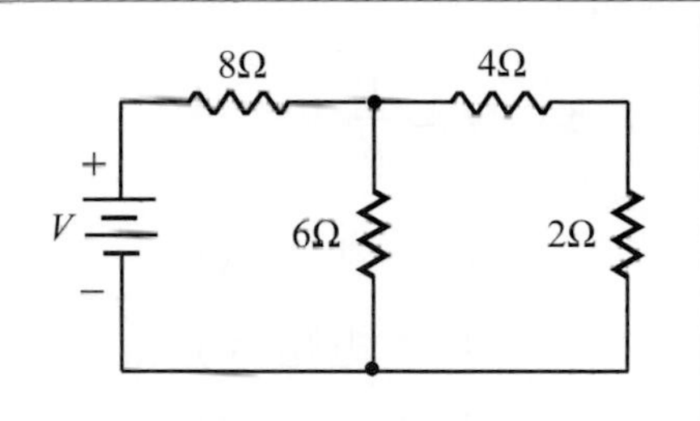


**解**

讀者們若一時不易判斷 4 個電阻彼此間的串並聯關係，我們建議以第 6-1-1 節所述之“in-out”的方法來標註，則可輕易看出電阻間的關聯：

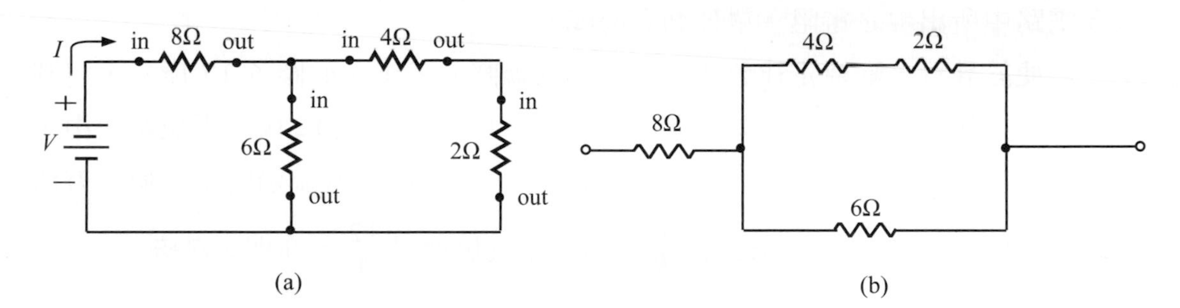


(a) (b)

由(b)圖可立即了解其關係，先計算並聯電阻部份：

$R_p=\dfrac{(4+2)\times 6}{(4+2)+6}=\dfrac{36}{12}=3\Omega$

再算串聯後之總電阻：

$R = 8\Omega + R_p = 8 + 3 = 11\Omega$

## 6-2 歐姆定律

1827年時値40歲的德國物理學家歐姆(Georg Simon Ohm)在實驗當中發現電流的強度和阻力(電阻)之間的關係而發表了重要的**歐姆定律**(Ohm's Law)。爲了紀念歐姆先生的發現，後人也將電阻的單位取作「歐姆」。所謂**「歐姆定律」是指電路中的電流大小，與所加之電壓成正比，而與電路之電阻成反比**，其數學式爲：

$$I = \frac{V}{R} \tag{6-9}$$

$I$ ：電流(A)

$V$ ：電壓(V)

$R$ ：電阻(Ω)

若以文字來描述「歐姆定律」，則可以說：**以1伏特的電壓將1安培的電流推動而通過1歐姆的電阻**。在公式6-9中，符號$I$代表流過整個電路的電流量，單位爲安培(A)，$V$表示加在電阻(負載)兩端之電壓或電位差，單位爲伏特(V)，$R$代表電路中所出現之電阻，單位爲歐姆(Ω)。

爲便於計算，歐姆定律公式常常以「歐姆圓」表示，如圖6-17所示，將圓分成三份，便可以簡單地計算出數値。以圖6-18爲例，在12伏特電瓶系統中，若燈泡的電阻爲4Ω，則可以利用「歐姆圓」來算出燈泡所流過的電流値。方法是將手遮住電流符號$I$，則會露出$\frac{V}{R}$，因此電流値便是$\frac{12}{4}$，亦即3安培。

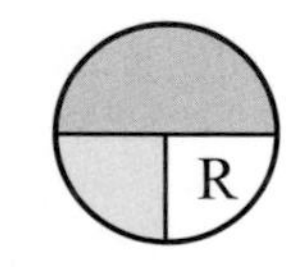


圖6-17　歐姆圓

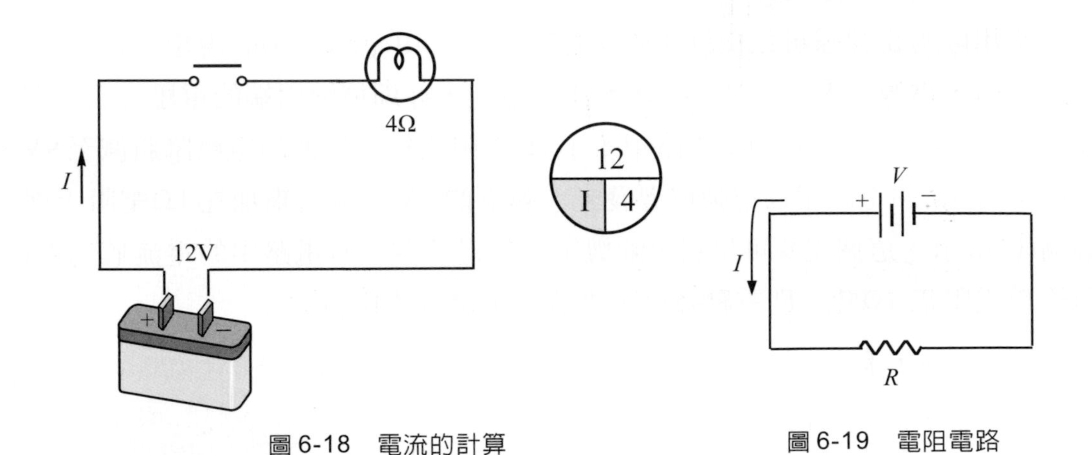


圖 6-18 電流的計算　　圖 6-19 電阻電路

歐姆定律是電子學上最基本的定律，它說明了電路中電流與電阻之間反比的關係。以圖 6-19 為例，當電壓固定不變時，則電路的電阻愈大，其所流過之電流會愈小；而當電阻值固定不變時，電路之電壓愈大，則電流也愈大。在圖 6-20 中，兩電路同為 12 伏特系統，燈泡都是 3Ω，在(a)圖中，流過燈泡的電流為 4A，假如在電路中加裝一個 1Ω的電阻，如(b)圖所示，則電路總電阻值成為 4Ω，電阻值增加了，依歐姆定律計算求出，流過燈泡的電流變成 3A。由於電阻增加，電流減少，因此燈泡將變得比較不亮了。

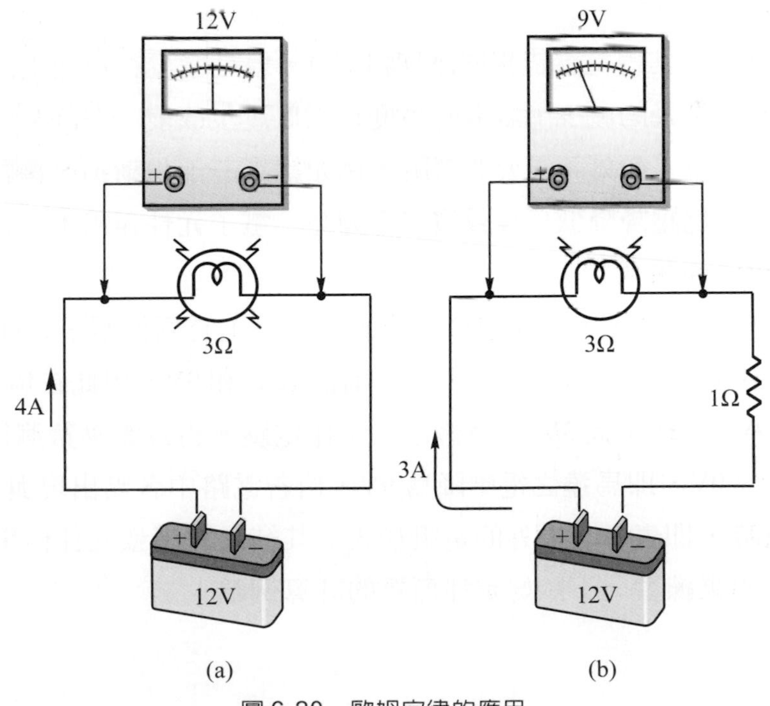


圖 6-20 歐姆定律的應用

應用歐姆定律還可以探討關於「電壓降」(voltage drop)的現象。在加裝1Ω電阻以前，電源12V的電壓完全地加在燈泡上，亦即燈泡兩端的電壓降爲12V，如(a)圖電壓錶所示。然而當電路中多了1Ω電阻之後，燈泡的電壓降將減至9V，亦即只有9V的電壓用以推動燈泡發光，剩下的3V則被用來加在1Ω電阻上面，如圖(b)所示。這個現象可以利用歐姆定律獲得證明。當電路中的電流值爲4A，而燈泡電阻爲3Ω時，則電壓降可由電流乘上燈泡電阻得之：

$$V = I \times R$$

亦即 $V = 4 \times 3 = 12$

但是當電路中加入額外的電阻時，燈泡仍爲3Ω，電流卻降爲3A。燈泡的電壓降仍可由歐姆定律計算得之：

$$V = I \times R$$

亦即 $V = 3 \times 3 = 9$

電路中所加裝額外電阻的電壓降亦可以相同計算方法得出：

$$V = I \times R$$

即 $V = 3 \times 1 = 3$

在兩個電路例中，其總電壓皆相同(同爲12V)，但是發生在燈泡上的電壓降卻出現變化。由於電壓降的減少，燈泡的亮度也因此產生改變。在許多汽車電路實例中，由於電路出現了額外不需要的電阻，例如線束芯部份斷損、接點不良等，而使得負載兩端的電壓降降低，導致燈泡不夠亮、電子元件作用不正常或是馬達轉速減慢等的故障現象。

以圖6-21來說明負載上之電壓降的意義。電路上有兩個電子元件(負載)：燈泡與馬達。以電壓錶量得$A$、$B$點之電壓値分別爲12V和9V，因此在燈泡兩端之電壓降即爲12V－9V ＝3V，此3V亦爲燈泡之工作電壓。再以電壓錶測得$C$、$D$點之電壓分別爲9V和0V，即馬達之電壓降爲9V。倘若電路中各點出現與上述測得電壓値不符之數值時，即表示有額外的電阻加入，其結果將導致元件作用不良。

現在讓我們來練習一下歐姆定律簡單的計算例吧！

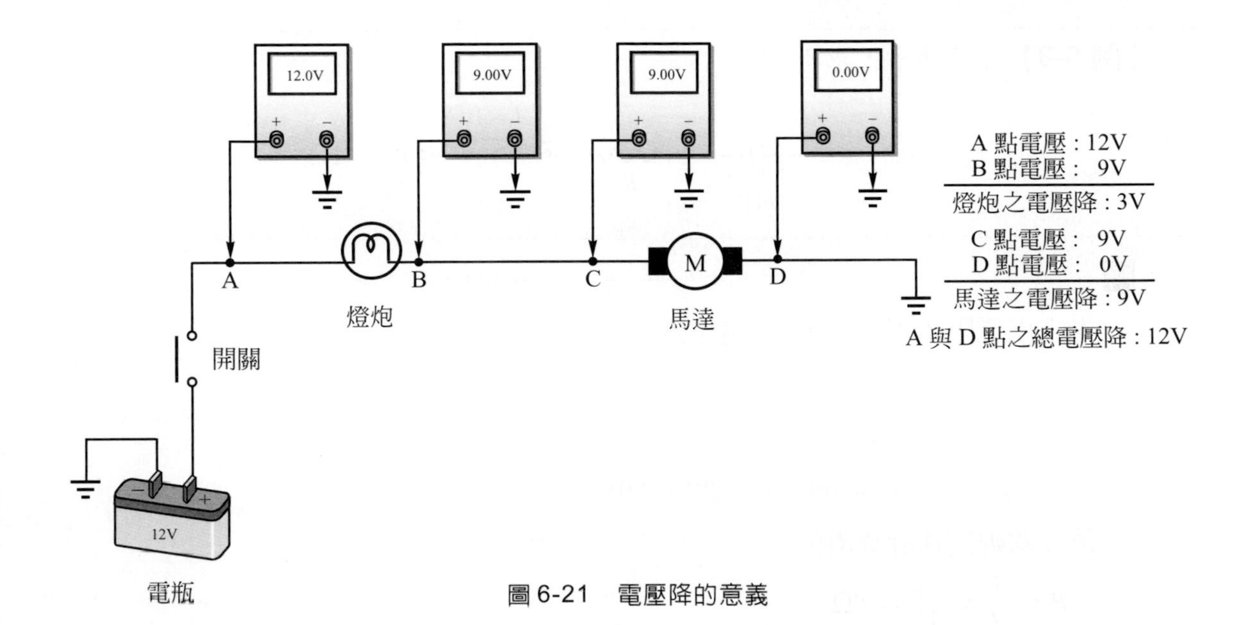


圖 6-21 電壓降的意義

**【例 6-7】** 如圖所示，電壓源 12V，請算出當：

(1)電阻爲 2Ω時，$I_1 = ?$

(2)電阻爲 12Ω時，$I_2 = ?$

(3)電阻爲 24Ω時，$I_3 = ?$

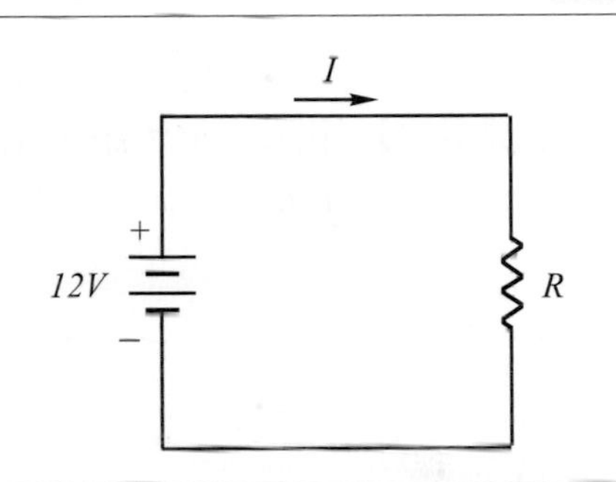


**解**

以歐姆定律$I = \dfrac{V}{R}$計算$I$值。

(1)$I_1 = \dfrac{V}{R_1} = \dfrac{12}{2} = 6\text{A}$

(2)$I_2 = \dfrac{V}{R_2} = \dfrac{12}{12} = 1\text{A}$

(3)$I_3 = \dfrac{V}{R_3} = \dfrac{12}{24} = 0.5\text{A}$

**【例 6-8】** 如圖所示，求$R=$？

$V_a=+100\,V$　+　−　c　$R$　d　$I=10\,A$　$V_b=-20\,V$
40$V$

**解**

先求出電阻$R$兩端$c$、$d$點之電位差：

$V_c = 100 - 40 = 60\text{V}$

$V_d = V_b = -20\text{V}$

$\therefore V_{cd} = V_c - V_d = 60 - (-20) = 80\text{V}$

再以歐姆定律計算$R$值。

$$R = \frac{V}{I} = \frac{80}{10} = 8\Omega$$

**【例 6-9】** 如圖所示，請算出$V_1$、$V_2$各爲多少？

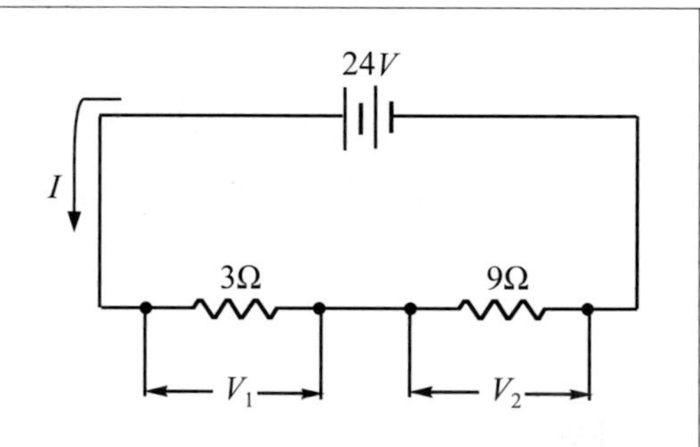


**解**

先以歐姆定律算出電路中的電流值$I$

電路總電阻爲 $3+9=12\Omega$

$$I = \frac{V}{R} = \frac{24}{12} = 2\text{A}$$

接著，同樣以歐姆定律分別算出電壓降$V_1$及$V_2$。

$V_1 = IR_1 = 2\times3 = 6\text{V}$

$V_2 = IR_2 = 2\times9 = 18\text{V}$

# 6-3 分壓器電路與分流器電路

## 6-3-1 分壓器法則

如圖 6-22 所示，兩電阻$R_1$與$R_2$爲串聯關係，兩電阻分用了電源電壓(或交流電壓)，**藉由任意調配兩個電阻的大小，而可將一電壓分配為兩電壓的電路稱為「分壓器」(voltage divider)**。分壓器適用於直流與交流的串聯電路。設電路之電壓源電壓值爲$V$，則由歐姆定律可得到流經此電路之總電流爲：

$$I = \frac{V}{R_t} \tag{6-10}$$

$I$ ：總電流(A)

$V$ ：電源電壓(V)

$R_t$ ：總電阻(Ω)

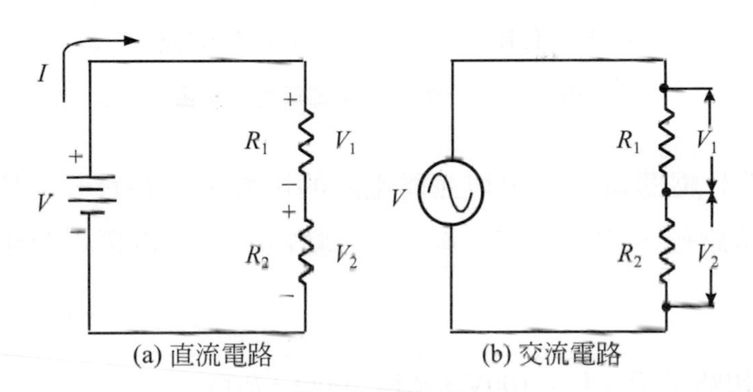


圖 6-22　分壓器電路

設電阻$R_1$與$R_2$的兩端端點電壓(電壓降)分別爲$V_1$及$V_2$，則$V_1$與$V_2$爲：

$$V_1 = I \times R_1 = \frac{R_1}{R_t} \times V \tag{6-11}$$

$$V_2 = I \times R_2 = \frac{R_2}{R_t} \times V \tag{6-12}$$

由 6-11 和 6-12 兩式可知，電阻$R_1$兩端之端電壓$V_1$爲電源電壓的$\frac{R_1}{R_t}$倍；電阻$R_2$之端電壓則爲$V$的$\frac{R_2}{R_t}$倍，亦即**串聯的電阻愈大，其所分配到的電壓值也愈大；反之，則愈小**。三個以上之多個電阻串聯，其分壓器法則亦同：

$$V_x = \frac{R_x}{R_t} \times V \qquad (6\text{-}13)$$

$V_x$ ：串聯電路中任一電阻之電壓降

$R_x$ ：該電阻之電阻值

$R_t$ ：串聯電路上的總電阻值($R_1 + R_2 + R_3 + \cdots$)

$V$ ：電源電壓

公式 6-13 爲分壓器之通式，可適用於多個串聯電阻之電壓降或端電壓計算。

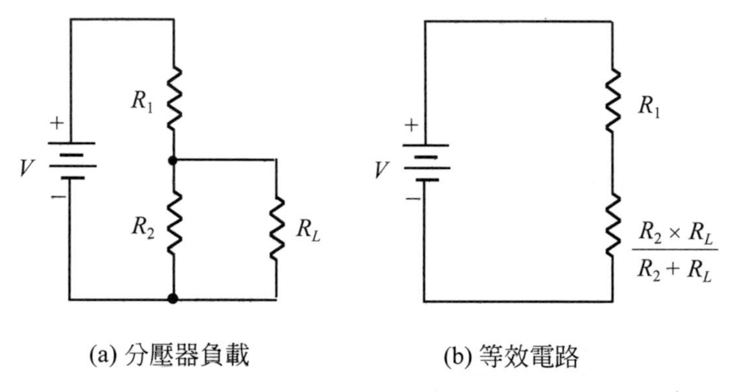


(a) 分壓器負載　　(b) 等效電路

圖 6-23　分壓器中並聯電阻的影響

圖 6-23 爲分壓器電路中出現並聯電阻的影響。在$R_2$有一並聯電阻$R_L$，要計算所分配的端電壓值，需先算出$R_2$與$R_L$的並聯電阻，然後再用分壓器公式求出端電壓。

**【例 6-10】** 如圖所示，$V = 100$V，$R_1$爲 100Ω，$R_2$爲 50Ω，請算出$R_1$和$R_2$之電壓降。

$V$　+　−　$R_1$　$R_2$

**解**

先算出總電阻值，再依據公式 6-11、6-12 得出$R_1$、$R_2$電壓降

$R_t = R_1 + R_2 = 100 + 50 = 150\Omega$

電阻$R_1$之電壓降

$$V_1=\frac{R_1}{R_t}\times V=\frac{100}{150}\times 100=66.7\text{V}$$

電阻$R_2$之電壓降

$$V_2=\frac{R_2}{R_t}\times V=\frac{50}{150}\times 100=33.3\text{V}$$

---

**【例 6-11】** 如圖所示爲一串聯電路，試求出$V_1$、$V_2$及$V_3$。

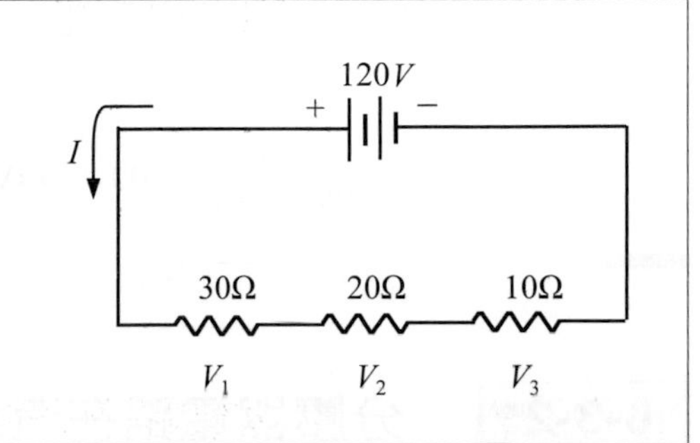


**解**

依分壓器公式 6-13 計算各電阻之電壓降。

$$V_1=\frac{R_1}{R_t}\times V=\frac{30}{30+20+10}\times 120=60\text{V}$$

$$V_2=\frac{R_2}{R_t}\times V=\frac{20}{30+20+10}\times 120=40\text{V}$$

$$V_3=\frac{R_3}{R_t}\times V=\frac{10}{30+20+10}\times 120=20\text{V}$$

---

**【例 6-12】** 求出圖中$P$點對地之電壓值。又若將$R_L$移去，則$P$點的電壓又爲多少？

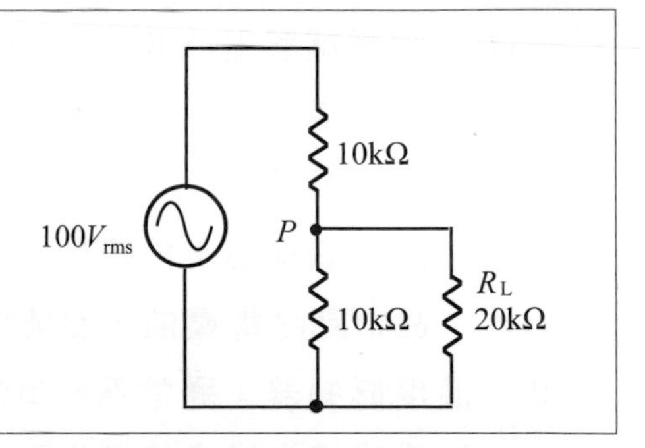

解

⑴先求兩並聯電阻之等效電阻值：

$$R=\frac{10k\times 20k}{10k+20k}=6.67k\Omega$$

再求$P$點之端電壓(即$R$的電壓降)

$$V_p=\frac{R}{R_t}\times V=\frac{6.67k}{10k+6.67k}\times 100=40V$$

⑵移開$R_L$之後，則分壓器電路上兩個電阻值相同，其所分配之電壓亦等分其電源電壓。

$$V_p=\frac{10k}{10k+10k}\times 100=50V$$

## 6-3-2 分壓器電路在汽車上的實例

### 溫度感知器電路

在汽車上最被廣泛應用的感測元件之一，便是溫度感知器(temperature sensor)。溫度感知器電路用於電子控制系統中以偵測各種元件、油液或空氣的溫度，例如：引擎電子控制系統(EECS)、電子控制變速箱(ECT)和電子式儀錶等。雖然溫度感知器電路分別用在不同的系統中，但是其作用原理卻都相同。

如圖 6-24 所示，溫度感知器電路由三個部份所組成：

1. 電子控制模組(ECM)；包括：
   (1) 電壓調整器(VR)：供應穩定之定電壓給電路。
   (2) 限流電阻$R_1$：爲一固定之精密電阻，旨在保護線路避免受到超載之大電流的損壞。
   (3) 訊號處理器：作用如一電壓錶能夠依據溫度感知器電阻的變化，而測量出$M$點之電壓值，並傳送到 ECM 的 CPU 做運算用。
2. 溫度感知器：通常爲一負溫度係數(NTC)可變電阻。它的電阻值能根據所測得環境之溫度的變化而產生反比關係的改變。亦即當溫度升高時，電阻值會變小；反之，溫度降低時，電阻值會增加。

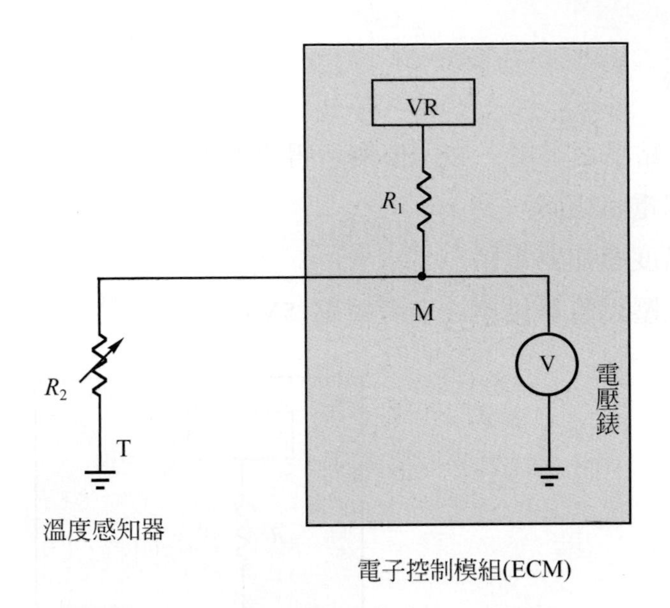


圖 6-24　溫度感知器（取自：ASE 訓練手冊）

3.　**接頭與電線。**

溫度感知器電路便屬於一典型之「分壓器電路」，如圖 6-25 所示。在這個分壓器電路裡，限流電阻$R_1$與溫度感知器(可變電阻$R_2$)為串聯關係。從圖中可以看出，$R_2$會產生一電壓降，並且此電壓降會根據其在總電阻($R_1 + R_2$)值中所佔的比例而定。由分壓器公式 6-12 可以輕易地導出溫度感知器之分壓器電路公式如下：

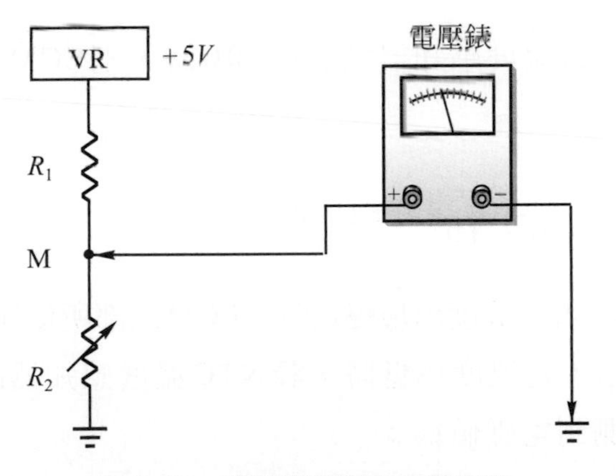


圖 6-25　溫度感知器之分壓原理

$$V_M = \frac{R_2}{R_t} \times V_R \tag{6-14}$$

$V_M$：$M$點處之電壓，亦即偵測所得之電壓

$R_t$：總電阻值$(R_1 + R_2)$

$R_2$：溫度感知器電阻

$V_R$：電壓調整器供應之參考電壓(5V)

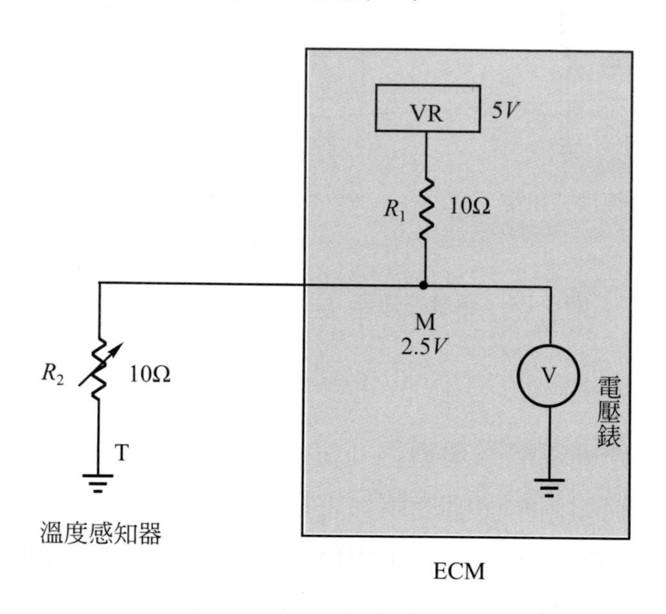


圖 6-26　溫度感知器電路的作用(取自：ASE)

如圖 6-26 所示，當溫度感知器電阻爲 10Ω時，則ECM內的電壓錶所偵測到的電壓值爲：

$$V_M = \frac{R_2}{R_t} \times V_R = \frac{10}{10+10} \times 5 = 2.5\text{V}$$

現在，讓我們來看看當溫度出現變化時，ECM內部所偵測到的變化情形如何：

1. 如圖 6-27 所示，當溫度爲低時，設NTC溫度感知器的電阻值爲 40Ω，則 ECM 內將偵測到電壓值爲：

$$V_M = \frac{R_2}{R_t} \times V_R = \frac{40}{50} \times 5 = 4\text{V}$$

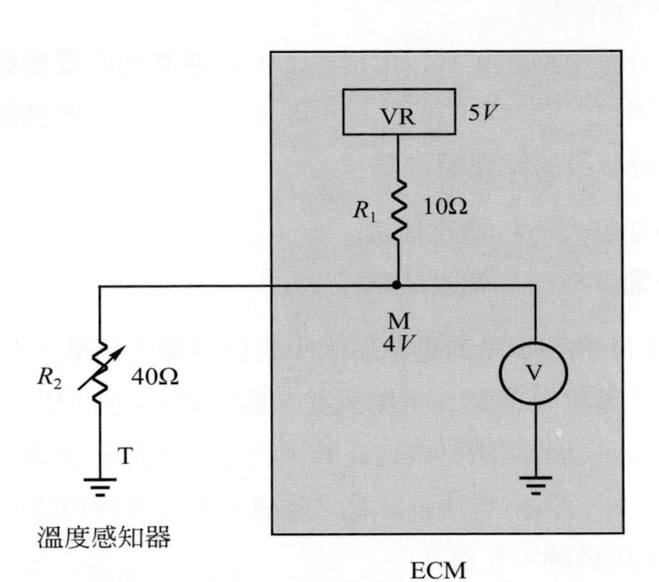


圖 6-27　溫度低時

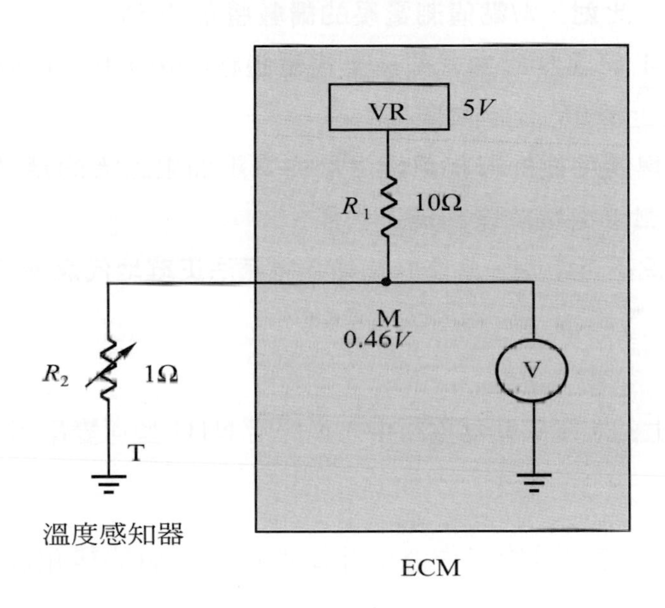


圖 6-28　溫度高時

2. 如圖 6-28 所示，當溫度升高時，設NTC溫度感知器的電阻為 1Ω，則ECM 將偵測到$V_M$為：

$$V_M = \frac{R_2}{R_t} \times V_R = \frac{1}{11} \times 5 = 0.46\text{V}$$

溫度感知器分壓電路在正常作用情形下，當感測到的**溫度較高**時，溫度感知器的**電阻變小**，因此，在*M*點的偵測電壓降低；反之，當**溫度降低**時，感知器**電阻增加**，使*M*點所測得的**電壓值升高**：

1. 溫度低→電阻大→$V_M$電壓值高
2. 溫度高→電阻小→$V_M$電壓值低

控制模組 ECM 利用*M*點的電壓值大小來做爲輸入訊號，以決定系統應採何種改變。此電路能產生一個類比電壓訊號，範圍從 0V 到 5V。

當電路出現故障時，如斷路或短路時，此電路便無法再產生代表測得溫度變化之精確電壓值。任何超出電路設計的電阻值，都會影響ECM內*M*點之電壓值，而使 ECM 的輸入訊訊號不正確：

1. 若在 ECM 與溫度感知器搭鐵之間出現斷路(open)時，將使$R_2$電阻成爲無限大(∞)。此刻，*M*點偵測電壓的讀數將等於 5V。
2. 若在 ECM 與溫度感知器間發生搭鐵短路(short-to-ground)的話，將使*M*點電壓趨近於 0V。
3. 在 ECM 與溫度感知器搭鐵端之間的電阻如果太大的話(如接觸不良等)，則*M*點的測得電壓值會高於正常值。
4. 當線路狀況不正常時，此電路的輸入將無法正確地代表所感測到的溫度值。

動動腦

為什麼汽車上的溫度感知器電路中大多採用 NTC 型可變電阻，而非 PTC 可變電阻？

【提示】考慮感知器的工作溫度範圍與$V_M$電壓值的變化範圍，其間的訊號精確度。

### 雙斜線式溫度感知器電路

許多汽車製造廠已採用「雙斜線式溫度感知器電路」(Daul Ramping Temperature Sensor Circuit)，特別是用於冷卻水溫的感測上。此種電路能夠提供一更爲精確的測量引擎溫度的方法。

由於8位元電腦限制了一個位元組的資料只能以256個數字($2^8$)表示，因此，引擎的冷卻水溫度亦只能有256個變化級數。但是，在使用了雙斜線電路之後，溫度的級數將產生平方的關係，即 256×256 種變化。如此可使感知器在冷、熱溫度下更爲精確。

如圖 6-29 所示爲雙斜線式溫度感器電路。當引擎冷卻溫度低時，電晶體$T_r$未導通，5V 參考電壓流經 10kΩ電阻。引擎溫度漸漸升高後，ECM 內的電壓錶讀數則從 5V 逐漸減少。當電壓訊號到達設定值(例如：1.25V)的時候，ECM 程式使電晶體$T_r$導通，結果讓 5V 的參考電壓同時流過兩個並聯的 10kΩ與 1kΩ電阻。兩並聯電阻的和爲 909Ω。這使得原來是 10kΩ電阻與水溫感知器(ECT)電阻做分壓輸出，變成了由 909Ω電阻與 ECT 電阻做分壓而輸出另一組由 5V 開始的變化電壓，如圖 6-30 所示。

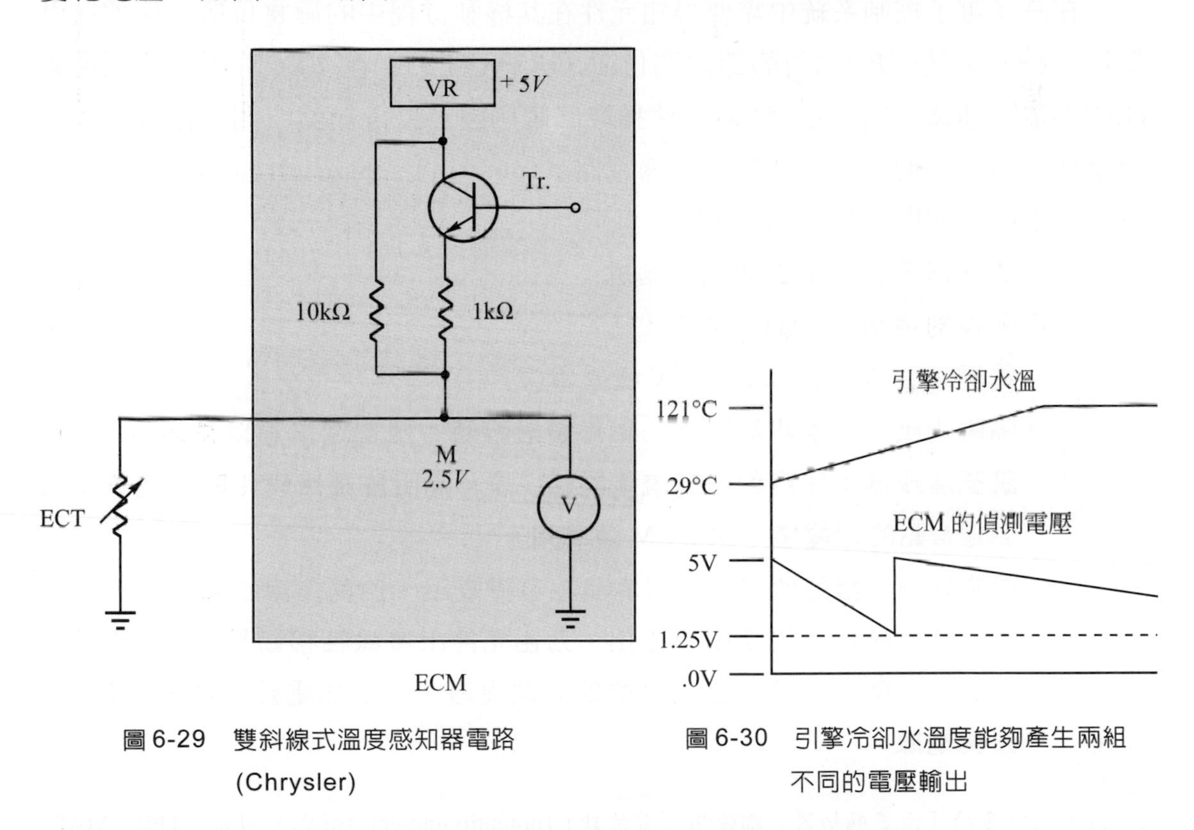


圖 6-29 雙斜線式溫度感知器電路 (Chrysler)

圖 6-30 引擎冷卻水溫度能夠產生兩組不同的電壓輸出

從圖中可以看出，當前一段(10kΩ導通時)電壓斜線降到 1.25V 時，電晶體導通，立刻產生第二段(10kΩ與 1k 並聯者)電壓斜線。如此，在 29℃到 121℃的溫度範圍內，ECM 可以獲得兩組不同電壓值的輸入訊號：

1. 第1段：

$$V_M = \frac{\text{ECT 電阻}}{10\text{k} + \text{ECT 電阻}} \times V_R$$

2. 第2段：

$$V_M = \frac{\text{ECT 電阻}}{909 + \text{ECT 電阻}} \times V_R$$

利用兩段斜線來表示感測的溫度，會比只用一段斜線表示同樣溫度範圍者更爲精確。此種雙斜線溫度感知器電路對高溫訊號特別地精確，在 43°～121℃間可以產生出50000種變化等級。

## 位置感知器電路

在許多電子控制系統中需要得知元件在其移動行程中的確實位置，例如在引擎電子控制系統(EECS)內的節汽門位置感知器(TPS)。在 EECS 中，控制模組(ECM)需要連續不斷地從 TPS 元件獲取回饋訊號，以得知節汽門的確實位置。而這個回饋訊號便是藉「位置感知器電路」(position sensor circuit)裡的可變電阻所提供的，如圖 6-31 所示。(註)

位置感知器電路亦由三個部份組成：

1. 電子控制模組(ECM)；包含：
   (1) 電壓調整器(VR)：供應 5V 穩壓電源。
   (2) 限流電阻$R_1$：當外部線路出現搭鐵短路時，限制電流量以免燒壞 VR。
   (3) 訊號處理器：作用如一直流電壓錶，當$R_2$電阻值發生變化時，能夠據此測得$M$點的電壓值，供 ECM 運算用。
2. 位置感知器：雖然位置感知器亦爲一可變電阻，但其作用卻和溫度感知器不同。位置感知器的電阻值變化，乃由元件上機械性移動臂(滑臂)的移動來完成，亦即，當感知器元件的位置改變時，其上的電阻亦隨著變化。
3. 接頭與電線。

註：汽車上許多的「位置感知器」都使用「電位計」(potentionmeter)的形式，例如：TPS、MAF、車身高度感知器等。電位計屬於一種可變電阻，主要做爲電路的分壓器，它能夠依據電阻的移動變量來提供精確的電壓降數值給 ECM。

位置感知器電路也是一種分壓電路，與溫度感知器電路不同的是：位置感知器電路是藉由感知器上的一條回路來測得感知器處的電壓值大小。雖然兩種電路皆屬於分壓電路，但是**位置感知器電路的總電阻不會發生變化**，因此計算起來稍微困難。如圖 6-32 所示，感知器上的滑臂可以在可變電阻$R_2$上任意移動，假設圖中滑臂移到$B$點的位置。當 5V電壓流過限流電阻$R_1$後，便流入$R_2$，並且在$R_2$上形成分壓，$M$點的電壓值則全由$R_{BC}$ ($B$-$C$間的電阻值)在總電阻($R_1 + R_2$)值中所佔的比例而定：

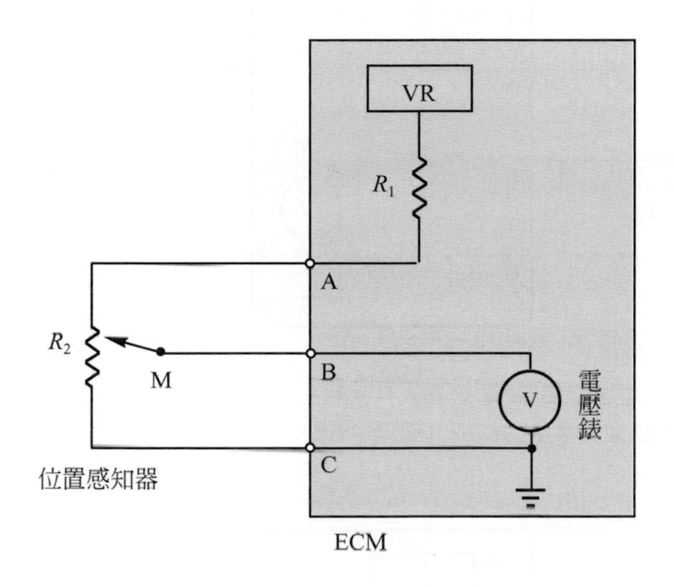


圖 6-31　位置感知器 (取自：ASE 訓練手冊)

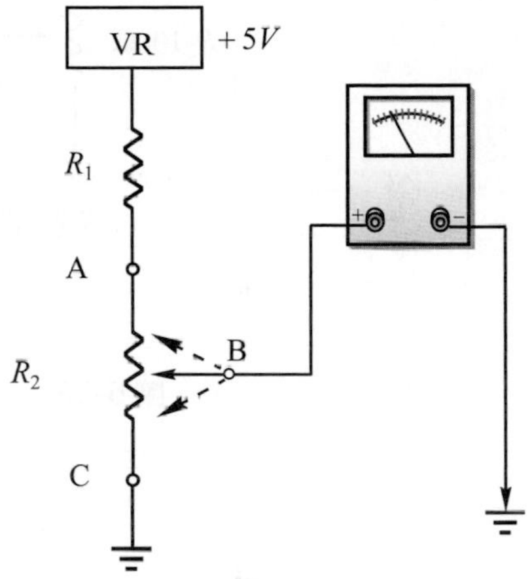

圖 6-32　位置感知器之分壓原理

$$V_M = \frac{R_{BC}}{R_t} \times V_R \tag{6-15}$$

$V_M$：$M$點處電壓值

$R_t$ ：總電阻值($R_1 + R_2$)

$R_{BC}$：$B$與$C$(搭鐵)之間的電阻值

$V_R$ ：電壓調整器電壓(5V)

如圖 6-33 所示，當位置感知器的滑臂位在可變電阻$R_2$中間位置時，$R_2$的 100Ω電阻被平均分成兩半，即 50Ω-50Ω，$B$點與搭鐵之間的電阻為 50Ω($R_{BC} = 50\Omega$)，因此 ECM 內的電壓錶偵測到$M$點的電壓值爲：

$$V_M=\frac{R_{BC}}{R_t}\times V_R=\frac{50}{10+100}\times 5=2.27\text{V}$$

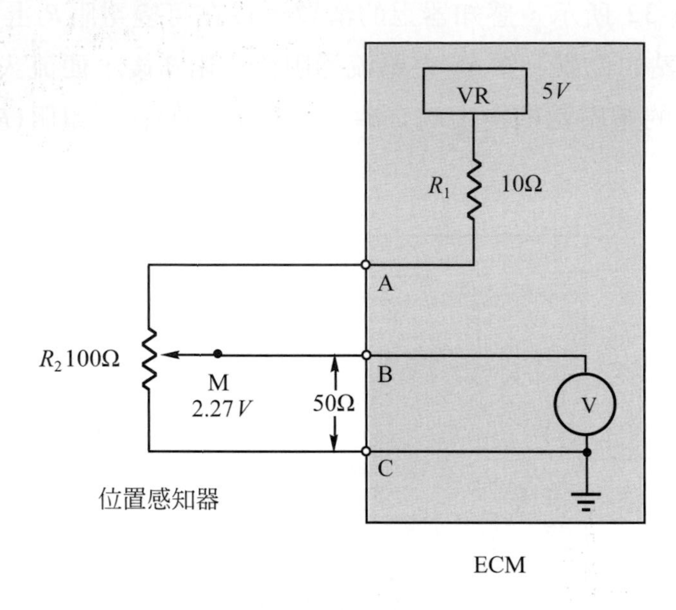


圖 6-33 位置感知器電路的作用 (取自:ASE)

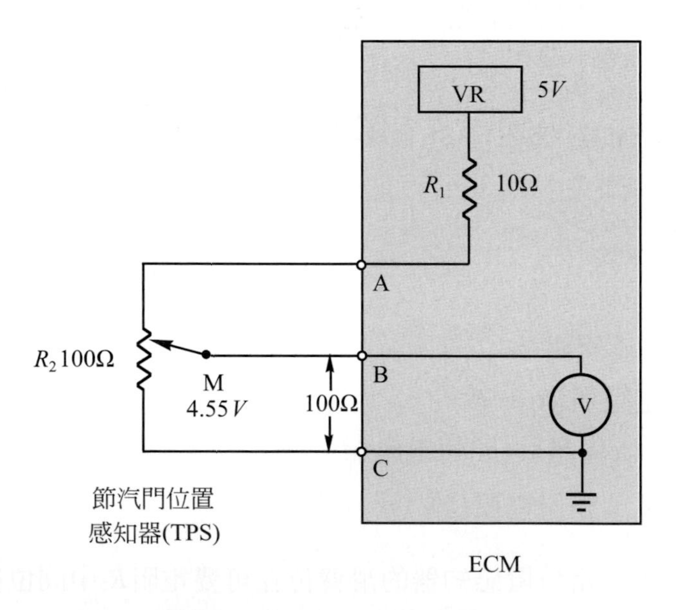


圖 6-34 節汽門位置在全開時

設圖 6-34 爲節汽門位置感知器(TPS)的電路圖，則

1. 當 TPS 在全開位置時，可變電阻$R_2$在最上面位置，$R_{BC}=100\Omega$，ECM 將偵測到$M$點的電壓爲：

$$V_M=\frac{R_{BC}}{R_t}\times V_R=\frac{100}{10+100}\times 5=4.55\text{V}$$

2. 如圖 6-35，當TPS在全關位置時，可變電阻$R_2$在最下面位置，$R_{BC}=10\Omega$，則 ECM 測得之$M$點電壓爲：

$$V_M=\frac{R_{BC}}{R_t}\times V_R=\frac{10}{10+100}\times 5=0.45\text{V}$$

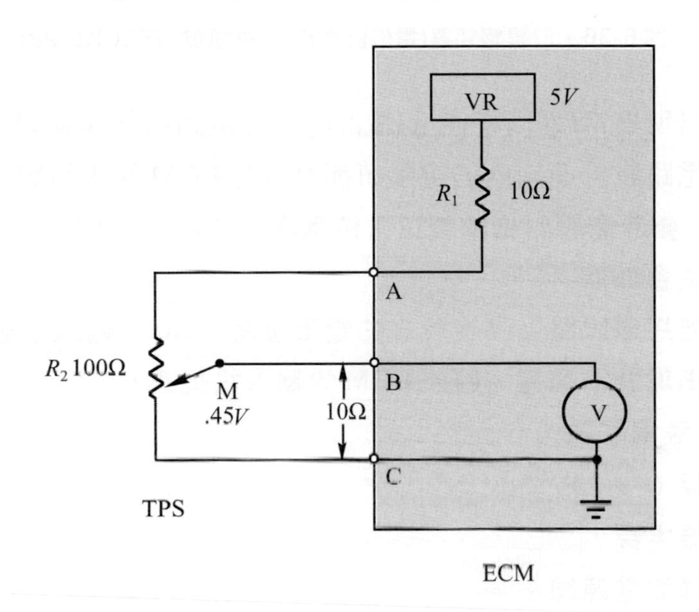


圖 6-35　節汽門位置在全關時

位置感知器分壓電路在正常作用情形下，機械性滑臂移動到行程某一端時，位置感知器的電阻值將變成最大或最小，端視其電路設計而定。ECM 由所偵測到的電壓做爲輸入訊號，以決定系統該做何種改變：

1. **電阻增加時→滑臂的監測電壓值升高，**
2. **電阻減少時→滑臂的監測電壓值降低。**

此電路能夠產生出一類比電壓訊號，一般的範圍在 0～5V 之間，如圖 6-36 所示。

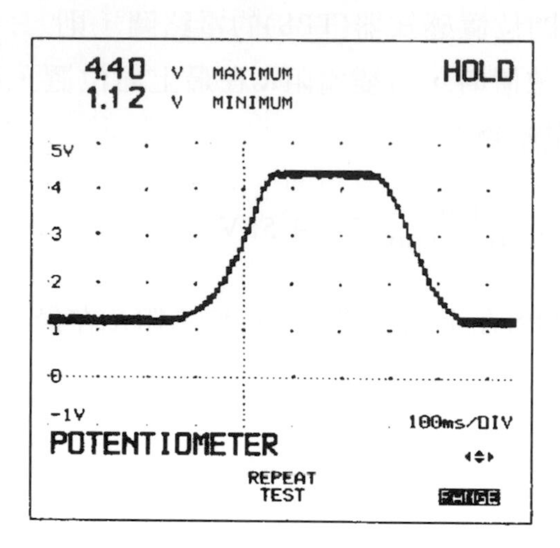


圖 6-36　位置感知器(電位計型)之電壓訊號 (FLUKE 98)

若電阻值出現異常(過高或過低)情況時，此電路將無法傳送出正確的位置訊號。任何未在電路設計範圍內的電阻值都會引起ECM輸入訊號不精確：

1. 若在5V參考電壓側出現較正常值爲高的電阻時，則ECM所得到的輸入電壓訊號會降低。
2. 反之，若搭鐵線路上出現較高的電阻值時，ECM輸入訊號會升高。
3. 當斷路出現於下列處，將使ECM的輸入訊號爲0V：
   (1) 5V參考電壓源，
   (2) 訊號線，
   (3) 感知器本身，
   (4) 感知器的電源線。
4. 若電源線或訊號線出現搭鐵短路(short-to-ground)現象，則ECM的輸入電壓亦爲0V。
5. 假如斷路出現再下列處，則ECM的輸入電壓將成爲5V：
   (1) 感知器的搭鐵側，或
   (2) 搭鐵線。

一般的TPS在怠速位置時，其電阻值約在1kΩ，分壓約0.5～1V；而在全開位置(WOT)時，電阻值約爲4kΩ，分壓約在3.8～4.5V之間。

有一些廠商會在節汽門位置感知器(TPS)電路中加上第2條5V電壓訊號到感知器去，如圖6-37所示。這條來自於ECM的電路上，串連一個電阻$R_1$，此電阻被稱作「幫流電阻」(pull-up resistor)。當TPS的節汽門位置改變時，$R_2$電阻亦跟著變化，ECM 內的電壓錶則據此偵測出$R_1$與$R_2$之分壓電路的電壓值。此電路的特點為：

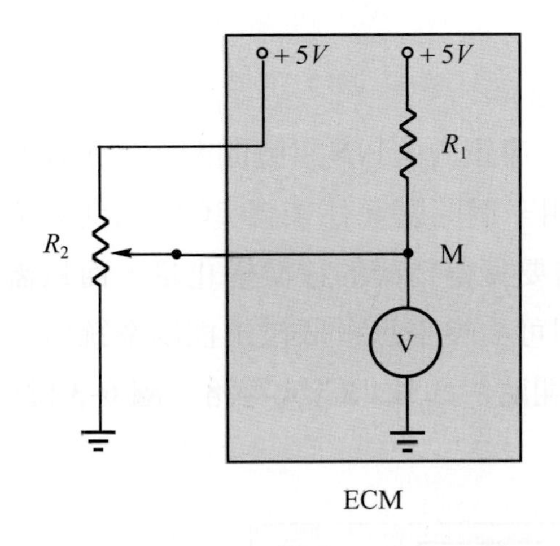


圖6-37　有幫流電阻的TPS分壓電路

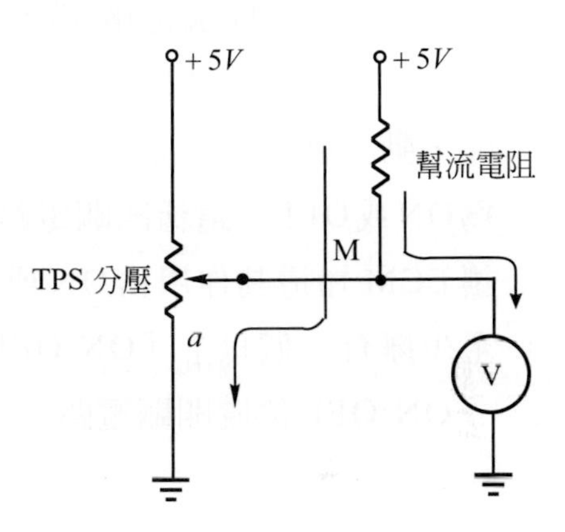


圖6-38　幫流電阻的作用

1. 如圖6-38所示，當滑臂移到近$a$點位置時，若是只靠原有的5V 電壓，則會因為 TPS 分壓後，能夠推動電壓錶的電位差太小，使電壓錶的偵測不精確。但是，若藉著另外一個參考電壓5V來提供給電壓錶偵測之用，電壓錶的工作電流範圍，則可能由原先的1～2mA增加至4～5mA。高電流推動電壓錶，將**使電壓錶的顯示較為精確**。
2. 除此之外，由於 TPS 所在位置易受到引擎高溫而影響其電阻值的變化，並影響流過電阻上的電流，假設 TPS 的可變電阻因溫度升高而使電阻下降，則電流會從原先的1mA增加至1.1mA。幫流電阻線路可以讓TPS的可變電阻流過較多的電流，例如增加2mA，而成為3.1mA，則0.1mA的改變量對於3.1mA 而言，其影響誤差將小於原先的1.1mA。因此，**幫流電阻的電路能夠降低引擎溫度對TPS電阻值所產生的影響**。

## 開關電路

**在汽車上應用分壓器法則所設計的開關(switch)電路共有兩種：**

1. **ON/OFF 位置開關電路(搭鐵開關電路)，**
2. **電源開關電路。**

這兩種開關電路在結構與線路上都很簡單，它們都只是傳送一個導通與否(ON/OFF)的訊號給ECM。現分述如下：

1. ON/OFF 位置開關電路(搭鐵開關電路)

   在車上有某些裝置，例如自動變速箱內的P/N訊號開關，空調A/C開關，動力轉向P/S開關等，需要利用一個開關元件來讓ECM判別其位置爲ON或OFF。這種開關電路並不需要獲得精確的位置變化量，而只需要讓ECM知道其作用爲ON或OFF即可。幾乎每一個電子控制系統中都會至少擁有一個以上「ON/OFF 位置開關」的輸入訊號電路。圖6-39即爲一ON/OFF位置開關電路。

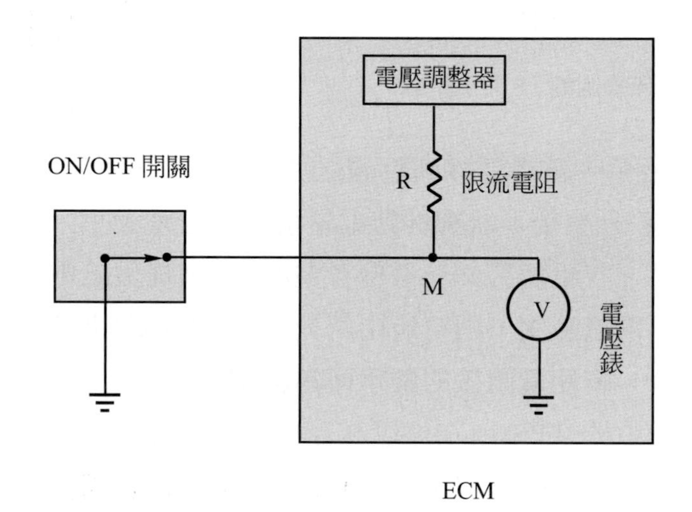


圖 6-39　ON/OFF 位置開關電路(搭鐵開關電路)

由於ON/OFF位置開關電路多利用搭鐵端做爲開關電路的迴路控制，故又稱爲「搭鐵開關電路」(ground side switching circuit)。

不同於可變電阻型的位置感知器，所提供給ECM的是一類比直流電壓；ON/OFF位置開關只提供高／低(HI/LO)或ON/OFF兩種電壓訊號。

亦即，隨著開關的閉合或切開，ECM便只能獲得0V或5V(亦有12V，視電路而定)兩種數位式電壓訊號。

當ON/OFF開關閉合時，依分壓器法則，ECM內的電壓錶讀數將爲0V；反之，當開關切開時，電壓錶讀數則爲5V。如圖6-40所示，當檔位開關置於*P*或*N*位置時，ECM內電壓訊號爲1V以下，在其他檔位時爲5V。

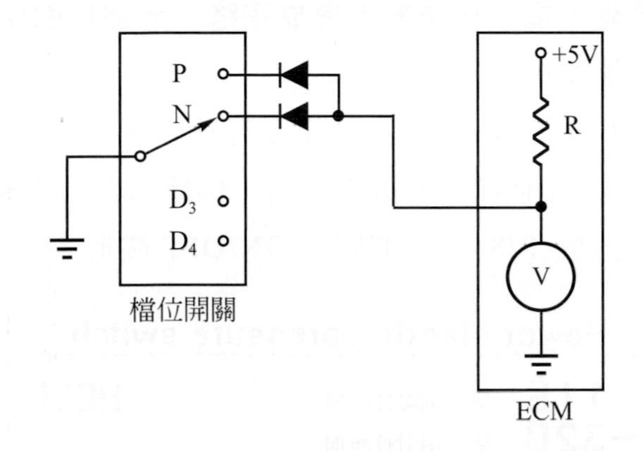


圖6-40　檔位開關(HONDA)

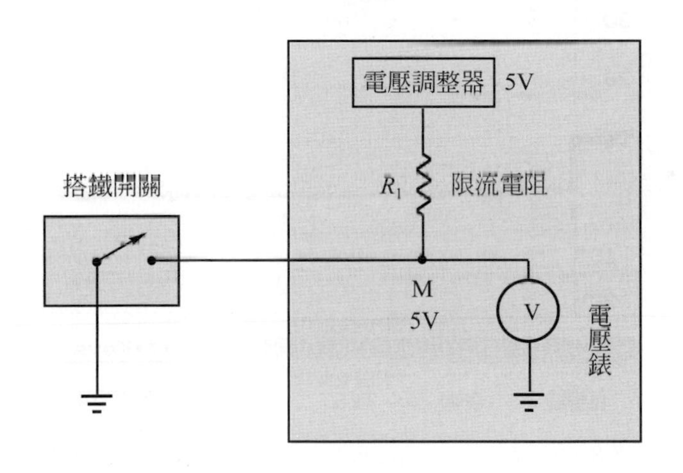


圖6-41　在搭鐵端設置控制開關

如圖 6-41 所示，利用搭鐵端所設計的開關電路很類似先前所介紹過的「溫度感知器電路」。最明顯的不同是將限流電阻$R_1$與搭鐵開關串聯，替代了溫度感知器：

(1) 在正常作用下，當開關切開時，由於 ECM 內的電壓錶，其內阻值設計成比$R_1$大 10 倍以上(註)，所以在$M$點的實際電壓值將等於 5V。

(2) 當開關接合時，電路自開關處完成迴路，全部$V_R$的電壓被$R_1$吸收，所以$M$點的電壓等於 0V。

如果在 ECM 與搭鐵開關之間出現斷路，則會導致$M$點電壓固定在 5V；如果在同樣的地方出現搭鐵短路，則將令$M$點電壓成為 0V。圖 6-42 為動力輔助轉向機(P/S)壓力開關之 ON/OFF 波形。

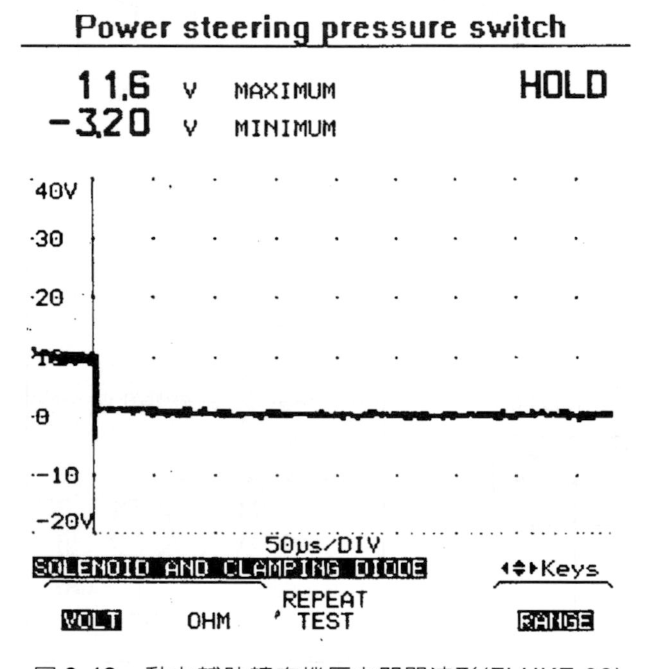


圖 6-42 動力輔助轉向機壓力開關波形(FLUKE 98)

註：愈是要求精密電壓值的電壓錶，其內阻愈大，一般設計上，每 1V 的內阻為 20kΩ，依此類推…。

2. 電源開關電路

電源開關電路與前述之搭鐵開關電路所採用的元件都一樣，但是在電子控制模組(ECM)內並不使用電壓調整器(VR)。電源開關電路採用外部電壓源，例如車上的電瓶或是點火開關。限流電阻串聯於開關和搭鐵之間。如圖 6-43 所示。

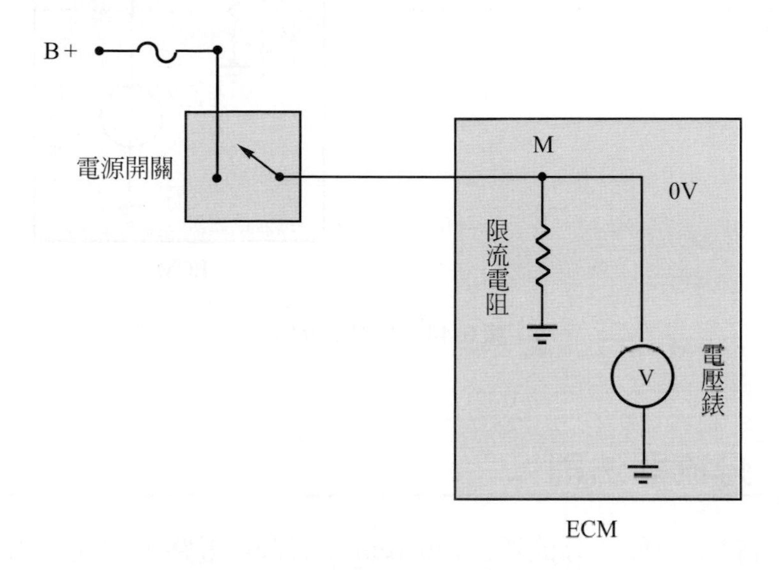


圖 6-43 電源開關電路 (取自：ASE)

(1) 在正常作用下，開關切開不通，電路中無任何電流流過，限流電阻兩端沒有電壓降，故電壓錶讀數亦爲 0V。

(2) 如圖 6-44 所示，當開關接通後，電流流經線路，使電阻$R_1$接受到整個電源電壓。此刻，$M$點的電壓值等於電瓶電壓，即 12V。

如果在電源開關和 ECM 之間出現搭鐵短路或斷路時，會使$M$點電壓降至 0V。在實際的故障案例中，當發生線路搭鐵短路時，位於開關電源線上的線路保護裝置將會跳開使電源線斷開。

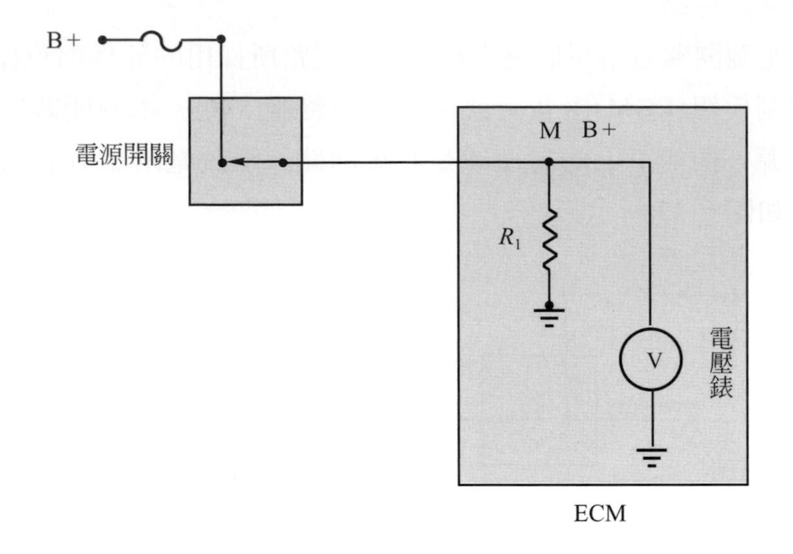


圖 6-44 開關接通時

## 6-3-3 分流器法則

並聯電路就是一種「分流器」(current divider)電路，如圖 6-45 所示。兩電阻$R_1$與$R_2$並聯後跨接一電壓源$V$，總電流$I$在流到$R_1$、$R_2$後會按$R_1$、$R_2$與總電阻之反比例，被分配成兩股分電流$I_1$與$I_2$；則：

$$I_1 = \frac{V}{R_1}$$

$$I_2 = \frac{V}{R_2}$$

將歐姆定律($V = IR$)與公式 6-8 代入上兩式，得出：

$$I_1 = \frac{IR}{R_1} = \frac{R_2}{R_1 + R_2} \times I \tag{6-16}$$

$$I_2 = \frac{IR}{R_2} = \frac{R_1}{R_1 + R_2} \times I \tag{6-17}$$

由公式 6-16 與 6-17 可整理出三個以上之多個分流並聯電阻之通式為：

$$I_x = \frac{R_t}{R_x} \times I \tag{6-18}$$

$I_x$ ：並聯電路中任一電阻上的電流量

$R_x$ ：該電阻之電阻值

$R_t$ ：並聯電路的總電阻值 $\left( \dfrac{1}{\frac{1}{R_1} + \frac{1}{R_2} + \frac{1}{R_3} + \cdots} \right)$

$I$ ：總電流

圖 6-45 的分流器電路之電壓源可以為 DC 或 AC 電壓。

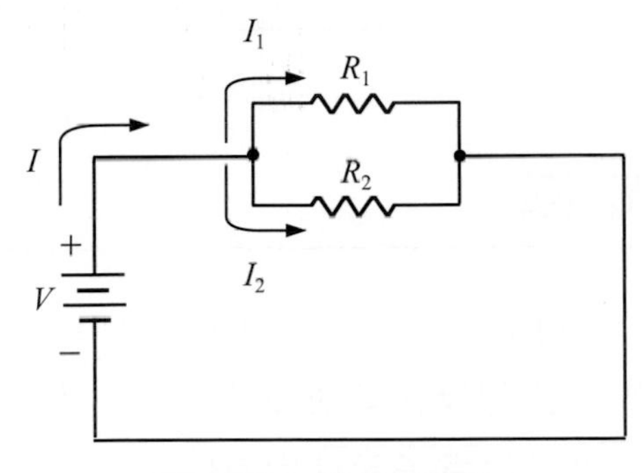


圖 6-45　分流器電路

【例 6-13】如圖所示，求出每一支路內的電流大小。

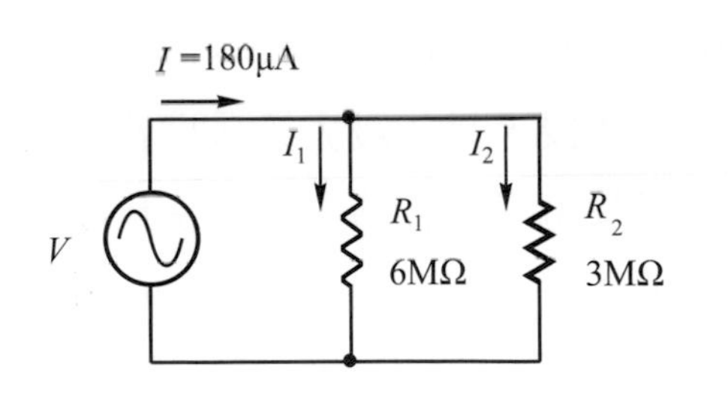


解

$$I_1 = \frac{R_2}{R_1 + R_2} \times I = \frac{3\text{M}\Omega}{6\text{M}\Omega + 3\text{M}\Omega} \times 180\mu\text{A} = 60\mu\text{A}$$

$$I_2 = \frac{R_1}{R_1 + R_2} \times I = \frac{6\text{M}\Omega}{6\text{M}\Omega + 3\text{M}\Omega} \times 180\mu\text{A} = 120\mu\text{A}$$

**另解**

以公式 6-18 之分流器通式解之，則需先算出電阻$R_1$與$R_2$之並聯和，即

$$R_t = \frac{R_1 R_2}{R_1 + R_2} = \frac{6M\Omega \times 3M\Omega}{9M\Omega} = 2M\Omega$$

再代入公式 6-18，得：

$$I_1 = \frac{R_t}{R_1} \times I = \frac{2M\Omega}{6M\Omega} \times 180\mu A = 60\mu A$$

$$I_2 = \frac{R_t}{R_2} \times I = \frac{2M\Omega}{3M\Omega} \times 180\mu A = 120\mu A$$

## 6-4 克希荷夫定律

在一般簡單電路中，應用歐姆定律便可解決大半之電壓與電流的問題，然而，在複雜電路中，歐姆定律卻無法解決電路問題。本節所介紹之「克希荷夫定律」(Kirchhoff's Law)可以說對電子元件與電路都有其顯著的重要性，並且適用於直流和交流電路。

生於 1824 年的德國物理學家克希荷夫(Gustav Robert Kirchhoff)原是德國數學大師高斯(K.F.Gauss)的學生。1854 年，30 歲的克氏成爲德國海德堡大學物理系教授，是年發表了「克希荷夫定律」，延伸了歐姆定律在電路學上對電壓、電流及電阻計算的方法。克氏除了對電子學的貢獻外，並且也給量子論的發展建立了基礎。克氏在光譜研究的領域亦佔有重要的地位。1887 年，克氏死於柏林，享年只有 63 歲。

**克希荷夫定律包括了：**

1. **克希荷夫電壓定律**(Kirchhoff's Voltage Law，KVL)**及**
2. **克希荷夫電流定律**(Kirchhoff's Current Law，KCL)

將此兩定律與歐姆定律結合，可以分析任何的電阻電路。在進入克希荷夫定律以前，必須先建立幾個觀念：

圖 6-46　克希荷夫(G.R.Kirchhoff，1824～1887)

1. 節點(node)：**指兩個或兩個以上的電子元件連接在一起的接點**，如圖 6-47(a)所示，在 3Ω電阻的兩端的$a$、$b$兩點，就是「節點」。其中，$a$點是 12V 電壓源的端點，$b$點則是 2Ω電阻和 6V 電壓源的共同節點。$b$、$c$點以及$d$、$e$和$f$各點事實上各為同一節點，因為其間並無電子元件連接。

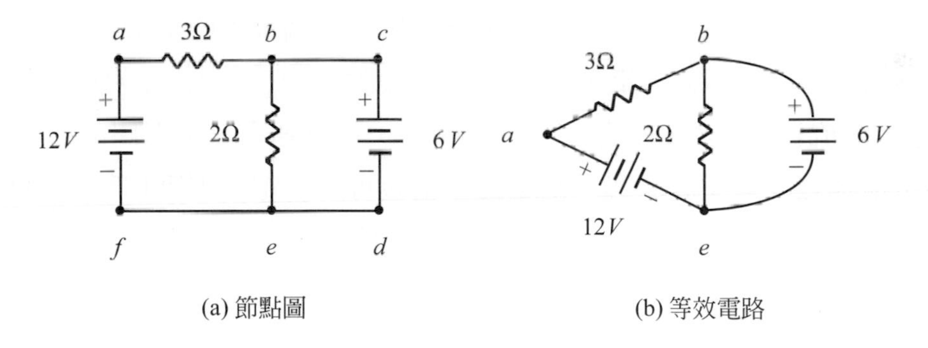


圖 6-47　節點

2. 環路(loop)：又稱作「迴路」。由電子元件所構成之封閉路徑。**任選電路上某點為起點，循電流方向行進，並返回到起點為止，電流所流過的路徑即為一環路**。如圖 6-47(b)，在$a$-$b$-$e$-$a$外環路中，電流流經 3Ω，6V 及 12V 各元件；而另一內環路則由 3Ω，2Ω，12V 元件所構成。

3. 電壓昇：以電流流過元件後能量的變化來判斷電壓昇或電壓降。**電壓昇是指當電流由該元件的負極流入，由正極流出時，該元件得到電荷，稱之。**如圖 6-48(a)。

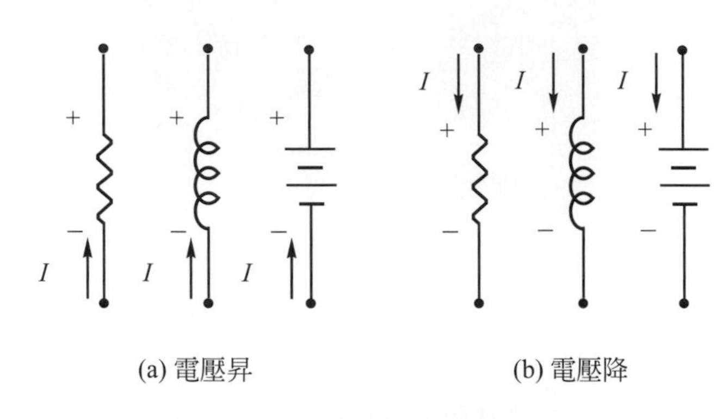


圖 6-48　電壓昇與電壓降

4. 電壓降：**若電流由元件的正極流入，由負極流出時，則該元件將電荷轉換成為功，電荷能量減少，稱之為「電壓降」**，如圖 6-48(b)。

## 6-4-1　克希荷夫電壓定律(KVL)

克希荷夫電壓定律(簡稱KVL)指出：**在電路中所有電壓降的總和等於電源電壓**。換句話說，全部電源電壓都將被電路所用。以圖 6-49 爲例說明之，在電路的封閉迴路中，一定方向下電壓的升高，必相等於沿此方向之電壓降。假如電流從$a$點起始，流經$R_1$、$R_2$、$R_3$及$V$後，回到$a$點，電流通過封閉迴路$a$-$b$-$c$-$d$-$a$的環路。則由前述之「電壓昇」與「電壓降」定義可知，電源電壓$V$爲「電壓昇」，電阻$R_1$、$R_2$及$R_3$皆爲「電壓降」。因此，KVL 的公式爲：

$$V - V_1 - V_2 - V_3 = 0 \tag{6-19}$$

亦即

$$V - IR_1 - IR_2 - IR_3 = 0 \tag{6-20}$$

在進行例題的演練之前，我們來整理一下 KVL 的應用方法：

1. **標出環路電流的方向和起始點(如$a$…)。**
2. **分析出各元件屬於「電壓昇」或「電壓降」。一般來說，負載多屬電壓降，電壓源則需視進入的方向而定：**

(1) 電流若由電壓源負極端進入，則屬「電壓昇」，

(2) 電流若由電壓源正極端進入，則爲「電壓降」。

3. 由所標示的起點開始，電壓昇取“+”，電壓降取“--”。

4. 列出KVL計算式(即公式6-19)。

5. 代入數値並解之。

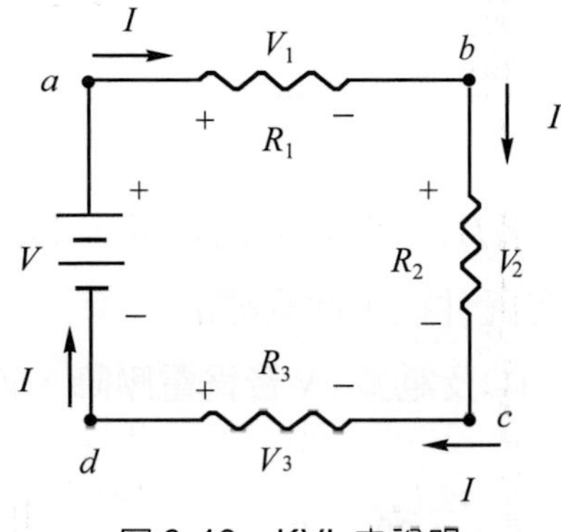


圖 6-49　KVL 之說明

**【例 6-14】** 如圖所示，交流電壓源之有效値爲110V，試求出$V_3$之電壓有效値。

I
$V_1=20V$
a
$V_{rms}=110V$
$V_2=30V$
$V_3=?$

**解**

由$a$點爲起點，則依 KVL 公式：

$V_{rms}-V_1-V_2-V_3=0$

$110-20-30-V_3=0$

$\therefore V_3=60V$

【例 6-15】如圖所示，以 KVL 求出電路之總電流$I$＝？

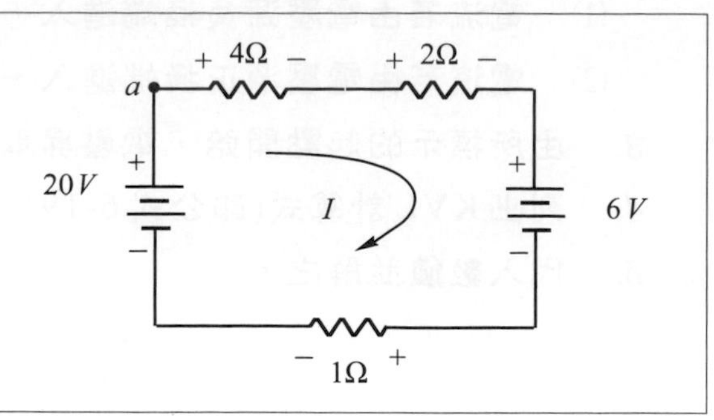


**解**

設環路由$a$點開始，電流$I$以順時針方向行進，則自$a$點起，電流會流經 4Ω、2Ω、6V 及 1Ω，20V 等元件後，回到$a$點。

其中，電阻 4Ω、2Ω、1Ω及電源 6V 皆爲電壓降，而 20V 爲電壓昇，列出 KVL 計算式：

$$-I\times4-I\times2-6-I\times1+20=0$$

$$-7I+14=0 \qquad \therefore I=2\text{A}$$

【例 6-16】如圖所示，以 KVL 求出線路電流$I$＝？

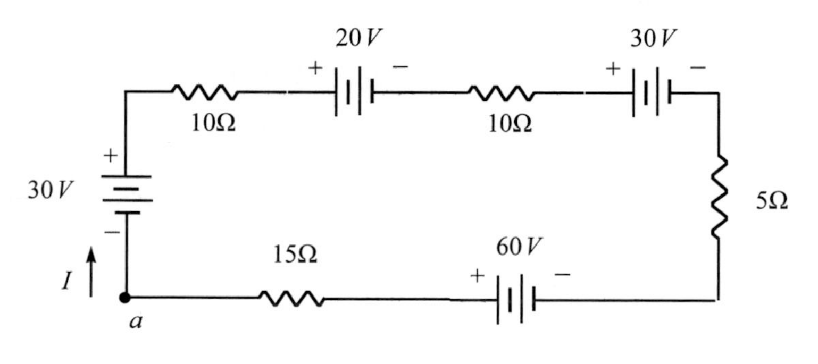


**解**

如圖，設環路由$a$點開始(起始節點可由讀者任意選定)。各元件之電壓昇與電壓降爲：

電壓昇：30V，60V。

電壓降：10Ω，20V，10Ω，30V，5Ω，15Ω。

取電壓昇為正，電壓降為負。

列出 KVL 算式：

$$30 - I\times10 - 20 - I\times10 - 30 - I\times5 + 60 - I\times15 = 0$$

$$40 - 40I = 0 \qquad \therefore I = 1\text{A}$$

## 6-4-2 克希荷夫電流定律(KCL)

克希荷夫電流定律(簡稱KCL)指出：**流入電路中任何一個節點之電流和必等於流出該節點之電流和**。KCL 又稱作「克希荷夫第一定律」。

以圖 6-50 為例說明，節點$a$上有三股電流流經，分別為$I_1$、$I_2$及$I_3$。依 KCL 可知，流入節點$a$的電流為$I_1$必等於流出電流$I_2$和$I_3$，亦即：

$$I_1 = I_2 + I_3 \tag{6-21}$$

通常，設流入方向的電流為"＋"，而流出者為"－"。所以，公式 6-21 應寫成：

$$I_1 - I_2 - I_3 = 0 \tag{6-22}$$

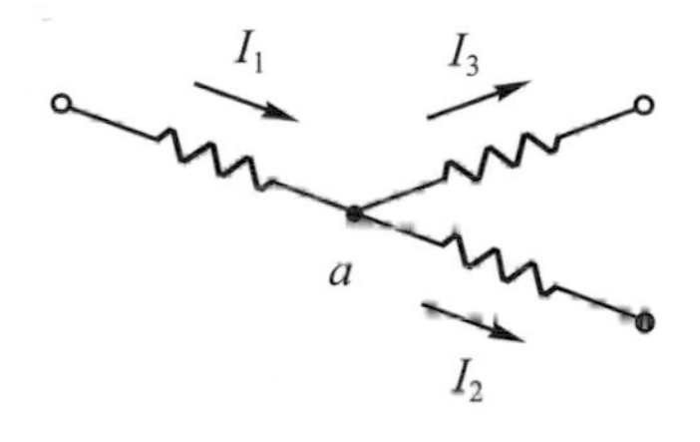


圖 6-50　KCL 之說明

【例 6-17】如圖所示，求$I_4$＝？

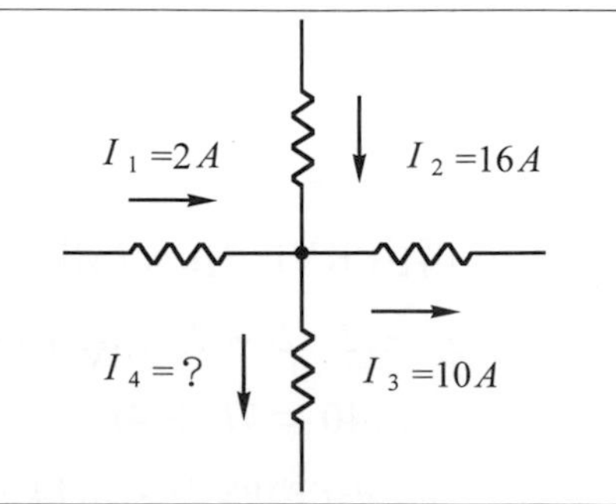

**解**

流入節點之電流為$I_1$和$I_2$

流出節點之電流為$I_3$和$I_4$

列出 KCL 算式，即

$I_1 + I_2 - I_3 - I_4 = 0$

$2 + 16 - 10 - I_4 = 0$

$\therefore I_4 = 8A$

---

**【例 6-18】** 如圖所示，應用KVL和KCL計算流過每個電阻之電流量。

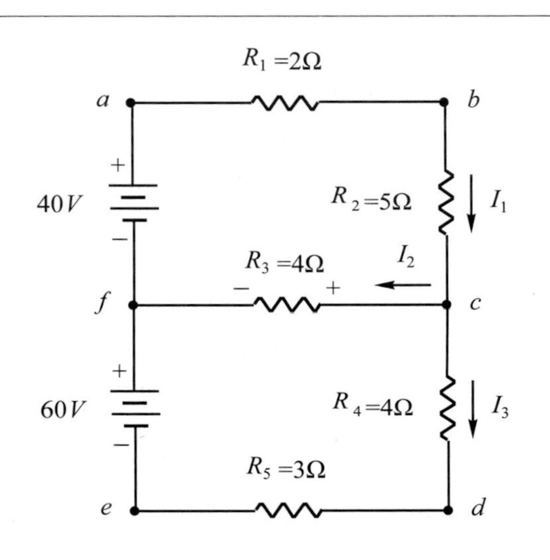


**解**

本題會出現兩個以上之環路，故先在各節點上予以標註，如圖所示。

由於要計算出流過每個電阻之電流值，故取節點$c$做為 KCL 分析最適合。依 KCL 得知：

$I_1 - I_2 - I_3 = 0$

$\therefore I_1 = I_2 + I_3$ (1)

再由 KVL 看$abcf$環路，得：

$-I_1 \times 2 - I_1 \times 5 - I_2 \times 4 + 40 = 0$

$\therefore 40 = 7I_1 + 4I_2$ (2)

在 $cdef$ 環路中，可得：

$- I_3 \times 4 - I_3 \times 3 + 60 + I_2 \times 4 = 0$

$\therefore 60 = -4I_2 + 7I_3$ (3)

將(1)式代入(2)式，可得：

$40 = 11I_2 + 7I_3$ (4)

(3)式－(4)式，得：

$20 = -15I_2$

$\therefore I_2 = -\frac{4}{3} = -1.33\text{A}$(負號表示與原假設電流方向相反)

將$I_2 = -1.33$ 代回(4)式，得

$40 = 11 \times \left(-\frac{4}{3}\right) + 7I_3$

$\therefore I_3 = \frac{164}{21} = 7.8\text{A}$

$I_1 = I_2 + I_3$

$= -1.33 + 7.8 = 6.47\text{A}$

**說明** 此題所解出之三電流值，其中$I_2$爲負值，表示與假設之電流方向相反，其餘$I_1$、$I_3$之電流方向則與原假設方向同

## 6-4-3 節點電壓法

解決及分析電路問題的另一個簡便的方法即是「節點電壓法」(Node Voltage Method)，它是將「克希荷夫電壓定律」(KVL)直接應用於電路上。在進行節點分析法以前，必須先任選一參考點，做爲接地(零電位)節點，其它的節點則爲非參考點。每一個非參考點的電壓定義爲節點電壓，如圖 6-51 所示，參考點以接地符號表示；非參考點則以該參考點標示出節點電壓符號(例如：$V_a$、$V_b$…)。其意義爲該參考點對地之電位。

在圖 6-52 中，非參考點$a$、$b$之節點電壓分別爲$V_a$、$V_b$，則跨接於兩點間之電阻$R$的元件電壓爲$V_{ab}$，其值爲：

$$V_{ab} = V_a - V_b \tag{6-23}$$

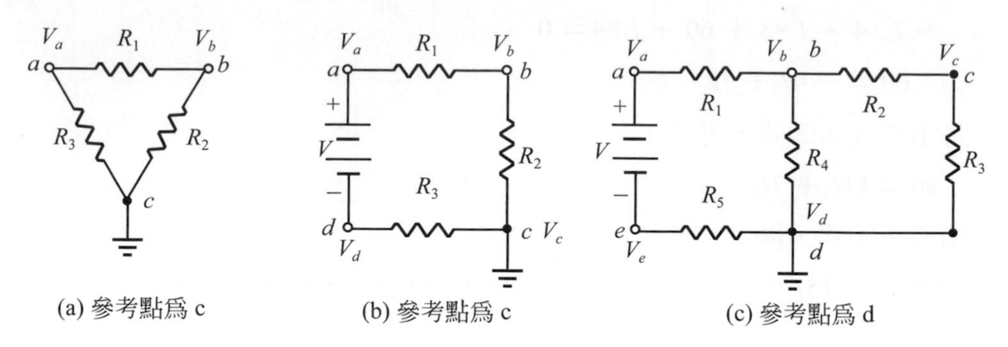


圖 6-51　節點電壓法之參考點與非參考點

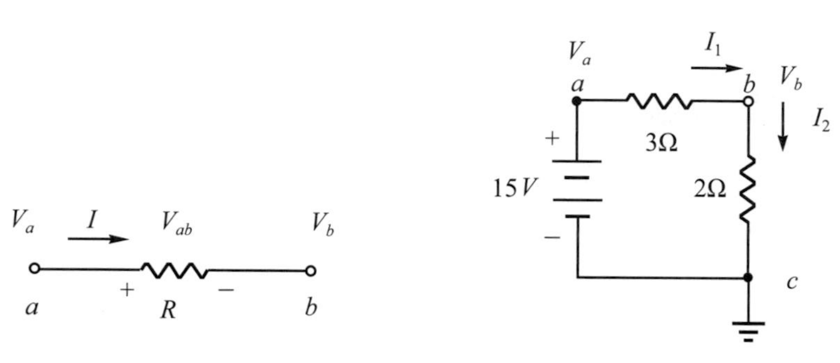


圖 6-52　元件電壓值

圖 6-53　應用節點電壓法解題

而流經電阻$R$的電流值則等於：

$$I = \frac{V_{ab}}{R} = \frac{V_a - V_b}{R} \tag{6-24}$$

我們現在先以一很簡單的實例來練習「節點電壓法」的解題方法。如圖 6-53 所示，試求出電路的電流值。(事實上，本例利用「歐姆定律」便可輕鬆解出。)

1. 首先，選擇$c$點爲接地之參考點(電位爲零)。
2. 依 KCL 所述，在節點$b$上，流入電流($I_1$)必等於流出電流($I_2$)，即$I_1 = I_2$。
3. 由公式 6-23 知：

$$I_1 = \frac{V_a - V_b}{3} = \frac{15 - V_b}{3}$$

$$I_2 = \frac{V_b - 0}{2}$$

4. $\frac{15 - V_b}{3} = \frac{V_b}{2}$，解出 $V_b = 6V$

5. 將 $V_o = 6V$ 代回，求出 $I_2 = 3A = I_1 = I$。

讀者們是否發現，本例題藉由「節點電壓法」所解得的結果竟可與「歐姆定律」($V = IR$，$15 = I \times 5$)所解之結果相同。當然，在面對圖 6-53 如此簡單的電路，一般人是不會採用以節點法解之。節點法對於複雜電路實有其重要價值。

現將「節點電壓法」的應用方法整理如下：

1. 先選擇最適當之節點做爲參考點。
2. 標出其它非參考電之電壓。
3. 在選定的節點上標出電流流動情形，依 KCL 所述，流入該節點電流必等於流出電流，列出方程式。有時，較複雜電路，此節點需要多選定幾個。
4. 解聯立方程式，求出各節點電壓值。
5. 以節點電壓求出各元件之電流。

**【例 6-19】** 如圖所示，求出節點電壓 $V_1$ 及 $V_2$。

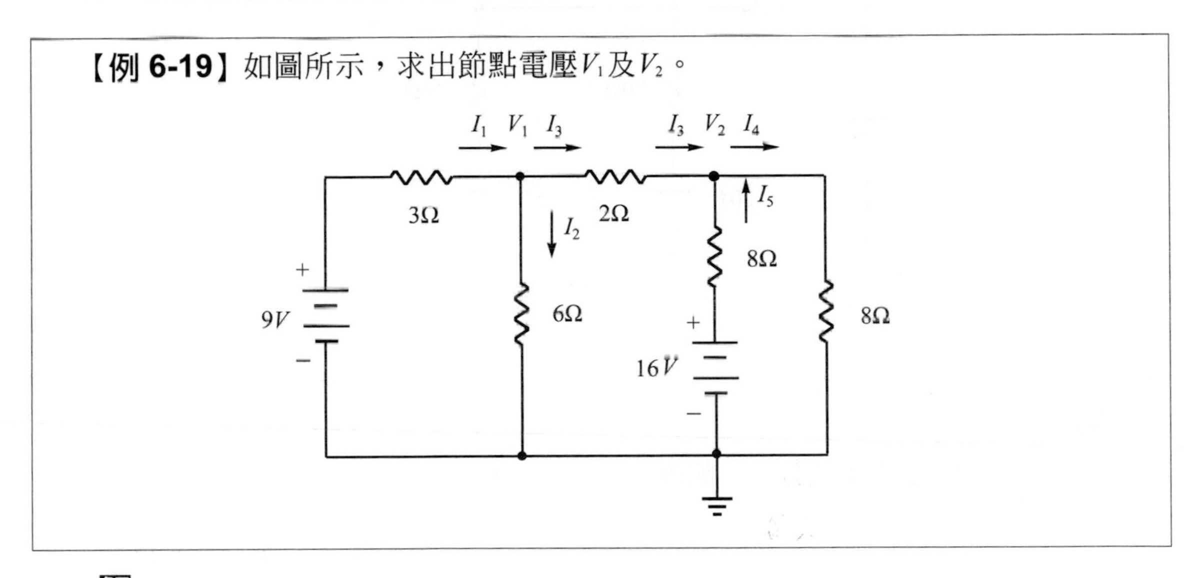


**解**

首先，先在兩節點上標出電流方向，如圖上所示。

在節點 1 上的 KCL 方程式爲：

$I_1 = I_2 + I_3$，即

$$\frac{9 - V_1}{3} = \frac{V_1}{6} + \frac{V_1 - V_2}{2} \quad (1)$$

在節點 2 上的 KCL 方程式為：

$$I_3 + I_5 = I_4$$

$$\frac{V_1 - V_2}{2} + \frac{16 - V_2}{8} = \frac{V_2}{8} \qquad (2)$$

化簡兩方程式，得

$$6V_1 - 3V_2 = 18$$

$$-2V_1 + 3V_2 = 8$$

解聯立方程式，得出：

$V_1 = 6.5\text{V}$，$V_2 = 7\text{V}$

---

**【例 6-20】** 利用節點電壓法求流過 20Ω電阻的電流為多少？

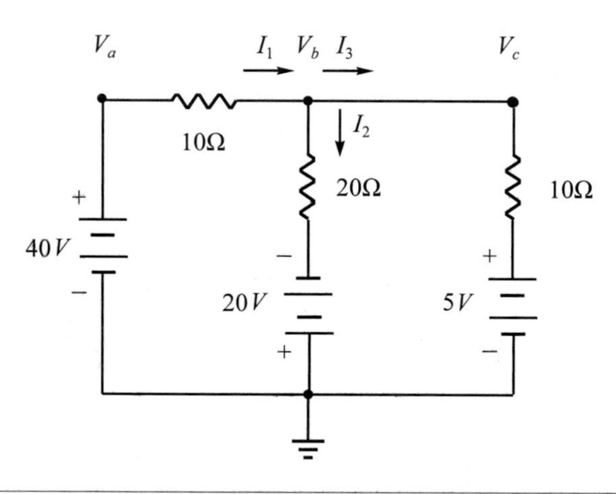


**解**

標出節點$b$上之電流方向，如圖所示。

節點$b$的 KCL 方程式為：

$I_1 = I_2 + I_3$，即

$$\frac{40 - V_b}{10} = \frac{V_b + 20}{20} + \frac{V_b - 5}{10}$$

解方程式得$V_b = 14\text{V}$

$$I_2 = \frac{V_b + 20}{20} = \frac{14 + 20}{20} = 1.7\text{A}$$

---

【例 6-21】如圖所示，若惠斯登電橋達到平衡時，電阻$R$應爲多少？

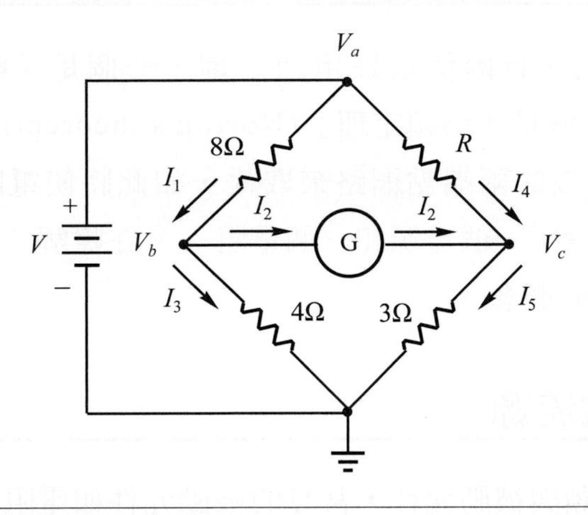


**解**

由於電橋達到平衡，故檢流計上的電流等於零，即

$I_2 = 0$，並且

$V_b = V_c$

依 KCL 所述，得出：

$I_1 = I_3$，$I_4 = I_5$，即

$$\frac{V_a - V_b}{8} = \frac{V_b}{4} \quad (1)$$

$$\frac{V_a - V_c}{R} = \frac{V_b}{3} \quad (2)$$

因$V_b = V_c$，故(2)式可寫成

$$\frac{V_a - V_b}{R} = \frac{V_b}{3} \quad (3)$$

(1)式×4 =(3)式×3，即

$$\frac{V_a - V_b}{2} = \frac{3(V_a - V_b)}{R}$$

$$\frac{1}{2} = \frac{3}{R}$$

$$R = 6\Omega$$

# 6-5 戴維寧定理

在分析較複雜的網路時，有兩個很好用的定理，一個是「戴維寧定理」(Thevenin's theorem)，另一個是「諾頓定理」(Norton's theorem)。此兩定理允許將整個複雜網路以一個等效的兩端點網路來取代，如此將使電路的分析更簡單。在這個等效電路裡則包含了一個電源和一個電阻…。在瞭解「戴維寧定理」前，我們需要先建立對電源的觀念。

## 6-5-1 電壓源與電流源

我們知道電子元件分主動與被動元件，常見的被動元件如電阻、電感和電容等，而最重要的主動裝置則是「電源」了，欲使電路中某兩節點間有電流流過，或有電壓存在，就必須在此電路中加上電源。**電源可分為兩種型式：**

1. **電壓源，和**
2. **電流源。**

分述如下：

### 電壓源

如圖 6-54(a)所示爲一理想電壓源，所謂「理想電壓源」是指，不論$a$、$b$間安裝多大的負載，電壓源供應給$ab$兩端點間的電壓值恆爲$V$，不受外接負載之影響。換句話說，在理想狀況下，不論電路的電流多大，電壓仍保持固定。這是電壓源在計算時的特性，但是，實際的電壓源中，其內部卻有電阻$r$存在，如(b)圖所示。

當電路所流通的電流$I$很小時，電壓源內阻$r$可以忽略不計，亦即以理想電壓源視之；然而，在很大電流通過時，便必須將電源內阻$r$所產生的電壓降給考慮進來了！以(a)圖爲例，在理想電壓源狀況下，$ab$兩點之負載電壓值$V_{ab}$即等於電壓源電壓值$V$。而在(b)圖中，負載電壓$V_{ab}$將等於電源電壓減去內阻所產生之電壓降，即：

$$V_{ab} = V - I \times r \qquad (6\text{-}25)$$

又根據「分壓器電路」公式6-12得出負載電壓$V_{ab}$為：

$$V_{ab}=\frac{R}{r+R}\times V \tag{6-26}$$

對於實際電壓源來說，我們會要求內阻$r$愈小愈好。通常在$\frac{R}{r}>100$的情況下，內阻可忽略不計。圖6-55為AC電壓源，當內部阻抗很重要時，便須採實際電壓源計算。交流電源的內部阻抗常會受到頻率之影響，而非一固定值。

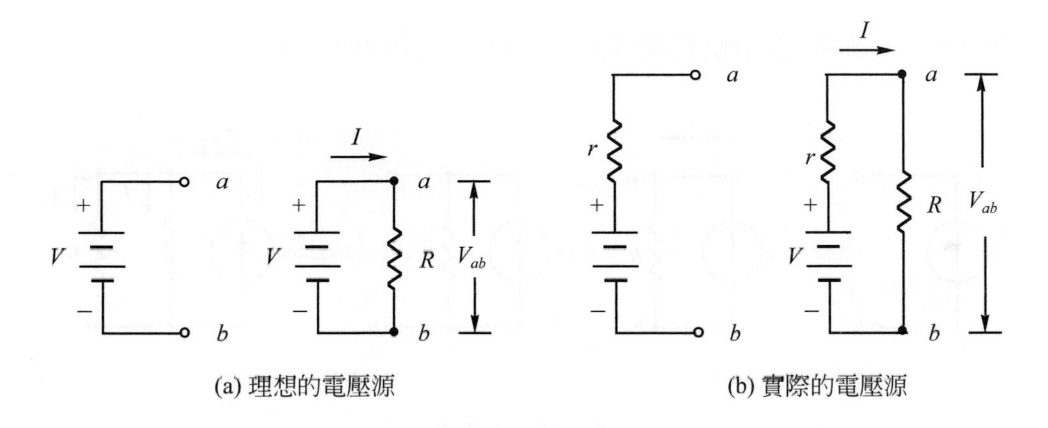

(a) 理想的電壓源　(b) 實際的電壓源

圖6-54　電壓源

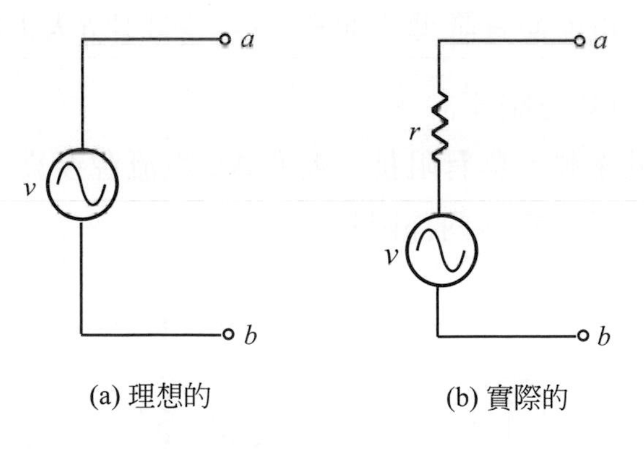

(a) 理想的　(b) 實際的

圖6-55　交流電壓源

## 電流源

在定義上與理想電壓源相同，如圖 6-56(a)所示，$a$、$b$兩節點之間，無論其負載電阻多少，電流源都能供應定值的電流。例如，若$I = 5\text{A}$，則不論負載電阻爲 10Ω或 50MΩ都會有 5A的電流流過。然而，在實際電流源中，都有內阻$r$的存在，如(b)圖所示。當負載$R$接到$a$、$b$端上，因爲會有一些電流流入內阻$r$而使$R$上的電流減少了，流過負載的電流$I_R$爲：

$$I_R = I - I_r \tag{6-27}$$

上式中，$I$爲電流源的電流(總電流)，$I_r$爲流入內阻$r$的電流。

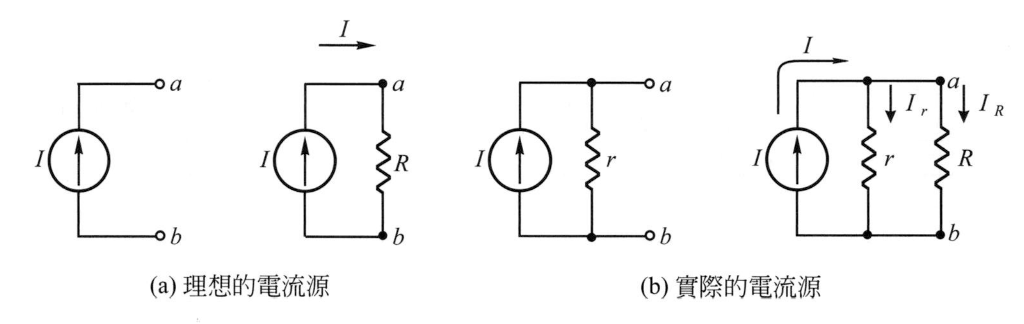


(a) 理想的電流源　　(b) 實際的電流源

圖 6-56　電流源

在實際的電流源中，我們會要求內阻$r$愈大愈好。因爲若內阻$r$比負載$R$大很多時，內阻所分配的電流便會降低，通常，$r$至少要比$R$大 100 倍，即$\frac{r}{R} > 100$，則在計算時，內阻$r$可以忽略不計。

圖 6-57 爲AC電流源，具有阻抗。若將AC電流源視爲一理想的電源，則內阻抗可不計，有時則需考慮其內部阻抗。

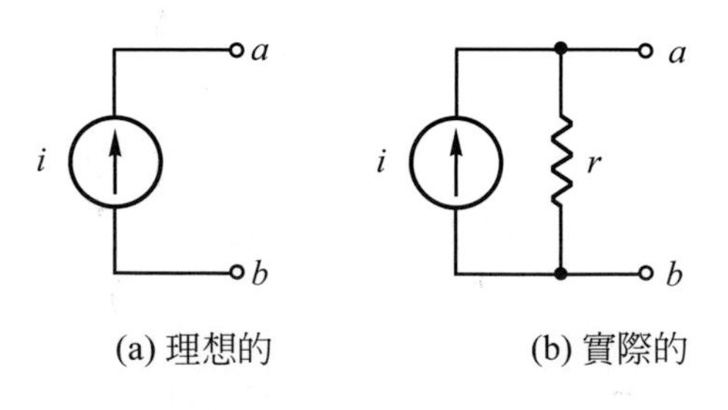


(a) 理想的　　(b) 實際的

圖 6-57　交流電流源

## 電壓源轉換成電流源

若將一實際電壓源和一實際電流源分別接以相同的負載，如果所產生的結果相同，則表示這兩個「電源」互為等值，且可以互相變換。

圖 6-58 為實際電壓源與電流源連接同樣的負載電阻$R$，其中$r_V$表示電壓源之內阻，$r_I$表示電流源之內阻。在兩電路中若流經負載$R$之電流都相等，即皆為$I_R$，且負載$R$兩端之電壓亦相等，即$V_{ab}$，則此兩電源互為等值電源，可互相轉換：

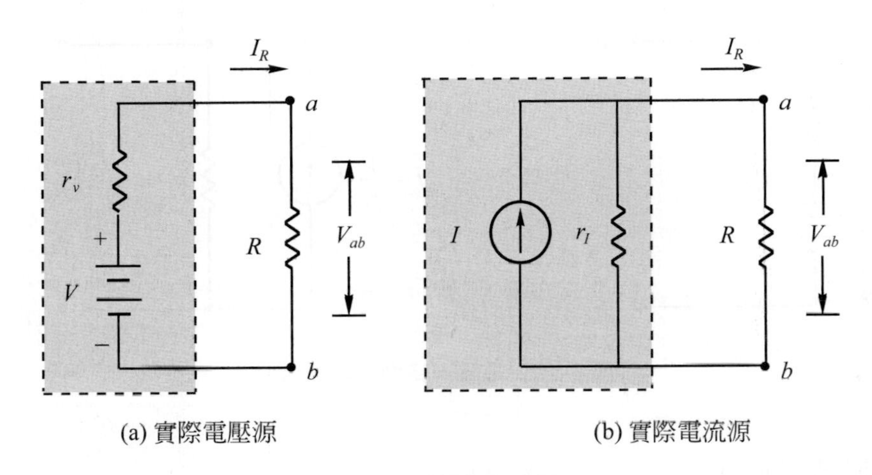


圖 6-58　電源的轉換

由(a)圖可得：

$$V_{ab} = V - I_R r_V$$

$$\therefore I_R = \frac{V - V_{ab}}{r_V} = \frac{V}{r_V} - \frac{V_{ab}}{r_V} \qquad (1)$$

由(b)圖可得：

$$I_R = I - I_{r_I} = I - \frac{V_{ab}}{r_I} \qquad (2)$$

今使電壓源內阻$r_V$等於電流源內阻$r_I$，即$r_V = r_I$，則

$$\frac{V_{ab}}{r_V} = \frac{V_{ab}}{r_I}$$

整理(1)、(2)式得出

$$I = \frac{V}{r_V} \tag{6-28}$$

其中，$I$為電流源電流，$V$為電壓源電壓，$r_V$為電壓源內阻，等於電流源內阻$r_I$。

現將電壓源轉換成電流源的步驟敘述如下：

1. 以電壓源之開路電壓(即$V$)除以其內阻$r_V$，得到電流源之短路電流(即$I$)。
2. 再將電壓源內阻$r_V$移至電流源內阻的位置，成為$r_I$，如圖 6-59 所示。

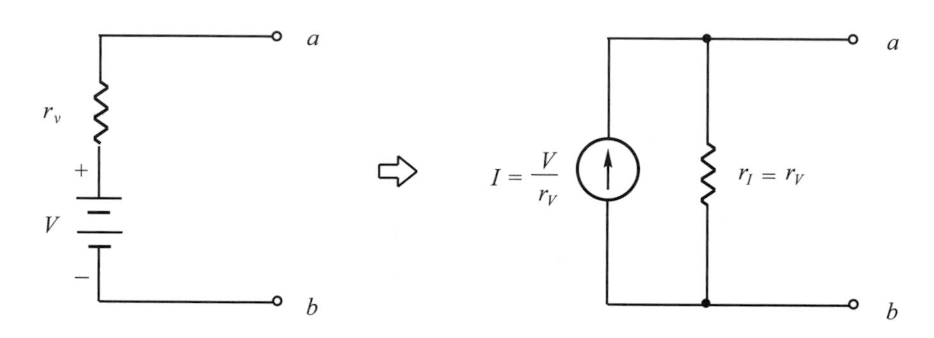


圖 6-59　電壓源轉換成電流源

## 電流源轉換成電壓源

公式 6-28 亦可用於電流源轉換成電壓源上，因為$r_V = r_I$，故公式 6-28 也可寫成：

$$V = Ir_I \tag{6-29}$$

其中，$V$為電壓源電壓，$I$為電流源電流，$r_I$為電流源內阻，也等於電壓源內阻$r_V$。

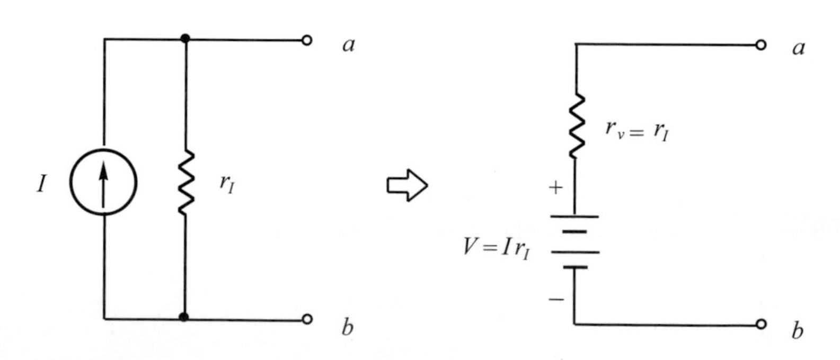


圖 6-60　電流源轉換成電壓源

電流源轉換成電壓源之步驟如下：

1. 先將電流源之短路電流(即$I$)乘以其內阻$r_I$，得到電壓源之開路電壓(即$V$)。
2. 再把電流源內阻$r_I$移至電壓源內阻的位置，成爲$r_V$，如圖 6-60 所示。

【例 6-22】如圖所示，將電壓源轉換成電流源時，$I$＝？$R$＝？

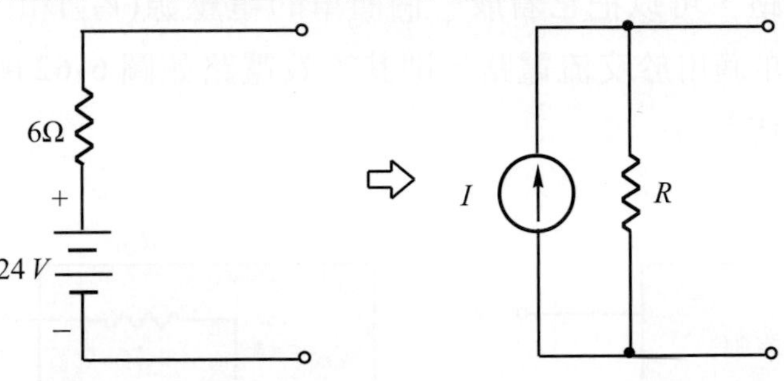


解

依公式 6-28 所述，

$$I=\frac{V}{r_V}=\frac{24}{6}=4\text{A}$$

另外，$R=r_V=6\Omega$

【例 6-23】如圖所示，求出 5Ω電阻所流過之電流$I$＝？

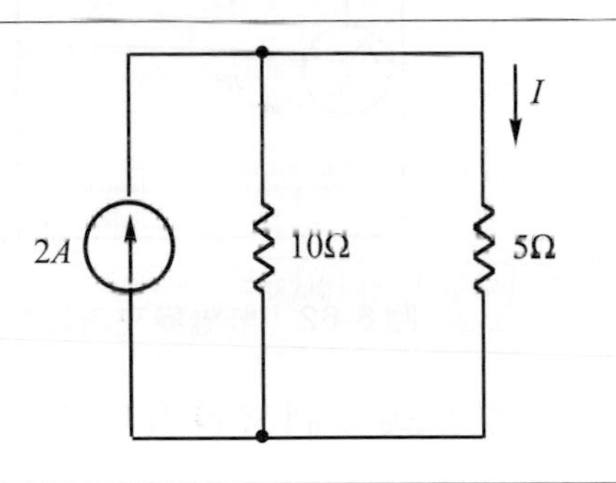


解

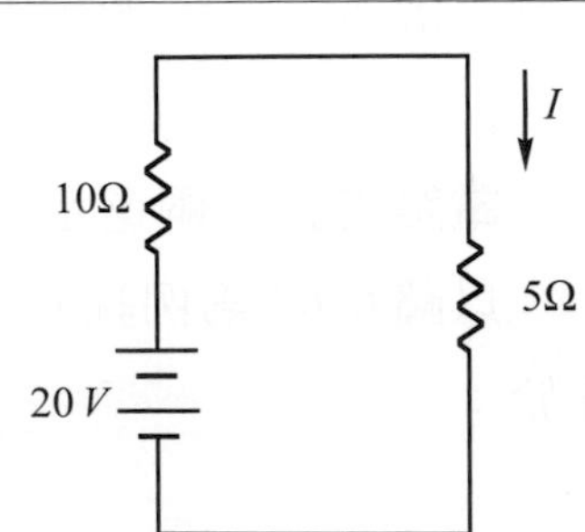


先利用公式 6-29 將電流源轉換成電壓源，

$$V=Ir_I=2\times10=20\text{V}$$

再以歐姆定律求出 5Ω上的電流$I$

$$I=\frac{V}{R}=\frac{20}{15}=\frac{4}{3}\text{A}$$

## 6-5-2 戴維寧定理

簡言之，戴維寧定理指出，**任何有源電路，不論其多複雜，都可將之化簡成由一個等效電壓源(DC 或 AC)與一個等效電阻串聯的電路**。如圖 6-61 所示，從 $a$、$b$ 兩點看一個電路，可以把它看成一個簡單的電壓源($V_{TH}$)和一個電阻($R_{TH}$)的串聯。戴維寧定理亦適用於交流電路，則其等效電路如圖 6-62 所示。$V_{TH}$ 爲其等效電壓，$Z_{TH}$ 爲等效阻抗。

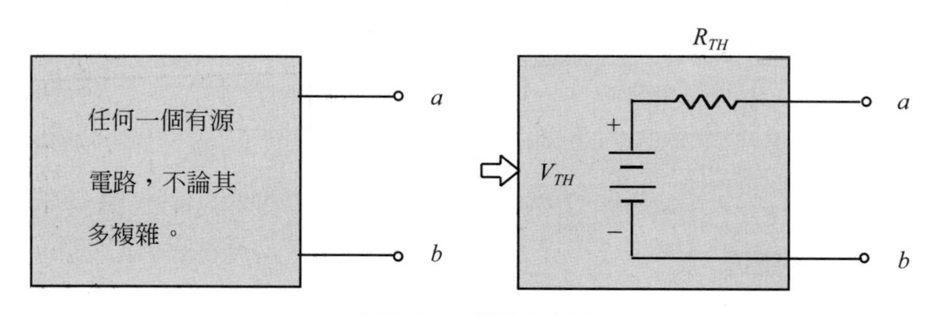


圖 6-61 戴維寧定理

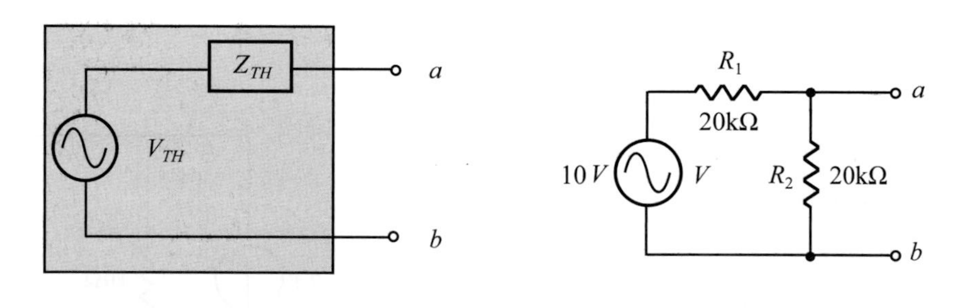


圖 6-62 戴維寧交流等效電路

圖 6-63 $V_{TH}$ 的求法

現在讓我們來看看 $V_{TH}$ 和 $R_{TH}$。$V_{TH}$ 稱作**戴維寧等效電壓**，$V_{TH}$ 值可以藉由計算或測量圖 6-61 的 $ab$ 兩點之開路電壓(open-circuit voltage，或稱斷路電壓)而得到。而 $V_{TH}$ 的定義如下：

**電路內跨於兩選定點之間的開路電壓値**。

以圖 6-63 爲例說明，從 $a$、$b$ 兩點看進去，則跨於 $ab$ 兩點之間的等效電壓 $V_{TH}$ 等於：

$$V_{TH}=\frac{R_2}{R_1+R_2}\times V=\frac{20\text{k}}{20\text{k}+20\text{k}}\times 10=5\text{V}$$

至於$R_{TH}$則被稱作**戴維寧等效電阻**，$R_{TH}$值也可以藉計算或測量得出。$R_{TH}$的定義如下：

**將電路內所有的電源減到0，然後由兩選定點處所呈現的總電阻(或阻抗)。**

在定義中若要使電源減到 0，則要把電壓源短路，使電壓源降到 0；而要把電流源減至 0，則須將電流源視作斷路(開路)。以圖 6-64 為例，電路中含有一直流電壓源與一直流電流源，要求出電路的$R_{TH}$值，則須把電壓源短路，把電流源斷路，然後再計算電路中的總電阻值。若電源非理想電源時，則無論是電壓源或電流源皆以其內阻取代。再以圖 6-63 為例，計算$a$、$b$兩點間的等效電阻$R_{TH}$。

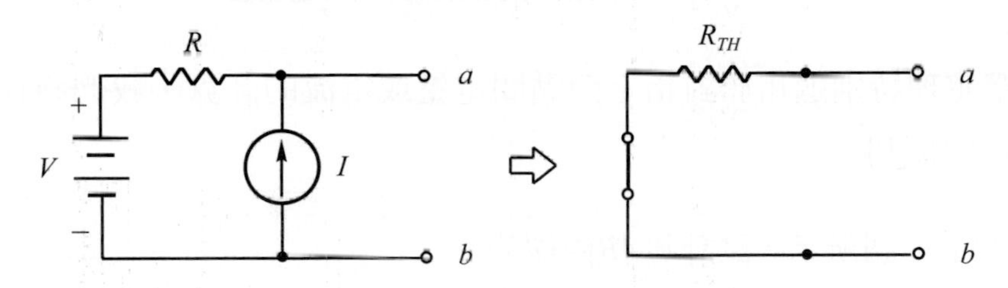


圖 6-64　$R_{TH}$的求法

將電壓源以短路取代，則所呈現出的$R_{TH}$為$R_1$與$R_2$兩並聯電阻，即：

$$R_{TH}=\frac{R_1R_2}{R_1+R_2}=\frac{20\text{k}\times 20\text{k}}{20\text{k}+20\text{k}}=10\text{k}\Omega$$

所以，圖 6-63 的戴維寧等效電路將轉換成圖 6-65 的模樣。

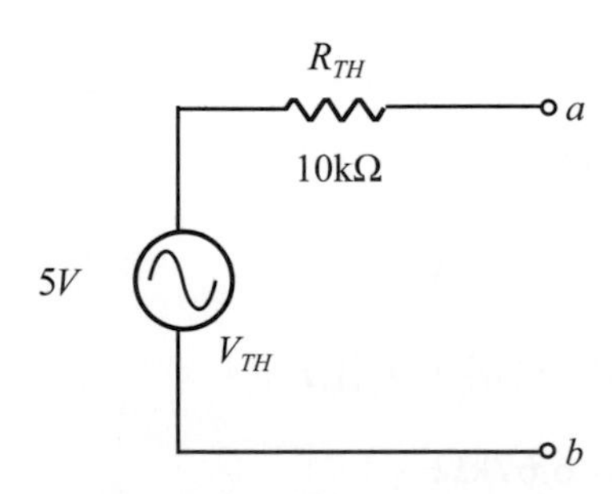


圖 6-65　戴維寧等效電路

今若在$a$、$b$兩點間加一負載電阻，如圖 6-66 所示。則電路可化簡成戴維寧等效電路，而成為一簡單的電壓與電阻電路，再利用歐姆定律即可輕鬆算出負載電阻(40kΩ)上所流過之電流($I_R$ = 0.1mA)。

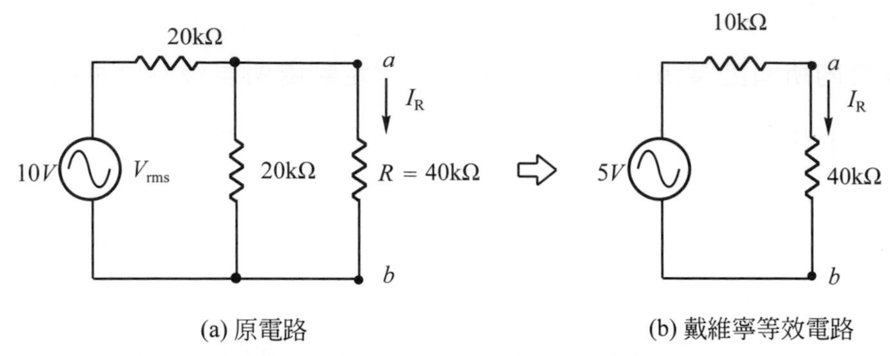


(a) 原電路　　(b) 戴維寧等效電路

圖 6-66　利用戴維寧定理計算負載電流值

戴維寧定理特別適用於對指定節點間電壓或電流的計算，我們將在下面例題中見識到它的便利。

**【例 6-24】** 如圖所示，試計算$AB$兩端的戴維寧等效電路之$V_{TH}$和$R_{TH}$值。

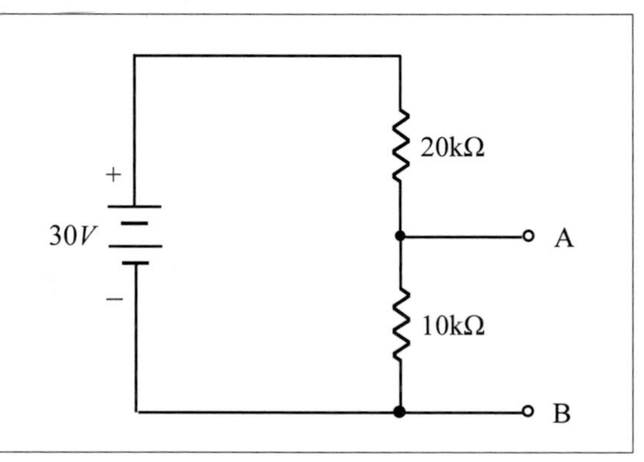


**解**

(1)求$AB$兩點間之開路電壓，即$V_{TH}$。

$$V_{TH}=\frac{10k}{20k+10k}\times 30=10V$$

(2)然後再將電壓源 30V 短路，求出$R_{TH}$。

$$R_{TH}=\frac{20k\times 10k}{20k+10k}=6.67k\Omega$$

**【例 6-25】** 如圖所示，請算出流過4Ω的電流值。

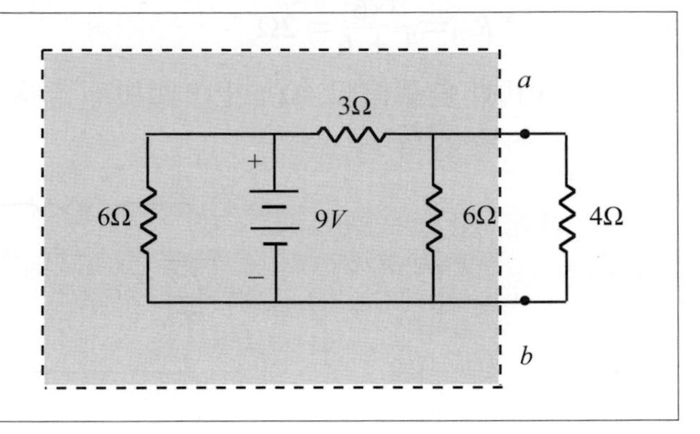


**解**

如圖所示，在 4Ω電阻兩端取$a$、$b$兩點。將$a$、$b$兩點左邊的電路以戴維寧等效電路取代。

⑴先求出$a$、$b$兩端之開路電壓如下圖所示。

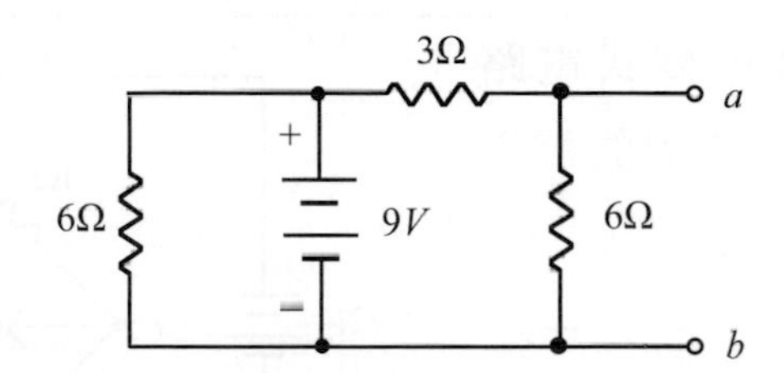


因為 9V 電源左邊的 6Ω電阻對$V_{ab}$不產生影響，惟 3Ω與 6Ω所形成之分壓器電路決定$V_{ab}$之大小。

$$V_{ab}=\frac{6}{3+6}\times 9=6\text{V}=V_{TH}$$

⑵等效電阻$R_{TH}$，由$ab$端向左看進去，將電壓源短路，如下圖所示。

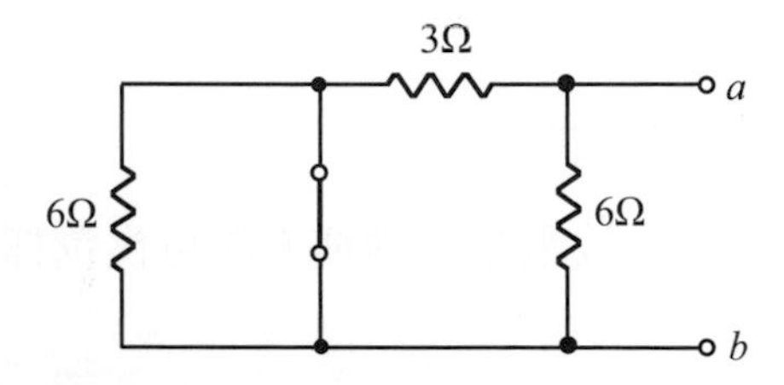


左邊 6Ω電阻因與短路線並聯，故對$R_{TH}$亦不發生影響。即只剩下 3Ω與 6Ω並聯電阻。

$R_{TH}=\frac{3\times6}{3+6}=2\Omega$

⑶再將負載電阻 4Ω加上，戴維寧電路如下圖所示：

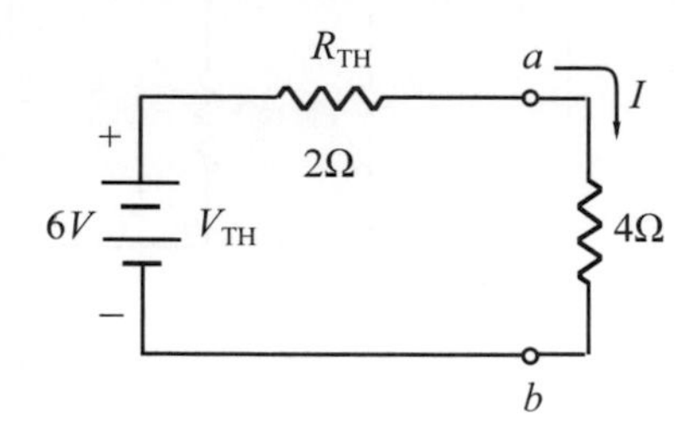


⑷以歐姆定律求出 4Ω之電流值$I$

$V_{TH}=I(R_{TH}+4\Omega)$

$6=I\times(2+4)$　　　　$\therefore I=1A$

---

【例 6-26】請算出圖中橋式電路10Ω電阻所流過的電流值。

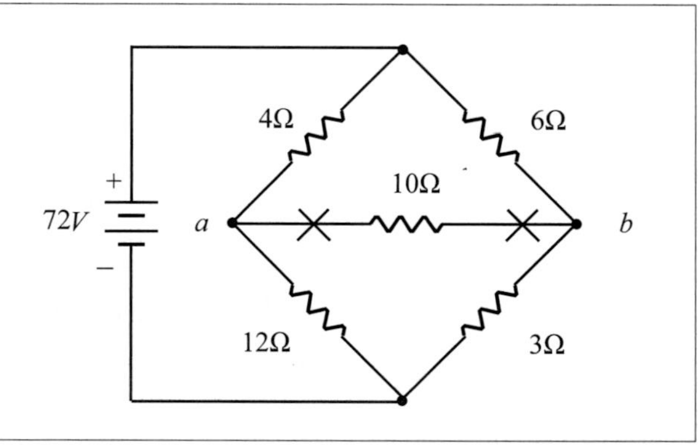


**解**

如圖所示，要求出 10Ω電阻上的電流，便將 10Ω的兩端斷開，即$a$、$b$兩節點，再以戴維寧定理解之。

⑴先求出$a$、$b$兩端之開路電壓，如圖 1 所示。

要算出圖中$a$、$b$兩點的等效電壓有兩種方法可供選擇：

①分壓器法則：

$V_a=\frac{12}{4+12}\times72=54V$

$V_b=\frac{3}{6+3}\times72=24V$

$V_{ab} = V_a - V_b = 30\text{V} = V_{TH}$

② KVL 法：

在$I_1$電流環路中，從$a$點起始，電壓升等於電壓降，即

$-12I_1 + 72 - 4I_1 = 0$

$\therefore I_1 = 4.5\text{A}$

在$I_2$電流環路中，從$b$點起始的 KVL 方程式為：

$-3I_2 + 72 - 6I_2 = 0$

$\therefore I_2 = 8\text{A}$

現在，求$V_{ab}$電壓值，即從$a$點起始到$b$點結束

$V_{ab} - 4.5\times12 + 72 - 8\times6 = 0$

$\therefore V_{ab} = 30\text{V} = V_{TH}$

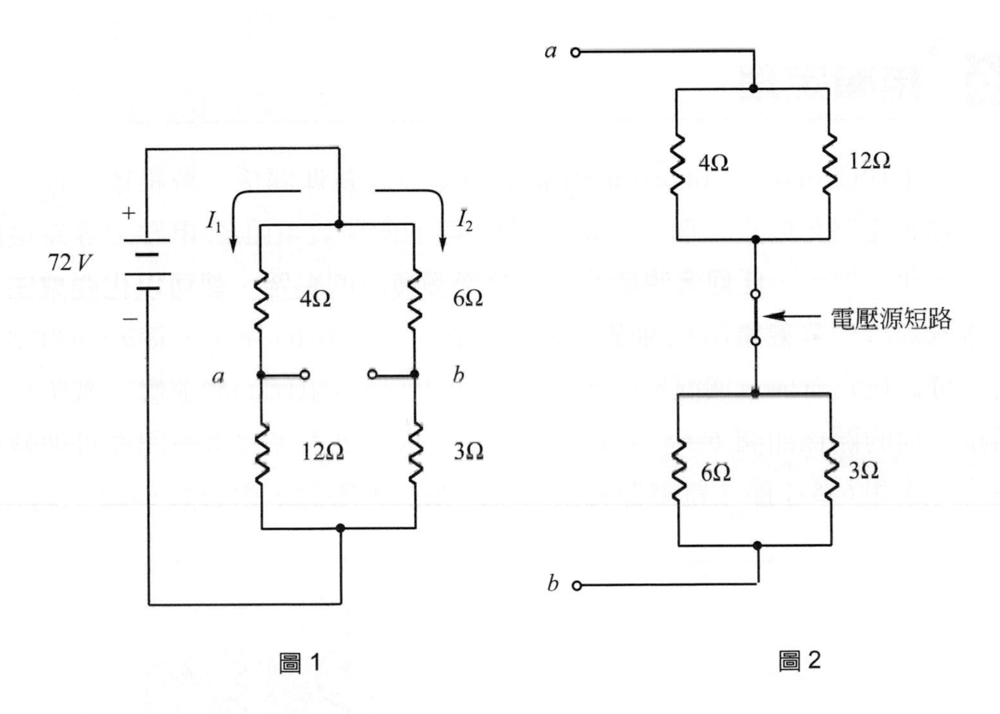


圖 1　　圖 2

⑵接著求出戴維寧等效電阻$R_{TH}$。

由$ab$端看進去，並將 72V 電壓源短路，則如圖 2 所示。

$$R_{TH} = \frac{4\times12}{4+12} + \frac{6\times3}{6+3} = \frac{48}{16} + \frac{18}{9} = 5\Omega$$

⑶將欲求電流值之 10Ω電阻加上，並畫出戴維寧等效電路圖：

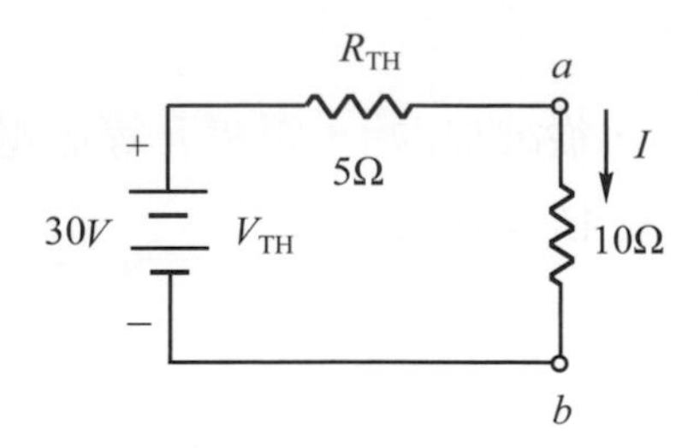


⑷以歐姆定律求出 10Ω之電流值$I$

$V_{TH} = I(R_{TH} + 10\Omega)$

$30 = I \times 15$

$\therefore I = 2\text{A}$

## 6-6 諾頓定理

諾頓定理(Norton's theorem)和戴維寧定理成對偶關係。戴維寧定理將任何含有電源的電路化簡為一個等效電壓源$V_{TH}$與一個等效電阻$R_{TH}$串聯之等效電路。而諾頓定理則指出，**任何有源電路，不論是多複雜的網路，都可以化簡成由一個等效電流源$I_{TH}$與等效電阻$R_{TH}$並聯之等效電路**。如圖 6-67 所示，從$a$、$b$兩點看一電路，可以把它看成一個簡單的電流源($I_{NT}$)和一個電阻($R_{TH}$)的並聯。戴維寧定理與諾頓定理的關係如圖 6-68 所示。從圖中可以看出兩等效電路間亦可做轉換，轉換的方法如6-5-1 節「電壓源轉換成電流源」中所述，由公式 6-28 可得出：

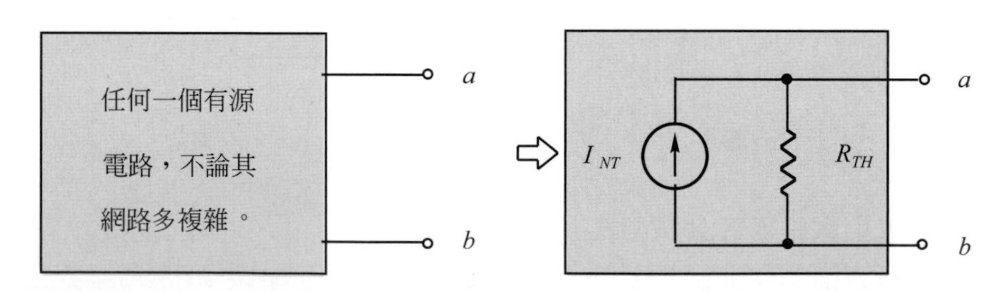


圖 6-67　諾頓定理

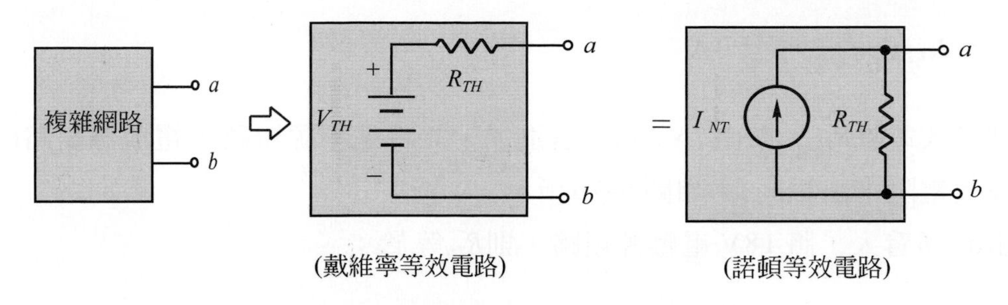


圖 6-68　戴維寧定理與諾頓定理的關係

$$I_{NT}=\frac{V_{TH}}{R_{TH}} \tag{6-30}$$

其中，$I_{NT}$爲諾頓等效電流，$V_{TH}$爲戴維寧等效電壓，$R_{TH}$爲諾頓等效電阻，其值與戴維寧等效電阻相同。

諾頓等效電流$I_{NT}$，可藉由計算$a$、$b$兩點的短路電流得到。以圖 6-69 爲例，從$a$、$b$兩點看進去，先將$a$、$b$兩點短路，求出$I_{NT}$：

總電阻$R$爲 6Ω與 2Ω並聯後再和 3Ω串聯；

$$R=\frac{6\times 2}{6+2}+3=4.5\Omega$$

總電流

$$I=\frac{V}{R}=\frac{18}{4.5}=4\text{A}$$

則$a$、$b$間的短路電流可依 6-3-3 節「分流器法則」求出：

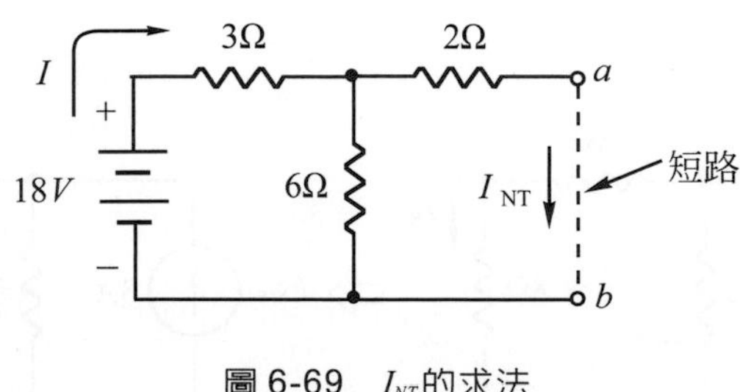


圖 6-69　$I_{NT}$的求法

$$I_{NT}=\frac{6}{6+2}\times 4=3\text{A}$$

要得到等效電阻$R_{TH}$，則由$a$、$b$兩點看進去，並將電壓源短路，電流源斷路(與戴維寧等效電阻求法相同)。如圖 6-70 所示。

由$a$、$b$看入，將 18V 電壓源短路，則$R_{TH}$等於：

$$R_{TH}=\frac{3\times 6}{3+6}+2=4\Omega$$

諾頓等效電路將成爲圖 6-71 所示。

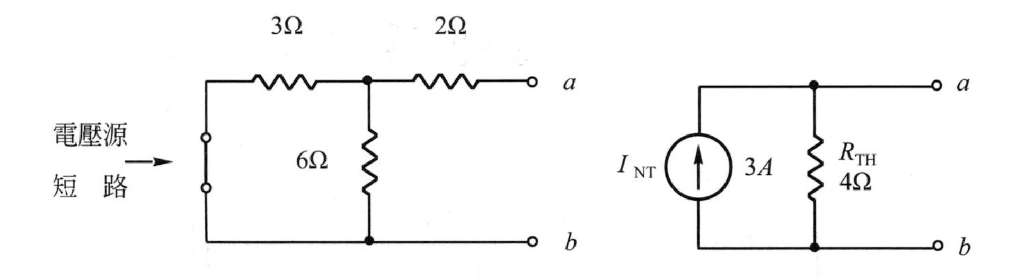


圖 6-70　$R_{TH}$的求法

圖 6-71　諾頓等效電路

今若在$a$、$b$兩點間加一負載電阻 8Ω，如圖 6-72。則電路在化簡成諾頓等效電路後，即可以「分流器法則」與「歐姆定律」輕鬆算出 8Ω電阻所流過之電流值和電壓降：

$$I_R=\frac{4}{4+8}\times 3=1\text{A}$$

$$V_R=1\times 8=8\text{V}$$

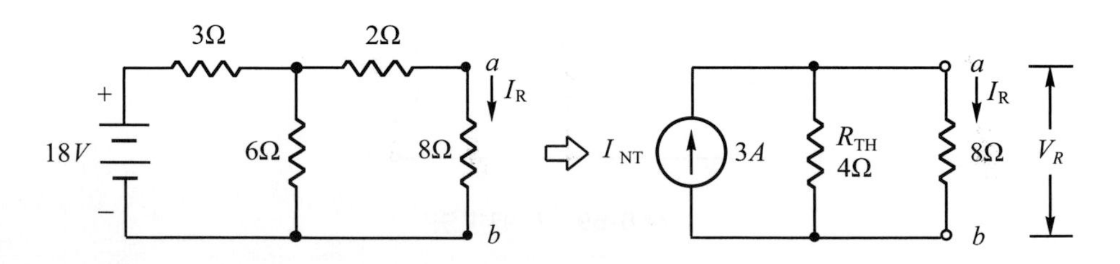


圖 6-72　利用諾頓定理計算負載電流值

**【例 6-27】** 如圖所示，試以諾頓定理求出 22Ω之電流及其電壓降。

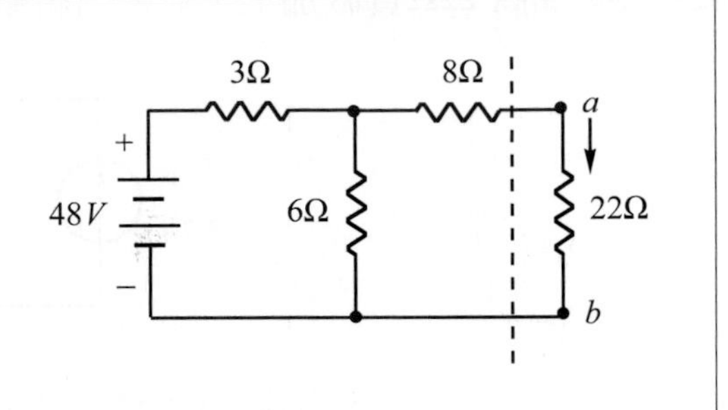


**解**

如圖所示，取$a$、$b$兩點，左半邊以諾頓等效電路取代。

⑴先求出$a$、$b$兩端點間之短路電流$I_{NT}$(即等效電流)：

總電阻$R=\dfrac{6\times 8}{6+8}+3=6.43\Omega$

總電流$I=\dfrac{V}{R}=\dfrac{48}{6.43}=7.46\text{A}$

等效電流$I_{NT}=\dfrac{6}{6+8}\times I=3.2\text{A}$

⑵再求由$a$、$b$端看入的等效電阻$R_{TH}$，將 48V 電壓源短路：

$$R_{TH}=\frac{3\times 6}{3+6}+8=10\Omega$$

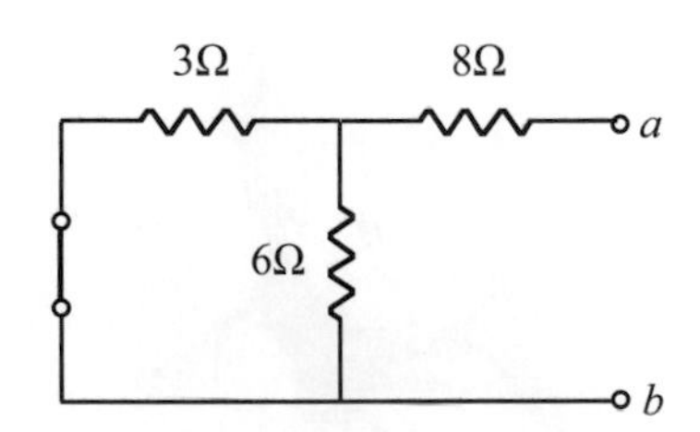

(3)將 22Ω負載加上，並畫出諾頓等效電路，如下圖：

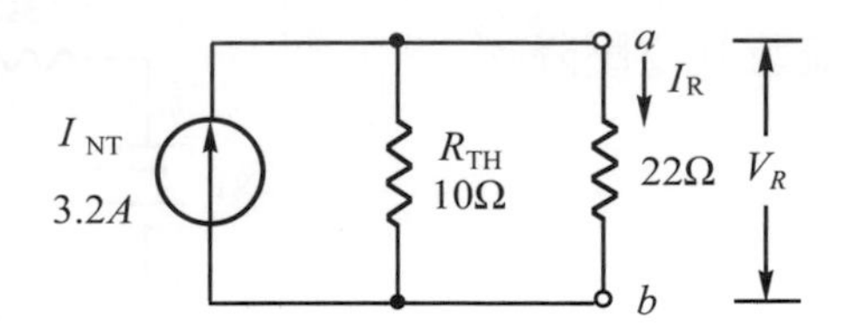


(4)以分流器法則算出 22Ω之電流值$I_R$：

$$I_R = \frac{10}{10+22} \times I_{NT} = 1\text{A}$$

並以歐姆定律算出其電壓降$V_R$：

$$V_R = I_R \times 22 = 22\text{V}$$

## 6-7 惠斯登電橋

生於 1802 年的惠斯登爵士是英國物理學家和發明家。1834 年，惠氏受邀擔任倫敦 King's College 的實驗哲學(experimental philosophy)教授，這一年他利用改良的鏡子做實驗而測出電子在導體中的速率。此一改良的鏡子並在其後被用來測量光速。三年後又與庫克爵士(Sir W.F.Cooke)發表了電報機的專利。惠氏除了發明自動電報機(一種電子記錄裝置)之外，還自行研究了一種小型的六角風琴(concertina)，並改良的立體照相術(Stereoscope)和發電機(dynamo)等等。至於對電子學最著名的貢獻便是「惠斯登電橋」(Wheatstone bridge)。

圖 6-73　惠斯登爵士(Sir Charles Wheatstone，1802～1875)

其實第一個發明電橋裝置的人是英國數學家 Samuel Christie，然而卻是在 1843 年由惠斯登將之發揚光大。惠斯登電橋已廣泛地被應用在實驗室中。

惠斯登在 1868 受封爲騎士(knight)爵位，而成爲惠斯登爵士。

## 6-7-1 電 橋

如圖 6-74 所示，電流由$a$端點進入後，分成兩路$I_1$及$I_2$，分別流經電阻$R_1$、$R_4$和$R_2$、$R_3$，於$b$端點會合後完成迴路。圖中的$c-d$即所謂的電橋(bridge)。若$V_c$與$V_d$的電位相等(電壓值一樣，$V_c = V_d$)，則電流錶Ⓐ無電流流過，是爲「平衡電橋」。

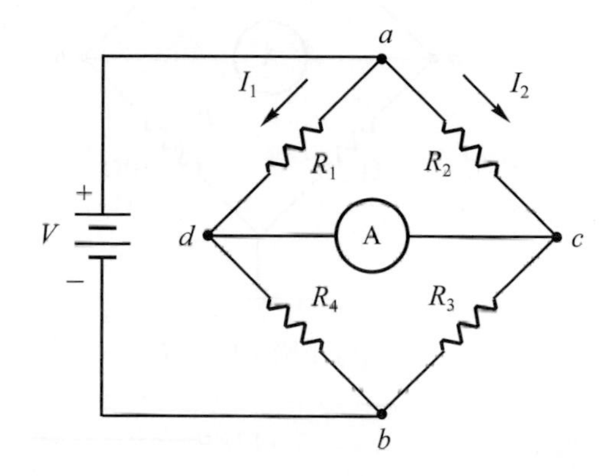


圖 6-74　電橋基本電路

電橋兩端的電壓大小，受到各分路電阻臂上的電阻值所影響，如圖 6-75 所示：

1. 在(a)圖中，$V_a$及$V_b$的電壓可由分壓器法則求出：

$$V_a = \frac{8}{4+8} \times 12 = 8\text{V},$$

$$V_b = \frac{10}{5+10} \times 12 = 8\text{V}。$$

因爲$V_a = V_b$，所以此電橋爲平衡電橋，電流錶無電流流過。

2. 若將$R_1$電阻調小，或將$R_2$電阻調大，如(b)圖所示，

$$V_a = \frac{8}{2+8} \times 12 = 9.6\text{V}$$

$V_b$則仍然維持在 8V。因爲$V_a > V_b$，所以電流會從$a$點流到$b$點，電流錶往右偏轉。

3. 又若將$R_1$電阻調大，或將$R_2$電阻調小，如(c)圖所示，$V_a$維持 8V，

$$V_b = \frac{10}{2+10} \times 12 = 10\text{V}$$

因爲$V_a < V_b$，所以電流將自$b$點流向$a$點，電流錶往左偏轉。

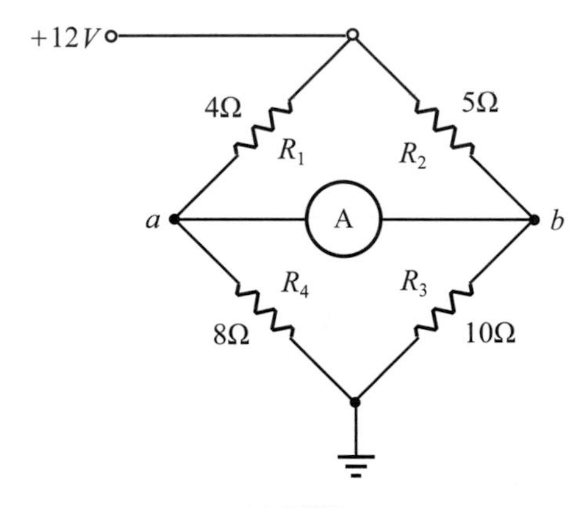


(a) 平衡，$V_a = V_b$

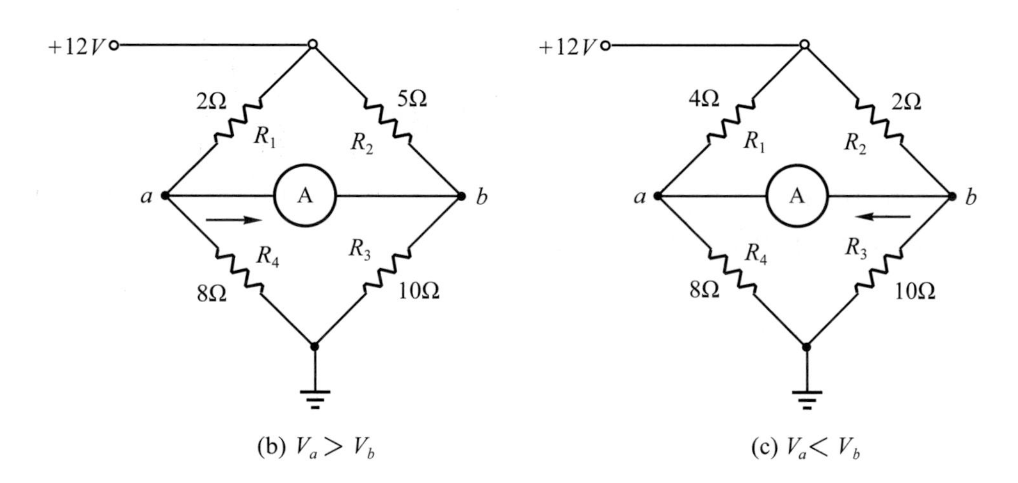


(b) $V_a > V_b$　　(c) $V_a < V_b$

圖 6-75　電橋平衡之實驗($R_3$、$R_4$電阻值為固定)

在「電子儀錶」中，惠斯登電橋的上述特性常被用來做爲測量電阻值大小的儀器，它比歐姆錶或是電壓電流錶法有更佳的準確度。

圖 6-76 中的基本電橋含有 4 個電阻臂，有一直流電源以及一個高靈敏度的檢流計 Ⓖ，流過檢流計的電流大小視$c$、$d$兩端點間之電位差而定。若檢流計無偏轉，則表示$c$、$d$兩端點間的電位差爲 0V，即平衡電橋。平衡時各電阻臂上電壓降的關係爲：

$I_1 \times R_1 = I_2 \times R_2$，並且，

$I_1 \times R_4 = I_2 \times R_3$

整理後可得：

$$R_1 \times R_3 = R_2 \times R_4 \tag{6-31}$$

若令$R_3$爲未知電阻$R_x$，$R_4$爲一固定精密電阻$R_s$，則$R_x$可表示爲：

$$R_x = \frac{R_2}{R_1} \times R_s \tag{6-32}$$

由公式 6-32 可以看出$R_x$的大小乃由$\frac{R_2}{R_1}$的比率乘上固定電阻$R_s$而得。$R_2$與$R_1$被稱作電橋的比率臂(ratio arm)，$R_s$稱爲測量臂(measuring arm)。如圖 6-77 所示。

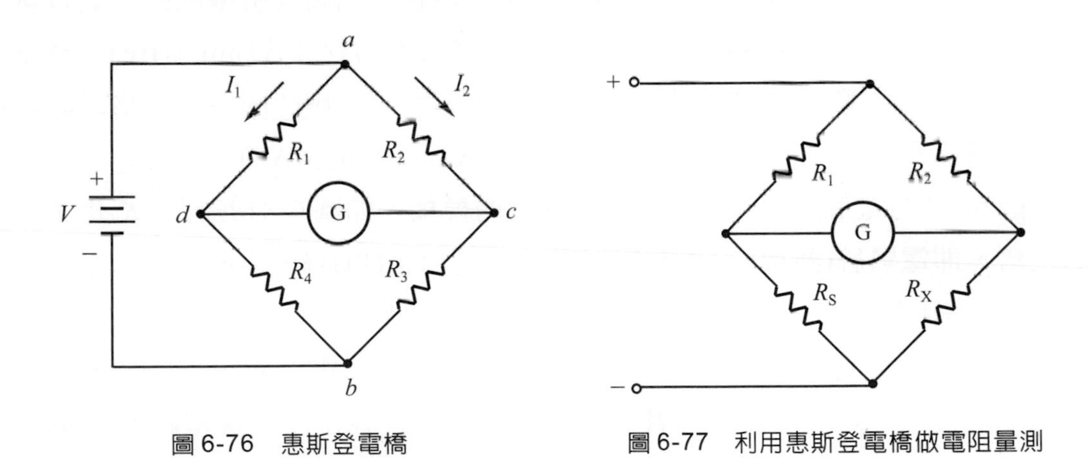


圖 6-76　惠斯登電橋　　圖 6-77　利用惠斯登電橋做電阻量測

從上述內容知道，在電子量測上，電橋是一種可以精確地測量電阻和電流的裝置。惠斯登電橋也可以利用電橋一邊已知的電流量，來和另一邊電流量做比對，而測出電阻大小。除了可以測量電阻以外，電橋亦可測量其他的數値，端視

電路線上所使用的元件種類而定。例如藉由電感、電容等的電路設計，而能進行電感、電容，甚至頻率的量測。如圖 6-78 所示。

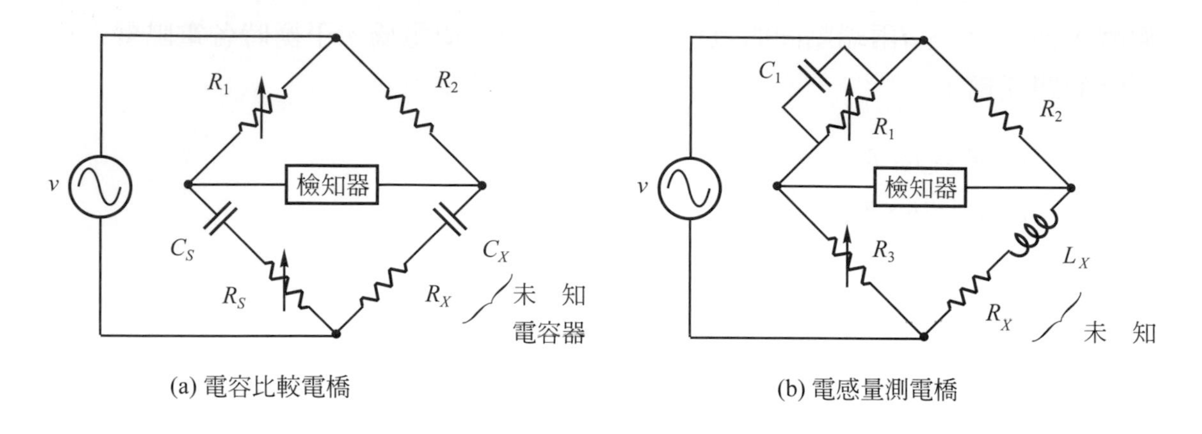


圖 6-78　利用電橋做電容、電感量測

## 6-7-2 電橋在汽車上的實例(熱線式空氣流量計)

拜惠斯登電橋之賜，而能將電橋的原理應用於汽車引擎電子控制系統的空氣流量計(MAF)上。MAF 主要的功用在於精確地量測出吸入引擎內的空氣質量，並且告訴 ECM。圖 6-79 即爲安裝於引擎進氣口處的熱線式(hot wire)空氣流量計總成。由於熱線式 MAF 具有不受空氣密度影響，反應時間快及價格低廉等優點，現已逐漸取代「流量板式空氣流量計」(vane type MAF)。

圖 6-80 的電橋可以改畫成我們較熟悉的模樣，如圖 6-81 所示。$R_H$是本電路的主角，即**電熱絲(熱線)**，它是由厚度70$\mu$m的白金(Pt)絲所構成，屬於正溫度係數(PTC)電阻線。$R_k$爲**溫度補償電阻**，屬負溫度係數(NTC)熱敏電阻，它只根據進氣溫度而改變電阻值，不受流量影響，溫度高時，電阻變小；反之，溫度降低，電阻變大。$R_1$與$R_2$都是**高阻抗之電阻**，目的在維持左半邊電路的固定電阻值，使$V_b$電壓保持在一定範圍之內，而只由$R_k$電阻依空氣溫度做微量調整補償。溫度補償乃實際作用時，避免電熱絲因受進氣溫度變化而造成本身電阻值改變，誤判爲$R_H$之改變。$R_3$爲一**固定精密電阻**，$R_3$兩端的電壓降訊號將被送入 ECM，做爲判斷空氣流率之訊號。

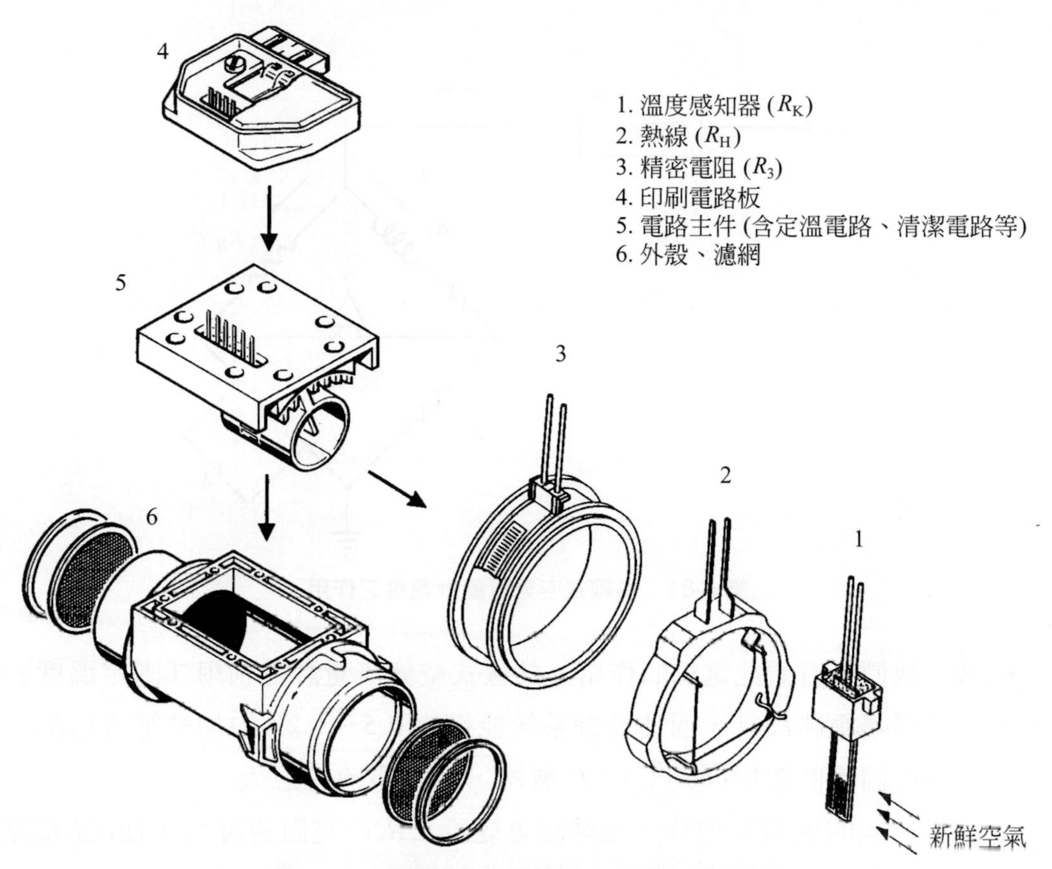


圖 6-79　熱線式空氣流量計 (取自：BOSCH)

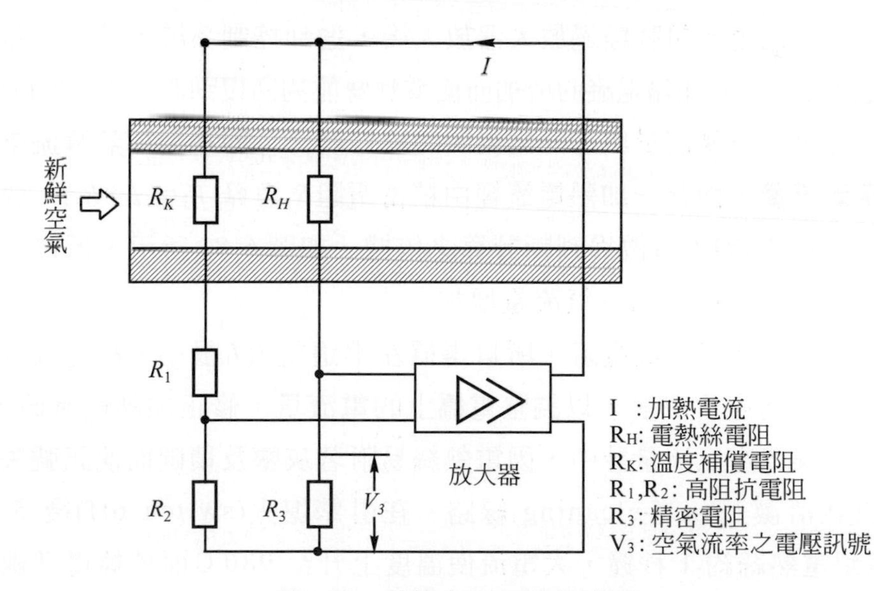


圖 6-80　熱線式空氣流量計電橋

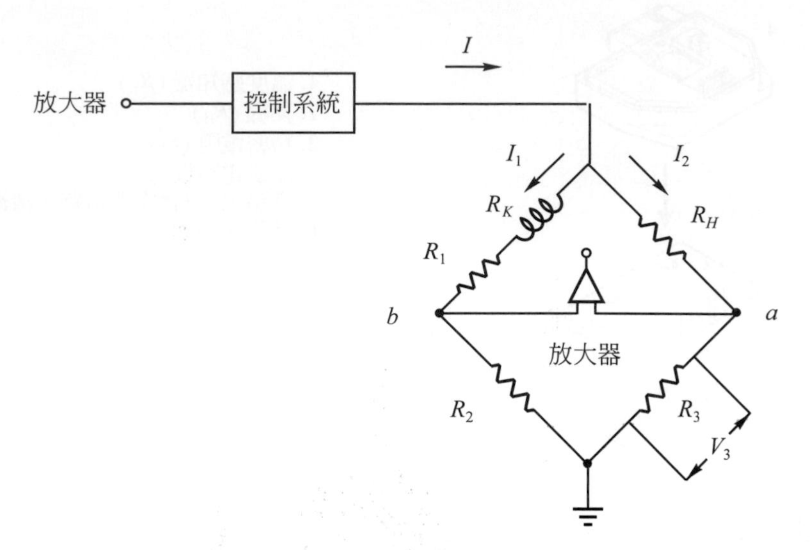


圖 6-81　熱線式空氣流量計電橋之作用

接著，我們來看看此電橋的作用。熱線式空氣流量計是利用「固定溫度」的原理，電橋經過電路設計，而使控制系統能送出0.5～1.2A的加熱電流給$R_H$。為了使$R_H$能保持固定的溫度(160℃)，$R_H$愈冷，加熱電流會愈大。

當進氣氣流的流量增加時，電熱絲會變冷，$R_H$的電阻會降低，使$a$點電壓$V_a$上升，同時改變了電橋兩邊的電壓平衡，亦即$V_a$與$V_b$電位發生變化。於是會有電流在電橋流動，此電流訊號經過放大器放大後，送到控制系統，控制電路立刻增加電流，送到$R_H$。由於加熱電流的增加而使電熱絲能夠回復到原來的溫度(160℃)。

如此便產生一空氣流量與加熱電流間的線性關係：**即利用加熱電流來測出進入引擎的空氣流量**。而此一加熱電流經由精密電阻$R_3$換算($V_3 = I_2 \times R_3$)，成為電壓訊號，便可以輸入給ECM做為判斷計算之依據。如圖 6-82 所示，低電壓表示低的空氣流量；電壓升高表示空氣流量增加。

至於$R_1$與$R_2$都是高阻抗電阻，所以電橋左半邊電流$I_1$很小。$R_k$的電阻值會由進氣溫度的變化而產生改變，以調整電橋上的電流量，修正加熱電流值。

在舊型熱線式空氣流量計中，因電熱絲易附著灰塵及積碳而使訊號失準，故必須有「自我清潔」(self-cleaning)線路。在引擎熄火(switch off)後 5 秒，由 ECM 通電到電熱絲約 1 秒鐘，大電流使溫度上升至 980℃而燒掉電熱線上的灰塵。新型電熱絲因塗佈特殊防止汙染的物質，故已不需要前述之自我清潔作用。

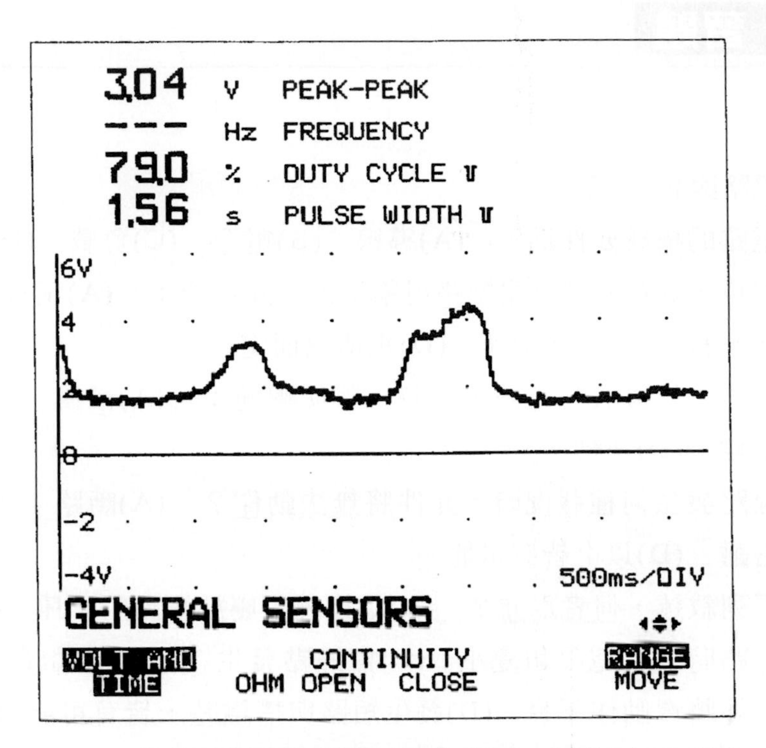


圖 6-82　熱線式空氣流量計電壓波形（取自：FLUKE 98 手冊）

# 第六章　習題

## A. 選擇部份：

### 6-1 串聯電路與並聯電路

(　) 1. 電路的構成要件為：　(A)導線　(B)電源　(C)負載　(D)以上皆是。

(　) 2. 汽車上的電路若發生短路現象時，該元件將：　(A)正常動作　(B)動作不良　(C)無法動作　(D)視情況而定。

(　) 3. 馬達內線圈發生短路現象時，將使轉速：　(A)減慢　(B)加快　(C)不變　(D)逆轉。

(　) 4. 線路發生何種狀況時，元件將無法動作？　(A)斷路　(B)短路　(C)搭鐵　(D)以上皆有可能。

(　) 5. 下列敘述，何者為非？　(A)搭鐵現象屬於短路的一種　(B)線圈元件短路時，其電阻值變小　(C)搭鐵點發生在元件前端(電源端)時，該元件將會動作不良　(D)發生短路與搭鐵時，皆有可能出現火花！

(　) 6. 並聯電路的負載元件愈多時，其總電阻值會：　(A)愈大　(B)愈小　(C)不變　(D)不一定。

(　) 7. 下列敘述，何者為非？　(A)串聯電路中，電阻愈小的元件會流入較大的電流　(B)並聯愈多的電阻，則總電阻將愈小　(C)並聯電路中，所有負載都具有相同的端電壓　(D)複聯電路即含有串、並聯電路。

(　) 8. 數個電阻串聯時，電阻較大者：　(A)電流較大　(B)電流較小　(C)電壓降較小　(D)功率較大。

(　) 9. 將4個100Ω的電阻並聯，總電阻值為：　(A)400Ω　(B)100Ω　(C)50Ω　(D)25Ω。

(　)10. $n$個完全相同的電阻，串聯時的總電阻為並聯時的：　(A)$n$倍　(B)$1/n$倍　(C)$n^2$倍　(D)$1/n^2$倍。

(　)11. 有3個並聯的電阻，分別為5Ω、10Ω、15Ω，若10Ω電阻流過3A電流，則總電流為：　(A)2.7A　(B)8A　(C)11A　(D)13A。

(　)12. 兩電阻$R_1$與$R_2$，並聯後的總電阻為：　(A)$R_1+R_2$　(B)$(R_1+R_2)/R_1R_2$　(C)$R_1R_2/(R_1+R_2)$　(D)$1/(R_1+R_2)$。

(　)13. 電源電壓 24V，同時流入 3 並聯電阻：6Ω、12Ω、24Ω，則總電流爲：(A)1.75A (B)3.5A (C)7A (D)8A。

(　)14. 兩電阻值相同的電阻並聯後，總電阻變成：(A)1/4 倍 (B)1/2 倍 (C)2 倍 (D)不變。

6-2 歐姆定律

(　)15. 下列敘述，何者爲非？(A)定電壓下，負載的電阻愈大，則通過的電流愈小 (B)電流的單位爲毫安(mA) (C)要將 1A 電流推動通過 1Ω 電阻，需 1 伏特電壓 (D)將相同瓦特數的 12V 燈泡裝到 6V 車上，則亮度會增加。

(　)16. 如果把相同瓦特數的 6V 燈泡換裝到 12V 車上，則燈泡：(A)電流減少 (B)電阻降低 (C)亮度不變 (D)容易燒掉。

(　)17. 一電路中各元件的電壓降總和應：(A)大於 (B)小於 (C)等於 (D)無關 其電源電壓值。

(　)18. 測量負載元件的電壓降，宜使用：(A)電流錶 (B)電壓錶 (C)檢驗筆 (D)示波器。

(　)19. 某串聯電路中，電源 24V，電阻依序爲 5Ω、10Ω、15Ω，則 10Ω 電阻的電壓降爲：(A)2.4V (B)4V (C)8V (D)12V。

(　)20. 並聯電路中各負載元件的電阻愈小者，其電壓降：(A)愈小 (B)愈大 (C)一樣 (D)不一定。

6-3 分壓器電路與分流器電路

(　)21. 分壓器電路利用什麼元件完成？(A)電阻器 (B)電感器 (C)電容器 (D)以上皆是。

(　)22. 設若串聯電路中兩電阻比爲 $n : m$，則此兩電阻的端電壓比爲：(A) $n : m$ (B) $m : n$ (C) $1/n : m$ (D) $n : 1/m$。

(　)23. 在直流電源爲 24V 的分壓器電路中，三電阻分別爲 $R_1$、$R_2$、$R_3$，若其電壓降比爲 2：3：5，則：(A) $R_1 = 4.8\Omega$，$R_2 = 7.2\Omega$，$R_3 = 12\Omega$ (B) $R_1 : R_2 : R_3 = 15 : 10 : 6$ (C) $R_1 : R_2 : R_3 = 2 : 3 : 5$ (D)無從判斷。

(　)24. 同上題，$V_1 = ?$ (A)12V (B)9.6V (C)7.2V (D)4.8V。

( )25. 如習題6-14(b)圖所示，若將30kΩ電阻加大，則P點的電壓值會：(A)升高 (B)降低 (C)不變 (D)變成70V。

( )26. 同上題，若將30kΩ電阻加大至無限大(或斷路)，則 P 點的電壓爲：(A)0V (B)140V (C)70V (D)不變。

( )27. 汽車上使用分壓器電路的裝置爲： (A)水溫感測 (B)位置感測 (C)二氧化鈦型含氧感測 (D)以上皆是。

( )28. 在汽車溫度感知器電路中的限流電阻，其功用爲： (A)當感知器斷路時，保護 ECM 免於燒毀 (B)供應穩定電壓給電路 (C)作爲分壓器電路中的精密固定電阻用 (D)以上皆是。

( )29. 汽車溫度感知器大多採： (A)PTC 型 (B)NTC 型 (C)CTC 型 (D)以上皆可。

( )30. 引擎水溫低時，ECM所獲得的是： (A)低電壓 (B)高電壓 (C)低電流 (D)高電流 訊號。

( )31. 下列哪一電壓值較可能爲引擎在冷車時，水溫感知器所檢測到的數值？ (A)0V (B)2.5V (C)5V (D)12V。

( )32. 若水溫感知器的訊號線出現“搭鐵短路”(short-to-ground)時，引擎電腦所獲得的訊號爲： (A)0V (B)2.5V (C)5V (D)12V。

( )33. 水溫感知器訊號端所測得之電壓，若較規範值略高時，表示： (A)感知器電阻值過低 (B)感知器訊號線斷路 (C)ECM 內部出現搭鐵短路 (D)感知器搭鐵不良。

( )34. 雙斜線式感知器電路可應用於： (A)轉速 (B)位置 (C)流量 (D)溫度 感知器上。

( )35. 雙斜線式感知器電路中，控制晶體上的電阻器，應較並聯電阻的電阻值爲： (A)高 (B)低 (C)相等 (D)都可以。

( )36. 雙斜線式水溫感知器可以讓： (A)可測溫度範圍加大 (B)溫度測量更精確 (C)電壓訊號範圍變大 (D)以上皆是。

( )37. 下列哪種元件可作爲分壓器電路中的感知器元件？ (A)電位計 (B)可變電阻器 (C)開關 (D)以上皆是。

( )38. 汽車上哪些地方需要水溫感知器的訊號？ (A)引擎電腦 (B)水溫錶 (C)冷卻風扇 (D)以上皆是。

(　)39. 通常，節氣門在全開位置時：　(A)感知器電阻最大　(B)輸出電壓最大　(C)輸出近 12V 電壓　(D)感知器上有兩條線的電壓爲 0V。

(　)40. 採用分壓器電路的感知器，其輸出訊號爲：　(A)類比電壓　(B)類比電流　(C)數位　(D)頻率　訊號。

(　)41. TPS的輸出訊號範圍爲：　(A)0V～1V　(B)0V～5V　(C)0V～12V　(D)5V～12V。

(　)42. 節氣門位置感知器在怠速位置時的電阻量測值約爲：　(A)0Ω　(B)100Ω　(C)1kΩ　(D)4kΩ。

(　)43. 節氣門位置感知器在WOT時的輸出訊號約爲：　(A)0V　(B)0.5～1V　(C)2.5V　(D)4～4.5V。

(　)44. TPS電路中"幫流電阻"(pull-up)的功用可增加何位置時的精確度：　(A)怠速　(B)全開　(C)1/2 開度　(D)以上皆是。

(　)45. ON/OFF 位置開關可以輸出什麼訊號？　(A)12V 電源　(B)0V 搭鐵電壓　(C)5V 電壓　(D)以上皆對。

(　)46. 當搭鐵開關接通時，ECM 會接收到：　(A)0V　(B)5V　(C)12V　(D)2.5V 訊號。

(　)47. 當電源開關接通時，ECM 會接收到：　(A)0V　(B)5V　(C)12V　(D)2.5V 訊號。

(　)48. 分流器電路即是一種電阻的：　(A)串聯電路　(B)並聯電路　(C)複聯電路　(D)分聯電路。

(　)49. 分流器電路中兩電阻$R_1$、$R_2$比爲$n:m$，則其：　(A)端電壓比爲$n:m$　(B)電流比爲$n:m$　(C)端電壓比爲$m:n$　(D)電流比爲$m:n$。

(　)50. 在直流電源爲 24V的分流器電路中，三電阻分別爲$R_1$、$R_2$、$R_3$，若其電流比爲 1：3：4，則：　(A)$R_1=24\Omega$，$R_2=8\Omega$，$R_3=6\Omega$　(B)$R_1:R_2:R_3=1:3:4$　(C)$R_1:R_2:R_3=12:4:3$　(D)無從判斷。

## 6-4 克希荷夫定律

(　)51. 克希荷夫電壓定律(KVL)指出，在電路中所有電壓昇與電壓降的和，應：　(A)大於零　(B)小於零　(C)等於零　(D)不一定。

( )52. 電瓶電流由正極流出者，故可視之為： (A)電壓昇 (B)電壓降 (C)以上皆可 (D)以上皆非。

( )53. 若某一元件在電路中被視為電壓降，則該元件會： (A)消耗能量 (B)轉換能量 (C)失去電荷 (D)以上皆是。

( )54. 電路中某一節點上有$I_1$、$I_4$電流流入，$I_2$、$I_3$電流流出，則依KCL可得方程式： (A)$I_1+I_2+I_3+I_4=0$ (B)$I_1+I_2-I_3+I_4=0$ (C)$I_1-I_2+I_3-I_4=0$ (D)$I_1-I_2-I_3+I_4=0$。

( )55. 電路中某元件兩端的電壓值分別為$V_n$及$V_m$，則該元件上的端電壓為：(A)$V_n+V_m$ (B)$V_n-V_m$ (C)$V_n/V_m$ (D)$V_m/V_n$。

( )56. 電流自電壓源的正極流入時，此電壓源可視為： (A)電壓昇 (B)電壓降 (C)以上皆可 (D)以上皆非。

( )57. 參考點的電壓為： (A)0V (B)1V (C)5V (D)12V。

## 6-5 戴維寧定理

( )58. 不受電路電流的影響，而能維持恆定電壓者稱作： (A)理想電壓源 (B)實際電壓源 (C)直流電壓源 (D)理想電流源。

( )59. 我們希望電壓源的內阻： (A)愈大愈好 (B)愈小愈好 (C)都可以 (D)需與外阻配合。

( )60. 下列敘述，何者為非？ (A)電路中的電流很大時，電源內阻可忽略不計 (B)電壓源的內阻應愈小愈好 (C)在理想電壓源下，電路中單一負載的端電壓應等於電壓源電壓 (D)交流電源內的阻抗隨頻率增加而增大。

( )61. 我們希望實際的電流源內阻宜： (A)愈大愈好 (B)愈小愈好 (C)都可以 (D)需與外阻配合。

( )62. 通常，電流源內阻須比負載電阻： (A)小100倍以上 (B)大100倍以上 (C)都可以 (D)相等。

( )63. 某電路電源電壓為$V$，內阻為$r$，若流經負載(電阻為$R$)的電流為$I_R$，則負載兩端的端電壓等於： (A)$V-I_R\times R$ (B)$V-I_R\times r$ (C)$I_R\times r$ (D)$V\times I_R/R$。

( )64. 若要將電壓源轉換成電流源，須先求出： (A)電流源開路電壓 (B)電壓源開路電流 (C)電壓源短路電壓 (D)電流源短路電流。

( )65. 網路分析中，將電壓 10V，內阻 5Ω之電壓源轉換成電流源時，則電流源的電流 I 及其內阻$r$分別為： (A)$I=2A$，$r=5\Omega$ (B)$I=4A$，$r=2\Omega$ (C)$I=10A$，$r=1\Omega$ (D)$I=2.5A$，$r=40\Omega$。

( )66. 以戴維寧定理求等效電阻時，應將： (A)電壓源短路，電流源開路 (B)電壓源開路，電流源短路 (C)電壓源、電流源皆短路 (D)電壓源、電流源皆開路。

## 6-6 諾頓定理

( )67. 任何複雜的電路，都可以簡化成一個電流源與電阻的並聯電路，此定理稱為： (A)諾頓定理 (B)戴維寧定理 (C)克希荷夫定律 (D)重疊定理。

( )68. 下列敘述，何者為對？ (A)戴維寧定理指出，任何電路皆可簡化成一電壓源與電阻的並聯電路 (B)諾頓定理指出，任何電路皆可簡化成一電流源與電阻的串聯電路 (C)諾頓定理指出，任何電路皆可簡化成一電壓源與電阻的串聯電路 (D)以上皆非。

( )69. 在諾頓等效電路中，等效電流源與等效電阻如何連接？ (A)串聯 (B)並聯 (C)複聯 (D)以上皆非。

( )70. 以諾頓定理求等效電阻時，應將： (A)電壓源短路，電流源斷路 (B)電壓源斷路，電流源短路 (C)電壓源、電流源皆短路 (D)電壓源、電流源皆斷路。

( )71. 設若某電路的戴維寧等效電壓為V，等效電阻為R，則此電路的諾頓等效電路應為： (A)V 與 R 串聯 (B)V 與 R 並聯 (C)V/R 與 R 串聯 (D)V/R 與 R 並聯。

## 6-7 惠斯登電橋

( )72. 在電子儀錶中，惠斯登電橋電路的特性最常被用來測量： (A)電壓 (B)電流 (C)電阻 (D)電容量。

( )73. 典型的電橋電路由幾個電阻器所構成？ (A)2 (B)3 (C)4 (D)6 個。

(　)74. 如圖 6-74 所示，當電流錶$A$不動時，表示：　(A)$R_1+R_4=R_2+R_3$　(B)$R_1+R_2=R_4+R_3$　(C)$R_1/(R_1+R_4)=R_2/(R_2+R_3)$　(D)$R_1\times R_3=R_2\times R_4$。

(　)75. 汽車上應用電橋電路的感測元件是：　(A)流量板式空氣流量計　(B)歧管絕對壓力感知器　(C)水溫感知器　(D)熱線式空氣流量計。

(　)76. 採用熱線式空氣流量計，當引擎進氣量增加時：　(A)熱線絲的電阻值會變小　(B)輸出到 ECM 的電流訊號會增大　(C)溫度補償電阻值會變大　(D)以上皆對。

(　)77. 熱線式空氣流量計內的溫度補償電阻是用來補償：　(A)進氣量的變化　(B)進氣速率的變化　(C)進氣溫度的變化　(D)熱線絲的電阻變化。

(　)78. 當引擎進氣量增加時：　(A)電橋電路會失去平衡　(B)ECM 會送出加熱電流到熱線絲，以維持電橋的平衡　(C)熱線絲會變冷　(D)以上皆對。

## B. 簡答及繪圖部份：

### 6-1 串聯電路與並聯電路

1. 電路的構成要件爲何？又繪圖說明何謂“迴路”。
2. 寫出電路負載的三元件。
3. 對於汽車電路而言，“短路”與“搭鐵”有何不同？請舉例說明之。
4. 繪圖說明串聯、並聯電路及複聯電路的意義。
5. 分別算出如下兩圖所示之總電阻值。($R=100\Omega$)
6. 如上題圖 1(a)所示，若$R=4\Omega$，加以 26V 電源後，試算出電路的總電流值。

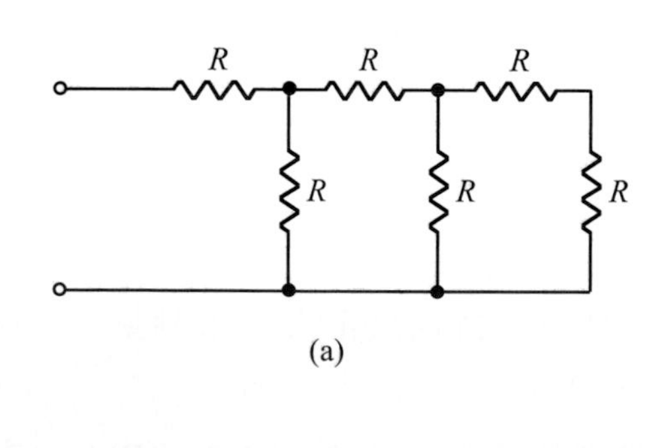

(a)

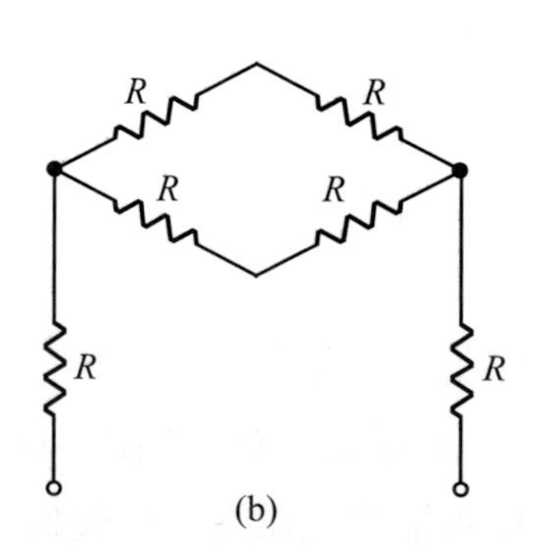

(b)

圖 1

7. 如圖 6-16(a)所示，$V = 90\text{V}$，$R_1 = 126\Omega$，$R_2 = 60\Omega$，$R_3 = 40\Omega$，$R_4 = 30\Omega$，則電路的總電流爲多少？

## 6-2 歐姆定律

8. 請舉出汽車電路上常形成電壓降的電阻實例(4 項)。
9. 試說明電壓降的意義。
10. 如圖 2 所示，求出$R$值等於多少？($I = 4\text{A}$)
11. 請算出圖 3 中各電阻所流過的電流值，及總電流。

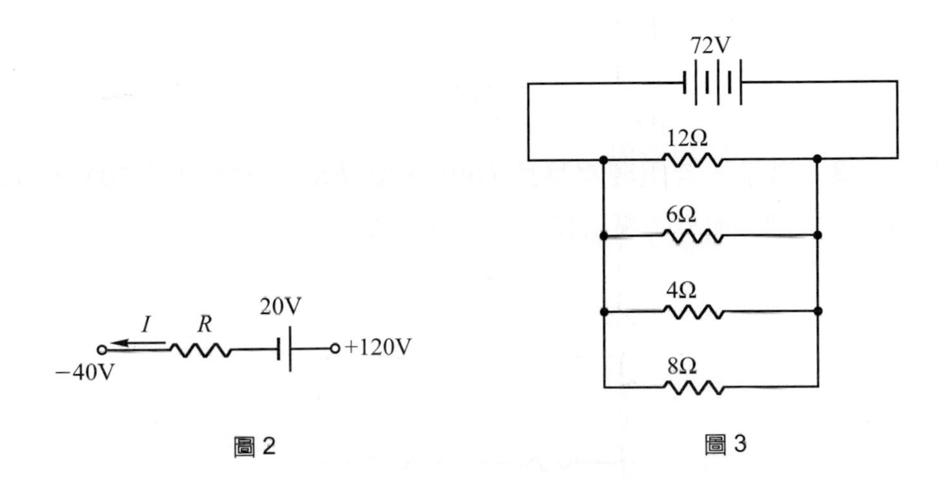


圖 2　　圖 3

## 6-3 分壓器電路與分流器電路

12. 試繪圖說明分壓器電路。
13. 分別算出圖 4 中各電阻器之電壓降。

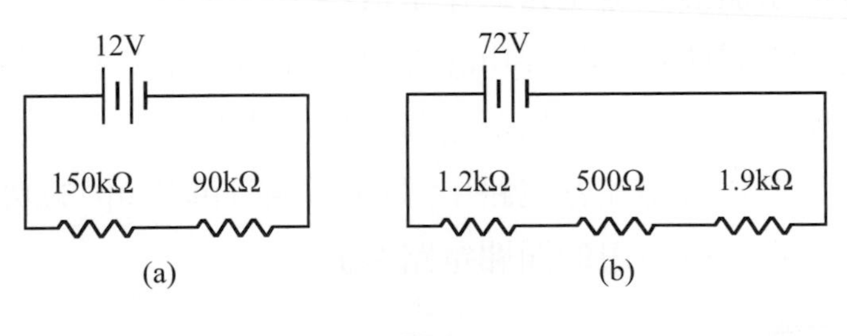


圖 4

14. 分別算出圖 5 中 P 點的電壓值。

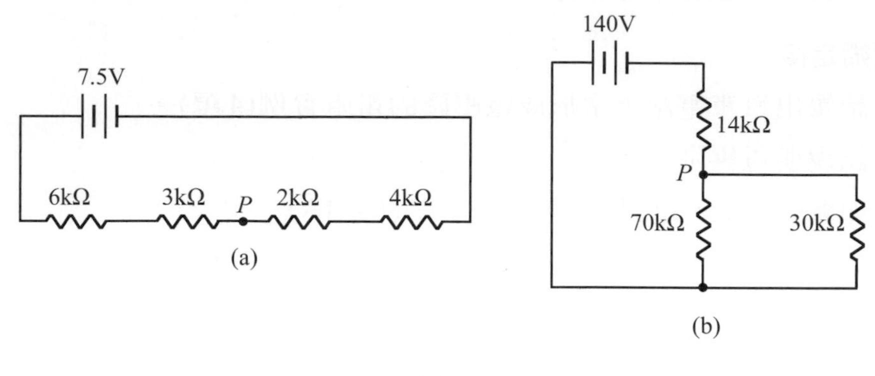


圖 5

15. 如圖 6 所示，若電源電壓為 100V，欲使$R_1$兩端電壓為 30V，且電流為 0.5A，則$R_1$與$R_2$的電阻值應各是多少？

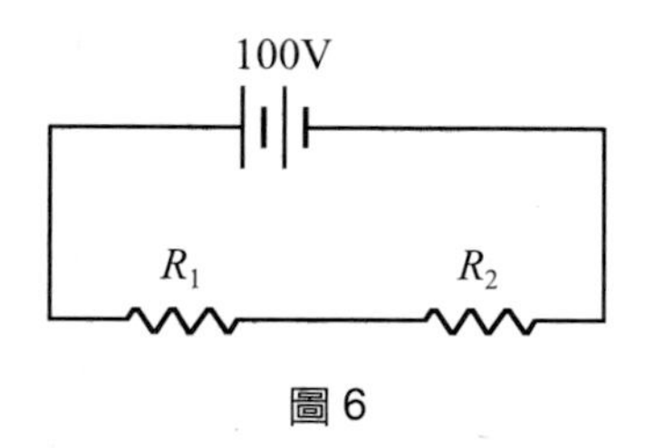


圖 6

16. 列舉出汽車上採用分壓器電路的例子(3 項)。
17. 汽車所採用之溫度感知器電路，包括哪些組成部份？
18. 繪圖說明水溫感知器電路的作用情形。
19. 何謂雙斜線式(Dual Ramping)溫度感知器電路？有何優點？
20. 繪圖說明節氣門位置感知器電路的作用情形。
21. 試述節氣門位置感知器電路中“幫流電阻”(pull-up)的功用(2 項)。
22. 請舉出汽車上所使用的開關電路裝置。

## 6-4 克希荷夫定律

23. 簡述克希荷夫電壓定律(KVL)。
24. 如何判斷電池在電路中是屬於電壓昇或電壓降？

25. 以KVL求出如圖7所示電路之總電流。

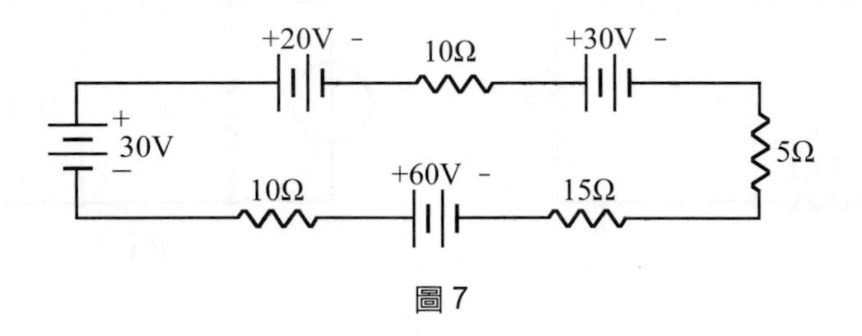


圖7

26. 繪圖簡述克希荷夫電流定律(KCL)。

27. 以KCL求出圖8電路中，$I$＝？

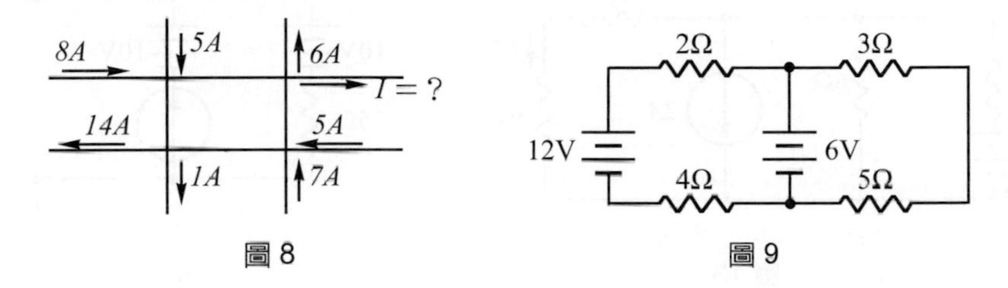


圖8　　圖9

28. 應用KVL、KCL求出圖9電路中，各電阻所流過的電流量。

29. 以節點電壓法求出圖10中，12Ω電阻的電流值。

30. 以節點電壓法求出如圖11所示，6Ω電阻的電流值。

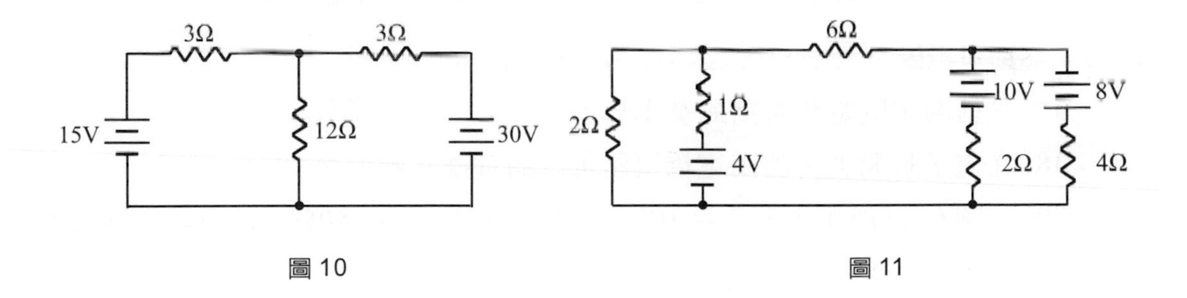


圖10　　圖11

## 6-5 戴維寧定理

31. 何謂理想的電壓源？與實際的電壓源有何不同？

32. 何謂理想的電流源？與實際的電流源有何不同？

33. 試計算出圖12由$R_L$所看到的戴維寧等效電路。

34. 利用戴維寧定理計算出圖13中$I$＝？

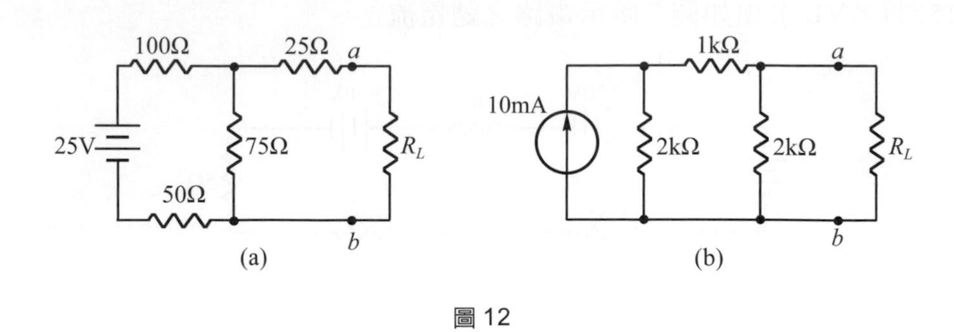


圖 12

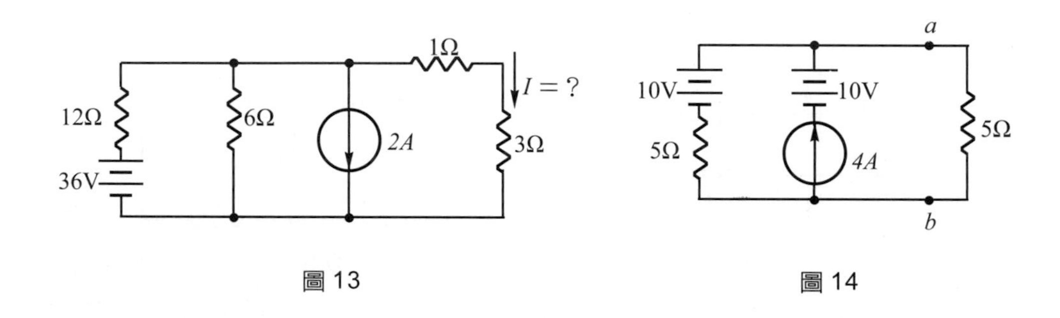


圖 13　　圖 14

## 6-6 諾頓定理

35. 何謂諾頓定理，與戴維寧定理有何異同？
36. 利用諾頓定理算出如圖 14 所示中，5Ω電阻所流過的電流為多少？

## 6-7 惠斯登電橋

37. 試繪圖說明電橋電路的基本原理。
38. 在電子量測上，利用電橋電路可以測量哪些數值？
39. 如圖 6-76 所示，若$R_1 = 100\Omega$，$R_2 = 50\Omega$，$R_3 = 80\Omega$，當電橋平衡時，$R_4$應等於多少？
40. 請舉出熱線式空氣流量計的優、缺點。
41. 簡述熱線式空氣流量計內，電橋電路的工作原理。

# 7 電源電路

只要含有電子控制的裝置，就必須要有直流電源做其動力。對一部汽車來說，全車所有的負載，其電流的消耗都靠著唯一的電源–電瓶所供應。電瓶屬於直流電源，以傳統的汽車電子電路來看，它所供應的電流已可算是一種近乎完美的穩定電源。然而，隨著車上出現越來越多的“電腦”(電子控制模組，ECM)和高密度積體電路，電子元件也越見小型化、高性能化以及高速化，若要使電子電路的功能完全發揮，首先就一定要有設計良好的電源供給。

汽車是一部隨時在動的“機器”，所受到的干擾因素也會較室內的電子設備爲多。因此，要做爲一良好的電源供應者，就必須具備以下之條件：

1. 即使負載需要很多電流，輸出電壓仍能維持定值(即內阻等於零)，
2. 漣波小，
3. 干擾雜訊小，
4. 有過載(over load)保護設計。

本章將從最基本的交流電源談起，介紹整流、濾波、穩壓等電源電路的概念，以至於供應半導體元件使用的交換型電壓源(switching-mode power supply)，都有詳細之說明。

## 7-1 整流電路

除了一次電池如水銀電池、鋰氫電池以及二次電池如鉛蓄電池、碱蓄電池等的「獨立電源」之外，一般所用的電源都是將電力公司所供給的交流電源(市電)，經由一電源供應器(power supply)而產生出直流電壓供給電路使用。

電源供應器利用變壓器將市電昇壓或降壓後得到適當的交流電壓(註)，再經過整流及濾波電路，最後做穩壓調整，便可以輸出一穩定的直流電壓，如圖 7-1 所示。

註：目前台灣地區的家庭用電源電壓爲 220/110V，商業用電源電壓有 380/220 及 220/110V，工業用電源電壓爲 380/220V，頻率皆爲 60Hz±4。

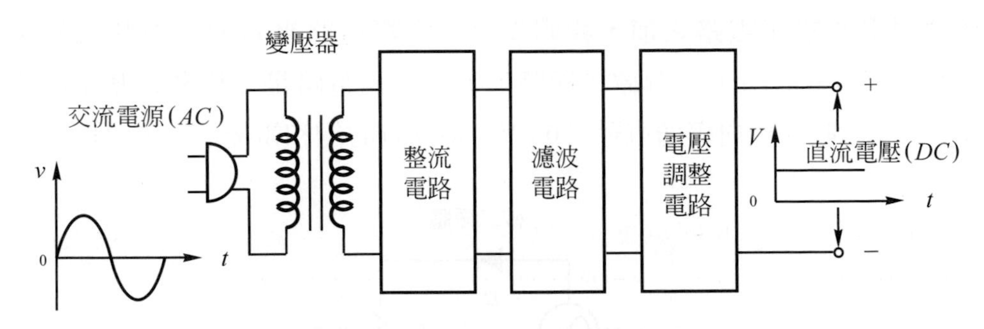


圖 7-1　直流電源供應器的方塊圖

所謂**整流(rectification)，是指將交流電壓轉變成脈動直流(plusating DC)電壓的過程**。此電路則稱爲「整流電路」(rectifier circuit)。在第四章我們曾提到過，脈動直流電壓屬於電流方向固定，但大小會變動的直流電壓，如圖 7-2 所示。要完成整流的工作，只需藉由一具有單向導通特性的電子元件即可。最常使用的元件爲*PN*二極體。

基本的整流電路分成：

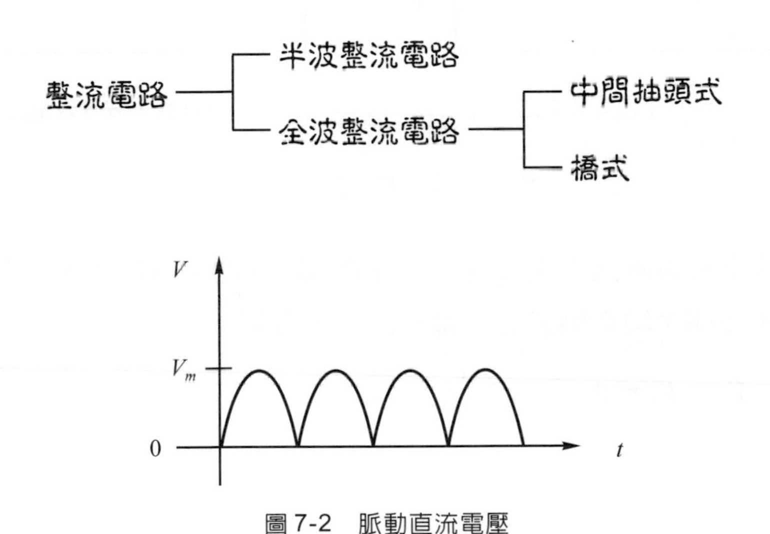


圖 7-2　脈動直流電壓

## 7-1-1　半波整流電路

**半波整流(half-wave rectification)是指交流輸入電壓訊號只有在正半週或負半週時才有輸出，亦即輸出波形只有輸入波形的一半，因此被稱作「半波整流」**。

在說明半波整流電路之前，我們先以一實際電路來看看半波整流的工作情形。在圖 7-3(a)中採用了一個矽二極體，半波整流電路是二極體最基本的應用電路。假設矽二極體的順向導通電壓爲 0.6V，逆向時的飽和電流$I_s$爲 $10\times10^{-9}$A，則：

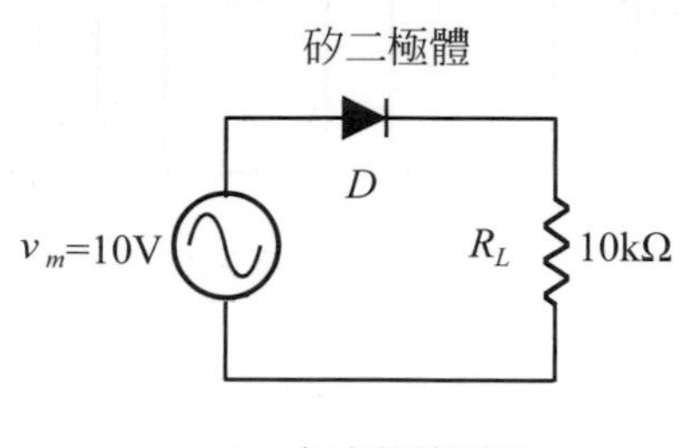


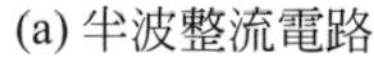

(a) 半波整流電路

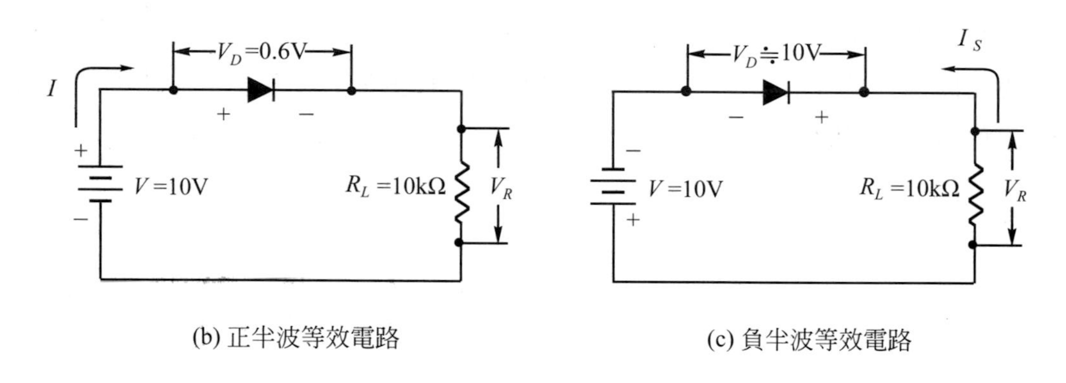


(b) 正半波等效電路

(c) 負半波等效電路

圖 7-3　半波整流的工作情形

1. 當輸入交流電壓爲正半波時，其等效電路如圖 7-3(b)所示。利用克希荷夫電壓定律(KVL)電壓昇等於電壓降，可得到：

   $V-V_D-V_R=0$

   即負載電壓：

   $V_R=V-V_D=10-0.6=9.4\text{V}$

2. 當輸入交流電壓爲負半波時，等效電路如(c)圖所示。依歐姆定律，可求得：

   $V_R=I_s\times R=(10\times10^{-9})\times(10\text{k})$
   $\quad=100\mu\text{V}$(近於 0 伏特)

又由KVL得知：

$$V_D = V - V_R$$
$$= 10 - 100\times10^{-6} \fallingdotseq 10\text{V}$$

由本例我們可以歸納出利用二極體做半波整流的工作情形：

1. 當二極體處於正半波(順向偏壓)時，大部分的輸入電壓都跨於負載電阻的兩端，即$V_R = 9.4\text{V}$。
2. 但是當二極體處於負半波(逆向偏壓)時，則所有的輸入電壓幾乎都跨在二極體的兩端，即$V_D = 10\text{V}$，而負載上的電壓則趨近於0V。
3. 正半波時，流過整個電路的電流大小是由負載的電阻值所決定，即$I = \dfrac{V_R}{R} = \dfrac{9.4}{10\text{k}} = 0.94\text{mA}$。
4. 然而在負半波時，流過整個電路的電流值則等於二極體的飽和電流$I_s$，理想的$I_s$為0安培。
5. 請留意，在此電路中，選擇二極體時，其崩潰電壓值，也就是二極體所能承受重覆產生的峰值逆向電壓(Peak Inverse Voltage，PIV)必須大於輸入電壓，否則將使二極體燒毀。

依此結論，我們可以畫出半波整流的輸入與輸出電壓波形，如圖7-4所示。

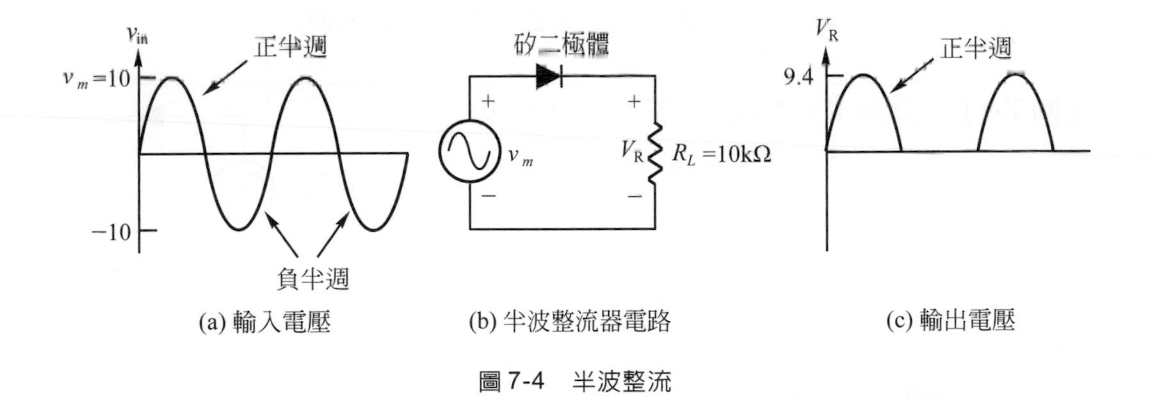

(a) 輸入電壓　(b) 半波整流器電路　(c) 輸出電壓

圖7-4　半波整流

## 輸出電壓的計算

由於半波整流所輸出的電壓爲一間斷形的脈動直流，其電壓的平均值，是將一個週期($2\pi$)內電壓曲線所形成之面積除以週期而得出。圖 7-5 爲理想二極體狀態，亦即不考慮其順向導通電壓。曲線的面積可以利用積分求得：

$$V_{\text{avg}}=\frac{\int_0^{\pi} V_m \sin\theta d\theta}{2\pi}=\frac{2V_m}{2\pi}=\frac{V_m}{\pi}=0.318V_m \tag{7-1}$$

其中，$V_{\text{avg}}$爲半波整流之輸出電壓平均值，$V_m$爲輸入至負載的最大電壓值(峰值)。至於以三用電錶所測量到的電壓稱作「有效電壓」$V_{\text{rms}}$(參見第四章)，則爲：

$$V_{\text{rms}}=\frac{V_m}{\sqrt{2}}=0.707V_m \tag{7-2}$$

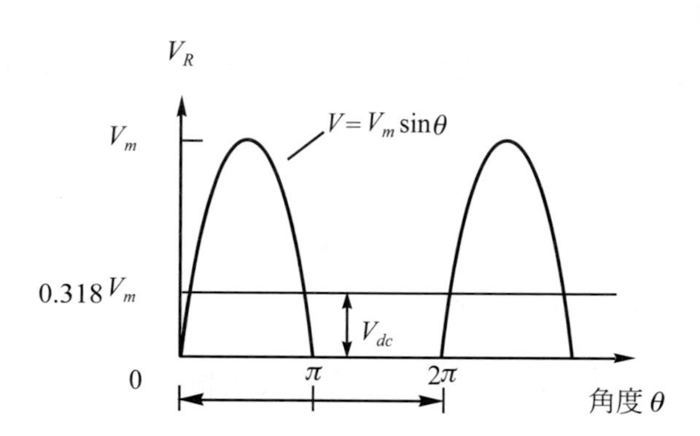


圖 7-5　半波整流之輸出電壓平均值(理想二極體)

**【例 7-1】** 如圖所示，求輸出電壓之$V_{\text{avg}}$及$V_{\text{rms}}$以及二極體的 PIV 值各爲多少。

$v=100\sin\theta$

**解**

$V=V_m\sin\theta=100\sin\theta$

(1) $V_{avg}=\dfrac{V_m}{\pi}=0.318\times100=31.8\text{V}$

(2) $V_{rms}=\dfrac{V_m}{\sqrt{2}}=0.707\times100=70.7\text{V}$

⑶逆向峰值電壓 PIV 是二極體逆向不導通時，必須忍受的最大電壓，在半波整流電路中，其 PIV 等於峰值電壓$V_m$(忽略二極體的順向導通電壓)，即：

$\text{PIV} = V_m = 100\text{V}$

## 7-2-1 中間抽頭式全波整流電路

在半波整流電路的說明中，我們可以看出其輸入端的交流電壓只有一半被送到輸出端，另一半則無法被運用。因爲這種整流電路的效率低，輸出電壓小，並且輸出電壓的變動率很大，穩定性差。所以才以「全波整流電路」(full-wave rectifier circuit)來替代。

與半波整流不同的是，全波整流可以使輸入交流電壓的正、負兩半週，都產生出單一方向的電流通過負載。因此，能提供兩倍於半波整流電路的直流電壓輸出，如圖 7-6 所示。**全波整流電路有兩種型式：**

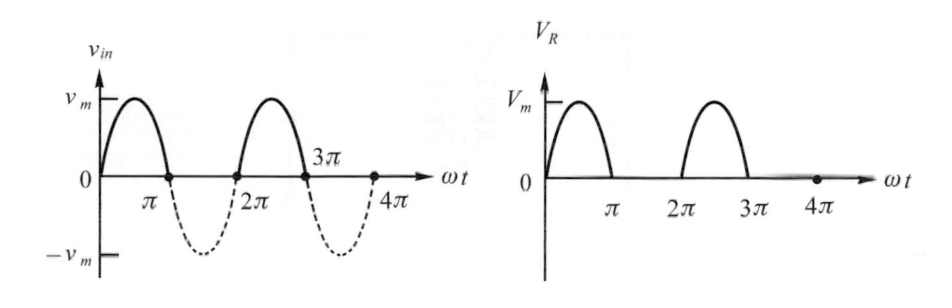


(a) 半波整流

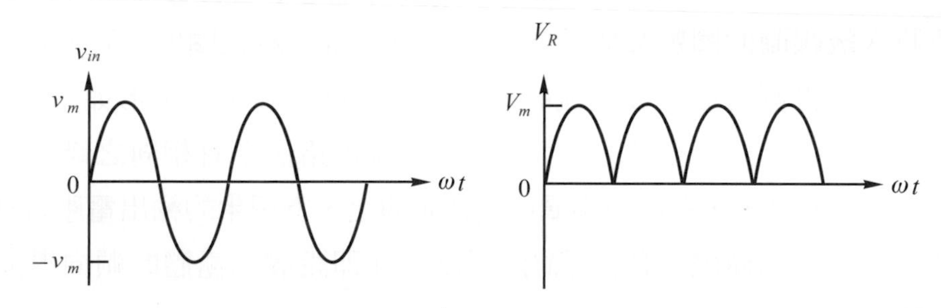


(b) 全波整流

圖 7-6　半波與全波整流之比較

*1.* **中間抽頭式，和**

*2.* **橋式整流。**

在講述中間抽頭式全波整流電路之前，我們先來瞭解一下「變壓器」的工作原理。圖 7-7 爲變壓器的簡化符號，變壓器可將輸入端的交流電壓依實際需要提高或降低。圖中的$N_1$、$N_2$分別爲變壓器的初級線圈和次級線圈的圈數，則其**繞線比(turns ratio，或稱匝數比)**與電壓、電流的關係爲：

$$n=\frac{N_1}{N_2}=\frac{V_1}{V_2}=\frac{I_1}{I_2} \tag{7-3}$$

$n$ ：繞線比，匝數比

$N_1$、$V_1$、$I_1$ ：初級線圈(一次線圈)的圈數、電壓、電流

$N_2$、$V_2$、$I_2$ ：次級線圈(二次線圈)的圈數、電壓、電流

由公式 7-3 得知，藉由改變繞線比，便可以獲得不同的輸出電壓、電流值。

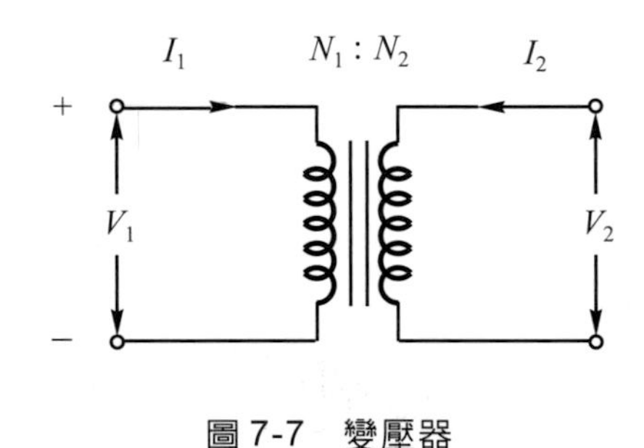


圖 7-7　變壓器

如圖 7-8 所示爲中間抽頭式全波整流電路。在變壓器次級線圈處有一中心抽頭，只要將次級線圈的圈數製成爲半波整流變壓器次級線圈的 2 倍，藉由 2 顆二極體，便可以獲得兩倍於半波整流的直流輸出電壓。其工作情形如下：

*1.* 如圖 7-9 所示，設若與先前所舉半波整流電路例子有相同之條件，即交流電壓源經變壓後，在次級線圈中心抽頭的上、下兩半的輸出電壓皆爲 10V。並且須考慮二極體的順向(障壁)電壓，亦即設矽二極體的順向導通電壓爲 0.6V。

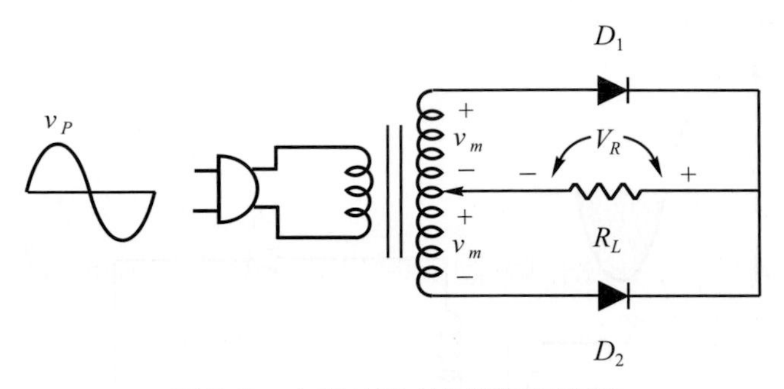


圖 7-8　中間抽頭式全波整流電路

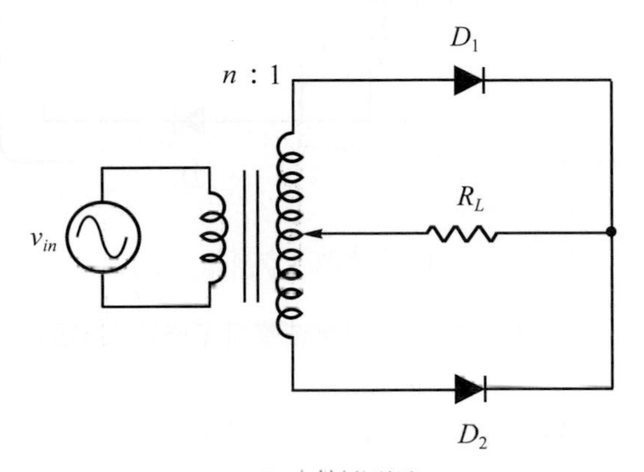


(a) 全波整流電路

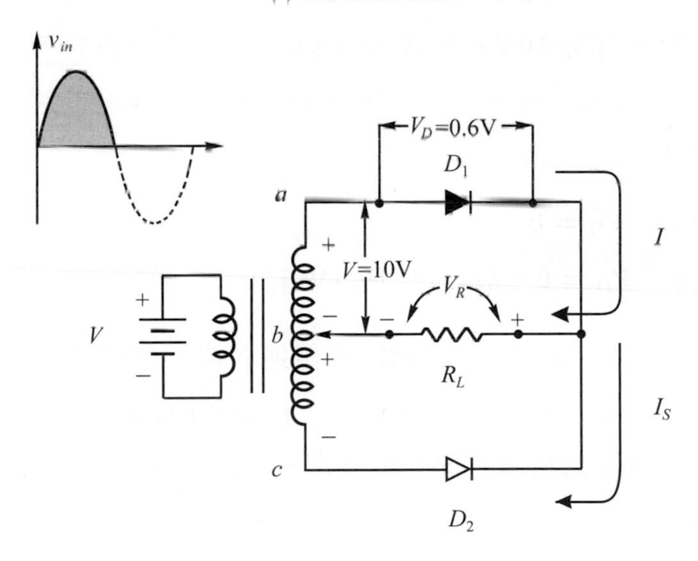


(b) 正半波等效電路

圖 7-9　中間抽頭之全波整流工作情形

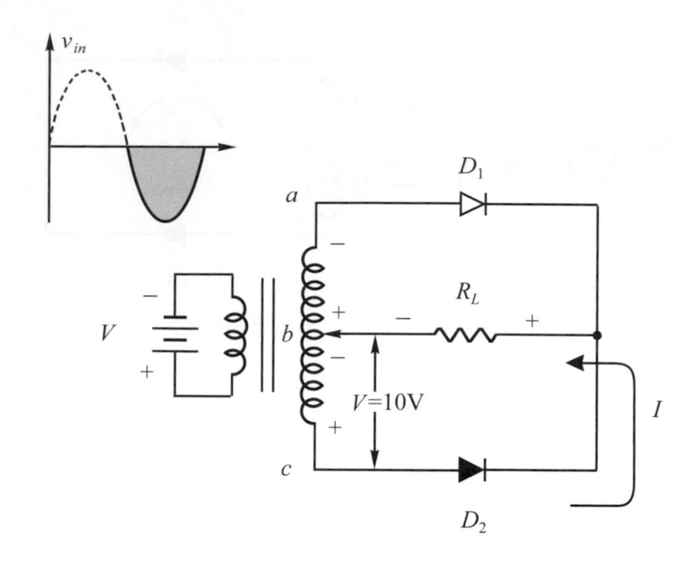


(c) 負半波等效電路

圖 7-9　中間抽頭之全波整流工作情形 (續)

當輸入交流電壓爲正半波時，等效電路圖如 7-9(b)所示，次級線圈的電流由$a$點，經二極體$D_1$到負載$R_L$，通過$b$點到$c$點，完成迴路。負載$R_L$所得到的電壓$V_R$等於 10V－0.6V ＝ 9.4V。而二極體$D_2$因受到逆向偏壓，其電流方向，由$a$點經$D_1$後，進入$D_2$到$c$點。$D_2$上所承受的逆向電壓可由KVL求出，即：

$$V_{ac} - V_{D_1} - V_{D_2} = 0$$

$$20 - 0.6 - V_{D_2} = 0，故 V_{D_2} = 19.4\text{V}(註)$$

此$V_{D_2} = 19.4$V 即爲二極體的峰值逆向電壓(PIV)值。

2. 當輸入交流電壓爲負半波時，等效電路圖如(c)所示，二極體$D_2$導通，$D_1$截止，負載$R_L$得到相同方向的電壓$V_R$，其值亦爲 9.4V。而$D_1$的 PIV 值則亦爲 19.4V。

註：若不考慮矽二極體之順向導通電壓時，即$V_{D_1} = 0$V 則$V_{D_2} = 20$V。$V_{D_2}$將承受次級線圈的全部電壓。($V_D = 2v_m$)

3. 根據上述，我們可以畫出中間抽頭式全波整流的輸入輸出電壓波形，如圖7-10所示。

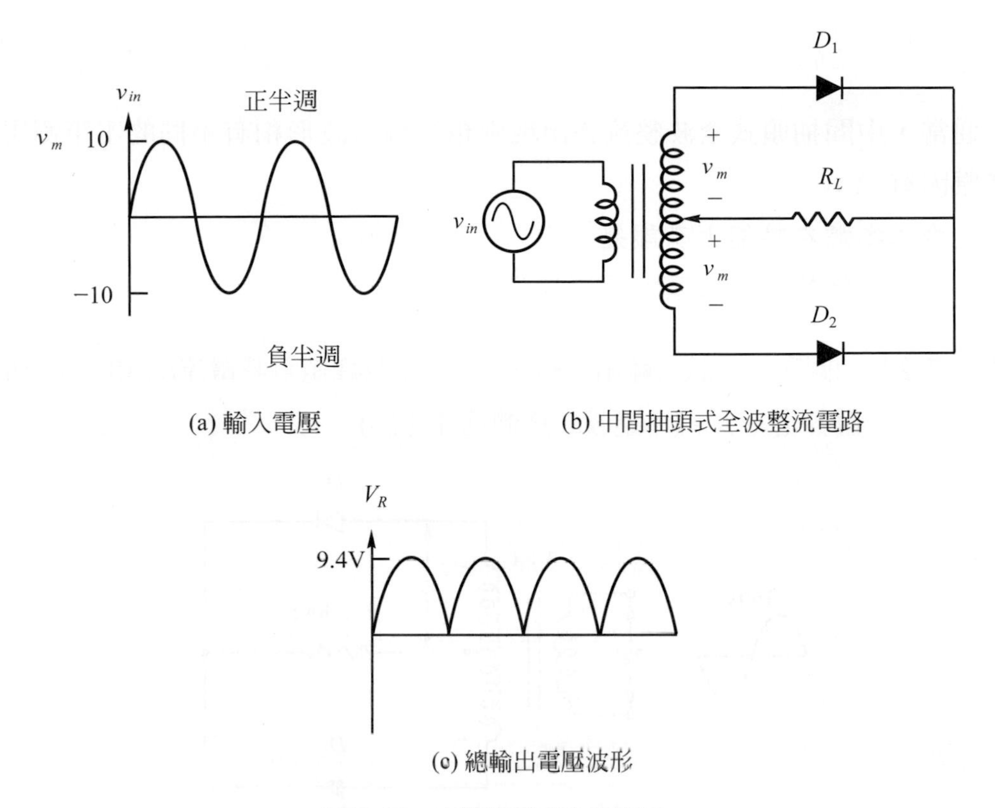


(a) 輸入電壓　(b) 中間抽頭式全波整流電路

(c) 總輸出電壓波形

圖 7-10　中間抽頭式全波整流

## 輸出電壓的計算

因為中間抽頭式全波整流可以得到2倍於半波整流的輸出電壓，故其輸出電壓平均值$V_{\text{avg}}$等於：

$$V_{\text{avg}}=\frac{2\int_0^{\pi} V_m \sin\theta d\theta}{2\pi}=\frac{2V_m}{\pi}=0.636V_m \tag{7-4}$$

$V_m$為次級線圈輸出電壓的最大值(峰值)。至於有效電壓$V_{\text{rms}}$則與半波整流相同，即：

$$V_{\text{rms}}=\frac{V_m}{\sqrt{2}}=0.707V_m \tag{7-5}$$

又若設交流電源的輸入電壓(初級線圈)峰值爲$V_p$，變壓器繞線比爲$n$，則次級線圈的峰值輸出電壓，因受中間抽頭之故，電壓值只有一半，亦即：

$$V_m = \frac{V_p}{2n} \tag{7-6}$$

通常，中間抽頭式全波整流會出現兩相鄰輸出波形稍有不同的不平衡現象。究其原因有二：

1. 兩二極體在性能上有誤差，
2. 次級線圈的中心抽頭位置不夠準確。

**【例 7-2】** 如圖所示，試求輸出電壓之$V_{avg}$、$V_{rms}$及峰值負載電流$I_{peak}$和二極體的PIV值各是多少。(本題視二極體爲理想態)

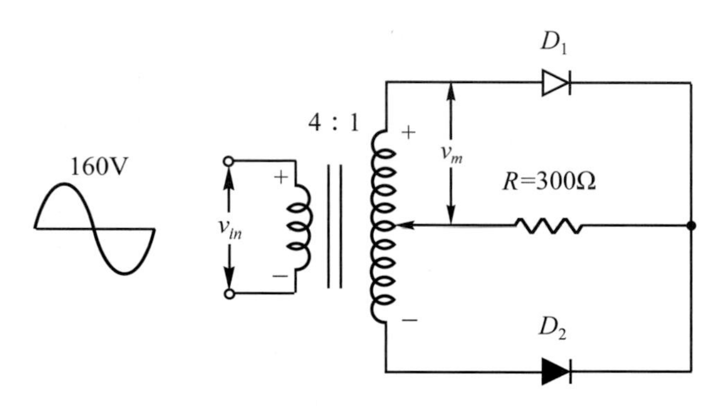


**解**

依公式 7-6 求出次級線圈峰值輸出電壓$V_m$。

$$V_m = \frac{V_p}{2n} = \frac{160}{2\times4} = 20\text{V}$$

(1) $V_{avg} = \frac{2V_m}{\pi} = 0.636\times20 = 12.72\text{V}$

(2) $V_{rms} = \frac{V_m}{\sqrt{2}} = 0.707\times20 = 14.14\text{V}$

(3)依歐姆定律：

$$I_{peak} = \frac{V_m}{R} = \frac{20}{300} = 67\text{mA}$$

(4)二極體除了要注意使用上順向的最大電流額定值外，尙須檢查 PIV(峰值逆向電壓)值。中間抽頭式全波整流電路中的二極體須承受得住次級線圈峰值輸出電壓兩倍的逆向偏壓，即$2V_m$。

故 PIV $=2V_m= 2\times20= 40$V。

## 7-1-3 橋式全波整流電路

絕大多數的直流電源供應器都是採用如圖 7-11 所示的「橋式整流電路」(bridge rectifier circuit)。此種全波整流電路利用四個二極體組成，毋需藉中間抽頭方式即可獲得次級線圈的全部電壓，變壓器的體積可較中間抽頭式爲小。

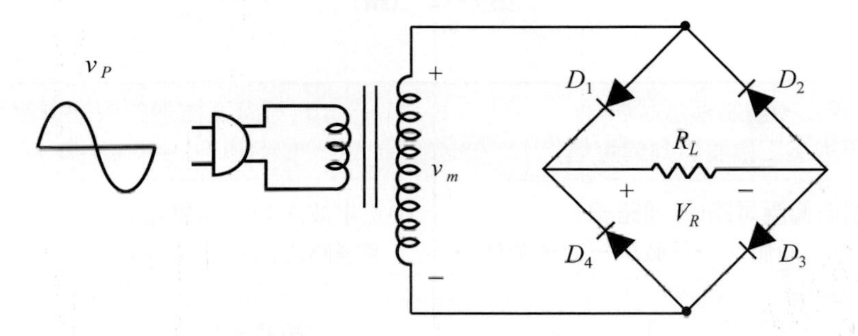


圖 7-11　橋式全波整流電路

現在讓我們來看看，以圖 7-12 爲例，在不考慮二極體的順向(障壁)電壓和考慮順向電壓的兩種情況下，橋式全波整流的工作情形：

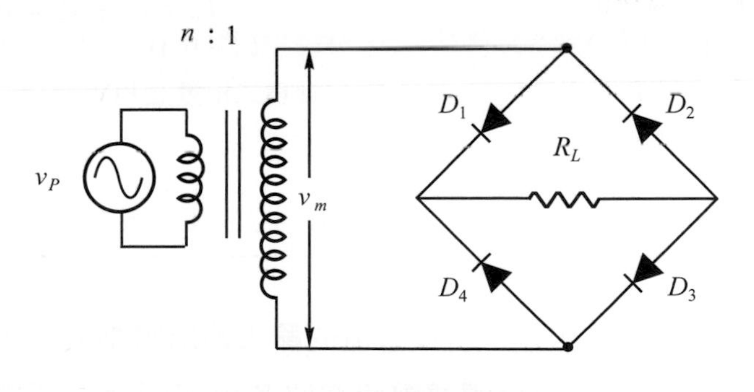


(a) 橋式整流電路

圖 7-12　橋式全波整流之工作情形

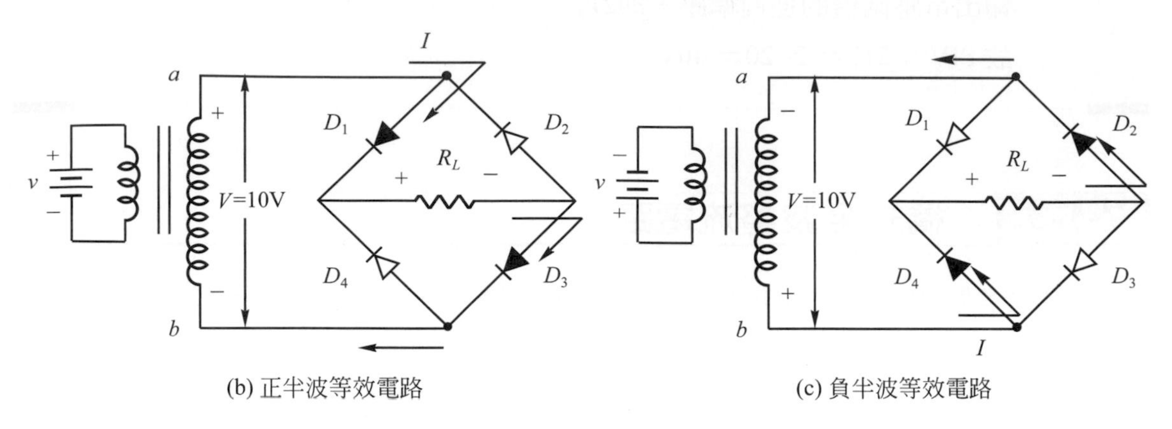


(b) 正半波等效電路　　(c) 負半波等效電路

圖 7-12 (續)

| 視二極體為理想狀態<br>(即不考慮二極體順向偏壓值) | 考慮二極體的順向偏壓值<br>(以 Si = 0.6V 為例) |
| --- | --- |
| ⑴正半波之順向偏壓電路(導通路線)：<br>電流由$a$點→二極體$D_1$→負載$R_L$→二極體$D_3$→$b$點。依 KVL 得<br>$V_{ab}-V_{D_1}-V_R-V_{D_3}=0$<br>$\because V_{D_1}=V_{D_3}=0$(理想二極體)<br>$\therefore V_R=V_{ab}=10\text{V}=V_m$<br>⑵正半波之逆向偏壓電路(截止路線)：<br>電流由$a$點→二極體$D_2$→負載$R_L$→二極體$D_4$→$b$點。依 KVL 得<br>$V_{ab}-V_{D_2}+V_R-V_{D_4}=0$<br>$\because V_{D_2}=V_{D_4}=V_D$<br>又　$V_R=V_{ab}$<br>$\therefore V_D=V_{ab}=10\text{V}=V_m$<br>此即二極體上的 PIV 值。<br>⑶負半波時的情形與正半波者同。 | ⑴正半波之順向偏壓電路：<br>導通路線同左。依 KVL 得<br>$V_{ab}-V_{D_1}-V_R-V_{D_3}=0$<br>設矽二極體順向導通電壓為 0.6V，<br>即　$V_{D_1}=V_{D_3}=0.6\text{V}$<br>$\therefore V_R=10-0.6-0.6=8.8\text{V}$<br>⑵正半波之逆向偏電路：<br>其截止路線同左。依 KVL 得<br>$V_{ab}-V_{D_2}+V_R-V_{D_4}=0$<br>$\therefore 2V_D=V_{ab}+V_R=10+8.8\text{V}=18.8\text{V}$<br>$V_D=9.4\text{V}$<br>此為二極體之 PIV 值。<br>⑶負半波時的情形與正半波者同。 |

根據上述，我們可以畫出橋式全波整流的輸入輸出電壓波形，如圖 7-13 所示。

橋式整流電路雖然比中間抽頭式整流電路多用了兩個二極體，但卻具有下列優點：

1. **不需利用中間抽頭即可獲得次級線圈全部的負載電壓($V_R=V_m$)，故變壓器的體積可縮小。**

2. 每一個二極體的 PIV 值爲中間抽頭式的一半。
3. 毋須使用中間抽頭的變壓器，故輸出波形的不對稱性減少。

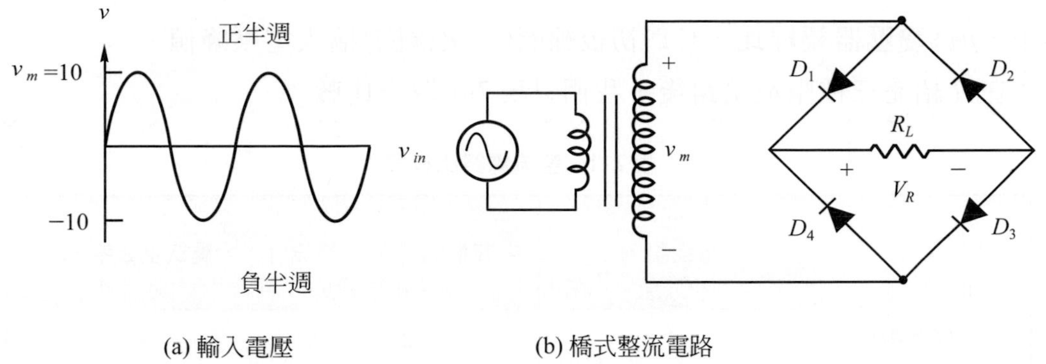


(a) 輸入電壓　　(b) 橋式整流電路

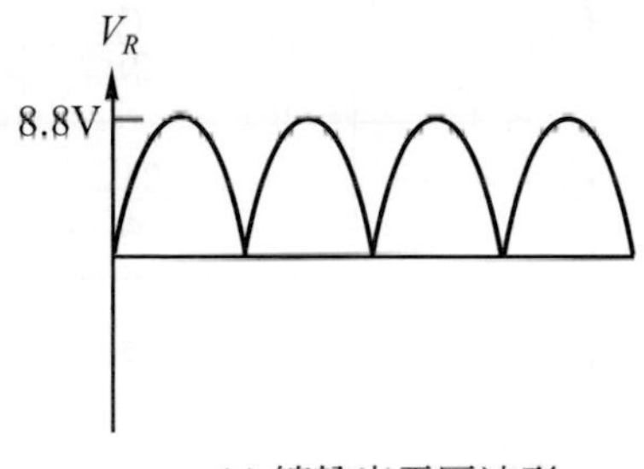


(c) 總輸出電壓波形

圖 7-13　橋式全波整流電路

## 輸出電壓的計算

橋式全波整流所獲得的輸出電壓與中間抽頭式相同，亦即其輸出電壓的平均值爲：

$$V_{\text{avg}} = \frac{2V_m}{\pi} = 0.636V_m \tag{7-7}$$

此值與先前幾個公式一樣，都視二極體爲理想狀態，也就是忽略其順向導通電壓(即障壁電壓)。

橋式全波整流的輸出電壓有效值 $V_{\text{rms}}$ 亦爲：

$$V_{\text{rms}} = \frac{V_m}{\sqrt{2}} = 0.707V_m \tag{7-8}$$

至於次級線圈所能得到的最大輸出電壓$V_m$則爲：

$$V_m = \frac{V_p}{n} \tag{7-9}$$

其中，$n$爲變壓器繞線比，$V_p$爲初級線圈(一次線圈)輸入電壓峰值。

在介紹完三種整流電路後，我們以表 7-1 做一比較：

表 7-1　整流電路比較表

| 比較項目＼型式 | 半波整流 | 中間抽頭式全波整流 | 橋式全波整流 |
|---|---|---|---|
| 二極體數目 | 1 | 2 | 4 |
| 次級線圈峰值電壓 ($V_m$) | $\frac{V_p}{n}$ | $\frac{V_p}{2n}$ | $\frac{V_p}{n}$ |
| 輸出電壓平均值 ($V_{avg}$) | $\frac{V_m}{\pi}$ | $\frac{2V_m}{\pi}$ | $\frac{2V_m}{\pi}$ |
| 二極體 PIV 值 ($V_D$) | $V_m$ | $2V_m$ | $V_m$ |
| 輸出波形 | 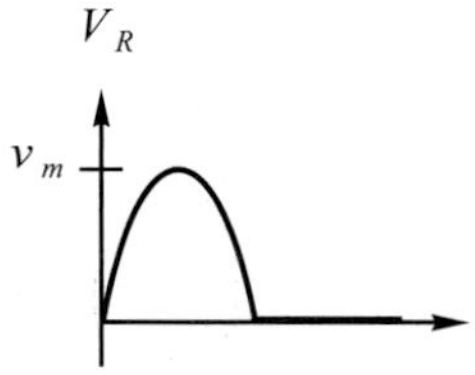 $V_R$, $v_m$ | 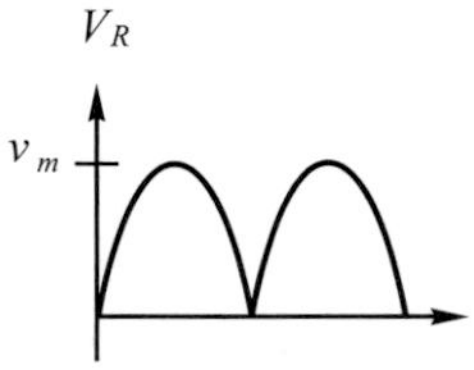 $V_R$, $v_m$ | 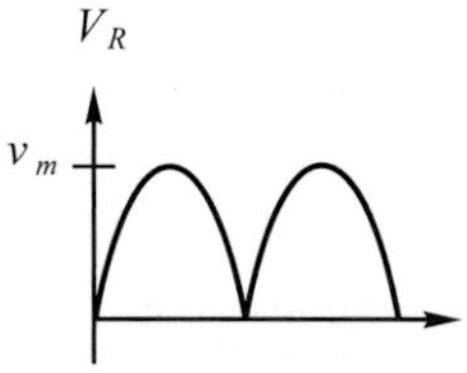 $V_R$, $v_m$ |

說明：(1)表中所列$V_m$值皆以理想二極體計算。
(2)$V_p$爲初級線圈峰值電壓，$V_R$表負載電壓。

**【例 7-3】** 如圖所示，求直流負載電壓和 PIV 值。

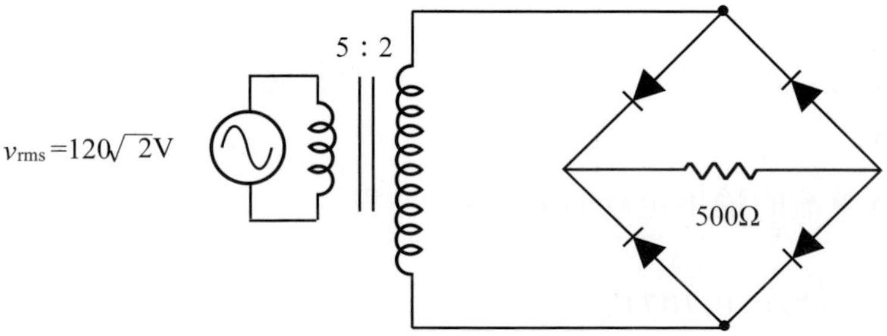

解

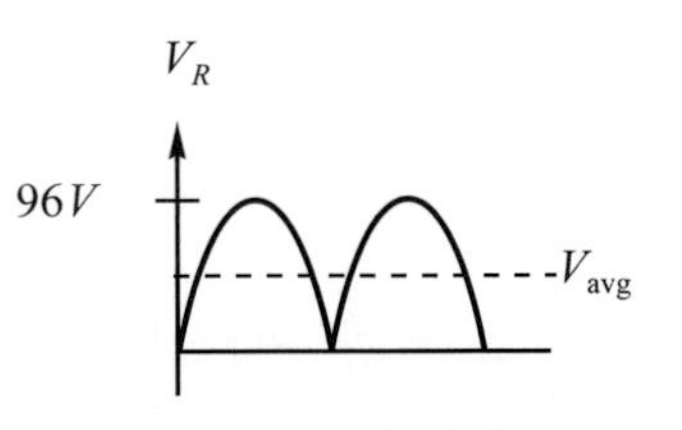


初級輸入交流電壓為有效值，先換算為峰值電壓 $V_p$：

$$V_p = v_{rms}\times\sqrt{2} = 120\sqrt{2}\times\sqrt{2} = 240\text{V}$$

再求次級線圈峰值電壓 $V_m$：

$$V_m = \frac{V_p}{n} = 240\times\frac{2}{5} = 96\text{V}$$

(1)橋式整流之負載電壓(平均值)$V_{avg}$：

$$V_{avg} = \frac{2V_m}{\pi} = \frac{2\times 96}{3.14} = 61.1\text{V}$$

(2)二極體之 PIV 值等於 $V_m$：

故 $V_D = V_m = 96\text{V}$

## 7-2 濾波電路

整流電路主要目的在將交流電壓轉變成為脈動直流電壓。此脈動直流電壓雖然已是單方向的直流電壓，但其電壓值卻仍一直在變動，而非一平直穩定的直流電壓。這種跳動的電壓不適合直接做為電子電路的電源供應，故需藉由一「濾波電路」(filter circuit)或「濾波器」(filter)來將脈動直流中的漣波(ripple)成份濾除，使成為一理想的平穩直流電。如圖 7-14 所示。

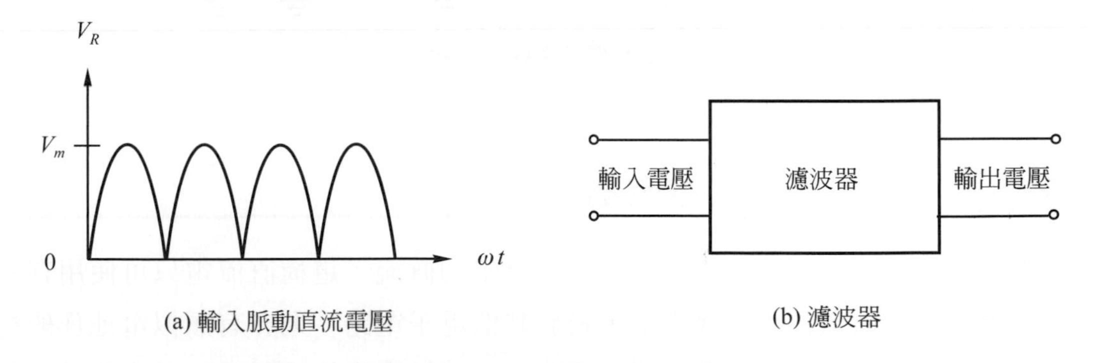


(a) 輸入脈動直流電壓　　(b) 濾波器

圖 7-14　濾波電路之功用

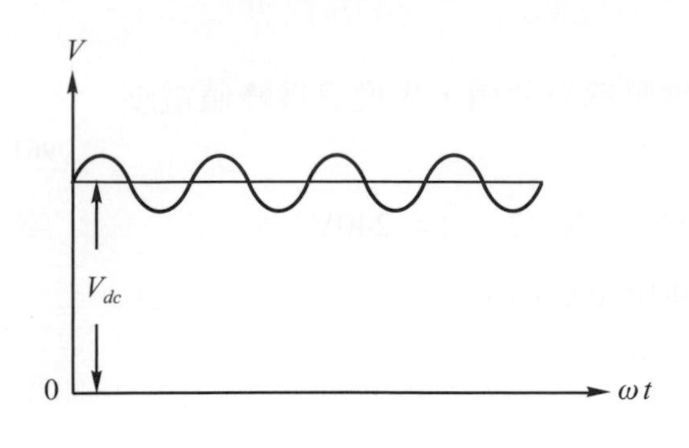


(c) 濾波後之輸出電壓

圖 7-14　濾波電路之功用 (續)

一般來說，全波整流對濾波電路能提供較佳的輸入訊號。因此，如果想在濾波電路輸出上得到較佳之直流電壓，宜採用全波整流。圖 7-15 爲一典型之電源供應電路，可以看出濾波電路所扮演的角色。

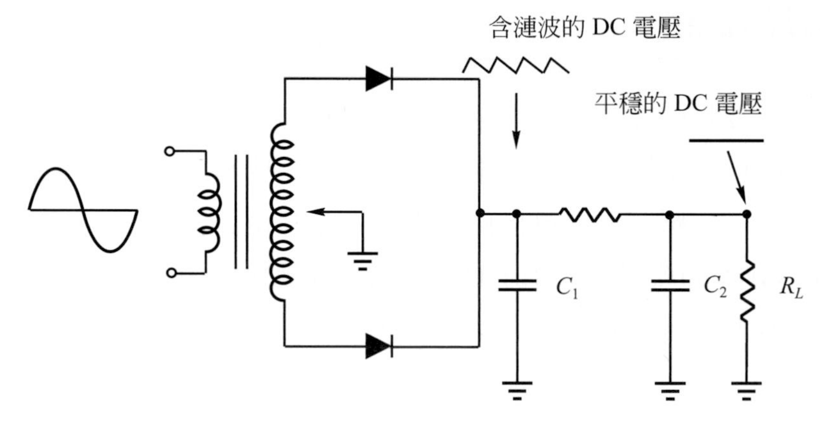


圖 7-15　典型電源供應器中的濾波電路

## 7-2-1　電容輸入式濾波器

整流過的波形，雖是直流的，但卻非穩定的直流。這種直流電只可使用在電瓶的充電，或是直流馬達的操作上，對於其他電子電路，則非有類似電池那般穩定的直流輸出不可。因此，藉由濾波電路，便可把交變的成份濾除，成爲眞正穩定的直流電。**本節所介紹的濾波器，由於在輸入端有一電容器，故名為「電容輸入式濾波器」**(Capacitor-Input Filter)。

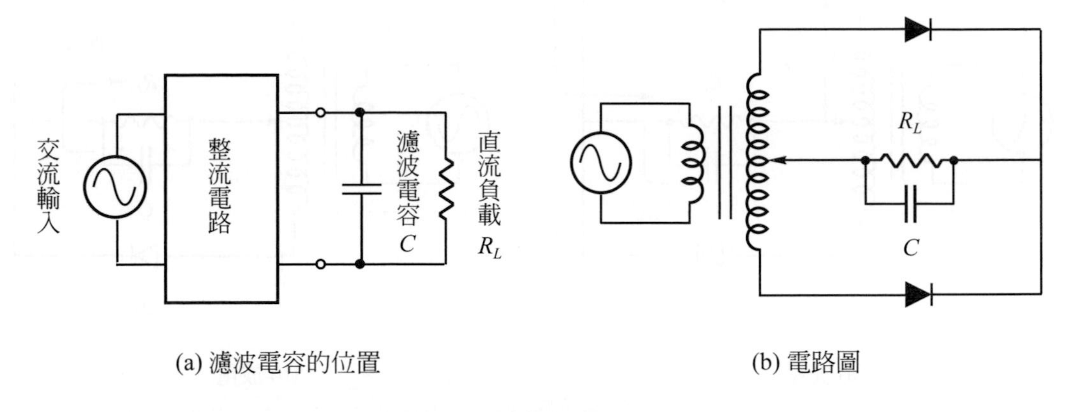


(a) 濾波電容的位置　　(b) 電路圖

圖 7-16　電容輸入式濾波器

電容輸入式濾波器是一種最簡單的濾波電路，如圖 7-16 所示，濾波電路是在整流電路的輸出端，將濾波電容$C$與負載並聯。由於電容器爲一儲能元件，當與負載並聯時，於二極體導通期間，電容器會同時充電並儲存電荷，二極體不通，或電壓降低時，電容器便會向負載放電，使負載上電流流過的時間延長，減緩電壓下降，從而減少了漣波(ripple)對電路之影響，獲致平穩的直流電壓輸出。如圖 7-17 所示。

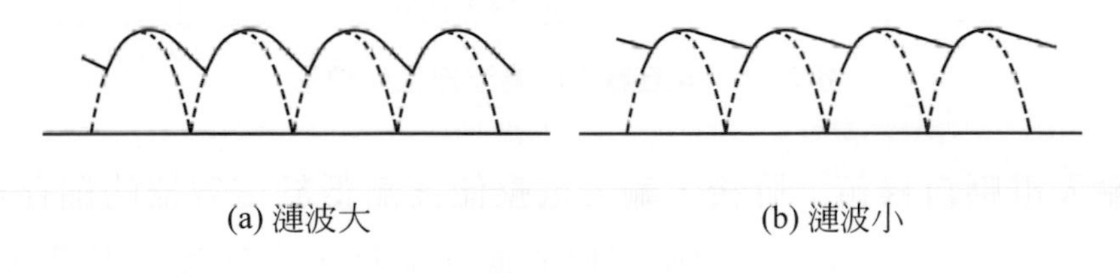

(a) 漣波大　　(b) 漣波小

圖 7-17　漣波

現以圖 7-18 來說明電容輸入式濾波器的工作情形：

1. 當輸入交流電壓爲正半波時，只要變壓後的輸出電壓大於$D_1$導通電壓(例如 Si ＝ 0.6V)，二極體$D_1$便導通，電流同時流入負載$R_L$以及濾波電容器$C$，並且對電容$C$充電，如圖 7-18(a)所示。當輸入電壓達到峰值$V_m$時，電容$C$亦被充電到峰值電壓，即$V_c = V_m$。

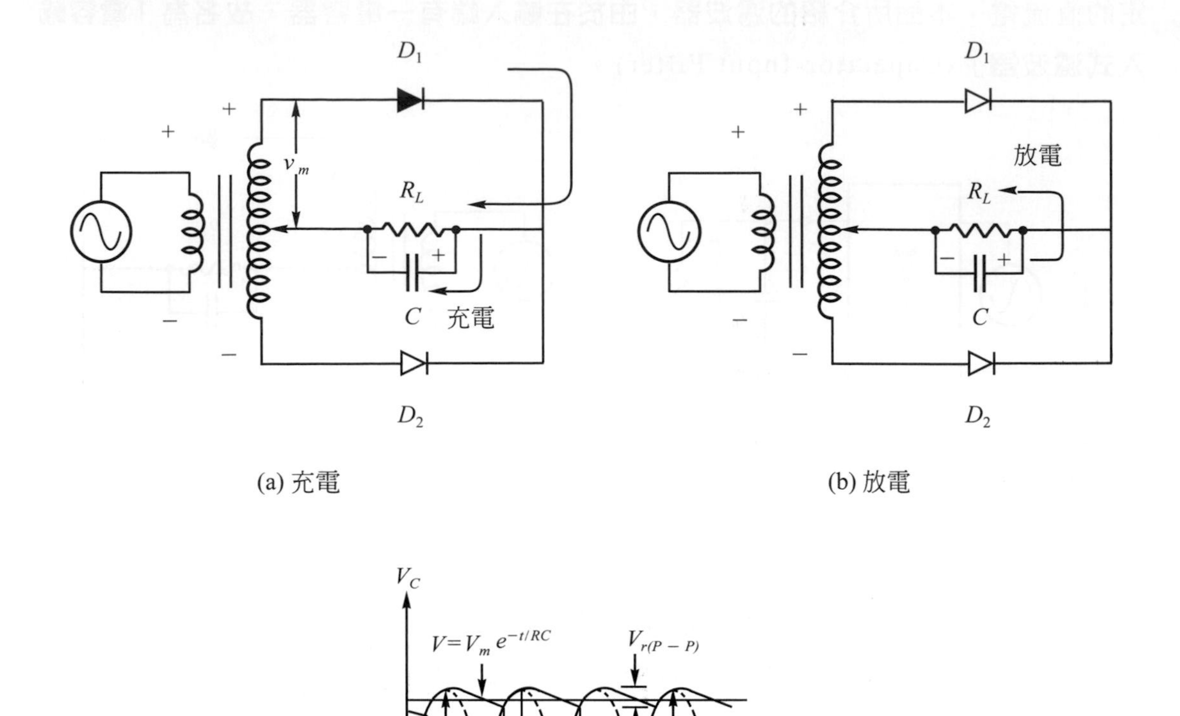


(c) 輸出電壓波形

圖 7-18　電容輸入式濾波器工作情形

2. 當輸入電壓自峰值下降後，輸入電壓便逐漸低於電容器的儲存電壓$V_c$(＝$V_m$)。因此，在二極體$D_1$的兩端形成逆向偏壓，使$D_1$截流不導通。在此同時，電容器上的電壓$V_c$會向負載$R_L$放電，其電壓亦從$V_m$值緩慢下降，如圖7-18(b)所示。

3. 此放電狀態會持續到下一半週(負半波)來臨且電壓高於$V_c$時爲止。在負半波時，二極體$D_2$導通，電流向電容器$C$再充電，情形與正半波時相同，當輸入電壓自負半波峰值逐漸下降時，$D_2$截流不通，電容器又向負載放電，並持續到下一正半波出現且輸入電壓高於$V_c$時爲止。

4. 依此工作周而復始讓整流後的脈動直流輸出過濾成只有極小漣波成份的平穩電壓，如圖 7-19 所示。

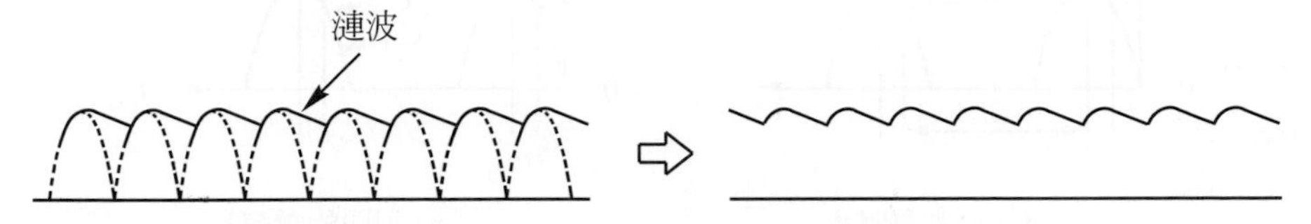


圖 7-19 濾波後的直流電壓

電容輸入式濾波電路在接上負載後，電容器實際的輸出波形如圖 7-20 所示。其平均值會略低於峰值電壓 $V_m$。**如果負載電阻 $R_L$ 增加的話，流經負載的電流便會減少，於是，電容的放電時間可以延長，放電愈慢，電壓下降得也愈少，則此時輸出電壓平均值會接近 $V_m$ 值**。

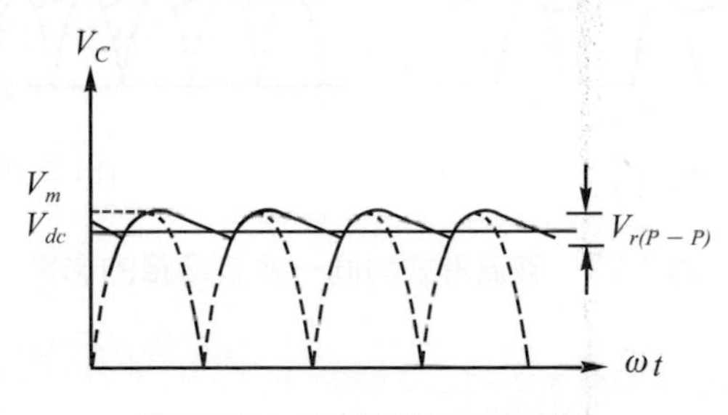


圖 7-20 實際輸出電壓波形

對於同一頻率的輸入訊號，影響電容器輸出電壓的因素有三：

1. **負載的電阻值**：如圖 7-21(a)所示，當負載電阻值較大時，流過的電流較小，電容放電時間較長，放電較慢，電壓下降較小，使其平均輸出電壓較高，漣波也較小；反之，當負載電阻較小，電流較大，電容放電期間，放電較快，電壓下降亦較大，以致於輸出電壓平均值較低且漣波較大。

   所以，負載取用的電流愈大，則輸出電壓愈低，電壓調整也愈差。

2. **濾波電容量**：濾波電容器的電容量愈大，其儲存的電荷也愈多。因此，在向負載放電時，其放電時間可以較長，電壓的下降較少，使得輸出電壓的平均較高且漣波較小。反之，濾波電容量愈小，則輸出電壓也愈低且漣波也較大，如圖 7-21(b)所示。

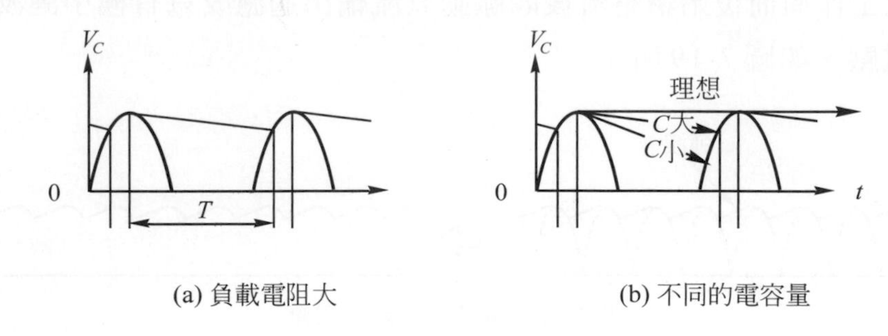


(a) 負載電阻大　　(b) 不同的電容量

圖 7-21　影響波形的因素

3. **整流的形式**：在半波整流形式中，濾波電容的放電時間較長，使輸出電壓漣波較大，平均值亦較全波整流形式爲低。如圖 7-22 所示。

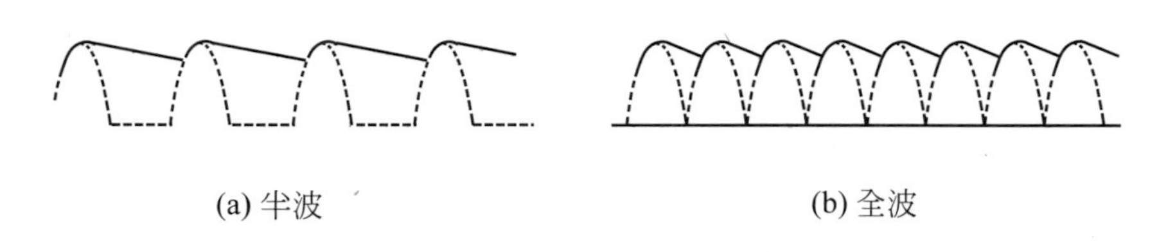

(a) 半波　　(b) 全波

圖 7-22　整流形式對同一濾波電路的影響

## 7-2-2 電感輸入式濾波器

如圖 7-23 所示，在濾波器的輸入端再加一線圈$L$，可使漣波減小。**由於在輸入端有一電感器，故名為「電感輸入式濾波器」(Inductor-Input Filter)**。

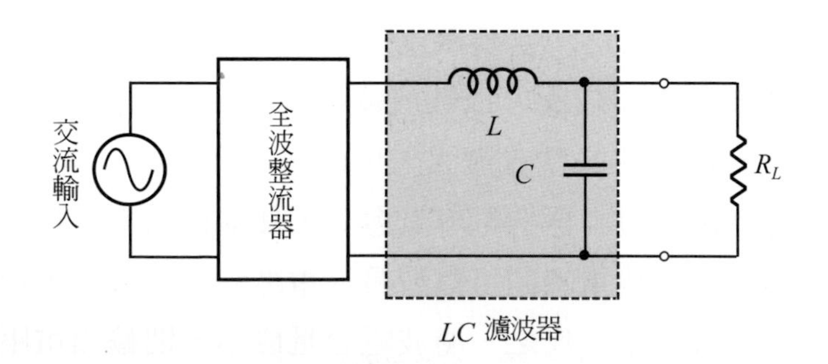


圖 7-23　電感輸入式濾波器

在第三章我們曾經提到電感器對交流電所產生的電阻稱作「電感抗」，以$X_L$表示。又從公式 3-8 得知，當交流電的頻率愈高，或是電感器的電感愈大時，電感抗也愈大(註)。如圖 7-24 所示，經過整流後的輸入電壓$V_{in}$雖是直流電壓，但卻仍然具有脈動頻率的變化。當脈動電壓由最高點向下降低時，電感器會感應出一反電動勢，其方向如圖 7-24(b)所示。**此電動勢大小與脈動頻率成正比，頻率愈高，反電動勢也愈大**。電感器所感應之反電動勢並與電容器$C$一起向負載放電，形成圖 7-25 所示的輸出電壓。

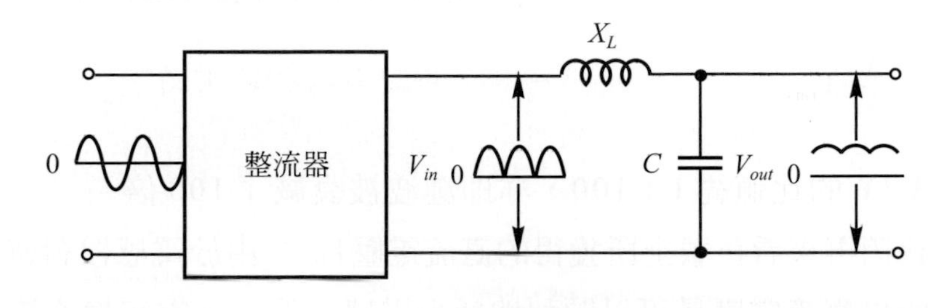


(a)LC 上的脈動頻率

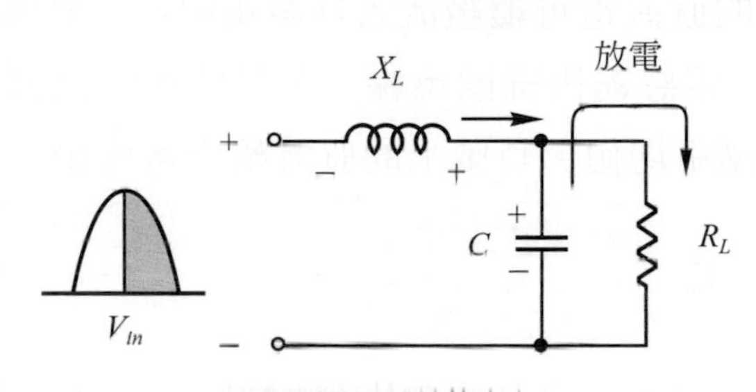


(b)放電時電感抗的方向

圖 7-24　電感器對脈動的交流效應

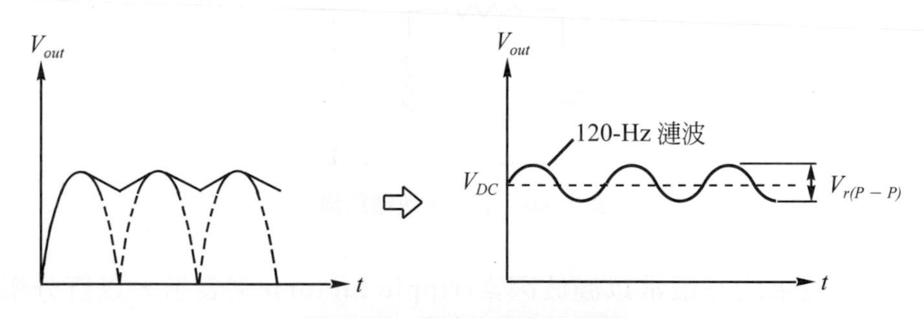


圖 7-25　濾波後的直流電壓

註：公式 3-8：$X_L = 2\pi fL$，其中，$X_L$爲電感抗(Ω)，$f$爲交流電頻率(Hz)，$L$爲線圈的電感(H)。

在圖 7-25 中可看出輸出電壓波形中仍有漣波$V_r$的存在，其值則由分壓器公式決定：

$$V_r = \frac{X_c}{X_L + X_c} \times V_{\text{rms}} \tag{7-10}$$

$V_r$為漣波有效值，$X_c$為電容抗，$V_{\text{rms}}$為經整流後的輸出漣波電壓有效值。

漣波有效值$V_r$愈小愈好，表示濾波效果好。通常電感抗$X_L$很大，而電容抗$X_c$很小(幾乎等於短路)，所以，公式 7-10 也可以寫成如下的近似值：

$$V_r \fallingdotseq \frac{X_c}{X_L} V_{\text{rms}} \tag{7-11}$$

一般來說，$X_c/X_L$的比值約 1：100，亦即漣波被衰減了 100 倍。

接著，我們再來看負載上所獲得的直流電壓$V_{DC}$。由於電感器對直流電而言，$X_L$等於零，所以直流電壓是可以順利地通過電感。然而，電容對直流電而言等於斷路，故流經電感器的直流電可繼續流入負載電阻$R_L$。直流等效電路如圖 7-26 所示。圖中的電阻$R$為電感器因線圈繞線、芯材所產生之直流等效電阻，$V_{\text{avg}}$為全波整流器的輸出電壓平均值。負載上的直流輸出電壓依分壓器法則可得：

$$V_{DC} = \frac{R_L}{R + R_L} \times V_{\text{in}} \tag{7-12}$$

由式中可知，為使直流電壓能順利加到負載上，電感器的直流電阻$R$必須愈小愈好。

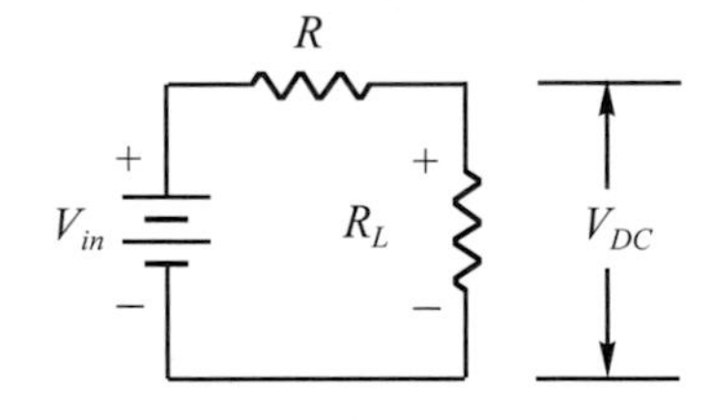


圖 7-26　直流等效電路圖

至於濾波效果的好壞常以漣波因素(ripple factor)$r$來表示，以百分率示之：

$$r = \frac{V_r}{V_{DC}} \times 100\,\% \tag{7-13}$$

例如某一電源供應器的直流輸出電壓$V_{DC}$為100V，而漣波電壓$V_r$為50mV，則其漣波因素為$r=\frac{0.05}{100}\times 100\ \% = 0.05\ \%$。**漣波因素愈小，表示該電源供應器的品質愈好**。

全波整流波形會比半波者容易濾波，這是因為全波者的漣波頻率比較大，因而可以選用規格小一點的電感與電容。至於「電感輸入式濾波器」則多不使用於大電流的場合，因為線圈在通過大電流時會產生磁飽和，使濾波效果變差。另外，由於電感器的體積龐大，成本也高，故現今多採用前一節所述之「電感輸入式濾波器」。

值得留意的是，**電容輸入式濾波器所輸出的直流電壓約等於整流後輸出電壓的峰值($V_m$)，而電感輸入式濾波器的直流輸出值，則約等於整流後電壓的平均值($V_{avg}$)**。(註)。另一不同點是，**電容輸入式濾波器的漣波電壓會隨著負載電阻$R_L$的大小而變化，而電感輸入式者的漣波電壓則與負載大小無關**。

## 7-2-3 RC與LC濾波器

為了把漣波電壓降低，我們可以在電容和負載之間再加入一個濾波器。通常這種做法有兩種：$RC$與$LC$濾波器。如圖7-27所示。

在$RC$濾波器中，濾波電容$C_1$之後又接上濾波電阻$R$而產生一電壓降，因此，當$C_1$放電到一額定值時，$C_2$緊接其後也進行放電，如此將使負載$R_L$上的輸出直流電壓$V_{DC}$增加，並使漣波電壓$V_r$降低，而獲得較單一個電容的濾波器為佳的平穩電壓波形。設計時，要讓$R$值遠大於$X_c$，對於漣波電壓而言，依**交流分壓器公式**7-15可知，只有分出些微的漣波到負載$R_L$上，如圖7-28所示。一般$R$值要比$X_c$大10倍以上，所以漣波也被衰減至少10倍。

$$V_r=\left(\frac{X_c}{\sqrt{R^2+X_c^2}}\right)V_{\text{rms}} \tag{7-15}$$

註：設若電源頻率$f$= 60Hz時，則電容輸入式濾波器的直流輸出電壓$V_{DC}$公式為：

$$V_{DC}=\left(1-\frac{0.00417}{R_LC}\right)V_m \tag{7-14}$$

從式中可看出$V_{DC}$約等於峰值電壓$V_m$。

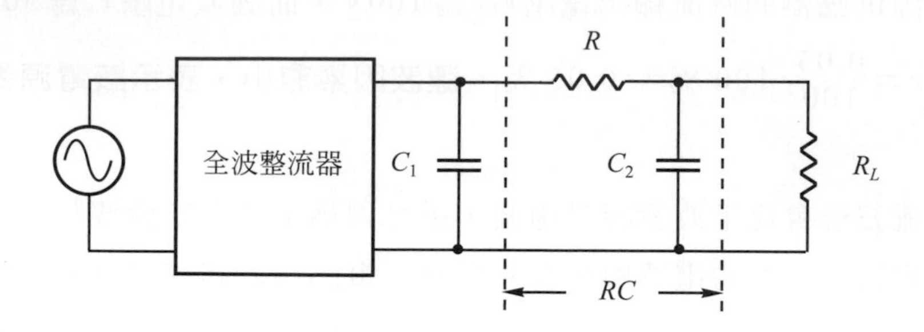


(a) $RC$濾波器

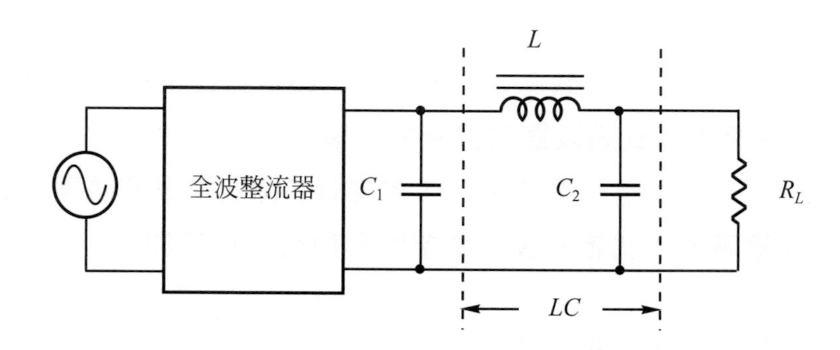


(b) $LC$濾波器

圖 7-27　$RC$與$LC$濾波器

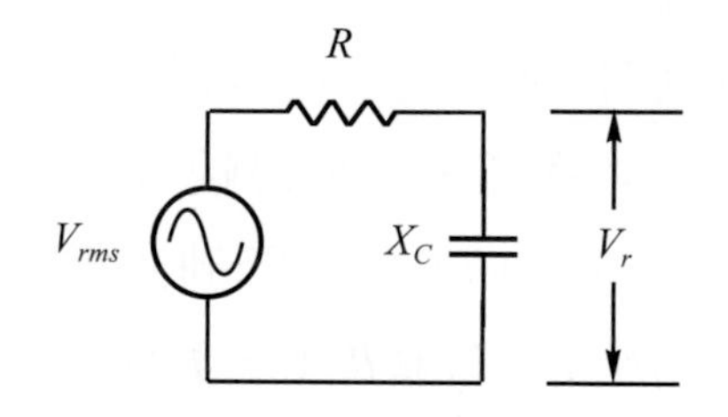


圖 7-28　$RC$濾波器的交流等效電路

如果一段$RC$濾波器還不能把漣波降到理想範圍，則可採用多段式$RC$濾波，如圖 7-29 所示。如果每一段可將漣波衰減 10 倍，則兩段就可以衰減達 $10\times10=100$ 倍。

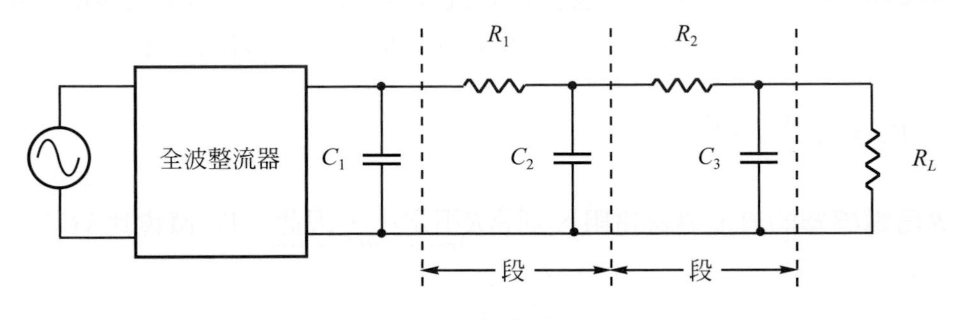


圖 7-29　兩段式$RC$濾波器

將$RC$濾波器中的濾波電阻$R$換成電感器$L$，便成了$LC$濾波器，又稱作$\pi$**型濾波器($\pi$-type filter)**。如圖 7-27(b)所示。

在$RC$濾波器電路中，爲了提高直流電壓的輸出，都會儘量減小濾波電阻的$R$值以便能減少電阻兩端的電壓降。但是對於交流漣波而言，卻又希望$R$值要遠大於電容器$C_2$的容抗值。結果導致，**若要降低$R$值來提高輸出電壓，卻也提高了輸出端的漣波電壓。反之，增加$R$值雖可減少漣波電壓，卻使輸出直流電壓下降**，如圖 7-30 所示。

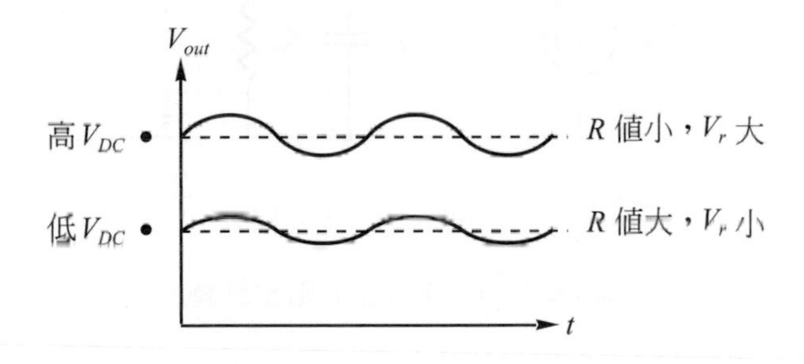


圖 7-30　$RC$濾波器中$R$值對漣波和$V_{DC}$的影響

$LC$濾波器正可以克服上述$RC$濾波器的缺點。由於電感器本身的特性，因此$LC$濾波器能夠提高直流輸出電壓，同時也能降低輸出端的漣波電壓。在$LC$濾波器電路中，$L$對直流而言只有很低的導線電阻，因此在電感器兩端的電壓降很低。而對於交流漣波而言，電感器則具有高的電感抗，使漣波電壓降低。

$LC$濾波器的輸出電壓計算與$RC$濾波器的方法相同，故我們只以$LC$濾波器做討論。如圖 7-31(b)所示爲$LC$濾波器的直流等效電路，對直流輸入$V_{in}$而言，兩電容器$C_1$與$C_2$可視同斷路，因此不包含在直流等效電路中。$V_{in}$爲整流後的直流電壓平均值，亦即爲跨於$C_1$兩端之直流電壓，由分壓器法則可得$V_{DC}$：

$$V_{DC}=\frac{R}{R+R_L}\times V_{in} \tag{7-16}$$

其中，$R$爲電感器的直流導線電阻，通常$R$相當小，因此，$V_{DC}$值會比$RC$濾波器的$V_{DC}$值高許多。

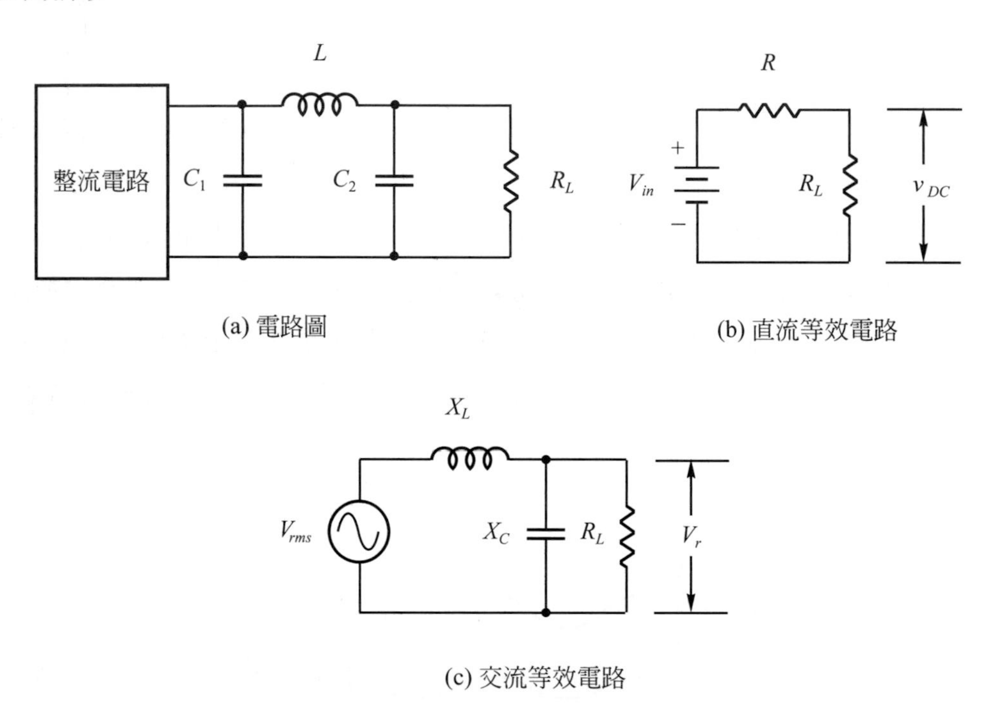


(a) 電路圖

(b) 直流等效電路

(c) 交流等效電路

圖 7-31　$LC$濾波器的電壓計算

接著，我們再來看看$LC$濾波器在交流漣波上的情形。如圖 7-31(c)所示爲交流等效電路，對交流漣波$V_{rms}$來說，電感抗$X_L$遠大於其導線電阻$R$，故$R$可以忽略不計，另外，在交流訊號下，電容$C_2$也不再呈斷路狀態(註)，並且電容抗$X_c$會比負載$R_L$小很多，所以在一些書中，也將並聯的$X_c$與$R_L$只計成$X_c$。$V_{rms}$爲整流後的漣波電壓有效值，亦爲跨於$C_1$兩端之漣波電壓，由分壓器法則可求得負載上的漣波電壓有效值$V_r$：

註：電容抗$X_c=\frac{1}{2\pi fC}$，故$X_c$通常很低。式中$f$爲頻率(Hz)，$C$爲電容量($\mu$F)。

$$V_r = \frac{X_c}{X_L + X_c} \times V_{\text{rms}} \tag{7-17}$$

在交流等效電路中，$X_L$很大，而$X_c$很小，因此大部分的漣波電壓都降在$X_L$兩端，而$X_c$兩端(即輸出端)的漣波電壓降則很小。如果$X_L$愈大，$X_c$愈小，其輸出的漣波也會愈小，濾波性能愈好。

## 7-3 穩壓電路

**穩壓(voltage regulation)在許多時候又被稱作電壓調整**，這是從英文原意而來。所謂穩壓是指不論輸入電壓、負載電流或溫度如何變化，輸出電壓或電流依然能夠在一額定值。若單就穩壓電路本身來看，其電路圖是非常簡單的，儘管如此，**穩壓器(voltage regulator，或稱電壓調整器，簡稱VR)**在電源電路中仍是非常重要的一個部份。

在汽車已逐步邁向全電腦化的世代後，新型的電子設備(如GPS…)一一應用於車上，電子控制模組(ECM)中的電路都必須靠穩定的電壓源來供應才能產生正確的作用。我們實有必要來瞭解此一簡單的電路–穩壓電路。

表7-2　各種穩壓電路控制方式之比較

| 控制方式 | 連續控制方式(傳統型式) | | 間歇控制方式(交換型) |
|---|---|---|---|
| 分　類 | 串聯式(*註) | 並聯式 | ON-OFF式 |
| 優　點 | (1)控制精確度高。<br>(2)對負載變動反應能力快。 | (1)反應速度快 | (1)控制用元件耗功率低<br>(2)可供應大電流 |
| 缺　點 | (1)控制用元件耗功率大<br>(2)負載變動大的電路設計困難 | (1)小負載時效率低 | (1)控制精確度低<br>(2)輸出波形差<br>(3)反應速率受交換頻率限制 |

註：凡控制元件、晶體與負載串聯者稱爲「串聯式」。與負載並聯者稱爲「並聯式」

## 7-3-1 稽納二極體穩壓電路

由於電壓在送到負載時仍會隨負載上所流過之電流的增減而出現反比之變化，如圖 7-32 所示，因此，經濾波後的輸出電壓仍需要藉「穩壓電路」(或稱電壓調整)來產生固定電壓供應給電路或負載用。**穩壓電路所輸出的電壓經由其內部電路的調整，不受負載電流、輸入電壓及周圍環境的影響**。通常穩壓器(或稱電壓調整器，VR)在工作時會散發熱量，故常與主電路隔離，做成獨立的電路。

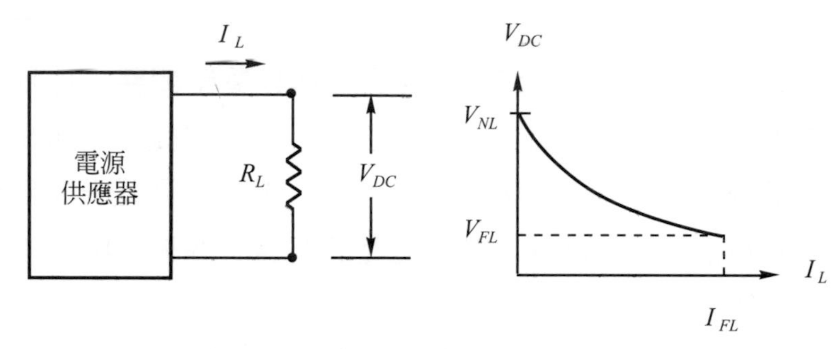


圖 7-32　輸出電壓與負載電流的關係

依據穩壓電路有無回授(feedback)設計而可以分成兩類，如圖 7-33 所示：

1. 無回授之簡易型穩壓電路：

   此類穩壓電路的輸出不再送回輸入端做修正，利用稽納二極體定電壓特性製成。優點為成本低，但對負載變化易生電壓的變動，並且其電壓的變換效率低。常用在不需精密控制的設備，如動力轉向系統或車門中控鎖的 ECM 上。

   此型穩壓電路包括有：稽納二極體穩壓電路和射極隨偶型穩壓電路兩種。

2. 具有回授型之穩壓電路:

   利用運算放大器將負載電壓的變動做回授以增加輸出電壓的安定性。目前車用 ECM 多採此種電路，如引擎系統、ABS 系統等。

另有一種稱作**交換型穩壓器(switching voltage regulator)**，我們將在後節中為各位介紹。它具低散熱、高轉換率等優點，將逐漸取代前述的穩壓電路。

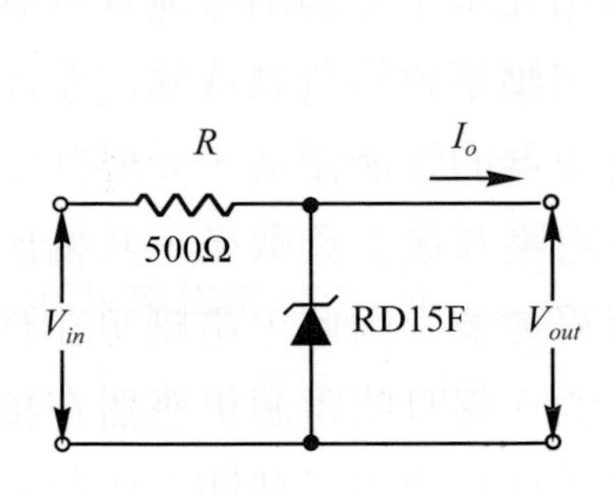


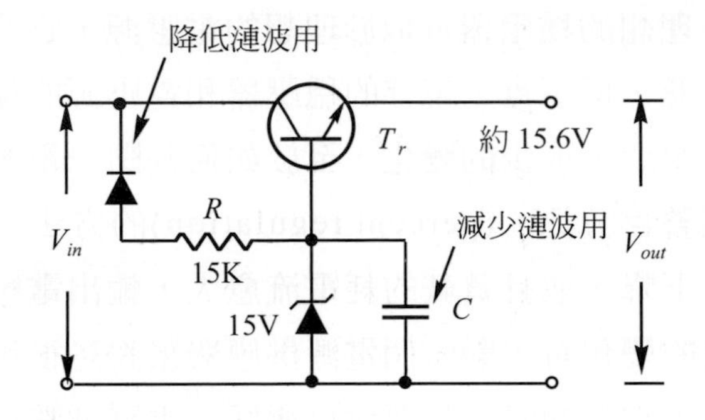


(a) 無回授之簡易型

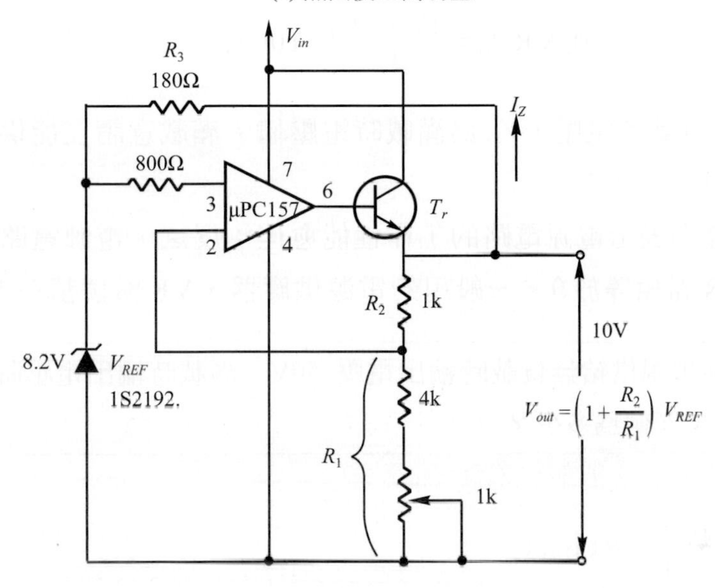


(b) 具有回授型

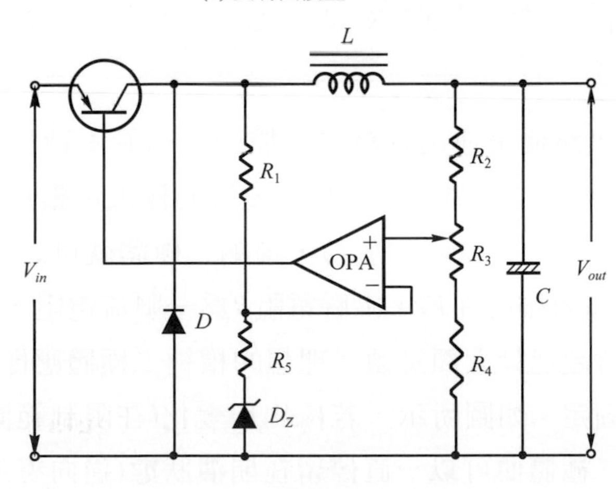


(c) 交換型

圖 7-33　穩壓電路的型式

理想的穩壓器近似於理想的電壓源，它的輸出完全不受輸出電流或負載阻抗的影響，但事實上現存的穩壓器和電壓源的輸出電壓都會隨負載或輸出電流的改變呈現或多或少的變化。至於如何判斷一電源供應器的性能優劣，一般採用「電壓調整百分比」(percent regulation)的方法。當電壓源接上負載後，其輸出電壓都會下降，並且負載的耗電流愈大，輸出電壓降得愈多。因此，電壓源在有無負載時的變化量，對一個電源供應器來說是很重要的。優良的電源供應器在接上負載時，電壓的降低量要愈小愈好。電壓調整百分比便是運用這種觀念所訂定的。

$$\text{電壓調整百分比 VR}\% = \frac{V_{NL} - V_{FL}}{V_{FL}} \times 100\% \tag{7-18}$$

式中的$V_{NL}$爲無負載時電壓，$V_{FL}$爲滿載時電壓值。滿載意謂在能供範圍內輸出最大的負載電流。

VR％值愈小表示電源電路的工作性能愈佳；反之，電源電路愈差。理想的電壓源，其VR％值等於0。一般用的電源供應器，VR％值都在1％以下。

**【例 7-4】** 某電源供給無負載時輸出電壓 50V，滿載時輸出電壓降至 40V，則其VR％值爲多少？

**解**

$$\text{VR}\% = \frac{V_{NL} - V_{FL}}{V_{FL}} \times 100\%$$
$$= \frac{50 - 40}{40} \times 100\% = 25\%$$

最簡單的穩壓電路便是運用稽納二極體的逆向偏壓特性所構成的電壓調整器。現以圖 7-34 來說明工作情形。稽納二極體的輸入電壓$V_{in}$是從一只未經調整的電源供應器所送出的。只要$V_{in}$大於$V_Z$，稽納二極體就可以在崩潰區工作(請參考第五章)，使輸出電壓維持在$V_Z$。串聯電阻$R$爲一限流電阻，目的在使稽納二極體所流過的電流不會超過最大額定值。理想的稽納二極體應像一顆電池一樣，使負載電壓能夠保持固定。如圖所示，若$V_{in}$出現變化(在限制範圍內)，則只要$V_{in}$值仍大於$V_Z$值，稽納二極體便可以一直停留在崩潰狀態(逆向導通)，使負載電壓仍可維持於$V_Z$固定值。

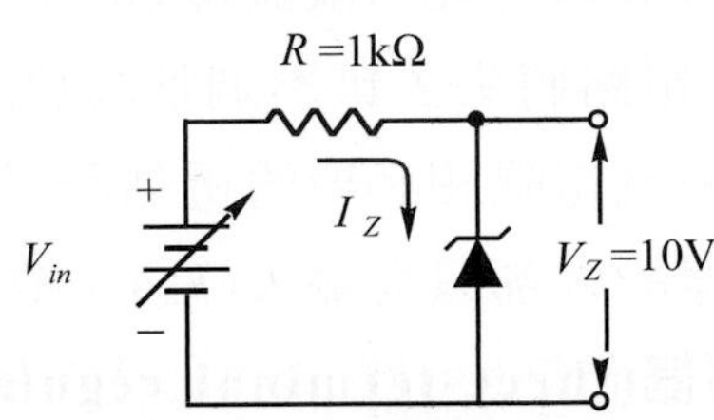
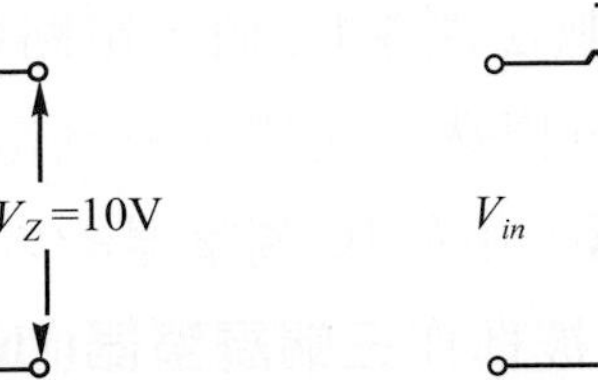


圖 7-34　輸入電壓變動時的調整作用

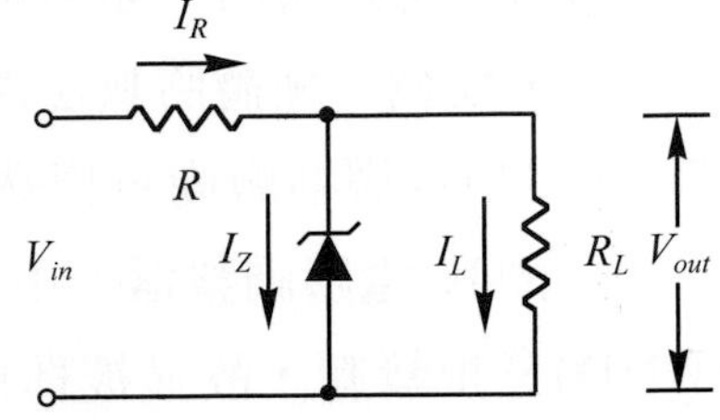


圖 7-35　限流電阻的影響

假設圖中稽納二極體的最小和最大逆向電流$I_Z$分別是4mA和40mA，此兩電流值亦為其可調整的範圍值。則穩壓電路所能調整的輸入電壓上下限分別為：

1. **先以最小電流4mA來看，限流電阻$R$的電壓降為$V_R = 4\text{mA}\times 1\text{k}\Omega = 4\text{V}$，又**

   $V_R = V_{\text{in}} - V_Z$，即

   $V_{\text{in}} = V_R + V_Z = 4 + 10 = 14\text{V}$

2. **再看最大電流40mA，$V_R = 40\text{mA}\times 1\text{k}\Omega = 40\text{V}$，故**

   $V_{\text{in}} = V_R + V_Z = 40 + 10 = 50\text{V}$

3. **因此，當輸入電壓在14V到50V之間變化時，稽納二極體穩壓電路都可使其輸出電壓維持在10V(忽略稽納阻抗)。**

如圖7-35所示，稽納穩壓電路要能正常作用，維持固定的輸出電壓$V_{\text{out}}$，就必須讓稽納二極體一直停留在崩潰區內。換句話說，不論輸入電壓$V_{\text{in}}$和負載電流$I_L$如何變化，稽納電流都不可以等於零。假若最壞的狀況是當$V_{\text{in}}$降到最小值，且負載電流$I_L$又在最大值時，此刻如果限流電阻$R$太大，則稽納二極體便無電流流過($I_Z = 0$)，因此也將失去其電壓調整的功能。限流電阻$R$值不可過大，我們可以運用前述的概念，即$V_{\text{in(min)}}$、$I_{L(\text{max})}$及$I_Z = 0$的條件，求得最大限流電阻值$R_{(\text{max})}$：

$$R_{(\text{max})} = \frac{V_{\text{in(min)}} - V_{\text{out}}}{I_{L(\text{max})}} \tag{7-19}$$

$R_{(\text{max})}$：最大限流電阻

$V_{\text{in(min)}}$：最小輸入電壓(其值須大於$V_Z$)

$V_{\text{out}}$：負載上的輸出電壓

$I_{L(\text{max})}$：最大負載電流

由公式 7-19 可以看出，如果電路中採用了比$R_{(max)}$大的限流電阻，則當遇到$V_{in}$小而$I_L$大時，稽納二極體將無法產生$V_{out}$值，電路將失去電壓調整的功能。

圖 7-36 爲現今製造廠商將稽納二極體、限流電阻和必要的電晶體等做在一起而成一體式的IC電壓調整器。由於IC調整器的外部只有輸入($V_{in}$)、輸出($V_{out}$)和接地(GND)三根接腳，故又被稱作**三端調整器(three-terminal regulator)**。其輸出電壓已由內部電路設定，不必外加任何回授電路。當然，因爲$V_{out}$爲固定值，故其限流電阻$R$也都做在電路裡了。常見的如LM7805(5V用)、LM7812(12V用)等單晶片IC調整器，在使用上非常普遍。

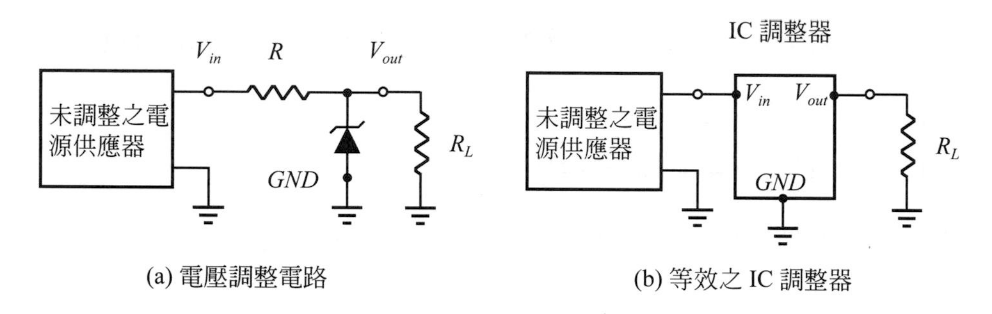


圖 7-36　IC 電壓調整器

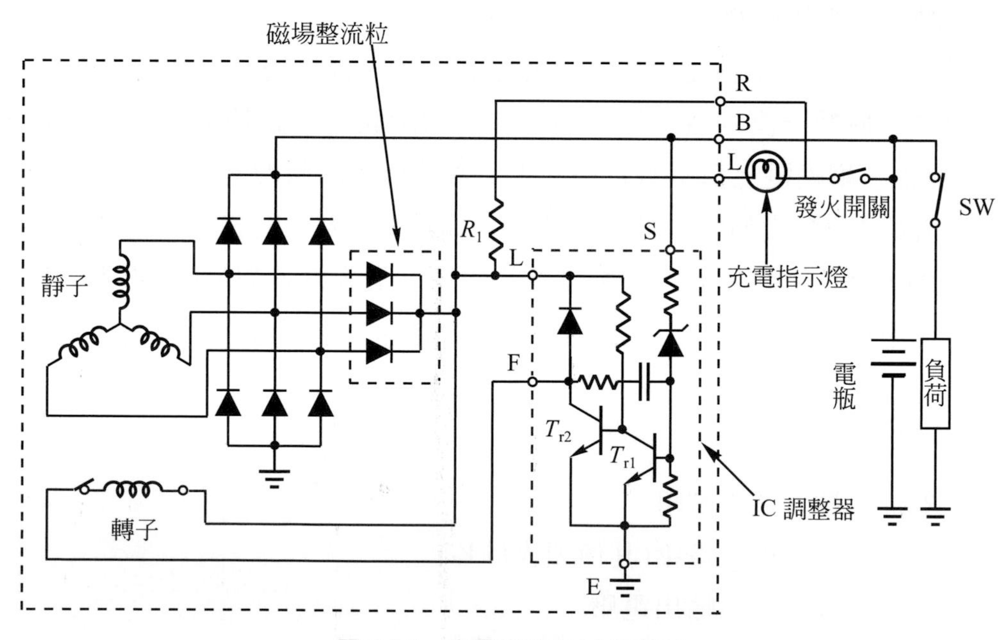


圖 7-37　充電系統的 IC 調整器

市面上可以買到的固定輸出電壓規格有許多選擇如 5V、6V、8V、10V、12V、15V、18V、20V 和 24V 等。在車上充電系統的發電機中，我們都可以看見這類 IC 調整器元件，如圖 7-37 所示。

一般只要將未調整的 DC 電壓輸入後，便可獲得定值的輸出電壓(如 5V 參考電壓)。此類 IC 調整器可提供約 150mA 的負載電流，若需要更大電流的話，則須另在 IC 調整器外部再加上功率電晶體。圖 7-38 為常用的$\mu$A7800 IC 調整器內部電路以及利用外加可變電阻而使$V_{out}$的輸出電壓成為可調的例子。

使用三端調整器最大的好處就是外部線路簡潔，只需加上很少的外部零件。實際上，在許多的應用例中，根本不需再外加任何零件。

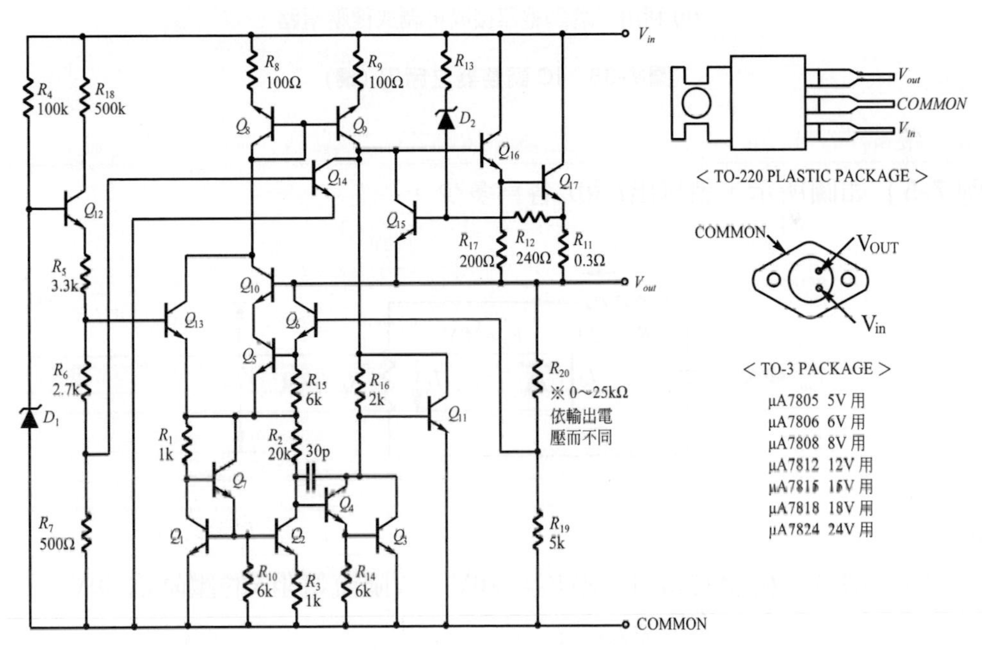


(a) μA7800 系列之電路與外觀 (取自：電源電路故障分析與檢修，林癸隆譯，全華)

圖 7-38　IC 調整器之應用

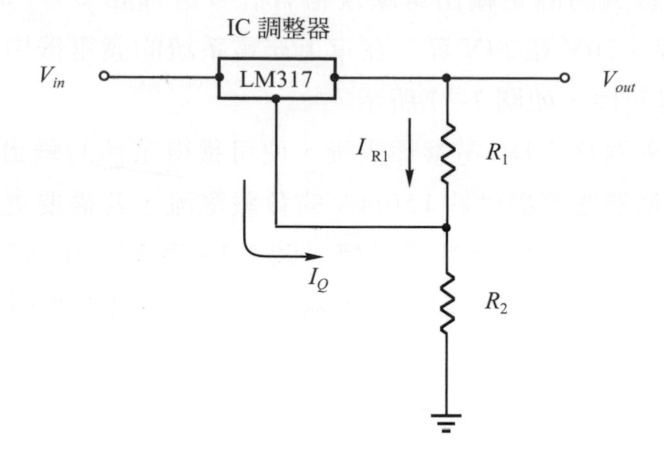


(b) 利用三端調整器接成可調式穩壓電路

圖 7-38　IC 調整器之應用 (續)

**【例 7-5】** 如圖所示，請算出$I_Z$和$I_L$各爲多少。

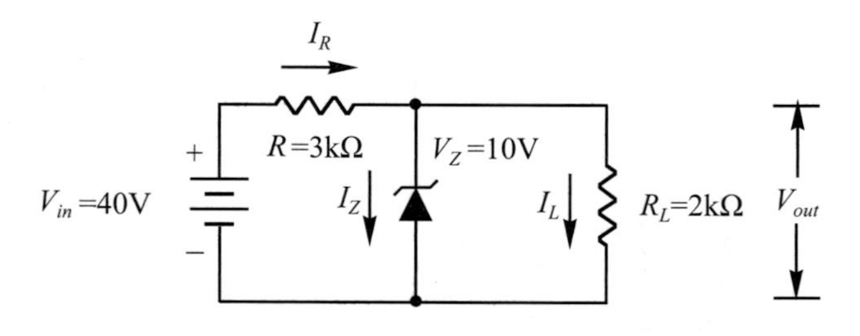


**解**

⑴因爲稽納二極體的崩潰電壓$V_Z$= 10V，故限流電阻$R$的壓降爲 30V。

限流電阻所流過的電流$I_R$爲：

$$I_R = \frac{V_{in} - V_Z}{R} = \frac{40 - 10}{3k} = 10mA$$

負載電流$I_L$等於：

$$I_L = \frac{V_Z}{R_L} = \frac{10}{2k} = 5mA$$

⑵由 KCL 得到$I_R = I_Z + I_L$，

$\therefore I_Z = I_R - I_L =$ 10mA－5mA ＝ 5mA

## 7-3-2 射極隨耦型穩壓電路

稽納二極體穩壓器可提供高品質低成本的電壓調整器，經常於滿載電流下工作的電路，這種簡單型調整器實為經濟。然而，若將負載移開，則稽納二極體將吸收全部負載之功率，當其額定功率不足時，就會燒毀。因此，稽納二極體穩壓電路多應用在輸出電流變化小，且負載電流不大的條件下。

大功率的稽納二極體價格很高，但是大功率電晶體的價格就相對地低許多。經由電路設計而將大功率晶體與小功率稽納二極體結合，便可形成供大功率使用的穩壓電路，這種設計便是**射極隨耦型穩壓電路(emitter follower voltage regulation)**，如圖 7-39 所示。

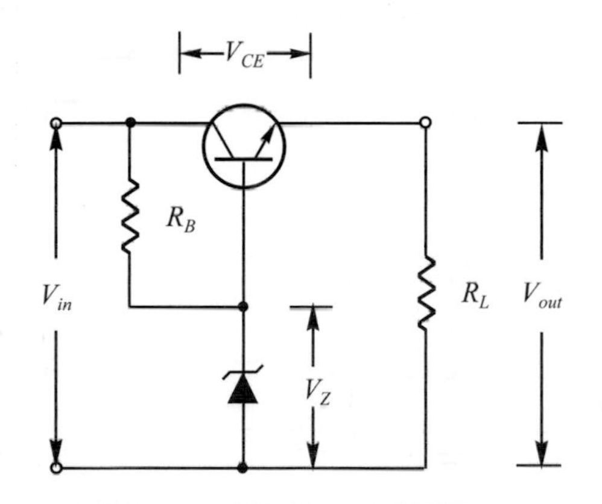


圖 7-39　射極隨耦型穩壓電路

如圖所示，從$NPN$電晶體的射極取得負載電壓$V_{out}$，基極則接上稽納二極體，這種組態和共集極($CC$)或射極隨耦電路相同。因為輸出電壓$V_{out}$追隨稽納二極體崩潰電壓值而變，故又稱作**稽納隨耦器(Zener follower)**。我們可以把圖 7-39 的電路圖改畫成 7-40 的相同電路以方便說明。

電流自電壓源$V_{in}$流入，經過偏壓電阻$R_B$後，分別供給基極電流$I_B$和稽納電流$I_Z$，當達到電晶體的導通電壓$V_{BE}$(Si＝0.6V)時，電晶體導通，負載電流$I_L$自$V_{in}$流經晶體到負載$R_L$上。理想狀態下，忽略$V_{BE}$值，負載$R_L$與稽納二極體具有相同電位，即$V_{out} = V_Z$。如果不需要很精確，或是當$V_{in}$很高時，在計算負載之輸出電壓時，可以不計 0.6V 的$V_{BE}$值。若需精確計算輸出電壓時，則僅減去$V_{BE}$即可，亦即：

$$V_{out} = V_Z - V_{BE} \tag{7-20}$$

至於負載電流$I_L$，主要是由稽納電壓$V_Z$與負載$R_L$所決定，並非由電晶體的特性所決定。但卻可藉由電晶體的$\beta$值來算出基極電流$I_B$：

$$I_B = \frac{I_L}{\beta} \tag{7-21}$$

當負載$R_L$自電路移開時，如圖 7-40(b)所示，則稽納二極體上只多增加了$I_B$，而非滿載電流$I_L$。這是與前節所介紹的「稽納二極體穩壓電路」最大的不同。在稽納二極體穩壓電路中，當負載斷路時，稽納二極體必須承受滿載電流，容易燒毀。而射極隨耦型最大的特點就是擁有高的輸入阻抗，而輸出阻抗卻很低，其輸出電壓非常接近穩定的$V_Z$。

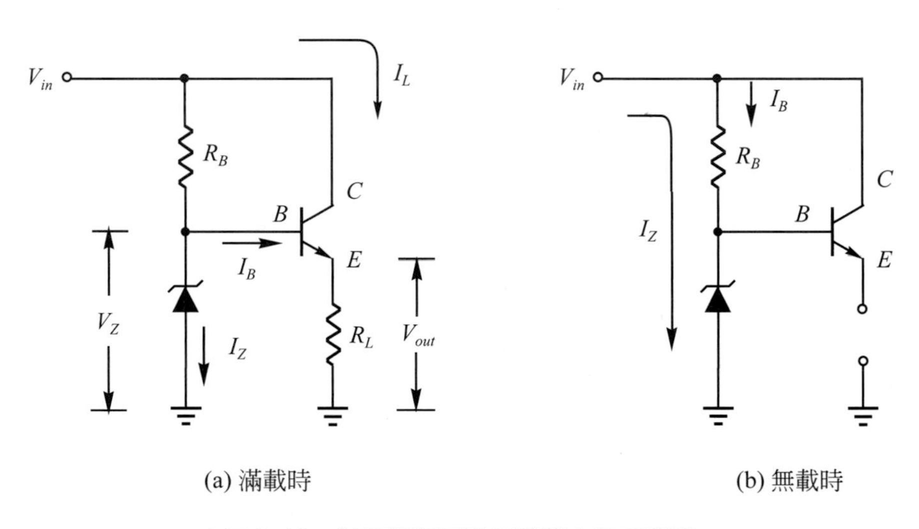


圖 7-40　射極隨耦型穩壓電路之作用情形

**【例 7-6】** 如圖 7-40 所示，若$\beta = 50$，$V_{in} = 12V$，$V_Z = 5V$，$R_L = 1k\Omega$，試求出負載電壓$V_{out}$、負載電流$I_L$及基極電流$I_B$各是多少。($V_{BE} = 0.6V$)

**解**

(1)負載電壓$V_{out} = V_Z - V_{BE} = 5 - 0.6 = 4.4V$

(2)$I_L = \frac{V_{out}}{R_L} = \frac{4.4}{1000} = 4.4mA$

(3)$I_B = \frac{I_L}{\beta} = \frac{4.4}{50} = 0.088mA$

## 7-3-3 回授放大器型穩壓電路

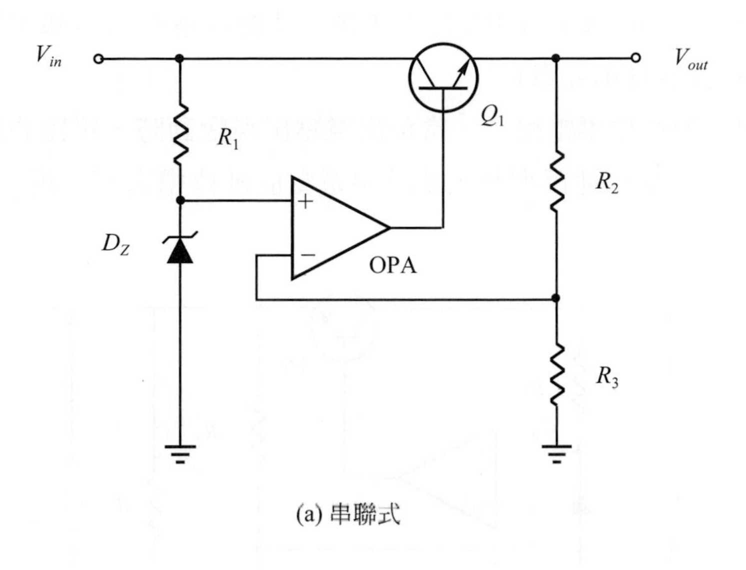


(a) 串聯式

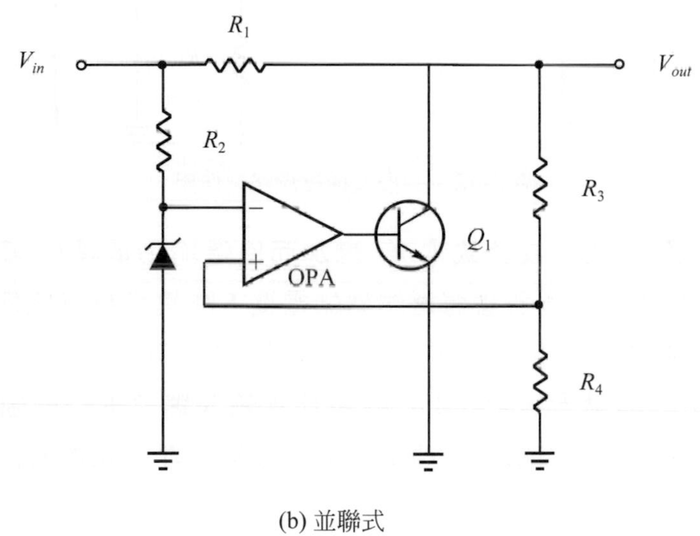


(b) 並聯式

圖 7-41　利用運算放大器(OPA)做回授之穩壓電路

圖 7-41 為附加回授放大器(feedback OPA)以增加安定度之穩壓電路。依控制晶體與電源、負載連接的關係可分成串聯式與並聯式兩種。兩者的工作原理相似。圖中的 OPA 稱作「運算放大器」(OPerational Amplifier)，OPA 是一種具有高增益的DC放大器，其上的“＋”記號稱為「非反相輸入端」(noninverting input terminal)，加至“＋”端的正輸入訊號會產生正輸出電壓；反之，加至“－”端的正輸入訊號則會產生負的輸出電壓。“－”記號稱為「反相輸入端」(inverting input terminal)。OPA是許多類比積體電路系統的基本構成要素，應用範圍十分廣泛(參見第九章)。

在具有回授型的穩壓電路中，當輸出電壓出現變動時，電路會將變動訊號送回到調整器的輸入端以進行調整，使輸出電壓能維持穩定值。現以圖 7-42 來說明其工作情形：

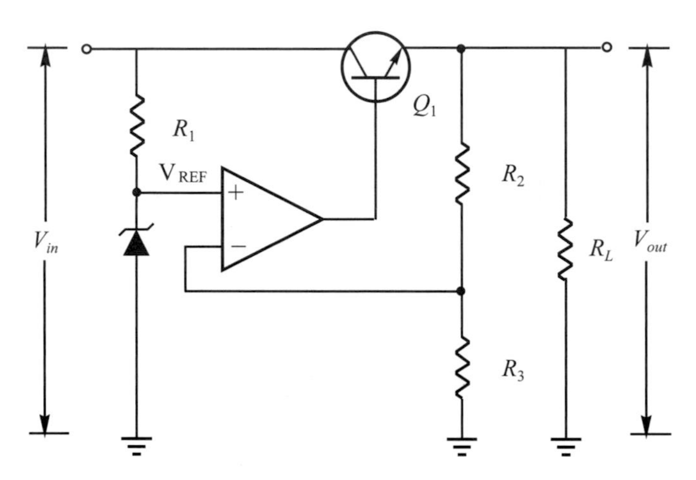


圖 7-42　回授型穩壓電路之作用

1. 當輸入電壓$V_{in}$減少或負載電流$I_L$增加而使得輸出電壓$V_{out}$降低時，由電阻$R_2$與$R_3$所組成的分壓器會將感測到的電壓下降訊號按其比例傳回到OPA的反相輸入端“--”。
2. 由於稽納二極體會提供 OPA 的非反相輸入端“＋”一固定的參考電壓$V_{REF}$，所以在OPA兩輸入端間有一微小差壓存在。此差壓經OPA放大後，使輸出電壓提高。
3. OPA 輸出較高的電壓後，使晶體$Q_1$的射極電壓亦升高，直到反相輸入電壓與稽納電壓相同為止。因此而使輸出電壓能夠維持在一定值。
4. 圖中的晶體$Q_1$屬於功率電晶體，其上須加裝散熱片。
5. 反之，當輸出電壓增大時(因$V_{in}$升高或$I_L$減少)，OPA亦可藉反相輸入端與$V_{REF}$間的輸入差壓而降低其輸出電壓，使晶體$Q_1$的射極電壓降低，減少輸出電壓$V_{out}$值，直到OPA的兩輸入端電壓相同為止。

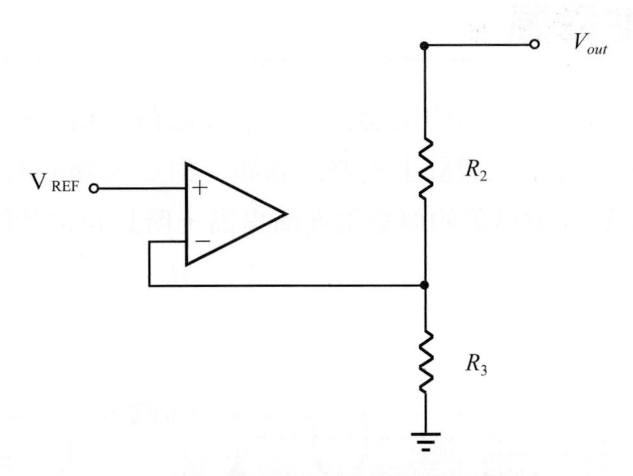


圖 7-43　輸出電壓與稽納電壓之關係

由圖 7-43 可以看出，藉由電阻$R_2$、$R_3$的分壓器電路來做爲 OPA 的負回授網路，因此參考電壓$V_{REF}$與輸出電壓$V_{out}$間的關係可利用分壓器法則求出：

$$V_{REF}=\frac{R_3}{R_2+R_3}\times V_{out} \tag{7-22}$$

亦即輸出電壓等於：

$$V_{out}=\left(1+\frac{R_2}{R_3}\right)\times V_{REF} \tag{7-23}$$

其中，參考電壓$V_{REF}$即爲稽納二極體的崩潰電壓值。

**【例 7-7】** 如圖 7-42，若$V_{in}=15\text{V}$，$R_1=1\text{k}\Omega$，$V_Z=5\text{V}$，$R_2=10\text{k}\Omega$，$R_3=10\text{k}\Omega$，試求此調整器之輸出電壓值。

**解**

$V_{REF}=5\text{V}$，依公式 7-23 得出：

$$V_{out}=\left(1+\frac{R_2}{R_3}\right)\times V_{REF}=\left(1+\frac{10\text{k}}{10\text{k}}\right)\times 5\text{V}$$
$$=10\text{V}$$

# 7-4 交換型電源

由於數位電路與類比電路的快速發展，促使電路的積體化(integration)，同時，減少耗能也是當今系統設計上重要的課題。對於電路的心臟–電源來說，體積小重量輕，效率高且價格低的要求也逐漸提高，所以目前的各型穩壓電源電路幾已邁向IC化產品。

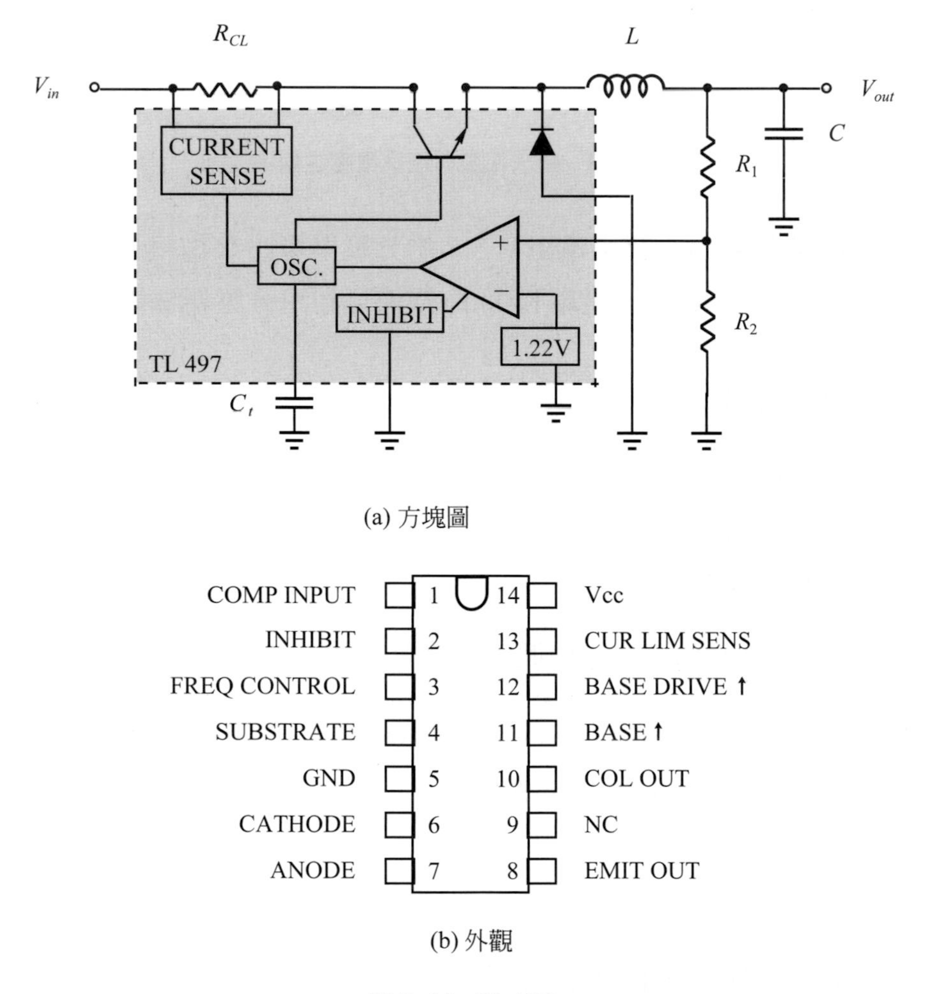


(a) 方塊圖

(b) 外觀

圖 7-44　TL497

交換型電源(switching-mode power supply)就是在這種趨勢下所誕生的。交換型電源採用IC化的方式設計電源電路，其中所使用的交換型穩壓器(switching voltage regulator)利用頻率控制方式或「脈波寬度調變法」(PWM)來控制電晶體的導通(ON)與截斷(OFF)時間比例，並使用專門設計的「交換型穩壓器用變壓器」，而使交換型電源的功率轉換率高達 70～80 %，遠較傳統型串聯式穩壓器的 30～40 %高出許多。

早期IC化電源電路由於受到IC本身功率限制，若想要得到大電流輸出，就必須藉外面加裝元件(如功率晶體等)。但是，近年來 IC 輸出電流已有逐漸增加的趨勢，交換型穩壓器已普遍應用在100W以上之電源電路，而100W以下的電源則仍多採用傳統串聯式穩壓器。兩者最大的不同點在於交換型穩壓器的控制電路較複雜，而且爲了防止干擾訊號，需連接濾波器。

交換型穩壓器單晶片IC最具代表性的產品便是德州儀器公司所生產的TL497型 IC 調整器，如圖 7-44 所示。

交換型穩壓器的控制方式可分成兩類，如表 7-3 所示：

表 7-3　交換型電源電路的控制方式

| 穩壓控制方式 | 代表性元件 | 適用範圍 |
|---|---|---|
| 頻率控制型 | TL497，<br>TL496。 | 用於小功率電路 |
| 脈波寬度調變法<br>(PWM) | SG3524，<br>TL494，<br>TL495。 | 用於大功率電路 |

交換型穩壓器的輸出電壓大多爲 5V，邏輯電路採用較多。在數位電路中，明顯都是 IC 化且低電力化，故特別適於使用，例如微電腦。然而在記憶體逐漸出現大容量低耗電的產品後，有時也不一定非採用交換型電路，傳統單晶片三端調整器亦可充分滿足電路之需要。

## 7-4-1　交換型穩壓器用變壓器

在介紹交換型穩壓器之前，我們先來看看交換型電路與前幾節所描述的傳統電源電路有何不同。在圖 7-45(a)中可以看出，傳統電路將交流輸入訊號經由變壓、整流、濾波等過程後送到穩壓電路，最後輸出穩定的直流電壓。在傳統電源電路中使用的是低頻變壓器，故其外形大而重。並且串聯電晶體之電力損失亦大。

比較圖 7-45(b)之電路，市電直接先經整流而成爲直流電，然後將此直流電利用 DC/AC 轉換器變換成爲高頻交流，利用高頻變壓器(專用變壓器)將電壓變壓成交流低電壓，最後再經整流、濾波後輸出直流電壓。採用這種方式，不需使用低頻之大型變壓器，輸出端的濾波器也可以採用小型的。關鍵點在於：**輸出電壓之調整乃是運用DC/AC轉換器來變化轉換電晶體的導通(ON)與截斷(OFF)的比例**。轉換的頻率，一般都使用在 20kHz，其理由是變壓器或抗流線圈(choke coil)的高頻鳴聲，必須使人耳無法聽到爲準，並且轉換時的損失，或整流器的損失也以 20kHz 附近爲最低。

**交換型穩壓器最大的缺點為其輸出電壓之漣波由於濾波器特性之故，變化幅度大，一般都在 10mV～100m$V_{rms}$，比傳統串聯型大很多。另外，同相雜訊干擾也很多**。但因交換型穩壓器大都使用 TTL 或 MOS 等邏輯電路，故多已能滿足其規格要求了。

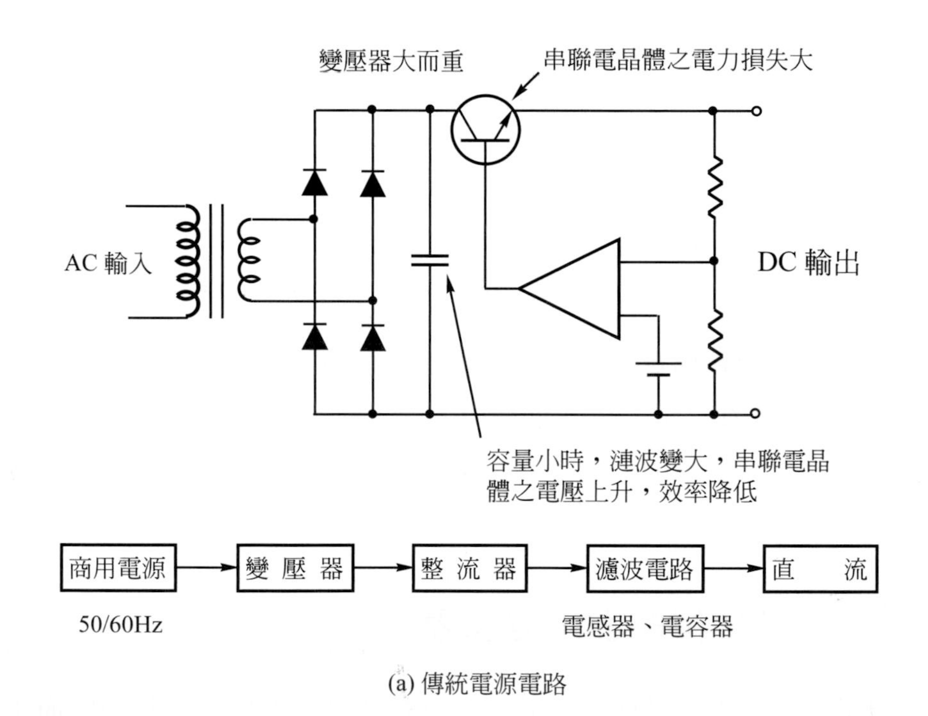


(a) 傳統電源電路

圖 7-45　傳統型與交換型穩壓電路之比較

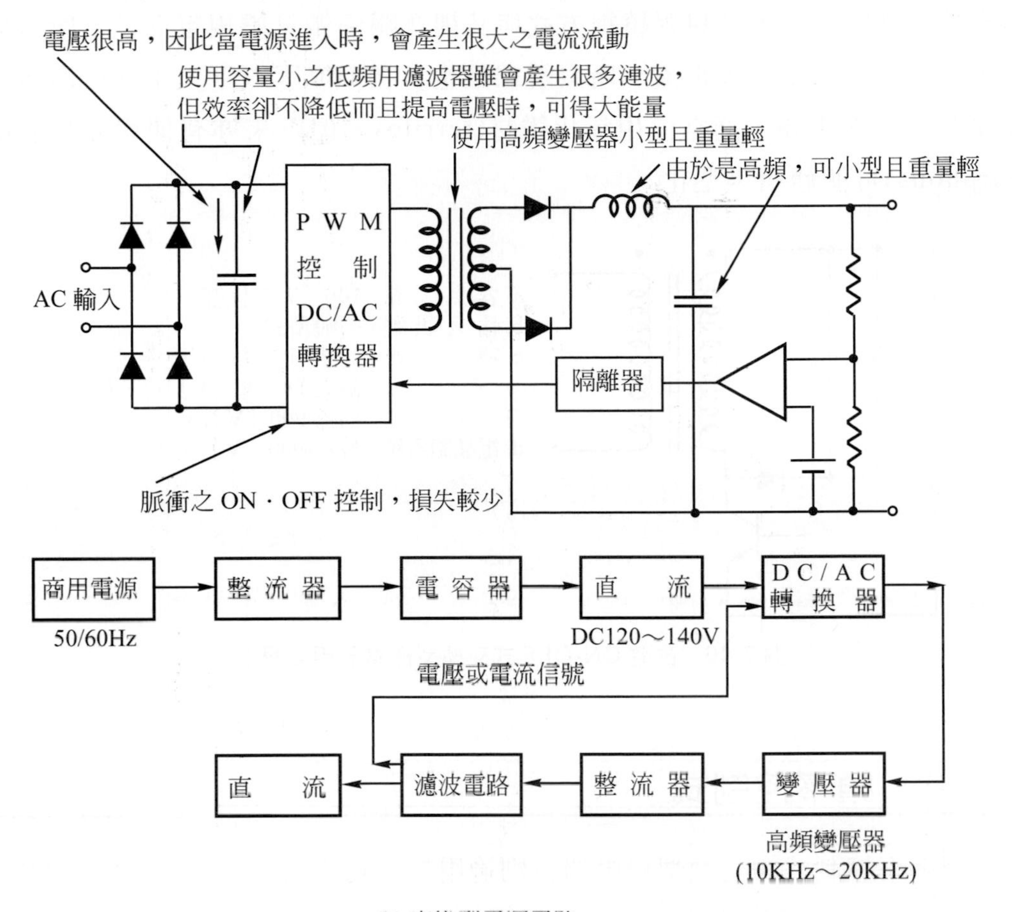


(b) 交換型電源電路

圖 7-45　傳統型與交換型穩壓電路之比較 (續)

在交換型電源電路中所使用變壓器(transformer)與市售具有一定規格之一般用變壓器不同，不可混用。對於傳統商用頻率的電源變壓器，只要有必須的電壓電流值(功率)和指定希望的外形，便可製出成品。然而對於交換型電源所用的變壓器來說，並不含有其固有的數據規格，所以在選用變壓器時，要針對電路設計來訂規格，包括變壓器所用的鐵芯、捲線的線徑和圈數等。

交換型穩壓器用變壓器依變壓器所使用的電路方式、輸入訊號而有各種不同型式，如推挽式、晶體式、半橋式、斷續式等。

交換型用變壓器是用於處理高頻波形，因此可視爲是一種**脈波變壓器**，對高頻的特性是非常重要的。而此特性受電感和電容大小影響甚鉅，但一般卻對這些規格數據未加限制，大多只對繞線方式與其耦合關係做具體規定而已。所幸交換型變壓器多爲低電壓、大電流，所以繞線數也多在100匝以下。工作於高頻的變壓器鐵芯材料很重要，通常使用氧化鐵材(ferrite)，但近來亦有使用非晶形鐵芯(amorphous)可使體積小型化。

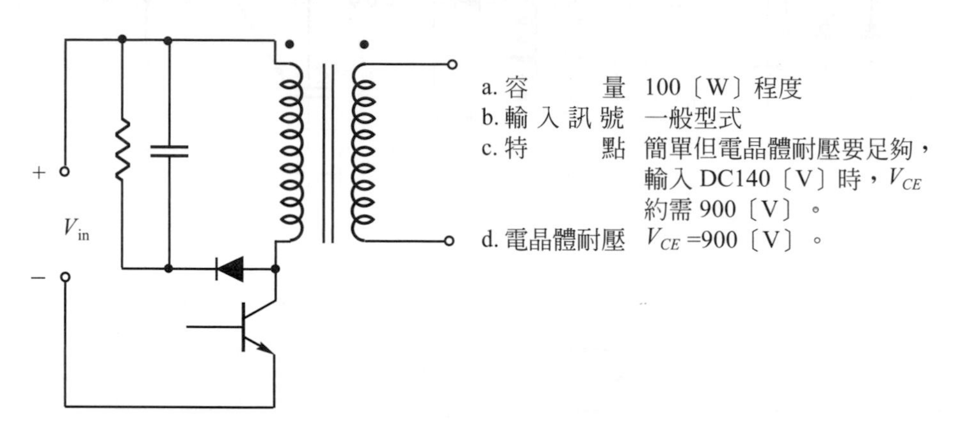


圖 7-46　晶體 ON-OFF 式交換型穩壓器用變壓器

## 7-4-2 頻率控制式

採用頻率控制式的交換型穩壓器特別適用於小功率電位轉換。TTL、MOS、OPA及微處理器等元件所使用的電源電壓都不相同，從TTL的5V到其他電壓值的轉換，利用 TL497 做轉換是最恰當不過了。

而且，此種穩壓器還具有外接零件少及設計容易的優點，同時還能將電壓做升、降及變換爲負電壓等的功能。

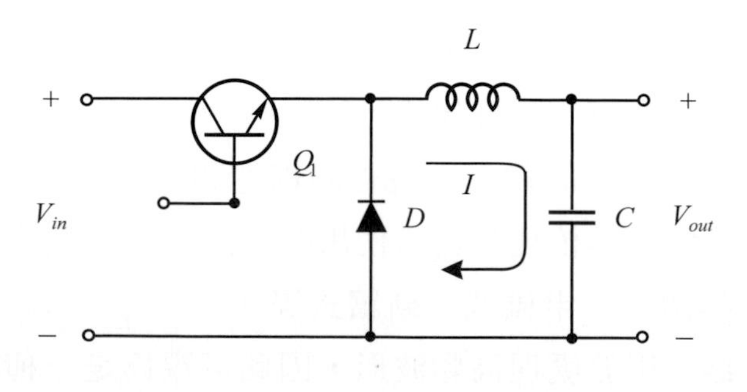


圖 7-47　交換型穩壓器的等效電路

圖 7-47 爲一交換型穩壓器的等效電路圖。電晶體$Q_1$負責直流輸入電源$V_{in}$的導通(ON)與截斷(OFF)，是整個電路的控制主角。在傳統型串聯式穩壓電路裡，這個功率晶體通常都是一直在ON的狀態下。但是交換型穩壓器電路，晶體$Q_1$卻只在部份時間導通。因此，此種型式電路的消耗功率比較少，這也是交換型穩壓器效率較高的原因。

圖 7-47 中的二極體$D$稱爲「飛輪二極體」(freewheel diode)。當電晶體$Q_1$導通(ON)時，電感器$L$上不斷的有電流流過，輸入電壓$V_{in}$在$LC$濾波器上產生的電流$I$會逐漸增加。當$Q_1$一截斷(OFF)，電感器$L$便產生很大的反電壓，其方向與原電流$I$的方向相同，此一釋放出的能量經由二極體完成迴路，並儲存在電容器$C$上。

這種型式的輸出電壓大小爲：

$$V_{out} = \frac{T_{ON}}{T_{ON} + T_{OFF}} \times V_{in} \tag{7-24}$$

其中，$T_{ON}$表示電晶體$Q_1$導通(ON)的時間，$T_{OFF}$表示$Q_1$截斷(OFF)的時間。從式中可知，輸入、輸出電壓的比值與晶體開關ON/OFF時間有關，亦即，輸出電壓的大小可以由晶體開關的頻率控制。圖 7-48 是一典型的應用例，其工作情形如下：

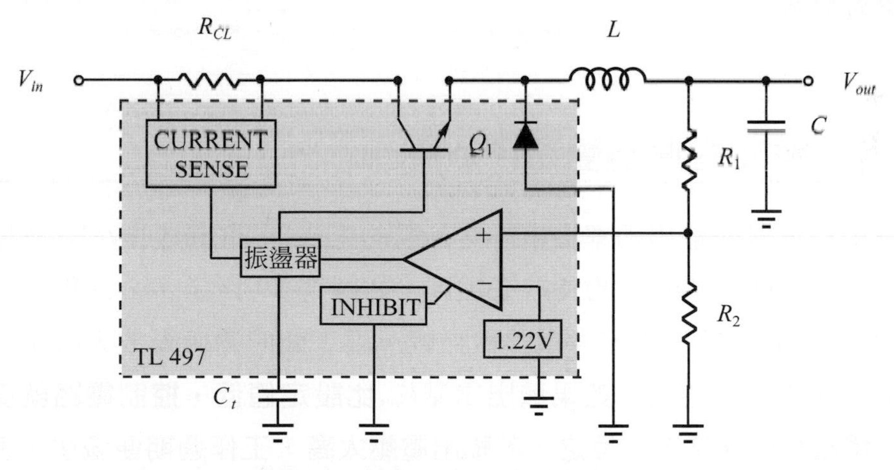


圖 7-48　頻率控制式交換型穩壓器

1. IC 調整器 TL497 內部有一參考電壓($V_{REF}$) 1.22V 連接到比較器的反相輸入端“－”。另外，由電阻$R_1$、$R_2$構成之分壓器則將輸出電壓回授到比較器的非反相輸入端“＋”。依 7-3-3 節(公式 7-23)所述，輸出電壓值等於：

$$V_{out}=\left(1+\frac{R_1}{R_2}\right)\times 1.22$$

此交換型穩壓器$R_2$若為1.22kΩ時，則$R_1$電阻值等於：

$$R_1=(V_{out}-1.22)\text{k}\Omega$$

2. TL497內部有一振盪器，其振盪頻率的高低須由TL497外部的「時間電容器」$C_t$來決定。電容量(pF)愈大，則充放電時間($\mu$s)也愈長，振盪頻率愈低；反之，電容量愈小，充放時間短，使得振盪頻率愈高。
3. 整個電路便是利用電容器$C_t$不斷地放電與充電，使振盪器能來回控制輸出電壓，使其滿足設定值和比較器的輸出參考值。若超出設定，振盪器便令電流感應器輸出訊號直到達於輸出電壓設定值為止。
4. TL497內的開關元件即電晶體$Q_1$，當時間電容器$C_t$在充電時，$Q_1$為導通ON狀態；而當$C_t$放電時，$Q_1$為OFF狀態。換句話說，$Q_1$在ON的時間為一定，但$Q_1$的OFF時間(頻率)卻會隨負載而改變。
5. 與負載串聯的外部設定電阻$R_{CL}$，其功用在限制電流量。當$R_{CL}$上的電壓超過了$V_{BE}$(≒ 0.6V)時，電路便會動作以限制$C_t$的充電時間，$Q_1$的導通時間於是縮短。

## 7-4-3 脈波寬度調變法(PWM)

交換式穩壓器的輸出功率由串聯電晶體的工作週期(duty cycle)所控制，亦即利用轉換晶體$Q_1$導通時間的長短來控制，如圖7-49所示。一部份的輸出電壓回授到PWM控制電路，與參考電壓做比較，兩者間的差值經放大後用來控制串聯轉換晶體$Q_1$的工作週期。**如果輸出電壓$V_{out}$比設定值低，控制電路就使工作週期增大，輸出電壓便增加；反之，若輸出電壓太高，工作週期便減小，使輸出電壓降低。**

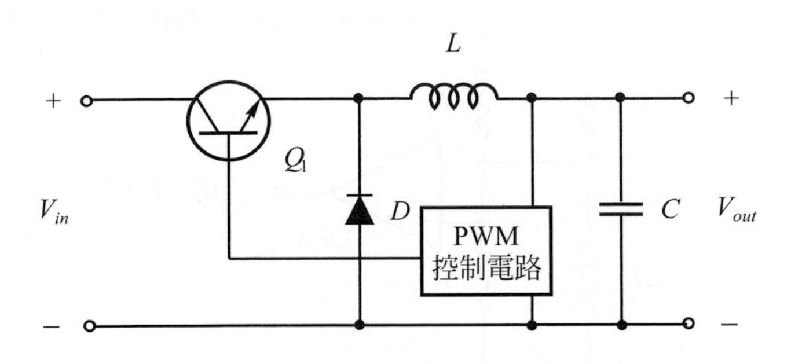


圖 7-49 脈波寬度調變法(PWM)穩壓器

採用PWM控制方式最具代表性的產品便是SG 3524 IC調整器(德州儀器)。圖7-50爲SG 3524的接腳與外觀圖，其內包含：差動放大器、可程式振盪器、正反器、功率晶體、限流器及遮蔽電路(shut down)等。由這些電路便構成一個穩定的直流電壓源。

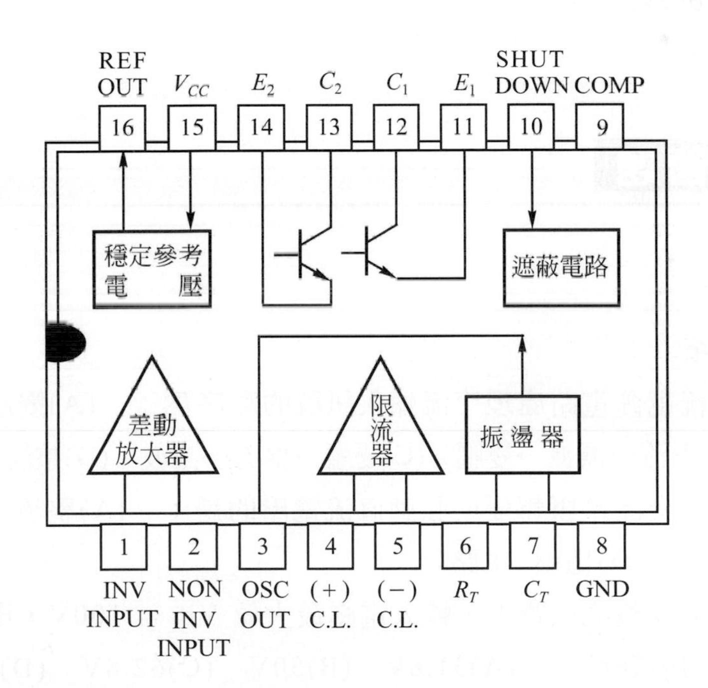


圖 7-50 SG 3524

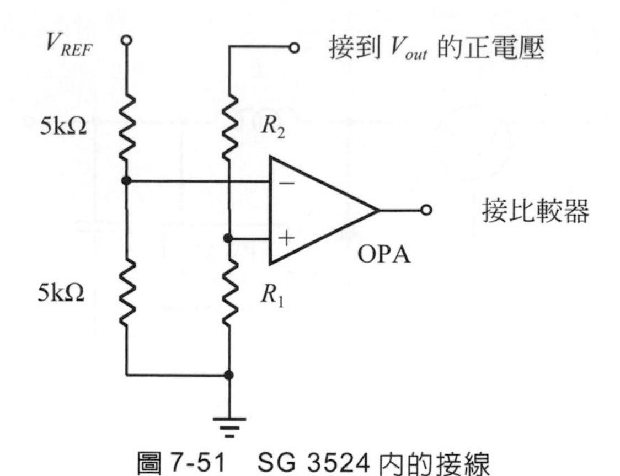


圖 7-51　SG 3524 內的接線

脈波寬度訊號與正反器的輸出一起控制輸出晶體 $Q_1$ 和 $Q_2$。此迴路便能夠使輸出電壓獲得穩定。另外，差動放大器的輸出端是與限流器、遮蔽電路的輸出端共同連接在一起，再接到比較器的輸入端，因此，不論何時，只要有任何輸入，穩壓器的動作便會停止。

## 第七章　習題

### A. 選擇部份：

7-1 整流電路

(　) 1. 傳統電源電路處理交流輸入訊號的順序為：　(A)變壓→濾波→整流　(B)整流→濾波→變壓　(C)變壓→整流→濾波　(D)整流→變壓→濾波。

(　) 2. 能將交流電壓轉變成脈動直流電壓的是：　(A)整流　(B)變壓　(C)濾波　(D)穩壓　電路。

(　) 3. 某半波整流電路中，輸入電壓最大值 Vm ＝ 100V，則其輸出電壓的平均值等於：　(A)31.8V　(B)50V　(C)62.8V　(D)70.7V。

(　) 4. 以三用電錶測得家中插座交流電壓值為 110V，此實際電壓值應屬：　(A)峰值　(B)平均值　(C)有效值　(D)PIV。

(　) 5. 以三用電錶測得某交流訊號為 100V，則此訊號：　(A) $V_m$ ＝ 100V

(B)$V_{avg}$＝45V　(C)$V_{rms}$＝70.7V　(D)最大值爲141.4V。

(　)6.下列敘述，何者爲非？　(A)半波整流的輸出電壓平均值爲全波整流者的一半　(B)全波整流輸出電壓$V_{avg}$＝0.636$V_m$　(C)市電110V交流訊號的$V_p$值約爲173V　(D)全波整流與半波整流的輸出電壓有效值相同。

(　)7.由輸出電壓波形的面積積分所得的是：　(A)平均值　(B)有效值　(C)最大值　(D)均根值。

(　)8.對於半波整流而言，當電源頻率爲60Hz時，其整流後的頻率應爲：(A)30Hz　(B)60Hz　(C)90Hz　(D)120Hz。

(　)9.同上題，若爲全波整流，則整流後的頻率應爲：　(A)30Hz　(B)60Hz　(C)90Hz　(D)120Hz。

(　)10.橋式全波整流需要幾個二極體？　(A)1　(B)2　(C)4　(D)6　個。

(　)11.某全波整流後波形的最大值爲10V，則此電壓訊號相當於多少的直流電壓？　(A)10V　(B)3.18V　(C)3.63V　(D)7.07V。

(　)12.輸入交流電壓$V_{rms}$爲120V，變壓器繞線比爲3：1，採中間抽頭式整流電路，則輸出電壓的平均值約等於：　(A)13V　(B)18V　(C)25V　(D)28V。

(　)13.有一中間抽頭式整流電路，若輸出直流電壓爲140 V，則其二極體的逆向耐壓值約爲：　(A)198V　(B)220V　(C)440V　(D)396V。

(　)14.橋式整流電路中二極體的PIV值等於：　(A)$V_m/2$　(B)$V_m$　(C)$2V_m$　(D)$V_{rms}$。

(　)15.下列哪一種整流電路對二極體的PIV值要求最高？　(A)橋式整流　(B)中間抽頭式　(C)半波整流　(D)以上皆同。

(　)16.變壓器匝數比愈大時，整流電路中二極體的PIV值：　(A)愈小　(B)愈大　(C)不變　(D)不一定。

## 7-2 濾波電路

(　)17.基本濾波電路中多含有哪些元件？　(A)電阻器　(B)電容器　(C)電感器　(D)以上皆是。

( )18. 電容輸入式濾波器中的電容器與負載： (A)串聯 (B)並聯 (C)複聯 (D)以上皆可。

( )19. 電容輸入式濾波電路中，電容器的電容量愈大時，其輸出波形：(A)漣波愈大 (B)愈平穩 (C)頻率愈低 (D)頻率愈高。

( )20. 若要使輸出電壓平均值接近峰值，應該： (A)採用較大的電容量 (B)增加負載的電阻值 (C)增加輸入訊號的頻率 (D)以上皆是。

( )21. 若將電容輸入式濾波器中，負載的電阻減小，則： (A)負載電流並不會改變 (B)電容放電時間較長 (C)輸出電壓下降較快 (D)以上皆對。

( )22. 濾波效果較好的整流型式為： (A)半波 (B)全波 (C)一樣 (D)以上皆非。

( )23. 電感輸入式濾波器中的電感器與負載： (A)串聯 (B)並聯 (C)複聯 (D)以上皆可。

( )24. 下列對於電感輸入式濾波電路的敘述，何者為對？ (A)通常，電感器對交流訊號的感抗非常小 (B)電感器的感抗愈大，則其漣波愈小 (C)電感器的直流電阻愈大愈好 (D)以上皆對。

( )25. 下列敘述，何者為非？ (A)電容器對直流電而言，可視為開路 (B)電感器對交流電而言，可視為開路 (C)電感器對直流電而言，感抗等於零 (D)電容器對交流電的容抗很大。

( )26. 若濾波後的波形，其直流輸出電壓$V_{DC}$為 25V，而漣波電壓$V_{r(p-p)}$為 28mV，則其漣波因素約等於： (A)1％ (B)0.25％ (C)0.11％ (D)0.02％。

( )27. 下列敘述，何者為非？ (A)電感輸入式濾波器不可使用於大電流場合 (B)電感輸入式濾波器的負載電阻較小時，漣波較大 (C)電容輸入式濾波器的輸出電壓約等於整流後的峰值電壓 (D)電感輸入式濾波器的輸出電壓約等於整流後的平均電壓。

( )28. 為降低漣波，$RC$濾波器在設計上，應使： (A)$R$值等於$X_C$ (B)$R$值略小於$X_C$ (C)$R$值遠小於$X_C$ (D)$R$值遠大於$X_C$。

( )29. 為提高輸出電壓，在設計上希望$RC$濾波器的： (A)R值等於$X_C$ (B)

$R$值小於XC　(C)$R$值大於$X_C$　(D)以上皆可。

(　)30. 較適用於大負載電路的濾波電路為：　(A)電感輸入式　(B)電容輸入式　(C)$R_C$濾波器　(D)$\pi$型濾波器。

## 7-3 穩壓電路

(　)31. 穩壓電路即指：　(A)電流　(B)電壓　(C)功率　(D)電阻 調整電路。

(　)32. 無回授型簡易穩壓電路：　(A)利用稽納二極體的特性製成　(B)用於毋需精密控制的電路中　(C)易受負載變動之影響　(D)以上皆是。

(　)33. 理想的穩壓電路，其電壓調整百分比(VR%)等於：　(A)0 %　(B)1 %　(C)50 %　(D)100 %。

(　)34. 稽納二極體穩壓電路中：　(A)稽納二極體多與負載串聯　(B)多並聯一個限流電阻　(C)限流電阻可保護稽納二極體，免於超過其額定功率值　(D)限流電阻愈大愈好。

(　)35. 如圖7-35所示，若負載的最大電流為0.5A，電壓源12V，$V_Z$為5V，$I_Z$為 5mA，則限流電阻應為多少較適當？　(A)50Ω　(B)25Ω　(C)14Ω　(D)10Ω。

(　)36. 在稽納二極體穩壓電路中，出現下列哪種情形，將使電壓調整失去功能？　(A)負載很大時　(B)限流電阻很大　(C)$V_Z > V_{in}$　(D)負載電阻在最小值。

(　)37. 射極隨耦型穩壓電路，當負載斷路時：　(A)稽納二極體須承受滿載電流　(B)電晶體易燒毀　(C)稽納二極體上只有流過$I_Z$的電流　(D)稽納二極體上只多增加了$I_B$的電流。

(　)38. 下列對於稽納隨耦器(Zener follower)的敘述，何者為非？　(A)常使用在輸出電流變化大的電路　(B)負載移開時，稽納二極體亦不易燒毀　(C)電晶體的導通電流等於稽納二極體電流$I_Z$　(D)擁有高輸入阻抗及低輸出阻抗。

(　)39. 在並聯式的回授穩壓電路，輸出電壓是接自電晶體的：　(A)基極　(B)集極　(C)射極　(D)以上皆對。

(　)40. 回授放大器型穩壓電路中所採用之電晶體，必須為：　(A)功率晶體　(B)一般晶體　(C)高速晶體　(D)小型晶體。

(　)41. 回授放大器型穩壓電路中的OPA：　(A)爲一高增益的直流放大器　(B)以稽納二極體$V_Z$作爲參考電壓$V_{REF}$　(C)接受來自輸出電壓的變化回饋訊號　(D)以上皆是。

7-4 交換型電源

(　)42. 下列對交換型電源電路的敘述，何者爲非？　(A)可提供大電流輸出　(B)因爲其控制晶體非全時間導通，故屬於高效率電壓調整器　(C)輸出電壓的漣波很大　(D)汽車上由於干擾源多，故多仍以傳統型穩壓器爲主。

(　)43. 78S40與MC7805兩個IC，分別是交換型與傳統型(又稱作線性式)電壓調整器的典型代表。試問：兩個IC調整器內部的控制晶體，其導通時間如何？　(A)前者一直在導通；後者則部份導通　(B)前者部份導通；後者一直在導通　(C)兩者都是一直在導通　(D)兩者都是部份導通。

(　)44. MC7824 傳統型 IC 電壓調整器的輸出電壓爲：　(A)＋ 8V　(B)＋ 12V　(C)＋ 24V　(D)－ 8V。

(　)45. 交換型電源電路所使用的變壓器多爲：　(A)大、重型　(B)高頻型　(C)低電壓、低電流型　(D)以上皆是。

(　)46. 交換型電源電路中的DC/AC轉換器，其主要功用在：　(A)升高電壓　(B)降壓　(C)增高頻率　(D)整流。

(　)47. 110V，60Hz交流電源進入交換型電源電路後，第一個處理步驟是：　(A)變壓　(B)整流　(C)濾波　(D)變頻。

(　)48. 頻率控制式交換型穩壓器：　(A)適於小功率電壓轉換用　(B)設計容易　(C)外接零件少　(D)以上皆是。

(　)49. 以TL497 IC交換型電壓調整器爲例，若其外接“時間電容器”的電容量愈大，則內部的振盪頻率會：　(A)愈快　(B)愈慢　(C)不受影響　(D)不一定。

(　)50. 交換型電源內電晶體的“工作週期”愈大，表示：　(A)輸入電壓愈低　(B)輸出電壓愈高　(C)輸出電壓漣波愈低　(D)穩壓效果愈佳。

(　)51. 交換型電壓調整器的輸出電壓會受到哪些因素的影響？　(A)參考電

壓　(B)電容量　(C)輸出電壓　(D)以上皆是。

(　)52. 某電晶體的頻率為 200Hz，則當晶體導通(ON)的時間為 3ms 時，其工作週期等於：　(A)20％　(B)30％　(C)40％　(D)60％。

(　)53. 同上題，若輸入電壓$V_{in}=12V$，則輸出電壓應等於：　(A)2.4V　(B)3.6V　(C)4.8V　(D)7.2V。

## B. 簡答及繪圖部份：

### 7-1 整流電路

1. 何謂整流電路？有哪些基本型式？
2. 半波整流與全波整流有何異同？
3. 如圖 1 所示，試求出輸出電壓的$V_{rms}$、$V_{avg}$及二極體的 PIV 值。
4. 試求出如圖 2 輸出電壓的$V_{rms}$、$V_{avg}$及$I_{peak}$、PIV 值各是多少。
5. 今有四個二極體，其最大順向平均整流電流$I_O$，與最大逆向工作電壓$V_{RWM}$分別為：

   (1) 1N4001：$I_O=1A$，$V_{RWM}=50V$

   (2) 1N4002：$I_O=1A$，$V_{RWM}=100V$

   (3) 1N914：$I_O=50mA$，$V_{RWM}=20V$

   (4) 1N3070：$I_O=100mA$，$V_{RWM}=175V$

   請列出可以使用在上題圖中的二極體編號。

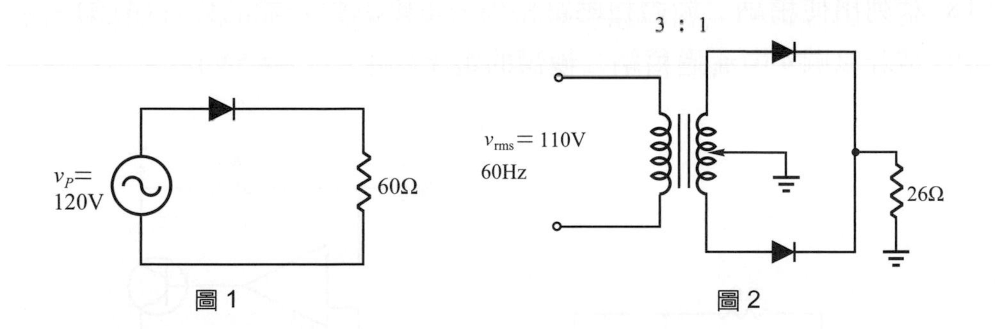

圖 1　　圖 2

6. 何謂 PIV？在整流電路中，有什麼重要意義？
7. 請寫出橋式整流電路的優點。
8. 如圖 3 所示，試求出直流輸出電壓及 PIV 值。

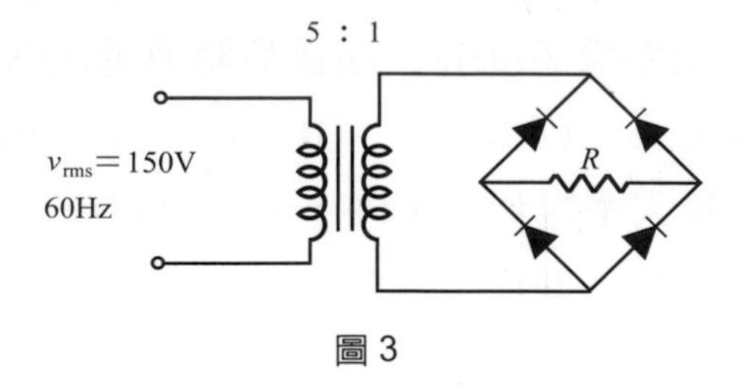


圖 3

9. 如上題圖示，若輸入交流電壓峰值$v_p = 220V$，$R = 520\Omega$，試計算其輸出電流平均值。

## 7-2 濾波電路

10. 請寫出濾波電路的功用。
11. 請列出影響電容輸入式濾波器輸出電壓的因素(3 項)。
12. 請簡述電容輸入式濾波器與電感輸入式濾波器的不同點。
13. $RC$濾波器有何缺點？
14. 請寫出 LC 濾波器的優點。
15. $LC$濾波器中的$X_L$與$X_C$對輸出電壓值及漣波有何影響。

## 7-3 穩壓電路

16. 良好的穩壓電路應具備那些條件？
17. 何謂電壓調整百分比(percent regulation)？有何實用價值？
18. 請列出使稽納二極體穩壓電路失去電壓調整功能的條件(4 項)。
19. 請計算圖 4 中流過稽納二極體的電流$I_Z$值。($V_Z = 5V$)

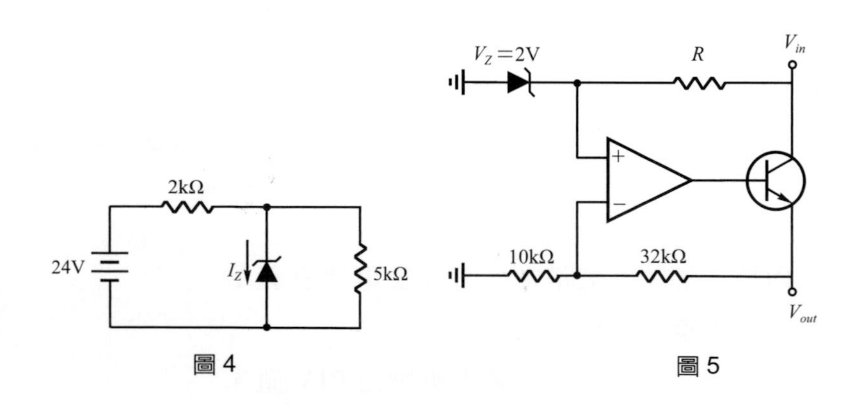


圖 4　　圖 5

20. 請寫出射極隨耦型穩壓電路的優點(4 項)。
21. 如圖 7-40 所示，若$\beta = 100$，$V_{in} = 16V$，$V_Z = 5V$，$R_L = 30\Omega$，試求出負載電流$I_L$及基極電流$I_B$各是多少。
22. 繪圖說明兩種回授放大型的穩壓電路。
23. 試求出如圖 5 所示穩壓電路的輸出電壓值。
24. 請寫出回授放大型穩壓電路的優點。

7-4 交換型電源

25. 試列出交換型電源的優、缺點(各 2 項)。
26. 交換型穩壓器的控制方式有哪兩種？
27. 試簡列出交換型穩壓電路與傳統電路的異同處。
28. 為什麼交換型穩壓電路中必須採用高頻式專用變壓器？
29. 如圖 6 所示為一典型交換型穩壓電路，若控制晶體的頻率為 100Hz，當晶體 OFF 的時間為 7ms 時，試求：(a)輸出電壓，(b)電晶體的工作週期，各是多少？

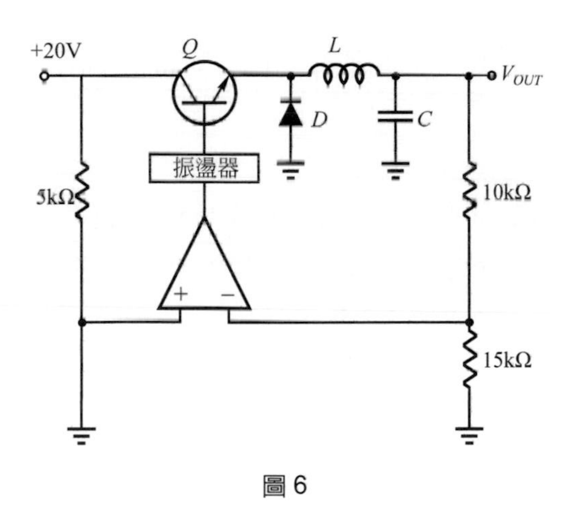


圖 6

30. 繪圖簡述脈波寬度調變法(PWM)如何使電壓穩定的輸出。

# 8 放大電路

在電子電路中，我們通常都是以輸入小訊號(小電流)來獲得大的輸出訊號(大電流)，而這項工作就叫作「放大」(amplification)。一個放大系統都由數級放大電路所組成。由圖 8-1 可以清楚看出一完整放大器系統內包含四個部份：

1. 輸入訊號轉換器：如CD唱盤的雷射頭、汽車各類感知器。
2. 小訊號放大器：如三種基本放大電路。
3. 功率放大器：如*A*類、*B*類、*AB*類放大器等。
4. 輸出轉換裝置：如揚聲器、車上各種作動器(噴油嘴、馬達等)。

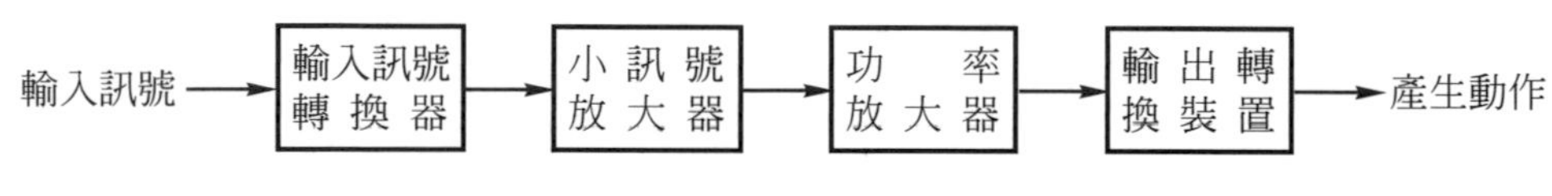


圖 8-1　完整放大器系統

自從 1951 年電晶體出現後，電晶體便對現代電子工業做出卓越的貢獻。電晶體本身便是一種具有放大作用(amplify)的元件，可以使輸出的交流電壓訊號大於輸入訊號，或是使輸出的交流功率大於輸入的交流功率。電晶體放大電路依其輸出入訊號的大小及條件，可分成兩類：

1. 小訊號放大電路：亦稱作「電壓放大電路」。
2. 大訊號放大電路：亦稱作「功率放大電路」。

在音響(視聽電子)電路中，第一類的小訊號放大器又被稱作「前級擴大機」(pre-amplifier)，一般輸入訊號都很小，但是要求較高的電壓增益(gain)和低的失真(loss)，著重於線性工作和電壓增益的大小，分析時並不特別重視其消耗功率與輸出功率。而第二類的功率放大器，則又被稱爲「後級擴大機」(post-amplifier)，顧名思義，由於輸入訊號很大，故多在非線性區工作，考慮的因素著重於電路的工作效率、輸出裝置間阻抗的匹配以及功率晶體的散熱等問題。

一般來說，**消耗功率在 1/2W以下的電晶體通稱為小訊號電晶體；而使用在功率放大器裡，消耗功率在 1/2W以上者，稱作功率電晶體(power transistor)**。

本章先從電晶體的偏壓電路開始介紹，並說明小訊號放大電路中幾種常見的電路型式。

如圖 8-2 所示爲「放大器」在汽車的電子控制模組(ECM)內所扮演的角色與位置。小訊號感知器(如：$O_2$感知器)將訊號送入 ECM 後，必須先經由放大電路放大才可以進行其他的轉換、比對工作，最後輸出訊號以驅動各個作動元件(如：噴油嘴)。

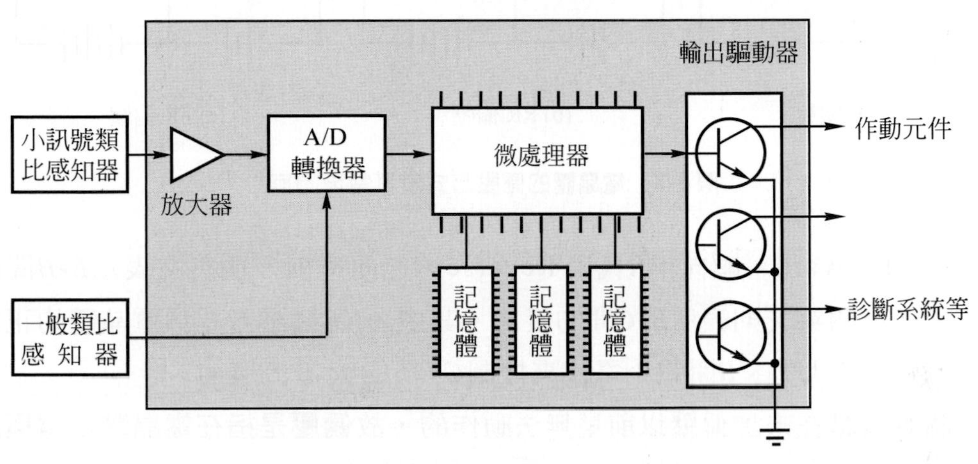


圖 8-2　汽車電子控制模組內的放大器位置

## 8-1 電晶體偏壓電路

爲什電晶體需要**偏壓(bias)**？偏壓有哪些方式？一連串的疑問都與放大電路息息相關。首先，我們先來看看何謂「偏壓」。

電晶體在電子電路上的應用大致上可分成兩大類：

1. 線性電路(linear circuit)：晶體多以*FR*偏壓爲主。
2. 數位電路(digital circuit)：又叫開關電路、交換電路或轉換電路(switching circuit)。簡單說來即是轉變偏壓的型態，例如由*FF*轉換成*RR*偏壓，或由*FR*轉換成*RR*偏壓等。

不論電晶體採用在哪一類電路上，電晶體都只有三種偏壓型式，即：*FF*、*RR*和*FR*，如圖 8-3 所示。

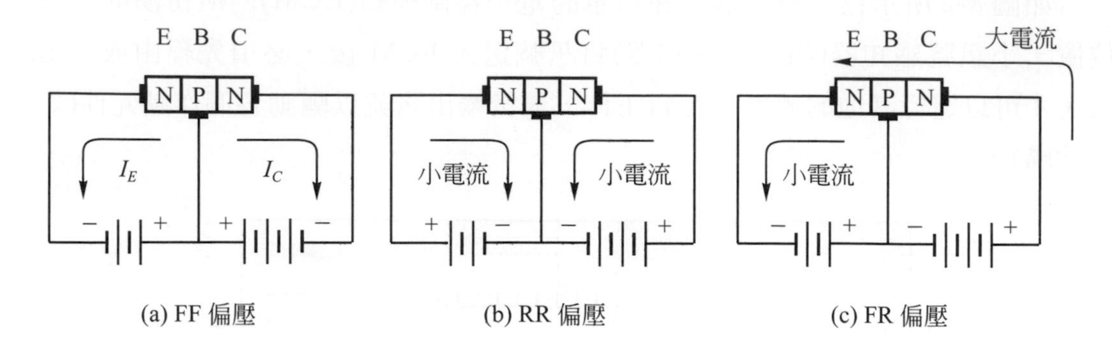


圖 8-3　電晶體的偏壓方式及其電流方向

*F*代表 Forward，順向；*R*代表 Reverse，逆向，前一個英文表示*E-B*間的偏壓接法，後一個英文則表示*B-C*間的接法。其中，*FR*偏壓方式爲電晶體的正常工作方式，它可以以*E*、*B*間的小電流來控制*C*到*E*的大電流導通。

一個電晶體在未加偏壓以前是無法動作的，故**偏壓是指在電晶體各電極加上適當的直流電壓，使電晶體具有放大工作的能力**。換句話說，電晶體在加入交流訊號，進行放大工作以前，必須先要加上直流偏壓才能夠正常運作。這是電晶體電路的基本條件，它說明了何以當我們在檢修電路時，一定要先測量出直流偏壓的原因。直流偏壓也就是我們常說的「靜態工作偏壓」，而電晶體工作後的「動態工作偏壓」則指的是加入訊號後，電晶體的交流偏壓。

通常電晶體的偏壓是由兩組電源分別供給(此電源即第七章所述之穩壓電源)，如圖 8-4(a)所示，一組供應射極(*E*)接面所需之順向偏壓(forward bias)；另一組則供應集極(*C*)接面所需的逆向偏壓(reverse bias)。但是，實際上都以單一電源來供給射極和集極接面所需的偏壓，如圖 8-4(b)所示。

電晶體的偏壓方式很多，因放大器型式的不同，其偏壓供給的方式亦各有異，當中以**共射極放大器(Common Emitter amplifier，簡稱*CE*放大器)**使用最廣，其偏壓方式也最多。**常見的偏壓方式有：**

1. **固定偏壓法。**
2. **射極回授偏壓法。**
3. **集極回授偏壓法(自給偏壓法)。**
4. **分壓器偏壓法**

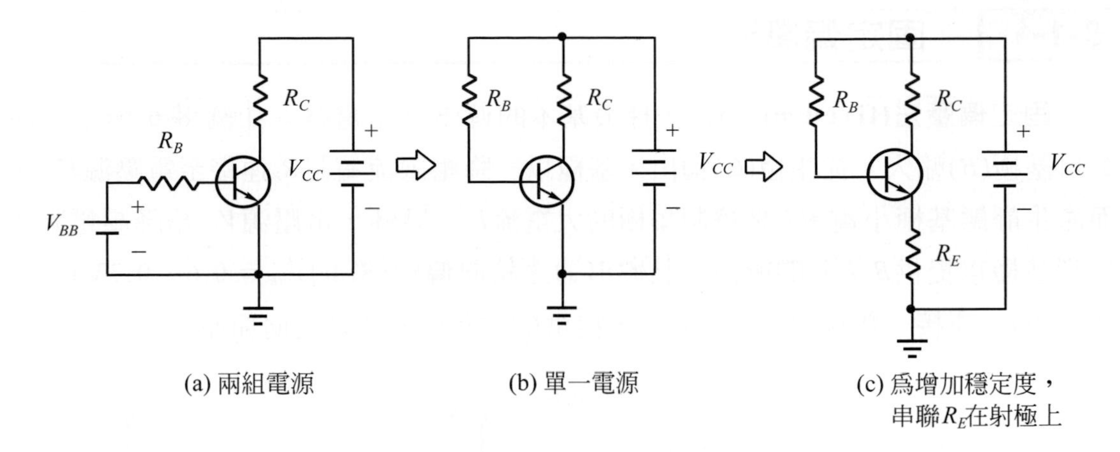

(a) 兩組電源　(b) 單一電源　(c) 為增加穩定度，串聯$R_E$在射極上

圖 8-4　偏壓電路的例子($CE$式)

本節所介紹者將以$CE$放大器電路所用之偏壓為主，而以共集極(Common Collector，簡稱$CC$)放大器和共基極(Common Base，簡稱$CB$)放大器的偏壓電路為輔。

從電路結構的角度來看，**共射極偏壓電路($CE$式偏壓)具有以下兩項優點：**

1. **簡單的電源電路。**
2. **穩定的工作點($Q$點)：不受電晶體的直流電流增益$\beta$ ($h_{FE}$)和$V_{BE}$值的影響。**

$CE$放大器的偏壓電路有四種代表性電路，如圖 8-5 所示。現分述如后：

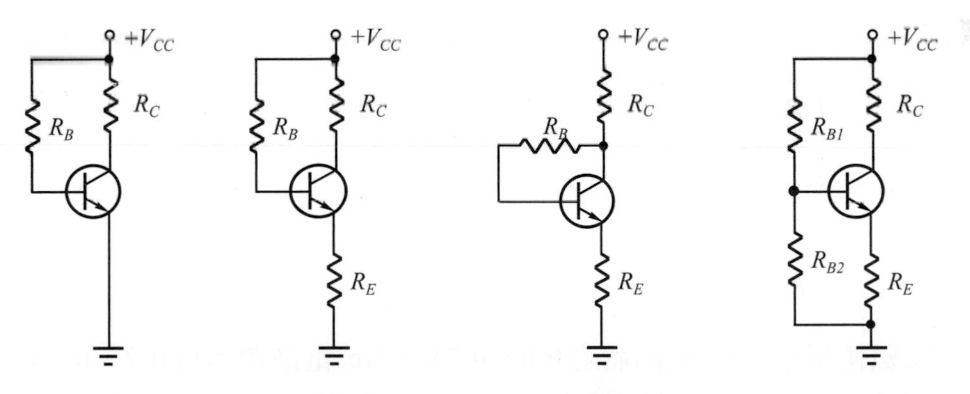

(a) 固定偏壓法　(b) 射極回授偏壓法　(c) 集極回授偏壓法　(d) 分壓器偏壓法

圖 8-5　$CE$放大器中常見的四種偏壓電路

## 8-1-1 固定偏壓法

**固定偏壓法(fixed bias)**是一種最基本的偏壓供給電路。如圖 8-6 所示，訊號自基極($B$)輸入，從集極($C$)輸出。基極以一降壓限流電阻$R_B$連接至電壓源$V_{CC}$，而產生靜態基極小電流$I_B$來控制集極的大電流$I_C$。另外，電壓源$V_{CC}$藉降壓電阻$R_B$接到基極以提供$B$-$E$極間所需的晶體導通之順向偏壓(Si 的$V_{BE}=0.6\sim0.7$V)，同時，由$V_{CC}$連接一集極電阻$R_C$到$C$極，提供$C$極接面所需之逆向偏壓。

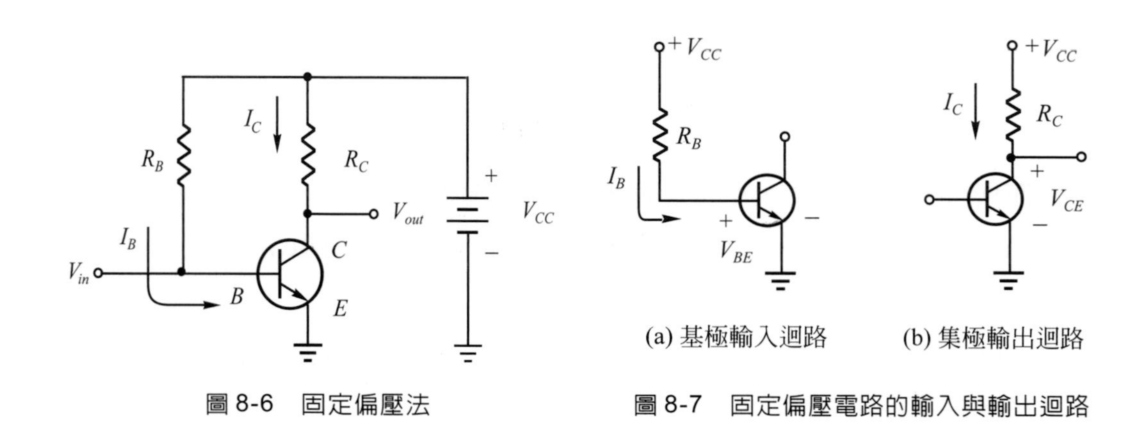


圖 8-6　固定偏壓法

圖 8-7　固定偏壓電路的輸入與輸出迴路

如圖 8-7(a)所示為固定偏壓電路的(基極)輸入迴路，電流由$+V_{CC}$經$R_B$、電晶體的基極、射極後接地完成迴路。依克希荷夫電壓定律(KVL)可得到輸入迴路之方程式為：

$$V_{CC}-I_BR_B-V_{BE}=0$$

所以，基極電流$I_B$等於

$$I_B=\frac{V_{CC}-V_{BE}}{R_B} \tag{8-1}$$

通常，$V_{BE}$數值很小，Si 電晶體約 0.6～0.7V，Ge 電晶體則為 0.2～0.3V，除非在較精確的設計場合，否則可忽略不計，因此，$I_B$的近似值為：

$$I_B\fallingdotseq\frac{V_{CC}}{R_B} \tag{8-2}$$

$I_B$的數值常由製造廠商提供，在規格資料中，均可查到。

圖 8-7(b)為(集極)輸出迴路圖。電流由＋ $V_{CC}$流經$R_C$、集極、射極後接地完成迴路。依 KVL 可得出輸出迴路的電壓方程式為：

$V_{CC}-I_CR_C-V_{CE}=0$，亦即，

$$\therefore V_{CE}=V_{CC}-I_CR_C \quad (8\text{-}3)$$

如果電晶體的$I_C$超過線性區而工作於飽和區，則因$C$-$E$極飽和電壓$V_{CE(\text{sat})}$(Si 電晶體約 0.2V，Ge電晶體約 0.1V)遠小於$V_{CC}$，故可忽略不計，此時的集極飽和電流$I_{C(\text{sat})}$將是電路所定的最大值：

$$I_{C(\text{sat})}\fallingdotseq\frac{V_{CC}}{R_C} \quad (8\text{-}4)$$

在射極接地式電路中，集極電流$I_C$對基極電流$I_B$的比值，稱作電晶體的**電流增益(current gain)，以$\beta$表示之**，即：

$$\beta=\frac{I_C}{I_B} \quad (8\text{-}5)$$

**【例 8-1】** 如圖所示，求$I_B$、$V_{CE}$各為多少。

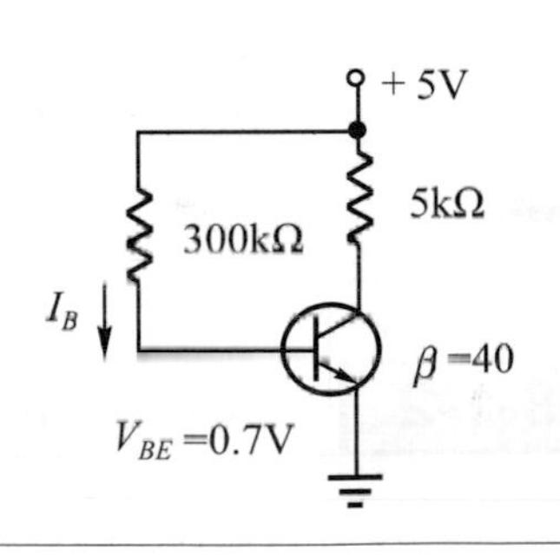


**解**

(1)依 KVL 得輸入迴路中$I_B$值。

$$I_B=\frac{V_{CC}-V_{BE}}{R_B}=\frac{5-0.7}{300\text{k}}=0.014\text{mA}$$

(2)又依 KVL 可求出輸出迴路中的$V_{CE}$值。

$$V_{CE}=V_{CC}-I_CR_C=V_{CC}-\beta I_BR_C$$
$$=5-40\times0.014\times10^{-3}\times5\text{k}=2.2\text{V}$$

【例 8-2】如圖所示爲$CE$式固定偏壓電路，設條件如下，試求基極電阻$R_B$＝？

①$V_{CC} = +9V$

②$V_{CE} = 4.5V$

③ Ge 電晶體$V_{BE} = 0.3V$

④$\beta = 70$

⑤$R_C = 3k\Omega$

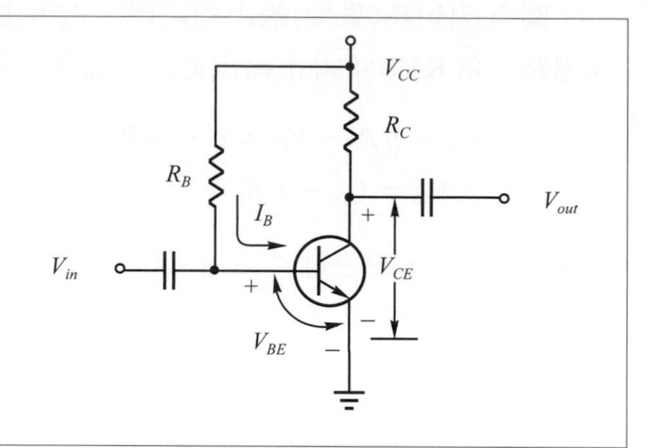


**解**

$$I_B = \frac{V_{CC} - V_{BE}}{R_B} = \frac{9 - 0.3}{R_B} = \frac{8.7}{R_B} \tag{1}$$

又，$V_{CE} = V_{CC} - \beta I_B R_C$ (2)

將(1)式代入(2)式得出：

$$4.5 = 9 - 70 \times \frac{8.7}{R_B} \times 3k$$

$$\frac{1827 \times 10^3}{R_B} = 9 - 4.5$$

$$\therefore R_B = 406k\Omega$$

## 8-1-2 射極回授偏壓法

從公式 8-3 和 8-5 知道$I_C$與$V_{CE}$都會受到電晶體電流增益$\beta$值的影響，又因電晶體之$\beta$值會隨溫度而變化，因此，固定偏壓法的工作點易生偏移，且偏壓穩定性不佳。固定偏壓電路現已很少採用。爲了改善這種偏壓的熱不穩定，而在射極加一「掩蓋電阻」(swamp resistor)做爲溫度補償以穩定工作點。

如圖 8-8 所示，當溫度或$\beta$值增加時，集極電流$I_C$亦隨之增加，射極電流$I_E$(＝$I_B + I_C$)也增加，使射極電阻$R_E$上的電壓降$V_E$(＝$I_E \times R_E$)昇高，因而使$V_{BE}$ ($V_B - V_E$)減少，導致基極電流$I_B$隨之減少。集極電流$I_C$(＝$\beta I_B$)亦隨之減少。因著這樣的循環回授關係，使溫度或$\beta$值的改變影響消失了，達到偏壓穩定的作用。

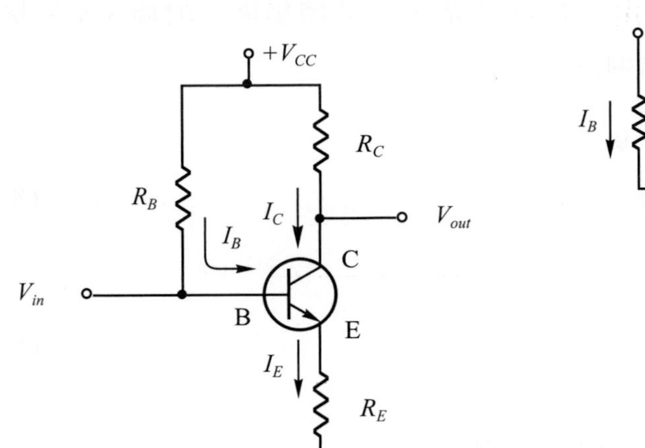


圖 8-8　射極回授偏壓法

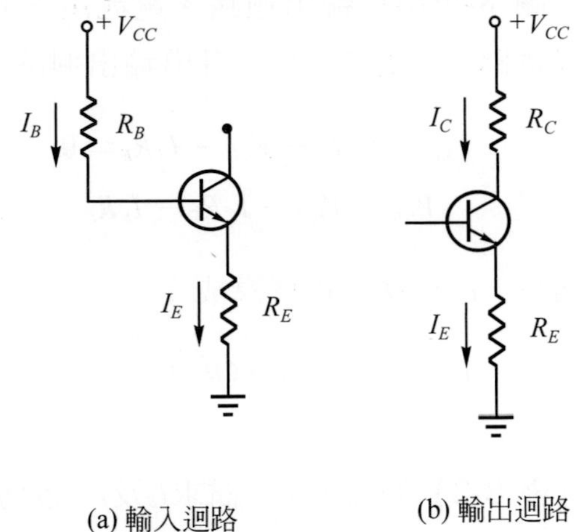


圖 8-9　射極回授偏壓電路的輸入與輸出迴路

**由於射極電阻$R_E$具有電流負回授的作用，所以這種偏壓方式便稱為「射極回授偏壓法」(emitter feedback bias)。**

圖 8-9(a)所示爲射極回授偏壓電路的輸入迴路。電流由＋$V_{CC}$經$R_B$、電晶體基極、射極、$R_E$後接地完成迴路。依KVL可得到輸入迴路之方程式爲：

$$V_{CC}-I_BR_B-V_{BE}-I_ER_E=0$$

又因　$I_E=I_B+I_C=I_B+\beta I_B=(1+\beta)I_B$

故輸入方程式可改寫成：

$$V_{CC}-I_BR_B-V_{BE}-(1+\beta)I_BR_E=0$$

所以，基極電流$I_B$等於：

$$I_B=\frac{V_{CC}-V_{BE}}{R_B+(1+\beta)R_E} \tag{8-6}$$

通常，$V_{CC}$電壓值恆大於$V_{BE}$，而$\beta$值亦恆大於 1，故公式 8-6 之$I_B$的近似值可以約等於：

$$I_B\fallingdotseq\frac{V_{CC}}{R_B+\beta R_E} \tag{8-7}$$

從公式 8-6、8-7 可以發現，當$\beta$值增加時，$I_B$會有減少的趨勢。

圖 8-9(b)為輸出迴路。電流由＋$V_{CC}$流經$R_C$、電晶體集極、射極、$R_E$後接地完成迴路。利用 KVL 可得出輸出迴路方程式：

$$V_{CC}-I_CR_C-V_{CE}-I_ER_E=0$$

$$\therefore V_{CE}=V_{CC}-I_CR_C-I_ER_E \tag{8-8}$$

因為$I_C \fallingdotseq I_E$，故上式可寫成：

$$V_{CE} \fallingdotseq V_{CC}-I_C\times(R_C+R_E) \tag{8-9}$$

**【例 8-3】** 如圖所示，試求$I_B$及$V_{CE}$各為多少？
(本例題忽略$V_{BE}$不計)

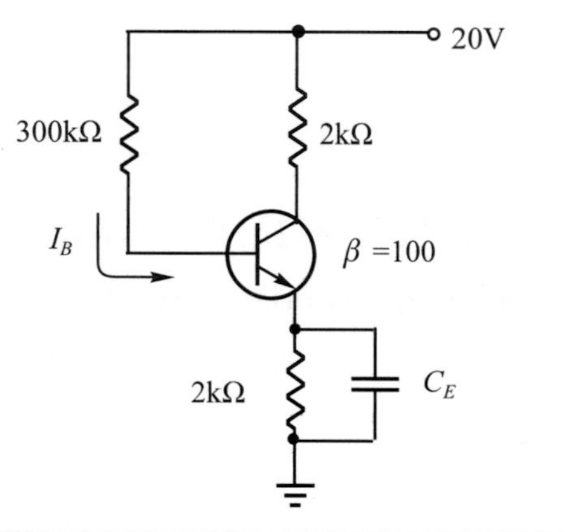


**解**

【說明】在加上射極電阻$R_E$之後，雖具有電流負回授及穩定工作點的作用，但整個放大電路的電壓增益卻明顯下降。為免電路的增益下降，可在$R_E$兩端並聯一旁路電容$C_E$，使交流電成份經$C_E$旁路。但對直流電而言，則因電容抗對直流電可視為無限大，故不受影響。

⑴依 KVL 可得輸入迴路中的$I_B$值。

$$I_B=\frac{V_{CC}-V_{BE}}{R_B+(1+\beta)R_E}=\frac{20}{300\text{k}+(1+100)\times 2\text{k}}=39.8\mu\text{A}$$

⑵又依 KVL 可得輸出迴路之$V_{CE}$值。

$$V_{CE}=V_{CC}-I_CR_C-I_ER_E$$

$$\because I_C=\beta I_B=100\times 39.8\mu\text{A}=3.98\text{mA}$$

$$\therefore \text{可求出}V_{CE}=20-3.98\times 10^{-3}\times 2\text{k}-(0.0398+3.98)\times 10^{-3}\times 2\text{k}=3.99\text{V}\fallingdotseq 4\text{V}$$

## 8-1-3 集極回授偏壓法

除了利用射極上的「掩蓋電阻」來增加電路的穩定性之外，也可以在$C$-$B$極間加一電阻，或是將「固定偏壓電路」中的$R_B$不直接連到電源$V_{CC}$，而改接到集極，其結果亦能改善電路之穩定性，如圖 8-10 所示。

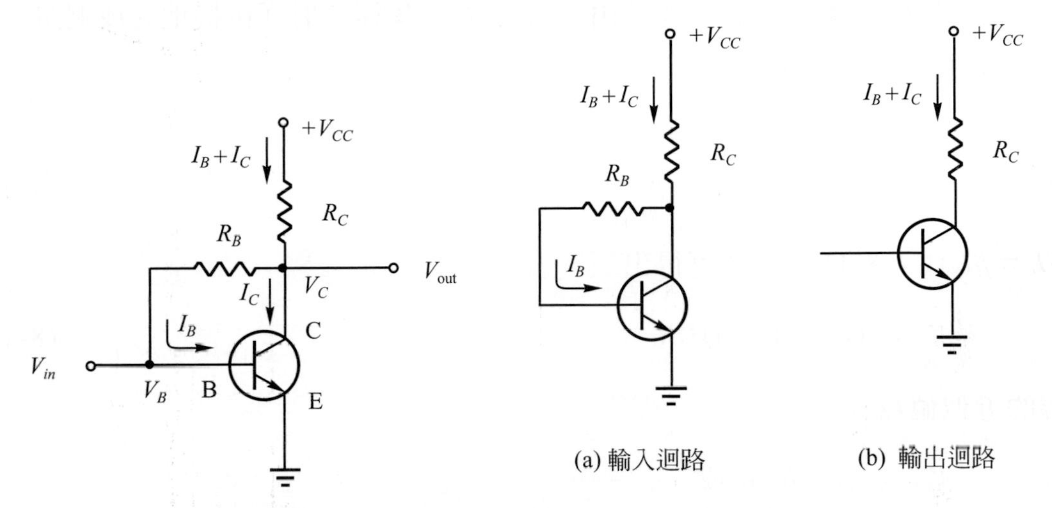


圖 8-10　集極回授偏壓法(自給偏壓法)　　圖 8-11　集極回授偏壓電路之輸入與輸出迴路

從圖中可看出，**基極的偏壓電壓及電流將從集極電壓 $V_C$ 處回授取得，使電路穩定性增加，因此這種偏壓法稱作「集極回授偏壓法」(collector feedback bias)，或稱為「自給偏壓法」(self bias)**。

集極回授偏壓法的特點是基極偏壓$V_B$由集極電壓$V_C$供給，由於$V_C$爲非固定值，當$V_C$增減時，基極偏壓亦跟著增減。同時，與前兩種偏壓方式相較，因$V_C$較電源電壓$V_{CC}$爲低，故基極電阻$R_B$可選用較低者，對電路穩定性有很大的幫助。

圖 8-11(a)爲集極回授偏壓電路的輸入迴路。電流由$+V_{CC}$流入，經$R_C$、$R_B$、電晶體基極、射極後接地完成迴路。依 KVL 可得出輸入迴路之方程式爲：

$$V_{CC}-(I_B+I_C)\times R_C-I_BR_B-V_{BE}=0$$

$$\because I_C=\beta I_B$$

$$\therefore I_B+I_C=I_B+\beta I_B=(1+\beta)I_B\fallingdotseq\beta I_B$$

輸入方程可改寫成：

$$V_{CC}-\beta I_B R_C- I_B R_B- V_{BE}=0$$

基極電流$I_B$等於：

$$I_B=\frac{V_{CC}- V_{BE}}{R_B+(1+\beta)R_C}\fallingdotseq\frac{V_{CC}- V_{BE}}{R_B+\beta R_C} \tag{8-10}$$

圖 8-11(b)爲輸出迴路。電流由＋$V_{CC}$經$R_C$、集極、射極後接地完成迴路。利用 KVL 可得出迴路方程式：

$$V_{CC}-(I_B+I_C)\times R_C- V_{CE}=0$$

即 $$V_{CE}=V_{CC}-(I_B+I_C)\times R_C \tag{8-11}$$

將$I_C=\beta I_B$代入 8-11 式，亦可得出

$$V_{CE}=V_{CC}-(1+\beta)I_B R_C \tag{8-12}$$

$V_{CE}$的近似值爲：

$$V_{CE}\fallingdotseq V_{CC}-\beta I_B R_C\text{或}$$
$$V_{CE}\fallingdotseq V_{CC}- I_C R_C \tag{8-13}$$

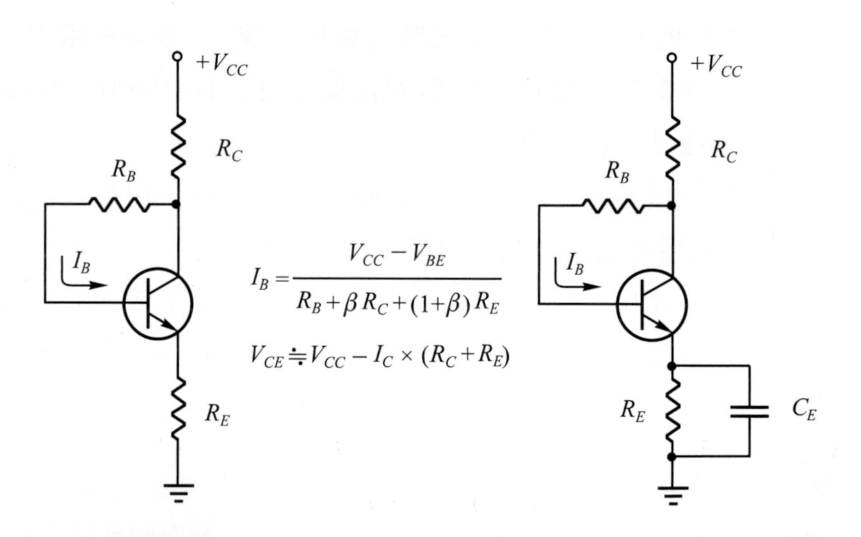


(a) 加上$R_E$而具有雙重穩定作用

(b) 具旁路電容$C_E$來濾除交流訊號的負回授

圖 8-12　集極回授偏壓法的複合偏壓電路

自給偏壓法亦可結合8-1-2節中所介紹的「射極回授偏壓法」，而能夠產生對溫度變化所引起電流改變的雙重穩定作用，如圖 8-12(a)所示。當然，還可以在射極電阻$R_E$上並聯一電容，使交流訊號沒有電壓負回授之作用，如圖 8-12(b)所示。

**【例 8-4】** 如圖所示，試求其直流偏壓電流與電壓各為多少？($V_{BE}=0.6$V)

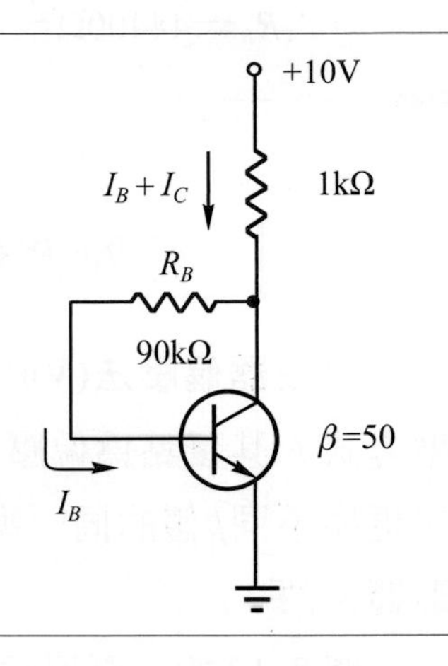


**解**

(1)$I_B=\dfrac{V_{CC}-V_{BE}}{R_B+(1+\beta)R_C}=\dfrac{10-0.6}{90\text{k}+(1+50)\times 1\text{k}}=66.7\mu\text{A}$

(2)$I_B+I_C=(1+\beta)I_B=(1+50)\times 66.7\mu\text{A}=3.4\text{mA}$

(3)$V_{CE}=V_{CC}-(1+\beta)I_BR_C=10-(1+50)\times 66.7\times 10^{-6}\times 1\text{k}=6.6\text{V}$

**【例 8-5】** 如圖所示，求$R_B=$？($V_{BE}=0.7$V，$I_C=4$mA)

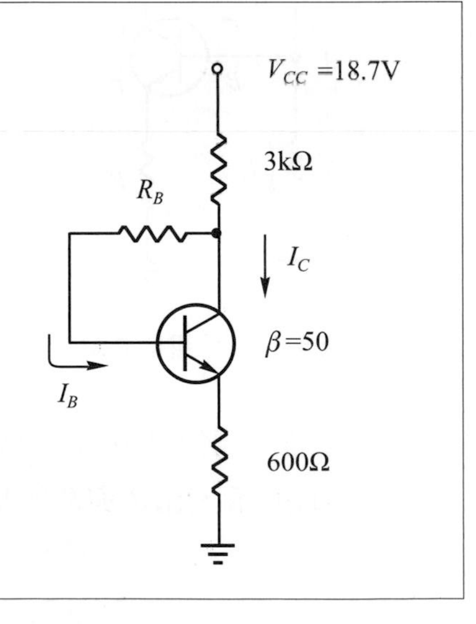

**解**

$$I_B=\frac{V_{CC}-V_{BE}}{R_B+\beta R_C+(1+\beta)R_E}=\frac{I_C}{\beta}$$

$$\frac{18.7-0.7}{R_B+50\times 3\text{k}+(1+50)\times 600}=\frac{4\times 10^{-3}}{50}$$

$$\therefore R_B=44400\Omega=44.4\text{k}\Omega$$

## 8-1-4 分壓器偏壓法

**分壓器偏壓法(Voltage divider bias)**是線性電晶體電路中最廣被使用的偏壓方式。其優點爲偏壓時工作點不受$\beta$值影響，可提高電路的溫度穩定性，並且在更換不同$\beta$值的同一型號電晶體時，也能正常的工作($I_C$值不變動)，不受$\beta$值之影響。

圖 8-13 的分壓器偏壓電路中，電晶體的基極偏壓是由$R_1$與$R_2$兩分壓電阻所提供。從$A$點看，電流流過兩條路徑：一條經$R_2$，另一條則流經電晶體的$B$-$E$接面：

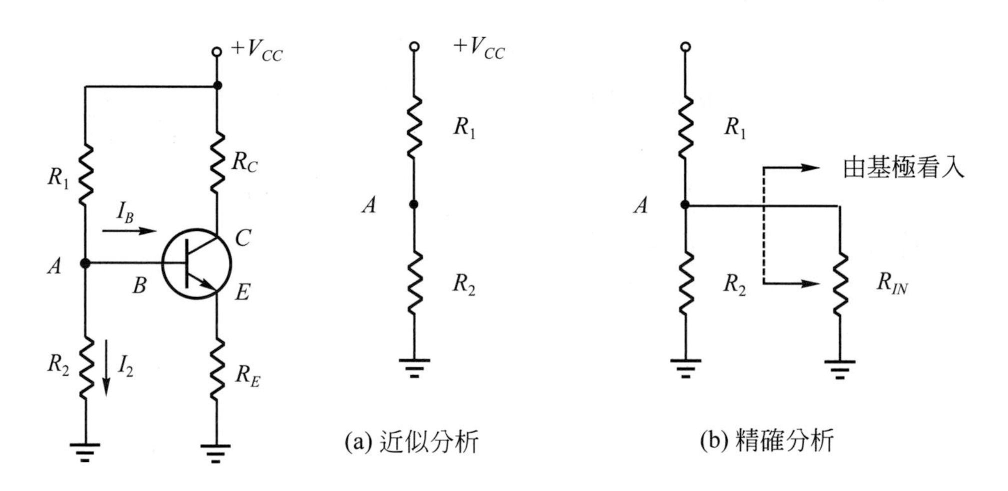


圖 8-13 分壓器偏壓法

圖 8-14 分壓器偏壓電路之分析

1. 若基極電流$I_B$遠小於流經$R_2$的電流$I_2$ ($I_2 \gg I_B$)，則偏壓電路可簡化成圖 8-14 (a)所示，由$R_1$與$R_2$所構成之分壓電路。

2. 若$I_B$值稍大，與$I_2$相比後不能忽略，或在要求做精確分析時，則由電晶體基極看入的「直流輸入阻抗」$R_{IN}$必須考慮，如圖 8-14(b)所示，$R_{IN}$與$R_2$成並聯關係。

首先，我們先來計算基極直流輸入電阻$R_{IN}$。如圖 8-15 所示，$V_B$為加於基極之電壓，$I_B$則為流入基極之電流。依歐姆定律得知：

$$R_{IN}=\frac{V_B}{I_B} \tag{8-14}$$

則$B$-$E$間的迴路由 KVL 可得：

$$V_B = V_{BE} + I_E R_E$$

設若$V_{BE} \ll I_E R_E$，則上式可簡化成為

$$V_B \doteq I_E R_E$$

又因$I_E \doteq I_C = \beta I_B$，故$V_B \doteq \beta I_B R_E$，代入公式 8-14 得出：

$$R_{IN} \doteq \frac{\beta I_B R_E}{I_B}$$

亦即，基極輸入電阻$R_{IN} \doteq \beta R_E$ (8-15)

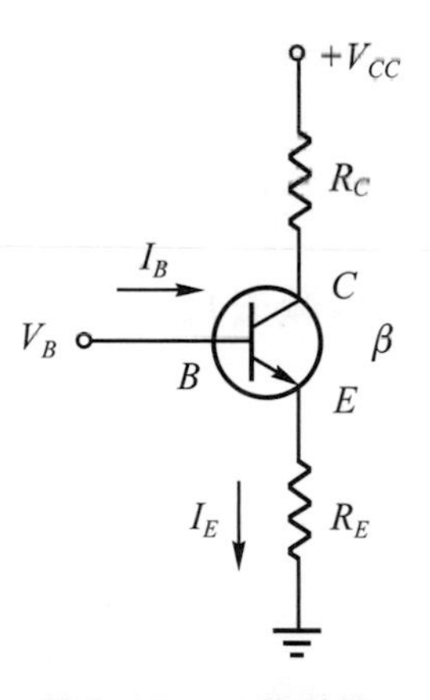


圖 8-15 $R_{IN}$的計算

【例 8-6】如圖所示，試求出電晶體基極的直流輸入電阻及$I_B$各爲多少？

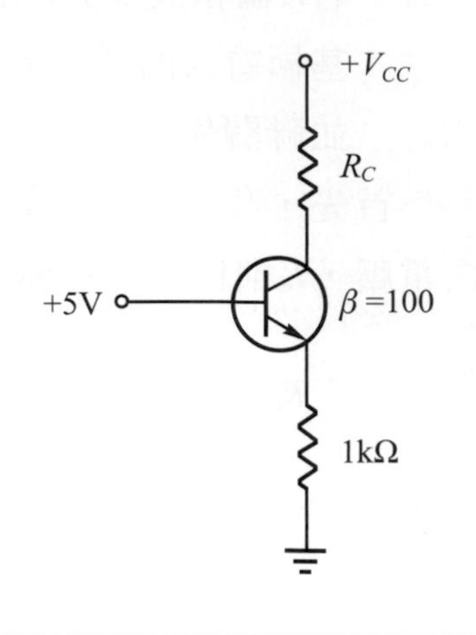


**解**

(1)$R_{IN} = \beta R_E = 100 \times 1k = 100k\Omega$

(2)$I_B = \dfrac{V_B}{R_{IN}} = \dfrac{5}{100k} = 50\mu A$

---

如圖 8-16 所示，爲了使$R_2$具有穩定的分壓作用，由基極看入的「基極輸入電阻」$R_{IN}$必須遠大於$R_2$，即$R_{IN} \gg R_2$。因爲$R_{IN} \gg R_2$使得$I_2 \fallingdotseq I_1 \gg I_B$，流過$R_1$的電流幾乎全往$R_2$流去，而只有極少的電流流到$R_{IN}$。此時基極電壓$V_B$可依「分壓器法則」求出：

$$V_B = \left(\frac{R_2}{R_1 + R_2}\right) \times V_{CC} \tag{8-16}$$

一旦$V_B$求出後，射極電壓$V_E$即爲$V_B$減去$V_{BE}$：

$$V_E = V_B - V_{BE} \tag{8-17}$$

射極內電流$I_E$依歐姆定律得出：

$$I_E = \frac{V_E}{R_E} \tag{8-18}$$

$I_E$求得後，其他電路各值相繼爲：

$$I_C \fallingdotseq I_E$$

$$V_C = V_{CC} - I_C R_C$$

$$V_{CE} = V_C - V_E = V_{CC} - I_C R_C - I_E R_E \tag{8-19}$$

由於$I_C \fallingdotseq I_E$，故代入 8-19 式可得

$$V_{CE} = V_{CC} - I_E(R_C + R_E) \tag{8-20}$$

在上列的幾個公式裡，我們找不到$\beta$值的影子，由此可知，分壓器偏壓法並不受到$\beta$值之影響。

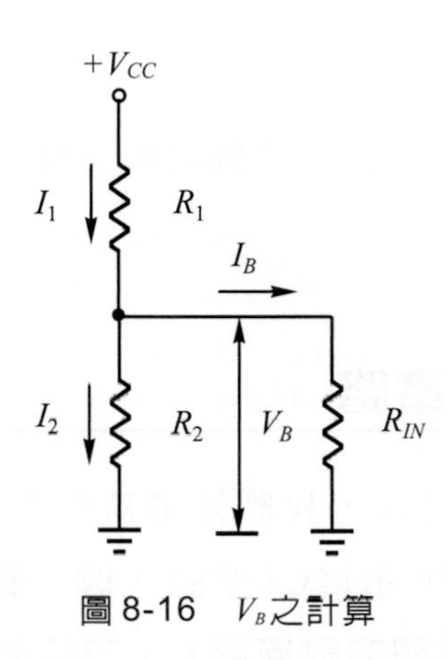


圖 8-16　$V_B$之計算

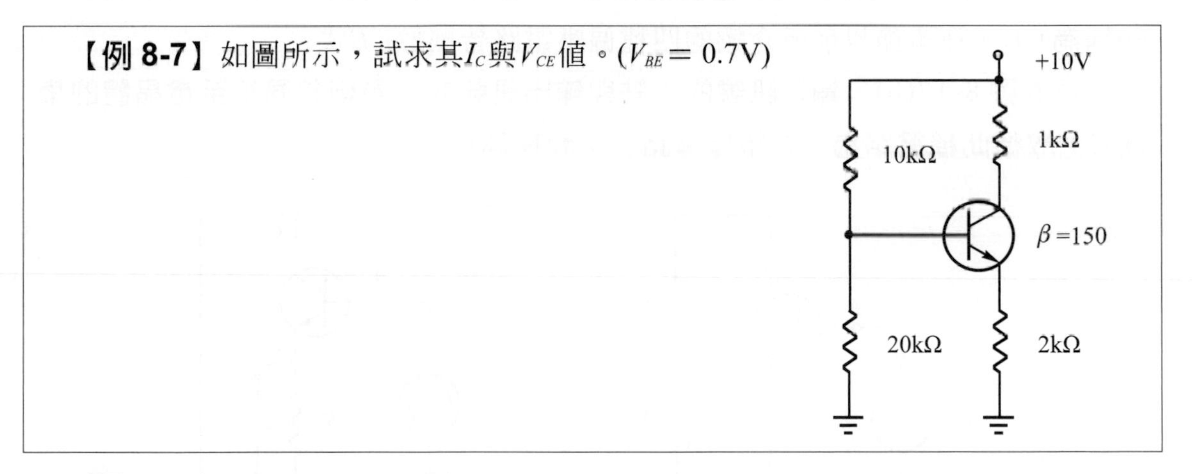


**【例 8-7】** 如圖所示，試求其$I_C$與$V_{CE}$值。($V_{BE} = 0.7$V)

**解**

【說明】 1. 根據經驗法則，當兩並聯電阻中某電阻為另一電阻 10 倍以上時，可將此並聯電阻之等效值視為較小的那一個電阻。

2. 在解本題之類似題型之前，宜先檢查$R_{IN}$值，看看是否大到可以忽略不計。

依公式 8-15 求得$R_{IN}$值等於：

$R_{IN}=\beta R_E= 150\times 2k = 300k\Omega$

因$R_{IN}= 15R_2$，故可忽略$R_{IN}$之作用。

(1) $V_B=\left(\dfrac{R_2}{R_1+R_2}\right)\times V_{CC}=\left(\dfrac{20k}{10k+20k}\right)\times 10 = 6.67V$

$V_E= V_B- V_{BE}= 6.67 -0.7 = 5.97V$

又$I_E=\dfrac{V_E}{R_E}=\dfrac{5.97}{2k}= 2.98mA$

$I_C \fallingdotseq I_E= 2.98mA$

(2) $V_{CE}= V_{CC}- I_E(R_C+ R_E)= 10 - 2.98\times 10^{-3}\times(1k + 2k)=1.06V$

## 8-1-5 共集極偏壓電路

在介紹共集極偏壓電路之前，我們先來複習一下共集極($CC$)與共射極($CE$)電路的不同點。如圖 8-17(a)所示為$CE$電路，圖中**輸入訊號** $V_{in}$ **的 *A* 點和輸出訊號** $V_{out}$ **的** A **點共同連接到電晶體的射極端** E**，故稱此種電路為「共射極電路」，簡稱為** CE。在本節以前所介紹的四種偏壓電路皆屬於$CE$式。

再看圖 8-17(b)，**輸入訊號的** A **點與輸出訊號的** A **點則共同接至電晶體的集極** C**，故稱此種電路為「共集極電路」，簡稱為** CC。

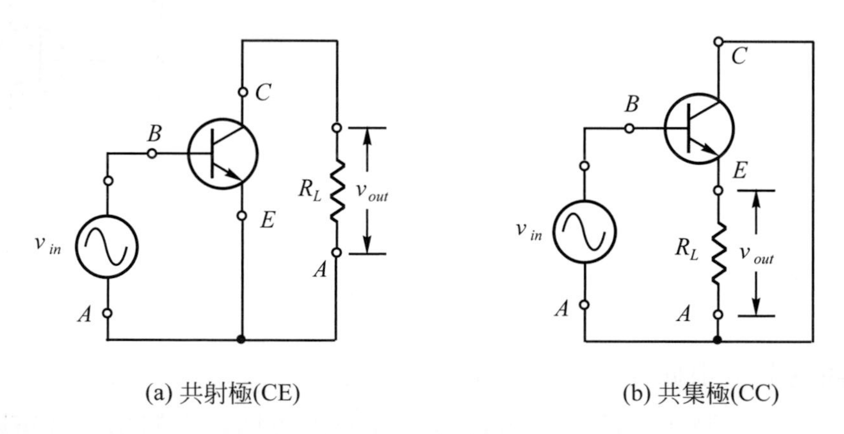


(a) 共射極(CE)　　(b) 共集極(CC)

圖 8-17　共射極與共集極電路之比較

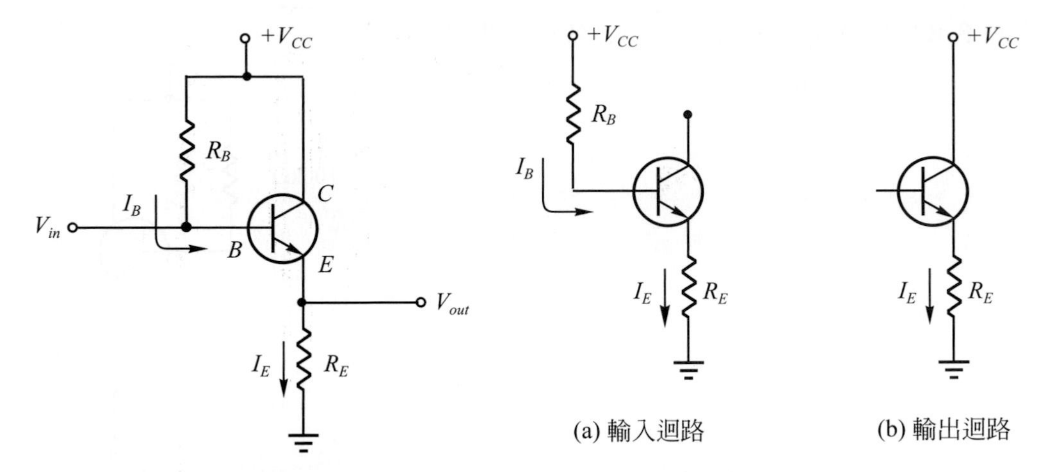


圖 8-18　共集極偏壓電路

圖 8-19　*CC*偏壓電路之輸入與輸出迴路

圖 8-18 爲共集極偏壓電路，**訊號由基極(B)輸入，而由射極(E)取出輸出訊號，集極(C)則為輸入訊號與輸出訊號的共同端。共集極偏壓電路通常又被稱作「射極隨耦器」(emitter follower)**。

如圖 8-19(a)所示爲共集極偏壓電路之輸入迴路，電流自＋ $V_{CC}$流經$R_B$，晶體的$B$、$E$極、$R_E$後接地完成迴路。依 KVL 可得輸入方程式爲：

$$V_{CC} - I_B R_B - V_{BE} - I_E R_E = 0$$

$$\because I_E = I_B + I_C = (1+\beta)I_B \fallingdotseq \beta I_B$$

$$\therefore I_B = \frac{V_{CC} - V_{BE}}{R_B + (1+\beta)R_E} \fallingdotseq \frac{V_{CC}}{R_B + \beta R_E} \tag{8-21}$$

又由圖 8-19(b)之輸出迴路可得輸出方程式爲：

$$V_{CC} - V_{CE} - I_E R_E = 0$$

$$\therefore V_{CE} = V_{CC} - I_E R_E \tag{8-22}$$

【例 8-8】如圖所示，試求$I_B$及$V_{CE}$各為多少？
($V_{BE}=0.7\text{V}$)



解

(1) $I_B=\dfrac{V_{CC}-V_{BE}}{R_B+(1+\beta)R_E}=\dfrac{9-0.7}{100\text{k}+(1+50)\times 3\text{k}}=32.8\mu\text{A}$

(2) $V_{CE}=V_{CC}-I_ER_E$

$\because I_E=(1+\beta)I_B=(1+50)\times 32.8\times 10^{-6}=1.67\text{mA}$

$\therefore V_{CE}=9-1.67\times 10^{-3}\times 3\text{k}=3.98\text{V}$

## 8-1-6 共基極偏壓電路

圖 8-20 為「共基極電路」(簡稱$CB$)，**輸入訊號** $v_{in}$ **的** A **點和輸出訊號** $v_{out}$ **的** A **點一同連接到電晶體的基極端** B**，故稱此電路為共基極電路，簡稱** CB**。利用這種型式所完成的偏壓電路便稱作「共基極偏壓電路」**，如圖 8-21 所示。由於必須使用兩組獨立的電源來供給，所以較不方便而少使用。$V_{EE}$為射極直流電壓源，$V_{CC}$則為集極直流電壓源。訊號由射極輸入而由集極輸出，並以基極為共同參考點。

如圖 8-22(a)為共基極偏壓電路的輸入迴路，電流由$V_{EE}$正極流經電晶體的$B$、$E$極、$R_E$後回到$V_{EE}$負極完成迴路，利用 KVL 可得出輸入迴路方程式：

$$V_{EE}-V_{BE}-I_ER_E=0$$

所以，射極電流$I_E$等於：

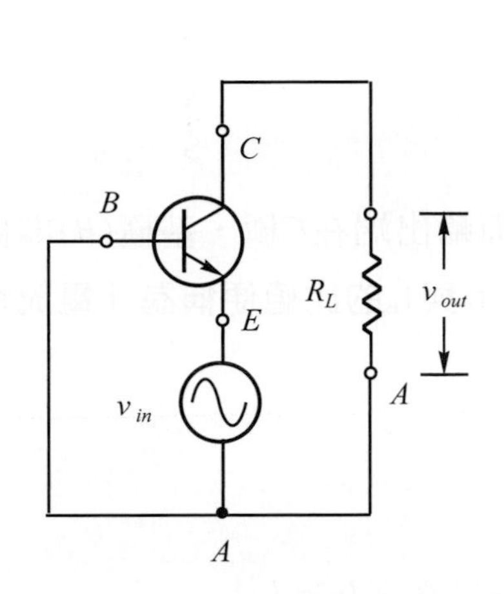


圖 8-20　共基極電路($CB$)

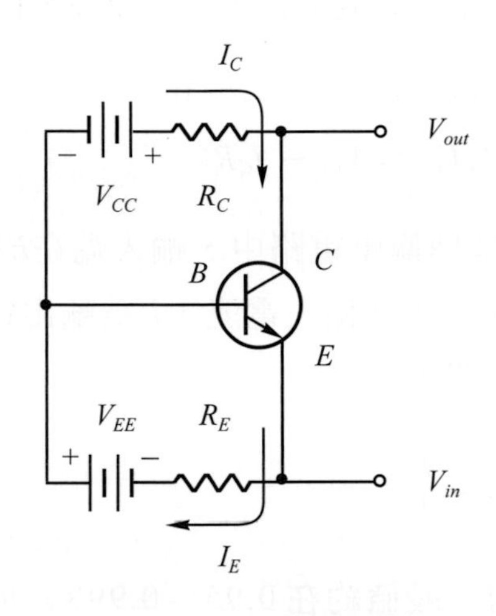


圖 8-21　共基極偏壓電路

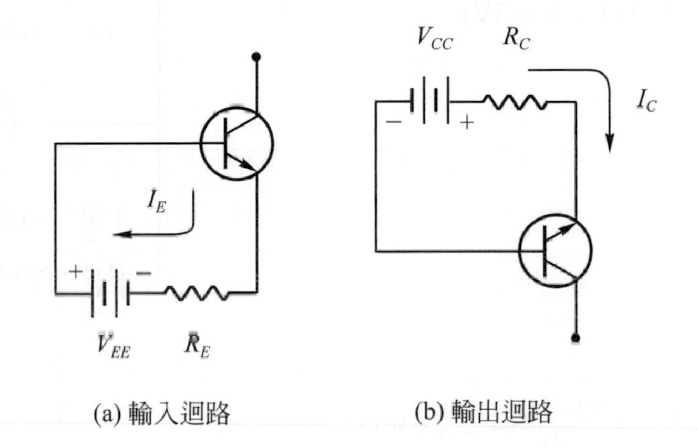


(a) 輸入迴路　　(b) 輸出迴路

圖 8-22　共基極偏壓電路的輸入與輸出迴路

$$I_E = \frac{V_{EE} - V_{BE}}{R_E} \tag{8-23}$$

由於順向偏壓時$V_{BE}$值甚小，若$V_{EE}$夠大時，便可以忽略$V_{BE}$不計，故$I_E$的近似值約爲：

$$I_E \fallingdotseq \frac{V_{EE}}{R_E} \tag{8-24}$$

圖 8-22(b)爲共基極偏壓電路的輸出迴路。電流自$V_{CC}$正極流經$R_C$、電晶體$C$、$B$極後回到$V_{CC}$負極而完成迴路。依 KVL 可得到輸出迴路的方程式如下：

$$V_{CC} - I_C R_C - V_{CB} = 0$$

$$\therefore V_{CB} = V_{CC} - I_C R_C \qquad (8\text{-}25)$$

在共基極偏壓電路中，輸入端在$E$極，而輸出端在$C$極，基極($B$)則做爲共同端點。因此，$I_E$爲輸入電流，$I_C$爲輸出電流，**$I_C$與$I_E$的比值便稱為「電流增益」，以$\alpha$表示，即：**

$$\alpha = \frac{I_C}{I_E} \qquad (8\text{-}26)$$

通常，$\alpha$的一般值約在 0.95～0.998 之間，所以常常$I_C \fallingdotseq I_E$。

**【例 8-9】** 如圖所示，試求出直流偏壓之$I_E$及$V_{CB}$各爲多少？($V_{BE} = 0.3$V)

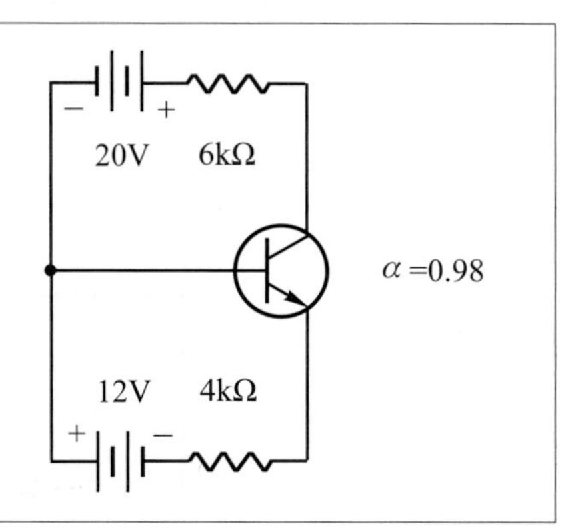


**解**

(1)$I_E = \dfrac{V_{EE} - V_{BE}}{R_E} = \dfrac{12 - 0.3}{4\text{k}} = 2.93\text{mA}$

(2)$V_{CB} = V_{CC} - I_C R_C$

$\because I_C = \alpha I_E = 0.98 \times 2.93 \times 10^{-3} = 2.87\text{mA}$

$\therefore V_{CB} = 20 - 2.87 \times 10^{-3} \times 6\text{k} = 2.8\text{V}$

## 8-2 基本放大電路

如果將「偏壓」工作比喻作平日所進行的三餐，那麼「放大」工作便是指我們每天辛勤付出的勞力。三餐提供了我們可以勞動的能量，同樣的，晶體電路要能正常動作(放大)，就必須先具備設計完美的偏壓，使放大工作有驅動的能力。

我們曾經在第五章介紹過電晶體的「集極特性曲線」，在學習完偏壓的觀念後，我們再來複習一下電晶體的特性，並瞭解「工作點」、「負載線」的意義。

**放大是指將一微弱的電壓或電流訊號，藉一主動元件(如電晶體)，使其輸出一較大的交流訊號**。但是任何一種主動元件要做爲放大器，並且讓輸出端獲得不失眞的輸出時，都必須先加以適當的偏壓。以電晶體做爲訊號的線性放大器爲例，加入適當的偏壓，便可使電晶體在無訊號輸入時可獲得一穩定的電壓或電流值，待訊號輸入時，就可以在其兩旁變動而獲得不失眞的放大輸出訊號。此一穩定的電壓與電流值在特性曲線上所對應的特定狀態點便稱作電晶體的**工作點(operating point)或稱為「靜態點」(quiescent point)，簡稱作**Q**點**。*Q*點的選定通常在電晶體集體特性曲線的作用區內。**作用區是指在最大功率曲線下，截止區和飽和區之間，亦即最大電壓與最大電流變化的範圍**。如圖 8-23 所示。

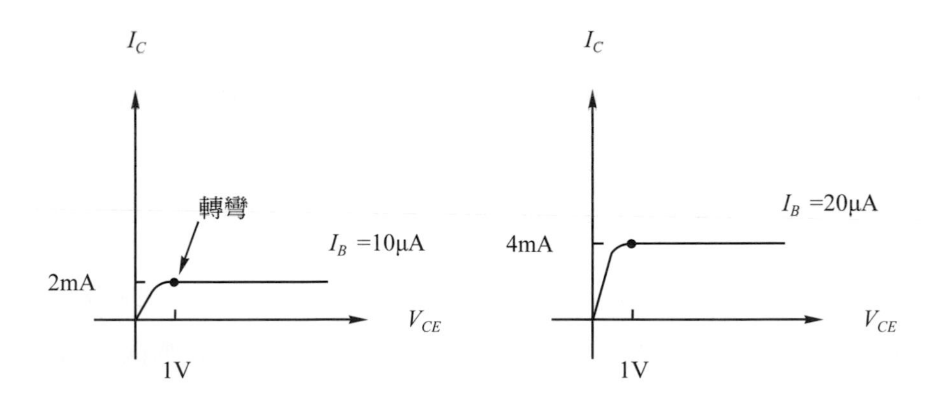


圖 8-23 集極特性曲線的描繪

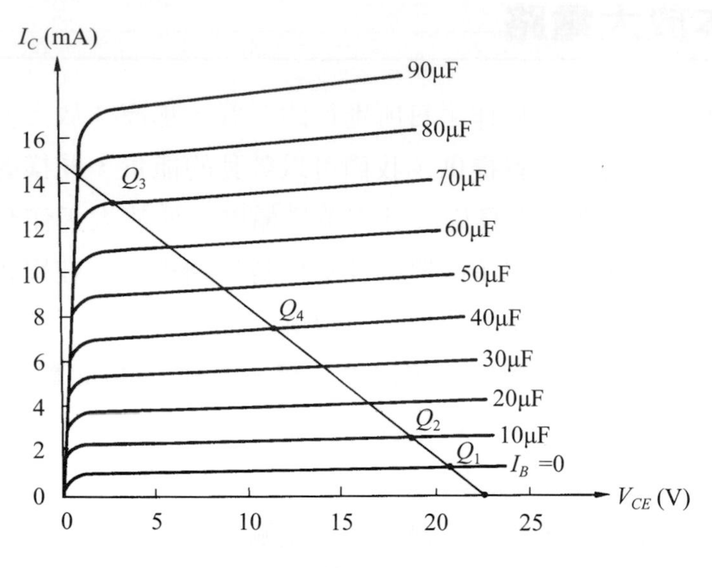


圖 8-23 集極特性曲線的描繪 (續)

爲了說明工作點與「負載線」的關係，我們特以 8-1-1 節中所介紹過的「固定偏壓電路」來做解釋。如圖 8-24 所示，這是$CE$式中最簡單的一種偏壓法。由KVL可得出其輸入迴路方程式($V_{BB} - I_B R_B - V_{BE} = 0$)，並由此求出基極電流$I_B$等於：

$$I_B = \frac{V_{BB} - V_{BE}}{R_B} \tag{8-27}$$

而在集極電路，由輸出迴路方程式($V_{CC} - I_C R_C - V_{CE} = 0$)可求出$C$-$E$間導通的電壓降爲：

$$V_{CE} = V_{CC} - I_C R_C \tag{8-28}$$

此式可以視爲外加電路($V_{CC}$和$R_C$)對$I_C$及$V_{CE}$的限制，所以公式 8-28 又叫作**負載方程式(load equation)**。由負載方程式所畫成的直線便叫做「負載線」(load line)。如圖 8-24(b)所示，負載線在$I_C$縱軸上的截距爲$\frac{V_{CC}}{R_C}$(即$V_{CE} = 0$)，此點亦稱作**飽和點(saturation point)**。而在$V_{CE}$橫軸上的截距爲$V_{CC}$(即$I_C = 0$)，此點被稱爲**截止點(cutoff point)**。

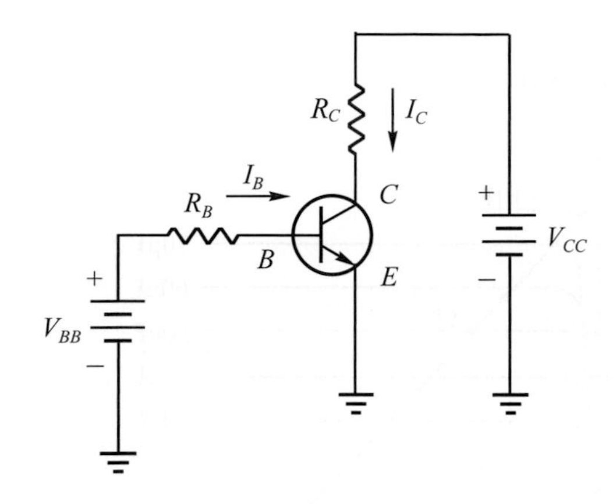


(a) 偏壓電路

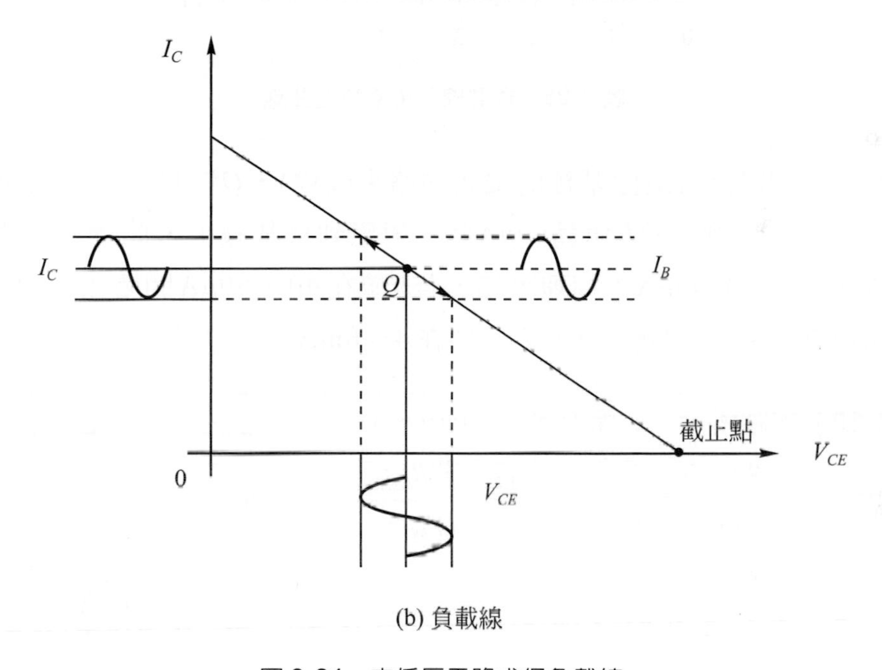


(b) 負載線

圖 8-24　由偏壓電路求得負載線

因負載方程式中的$I_C$及$V_{CE}$就是電晶體的$I_C$和$V_{CE}$，故負載線可與電晶體的集極特性曲線合併，如圖 8-25 所示。圖中的集極特性曲線有許多條，但實際上，基極電流$I_B$已由公式 8-27 所確定，故只有滿足此$I_B$值的基極特性曲線才能加以採用。在這條特性曲線與負載線相交的點上，一方面能夠符合負載的要求，同時另一方面又能滿足集極的要求，因此，這個**相交的點便是電晶體的工作點，亦即所謂的 Q 點**。

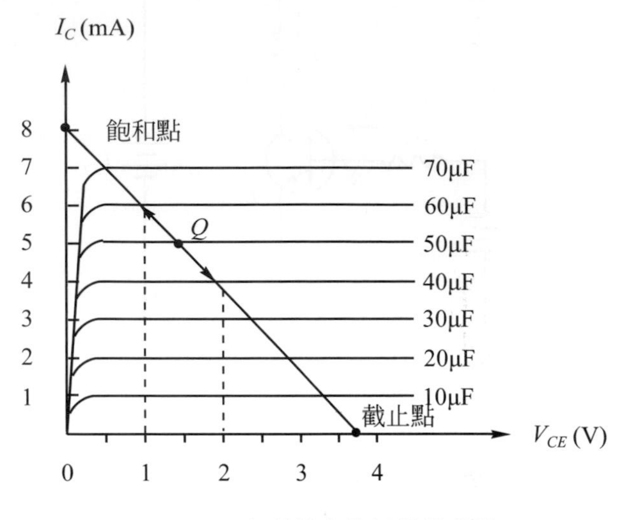


圖 8-25 負載線與集極特性曲線

當然，若$I_B$改變的話(由基極的輸入迴路來改變)，$Q$點也會跟著改變。

今以圖 8-25 爲例，當$I_B$值爲60$\mu$A時，對應到負載線上，此時電晶體的$V_{CE}$值必須爲 1V，$I_C$則約爲 6mA；同理可知，若$I_B$值在 40～60$\mu$A間變化，則由負載線得知$V_{CE}$值將在 1～2V 間變化，而$I_C$值則在 4～6mA。

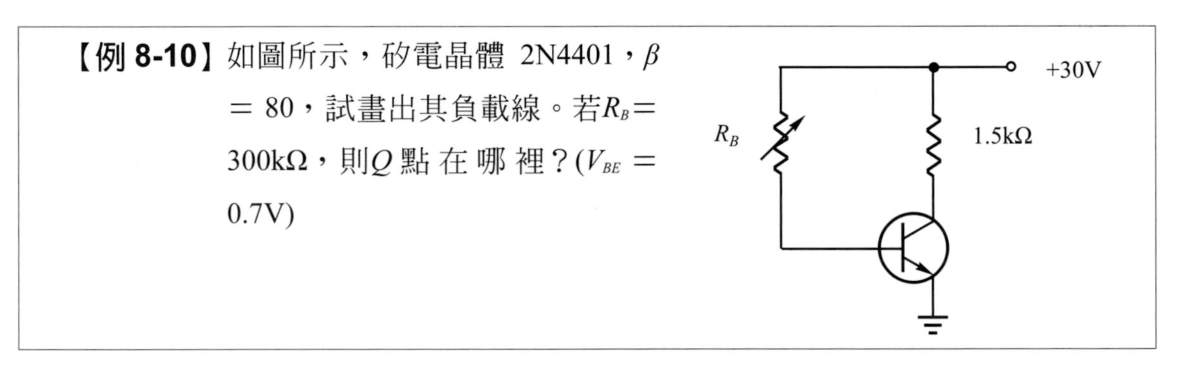


**【例 8-10】** 如圖所示，矽電晶體 2N4401，$\beta = 80$，試畫出其負載線。若$R_B = 300\text{k}\Omega$，則$Q$點在哪裡？($V_{BE} = 0.7\text{V}$)

**解**

(1)要畫出負載線，必須先求出負載線在$I_C - V_{CE}$座標軸上的兩截距，如圖 1 所示。

在飽和點上，$\because V_{CE} = 0$

$$\therefore I_C = \frac{V_{CC}}{R_C} = \frac{30}{1.5\text{k}} = 20\text{mA}$$

而在截止點上，$\because I_C = 0$

$\therefore V_{CE}=V_{CC}=30\text{V}$

得出負載線如圖 2。

⑵要找出$Q$點，首先求$I_B$值。

由公式 8-27 可得：

$$I_B=\frac{V_{BB}-V_{BE}}{R_B}=\frac{30-0.7}{300\text{k}}=97.7\mu\text{A}$$

$$I_C=\beta I_B=80\times97.7\times10^{-6}=7.8\text{mA}$$

再利用公式 8-28 得$V_{CE}$值：

$$V_{CE}=V_{CC}-I_CR_C=30-7.8\times10^{-3}\times1.5\text{k}=18.28\text{V}$$

故$Q$點之座標為：$I_C=7.8\text{mA}$，$V_{CE}=18.28\text{V}$ 處。

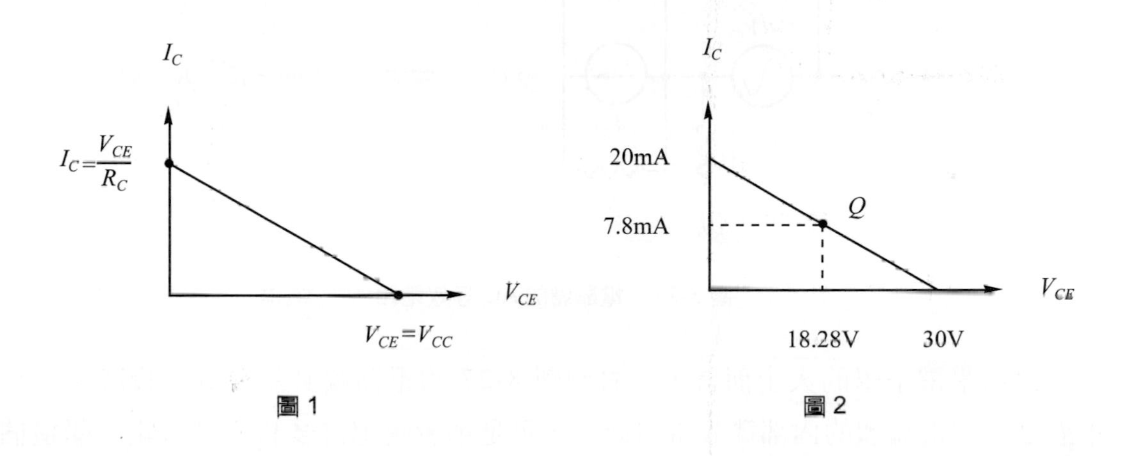


圖 1　　　　圖 2

## 8-2-1　電晶體理想等效電路

在探討放大器電路時，大多的輸入訊號都為交流訊號，因此我們必須先對電晶體的AC等效電路做一分析。在電晶體的內部，有三個摻雜區和二個空乏層，這些構造在對 AC 訊號和 DC 訊號作用時會產生不同的反應。由於電晶體各空乏層寄生著二極體電容，這些電容對 DC 訊號等於不存在，可視同斷路；但對 AC 訊號卻會有複雜的反應。對於汽車工程師來說，我們並不需要瞭解電晶體對於不同頻率之AC訊號的實際運作過程，然而我們卻必須對電晶體的理想等效模型有些瞭解。

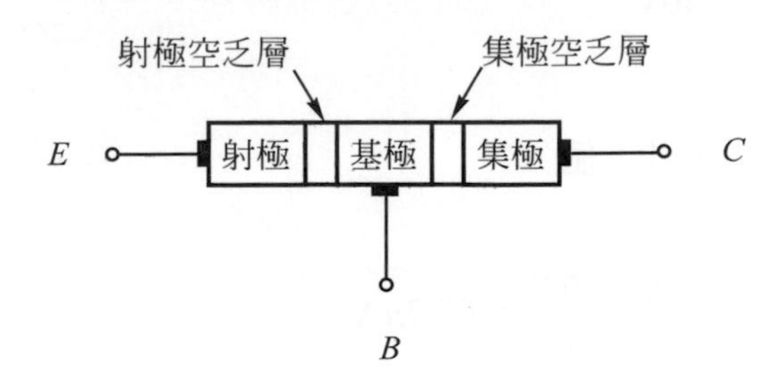


圖 8-26　電晶體的空乏層

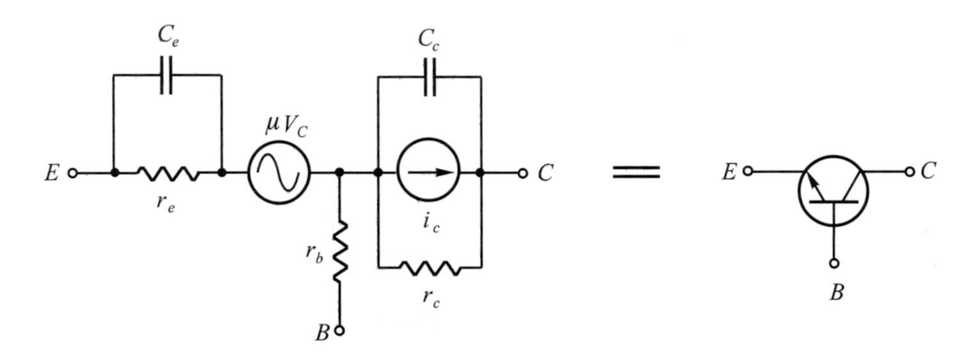


圖 8-27　電晶體的 AC 等效電路

對初學電子學的人士而言，一看到圖 8-27 的電路圖必然會立刻投降。它只不過是一個電晶體的內部等效電路而已，可是卻會嚇退許多有心進入電子學這個領域的初學者。事實上，只要晶體的工作頻率在 100MHz 以下，我們是可以將電晶體以理想模型視之，如圖 8-28 所示。當輸入電壓加在$B$-$E$間時，交流電流$i_B$流入基極，因此，在$B$-$E$間可看成有一電阻存在，這個電阻便以$r_e$表示。交流電流$i_B$與$i_C$的關係為：

$$i_C = \beta i_B \tag{8-29}$$

**$\beta$值為電晶體一項很重要的規格與特性，是指集極外部電流和基極外部電流的比值，可以用於 DC 或 AC 訊號。製造商也常以 $h_{FE}$ 來表示，唯習慣上由於$\beta$較容易寫，故多以$\beta$值來表示**。由公式 8-29 可知，當$i_B$增加時，$i_C$亦隨之增加。

至於先前所提的射極內的交流電阻$r_e$，其物理意義即表示基射極間的$V_{BE}$變化量與$I_E$變化量的比值。其實，$r_e$的大小與$I_E - V_{BE}$曲線中$Q$點位置高低有關，如圖8-29所示。$r_e$值我們常以公式8-30來計算在25℃工作溫度時的$r_e$近似值：

$$r_e = \frac{25\text{mV}}{I_E} \tag{8-30}$$

其中，$I_E$是以mA爲單位。

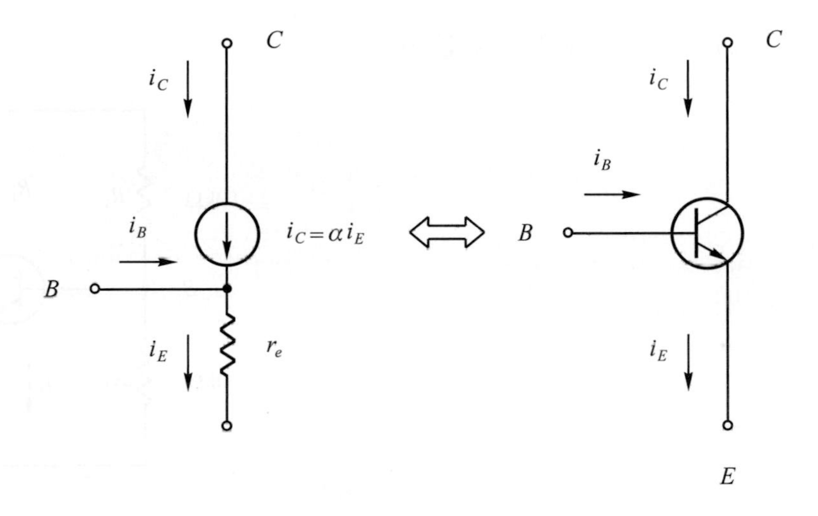


圖 8-28　電晶體理想等效電路($\alpha \doteqdot 1$)

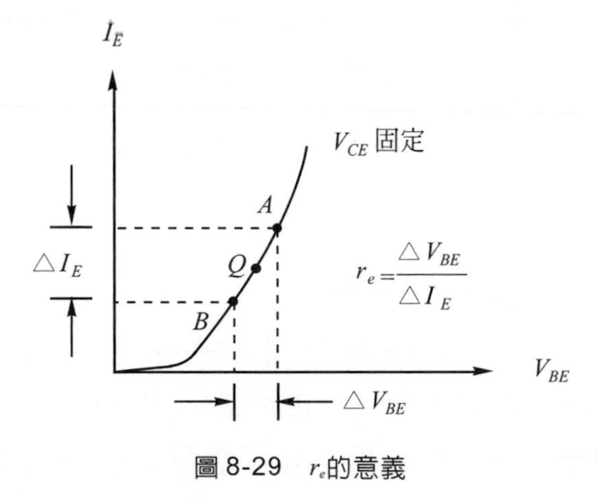


圖 8-29　$r_e$的意義

【例 8-11】試求已知射極電流爲 2mA 的射極電阻$r_e$值。

解

$\because I_E = 2\text{mA}$

$\therefore r_e = \dfrac{25\text{mV}}{I_E} = \dfrac{25\text{mV}}{2\text{mA}} = 12.5\Omega$

【例 8-12】如圖所示，試求出射極電阻$r_e$＝？

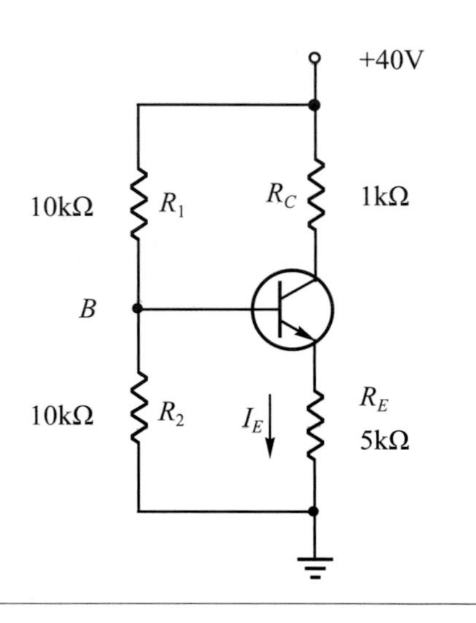


解

電晶體的基極輸入端爲一分壓器電路，故在$B$點上的電壓$V_B$等於：

$$V_B = V_{CC} \times \frac{R_2}{R_1 + R_2} = 40 \times \frac{10\text{k}}{10\text{k} + 10\text{k}} = 20\text{V}$$

亦即跨在射極兩端的直流電壓等於 20V(忽略$V_{BE}$)。

$$\therefore I_E = \frac{V_E}{R_E} = \frac{20}{5\text{k}} = 4\text{mA}$$

$$r_e = \frac{25\text{mV}}{I_E} = \frac{25\text{mV}}{4\text{mA}} = 6.25\Omega$$

## 8-2-2 放大器等效電路

利用電晶體做放大工作，主要是利用DC電源建立偏壓電路所需的直流電流與電壓，並且以AC訊號來使電晶體的電流和電壓發生變化，以放大輸入訊號。因此，在分析電晶體電路(線性)動作時，就需分成兩個部份，即：

1. DC的分析，和
2. AC的分析。

**重疊定理(superposition theorem)說到：一次只分析一個電源的動作，然後再將個別分析之結果做合成，來決定整個電路的動作**。利用這個觀念，我們將放大器電路分成DC與AC兩部份分析後，分別得到DC與AC的電流和電壓，最後把DC與AC的電流與電壓相加，便可得到總電流和總電壓了。

應用重疊定理分析電晶體電路的三步驟：

1. 求出DC等效電路：
   (1) 移去所有的交流電源(如：$v_{in}$)。
   (2) 將所有的電容視為斷路。
   (3) 利用8-1節所介紹偏壓電路的計算方法便可求出DC電流與電壓(此即靜態工作點電流與電壓)。
2. 求出AC等效電路：
   (1) 將原電路中所有直流電源短路，亦即以接地代替。(如：$V_{CC}$、$V_{BB}$)。
   (2) 將所有的電容視為短路。
3. 結合DC與AC等效電路：
   (1) 原電路中，任一元件的總電流，等於DC電流與AC電流之和。
   (2) 原電路中，任一元件的總電壓，等於DC電壓與AC電壓之和。

現以圖8-30所示$CE$式放大器為例說明如何畫出放大器電路之DC與AC等效電路。($R_s$為電源內阻)

1. 首先，畫DC等效電路，先移去兩個交流電源$v_{in}$及$v_{out}$。接著，將耦合電容$C_1$及$C_2$視為斷路，即可得出DC等效電路，如圖8-31(a)所示。
2. 其次，畫AC等效電路，先移去唯一DC電源$V_{CC}$，以接地代替。由於$V_{CC}$被移除(短路)，故$R_1$和$R_C$都被短路至地線。接著，再令電容$C_1$和$C_2$短路。如圖8-31(b)所示。

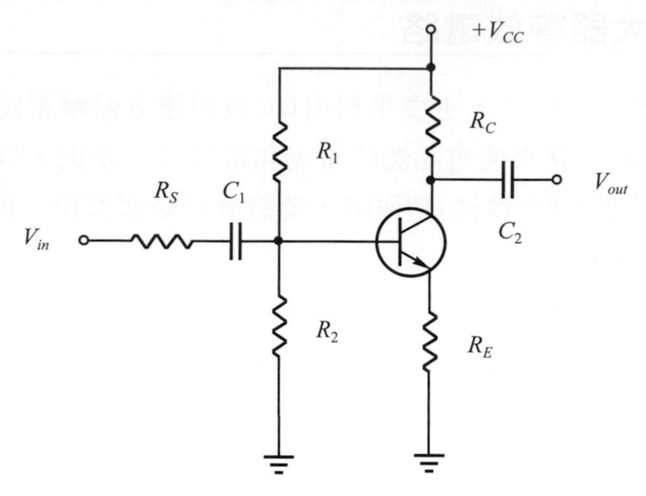


圖 8-30　共射極放大器(分壓器偏壓法)

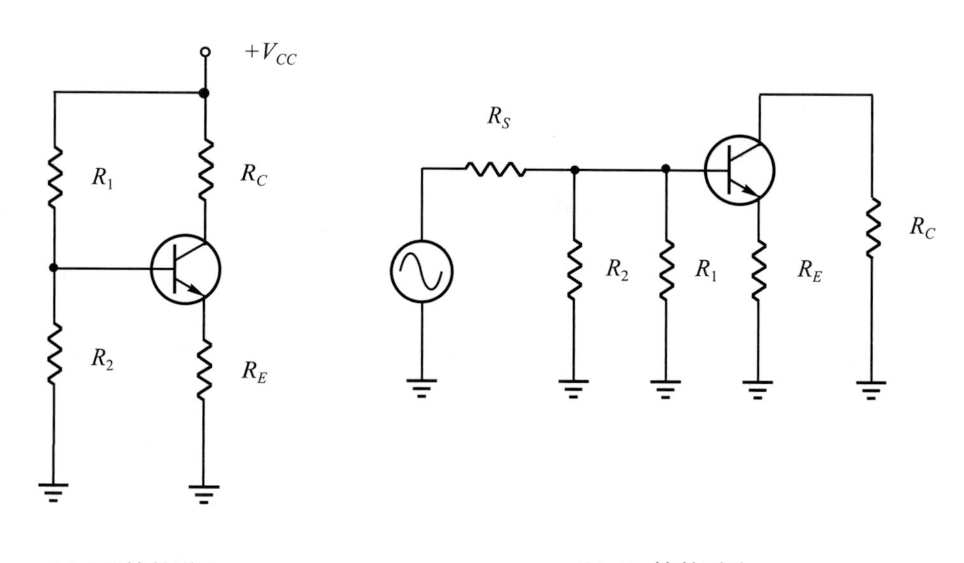


(a) DC 等效電路　　(b) AC 等效電路

圖 8-31　放大器之等效電路畫法

3. DC 等效電路之計算：

(1) 依公式 8-15：基極的直流輸入電阻$R_{IN}=\beta R_E$，若$R_{IN}\gg R_2$，則可忽略$R_{IN}$不計。

(2) 基極電壓$V_B=\left(\dfrac{R_2}{R_1+R_2}\right)\times V_{CC}$。

(3) 射極電壓$V_E = V_B - V_{BE}$。

(4) 射極電流$I_E = \frac{V_E}{R_E}$。

(5) 集極電流$I_C = \alpha I_E \fallingdotseq I_E$。

(6) 集極電壓$V_C = V_{CC} - I_C R_C$。

(7) $V_{CE} = V_C - V_E$。

4. AC 等效電路之計算：

(1) 基極的交流電壓$V_B$，事實上是由訊號源內阻$R_s$與$R_2$、$R_1$和$r_{in}$(三者並聯)所構成的分壓電路所得出的，如圖 8-32 所示。

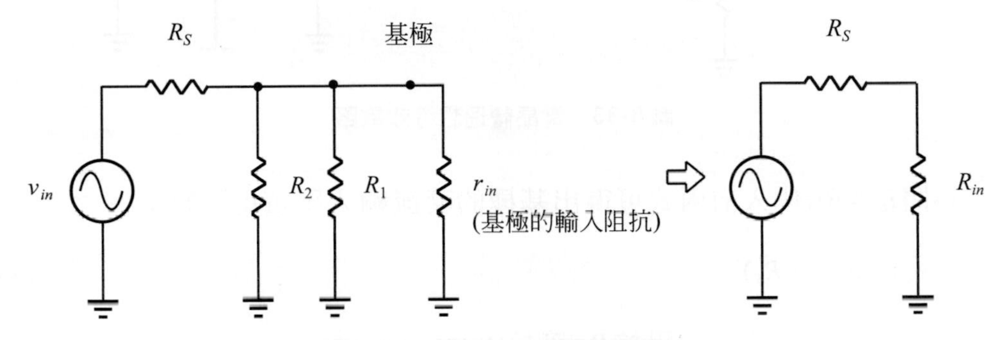


圖 8-32 基極的交流電壓值算法

$$\therefore V_B = \left(\frac{R_{in}}{R_s + R_{in}}\right) \times v_{in} \tag{8-31}$$

其中，$\frac{1}{R_{in}} = \frac{1}{R_2} + \frac{1}{R_1} + \frac{1}{r_{in}}$

$R_{in}$爲由訊號源看入的總輸入阻抗。

(2) 交流時基極的輸入阻抗$r_{in}$等於：

$$r_{in} = \frac{v_B}{i_B} \tag{8-32}$$

其中，$v_B = i_E \times (r_e + R_E)$，如圖 8-33 所示爲電晶體理想等效電路。(參見 8-2-1 節)。

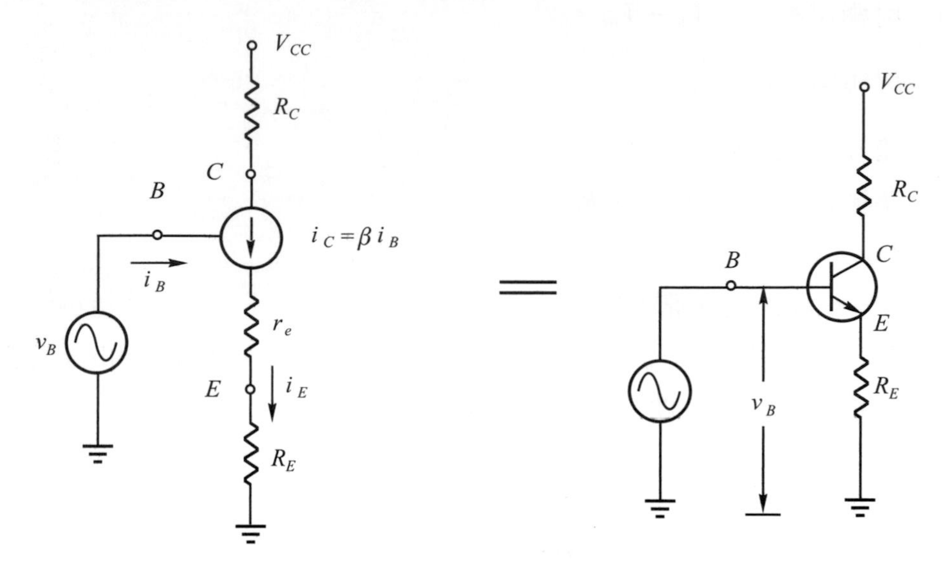


圖 8-33　電晶體理想等效電路

將$i_E=\beta i_B$代入前兩式可得出基極的交流輸入阻抗$r_{in}$等於：

$$r_{in}=\beta(r_e+R_E) \tag{8-33}$$

(3)　由集極看入之輸出阻抗$R_{out}$等於：

$$R_{out}\fallingdotseq R_C \tag{8-34}$$

(4)　**輸出電壓 $v_{out}$與輸入電壓 $v_{in}$的比值稱為「電壓增益」(voltage gain)，以符號 $A_V$ 表示**，即

$$A_V=\frac{v_{out}}{v_{in}} \tag{8-35}$$

在本例圖中，$A_V=\dfrac{v_C}{v_B}=\dfrac{i_C R_C}{i_E\times(r_e+R_E)}$

$\because i_C\fallingdotseq i_E$

$$\therefore A_V=\frac{R_C}{r_e+R_E} \tag{8-36}$$

## 8-2-3 共射極放大器

在一些電子學的書籍裡將電晶體直流分析之偏壓形式和放大器電路種類區分成兩種，即：

1. 基極驅動式：包括共射極($CE$)、共集極($CC$)組態。
2. 射極驅動式：包括共基極($CB$)組態。

這是依訊號源所送入電晶體的電極而得名，其實電路本身並無差異，只是分類上的不同而已，如圖 8-34 所示。

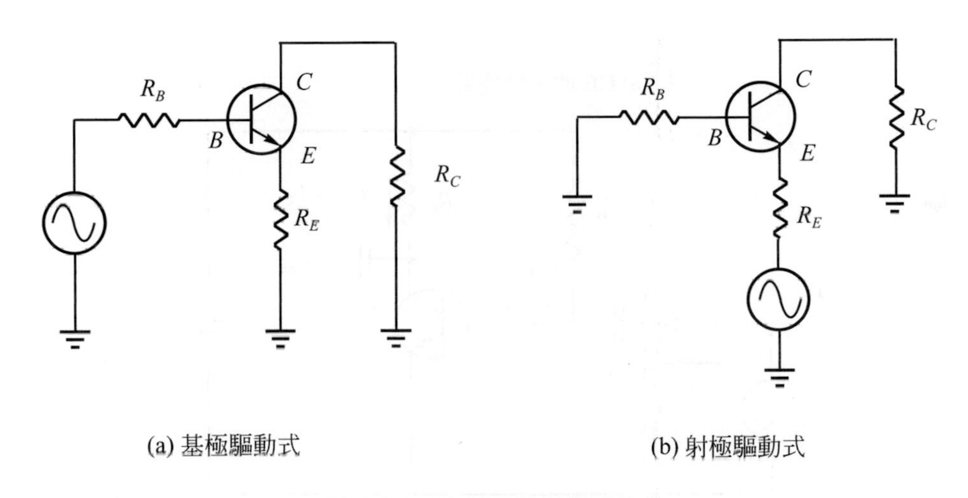


(a) 基極驅動式　　(b) 射極驅動式

圖 8-34　依驅動的電極名分類

在進入放大器電路的介紹之前，我們先對幾個代表符號的意義做說明。**通常以大寫英文字母表示直流的各種數值，亦即電路中「直流偏壓」的部份，例如 $I_B$ 表示基極偏壓電流。而以小寫字母表示交流的各數值，亦即電晶體於動態工作時交流訊號的部份，例如 $i_B$ 表示交流訊號送到基極的電壓，$i_C$ 表示電晶體做放大時的集極電流。**

圖 8-35 爲一典型之共射極($CE$)放大器電路，交流訊號源自$v_{in}$輸入，而從集極端輸出$v_{out}$。$R_s$爲訊號源內阻，電容器$C_1$稱爲**耦合電容(coupling condenser)，用以阻止直流偏壓電流進入訊號源$v_{in}$，並且也可阻擋訊號源中直流成份的進入**。如果沒有耦合電容$C_1$，則偏壓電流將流進訊號源$v_{in}$而不進入電晶體的基極，如此將使電晶體無法工作。**現在讓我們來看看交流訊號$v_{in}$輸入後，電晶體電路的工作情形：**

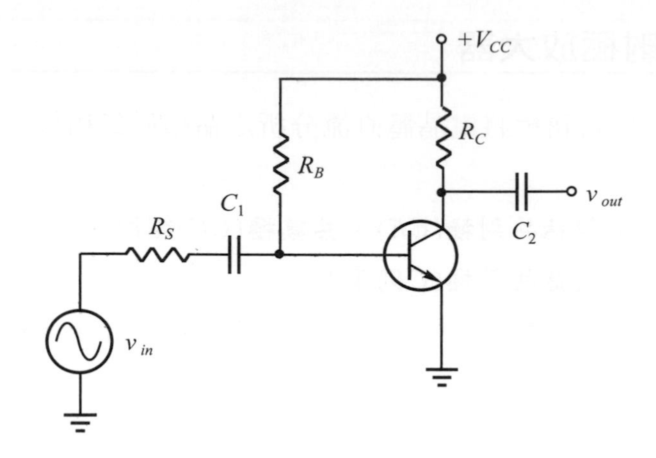


(a) CE 放大器電路

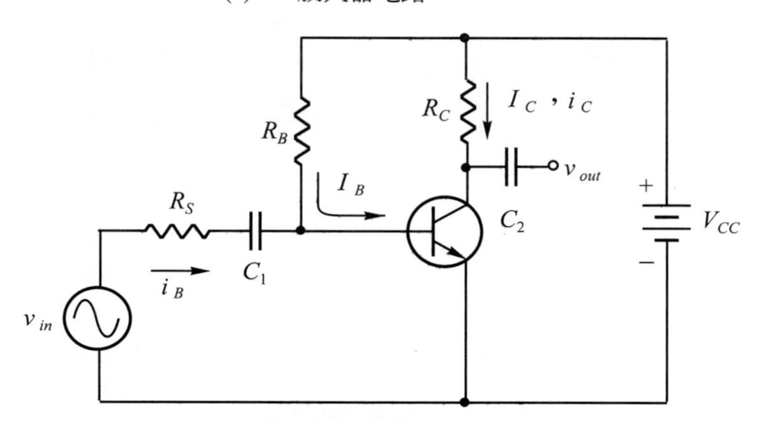


(b) 等效電路圖

圖 8-35　放大電路

1. 當交流輸入訊號$v_{in}$在$\omega t = 0$、$\pi$、$2\pi$三點時，電壓值爲0V，無交流電流流入基極，如圖8-36所示。

   (1) 依KVL求偏壓電路輸入迴路中的$I_B$值爲：

   $$I_B = \frac{V_{CC}}{R_B} = \frac{20}{1\text{M}} = 20\mu\text{A}$$

   (2) $I_C = \beta I_B = 50 \times 20\mu\text{A} = 1\text{mA}$

   (3) 同樣地，依KVL可求出輸出迴路的$V_{CE}$值等於：

   $$V_{CE} = V_{CC} - I_C R_C = 20 - 1 \times 10^{-3} \times 10\text{k} = 10\text{V}$$

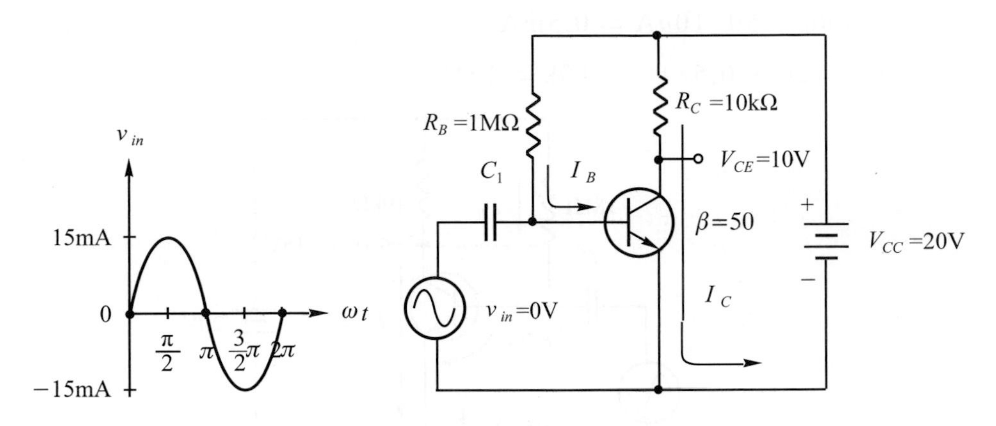


圖 8-36　交流輸入訊號$v_{in}$為 0V 時

2. 當$v_{in}$在$\omega t = \frac{\pi}{2}$時，$v_{in}$在正半波的峰值，電壓值爲15mV，此時交流訊號流入基極的電流$i_B = 10\mu A$，再加上偏壓電路$I_B$的$20\mu A$，使進入基極的總電流爲$30\mu A$。如圖8-37所示。

$$\therefore i_C = \beta i_B = 50 \times 30\mu A = 1.5mA$$

$$V_{CE} = V_{CC} - i_C R_C = 20 - 1.5 \times 10^{-3} \times 10k = 5V$$

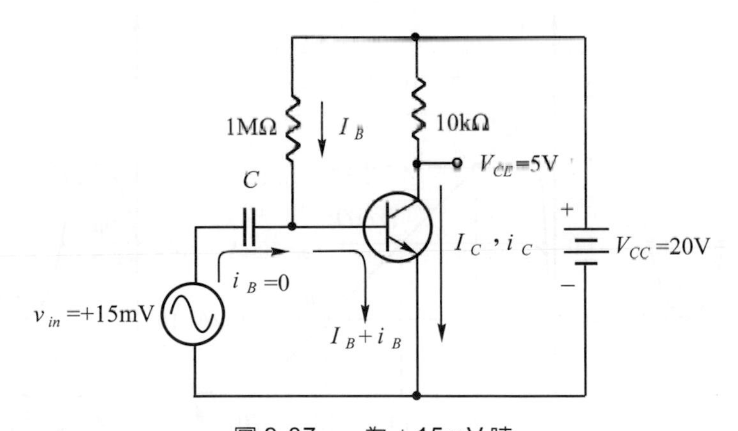


圖 8-37　$v_{in}$為＋15mV 時

3. 如圖8-38 爲$v_{in}$在$\omega t = \frac{3}{2}\pi$時，$v_{in}$在負半波的峰值，電壓值爲−15mV。由於交流輸入訊號處於負半波，故$i_B$的電流方向恰與$I_B$相反，使得進入基極的總電流等於$I_B - i_B = 10\mu A$。

$\therefore i_C = \beta i_B = 50 \times 10\mu A = 0.5mA$

$V_{CE} = 20 - 0.5 \times 10^{-3} \times 10k = 15V$

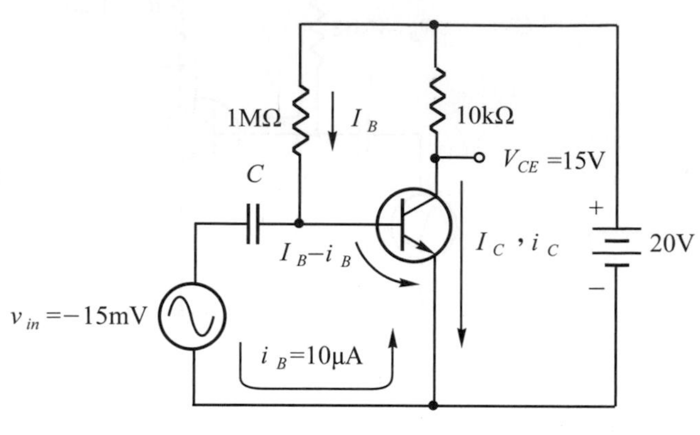


圖 8-38　$v_{in}$為－15mV 時

上述工作情形2.、3.的結果正符合圖 8-39 中的$A$點和$B$點，請注意在$A$、$B$點上的$i_C$值和$V_{CE}$值。由於當集極電流$i_C$增加時，在電阻$R_C$上所產生的電壓降也跟著增加，使集射極的電壓$V_{CE}$隨之減小，產生與基極電壓處的交流輸入訊號相差 180°相位的電壓波形。

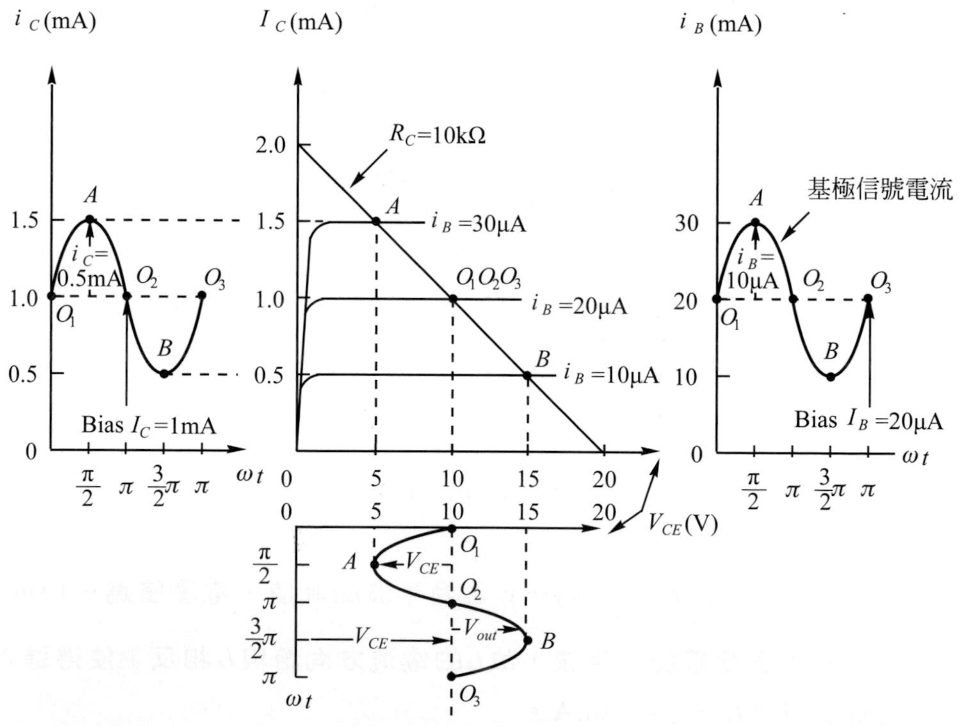


圖 8-39　$i_B$、$i_C$及$V_{CE}$的分析圖形（取自：電子學入門、戴建耘編，全華）

現在我們將圖 8-35 的放大電路整理如下：

1. 交流輸入訊號$v_{in}$使電晶體的基極電流跟著變化，
2. 基極電流變化使集極電流也跟著變化，
3. 集極電流變化再使集極電壓$V_{CE}$變化。

因此，當輸入$v_{in}$時，經過電晶體放大作用後成為$V_{CE}$，如圖 8-40 所示為各個電壓波形的變化，$V_{CE}$亦呈現交流形狀(脈動直流)。圖 8-41 與 8-36 完全一樣，唯在$v_{out}$輸出端加一耦合電容$C_2$，$C_2$可將$V_{CE}$的直流部份(10V)與交流部份(±5V)分開，使$V_{CE}$的交流部份經電容$C_2$成為輸出電壓$v_{out}$，如圖 8-40(d)所示。

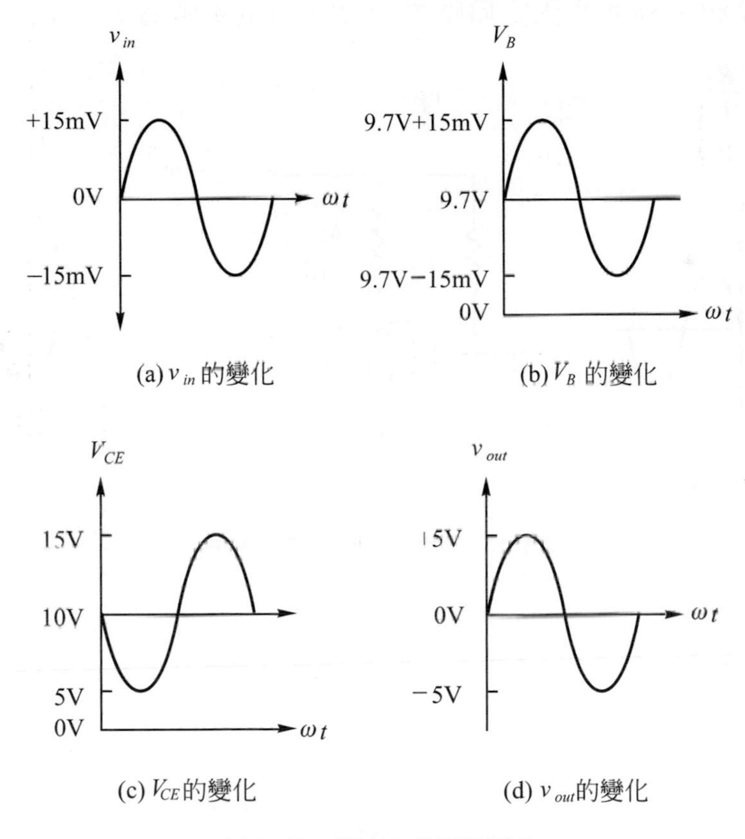


圖 8-40　輸出入的電壓變化

依公式 8-35，$A_V=\dfrac{v_{out}}{v_{in}}$所述，本圖例的電壓增益$A_V$等於：

$$A_V=\frac{5V}{15mV}=\frac{5V}{0.015V}=333$$

也就是說，此一放大器的放大率爲333倍，但輸出入電壓的相位卻有180°的相位差。

圖8-41的$A_V$值若以公式表示，則爲：

$$A_V = \frac{v_{\text{out}}}{v_{\text{in}}} = \frac{i_C R_C}{i_B r_{\text{in}}} = \beta \frac{R_C}{r_{\text{in}}} \tag{8-37}$$

以本節所學之固定偏壓法$CE$放大器而言，其基極的交流輸入阻抗$r_{\text{in}}$等於：

$$r_{\text{in}} = \frac{v_B}{i_B} = \frac{i_E r_e}{i_B} = \beta r_e \tag{8-38}$$

整理公式8-37和8-38可得固定偏壓法$CE$放大器的$A_V$值爲：

$$A_V = \frac{R_C}{r_e} \tag{8-39}$$

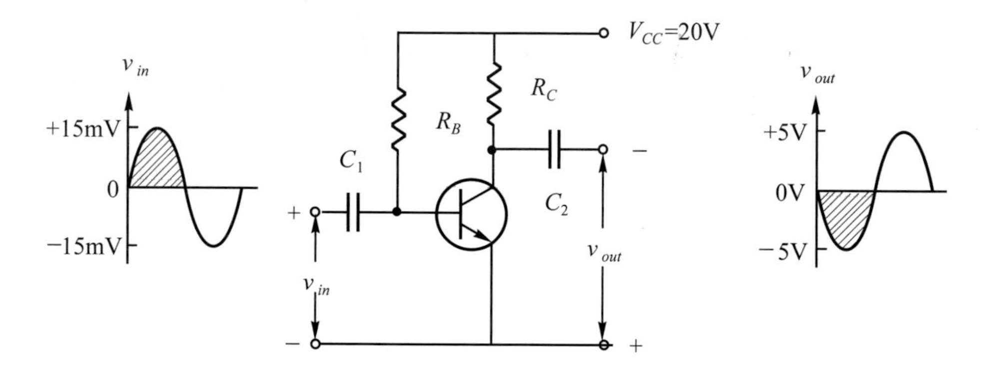


圖8-41　共射極電路的電壓增益

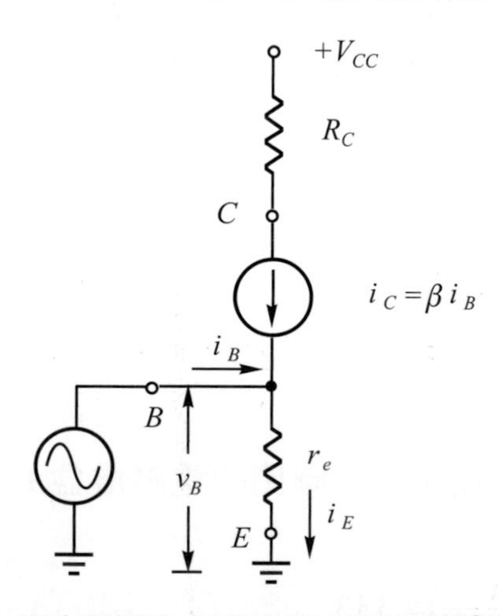


圖8-42　固定偏壓法$CE$放大器之電晶體理想等效電路

## 8-2-4 共集極放大器

雖然電源訊號的內阻($R_s$)不易測得，但是，它卻是存在的。當一訊號源的內阻$R_s$很大時，如圖 8-43 所示，因$R_s \gg R_L$，負載$R_L$只擔負很小的功率消耗，大部分的訊號都被電源內阻$R_s$給吸收掉了。如此對電源本身即會形成很重的負荷，例如發熱的問題。當然，我們可以藉由「變壓器」元件，來提高$R_L$值以消弭前述的問題。如圖 8-44 所示，將變壓器初級線圈電阻(輸入阻抗)$r_{in}$增大，再藉初、次級線圈的匝數比降壓，即可使負載$R_L$獲得相同的功率，但卻不會造成訊號源自生負荷。

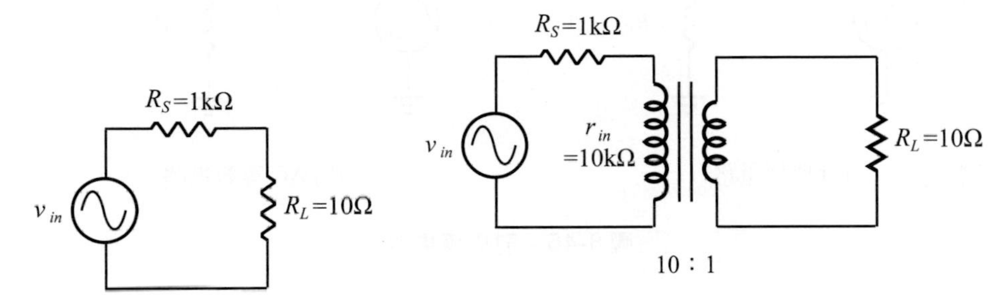


圖 8-43　電源內阻消耗功率　　　圖 8-44　利用變壓器增加輸入阻抗

利用變壓器做阻抗轉換匹配的方法，常用於一般小型電晶體收音機內。但如不採變壓器，也可以採用「射極隨耦器」(emitter follower)電路來提高輸入阻抗$r_{in}$，以達成阻抗匹配。

射極隨耦器曾經在 8-1-5 節中介紹過其偏壓電路，它可使$r_{in}$提高以減輕放大器電路所加給電源的負荷。如圖 8-45 所示爲射極隨耦器典型電路圖。交流AC訊號由基極輸入，由射極取得輸出訊號。**因為集極為交流接地點，為輸入和輸出點所共用，故此種電路又叫作「共集極放大器」(CC 放大器)**，其基極輸入阻抗$r_{in}$值可由公式 8-32 及 8-33 得出，即：

$$r_{in} = \frac{v_B}{i_B} = \frac{i_E(r_e + R_E)}{i_B} = \beta(r_e + R_E)$$

若$R_E \gg r_e$，則可寫成：

$$r_{in} \fallingdotseq \beta R_E \tag{8-40}$$

其中，$r_e$為電晶體射極內阻，$R_E$為射極外部電阻。由公式 8-40 可知，射極隨耦器可將輸入阻抗增加$\beta$倍。但固定偏壓法$CE$放大器的$r_{in}$值則為$\beta r_e$而已(公式 8-38)，然而，採用分壓器偏壓法之$CE$放大器，其$r_{in}$值則與$CC$式放大器相同(公式 8-33)。(註：$r_e$遠小於$R_E$)

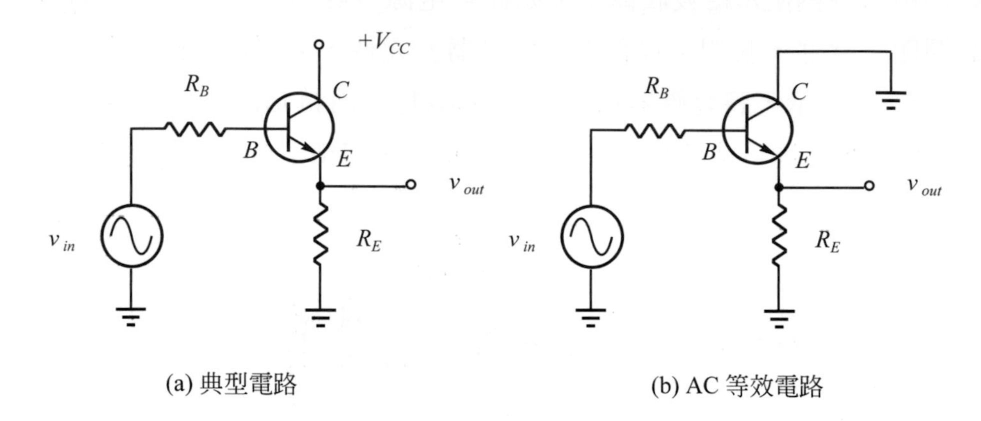


(a) 典型電路　　(b) AC 等效電路

圖 8-45　射極隨耦器

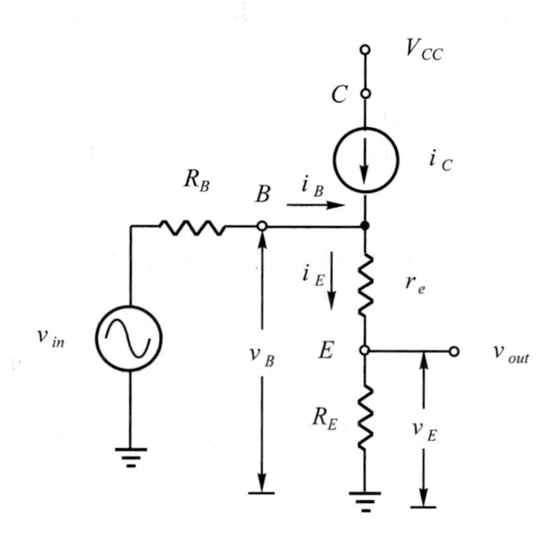


圖 8-46　$CC$放大器之電晶體理想等效電路

$CC$式放大器的電壓增益$A_V$值則等於：

$$A_V = \frac{v_E}{v_B} = \frac{i_E R_E}{i_E(r_e + R_E)} = \frac{R_E}{r_e + R_E} \tag{8-41}$$

由公式 8-41 可以看出$A_V$值恆小於 1，若$R_E \gg r_e$，則$A_V$近似值約等於 1，但絕不會大於 1。由圖 8-47 知，輸出電壓與輸入電壓幾乎相等，並且其輸出入訊號之相位亦相同。

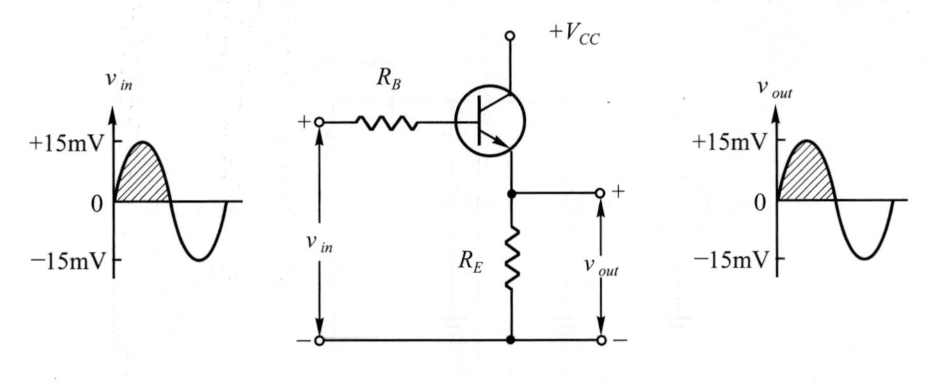


圖 8-47　CC式放大器的電壓增益

至於電流增益$A_I$則爲輸出、入電流之比，亦即：

$$A_I = \frac{i_E}{i_B} = \frac{i_B + i_C}{i_B} = \frac{i_B + \beta i_B}{i_B} = 1 + \beta \tag{8-42}$$

由於$\beta \gg 1$，故$A_I$值之近似值可寫成：

$$A_I \fallingdotseq \beta \tag{8-43}$$

**【例 8-13】** 如圖所示爲一射極隨耦器，試算出其輸入阻抗$r_{in}$、$R_{in}$、電壓增益$A_V$及電流增益$A_I$值各爲多少。($V_{BE}$可忽略不計)

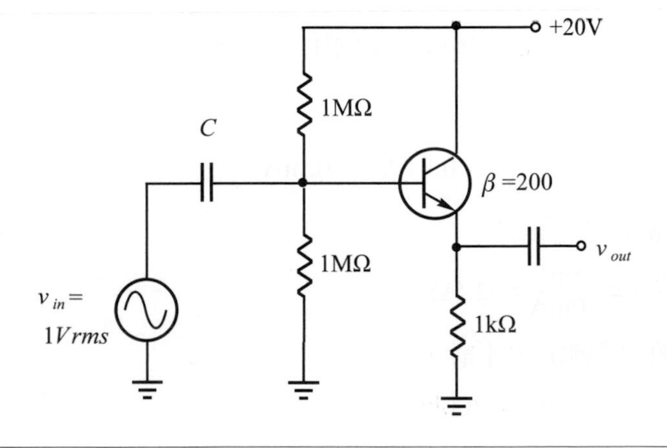

**解**

⑴求電晶體的輸入阻抗$r_{in}$其實就是由基極看入的阻抗。輸入阻抗是指“交流”狀況下的阻抗，應以 AC 等效電路視之，如下圖所示。

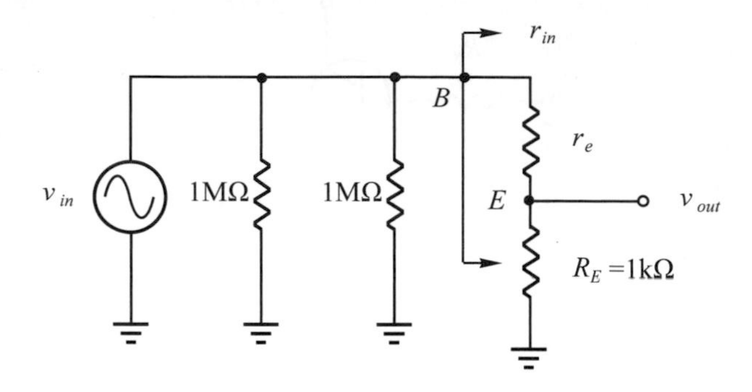


依公式 8-40 所述，若$R_E \gg r_e$，則可得$r_{in}$的近似值等於$\beta R_E$。

⑵要求$r_e$值，必須先求出$I_E$值，再依公式 8-30 得出$r_e$ $\left(r_e = \dfrac{25\text{mV}}{I_E}\right)$。

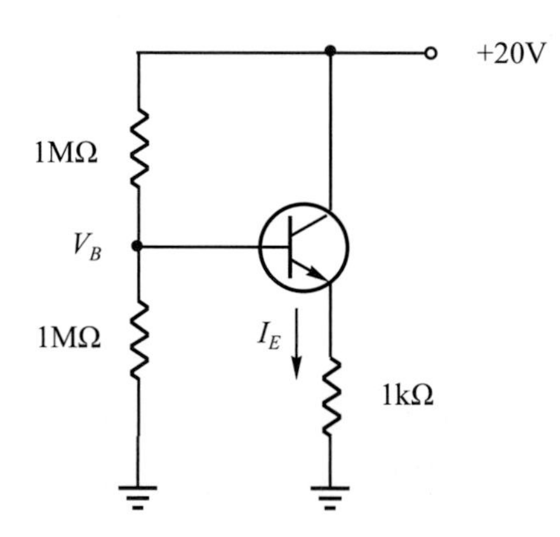


利用上圖所示之 DC 等效電路(偏壓電路)來求出$I_E$值。

$$V_B - V_{BE} - I_E R_E = 0$$

$$\therefore I_E = \frac{V_B - V_{BE}}{R_E} = \frac{10}{1\text{k}} = 0.01\text{A} = 10\text{mA}$$

則射極之交流內阻$r_e$等於：

$$r_e = \frac{25\text{mV}}{I_E} = \frac{25\text{mV}}{10\text{mA}} = 2.5\Omega$$

⑶因$R_E \gg r_e$，故可忽略$r_e$值不計。

故　$r_{in} = \beta R_E = 200 \times 1\text{k} = 200\text{k}\Omega$

(4)由AC等效電路圖可以看出總輸入阻抗$R_{in}$爲 1MΩ、1MΩ及$r_{in}$三個電阻並聯，即：

$$R_{in} = 1M\Omega /\!/ 1M\Omega /\!/ 200k\Omega$$

$$\therefore R_{in} = 142.8k\Omega$$

(5)電壓增益$A_V$值爲：

$$A_V = \frac{R_E}{r_e + R_E} = \frac{1k}{2.5 + 1k} = 0.997$$

(6)電流增益$A_I$值爲輸出電流$i_E$與輸入電流$i_B$之比，即

$$A_I = \frac{i_E}{i_B}$$

又，$i_E = \frac{v_E}{R_E} = \frac{A_V v_B}{R_E} = \frac{0.997 \times 1V}{1k} = 0.997mA$

$$i_B = \frac{v_{in}}{R_{in}} = \frac{1V}{142.8k} = 7\mu A$$

$$\therefore A_I = \frac{0.997mA}{7\mu A} = 142.4$$

---

**【例 8-14】**如圖所示，求$R_{in}$值及基極至射極之電壓增益值各是多少。

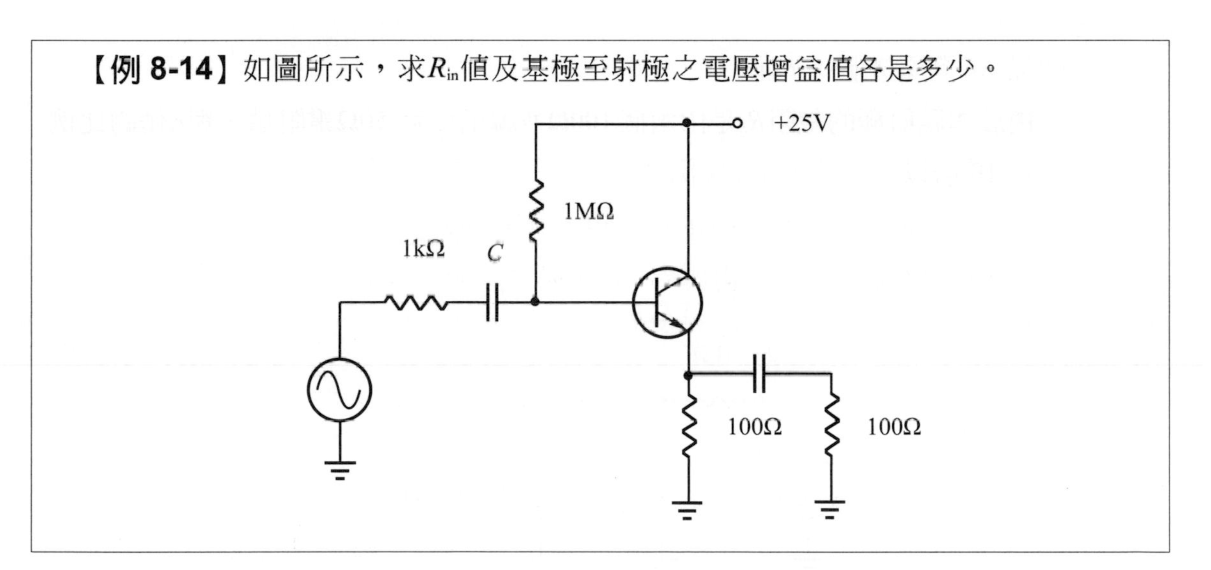


**解**

(1)從 DC 等效電路求出$I_E$值。

$$V_{CC} - I_B R_B - V_{BE} - I_E R_E = 0 \ (V_{BE}\text{忽略不計})$$

$$25 - I_B \times 1M - I_E \times 100 = 0$$

$\because I_E \doteqdot I_C = \beta I_B = 200 I_B$代入得：

$$\begin{cases} I_B = 24.5\mu\text{A} \\ I_E = 4.9\text{mA} \end{cases}$$

$$\therefore r_e = \frac{25\text{mV}}{I_E} = \frac{25\text{mV}}{4.9\text{mA}} = 5.1\Omega$$

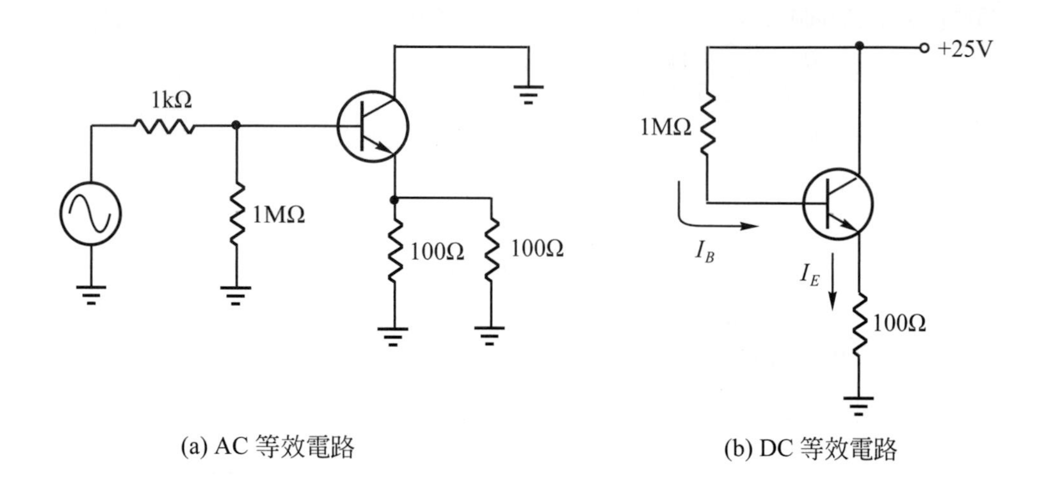


(a) AC 等效電路　　(b) DC 等效電路

⑵從 AC 等效電路求$R_{\text{in}}$值。

由於本題射極的電阻$R_E$是由兩個 100Ω並聯構成為 50Ω電阻值，與$r_e$值的比例在 10 倍以下，故不可忽略$r_e$值。

$$\therefore r_{\text{in}} = \beta(r_e + R_E) = 200 \times (5.1 + 50) = 11020\Omega$$

又，$R_{\text{in}}$為$R_B$與$r_{\text{in}}$並聯後再與$R_s$串聯，如下圖所示：

$R_S$=1kΩ

$R_B$ = 1MΩ

$r_{in}$=11.02kΩ

$$\therefore R_{\text{in}} = 1\text{k} + \frac{1}{\frac{1}{1\text{M}} + \frac{1}{11.02\text{k}}} = 11.9\text{k}\Omega$$

⑶$A_V = \frac{v_E}{v_B} = \frac{R_E}{r_e + R_E} = \frac{50}{5.1 + 50} = 0.907$

## 8-2-5 共基極放大器

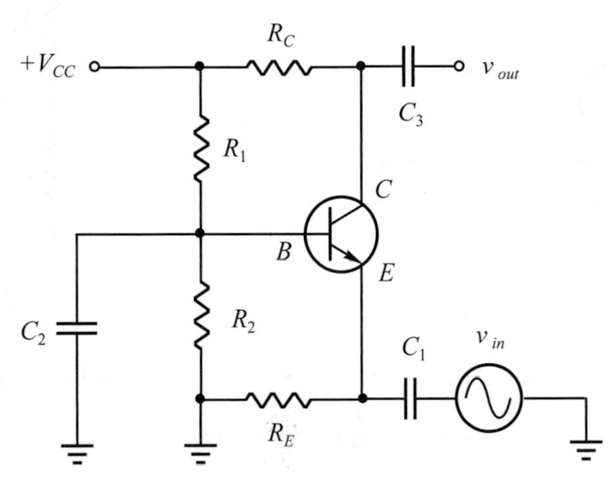


圖 8-48 分壓器偏壓法CB放大器

圖 8-48 為一共基極放大器(CB放大器)。輸入訊號$v_{in}$加於射極和基極的兩端，輸出電壓$v_{out}$則由集極和基極間取得。位在基極端的旁通電容器$C_2$，其作用在使基極端於交流時，因電容被視為短路而可以直接接地。

耦合電容器$C_1$的功用在阻止直流偏壓電流進入訊號源$v_{in}$，並且可以隔絕訊號源中直流成份的進入(即將交流訊號耦合到電晶體的E端)。

射極電阻$R_E$可避免$v_{in}$本身被接地。如果沒有$R_E$，訊號源$v_{in}$的兩端就會接在一起形成短路了。

CB式放大器雖不若前兩節所介紹的放大器那麼廣被採用，但在某些特殊電路中，往往仍需用到這種射極驅動式電路。要計算CB式放大器的交流各項數值，首先仍需將原電路改畫成 AC 與 DC 等效電路，如圖 8-49 所示。

圖 8-49(a)之 AC 等效電路亦可畫成電晶體理想等效電路，如圖 8-50 所示。交流的集極電壓$v_C = i_C R_C$，而交流射極電壓$v_E$則因基極的接地，使$v_E$完全跨於射極內阻$r_e$上，故$v_E = i_E r_e$。電壓增益$A_V$等於：

$$A_V = \frac{v_C}{v_E} = \frac{i_C R_C}{i_E r_e} \fallingdotseq \frac{R_C}{r_e} \tag{8-44}$$

此$A_V$值與未加上射極電阻(固定偏壓法)的CE式放大器$A_V$值相同(參見公式 8-39)。

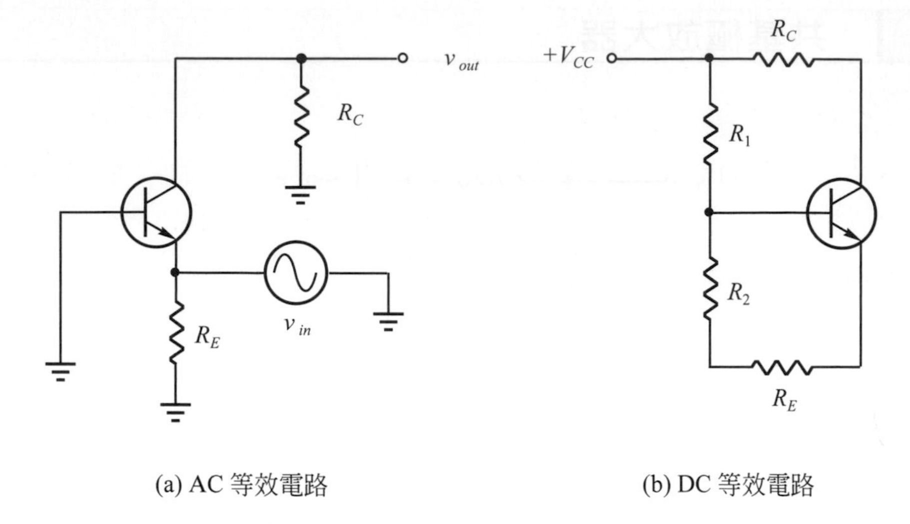


(a) AC 等效電路　　(b) DC 等效電路

圖 8-49　共基極放大器之等效電路

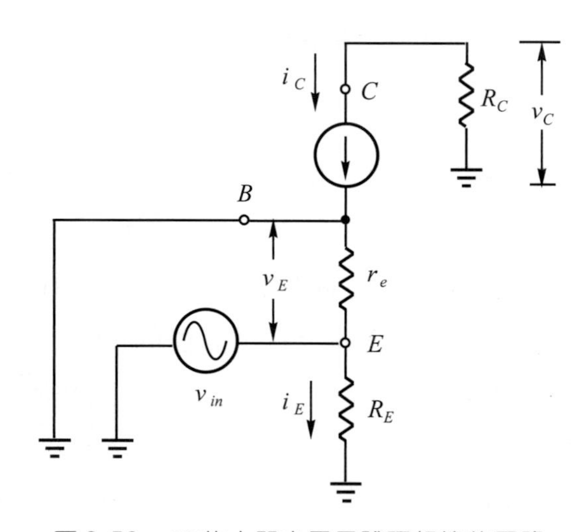


圖 8-50　*CB*放大器之電晶體理想等效電路

接著，我們再來看看*CB*式放大器的交流輸入阻抗$r_{\text{in}}$值。比較特別的是，在前兩節所介紹的放大器都屬於「基極驅動式」，其輸入端都在基極；然而本節所述的*CB*式放大器屬於「射極驅動式」電路，即訊號源自射極端送入，所以在考慮$r_{\text{in}}$值時便不再是「基極」交流輸入阻抗，而是「射極」交流輸入阻抗了。

依交流輸入阻抗的定義得知，*CB*放大器之射極交流輸入阻抗爲：

$$r_{\text{in}}=\frac{v_E}{i_E}=\frac{i_E r_e}{i_E}=r_e \tag{8-45}$$

從公式 8-45 知道，*CB*放大器的輸入阻抗甚小，這也是*CB*放大器的缺點之一。和*CE*式放大器相較，*CE*放大器吸收較少來自訊號源的輸入電流(因$r_{in}$較大)，但*CE*放大器與*CB*放大器兩者的電壓增益$A_V$卻相同。*CB*放大器由於射極輸入阻抗太低，使訊號大部分被訊號源的內阻($R_s$)所消耗，故只用於特殊電路中，例如高頻電路(100MHz以上)。因高頻電路訊號源內阻都很小，故偶爾會採用*CB*放大器。低頻放大器幾乎不用*CB*式放大器。

表 8-1　三種放大器電路之比較

| 項目 \ 型式 | 共基極(*CB*)放大器 | 共射極(*CE*)放大器 | 共集極(*CC*)放大器 |
|---|---|---|---|
| 輸入阻抗$r_{in}$ | 低，$r_e$ | 高，$\beta r_e$ | 高，$\beta(r_e+R_E)$ |
| 輸出阻抗 | 高，$r_C$ | 低，$\frac{r_C}{\beta}$ | 最低，$r_e$ |
| 電壓增益$A_V$ | $\frac{R_C}{r_e}$ | $\frac{R_C}{r_e}$ | 最小，1 |
| 電流增益$A_I$ | 最小，1 | $\beta$ | $\beta$ |

## 8-2-6 達靈頓對

從前面幾節的描述裡可以得知，$\beta$值爲決定輸入阻抗的重要因素，$\beta$值愈大則基極的輸入阻抗也愈大。有些電晶體的$\beta$值可以達到 300 以上，甚至更可高達 1000 以上。如果採用**達靈頓對(Darlington pair)**，則可得到更高的$\beta$值。由於達靈頓對使用兩個電晶體做兩級的放大，所以在一些分類中，將之歸類爲**多級放大電路**。

圖 8-51 爲典型之達靈頓對電路。兩只電晶體的集極接在一起，小電流$i_B$自第一個電晶體的基極流入，射極流出，然後驅動第二個電晶體的基極，使第二個電晶體流過$\beta_1\times\beta_2$倍的電流。我們常常應用這種方式來獲得大的電流增益。圖 8-51 中第一個電晶體的射極電流$i_{E1}$等於：

$$i_{E1}=\beta_1 i_B$$

此射極電流再成爲第二個電晶體的基極電流，並衍生出第二個電晶體的射極電流 $i_{E2}$：

$$i_{E2}=\beta_2 i_{E1}=\beta_1\beta_2 i_B \tag{8-46}$$

故達靈頓對電路的電流增益$A_I$值爲：

$$A_I=\frac{i_{E2}}{i_B}=\beta_1\beta_2=\beta \tag{8-47}$$

接著要計算輸入阻抗就須先畫出電晶體理想等效電路，如圖 8-52 所示。先求出第二個電晶體$Q_2$由基極端看入的輸入阻抗$r_{\text{in2}}=\frac{i_{E2}r_{e2}}{i_{E1}}=\beta_2 r_{e2}$。接著求第一個電晶體$Q_1$由基極端看進去的總輸入阻抗$r_{\text{in}}$值，如圖 8-53 所示。

$$r_{\text{in}}=\frac{v_B}{i_B}=\frac{i_{E1}\times(r_{e1}+r_{\text{in2}})}{i_B}=\frac{i_{E1}\times(r_{e1}+\beta_2 r_{e2})}{i_B}$$
$$=\beta_1(r_{e1}+\beta_2 r_{e2})$$

提出$\beta_2$得：

$$r_{\text{in}}=\beta_1\beta_2\left(\frac{r_{e1}}{\beta_2}+r_{e2}\right)=\beta\left(\frac{r_{e1}}{\beta_2}+r_{e2}\right)$$

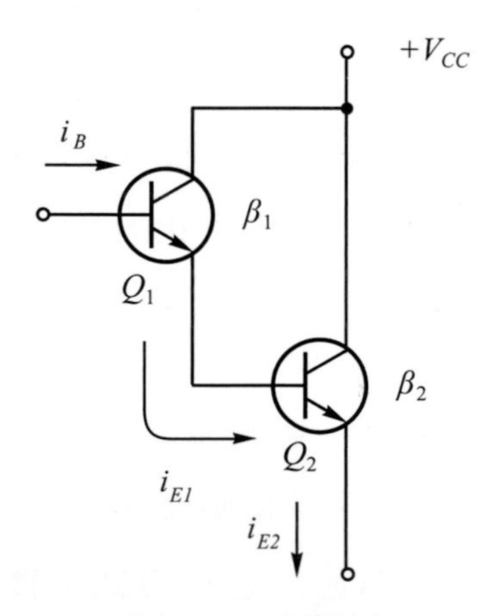


圖 8-51　達靈頓對

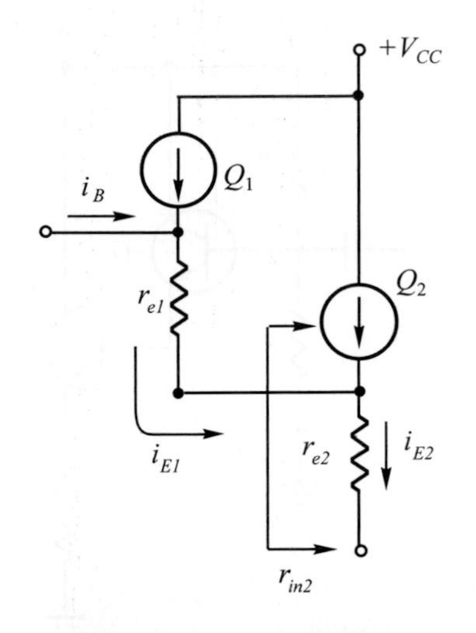


圖 8-52　達靈頓對的電晶體理想等效電路

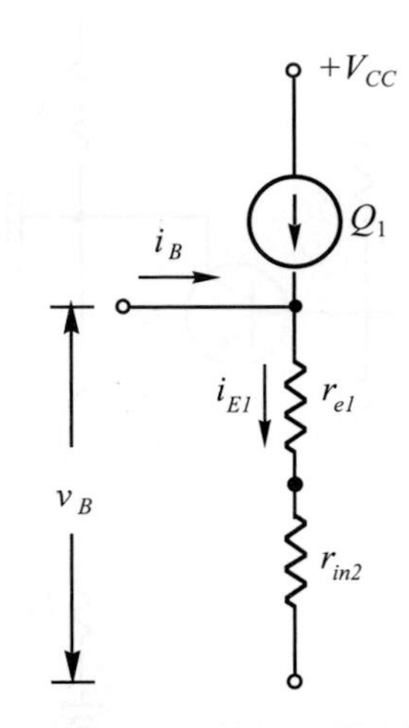


圖 8-53　求總輸入阻抗值$r_{in}$

設總內阻$r_e=\dfrac{r_{e1}}{\beta_2}+r_{e2}$，則達靈頓對的基極輸入阻抗$r_{\text{in}}$爲：

$$r_{\text{in}}=\beta r_e，r_e=\frac{r_{e1}}{\beta_2}+r_{e2} \tag{8-48}$$

若兩電晶體規格相同，則總內阻$r_e$等於：

$$r_e=2r_{e2} \tag{8-49}$$

故基極輸入阻抗$r_{\text{in}}$爲：

$$r_{\text{in}}=\beta r_e=2\beta r_{e2} \tag{8-50}$$

圖 8-54 及 8-55 爲達靈頓對應用於放大器電路上的不同接線方式。在$CE$放大器中，由於射極電阻$R_E$在交流時被旁通電容$C_2$旁路，所以交流輸入阻抗毋須考慮$R_E$，即：

$$r_{\text{in}}=\beta r_e=2\beta_1\beta_2 r_{e2} \tag{8-51}$$

電壓增益$A_V$爲：

$$A_V=\frac{v_C}{v_B}=\frac{i_C R_C}{i_{E1}(r_{e1}+\beta_2 r_{e2})}=\frac{\beta_2 i_{E1} R_C}{i_{E1}(\beta_2 r_e)}=\frac{R_C}{r_e}=\frac{R_C}{2r_{e2}} \tag{8-52}$$

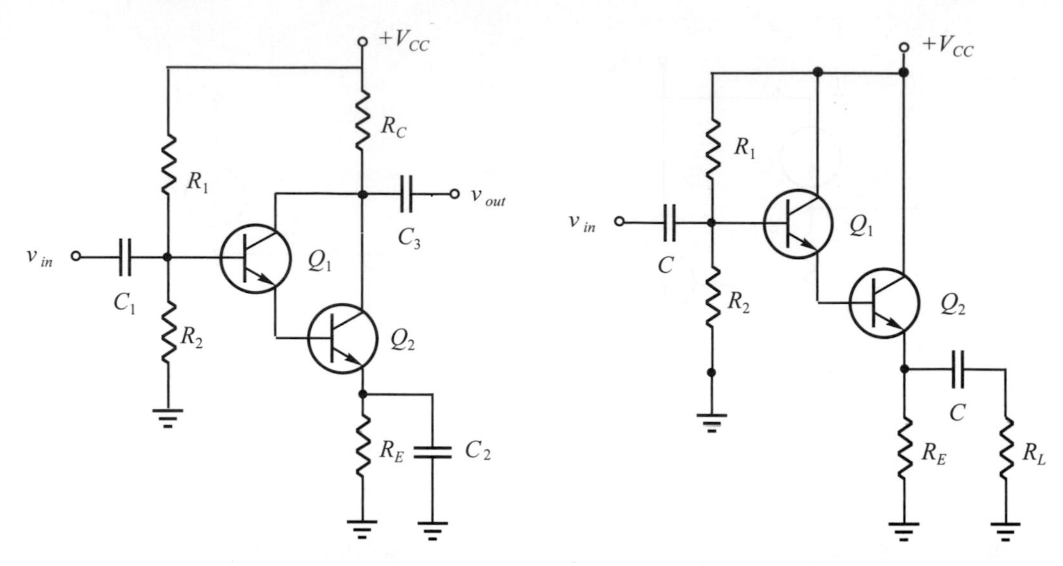


圖 8-54　$CE$放大器之達靈頓對　　　　圖 8-55　達靈頓射極隨耦器

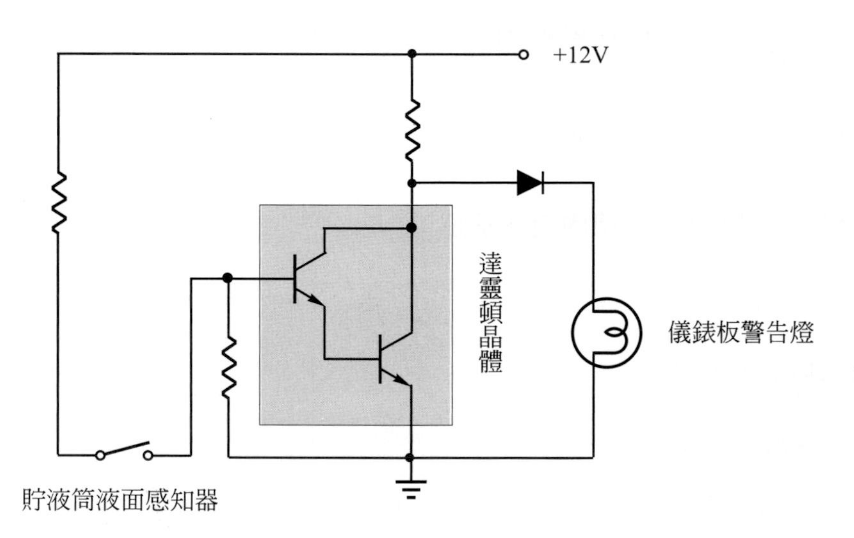


圖 8-56　雨刷系統中之液面警告燈

而在射極隨耦器($CC$式放大器)中，則因$R_E \gg r_e$，故可忽略$r_e$不計，則$r_{in}$值爲：

$$r_{in} = \beta R_E = \beta_1 \beta_2 R_E \tag{8-53}$$

電壓增益$A_V$爲：

$$A_V = \frac{v_E}{v_B} = \frac{i_{E2} \times R_E}{i_{E1} \times \beta_2 R_E} = 1 \tag{8-54}$$

一些製造廠商常將兩只電晶體做在一起，連接成達靈頓對，然後封裝於一個有三端子的盒內，相當於一個具有大$\beta$值的電晶體。例如 2N2785 便是由兩個$NPN$晶體所製成的達靈頓電晶體，$\beta$值最高可達 20000。

汽車電子點火系統中的控制模組常常用到達靈頓對電路。另外，在一些簡單的電子元件中也可看到達靈頓對晶體，如圖 8-56 所示為車窗雨刷系統中的水箱液面警告燈電路。

**【例 8-15】** 如圖所示，求$r_{in}$及$A_V$值各為多少。($V_{BE}$ $= 0.7\text{V}$，$\beta = 100$)。

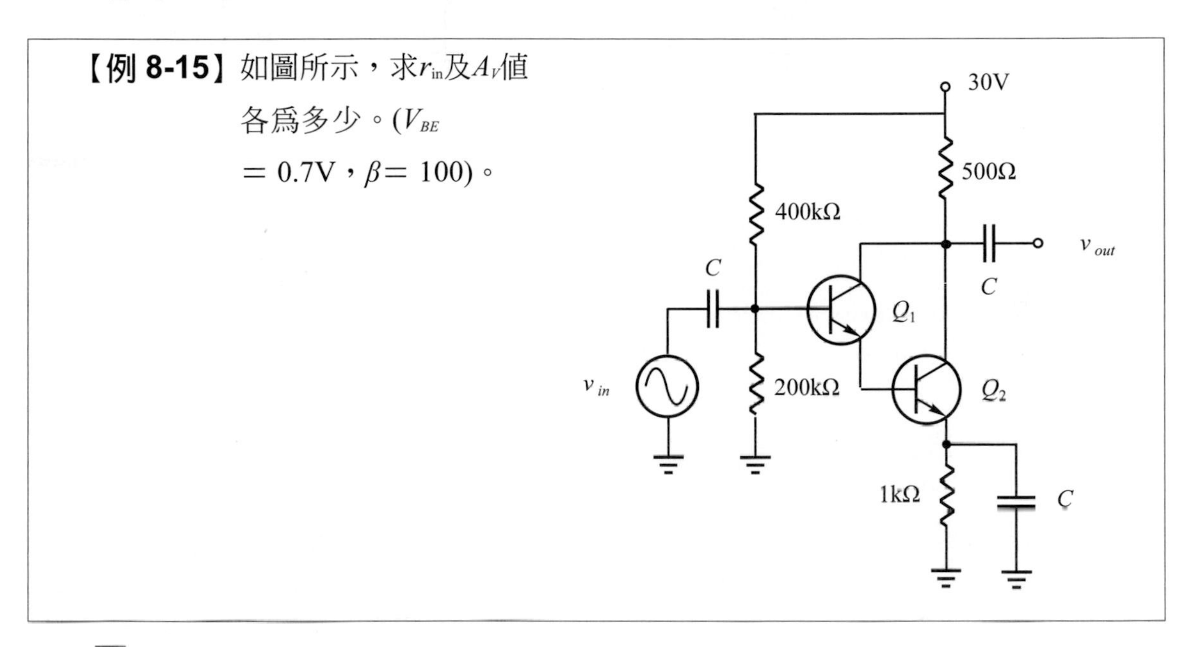


**解**

(1)先求出$Q_2$的射極內阻$r_{e2}$。由 400kΩ與 200kΩ所構成的分壓器使加在$Q_1$晶體基極的直流偏壓有 10V，減去兩個晶體的$V_{BE}$值，得出跨於 1kΩ射極電阻的電壓降為 8.6V。

$$\therefore I_E = \frac{V_E}{R_E} = \frac{8.6}{1\text{k}} = 8.6\text{mA}$$

$$r_{e2} = \frac{25\text{mV}}{I_E} = 2.9\Omega$$

(2)電壓增益$A_V$值等於：

$$A_V = \frac{v_c}{v_B} = \frac{R_C}{2r_{e2}} = \frac{500}{5.8} = 86.2$$

(3)由$Q_1$看進去的基極輸入阻抗$r_{in}$等於：

$$r_{in} = 2\beta_1\beta_2 r_{e2} = 2\times100\times100\times2.9 = 58\text{k}\Omega$$

總交流輸入阻抗則是 400kΩ，200kΩ及$r_{in}$三者並聯。

$R_{in}$＝400k∥200k∥58k

$R_{in}$＝40.4kΩ

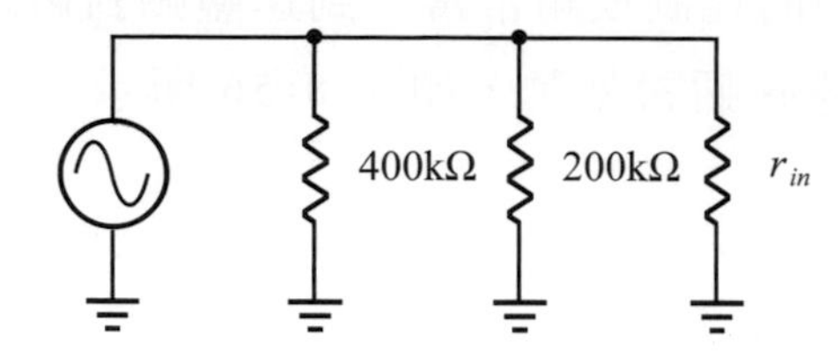

# 第八章　習題

## A. 選擇部份：

### 8-1 電晶體偏壓電路

(　) 1. 汽車各種感知器屬於：　(A)小訊號放大器　(B)功率放大器　(C)輸入訊號轉換器　(D)輸出轉換裝置。

(　) 2. 小訊號放大器又稱作：　(A)電流放大電路　(B)電壓放大電路　(C)功率放大電路　(D)頻率放大電路。

(　) 3. 一般來說，前級擴大機著重在：　(A)高電壓增益　(B)低失真　(C)線性工作　(D)以上皆是。

(　) 4. 通常，消耗功率多大之電晶體即可稱爲功率晶體？　(A)1/2W以上　(B)1W 以上　(C)5W 以上　(D)10W 以上。

(　) 5. 汽車ECM內不包含：　(A)小訊號放大器　(B)輸出轉換裝置　(C)輸入訊號轉換器　(D)以上皆非。

(　) 6. 電晶體正常工作的偏壓方式爲：　(A)FF　(B)FR　(C)RF　(D)RR。

(　) 7. 偏壓是指在電晶體加上適當的：　(A)直流電壓　(B)交流電壓　(C)高頻訊號　(D)交流電流　，使具有放大能力。

(　) 8. "靜態工作偏壓"是指電晶體的：　(A)直流偏壓　(B)交流偏壓　(C)輸入訊號　(D)輸出訊號　而言。

(　) 9. 使用最廣的電晶體偏壓方式爲：　(A)共集極偏壓電路　(B)共基極偏壓電路　(C)基極回授偏壓法　(D)射極回授偏壓法。

(　)10. 共射極偏壓電路的集極電流爲：　(A)$\beta I_E$　(B)$\alpha I_E$　(C)$V_{CC}/R_B$　(D)$\beta I_B$。

(　)11. 如例 8-2 圖，若$V_{CC}=10\text{V}$，$I_C=2\text{mA}$，$\beta=120$，$R_C=400\Omega$，則$R_B=$　(A)55kΩ　(B)200kΩ　(C)600 kΩ　(D)1200Ω。

(　)12. 同上題，$I_B$約爲：　(A)0.15mA　(B)16.7$\mu$A　(C)133$\mu$A　(D)0.066mA。

(　)13. 可使電晶體$\beta$值不受溫度變化影響的偏壓方式爲：　(A)分壓器偏壓法　(B)集極回授偏壓法　(C)射極回授偏壓法　(D)固定偏壓法。

(　)14. 與$\beta$值無關的電晶體偏壓方式爲：　(A)分壓器偏壓法　(B)集極回授偏壓法　(C)射極回授偏壓法　(D)固定偏壓法。

(　)15. 通常，射極電阻$R_E$的功用爲：　(A)保護電晶體，以免受熱損壞　(B)降壓　(C)使電晶體獲得偏壓　(D)電流負回授。

(　)16. 欲使偏壓電路得到較佳穩定性，應使：　(A)$R_B$大，$R_E$小　(B)$R_B$小，$R_E$大　(C)$R_B = R_E$　(D)$R_C = R_E$。

(　)17. 某一電晶體的$I_B = 20\mu A$，$I_E = 2.04mA$，則：　(A)$\alpha = 101$　(B)$\beta = 102$　(C)$\alpha = 100$　(D)$\beta = 1$。

(　)18. "自給偏壓法"即：　(A)固定偏壓法　(B)共基極偏壓電路　(C)射極回授偏壓法　(D)集極回授偏壓法。

(　)19. 共射極偏壓電路的輸出迴路方程式爲：　(A)$V_{CC} = V_{CE} + I_E R_E$　(B)$V_{CC} = I_C R_C + V_{BE}$　(C)$V_{CC} = V_{CB} + I_C R_C$　(D)$V_{CC} = V_{CE} + I_C R_C$。

(　)20. 矽電晶體的$V_{BE}$爲：　(A)0.1V　(B)0.3V　(C)0.6V　(D)5V。

(　)21. 共射極偏壓電路中的電流增益$\beta$值等於：　(A)$I_B/I_E$　(B)$I_C/I_B$　(C)$I_C/I_E$　(D)1。

(　)22. 共基極偏壓電路中的電流增益$\alpha$值等於：　(A)$I_E/I_B$　(B)$I_C/I_B$　(C)$I_C/I_E$　(D)1。

(　)23. 線性電晶體電路中最廣被使用的偏壓方式爲：　(A)固定偏壓法　(B)自給偏壓法　(C)射極回授偏壓法　(D)分壓器偏壓法。

(　)24. 分壓器偏壓法中加於基極的電壓$V_B$約等於：　(A)$I_C R_C$　(B)$I_C R_E$　(C)$I_E R_E$　(D)$I_B R_E$。

(　)25. 爲使分壓器偏壓電路的$R_2$電阻具有穩定的分壓作用，必須條件是：(A)$R_{IN} \gg R_1$　(B)$R_{IN} \ll R_1$　(C)$R_{IN} \gg R_2$　(D)$R_{IN} \ll R_2$。

(　)26. 在共集極偏壓電路中，輸出訊號由何端取出？　(A)基極　(B)集極　(C)射極　(D)以上皆可。

(　)27. 射極隨耦器即：　(A)共射極偏壓電路　(B)共集極偏壓電路　(C)共基極偏壓電路　(D)以上皆非。

(　)28. 共集極偏壓電路的基極電流$I_B$值等於：　(A)$V_{CC}/(R_B + \beta R_E)$　(B)$V_{CC}/(R_B + \beta R_C)$　(C)$V_{CC}/R_B$　(D)$V_{EE}/R_E$。

(　)29. 下列何式為非？ (A)$I_C=\alpha I_E$ (B)$I_E=(1+\beta)I_B$ (C)$I_C \doteqdot I_E$ (D)以上皆非。

## 8-2 基本放大電路

(　)30. 負載線由： (A)$I_C-I_B$ (B)$I_B-V_{CC}$ (C)$I_E-V_{CE}$ (D)$I_C-V_{CE}$ 座標所構成。

(　)31. 電晶體的集極特性曲線由： (A)$I_C-I_B$ (B)$I_B-V_{CC}$ (C)$I_E-V_{CE}$ (D)$I_C-V_{CE}$ 座標所構成。

(　)32. 負載線與集極特性曲線合併，所產生的交點稱為： (A)飽和點 (B)截止點 (C)Q點 (D)偏壓點。

(　)33. 分壓器偏壓電路的負載方程式為： (A)$V_{CE}=V_{CC}-I_CR_C$ (B)$V_{CE}=V_{CC}-I_C(R_C+R_E)$ (C)$V_{CE}=V_{CC}-I_ER_E$ (D)$V_{CE}=V_{CC}-(1+\beta)I_BR_C$。

(　)34. 在負載線的截止點處： (A)$I_B$為最大值 (B)$V_{CE}=V_{CC}$ (C)$V_{CE}=0V$ (D)$I_E=0mA$。

(　)35. 在負載線的飽和點處： (A)$V_{CE}$為最大值 (B)$I_C=0mA$ (C)$I_B$為最大值 (D)$I_C=V_{CC}/R_C$。

(　)36. $Q$點位置會隨著$I_B$的增大而： (A)升高 (B)下降 (C)不變 (D)與$I_B$無關。

(　)37. 基極電流$I_B$值增加時， (A)$Q$點位置下降 (B)$V_{CE}$值變大 (C)$I_C$值變大 (D)以上皆非。

(　)38. 關於電晶體的等效電路之敘述，下列何者為非？ (A)$\beta=h_{FE}$ (B)$i_C=\alpha i_E$ (C)$\beta=i_B/i_C$ (D)$\alpha \doteqdot 1$。

(　)39. 射極內的交流電阻以什麼符號表示？ (A)$R_E$ (B)$R_e$ (C)$r_e$ (D)$r_E$。

(　)40. 測量電晶體的$\beta$值時，應使何值固定？ (A)$V_{CE}$ (B)$V_{BE}$ (C)$I_B$ (D)$I_C$。

(　)41. 計算電晶體DC等效電路時，需： (A)移去所有交流電源 (B)將電容器視作斷路 (C)依偏壓電路公式算出各電流、電壓值 (D)以上皆對。

(　)42. 理想上，電容器對於交流而言為：　(A)斷路　(B)短路　(C)開路　(D)接地。

(　)43. CE放大器屬於：　(A)基極驅動式　(B)射極驅動式　(C)集極驅動式　(D)以上皆非。

(　)44. 耦合電容可以：　(A)阻止交流訊號進入　(B)阻止直流偏壓電流進入　(C)使交流訊號接地　(D)以上皆非。

(　)45. 下列對共射極放大電路的敘述，何者為非？　(A)交流輸入訊號直接使基極電流發生變化　(B)集極電壓$V_{CE}$為一交流訊號　(C)電壓增益$A_V = V_{in}/V_{out}$　(D)輸出端耦合電容使輸出電壓成為交流訊號。

(　)46. 在共射極放大電路中，哪一訊號不屬於交流訊號？　(A)$V_{in}$　(B)$i_B$　(C)$V_{CE}$　(D)$V_{out}$。

(　)47. 下列何種放大電路的輸出入電壓同相位？　(A)CB放大器　(B)CC放大器　(C)以上皆是　(D)CE放大器。

(　)48. 某共射極放大電路，$R_C = 1k\Omega$，$R_E = 410\Omega$，$r_e = 25\Omega$，$\beta = 100$，則其電壓增益$A_V$值約為：　(A)66.67　(B)2.5　(C)40　(D)60.97。

(　)49. 共集極放大電路的電壓增益$A_V$值約為：　(A)0.1　(B)1　(C)$\beta$值　(D)$\infty$。

(　)50. 射極隨耦器屬於：　(A)CB放大器　(B)CC放大器　(C)CE放大器　(D)以上皆非。

(　)51. 下列對射極隨耦器的敘述，何者為非？　(A)高輸入阻抗　(B)輸出訊號由射極端取出　(C)高電壓增益　(D)低輸出阻抗。

(　)52. 共集極放大電路的電流增益$A_I$值約為：　(A)$1+\alpha$　(B)1　(C)$\beta$值　(D)$\infty$。

(　)53. 已知共集極放大電路的電流增益$A_I$值為50，則：　(A)功率增益值亦為50　(B)電壓增益$A_I$值為50 $A_I$　(C)$\beta$值等於51　(D)功率增益為$A_I$乘上$A_V$。

(　)54. 電流增益最小的放大器是：　(A)共射極放大器　(B)共集極放大器　(C)共基極放大器　(D)不一定。

(　)55. 共基極放大器的電流增益$A_I$值約為：　(A)$r_c/r_e$　(B)$\alpha$　(C)$\beta$　(D)1。

(　)56. 共基極放大器的輸出訊號由何處取得？　(A)射極　(B)集極　(C)基極　(D)都可以。

(　)57. 已知共基極放大電路的電流增益$\alpha(=A_I$值)為 0.95 時，若輸入阻抗為 600Ω，輸出阻抗為 1.2MΩ，則其電壓增益為：　(A)2000　(B)1900　(C)500　(D)850。

(　)58. 通常，若$\beta$值愈大，則基極輸入阻抗會：　(A)愈大　(B)愈小　(C)不變　(D)無關。

(　)59. 達靈頓對可以獲得：　(A)很高的電壓增益　(B)很低的輸入阻抗　(C)$2\times\beta$的電流增益值　(D)很大的電流增益。

(　)60. 下列對於達靈頓對的敘述，何者為對？　(A)$A_V=\beta_1+\beta_2$　(B)$A_V=\beta_1\beta_2$　(C)$A_I=\beta_1+\beta_2$　(D)$A_I=\beta_1\beta_2$。

(　)61. CE式的達靈頓對，其輸出端取自：　(A)基極　(B)集極　(C)射極　(D)不一定。

(　)62. 達靈頓對可以看作是由何種放大器推動何種放大器？　(A)CE→CC　(B)CC→CE　(C)CC→CC　(D)CE→CB。

## B. 簡答及繪圖部份：

### 8-1 電晶體偏壓電路

1. 請寫出完整放大器系統的四部份。
2. 電晶體在電路中的應用有哪兩類？有何不同？
3. 畫出常見的四種共射極偏壓電路。
4. 在固定偏壓電路中，當$V_{CC}=30\text{V}$，$I_B=250\mu\text{A}$，$\beta=100$，$R_C=1\text{k}\Omega$時，試求：(a)$I_C$、(b)$V_{CE}$、(c)$I_{C(sat)}$各為多少。
5. 射極回授偏壓法有何優點？
6. 如圖 8-8 所示，若$V_{CC}=24\text{V}$，$R_C=1\text{k}\Omega$，$R_E=200\Omega$，$I_B=0.15\text{mA}$，$\beta=100$，則$R_B$、$V_{CE}$各是多少？
7. 試求圖 1 所示之集極回授偏壓電路的$I_B$、$I_C$及$V_{CE}$各是多少？($V_{BE}=0.6\text{V}$)
8. 試列出集極回授偏壓法的優點。
9. 如圖 2 所示之分壓器偏壓電路，試求出$I_B$、$I_E$及$V_{CE}$值。($V_{BE}=0.6\text{V}$)
10. 繪圖說明共射極偏壓電路與共集極偏壓電路的不同點。
11. 試求圖 3 共集極偏壓電路的$I_B$及$V_{CE}$各是多少？($V_{BE}=0.7\text{V}$)

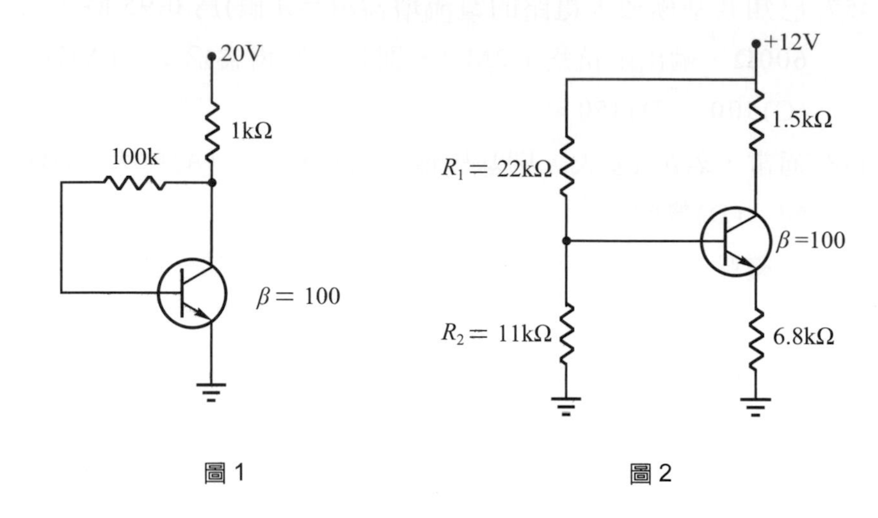


圖 1　　圖 2

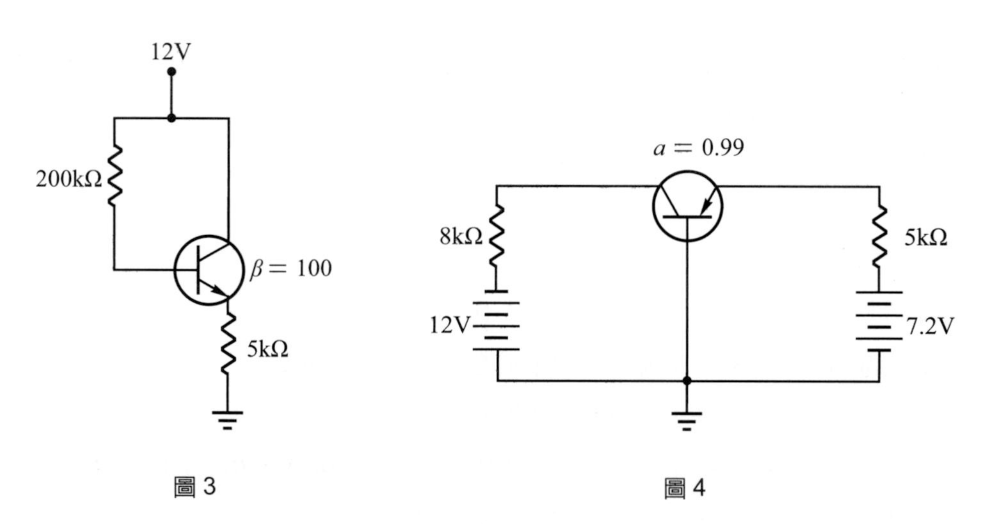


圖 3　　圖 4

12. 試求圖 4 共基極偏壓電路的$I_E$及$V_{CB}$各是多少？($V_{BE} = 0.7$V)

## 8-2 基本放大電路

13. 試寫出例 8-7 圖分壓器偏壓電路的負載方程式，並畫出其負載線、$Q$點。
14. 何謂$Q$點？在實際電路中有何價值？
15. 試計算出圖 5 中的$r_e$值應爲多少？($V_{BE} = 0.6$V)
16. 基極驅動式與射極驅動式有何不同？試繪圖說明之。
17. 何謂射極隨耦器(emitter follower)？試繪圖說明之。
18. 寫出射極隨耦器的特點(3 項)。

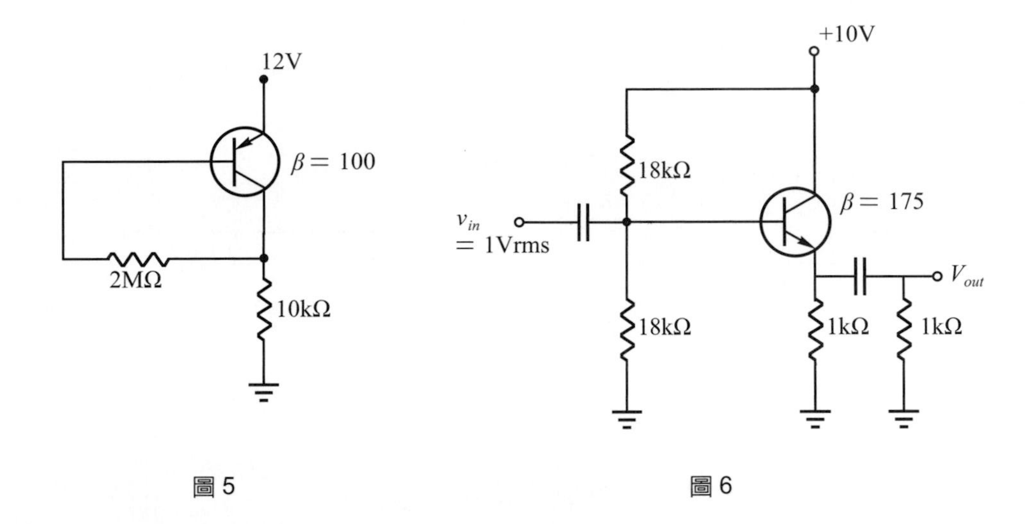


圖 5　　　　圖 6

19. 計算如圖 6 所示射極隨耦器之基極輸入阻抗$r_{in}$、總輸入阻抗$R_{in}$、電壓增益及電流增益各是多少。
20. 請製作一表格，比較三種放大器的$A_V$、$A_I$及$r_{in}$、輸出阻抗等數值。
21. 寫出達靈頓對的特點(3 項)。
22. 何謂多級放大電路？試繪圖說明之。
23. 試畫出以射極隨耦器接成之達靈頓對電路。
24. 求出如圖 7 所示達靈頓對電路之基極輸入阻抗$r_{in}$及電壓增益$A_V$各是多少。

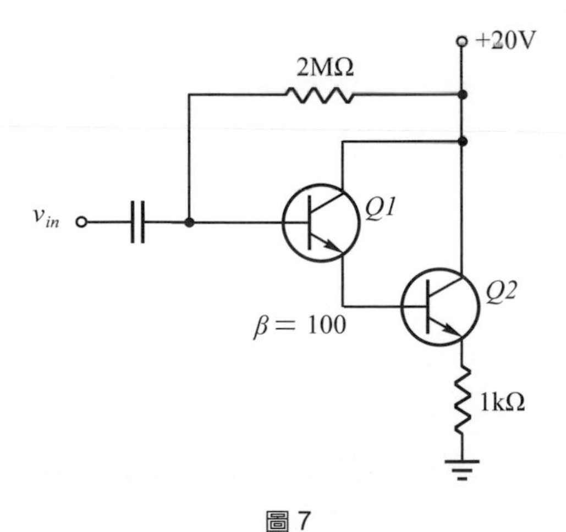


圖 7

# 9 運算放大器

在本書的開頭幾章曾經介紹過一些基本的電子元件，如：電阻、二極體和電晶體等。這些元件均屬個別的包裝，在電路中與其他元件經由電路設計並連接在一起，而具有特定的功能。這些個別單獨包裝的元件，即稱為**分離元件(discrete devices)**。

本章我們將討論**積體電路(intergrated circuits)**。有了分離元件的基礎之後，有助於對積體電路的瞭解。**所謂「積體電路」(簡稱 IC)，是指將許多的分離元件如：電晶體、二極體、電阻或電容製造在一矽晶片上，加以適當的接線、封裝後，使其具有某些特定之功能。**

在探討積體電路時，應把整個電路視作一個元件，由外部來分析，而不要由內部以各零件的電路來分析。

積體電路依其工作性質，可分成兩大類：

1. 數位積體電路(digital IC)：即邏輯電路。多用於電腦、數位儀錶、控制及數位通訊系統。
2. 線性積體電路(linear IC)：通常作為運算放大器(OPA)之用。

本章的主角–運算放大器，便是一個應用最廣、功能最強的線性積體電路。

## 9-1 IC 的製造

如前所述，IC 為「積體電路」(Integrated Circuits)的縮寫，指**將電晶體、二極體、電阻、電容等電子元件聚集在矽晶片上，形成一個完整的邏輯電路，能達到控制、計算或記憶等功能**，這個矽晶片便是 IC。IC 的種類繁多，大致上可區分為四類，即：

1. 記憶體 IC，
2. 微元件 IC，
3. 邏輯 IC，和
4. 類比式 IC。

IC的出現，使電子工程師們的設計工作簡化了許多，以汽車電子系統為例，各個系統雖有不同，但其中卻有很多共通的電子電路，將它們製成 IC，便可應用在各種不同系統上，不止降低電路的設計與製造成本，更大大地減輕了工程師們的工作負擔。

IC 的設計與製造為一項相當繁複的過程，從製作矽錠開始…到照相製版…乃至於測試封裝，除了要求精密外，更包括了物理、化學、冶金學、光電和照相製版術等領域的技術配合。稍有閃失，全“盤”皆墨。1999 年台灣的台積電、聯電兩家公司即分居全球專業晶圓代工市場佔有率的前二名，製程技術遠遠超過第三名的新加坡特許半導體(Chartered Semicondu)公司。

表 9-1　IC 分類表（資料取自：工研院電子所 ITIS 計劃）

<table>
<tr><td rowspan="2">記憶體IC</td><td>1. 揮發性</td><td>1. 動態隨機存取記憶體(DRAM)<br>2. 靜態隨機存取記憶體(SRAM)</td></tr>
<tr><td>2. 非揮發性</td><td>1. 光罩唯讀記憶體(MASK ROM)<br>2. 可消除可程式唯讀記憶體(EPROM)<br>3. 電流可消除可程式唯讀記憶體(EEPROM)<br>4. 快閃記憶體(Flash)</td></tr>
<tr><td rowspan="4">微元件IC</td><td>1. 微處理器(MPU)</td><td>1. 複雜指令集(CISC)<br>2. 精簡指令集(RISC)</td></tr>
<tr><td>2. 微控制器(MCU)</td><td rowspan="3"></td></tr>
<tr><td>3. 微處理週邊 IC(MPR)</td></tr>
<tr><td>4. 數位訊號處理器</td></tr>
<tr><td rowspan="2">邏輯IC</td><td>1. 標準邏輯 IC</td><td>1. 系統核心邏輯晶片組<br>2. 視訊控制晶片<br>3. 儲存控制晶片<br>4. 其他輸入／出控制晶片</td></tr>
<tr><td>2. 特殊應用 IC(ASIC)</td><td>1. 可程式邏輯排列(PLD)<br>2. 閘排列(Gate Arrays)<br>3. 電路原設計(CBIC)<br>4. 全客戶設計</td></tr>
<tr><td rowspan="2">類比IC</td><td>1. 線性 IC</td><td rowspan="2"></td></tr>
<tr><td>2. 線性和數位混合 IC</td></tr>
</table>

IC 的製造流程如圖 9-1 所示。IC 電路設計完成後，即按預定的晶片製造步驟，將 IC 電路佈局圖轉印在玻璃平板上，此平板稱為「光罩」(mask)。光罩與

IC的關係好比底片與相紙的關係。利用光罩將其上的電路圖樣投影到矽晶圓上，進行曝光、顯像後再以硝酸等化學藥劑清洗、蝕刻，便完成晶圓的製造，如圖9-2所示。

接著測試晶圓，再把合格的晶片自晶圓上切割下來，如圖9-2(b)所示。最後進行封裝，並以金線連接晶片、外接腳等線路，測試後便完成整個IC製造。

在介紹了IC的製程後，讓我們來看看IC元件是如何從無到有。藉著這樣初階的認識，將有助於對IC動作原理及應用的瞭解。

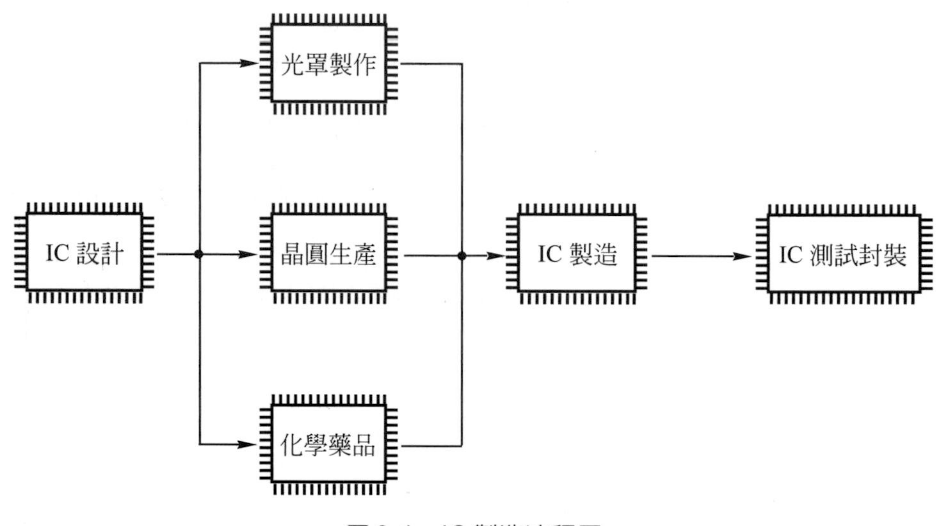


圖 9-1　IC 製造流程圖

(a) 曝光後的 8 吋晶圓片

圖 9-2　晶圓片

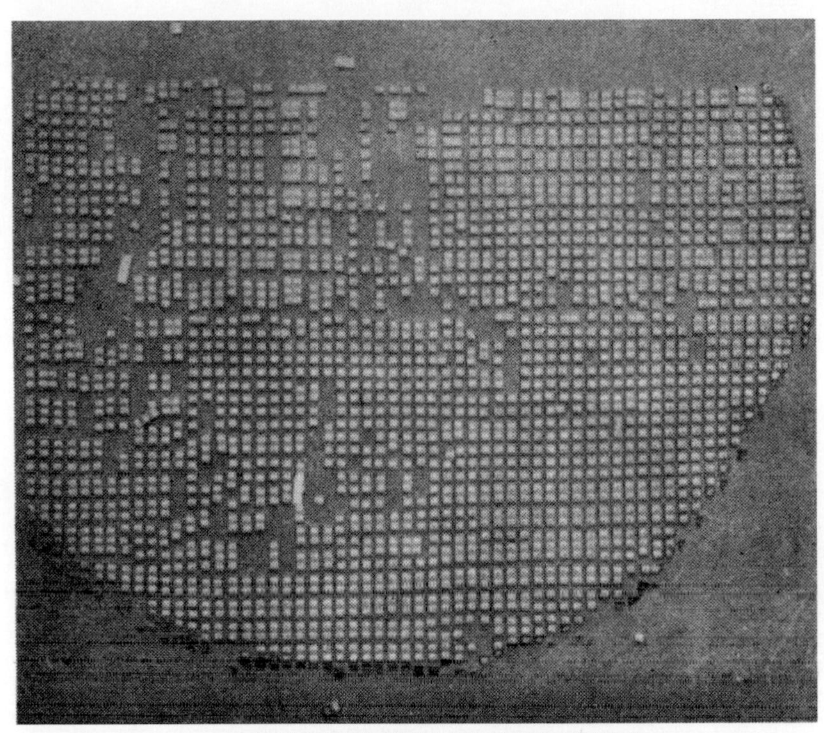

(b) 已被分割成數百個小晶片的晶圓片局部

圖 9-2　晶圓片 (續)

首先使$SiCl_4$和氫氣於 1200℃高溫下反應生成多晶矽，再將多晶矽置於晶體成長爐中，以 1440℃高溫融化。接著，把繫有單矽種子的細桿放入其中，緩慢旋轉並拉出。待冷卻後即形成如圖 9-3 之單晶矽錠。由於設備不同，矽錠的直徑亦有不同，目前所生產的大多以八吋、十二吋晶圓為主。

矽錠在測試後，鋸成 2.5mil(1mil ＝ 0.001″)薄的晶圓片(wafer)。再將切好的晶片拋光至鏡子般亮度，此即 P **型基底(P substrate)**，為 IC 元件的底層，如圖 9-4(b)所示。緊接著，將晶圓片放置在高溫擴散爐中，並通入一種含有矽原子和五價原子組成的混合氣，使晶圓片表面形成一層很薄的氧化膜，其成份為*N*型半導體材，我們稱此薄層為**「晶膜」(expitaxial layer)**，如圖 9-4(c)所示。晶膜的厚度僅 0.1～1mil。

圖 9-3　單晶矽錠 (取自：電子學，李永振等譯，全華)

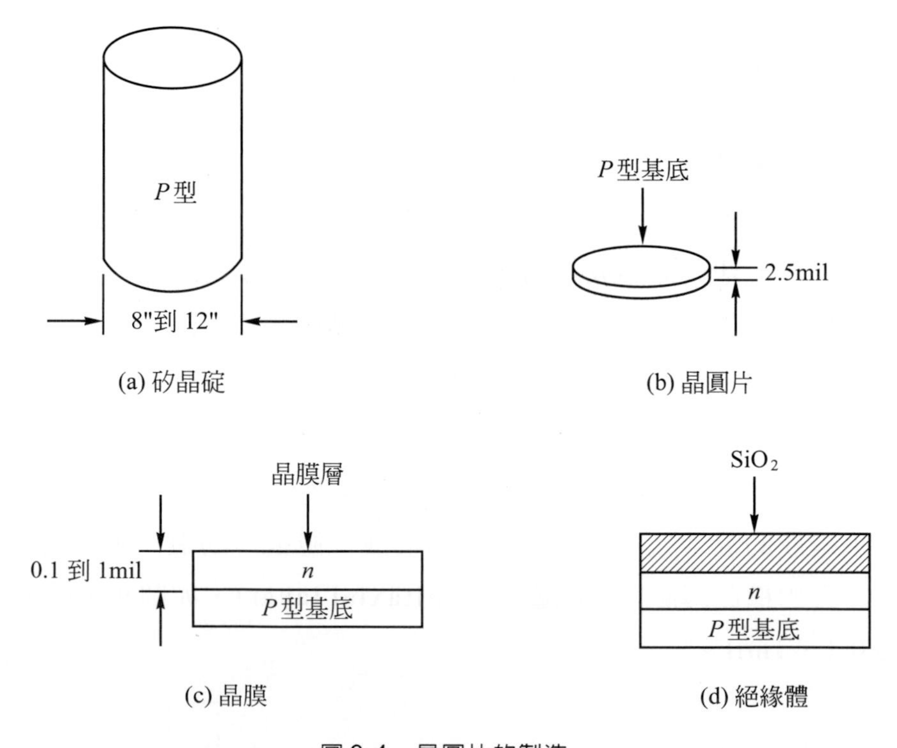


圖 9-4　晶圓片的製造

爲了防止晶膜受到汙染，通常都在晶膜層上再吹以純氧，即可生成一層$SiO_2$，如圖 9-4(d)所示。它是具有像玻璃狀的絕緣質，可以阻隔不需要的元素原子滲入。接著在晶圓片上塗以一層薄而均勻的光敏液體，使其具有感光性，再將刻有電路圖的光罩置於晶圓片上，曝光、顯影。於是晶圓片上將擁有數百到數千個小的晶片(chip)，每一晶片上都各有完整的電路，如圖 9-5 所示。IC便是將所有電路元件集中在每一矽晶片上，IC 元件若能縮小，則相同面積下便可放進更多的電路。因此電路的「線徑」即成爲衡量生產技術的標準了。衡量線徑的單位稱爲「微米」(micron)，簡寫爲$\mu$m，也就是一萬分之一公分(0.0001cm)。例如：台灣許多DRAM廠都可生產0.2微米(0.2$\mu$m)，甚至0.18$\mu$m的線徑(註)。另外，高製程技術(如：更細的線徑、更大直徑的晶圓片)的產量雖然較多，但卻不一定是製造廠的最佳選擇，其中的關鍵在於產品的良率問題。產量雖多，但良品卻少，則產品不具競爭力。可見IC在製造過程中的困難度。

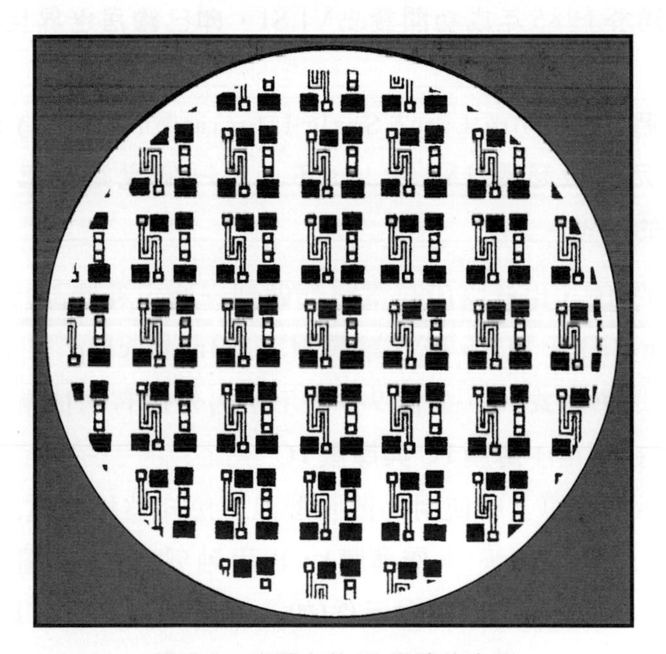

圖 9-5　光罩上的 IC 電路放大圖

註：全球顯像設備大廠荷蘭的 ASML 在 1999 年指出，該公司所出貨的0.15$\mu$m 深次微米掃描機，有一半訂單來自台灣業者。0.15$\mu$m 線徑將會是目前領先的技術。

IC的電路規模愈做愈大，而所包含的元件數目也愈來愈多。IC根據單一晶片內所包含的元件數目可區分成幾類：

1. 小型積體電路(Small Scale Integration；SSI)：

   通常所含元件數在100個以下，晶片平均面積爲3mm$^2$，1960年開發誕生。

2. 中型積體電路(Medium Scale Integration；MSI)：

   所含元件數在100～1000個之間，晶片平均面積爲8mm$^2$，1966年代表作。

3. 大型積體電路(Large Scale Integration；LSI)：

   所含元件數介於1k至100k之間，晶片平均表面積爲20mm$^2$。

4. 超大型積體電路(Very Large Scale Integration；VLSI)：

   單一晶片 VLSI 含元件數在 100k 以上者，晶片的平均表面積爲 30 mm$^2$。我國於1985年成功開發出VLSI，即已躍居世界生產256k VLSI的第三國。

5. 極大型積體電路(Ultra Large Scale Integration；ULSI)：

   其含元件數超過 1M 以上，不止是一個電路而已，甚至已達系統(System)的水準。

以上所描述的 IC，由於將所有電路都做到一塊半導體晶片上，所以被稱作**「單石IC」(monolithic IC)，或「單晶IC」(single chip IC)**。我們今天所稱的IC，大多指的是單晶式IC，如圖9-6所示。另外還有兩種常用的IC，體積比單晶式IC略大，它們是：**薄膜IC與厚膜IC**。

如圖 9-7 所示爲汽車上所使用的薄膜型溫度感知器積體電路(IC)(註)。在陶瓷材料上塗以特殊薄膜或厚膜(多層薄膜)，再用蝕刻法做成電阻、電容等被動元件，即形成薄膜或厚膜IC。其他主動元件(如：電晶體)則要另外以分離方式接入。

註：汽車上已逐漸拜IC製程技術進步之賜而大量引用IC元件，在薄膜(厚膜)IC部份，目前已有溫度、壓力、空氣流量等感測採用此型IC元件(參見第十章)。薄膜線路的優點爲：元件線路密度高、高頻特性極佳及低雜訊阻抗，唯一的缺點是製造成本較高。

圖 9-6　各種 IC 成品 (取自：同圖 9-3)

圖 9-7　薄膜 IC 溫度感知器 (取自：BOSCH)

除此之外，還有一種被稱為**「混合式積體電路」(hydrid IC)**常用於各種控制模組中，如圖 9-8 所示為汽車電子點火系統中所使用的點火器(ignition trigger)。此類 IC 包裝內含有多個單晶 IC 或薄(厚)膜 IC，另外還有少數的分離元件。當然體積稍大，但仍比由傳統的「分離元件」所構成之電路體積小很多。

談了這麼多，不知道讀者們對 IC 的製造是否已有了初步的認識？現在我們以電晶體做在 IC 上為例說明其製程，如圖 9-10 所示。

1. 先將要製作電晶體部份的 $SiO_2$ 層用化學藥劑予以清除，使晶膜層露出。此法稱作「蝕刻法」(etching)。

2. 然後將晶片放入擴散爐中加熱，並且通以含有三價元素原子的氣體。三價原子從露出的部份滲入晶膜，使該部份晶膜又轉變為$P$型半導體。但$SiO_2$下的$N$型晶膜則維持原狀。

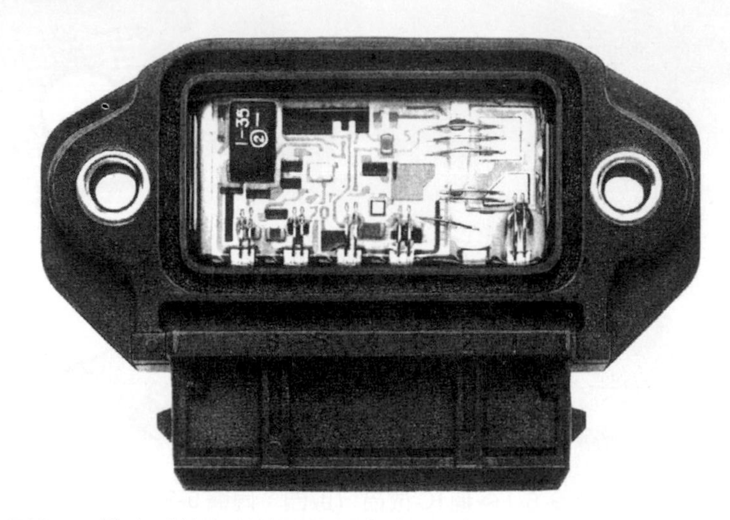

圖 9-8 點火系統中所使用的混合式 IC–點火器 (取自：BOSCH)

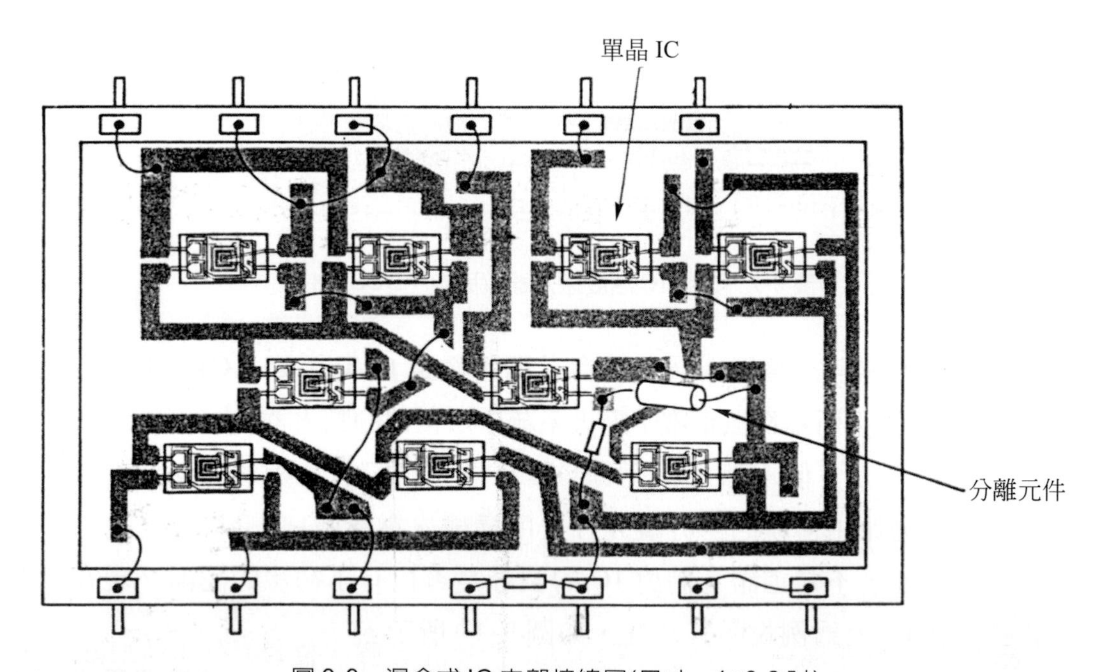


圖 9-9 混合式 IC 內部接線圖(尺寸：1×0.8 吋)

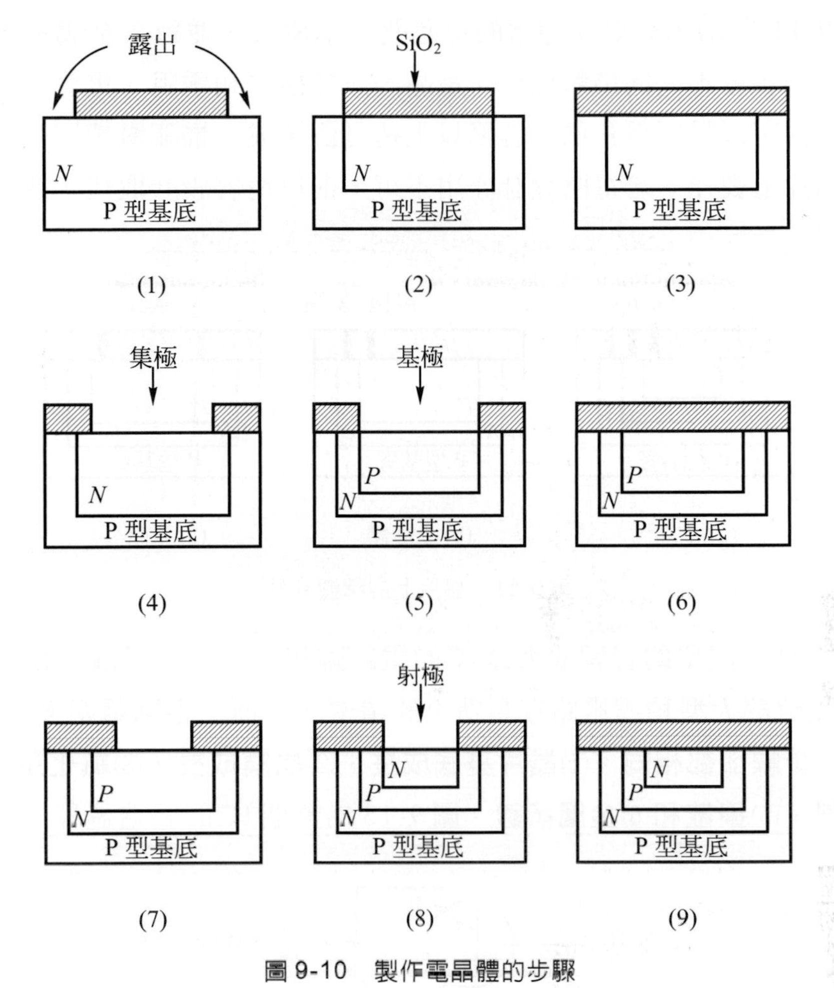


圖 9-10　製作電晶體的步驟

3. 接著再將氧氣吹過晶片表面。使再形成完整的$SiO_2$層。
4. 再以「蝕刻法」於氧化層上開出一個比$N$型半導體材為小的「窗口」(window)。截至目前為止，電晶體的集極($C$)已製作完成。
5. 再將晶片放入擴散爐中，讓三價原子滲入$N$型半導體材內，形成一個比$N$型為小的$P$型區。此$P$型區即做為基極($B$)。
6. 然後再以氧氣吹過晶片表面，使氧化絕緣層$SiO_2$再度填滿。
7. 再以蝕刻法開一更小的窗口。
8. 晶片再於擴散爐中，但這次要通以五價原子氣體，使在$P$型區內形成一更小的$N$型區。此$N$型區即做為射極($E$)之用。
9. 電晶體的三個區域已形成，將氧氣吹過晶片使完成表面絕緣膜。

如圖 9-11 所示，只要在適當的位置開一小窗口，並鍍入金屬線，將各區引入，即可得到各種不同的積體元件。電晶體、二極體和電阻、電容等都是積體電路的主要元件，這是因爲它們都容易以上述方法製成。惟獨電感因受限於體積，故多不在晶片上製作。若電路設計非用不可，則以電容設計取代，或直接以導線做爲電感器。

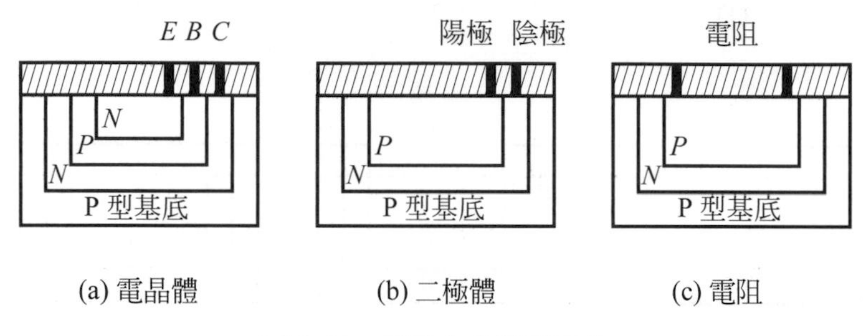


圖 9-11　晶片上的積體元件

圖 9-12 爲一簡單的音頻放大器 IC 的電路圖和其晶片示意圖。藉由這個簡單的 IC，可以瞭解大型積體電路在製造上的精密。然而，**不論電路多複雜，IC 製程所需六大步驟卻都相同**：⑴**晶片基底成長**，⑵**晶膜成長**，⑶**氧化層(絕緣層)成長**，⑷**蝕刻**，⑸**擴散**和⑹**金屬蒸鍍**。圖 9-13 爲整個 IC 的製造過程。

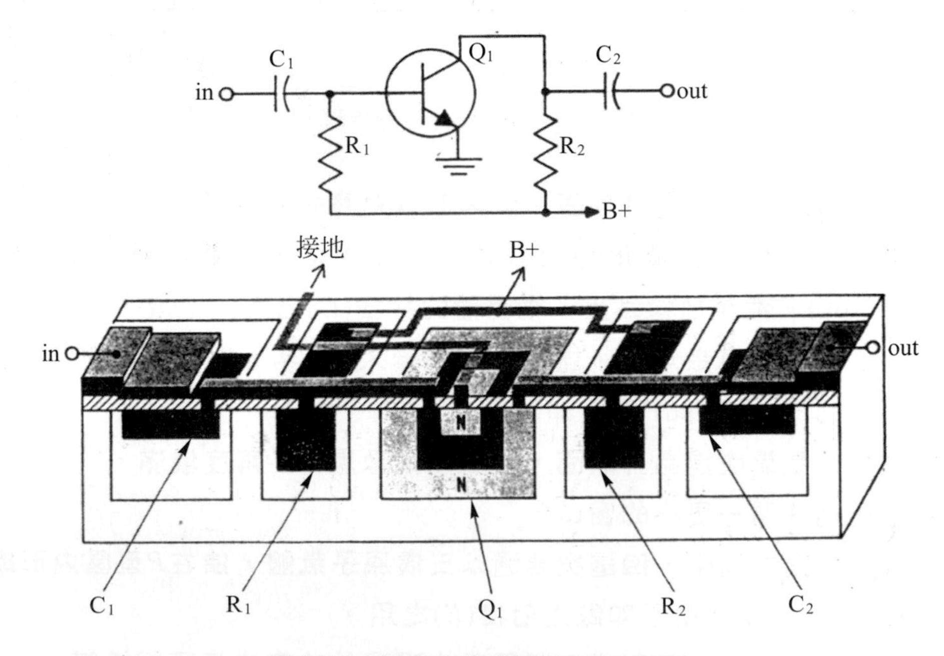


圖 9-12　簡單的積體電路晶片示意圖

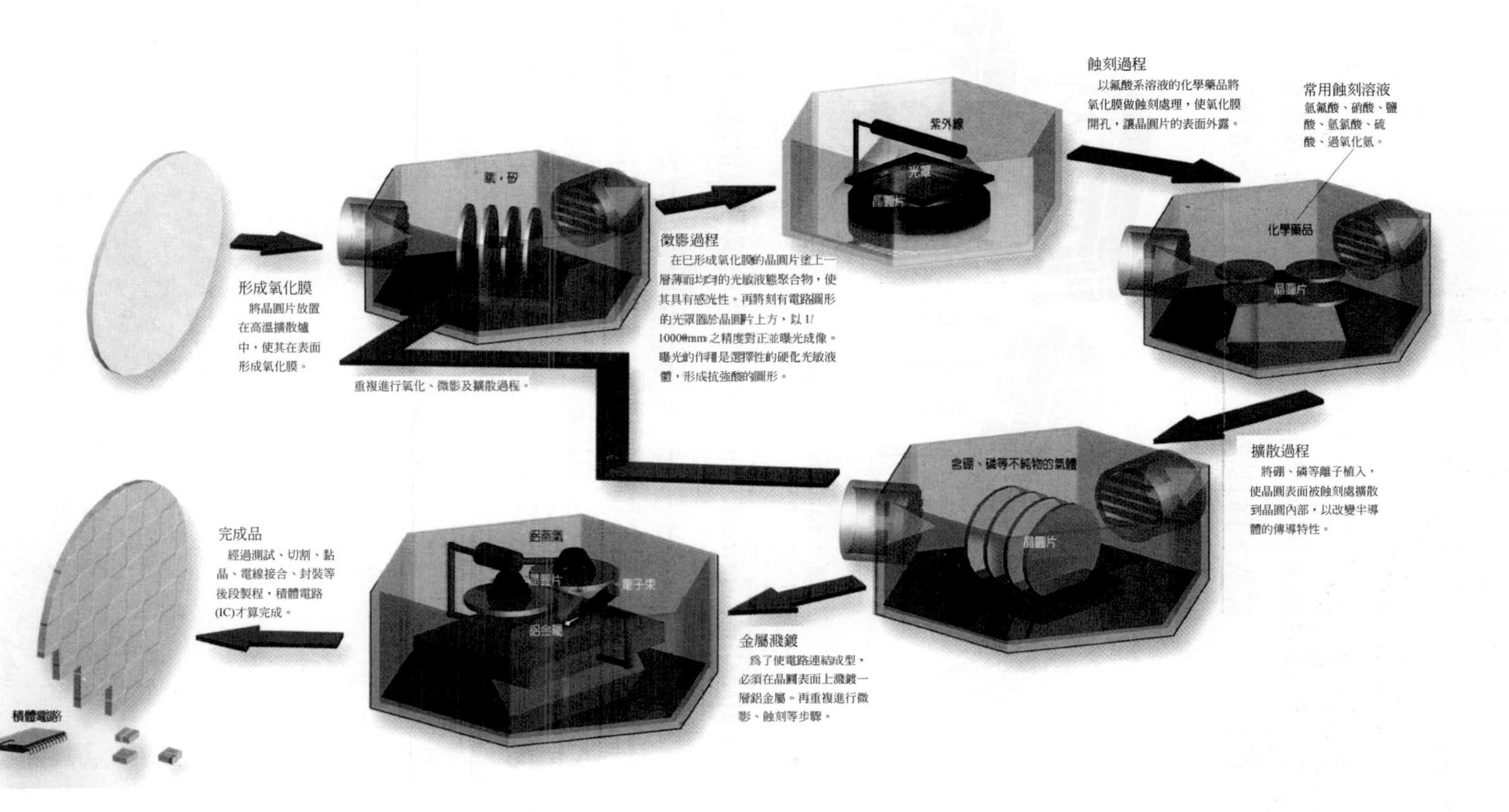


圖 9-13　IC 的製程（取自：大地雜誌，蔡賓祐繪製）

# 9-2 運算放大器

運算放大器(OPerational Amplifier，簡稱為 OPA)，是一種典型線性 IC 元件(註)。它可以組成運算電路來做數學上的加、減、乘、除、微分、積分等計算，故名之為運算放大器。當然，除此之外，它還有其他很多的用途。

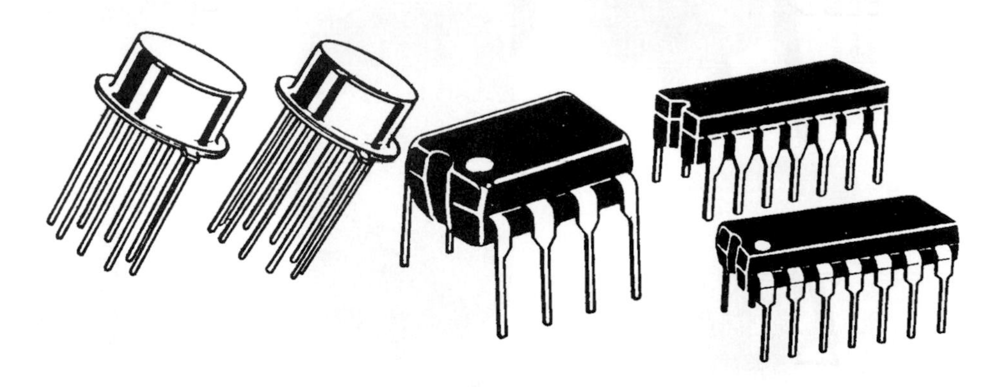

圖 9-14　OPA 實物外觀

1965 年，美國Fairchild Semiconductor公司製造出第一個單晶OPA–μA709，其後又改良發展出著名的μA741，如圖 9-15 所示。因為μA741 便宜好用，所以廣被其他公司仿製，例如Motorola公司所製造的MC1741、National Semiconductor公司的 LM741 和 Texas Instruments 製造的 SN72741，其實都有相同的規格，一般俗稱為“741”。目前“741”已成為工業標準產品，在 741 家族中還有 741A、741C、741E、741N…。其間的差別在於電壓增益、溫度範圍、雜訊位準…等。而當中成本最低，使用最廣的便是 741C 型了(C 表示商用級)。741C 具有高輸入阻抗(2MΩ)、高電壓增益(100000)，且有低的輸出阻抗(75Ω)等優點。

註：市售線性 IC 中，OPA 幾佔三分之一比例。其他的線性 IC 則如：聲頻放大器、射頻放大器、電壓調整器…等。

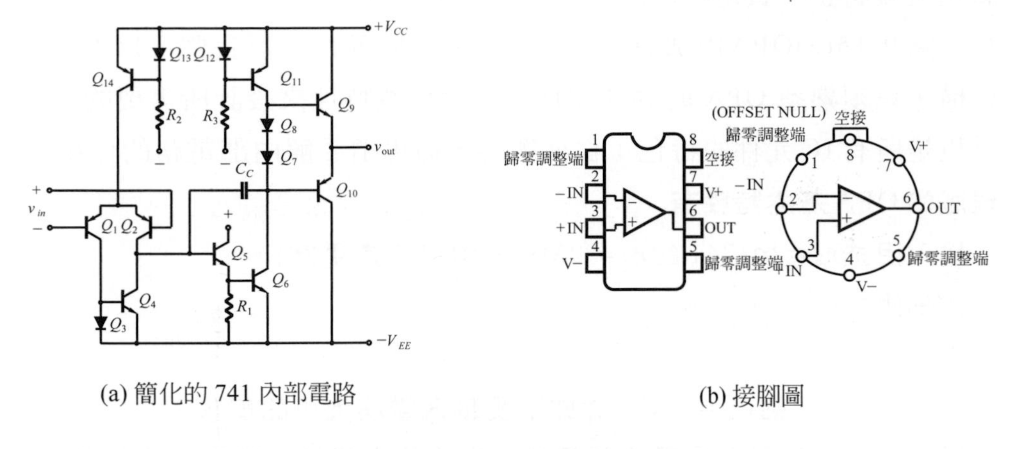


(a) 簡化的 741 內部電路　　(b) 接腳圖

圖 9-15　OPA 的代表作：741

## 9-2-1　OPA 的特性

基本上，單一 OPA 元件主要的接腳應有：正、負電壓源$+V_{CC}$和$-V_{EE}$(或$+V$、$-V$)，兩個訊號輸入端$v_1$和$v_2$ ($-IN$、$+IN$)，一個輸出端$v_{out}$。有的 OPA IC 還有接地端及其他調整用接腳。圖 9-16 爲 OPA 符號表示法，其中輸入端的“−”表示**反相輸入端(Inverting Input)**，“+”表示**非反相輸入端(noninverting input)**。

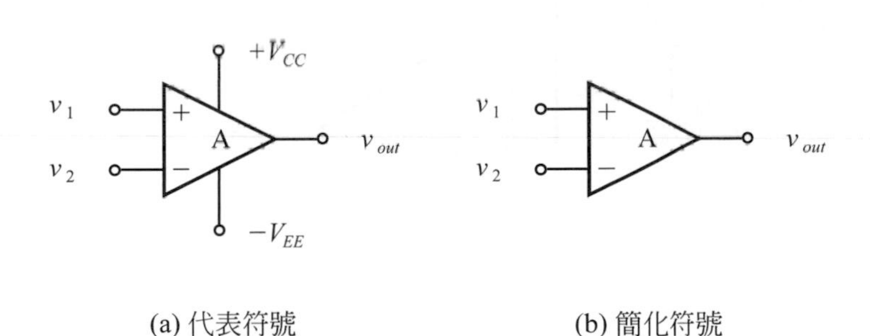


(a) 代表符號　　(b) 簡化符號

圖 9-16　OPA 符號表示法

當一個正的訊號加到“+”端時，會在輸出端產生正的輸出訊號；而當正訊號加到“−”端時，輸出端則會產生負的輸出訊號。符號內的“$A$”代表未加負載電阻時的電壓增益($A_V$)。

簡化符號將正、負電壓源略去，爲最常用的表示法。

雖然圖 9-15(a)OPA內部有許多的晶體、電阻元件，但我們可以不必理會其內部結構，只須熟悉 OPA 的共通特性，且藉這些特性來設計所需要的電路。其實，這也是所有IC元件的特色：從外觀之，而毋須了解內部電路的作用。

理想的 OPA 基本特性有：

1. 輸入阻抗$r_{in}=\infty$(741 的$r_{in}=2\text{M}\Omega$，BIFET 者更高)。
2. 輸出阻抗$r_{out}=0$。
3. 電壓增益$A_V=\infty$。
4. 當$v_1=v_2$時，則$v_{out}=0\text{V}$，亦即不受輸入電壓大小的影響。
5. 對各種頻率的輸入電壓均能保持一定的放大線性，不致造成失真。
6. 不受溫度影響。

如圖 9-17 所示，運算放大器最重要的三項數據爲：$r_{in}$、$r_{out}$和$A_V$。其中$r_{in}$的計算曾在 8-2 節介紹過，現以圖 9-18 複習之。

從各訊號所看入的輸入阻抗$r_{in}$，如圖 9-18(c)所示，以$v_1$爲例，因爲$R_E \gg r_e$，故$i_E$流經$Q_1$和$Q_2$的射極內阻$r_e$。$r_{in}$值等於：

$$r_{in}=\frac{v_B}{i_B}=\frac{i_E\times(r_e+r_e)}{i_B}=\frac{\beta i_B(2r_e)}{i_B}=2\beta r_e \tag{9-1}$$

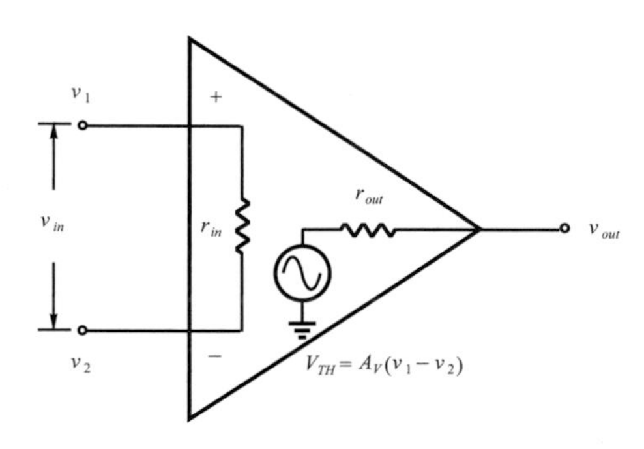


圖 9-17　OPA 的戴維寧等效電路

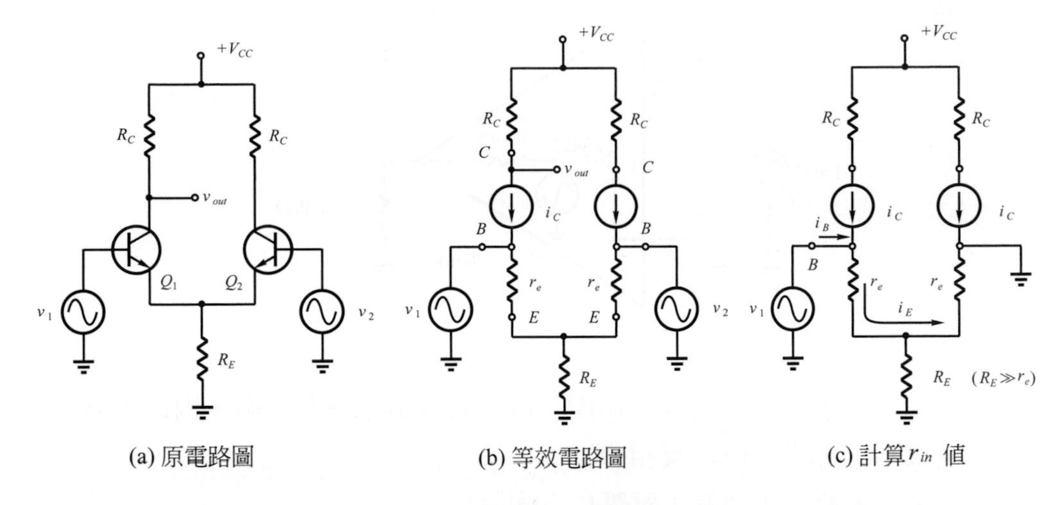


(a) 原電路圖　(b) 等效電路圖　(c) 計算 $r_{in}$ 值

圖 9-18　$r_{in}$的計算

另外，理論上任何線性電路的輸出皆可戴維寧化，因此，放大器的輸出端電壓可用$V_{TH}$表之：

$$V_{TH} = A_V(v_1 - v_2) \tag{9-2}$$

$r_{out}$則為戴維寧輸出阻抗。(有關戴維寧定理請參閱 6-5 節)

**【例 9-1】** 如圖所示之放大器，$r_{in} = 1\text{M}\Omega$，$r_{out} = 100\Omega$，$A_V = 10000$。試計算其輸出電壓等於多少？

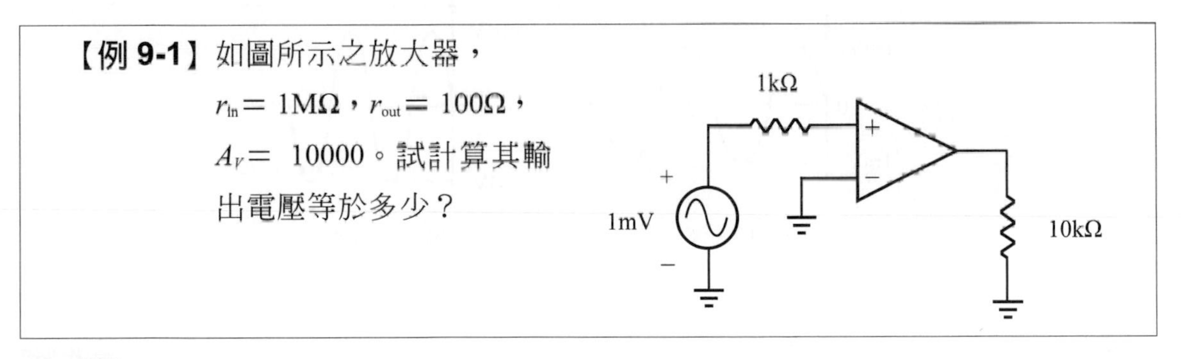


**解**

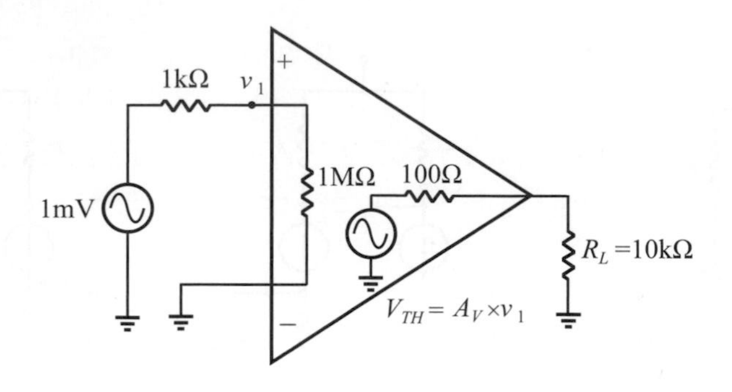


由上圖可以看出輸入阻抗$r_{in} = 1M\Omega$，但訊號源阻抗只有 1kΩ，因此 1mV 的輸入訊號應可全部送到$v_1$(非反相)端。

故放大器的戴維寧等效輸出電壓$V_{TH}$等於：

$$V_{TH} = A_V \times v_1 = 10000 \times 1mV = 10V$$

又$V_{TH}$經由$r_{out}$與負載電阻$R_L$分壓，故輸出電壓$v_{out}$等於：

$$v_{out} = V_{TH} \times \frac{R_L}{r_{out} + R_L} = 10 \times \frac{10k}{100 + 10k} = 9.9V \fallingdotseq 10V$$

因為$r_{out} \ll R_L$，所以輸出電壓之峰值約為 10V，如下圖所示。

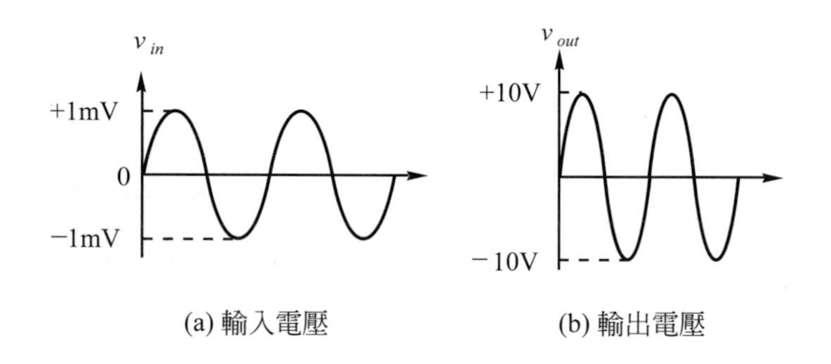


(a) 輸入電壓　　(b) 輸出電壓

## 9-2-2　負回授 OPA

負回授是指從輸出端取一部份訊號，回送到反相輸入端，使 OPA 之增益穩定，失真率降低。負回授之增益很小，並且不受放大器的開迴路(open loop)增益影響。

## 非反相放大器

如圖 9-20 所示爲**「非反相放大器」(noninverting amplifier)**，它是最基本的一種負回授電路。此種放大器**作用如同一個完全的電壓放大器**，具有無限大的輸入阻抗($r_{in}$)、零輸出阻抗($r_{out}$)和固定的電壓增益($A_V$)。

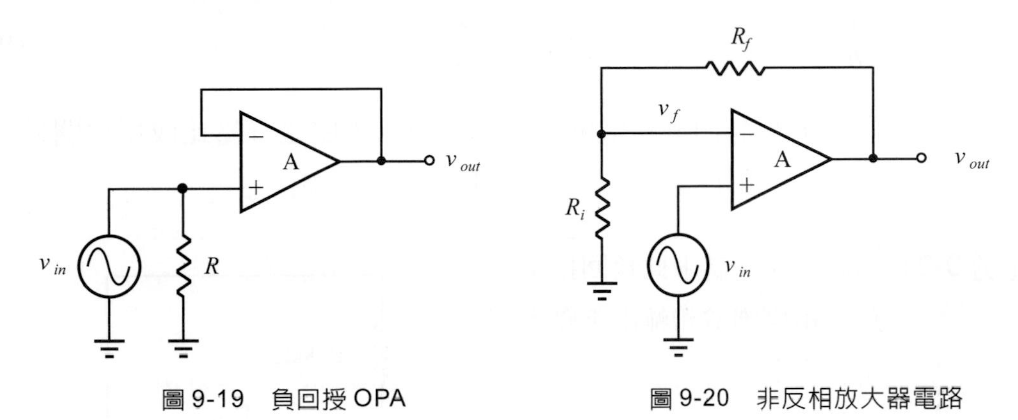


圖 9-19　負回授 OPA　　圖 9-20　非反相放大器電路

輸入訊號接到 OPA 的非反相輸入端“＋”。回授訊號自$v_{out}$分出後經過電阻$R_f$和$R_i$分壓進入 OPA 的反相輸入端“－”。回授電壓$v_f$等於：

$$v_f = \frac{R_i}{R_f + R_i} \times v_{out} \tag{9-3}$$

同時，輸入電壓$v_{in}$與回授電壓$v_f$則構成了OPA的差動電壓。其大小則受到開迴路電壓增益($A_{ol}$)和$v_{out}$之影響；即：

$$v_{out} = A_{ol}(v_{in} - v_f) = A_{ol} \times v_{error} \tag{9-4}$$

其中$v_{error}$稱爲**「誤差電壓」(error voltage)**，是反相電壓與非反相電壓的差值。若設$B = \frac{R_i}{R_f + R_i}$，則將$v_f = Bv_{out}$代入公式 9-4，整理可得：

$$\frac{v_{out}}{v_{in}} = \frac{A_{ol}}{1 + A_{ol}B} \tag{9-5}$$

因爲$A_{ol}B \gg 1$故上式可寫成：

$$\frac{v_{\text{out}}}{v_{\text{in}}}=\frac{A_{ol}}{A_{ol}B}=\frac{1}{B}$$

設閉迴路電壓增益為$A_{cl}=\frac{v_{\text{out}}}{v_{\text{in}}}$，則

$$A_{cl}=\frac{1}{B} \tag{9-6}$$

由公式 9-6 得知：非反相閉迴路電壓增益$A_{cl}$與回授電路之分壓比成反比關係。故在$A_{ol}B \gg 1$情形下，$A_{cl}$與$A_{ol}$無關，而僅由$R_f$和$R_i$之大小來決定。

**【例 9-2】** 如圖所示，試求此負回授電路之電壓增益和輸出電壓各是多少？

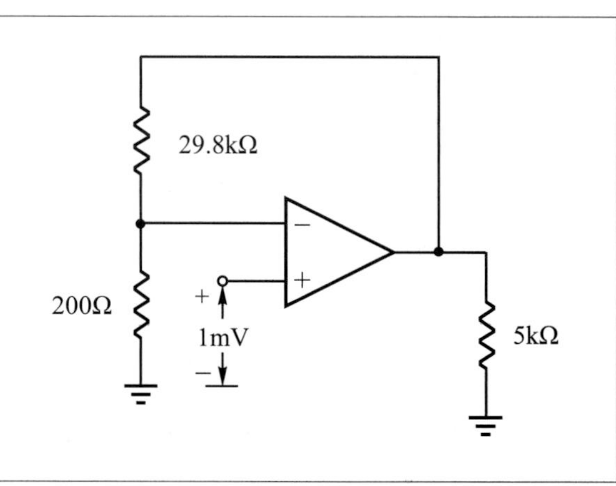


**解**

(1)$A_{cl}=\frac{1}{B}=\frac{R_f+R_i}{R_i}$

$=\frac{29.8\text{k}+200}{200}=150$

(2)$\because \frac{v_{\text{out}}}{v_{\text{in}}}=\frac{1}{B}$

$\therefore v_{\text{out}}=\frac{1}{B}\times v_{\text{in}}=150\times 1\text{mV}=150\text{mV}$

## 電壓隨耦器

通常回授電路多會像圖 9-20 般，利用電阻分壓來獲得精確的分壓器「增壓」值(β值)。電阻的絕對電阻值或許有些誤差，但是分壓器比值卻可做到相當精確，尤其是在同一片 IC 上的電阻，其比值可做到非常精準。除此之外，由於電阻為

一被動元件，故受溫度影響極微。相反地，在 OPA 內的電晶體(主動元件)，其電壓增益$A_v$則受溫度的影響很大。

如圖 9-21 所示爲非反相OPA的特例，稱作**「電壓隨耦器」(voltage follower)**，它將$v_{out}$直接回授到反相輸入端“－”。因爲採直接回授，故其閉回路電壓增益值$A_{cl}$等於 1。

此種型式 OPA 之輸入阻抗極高，而輸出阻抗很低。此特性使電壓隨耦器成爲高阻抗訊號源與低阻抗負載之間極佳的緩衝器(buffer)。

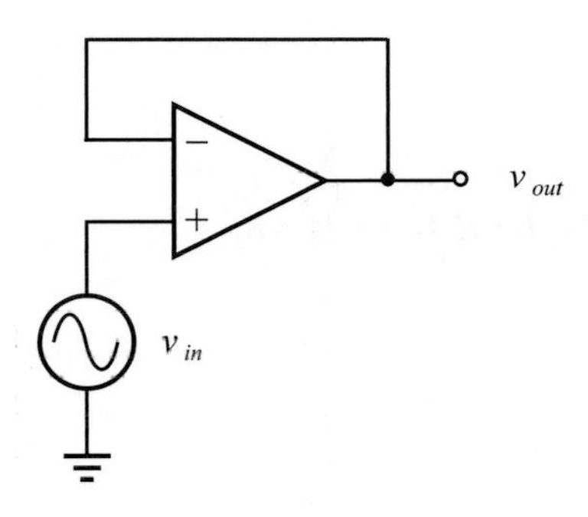


圖 9-21　電壓隨耦器

## 反相放大器

反相放大器電路如圖 9-22 所示，輸入訊號$v_{in}$經由串聯電阻$R_i$送入反相輸入端，同時，回授電路將$v_{out}$取樣經$R_f$送回輸入端。

如圖 9-23 所示，當$v_{in}$＝0V 時，$v_{out}$也等於 0V。但是當$v_{in}$逐漸增大時，$v_{out}$也會逐漸升高，此時，$v_f$電壓受到$v_{out}$分壓作用也跟著增加。於是$v_{in}$與$v_f$間的電位差減少了，並使$v_2$的電壓開始下降，使得$v_{error}$(＝$v_2$－$v_1$)降低。

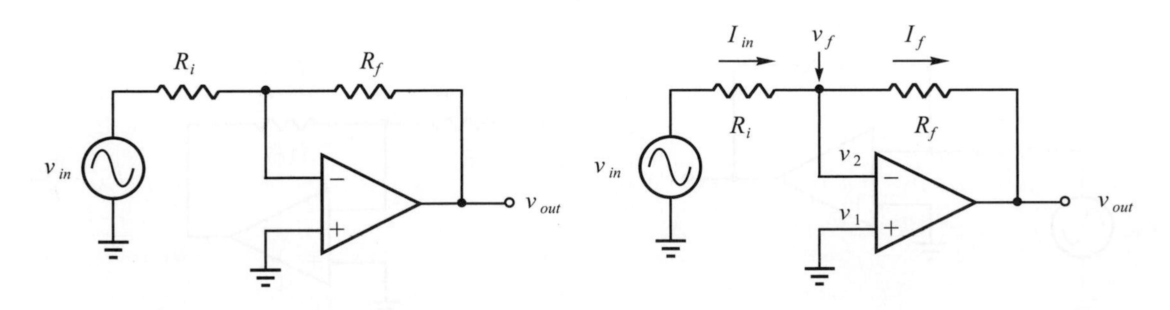


圖 9-22　反相放大器電路

圖 9-23　反相放大器的作用

因為放大器的輸出電壓$v_{out} = A_V \times v_{error}$，又因$A_V$為無限大，所以$v_{error}$值趨近於0V，即$v_1 \doteqdot v_2$。在反相放大器電路中，$v_1 = 0V$，則反相輸入端$v_2$亦為0V，此種情形稱為「虛接地」(virtual ground)。

由上述可以得知，在負回授電路中，OPA 的放大率會變小。相較於無回授電路，$v_{out}$直接由$v_{in}$和$A_V$的乘積所決定，因此$v_{in}$只要稍微增加，$v_{out}$很快便能到達飽和電壓值($+V_{CC}$)。

因 OPA 的$v_2 = v_1 = 0V$，所以$v_{in}$流經電阻$R_i$和$R_f$的電流應相等，即：

$$I_{in} = -I_f$$

因虛接地之故

$$v_{in} = I_{in} \times R_i \text{，且} v_{out} = I_f \times R_f = -I_{in} \times R_f$$

整理得：

$$\frac{v_{out}}{v_{in}} = -\frac{R_f}{R_i} \tag{9-7}$$

由公式 9-7 可知$R_f$與$R_i$的比值即為此 OPA 的總增益值，即：

$$A_{cl} = -\frac{R_f}{R_i} \tag{9-8}$$

在某些應用中，我們常常需要一種可以改變輸入阻抗的放大器，「反相放大器」便可滿足這種需求。例如我們需要一個輸入阻抗為2kΩ，電壓增益為100的放大器，便可令$R_i = 2M\Omega$，$R_f = 200k\Omega$，如圖 9-24 所示。

反相放大器也可以製成電流電源，如圖 9-25 所示。

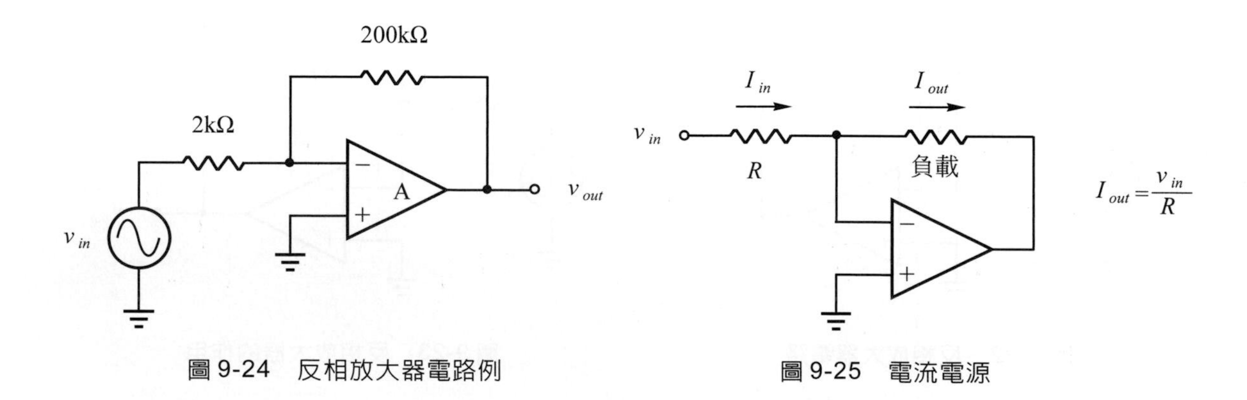


圖 9-24　反相放大器電路例

圖 9-25　電流電源

【例 9-3】如圖所示，試求其閉回路電壓增益值及$v_{out}$。

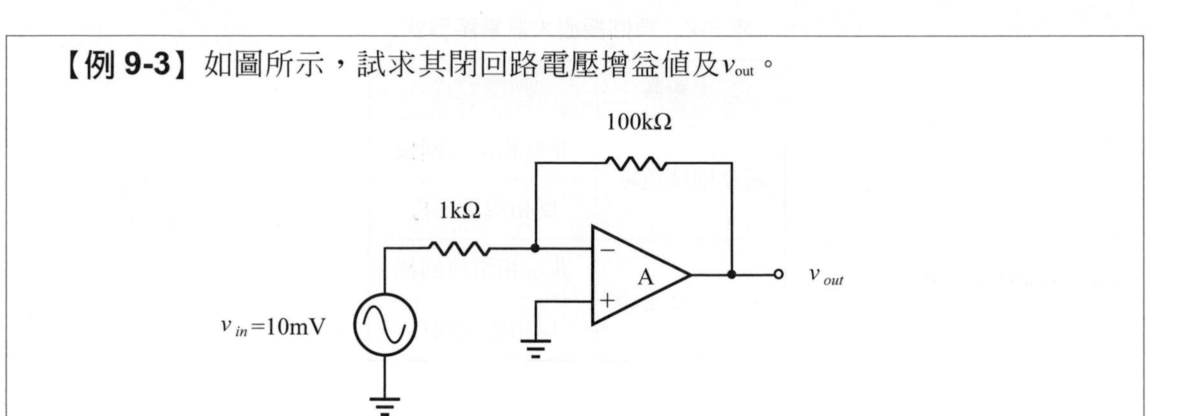


**解**

(1)$A_{cl}=-\frac{R_f}{R_i}=-\frac{100\text{k}\Omega}{1\text{k}\Omega}=-100$

(2)$v_{out}=v_{in}\times A_{cl}=10\text{mV}\times(-100)=-1000\text{mV}$

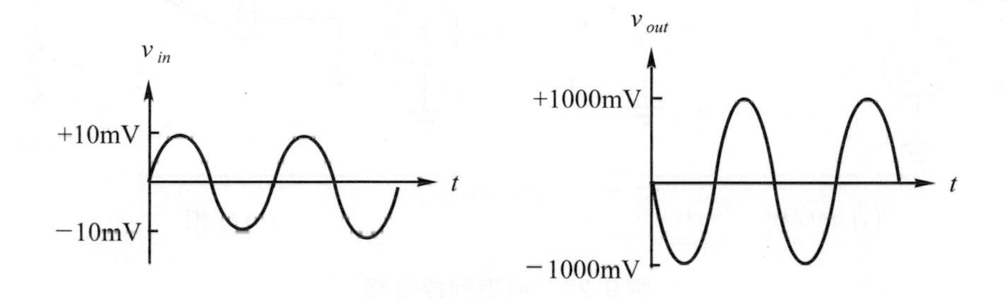


表 9-2 為負回授放大器電路的分類表。其中有兩種電壓回授電路，包括非反相與反相回授電路，為最重要的應用電路，因其負載電阻採單端接地方式，如圖 9-26 所示。另外兩種電流回授放大器電路，則因其負載電阻為浮動狀態(亦即沒有接地點)，所以在電路設計並不好用，如圖 9-27 所示。在電壓回授電路中，穩定的輸出變數為電壓；而在電流回授電路中，穩定的輸出變數則是電流。這也就是說：**在負回授放大器電路裡，其輸出有如一個具有電壓回授功能的電壓源，或電流源**。

讀者若想要深入瞭解 OPA 的數學分析、功率頻寬等其他特性，可參閱相關之電子學書籍，本章僅就車輛工程方面的需要為考量做入門式的介紹。

表 9-2　負回授放大器電路型式

| 輸出變數 | 回授型式 |
|---|---|
| 電壓回授電路 | 非反相電壓回授 |
| | 反相電壓回授 |
| 電流回授電路 | 非反相電流回授 |
| | 反相電流回授 |

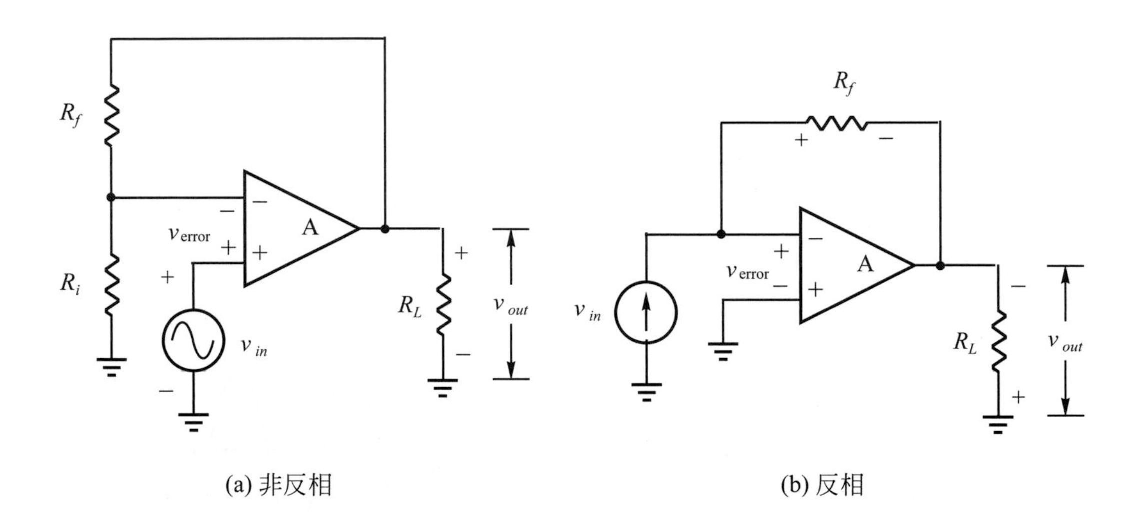


(a) 非反相　(b) 反相

圖 9-26　電壓回授電路

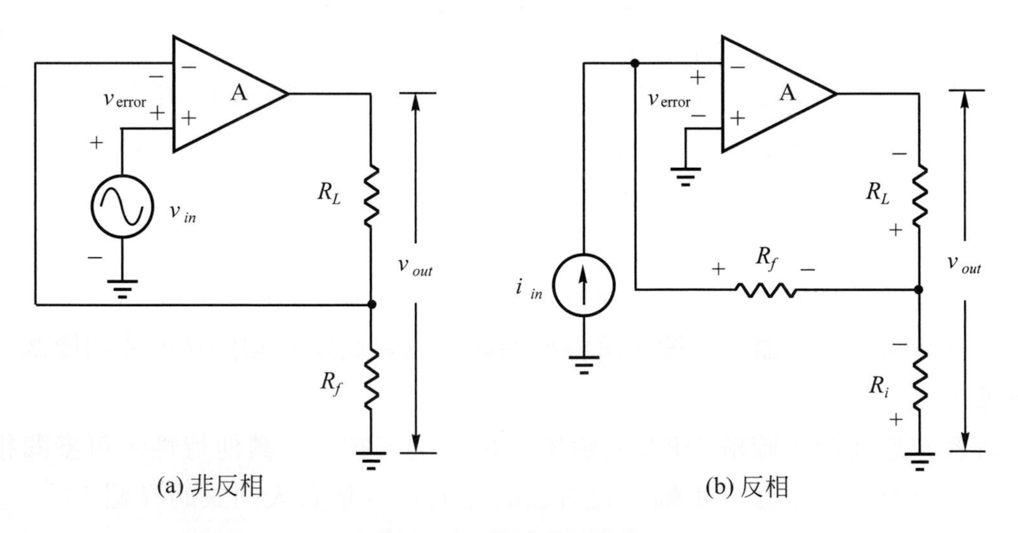


(a) 非反相　(b) 反相

圖 9-27　電流回授電路

【例 9-4】在汽車用感知器裡，有許多是利用感知器電阻值的變化做為訊號送入電子控制模組(ECM)內，供電腦判斷用。如圖所示，假設為一具有回授功能的熱敏式感知器，試求：

(1)$i_{\text{in}}$＝？

(2)$v_{\text{out}}$＝？

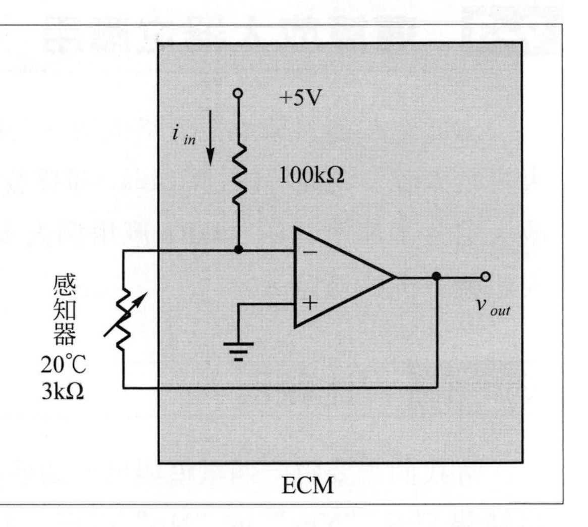


**解**

將上圖改畫成

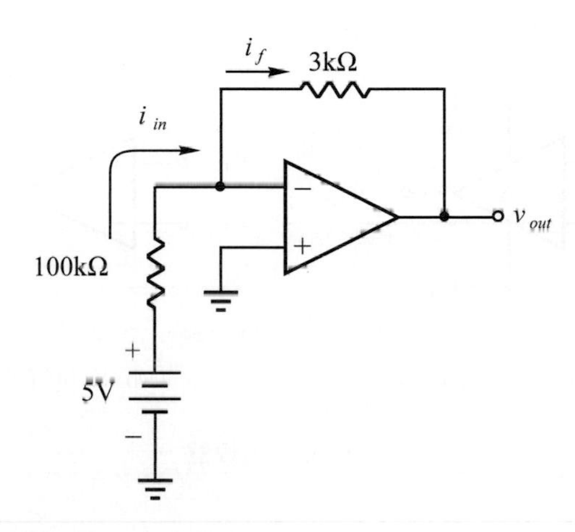


(1)此放大器電路屬反相電壓回授型，故：

$V_{\text{in}} = i_{\text{in}} \times R_i$

$5\text{V} = i_{\text{in}} \times 100\text{k}$

$\therefore i_{\text{in}} = 0.05\text{mA} = i_f$(感知器電流)

(2) $\dfrac{V_{\text{out}}}{V_{\text{in}}} = -\dfrac{R_f}{R_i}$

$\dfrac{V_{\text{out}}}{5\text{V}} = -\dfrac{3\text{k}}{100\text{k}}$

$\therefore V_{\text{out}} = 0.15\text{V}$(反相)

# 9-3 運算放大器之應用

由於單晶運算放大器價格低廉、功能強大且穩定性佳，所以不僅可做電壓放大、電流源及濾波等線性(linear)運算放大器電路外，更可以做非線性(nonlinear)放大用。本節所介紹之OPA應用例大多屬非線性OPA電路，亦即輸出訊號與輸入訊號不同的電路。

## 9-3-1 比較器

當我們需要將一個電壓與另一個參考電壓做比較，看哪一個大時，我們所要的結果只是“Yes”或“No”而已，此時便可應用 OPA 來作電壓的**比較器(comparator)**。比較器包括兩個輸入端(非反相和反相)及一個輸出電壓端，如圖9-28所示。

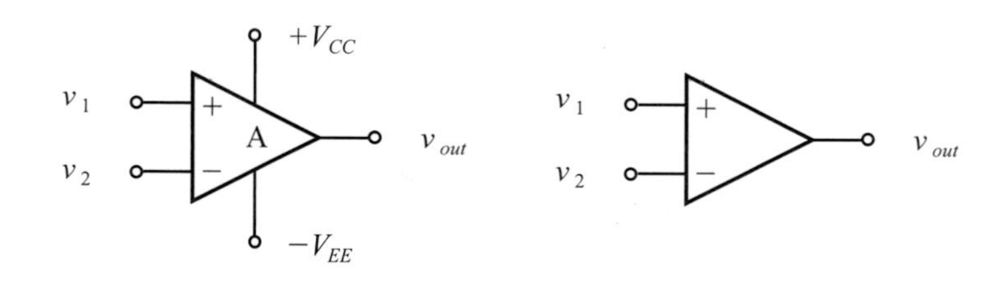


(a) OPA 作為比較器　　(b) 簡化符號

圖 9-28　比較器

1. 當$v_1 > v_2$時，$v_1 - v_2$為正值，因$A_V$值極大，經過$A_V$放大後，使輸出電壓$v_{out}$趨近於正飽和，即$+V_{CC}$。
2. 當$v_1 = v_2$時，$v_1 - v_2$等於0，故$v_{out}$亦等於0V。
3. 當$v_1 < v_2$時，$v_1 - v_2$為負值，經由$A_V$放大而使輸出趨近於負飽和電壓$-V_{CC}$。

比較器非常靈敏，只要$v_1$和$v_2$有些許差異，(經由電壓增益)便會立即在$v_{out}$上顯出來。

圖 9-29 稱為「零位檢測器」(zero-level detection)。反相輸入端接地(零電位)，而輸入訊號$v_{in}$則接到非反相輸入端。由於OPA為開迴路，且開迴路增益($A_{ol}$)

極大，故雖然在兩輸入端僅有一微小差壓存在，放大器仍會被推入飽和狀態，使$v_{out}$達到最大值。

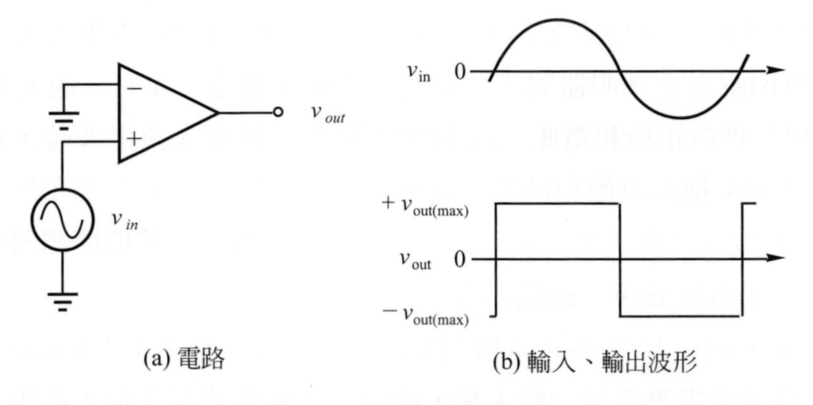


(a) 電路　　(b) 輸入、輸出波形

圖 9-29　零位檢測器

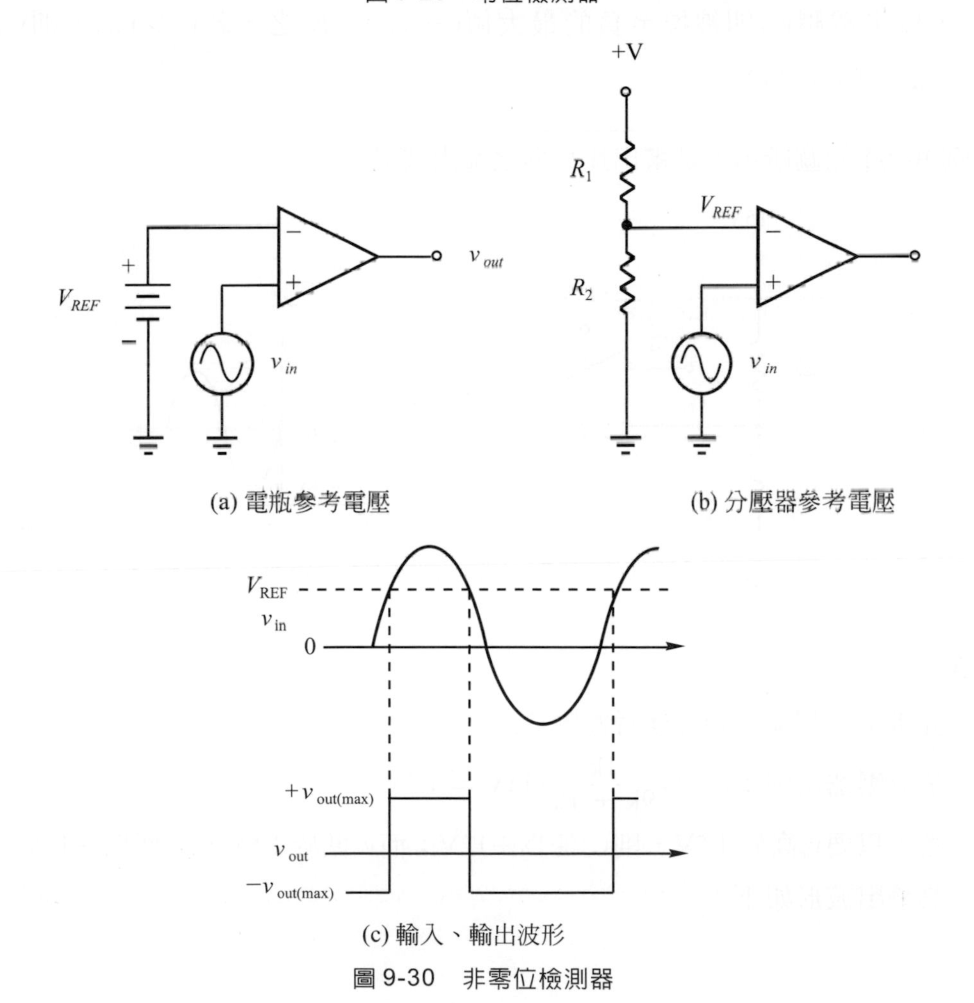


(a) 電瓶參考電壓　　(b) 分壓器參考電壓

(c) 輸入、輸出波形

圖 9-30　非零位檢測器

設一OPA之$A_{ol}$＝100000，二輸入端差壓為0.22mV，則輸出電壓可達$v_{out}$＝0.02mV×100000＝22V。當然，這得OPA的最大輸出電壓能達到22V才行。一般OPA的$v_{out}$均限制在±15V之間，所以22V的結果會把OPA推入飽和。

圖9-29(b)為零位檢測器對正弦輸入波之輸出響應。當$v_{in}$一越過零線(0V)，便立刻將OPA推向正飽和電壓，$v_{out}$最大；反之，當輸入負半波時，$v_{in}$一越過零線時，便將OPA推向負飽和狀態，使輸出為最小值。由於參考電壓為0V(反相輸入端接地)，故名之為「零位檢測器」。由圖可以看出，**零位檢測器可作為「方波產生器」，輸入正弦波，輸出方波**。

同理可推，圖9-30便屬「非零位檢測器」(nonzero-level detection)了。將任何非零伏特參考電壓接到一輸入端，即可用來檢測非零之輸入電壓。只要$v_{in}$比$v_{REF}$小，輸出電壓$v_{out}$即被推至負的最大值(－$v_{out}$)；反之，若$v_{in}$＞$v_{REF}$，則$v_{out}$即輸出正的最大值(＋$v_{out}$)。

**【例9-5】**如圖所示，試畫出比較器之輸出波形。

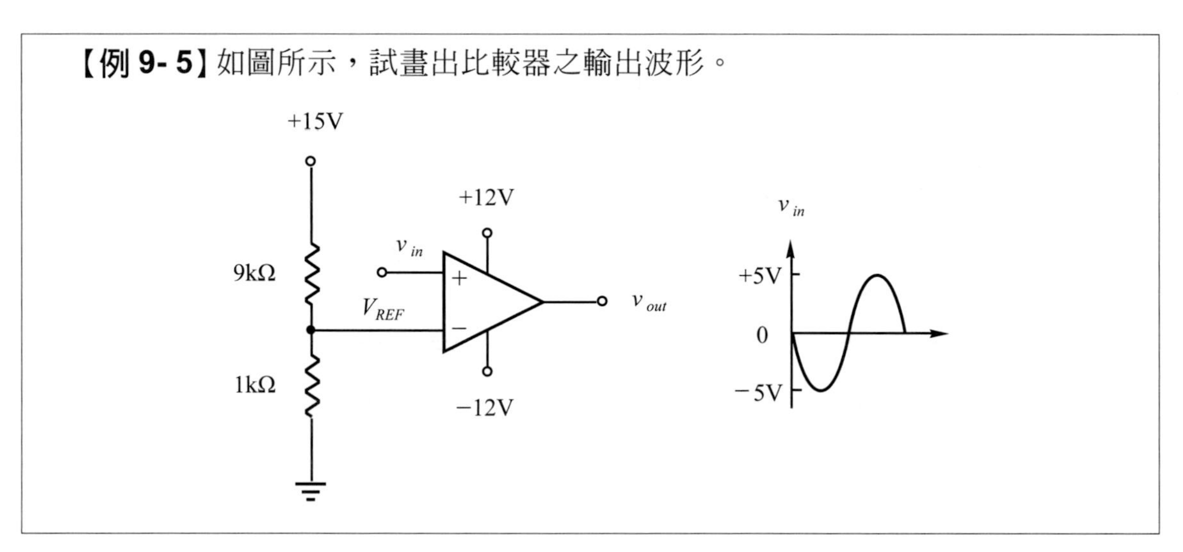


**解**

先求出反相輸入端之參考電壓$V_{REF}$值。

依分壓器法則：$V_{REF}=\dfrac{1k}{9k+1k}\times 15V=1.5V$

故，只要$v_{in}$高於1.5V，則$v_{out}$便為＋12V；而$v_{in}$低於1.5V，$v_{out}$便為－12V。

其輸出波形如下：

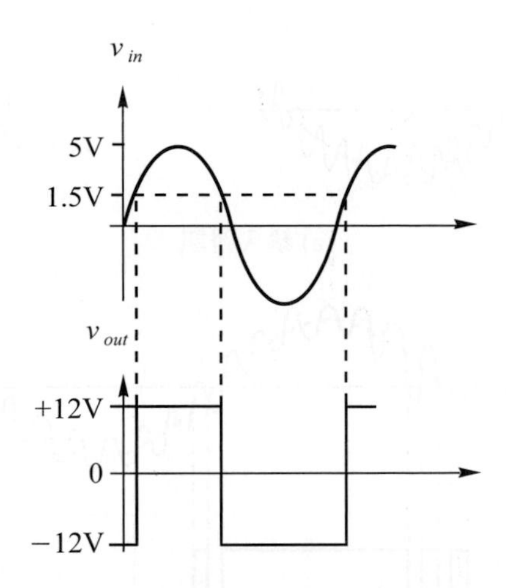


OPA 在實際的工作中，常常會因為輸入訊號中的雜訊，而使輸出產生閃爍不定的狀態，如圖 9-31 所示。零位檢測器接受含有雜訊的低頻正弦波訊號，以圖為例，當$v_{in}$在 0V 時，因為雜訊的變動，使$v_{out}$這個時候出現了在$+v_{max}$和$-v_{max}$間漂浮的現象。

在非零位檢測器裡，上述不穩定的狀況，發生於$v_{in}$等於參考電壓($v_{REF}$)之時。為要消除這種現象，可以運用正回授技巧。這個技巧叫「磁滯現象」(hysteresis)。磁滯現象能夠使當$v_{in}$由小變大時，讓$v_{REF}$值拉高；而當$v_{in}$由大變小時，令$v_{REF}$值略降。如此可使$v_{out}$在轉換點處不受雜訊變動之影響。上下兩個$v_{REF}$電壓分別稱作上激發點(Upper Trigger Point；UTP)和下激發點(Lower Trigger Point；LTP)，其值由圖 9-32 正回授電路中的分壓電阻所決定。

如圖 9-32 所示，輸入訊號$v_{in}$接至反相輸入端，由分壓器所得之回授訊號則接至非反相輸入端：

1. 如圖 9-33(a)所示，當$v_{out}$為正的最大值$+v_{out(max)}$時，回授電壓即為$v_{UTP}$，其值等於：

$$v_{UTP}=\frac{R_2}{R_1+R_2}\times(+v_{out(max)}) \tag{9-7}$$

2. 如圖 9-33(b)所示，由於$v_{in}$在“−”輸入端，故當$v_{in}$值一超過回授(參考)電壓$v_{UTP}$時，輸出即降至負的最大值$-v_{out(max)}$。此回授電壓訊號變成$v_{LTP}$：

$$v_{LTP}=\frac{R_2}{R_1+R_2}\times(-v_{out(max)}) \tag{9-8}$$

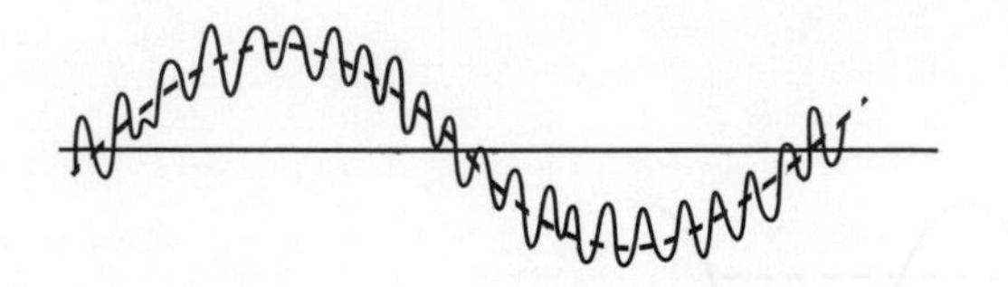

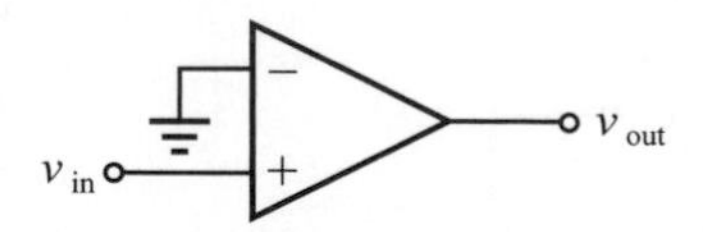


(a) 輸入雜訊

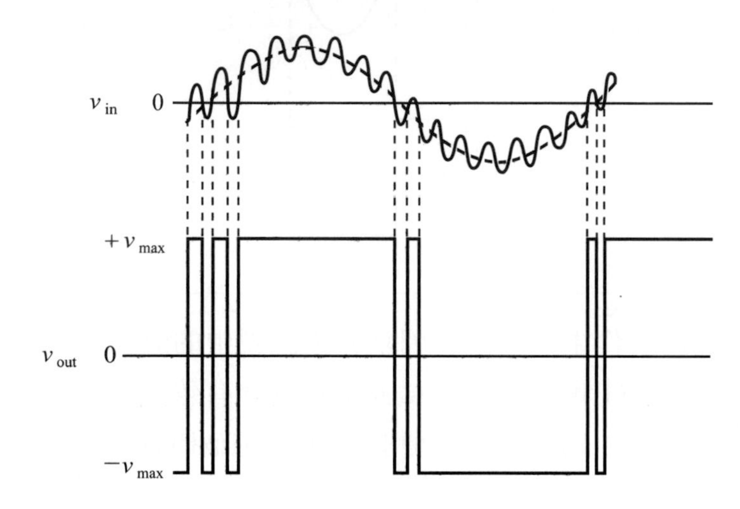


(b) 輸入雜訊對 $v_{out}$ 之影響

圖 9-31　雜訊的影響

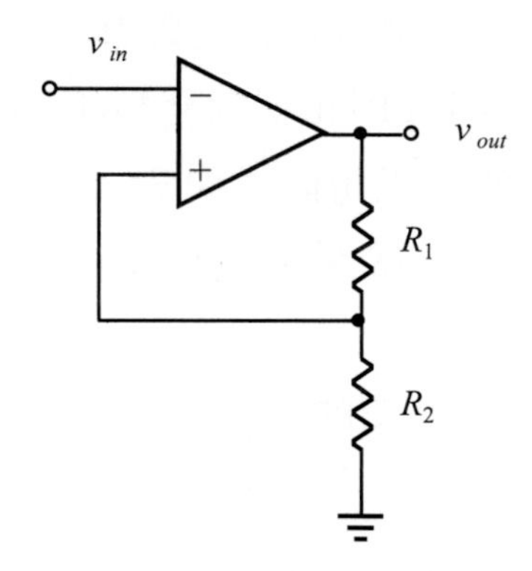


圖 9-32　運用正回授以形成磁滯現象

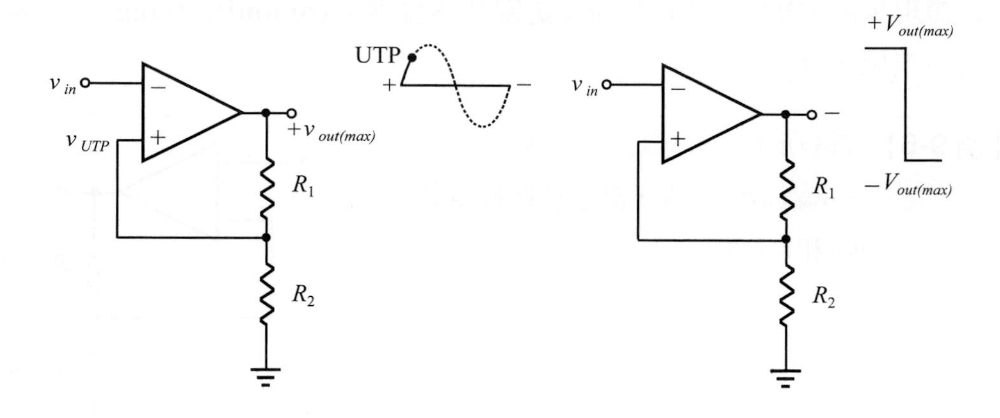


(a) $v_{in} > v_{UTP}$時，$v_{out}$ 爲負的最大值

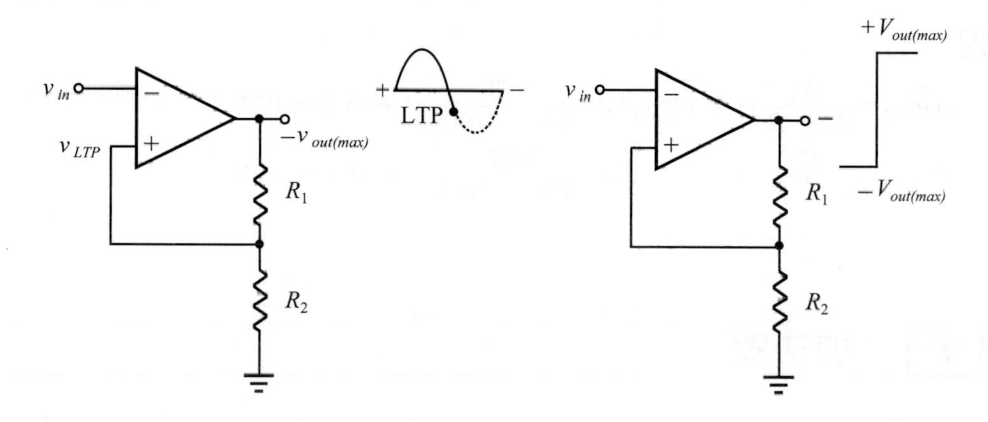


(b) $v_{in} < v_{LTP}$時，$v_{out}$ 爲正的最大值

圖 9-33　磁滯作用

此時$v_{\text{in}}$遠大於回授訊號$v_{LTP}$，故不論雜訊如何，$v_{\text{out}}$均爲最大負值。這個狀態要持續至$v_{\text{in}}$比回授訊號低時，輸出才會改變，如圖 9-34 所示。

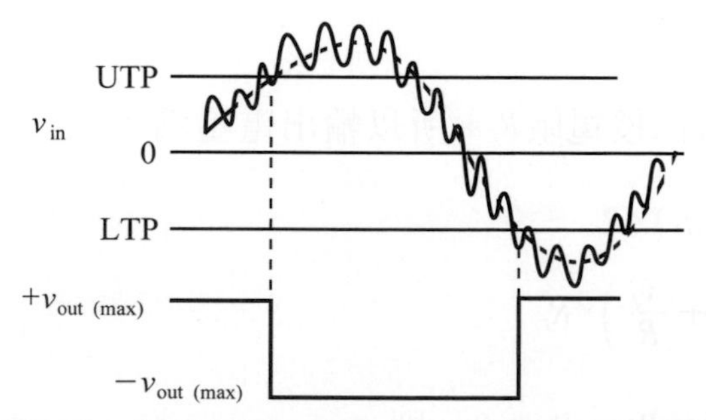


圖 9-34　放大器的轉態輸出只在 UTP 和 LTP 兩點

磁滯現象的 OPA 即是有名的「**史密特觸發器**」(**Schmitt trigger**)。兩激發位準間的差值，稱爲磁滯量。

**【例 9-6】** 如圖所示，$+v_{out(max)}=+5V$，$-v_{out(max)}=-5V$，試求此比較器之 $v_{UTP}$ 和 $v_{LTP}$ 值。

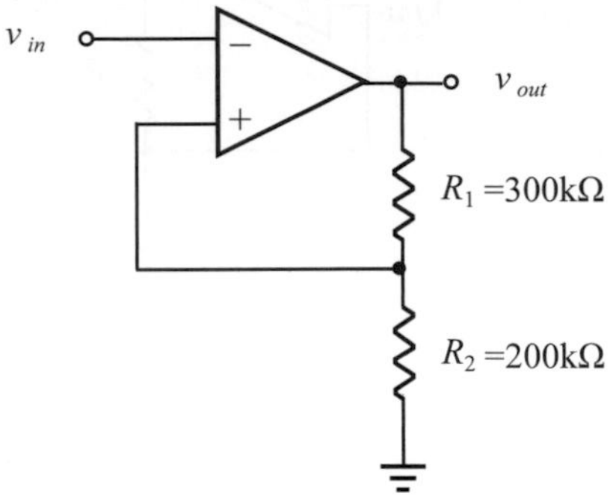

**解**

$$(1)\ v_{UTP}=\frac{R_2}{R_1+R_2}\times(+v_{out(max)})=\frac{200k}{300k+200k}\times(+5V)=+2V$$

$$(2)\ v_{LTP}=\frac{R_2}{R_1+R_2}\times(-v_{out(max)})=\frac{200k}{300k+200k}\times(-5V)=-2V$$

## 9-3-2 加法器

**加法器(summing amplifier)**其實就是一個反相運算放大器。反相電壓放大器具有同時處理一個以上輸入訊號的優點。如圖 9-35 所示，依反相放大器的「虛接地」概念(參見 9-2-2 節)，兩輸入電阻 $R_1$、$R_2$ 的右端均可視爲接地(零電位)，故流過 $R_1$ 和 $R_2$ 的電流分別爲：

$$i_1=\frac{v_1}{R_1}\text{，}i_2=\frac{v_2}{R_2}$$

兩電流之和 $i_1+i_2$ 流入回授電阻 $R_f$，所以輸出電壓爲：

$$v_{out}=-(i_1+i_2)\times R_f$$

或

$$v_{out}=-\left(\frac{v_1}{R_1}+\frac{v_2}{R_2}\right)\times R_f \tag{9-9}$$

若三電阻相同，即 $R_1=R_2=R_f=R$，則，

$$v_{out} = -(v_1 + v_2) \tag{9-10}$$

公式 9-10 說明加法器的輸出即兩輸入和之負值。假如輸入電壓爲兩個以上時，如圖 9-36，則其輸出電壓爲：

$$v_{out} = -(v_1 + v_2 + v_3 + \cdots + v_n) \tag{9-11}$$

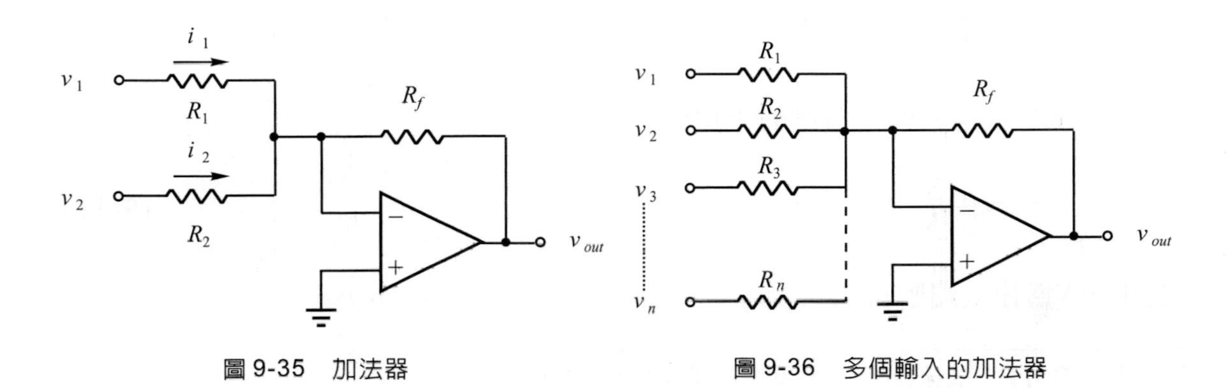


圖 9-35　加法器　　圖 9-36　多個輸入的加法器

**【例 9-7】** 如圖所示，求出放大器之輸出電壓值。

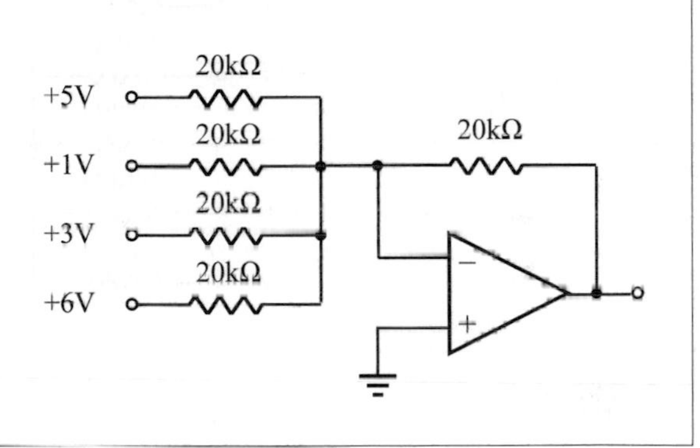


**解**

∵所有輸入電阻都相同，並且與回授電阻$R_f$也相同，

∴依公式 9-11 求出$v_{out}$值。

$$v_{out} = -(v_1 + v_2 + v_3 + v_4)$$
$$= -(5 + 1 + 3 + 6) = -15\text{V}$$

若將加法器中的輸入電阻、回授電阻做適當的調整，則可以產生許多加法器的衍生電路，各具使用上的價值。茲舉幾例說明如下：

### 平均放大器

加法器亦可改成**「平均放大器」(average amplifier)**，其條件為：電阻$R_f$與$R$的比值必須等於放大器輸入端的數目，亦即：

$$\frac{R}{R_f}=\text{輸入端的數目}$$

則輸出電壓就是各輸入電壓的平均值。

$$v_{\text{out}}=\frac{-\Sigma\, v_{\text{in}}}{N} \tag{9-12}$$

其中，$N$為輸入端數目。

**【例 9-8】** 試算出平均放大器之輸出電壓大小。

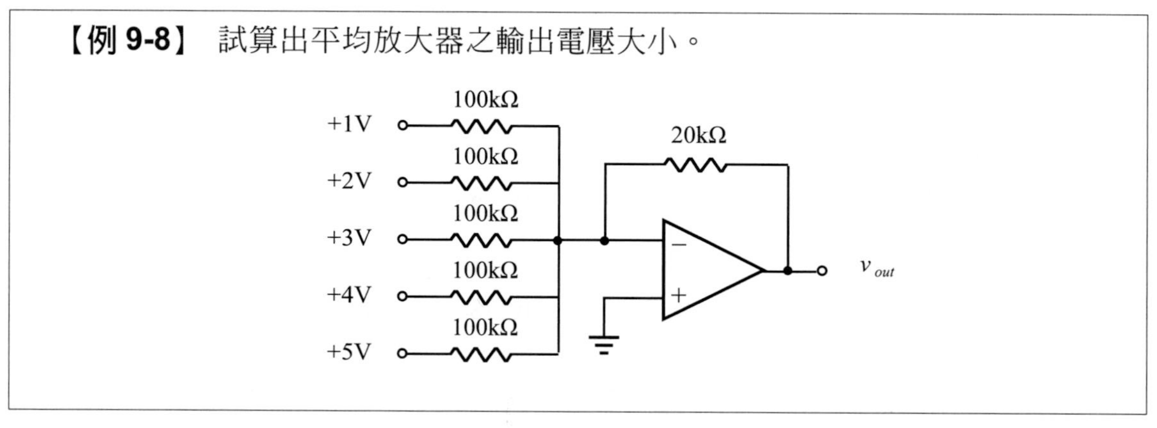


**解**

(1)先試以加法器公式 9-9 解。

$$v_{\text{out}}=-\frac{R_f}{R}(v_1+v_2+v_3+v_4+v_5)=-\frac{20\text{k}}{100\text{k}}(1+2+3+4+5$$
$$=-3\text{V}$$

(2)再以平均放大器公式 9-12 解

$$v_{\text{out}}=-\frac{\Sigma v_{\text{in}}}{N}=-\frac{1+2+3+4+5}{5}=-3\text{V}$$

以上兩法皆可解得$v_{\text{out}}$

### 比例加法器

還記得加法器的標準公式嗎？

$$v_{\text{out}} = -\left(\frac{v_1}{R_1} + \frac{v_2}{R_2}\right) \times R_f \tag{9-9}$$

我們可以將上式改寫成：

$$v_{\text{out}} = -\left(\frac{R_f}{R_1}v_1 + \frac{R_f}{R_2}v_2 + \cdots + \frac{R_f}{R_n}v_n\right) \tag{9-13}$$

此式即爲**「比例加法器」(scaling adder)**公式。輸出電壓爲各輸入電壓按不同比例“放大”後的總和。放大的倍數爲$R_f$與各輸入電阻的比值。若$R_f = R$，則放大倍數爲 1；$R_f = 2R$時，放大倍數即爲 2。依此類推，當某輸入端之電阻愈小時，對於該訊號的輸出反而愈大。

**【例 9-9】** 如圖所示，求此一「比例加法器」的輸出電壓$v_{\text{out}}$值，以及各輸入訊號的放大倍數。

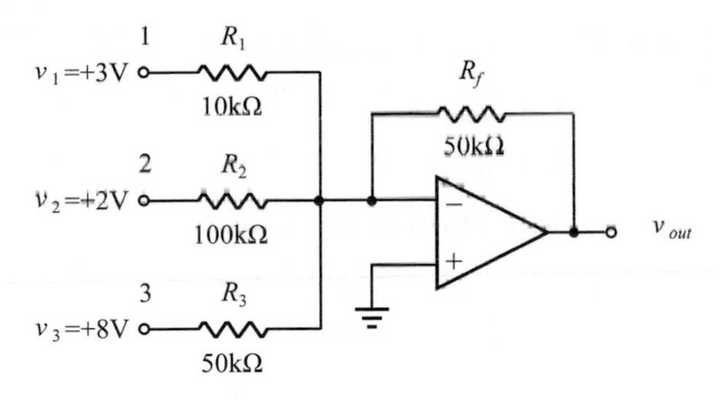


**解**

(1)各輸入訊號之放大倍數分別爲：

$$v_1\text{之放大倍數} = \frac{R_f}{R_1} = \frac{50\text{k}}{10\text{k}} = 5$$

$$v_2\text{之放大倍數} = \frac{R_f}{R_2} = \frac{50\text{k}}{100\text{k}} = 0.5$$

$$v_3\text{之放大倍數} = \frac{R_f}{R_3} = \frac{50\text{k}}{50\text{k}} = 1$$

(2)$v_{\text{out}} = -\left(\frac{R_f}{R_1}v_1 + \frac{R_f}{R_2}v_2 + \frac{R_f}{R_3}v_3\right)$

$v_{out} = -(5\times3 + 0.5\times2 + 1\times8)$

$v_{out} = -24\text{V}$

圖 9-37 爲比例加法器的應用例。此電路爲一雙音頻訊號的混合放大器，輸入端的可變電阻係用來調整每一輸入訊號(聲道；channel)的位準(音平；level)。增益控制電位計則是用來調整輸出的音量。

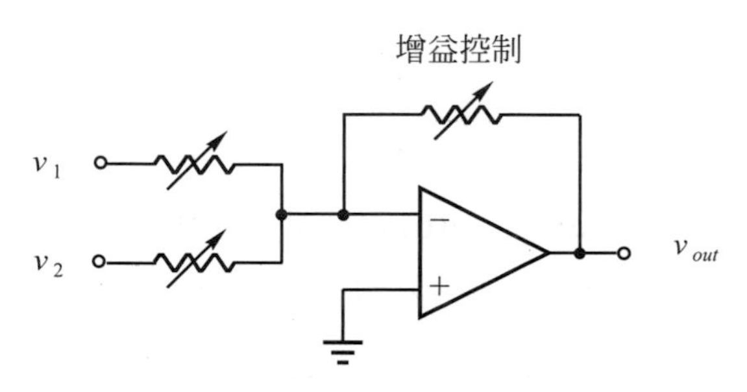


圖 9-37　雙音頻訊號混合放大器

## 9-3-3 積分器

**積分器(integrator)**是一種能夠執行積分運算的電路，其輸出訊號爲輸入訊號的積分。在數學上，積分是指求取某一曲線之下面積的過程。以圖 9-39 爲例，在輸入端加一固定電壓，則在輸出端會產生一個由$v_{in}\times t$所累加起來的電壓斜線。在$v_{in}-t$座標上，電壓與時間的乘積即爲由面積所構成的區間。總面積爲各個小面積之和。積分的觀念便是將曲線(直線)以下無數的小面積相加的過程。也就是說，**透過積分器將輸入電壓$v_{in}$累加後，便可得到$v_{out}$**。

當然，輸入訊號並不全爲脈波，其他型式的輸入訊號也可積分。但以脈波輸入來做分析，較易於瞭解。如圖 9-40 所示，因反相輸入端爲虛接地，故當脈波輸入電壓送入時，電阻$R$上的電流等於：

$$I = \frac{v_{in}}{R}$$

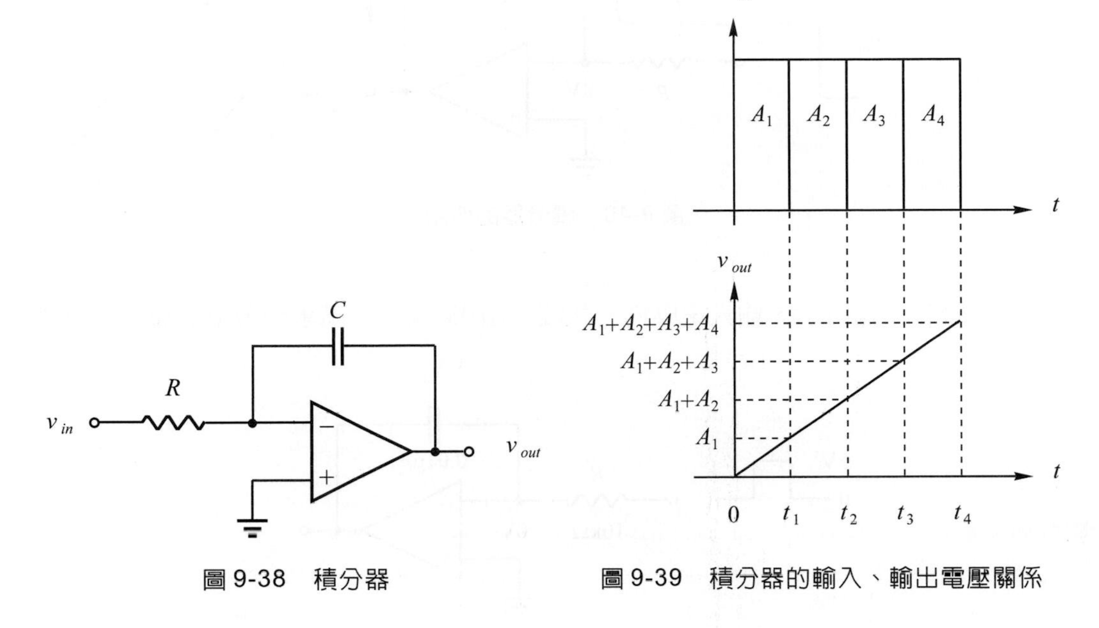


圖 9-38　積分器

圖 9-39　積分器的輸入、輸出電壓關係

因為脈波電壓之振幅固定(似方波訊號)，故輸入電流$I$亦為一定值。電容器$C$接受$I$的充電，方向則如圖所示。又電容器之電壓變化率$\left(\frac{dv}{dt}\right)$與電流大小成正比，即：

$$\frac{dv}{dt}=\frac{I}{C}$$

其中，電流$I$和電容$C$皆為定值，所以充電率亦為一定值。上式可寫成積分式如下：

$$v_{\text{out}}=-\frac{1}{C}\int Idt \tag{9-14}$$

再將$I=\frac{v_{\text{in}}}{R}$代入，可得：

$$v_{\text{out}}=-\frac{1}{RC}\int v_{\text{in}}dt \tag{9-15}$$

$v_{\text{out}}$為負值是因為反相放大器「虛接地」之故(參見9-2-2節)。$RC$皆為定值，故輸出電壓$v_{\text{out}}$便是由$v_{\text{in}}$對時間的積分得出。

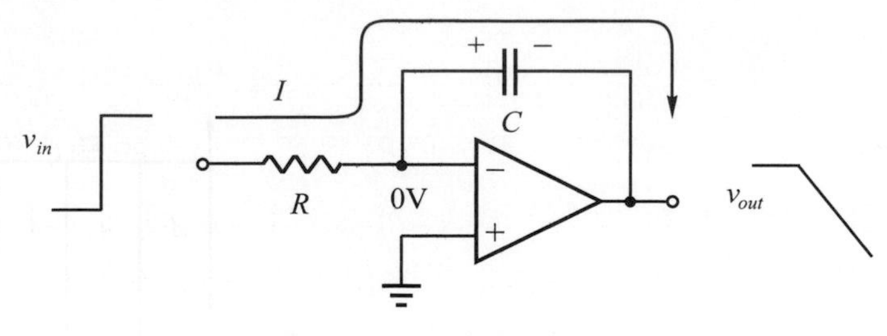


圖 9-40　積分器的作用

【例 9-10】如圖所示，輸入電壓為一脈波，由 0V 開始，試求積分器的輸出變化率。

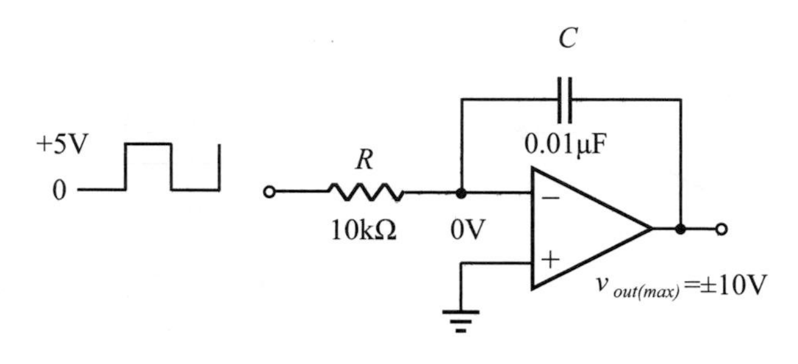


**解**

$$\frac{dv_{\text{out}}}{dt}=-\frac{1}{RC}\times V_{\text{in}}$$

$$=-\frac{1}{10\text{k}\times 0.01\mu}\times 5\text{V}=-50\text{kV/s}=-50\text{mV}/\mu\text{s}$$

亦即輸出變化率為每 1 微秒－50mV。當輸入為 0V 時，輸出為一水平線；當輸入訊號上升至＋5V 時，輸出即呈現負斜率下降，且其斜率為－50mV/$\mu$s。若輸入＋5V 持續100$\mu$s，則輸出電壓將減少：

$$dv_{\text{out}}=50\text{mV}/\mu\text{s}\times 100\mu\text{s}=5\text{V}$$

其輸入、輸出波形關係如下圖所示。

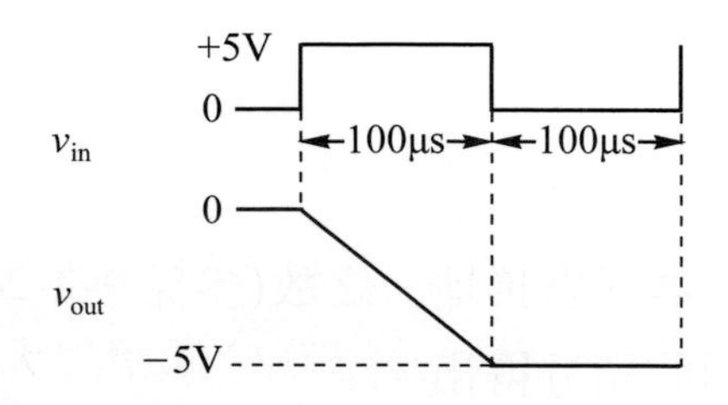

## 9-3-4 微分器

**微分器(differentiator)**能執行微分的數學運算，它的輸出電壓會與輸入電壓的斜率成比例。如圖 9-41 所示，微分器電路的電阻和電容器位置恰與「積分器」相反。在數學上，微分的意義是指一曲線上任一點的變化率，此亦與積分的意義恰為相反。由於曲線上任一點的變化率，即為該點之導數(derivative)，故微分器的輸出電壓便與輸入電壓的導數成正比關係。

微分器電路一般用於測試方波的前、後緣，或是將斜波輸入轉成方波輸出。

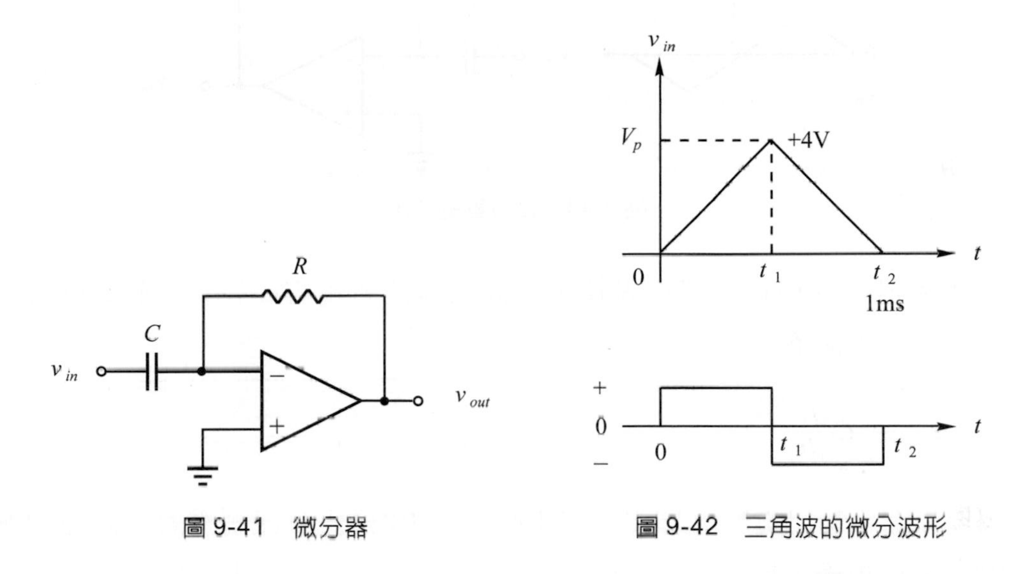


圖 9-41 微分器　　圖 9-42 三角波的微分波形

以圖 9-42 為例，輸入電壓$v_{in}$的曲線隨時間之變化率即為導數。時間自 0 到 $t_1$，輸入電壓自0V升至4V，呈線性變化，因其變化率(斜率)為正，$\frac{dv}{dt}=\frac{4\text{V}}{0.5\text{ms}}=+8\text{V/ms}$，故導數為正值，輸出的方波為正值；但當時間自$t_1$到$t_2$時，電壓自 4V線性地降至 0V，其變化率為負，$\frac{dv}{dt}=\frac{-4\text{V}}{0.5\text{ms}}=-8\text{V/ms}$，導數為負值，輸出方波為負值。圖 9-43 為微分波形的另一例。

以上舉了兩個微分波形的例子，但請讀者們留意，微分器所產生的輸出波形將會與上兩例恰好相反，這是因為微分器屬於反相放大器之故。現以圖 9-44 來說明微分器的作用。

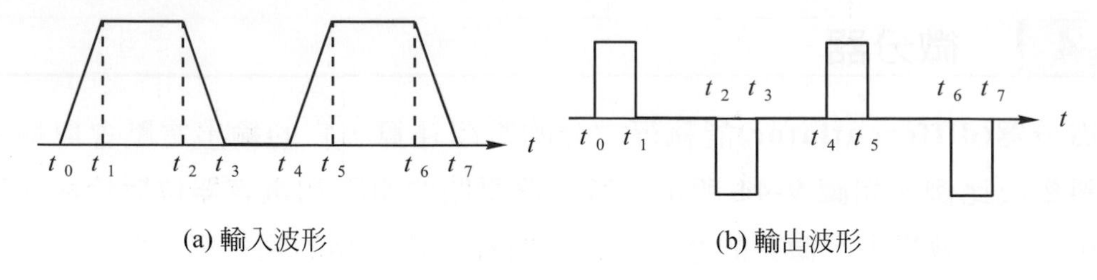


圖 9-43　微分波形例

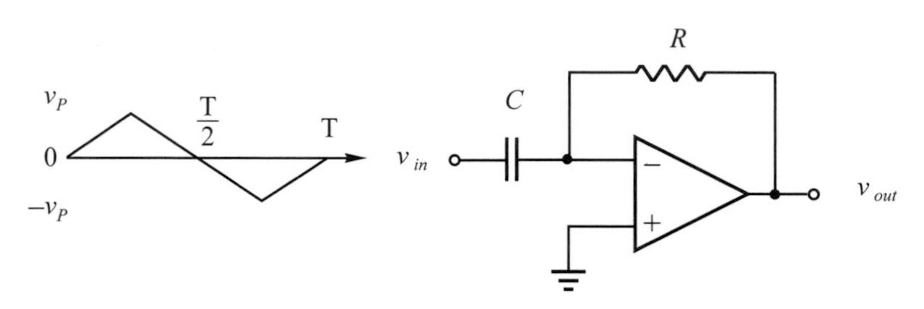


圖 9-44　微分器的作用

因放大器之反相輸入端為虛接地，故三角波對電容$C$充電，充電率為一常數。又其充電電流為：

$$i = -C\frac{dv}{dt}$$

在反相放大器中輸出電壓$v_{out}$即為回授電阻$R$上的壓降，且流經電容器之電流與回授電阻之電流相等，故：

$$v_{out} = iR = -RC\frac{dv}{dt} \tag{9-16}$$

由於 OPA 為一反相輸入放大器，所以當$v_{in}$為正斜率波形時，$v_{out}$為負值；反之，當$v_{in}$為負斜率波形時，$v_{out}$為正值，如圖 9-45 所示。

從公式 9-16 可以得到一重要結論：如果輸入訊號為正弦波，即$v_{in} = \sin\omega t$，則輸出電壓$v_{out} = -RC\omega\cos\omega t$，其中$\omega$是輸入訊號的角頻率($\omega = 2\pi f$)。因此，輸出電壓會隨著輸入電壓的頻率增加而呈線性增加。換句話說，當高頻雜訊出現時，便會被微分器電路加以放大，造成干擾，取代所要的微分訊號。積分器電路無此困擾，所以在一些運算電路中，常以積分器電路代替微分器電路。

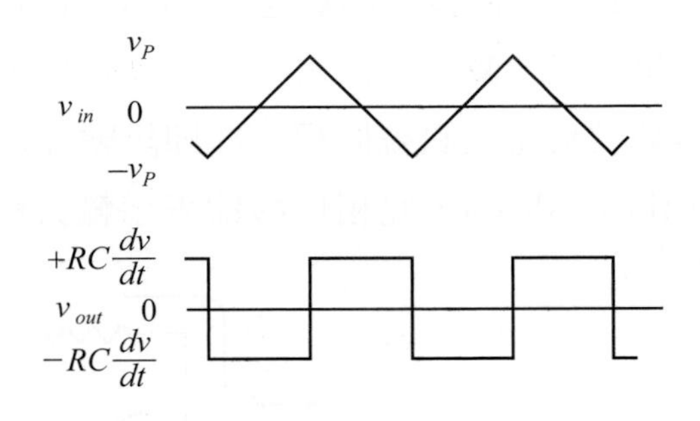


圖 9-45 微分器之輸入與輸出波形

## 9-3-5 振盪器

與放大器不同的是，放大器可以將輸入訊號放大，而**振盪器(oscillator)**並無輸入訊號，但是卻可將電壓源所供給的直流電轉換成具有週期性變化的交流訊號輸出。在振盪器內乃是將部份輸出訊號回授至輸入端，使回授訊號成為 OPA 的唯一輸入訊號。

表 9-3 振盪器的種類

| 波形 | 產生頻率 | 代表作 |
|---|---|---|
| 正弦波 | 高頻 | 多數射頻產生器，如考畢子振盪器、晶體振盪器 |
| | 低頻 | 聲頻產生器，如韋恩電橋振盪器 |
| 非正弦波 | 高頻 | 時鐘脈波(clock)振盪器 |
| | 低頻 | 電視、電腦裡的掃描電路 |

註 1：非正弦波含方波、脈波、三角波、鋸齒波等。
註 2：高、低頻以 1MHz 做界定。

表 9-3 為根據產生的振盪頻率所做的分類表。事實上，能產生振盪的電路很多，例如利用電容的充放電時間產生振盪頻率、利用透納二極體(tunnel diode)的負電阻特性控制諧振電路。本節僅就振盪器的基本概念做一解說，相關方面更深入的瞭解不妨參閱電子學書籍。

我們曾經在9-2節提到「負回授」的觀念。OPA負回授時，回授訊號與輸入訊號不同相(非360°)，輸入訊號減低，使電壓增益亦降低，OPA即呈穩定狀態。但是當正回授時，回授訊號與輸入訊號同相，亦即訊號經過OPA和回授電路時，會產生360°之相位移(phase shift)，此相位移即表示輸入與輸出無相位差。

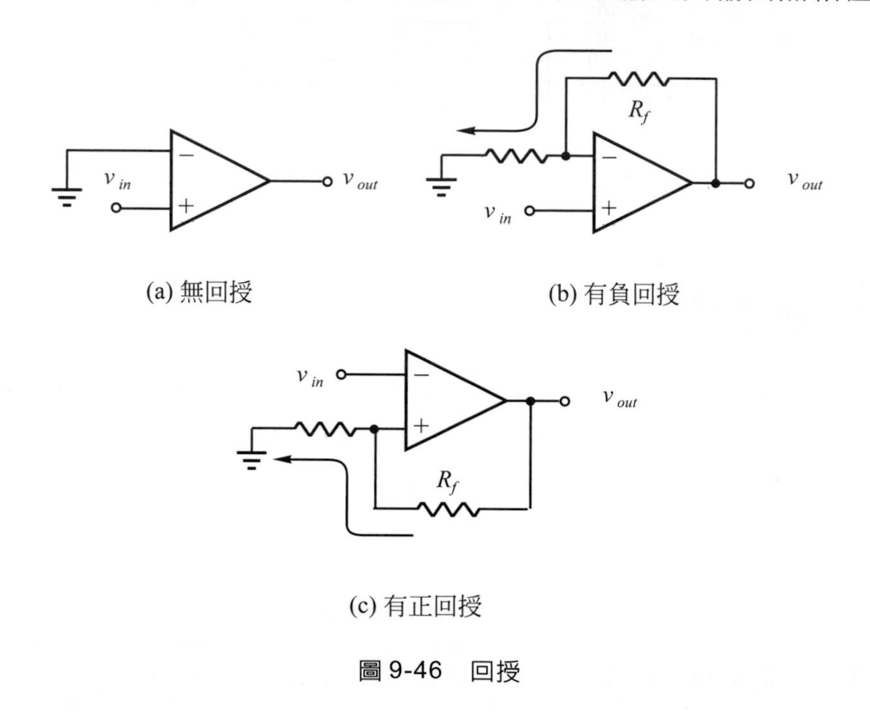


圖 9-46　回授

正回授主要用在振盪器上。要產生正弦波輸出，必須利用正回授放大器，將回授訊號的相位對正，迴路增益(loop gain)調整好，便可以在沒有外加訊號的情況下輸出正弦波。就像單擺運動，可一直持續地擺動。

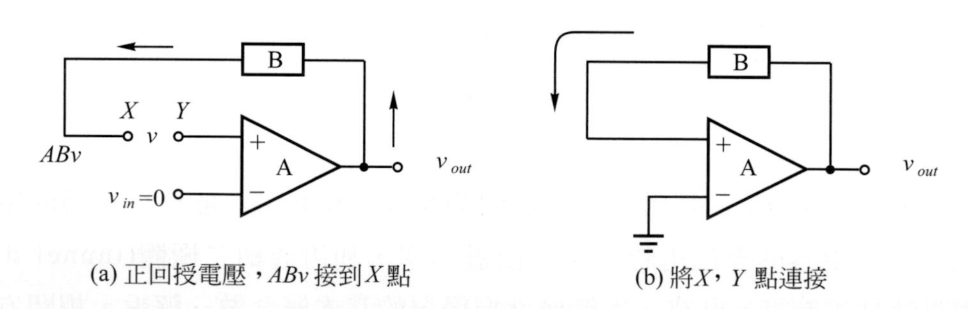


圖 9-47　振盪電路的回授

如圖 9-47(a)所示，先假設有一電壓訊號$v$驅動放大器的輸入端，放大後的輸出電壓$v_{out} = Av$。輸出電壓再經回授電路(共振電路)後，產生回授電壓$ABv$，並回到$X$點。如果放大器和回授電路中的相位移是 0°，則回授訊號$ABv$便和起動訊號$v$同相位。

我們再把$X$點與$Y$點連接起來，並將電壓$v$移走，即可得到結果一樣的(b)圖。現在，放大器只由回授電壓$ABv$驅動。不同的迴路增益($AB$乘積)會產生不同的輸出：

1. 若$AB < 1$，則$ABv < v$，輸出訊號將逐漸減弱消失，如圖 9-48(a)所示。
2. 若$AB > 1$，則$ABv < v$，輸出訊號便逐漸增強上升，如圖 9-48(b)所示。
3. 若$AB = 1$，則$ABv = v$，則輸出電壓就可成爲穩定的正弦波，如圖 9-48(c)所示。

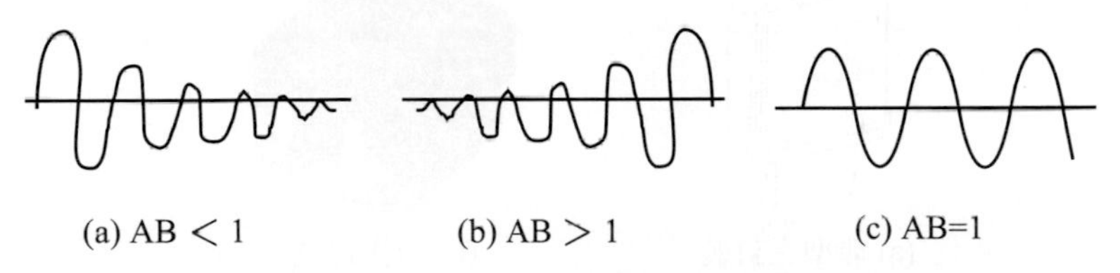

(a) AB ＜ 1　(b) AB ＞ 1　(c) AB=1

圖 9-48　不同電壓增益($A$)與回授因數($B$)乘積對輸出波形的影響

在振盪迴路中，當電源開關剛 ON 時，迴路增益($AB$值)會大於 1，使電路被起動，建立如圖 9-48(b)的輸出電壓，等到輸出電壓到達一設定値時，$AB$值便自動降爲 1，使輸出電壓振幅維持定值，如圖(c)。

在前面的敘述中，有一重要的關鍵，即「起動電壓」(starting voltage)。振盪器都是利用線路中的電阻所自然產生的微小雜訊來做振盪起動電壓。原來每個電阻器上均保有某些自由電子，受到周圍溫度的影響，自由電子會出現熱運動(thermal motion)，並產生各種頻率之雜訊電壓(0～1000GHz)。因此每個電阻形同一個小的交流電壓源。

在振盪器電源開關ON時，電路中只有電阻所生之雜訊電壓，並立刻被放大後出現在輸出端，再驅動回授的共振電路。經由精確的設計，使整個迴路在共振頻率時的相位移爲0°(360°)，故能獲得一單頻率之振盪波形。也就是說，過濾掉一些放大的雜訊，剩下適於做正回授的單一正弦波訊號，此刻$AB$值降至 1，而有一定值正弦波輸出。

## 晶體振盪器

某些天然的晶體具有**壓電效應(piezoelectric effect)：當在晶體上施加某一頻率之機械力時，就會產生一交流電壓。反之，若在晶體上加一交流電壓，則晶體上也會輸出相同頻率之振動**。這類天然晶體如：石英(quartz)、電石(tourmaline)、羅雪鹽(Rochelle salt)等。其中以石英天然存量最多、價廉，所以廣被用作射頻振盪器或濾波器。

圖 9-49 爲石英晶體、符號和各種不同封裝的晶體振盪器。爲了得到可用的石英晶體，必須將六角錐狀的天然石英切成薄片。在 1930 年代便已發現石英的切割法，從此開始被使用於各種通信設備、電視、手錶以及近年來的數位電子裝備上。

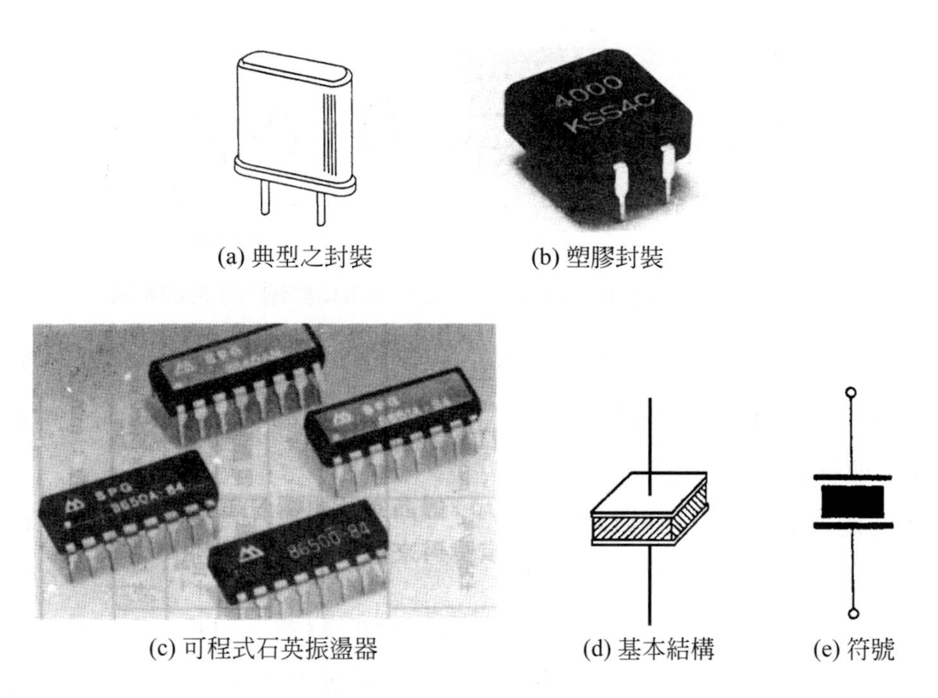


(a) 典型之封裝　(b) 塑膠封裝

(c) 可程式石英振盪器　(d) 基本結構　(e) 符號

圖 9-49　石英晶體振盪器

圖 9-50 則是石英晶體的等效電路。晶體如果沒有振盪，則似一個電容$C_m$，此$C_m$即爲石英晶片兩端連接金屬薄片所形成之加框電容(mounting capacitance)。$C_m$值比等效串聯電容$C_s$大很多。此電路的共振頻率有兩種：串聯共振頻率和並聯共振頻率。右半邊的$RLC$線路所產的共振叫**串聯共振**，當$L$和$C_s$共振時，阻抗最小，共振頻率爲：

$$f_s = \frac{1}{2\pi\sqrt{LC_s}} \tag{9-17}$$

而**並聯共振**時，迴路電流最大，因爲迴路電流流經$C_s$和$C_m$，所以等效迴路電容$C_l$等於$C_s$和$C_m$的串聯值，即：

$$C_l = \frac{C_m C_s}{C_m + C_s} \tag{9-18}$$

故並聯共振頻率爲：

$$f_p = \frac{1}{2\pi\sqrt{LC_l}} \tag{9-19}$$

因爲$C_l < C_s$，所以$f_p > f_s$。又任一石英晶體的$C_s$遠小於$C_m$，故由公式 9-18 得知$C_l$略小於$C_s$，亦即$f_p$略大於$f_s$。此$f_p$及$f_s$便是石英振盪頻率的上限與下限。**一般石英振盪器頻率在數 kHz 到數百 MHz 間，晶片愈薄，則頻率可愈高。**

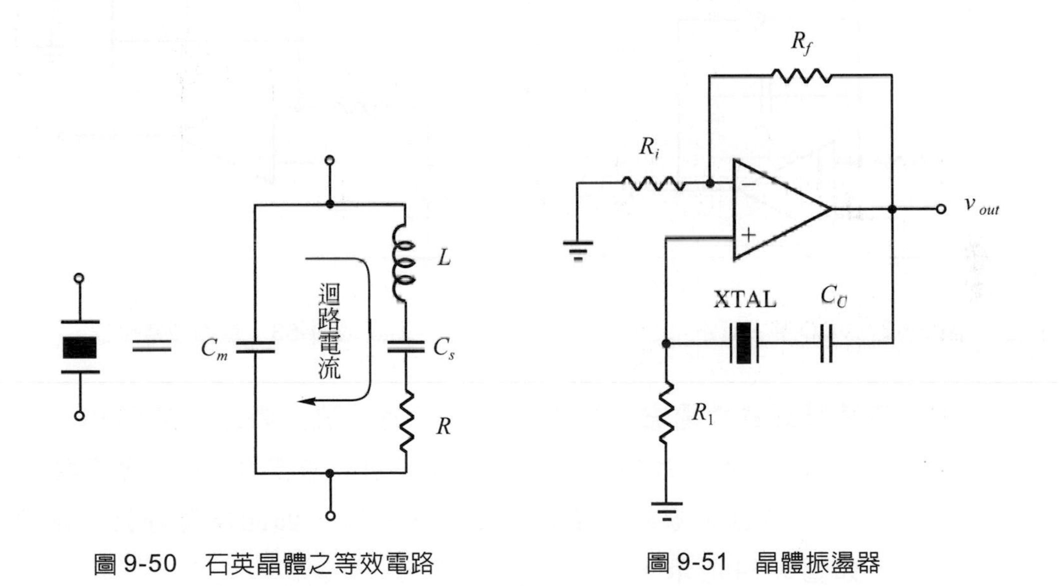


圖 9-50　石英晶體之等效電路

圖 9-51　晶體振盪器

圖 9-51 是將石英晶體安排爲串聯共振的振盪器電路。串聯共振時晶體之阻抗最小，故回授量最大。電容$C_C$是爲防止直流回授之耦合電容器。

## 電壓控制振盪器

如圖 9-52 爲**電壓控制振盪器(Voltage-Controlled Oscillator；簡稱 VCO)**的基本型式，非常類似鋸齒波產生器。我們先以圖 9-53 的鋸齒波產生器來說明。其實仔細一瞧，鋸齒波產生器就是在積分器的回授電容 $C$ 上，並聯一開關元件 PUT(可程式單接合電晶體)，使輸出斜波能適時地截止與歸零(reset)：

1. 剛開始，負直流輸入電壓 -- $V_{in}$ 使輸出產生上升斜波訊號。在 PUT 的控制閘極($G$ gate)上則加一等於鋸齒波峰值電壓的偏壓 $V_p$。
2. 因PUT必須在陽極($A$ gate)電壓大於閘極電壓時，才會導通。故當積分器輸出電壓達到 PUT 閘極電壓時，PUT 即導通，並使電容器迅速地由 PUT 放電。

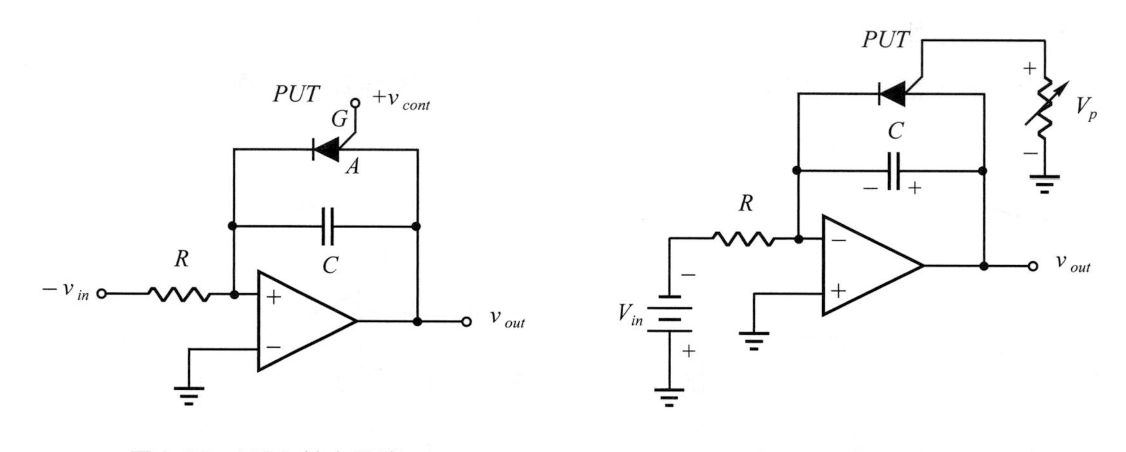


圖 9-52　VCO 基本電路

圖 9-53　鋸齒波產生器

3. 放電一直持續到放電電流小於 PUT 的「保持電流」時止。又因 PUT 本身有一順向偏壓 $V_f$ 存在，故電容器上之電壓不可能放至 0V，而會停在 $V_f$。
4. PUT 截止，電容器又繼續充電並輸出下一斜波，如此反覆進行，便產生鋸齒波，如圖 9-54 所示。

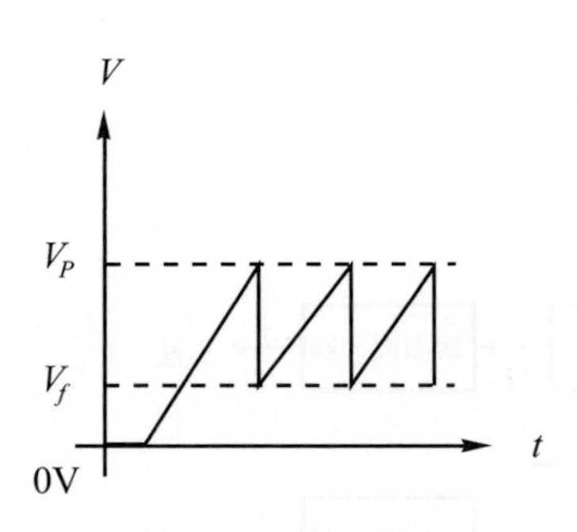


圖 9-54　鋸齒波之輸出波形

VCO即根據鋸齒波產生器電路製成。如圖 9-52 所示，將PUT的閘極接到控制電壓$v_{cont}$，則藉由$v_{cont}$的變化即可決定輸出電壓的振幅(電壓大小)和頻率了。當$v_{cont}$減少時，$v_{out}$值也跟著降低，並且頻率增加；反之，若$v_{cont}$增加時，$v_{out}$值增大，而頻率則變慢。如圖 9-55 所示。

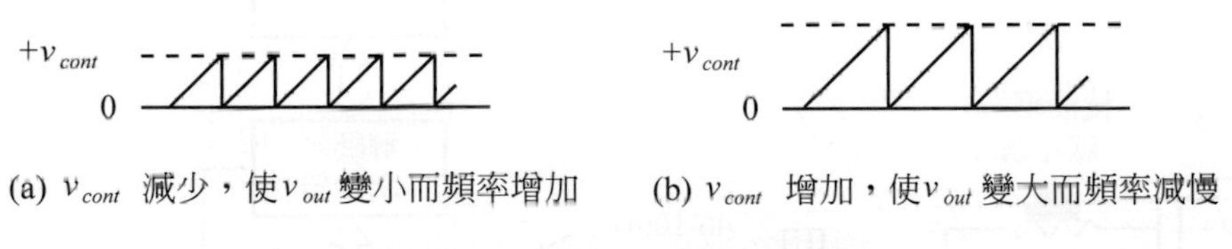


(a) $v_{cont}$ 減少，使$v_{out}$變小而頻率增加　(b) $v_{cont}$ 增加，使$v_{out}$變大而頻率減慢

圖 9-55　$v_{cont}$值對$v_{out}$變化的影響

VCO 已普遍出現在汽車各種電子控制模組(ECM)內，做爲將感測到的電壓變化訊號轉換成頻率訊號(DC/Hz)之用，唯多以積體電路式VCO爲主，如圖 9-56 所示。圖 9-57 即爲一數位式機油壓力錶之線路。VCO負責將機油壓力感知器電壓訊號(已先由感知器本身將油壓變化訊號轉變成電壓訊號：0～10V)轉換成頻率訊號 400～1000Hz，再送到ECM的數位處理元件去做處理。

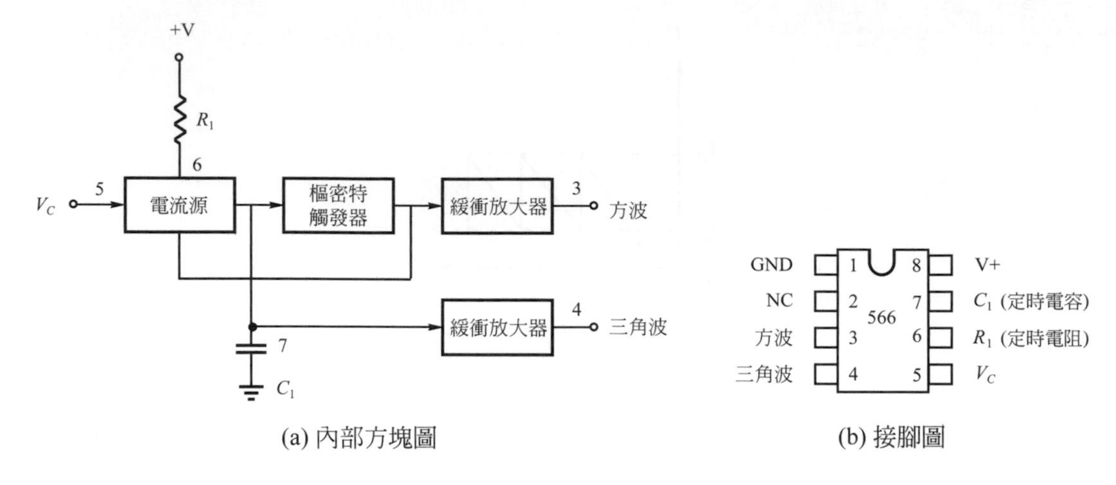


圖 9-56　IC 式 VCO(566)

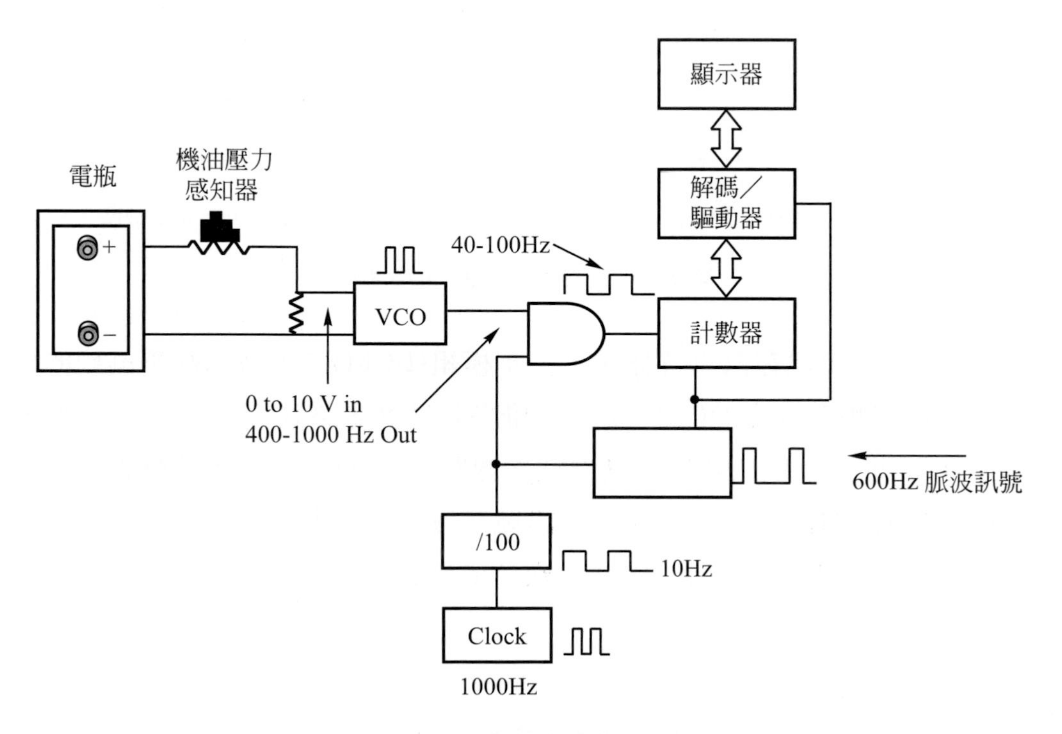


圖 9-57　數位式機油壓力錶

# 第九章 習題

## A. 選擇部份：

### 9-1 IC 的製造

( ) 1. 積體電路內包含許多什麼？ (A)主、被動分離元件 (B)電路 (C)導線 (D)以上皆是。

( ) 2. 在分類上，CPU 屬於哪一類 IC？ (A)記憶體 IC (B)邏輯 IC (C)類比 IC (D)微元件 IC。

( ) 3. 當電源關掉之後，資料仍可保持的記憶體，稱作： (A)揮發性記憶體 (B)非揮發性記憶體 (C)SRAM (D)DRAM。

( ) 4. 目前，個人電腦所普遍採用、成本低廉的記憶體爲： (A)SRAM (B)DRAM (C)快取記憶體 (D)ROM。(※註：目前市場主流爲 SDRAM，速率爲 DRAM 中最快者，但仍不及 SRAM。)

( ) 5. 目前晶圓片生產的技術已推進至幾吋直徑？ (A)6 吋 (B)8 吋 (C)12 吋 (D)15 吋。

( ) 6. 晶圓片 P 型基底爲 IC 的底層，其材料成分爲 (A)多晶矽 (B)單晶矽 (C)純鋁 (D)二氧化矽。

( ) 7. 若要在晶圓片形成P型半導體，則應通以含何種成份的高溫氣體？ (A)純氧 (B)3 價原子 (C)5 價原子 (D)氯氣。

( ) 8. 晶片上細微的“線路”屬於高製程技術，目前所能生產最細的線徑是： (A)0.25$\mu$m (B)0.20$\mu$m (C)0.18$\mu$m (D)0.15$\mu$m。

( ) 9. 以面積大小來看，單一晶片的超大型積體電路，其表面積約爲： (A)8 $mm^2$ (B)20 $mm^2$ (C)30$mm^2$ (D)50 $mm^2$。

( )10. 汽車電子點火系統中所使用的點火器應屬於： (A)單晶 IC (B)混合式 IC (C)厚膜 IC (D)ULSI。

### 9-2 運算放大器

( )11. 運算放大器屬於一種典型的： (A)記憶體IC (B)邏輯IC (C)類比IC (D)微處理器。

( )12. 理想的OPA應具備何條件？ (A)高輸入阻抗 (B)低輸出阻抗 (C)高電壓增益 (D)以上皆是。

( )13. 運算放大器符號上的"＋"代表： (A)同相 (B)反相 (C)非反相 (D)非正相 輸入端。

( )14. 當一個負訊號自"－"端輸入時，輸出訊號則會是： (A)正訊號 (B)負訊號 (C)0V (D)不一定。

( )15. 理想的OPA能對於何種頻率訊號保持不失眞的放大特性？ (A)低頻 (B)中頻 (C)高頻 (D)以上皆是。

( )16. 如圖 1 所示，若$A_V = 100,000$，$r_{OUT} = 50\Omega$，則輸出電壓約為： (A) 0.1V (B)1V (C)10V (D)100V。

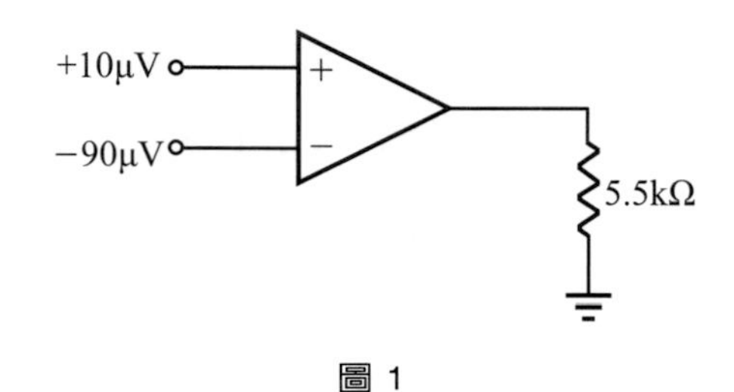


圖 1

( )17. 同上題，此種作用模式屬於： (A)共模輸入模式 (B)差動輸入模式 (C)單端輸入模式 (D)以上皆非。

( )18. OPA 的"輸入抵補電壓"宜： (A)愈大愈好 (B)愈小愈好 (C)在 5mV 左右 (D)爲負值。

( )19. OPA 的輸入抵補電壓參數愈大，表示： (A)品質較佳 (B)差動放大器內的電晶體$V_{BE}$值相等 (C)輸出電壓將爲 0V (D)無輸入訊號時，輸出端較易出現直流電壓。

( )20. 輸入偏壓電流愈小，表示： (A)輸入阻抗愈大 (B)輸出阻抗愈小 (C)推動 OPA 的射極電流愈小 (D)輸入 OPA 電流的總和愈大。

( )21. 優良的 OPA，其開迴路電壓增益$A_{ol}$值： (A)趨近於 0 (B)等於 1 (C)趨近於∞ (D)小於 1。

( )22. 若$V_{CC} = +20V$，$V_{EE} = -20V$，則 OPA 的輸出電壓： (A)最大值約爲 10V (B)峰對峰值$V_{P-P}$約爲 19V (C)最小值約爲－22V (D)$V_{P-P}$

約爲38V。

(　)23. 若流過OPA內電容器($C_C = 30$pF)的電流爲60$\mu$A，則：(A)轉動率爲0.5V/$\mu$s　(B)輸出電壓的變動率爲2V/$\mu$s　(C)脈波輸入訊號每一微秒變化2V　(D)以上皆非。

(　)24. 負回授OPA的特性是：(A)失眞低　(B)增益穩定　(C)高輸入阻抗、低輸出阻抗　(D)以上皆是。

(　)25. 電壓隨耦器(voltage follower)：(A)屬於一種負回授OPA　(B)爲非反相運算放大器的特例　(C)閉迴路電壓增益$A_{Cl}$值等於1　(D)以上皆對。

(　)26. 非反相放大器的訊號輸入端在：(A)非反相輸入端　(B)反相輸入端　(C)回授訊號端　(D)以上皆可。

(　)27. 反相放大器的增益值爲：(A)1　(B)$V_{out}/V_{in}$　(C)$-(R_f+R_i)/R_i$　(D)$-(R_f/R_i)$。

(　)28. 反相放大器所輸出的電壓波形：(A)與輸入訊號同相　(B)與輸入訊號反相　(C)與回授訊號反相　(D)不一定。

(　)29. 符號$V_{error}$代表：(A)$V_{out}-V_{in}$　(B)$V_f$與$V_{In}$之間的誤差電壓　(C)$V_{out}-V_f$　(D)反相與非反相輸入端的電壓差。

(　)30. 當輸入阻抗$R_i$爲10kΩ時，若想獲得200倍的電壓增益，則反相放大器的回授電阻$R_f$應爲：(A)20kΩ　(B)200kΩ　(C)1.99MΩ　(D)2MΩ。

## 9-3 運算放大器之應用

(　)31. 在比較器電路中，當兩輸入電壓訊號相等時，輸出電壓等於：(A)0V　(B)$V_1+V_2$　(C)$V_{CC}$　(D)$V_{EE}$。

(　)32. 若反相輸入端的電壓大於非反相輸入端者，比較器的輸出電壓爲：(A)$+V_{CC}$　(B)$-V_{CC}$　(C)$-V_{EE}$　(D)反相輸入端的電壓值。

(　)33. 比較器的輸出電壓波形屬於：(A)線性波形　(B)非線性波形　(C)數位方波　(D)正弦波。

(　)34. 下列對於零位檢測器的敘述，何者爲非？(A)屬於一種比較器電路

(B)可作爲方波產生器　(C)參考電壓必須爲 0V　(D)當輸入訊號在負半波時，輸出電壓爲 $+V_{CC}$。

(　)35. 若比較器的參考電壓爲＋12V，則下列何種條件，會產生輸出電壓？　(A)輸入電壓大於＋12V　(B)輸入電壓小於＋12V　(C)輸入電壓等於 0V　(D)以上皆是。

(　)36. 運用何種電路設計，能夠消除輸入雜訊所造成的輸出電壓漂浮現象？　(A)平均電路　(B)積分電路　(C)微分電路　(D)回授電路。

(　)37. 如圖 9-32 所示，假設 $R_1 = R_2$，$V_{out}$ 的最大值與最小值分別爲＋9V 與－9V，則：　(A) $V_{UTP} = V_{in}/2$　(B) $V_{LTP} = -4.5V$　(C) $V_{UTP} = V_{LTP}$　(D)無法判斷。

(　)38. 如圖 2 所示，其輸出電壓爲：　(A)＋6V　(B)＋5V　(C)－1V　(D)－9V。

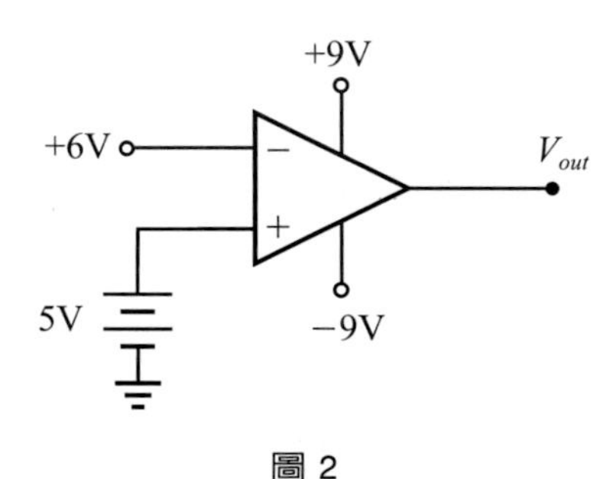


圖 2

(　)39. 下列對於加法器的描述，何者爲非？　(A)屬於一種反相放大器　(B)積分器也算是加法器電路的一種　(C)可同時處理多個輸入訊號　(D)若各輸入電阻與回授電阻相等，則輸出電壓等於所有輸入電壓的總和。

(　)40. 在比例加法器中，輸入電阻愈小者，該訊號之輸出會：　(A)愈小　(B)愈大　(C)不受影響　(D)不一定。

(　)41. 下列敘述，何者爲非？　(A)當積分器輸入電壓爲定值時，其輸出波形呈斜波電壓　(B)當積分器輸入電壓爲 0V 時，輸出電壓亦必爲 0V　(C)積分器的輸入電壓亦可爲類比訊號　(D)當積分器輸入電壓愈大時，輸出電壓的斜率也愈大。

(　)42. 在典型微分器電路中：　(A)電容器與 OPA 並聯　(B)電阻器與 OPA

並聯　(C)電阻器與電容器並聯　(D)以上皆非。

(　)43. 在 OPA 微分器電路中，當輸入電壓自 0V 上升至 4V 時，其實際輸出波形：　(A)呈三角波　(B)呈一直線　(C)呈正值　(D)呈負值。

(　)44. 下列對於微分器的敘述，何者為非？　(A)屬於一種反相放大器　(B)當輸入訊號有低頻雜訊時，極易被微分器放大輸出　(C)在許多運算電路中，常以積分器取代微分器　(D)當Vout為正值時，表示輸入訊號為負斜率波形。

(　)45. 若微分器的輸入訊號為$\cos\omega t$，則其輸出電壓為：　(A)$RC\omega\cos\omega t$　(B)$-RC\omega\sin\omega t$　(C)$RC\ \omega\sin\omega t$　(D)$\sin\omega t$。(※註：$d\cos\theta = -\sin\theta d\theta$)

(　)46. 下列對於振盪器的敘述，何者為非？　(A)沒有外加的輸入訊號　(B)利用回授訊號作為輸入訊號　(C)可以將直流訊號轉換成交流訊號　(D)主要採用負回授電路。

(　)47. 正回授電路的輸出訊號：　(A)與輸入訊號無相位差　(B)呈現穩定的輸出狀態　(C)會輸出 180°相位移訊號至輸入端　(D)送回授訊號至 OPA 的反相輸入端。

(　)48. 在振盪迴路中：　(A)迴路增益值等於 0　(B)OPA與共振電路為並聯關係　(C)起動電壓乃利用線路電阻所生之雜訊產生　(D)以上皆是。

(　)49. 振盪迴路在共振頻率時：　(A)相位移為 0°(B)能產生單頻之振盪波形　(C)若迴路增益小於 1，輸出訊號會逐漸消失　(D)以上皆是。

(　)50. 下列對於韋恩電橋振盪器的敘述，何者為對？　(A)領先－落後網路由$R$與$C$串聯而成　(B)適用於高頻振盪電路　(C)當$V_{out} = V_{in}/3$時，可獲得共振頻率　(D)OPA 的電壓增益$A_{cl}$值等於 1/3。

(　)51. 典型的振盪電路，其迴路增益(AB值)：　(A)一直維持為 1　(B)振盪開始時，必須小於 1　(C)一直維持大於 1　(D)以上皆非。

(　)52. 在韋恩電橋振盪器中：　(A)藉由領先－落後網路所形成的共振電路，可以獲得共振頻率　(B)負回授的電壓增益值為 3　(C)共振電路接至非反相輸入端，成為正回授，回授因數為 1/3　(D)以上皆是。

(　)53. 下列對於晶體振盪器的敘述，何者為非？　(A)具高準確度、穩定性

佳　(B)適用於高頻電路，晶體切割愈薄，頻率愈高　(C)振盪頻率隨時間的變動量，每天約 0.0001 % (D)以上皆是。

(　)54. 基本上，鋸齒波產生器即是應用何種OPA電路所製成？　(A)比較器　(B)積分器　(C)微分器　(D)加法器。

(　)55. 電壓控制振盪器可以將類比電壓訊號轉換為：　(A)工作週期式訊號　(B)振幅訊號　(C)頻率訊號　(D)正弦交流訊號。

## B. 簡答及繪圖部份：

### 9-1 IC 的製造

1. 何謂IC？請為IC下一簡單的定義。
2. 試分辨並寫出分離元件(discrete devices)與積體電路(IC)間的異同。
3. 積體電路依其工作性質可分成哪兩類？
4. 請以圖示簡述IC製造的流程。
5. 何謂單晶IC、混合式IC？請寫出其異同處。
6. 請寫出目前汽車上已採用IC的元件(5項)。

### 9-2 運算放大器

7. 試繪圖說明運算放大器上的5個基本接腳。
8. 請寫出理想OPA的特性(6項)。
9. 如圖3所示，試求出放大器的輸出電壓近似值。($r_{in}$ = 2MΩ，$r_{OUT}$ = 75Ω，$A_V$ = 100,000)

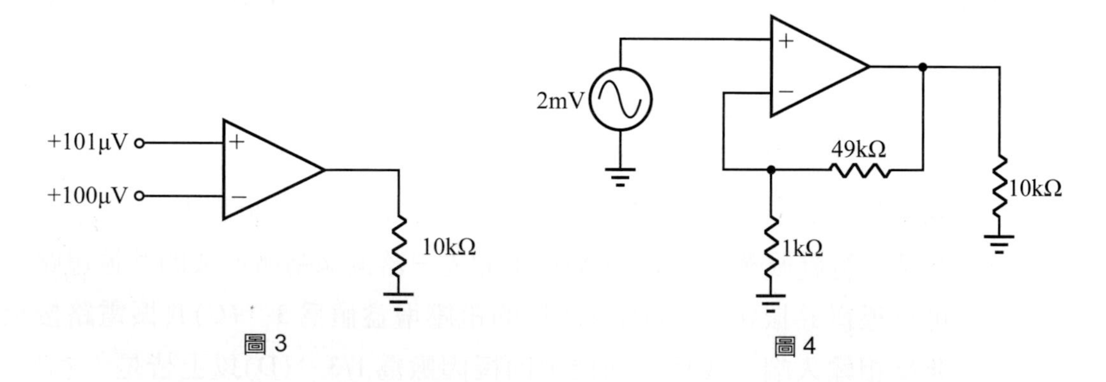


圖3　　圖4

10. 請列出OPA的主要參數(規格)。

11. 何謂OPA的轉動率(slew rate)？如何量測？
12. 請畫出負回授OPA的基本電路。
13. 負回授放大器電路有哪幾種型式？
14. 如圖4所示，求出負回授OPA之電壓增益值與輸出電壓各是多少？
15. 請繪圖比較"反相放大器"與"非反相放大器"的不同點。
16. 如圖5所示，求出負回授OPA之電壓增益值與輸出電壓各是多少？($V_{in}$ = 10V)

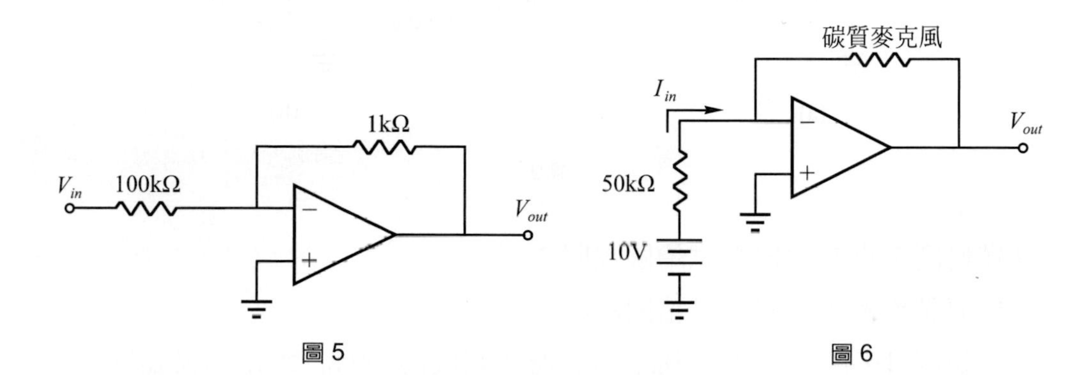


圖5　　圖6

17. 如圖6所示，碳質麥克風爲一靈敏度高的換能器，它可以藉聲音訊號來改變電阻值。試計算$i_{in}$值、$V_{out}$值(麥克風的靜態電阻值爲1kΩ)。

## 9-3 運算放大器之應用

18. 請寫出運算放大器之應用電路例(5種)。
19. 試計算並畫出圖7比較器電路之輸出波形。($V_{in}$ = 5V)

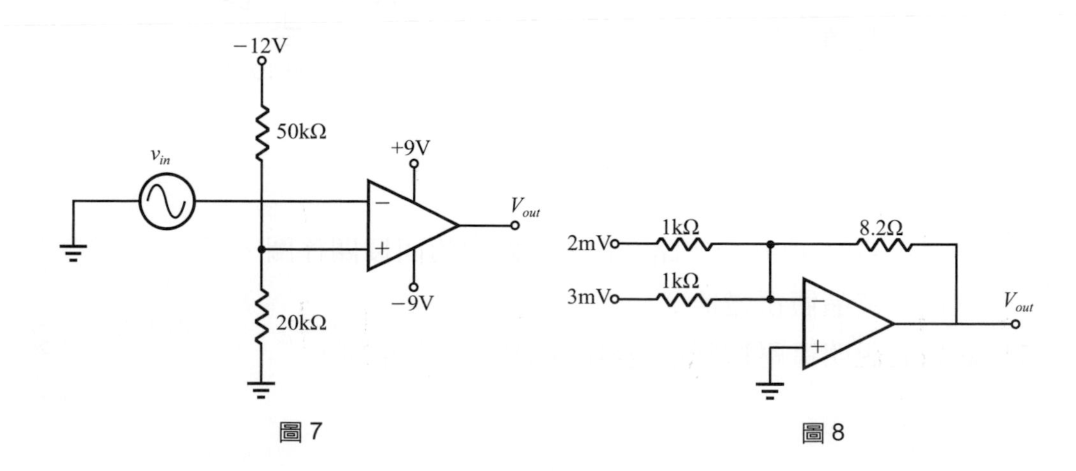


圖7　　圖8

20. 同上題，比較器之參考電壓值爲何？

21. 利用加法器的觀念求出圖 8 之輸出電壓值。

22. 請分別求出如圖 9 所示之加法器的輸出電壓值。

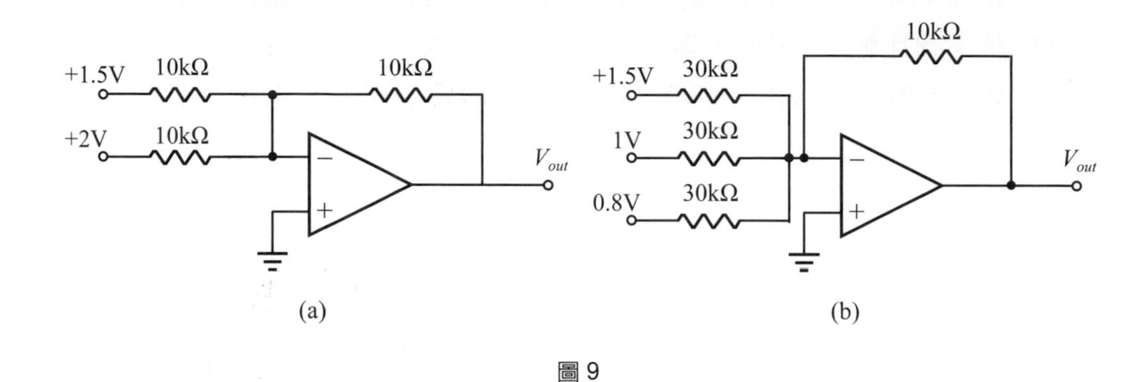


圖 9

23. 何謂平均放大器？試繪圖說明之。

24. 何謂比例加法器？試繪圖說明之。

25. 如圖 10 所示，爲一利用加法器所製成的“數位/類比轉換器”(DAC)電路。假設以“1”代表 5V；“0”代表 0V，今若四個輸入端 $V_1$、$V_2$、$V_3$、$V_4$ 訊號分別如下：

(1) $V_1 V_2 V_3 V_4 = 0001$

(2) $V_1 V_2 V_3 V_4 = 0011$

(3) $V_1 V_2 V_3 V_4 = 0101$

(4) $V_1 V_2 V_3 V_4 = 1000$

請算出其類比輸出電壓各是多少？

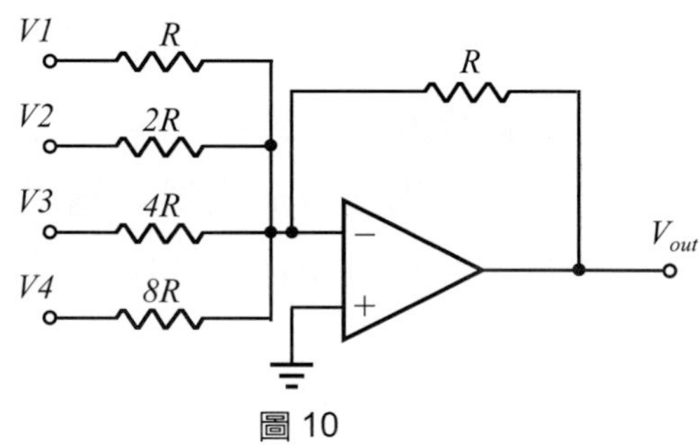


圖 10

26. 比較(放大)器有哪些衍生電路？

27. 試繪圖說明一積分器基本電路。

28. 請列表寫出振盪器的種類。

29. 請畫出 OPA 與共振電路在振盪電路中的回授關係圖。

30. 何謂石英晶體振盪器？

31. 試繪圖說明電壓控制振盪器(VCO)的工作原理。

# 10 汽車用感知器

在電子工程領域中，感知器(Sensor)的發展歷史已經超過了半個世紀。圖 10-1(a)爲 1965 年時，汽車上所使用的差動式變壓型感知器，不論是尺寸或精確度都和今日所使用之半導體式感知器相去甚遠，如圖 10-1(b)所示。

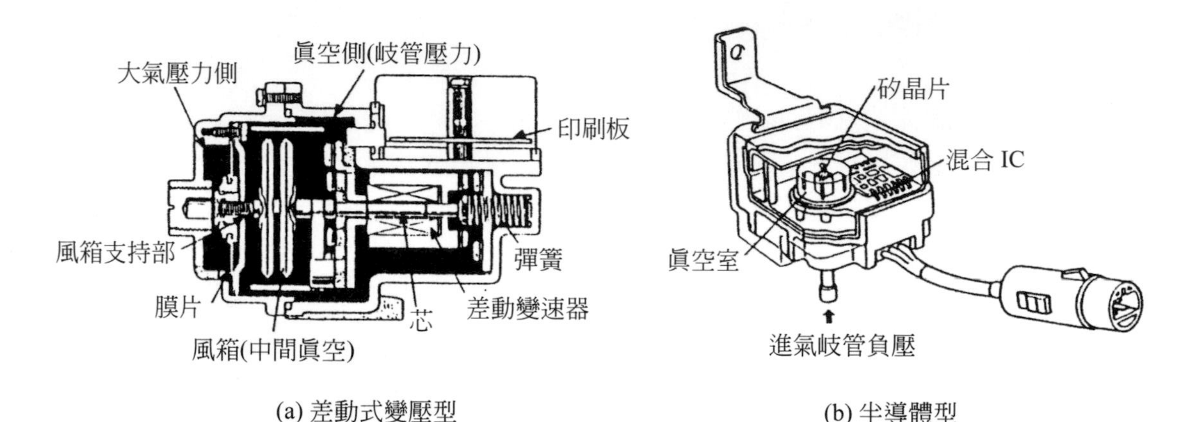


(a) 差動式變壓型　　(b) 半導體型

圖 10-1　岐管壓力感知器 (取自：電子控制式汽車引擎，李添財譯，全華)

感知器就像人體的各個感覺器官一樣，它把車輛在動作時的一些測量值轉換成爲電子訊號，並輸入到控制運算電路，使汽車能維持最適當的運作模式。感知器有許多不同的設計，其中有一些型式只不過是一種簡單的開關，只負責對電路做 ON-OFF 的動作。而另外一些感知器則應用了較複雜的化學、物理或材料科學上的反應特性所製成，它們會在不同狀態下產生特定的電壓。不管採用哪種特性，**大致來說，感知器都必須具備下列四種基本條件：**

1. **持久的穩定性**(repeatability)，
2. **精確性**(accuracy)，
3. **特定的工作範圍**(operating range)，
4. **具有線性**(linearity)**的特性**。

「線性」代表著感知器能夠以一固定比例關係，將所測量的數值即時地呈現出來，它也間接地表示感知器的精確度。

如圖 10-2 所示爲汽車引擎上所採用的各感知器位置圖例。**汽車常用的感知器大致可分爲下述幾類：**

1. **速度感知器**
2. **溫度感知器**
3. **流量感知器**

4. 壓力感知器

5. 其他類感知器

每一類的感知器都應用了不同的物理、化學或電子(半導體)特性製成。在汽車電子電路逐步走向「控制區域網路」(Controller Area Network，簡稱 CAN)的趨勢下，每一個感知器將可被用於數個系統中，而每個系統也都同時需要多個感知器來提供輸入訊號。例如輪速感知器(VSS)(註)可同時用於ABS系統和引擎EECS 系統，甚至是行車穩定系統(ESP)等。本章只就汽車常用感知器的基本分類做介紹與說明，讀者們若要獲得更新的感知器原理，可參考這方面相關之書籍(如附錄所列者)。

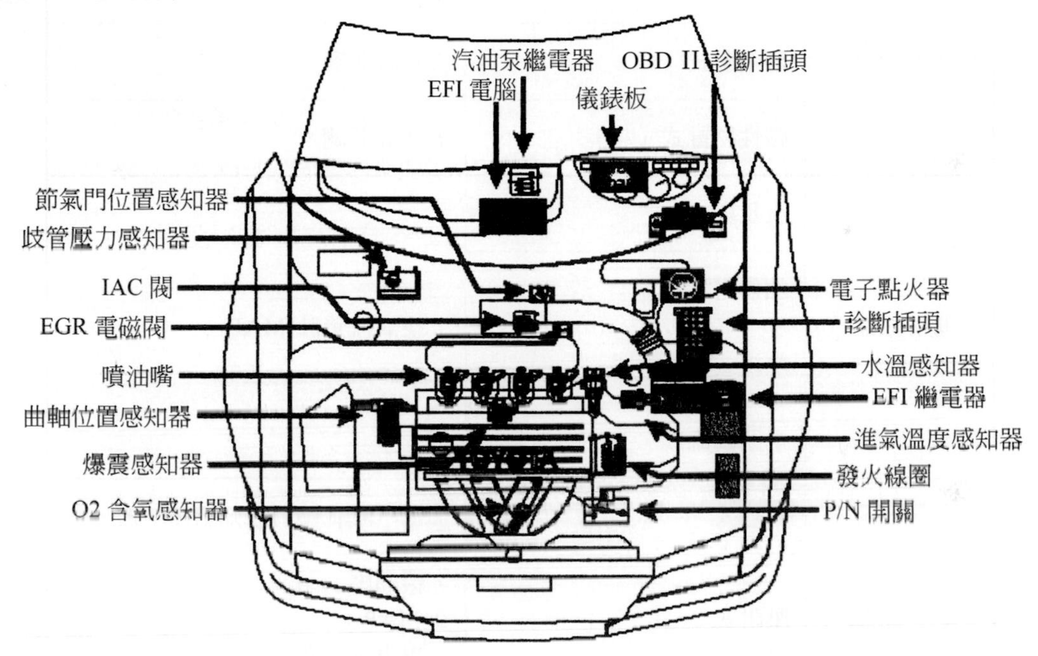


圖 10-2　引擎燃料系統元件位置圖 (TOYOTA，7A-FE 引擎，1997) (取自：www.icm.com.tw 網站)

註：VSS 為 Vehicle Speed Sensor 的縮寫，照中文直譯應為「車速感知器」，在實際上早期的車速感知器多以金屬索線取自變速箱齒輪轉速，來驅動機械式速率錶。現代車輛的VSS則多採電子式，如：由變速箱齒輪驅動，送出電壓訊號的拾波線圈式、霍爾式 VSS；或由索線帶動儀錶板內的磁簧開關(第 3-3-1 節)。「車速感知器」所提供的訊號只供給扭力變換器內的離合器鎖定，或是定速控制系統用，一般來說，並不提供給燃料控制系統用。
在中文相關書籍裡，VSS也常被翻譯作「輪速感知器」，輪速感知器為一個重要的輸入訊號，不但提供給 ABS、TCS、車控穩定系統等使用，並且也常經由車身網路而提供給引擎電腦做為燃油控制之用。

表 10-1　汽車用感知器分類表

| 種類 | 型式(原理) | 應用例 |
|---|---|---|
| 速度感知器 | 拾波線圈式 | 1. 引擎轉速感知器(RPM)<br>2. 曲軸轉角感知器(CKP、CPS)<br>3. 汽缸位置感知器(CYL、TDC)<br>4. 輪速感知器<br>5. 車速感知器(VSS)<br>6. 凸輪軸感知器(CMP) |
| | 霍爾效應式 | |
| | 光電式 | |
| 溫度感知器 | 熱敏電阻式 | 1. 水溫感知器(ECT)<br>2. 進氣溫度感知器(IAT、ACT) |
| | 雙金屬式 | 1. 熱時開關 |
| | 磁性物質式 | 1. 水溫開關 |
| 流量感知器 | 流量板式 | 1. 空氣流量計(MAF) |
| | 加熱電阻式 | |
| | 熱線式、熱膜式 | |
| | 卡門渦流式 | |
| 壓力感知器 | 壓容式 | 1. 進汽岐管壓力感知器(MAP) |
| | 壓阻式 | 1. 機油壓力開關<br>2. MAP<br>3. 爆震感知器 |
| | 壓電感應式 | 1. 爆震感知器 |
| 含氧感知器 | 二氧化鋯型 | |
| | 二氧化鈦型 | |
| | 稀薄空燃比(LAF)感知器 | |

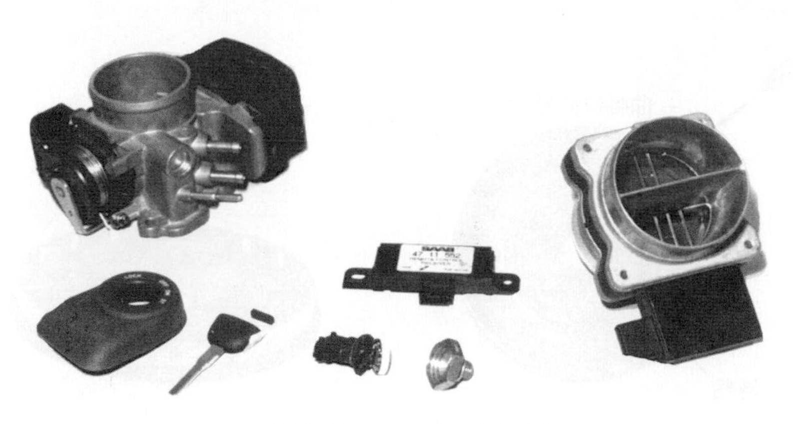

圖 10-3　車用各種感知器

## 10-1 速度感知器

在汽車上所使用的速度感知器大多爲感測旋轉運動時的角速度變化量，亦即指「圓弧長與時間的變化量」，如圖 10-4 所示。由於利用這樣的物理現象可以獲得轉動的變化量，因此汽車上的速度感知器也常常提供做爲“位置”感測的重要依據，例如引擎曲軸位置感知器(CPS)、方向柱旋轉位置(角度)感知器。

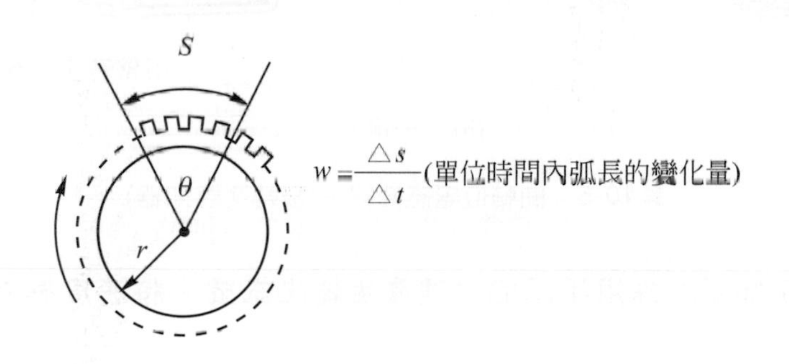


圖 10-4　角速度的變化量

以曲軸位置感知器爲例，在引擎控制電腦 ECM 各輸入訊號中，CPS 可以算是最基本的參考訊號了，大多數的引擎電腦若是取不到此訊號，則引擎便無法發動。CPS不只提供曲軸位於活塞上死點時的角度(位置)訊號，更常常做爲引擎轉速訊號之用。曲軸位置感知器(或引擎轉速感知器)通常位在飛輪殼、分電盤內或曲軸皮帶盤上，如圖 10-5 所示。

(a) 在飛輪殼內

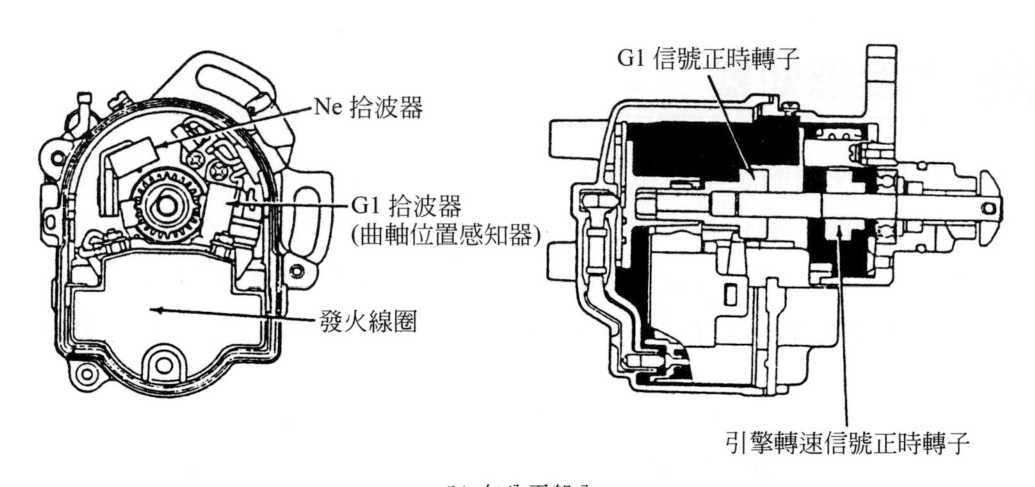


(b) 在分電盤內

圖 10-5　曲軸位置感知器(引擎轉速感知器)

根據速度感知器所採用不同的原理產生輸出訊號，將速度感知器分成下列幾種型式：

1. 拾波線圈式
2. 霍爾效應式
3. 光電式
4. 威根效應式

速度感知器除了可以用來感測引擎轉速之外，也可檢測車輪轉速、變速箱轉速以及 ABS 泵浦馬達轉速等。本節將為各位介紹幾種常用速度感知器的作用原理。

## 10-1-1 拾波線圈式

關於「磁力式拾波感知器」的構造與輸出波形，我們曾在第三章3-5-1節中描述過，這裡我們再進一步看看其應用的原理。

**拾波線圈式速度感知器利用磁力線經切割而產生感應電壓的原理所製成，故常又稱作磁阻式(reluctance)感知器**。如圖10-6所示，當曲軸旋轉時，由低磁阻金屬製成的圓盤轉輪跟著一起轉動，在轉輪上的凸齒便會週期性地切割由永久磁鐵所形成的磁場，磁力線迴路因此便會出現擴散或集中的變化(即磁阻的增減)，此變化使繞於其上的線圈感應出不同方向的電壓。電壓訊號會因轉速的加快而增大並且頻率加快，反之，則電壓訊號變慢且變小，如圖10-7所示。

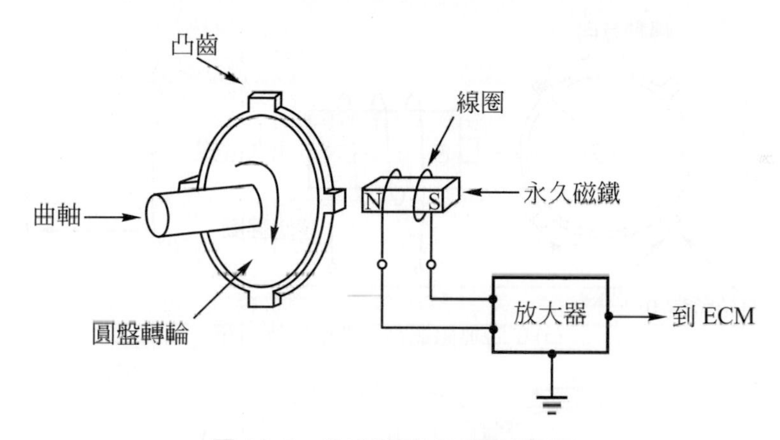


圖 10-6　拾波線圈式感知器原理

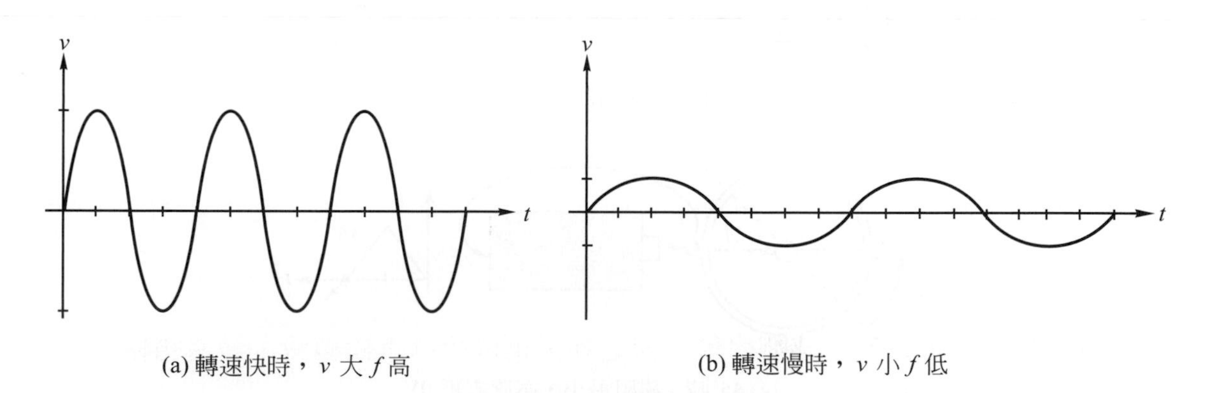


(a) 轉速快時，$v$ 大 $f$ 高　　(b) 轉速慢時，$v$ 小 $f$ 低

圖 10-7　拾波線圈的感應電壓與轉速之關係

圖 10-8 說明凸齒轉動與感應電壓的關係。當凸齒$A$點正要接近磁場時，磁迴路開始變化，使感應線圈感應出正電壓，如(a)圖所示。當凸齒$A$點轉到$\frac{90°}{4}$時，磁迴路的磁阻最大，感應出最大正電壓，凸齒繼續轉動，電壓亦隨著下降，如(b)圖所示。等到凸齒$A$點與永久磁鐵尖端對正時，磁阻最小，磁力線最集中，使感應電壓爲 0 伏特，如(c)圖。轉輪繼續轉動，凸齒逐漸離開，磁阻變化亦由小而大，使線圈感應出負電壓。當凸齒$A$點再轉$\frac{90°}{4}$時，磁阻最大，感應出最大負電壓，如(d)圖所示。待凸齒轉完90°回到如(e)圖所示位置時，磁場中斷，無磁迴路，感應電壓 0 伏特，但因轉輪繼續旋轉，使線圈能夠維持不斷地感應出電壓訊號。

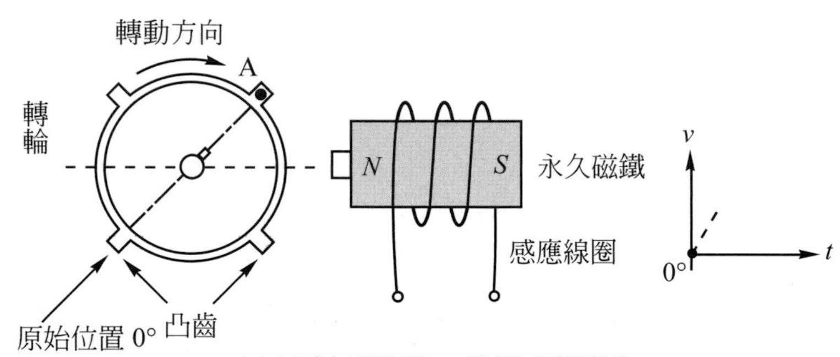


(a) 0°時無磁迴路，準備感應電壓

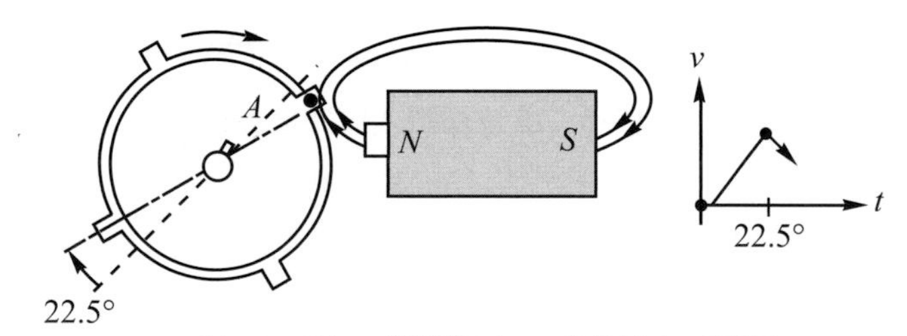


(b) 22.5°時，磁阻最大，感應最大正電壓

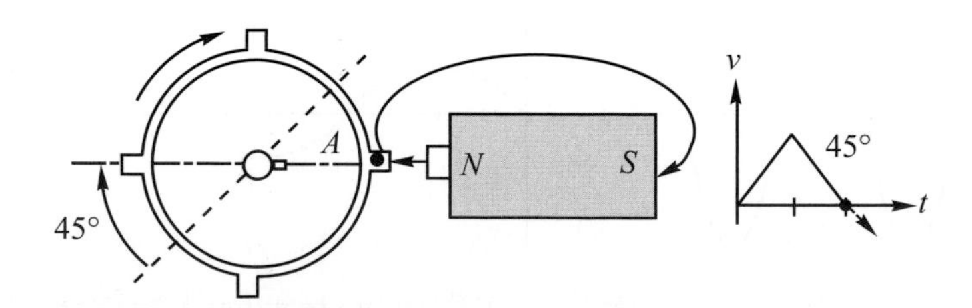


(c) 45°時，磁阻最小，感應電壓 0V

圖 10-8　凸齒轉動與感應電壓之關係

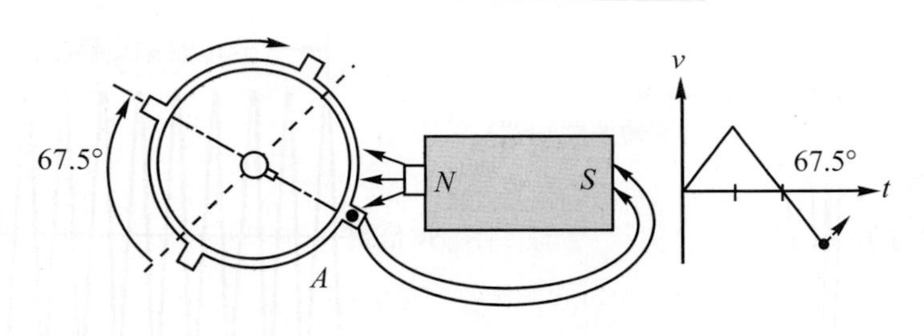


(d) 67.5°時，磁阻最大，感應最大反電壓

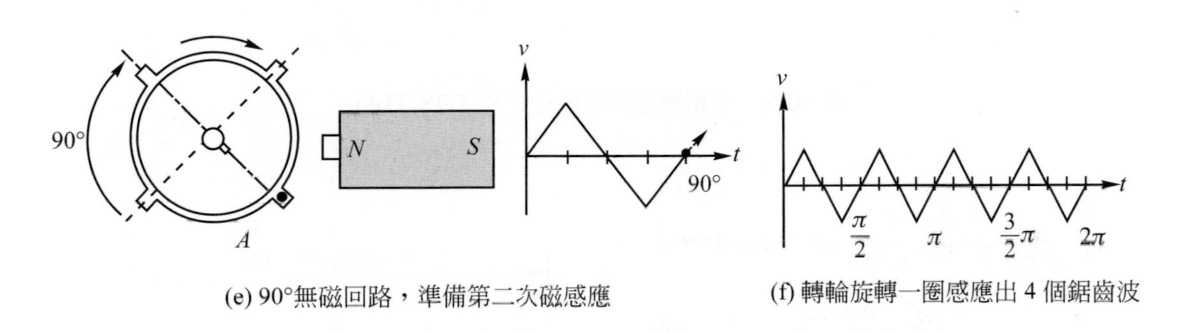


(e) 90°無磁回路，準備第二次磁感應

(f) 轉輪旋轉一圈感應出 4 個鋸齒波

圖 10-8　凸齒轉動與感應電壓之關係 (續)

從圖 10-8 得知，拾波線圈式速度感知器所送出的電壓訊號與轉輪上的凸齒數成比例關係，如圖 10-8(f)所示。轉輪旋轉一圈所能輸出的電壓波形數即爲轉輪上的凸齒數。以圖 10-8 爲例，凸齒數爲 4，故轉輪旋轉一圈便可輸出 4 次波形，並且每一個波相隔$90°\left(=\frac{360°}{4}\right)$。依此類推，若分電盤內的引擎轉速感知器上的凸齒數目爲 24 齒時，則軸轉動一圈便可產生 24 個電壓波形，且對分電盤軸而言，每一電壓波形相隔$15°\left(=\frac{360°}{24}\right)$。但是因爲分電盤每旋轉 1 圈，曲軸必須轉動 2 圈，故分電盤軸的15°即代表曲軸轉角30°，如圖 10-9 所示。

圖 10-9(b)爲分電盤軸轉半圈，曲軸轉 1 圈的電壓輸出波形。ECM藉由計算每單位時間(秒)內的電壓脈衝數來決定引擎曲軸的轉速。至於曲軸或活塞上死點的位置則由另一個拾波感知器G1取得，如圖 10-10 所示。分電盤軸轉 1 圈(360°)代表曲軸旋轉 2 圈(720°)，一共產生 4 次電壓脈衝，也就是說，每一次的脈衝表示曲軸轉了180°。

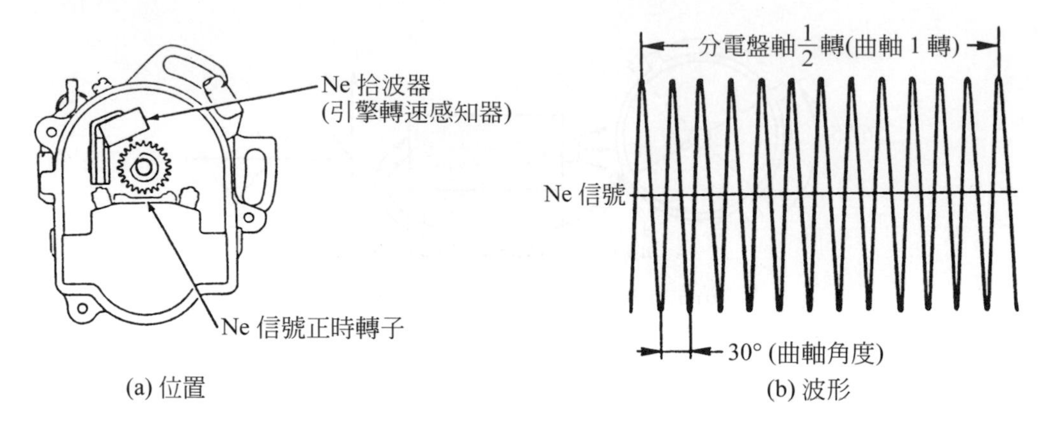


圖 10-9　引擎轉速感知器及波形(TOYOTA)

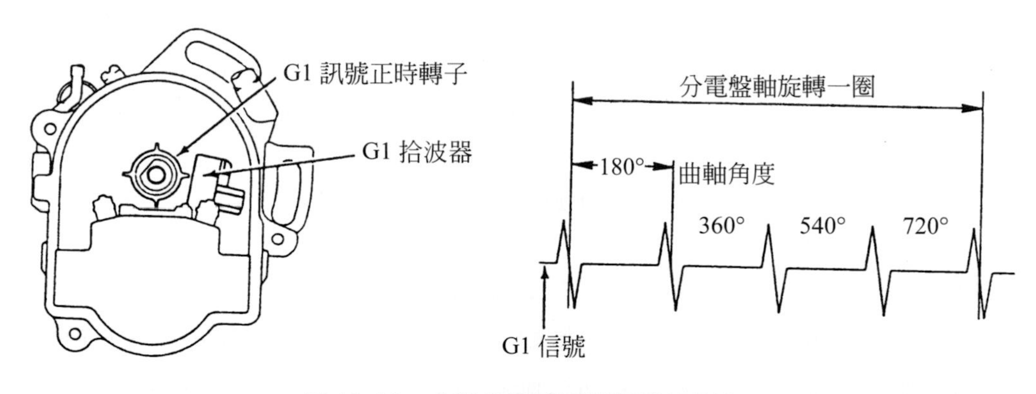


圖 10-10　曲軸位置感知器(TOYOTA)

在現代電子點火系統中，分電盤並非一項必須性元件，根據實驗結果得知，不用分電盤感應方式，發火線圈的二次最大電壓將增加 20 %。許多引擎已將引擎轉速感知器和CPS由分電盤移出，改裝到曲軸上，如圖 10-11 所示。其感應原理與前述相同，只是感知器的位置不同。如圖 10-12 所示，CPS感知器感應出與轉輪上相同數目的電壓波形，ECM 並據此獲得曲軸的位置和引擎的轉速。

圖 10-13 爲引擎內 3 個與點火正時關係密切的感知器電壓訊號波形。TDC爲引擎上死點訊號，CRANK爲曲軸位置(引擎轉速)訊號，CYL訊號則告訴電腦第一缸引擎的正確位置。

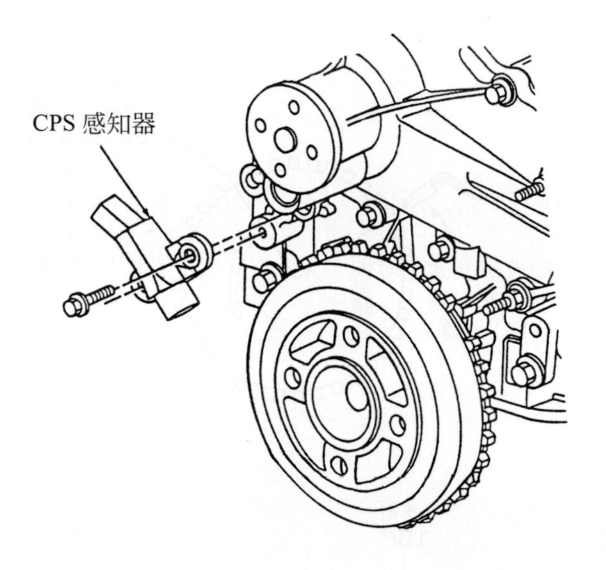


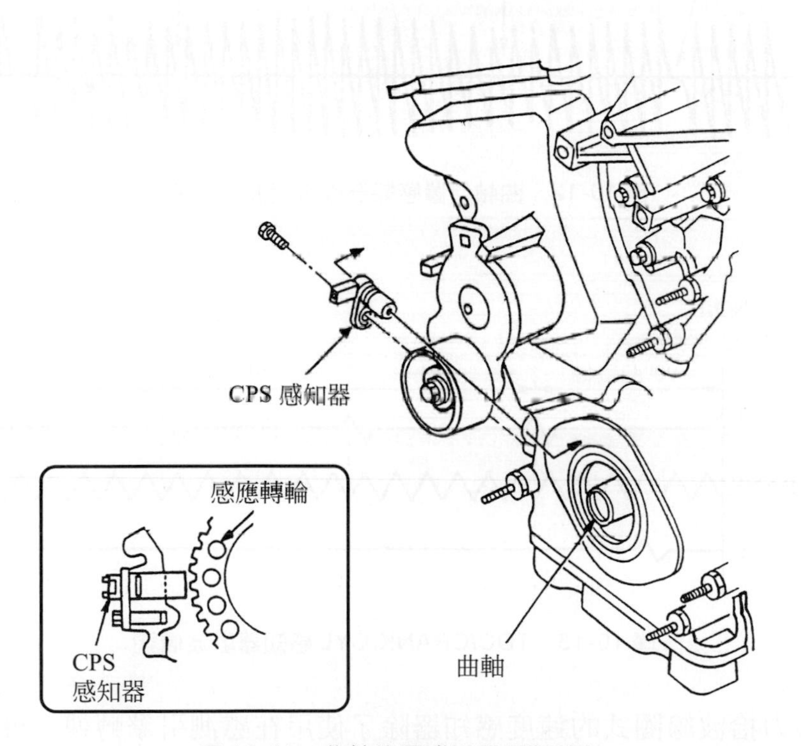


圖 10-11　曲軸位置感知器(FORD)

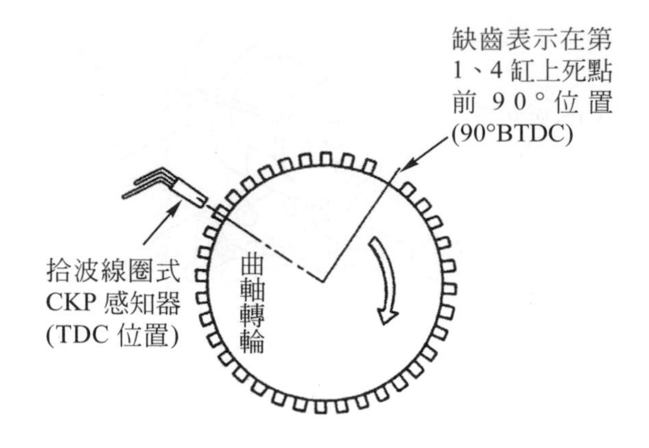


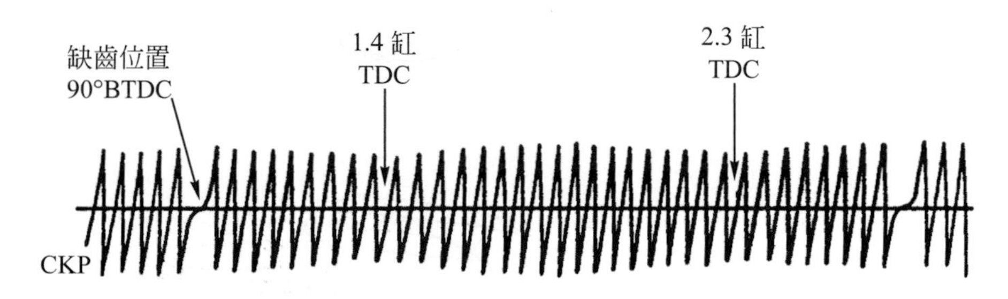


圖 10-12　曲軸位置感知器齒數與波形的關係

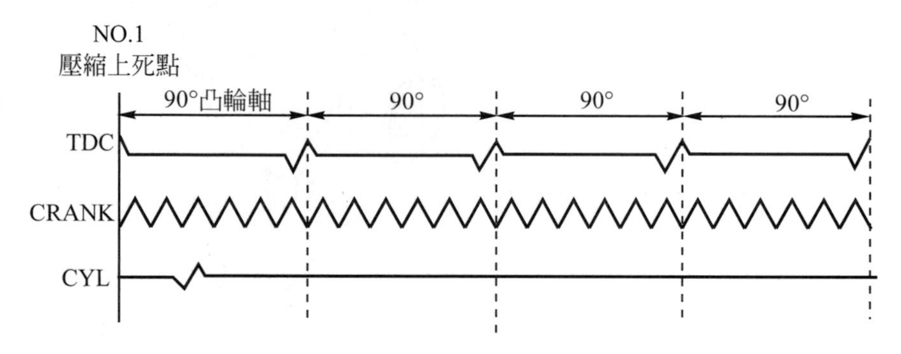


圖 10-13　TDC/CRANK/CYL 感知器脈波信號

利用磁力拾波線圈式的速度感知器除了使用在感測引擎轉速之外，也常應用在輪速感知器(VSS)上，在一些後輪防鎖死(RWAL)煞車系統中，其差速器內也採用了磁力拾波式的輪速感知器，如圖 10-14 所示。

德國 BOSCH 公司所發展的「主動式輪速感知器」(active wheel-speed sensor，DF10)現有逐漸取代傳統拾波線圈式速度感知器的趨勢。如圖 10-15 所示，轉盤上交替製成不同磁極，隨著轉盤旋轉，磁力線方向亦不斷變換，使安裝於旁邊的感知器送出隨轉速變化的頻率訊號。

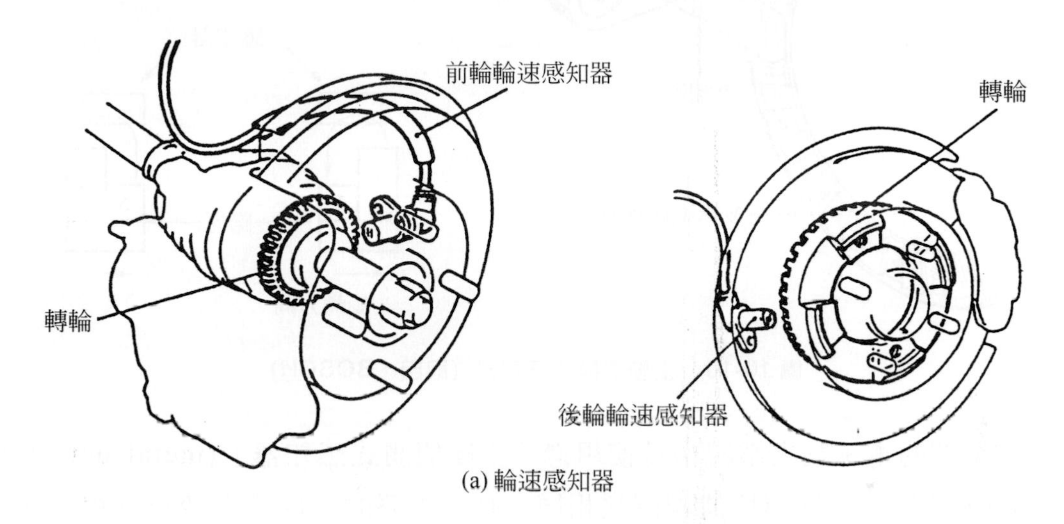


(a) 輪速感知器

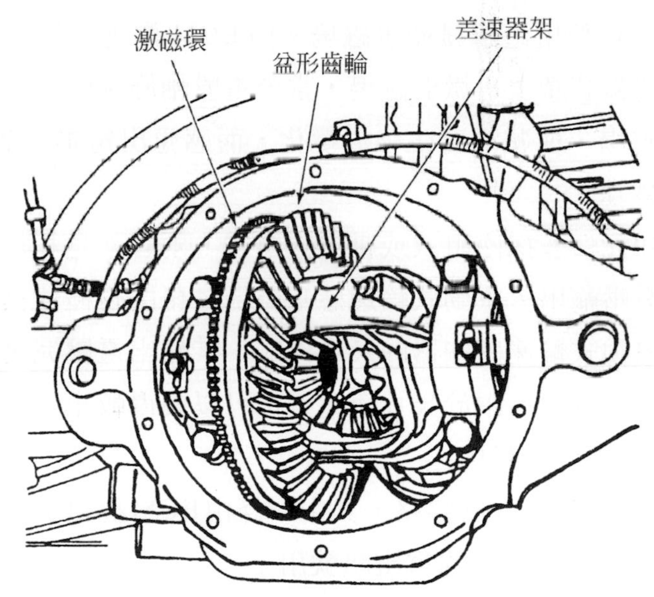


(b) 差速器內轉速感知器

圖 10-14　拾波線圈式速度感知器(三菱、Chrysler)

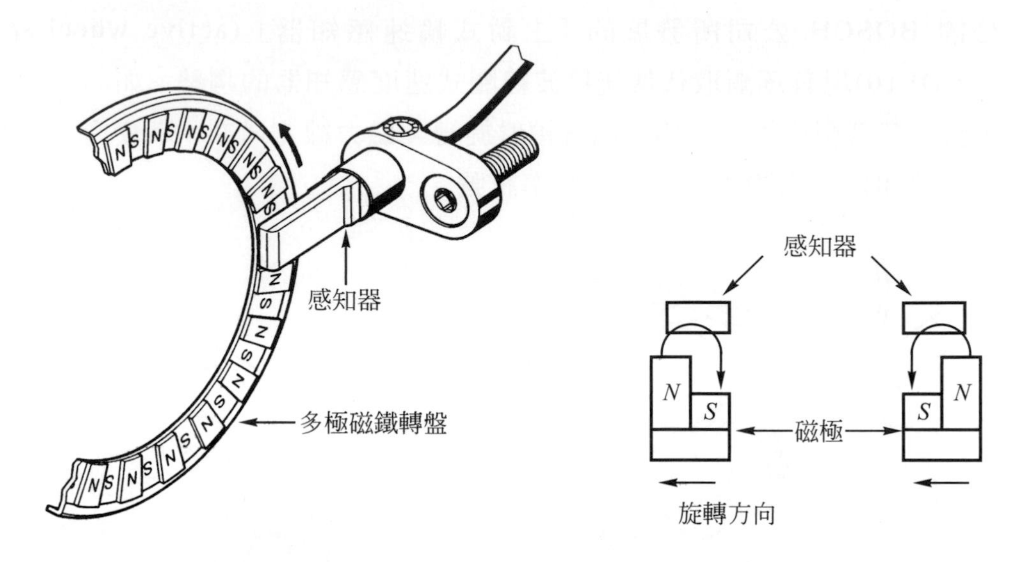


圖 10-15　主動式輪速感知器 (取自：BOSCH)

在早期的電子點火系統中曾使用過「金屬偵測式感知器」(metal detection sensor)，其工作原理與拾波線圈式相同，唯一主要的不同處在於拾波線圈並非使用永久磁鐵，而是利用電磁鐵產生磁場。由ECM供應一微小電流到感知器內的電磁鐵線圈，使鐵芯產生一微弱磁場，當分電盤軸旋轉時，轉輪上的凸齒便會接近或遠離線圈磁場，使磁場產生強弱變化，而感應出電壓送到 ECM，以決定曲軸位置和引擎轉速。

大多數的感知元件多採磁阻式或霍爾效應式，兩者都是利用感知器通過磁通量的強弱來感應電壓輸出。主動式輪速感知器卻是藉由磁極變換而產生連續性電壓變化，這也是主動式輪速感知器的最大優點，其輸出電壓完全受輪速決定，因此能夠監測到極低的轉速。由於尺寸與重量都可以製得較小，所以整組套件可安裝到輪軸承內(磁極置於油封中)。

感知器與ECM之間有兩條線路，其中一條由ECM提供 7 到 20V的電源給感知器，另一條則是感知器送出的電壓訊號用。

## 10-1-2 霍爾效應式

關於「霍爾效應」(Hall effect)的構造和原理，我們曾經在 3-4-4 節中介紹過，本節再來看看它在速度感知器上的應用。

霍爾效應裝置的電路常應用在一些引擎電子控制系統(EECS)和電子控制懸吊系統中，在這些應用例中，霍爾效應元件可視爲一個電子式的切換電路(switch circuit)。霍爾效應電路的作用類似一個搭鐵端位置切換線路(即控制搭鐵端的導通)，唯一的不同點在於切換的作用方式：傳統切換電路採用機械式開關，而霍爾效應電路則採用電子式開關。

如圖 10-16 所示爲霍爾效應電路，它由三個部份所組成：

1. 電子控制模組(ECM)；包括：
   (1) 電壓調整器(VR)：供應一穩定電壓。
   (2) 限流電阻($R_1$)：做爲電路上的負載。
   (3) 電壓錶：負責監控電阻之搭鐵端的電壓值。當霍爾裝置使電路導通時，電位會在“高”位置；而當霍爾切斷電路時，電壓錶所監控到的電位便會切換成“低”電位位置。此霍爾效應電路會產生出一個方波電壓訊號送到 ECM。

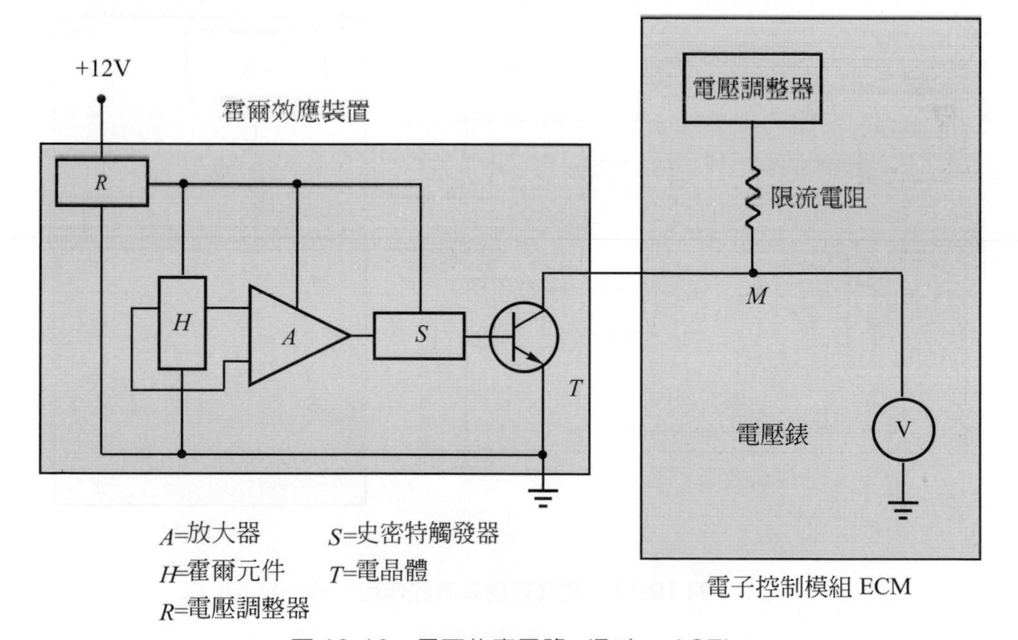


圖 10-16 霍爾效應電路 (取自：ASE)

2. 霍爾效應裝置；內含：

(1) 電壓調整器($R$)：供應電壓源給霍爾元件、放大器及觸發器。

(2) 霍爾元件($H$)：將旋轉運動感應轉換成電壓輸出訊號。

(3) 放大器($A$)：將霍爾微小電壓訊號放大。

(4) 史密特觸發器($S$)：為一不受雜訊影響的觸發電路，觸發器負責控制電晶體的導通。

(5) 電晶體：決定ECM的訊號接收。

3. 接頭與線路。

當霍爾元件(半導體)暴露在磁場環境中時，霍爾元件會產生一微弱的感應電壓。如圖 3-52 所示，藉由轉盤的旋轉使 4 個遮罩交替地暴露、隔離霍爾元件上的磁場，並依此產生出有變化的電壓訊號。

因爲霍爾元件所產生的電壓非常地小，所以此電壓訊號必須予以加強(放大)才能被霍爾效應裝置內其餘部份所使用。放大器雖然將訊號強度增加了，但波形卻仍維持不變。電壓訊號在被送到電晶體之前，必須靠史密特觸發器(Schmitt trigger)將波形轉換成爲方波，如圖 10-17 所示，經過觸發器後，類比波形成了數位方波。

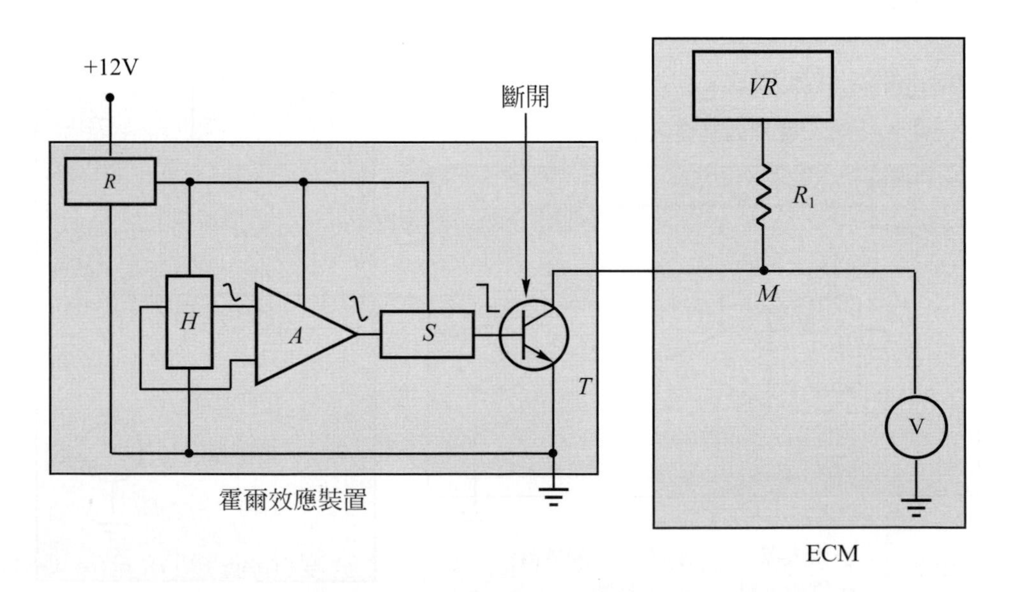


圖 10-17　霍爾效應裝置的作用(一)

接著，電壓被送到電晶體的$B$極。這個方波訊號能使電晶體在ON與OFF之間變換。於是，電晶體的作用就像開關一樣。藉由觸發訊號，電晶體便可以決定來自於控制模組(ECM)電路的導通與否：

1. 在正常作用下，當電晶體不通時，ECM內仍然有一條完整的迴路，包括了電壓調整器和電壓錶。由於電壓錶的內阻比限流電阻$R_1$大10倍以上，所以$M$點的電壓值近乎5伏特。
2. 而當電晶體導通時，電晶體會使ECM內的電壓源成爲搭鐵短路的狀態。此時，整個電流不走電壓錶，而從電晶體處搭鐵。由於全部電壓都消耗在$R_1$上，所以$M$點的電壓成爲0伏特，如圖10-18所示。

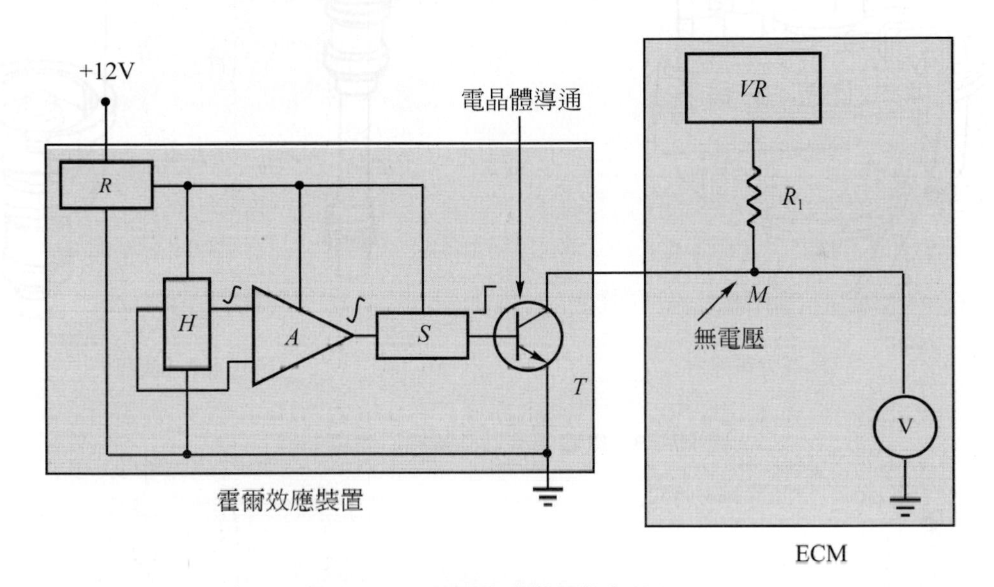


圖 10-18　霍爾效應裝置的作用(二)

在電子引擎控制系統(EECS)中，霍爾點火裝置利用分電盤軸的旋轉或凸輪軸轉動，如圖10-19所示，來使霍爾元件交替循環暴露於磁場中，並使整個裝置產生出ON/OFF(5V/0V)的電壓變化訊號。圖10-20爲採用霍爾效應式的曲軸位置感知器(引擎轉速感知器)和凸輪軸位置感知器(CMP)的電壓波形，我們可以看出數位方波與拾波線圈式的類比鋸齒波間明顯的不同。在現代汽車上漸成爲主流的無分電盤式電子點火引擎中，採用霍爾效應式速度(位置)感知器的CMP和CKS，其位置如圖10-21所示。CMP直接利用凸輪軸感應，而CKS則仍由引擎曲軸皮帶盤處感測。

雖然霍爾效應式感知器的售價愈來愈低，但是以此型式所製成的輪速感知器倒是罕見，究其原因，由於霍爾效應式感知器需採三線式線路(＋12，搭鐵及訊號輸出)，相較於拾波線圈式的兩線式，用於車輛底盤將徒增故障機率。霍爾效應式速度感知器大多被運用在引擎凸輪軸和曲軸的轉速或位置感測上。

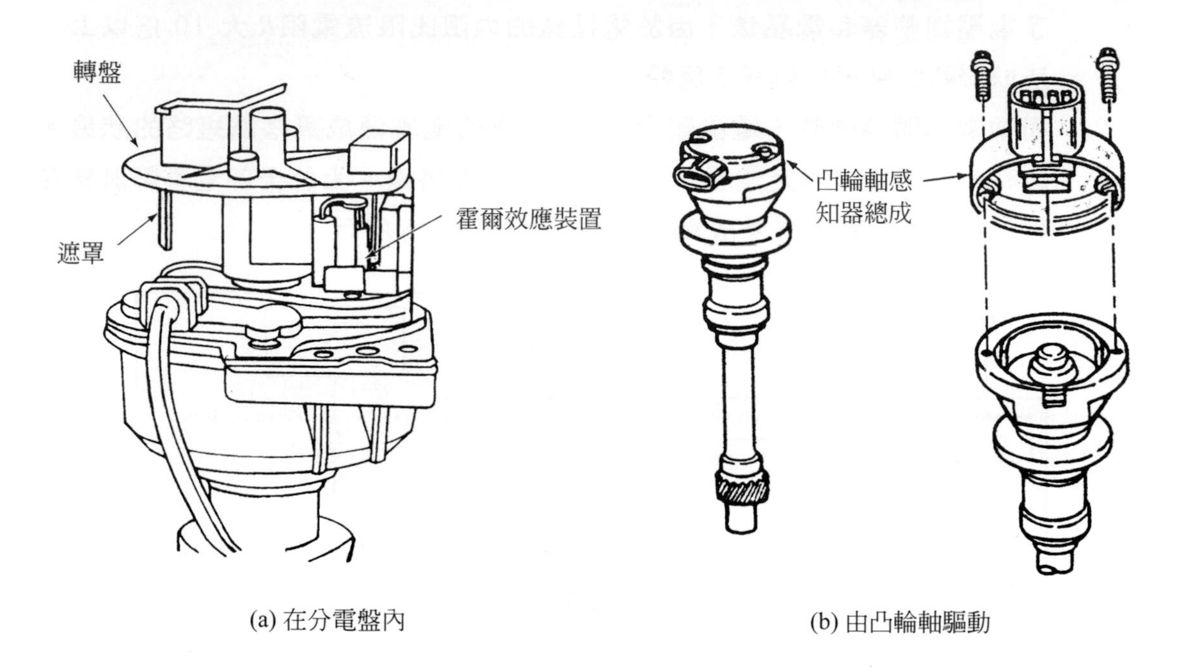


(a) 在分電盤內

(b) 由凸輪軸驅動

圖 10-19　霍爾效應式凸輪軸位置感知器

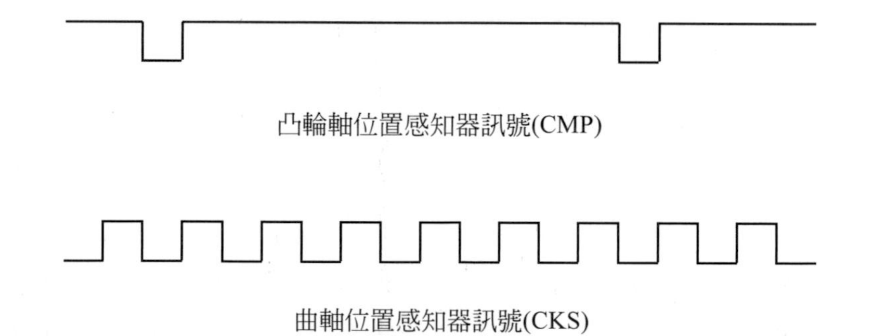


圖 10-20　CMP 與 CKS 電壓波形(6 缸)

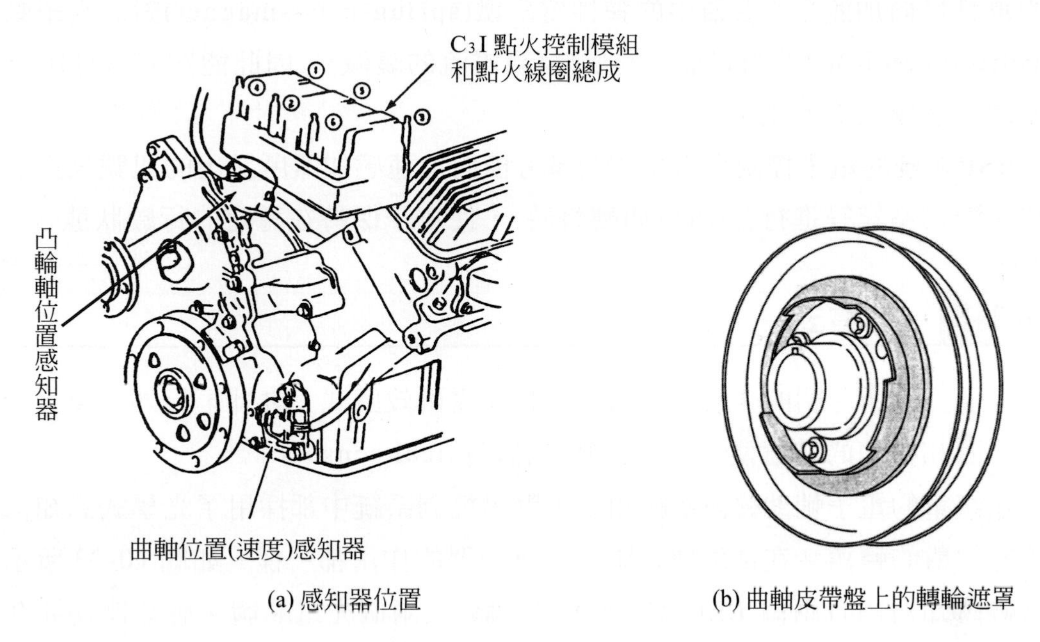


(a) 感知器位置　　(b) 曲軸皮帶盤上的轉輪遮罩

圖 10-21　霍爾效應式 CMP 與 CKS

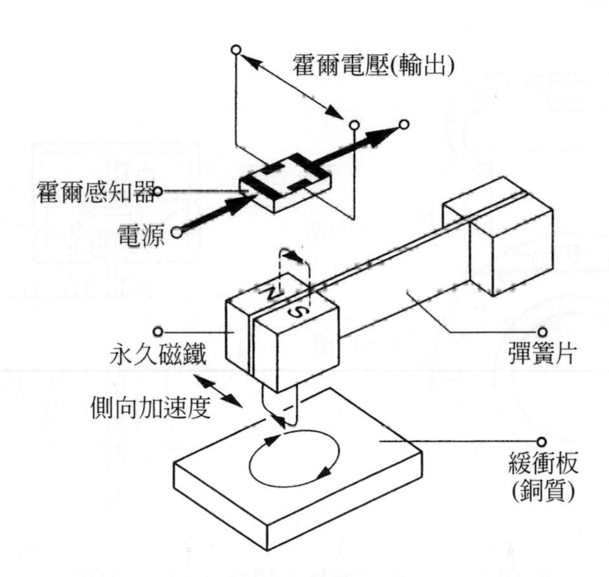


圖 10-22　橫向加速感知器 (取自：BOSCH)

談到速度的感測，其實並不只限於旋轉式的圓周運動，如圖 10-22 所示即爲一用於電子式行車穩定系統(Electronic Stability Program，ESP)中的「橫向加速感知器」(lateral acceleration sensor)。它利用霍爾效應的概念來提供非常有效的車身橫向加速量。裝置中的彈性質磁鐵(spring-mass-magnet)對於電子動力(electrodynamic)的抑制有很好的反應(渦電流的衰減)，因此能夠有效地阻止不需要的自感應振盪發生。

ESP系統的電子控制模組(ECM)參考橫向加速感知器所送出的訊號來對煞車系統、懸吊系統等進行控制(例如轉彎時)，使車子保持在穩定的行駛狀態。

## 10-1-3 光電式

除了先前所介紹的「拾波線圈式」和「霍爾效應式」之外，另外一種可用來監測位置和轉速的裝置便是光學式感知器(optical sensor)了。

在汽車的電子輔助轉向系統和電子懸吊控制系統中都採用了光學式感知器來監控方向盤的轉角。在這兩種系統中，感知器的作用都一樣。如圖 10-23 所示，在迴轉感知器內有兩個 LED 燈(發光二極體)及兩個光電晶體。感知器安裝在方向柱支塊上，有洞的圓形薄片則固定在軸向軸，圓形薄片可以通過感知器上的狹槽，並且跟著轉向軸一起旋轉。

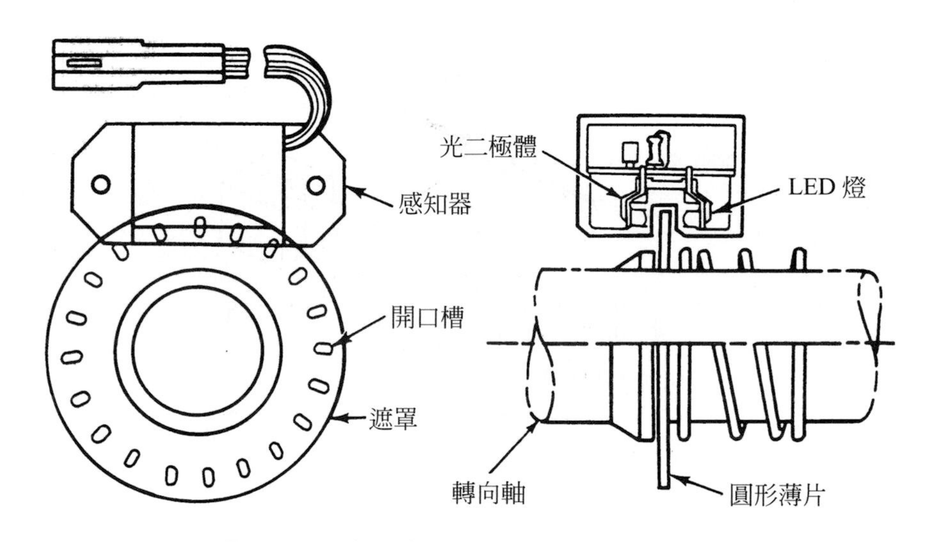


圖 10-23　光學式迴轉感知器 (取自：ASE)

感知器裡的兩個 LED 燈將光從槽口一側照向另一側，而另一側的光電晶體則可偵測到 LED 燈所射過來的光。隨方向盤(軸)一起轉動的圓形薄片上的洞可以讓光線通過，但洞與洞間的部份則會阻止光的通過。因此，當圓薄片旋轉時，

LED的光便會產生出連續性的交替訊號。

光電式迴轉感知器包括三個部份：

1. 電子控制模組(ECM)；包含：
   (1) 電壓調整器：提供穩壓5V。
   (2) 訊號處理器(VR)：根據感知器所送來的電壓訊號以判斷旋轉的速率與方向。
2. 光學式感知器；內含：
   (1) 機械性元件：如圓形薄片。
   (2) LED燈：負責射出光束。
   (3) 光電晶體：基極由光激發，晶體導通後便會輸出固定值的電壓訊號(方波)。
3. 接頭與線路。

如圖10-24所示，ECM 接受兩組線路所送來的感測訊號。當光線通過圓形薄片上的洞時，光電晶體便因此導通，於是線路$A$在$M_1$點的電壓值爲0伏特；但當光線被圓形薄片遮住時，光電晶體不通，使$M_1$點的電壓變成5伏特。線路$B$的作用與線路$A$相同，但兩個電壓脈衝訊號則相差約5°迴轉角，如圖10-25所示。

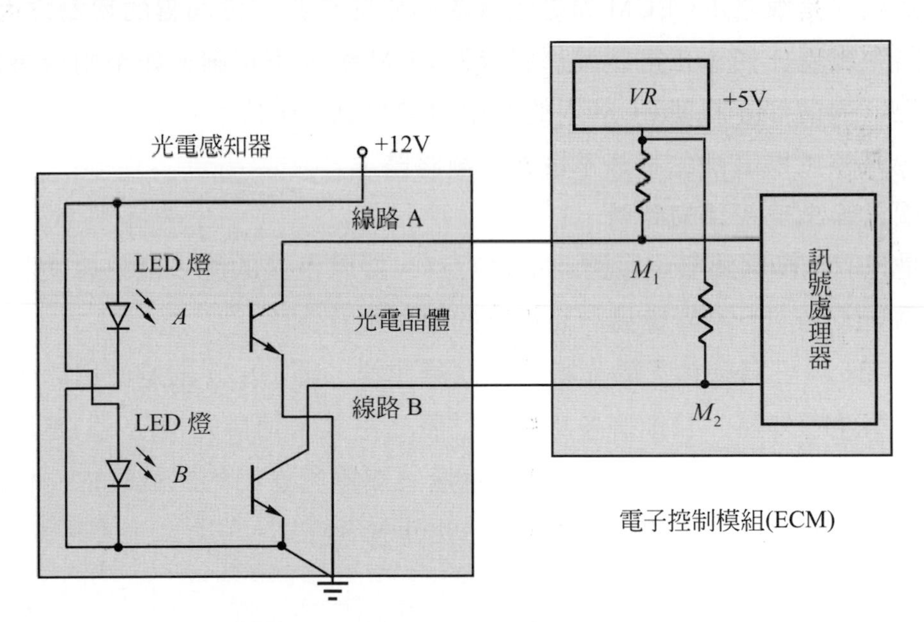


圖10-24　光電式感知器電路 (取自：ASE)

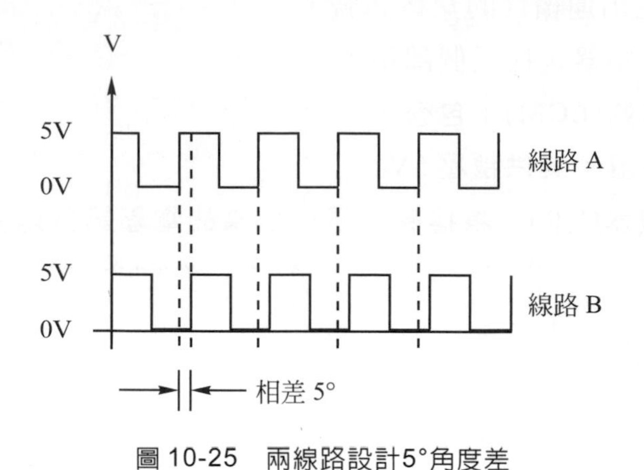

圖 10-25　兩線路設計5°角度差

ECM 利用這兩條感測線路來決定方向盤迴轉的轉速、角度和方向：

1. ECM 依據單位時間內的脈衝數決定迴轉量。
2. 轉動方向則是根據哪一條線路開始送出第一個脈衝而決定出來。當圖形薄片順時針轉動時，線路*A*的輸出電壓會先出現變化，然後才是線路*B*，如圖 10-25 所示。反之，若方向盤逆時針旋轉時，線路*B*會先發生電壓變化，然後才是線路*A*。ECM 即是根據這個原則來判別方向盤的轉動方向。

線路中出現任何不正常狀況都將導致 ECM 輸入不正確。如果兩條感測線路同時出現下列情形，將使 ECM 內的電壓偵測得到 5 伏特：

1. 電源線或搭鐵線的接線不良或是斷路時。
2. 電源線出現搭鐵短路時。

若是只有 1 條線路發生斷路或搭鐵短路、接線不良的話，則只會使該條線路的電壓爲 0 伏特，不會影響另一條線路的電壓變化。

圖 10-26 爲方向機柱上的光電式轉向感知器，圖 10-27 則是使用於儀錶板內的光電式車速感知器，目前許多車廠多已將光電式車速感知器(VSS)應用於速率錶上，如 FORD、GM 和 TOYOTA。車速感知器所送出的訊號經由一積體電路(IC)計算後便可以以數位(數字)方式顯示出車速。

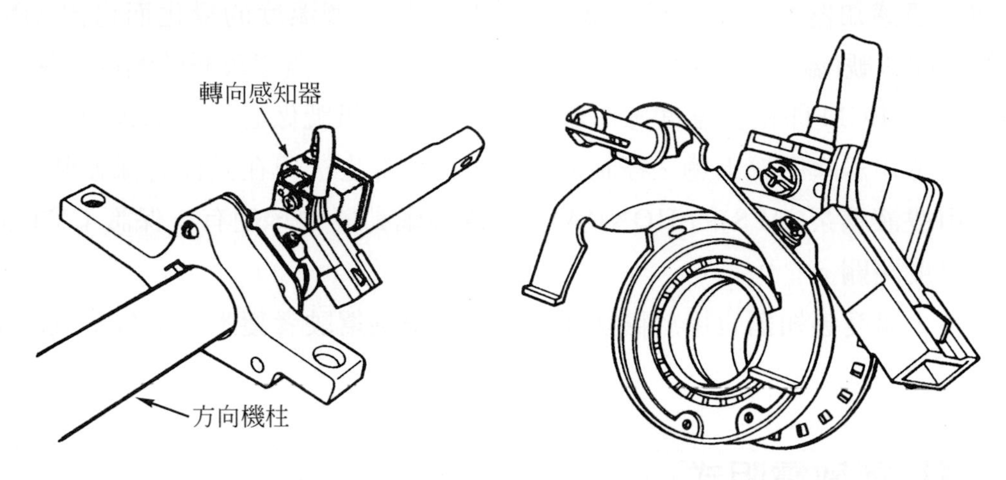

圖 10-26　光電式轉向感知器(FORD)

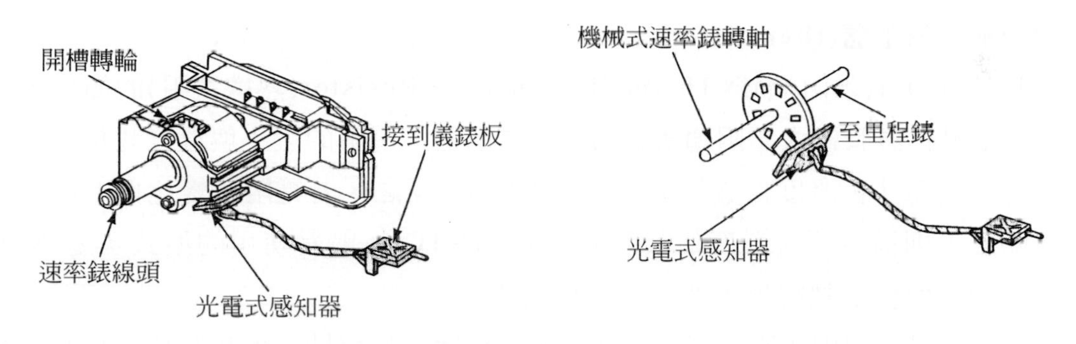

圖 10-27　光電式車速感知器（取自：Chilton 圖書公司）

## 10-2 溫度感知器

在車輛運轉與行進間，對於車上各種系統做溫度的監控，實為維持車輛正常工作的必要條件。顧名思義，溫度感知器即用以測量物件的溫度變化，汽車上常用的多為對流體的量測，如空氣、冷卻水、潤滑油及變速箱油等。

常見的溫度感知器(或溫度開關)依其構造可分為下列幾種：

1. 熱敏電阻式。
2. 雙金屬式。
3. 磁性物質式。

與一般感知器的作用一樣，溫度感知器可以依據溫度的變化而送出 ON 或 OFF的開關訊號(溫度開關)；也可以精確且即時地輸出溫度改變時的線性變化(溫度感知器)。ECM 即根據溫度感知器所送來的變化訊號做必需性的調整。

溫度感知器除用於上述之控制系統中，它常常也被用在元件的保護裝置裡，例如採用雙液壓泵(DPS)的 HONDA 全時四輪驅動器中，便有一保護 CVT 油溫過高的溫度開關。

另外，溫度感知器也用於儀錶顯示幕上，提供駕駛者獲悉車上各系統的工作溫度。

## 10-2-1 熱敏電阻式

車上所使用的溫度感知器絕大多數都是利用溫度對電阻變化的特性所製成，此即通稱的**熱阻體(thermistor)**。

Thermistor(熱阻體)爲 Thermally Sensitive Resistor(熱敏電阻)的簡稱，係指對**溫度變化具有極大電阻值改變的特殊電阻器**。電阻的大小與溫度變化成正比關係者，稱爲「正溫度係數熱敏電阻」(PTC)；反之，若電阻的變化與溫度值成反比關係，則稱爲「負溫度係數熱敏電阻」(NTC)。較常使用的型式多屬 NTC 型，故一般所稱之熱阻器，多半指NTC 熱敏電阻。

車上常見的熱敏電阻式溫度感知器，其形狀多呈棒狀，但也有比較特殊的薄片或薄膜狀。共通的作用原理乃是利用不同溫度對半導體材料有不同的電子傳導度，當溫度升高時，半導體中的導電載子增多，使電阻減少，同時，電阻亦隨結晶的轉變而發生大幅度變化。圖 10-28 爲熱敏式溫度感知器的電阻溫度特性曲線。

1. **NTC 型溫度感知器**：將氧化鎳(NiO)、氧化鈷(CoO)、氧化錳(MnO)等過渡金屬氧化物混合燒結製成反應材料，覆於基材上(有些不需要)，再封入抗酸蝕、耐高溫的封裝體內，常用的封裝材有金屬、樹脂或陶瓷等。在封裝之前須先自混合材內引出導線或端子，通常爲一條或二條，二條者，一爲訊號線，一爲搭鐵線；一條者則利用感知器外殼搭鐵。感知器導線並無極性考量。

   NTC 溫度感知器廣泛用於引擎冷卻水溫、進氣溫度、各式油溫及空調系統之空氣溫度控制中。

2. **PTC型溫度感知器**：製法與NTC型大致相同，惟燒結混合材以陶瓷材料$BaTiO_3$爲主要成份。PTC 型的電阻與溫度特性曲線通常變化極劇，我們可以從圖10-30中的PTC曲線斜率得知。

表 10-2　汽車各部位感測的溫度範圍

| 感測位置 | 溫度範圍 |
|---|---|
| 車外氣溫 | −40~60℃ |
| 引擎進氣 | −40~170℃ |
| 車廂 | −20~80℃ |
| 冷暖器空調 | −20~60℃ |
| 蒸發器 | −10~50℃ |
| 引擎冷卻水 | −40~130℃ |
| 引擎機油 | −40~170℃ |
| 電瓶 | −40~100℃ |
| 燃料油 | −40~120℃ |
| 輪胎氣溫 | −40~120℃ |
| 排放廢氣 | 100~1000℃ |
| 剎車鉗夾 | −40~2000℃ |

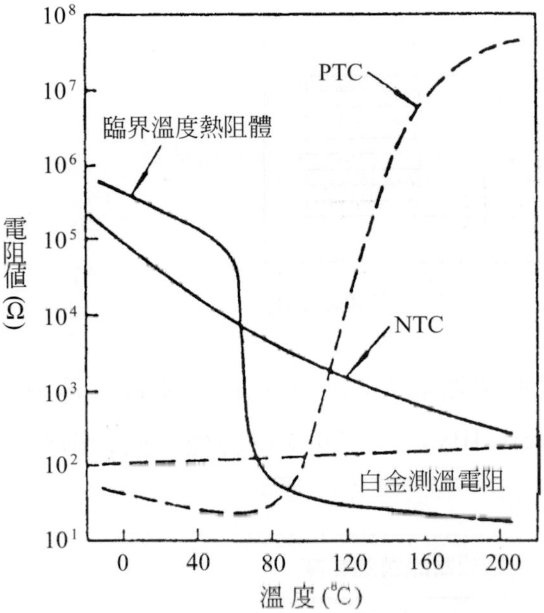

圖 10-28　熱敏電阻之電阻溫度特性

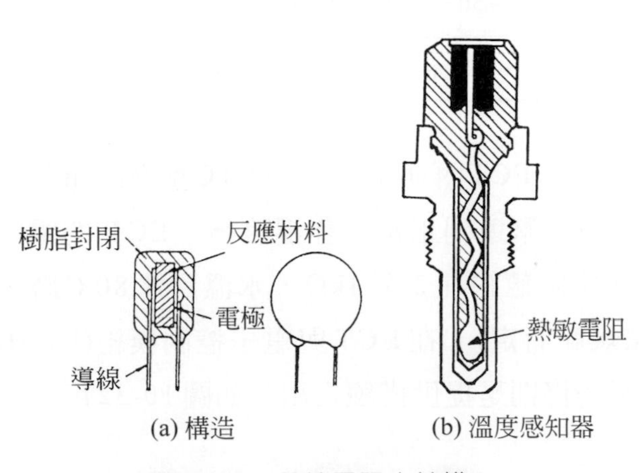

圖 10-29　熱敏電阻之結構

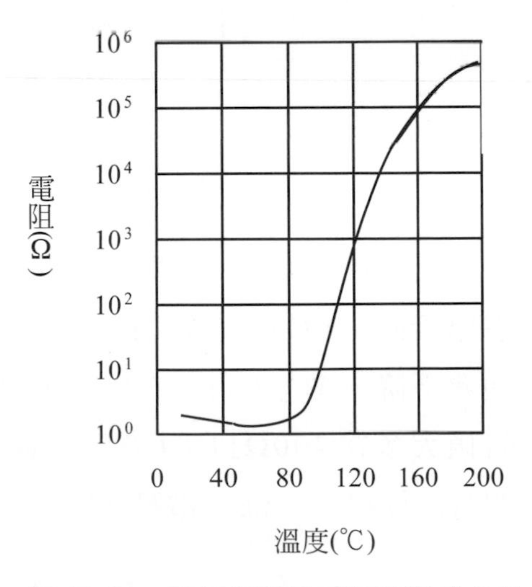

圖 10-30　PTC 型溫度感知器特性曲線

除了利用氧化陶瓷的半導體材料做爲溫度感知器內的反應材之外，現已利用薄膜技術製成金屬材熱敏電阻。這種稱作**薄膜金屬電阻(thin-film metallic resistor)**的溫度感知器搭配兩個熱敏電阻，可以製成單一薄餅形狀，如圖 10-31 所示。此種溫度感知器可以在製造過程中製得非常精確，並且可以藉雷射切割修整出具有良好反應曲線且耐久、穩定性佳的成品。所製成的溫度感知器則屬於 PTC 型感知器。

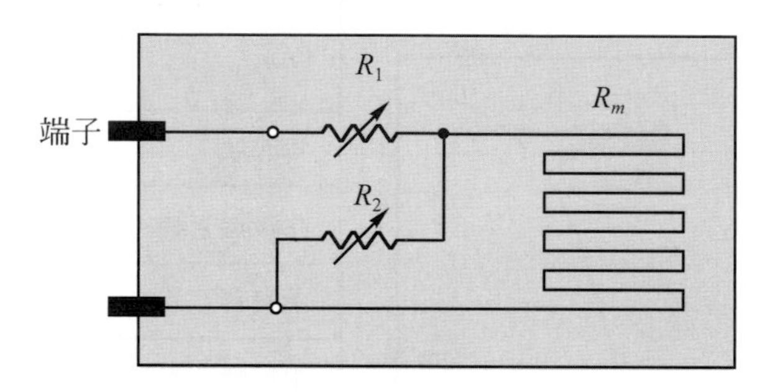


圖 10-31　薄膜金屬式熱敏電阻($R_m$為金屬薄膜電阻)

雖然薄膜金屬式較傳統的半導體材溫度感知器對溫度變化的感測較不靈敏，但它卻具有較佳的線性和重現性(reproducibility)。表 10-3 爲各種不同的薄膜金屬的適用範圍。

表 10-3　薄膜金屬式溫度感知器的適溫範圍

| 感知器薄膜金屬材料 | 溫度範圍 |
|---|---|
| 鎳(Ni) | －60～320℃ |
| 銅(Cu) | －50～200℃ |
| 鉑(Pt) | －220～850℃ |

以引擎冷卻水溫度感知器(ECT)爲例，ECT內通常含有一NTC型熱敏電阻，當引擎冷時，ECT 有較高的電阻，而在引擎達到正常工作溫度後，ECT 的電阻值便會下降。典型的 ECT 在 20℃時，電阻值約在 2 至 4kΩ，水溫到達 80℃時，電阻值大多在 400Ω以下(仍需視廠家規範而定)。在 ECT 與電子控制模組(ECM)之間有兩條線：一條爲電壓訊號線，另一條則是提供搭鐵之用，如圖 10-32 所示。

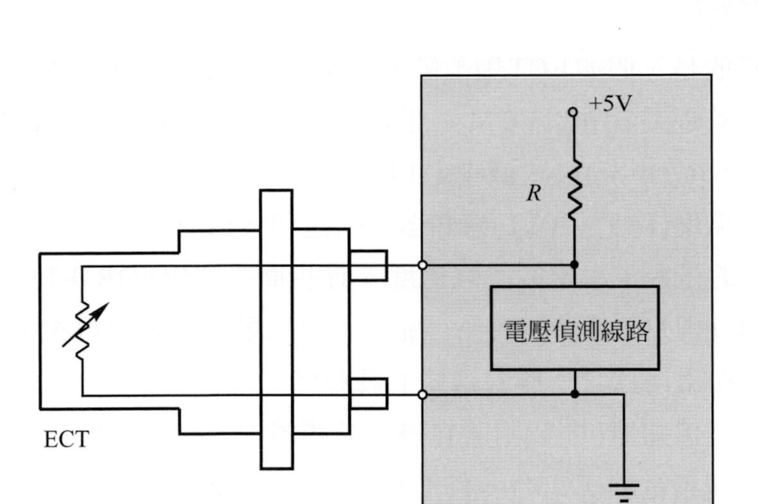


圖 10-32　ECT 的接線

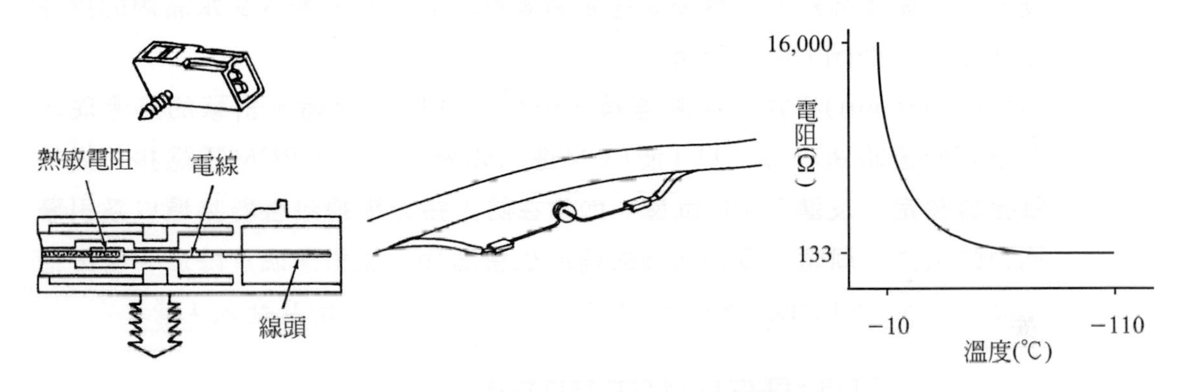


圖 10-33　變速箱油溫感知器及特性曲線

由於冷卻水溫度改變而使ECT內的電阻發生變化，ECM即根據ECT兩端的電壓降改變來換算成為溫度變化的輸入訊號。舉例來說，在低溫時，ECT 有高電阻，使得ECT兩端有4.5V的電壓降；而當高溫時，ECT電阻降低，使ECT兩端電壓降只剩下0.5V。因此，電腦(ECM)便可依此進行控制輸出。

有關於溫度感知器電路，曾經在6-3-2節中為各位介紹過，讀者們不妨往前翻閱，順便複習一下。

一些美規車種採用的「雙斜線式溫度感知器電路」，ECT 本身並無不同，主要在於藉電路設計，使溫度的輸入訊號更為準確眞實。(參見第6-3-2節)。

值得留意的是，假如ECT因故障或線路不良導致ECM無法接受到訊號時，現今引擎電子管理系統會以ECM內部記憶體中的替代值來取代ECT輸入訊號，此一備用(limp-in mode)模式值設定ECT為46℃(115℉)下讓引擎維持運轉。

進氣空氣溫度(IAT、ACT)感知器的構造和作用原理、電路與ECT者相似，惟IAT所偵測的是進入引擎的空氣溫度。有些車型，如FORD TELSTAR，在相同溫度下，ECT與IAT感知器會測得完全不同的電阻值，這得視電路設計而定。IAT電路亦有採用前述之「雙斜線式」設計。

變速箱油溫感知器(TFT)附著在變速箱閥體處，負責將變速箱油的溫度變化訊號傳送到變速箱電腦(ECM)。TFT亦採用NTC型熱敏電阻。TFT感知器有兩個作用模式；熱與極熱模式：

1. 熱(hot)模式：油溫在122℃(25℉)以上時，TFT送電壓訊號到ECM，使ECM允許扭力變換器可以鎖定在2檔，3檔和4檔位置。如此可降低扭力變換器內產生高熱，並且令變速箱油直接流進位於引擎冷卻水箱內的變速箱油冷器，如圖10-34所示。
2. 極熱(super-hot)模式：油溫超過150℃(300℉)以上時，引擎的熱會從水箱進入變速箱油冷器。TFT使ECM進入此模式，於是PCM不讓扭力變換離合器鎖定，及進入4檔位置，如此在防止扭力變換離合器損壞以及引擎馬力的損失。同時，冷卻風扇的速率也會增加，使引擎溫度降低。當變速箱油溫降至150℃以下時，PCM便允許扭力變換鎖定及進入4檔。

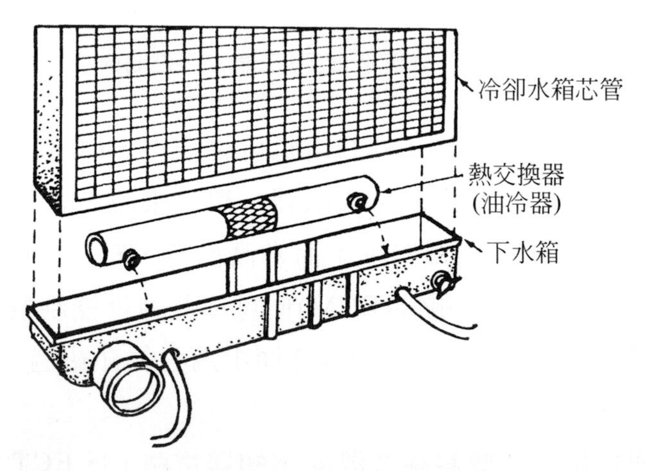


圖10-34 變速箱油冷器

## 10-2-2 雙金屬式

**雙金屬(bimetal)又稱作「熱偶片」，是由兩種熱膨脹係數相異的金屬以剛性連結(rigid link)方式製成一體**。當金屬受熱時，會向膨脹係數小的金屬側彎曲。將此金屬片一端固定，另一端製成白金接點，即可做爲受溫度控制的開關元件。常用於過負荷保護或溫度開關等裝置上。

如圖 10-35 所示爲使用於早期電子汽油噴射引擎上的熱時開關(thermo-time switch)。此型多點噴射引擎(MFI)除了各缸的噴油嘴外，還有一個供冷車起動時專用的「冷起動閥」(cold start injector)，如圖 10-36 所示。與噴油嘴不同的是，它的噴油並不經由 ECM 控制，而是由熱時開關依據引擎冷卻水溫的高低來控制。

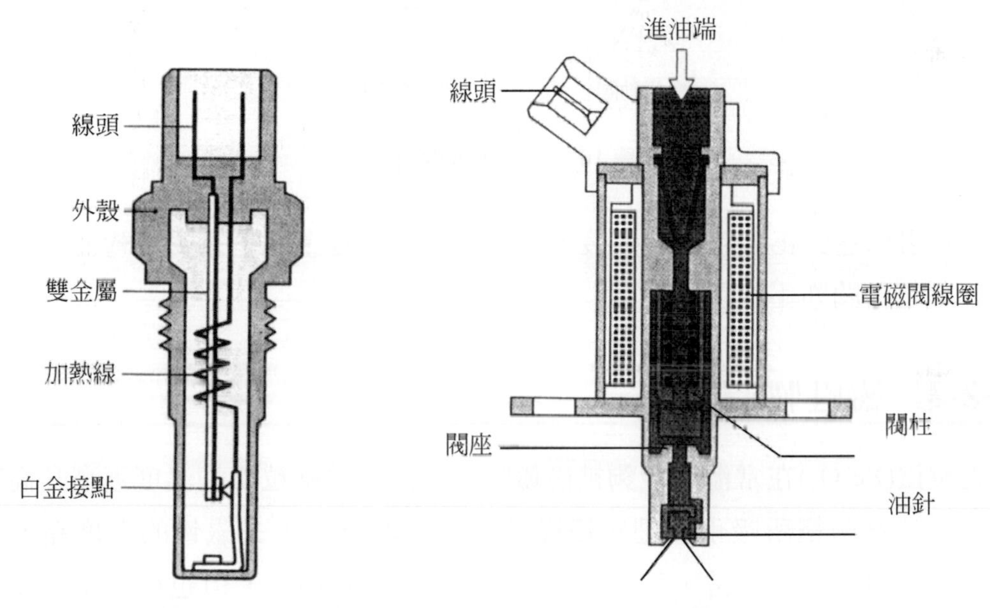


圖 10-35　熱時開關 (取自：BOSCH)　　圖 01-36　冷起動閥 (取自：BOSCH)

熱時開關內有一雙金屬片，上面繞有加熱線，當加熱線通以電流時，雙金屬便會因受熱而彎向一邊，使白金接點打開。冷起動閥的電路即是經由熱時開關內的白金接點而搭鐵完成迴路，如圖 10-37 所示。

當起動馬達轉動時，電壓從起動馬達電磁開關進入冷起動閥。如果引擎冷卻水溫低於 35℃，則熱時開關使冷起動閥經由其內的白金接點搭鐵，於是冷起動閥便可以噴出額外的燃料使起動容易。在此同時，電流亦流進熱時開關內的加熱線，雙金屬開始受熱產生變形，8 秒以內，白金接點即會因雙金屬彎曲而斷開，於是冷起動閥停止噴油。如此設計可避免因機械故障引擎無法發動時，冷起動閥仍持續噴油，導致混合比過濃。

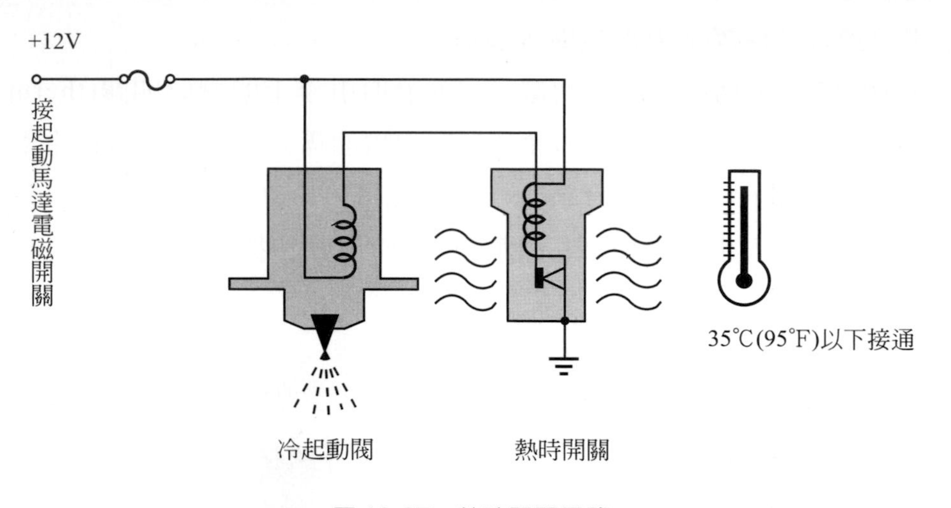


圖 10-37　熱時開關電路

一旦引擎達到正常工作溫度後，熱時開關內的雙金屬也會受熱彎曲，使接點斷開，冷起動閥亦不作用。

## 10-2-3 磁性物質式

肥粒鐵($Fe_2O_3$)在常溫下能夠被磁鐵吸住，但是當肥粒鐵的溫度逐漸升高時，即變成無法被磁鐵所吸引。肥粒鐵從具有磁性驟變成失去磁性的溫度點，稱爲**「磁性變態溫度」**。通常，$Fe_2O_3$的磁性變態溫度在 80℃，但也可以藉改變燒結體成份和熱處理方法改變其變態點。

引擎冷卻系統中的水溫開關，即是應用「磁性變態」現象製成，負責控制冷卻風扇的運轉，如圖 10-38 所示。水溫開關爲單線式，利用內部的簧片接點做迴路開關，外殼鎖於引擎體提供搭鐵。

關於「磁性變態」的特性與作用情形，曾在第 3-1-3 節描述過，此處不再贅述。

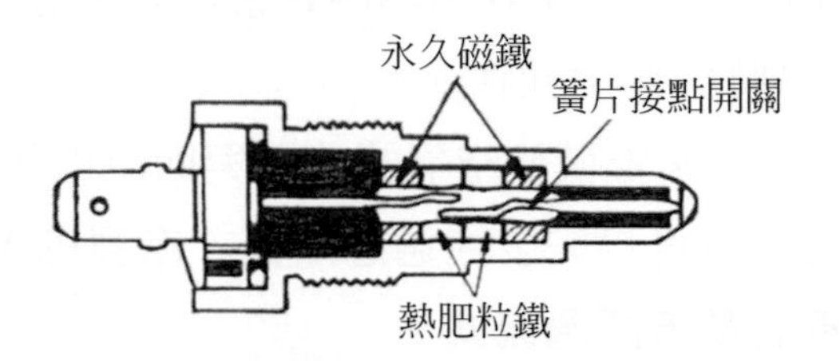


圖 10-38　利用「磁性變態」現象製成的水溫開關

## 10-3 流量感知器

爲使引擎能夠在油耗、馬力與排放廢氣之間取得最佳的平衡表現，有效測得引擎的進氣量便成爲工程師們殫精竭慮的努力目標。汽車上的流量感知器(flow sensor)大多應用在引擎的進汽測量上，稱作**空氣流量感知器(Mass Air Flow Sensor)，簡稱 MAF 感知器**。

目前採用兩種物理方法來檢測進入引擎的空氣量，即：

1. 空氣密度系統(air density system)：

   直接利用MAF感知器所提供的訊號來代表空氣量。但由於MAF只根據通過空氣的容積大小來送出訊號，無法檢測出空氣密度的變化(即氣壓的變化)。因此，採用本系統還必須加裝一個「大氣壓力感知器」(BARO)，以避免 MAF 無法判斷高低海拔時的差異。目前 BARO 感知器多安裝在 ECM 電腦盒裡。

2. 速度密度系統(speed density system)：

   空氣的密度直接與壓力大小呈正比關係。本系統利用裝於進氣歧管上的 MAP 感知器所提供的壓力訊號與引擎轉速訊號(RPM)的乘積來表示進入引擎的空氣量，即：

   空氣量 = 引擎轉速×空氣密度(歧管氣壓)

   故名爲「速度密度系統」。採用此種型式，對 ECM 而言，最重要的兩個輸入訊號即爲MAP和RPM了。我們將在下一節爲各位介紹「壓力感知器」。

有一些汽車製造廠同時使用 MAF 和 MAP 感知器，此系統中，MAP 感知器是做爲當 MAF 發生故障時的備用元件。

空氣流量感知器(MAF)常安裝於空氣濾清器與節汽門閥體之間的通道上，如此可令整個吸入汽缸的空氣可以完全通過感知器。**常見的 MAF 型式有：流量板式、加熱電阻式、熱線式及卡門渦流式。**

## 10-3-1 流量板式

**流量板式又被稱作「翼片式」(vane-type)空氣流量感知器。感知器內有一可轉動的空氣流量板(翼片)，藉由彈簧力量使平常保持在關閉位置**，如圖 10-39 所示。

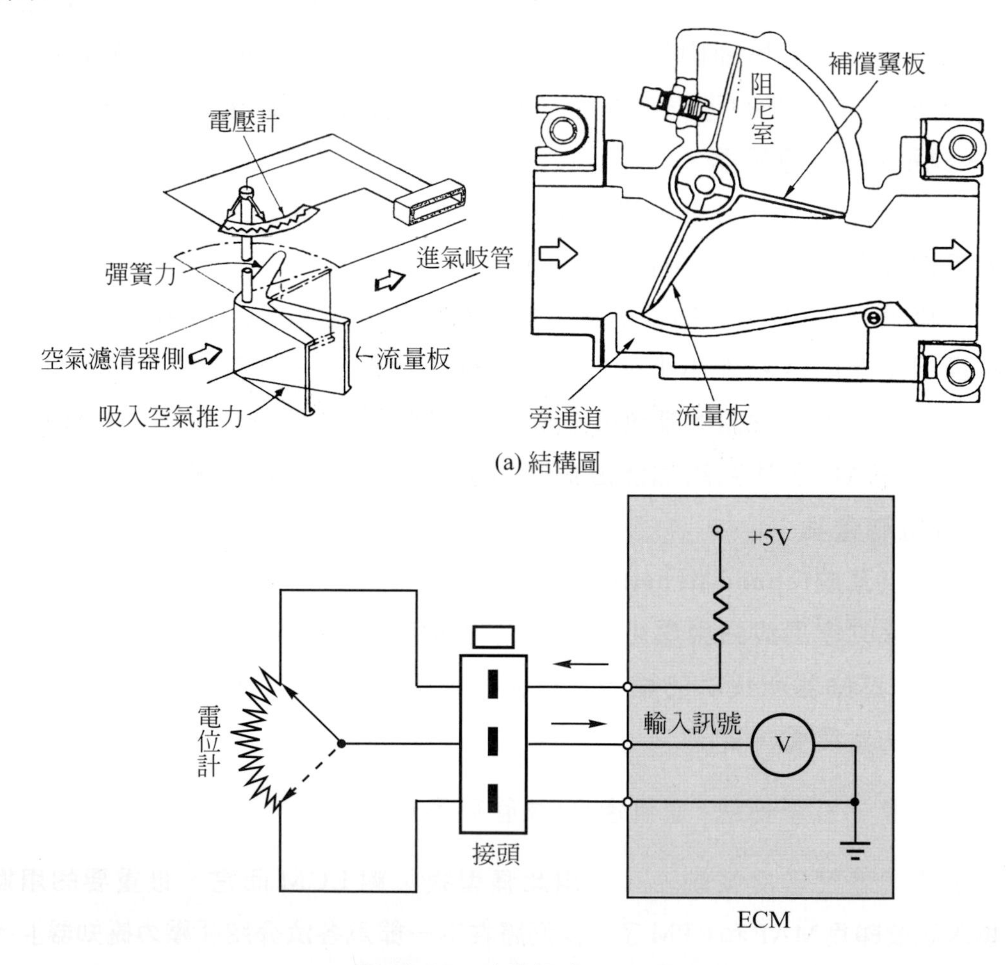


圖 10-39　流量板式 MAF 感知器

當引擎轉動時，吸入的空氣會推開流量板，流量板的移動量即代表引擎的進氣量。流量板上的轉軸有一隨軸移動的接點，此接點並與一可變電阻(電位計)接觸。進氣量與電阻間的關係如下：

1. 當進氣量小時，流量板移動少，電位計接點在電阻最小位置。
2. 當進氣量增加時，流量板移動多，使電位計接點移至電阻增加的位置。

電阻大小隨進氣量而改變，藉由簡單的分壓器電路，便可以讓 ECM 獲得電壓的變化訊號了，如圖 10-40 所示：

1. 進氣量小，電阻小，輸入電壓低，
2. 進氣量大，電阻大，輸入電壓高。

分壓器電路請參考第 6-3 節。

爲了使空氣流量感知器所送出的訊號$V_S$不會受到電瓶電壓$V_B$變動的影響(例如充電系統的不穩定)，MAF 內的電路多設計成如圖 10-41 所示的分壓法。當流量板位於同一開度時，雖然$V_B$值有變動，但 ECM 藉由比對$V_C$與$V_S$間對電瓶電壓$V_B$的比值$\left(即\dfrac{V_C - V_S}{V_B}\right)$，便可使空氣流量所代表的電壓輸出值維持穩定，不受到電瓶電壓的變化影響。

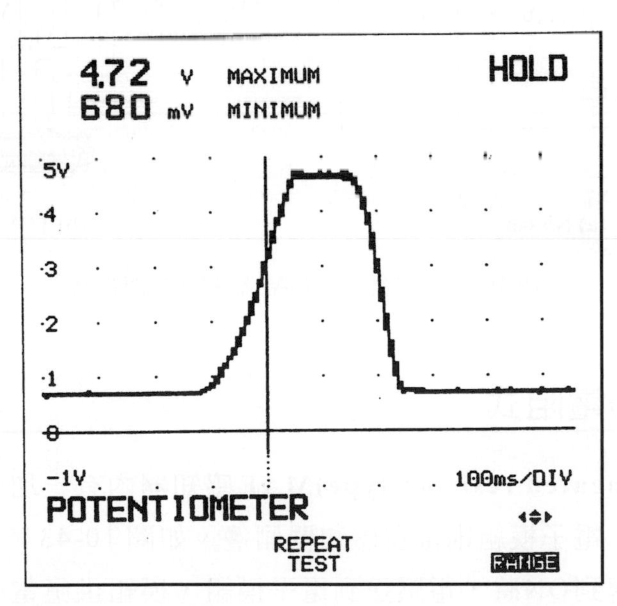


圖 10-40　流量板式 MAF 的輸出波形(FLUKE 98)

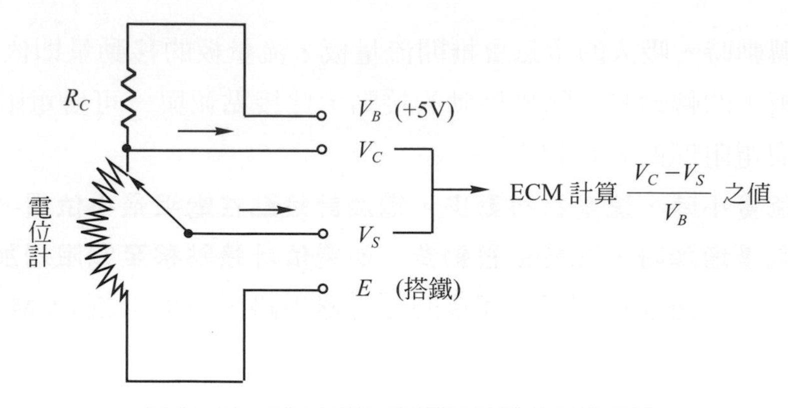


圖 10-41　減少電瓶電壓變動影響的電路設計

早期的 MAF 採用 7 線頭式，其中包含了汽油泵浦開關接點和進氣溫度感知器(IAT)，現多已將這兩者分離出來，而改成 4 線頭式了，如圖 10-42 所示。

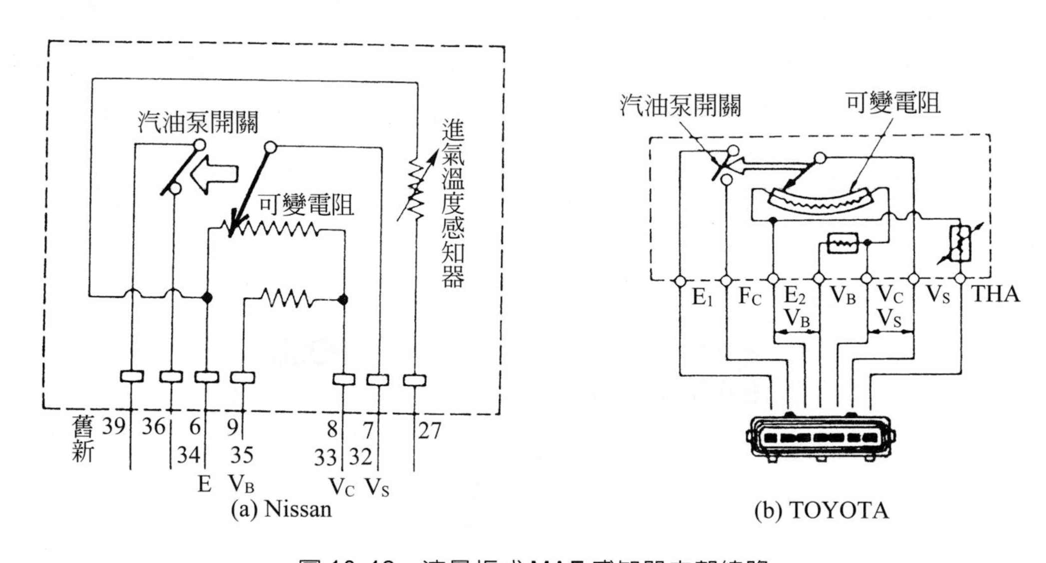


圖 10-42　流量板式 MAF 感知器內部線路

## 10-3-2 加熱電阻式

**加熱電阻式(heated resistor-type)MAF 感知器**內有一加熱型電阻，固定在進氣通道的中央，電子模組則位在感知器側邊，如圖 10-43 所示。

當點火開關轉到ON時，電壓送到電子模組，模組供應電流到進氣通道中的加熱電阻，使電阻維持一定的溫度值。

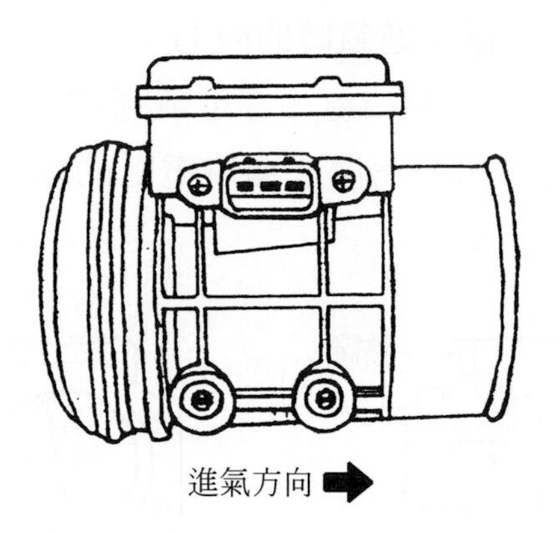


圖 10-43　加熱電阻式 MAF 感知器 (FORD)

在引擎溫度仍低時突然加速，吸入的冷空氣試圖使加熱電阻降溫，此刻，電子模組會供應額外電流使電阻保持額定溫度。電子模組將此一增加電流的訊號輸入至引擎ECM，訊號與進氣量成比例關係。當ECM接收到增加電流的訊號時，ECM 便會發出空氣燃料混合比增濃的命令，以配合進氣量的增加。加熱電阻式 MAF 對於維持固定的電阻溫度，其反應時間約在數個毫秒(ms)。

此型MAF感知器可送出頻率式電壓訊號(Hz)或是輸出以工作週期(duty cycle)型態的直流脈波電壓訊號。

在構造上，加熱電阻也常常以電子柵網(electric grid)來取代。

## 10-3-3 熱線式與熱膜式

在第六章6-7節的「惠斯登電橋」中，我們曾經討論過熱線式MAF的電路，本節再來看看它的結構。

嚴格說來，熱線式(hot wire-type)MAF 感知器所採用的測量原理很接近先前分類中的「速度密度系統」法。這是因爲**熱線式利用空氣在圓柱中由熱線探針來量測對流冷卻的熱傳速率和空氣流速兩者關係，而得出空氣流量**。因此之故，熱線式在精確性、反應時間和機械設計上都優於「流量板式」，加以成本逐漸降低，現今已成爲空氣流量感知器的主流了。

熱線式 MAF 分爲全流式與分流式，如圖 10-44 所示。主要不同點在於量取空氣的全部或是一部份。通常，排氣量大的引擎採用全流式，排氣量小的引擎則採用分流式。其考量點乃在減少進氣時的阻力。

熱線式MAF安裝在引擎進氣口處，在進氣通道中有一**加熱線**，屬於PTC電阻線，在它的旁邊則有另一組稱爲溫度補償電阻的**冷線(cold wire)**，負責感測進氣溫度並對加熱電流做調整。

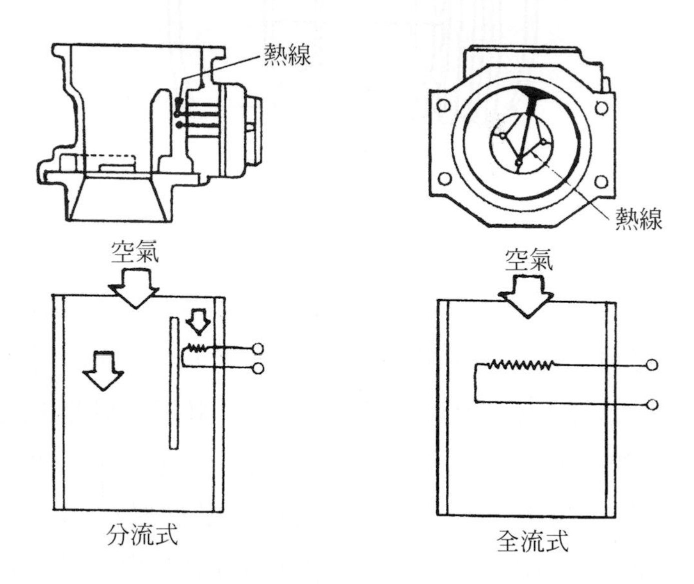


圖10-44　全流式與分流式

圖10-45　熱線式MAF

當點火開關轉至ON位置時，MAF感知器內的電子模組會送出足夠電流加熱熱線，使其溫度保持在比冷線(室溫)高出200℃的高溫狀態。假如引擎突然加速，突增的冷空氣會使熱線降溫，於是電子模組立刻送出更多的電流到熱線，使熱線維持比冷線高 160℃的溫度。電子模組將增加電流的訊號藉電橋電路中的精密電阻，轉換成電壓訊號輸入至引擎電腦 ECM，此電壓訊號與引擎進氣量成正比關係。引擎一旦運轉後，熱線即保持比冷線高 160℃的溫差。

由於「冷線」爲一NTC型熱敏電阻，隨時依進氣溫度高低而改變其電阻值，所以它能夠提供空氣因溫度變化所產生密度(質量)改變的修正。這項優點是「流量板式」MAF 做不到的。因此，**熱線式 MAF 又常被稱為「空氣質量計」(air-mass meter)**。

熱線由於需讓大量的空氣流過，所以在使用 4km 公里後常易生積碳，導致升溫、量測不準等缺點。一些熱線式 MAF 另外設有點火開關 key-off 之後通電數秒的功能，使熱線溫度達 900℃以上，藉以燒掉灰塵污物。圖 10-46 爲 MAF 的接線圖。常用的 MAF 爲 5 線、7 線頭式。

有關熱線式空氣流量感知器電橋電路的詳細作用原理請參見第 6-7-2 節。

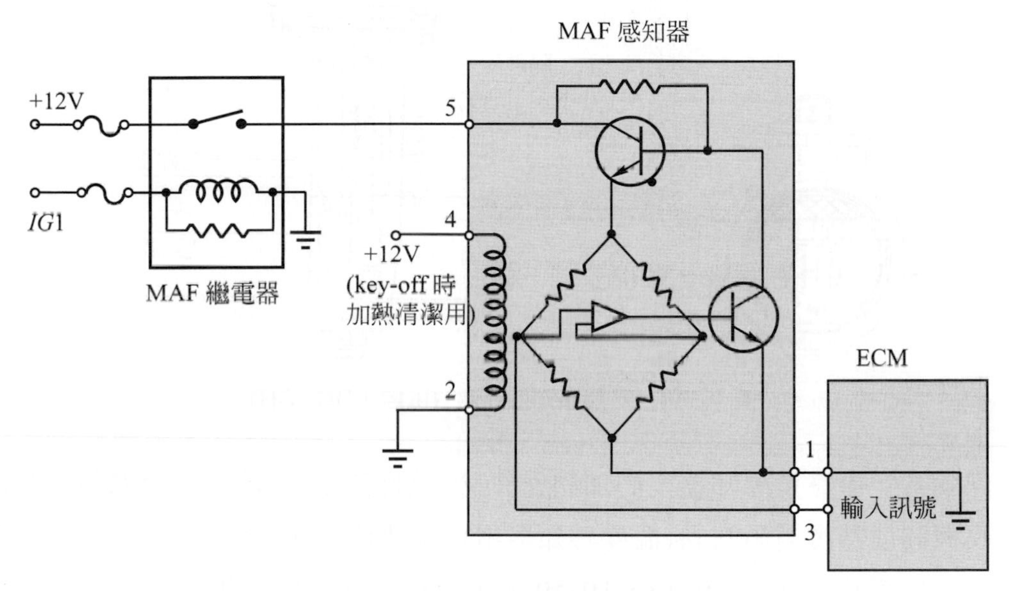


圖 10-46　MAF 接線圖(5 線式)

目前已有車廠採用一種與熱線式類似的 MAF，稱作**熱膜式空氣質量感知器 (hot-film air mass sensor)**。大致上來說，它的電橋電路、熱作用原理都與熱線式相似，唯獨它是利用熱膜取代熱線(電阻)來測量空氣量。

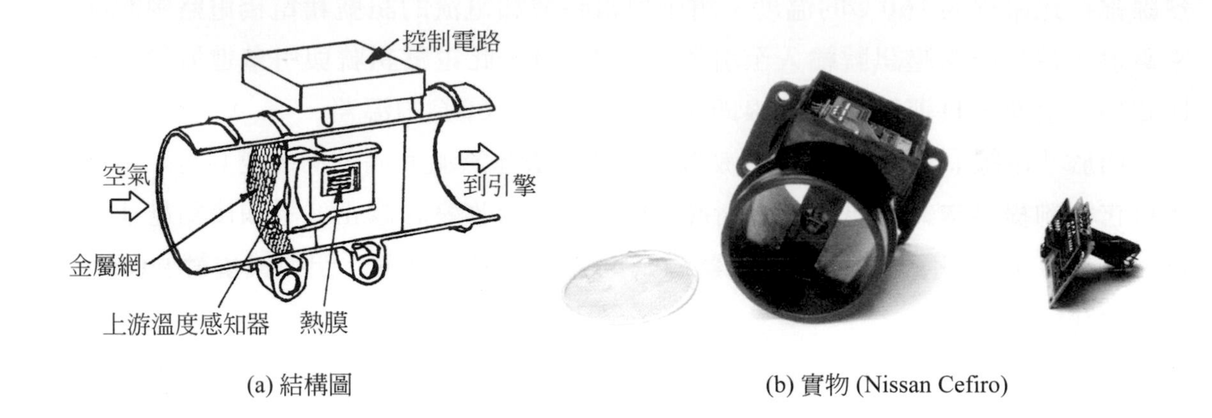


(a) 結構圖　　(b) 實物 (Nissan Cefiro)

圖 10-47　熱膜式 MAF 感知器

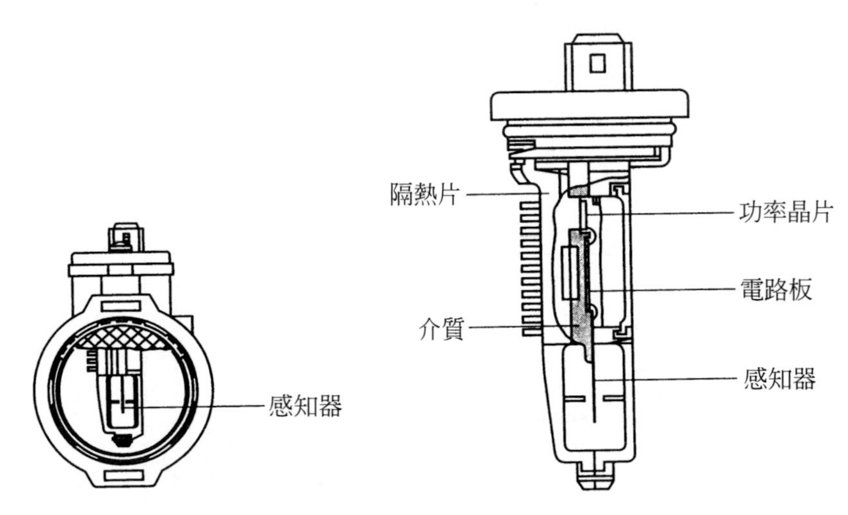


圖 10-48　熱膜感知器元件 (取自：BOSCH)

熱膜式空氣質量感知器上的加熱元件為一鉑膜電阻，藉由半導體製程技術，將鉑膜與其他熱敏電阻材料(溫度感知器用)一起植播在矽晶底層上，彼此之間並形成一電橋電路，如圖 10-49、10-50 所示。在加熱鉑膜旁邊的「加熱器溫度感知器」$S_H$會與前端的「進氣溫度感知器」$S_A$一起維持加熱鉑膜$R_H$在固定的高溫狀態(約 185℃)。各位可還記得，在熱線式空氣流量感知器的電橋電路中，ECM利用加熱電流來換算成輸出電壓訊號；而此處卻是靠兩個感知器$S_1$與$S_2$監測空氣的溫差而輸出訊號。這兩個溫度感知器，一個位於前端(上游端)，另一個位在後端(下游端)。

換句話說，熱膜式的原理即是利用電橋電路內的兩個溫度感知器(流量感知器)來監控加熱鉑膜發熱量，而判斷出空氣的進入量。如此可避免測量時受到氣流動力所產生的影響。

從圖 10-49 中可以看出在加熱鉑膜$R_H$與進氣溫度感知器$S_A$之間的凹陷齒狀，如此製造可形成兩者間的「熱脫聯」(thermal decoupling)。在實物上，整個控制電路全部製成一塊體積很小的薄片，加熱鉑膜提供了重要的空氣流量訊號。此裝置毋需加熱清潔電路便可維持長時間精確的量測。

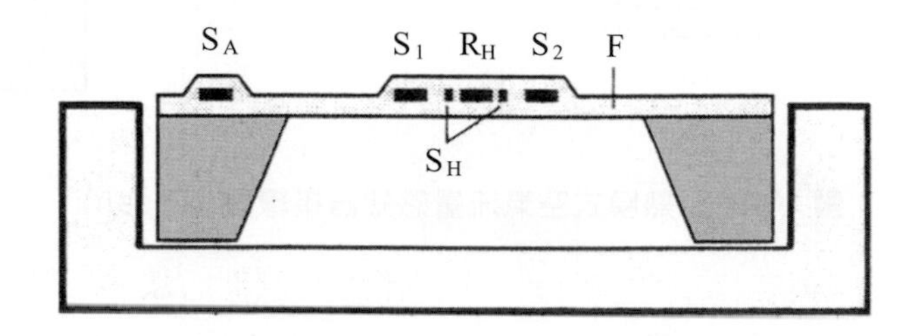


$S_A$ ：進氣溫度感知器
$S_H$ ：加熱器溫度感知器
$S_1$，$S_2$：上、下游溫度感知器
$R_H$ ：加熱電阻
F ：非導電薄膜

圖 10-49　熱膜結構（取自：BOSCH)

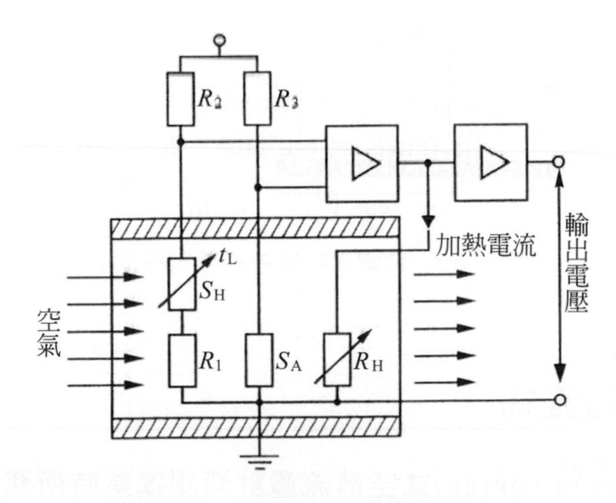


圖 10-50　熱膜式 MAF 感知器線路

熱膜式MAF的接線如圖10-51所示。熱膜式MAF感知器以3線和4線頭式爲多。

圖10-52爲熱線(熱膜)式空氣流量感知器輸出電壓波形。

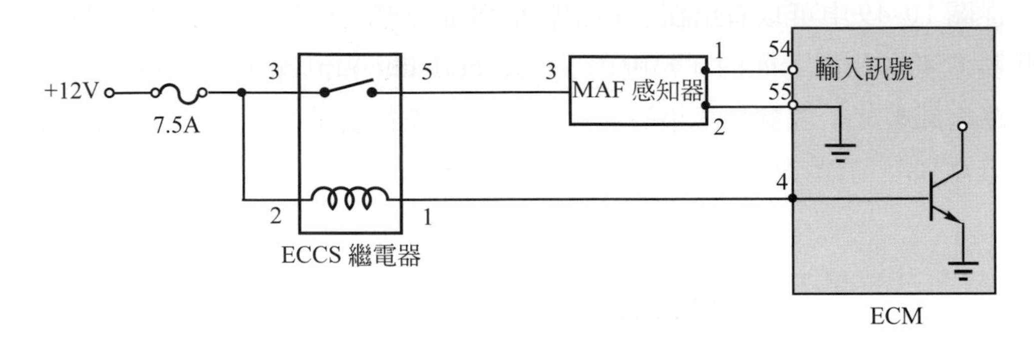


圖 10-51　熱膜式空氣流量感知器接線圖(Nissan)

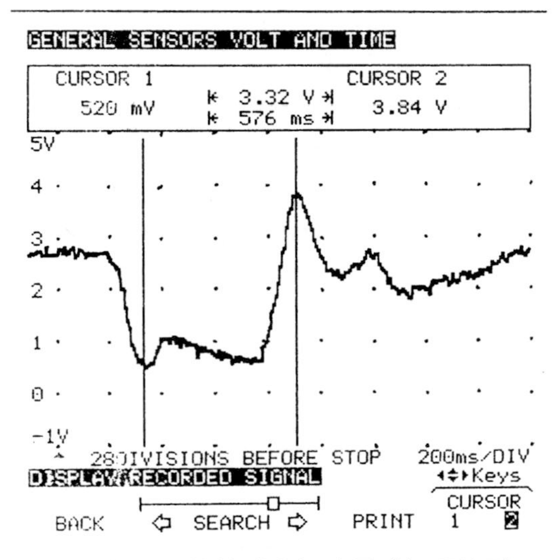


圖 10-52　熱線式空氣流量感知器波形

## 10-3-4 卡門渦流式

**卡門渦流(Kármán vortex)式空氣流量計偵測進氣時所產生的渦流狀況，並以此渦流做為空氣流量的依據**。卡門渦流的偵測方法很多，如藉由熱阻器

(thermistor)、熱線(hot wire)、壓力差或超音波、光學等方式。日本三菱(Mitsubishi)汽車公司是率先採用超音波式卡門渦流 MAF 感知器的製造廠，並已安裝於多款平價車款上。

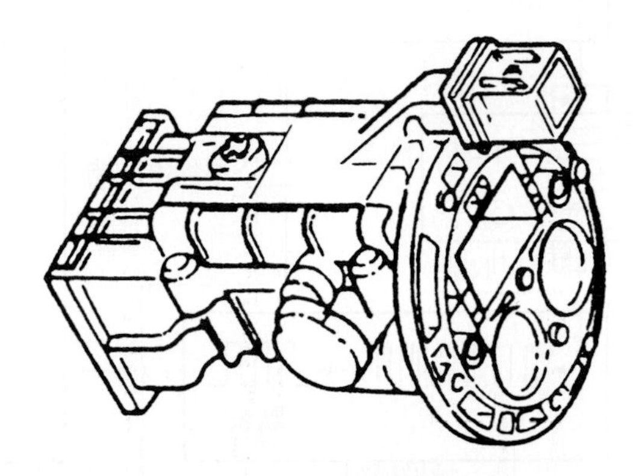

圖 10-53　超音波卡門渦流式 MAF(ECLIPSE，三菱)

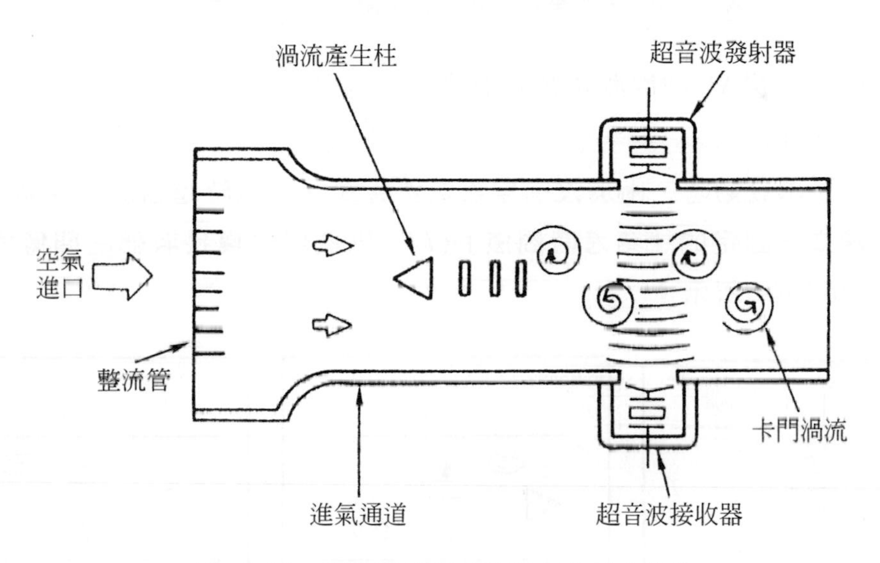


圖 10-54　超音波卡門渦流式 MAF 基本結構

如圖 10-54 所示，空氣被吸入進氣通道，在流過三角柱(渦流產生柱)之後會形成轉動方向相異的穩定漩渦，稱為**卡門渦流(Kármán vortex)**。請注意，在三角柱的兩側，其渦流的旋轉方向並不相同。在三角柱上游處的邊壁上裝有一超音波發射器，它可以發射出固定頻率的超音波；而在發射器的對面則裝有超音波接收器，如圖 10-55 所示。

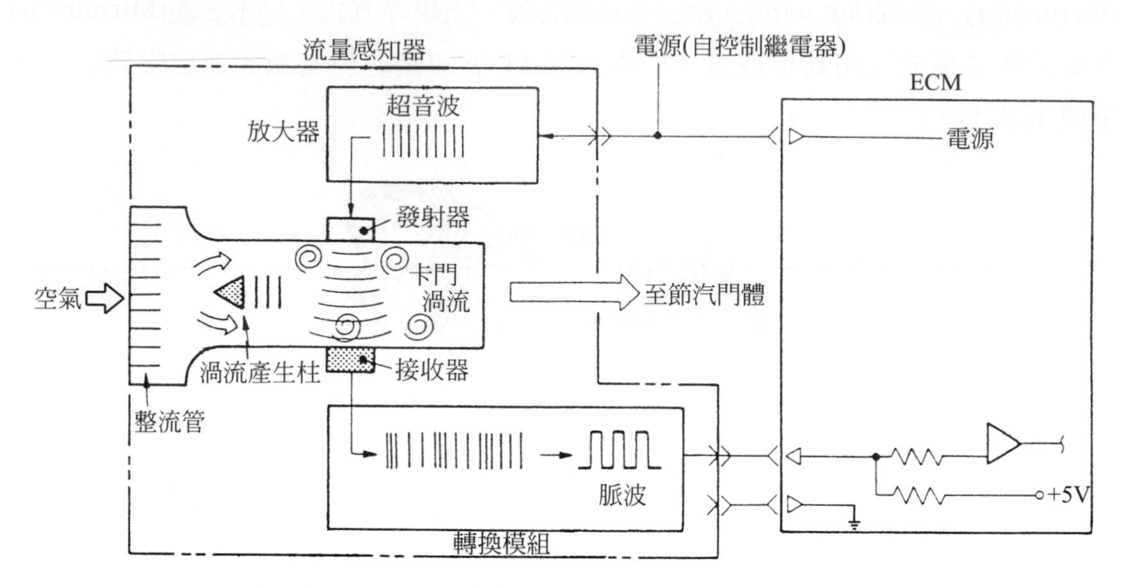


圖 10-55　卡門渦流式 MAF 作用圖 (取自：三菱汽車)

卡門渦流式 MAF 利用測量超音波從發射器到達接收器的時間做參數，決定出進氣量(容積)：

1. 當引擎未發動時，由於沒有空氣流過感知器，這時超音波產生器(放大器)會建立一固定的「參考時間值」($T$)，供發射器與接收器之間傳送用，如圖 10-56(a)所示。

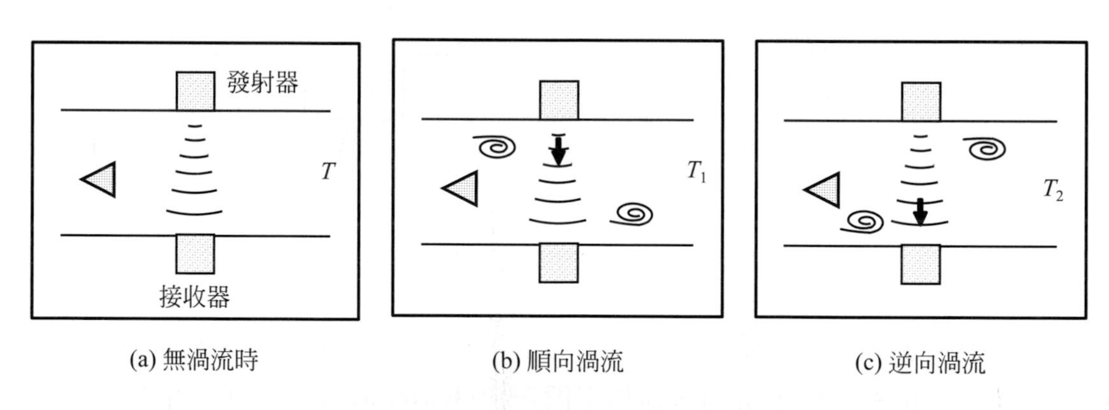


圖 10-56　卡門渦流與超音波的關係

2. 引擎發動後開始有空氣被吸入通道，由發射器所送出的固定頻率超音波會與上半部順時針方向旋轉的渦流發生作用。順向渦流在上半部因與超音波同方向，故超音波會加速，使接收時間縮短，稱為$T_1$，下半部渦流則相反，如圖 10-56(b)所示。

3. 逆時針旋轉的渦流在上半部因與超音波方向相反，故時間較長，但在下半部則時間會較短，即$T_2$，如圖 10-56(c)所示。
4. 順向，逆向渦流交替與超音波發生關係，而產生圖 10-57(a)的波形。接收器將此波形送到轉換模組而形成頻率型的輸出脈波訊號，如圖 10-57(b)所示。圖 10-58 為進氣量與輸出脈波訊號的關係。

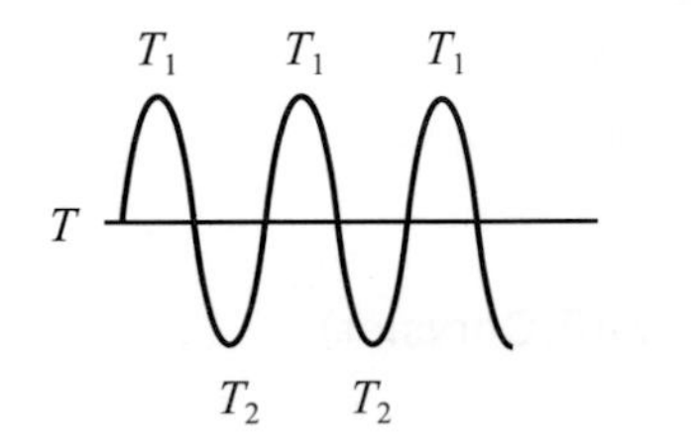


(a) 順、逆渦流訊號

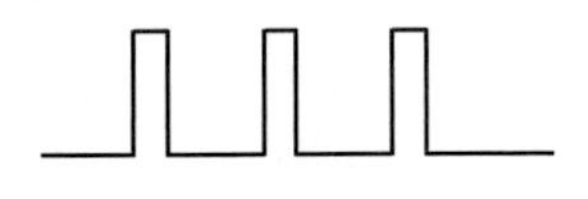

(b) 由轉換模組所產生的輸出脈波

圖 10-57 訊號的轉換

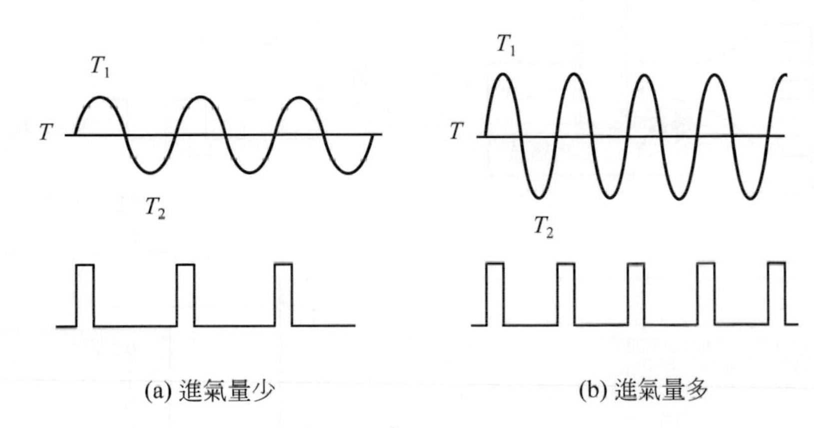


(a) 進氣量少

(b) 進氣量多

圖 10-58 脈波頻率與進氣量正比關係

圖 10-59 為另外一種利用卡門渦流現象所製成的「壓力差式」(pressure-type) MAF感知器。渦流產生柱同樣位在進氣通道中，渦流的產生與空氣流速(空氣容積)成正比。在渦流產生柱的下游端有一壓力入口，此壓力入口則連接到上方的壓力感知器。渦流的產生導致壓力的變化，當流過 MAF 的空氣增加時，壓力的變動亦增大。由壓力變化所造成的電壓改變量被轉換成數位脈波訊號。然後，此數位脈波電壓訊號再被傳送到引擎 ECM，如圖 10-60 所示。

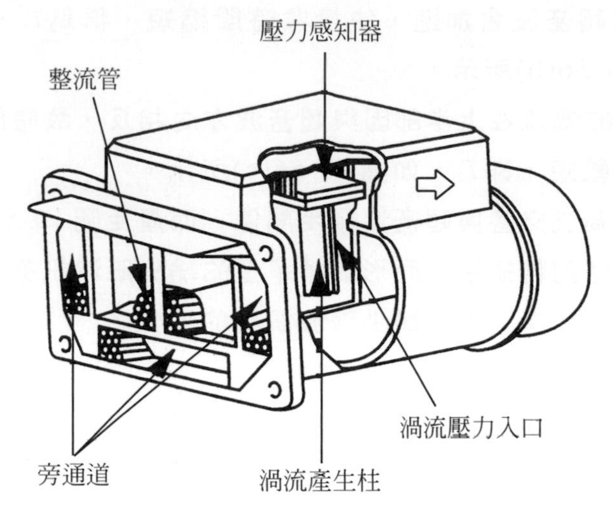


圖 10-59　壓力差卡門渦流式 MAF(Chrysler)

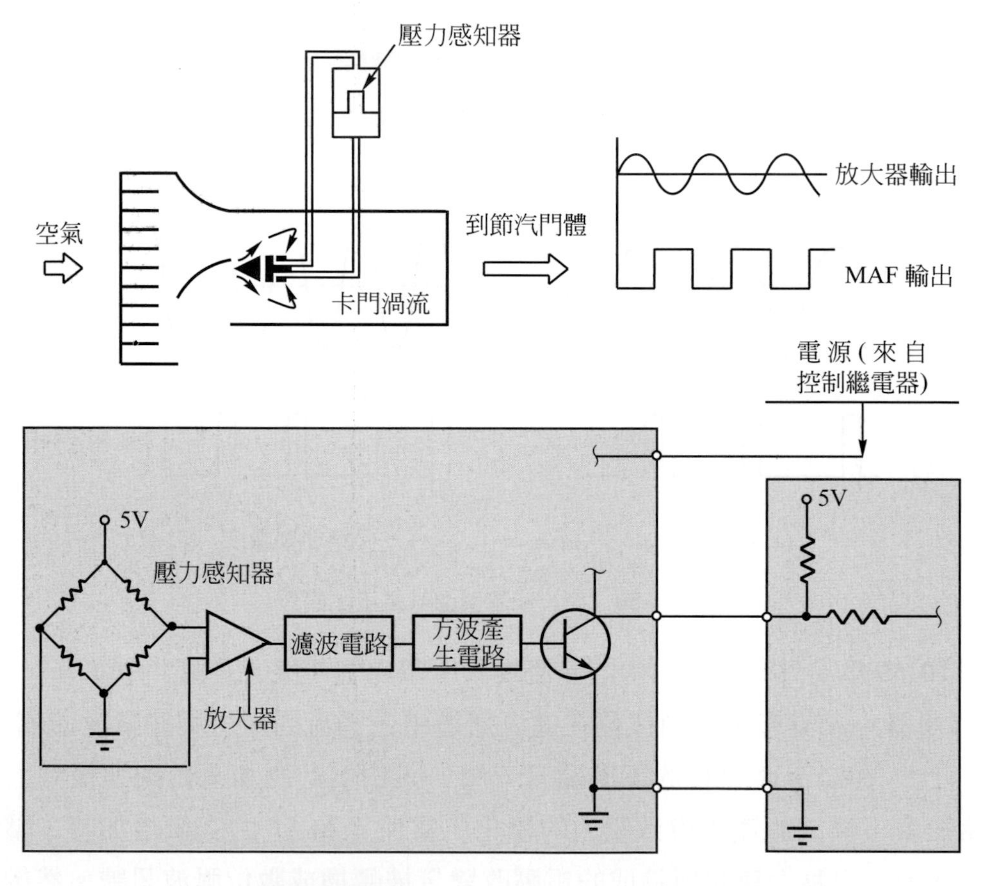


圖 10-60　壓力差卡門渦流式 MAF 作用圖(Chrysler)

# 10-4 壓力感知器

科技進程一日千里，除了使用傳統材料，近年來亦將半導體製程技術引入壓力感知器的製造，種類繁多，舉凡厚膜(thick-film)式、矽半導體(silicon semiconductor)式、壓電(piezoelectric)式和金屬膜片(metal diaphragm)式等。也許，就在您讀完這幾行文字的同時，另一項新材料技術所研製出來的壓力感知器又誕生了。

壓力的量測主要藉由膜片的變形或作用力量來直接取得。汽車上需要進行壓力感測的地方很多，例如：

1. 進氣歧管壓力(1～5bar)(註)，
2. 電子式空氣輔助煞車系統中的煞車壓力(10bar)，
3. 空氣懸吊系統中的氣壓(16bar)，
4. 胎壓(絕對壓力 5bar)，
5. ABS、動力輔助轉向系統中的貯油室油壓(約 200bar)，
6. 空調系統中的冷媒壓力(35bar)，
7. 自動變速箱內的調節器壓力(35bar)，
8. OBD 系統中所採用的油箱壓力(真空)(0.5bar)，
9. 燃燒室壓力(100bar)供爆震檢測用，
10. 渦輪增壓器壓力(輕增壓型多在 1bar 以下)，
11. 電子柴油噴射系統之柴油泵壓力(1000bar)。

## 10-4-1 壓容式

**壓容(pressure capacitor)式又稱作「可變電容器」(variable capacitor)壓力感知器**，常使用在歧管絕對壓力(MAP)的感測。

如圖 10-61 所示，可變電容器屬於一種對壓力產生反應的電容器，稱為「壓敏電容器」(pressure sensitive capacitor)。由兩片彼此平行的陶瓷材料(氧化鋁)薄膜片構成電極板，一正一負，中間抽成真空。當兩極板間的壓力發生變化(正壓或負壓)時，兩片撓性極板間的距離也會跟著改變。通常是令其中一片為固定片，而另外一片則隨壓力(或真空)變化產生吸動。因為極板距離出現變化，使電容器的電容量也發生改變。

註：1bar ＝ 1.02kg/cm²

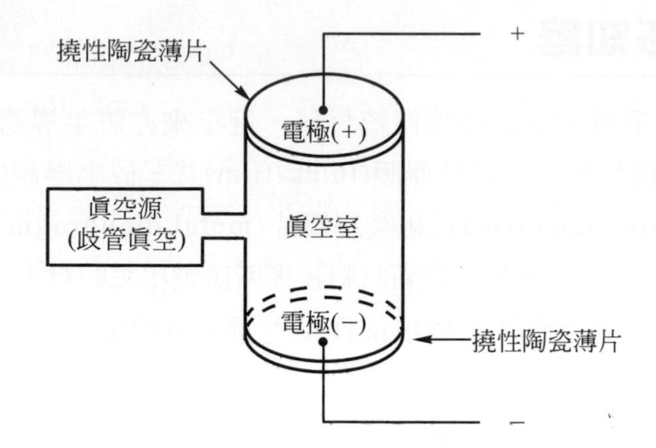


圖 10-61 可變電容器

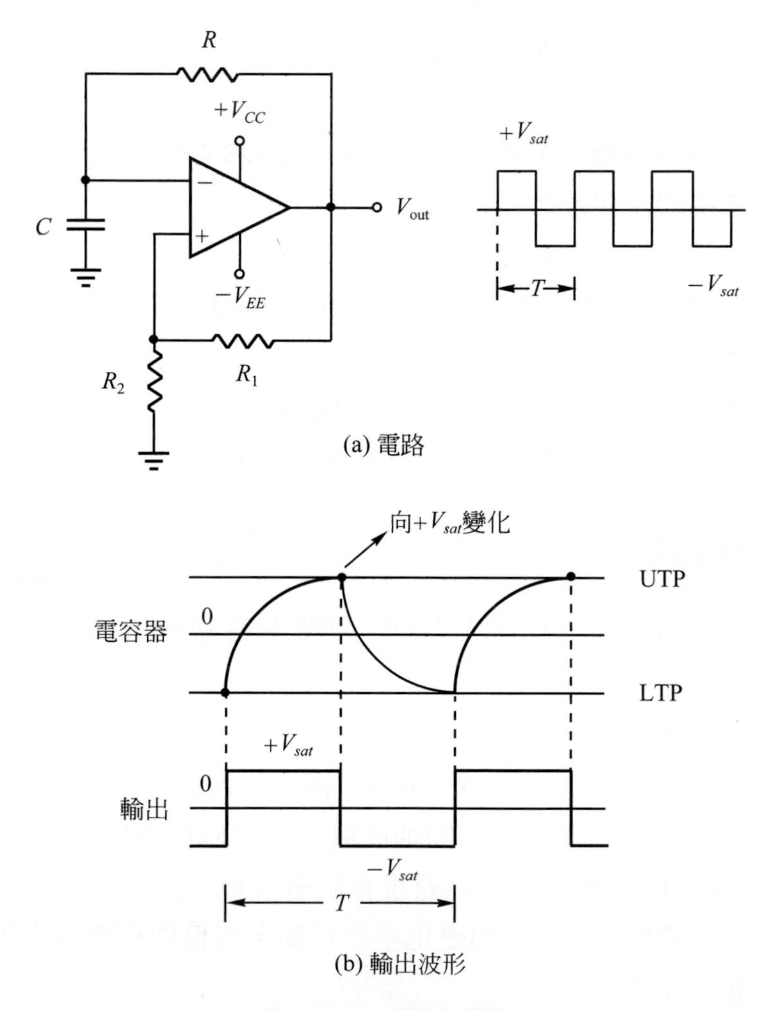


(a) 電路

(b) 輸出波形

圖 10-62 弛緩振盪器

由公式 $f=\frac{1}{2\pi RC}$ 得知，電容量的大小可決定電路充放電的時間，並直接控制頻率。圖 10-62 的OPA電路稱為「弛緩振盪器」(relaxation oscillator)，此電路能夠依據電容器的充放電而輸出頻率訊號(方波)。以 MAP 感知器為例，將頻率產生器電路放在感知器內，MAP 便可依感應到的電容變化訊號而轉換成方波頻率訊號，並輸出至電子控制模組(ECM)。頻率變化與感知器電容量的變化成比例。

如圖 10-63 所示為採用壓容式的FORD MAP感知器。MAP感知器將進氣岐管壓力轉換成變頻式數位電壓訊號，如圖 10-64 所示。事實上，MAP 感知器乃是感測大氣壓力與岐管真空之間的壓差。當引擎在怠速時，岐管真空大(約 18inHg)，此時，MAP的輸出訊號約 95Hz。因為岐管真空與大氣壓力的壓差大，所以岐管絕對壓力值為低狀態；當引擎發動後，且節汽門位在全開位置(Wide-open throttle，WOT)時，岐管真空約為 2inHg，此時MAP輸出訊號約 160Hz。由於岐管真空較接近大氣壓力，所以被視做高的MAP值。

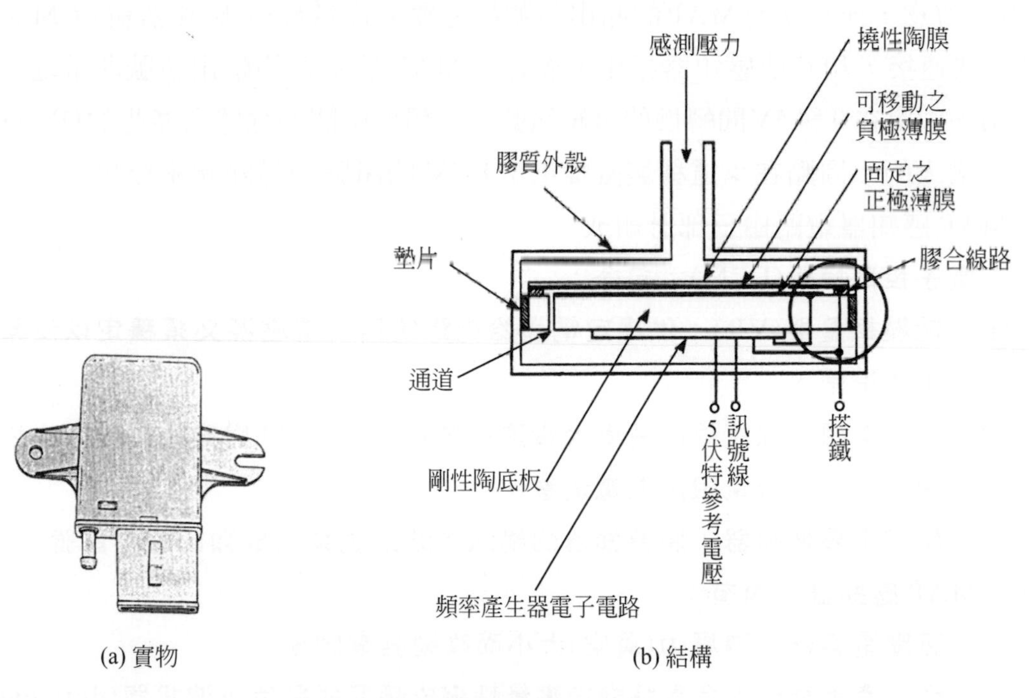


(a) 實物　(b) 結構

圖 10-63　壓容式 MAP 感知器(FORD)

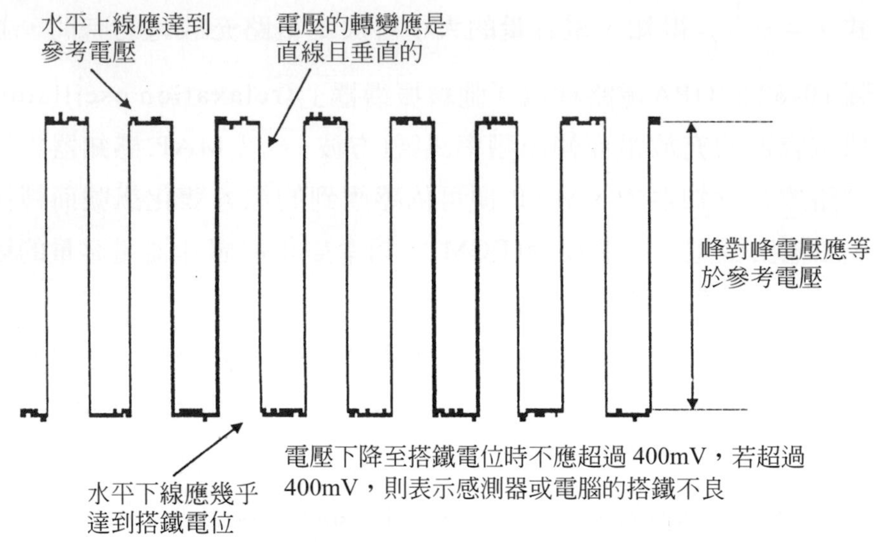


圖 10-64 頻率式輸出訊號(取自：FLUKE)

圖 10-65 的 MAP 感知器電路爲一特別的電路，因爲它所送出的訊號爲頻率訊號(請留意，並非所有MAP的輸出訊號都是數位式訊號)。感知器與ECM之間採3線式連接，和其他感知器相比，變容式 MAP 感知器的輸出訊號非常地快，它送出一固定在0與5V間轉換的電壓訊號，很類似由開關線路所產生的ON-OFF訊號。最大的不同點在：這種裝置提供給 ECM 的訊號乃是隨頻率變化。

MAP 感知器電路由三部分組成：

1. 電子控制模組(ECM)；包含：
   (1) 電壓調整器(VR)：供應定電壓給電路使用，電壓源必須穩定以使系統工作正常。
   (2) 限流電阻：保護線路免受大電流之燒毀。當 ECM 與感知器間發生搭鐵短路時，限流電阻限制電流量。
   (3) 頻率電壓轉換器：將感知器的輸入方波訊號轉變成類比電壓訊號。
2. MAP 感知器；內有：
   (1) 可變電容器：隨壓力(真空)大小而改變其電容量。
   (2) 頻率產生電路：負責將電容變量轉變成頻率式數位方波訊號(duty cycle 爲固定者)。

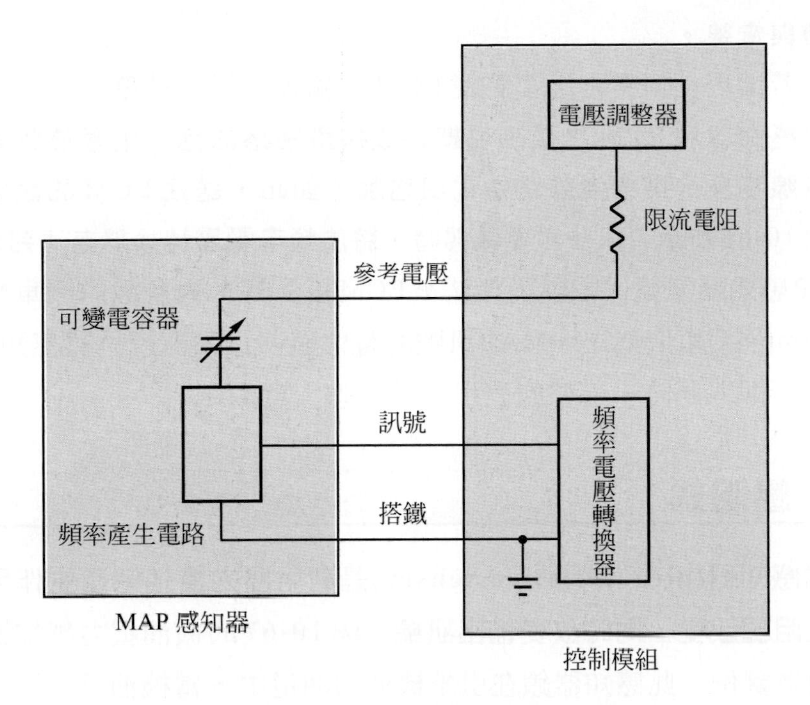


圖 10-65　MAP 感知器電路（取自：ASE）

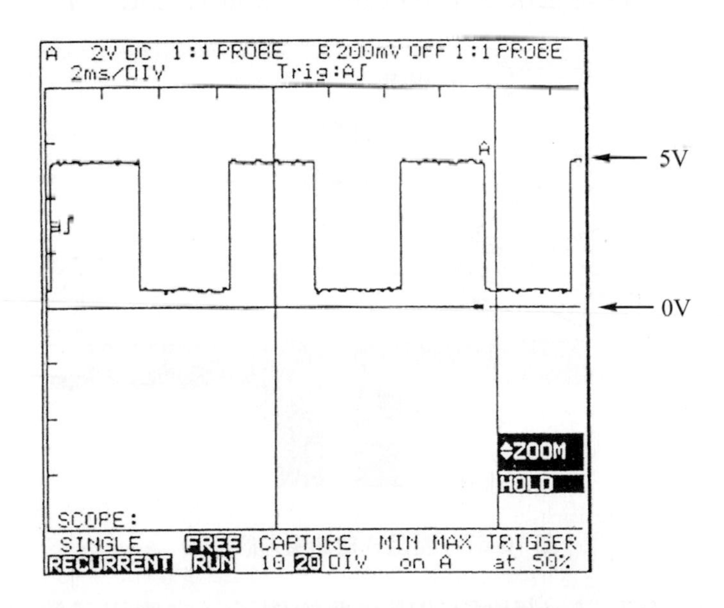


圖 10-66　搭鐵不良使下線無法呈現 0V

3. **接頭與電線。**

電路中若出現任何異常，都將使ECM的輸入變得不準確：

1. **如果感知器和ECM之間出現斷路或搭鐵短路的話，電壓值將呈現0V。**
2. **若接線不良，則會使線路中電阻增加，如此，送往ECM的訊號將變弱，如圖10-66所示。訊號嚴重減弱時，將使頻率電壓轉換器無法判別與動作。**

當MAP感知器訊號因故障而無法被ECM接受時，大多數的汽車製造廠都以備用訊號(limp-in)值取代之。MAP訊號的替代值多以節汽門位置感知器(TPS)的輸入訊號爲原則。此時，引擎的表現將是差強人意的！

## 10-4-2 壓阻式

**壓阻式感知器(piezoresistive sensor)是利用壓力變化時產生作用力，使感知器內的電阻值改變，同時改變輸出訊號。**圖10-67的機油壓力感知器爲電阻式感知器的簡單實例。此感知器鎖在引擎機油的油道中，當機油壓力作用在膜片上時，膜片彎曲使接觸片沿著可變電阻滑動。電阻在滑動接觸片上的位置決定了輸出電路的電阻大小，同時也決定了從機油錶到搭鐵間的電流量。

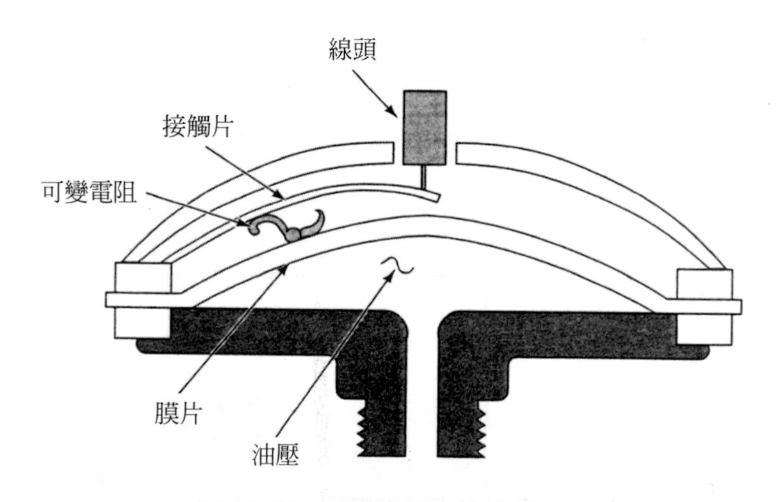


圖10-67　壓阻式機油壓力感知器

接著我們再來看看另一個壓阻式感知器的例子，它應用了簡單的電橋電路來控制輸出電壓。如圖10-68所示，將4片電阻以半導體加工技術植入(implant)在矽質基板上，當壓力作用於矽基板上時，由於矽基板爲一撓性膜片，故會隨壓力變化而產生彎曲變形，進而造成兩邊側電阻$R_1$拉長(電阻變大)，且中央電阻$R_2$壓縮(電阻變小)，使原本藉由$R_1$、$R_2$電阻形成的平衡電橋電路，因電阻值改變而產生電橋不平衡，於是，在電橋的$a$、$b$兩點間因有電位差而輸出電壓訊號。

此種型式壓力感知器體積很小，可應用於MAP感知器、胎壓監控系統，甚至於只要矽晶片未直接曝露在600℃以上的高溫，壓阻式壓力感知器也可以使用在監控燃燒室壓力上。這可藉由精密的微機械技術(micromechanical techniques)將機械性引動裝置連於壓阻感知器來完成。

由於壓力變化所產生的變形量都很小，因此感知器輸出訊號微弱，這必須藉由放大器電路以及校正電路，才能使整個感測動作具有價值。目前的感知器都將先前所提的電阻、矽基板以及放大、校正電路製成一起，成為複合電路，如此對訊號的調校、補償都有更完美的表現。也許在不久的未來，連基準值和修正值都能夠以數位型式貯存在晶片PROM中哩！

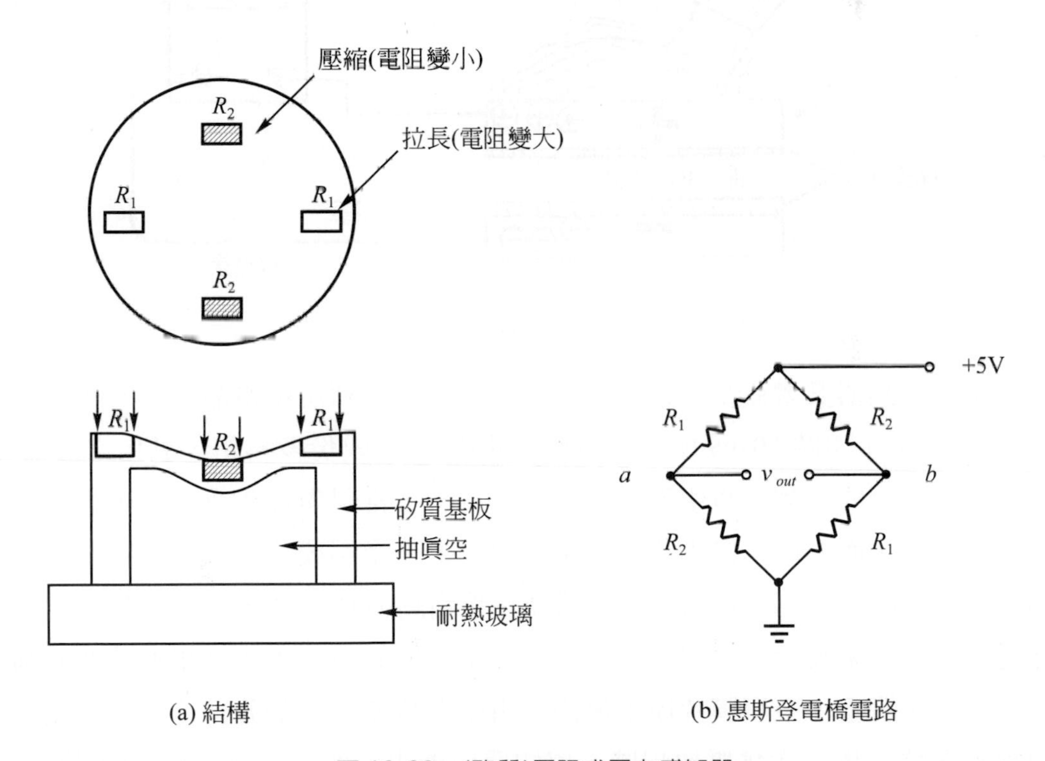


圖 10-68 (矽質)壓阻式壓力感知器

## 10-4-3 壓電效應式

如前所述，在汽車電子控制系統中需要獲得許多不同壓力源的訊號，例如氣壓、油壓以及因震動而產生的壓力。壓電式感知器(piezoelectric sensor)便是因應此種需要而出現的電子元件。“piezo”這個字首源自希臘文，表示“壓力”的意思。

在汽車的電子式儀錶和引擎電子控制系統(EECS)中常用到此型壓電式元件。雖然兩者都採用了壓電式感知器，然而EECS所使用的爆震感知器(knock sensor)卻和儀錶系統中所用的壓電式壓力感知器不太一樣，我們將在後文中爲各位介紹。

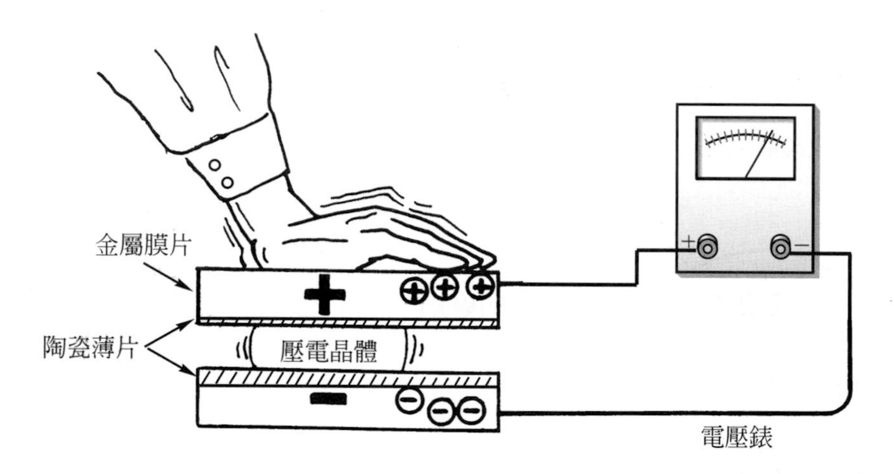


圖 10-69　利用壓電晶體產生電壓的原理

壓電式感知器其實就是一個“電壓產生器”，它利用壓電晶體(piezoelectric crystal)的現象。如圖 10-69 所示，將陶瓷薄片(材料成份多爲鉛、氧化鋯及鈦等)與金屬膜片結合成一體，以引擎爆震感知器爲例，當引擎發生爆震時，震波經由引擎金屬傳出，而形成一壓力作用在金屬膜片上，金屬膜片便壓擠位在陶瓷薄片內的壓電晶體(常以石英製成)。壓電晶體在受到壓力負荷後，表面產生電荷，並將此電荷經由金屬膜片傳送出去。陶瓷薄片所產生的電壓大小乃根據震波的強弱而定。爆震愈嚴重，金屬膜片所引發的作用壓力也愈大；陶瓷薄片也因此產生較大的電壓訊號。每一次爆震出現時，感知器便產生一電壓脈衝(spike)訊號。

圖 10-70 爲爆震感知器電路，包含三個部份：

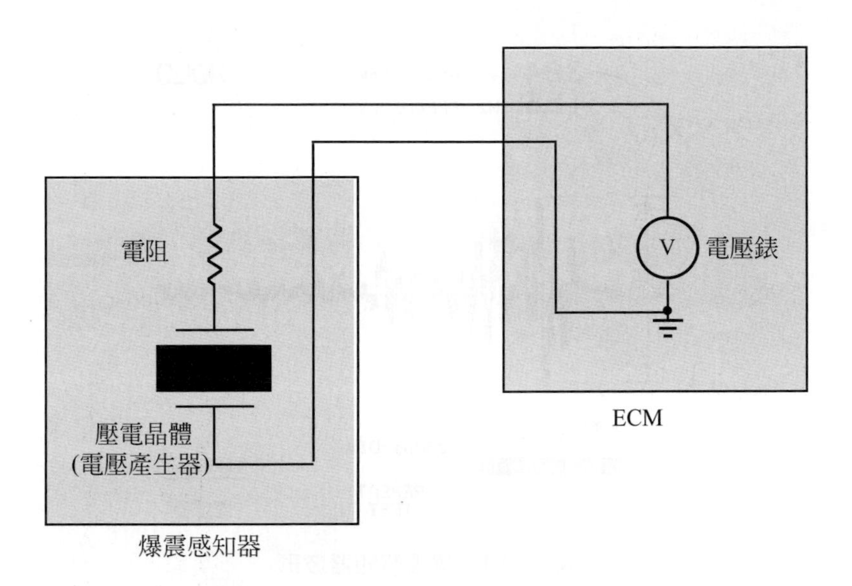


圖 10-70　爆震感知器電路(取自：ASE)

1. 電子控制模組(ECM)：

　　主要爲一判讀感知器所送來電壓訊號的電壓錶。當感知器偵測出引擎有爆震，便將此震動轉換成電壓訊號，電壓波形屬於上下對稱的交流波，正負電壓範圍從 0～2 伏特，有時甚至會更高，如圖 10-71 所示。

2. 爆震感知器；內含：

   (1) 保護電阻：它與電壓產生器串聯。主要在保護感知器，免於因感知器和 ECM 間出現搭鐵短路而燒毀。

   (2) 電壓產生器：每當爆震發生發生時，便產生一次突波電壓訊號。

3. 接頭與電線。

在線路中若出現任何異常狀況都將使 ECM 的輸入訊號不準確：

1. 若訊號線出現斷路或搭鐵短路，則 ECM 的輸入訊號將變成 0V。
2. 若感知器與 ECM 間的接線不良，則會導致線路電阻過大。因此，由感知器所產生的電壓會被消耗在線路中，於是 ECM 接收到的電壓訊號會比感知器所送出的小。這種輸出訊號的衰減，將可能造成一些小訊號電壓無法被 ECM 所判讀。

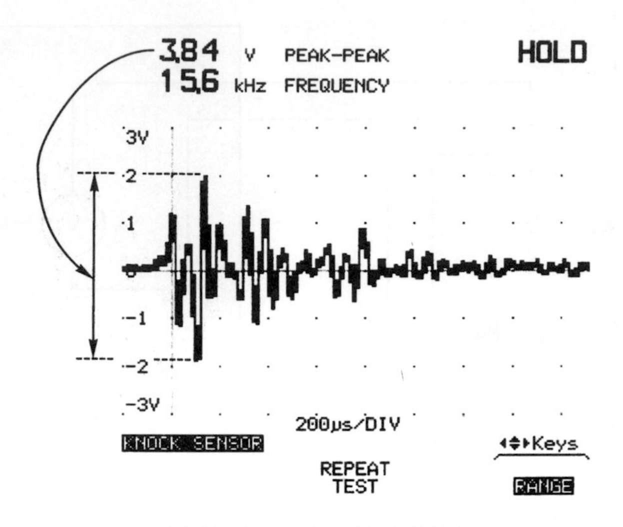


圖 10-71　爆震感知器波形

雖然利用壓電效應所製成的爆震感知器為目前汽車上所最普遍使用的壓電式感知器，但是還有一種感知器也是應用壓電原來偵測壓力變化，但其作用卻不太相同。這類感知器理藉由量取壓力值而可使用在ECCS或電子儀錶等系統裡。

此型感知器的作用類似一可變電阻，如圖10-72所示，當壓電晶體上的作用壓力改變時，感知器的電阻值也跟著改變：

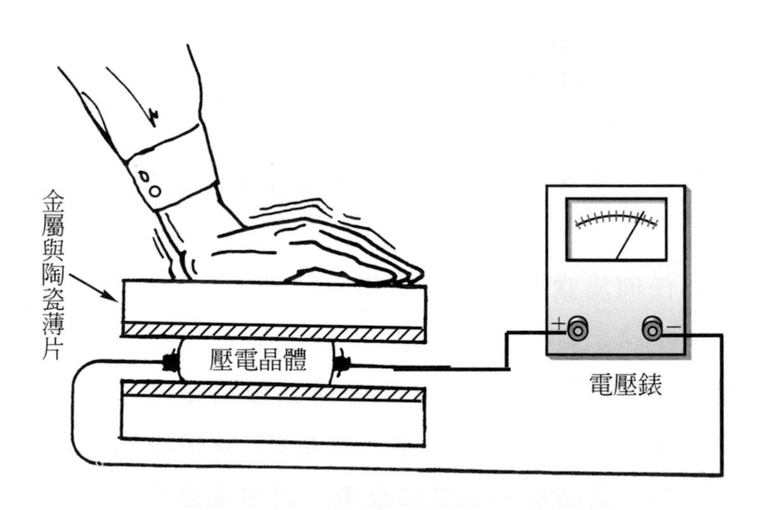


圖 10-72　利用壓電晶體產生電阻變化

1. 壓力增加時，電阻亦增大，
2. 壓力降低時，電阻亦變小。

藉由將限流電阻與壓電感知器串聯，便可形成一簡單的分壓器電路，如圖 10-73 所示。感知器電路包含三個部份：

1. 電子控制模組(ECM)；包括：
   (1) 電壓調整器(VR)。
   (2) 限流電阻($R_1$)。
   (3) 訊號處理器(電壓錶)：負責量取$M$點的電壓值。此電壓大小乃根據感知器所擷取的壓力(電壓變化)而定。
2. 壓電感知器。
3. 接頭和電線。

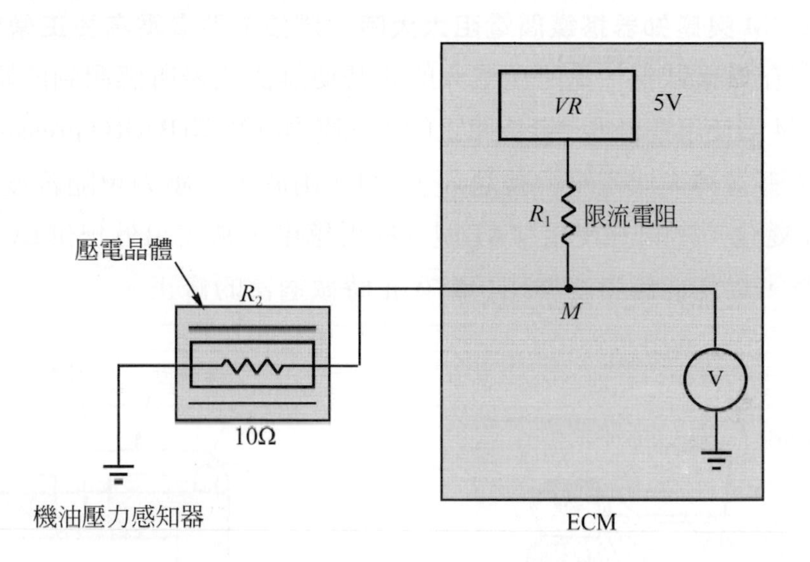


圖 10-73　壓電式壓力感知器(機油壓力感知器)電路

當壓電晶體的電阻改變時，ECM 內的電壓錶藉取得$M$點的電壓大小，來判斷出感知器上的壓力大小。與溫度感知器電路的作用原理一樣(參見第 6-3-2 節)，分壓器電路在$M$點的壓力公式為：

$$V_M = \frac{R_2}{R_t} \times V_R$$

其中，$R_2$為壓電晶體電阻，$R_t$為$R_1$和$R_2$的總合，$V_R$為電壓調整器所提供的穩壓5V。由上述公式可以得知：

1. 當壓電晶體電阻增加時，$V_M$值亦增加，
2. 當壓電晶體電阻減少時，$V_M$值亦降低。

ECM 利用$M$點的電壓值($V_M$)做為輸入訊號，以決定系統該做何種調整。此電路能產生一類比電壓訊號，範圍從 0 到 5V。

任何不正常狀況，如斷路或短路，都會使線路無法依感知器的壓力變化來產生精確的電壓值：

1. 若線路的電阻超過規定值時，將影響$M$點處的壓力值，導致ECM輸入失準。
2. 若ECM與感知器搭鐵之間出現斷路，將使$M$點電壓讀數變成5V。
3. 若在ECM和感知器間出現搭鐵短路，將造成$M$點電壓值變成0V。
4. 當ECM與感知器搭鐵間電阻太大時，將使$M$點電壓高於正常值。

只要線路存在異常狀況，電路所輸入的訊號便無法代表所感測到的壓力狀態。

圖 10-74 為使用在日本三菱汽車上的大氣壓力感知器(BARO pressure sensor)，負責把大氣壓力轉換成電壓訊號送入 ECM。由於大氣壓力會隨緯度、大氣狀況(如濕度)而變化，所以在使用MAF型式的引擎中，常需另外提供ECM關於大氣壓力的訊號，以便能夠對空燃比和點火正時做適當的修正。

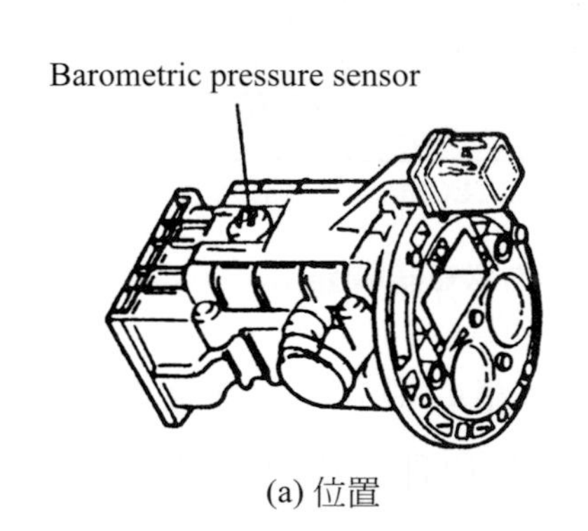


(a) 位置

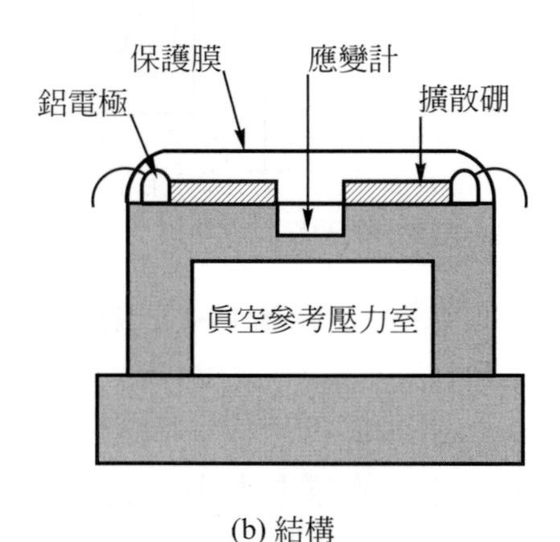


(b) 結構

圖 10-74　大氣壓力(BARO)感知器 (取自：三菱汽車修護手冊)

如圖 10-74(b)所示，BARO感知器為一種半導體擴散型壓力感知器，利用高濃度不純物(硼)擴散在半導體膜片表面，而形成一個「應變計」(strain gauge)。當壓力作用在膜片表面產生應變時，在壓電效應下，應變計的電阻發生變化，再藉由電橋電路的設計，使輸出電壓訊號能準確地代表實際的大氣壓力值，如圖 10-75 所示。

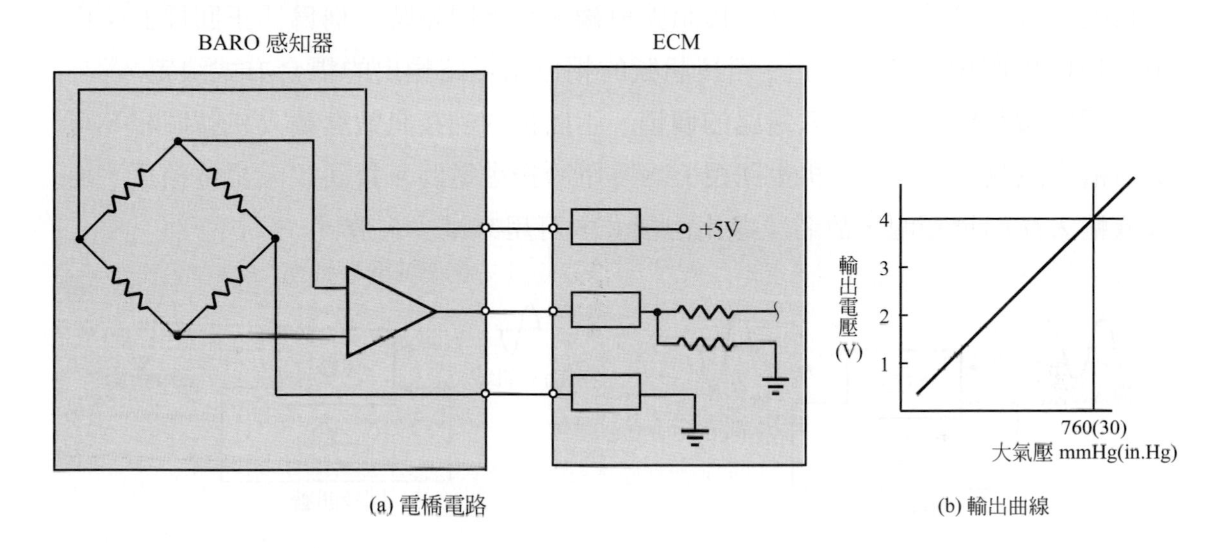


圖 10-75　BARO 感知器的電路與輸出曲線（取自：三菱汽車修護手冊）

## 10-5 含氧感知器

本章末了我們再來探討汽車上一個極重要的感知器–含氧感知器(Oxygen sensor；$O_2$ sensor，有些書上亦簡寫成$O_2$S或O2S)。然而，在進入正式的討論之前，必須先有一點的熱身，看看幾個與$O_2$感知器相關的名詞：

1. **回授**(feedback)，
2. **開迴路與閉迴路，以及，**
3. OBD。

這些相關內容都與$O_2$感知器關係密切，想要透徹瞭解$O_2$感知器，它們可說是必備的基本概念。

## 10-5-1 回授、迴路與OBD

### 回授

**所謂「回授」(feedback)，以電子電路而言，即是將部份輸入訊號耦合(coupling)到輸入端，便稱此動作為回授，有些書上也稱作「回饋」**。耦合回去的訊號叫做「回授訊號」。當回授訊號與輸入訊號同相時，稱爲「正回授」；而相差180°則叫做「負回授」。回授訊號的相位由電路輸出的耦合方式決定。

**回授電路具有調整輸入電路的價值**。正回授的回授訊號與輸入訊號同相，可加強輸入訊號，故又名「再生回授」，多用於振盪電路。負回授因相位相反，而減低輸入端的總振幅，故名「退化回授」，可用來減少失真。

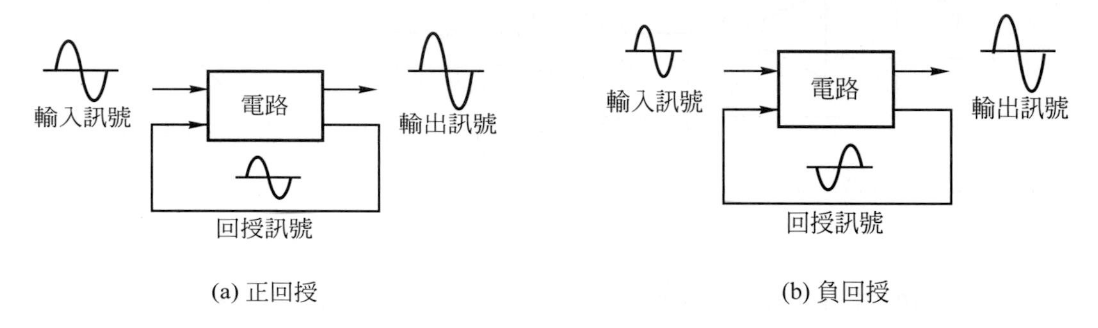


圖 10-76　回授訊號

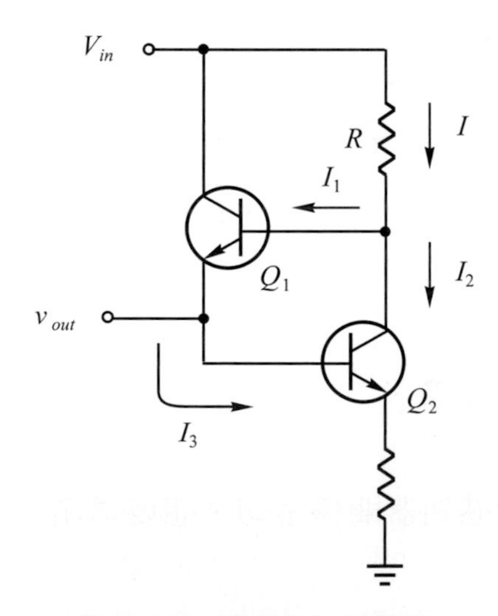


圖 10-77　簡單的回授電路

圖 10-77 利用兩個功率電晶體$Q_1$和$Q_2$形成一簡單的回授電路。一開始電流$I$完全送進晶體$Q_1$的基極使$Q_1$導通，$Q_1$導通後，送電流$I_3$到$Q_2$基極，使$Q_2$亦導通，於是，電流$I$必須分出一部份給晶體$Q_2$，即電流$I_2$，因此在$Q_1$上的導通電流$I_1$便減少，並使電流$I_3$亦隨之減少($I_E \fallingdotseq I_C = \beta I_B$)。由於$Q_2$基極導通電流$I_3$減少，使$I_2$也同時減少而$I_1$又增加。此一回授訊號使$I_1$和$I_2$之間不停地做調整，並使輸出電壓$V_{out}$保持在一額定值。

汽車上大部份所使用的感知器，雖可輸出訊號到ECM來控制諸如空燃比、點火正時，但在感知器上卻沒有輸入的修正(回授)訊號。目前車上少數採用回授控制的有：

1. A/C系統：

電腦將控制訊號送到自動恆溫控制系統中的控溫門(blend door)使其開啓，而控溫門作動器再把控溫門的開度回授訊號傳回給電腦，告訴電腦該做如何的指令修正。回授訊號可確認控溫門的位置和作動器作用情形。

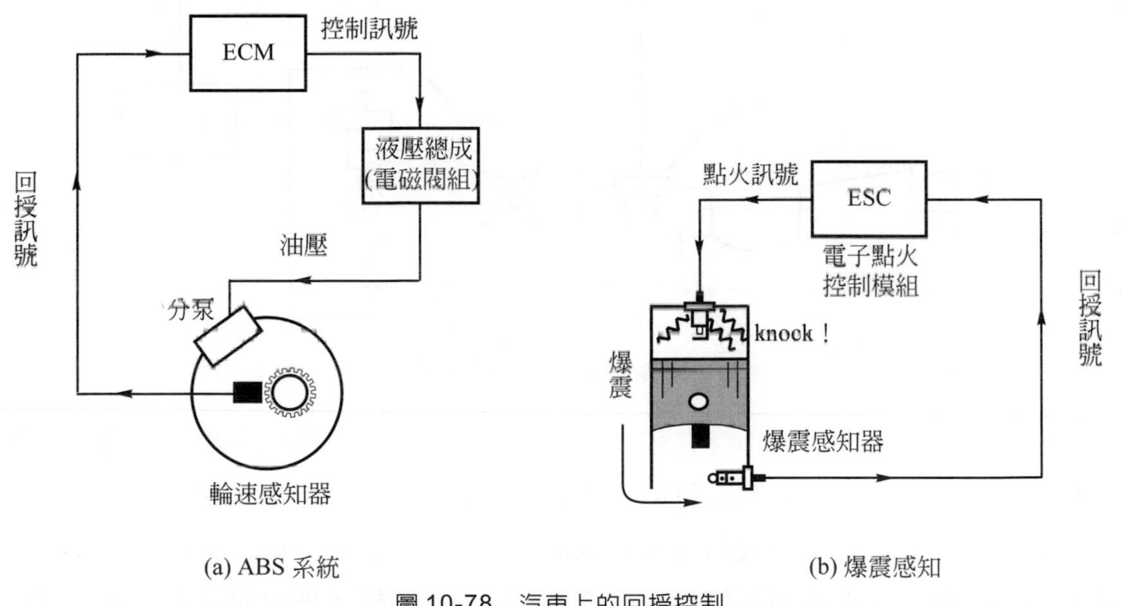


(a) ABS 系統　　(b) 爆震感知

圖 10-78　汽車上的回授控制

2. ABS系統：

藉由輪速感知器所傳回車子即將鎖死的訊號，ECM 控制液壓總成中的電磁閥做快速釋壓、蓄壓動作，直到輪速感知器回授訊號告知車輪不再鎖死爲止，如圖10-78(a)所示。

3. 引擎爆震感知器：

當引擎即將要出現爆震時，爆震感知器(knock sensor)便因震動壓力而產生電壓回授訊號，此訊號供給「電子點火控制模組」(ESC)或引擎電腦(ECM)，於是 ESC 便延遲點火角度來消弭爆震的產生。等到汽缸內壓力正常，爆震感知器又將修正的回授訊號傳回 ESC 來調回原來的點火角度，如此形成的控制迴路旨在不使爆震產生。

4. 含氧感知器迴路：

如圖 10-79 所示，當混合比稀時，排汽中的$O_2$較多，使$O_2$感知器輸出電壓低，ECM 便因此調整噴油量讓混合比維持在 14.7：1 的狀況下。當混合比較先前爲濃時，排汽中$O_2$變少，使$O_2$感知器傳送制 ECM 的電壓升高，ECM 依此變化持續進行噴油量的調整。

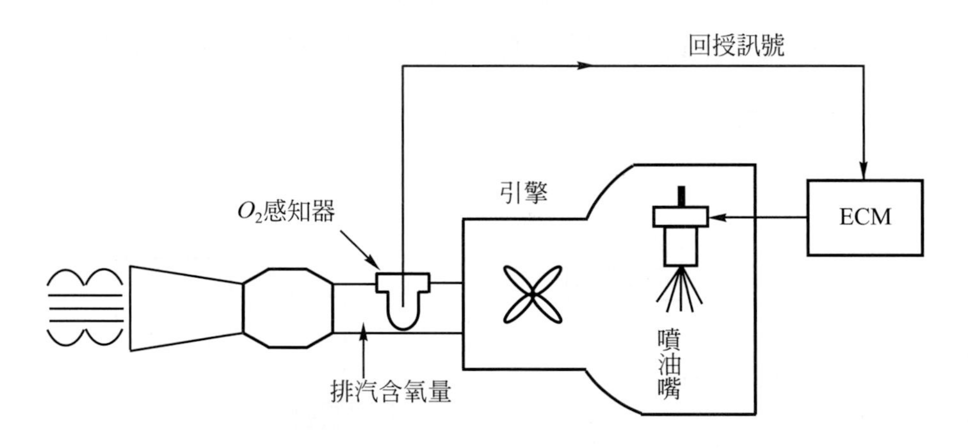


圖 10-79　含氧感知器回授控制

除此之外，在電腦內部存在較多回授的型式。當某一開關、繼電器或作動裝置作用時，會提供回授訊號給電腦，做爲監控其電壓用。舉例來說，當某一作動器狀態出現變化，此一改變將造成電腦的電壓感測電路(voltage sensing circuit)出現預期之變化，假如電腦無法接受到正確的回授訊號，便會設定出一診斷故障碼(DTC)。(註)。

註：日本三菱 Lancer 在拔掉噴油嘴接頭時，測量 ECM 端電壓皆爲 12V。此乃 ECM 內部做爲檢測噴油嘴的參考電壓，非不正常現象。
又如一些車上，拆下含氧感知器接頭，測量 ECM 端，亦可能會出現 5V 之內部檢測用參考電壓，並不表示感知器或 ECM 壞掉。

儘管目前汽車電腦控制電路尚未全面採用回授電路，但隨著車輛設計愈趨人工智慧化(cybernetic)，短時間內，回授電路將愈來愈多，以 BOSCH 爲例，在其 56 端子以上的電腦插座，幾乎都使用回授檢知電路來監控各感知器的作用了。

## 開迴路與閉迴路

**所謂迴路(loop)是指各元件或系統之間彼此形成封閉的循環關係，適用於電路、管路等**。由於$O_2$感知器所提供的回授設計，使$O_2$感知器電路得以成爲車輛上少見的迴路型感知器電路。

**當迴路中的回授訊號可以正常地工作，並依此使整個迴路完成，稱此迴路為「閉迴路」(close loop)；反之，當回授迴路切斷、不作用時，稱此迴路為「開迴路」(open loop)**，如圖 10-80 所示。

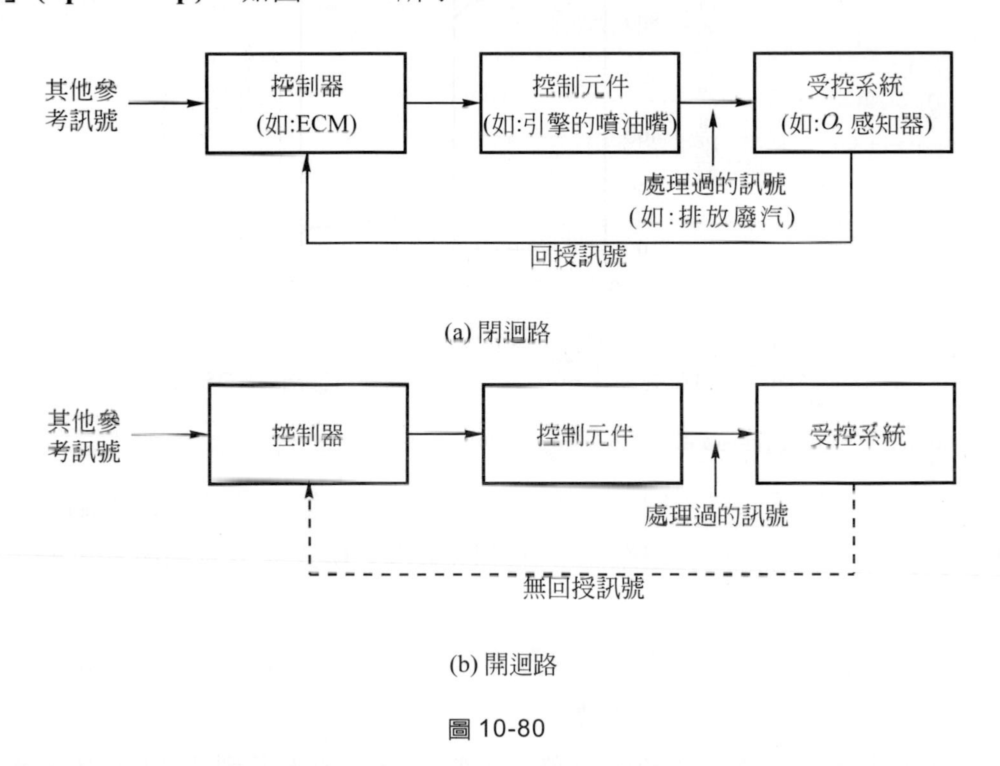


(a) 閉迴路

(b) 開迴路

圖 10-80

含氧感知器之所以要採用迴路控制方式，其主要目的便是使燃燒室內的空氣燃料重量比(A/F 比)維持在 14.7：1 的比例。因爲 1kg 的汽油若要完全燃燒，需要 14.7kg 的空氣，如此將使排放廢氣中的有毒氣體 CO、HC 量最低。這個理想的空燃比，通常以「空氣過剩率」“$\lambda$”值表示：

$$\lambda=\frac{\text{實際上的進氣量}}{\text{理論上的空氣需要量}}=1$$

若$\lambda>1$，表示進氣量多過於所需要的量，混合比稀；若$\lambda<1$，則表示進氣量少，混合比濃。雖然較濃的混合比($\lambda=0.9$)能產生較大的輸出扭力和平穩的動力，但卻會使CO和HC量增多。混合比若濃過於$\lambda=0.5$時，引擎將無法運轉；而混合比最稀的極限也在$\lambda=1.3\sim1.5$間。(註)。今日的汽車藉由含氧感知器迴路控制，再搭配能減低$NO_x$的三元觸媒轉換器，使得排放廢汽中的有毒物質減至最少。

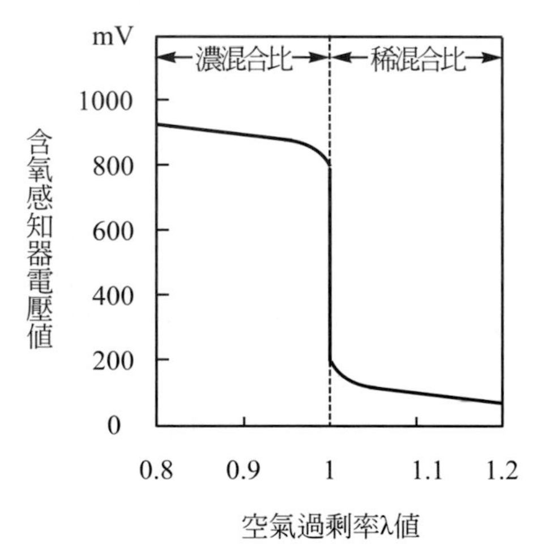


圖 10-81　$O_2$感知器在600℃時的電壓曲線 (取自：BOSCH)

在電腦控制燃料系統中，當引擎水溫低時，由於 $O_2$感知器太冷而無法送出電壓訊號，使含氧感知器控制迴路處於「開迴路」狀態。此時，由電腦內的程式提供適當的輸出訊號來控制空燃比。在「開迴路」模式下，電腦所提供的混合比通常會較濃。

在引擎接近正常工作溫度時，電腦進入「閉迴路」模式，此時，電腦接受$O_2$感知器訊號做爲控制空燃比的依據。

在許多電腦控制燃料系統的引擎上，當引擎冷卻水溫到達 80℃時，水溫感知器(ECT)便會送訊號到ECM，使$O_2$感知器進入「閉迴路」，開始傳送回授訊號

註：新近對於稀薄燃燒(lean-burn)的概念已漸被各大汽車廠接受。藉由增加進氣擾流(induced turbulence)、控制渦流(controlled vortices)和可變汽門正時(variable timing of valves)等技術的實際化，稀薄混合比的極限已推進至$\lambda=1.6$，並且提供比$\lambda=1$更佳的油耗表現。

到ECM。所以，ECT訊號便扮演非常重要的角色，因爲它決定了開迴路與閉迴路的狀態。舉例來說，當您發現車子一直以開迴路模式工作、混合比持續較濃且耗油時，就須檢查與$O_2$感知器控制迴路相關的元件，如：節溫器、ECT 等。當然，在此之前，$O_2$感知器上的電源、電阻應先確認在規範值內。

有一些系統若引擎以怠速運轉過久，控制器(ECM)會使含氧感知器控制迴路回到「開迴路」狀態，這是因爲$O_2$感知器溫度下降的緣故。另外還有許多控制系統，當節汽門位置接近全開時，迴路會轉變成「開迴路」以提供引擎較濃的混合比。

爲了使引擎在怠速時，電腦能夠保持在「閉迴路」控制狀態，目前車輛大多採用電熱方式來使$O_2$感知器能熱得較快，如圖 10-82 所示。點火開關轉至 RUN 位置時，電瓶電壓經由繼電器送到$O_2$感知器的加熱端子。加熱型含氧感知器(Heated Oxygen Sensor，HO2S)內的加熱芯材爲一正溫度係數(PTC)熱敏電阻，其作用有如一電流調整器，當HO2S感知器熱時，PTC電阻增加，使加熱電流減少。

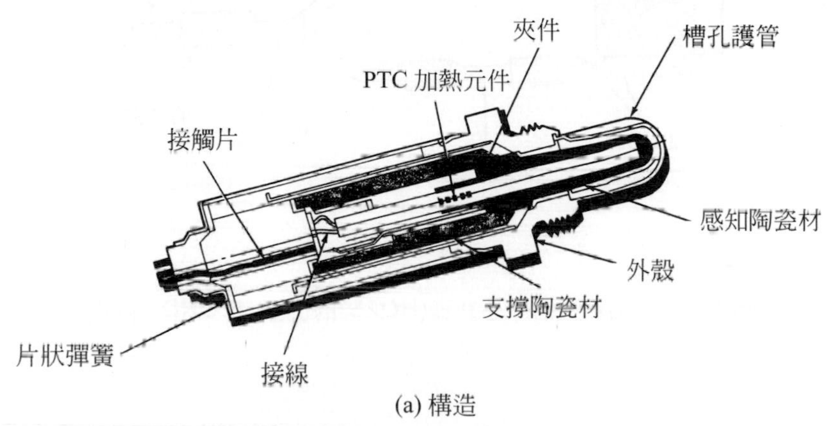


(a) 構造

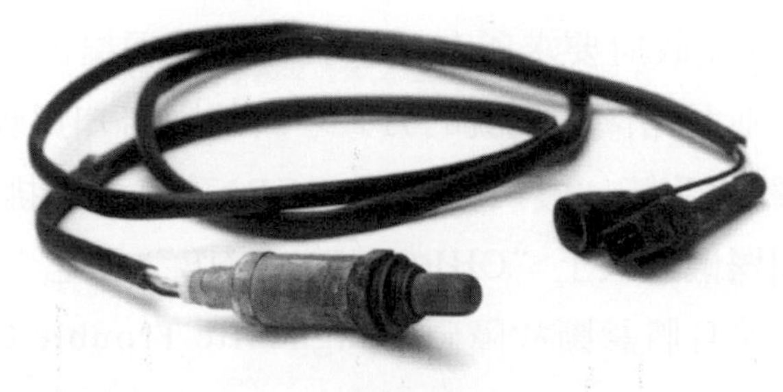

(b) 實物圖

圖 10-82　加熱型含氧感知器

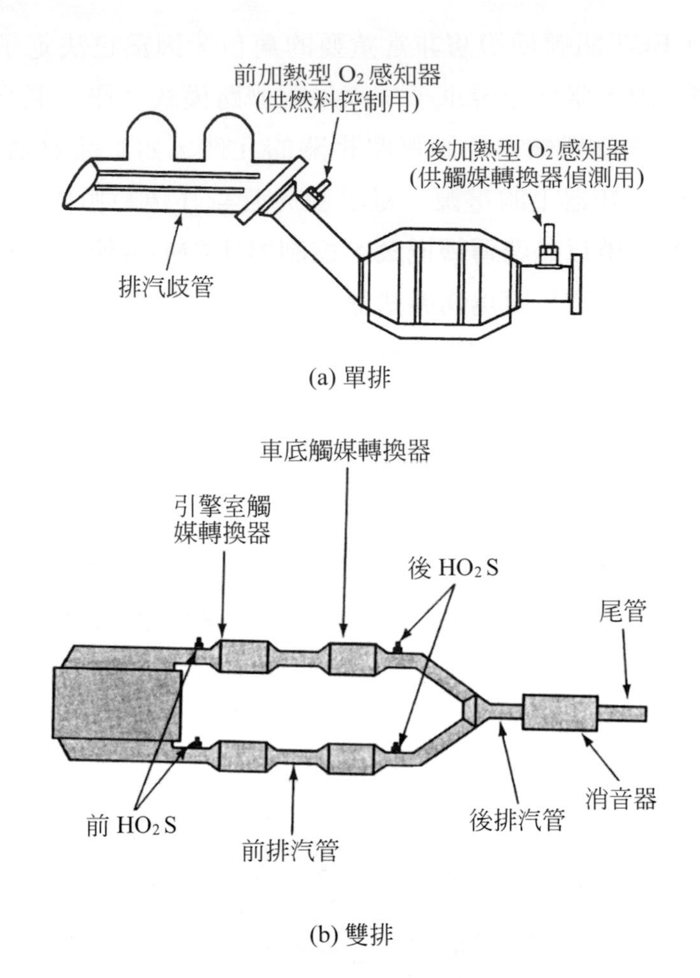


圖 10-83 加熱型含氧感知器(HO2S)的位置 (FORD、GM)

## 關於 OBD

OBD的原文為OnBoard Diagnostic(車上診斷)。要談OBD的演進，就得遠溯自 1988 年，美國加州政府要求所有汽車製造廠必須提供具有辨識電腦控制系統發生故障的能力，並且藉閃爍燈號的方式，將故障告知駕駛人。所監控的電腦控制系統包括了：燃料系統、廢汽再循環(EGR)系統和與排放廢汽相關的元件等。警告燈號則以閃爍儀錶板上“CHECK ENGINE”或是“SERVICE ENGINE SOON”燈為原則，並且將診斷故障碼(Diagnostic Trouble Code，DTC)貯存在電腦的記憶體內。

加州空氣資源局(CARB)發現，在電腦或排放廢汽系統的元件出現故障，以及「故障指示燈」(Malfunction Indicator Light，MIL)亮起之前，行駛中車輛的排放廢汽早已經不符合規範值了。於是，CARB又將需求提升至：能監控廢汽系統的性能以及能夠指示出故障的元件。1990 年，上述標準被美國環境保護署(EPA)接受，同年，聯邦政府要求汽車製造廠自 1996 年起，所有車款都須符合OBDⅡ標準。OBDⅡ的內容除了涵蓋先前所提過的所有規範之外，新的規定還要求車輛毋須藉各車廠所研發的特殊儀器即可取得監測結果。EPA 放寬各製造廠在 1999 年以前達到 OBDⅡ標準即可。

這項立法讓駕駛人在排放廢汽系統、元件異常時能藉 MIL 亮起而立刻被告知。儘管律法規定自 1996 年起車輛才必須符合 OBDⅡ標準，但是已有許多製造廠在 1994 年的一些車款上即安裝了 OBDⅡ系統，例如 1994 年 FORD 的 Mustangs、Chrysler 的 Neon 等。

雖然 OBDⅡ規範中陳明了該系統的功用，但仍允許汽車製造廠以他們自己的方法來完成相同的結果。

OBDⅠ與 OBDⅡ之間在外部硬體上的差異並不大，但 OBDⅡ採用了更精密的偵測電路。基本上，OBDⅡ採用與 OBDⅠ相同型式的元件，加裝了像是不同構造的「後加熱型含氧感知器」(post-catalyst $HO_2S$；downstream $HO_2S$)以及在某些車上所安裝的「蒸發廢汽」(EVAP)偵漏泵。除此之外，一些製造廠也研發安裝更快速的動力控制模組(PCM)(註)，並擁有貯存能力和驅動器。

OBDⅡ最主要的改變是電子控制模組(ECM 或 PCM)使用了不同的軟體，ECM 能夠做更多的工作。對一位技術人員來說，有較多的資訊貯存在 PCM 內供故障排除用，診斷問題將變得更容易。

另一項不同點爲 MIL，在 OBDⅠ的車上，故障警告燈只有在與排放廢汽相關的故障時才會點亮。但是 OBDⅡ則允許非排汽相關的故障，如定速控制，亦可點亮 MIL。除此之外，在 OBDⅠ車上，當故障一消失，MIL 便熄滅；然而 OBDⅡ的 MIL 卻必須在通過連續三次的監控後，確定沒有毛病，燈才會熄滅。

註：雖然各大製造廠對其引擎電腦各有稱呼，例如：ECM、ECU、PGM、VCM、SMEC 等，但在 SAE J1930 專業名詞報告書中提出以 PCM(Powertrain Control Module)取代所有原先所採用的引擎電腦名稱。本書爲方便讀者閱讀，多仍延用一般所習慣稱呼的 ECM。

第三個不同點為電腦系統。OBD I 的電腦系統只擁有偵測元件或系統故障的能力，而OBD II 電腦系統則具有監控系統或元件維持低廢汽排量運作的能力。

從以上的描述中，我們不難發現 OBD 對排放廢汽標準的重視，當然這也和本節將要介紹的$O_2$感知器有著密切的關聯。

OBD II 也同時要求各汽車製造商採用標準化的元件與系統，這包括了資料聯結接頭(DLC)、資料線路、診斷測試和診斷故障碼(DTC)，如圖 10-84 所示。另外，在 1991 年，美國汽車工程師協會(SAE)也出版了一份有關汽車電子／電路系統診斷名詞、定義和縮寫的標準，這就是聞名的 J1930 標準。其中對於診斷、維修及訓練、排放廢汽認定都有詳列。

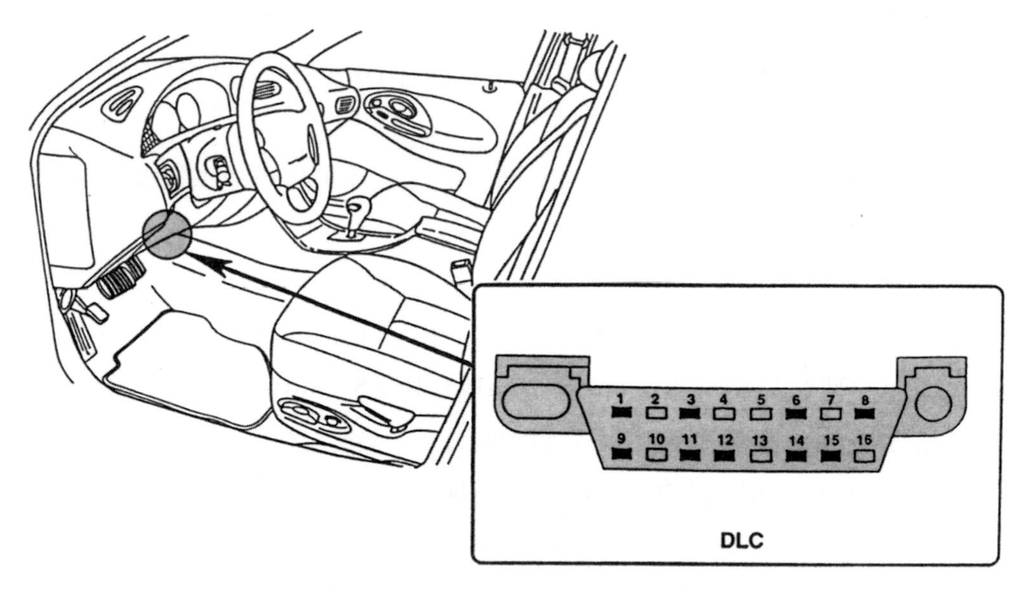


圖 10-84　16 接腳的 DLC 接頭(FORD)

近期，另一項在美國加州引起討論的新計劃–OBDIII已逐具雛形。OBDIII計劃主要在縮短由 OBD II 系統偵測出排放廢汽故障後到車輛進廠維修間的時間延遲。基本上需要靠讀出使用中車輛上所貯存的 OBD II 資料，以及提供車主進行立即維修的指示。

OBDIII觀念的出現，必須藉新的科技才有實現的可能。目前提出的技術包括有：路邊讀送系統(roadside reader)、區域站網路(local station network)和衛星等。CARB 自 1994 年起便已開始實際測試路邊讀送系統，當系統偵測到車上

OBDⅡ有任何貯存的故障時，便將車輛辨識碼(VIN)和故障碼傳送到監理機關(或相關單位)。衛星系統則利用蜂巢式電話網或區域監視技術，車子能經由蜂巢網或監視技術來接收警告訊息。衛星可傳送包括：位置、日期、時間和 VIN、OBDⅡ資料。

爲了能夠與偵測系統達到雙向溝通，車上也須安裝一些新的設備，目前試行的是一種稱作「無線自動異頻雷達收發器」(radio transponder)的裝置。

在美國，OBDⅢ仍備受爭議，不僅在科技上，也在法律上、道德上(註)。讀者們若想更深入瞭解，可以在Automotive Service Association(ASA)、Specialty Equipment Market Association(SEMA)等網站上搜尋。

## 10-5-2 二氧化鋯與二氧化鈦型

爲了使車輛排放廢汽能夠符合愈趨嚴格的標準，引擎電腦(ECM)對含氧感知器的依賴便益形加重。含氧感知器按其材質、作用和位置可分成如表 10-4 所示之型式。

表 10-4　含氧感知器的型式

| 分類 | 型式 |
|---|---|
| 1. 按材質分 | 1. 傳統的二氧化鋯($ZrO_2$)型<br>2. 二氧化鈦($TiO_2$)型 |
| 2. 按作用分 | 1. 非加熱型($O_2S$)<br>2. 加熱型($HO_2S$) |
| 3. 按位置分 | 1. 前含氧感知器<br>2. 後含氧感知器 |

傳統的二氧化鋯($ZrO_2$)型含氧感知器內部有一個由陶瓷材料$ZrO_2$所製成的套管，其表面上塗有一層薄薄的白金(Pt，又稱鉑)金屬做爲電極，如圖 10-85 所示。藉由感知器外殼裂縫，新鮮的空氣可以流進套管內部，使其充滿著含氧氣的新鮮

註：主要的爭議如：個人隱私權的保障、違法行爲的反駁(rebut)機會、美國憲法修正案所保障的人權問題和空中頻道的使用權等。不過，迄本書出版時，OBDⅢ在 1996 年所定之草案已近定案，並預計在 2010 年全面實施。

空氣(20％$O_2$)，而套管外側則暴露在缺氧的排放廢汽中(1～2％$O_2$)。因此，在套管的內外表面之間便會形成一化學反應：氧離子從濃的一側流向稀的一側，而產生出電壓，其作用就像電池的兩片材質相異的極板一樣。當內、外部的含氧量不同，且含氧感知器已達工作溫度 315℃(600°F)時，化學反應便開始了！輸出電壓值的高低是根據所獲得的廢汽中氧氣多寡而定：

1. **當廢汽中的$O_2$減少時，輸出電壓會增加，**
2. **當廢汽中的$O_2$增加時，輸出電壓會降低。**

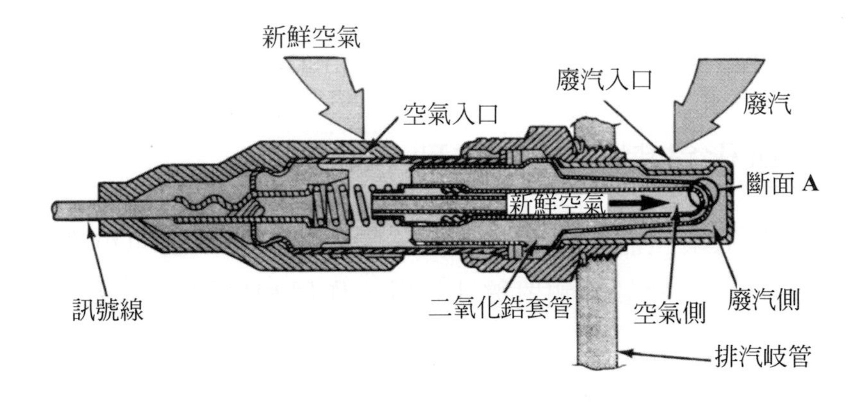


(a) 構造圖

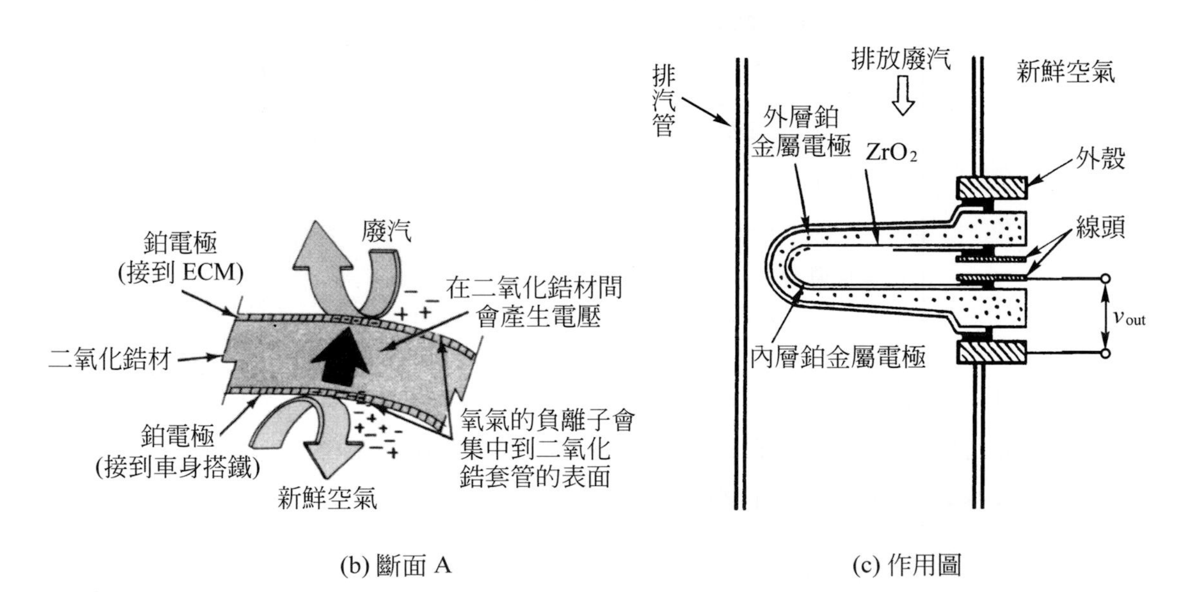


(b) 斷面 A

(c) 作用圖

圖 10-85　$ZrO_2$型含氧感知器

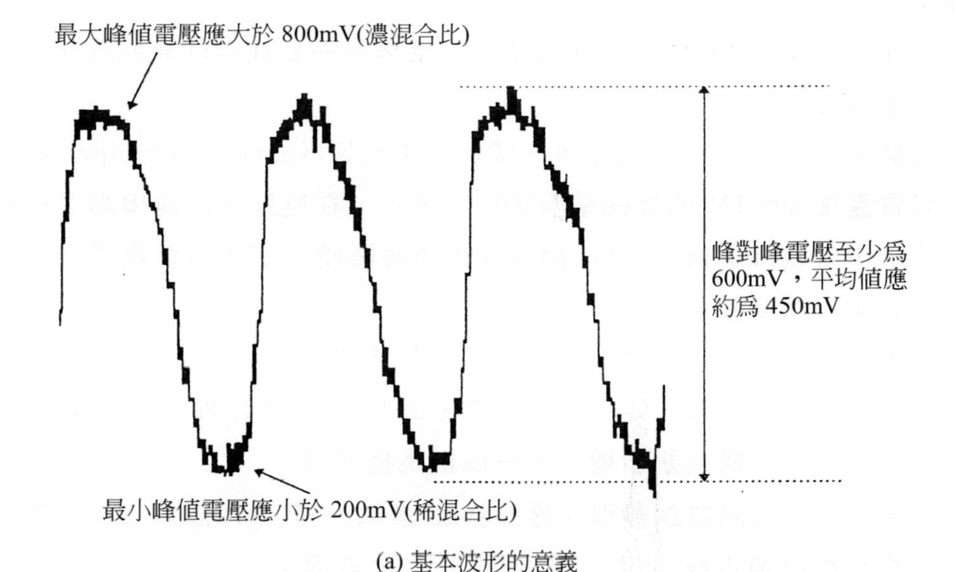


(a) 基本波形的意義



(b) 實測波形

圖 10-86　含氧感知器波形 (資料提供：開富公司)

含氧感知器是一個特殊的感知器，它的安裝位置必須在排汽所通過的地方，以便能將廢汽中的含氧量告訴 ECM。如圖 10-87 所示，**含氧感知器線路包括三**

個部份：

1. 電子控制模組(ECM)：即引擎電腦，主要有一能讀取$O_2$感知器所傳來訊號的電壓錶。
2. 含氧感知器：感知器內部有一個可變電壓源(variable voltage source)，它會產生 0～1V 的類比電壓訊號。另外，在感知器內還串聯了一個限流電阻，當感知器與 ECM 之間發生搭鐵短路時，它可以保護感知器免於受到大電流而燒毀。
3. 接頭與電線：目前$ZrO_2$型接頭有下列幾種型式：
   (1) 單線式：利用單一條電線將訊號傳回 ECM，而以外殼做搭鐵迴路。
   (2) 兩線式：一條爲訊號線，另一條則爲搭鐵線。
   (3) 三線式：使用在加熱型$O_2$感知器上(後敘)，其中兩條同上述，而第三條線爲來自繼電器(或點火開關)的 12V 加熱線。
   (4) 四線式：訊號線與加熱線各自完成搭鐵迴路，因此會有兩條搭鐵線。

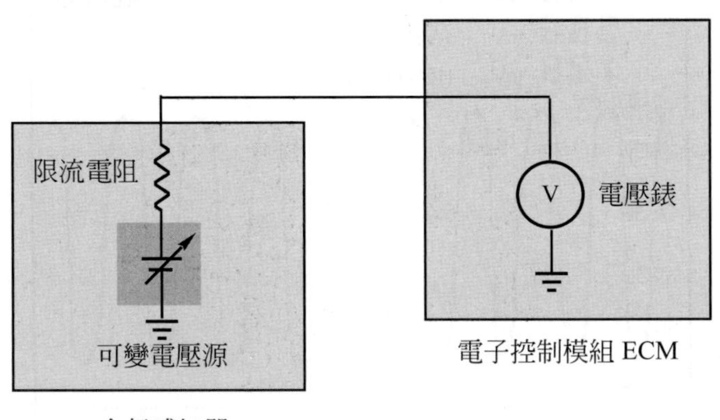


圖 10-87　含氧感知器電路圖

在含氧感知器線路中出現異常時，將會造成ECM的輸入訊號不準確：

1. 如果在ECM與$O_2$感知器間有斷路或搭鐵短路的話，ECM的輸入訊號會變成零。
2. 若接線不良的話，將使線路的電阻增大，這會使得 ECM 所接收到的電壓訊號比$O_2$感知器所發出的爲低。

含氧感知器電路除了對線路電阻非常敏感外，也受車上其他的電子脈衝源干擾，例如：火星塞高壓線、充電系統線路等。因此，感知器到控制模組間的線材必須採用包覆性良好的絕緣材做保護。

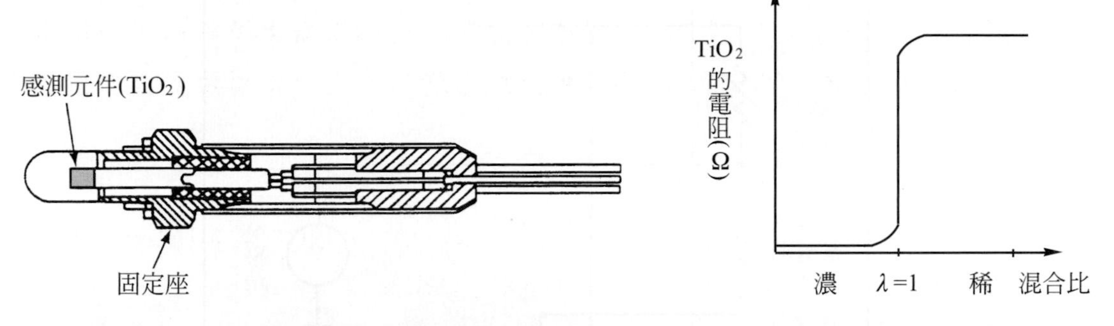


圖 10-88　二氧化鈦($TiO_2$)型含氧感知器　　圖 10-89　二氧化鈦型$O_2$感知器的電阻曲線

近來，在使用德國西門子(SIEMENS)引擎控制系統的車上(如：BMW M3 98′及近期 3、5、7 series)出現以二氧化鈦($TiO_2$)取代$ZrO_2$材的含氧感知器。與傳統$ZrO_2$型不同的是：**$ZrO_2$型含氧感知器偵測含氧量差異而產生電壓輸出；$TiO_2$型卻是依含氧量的變化而改變其內部電阻值，並將此改變傳送到ECM**。

二氧化鈦的電阻隨著混合比的稀或薄而變動：

1. **當混合比爲濃時，$TiO_2$本身會因缺氧而成爲低電阻狀態，於是提供一較高的電壓訊號(接近5V)給ECM。**
2. **當混合比變稀時，$TiO_2$因吸收氧氣而形成高電阻之氧化物，使送入ECM的電壓訊號降低(接近0V)。**

從圖 10-89 可以看出$TiO_2$型含氧感知器提供了非常優異訊號轉換性，在理想混合比($\lambda = 1$)前後的電阻(電壓)變化幾乎是瞬間的(在 250°～850°間)。

藉由加熱器電路，可使冷引擎起動後不久便可進入$TiO_2$含氧感知器的有效控制範圍。構造簡單、小型及製造成本低爲此型$O_2$感知器的優點，但其電阻的變化受排汽溫度影響極大，故需要加裝「溫度補償電路」，其內有加熱器(heater)以確保溫度的安定性。圖 10-90 爲$TiO_2$含氧感知器電路。由於訊號擷取電路設計的不同，早期的$TiO_2$感知器曾出現高電壓代表“稀”，低電壓代表“濃”的輸出波形，如圖 10-91(b)所示。但今天大部分的$TiO_2$感知器波形都與$ZrO_2$型相似，以避免判讀上的誤解，如圖 10-91(a)所示。

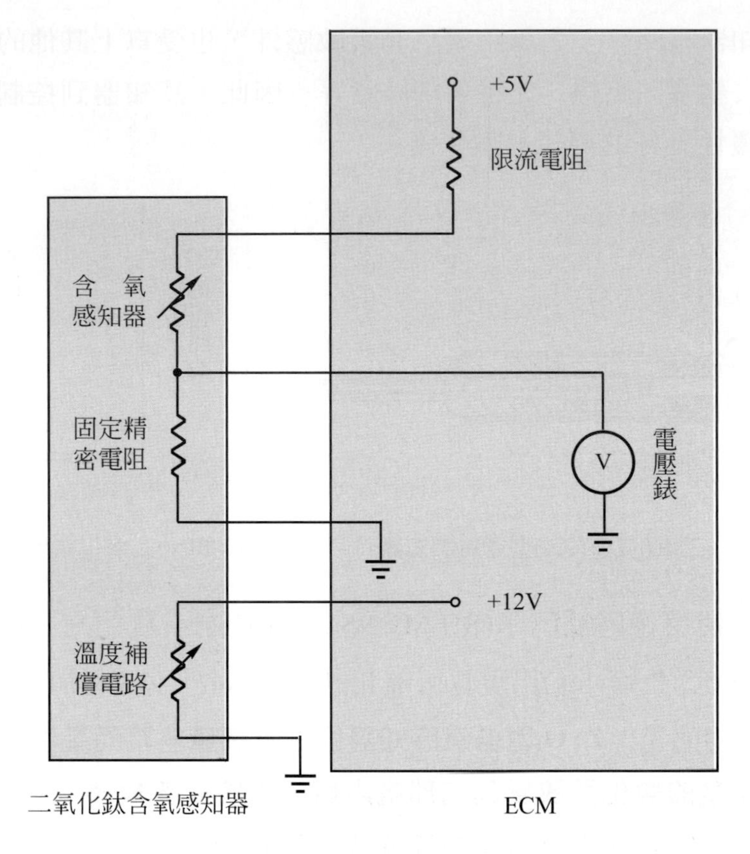


圖 10-90　$TiO_2$型含氧感知器電路

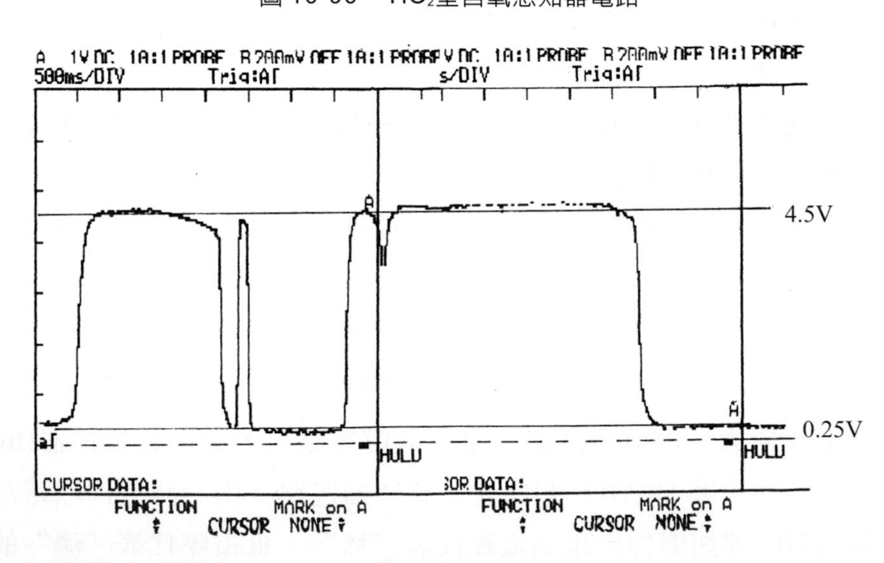


(a) A/C ON,急加速時的實測波形 (BMW 520i M94)

圖 10-91　$TiO_2$型含氧感知器波形

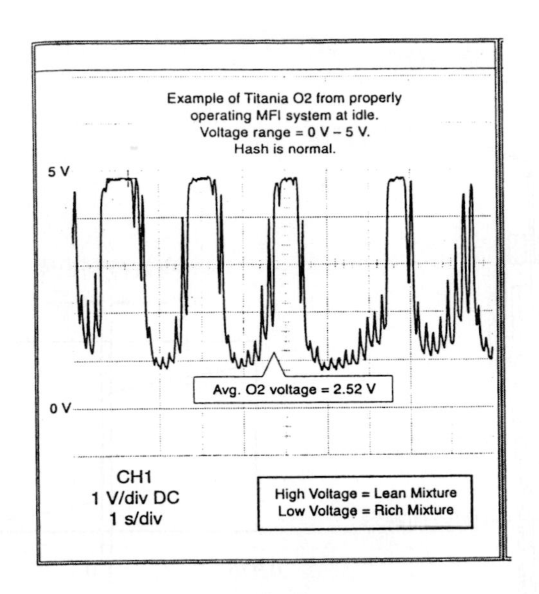


(b) 早期出現的波形
(Jeep Cherokee, 1987)

圖 10-91　$TiO_2$型含氧感知器波形 (續)

## 10-5-3 稀薄空燃比(LAF)感知器

除了前述的兩種含氧感知器($ZrO_2$，$TiO_2$)之外，有一種特殊的$O_2$感知器，稱做「稀薄空燃比」(Lean Air Fuel，LAF)感知器已由日本本田(HONDA)技研公司研發成功，並使用於量產車上(96'-98' Civic HX)。標準型式的$O_2$感知器只可提供ECM空燃比 14.5：1 的訊號，然而，LAF感知器卻能夠輸出空燃比達 23：1 時的電壓訊號。LAF感知器在外觀上極易辨識，它不是傳統的 4 線式，而是一個 5 線式(但接頭爲 7 腳)的感知器。安裝位置則與傳統型式同。

由於 LAF 感知器擁有讓引擎以混合比 12：1 到 23：1 運轉的彈性，所以將提供更爲寬廣有效率的轉速與負荷範圍。傳統的$O_2$感知器受限於狹窄的A/F比範圍(在$\lambda = 1$附近區域)，超過此區域，$O_2$感知器並不做反應，如圖 10-93 所示。

傳統上，當空氣過剩率$\lambda = 1$時，即混合比愈接近 14.7：1 時，燃燒最有效率且觸媒轉換器工作效率亦最高。但實際上，引擎卻無法一直處在$\lambda = 1$狀態下，例如負載加重時。典型的 ECM 設計會進入「開迴路」模式，同時變換成內部程式值混合比。

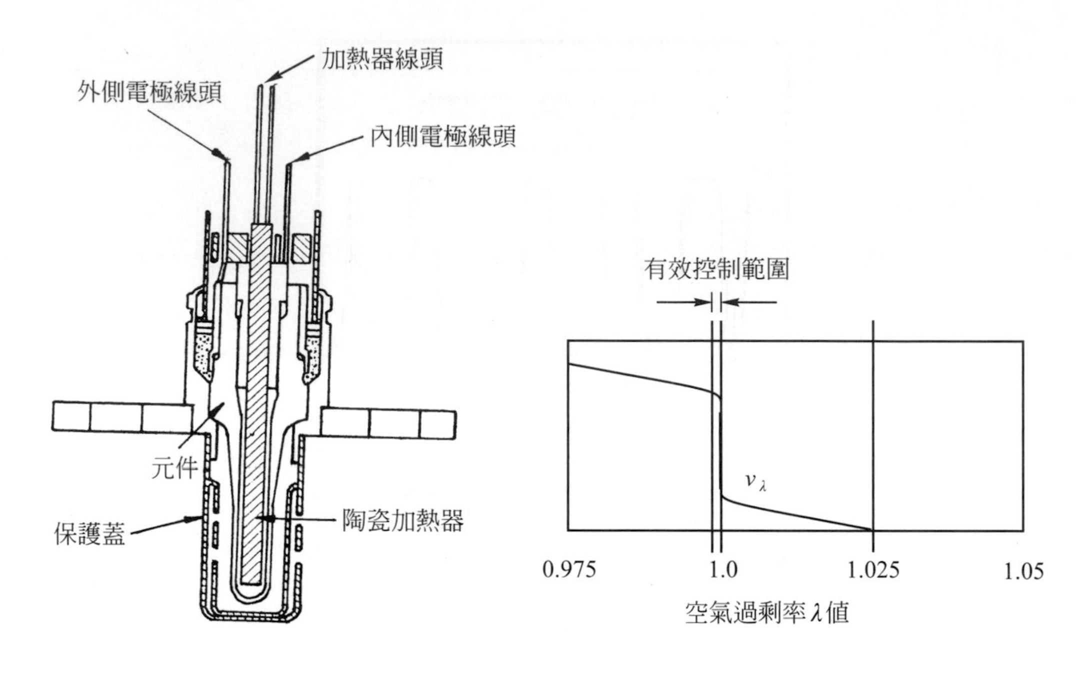


圖 10-92　LAF 感知器　　　　圖 10-93　傳統含氧感知器控制區域

LAF 感知器藉由讓燃料控制系統在大部分行駛狀況下，保持在「閉迴路」模式，而能改善整個效率。因此，它不採用程式化的預設混合比值，ECM 依據排汽中實際測得的含氧量，將混合比做更仔細的微調。

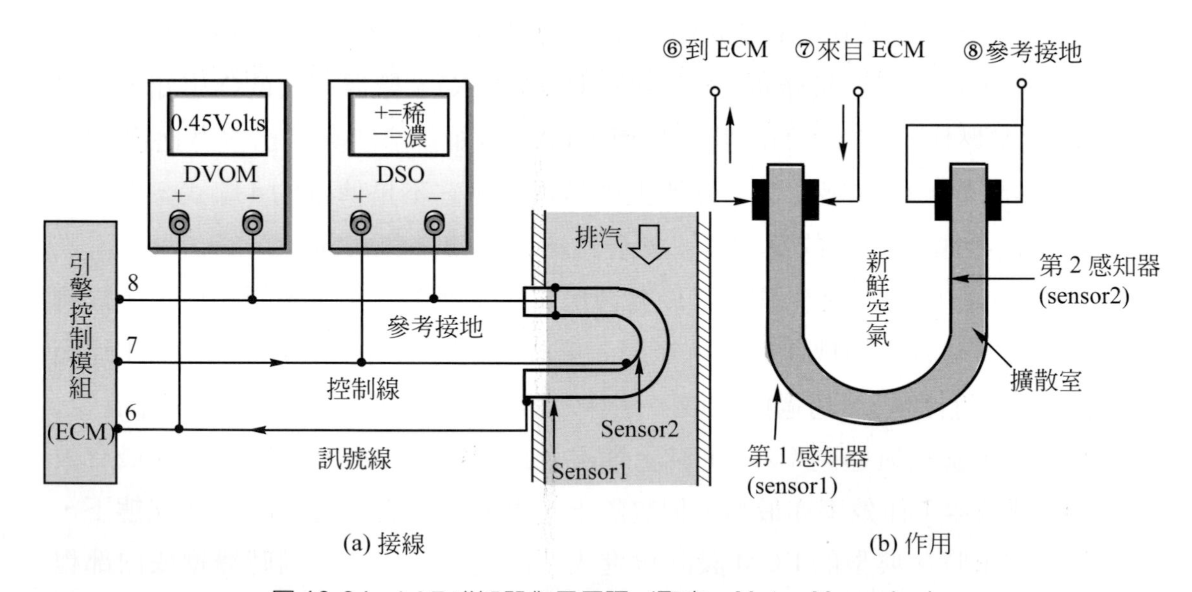


圖 10-94　LAF 感知器作用原理 (取自：Motor Magazine)

圖 10-94 爲LAF感知器的構造與作用圖。感知器細分成兩部分：第1感知器(sensor 1)和第2感知器(sensor 2)。整個LAF感知器的外側(即Sensor 1的外側)暴露在排汽中，而感知器的內部(即Sensor 2的內側)則流過新鮮的空氣。Sensor 1 與 Sensor 2 之間的部份爲密封的擴散室(diffusion chamber)分隔兩感知器。Sensor 1並不做排汽和新鮮空氣含氧量的比較，而是做排汽與擴散室間含氧量的比對。

如圖 10-94(a)所示，有三條主要的接線，訊號線(pin 6)的作用負責將Sensor 1 與擴散室之間含氧差電壓訊號傳送回 ECM。Sensor 1 的作用類似傳統$O_2$感知器；當混合比濃時，驅動電壓會升高；混合比稀時，驅動電壓則會降低。

第二條線爲來自ECM的控制線(pin 7)，連接到Sensor 2的外邊，用來控制擴散室中的含氧量。ECM 藉由這條控制線將電流送經擴散室，而來調整內部的含氧量，使Sensor 1能夠維持0.45V的輸出電壓訊號。換句話說，ECM持續使訊號線和「參考接地線」(pin 8)間保持0.45V的電位差。

第三條線即參考接地線(pin 8)，爲Sensor 1與Sensor 2的共同接地端。事實上，它的功用較像是參考電壓線，而非我們一般所認知的“車身搭鐵線”。

接著，讓我們來看看它的作用：

1. 當混合比變濃時，Sensor 1使訊號線輸出電壓增加，但是PCM卻想儘量使訊號線電壓維持在0.45V。
2. 於是，ECM 調降送往感知器的控制線電壓，甚至於爲負的電壓值，以調整擴散室內的氧氣量到達額定值。亦即，降低ECM輸出電壓將使擴散室含氧量下降，連帶使得Sensor 1的訊號電壓往下降。
3. 相反地，若混合比變稀，則 ECM 送出較高的電壓(或正電壓)，使擴散室內含氧增加，並使Sensor 1電壓下降，直到維持在0.45V爲止。
4. ECM便是根據上述作用原理不斷地修正控制線電壓，使Sensor 1電壓保持在0.45V。
5. ECM監控控制線上的電壓／電流值來換算出排汽管中實際的混合比。

看完以上的描述是否覺得似曾相識，不錯，其原理頗類似「熱線式空氣流量計」中的加熱線，ECM 感測爲使熱線保持定溫的電流／電壓值，再轉換成空氣流量訊號。HONDA採用在Civic VX、HX車型上的LAF爲5線式，但接頭卻爲

7腳，這是因爲接頭內有兩條線隱藏並串聯一4.3kΩ的微調電阻，另外有2條線爲加熱器用，如圖10-95所示。

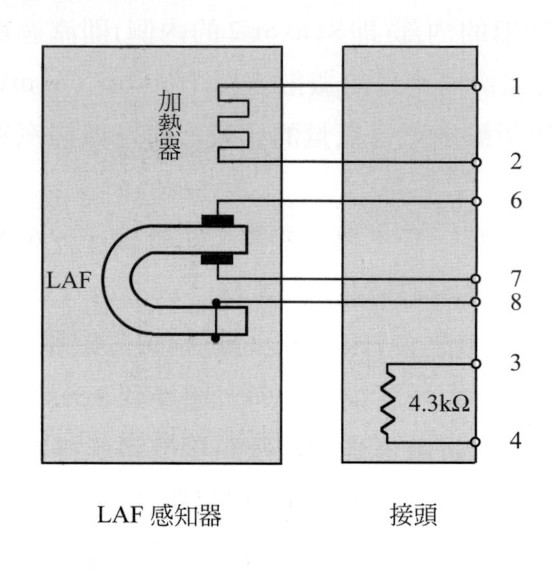


圖 10-95　感知器的接頭

圖10-96(b)爲LAF感知器之測試波形，請注意其電壓值在正、負間的轉變。此波形在測試混合比由濃轉極稀，再瞬間增加負載的電壓反應。作法爲先讓引擎固定在3000rpm下運轉，然後突然放掉油門，再立刻大踩油門到底。正常的LAF電壓值，在極稀與極濃間的電位差必須要在1V以上，時間在100ms以內。

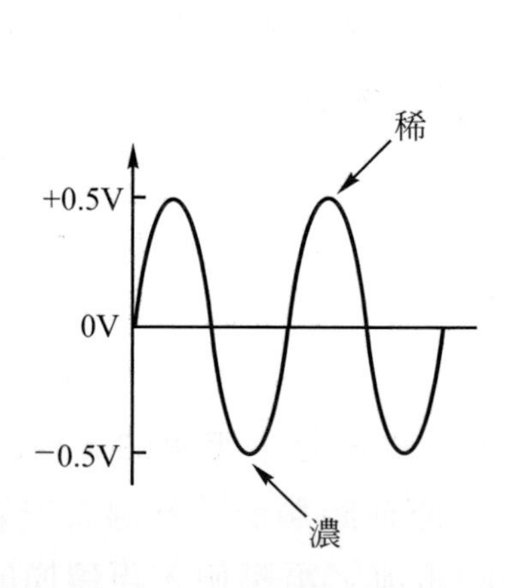


(a) ECM 送出的控制電壓

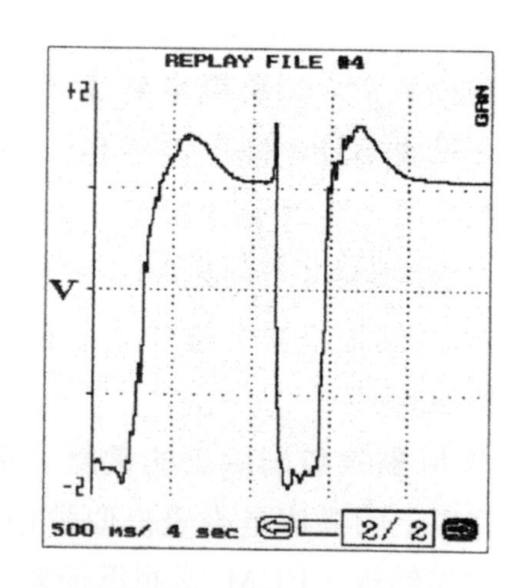


(b) 實測波形 (取自:Motor Magazine)

圖 10-96　LAF 感知器波形

## 10-5-4 感知器的位置與測量

如圖 10-83 所示，爲了能有效降低HC、CO及$NO_x$等有毒廢汽，現今的$O_2$感知器多在觸媒轉換器(catalyst converter)的前後各安裝一個，分別稱爲**前含氧感知器(upstream $O_2S$)和後含氧感知器(downstream $O_2S$)**。兩個感知器雖然構造一樣，但是負責監測的項目卻不太相同：前$O_2$感知器主要監測由汽缸燃燒完後所排出的廢汽含氧量，而後$O_2$感知器則在監測經過觸媒轉換器處理過的廢汽是否已達法定標準。

我們來簡單地看一下觸媒轉換器的功用吧！引擎將燃燒過的燃料排放出來，便叫做「廢汽」。完全燃燒的話，應生成$H_2O$和$CO_2$，然而不論引擎燃燒室如何設計完美，進汽如何流暢，混合比、點火正時如何精確，引擎所排出的廢汽仍會含有CO、HC及$NO_x$。因此才必須藉由其他元件來減低有毒氣體的排放量。觸媒轉換器便是最常採用的裝備了。

目前所使用的觸媒轉換器多屬「三元觸媒轉換器」(Three-Way Catalyst converter，簡稱爲 TWC)。**所謂「三元」，是指能同時處理 CO、HC 和$NO_x$三種有毒氣體，相較於早期的「二元式」，只能針對 CO 和 HC 做轉換**。TWC 先利用內含的貴重金屬銠(Rhodium)做觸媒，將$NO_x$**還原**成無毒性的氮氣($N_2$)和氧氣($O_2$)。還原過程中所生成的$O_2$，再加上 TWC 內由二次空氣導管所導入的新鮮空氣($O_2$)，以鉑(Pt)或鈀(Pd)做觸媒一起和 CO、HC 進行**氧化反應**，使其轉變成無毒的$CO_2$和$H_2O$。**這種還原–氧化的過程又稱為「二段式轉換」**。

觸媒轉換器要能正確地工作，首先，其溫度必須達到300℃以上，一般的工作溫度約在 300～900℃。在裝有觸媒轉換器的車上，混合比必須儘可能地接近理想比值(14.7：1)。因爲當混合比濃時，HC、CO 含量將增多，使轉換的效率降低；但若混合比較稀的話，$NO_x$排量也會增加，如此亦將使轉換的效率下降。根據實驗發現，當混合比維持在 14.7：1 上下 0.3 %時，觸媒轉換器的效率幾可達到90 %，如圖 10-99 所示。

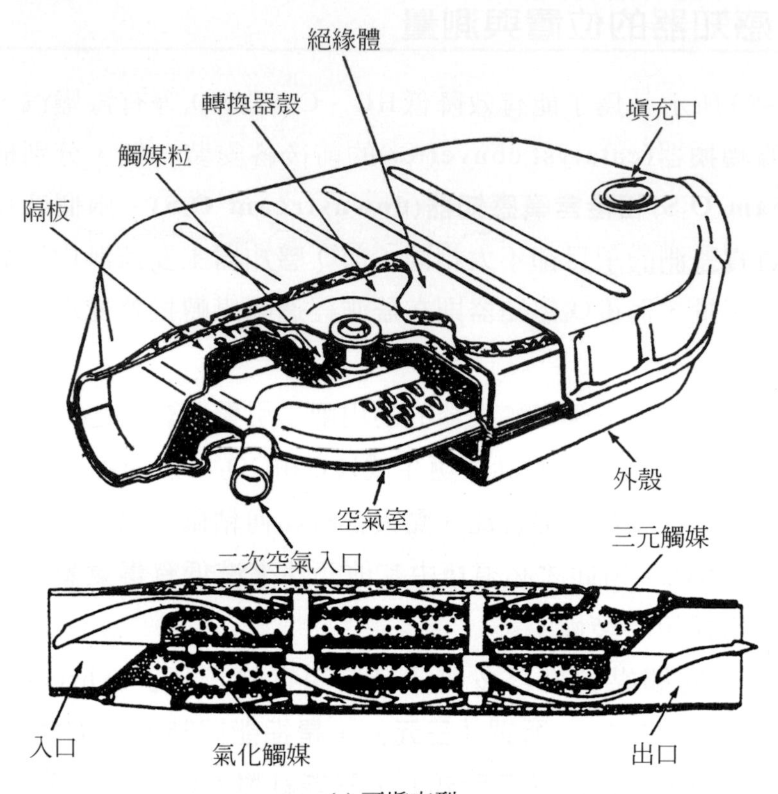


(a) 可填充型

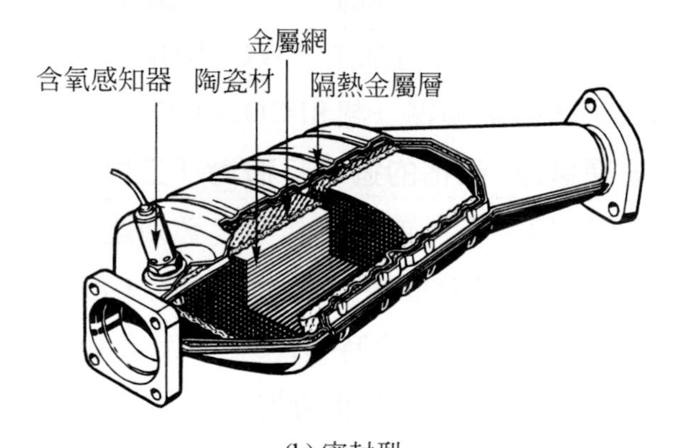


(b) 密封型

圖 10-97　三元觸媒轉換器 (取自：BOSCH)

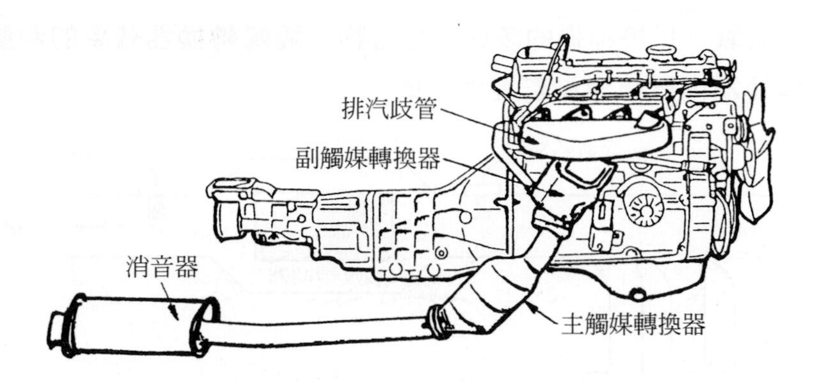


圖 10-98　觸媒轉換器的位置（取自：高級汽車電學，陸昌壽編著）

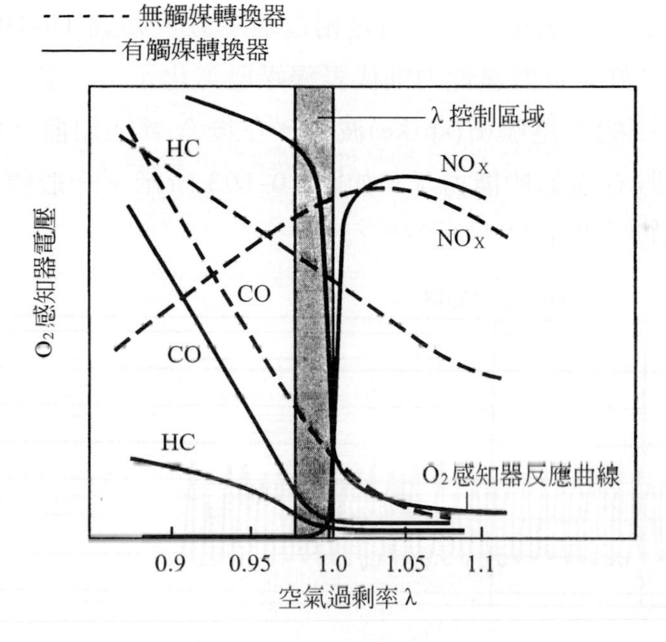


圖 10-99　觸媒轉換器的效率

大部分的觸媒轉換器都含有鈰(Ce)做為底部金屬，鈰具有貯存與釋放氧氣的能力。當混合比有一段長時間處在稀狀態時，觸媒轉換器內的含氧量將達到最大值。反之，當混合比出現濃的狀態時，氧氣便減少，此時，觸媒無法轉換有毒廢汽，俗稱“打穿”(punch through)。ECM 利用「後含氧感知器」來偵測並監控觸媒貯存與釋放氧氣的能力，如圖 10-100 所示。一個良好的觸媒應該要有 95％的碳氫轉換效率。在引擎稀薄燃燒期間，觸媒轉換器貯存氧氣，而在濃燃燒時釋放這些貯存的氧氣，以燒掉過的多碳氫化合物。**觸媒轉換器效率的測量是藉由閉迴路期間對轉換器內貯氧量做監控而完成**。

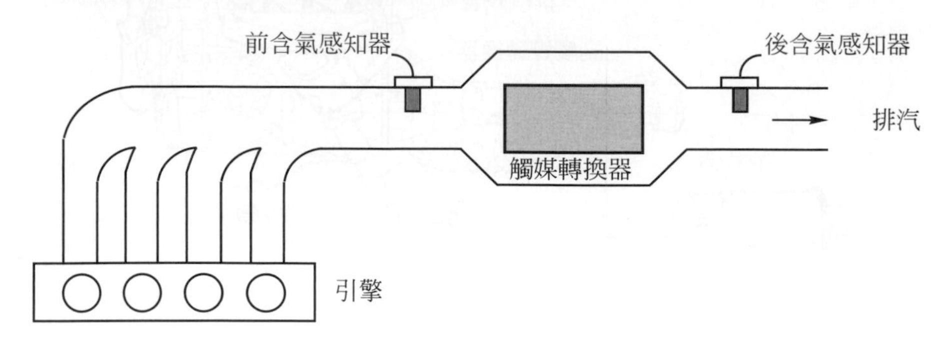


圖 10-100　前、後含氧感知器的位置

後含氧感知器的輸出電壓波形應是相當地平直，如圖 10-101 所示。擁有高貯氧量表示觸媒良好；低貯氧能力則代表觸媒已劣化了。一個失效的觸媒會出現與前$O_2$感知器相符的電壓脈衝(spike)波形。在後含氧感知器上所出現的尖形波表示觸媒已失去貯存氧氣的能力了，如圖 10-103 所示。一般觸媒轉換器的有效使用期限約在 8 萬公里左右。

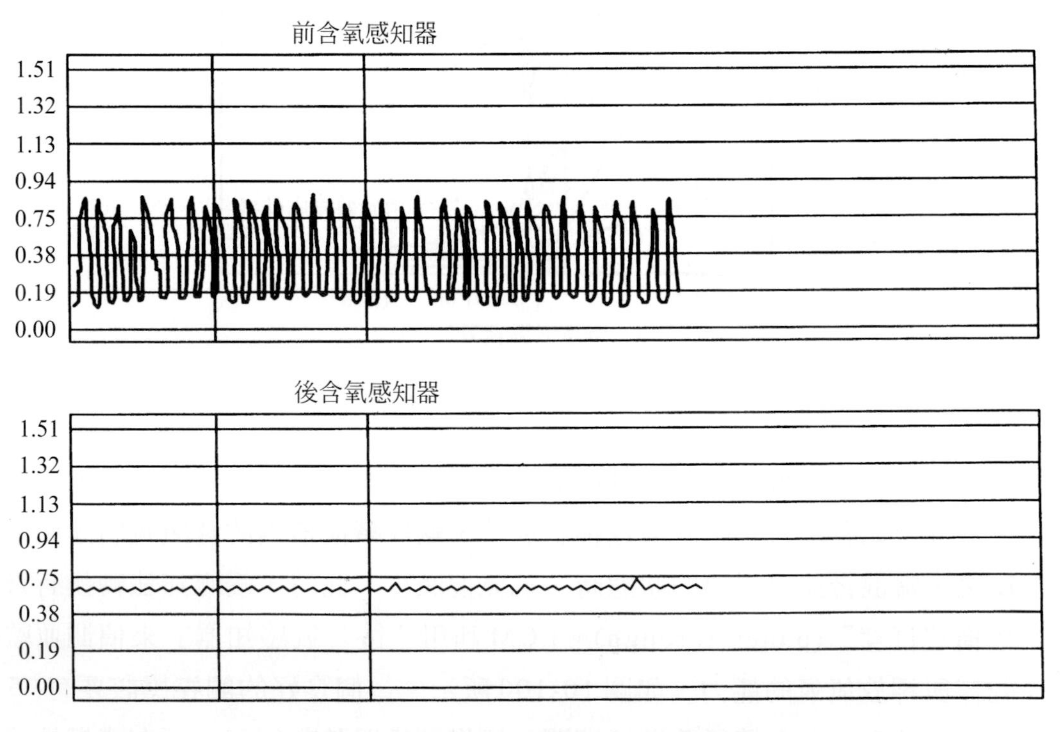


圖 10-101　前、後含氧感知器輸出波形

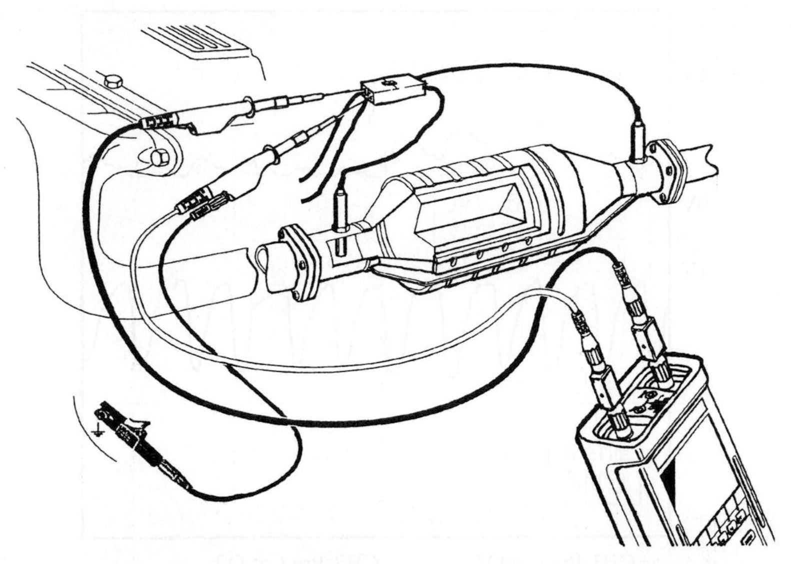

圖 10-102　含氧感知器的測量（取自：FLUKE）

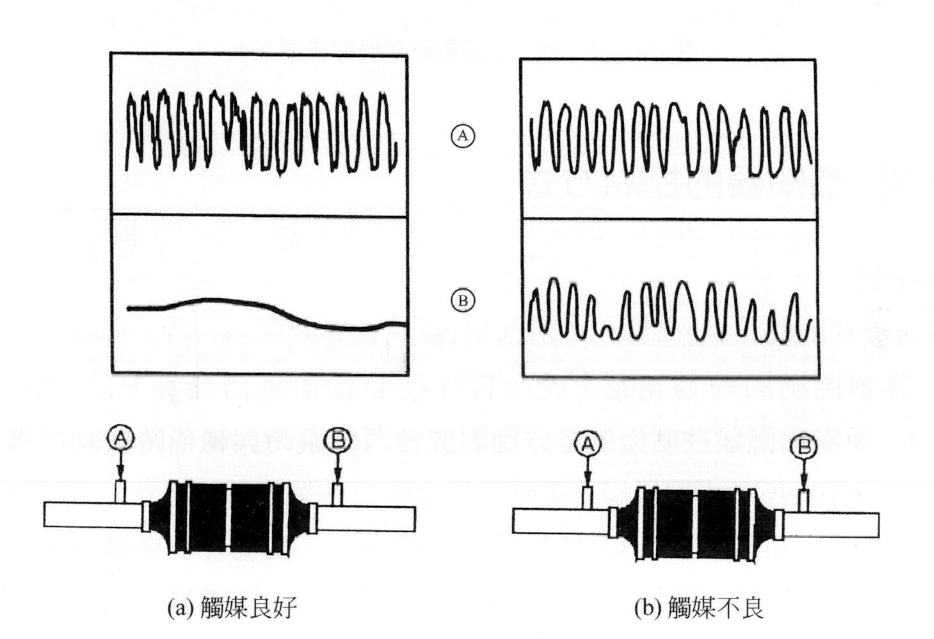


(a) 觸媒良好　　(b) 觸媒不良

圖 10-103　觸媒的貯氧能力測量

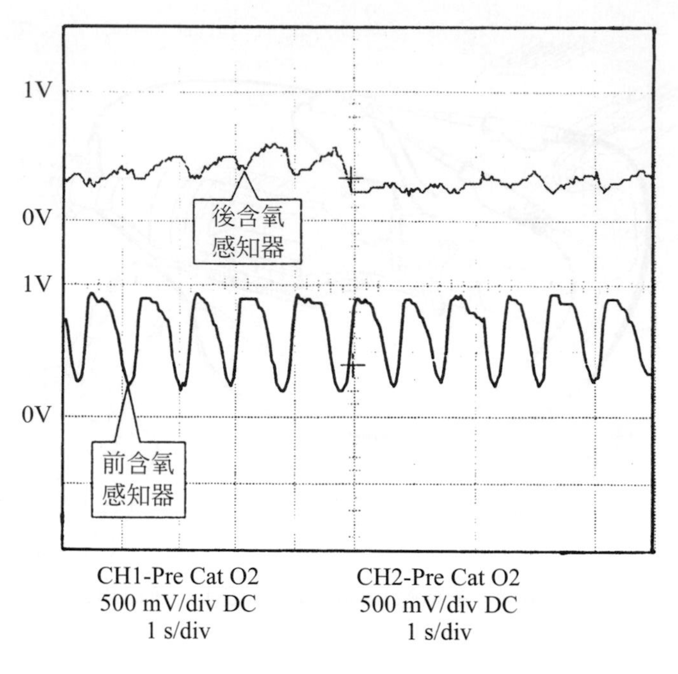


圖 10-104　前、後含氧感知器的實測波形

## 10-5-5 感知器的控制方式

### 兩階段控制

傳統型式的含氧感知器(如：$ZrO_2$型)當空氣過剩率λ值等於 1 時，其輸出電壓會有急劇跳動的轉換現象，此一特性適於採用兩階段控制方式(two-step control)。**所謂兩階段控制指的是分別對混合汽轉濃時與轉稀時做回授修正**。

如圖 10-105 所示，回授修正電壓波形中含有各個不同的上升、下降傾斜線，這是依據含氧感知器所送入 ECM 的電壓波形而定，當混合汽變稀時，回授修正訊號便往上升以使噴油量增加，如(a)圖所示；反之，當ECM接收到來自$O_2$感知器的轉濃訊號時，ECM內回授訊號便往下降，使噴油量減少，如(b)圖所示。典型的回授修正幅度約 2～3 %。在有限的控制反應內，其結果由$O_2$感知器的反應時間所決定。

因為排放廢汽成份的稍微變動而使感知器的測量出現典型的“誤判”現象，可以藉由**選擇性控制(selective control)**做補償。如圖所示，將回授修正線設計成非對稱性直斜線，因此可以跟著感知器電壓的跳動，而在控制區間內延續前一階段的傾斜電壓值。

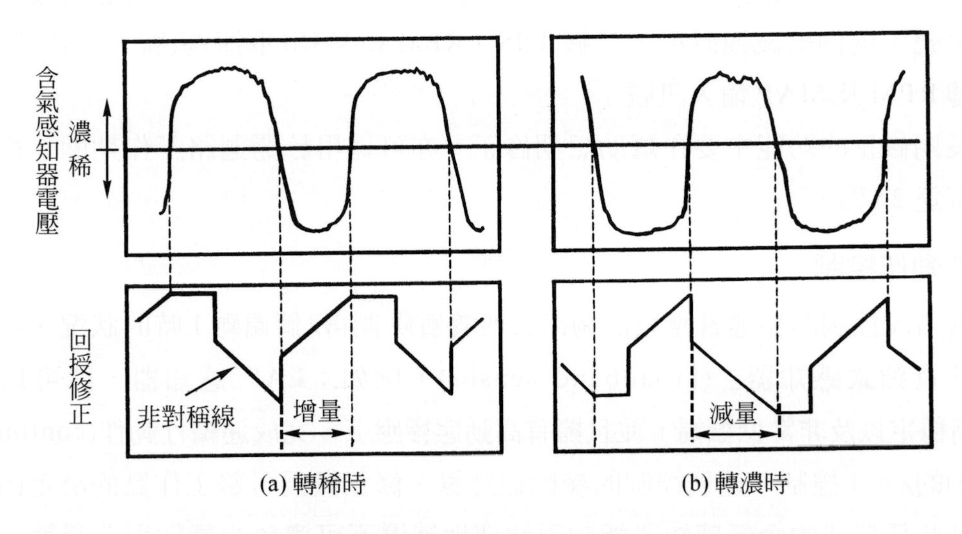


圖 10-105　兩階段控制的回授修正（取自：BOSCH）

兩階段控制模式在某些車廠(如：Chrysler)則稱為「短期修正法則」(short term adaptive strategies)。如圖 10-106 所示，當$O_2$感知器電壓因混合比改變而變化時，ECM調整噴油增減，直到$O_2$感知器達到其轉換點為止。達到轉換點時，短期修正線又做快速轉變。不同的是，對於短期修正記憶體的權限最大範圍為基本噴油脈寬的 25 %。

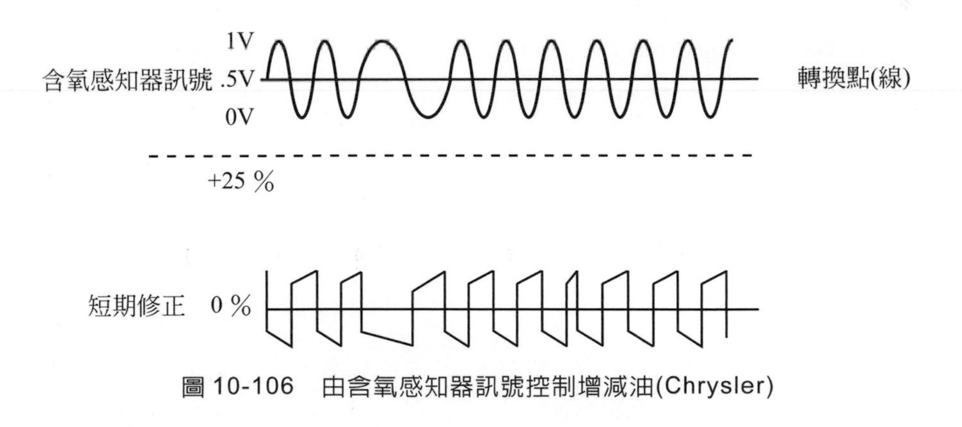


圖 10-106　由含氧感知器訊號控制增減油(Chrysler)

在 Chrysler 上的第二種系統稱爲「長期修正記憶」(long term adaptive memory)。此記憶體使用細胞(cell)結構讓車輛在各種行駛狀況下維持正確排放標準。以 16 個細胞爲例，其中兩個只供怠速時用，根據 TPS 和換檔開關 P/N 檔輸入訊號；兩個給減速時用，依據 TPS、RPM 和 VSS(車速)訊號。其他的 12 個則根據 RPM 及 MAP 輸入訊號。

長期修正的功能主要在幫助短期修正，亦可適用於開迴路工作期間，修正量同樣可達 25 %。

## 連續性動作控制

兩階段控制的動態響應只能夠用來改善實際測得$\lambda$值偏離 1 時的狀況，然而，藉由「寬頻式感知器」(broadband sensor)，例如：LAF 感知器，則可以在靜止、高穩定以及非常低振幅，並且擁有高動態響應下，完成連續性動作(continuous-action)的$\lambda = 1$控制。這個控制的參數經計算、修正做爲引擎工作點的決定因素。尤其是此種型式的含氧感知器能夠更快速地補償不可避免的靜態與非靜態前導控制(pilot control)的失準。

萬一因引擎工作需要，如冷車時，則會有更進一步對排放廢汽的控制，使其作用在稀薄範圍中$\lambda \neq 1$ 的內建設定點上。此一延伸對稀薄燃燒的控制，除了具有先前所提的優缺點外，幾乎毋須其他控制設定點的規則制定。

# 第十章　習題

## A. 選擇部份：

### 10-1 速度感知器

(　) 1. 曲軸位置感知器通常位在：　(A)分電盤內　(B)曲軸皮帶盤上　(C)飛輪外殼處　(D)以上皆是。

(　) 2. 速度感知器常常也提供作爲什麼的重要依據？　(A)時間　(B)位置　(C)電壓　(D)距離。

(　) 3. 下列對拾波線圈式速度感知器的敘述何者正確：　(A)輸出電壓值與轉速成正比　(B)輸出電壓值與轉速成反比　(C)電壓頻率與轉速成反比　(D)輸出數位式電壓訊號。

(　) 4. 利用磁阻現象製成的拾波線圈式速度感知器，在哪一位置時的感應電壓爲零？　(A)凸齒正要接近時　(B)凸齒正要離開時(C)凸齒對正時(D)磁阻最大時。

(　) 5. 若分電盤內的引擎轉速感知器訊號(Ne)轉子有 60 齒，則其每一齒代表曲軸轉角爲：　(A)6°(B)12°(C)24°(D)視汽缸數而定。

(　) 6. 哪些地方需採用到速度感知器？　(A)差速器　(B)車輪　(C)ABS 系統　(D)以上皆需。

(　) 7. 霍爾效應式速度感知器上，至少應有幾個線頭端子？　(A)2　(B)3　(C)4　(D)5。

(　) 8. 霍爾效應裝置的輸入電壓爲：　(A)1　(B)5　(C)12　(D)10 伏特。

(　) 9. 當霍爾效應元件內的電晶體導通時，ECM 獲得的電壓爲：　(A)0　(B)1　(C)5　(D)12 伏特。

(　)10. 霍爾效應式速度感知器的輸出訊號爲變頻式：　(A)類比交流　(B)類比脈波　(C)數位脈波　(D)數位方波 電壓訊號。

(　)11. 光電式速度感知器的輸出訊號屬於：　(A)類比式　(B)數位式　(C)高頻訊號　(D)光波訊號。

(　)12. 缺少下列哪一元件時，引擎無法發動：　(A)TPS　(B)曲軸位置感知器　(C)水溫感知器　(D)空氣流量感知器。

(　)13. 在 NISSAN 車款 MARCH 的分電盤內，使用了光電式曲軸位置感知器，分電盤的 6-pin 接頭中：A4 腳連接 ECM，A5 腳搭鐵，則 A6 腳最有可能連接：　(A)5V 電源　(B)12V 電源　(C)搭鐵　(D)點火放大器。

10-2 溫度感知器

(　)14. 車上常用的熱敏電阻多屬：　(A)PTC 型　(B)NTC 型　(C)薄膜金屬式　(D)磁性物質式。

(　)15. 用來控制引擎冷卻風扇動作與否的元件是：　(A)溫度開關　(B)溫度感知器　(C)溫度表　(D)壓力感知器。

(　)16. 使用 NTC 型的引擎冷卻水溫度感知器(ECT)，當水溫升高時，ECM 所獲得之電壓訊號將：　(A)變大　(B)變小　(C)不變　(D)不一定。

(　)17. 溫度開關的型式多為：　(A)熱敏電阻式　(B)薄膜金屬式　(C)晶體式　(D)雙金屬式。

(　)18. 一般來說，當引擎冷卻水溫在 80℃時，ECT 的電阻值應在：　(A) 5kΩ以上　(B)2～4kΩ　(C)500Ω以下　(D)0Ω。

(　)19. 通常，溫度感知器的輸出訊號屬於：　(A)類比式　(B)數位式　(C)高頻訊號　(D)電流訊號。

(　)20. 溫度開關的輸出訊號則應屬於：　(A)類比式　(B)數位式　(C)高頻訊號　(D)電流訊號。

10-3 流量感知器

(　)21. 下列何者不屬於MAF系統？　(A)歧管壓力式　(B)熱線式　(C)卡門渦流式　(D)流量板式。

(　)22. 用來測量引擎進氣量的元件是：　(A)TPS　(B)進氣溫度感知器　(C) MAF　(D)引擎轉速感知器。

(　)23. 必須加裝大氣壓力感知器(BARO)的計量型式為：　(A)空氣密度系統　(B)速度密度系統　(C)壓力速度系統　(D)空氣質量系統。

(　)24. 下列哪種感測型式可用來測量<u>引擎進氣量</u>？ (A)MAF (B)MAP (C)MAF + MAP (D)以上皆對。

(　)25. 流量板式MAF感知器，當引擎進氣量增大時： (A)流量板移動較少 (B)電位計電阻增加 (C)ECM獲得電壓降低 (D)以上皆非。

(　)26. <u>加熱電阻式</u>MAF感知器送出的訊號為： (A)類比式電壓 (B)數位式頻率電壓 (C)交流電壓 (D)電流 訊號。

(　)27. 目前空氣流量感知器的<u>主流型式</u>是： (A)流量板式 (B)加熱電阻式 (C)渦流式 (D)熱線式。

(　)28. 下列哪種型式的MAF感知器較接近MAP的原理？ (A)流量板式 (B)加熱電阻式 (C)渦流式 (D)熱線式。

(　)29. BOSCH所製之熱線式MAF感知器，其<u>加熱線</u>採用： (A)PTC型 (B)NTC型 (C)固定值 (D)精密型 電阻線。

(　)30. 熱膜式MAF感知器的<u>優點</u>為： (A)毋須加熱清潔電路 (B)輸出為數位式方波訊號 (C)不使用電橋電路 (D)可測得歧管內實際的進汽壓力。

(　)31. <u>卡門渦流式</u>MAF感知器的輸出訊號屬於： (A)類比交流 (B)類比脈波 (C)數位脈波 (D)數位方波 式電壓訊號。

(　)32. 當引擎進氣量<u>增加時</u>，卡門渦流式MAF的輸出訊號： (A)頻率會增加 (B)頻率會降低 (C)振幅會加大 (D)工作週期會改變。

### 10-4 壓力感知器

(　)33. 輸出訊號為<u>數位式</u>的壓力感知器型式是： (A)壓容式 (B)壓阻式 (C)壓電效應式 (D)以上皆是。

(　)34. 可用來作為<u>引擎爆震感知器</u>的壓力感知器型式是： (A)壓容式 (B)壓阻式 (C)壓電效應式 (D)以上皆可。

(　)35. 從圖10-66推算，MAP 感知器的<u>頻率</u>約為： (A)16 (B)167 (C)250 (D)500 Hz。

(　)36. <u>壓電晶體</u>在壓力出現變化時，會： (A)產生直流電壓 (B)使電阻值改變 (C)產生電容變化 (D)送出5V以上的脈衝訊號。

(　)37. 壓阻式壓力感知器運用什麼電路？　(A)分壓器　(B)橋式　(C)分流器　(D)偏壓　電路。

(　)38. 節氣門在WOT位置時：　(A)歧管真空增大　(B)歧管絕對壓力下降　(C)MAP輸出頻率增加　(D)MAP輸出電壓降低。

(　)39. 三菱汽車ECLIPSE上所使用的BARO感知器，較類似於：　(A)壓容式　(B)壓阻式　(C)壓電晶體式　(D)變頻式　壓力感知器。

(　)40. 當壓力增加時，壓容式MAP感知器的輸出訊號：　(A)脈衝振幅會加大　(B)平均電壓會升高　(C)工作週期會變大　(D)頻率增加。

(　)41. 壓容式MAP感知器的輸出波形，若水平下限未達搭鐵電位，則表示：(A)線路短路　(B)電源線不良　(C)訊號線不良　(D)搭鐵線不良。

(　)42. MAP感知器發生故障時，常由哪一感知器取代之？　(A)TPS　(B)CTS　(C)RPM　(D)CKS。

(　)43. 進汽歧管壓力感知器(MAP)是讓電腦得知：　(A)進氣量　(B)進氣壓力　(C)燃燒室壓力　(D)油門位置。

(　)44. 壓阻式壓力感知器常作為：　(A)爆震感知器用　(B)機油壓力用　(C)MAP感測用　(D)以上皆可。

(　)45. 壓電晶體的電阻增加時，ECM偵得的電壓值：　(A)變大　(B)變小　(C)不變　(D)不一定。

(　)46. 壓電晶體的壓力增大時：　(A)電阻變小　(B)輸出電壓頻率增加　(C)輸出電壓脈衝減少　(D)電阻變大。

(　)47. 壓阻式壓力感知器的輸出電壓與壓力大小成：　(A)正比　(B)反比　(C)無關　(D)不一定。

## 10-5 含氧感知器

(　)48. 含氧感知器的安裝位置在：　(A)排汽管頭段　(B)觸媒轉換器之後　(C)觸媒轉換器之前　(D)以上皆有。

(　)49. 含氧感知器可偵測排汽管中的什麼氣體含量？　(A)HC　(B)CO　(C)$O_2$　(D)以上皆是。

(　)50. 含氧感知器正常工作時，應使其處在：　(A)開迴路　(B)閉迴路　(C)短路　(D)加熱 的狀態。

(　)51. $\lambda > 1$ 表示：　(A)實際進氣量大於所需的量　(B)混合比偏濃　(C)含氧感知器輸出電壓較低　(D)引擎會排出較多的 HC、CO。

(　)52. 下列對加熱型含氧感知器的敘述，何者為非？　(A)可縮短開迴路的時間　(B)加熱線接自點火開關的 12V 電源　(C)大多為兩線式　(D)加熱電流會隨時變化。

(　)53. 下列對 OBD 的敘述，何者為非？　(A)OBD I 並不能監控觸媒轉換器的性能　(B)OBD II 能紀錄車子發生狀況當時的所有數值　(C)各車廠的 OBD I 診斷接頭為統一型式　(D)美國聯邦政府要求自 1996 年起，所有車輛都須符合 OBD II 標準。

(　)54. OBD II 的主要訂定目的在解決什麼問題？　(A)排放廢汽　(B)故障顯示　(C)維修技術　(D)行車安全。

(　)55. 標準的 OBD II 診斷接頭為幾腳型式？　(A)14　(B)16　(C)24　(D)48。

(　)56. 傳統含氧感知器內以什麼來作為電極的材料？　(A)二氧化鋯　(B)鉑　(C)鈹　(D)鈦。

(　)57. 傳統含氧感知器的工作原理有如一個：　(A)電池　(B)可變電阻器　(C)電容器　(D)電晶體。

(　)58. 傳統含氧感知器的輸出訊號為：　(A)類比交流　(B)類比脈動直流　(C)數位脈波　(D)數位方波 電壓訊號。

(　)59. 當引擎噴油增加時：　(A)廢汽中的 $O_2$ 含量會增加　(B)O2S 輸出電壓值將增加　(C)O2S 的輸出電壓頻率會降低　(D)O2S 會送出減油的回授訊號給 ECM。

(　)60. 傳統含氧感知器的工作溫度約是：　(A)180℃　(B)250℃　(C)330℃　(D)600℃ 以上。

(　)61. 三線式含氧感知器上有幾條搭鐵線？　(A)1 條　(B)2 條　(C)3 條　(D)無搭鐵線，以外殼作搭鐵。

(　)62. $TiO_2$ 型含氧感知器的工作原理像是：　(A)電池　(B)可變電阻器　(C)電容器　(D)放大器。

(　)63. 當引擎混合比稀時，$TiO_2$型含氧感知器：　(A)會送出約0V直流脈波電壓訊號給ECM　(B)電阻值將下降　(C)提供約5V直流電壓給ECM　(D)$TiO_2$因吸收過多氧氣而形成高電阻之氧化物。

(　)64. 稀薄空燃比型感知器能夠偵測的空燃比為：　(A)8.7：1　(B)14.7：1　(C)23：1　(D)40：1。

(　)65. 當車輛在重負載時，採用傳統含氧感知器的引擎ECM會使電路成為：(A)開迴路　(B)閉迴路　(C)短迴路　(D)備用迴路 的狀態。

(　)66. 下列對"稀薄空燃比型感知器"的敘述，何者為對？　(A)ECM不採用記憶體內的混合比預設值　(B)電路大多處於開迴路狀態　(C)毋需使用加熱線　(D)安裝位置與傳統含氧感知器者不同。

(　)67. 三元觸媒轉換器的轉換工作是：　(A)先還原再氧化　(B)先氧化再還原(C)同時進行　(D)視情況而定。

(　)68. 觸媒轉換器轉換效率最高的狀況在：　(A)$\lambda>1$　(B)$\lambda=1$　(C)$\lambda<1$　(D)$\lambda=0$　附近。

(　)69. 觸媒轉換器在改善排放廢汽中的：　(A)HC　(B)CO　(C)NOX　(D)以上皆是。

(　)70. 後含氧感知器在監控哪一元件效率的好壞？　(A)ECM　(B)前含氧感知器　(C)空氣流量計　(D)觸媒轉換器。

(　)71. 後含氧感知器的位置在哪裡？　(A)與前含氧感知器同　(B)消音器前端　(C)觸媒轉換器之後　(D)觸媒轉換器上。

(　)72. 正常情況下，後含氧感知器的輸出電壓波形應：　(A)上下振盪　(B)緩步向下　(C)向上爬升　(D)接近於一直線。

(　)73. 若前、後含氧感知器的輸出電壓波形近似，則表示：　(A)混合比過濃，噴油嘴有故障　(B)含氧感知器迴授電路有問題　(C)觸媒轉換器不良　(D) ECM壞了！。

## B. 簡答及繪圖部份：

### 10-1 速度感知器

1. 寫出引擎、車身、底盤系統系統內常用的速度感知器名稱。

2. 試畫出一6汽缸、凸齒數36，拾波線圈式速度感知器的TDC、CRANK及CYL輸出訊號。
3. 何謂“主動式輪速感知器”，試說明之。(註：由德國BOSCH公司研發)
4. 霍爾效應式速度感知器由哪三部份構成？
5. 試說明ECM如何從光電式速度感知器的輸出訊號，來判斷轉動角度、方向和速度。

10-2 溫度感知器

6. 列出一簡表說明：溫度開關與溫度感知器之異同點。
7. 寫出薄膜金屬式溫度感知器的優、缺點(各兩項)。
8. 試畫圖說明“雙斜線式溫度感知器”的電路設計特點。(參考第6-3.2節)
9. 寫出目前車上常用溫度感知器的名稱。

10-3 流量感知器

10. 目前電腦噴射引擎採用哪兩種物理方法檢測進入引擎之空氣量。
11. 與老師、同學討論，並列出MAF與MAP兩種系統的優、缺點。
12. 請寫出流量板式MAF感知器的優、缺點。
13. 試比較出熱線式與熱膜式MAF感知器的不同處。
14. “卡門渦流”的偵測方法有哪些？
15. 何謂壓力差式卡門渦流MAF感知器？試說明之。

10-4 壓力感知器

16. 汽車上有哪些地方需要作壓力(真空)值量測？
17. 試說明壓容式MAP感知器產生訊號的原理。
18. 利用壓電晶體元件來偵測壓力變化，有哪兩種不同的設計方式？
19. 繪圖解釋壓阻式壓力感知器的作用原理。

10-5 含氧感知器

20. 試以方塊圖解釋“正回授”與“負回授”的現象。
21. 請列舉出現今汽車所採用回授控制的系統實例。(3個)
22. 試從汽車網站中，搜尋有關稀薄燃燒的資料，並製作出一份心得報告。(Hint：可從日本HONDA汽車、美國三菱汽車等網站找尋)

23. 寫出OBDⅠ、OBDⅡ規範的演進史。
24. 試從本書所附錄之汽車相關網站中，搜尋OBDⅢ的最新發展趨勢。
25. 簡述傳統含氧感知器的工作原理。
26. 請畫出四線式含氧感知器的電路圖。
27. 目前 $ZrO_2$ 型含氧感知器有幾種線頭型式？請分別寫出其接線名稱。
28. 寫出二氧化鈦型含氧感知器的優、缺點(各兩項)。
29. 何謂"稀薄空燃比"感知器(LAF)？有何優點？
30. 試述"稀薄空燃比"感知器的作用原理。
31. 三元觸媒轉換器如何轉換廢汽中的有毒氣體？
32. 寫出含氧感知器所使用的控制方式。
33. 讀完本章，請將汽車中所有的感知器作一分類，並從實車上找出它們的位置。

# 11 數位原理

生活在*e*(electrical)世代的人們，也許在不久的將來便要進入另一個世代–*D*世代，此“*D*”指的是Digital(數位)。其實，今日的許多電子設備都逐漸走向數位化了，例如攝錄機，從早期的 V8、Hi8 演進至目前的 D8(Digital 8mm)。當然，在汽車走入全電子化控制之後，配合高速電腦的運作，數位化的電路勢必將成爲主流。對修習汽車工程的技術人員來說，實有必要對“數位”有一基本的瞭解。

就汽車電子化的發展來看，車輛上已出現愈來愈多的數位化元件，除了各系統所使用的電子控制模組(ECM)，其內部全以數位方式處理訊號之外，許多感知器也漸製成能產生數位輸出訊號，來替代原本的類比型感知器，例如霍爾效應式轉速感知器，除此之外，ECM 也能控制更多的數位型作動器，如步進馬達。

以數位方式處理訊號具有速率快、精確以及能處理大量資料等優點，因此，拜數位技術之賜，汽車上各電子元件之間的溝通才得以建立，並在車上出現類似區域網路(LAN)的「控制區域網路」CAN(Controller Area Network，Control Architecture Network)。

可否想像：在全新的D世代裡，駕駛著具有行駛導引系統的汽車，在人煙罕至的鄉道間發生故障，透過OBDIII系統，便可將故障訊號以數位方式傳送出去，並獲得原廠以空中傳輸方式做故障排除…。

## 11-1 類比與數位

數位一詞乃相對於「類比」(analog)兩字。**所謂類比，是指在某一時間範圍內的連續性變化，而數位式訊號則只會在高、低兩種狀態間做變換**。圖 11-1 爲類比與數位電壓波形之比較。今以一個 5V 燈泡爲例，來說明類比與數位意義上的不同。如圖 11-2 所示的 5V燈泡乃採用類比控制方式。當可變電阻式(rheostat)開關旋轉於低電壓位置時，因小電流送入燈泡，使得燈泡微亮。假如開關轉至5V 高電壓位置時，流經燈泡的電流增加，使燈泡亮度增加。電阻式開關可以在0 到 5V 之間任意變化，燈泡的亮度也可以做無段式的連續性變化。這種電壓變化訊號稱作**類比式電壓訊號**。汽車電腦系統中，大多數的感知器以產生類比電壓訊號爲主。

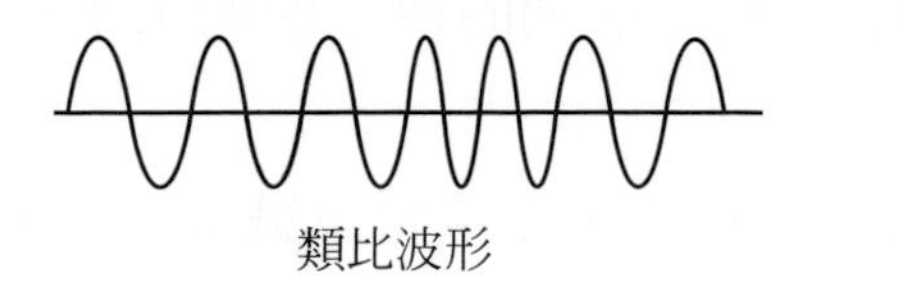


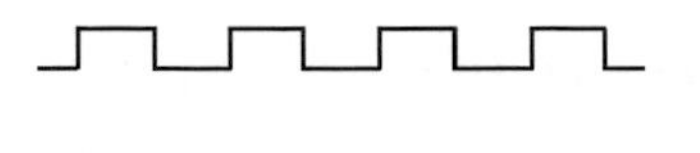


圖 11-1　類比與數位波形

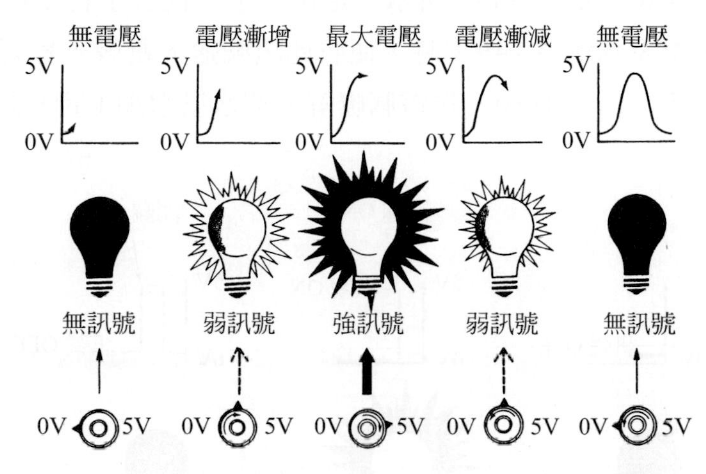


圖 11-2　類比式電壓訊號（取自：FORD 公司訓練講義）

不同於類比式控制的是如圖 11-3 所示，將控制開關改成一個ON/OFF開關。當開關置於OFF位置時，燈泡得到0V電壓，無電流流過，故不亮。而當開關切換至 ON 位置，5V 電壓訊號被送入燈泡，燈泡流過最大電流，燈泡最亮。假如開關 OFF，則燈泡便熄滅。開關的電壓訊號只在0V 或5V，高或低兩種狀態間轉換。這種電壓變化的方式便是所謂的**數位訊號**。如果控制開關快速地在 ON-OFF 間切換，則燈泡便接受到一方波數位電壓訊號。

在汽車電腦裡，微處理器含有數量龐大的「微型開關」，它們能夠在一秒內產生許多的數位電壓訊號。這些數位電壓訊號用來控制系統內各種不同的繼電器和電子元件。處理器能改變數位訊號高、低狀態的時間長短，以達到更精確的控制，如圖 11-4 所示。

電流靠電壓的推動而流過導體，電壓並不能“流過”導體。儘管如此，電壓卻能夠用來做爲訊號。電腦只能讀取電壓訊號，不論是類比或數位電壓輸入訊號，電腦所使用的程式都是以一系列的數值燒錄在 IC 晶片內。這些數值分別代表電腦所能“瞭解”的各種電壓訊號組合。此一系列的數字便產生了所謂的**二進位碼(binary code)**。

電腦內部以電晶體來做「微型開關」的動作，當電壓訊號從OFF轉換成ON時，電晶體的輸出也會從OFF切換成ON。此ON-OFF訊號便代表了二進位數字的1和0。以一組8位元(8 bits)訊號爲例，它是由8個1或0的數字所組成的一個“字”(one word)，如圖 11-5 所示。這個“字”代表了特定的意義，例如當水溫感知器測得引擎水溫爲149°F時，便將此訊號送入電腦，經過A/D轉換成數位式的二進碼訊號：10010110，讓電腦瞭解。若水溫增加1°F，則二進碼變成：10010111。

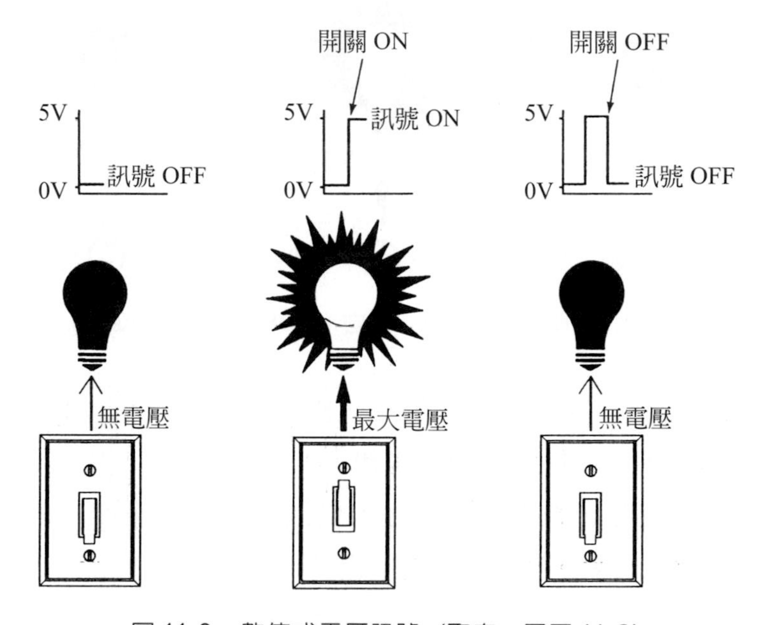


圖 11-3　數位式電壓訊號 (取自：同圖 11-2)

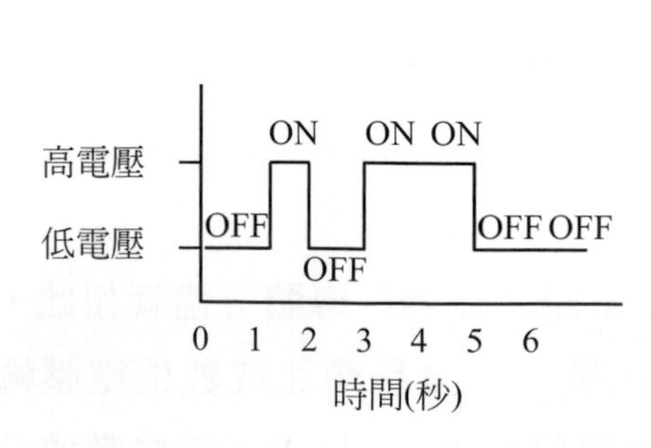


圖 11-4　不同時間長短的數位電壓訊號

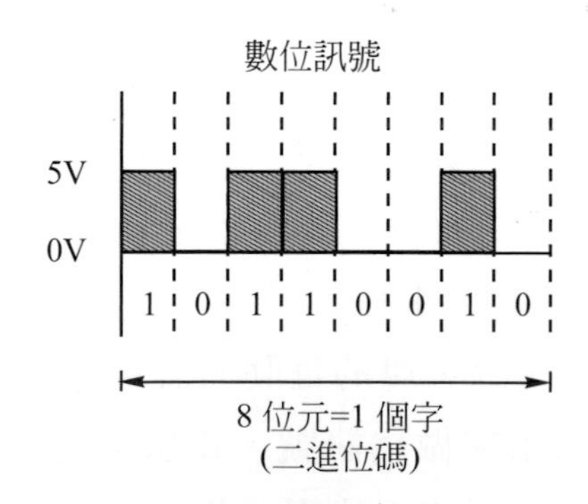


圖 11-5　由二進位碼所組合成的“字”

# 11-2 二進位數及布林代數

不知起源於何時的十進位碼(decimal code)，在人類進程中扮演著雖微而關鍵的角色。對現代人來說，它是一種既古老又熟悉的觀念，可是對當時的人們而言，十進位碼的出現，簡直是一項劃時代革命性的發明。在十進位碼系統中，有0、1、2、3、4、5、6、7、8及9十個數目字分別代表十種數量，在數量上滿9之後便歸回0，並且往前進一位數，這個動作稱爲**歸零與進位(Reset-and-Carry)**。例如當三位數達“999”，則其後的數字便是“1000”，依此類推。

十進位數的發明除了帶給我們方便外，更在科學量測上給與俥車同軌的標準。這也是現今國際標準ISO多採用公制標準，而少用英制的原因。

## 11-2-1 二進位數

既然十進位數如此方便與習慣，爲什麼還要發明二進位數(binary number)？答案是爲著電腦(或稱計算機)的需要。電腦雖然擁有傲“人”的記性和高速的計算能力，但是它卻無法瞭解人類的語言(十進位碼)，在其內部所用的語言、符號全是一種由0和1所構成的數字。這種只含0和1兩種數字的演算方式便叫作**「二進位數」或稱「二進制」**。

以汽車電腦爲例，任何感知器所傳送來的訊號，不論是類比式或數位式訊號，都經過電腦內部轉換成二進位數的0、1、0、1等的數據後，再做處理。

在數位電子學中，電路設計多以雙態(two-state)爲考量。此雙態指的是：Yes或No、高電位或低電位、5V或0V、1或0…。例如在邏輯電路中，2.4V以上爲“1”，而0.3V以下爲“0”。**數位式電子設備只能允許雙態操作，以電晶體應用在二進位數系統上，則只有兩個狀態：不是飽和就是截止，而非其正常的工作範圍**。因此，電晶體的動作變得穩定，不若在線性電路中，易受電晶體特性變化及溫度變化所影響。

如圖11-6所示爲一雙態電路設計。當晶體的基極輸入電壓爲0V時，晶體在截止狀態，故集極端的輸出電壓爲5V，如$Q_2$和$Q_3$。反之，$Q_1$和$Q_4$晶體在飽和狀態。由於基極電壓只有0V和5V兩種，故晶體的操作不是截止就是飽和，此即雙態的意義。

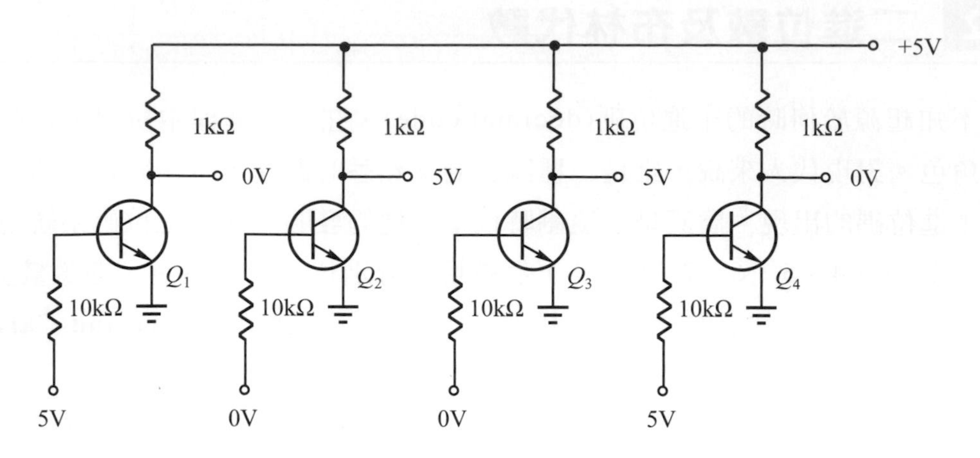


(a) 電路

| | 輸入端 | 輸出端 |
|---|---|---|
| $Q_1$ | 1 | 0 |
| $Q_2$ | 0 | 1 |
| $Q_3$ | 0 | 1 |
| $Q_4$ | 1 | 0 |

(b) 眞值表

圖 11-6　電晶體的雙態操作

數位電子學中以“0”代表低電位，“1”代表高電位，因此，圖 11-6 電路的輸出電壓訊號以二進位數表示爲：1001，輸出端訊號則是：0110。

電腦採以二進位數運算，乃基於下列理由：

1. 適於生產：由於電腦內部積體電路都以雙態方式操作，故採用高低電位的二進位數系統特別適合計算機製造。
2. 運算簡單且快速：因爲只有二種數字，不若其他進制龐大繁雜，故運算容易且快速。其加法和乘法如下所示：

加法

| + | 0 | 1 |
|---|---|---|
| 0 | 0 | 1 |
| 1 | 1 | 1 |

乘法

| × | 0 | 1 |
|---|---|---|
| 0 | 0 | 0 |
| 1 | 0 | 1 |

3. 便於邏輯推演：電腦不僅做加減運算而已，更能夠依據已知條件數據來處理邏輯性(真假)的問題。將各項數據輸入電腦後，再編寫成二進位數型式，與邏輯電路的 0 和 1 相容。

## 11-2-2 二進位數之轉換

在十進位數系統中由 0～9 十個數目字做為基數(base)以如圖 11-7 方式排列，當最右邊框框內的數字由 1、2、3…到滿 9 時，便歸回 0，並且在右二框框內的數字會由 0 跳到 1。接著，最右邊框框內數字又從 1 起跳…。我們給這些框框定名為：個位數、十位數、百位數…。其框框內的數字即代表著$10^n$的係數。在十進位數系統中的整串數字便是各項係數與 10 的次冪的乘積和。例如：1357 的意義便是$1\times10^3+3\times10^2+5\times10^1+7\times10^0$。

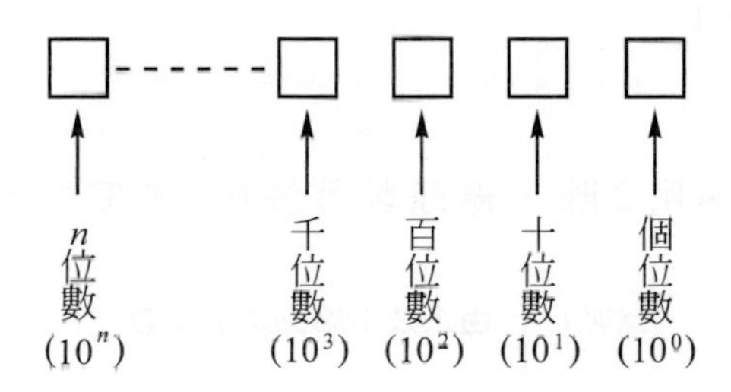


圖 11-7　十進位數的排列意義

同理可推，二進位數的數字也有著同樣的意義，唯一不同的是基數不採用 10，而是以 2 為基數，數目字也僅有 0、1 兩個而已。例如十進位數的 34 等於二進位數的 100010，因為：

$$\begin{aligned}100010 &= 1\times2^5+0\times2^4+0\times2^3+0\times2^2+1\times2^1+0\times2^0\\&=32+0+0+0+2+0\\&=34\end{aligned}$$

接著，我們來看看如何將十進位數轉換成二進位數。較常使用的方法稱為**「2 的連續除法」**，也就是將十進位數字連續除以 2，然後保留每一次的餘數，如此重覆下去，直到商數等於 0 為止。餘數所代表的數列即是二進位數字了。現以十進位數 13 為例，其轉換過程如下：

1. 步驟1：將13除以2，並保留餘數，即

```
   6 ------- 1 (餘數)
2)13
```

2. 步驟2：再將商數6除以2，同樣保留餘數，即

```
   3 ------- 0 (餘數)
 2)6 ------- 1
2)13
```

3. 步驟3：將上一步驟所得之商數，除以2，並保留餘數，即

```
   1 ------- 1 (餘數)
 2)3 ------- 0
 2)6 ------- 1
2)13
```

4. 步驟4：同上，再用2除，得商數等於0，即完成轉換。

```
   0 ------- 1 (餘數)  │ 由上往下讀出二進位數
 2)1 ------- 1         │
 2)3 ------- 0         │
 2)6 ------- 1         ↓
2)13
```

5. 步驟5：將所得之餘數列，由上往下讀，便可得到對等之二進位數字，亦即：$13_{10} = 1101_2$ (註)。

上述的連續除法也可以應用在3進位、8進位、16進位的轉換上，唯這些進位方式不在本書討論範圍內，讀者若有興趣，不妨自行練練看。圖 11-8 爲十進位數與十六進位數之間的轉換例。

---

註：數字右方的下標字表示該數字的進位方式，但十進制可忽略不寫，所以也可記作$13 = 1101_2$。

```
       0- - - - - - - 1
   16 ) 1 - - - - - - - D (代表 "13")
  16 ) 29 - - - - - - - B (代表 "11")
 16 ) 475 - - - - - - - 5
16 ) 7605
```

即：$7605=1DB5_{16}$

圖 11-8　十六進位之轉換例

**【例 11-1】** 將下列二進位數轉換成十進位數：

(1) 11001　(2) 00111　(3) 11001101

**解**

(1)11001 $= 1\times2^4 + 1\times2^3 + 0\times2^2 + 0\times2^1 + 1\times2^0$

$= 16 + 8 + 0 + 0 + 1 = 25$

(2)00111 $= 0\times2^4 + 0\times2^3 + 1\times2^2 + 1\times2^1 + 1\times2^0$

$= 0 + 0 + 4 + 2 + 1 = 7$

(3)11001101 $= 1\times2^7 + 1\times2^6 + 0\times2^5 + 0\times2^4 + 1\times2^3 + 1\times2^2 + 0\times2^1 + 1\times2^0$

$= 128 + 64 + 0 + 0 + 8 + 4 + 0 + 1 = 205$

**【例 11-2】** 試將下列十進位數轉換成二進位數。

(1) 72

(2) 15

**解**

(1)

```
     0- - - - - - - 1
  2 ) 1 - - - - - - - 0
  2 ) 2 - - - - - - - 0
  2 ) 4 - - - - - - - 1
  2 ) 9 - - - - - - - 0
 2 ) 18 - - - - - - - 0
 2 ) 36 - - - - - - - 0
 2 ) 72
```

轉換如左所示，即：$72_{10} = 1001000_2$

```
            0-------- 1
          2)1-------- 0
          2)2-------- 0
          2)4-------- 1
(2)       2)9-------- 0    轉換如左所示，即：150₁₀＝10010110₂
         2)18-------- 1
         2)37-------- 1
         2)75-------- 0
        2)150
```

## 11-2-3 布林代數

古希臘哲人亞里斯多德(Aristotle)完成了很多關於雙態邏輯的理論：一敘述若合於事實(fact)，則爲眞；若不合於事實，則爲誤。雙態邏輯假設一敘述不是爲眞，便是爲誤。

22個世紀後的1854年，時年39歲的英國天才數學家喬治布林(George Boole)研究提出將邏輯化減成簡單的代數，他把邏輯轉換成數學了。布林先生許多的才能都是藉自學完成，像是12歲以前便以書店自修方式，完成優異的拉丁文能力，20歲開始自學數學。雖然從未受過正式學院訓練，但卻可以在16歲成爲助理教師，20歲時開辦自己的學校…。

受到 Duncan Gregory 的鼓勵，除了自習關於法國數學家拉普拉斯(P.S. Laplace)和雷革蘭(J.L.Lagrange)等的數學理論外，更以研究代數方法解決微分方程式的應用著名。1849年，34歲的布林成爲皇后學院(Queen College)數學系主任及傑出教師直到離世。

布林先生是符號邏輯(symbolic logic)學的創始者，他所提出的特殊代數，利用符號和字母來代表各種敘述及其邏輯狀態，開啓了邏輯代數(the algebra of logic)的觀念。史稱此特殊代數爲**「布林代數」(Boolean algebra)**。布林代數中的每一個變數均有二種狀態：眞或誤(true or false)，亦即，布林代數爲一種雙態代數，或二進位代數。

圖 11-9　喬治布林(George Boole，1815～1864)

英年早逝的布林無法想像他的發明對百年後的電腦(結構)設計和數位交換電路所產生的鉅大啓蒙。1938 年美國資訊理論(information theory)大師、數學家 Claude Shannon 利用布林代數來分析及設計電話交換電路後，布林代數才成爲熱門話題。在C.Shannon的新發現中，所有的變數都是表示繼電器的ON或OFF。C.Shannon將布林代數應用於實際的電子電路中，今天，布林代數已成爲數位電子學和計算機電子學中主要的設計工具。

在本章所討論的邏輯電路(logic circuit)都能以布林代數來做分析。在邏輯電路中，低電壓與高電壓分別代表兩種狀態，各以二進位數中的“0”和“1”表示。

在進入邏輯電路以前，讓我們先來熟悉邏輯電路中所需要的各種基本邏輯閘(gate)。

## 1-3 基本邏輯閘

假如將數位電路比喻做一個生物有機體，那麼**基本邏輯閘(logic gate)**便是牠的組成細胞。任何較複雜的邏輯電路，如數學運算電路、正反器、暫存器等，也都是由基本邏輯閘排列組合、重覆運用所構成具有計算、記憶等功能的“生物有機體”(organism)。

常用邏輯閘有6種，分別是：

1. 反閘(NOT)，
2. 或閘(OR)，
3. 及閘(AND)，
4. 反或閘(NOR)，
5. 反及閘(NAND)，
6. 除或閘(XOR)。

本書在介紹這些邏輯閘時，以“1”代表邏輯上的「眞」，以“0”代表邏輯上的「誤」。另外，也採用專門用來做邏輯運算的「布林方程式」列式。

## 11-3-1 反　閘

**反閘(NOT gate)又稱為反相器(inverter)，是一種只有一個輸入端的閘，其輸出永遠和輸入訊號的狀態相反。**NOT的電路如圖11-10(a)所示，爲一*CE*式放大器，只在截止和飽和兩狀態間轉換。當輸入端*A*爲低電壓(0V)時，電晶體被截止不通，使輸出端*X*爲高電壓(5V)。反之，當*A*爲高電壓(5V)時，電晶體飽和導通，使*X*輸出爲低電壓(0V)。歸納電路動作所製成的表稱作**「眞值表」(truth table)**。如圖11-10(b)所示，低輸入電壓(0)產生高輸出電壓(1)；高輸入電壓(1)則產生低輸出電壓(0)。

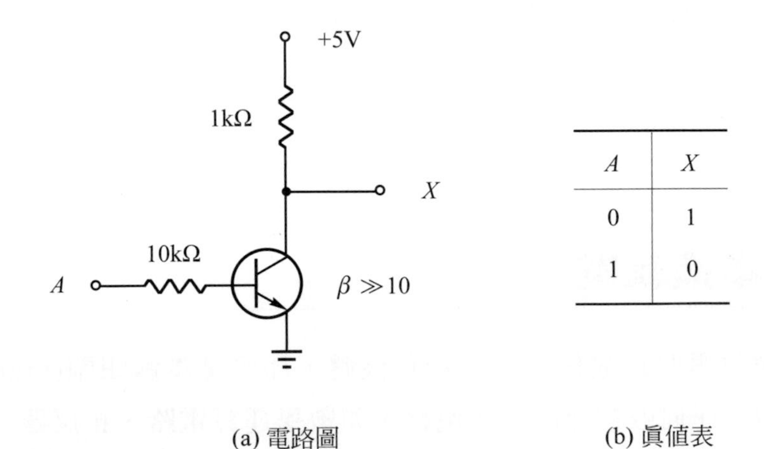


(a) 電路圖

| A | X |
|---|---|
| 0 | 1 |
| 1 | 0 |

(b) 眞值表

圖 11-10　反閘

反閘的符號如圖 11-11(a)所示，在任何邏輯電路上，只要有此符號，便代表輸出為輸入的共軛數(complement)，即相反之意。布林代數以橫槓“–”加在代數符號上表示，如圖 11-11(b)所示。

A —▷○— X　　　　$X = \overline{A}$

(a) 邏輯符號　　(b) 布林方程式

圖 11-11　反閘的表示法

若將兩個 NOT 串聯，可得到一個**非反閘(non-NOT gate)，又稱為「緩衝器」(buffer)**，如圖 11-12 所示。緩衝器的作用像是一個射極隨耦器，可以增加輸入阻抗$r_{in}$值(參見公式 8-40：$r_{in}=\beta(r_e+R_E)$)。低輸入電壓產生低輸出電壓；高輸入電壓產生高輸出電壓。當電路中因為低阻抗而使邏輯電路過載時，可在邏輯電路與阻抗之間串聯一緩衝器，以增加邏輯電路之負載阻抗，卻不會改變訊號之相位。

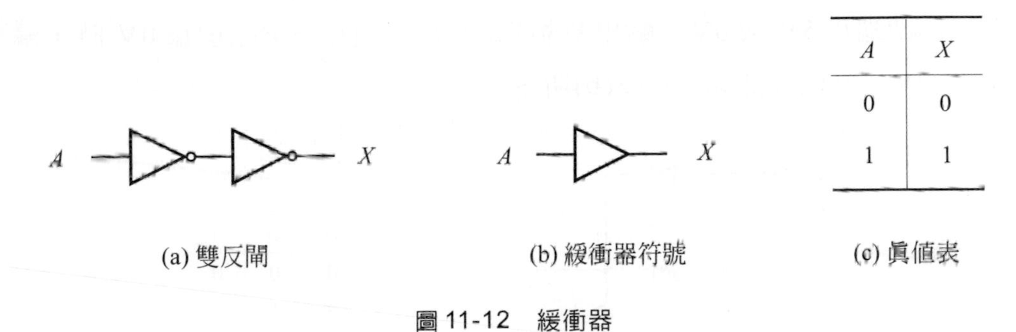


| A | X |
|---|---|
| 0 | 0 |
| 1 | 1 |

(a) 雙反閘　　(b) 緩衝器符號　　(c) 真值表

圖 11-12　緩衝器

**【例 11-3】** 試將如圖所示之6位記發器資料變成 101011，並轉換其輸出為十進位數。

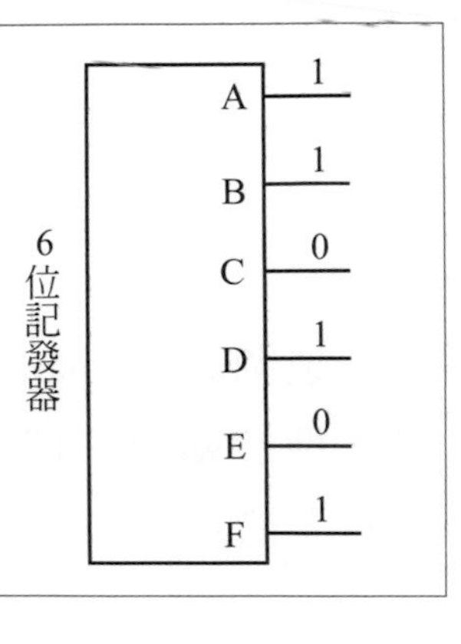

**解**

(1)利用反閘來改變輸出值；如右圖所示：

(2)$101011 = 1\times2^5 + 0\times2^4 + 1\times2^3 + 0\times2^2 + 1\times2^1 + 1\times2^0$

$= 32 + 8 + 2 + 1$

$=43$

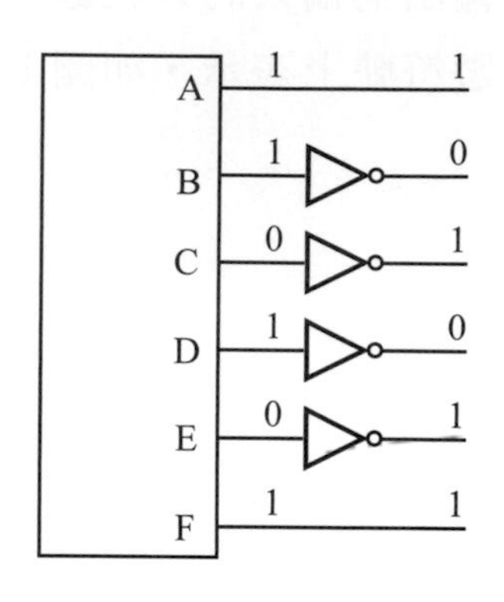


## 11-3-2 或　閘

**或閘(OR gate)有兩個或兩個以上的輸入端，只要有任何一個輸入訊號為高電壓，則輸出訊號便是高電壓**。電路工作情形如圖 11-13(a)所示，當*A*端爲 5V 時，則不論*B*端爲 5V 或 0V，輸出*X*端都是 5V。只有*A*、*B*端均爲 0V 時，輸出*X*端才會爲 0V。眞值表如圖 11-13(b)所示。

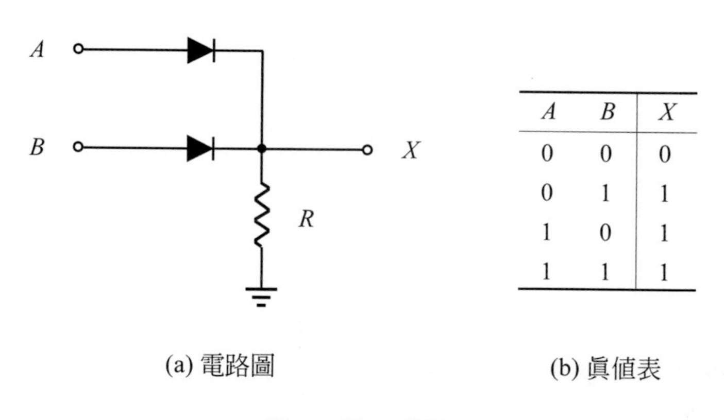


| *A* | *B* | *X* |
|---|---|---|
| 0 | 0 | 0 |
| 0 | 1 | 1 |
| 1 | 0 | 1 |
| 1 | 1 | 1 |

(a) 電路圖　　(b) 眞值表

圖 11-13　或閘

或閘的符號如圖 11-14(a)所示，“或”的意思即是只要有任一輸入爲“1”時，便能輸出“1”，不論其輸入端有多少個。布林代數中以“＋”符號代表“或”的意思。

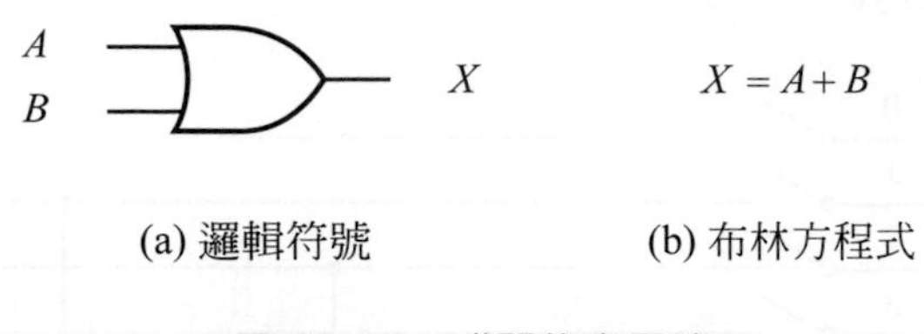


(a) 邏輯符號　　(b) 布林方程式

圖 11-14　或閘的表示法

圖 11-15 爲多位或閘，如果所有輸入均爲低電壓，則所有二極體都被截止，使輸出爲低電壓。只要有任一輸入端出現高電壓，則輸出便爲高電壓。

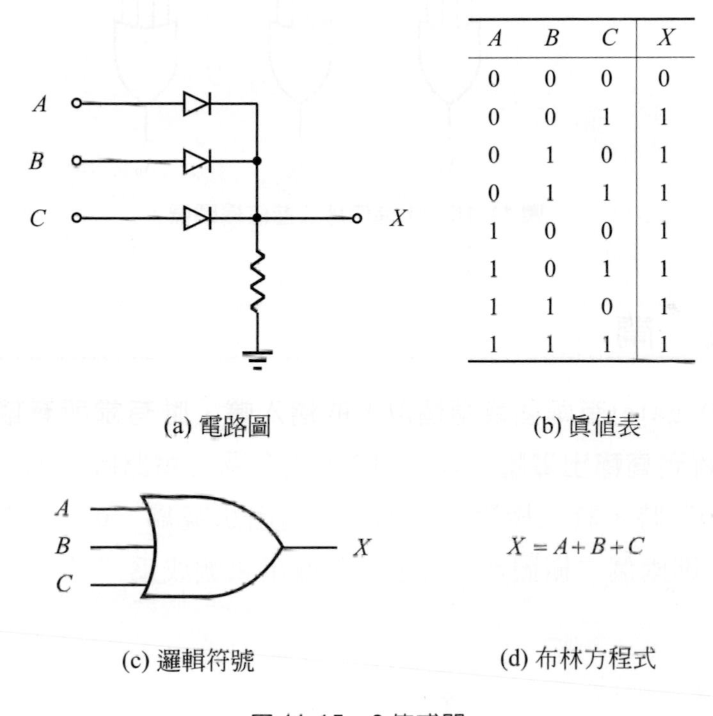


| $A$ | $B$ | $C$ | $X$ |
|---|---|---|---|
| 0 | 0 | 0 | 0 |
| 0 | 0 | 1 | 1 |
| 0 | 1 | 0 | 1 |
| 0 | 1 | 1 | 1 |
| 1 | 0 | 0 | 1 |
| 1 | 0 | 1 | 1 |
| 1 | 1 | 0 | 1 |
| 1 | 1 | 1 | 1 |

(a) 電路圖　　(b) 眞值表

(c) 邏輯符號　　(d) 布林方程式

圖 11-15　3 位或閘

圖 11-16 是一個利用或閘所構成的簡單編碼器(encoder)，它可以將十進位數轉換成二進位數。當按下鍵 2 時，中間的或閘會有＋5V 的高電壓輸入，所以三個或閘的輸出成爲：010。如果按下鍵 5 時，則左邊和右邊或閘的輸入訊號爲“1”，使整個輸出訊號變成：101。若按下鍵 7 時，則所有或閘均爲高輸入電壓，使輸出訊號成爲：111。

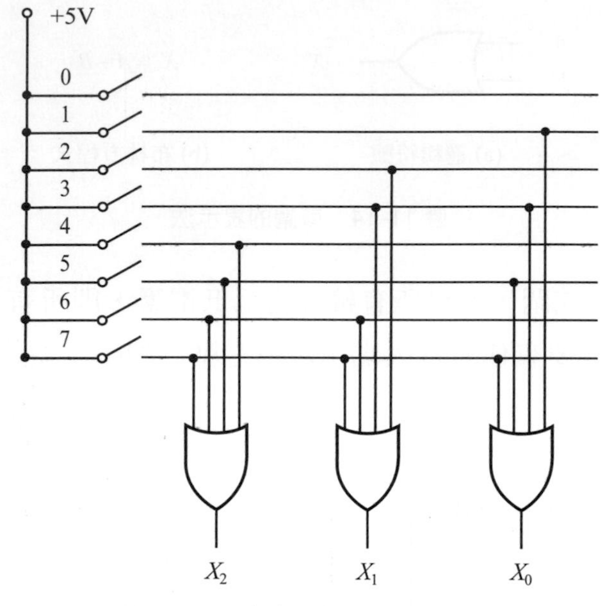


圖 11-16　十進位轉二進位編碼器

## 11-3-3 及　閘

**及閘(AND gate)有兩個或兩個以上的輸入端，唯有當所有輸入訊號均為高電壓時，才會得到高輸出電壓**。圖 11-17(a)爲及閘之電路圖。如果任一輸入端爲低電壓訊號"0"時，該二極體便導通，使輸出訊號爲"0"。若兩輸入端訊號皆爲"1"時，則兩個二極體均不導通，使輸出訊號成爲"1"。眞值表如 11-17(b)所示。

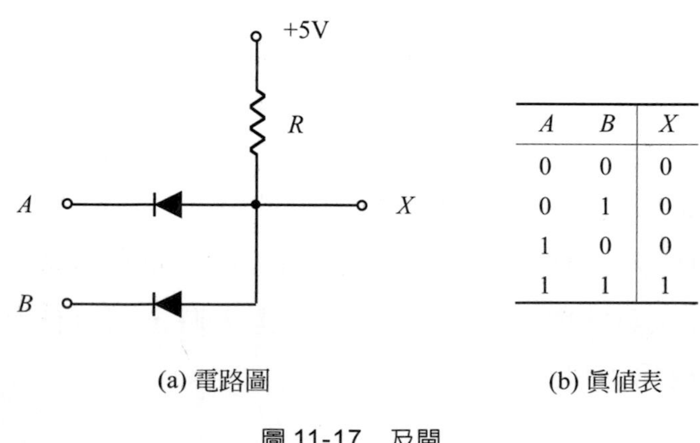


(a) 電路圖

| A | B | X |
|---|---|---|
| 0 | 0 | 0 |
| 0 | 1 | 0 |
| 1 | 0 | 0 |
| 1 | 1 | 1 |

(b) 眞值表

圖 11-17　及閘

及閘的符號如圖 11-18(a)所示。“及”其實就是“且”的意思，亦即唯有全部輸入爲“1”時，才能輸出“1”。在布林代數中以“·”符號代表“及”，如圖 11-18(b)所示。

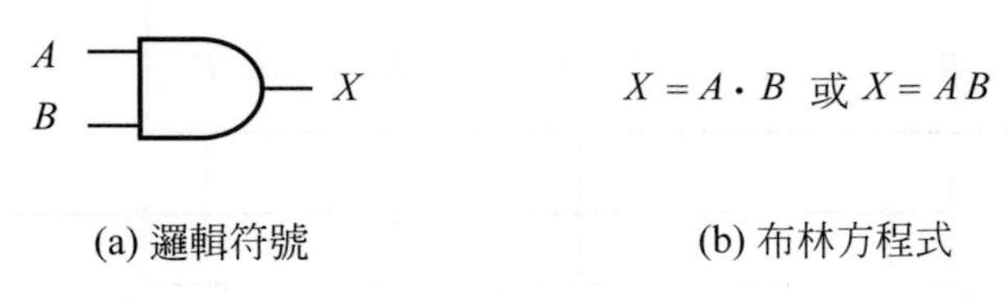


(a) 邏輯符號　　(b) 布林方程式

圖 11-18　及閘的表示法

及閘也可以是多端輸入，如圖 11-19 所示。只要有任一輸入訊號爲“0”，則輸出訊號便爲“0”。這與或閘的「有任一輸入爲“1”即輸出“1”」的特性有所不同。

圖 11-20 爲利用及閘特性所製成的控制開關。當 ENABLE 輸入端爲低電壓訊號(0)時，暫存器內的所有資料便無法傳送出去；而當ENABLE爲高電壓訊號(1)時，暫存器的高電壓訊號(1)才可以輸出。

在學習完了前述 3 種基本邏輯閘後，不妨練習下列幾個例題，看看對邏輯電路是否已具備基本的“知識”。

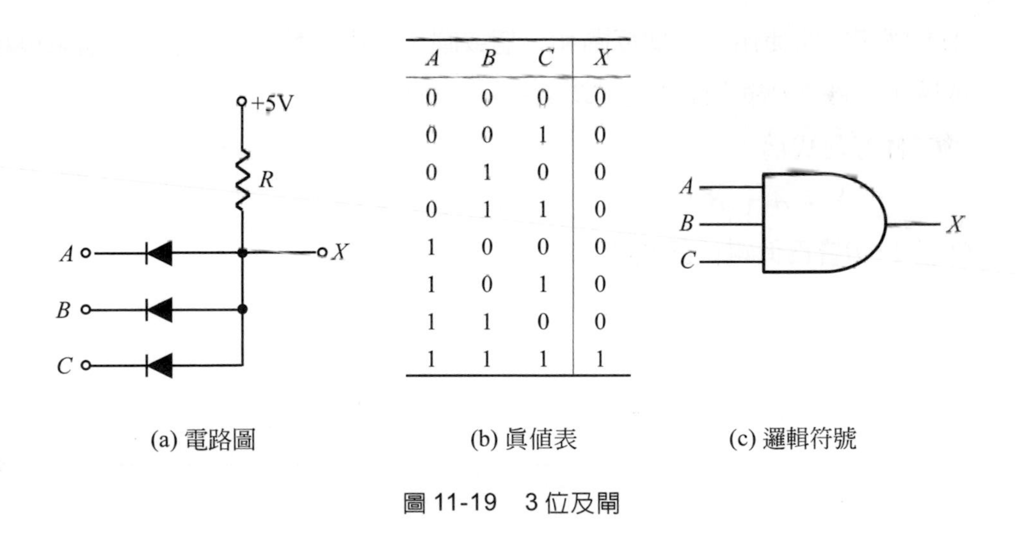


| A | B | C | X |
|---|---|---|---|
| 0 | 0 | 0 | 0 |
| 0 | 0 | 1 | 0 |
| 0 | 1 | 0 | 0 |
| 0 | 1 | 1 | 0 |
| 1 | 0 | 0 | 0 |
| 1 | 0 | 1 | 0 |
| 1 | 1 | 0 | 0 |
| 1 | 1 | 1 | 1 |

(a) 電路圖　　(b) 眞値表　　(c) 邏輯符號

圖 11-19　3 位及閘

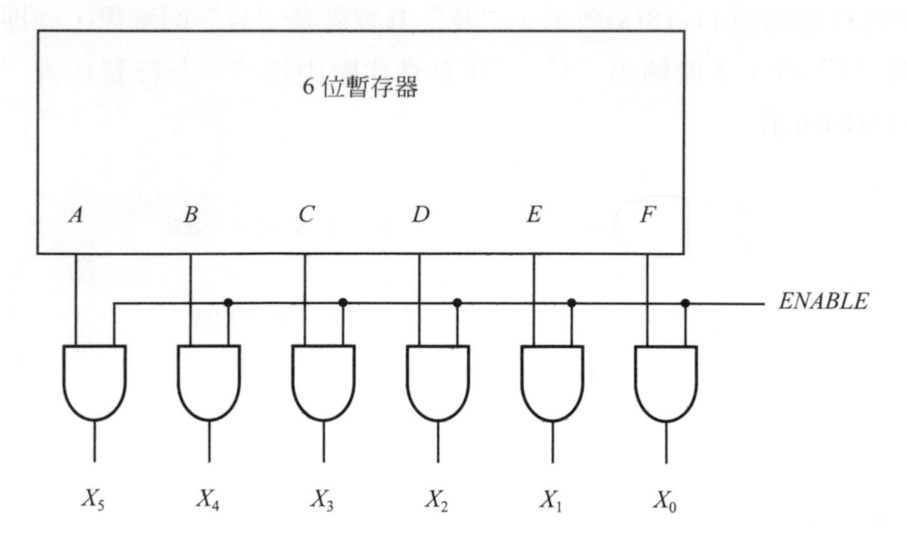


圖 11-20　利用及閘製成的開關

**【例 11-4】** 如圖所示，請寫出其布林方程式。另若輸入同為低電壓、同為高電壓時，其輸出訊號為何？

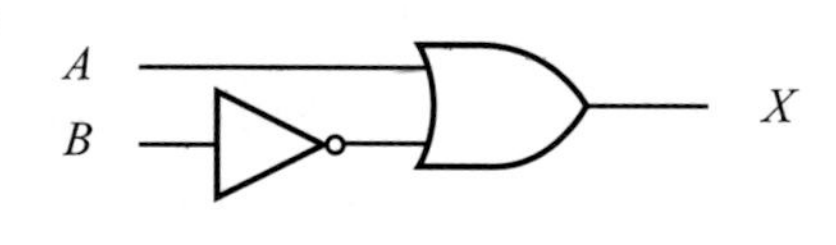


**解**

⑴此邏輯電路使用了一個反閘和一個或閘，其中，輸入端$B$先經反閘後再加至或閘上，故在$B$輸入端應為“$\overline{B}$”。

布林方程式為：

$$X = A + \overline{B}$$

⑵當$A$、$B$皆為低電位訊號時：

$$X = 0 + \overline{0} = 0 + 1 = 1$$

⑶當$A$、$B$皆為高電位訊號時：

$$X = 1 + \overline{1} = 1 + 0 = 1$$

【例 11-5】寫出圖示之布林方程式，若所有輸入均為 1，則輸出為何？

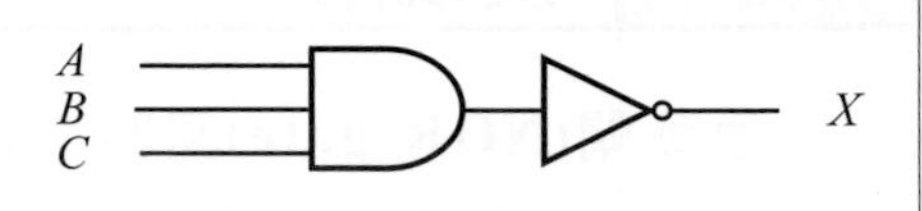


解

⑴三個輸入端先送入及閘後，才經反閘輸出，故，布林方程式為：

$$X = \overline{ABC}$$

⑵若三輸入端皆為“1”時，直接代入方程式得：

$$X = \overline{1 \cdot 1 \cdot 1} = \overline{1} = 0$$

【例 11-6】寫出圖示之布林方程式，並列出其眞值表。

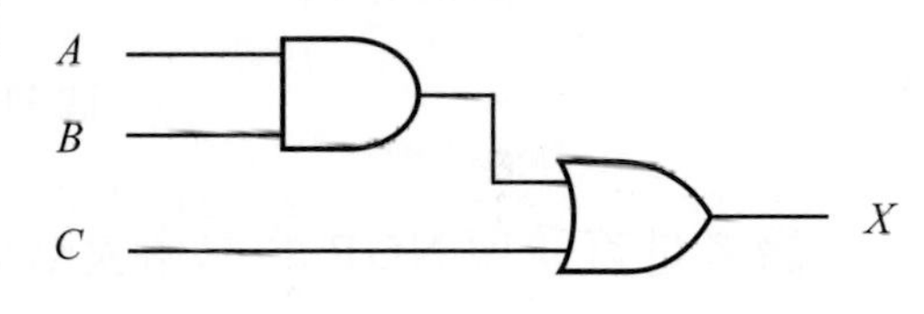


解

⑴$A$、$B$為及閘，再和$C$一同送入或閘，故布林代數為：

$$X = (AB) + C$$

⑵眞值表：

| $A$ | $B$ | $C$ | $X$ |
|---|---|---|---|
| 0 | 0 | 0 | 0 |
| 0 | 0 | 1 | 0 |
| 0 | 1 | 0 | 0 |
| 0 | 1 | 1 | 0 |
| 1 | 0 | 0 | 0 |
| 1 | 0 | 1 | 0 |
| 1 | 1 | 0 | 1 |
| 1 | 1 | 1 | 1 |

只有在$A$、$B$同為 1 時，輸出才會出現 1。

## 11-3-4 反或閘

**反或閘(NOR gate)又叫「非或閘」，有兩個或兩個以上的輸入訊號，必須所有的輸入訊號均為低電壓，輸出訊號才為高電壓**。亦即，反或閘只辨認所有輸入均爲 0 的訊號。圖 11-21 爲反或閘的邏輯電路、符號和眞值表。

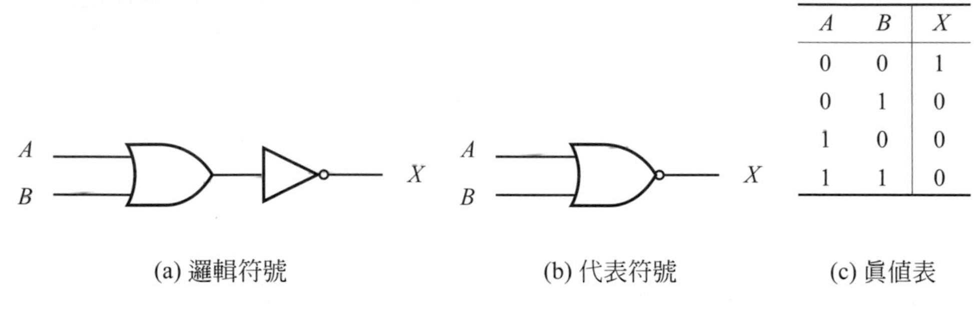


| A | B | X |
|---|---|---|
| 0 | 0 | 1 |
| 0 | 1 | 0 |
| 1 | 0 | 0 |
| 1 | 1 | 0 |

(a) 邏輯符號　(b) 代表符號　(c) 眞值表

圖 11-21　反或閘

讀者是否發現 NOR 的眞值表恰與或閘相反！對的，這正是「反或閘」名稱的由來。原本 NOR 相當於或閘與反閘的結合，但由眞值表來看，卻發現另一種邏輯電路也可以獲至相同的結果，即如圖 11-22 所示的電路。其中，及閘輸入側的小圓圈表示省略的反閘。因此，NOR 的布林方程式便可以有兩種表示法，分別爲：

1. $X = \overline{A + B}$ 或
2. $X = \overline{A} \cdot \overline{B}$

亦即：

$$\overline{A + B} = \overline{A} \cdot \overline{B} \tag{11-1}$$

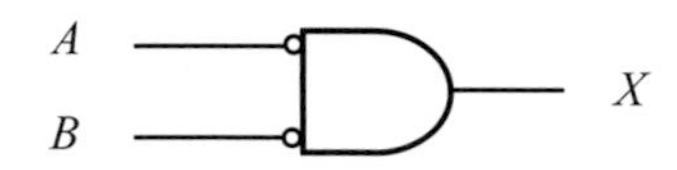


圖 11-22　反或閘的另一種等值符號

這是本章出現的第一個公式，看似平凡無奇，然而，若提起英國著名的邏輯數學家棣摩根(Augustus De Morgan)，我想讀者一定不會陌生。

當布林代數剛發表時，多數的數學家並未重視它，甚至還有人嘲笑它。直到1849年，棣摩根發現二個重要的定律(史稱De Morgan's Law)，提到布林代數的美妙之處。他是第一位讚美布林偉大成就的人，而事實上，兩位數學家的年齡相仿，只不過棣摩根比布林活得較久。

公式 11-1 便是**「棣摩根第一定律」**。棣摩根遠在邏輯電路發明以前，即已發現這樣的對等關係。

圖 11-23　棣摩根(Augustus De Morgan，1806～1871)

圖 11-24 爲多位反或閘，若所有輸入均爲低電壓，則經過反或閘後輸出的便爲高電壓；只要輸入出現任何一個高電壓，輸出便會成爲低電壓。以 4 位反或閘爲例，其布林方程式可由前述導出爲：

$$X = \overline{A + B + C + D} \tag{11-2}$$

而棣摩根第一定律可寫成：

$$\overline{A + B + C + D} = \overline{A} \cdot \overline{B} \cdot \overline{C} \cdot \overline{D} \tag{11-3}$$

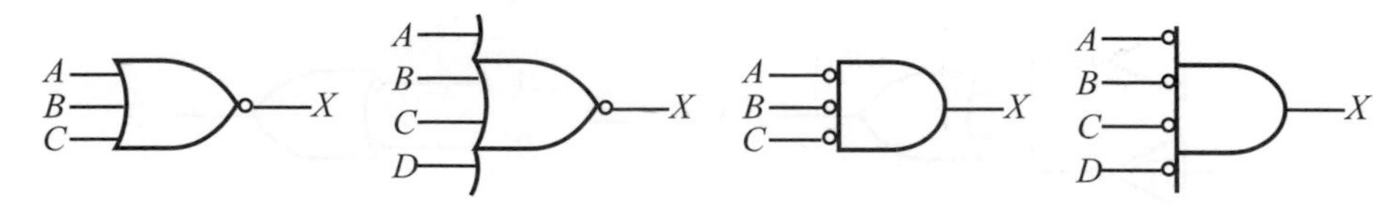


圖 11-24　多位反或閘

棣摩根第一定律若以文字敘述，則可以說成：**各數和的相反數(即共軛數)等於各相反數的積**。以符號表示，則如圖 11-25 所示。

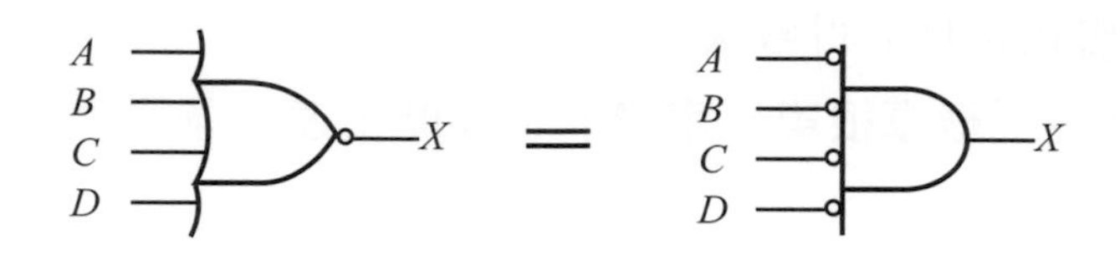


圖 11-25　棣摩根第一定律的符號表示

## 11-3-5 反及閘

**反及閘(NAND gate)也可稱作「非及閘」，具有兩個或兩個以上的輸入端，必須所有輸入訊號均為高電壓**，才能輸出低電壓。圖 11-26 爲反及閘的邏輯電路、符號和眞値表。

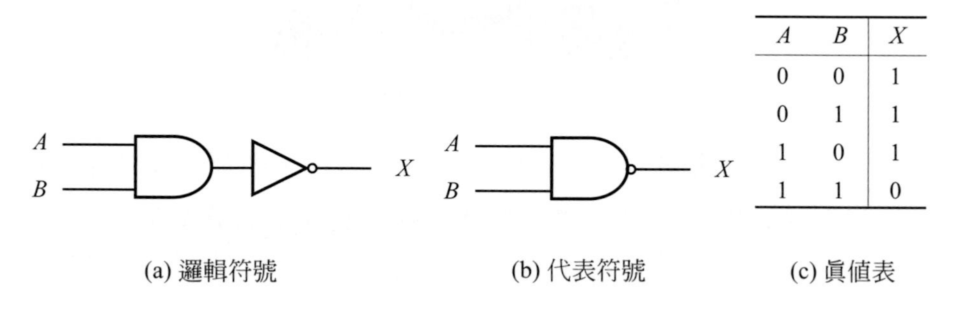


| A | B | X |
|---|---|---|
| 0 | 0 | 1 |
| 0 | 1 | 1 |
| 1 | 0 | 1 |
| 1 | 1 | 0 |

(a) 邏輯符號　(b) 代表符號　(c) 眞値表

圖 11-26　反及閘

從反及閘的眞値表可以看出其値恰與「及閘」相反，故稱此閘爲「反及閘」。反及閘相當於及閘與反閘的組合，但以眞値表來看，如圖 11-27 所示的邏輯電路也可得出相同的結果。

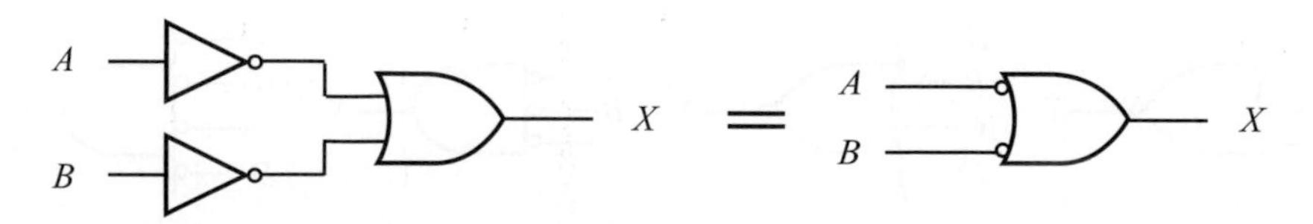


圖 11-27　反及閘的等值邏輯電路

由圖 11-27 知 NAND 的布林方程式也可以有兩種表示法，即：

1. $X = \overline{AB}$　　或
2. $X = \overline{A} + \overline{B}$

也就是：

$$\overline{AB} = \overline{A} + \overline{B} \tag{11-4}$$

公式 11-4 即是**「棣摩根第二定律」**。若以文字敘述則是：**積的相反數(共軛數)等於各相反數之和**。當出現多端輸入時，反及閘的布林方程式可寫成：

$$X = \overline{ABCD} \tag{11-5}$$

而棣摩根第二定律也可列出：

$$\overline{ABCD} = \overline{A} + \overline{B} + \overline{C} + \overline{D} \tag{11-6}$$

以邏輯符號表示則如圖 11-28 所示。

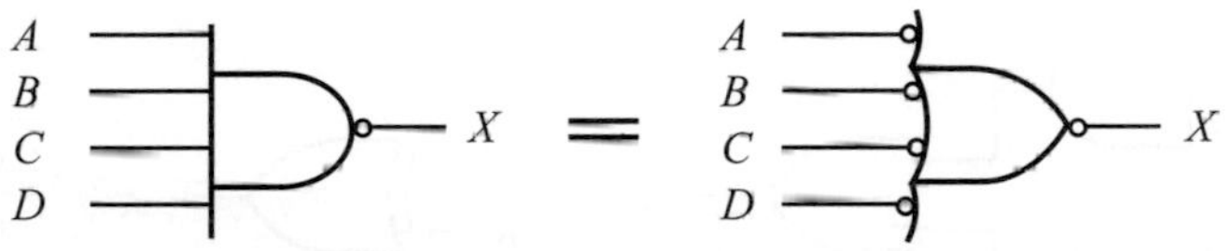

圖 11-28　棣摩根第二定律之符號表示法

一般將反或閘和反及閘通稱爲「萬用閘」(universal gate)，這是因爲單獨使用其中任何一種，都可以藉由電路設計而組合出三個最基本的邏輯閘：反閘、或閘、及閘，如圖 11-29、圖 11-30 所示。

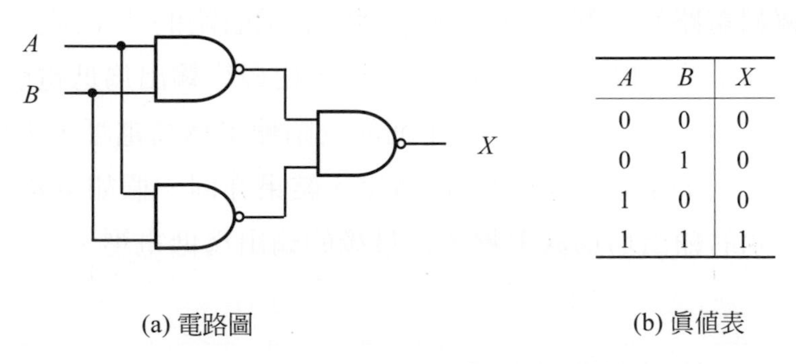


| A | B | X |
|---|---|---|
| 0 | 0 | 0 |
| 0 | 1 | 0 |
| 1 | 0 | 0 |
| 1 | 1 | 1 |

(a) 電路圖　　(b) 眞値表

圖 11-29　利用反及閘組合出「及閘」

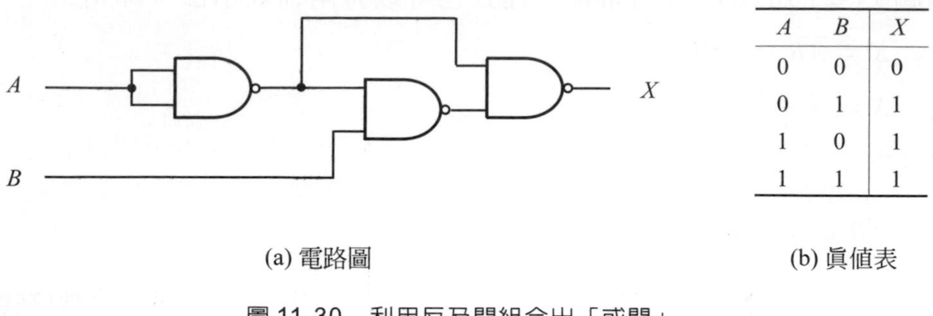


| A | B | X |
|---|---|---|
| 0 | 0 | 0 |
| 0 | 1 | 1 |
| 1 | 0 | 1 |
| 1 | 1 | 1 |

(a) 電路圖　　(b) 眞值表

圖 11-30　利用反及閘組合出「或閘」

## 11-3-6 除或閘

OR 能辨認任何含有一個或數個 1 的輸入訊號，**除或閘(XOR gate)(註)卻只能辨認只含有奇數個 1 的輸入訊號**。如圖 11-31 所示爲除或閘的邏輯電路、符號和眞值表。

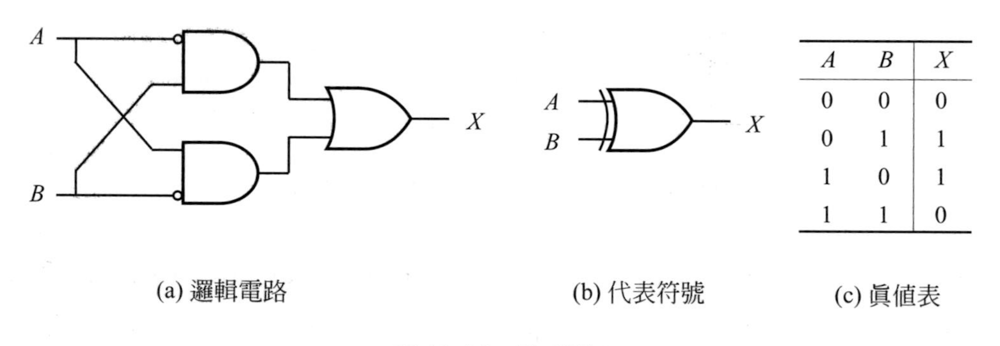


| A | B | X |
|---|---|---|
| 0 | 0 | 0 |
| 0 | 1 | 1 |
| 1 | 0 | 1 |
| 1 | 1 | 0 |

(a) 邏輯電路　　(b) 代表符號　　(c) 眞值表

圖 11-31　除或閘

除或閘邏輯電路輸入端$A$、$B$處的小圓圈表示省略的「反閘」。當兩輸入均爲低電壓時，則兩個及閘的輸出均爲低電壓，使最後輸出爲低電壓。若當$A$輸入端爲低電壓，而$B$爲高電壓的話，則上面的及閘輸出爲高電壓，因此最後的輸出爲高電壓。反之，$A$爲高電壓，$B$爲低電壓，結果亦同。假如兩輸入端均爲高電壓，則兩個及閘的輸出均爲低電壓，使最後的輸出爲低電壓。

註：XOR 爲 eXclusive OR 的縮寫。

從XOR的眞值表可以推導出布林方程式爲：

$$X = \overline{A}B + A\overline{B} \tag{11-7}$$

當$A$或$B$爲高電壓訊號時，輸出才爲高電壓訊號。這是此電路被稱爲「除或閘」的原因，也就是說：**當所有的輸入不同時，輸出才為1**。公式11-7的布林方程式可利用布林代數符號"⊕"來簡化，即：

$$X = A \oplus B \tag{11-8}$$

⊕符號代表「除或加法」(XOR addition)，公式11-8讀作「$X$等於$A$除或$B$」。在邏輯運算上可寫成下例：

$$X = 0 \oplus 0 = 0$$

$$X = 0 \oplus 1 = 1$$

$$X = 1 \oplus 0 = 1$$

$$X = 1 \oplus 1 = 0$$

多輸入端的 XOR，如圖 11-32(a)所示，爲 4 位除或閘。任何除或閘最後輸出爲所有輸入的除或和(XOR sum)，亦即：

$$X = A \oplus B \oplus C \oplus D \oplus \cdots \tag{11-9}$$

一個除或閘，不論有多少個輸入端，它都只辨認奇數個"1"的輸入訊號，如圖11-33的眞值表所示。

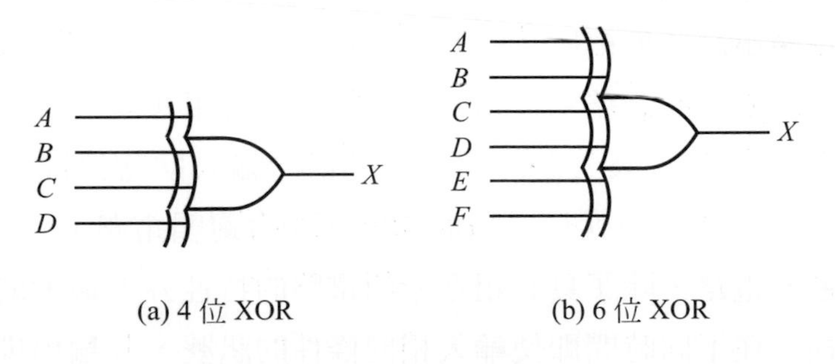

(a) 4 位 XOR　　(b) 6 位 XOR

圖 11-32　多位除或閘

| $A$ | $B$ | $C$ | $D$ | $X$ |
|---|---|---|---|---|
| 0 | 0 | 0 | 0 | 0 |
| 0 | 0 | 0 | 1 | 1 |
| 0 | 0 | 1 | 0 | 1 |
| 0 | 0 | 1 | 1 | 0 |
| 0 | 1 | 0 | 0 | 1 |
| 0 | 1 | 0 | 1 | 0 |
| 0 | 1 | 1 | 0 | 0 |
| 0 | 1 | 1 | 1 | 1 |
| 1 | 0 | 0 | 0 | 1 |
| 1 | 0 | 0 | 1 | 0 |
| 1 | 0 | 1 | 0 | 0 |
| 1 | 0 | 1 | 1 | 1 |
| 1 | 1 | 0 | 0 | 0 |
| 1 | 1 | 0 | 1 | 1 |
| 1 | 1 | 1 | 0 | 1 |
| 1 | 1 | 1 | 1 | 0 |

圖 11-33　4 位除或閘之真值表

## 11-4 組合邏輯電路

本節與下一節將介紹兩種邏輯電路：

1. **組合邏輯電路**(combinational logic circuit)，
2. **順序邏輯電路**(sequential logic circuit)。

組合邏輯電路由許多前節所述的基本邏輯閘組成，這類電路沒有記憶作用，在不同時間只要所輸入的訊號條件相同，則輸出的結果也會一樣。亦即，輸出可以直接用現在輸入的組合來表示，與電路先前的輸入狀態無關。事實上，11-3節所介紹的基本邏輯閘本身就是一種簡單的「組合邏輯電路」。

至於順序邏輯電路，除了具有組合邏輯電路的特性外，最大的特點便在於它擁有記憶的特性。在不同時間即使輸入相同條件的訊號，其輸出則受到當時記憶電路所處狀態的影響，而會有不同的結果。

如圖 11-34 所示爲兩種邏輯電路的不同點。記憶電路隨時自組合邏輯電路中取得資料，並回授至組合邏輯電路。「正反器」爲一常用的記憶電路，我們將在下一節裡看到。

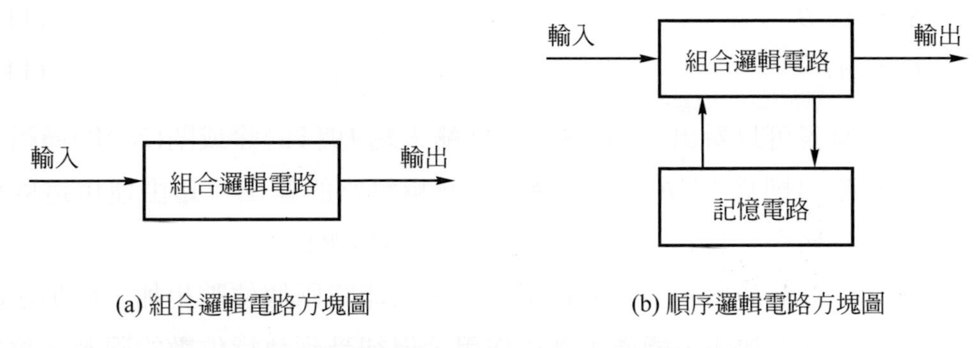


(a) 組合邏輯電路方塊圖　　(b) 順序邏輯電路方塊圖

圖 11-34　組合邏輯電路與順序邏輯電路的比較

## 11-4-1 半加器

二進位制的加法共有 4 種可能：

$0+0=0$

$0+1=1$

$1+0=1$

$1+1=10$

前三種運算的和都是一位數，惟第四種的運算結果爲兩位數。當相加之兩數皆爲 1 時，其和等於 0，並且進位(carry)1，例如：

$$\begin{array}{r} 101 \\ +\ 110 \\ \hline 1011 \end{array}$$

此二進位相加式子可改寫成十進位數如下，結果相等：

$$\begin{array}{r} 5 \\ +\ 6 \\ \hline 11 \end{array}$$

**半加器(half adder)**便是一種能將兩個輸入位數相加的邏輯電路。如圖 11-35 所示，以$A$、$B$代表輸入，而以$S$、$C_y$代表輸出。$S$爲“Sum”(和)；$C_y$爲“Carry”(進位)，兩輸出端的布林方程式分別爲：

$$S = A \oplus B \tag{11-10}$$

$$C_y = AB \tag{11-11}$$

由半加器的眞值表可以看出，$S$的輸出即爲輸入端$A$與$B$的除或閘(XOR)邏輯電路輸出，而$C_y$的輸出則爲$A$與$B$的及閘(AND)邏輯電路的輸出。藉由運用這兩種基本邏輯閘，並以簡單之接線，便可完成半加器邏輯電路。

半加器是一種最簡單的組合邏輯電路，它只能將兩個位數相加，此加法的作用相同於人類所做之加法，能產生進位作用，但卻受到執行位數的限制，故須藉「全加器」來解決。

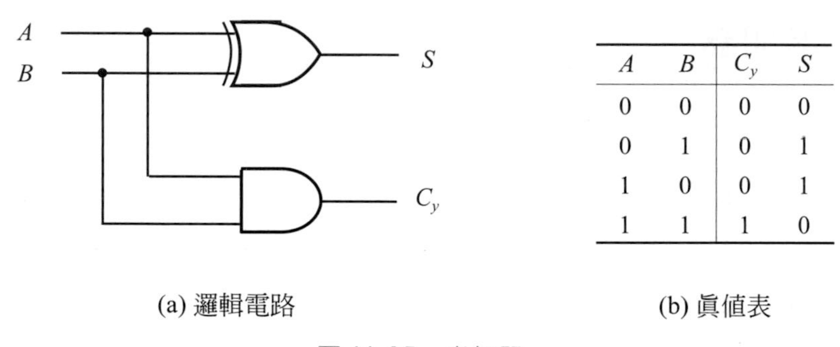


| $A$ | $B$ | $C_y$ | $S$ |
|---|---|---|---|
| 0 | 0 | 0 | 0 |
| 0 | 1 | 0 | 1 |
| 1 | 0 | 0 | 1 |
| 1 | 1 | 1 | 0 |

(a) 邏輯電路　　(b) 眞值表

圖 11-35　半加器

## 11-4-2 全加器

**全加器(full adder)**是能夠處理三個輸入位數相加的組合邏輯電路。如圖 11-36 所示爲全加器的原邏輯電路。輸入端有 3 個：$A$、$B$和$C$，輸出端仍爲 2 個：$S$和$C_y$。

圖 11-37 爲全加器的等效電路和眞值表。由眞值表可以得到全加器的布林方程式爲：

$$S = A \oplus B \oplus C \tag{11-12}$$

$$C_y = AB + AC + BC \tag{11-13}$$

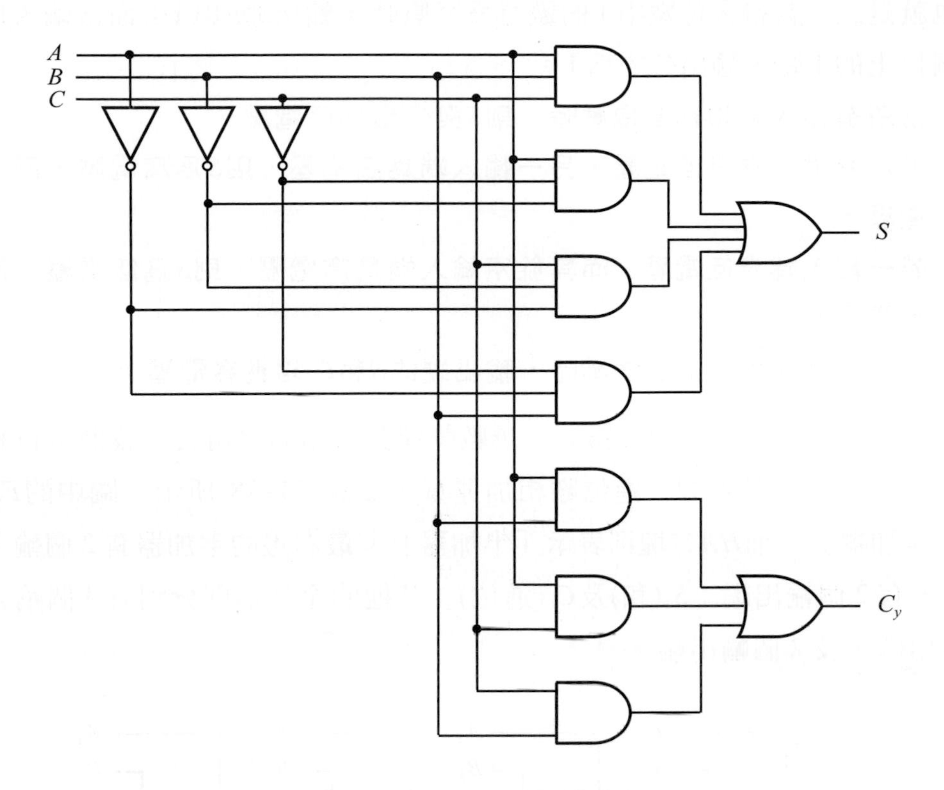


圖 11-36　全加器原邏輯電路

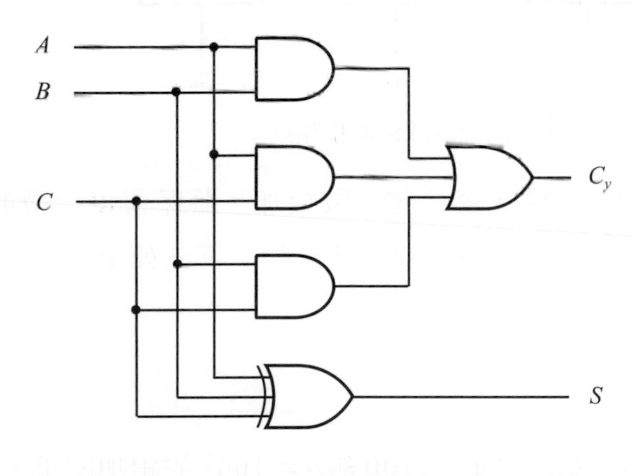


(a) 邏輯電路

| A | B | C | $C_y$ | S |
|---|---|---|---|---|
| 0 | 0 | 0 | 0 | 0 |
| 0 | 0 | 1 | 0 | 1 |
| 0 | 1 | 0 | 0 | 1 |
| 0 | 1 | 1 | 1 | 0 |
| 1 | 0 | 0 | 0 | 1 |
| 1 | 0 | 1 | 1 | 0 |
| 1 | 1 | 0 | 1 | 0 |
| 1 | 1 | 1 | 1 | 1 |

(b) 眞值表

圖 11-37　全加器

也就是說，當輸入位數中1的數目爲奇數時，輸出$S$便爲1；而當輸入位數中有兩個以上的1時，輸出$C_y$才爲1：

1. 當所有輸入端均爲低電壓時，則$S$與$C_y$均爲低電壓。
2. 若任兩輸入端爲低電壓，另一輸入端爲高電壓，則$S$爲高電壓，而$C_y$爲低電壓。
3. 若一輸入端爲低電壓，而其餘兩輸入端爲高電壓，則$S$爲低電壓，而$C_y$爲高電壓。
4. 當所有輸入端均爲高電壓時，輸出端的$S$和$C_y$均爲高電壓。

全加器也可稱作「全加法器」，是數學運算電路的房角石。我們可以藉串聯數個全加器來做大數目的二進位數相加運算，如圖 11-38 所示。圖中的$FA$方塊代表「全加器」，而$HA$方塊則表示「半加器」。最右邊的半加器有2個輸入端：$A_0$及$B_0$，有2個輸出端：$S_0$(和)及$C_1$(進位)。其他的全加器則分別有3個輸入端：$A_n$、$B_n$和$C_n$，及2個輸出端。

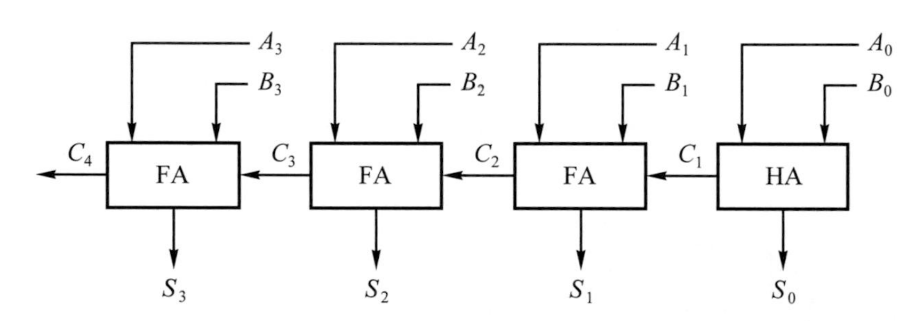


圖 11-38　二進位加法器(4位數相加)

二進位加法器(binary adder)能將兩個二進位數相加，藉保留每一級的$S$輸出，同時將$C$值輸出到下一級的輸入端，而完成加法作用，其式如下：

$$\begin{array}{rccccc} & & A_3 & A_2 & A_1 & A_0 \\ + & & B_3 & B_2 & B_1 & B_0 \\ \hline & C_4 & S_3 & S_2 & S_1 & S_0 \end{array}$$

現以圖 11-39 的加法器爲例，試計算$A=1100$與$B=1001$的相加結果，即：

$$\begin{array}{rcccc} & 1 & 1 & 0 & 0 \\ + & 1 & 0 & 0 & 1 \\ \hline & & ? & & \end{array}$$

半加器將 0 與 1 相加得到$S_0$(和)＝1，$C_1$(進位)＝0，此$C_1$＝0 再被送入第 1 個全加器，於是三個 0 加在一起得到：$S_1$＝0，$C_2$＝0，依此類推，最後獲得的$C_4S_3S_2S_1S_0$便是 10101，此即$A$、$B$兩個二進位數相加的結果：

$$
\begin{array}{r}
1\ 1\ 0\ 0 \\
+\quad 1\ 0\ 0\ 1 \\
\hline
1\ 0\ 1\ 0\ 1
\end{array}
$$

若以十進位數來看，則是 12 與 9 相加，得到 21 的結果。

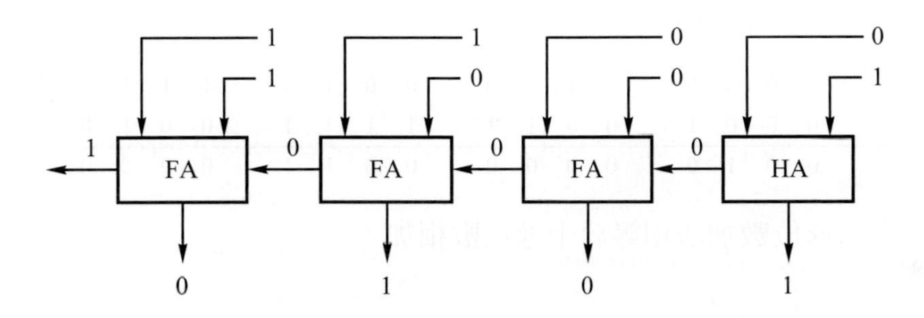


圖 11-39　1100 加 1001 的計算

利用全加器組合成的二進位加法器若串接的數量加多，便可構成更大數目的二進位加法器，例如，要製作一個 16 位數相加的加法器，須有 1 個半加器以及 15 個全加器。由於要畫出這樣的加法器過於麻煩，所以多以圖 11-40 的簡化符號代替。圖中的箭號是一種標準符號，代表一組字的輸入或輸出，例如：$A$與$B$相加得到$S$(和)，以及最後的$C$(進位)。

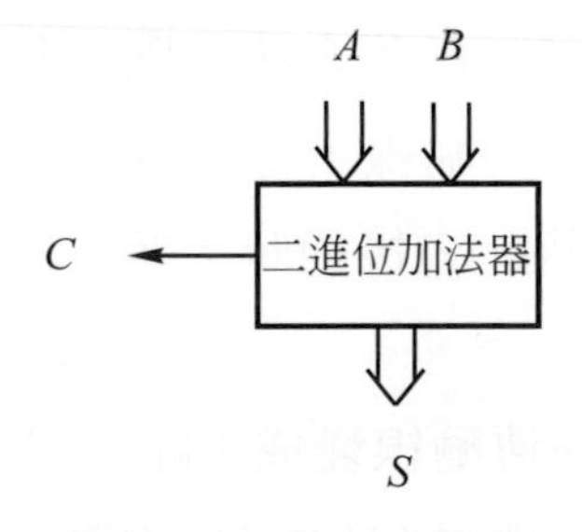


圖 11-40　二進位加法器的符號

【例 11-7】如圖所示之 16 位二進位加法器，有如下之輸入：

$A$ ＝0000 1100 0011 1110

$B$＝ 0001 0011 1111 0010

試求$S$和$C$各等於多少。

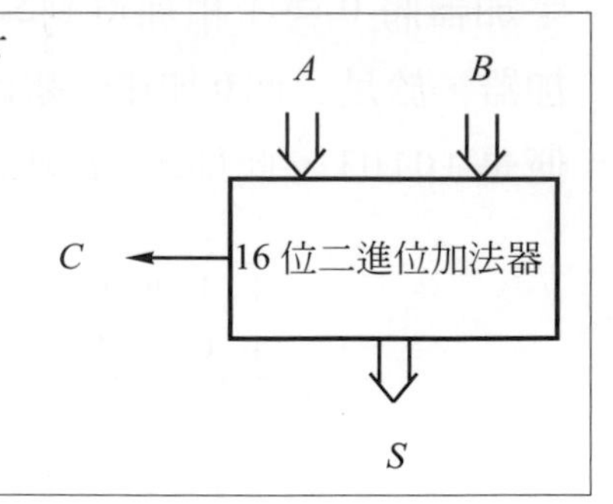


解

作二進位數相加，可得：

$$
\begin{array}{rcccc}
 & 0\,0\,0\,0 & 1\,1\,0\,0 & 0\,0\,1\,1 & 1\,1\,1\,0 \\
+ & 0\,0\,0\,1 & 0\,0\,1\,1 & 1\,1\,1\,1 & 0\,0\,1\,0 \\
\hline
 & 0\,0\,1\,0 & 0\,0\,0\,0 & 0\,0\,1\,1 & 0\,0\,0\,0
\end{array}
$$

以上之二進位數加法相等於十進位數相加：

$$
\begin{array}{rcccc}
 & 3 & 1 & 3 & 4 \\
+ & 5 & 1 & 0 & 6 \\
\hline
 & 8 & 2 & 4 & 0
\end{array}
$$

故二進位加法器的輸出$S$＝ 0010 0000 0011 0000，

而因爲沒有進位，所以$C$＝ 0。

## 11-4-3 解碼器

兩元件間的資料傳遞可以有許多方法，圖 11-41 爲兩種不同方式的資料傳送，(a)圖在兩元件間使用 8 條傳輸線，每一條傳輸線可以傳送 0V 或 5V 的電壓訊號，例如元件 1 的第 7 個開關(*G*)接通時，第 7 條傳輸線會送出 5V 電壓，則元件 2 接收並判讀爲訊號 7。

圖 11-41(b)在兩元件間的傳輸線變成 3 條，但仍然可以傳遞出 8 種不同的訊號。每一條傳輸線仍然只可以傳送 0V 或 5V 電壓訊號，若以 5V 代表“1”，0V 代表“0”，則每條傳輸線都有兩種變化，3 條傳輸線便可產生出$2 \times 2 \times 2$＝ 8 種的

變化訊號。元件 2 從 3 條傳輸線上擷取訊號，即可判讀元件 1 所送出的資料。例如元件 1 的開關$A$、$B$、$C$狀態分別爲OFF-OFF-ON，則元件 2 得到一個 001 的訊號，並判讀爲第 1 種訊號；當元件 1 的$A$、$B$、$C$開關送出ON-OFF-ON時，元件 2 得到 101 的訊號，同時被判讀爲第 5 種訊號，依此類推…。圖 11-41 中元件 1 內的開關可以以電晶體取代，如圖 11-42 所示。

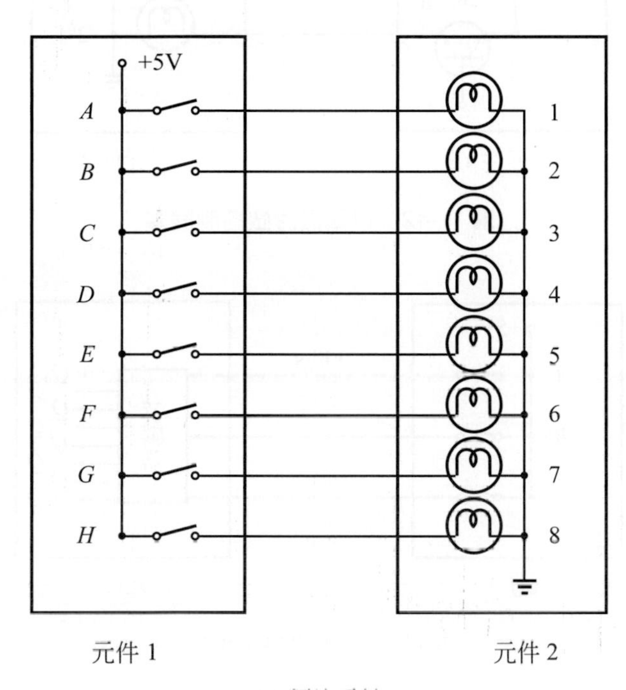


(a) 類比系統

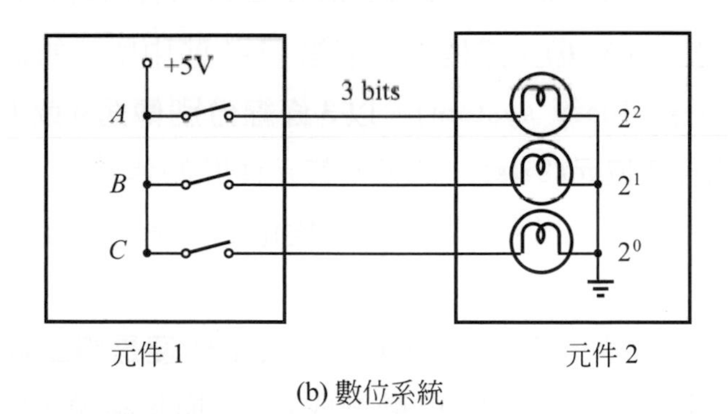


(b) 數位系統

圖 11-41　兩元件間資料傳遞的方式

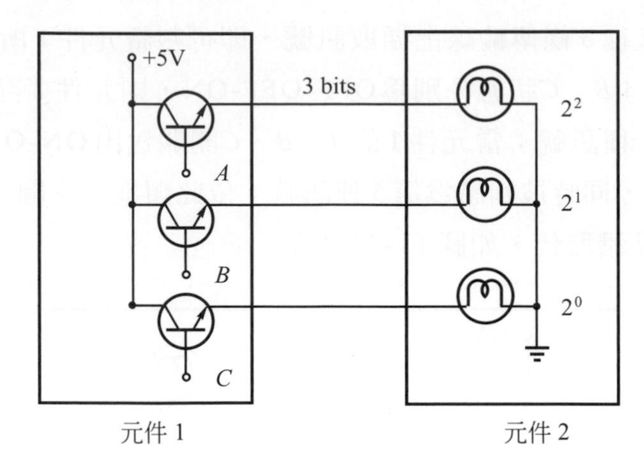


圖 11-42　以電晶體做控制開關

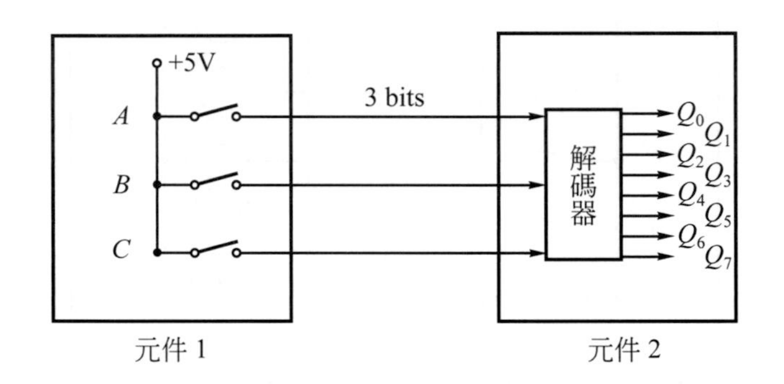


圖 11-43　解碼器的位置

在數位系統中，資料或數目的傳遞便是以圖 11-41(b)的方式來處理訊號，傳輸訊號不是 5V(1)就是 0V(0)。這種方式與第 11-1 節中所述的數位觀念相同，亦即所謂的二進位系統(binary system)。**以 3 條線分別傳送 0 或 1 的二進位訊號，在數位電子學中稱作 3 位元(bits)**。試想，若元件間的傳輸是以 8 條線的 8 位元(8 bits)方式，則一共可以產生出多少種的訊號變化？答案是 2 的 8 次方，即$2^8 = 256$種訊號。

本節所要介紹的**「解碼器」(decoder)，其工作便是將二進位數目轉換成我們所熟悉的十進位數目**，例如將$1100_2$轉換成$12_{10}$。換句話說，就是將圖 11-41(b)圖的訊號轉換成(a)圖的訊號。反之，能將十進位數目轉換成二進位數目訊號的電路就稱作**「編碼器」(encoder)**，例如將十進位數目輸入計算機，而經過編碼後成爲二進位數目，讓計算機辨識。

完整的解碼或編碼理論並不簡單，讀者們如有興趣，可參閱這方面的書籍。對於修習車輛工程的朋友而言，倒是需要具備基本的解碼概念，本節以一個3對8解碼器(3 of 8 decoder)為例說明其工作情形。

如圖11-44所示為「3對8線解碼器」，可將3個輸入解成8個輸出($2^3=8$)。輸出端的$Q_0$到$Q_7$分別代表8種不同變化的輸出訊號。例如當$A$、$B$、$C$輸入均為0時，$Q_0$到$Q_7$ 8條輸出線只有$Q_0$為5V高電壓(1)，其餘均是0V低電壓(0)；而當$ABC=001$時，則只有$Q_1$為5V(1)訊號，其餘均為0V(0)訊號，依此類推，如圖11-44(c)的眞值表所示。

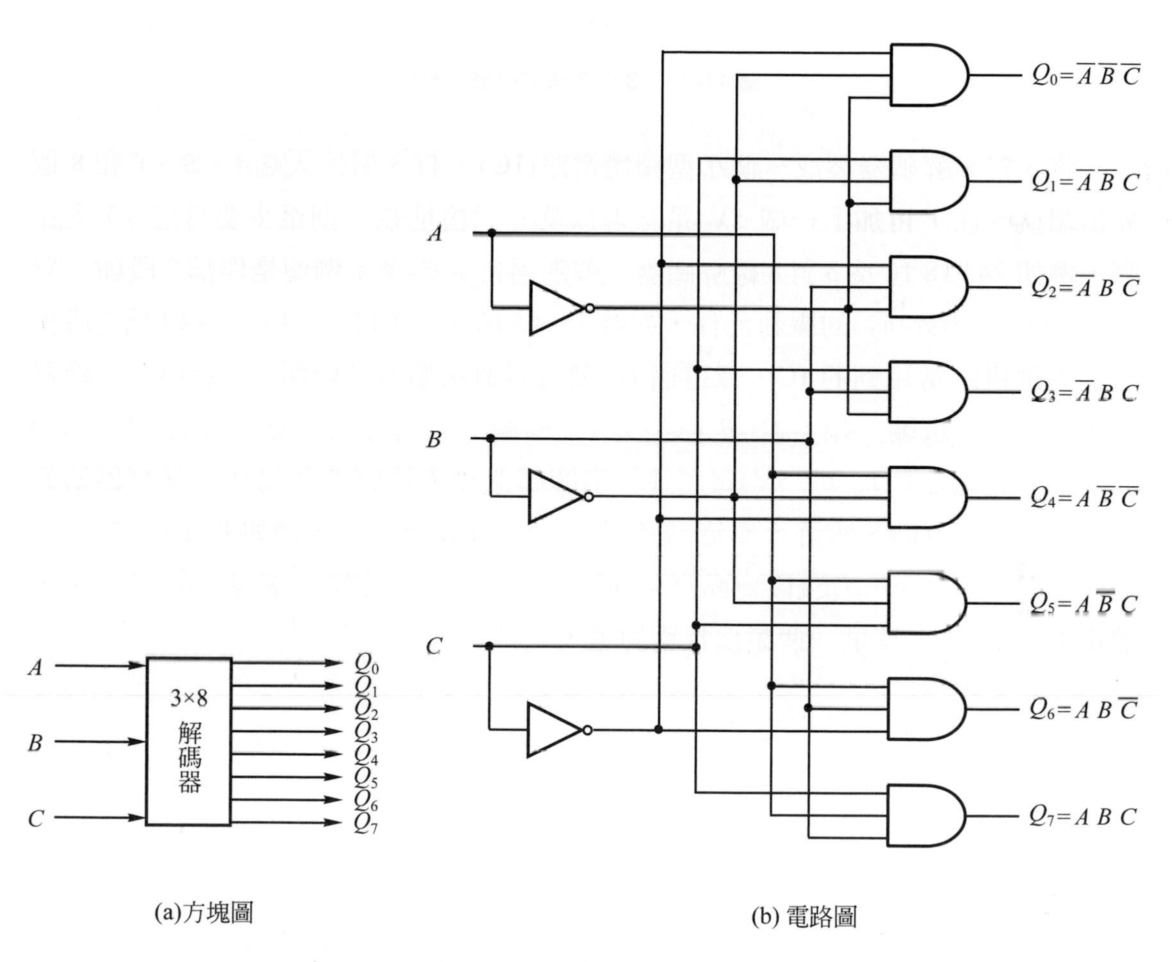


(a)方塊圖　　(b) 電路圖

圖11-44　3對8線解碼器

| $A$ | $B$ | $C$ | $Q_0$ | $Q_1$ | $Q_2$ | $Q_3$ | $Q_4$ | $Q_5$ | $Q_6$ | $Q_7$ |
|---|---|---|---|---|---|---|---|---|---|---|
| 0 | 0 | 0 | 1 | 0 | 0 | 0 | 0 | 0 | 0 | 0 |
| 0 | 0 | 1 | 0 | 1 | 0 | 0 | 0 | 0 | 0 | 0 |
| 0 | 1 | 0 | 0 | 0 | 1 | 0 | 0 | 0 | 0 | 0 |
| 0 | 1 | 1 | 0 | 0 | 0 | 1 | 0 | 0 | 0 | 0 |
| 1 | 0 | 0 | 0 | 0 | 0 | 0 | 1 | 0 | 0 | 0 |
| 1 | 0 | 1 | 0 | 0 | 0 | 0 | 0 | 1 | 0 | 0 |
| 1 | 1 | 0 | 0 | 0 | 0 | 0 | 0 | 0 | 1 | 0 |
| 1 | 1 | 1 | 0 | 0 | 0 | 0 | 0 | 0 | 0 | 1 |

(c) 眞值表

圖 11-44　3 對 8 線解碼器 (續)

將 3 對 8 解碼器製成一個小型積體電路(IC)，有 3 個輸入端$A$、$B$、$C$和 8 個輸出端$Q_0$～$Q_7$，再加上一個 5V 電源端以及一個接地端，則至少要有這 13 支接腳，例如 74138 IC爲 3 對 8 線解碼器。解碼器常見的應用例便是作爲 7 段顯示器(7 segment display)的驅動元件，如圖 11-45 所示。TTL 7446、7447 爲 7 段顯示器解碼電路常用到的 IC，以這個 IC 就可以直接驅動 7 段顯示器(註)。解碼器有 4 個二進位數輸入端：$A$、$B$、$C$、$D$，7 個輸出端則分別對應連接到 7 個 LED 的陰極。自電瓶將$V_{CC}$ (＋5V)電壓連接到解碼器和 7 個LED的陽極，當解碼器的任一輸出端爲 0 時，容許大電流通過，則該段LED燈亮起，例如要顯示“3”，則LED的$a$、$b$、$c$、$d$及$g$段會點亮。通常一個LED的工作電流約需 10～40mA，端電壓約 1.7V，算是一個頗爲耗電的電子元件。

註：7446 IC 內含有「4 對 10 解碼器」，可將 4 個輸入訊號轉換成 10 種不同的輸出訊號，此訊號再經 IC 內部的驅動電路處理，並由 7 條線路傳送到 LED 顯示。

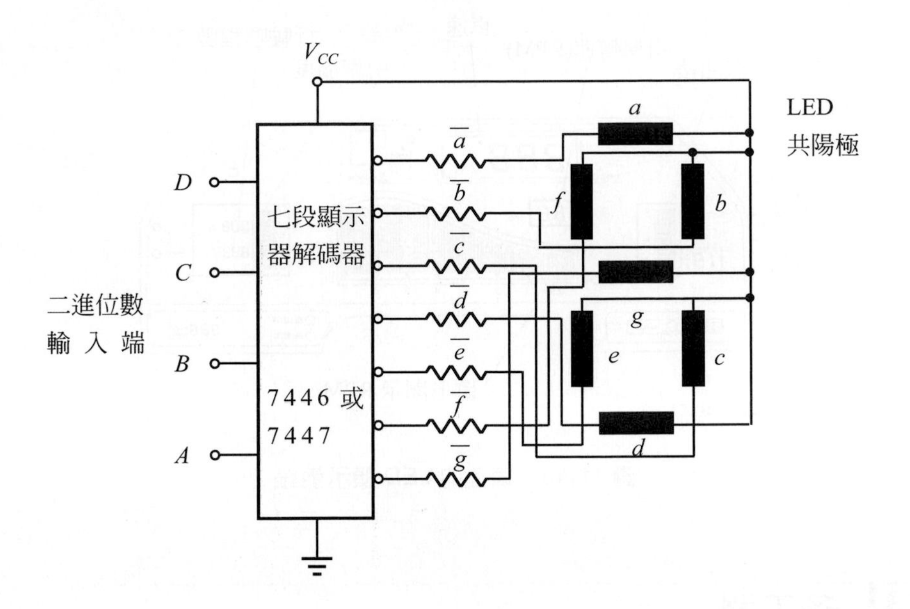


(a) 解碼器電路

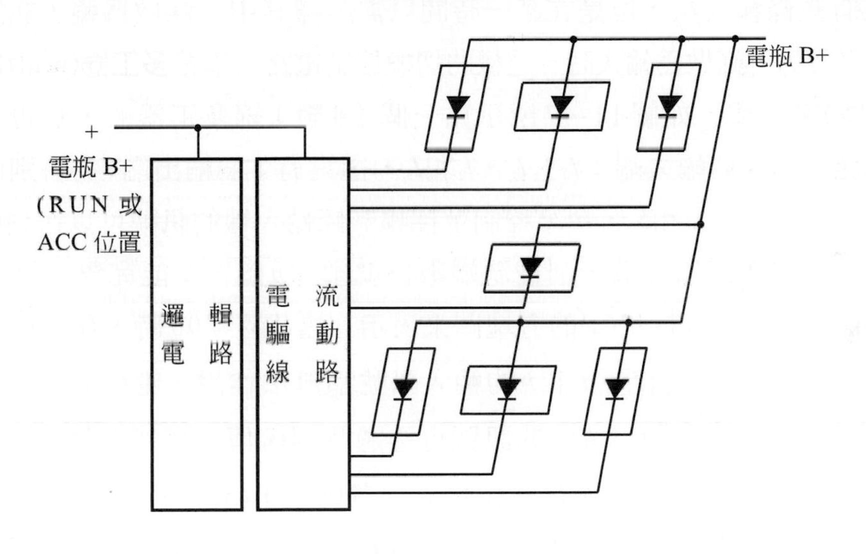


(b) 汽車儀錶板上的 7 段顯示器

圖 11-45　7 段顯示器

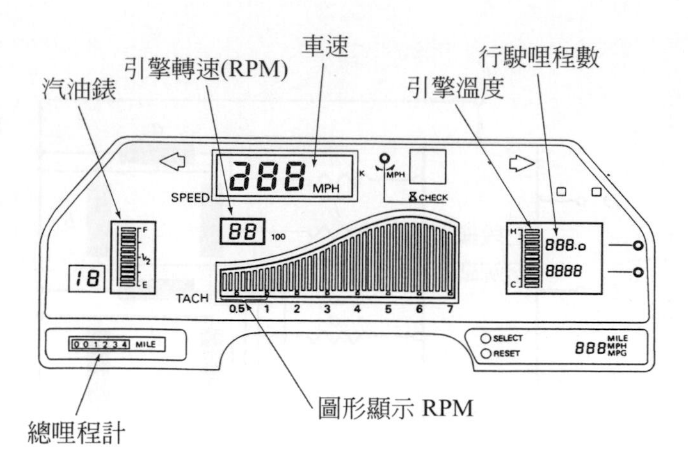


圖 11-46　車上的 LED 顯示儀錶

## 11-4-4 多工器

如果有數條輸入線，但是在某一時間只需選擇其中一條做爲輸入訊號，而在另一時間需要另一條做爲輸入時，這樣的切換控制電路就須藉**多工器(multiplexer，簡稱 MUX)**來完成。如圖 11-47 所示爲一個「4 對 1 線多工器」，它也是一種組合邏輯電路，有 4 個輸入端：$I_0$、$I_1$、$I_2$和$I_3$，卻只有 1 個輸出端$Y$。特別的是，有另外一組控制線端：$S_1$和$S_0$，用來控制選擇哪一條輸入線的訊號可以送到輸出端。

通常，若有$2^n$個輸入端，則控制端數目就須有$n$個，才能完整控制。在設計數位系統時，常以圖 11-47(a)的方塊圖來表示。當$S_1S_0 = 00$時，$G_1$、$G_2$和$G_3$三個及閘的輸出皆爲 0，使得$I_1$、$I_2$和$I_3$的輸入訊號都無法作用，唯$G_0$的三個輸入，$\overline{S_1}$和$\overline{S_0}$皆爲 1，另外一個爲$I_0$，故$I_0$的訊號可透過及閘$G_0$傳送到或閘輸出。

當$S_1S_0 = 10$時，只有及閘$G_2$三個輸入中有兩個 1 ($S_1 = 1$，$\overline{S_0} = 1$)，故$I_2$成爲$G_2$的有效輸入，並且輸出至或閘。依此類推出圖 11-47(c)的控制組合表。

TTL IC 中常見的多工器有 74150、74151、74153、74157 等。其中 74150 爲一個 16 對 1 的多工器。

**反多工器(demultiplexer，簡稱為 DMUX)**的作用恰巧與多工器相反，它只有一個輸入端，卻有多個輸出端，同樣利用控制訊號選擇將輸入訊號傳送到被選定的輸出端，如圖 11-48 所示。目前市售常用之 DMUX 爲 74155、74154。

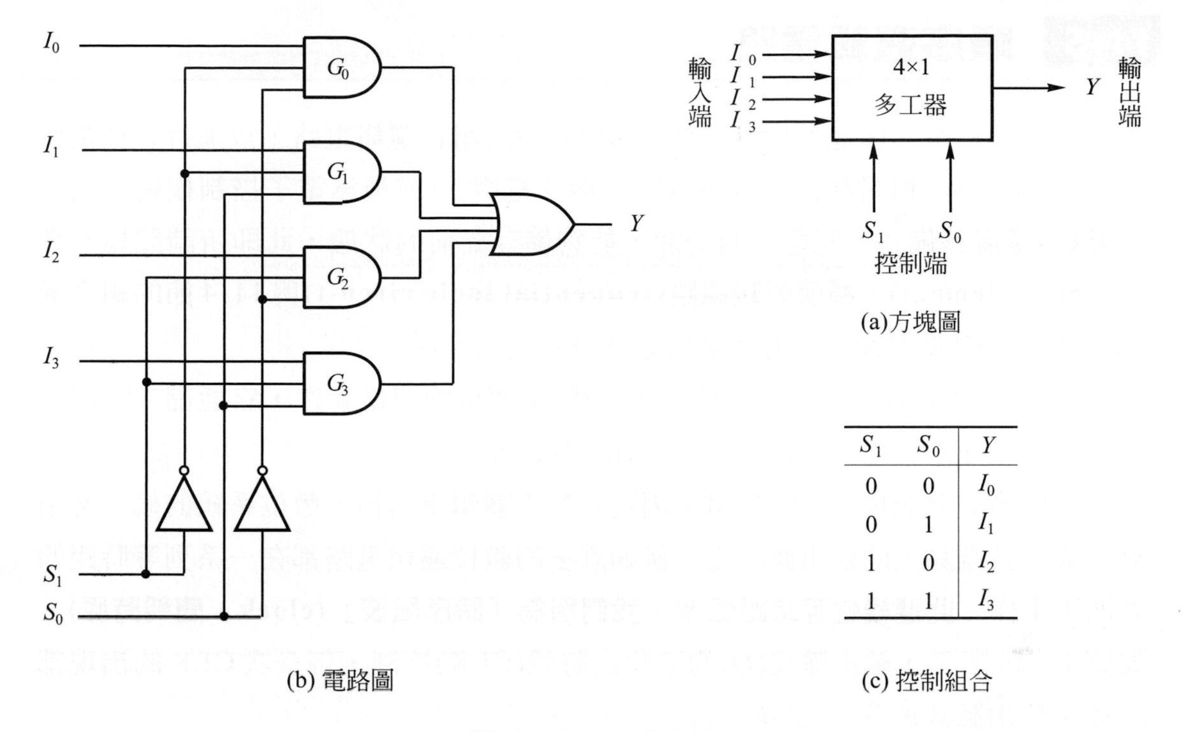


(b) 電路圖

(a)方塊圖

| $S_1$ | $S_0$ | $Y$ |
|---|---|---|
| 0 | 0 | $I_0$ |
| 0 | 1 | $I_1$ |
| 1 | 0 | $I_2$ |
| 1 | 1 | $I_3$ |

(c) 控制組合

圖 11-47　4×1多工器

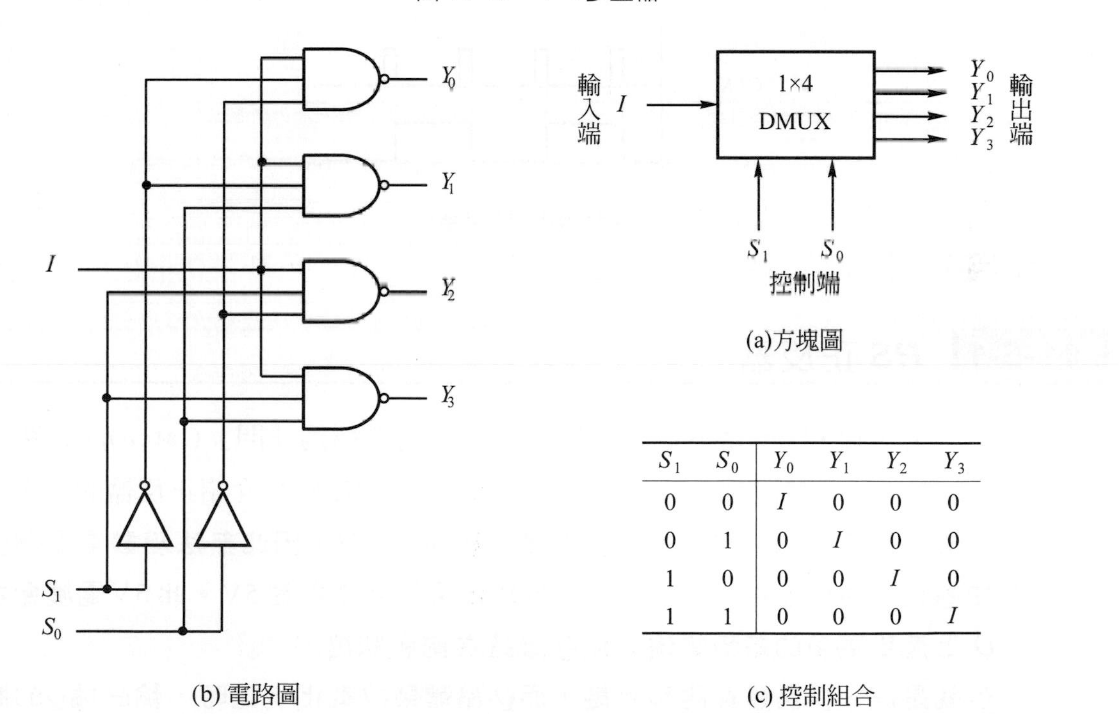


(b) 電路圖

(a)方塊圖

| $S_1$ | $S_0$ | $Y_0$ | $Y_1$ | $Y_2$ | $Y_3$ |
|---|---|---|---|---|---|
| 0 | 0 | $I$ | 0 | 0 | 0 |
| 0 | 1 | 0 | $I$ | 0 | 0 |
| 1 | 0 | 0 | 0 | $I$ | 0 |
| 1 | 1 | 0 | 0 | 0 | $I$ |

(c) 控制組合

圖 11-48　1×4反多工器

# 11-5 順序邏輯電路

工程師利用各種基本邏輯閘可以構成許多的組合邏輯電路，以進行各種數值的運算、控制。但是如此尚且不夠，一個「電腦」(或稱爲電子控制模組、電子計算機)還需具備有“記憶”的功能，能夠儲存先前的狀態，此即所謂記憶元件(memory element)。**順序邏輯電路(sequential logic circuit)**與11-4節的組合邏輯電路最大的差別就在於順序邏輯電路擁有記憶元件。

**正反器(flip-flop)**是順序邏輯電路中所常使用的記憶元件，它能儲存一個二進位數元，並以低電壓(0)或高電壓(1)的型式表示。

爲什麼需要記憶元件呢？這是因爲在順序邏輯電路裡，數位系統的輸出必須靠先前在該端點上的輸出而決定。例如許多的數位邏輯電路都在一系列等時距的脈波下工作，**此連續性等時距脈波，我們稱為「時序脈波」(clock，簡稱時脈)**。如圖11-49所示，輸出脈波($Q$)的變化由時脈(CLK)控制，每一次CLK的出現都改變了輸出脈波原先(記憶)的狀態。

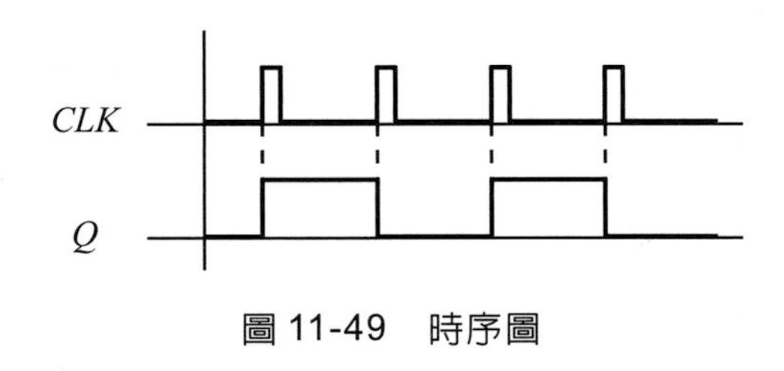


圖11-49　時序圖

## 11-5-1 *RS*正反器

嚴格說來，圖11-50並不是一個*RS*正反器，而是稱爲「閂」(latch)的電路，所謂閂，是指不具時脈控制的正反器。我們先以此簡單電路來介紹正反器的作用。

1. 當電晶體$Q_1$在飽和狀態時，其集極電壓接近0V，因此無法驅動電晶體$Q_2$的基極，使$Q_2$處在截止狀態，並且集極電壓保持在約5V。此5V電壓會在$Q_1$上產生更多的基極電流，使$Q_1$維持在飽和狀態。

   也就是說，$Q_1$晶體在飽和狀態，而$Q_2$晶體則被截止，這時，輸出端$Q$的狀態近於0V。($Q = 0$)。

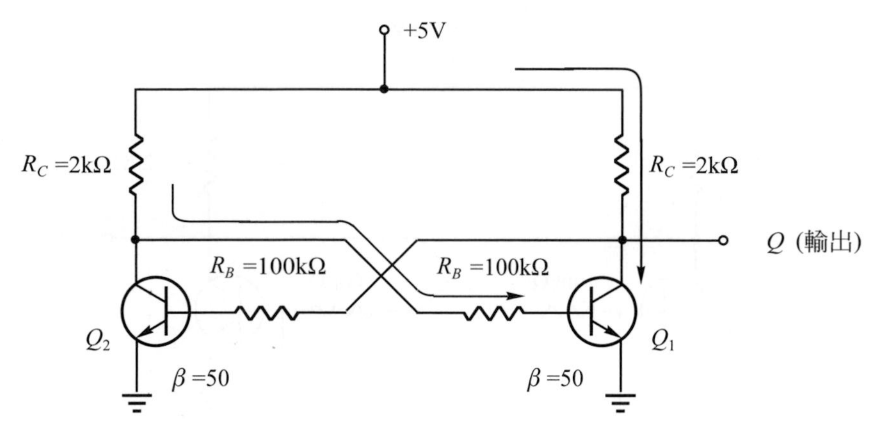


圖 11-50　*RS*閂電路

2. 反之，當電晶體$Q_2$在飽和狀態，而$Q_1$被截止時，此電路會輸出$Q = 1$。

因此，*RS*閂電路能夠儲存一個位元，不是0就是1。但是若要控制電路的儲存位元，就必須再增加觸發輸入(trigger input)成爲「*RS*正反器」，如圖 11-51所示。

兩個觸發控制輸入端分別稱爲「重設輸入」(Reset input)以*R*表示，和「設置輸入」(Set input)以*S*表示。

1. 當*S*控制端爲高電壓狀態時，電晶體$Q_2$飽和導通，即使原來不在飽和狀態，此時也會進入飽和狀態。因此電路的輸出爲：

   $Q = 1$

   $S = 1$使輸出爲1，即使*S*輸入變成0，其輸出仍然保存在1的狀態。
2. 當*R*控制端爲高壓狀態時，使$Q_1$晶體飽和導通，即使原來未在飽和狀態，此時也會進入飽和狀態。一旦進入此狀態，整個電路便一直保持在此狀態下，不論*R*輸入電壓是否消失。此時電路的輸出爲：

   $Q = 0$

   重設輸入端使電路輸出成爲0，故「重設」一詞又有「歸零」、「重置」的意義。

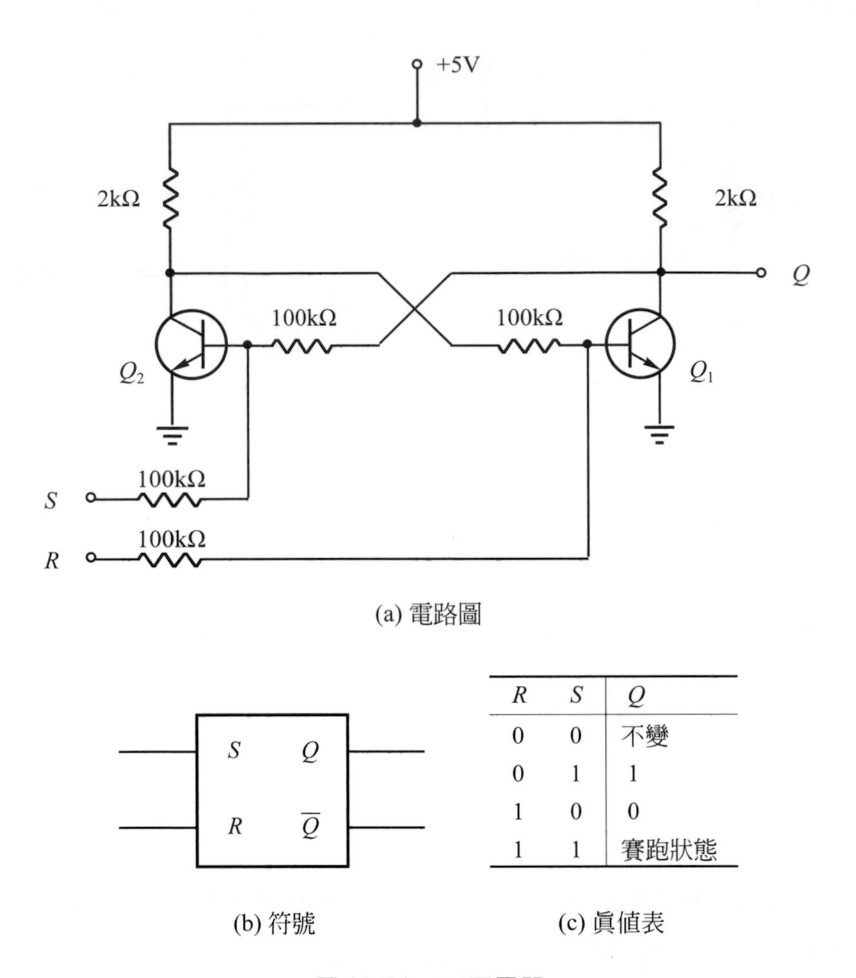


(a) 電路圖

| R | S | Q |
| --- | --- | --- |
| 0 | 0 | 不變 |
| 0 | 1 | 1 |
| 1 | 0 | 0 |
| 1 | 1 | 賽跑狀態 |

(b) 符號　　(c) 眞值表

圖 11-51　*RS*正反器

從眞值表中可以看出，當*R*爲低電壓且*S*爲高電壓時，電路輸出*Q*爲高電壓；反之，當*R*爲高電壓且*S*爲低電壓時，電路輸出*Q*將重回低電壓狀態。而當*R*與*S*同爲低電壓時，電路輸出不改變，保持在原來最後的狀態。

但是當*R*與*S*同爲高電壓時，將會導致不可預期的動作，哪一個電晶體先導通，端賴電晶體特性而定，我們稱此現象爲**「賽跑狀態」(race condition)**。應避免這種輸入狀態！

*RS*正反器是一種由電晶體所構成的記憶元件，由重設輸入端*R*與設置輸入端*S*控制其輸出狀態，故名*RS*正反器。在*RS*正反器中的共軛輸出$\overline{Q}$，乃由左邊電晶體集極取出，此輸出是否需要，視應用情況而定。

【例 11-8】如圖所示爲一有時脈控制(CLK)的$RS$正反器，及其輸入控制波形。若在時間$A$之前，$Q$爲低電壓，則試求：
⑴何時$Q$會變爲 1，⑵何時$Q$會重設回 0。

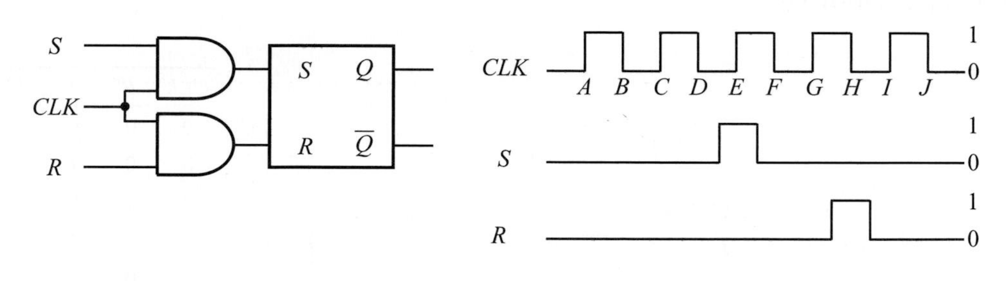


解

⑴ CLK 訊號同時推動二個 AND 閘，當 CLK ＝ 0 時，$S$與$R$的輸入訊號均無法到達正反器的輸入端，因此，當$S$＝ 1，$R$＝ 0 的訊號要使$Q$輸出等於 1，必須一直等到 CLK ＝ 1 的時間，即$E$時間才可以。

⑵$Q$輸出若要歸於 0，則必須在$S$＝ 0，$R$＝ 1，並且CLK訊號在高電壓狀態時，即$G$時間才能完成。

---

事實上，圖 11-51 的$RS$正反器以邏輯電路來看可畫成圖 11-52 所示一般。其中的時序圖(timing diagram)說明了輸入訊號與相對應之輸出訊號間的關係。

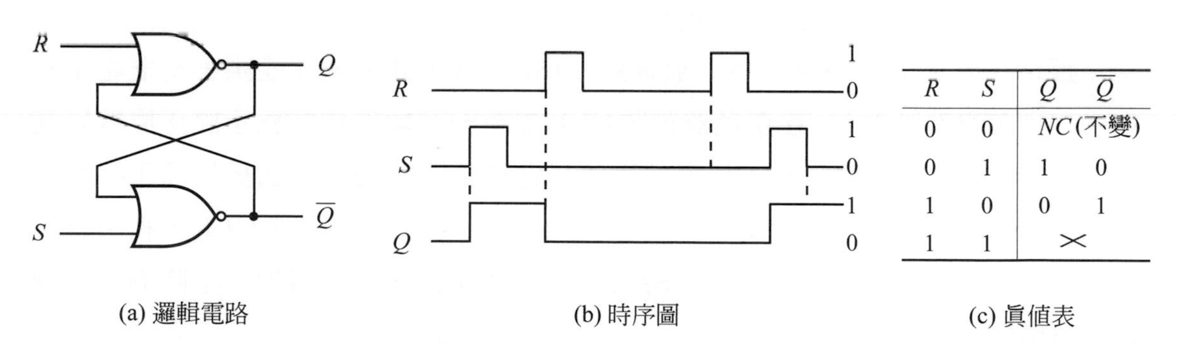


| $R$ | $S$ | $Q$ | $\overline{Q}$ |
|---|---|---|---|
| 0 | 0 | $NC$(不變) | |
| 0 | 1 | 1 | 0 |
| 1 | 0 | 0 | 1 |
| 1 | 1 | × | |

(a) 邏輯電路　(b) 時序圖　(c) 眞值表

圖 11-52　NOR 型$RS$正反器

一部電子控制模組(電子計算機)內須使用數千個正反器，爲了要使整個動作一致，在每一正反器上都有一個共同的輸入訊號，稱爲「時序脈波」(CLK)，簡稱爲時脈。此訊號可以讓正反器在正確的時間下改變狀態。圖 11-53 爲一加了 CLK 訊號的$RS$正反器。

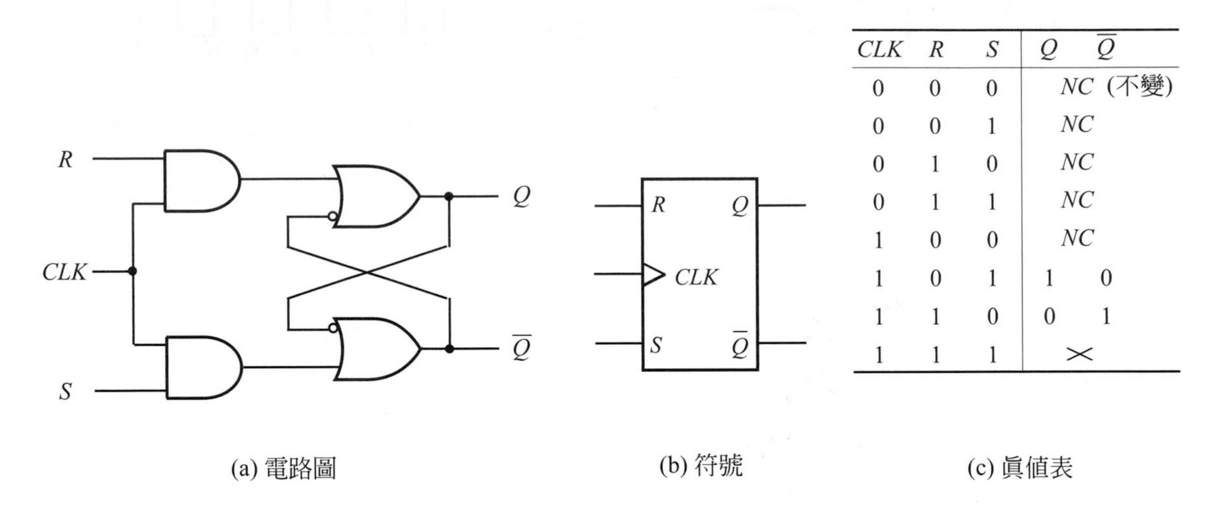


| $CLK$ | $R$ | $S$ | $Q$ | $\overline{Q}$ |
|---|---|---|---|---|
| 0 | 0 | 0 | $NC$ (不變) | |
| 0 | 0 | 1 | $NC$ | |
| 0 | 1 | 0 | $NC$ | |
| 0 | 1 | 1 | $NC$ | |
| 1 | 0 | 0 | $NC$ | |
| 1 | 0 | 1 | 1 | 0 |
| 1 | 1 | 0 | 0 | 1 |
| 1 | 1 | 1 | × | |

(a) 電路圖　(b) 符號　(c) 眞値表

圖 11-53　有時脈控制的$RS$正反器

時脈訊號(CLK)爲一方波訊號，由於 CLK 驅動兩個及閘，故 CLK 的電壓狀態決定了$R$與$S$訊號是否被送入正反器。例如$R=0$，$S=1$時，若 CLK $=0$，則$R$、$S$輸入訊號無法到達正反器，輸出端$Q$維持原來狀態，必須等到CLK$=1$時，$R$、$S$的訊號才能進入正反器，使$Q=1$。

反之，當$R=1$，$S=0$時，須等到 CLK $=1$，此訊號才能讓正反器產生動作，亦即使$Q$重設爲 0。**在正反器符號CLK處有一三角形標記表示此正反器只在 CLK 由 0 轉變成 1 時，輸入訊號才有效，這種正緣觸發的型式稱作「正時脈」(positive clock)**。另有一種稱作「負時脈」(negative clock)的 CLK，利用方波的負緣，即由 1 轉 0 時做觸發。負時脈的符號爲在三角形外再加一小圓圈，如圖 11-59(b)所示。

圖 11-54 爲有 CLK 的$RS$正反器時序圖。

圖 11-55 爲利用一個輸入端便可驅動正反器的「$D$型正反器」。圖 11-56 爲具有 CLK 訊號控制的$D$型正反器。

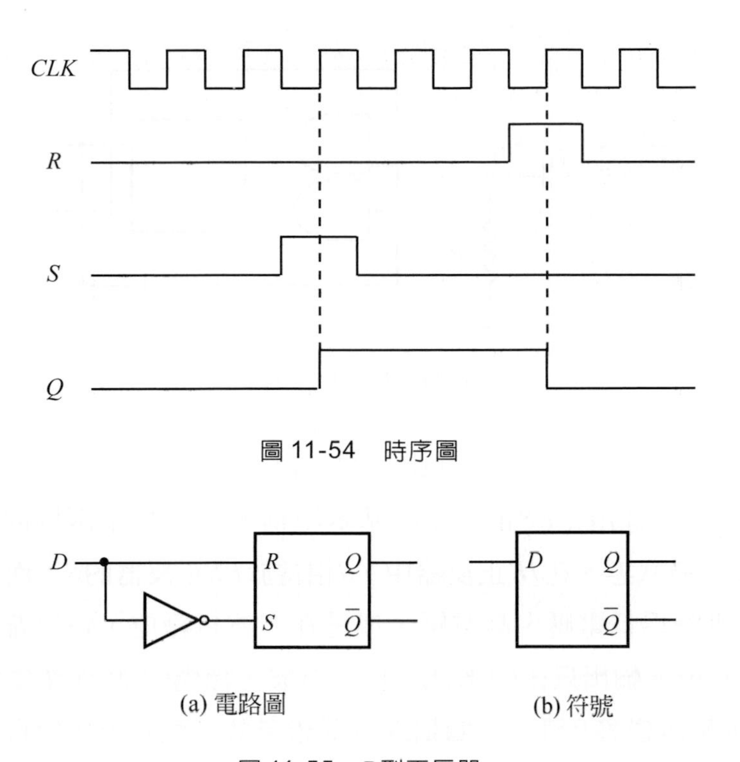


圖 11-54　時序圖

(a) 電路圖　(b) 符號

圖 11-55　*D*型正反器

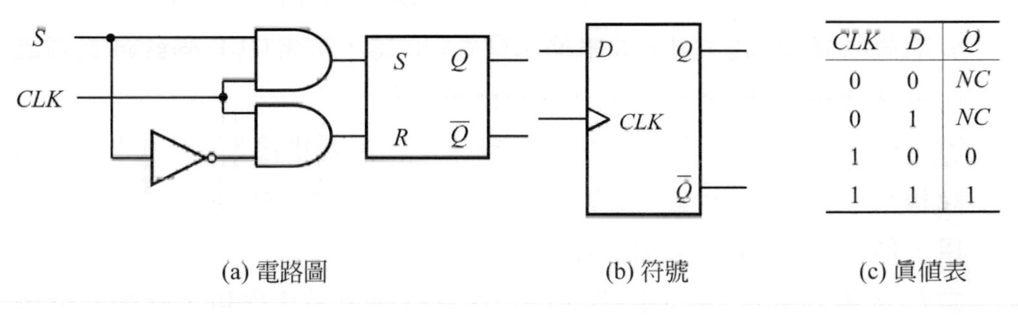


| *CLK* | *D* | *Q* |
|---|---|---|
| 0 | 0 | *NC* |
| 0 | 1 | *NC* |
| 1 | 0 | 0 |
| 1 | 1 | 1 |

(a) 電路圖　(b) 符號　(c) 真值表

圖 11-56　有 CLK 的*D*型正反器

## 11-5-2　*JK* 正反器

***JK*正反器**是計數器電路內最理想的記憶元件。圖 11-57 爲*JK*正反器，在CLK觸發訊號部份採用*RC*時間常數甚短的*RC*微分電路，能夠將方波轉變成窄的脈衝波。當電容完全充電後，在電阻*R*兩端產生正脈衝，而在方波負緣處，電容因放電而產生窄的負脈衝。*JK*正反器即利用 CLK 由*RC*電路所生之正脈衝所觸發。

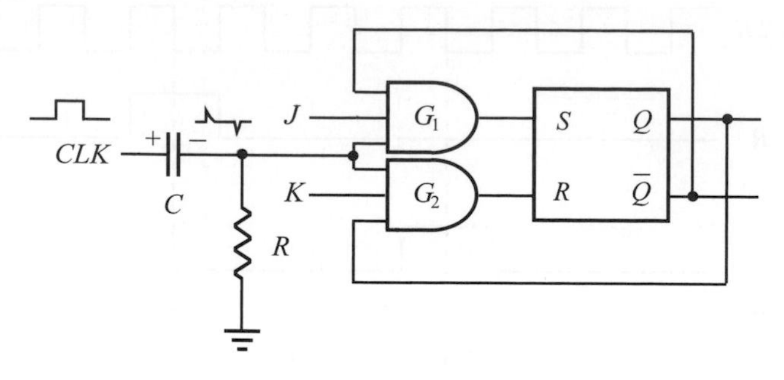


圖 11-57　*JK*正反器

為了改良*RS*正反器會出現“賽跑”的不穩定狀態($R = 1$，$S = 1$時)，而設計了*JK*正反器。它仍延用了*RS*正反器的基本結構，唯多加了兩條回授電路，以消除輸出的相互矛盾狀態。在*JK*正反器中，*J*相當於*RS*正反器的*S*；而*K*則相當於*R*。

當 CLK 訊號為低電壓、高電壓、或是在方波負緣處，電路都不會動作，即輸出*Q*維持原狀態。輸出只在CLK訊號位在方波正緣處(正脈衝產生處)才會改變。

1. 當*J*、*K*輸入皆為0時，兩個輸入及閘皆無效，故在所有時間內，包括CLK在上升方波正緣處，*JK*正反器電路都不動作。
2. 當$J = 0$，$K = 1$時，$G_1$及閘不作用，所以無法將正反器設定為$Q = 1$，只可能將其重設為$Q = 0$。如果原來$Q = 1$的話，則當CLK觸發訊號到達時，$G_2$及閘作用，使*R*訊號通過，將*Q*轉變成0。
3. 若$J = 1$，$K = 0$，$G_2$及閘不作用，無法使正反器重設為$Q = 0$，只可能將其設置為$Q = 1$。亦即當$Q = 0$時，在 CLK 正緣觸發訊號到達時，$G_1$及閘作用，使*S*訊號通過，推動*Q*轉變成1輸出。
4. 當*J*、*K*輸入皆為1時，則及閘$G_1$與$G_2$都有可能發生作用，端賴當時輸出狀態而定。如果$Q = 1$的話，$G_2$作用，使*R*訊號通過正反器，產生重設作用，*Q*變成0。反之，若$Q = 0$時，$G_1$作用，使*S*訊號通過正反器，產生設置作用，*Q*變為1。

   也就是說，$J = 1$、$K = 1$時，不論原來*Q*為何種輸出狀態，當CLK正緣一到達時，輸出*Q*必定轉變其狀態，此現象稱為「正反變化」(toggle)。

圖 11-58 為*JK*正反器的真值表和時序圖。圖 11-59 為*JK*正反器的代表符號。圖 11-60 為具有預設(PReset)和清除(CLeaR)功能的*JK*正反器。若令PR = 1時，

則輸出預設爲$Q=1$；若使 CLR $=1$時，則輸出可清除爲$Q=0$。在平常時，PR 與 CLR 值都設爲0。

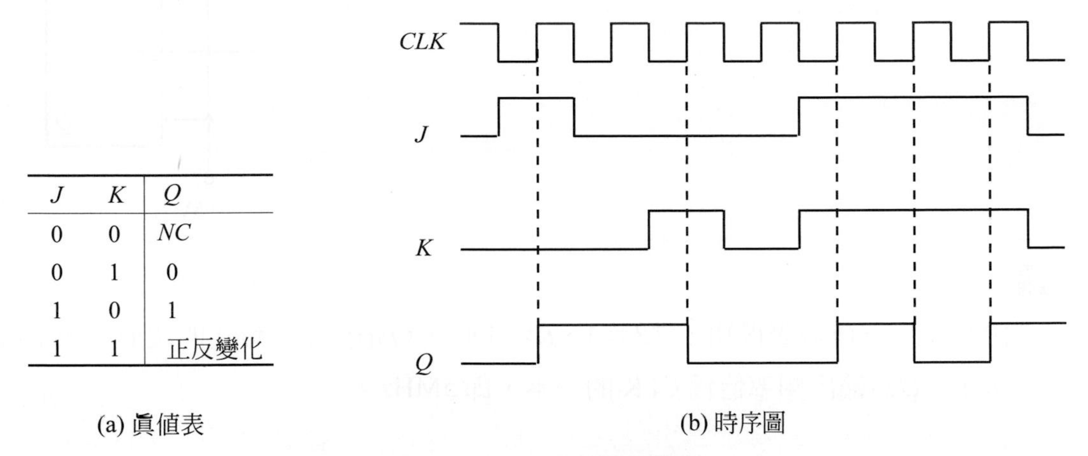

| $J$ | $K$ | $Q$ |
|---|---|---|
| 0 | 0 | $NC$ |
| 0 | 1 | 0 |
| 1 | 0 | 1 |
| 1 | 1 | 正反變化 |



(a) 眞值表　　(b) 時序圖

圖 11-58　$JK$正反器的作用

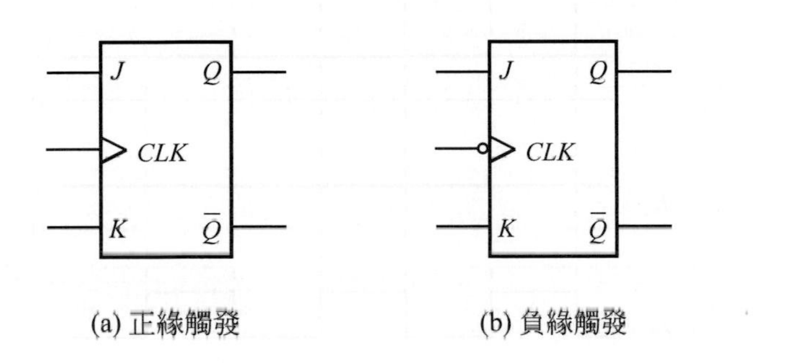


(a) 正緣觸發　　(b) 負緣觸發

圖 11-59　$JK$正反器符號

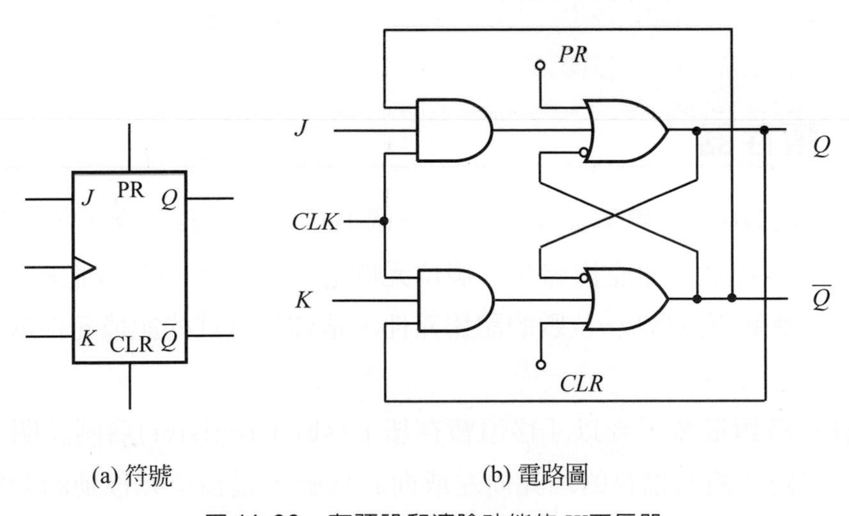


(a) 符號　　(b) 電路圖

圖 11-60　有預設和清除功能的$JK$正反器

【例 11-9】如圖所示，若時脈頻率為 10MHz，則$Q$輸出頻率為多少？

解

由$JK$正反器真值表得知，當$J=1$、$K=1$時，會輸出正反變化的波形。如下圖所示，$Q$的輸出頻率恰為 CLK 的一半，即 5MHz。

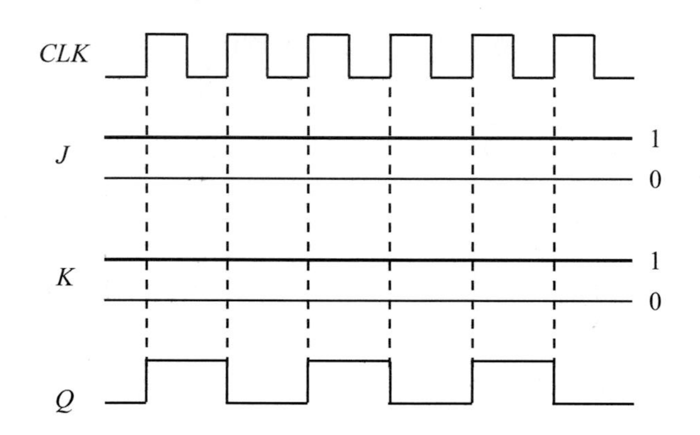


## 11-5-3 暫存器

**暫存器(register)**是電腦記憶部份中一個很重要的元件。在前幾節我們曾提到，一個正反器就是一個能夠儲存一個位元的記憶元件，如果我們將$n$個正反器組合起來，那麼就可以做成$n$位數的記憶元件，這種組合式的記憶元件就稱作「暫存器」。

暫存器的種類很多，今以「移位暫存器」(shift register)為例說明其作用原理。移位暫存器能將其儲存的位元向左或向右移動，這種位元移動的功能對數位運算電路來說是必須的。

如圖 11-61 所示爲一利用 4 個$D$型正反器所組成的 4 位數左移暫存器。每一個$D$型正反器的輸出$Q$是下一個$D$型正反器的輸入$D$。當 CLK 訊號的方波正緣到達時，原先所儲存的位元均向左移動一位。

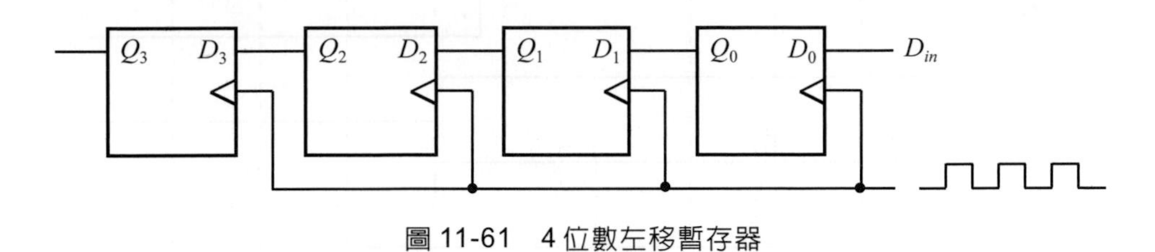


圖 11-61　4 位數左移暫存器

假設暫存器的初始輸出值爲：$Q = Q_3Q_2Q_1Q_0 = 0000$，而$D_{in} = 1$ 時，當第一個CLK訊號到達時，使右邊第 1 個正反器的輸出$Q_0 = 1$，於是所儲存的位元變成：

$$Q = 0001$$

此時$D_1$與$D_0$都處於 “1” 的狀態。所以，當第二個CLK訊號送入時，第 2 個正反器的輸出也會被設成 1，即$Q_1 = 1$。於是儲存位元變成：

$$Q = 0011$$

依此類推，第 3 個 CLK 訊號使暫存器輸出變成：

$$Q = 0111$$

第 4 個 CLK 訊號使暫存器輸出成爲：

$$Q = 1111$$

若$D_{in}$一直保持在$D_{in} = 1$ 狀態，則所儲存的位元不再受CLK訊號影響，而維持不變。

若$D_{in}$轉變爲 0 時，則暫存器輸出依 CLK 訊號到達的時序分別爲：

$$Q = 1110$$

$$Q = 1100$$

$$Q = 1000$$

$$Q = 0000$$

此後，只要$D_{in}$保持在$D_{in}=0$狀態，則儲存位元不再受 CLK 訊號影響，$Q$值保持不變。圖 11-62 爲左移暫存器之時序圖。

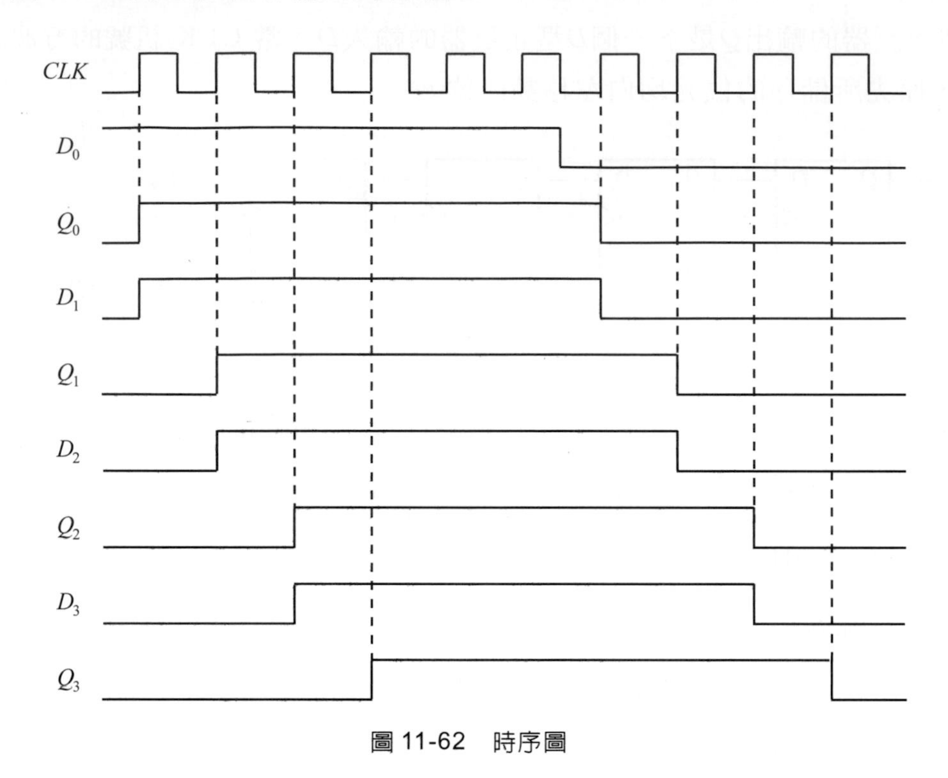


圖 11-62　時序圖

## 11-5-4 計數器

**計數器(counter)**是由正反器與邏輯閘所組成的一種暫存器電路，它可以用來計算時脈訊號(CLK)的頻率、次數。計數器的種類很多，一般可分爲同步型與非同步型，差別在於 CLK 訊號是同時加到每一個正反器上(同步型)，或是只加在第 1 個正反器上(非同步型)。

如圖 11-63 所示爲由$JK$正反器所構成的計數器，CLK 訊號只送入第 1 個正反器，請留意，觸發採用負時脈方式(符號上加一小圓圈)，即CLK方波訊號由 1 轉 0 時產生觸發。另外，清除訊號 CLR 也採負時脈方式觸發。$J$、$K$輸入端都連接到高電壓，表示每一個正反器在接受到 CLK 訊號負緣觸發時，會出現「正反變化」。(參見 11-5-2 節)。

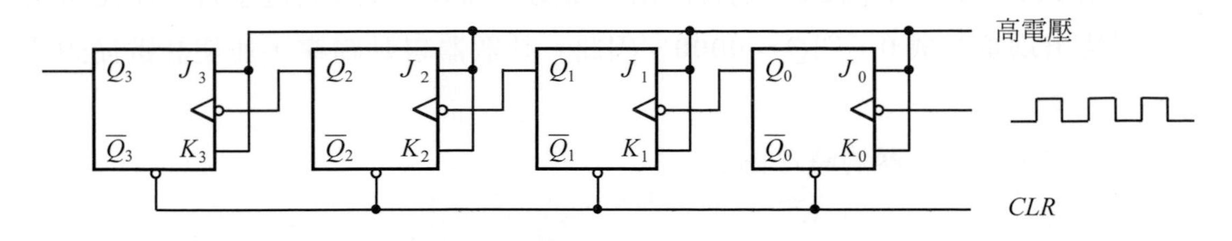


圖 11-63　非同步型計數器

當 CLR ＝ 0 時，計數器的初始輸出值設爲$Q = Q_3Q_2Q_1Q_0 = 0000$，其中的$Q_3$稱爲「最高位元」(Most Significant Bit；MSB)，$Q_0$爲「最低位元」(Least Significant Bit；LSB)。

當 CLR ＝ 1 時，計數器開始進行計數。CLK 訊號的第 1 個方波負緣到達右邊第 1 個正反器時，因爲$J_0$和$K_0$同爲 1，故輸出端$Q_0$發生正反變化，$Q_0$會由 0 轉變成 1，使輸出位元成爲$Q = 0001$。

當第 2 個CLK負緣訊號送入時，$Q_0$由 1 變成 0，並將此一“負緣”訊號送到第 2 個正反器，使$Q_1$由 0 轉變成 1，於是輸出成爲$Q = 0010$。

接著第3個CLK負緣訊號到達時，$Q_0$又由0變成1，$Q_1$不變。輸出成爲$Q = 0011$。

第 4 個 CLK 負緣訊號到達時，$Q_0$再由 1 轉變回 0，連帶使$Q_1$由 1 變回 0。$Q_1$的變化使第 3 個正反器發生變化，$Q_2$由 0 變成 1。計數器輸出成爲$Q = 0100$。

依此類推下去，輸出位元依次爲：0101、0110、0111、1000、1001、1010、1011、1100、1101、1110 和 1111。

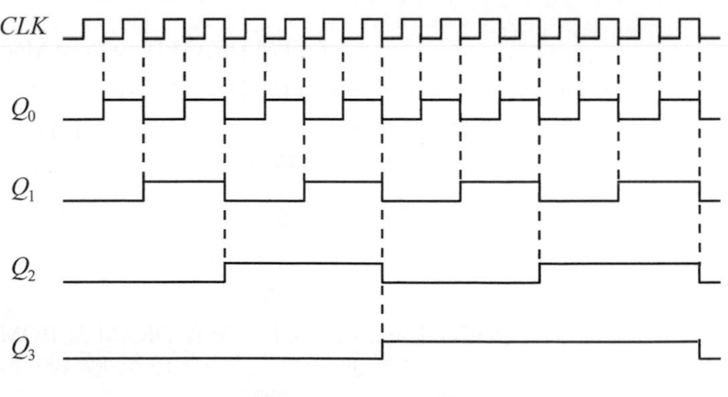


圖 11-64　時序圖

輸出1111由第15個CLK訊號產出，當第16個CLK訊號送達時，將使所有正反器輸出均重設成0，即$Q=0000$。因此，計數器自動歸零，並使計數從頭開始。

圖11-64為計數器的時序圖。

## 11-6 記憶體

**記憶體(memory)**是電腦(或稱微處理器、電子計算機、電子控制模組等)的一部份，用以儲存解決問題所需之程式或資料。電腦工作時，必須常常從記憶體存取資料，故記憶體是電腦內活動最頻繁的地方。

記憶體乃由數千個暫存器所構成，每一個暫存器可以儲存一個二進位數字，即0或1。早期的電腦使用具有剩磁特性的磁性材料(磁芯)做為記憶體(註)。今天的電腦都已使用便宜且容量大的半導體記憶體。

目前記憶體多以積體電路(IC)型式製成，**記憶體IC可分為兩大類：**

1. **揮發性記憶體**(volatile memory)：**在關掉電源後資料會消失的記憶體，如**DRAM。
2. **非揮發性記憶體**(nonvolatile memory)：**電源關掉後資料仍可持續保存者，如**ROM。

表11-1為記憶體IC分類表。

表11-1　記憶體IC的分類表

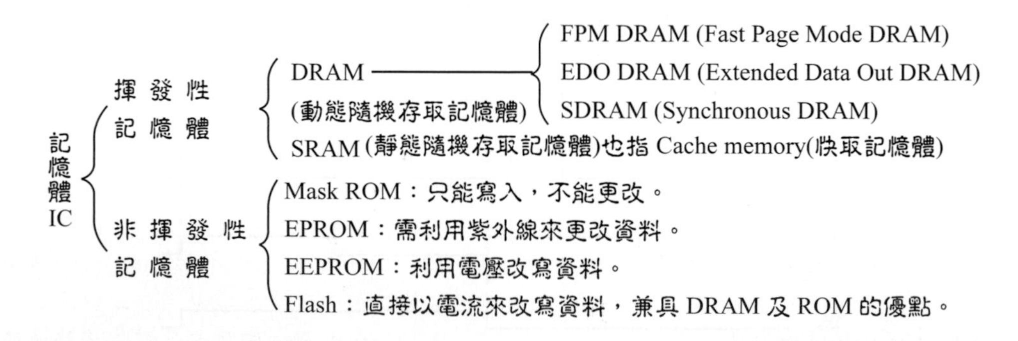


註：磁芯記憶體的發明專利權由1955年在美國麻州Lowell成立的王安電腦公司所擁有。王安先生為傑出之華裔工程師。

記憶體的設計與製造技術不斷精進，使其處理速度愈來愈快，並且還具有省電、體積小的優點，未來對通訊產品、個人電腦、資訊家電(IA)和數位相機的影響甚鉅。當然，汽車電子工業也必蒙其利。

記憶體若依其存取資料的方式，則可分為兩種：

1. 隨機存取記憶體(Random Access Memory；RAM)：它可以提供隨時讀取或存入新的記憶資料。
2. 唯讀記憶體(Read Only Memory；ROM)：只能將記憶體的內容讀出來，而在執行運算過程中卻不能存入新的記憶資料。(註)。

## 11-6-1 唯讀記憶體

**唯讀記憶體(ROM)**相當於一組暫存器，每一個暫存器永久地儲存一個位元，若加入正確的控制，便可將所儲存的位元“讀”出來。

圖 11-65 爲一種 ROM 的電路。每一水平列代表一個暫存器，例如$R_0$暫存器包含 3 個二極體，$R_1$暫存器則有 1 個二極體，依此類推…。設ROM的輸出位元爲：

$$D = D_3D_2D_1D_0$$

如圖所示，將開關置於位置 0 時，＋5V 高電壓使$R_0$暫存器內的二極體導通，其餘二極體則都不通，因此，ROM 的輸出爲：

$$D = 0111$$

若將開關置於位置 1 時，則$R_1$暫存器內的二極體導通，使 ROM 的輸出變成：

$$D = 1000$$

開關置於其他位置，ROM的輸出也會跟著改變，例如位置 7 的輸出值$D = 1110$，如圖 11-66 所示。

註：EPROM(Erasable & Programmable ROM)、EEPROM(Electrically Erasable & Programable ROM)和Flash(快閃記憶體)等都屬於ROM，但是卻可以藉由特殊燒錄、加電壓或寫入程式的方式將ROM的內容更新供微處理器使用。在微處理器的運算過程中，它們仍只能提供資料的讀取，而無法如RAM一般做存入的動作。目前許多車廠的ECM，都漸已採取利用車用掃描器(Scanner)做 ROM 資料的更新，例如 SAAB 藉 TECH2 來更新車用電腦的資料。

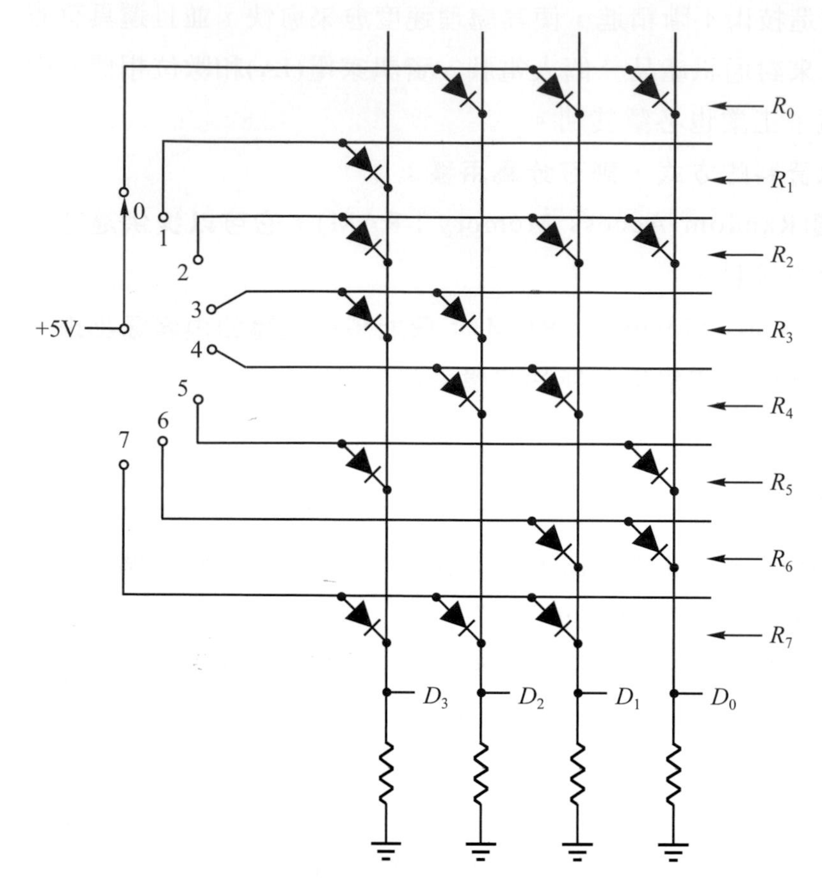


圖 11-65　由二極體構成的 ROM (8×4ROM)

| 位址 | 內容 |
|---|---|
| 0 | 0111 |
| 1 | 1000 |
| 2 | 1011 |
| 3 | 1100 |
| 4 | 0110 |
| 5 | 1001 |
| 6 | 0011 |
| 7 | 1110 |

圖 11-66　ROM 的位址及其內容

藉圖 11-65 讓我們瞭解 ROM 的基本概念，將電路中的二極體移去或增加，便能改變 ROM 的輸出。圖 11-65 的電路可稱爲8×4ROM，**其中的 8 表示記憶體有 8 個記憶位置，稱為「位址」(address)。4 則表示每一個位址上所儲存的內容(content)為 4 位元的數字，所以這個 ROM 的容量為 32 位元**。同樣地，1024×8 ROM 便表示此一 ROM 具有 1024 個記憶位置，位址從 0 到 1023，而 ROM 的輸出則爲 8 位元的二進制數字，因此，它是一顆 8k 位元($8\times2^{10}$)容量的 ROM。

實際上，以IC方式製成的ROM並不如圖 11-65 般，因爲若是做成這樣，便需要 8 條輸入線。如果位址數爲 1024，則IC ROM上的輸入線豈不需有 1024 條！所以事實上，記憶體設計廠多將「解碼器」製作在IC ROM內，經由解碼工作，可以使輸入線減少很多。以8×4ROM爲例，原先的 8 條，現在只要 3 條即可(8 =

$2^3$)。同理可推，1024×8ROM的輸入線則只需要10條(1024 ＝$2^{10}$)。

如圖11-67所示，原先的8個輸入端，藉由內含解碼器便只需3個：$A_2$、$A_1$和$A_0$。圖11-67(b)為其代表符號，有3條輸入線和4條輸出線(4位元)。位址與內容的關係如圖11-68所示。通常，記憶體本身都有解碼器(on-chip decoder)，因此，$n$條位址線能提供$2^n$個記憶位置(位址)。例如8條位址線可以有256個記憶位置。

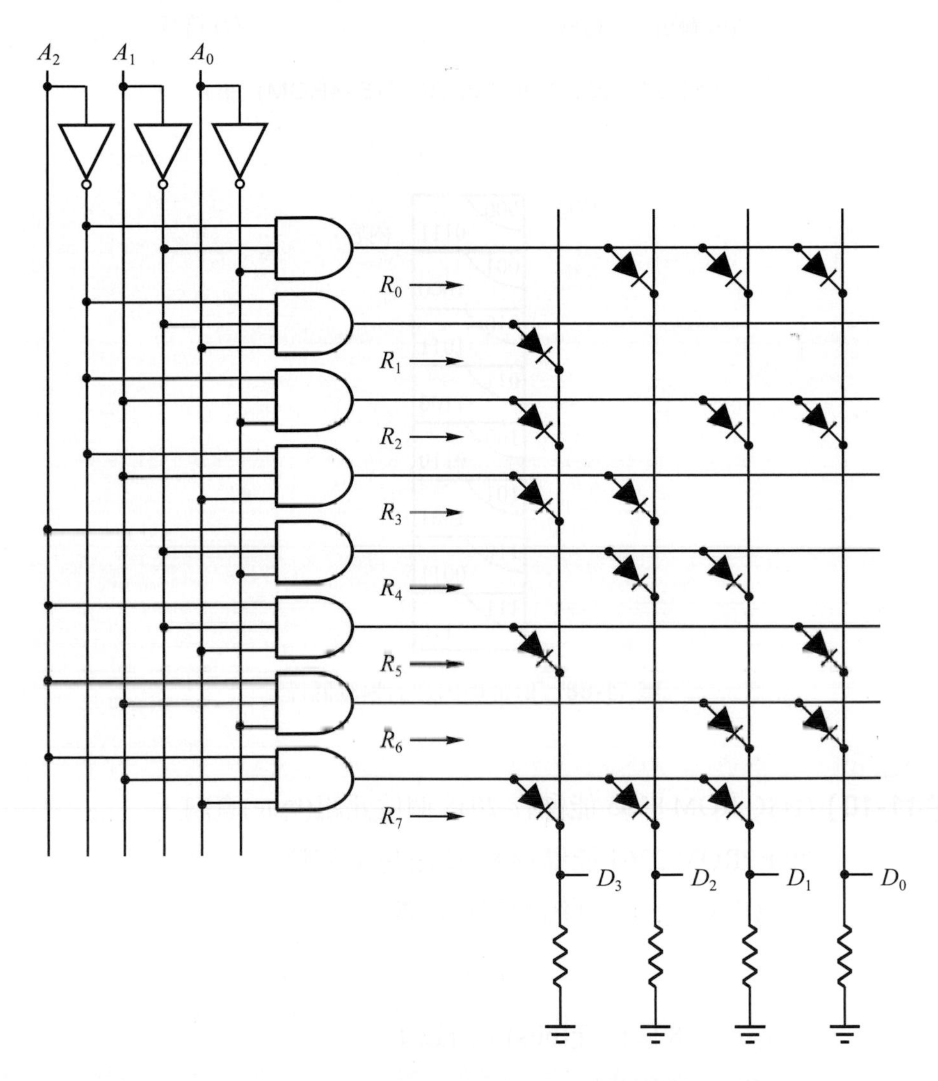


(a)電路圖

圖11-67　有解碼器的IC ROM (8×4ROM)

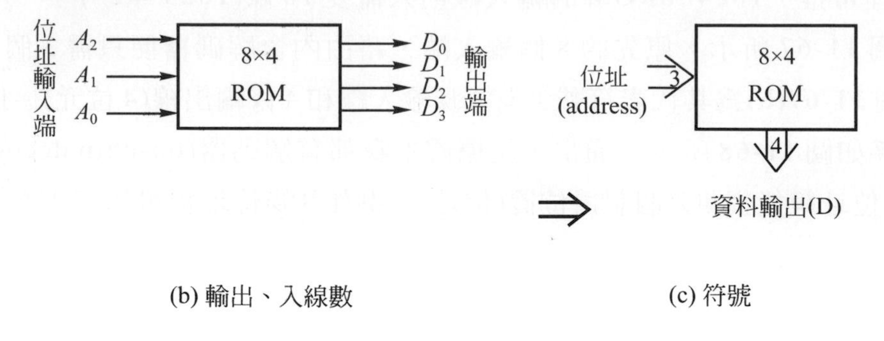


(b) 輸出、入線數　　(c) 符號

圖 11-67　有解碼器的 IC ROM (8×4ROM) (續)

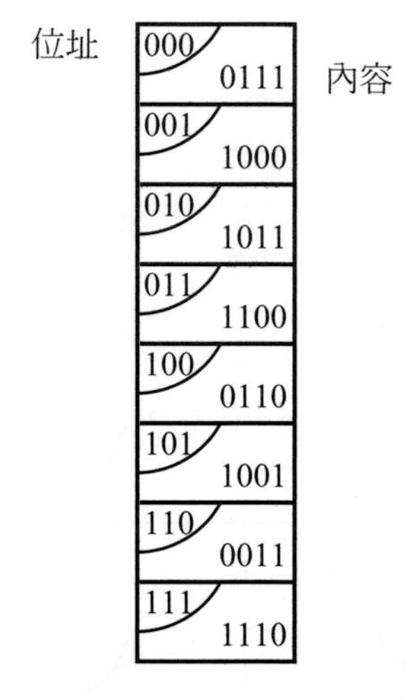


圖 11-68　位址與內容的對應關係

**【例 11-10】** (1) IC ROM 8355 能儲存 2048 個位元組(byte)資料。

(2) EPROM 2764 能儲存 8192 個 byte 資料。

試寫出它們的位址線與資料線數。

**解**

1 個位元組(byte)＝ 8 個位元(bits)，所以：

(1) 8355 爲 2048×8 的 ROM，

又 $2048 = 2^{11}$，

故具有 11 條位址線和 8 條資料線

⑵ EPROM 2764 為 8192×8 的 ROM，

而 $8192 = 2^{13}$

故具有 13 條位址線和 8 條資料線

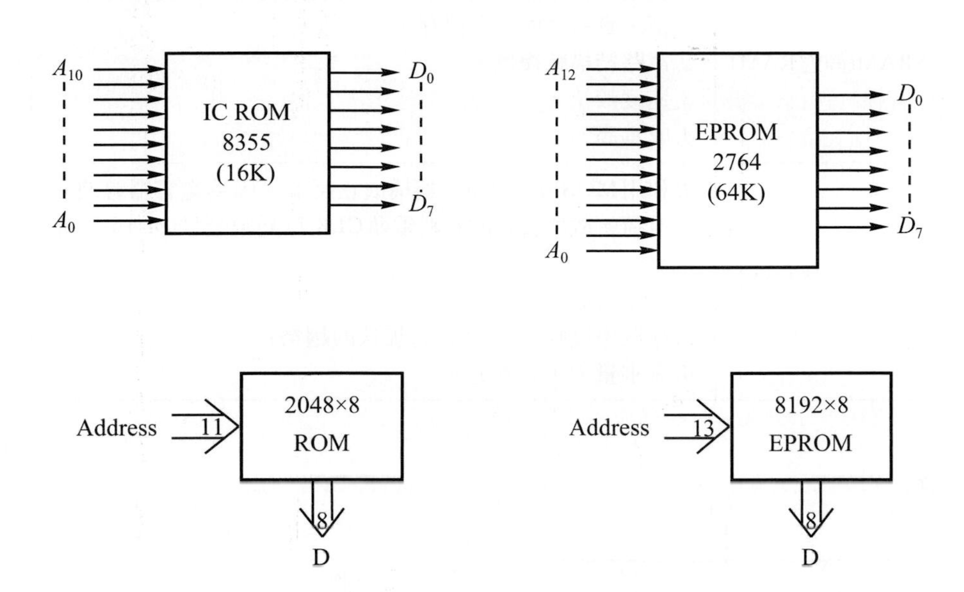


## 11-6-2 隨機存取記憶體

**隨機存取記憶體(RAM)**相當於一組可以隨意決定位址(address)的暫存器，它不像 ROM 一樣只能在固定的位址上，儲存一個固定的位元資料。利用位址線，我們可以隨意地讀取或寫入任一位址內的資料。

早期的 RAM 採用磁芯材料，此種 RAM 屬於「非揮發性記憶體」，現在已不使用了。今天的RAM多使用半導體MOSFET材，它則屬於「揮發性記憶體」，亦即當電源關掉後，儲存在各位址內的資料也隨之消失。

RAM 可分為兩類，如表 11-2 所示。

圖 11-69 為SRAM與DRAM電路結構的比較。無論是哪一種RAM，它們都是暫時性的記憶體，當電源關掉後，資料也都不存在了。

表 11-2　RAM 的分類比較

| 種類 | 特性 |
|---|---|
| SRAM(靜態RAM) | 1. 利用極性電晶體或MOSFET構成正反器，只要電源不中斷，資料便能永久保存。<br>2. 電路結構較複雜。<br>3. 速度較快。<br>4. 成本高。 |
| DRAM(動態RAM) | 1. 利用MOSFET與電容器構成正反器。因為電容器會洩漏電荷，故所儲存的資料須藉CLK每隔數毫秒(ms)重新充電一次。<br>2. 電路較簡單。<br>3. 存取速度較慢(現今已有加快的趨勢)。<br>4. 需求量大，成本低。 |

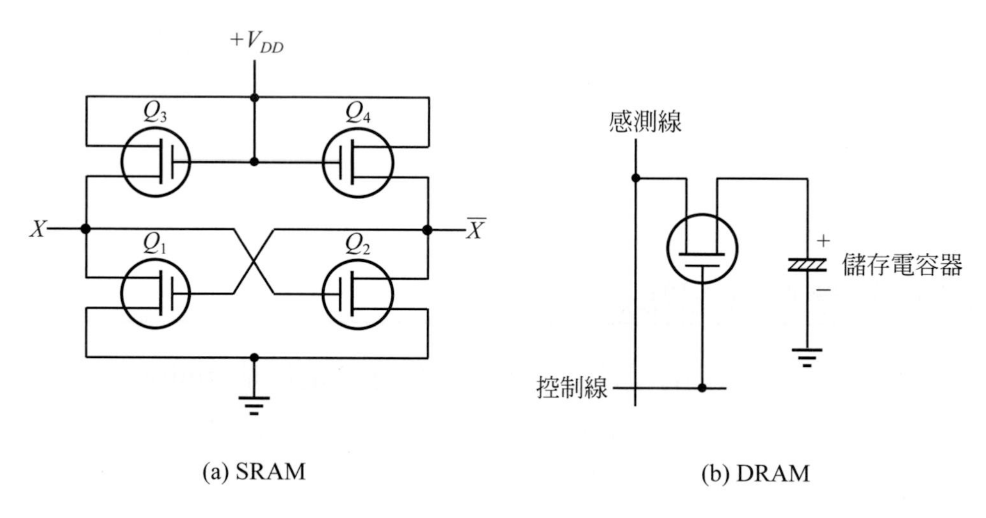


(a) SRAM　　(b) DRAM

圖 11-69　RAM 電路結構的比較

目前商用RAM，不論是SRAM或DRAM，大多採用三態(three states)輸出的型式。所謂三態，即是除了原有的低電壓(0)和高電壓(1)輸出之外，還多了一個浮動(floating)輸出。如圖 11-70 所示為一個常開型(Normally Open；NO 型)三態開關，控制端ENABLE平常為斷開(低電壓)狀態，此時$D_{in}$與$D_{out}$如同斷路一般，彼此不發生任何關係，$D_{out}$輸出保持在原來數值，稱此狀態為「浮動」，亦即$D_{out}$沒有接地，也沒有連接到電源。

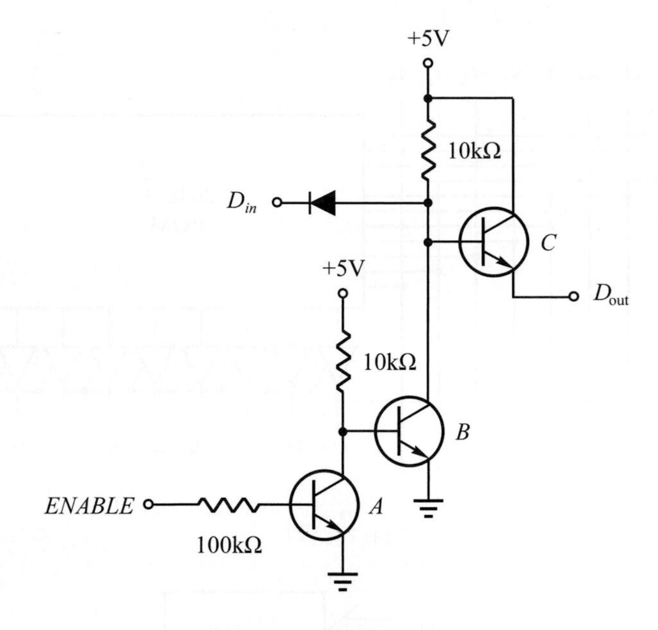


(a) 電路圖

| *ENABLE* | $D_{in}$ | $D_{out}$ |
|---|---|---|
| 0 | 0 或 1 | 浮動 |
| 1 | 0 | 0 |
| 1 | 1 | 1 |

(b) 作用表

$D_{in}$ $D_{out}$ *ENABLE*

(c) 符號

圖 11-70　三態控制開關(NO 型)

然而，當ENABLE＝1時，$D_{out}$輸出便由$D_{in}$輸入值所決定，如作用表所列。實際的三態開關遠比圖 11-70(a)複雜。圖 11-71 爲在 ROM 資料輸出線上加上三態開關，使成三態輸出 ROM。當 ENABLE ＝0時，所有輸出$D$都在浮動(保持)狀態；當ENABLE＝1時，儲存的資料便會出現在輸出端上。大部分市售的ROM都具有三態輸出特性，且三態開關都已製作在晶片內了。ENABLE 控制訊號最重要的價值在於記憶體可以直接與匯流排(bus)間做連接。

圖 11-72 爲具有三態開關控制的SRAM。製造廠多將三態開關與記憶體製在同一晶片上，如此便可允許使用者將RAM的輸出直接和資料匯流排連接。

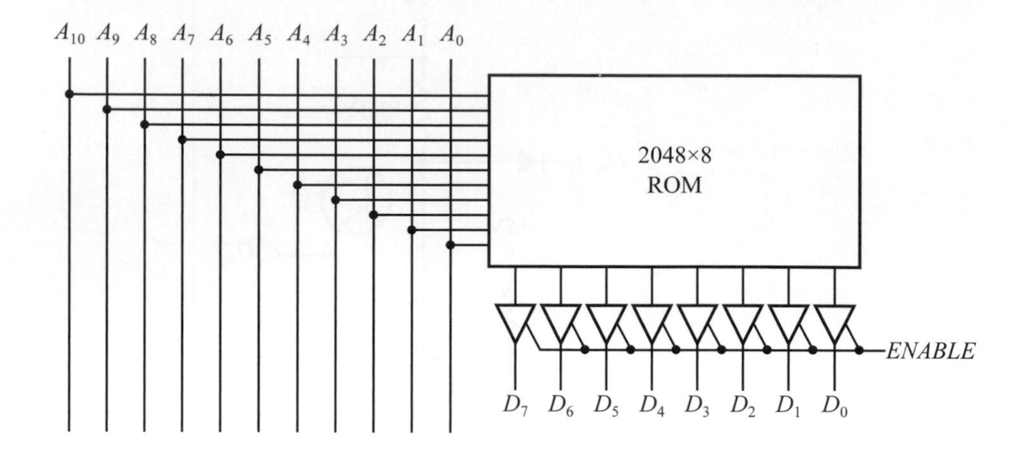


(a) 電路圖

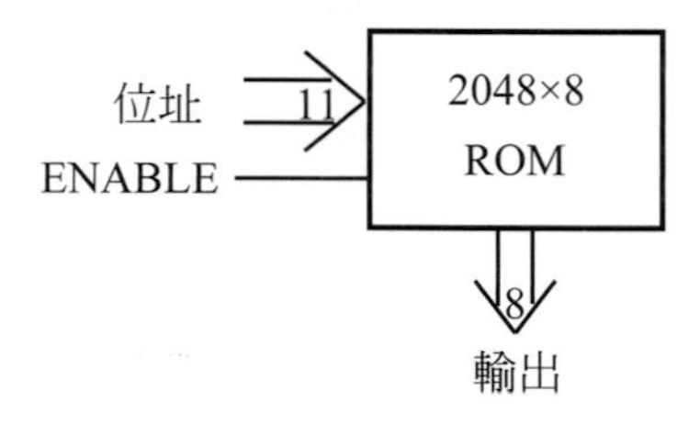


(b) 符號

圖 11-71　三態輸出的 ROM

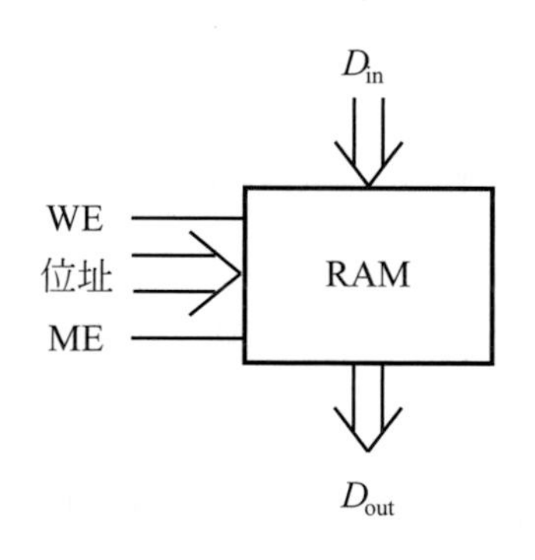


(a) 符號

| *ME* | *WE* | 運算狀態 | 輸出狀態 |
|---|---|---|---|
| 0 | 0 或 1 | 保持 | 浮動 |
| 1 | 0 | 讀取 | 連接 |
| 1 | 1 | 寫入 | 浮動 |

(b) 作用表

圖 11-72　三態控制的 SRAM

如圖所示，位址訊號提供記憶體內的存放位置，控制訊號ME和WE分別稱爲「可記憶」(Memory Enable)和「可寫入」(Write Enable)。當 ME ＝0時，RAM不發生任何作用，各位址內仍保留其所儲存的內容，不接受讀取或寫入動作。

當 ME ＝1時，RAM 產生作用。WE ＝0使輸出線被連接，而能將RAM位址內所儲存之數値讀出；當 WE ＝1，輸出線成浮動狀態，無法讀取，但是輸入資料$D_{in}$卻可進入，使RAM執行“寫入”運算動作，亦即$D_{in}$值可以被儲存在指定位址的暫存器上面。

如圖 11-73 所示爲一具有三態輸出的 SRAM 74189，記憶體容量爲64位元(16×4)。因爲 16 ＝$2^4$，故需用到4條位址線，即$A_3$、$A_2$、$A_1$及$A_0$，另外資料輸入接腳分別爲$D_3$、$D_2$、$D_1$和$D_0$，因採 TTL 設計，資料以共軛數型式存於電路內，所以才有$\overline{D_3}$、$\overline{D_2}$、$\overline{D_1}$和$\overline{D_0}$等輸出接腳。控制用接腳則有屬常閉型(NC 型)控制的$\overline{ME}$、$\overline{WE}$，當$\overline{ME}$＝$\overline{WE}$＝ 0 時，執行“寫入”動作；當$\overline{ME}$＝ 0，$\overline{WE}$＝ 1 時，則執行“讀取”動作。$\overline{ME}$＝ 1 時，RAM 不動作。接腳16爲＋5V 電壓源，接腳8爲接地端。全部一共有16支接腳。

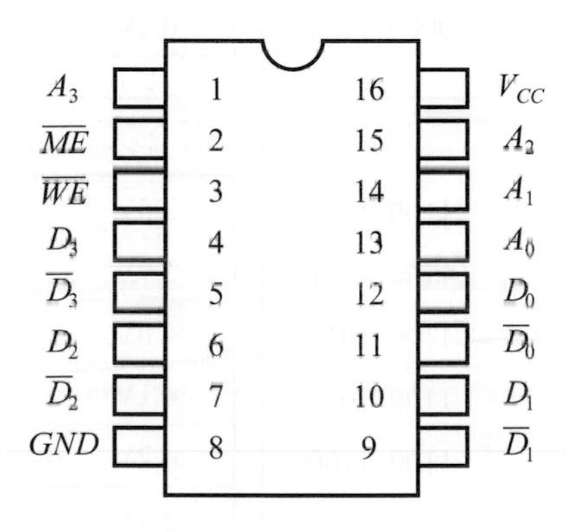


圖 11-73　記憶體 IC 74189

本章末了，我們再來看看位址(address)的表示法。如圖 11-74 所示，ECM在運算時，微處理器(CPU)會送出8位數的二進位位址給記憶體，以便執行讀取或寫入的工作。若位址線愈多，則位址的表示法也會愈形冗長，因此，爲了方便簡潔起見，可將這些0、1數字合併十六進位數。事實上，十六進位數(十六進制)爲CPU的標準表示法，如表11-3所示。

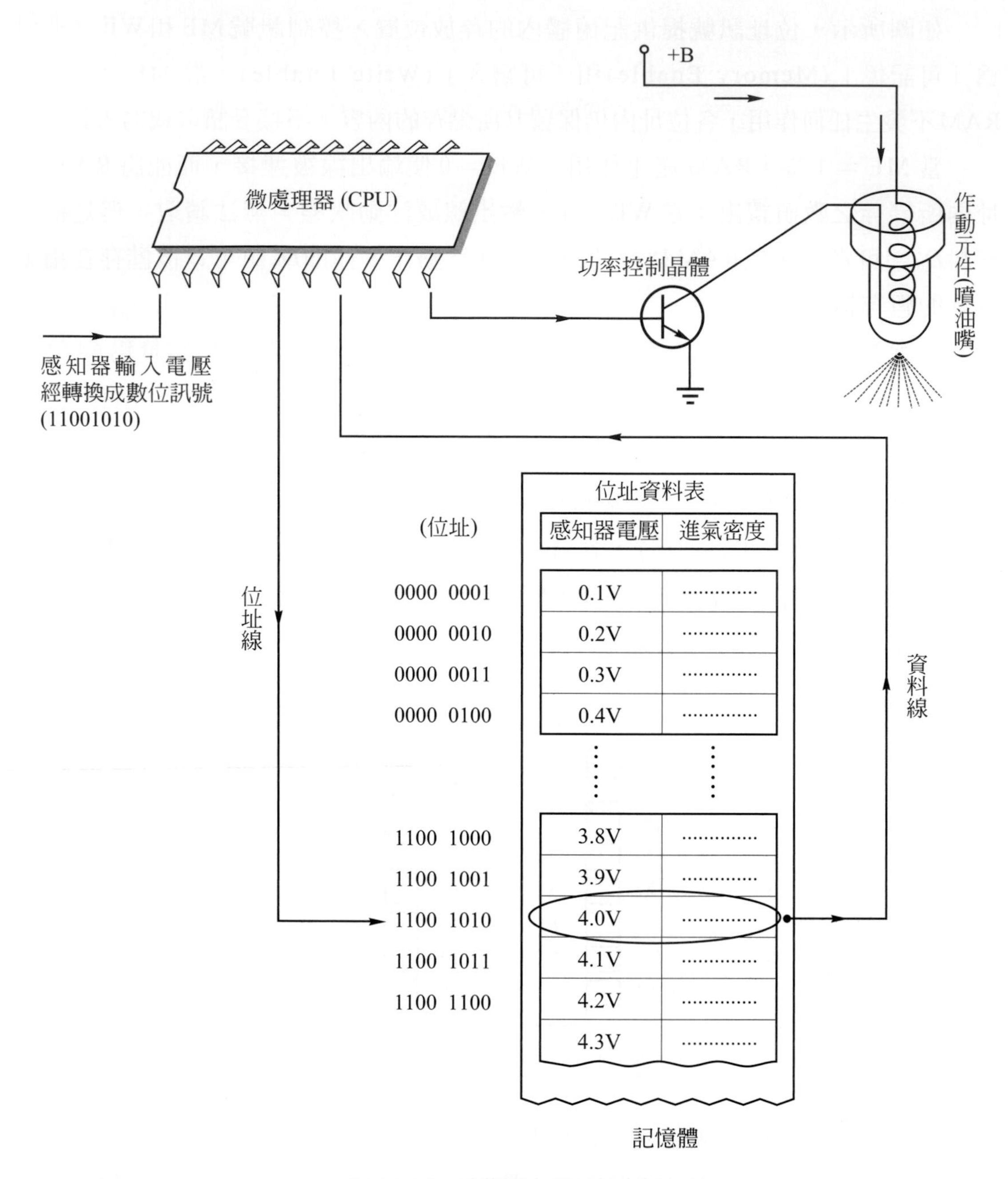


圖 11-74　記憶體中位址的資料

表 11-3　十六進位數轉換表

| 十六進位數 | 二進位數 | 十進位數 |
|---|---|---|
| 0 | 0000 | 0 |
| 1 | 0001 | 1 |
| 2 | 0010 | 2 |
| 3 | 0011 | 3 |
| 4 | 0100 | 4 |
| 5 | 0101 | 5 |
| 6 | 0110 | 6 |
| 7 | 0111 | 7 |
| 8 | 1000 | 8 |
| 9 | 1001 | 9 |
| A | 1010 | 10 |
| B | 1011 | 11 |
| C | 1100 | 12 |
| D | 1101 | 13 |
| E | 1110 | 14 |
| F | 1111 | 15 |

假如電子控制模組(ECM)內的記憶體容量爲 512k($2^{16}\times2^{3}$)，則可換算出記憶體有 16 條位址線(註)，因此在匯流排上的位址線若以二進制表示，則爲：

位址＝XXXX XXXX XXXX XXXX

爲了簡便，我們可將上列數值改以十六進制的形式，例如：

位址＝0101 1110 0111 1100 可改成
位址＝　5　　E　　7　　C

以 16 條位址線的 RAM 爲例，十六進制的位址範圍便從 0000 到 FFFF，一共有 65536(64k)個記憶體位置可供存取，如圖 11-75 所示。

註：16 條位址線可以提供$2^{16}$＝65536 個記憶體位置存放資料。$2^{16}$＝65536＝64×1024，在數位電子學中的 1k(千)等於 1024 ($2^{10}$)，而非十進制中的 1000。同理，1M(百萬)等於$2^{10}\times2^{10}$＝$2^{20}$＝1048576，而非十進制中的 1000000。

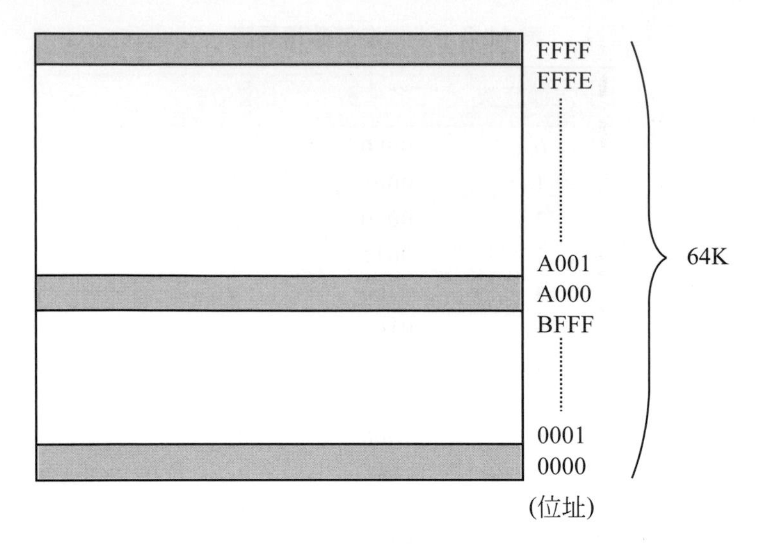


圖 11-75　十六進制的位址表示法

【例 11-11】如果某車用電腦的記憶體(ROM)容量為 1M bits，資料傳輸為 16 位元(bits)。試算出此 ROM 與 CPU 之間會有多少條位址線和資料線？

**解**

⑴ 1M bits $=2^{10}\times2^{10}=2^{16}\times2^{4}$bits

∴此 ROM 有$2^{16}$個記憶位址，使用 16 條位址線。

⑵資料傳輸採 16 bits，故有 16 條資料線。

【說明】一般計算記憶體的資料儲存量都以 KB(Kilo Bits)或 MB(Mega Bits)為單位，Bits 稱作位元。但是在習慣上又以 Bytes(位元組)做記憶體容量的單位，常易生混淆。1 byte = 8 bits。以本題為例，1M bits 容量的 IC ROM 即等於 128k Bytes 容量，因為：

$$1\text{M bits}=2^{7}\times\underbrace{2^{10}}_{\text{k}}\times\underbrace{2^{3}}_{\text{1byte}}=128\text{kBytes}$$

汽車上還使用了一個特有的記憶體，稱作**「活性記憶體」(Keep Alive Memory，KAM)**，它屬於RAM的一種。KAM藉由線路保護裝置，直接連接到電瓶，有獨立的電壓調整器。ECM 內的微處理器可以從 KAM 讀寫資料(與一般

RAM 同)，但是當點火開關關掉後，KAM 卻可以保存所寫入在位址上的資料。拔掉電瓶、或電瓶液面太低，電壓不足則都會使KAM內的資料流失掉。

KAM可以提供汽車上ECM的「替代策略」(adaptive strategy)功能之用。舉例來說，正常的TPS電壓訊號為0.5～4.5V間，假如某一故障的TPS傳送一個0.3V訊號給ECM，微處理器將此訊號解釋為：TPS元件損壞了！微處理器將此故障元件所送來的新電壓訊號儲存在KAM內(註)。自此以後，微處理器便以此新數值做運算，並使引擎能夠維持正常的運作。

註：儲存在此區域的資料，通常稱作"學習值"(learned value)資料。

# 第十一章 習題

## A. 選擇部份：

### 11-1 類比與數位

(　) 1. 可變電阻式元件所送出的訊號屬於：　(A)類比式　(B)數位電壓　(C)高頻脈波　(D)電流　訊號。

(　) 2. 因應車身網路化的時代，未來車用感知器多爲：　(A)類比型　(B)數位低頻型　(C)數位高頻型　(D)高能型。

(　) 3. 類比式電壓訊號：　(A)會出現連續性的變化值　(B)亦可以高頻方式輸出　(C)交、直流訊號皆有　(D)以上皆是。

(　) 4. 傳統汽車儀錶上的各種燈號，其所接受的訊號爲：　(A)類比式　(B)數位頻率式　(C)電壓訊號　(D)電磁波。

(　) 5. 目前，汽車上各種控制電路中，數位訊號大多使用在：　(A)元件的作動上　(B)ECM 內的運算上　(C)感知器傳送訊號上　(D)ECM 的輸出訊號。

(　) 6. 1 個位元組(byte)等於多少位元(bits)？　(A)2　(B)4　(C)8　(D)16。

(　) 7. 一組 8 位元數位訊號，相當於多少種的類比變化？　(A)8　(B)16　(C)64　(D)256。

(　) 8. 一組 16 位元數位訊號，相當於多少種的類比變化？　(A)16　(B)128　(C)2048　(D)$2^{16}$。

### 11-2 二進位數及布林代數

(　) 9. 下列對於二進位數的敘述，何者爲對？　(A)只包含兩位數　(B)由 1 與 2 兩種數字所構成的運算　(C)二進位數 1101 ＋ 1011 ＝ 11000　(D)12 位元 1011 0111 1110 的下一個數字爲 1100 1000 0001。

(　)10. 1101 0001 0100 0101 是一個：　(A)2 位元　(B)16 位元　(C)十六進位數　(D)4 byte。

(　)11. 二進位數 1101 1101 等於十進位數數值：　(A)217　(B)221　(C)441　(D)442。

( )12. 數位電子學中的"雙態"是指： (A)1與0 (B)5V與0V (C)YES與NO (D)以上皆是。

( )13. 以電晶體應用於數位電路上： (A)其"雙態"爲飽和與截止 (B)電晶體的動作比在線性電路中穩定 (C)不易受電晶體特性及溫度變化所影響 (D)以上皆是。

( )14. 十進位數的200，若以二進位數12位元表示，應爲： (A)1100 1100 (B)0000 1100 1100 (C)0000 1100 1000 (D) 1100 1000 0000。

( )15. 十六進位數中的"F"等於十進位數的： (A)10 (B)12 (C)15 (D)16。

( )16. 下列對於布林代數的敘述中，何者爲非？ (A)符號上的橫槓表示反相 (B)"＋"號代表"或"的意思 (C)"．"號代表"及"的意思 (D)以上皆非。

( )17. 眞值表中的"0"表示： (A)誤 (B)0V (C)低電壓輸出 (D)以上皆是。

11-3 基本邏輯閘

( )18. 緩衝器是由什麼閘所形成？ (A)及閘 (B)反閘 (C)非及閘 (D)反或閘。

( )19. 布林方程式$X = A + B$是什麼閘？ (A)及閘 (B)反閘 (C)或閘 (D)反或閘。

( )20. 布林方程式$X = A$的閘是： (A)及閘 (B)反閘 (C)或閘 (D)非反閘。

( )21. 必須所有的輸入訊號皆爲高電壓，輸出才爲高電壓的閘是： (A)及閘 (B)反閘 (C)或閘 (D)非反閘。

( )22. 某8位或閘有8個輸入端，其眞值表會有幾種排列組合？ (A)16 (B)64 (C)128 (D)256 種。

( )23. 同上題，產生輸出爲0的情形有幾種？ (A)1 (B)2 (C)4 (D)8種。

( )24. 4位及閘能產生"0"輸出的情形有幾種？ (A)1 (B)5 (C)15 (D)16。

(　)25. 若要使如圖 1 所示之邏輯電路的輸出爲 1，則輸入訊號應爲：(A)0110(B)1010　(C)1001　(D)0011。

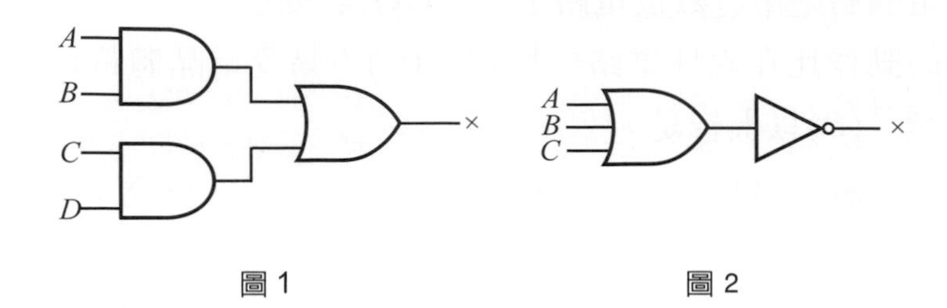


圖 1　　　　圖 2

(　)26. 同上題，邏輯電路的布林方程式爲：　(A)$X = AB + CD$　(B)$X=(A+B)(C+D)$　(C)$X=A+B+C+D$　(D)$X=ABCD$。

(　)27. 如圖 2 所示，當輸入訊號爲 000 時，則其輸出爲：　(A)0　(B)1　(C)0 或 1　(D)無輸出。

(　)28. 同上題，此邏輯電路的布林方程式爲：　(A)$X = \overline{A} + \overline{B} + \overline{C}$　(B)$X = \overline{ABC}$　(C)$X=A+B+C$　(D)$X=ABC$。

(　)29. 同上題，此邏輯電路即爲：　(A)NOR　(B)反或閘　(C)非或閘　(D)以上皆是。

(　)30. $\overline{A + B + C}=$？　(A)$\overline{A} + \overline{B} + \overline{C}$　(B)$\overline{A} \cdot \overline{B} \cdot \overline{C}$　(C)$\overline{ABC}$　(D)以上皆對。

(　)31. 若要使反或閘的輸出爲 0 時，其必要條件爲：　(A)所有輸入均爲 0　(B)任一輸入爲 0　(C)任一輸入爲 1　(D)所有輸入均爲 1。

(　)32. 棣摩根第一定律指出：　(A)各數和的相反數等於各數積的相反數　(B)各相反數的積等於各數和的相反數　(C)各相反數的和等於各相反數的積　(D)各數積的相反數等於各相反數的和。

(　)33. 下列對於反及閘的描述，何者爲非？　(A)即NAND閘，又稱作非及閘　(B)布林方程式爲$X=\overline{A}+\overline{B}$　(C)只要任一輸入爲低電壓，輸出便爲高電壓　(D)與棣摩根第二定律有關。

(　)34. 下列何式爲對？　(A)$\overline{A + B + C} = \overline{A \cdot B \cdot C}$　(B)$\overline{ABC} = \overline{A \cdot B \cdot C}$　(C)$\overline{A}+\overline{B}+\overline{C}=\overline{ABC}$　(D)$\overline{A + B + C}=\overline{A}+\overline{B}+\overline{C}$。

(　)35. XOR閘的布林方程式：$X=$？ (A)$\overline{A \cdot B}+A \cdot B$ (B)$(\overline{A}+B) \cdot (A+\overline{B})$ (C)$A \oplus B$ (D)$\overline{A} \cdot B \oplus A \cdot \overline{B}$。

(　)36. 4 位除或閘輸出為低電壓的機率為： (A)1/16 (B)1/8 (C)1/4 (D)1/2。

(　)37. 6位除或閘產生輸出為1的情形有幾種？ (A)32 (B)16 (C)8 (D)4。

(　)38. $0 \oplus 1 \oplus 0 \oplus 1=$？ (A)0 (B)1 (C)2 (D)$(0 \oplus 1)+(0 \oplus 1)$。

### 11-4 組合邏輯電路

(　)39. 下列對於組合邏輯電路的敘述，何者為對？ (A)它具有記憶的特性 (B)正反器便是一種組合邏輯電路 (C)只要輸入訊號相同，則不論何時，其輸出結果都會一樣 (D)組合邏輯電路大多需要藉由CLK訊號來控制其輸出脈波。

(　)40. 二進位數 1011 與 0111 相加等於多少？ (A)1110 (B)11110 (C)11010 (D)10010。

(　)41. 全加器的輸入、出端各有幾個？ (A)3 入 2 出 (B)2 入 3 出 (C)2 入 2 出 (D)不一定。

(　)42. 依圖 11-37 推論，8 位數加法器須使用幾個全加器？ (A)1 (B)3 (C)7 (D)8 個。

(　)43. 若在全加器的輸入位數中有 2 個 1 時，則輸出端： (A)$S=0$，$C_y=0$ (B)$S=1$，$C_y=0$ (C)$S=0$，$C_y=1$ (D)$S=1$，$C_y=1$。

(　)44. 16 位元(bits)傳輸方式能產生出多少種的變化訊號？ (A)16 (B)$2 \times 16$ (C)256 (D)$2^{16}$。

(　)45. $3 \times 8$解碼器至少應有幾支接腳？ (A)8 (B)11 (C)12 (D)13 支。

(　)46. 若要產生 10 種不同的輸出變化，則宜採用何種解碼器？ (A)$2 \times 4$ (B)$3 \times 8$ (C)$4 \times 16$ (D)$3 \times 10$ 解碼器。

(　)47. 若解碼器的輸入端為$n$個，則至多可產生幾個輸出： (A)$n$ (B)$2n$ (C)$n^2$ (D)$2^n$。

(　)48. 七段顯示器屬於一種：　(A)編碼器　(B)解碼器　(C)多工器　(D)計數器。

(　)49. 多工器輸出端數為：　(A)1 個　(B)2 個　(C)4 個　(D)不一定。

(　)50. 當 4×1 多工器的控制端訊號$S_1S_0$＝1 1時，其輸出$Y$＝？　(A)$I_3$　(B)$I_2$　(C)$I_1$　(D)$I_1$。

(　)51. 當 8×1 多工器的控制端訊號$S_2S_1S_0$＝1 0 1時，輸出$Y$＝？　(A)$I_5$　(B)$I_4$　(C)$I_3$　(D)以上皆非。

(　)52. 某 10×1 多工器，其控制端數目應有幾個？　(A)2　(B)3　(C)4　(D)5　個。

(　)53. 1×4 解多工器的控制端數目有：　(A)1　(B)2　(C)4　(D)7　個。

(　)54. 當 1×4 解多工器的控制端訊號$S_1S_0$＝1 0時，則其輸出端：　(A)$Y_0=I$　(B)$Y_1=I$　(C)$Y_2=I$　(D)$Y_3=I$。

(　)55. 當 1×16 解多工器的控制端訊號$S_3S_2S_1S_0$＝1 0 1 0時，則其輸出端：(A)$Y_8=I$　(B)$Y_{10}=I$　(C)$Y_{15}=I$　(D)以上皆非。

## 11-5 順序邏輯電路

(　)56. 下列對於 NOR 型$RS$正反器的敘述，何者為非？　(A)為一種記憶元件　(B)當$R=0$，$S=1$時，則輸出$Q=1$　(C)若當$R=S=0$時，則輸出$Q$維持原來狀態　(D)以上皆非。

(　)57. 為了使電腦內所使用的數千個正反器動作整合，必須採用：　(A)計數器　(B)加法器　(C)多工器　(D)時脈訊號。

(　)58. 當$R=1$，$S=0$時，則$RS$正反器的共軛輸出$\overline{Q}$＝？　(A)0　(B)1　(C)不一定　(D)與 Q 相同。

(　)59. 當CLK＝0，$R=1$，$S=0$時，則$RS$正反器的輸出$Q$＝？　(A)0　(B)1　(C)賽跑　(D)維持原來狀態，不變。

(　)60. 下列對於 D 型正反器的敘述，何者為對？　(A)不會出現 RS 正反器的賽跑狀況　(B)高電壓的 CLK 訊號將使輸入訊號失效　(C)CLK 訊號同時驅動兩個或閘　(D)CLK＝0時，D 型正反器才會作用。

( )61. 若要令$JK$正反器動作，必須使觸發訊號在：　(A)低電壓　(B)高電壓　(C)方波正緣　(D)方波負緣。

( )62. 當JK正反器的$J=K=1$時，則輸出$Q=$？　(A)0　(B)1　(C)維持原狀　(D)依CLK訊號而產生正反變化。

( )63. 下列對於$JK$正反器的敘述，何者爲非？　(A)當$J=K=0$時，輸出訊號維持不變　(B)K訊號相當於$RS$正反器的R訊號　(C)當CLK = 1時，JK正反器才會作用　(D)當$J=K=1$時，輸出可能爲1或0。

( )64. 若令JK正反器的PR訊號爲高電壓，則輸出$Q=$？　(A)0　(B)1　(C)維持原狀　(D)正反變化。

( )65. 一般而言，若有n個正反器，則可以將時脈(CLK)頻率除以：　(A)$n$　(B)$2n$　(C)$n^2$　(D)$2^n$。

( )66. 所謂的“暫存器”即是由數個什麼電路組成？　(A)正反器　(B)計數器　(C)加法器　(D)解碼器。

( )67. 如圖11-60所示之4位數左移暫存器，當輸出$Q=0111$時，若$D_{in}$訊號由1變成0，則下一個CLK訊號送入後，其輸出結果Q將爲：　(A)1000　(B)0101　(C)1111　(D)0110。

( )68. 當同步計數器的CLR訊號等於0時，其輸出值$Q=$？　(A)0000　(B)0001　(C)1000　(D)1111。

( )69. 當輸出$Q=0101$時，則下一個CLK訊號送入後，計數器的輸出$Q$將變成：　(A)0110　(B)0111　(C)1010　(D)1110。

11-6 記憶體

( )70. 電源關掉之後，資料不會消失的記憶體稱作：　(A)揮發性記憶體　(B)非揮發性記憶體　(C)EDO DRAM　(D)SDRAM。

( )71. 以SAAB車系爲例，利用掌上型掃描器TECH 2即可更新車輛ECM內的哪一種記憶體？　(A)RAM　(B)ROM　(C)揮發性記憶體　(D)EPROM。

( )72. 唯讀記憶體多屬於：　(A)揮發性記憶體　(B)非揮發性記憶體　(C)快取記憶體　(D)Flash。

( )73. 下列對於 512×8 ROM 的描述，何者爲非：(A)它有 512 個記憶位置 (B)有 4096 個位址 (C)能輸出 8 位元數字 (D)它是一顆 4K bits 容量的記憶體。

( )74. 爲了使 IC 型的 ROM 不至於有 1024 條輸入線，因此多在 IC ROM 內製作什麼邏輯電路？ (A)編碼器 (B)暫存器 (C)解碼器 (D)計數器。

( )75. 同上題，此 1024×8 的 IC ROM 應會有幾條輸入線？ (A)4 (B)8 (C)10 (D)3 條。

( )76. 256×16 的 IC ROM 會有：(A)8 條位址線 (B)4096 個記憶位置 (C)2K bits 的容量(D)4 條輸出線。

( )77. 常見之 IC 型 EPROM 2732，爲一顆 4096×8 的 ROM，它有幾條資料輸出線和位址線？ (A)8，12 (B)10，8 (C)16，8 (D)8，8。

( )78. 所謂 16 位元的 CPU，其中的"16"是指：(A)位址線 (B)資料輸出線 (C)16 進制 (D)記憶位址。

( )79. 若某引擎採用的 8 位元 ECM 有 16 條位址線，則其可連接的記憶體最大容量爲：(A)32K bytes (B)64K bytes (C)128K bytes (D)256K bytes。

( )80. 當常開型三態控制開關的 ENABLE 端爲 0 時，其輸出爲：(A)0 (B)1 (C)不一定，視輸入訊號而定 (D)維持原來狀態。

( )81. 下列對於常閉型三態開關的敘述，何者爲非？ (A)平常 ENABLE＝1 (B)平常時，$D_{OUT}$值等於$D_{IN}$值 (C)唯有在 ENABLE ＝ 1 時，輸出、入間才會發生關係 (D)ENABLE＝0，$D_{IN}$＝1 時，$D_{OUT}$＝1。

( )82. 三態輸出型記憶體最大的價值爲：(A)可直接與匯流排做連接 (B)容量加大 (C)速度較快 (D)以上皆是。

( )83. 三態控制 SRAM 的控制端爲：(A)ENABLE (B)$D_{IN}$ (C)ME (D)WE。

( )84. SRAM 74189 的輸入(寫入)端是：(A)ME (B)WE (C)GND (D)$V_{CC}$。

( )85. 某容量512K的RAM，若使用於16位元ECM上，則其記憶體有多少個位置？ (A)16K (B)32K (C)64K (D)128K。

( )86. “活性記憶體”(KAM)屬於一種： (A)RAM (B)EPROM (C)Flash (D)EEPROM。

( )87. 下列對於車用KAM的敘述，何者爲非？ (A)點火開關關掉後，KAM內的資料仍能保存 (B)拔掉電瓶可使KAM內的資料消失 (C)能提供引擎ECM的“替代策略”功能 (D)以上皆非。

## B. 簡答及繪圖部份：

### 11-1 類比與數位

1. 請寫出類比訊號與數位訊號的不同點。
2. 請以一分類表，列出汽車上所使用的類比與數位元件。
3. 上網找尋並簡述汽車未來網路化發展的趨勢。

### 11-2 二進位數及布林代數

4. 何謂“二進位數”？有什麼價值？
5. 何以電腦都採以二進位數做運算？
6. 請將下列二進位數轉換成十進位數：

   (1) 100111

   (2) 1110 1101

   (3) 1001 0111 0010 1010

7. 請將下列十進位數轉換成二進位數：

   (1) 86

   (2) 1000

   (3) 175

### 11-3 基本邏輯閘

8. 請寫出六個基本邏輯閘的名稱及其符號。
9. 試以圖11-16爲例，設計一個能轉換出4位元(顯示0～15)的編碼器。
10. 請寫出如圖3所示之布林方程式，並列出其眞値表。

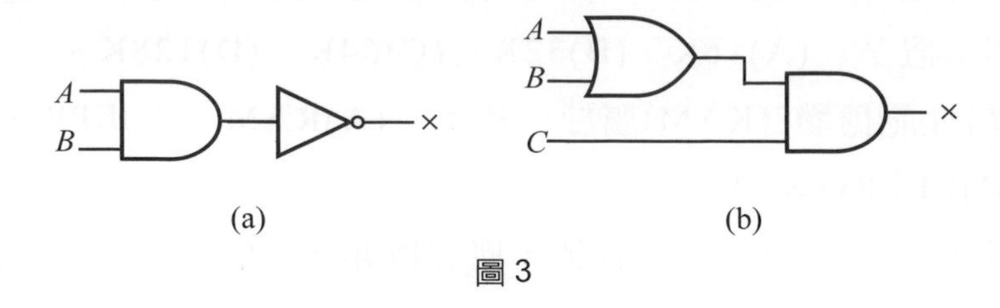


圖 3

11. 請畫出一個 5 位反或閘的符號圖。
12. 請寫出棣摩根第一定律的布林方程式及其意義。
13. 請寫出棣摩根第二定律的布林方程式及其意義。
14. 試以反及閘組合出“反閘”，並畫出其邏輯電路。
15. 試以反或閘組合出“及閘”，並畫出其邏輯電路。(※註：內文的圖 11-29 非唯一組合)
16. 試以反及閘組合出“除或閘”，並畫出其邏輯電路。
17. 請列出 OR 閘、NOR 閘、XOR 閘的眞值表。
18. 如圖 4 邏輯電路所示，請列出其眞值表，並寫出布林方程式。

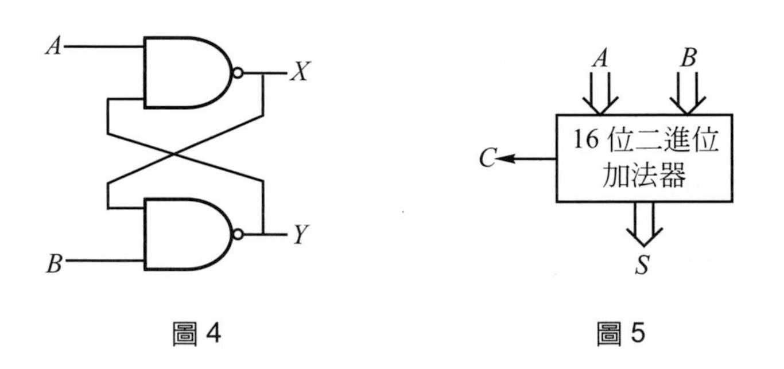


圖 4　　圖 5

## 11-4 組合邏輯電路

19. 何謂組合邏輯電路？
20. 請簡單說明組合邏輯電路與順序邏輯電路的異同點。
21. 如圖 5 所示之 16 位二進位加法器，其輸入字爲：

    A ＝ 1100 0001 0000 1100

    B ＝ 0100 1001 0111 0100

    則其輸出字 S 爲何？C 爲多少？

22. 數位電路中的"編碼器"與"解碼器"各是什麼？試解釋之。
23. 何謂"多工器"(MUX)與"反多工器"(DMUX)？有何不同點？
24. 請畫出 16×1 多工器的符號圖。
25. 請畫出 1×16 解多工器的符號圖。

### 11-5 順序邏輯電路

26. 何謂順序邏輯電路？
27. 時脈(CLK)訊號有何重要性？試舉例說明之。
28. 時脈(CLK)訊號有哪兩種型式？試說明之。
29. 如圖 6 所示之$RS$正反器，若在時間 A 前，$Q=0$，則試求：
    ⑴在哪幾個時間$Q$會變成 1？
    ⑵何時$Q$會重設回 0？

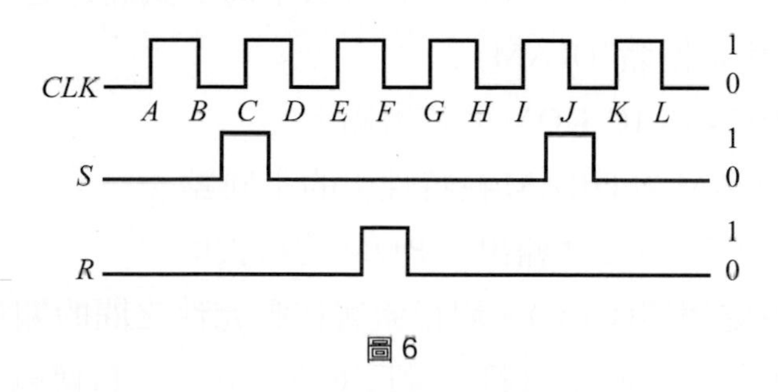


圖 6

30. 同上題，請畫出輸出端$Q$及$\overline{Q}$的時序圖。
31. 請畫出圖 7 之$JK$正反器的輸出$Q$之時序圖。

圖 7

32. 如圖 8 所示，若 CLK 訊號頻率為 50MHz，則 $Q$ 輸出頻率為多少？
33. 暫存器在數位電路中有何價值？試簡述之。
34. 計數器可分為哪兩型？有何異同處？

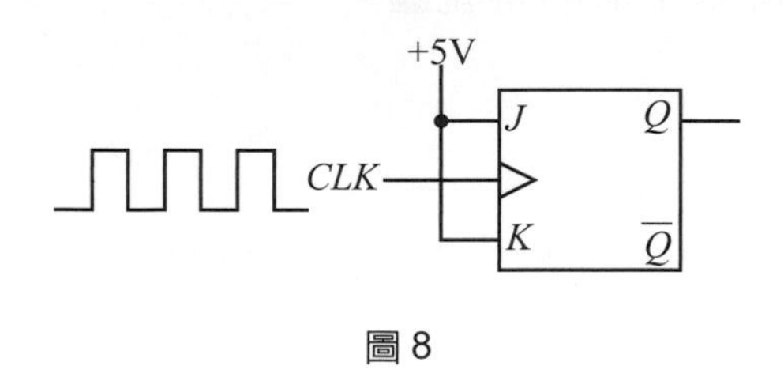


圖 8

## 11-6 記憶體

35. 請簡述記憶體 IC 的種類。
36. EPROM、EEPROM 及 Flash 各有何不同？試簡述之。
37. 何謂"活性記憶體"(KAM)？
38. 請畫出 1024×8 IC ROM 的符號圖。
39. 請寫出 SRAM 與 DRAM 在特性上的不同點。
40. 請畫出 4096×16 三態輸出型 ROM 的符號圖。
41. 試繪出微處理器(CPU)、記憶體與作動元件之間的關係圖。
42. 如果某車用電腦的記憶體容量為 64Mbits，資料傳輸為 16 位元。試求出此 ROM 與 CPU 之間會有幾條位址線和資料線？
43. 請與老師、同學討論，何謂汽車電腦(ECM)中的"替代策略"功能？

# 12 汽車電子控制模組

汽車電子控制模組(Electric Control Module，ECM)通稱爲汽車電腦(註)，汽車電腦目前已廣泛被應用在許多系統功能的操控上，例如：引擎燃料系統、點火系統、排放廢汽系統、恆溫系統、燈光電路以及定速控制、防鎖死煞車、電子懸吊系統和電子變速箱等。

電腦是一個電子裝置，它能夠儲存並處理資料，然後根據資料來控制其他的裝置。曾幾何時，汽車電腦曾帶給許多的技師神祕感，使得望之怯步，如圖 12-1 所示。如今，“認識她”是解開面紗的唯一方法。

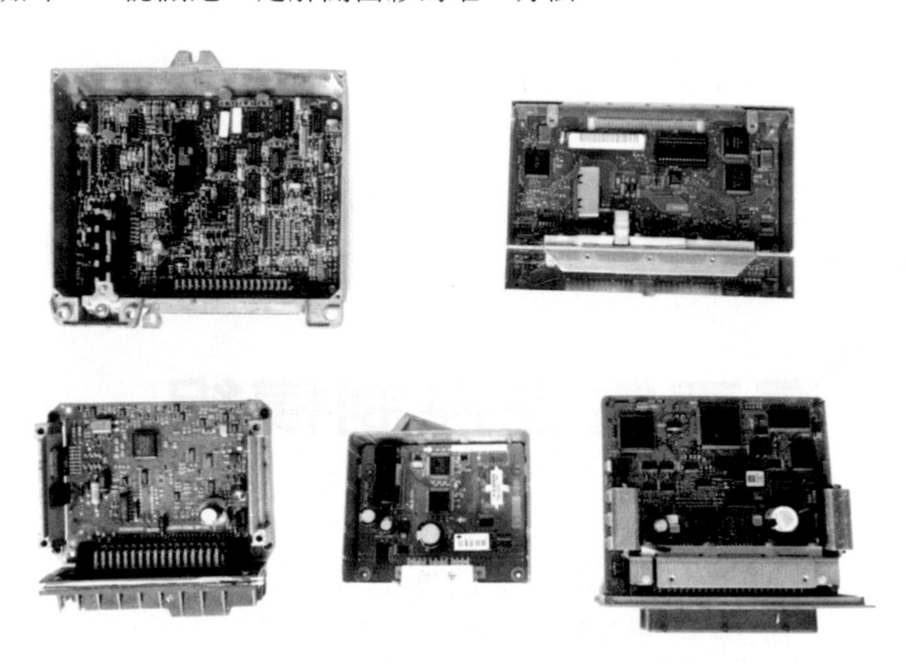

圖 12-1　各種車用 ECM

註：電子控制模組在不同系統上各有不同的稱呼，例如在引擎控制上稱爲 EECM(Electronic Engine Control Module)或 ECM(Engine Control Module)，在車身控制上稱爲 BCM(Body Control Module)，煞車系統中則有 EBCM(Electronic Brake Control Module)，變速箱控制稱作 TCM(Transmission Control Module)，防盜控制爲 TWICE(Theft Warning Integrated Control Electronics)，甚至於在電動座椅上有 PSM(Power Seat Memory)，電子儀錶板有 DICE(Dashboard Integrated Control Electronics)。種類雖多，但是都離不開電腦系統的基本運作模式。

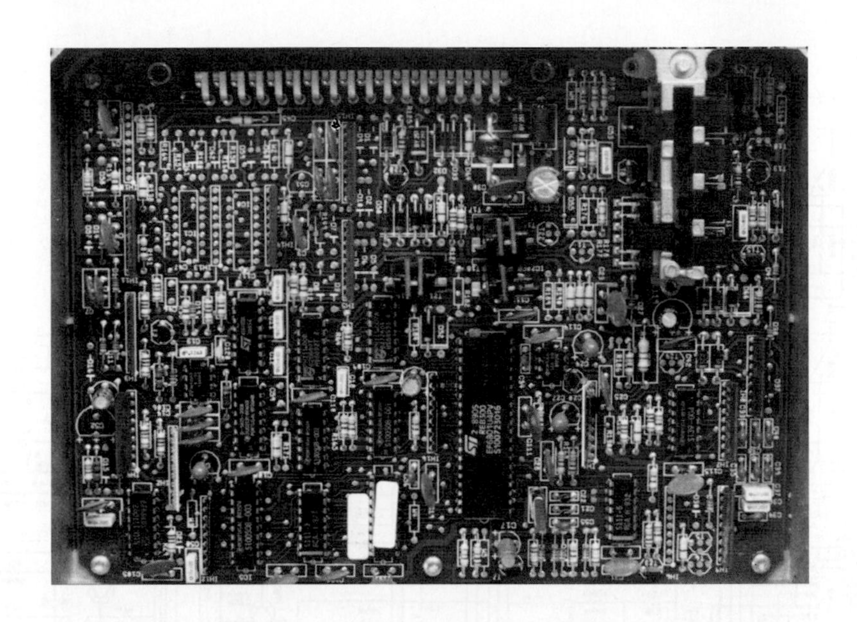

(a) ECM 內的電子元件

(b) ECM 特寫

圖 12-2　引擎電子控制模組(TRIONIC，SAAB)

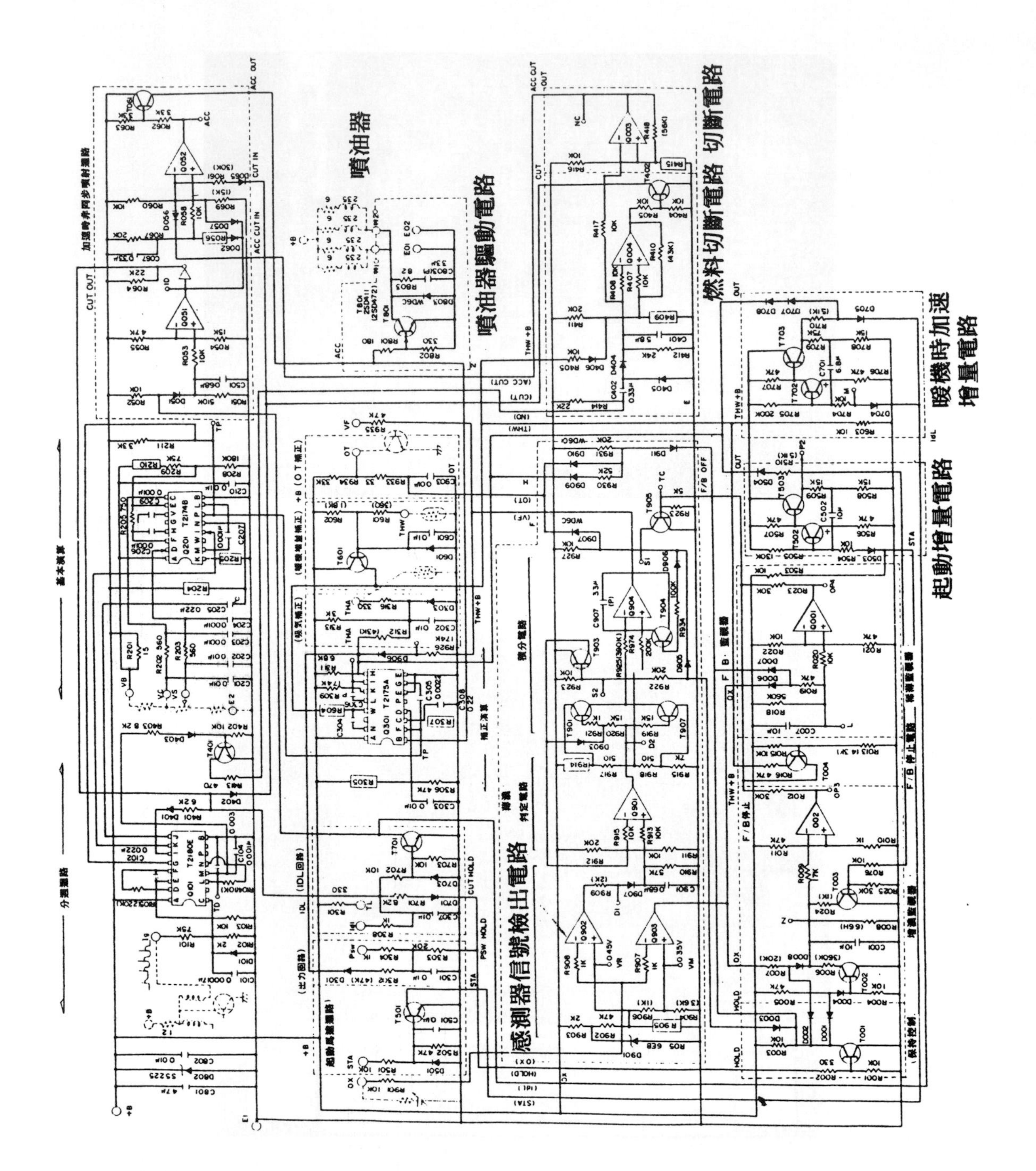


圖 12-3　　TOYOTA 2T-GEU 引擎的 ECM 線路圖（取自：電子控制式汽車引擎，李添財編輯，全華）

## 12-1 概　述

在第十章裡爲各位介紹了車用感知器如何偵測各種不同的車況訊號，以及供 ECM 使用的輸入訊號。在第十一章中，則簡述了電腦內部的數位電路原理。本書末了一章，我們再來看看這些輸入訊號在進入 ECM 後會發生什麼樣的變化，您將學習到關於「微處理器」(microprocessor)所扮演的角色，它和輸入訊號(資料)、記憶體之間的作用，以及它是如何產生控制輸出訊號來讓車輛維持正確的運作。

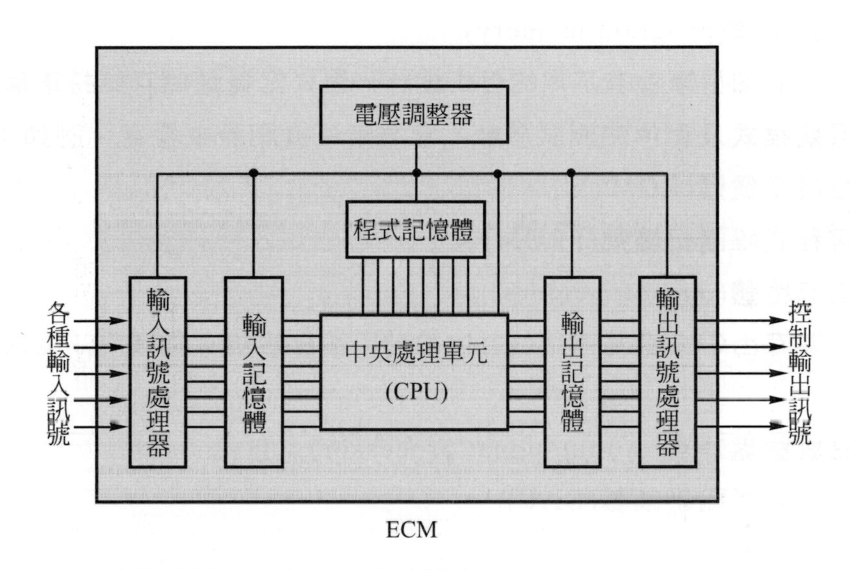


圖 12-4　微處理器控制模組的方塊圖(以 8 位元為例)

如圖 12-4 所示，基本的微處理器控制模組(MCM)就是個小型電腦，它包含 7 個主要區塊，彼此之間各有功用：

1. 電壓調整器(Voltage Regulator，VR)：負責供應電腦內各元件穩定之電壓源。
2. 輸入訊號處理器(input signal processor)；包括：
   (1) 運算放大器(OPA)。
   (2) 類比／數位轉換器(ADC)。
   (3) 交／直流電壓轉換器(AC/DC)。
   (4) 頻率／直流電壓轉換器(Hz/DC)。

3. 輸入記憶體(input memory)：

負責儲存經過轉換的數位式輸入訊號，有：

(1) 隨機存取記憶體(RAM)

(2) 活性記憶體(KAM)

4. 中央處理單元(Central Processing Unit，CPU)：

整個電腦的大腦中樞，CPU 也被稱作「微處理器」，由數以千個置於一微小晶片內的電晶體所構成。CPU 負責將大量的資料自記憶體中讀取和存入。

5. 程式記憶體(program memory)：

不同的引擎會有不同的程式設計，程式記憶體儲存維持車輛運轉所需之系統程式及元件的測試參數，它們無法被刪除或覆寫。例如：

(1) 唯讀記憶體(ROM)。

(2) 可程式唯讀記憶體(PROM)。

6. 輸出記憶體(output memory)：

儲存由CPU運算過後的數位控制用輸出訊號。種類與「輸入記憶體」同。

7. 輸出訊號處理器(output signal processor)；包括：

(1) 數位／類比轉換器(DAC)。

(2) 晶體開關。

(3) 電壓／工作週期轉換器(DC/Duty Cycle)。

(4) 電壓放大器

七大部分內的每一個部份又分別由更小的部份所組成。本章採取先對各部份做介紹，然後再以鳥瞰方式來看整個控制模組的運作。

不久的未來，當您坐在四周佈滿電腦(多達 10 個以上)的車艙內駕駛時，可知這些電腦正以極快的傳送"鮑率"(baud rate，指電腦傳送資料的速率，單位爲 bps)彼此溝通著。如圖 12-5 所示爲瑞典 SAAB 車廠 2000 年推出的新一代 T-7 引擎管理系統全車所使用的電腦匯流排(bus)圖。11 個電腦以匯流排分成 P-bus 和 I-bus 兩組，前者主要用於動力傳動系統方面的電腦連結，後者則連接與儀錶系統相關之電腦，P-bus 的傳送鮑率爲 I-bus 的 10 倍。兩匯流排則透過「主儀錶總成」(MIU)做轉換與溝通。圖 12-6 爲實物圖，左右下方兩側的電腦分別爲引擎電腦(TRIONIC)和變速箱控制電腦(TCM)，正中央的儀錶板也是一台電腦，稱作主儀錶總成(Main Instrument Unit)，兩類匯流排都送入 MIU。

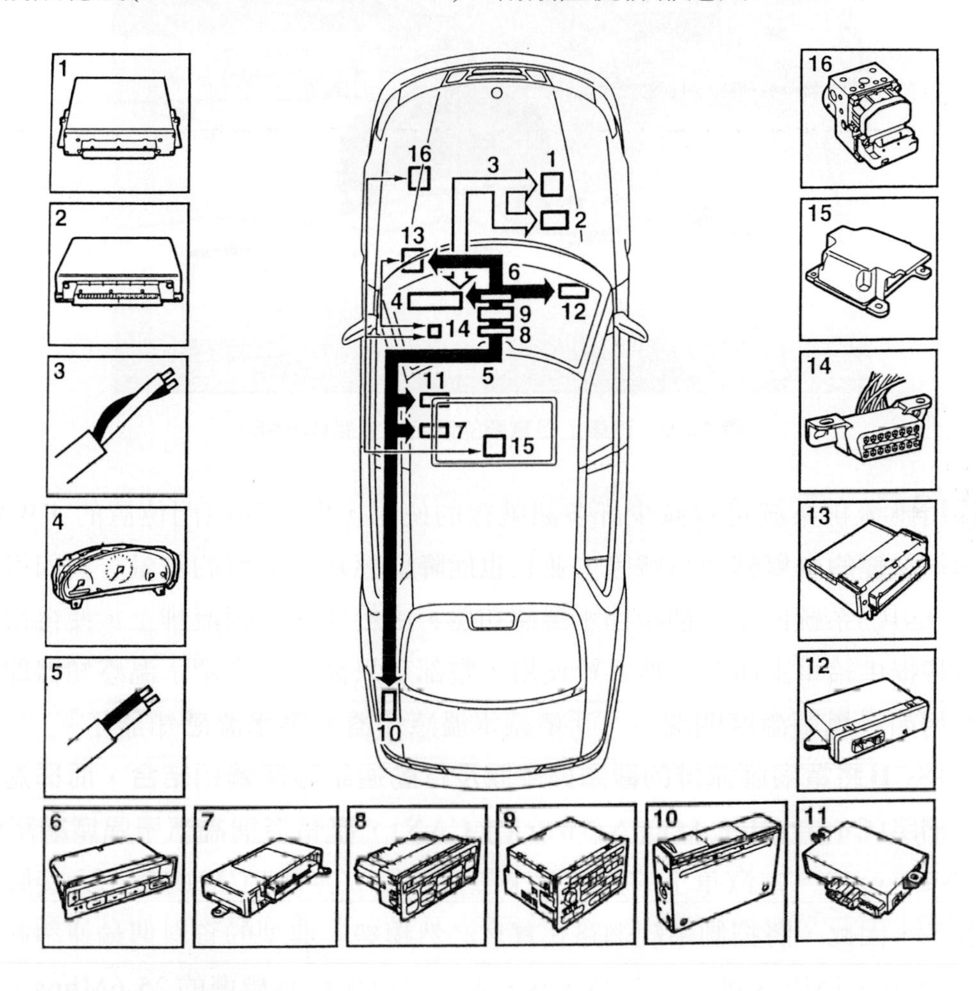

1. 引擎管理系統電腦(TRIONIC)
2. 變速箱控制模組(TCM)
3. P-bus
4. 主儀錶總成(MIU)
5. I-bus
6. Saab 資料顯示幕(SID)
7. 防盜警示整體中央電控(TWICE)
8. 自動恆溫控制(ACC)
9. 音響系統主機
10. CD 換片匣(CDC)
11. 電動座椅記憶裝置(PSM)
12. 電動後照鏡記憶裝置(PMM)
13. 儀錶板整體中央電控(DICE)
14. 資料連結接頭(DLC)
15. 氣囊電腦(SRS)
16. 循跡控制／防鎖死煞車控制模組(TCS/ABS)

註：P-bus 與 I-bus 分別標以不同顏色的箭頭方向。

圖 12-5　車上電腦的匯流排系統（取自：SAAB T-7 訓練手冊）

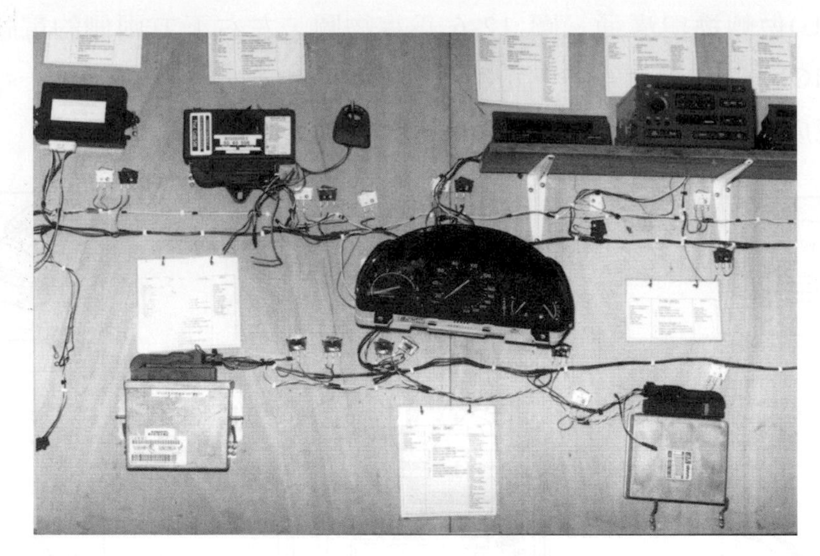

圖 12-6　汽車上各電腦的匯流排連結(SAAB)

採用匯流排系統可以減少許多訊號線的使用，像是節汽門位置的 PWM 訊號、頻率調變的引擎轉速訊號等，並且也能降低感知器使用的數量。例如引擎電腦(TRIONIC)系統內有一個冷卻水溫感知器，由於連接於匯流排上，使得冷卻水溫可隨時提供給車上所有其他系統使用，整部車只需一只冷卻水溫感知器即可，毋需使用如「風扇溫度開關」、「儀錶水溫感知器」等水溫感知器了。

**BOSCH將電腦匯流排的觀念與車體及行動通訊等傳輸相結合，而稱為控制器區域網路(Controller Area Network，CAN)，亦有俗稱為汽車區域網路(Car Area Network)**。當汽車上的控制愈來愈複雜後，各個 ECM 的輸出入接腳也會愈來愈多，因此，將控制系統網路化實爲必然趨勢。典型的資料傳輸速率範圍從早期 125bps、1Mbps 到目前的 2Mbps，未來還會加快到標準的 25.6Mbps。速率愈高，愈易達到即時(real-time)的操控回應。至於傳輸方式則以串列式資料傳輸取代傳統以介面操作訊號的型式，優點爲減輕微處理器(CPU)的負荷，並可減少 ECM 的接腳數目。

事實上，早在 1990 年代，各車廠便已著手研發車身網路的概念，如圖 12-7 所示爲 FORD 在 1996 年 TAURUS、SABLE 車系上的網路聯結圖。全車共採用了三種不同的網路(network)，彼此間透過特定的控制模組，如RCC、GEM，使不同網路間的通信協定(語言)得以互相溝通。

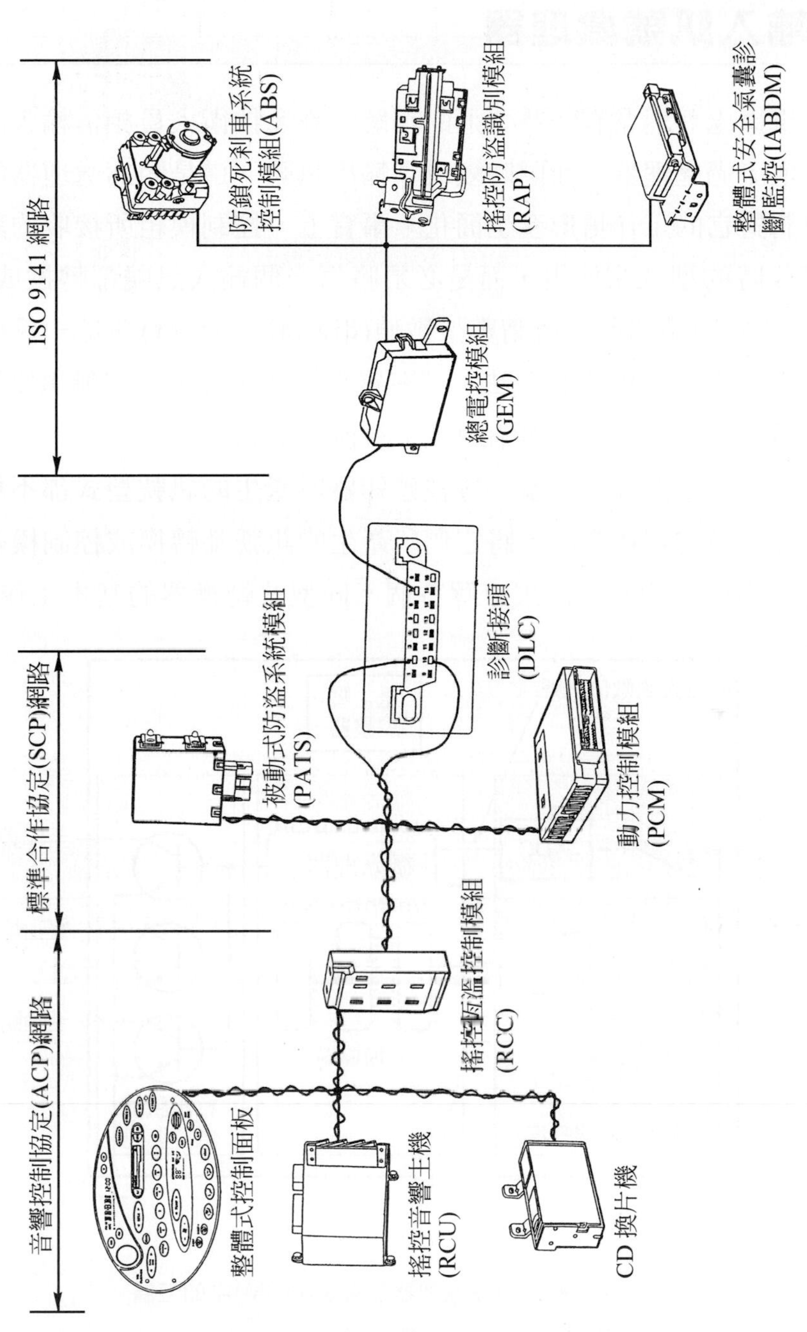


圖 12-7　車身網路的聯結 (FORD)

# 12-2 輸入訊號處理器

對於汽車微處理器常有一些共通的誤解，許多技術人員相信輸入訊號是在不經意中細細地流過處理器，而同時變成了輸出訊號。這是因爲處理器的作用速度很容易讓我們對它的工作情形產生簡化。事實上，控制模組所接收的訊號並不能以它們被接收時的型式來使用，而是必須將每一個輸入訊號都轉換成數位(或稱作二進位數)式的數值訊號。所謂數位數值(digital number)即是一種結合了"有電壓／無電壓"兩種訊號的表示法。"有電壓"以1表示；"無電壓"則以0表示。如此做是因爲控制模組只能在0或1兩種電壓間工作。

由於車上感知器的種類繁多，每種感知器所產生的訊號型式都不相同，所以這些訊號需要不同的轉換方法，將它們所產生的訊號都轉換成控制模組所能接受的數位訊號。本節我們將一同來瞭解各個不同型式轉換器的基本工作原理。

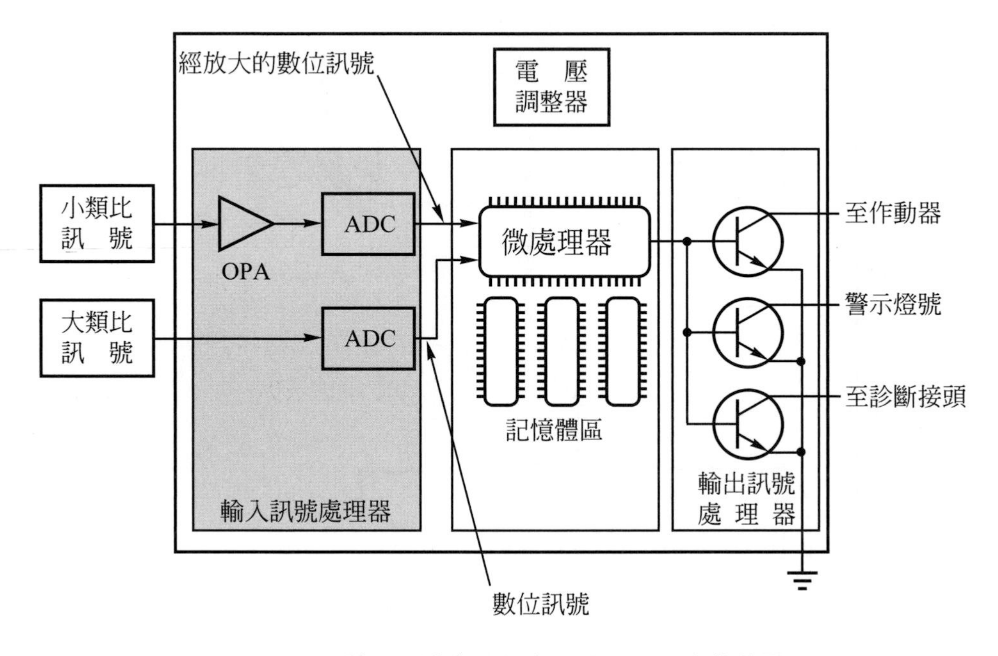


圖 12-8　輸入訊號處理器在電腦(MCM)中的位置

## 12-2-1 類比／數位轉換器(ADC)

電腦內訊號處理部份(註)最常見的轉換器就是**類比／數位轉換器(Analog to Digital Converter，ADC)**。ADC裝置主要**用來將變化的DC電壓訊號轉換成可以被微處理器使用的數位訊號**。類比訊號轉換成數位訊號的技術遠比數位訊號轉換成類比訊號的技術為高，原因有三：

1. **能量的型式：許多物理訊號本身並非屬於電氣訊號，如壓力、溫度，因此必須利用電路設計將這些物理能量先行轉換成電氣訊號。**
2. **電壓的大小：待測電壓的大小和範圍會直接影響準確度，因此需以放大器電路將電壓放大到適當範圍內。**
3. **轉換的速率：汽車是一個動態的複雜機器，電腦隨時需要依據輸入訊號的變化做更新。因此，感知器的訊號必須經由快速轉換以達到即時監控之的。**

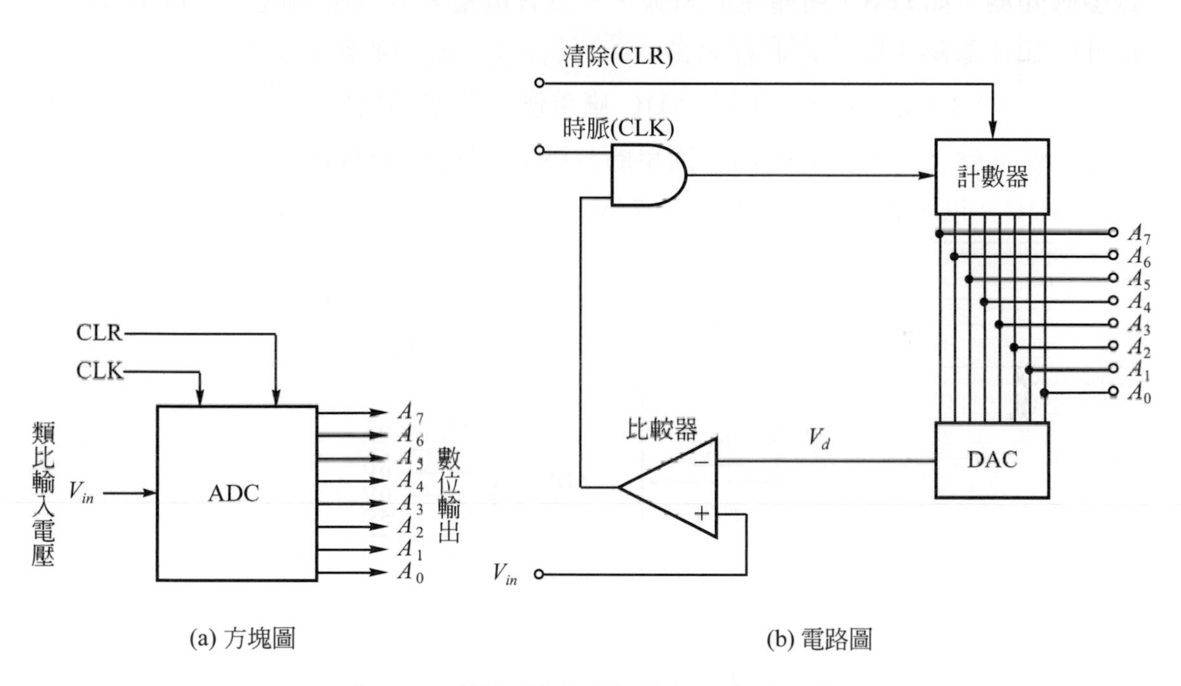


(a) 方塊圖　(b) 電路圖

圖 12-9　類比／數位轉換器(以 8 位元為例)

註：如圖 12-8 所示，一些小電壓訊號(1V 以下者)的感知器，例如$O_2S$，在進入轉換器之前必須先經過訊號放大。有關於訊號放大部份，請參閱第九章，此處不再贅述。

如圖12-9所示為一簡單的8位元ADC電路，輸入端為1條類比訊號線，輸出端則為8條數位訊號線(8bits)。開始時將清除訊號(CLR)送到計數器使其歸零，接著，當電腦內的控制時脈(CLK)送出脈波時，計數器便開始計數。計數的結果經過DAC快速地轉換成類比電壓$V_d$，並進入比較器的反相輸入端，與類比輸入電壓$V_{in}$做比較：

1. 如果$V_d < V_{in}$，則比較器的輸出為高電壓狀態(1)。CLK訊號仍可通過及閘，使計數器繼續計數。
2. 如果$V_d > V_{in}$時，比較器的輸出電壓為0V(0)。CLK訊號無法通過及閘，而使計數器停止計數。此時，計數器的數位輸出值即代表類比輸入電壓值的大小。

汽車上所使用的**開關型(switched)感知器**，如檔位(N/D)開關，以及**類比訊號型感知器**，如TPS，所產生的訊號，一為有電壓／無電壓訊號；一為不規則變化性的類比電壓訊號。他們都須被ADC轉換成可使用的數位訊號。

如圖12-10所示為8位元的ADC應用例。溫度感知器的電阻值隨待測流體的溫度值而變化，此變化經由一簡單的分壓器電路後成為(類比式)輸入電壓$V_{in}$，送到ADC。以本圖為例，當$V_{in} = 0.75\text{V}$時，8位元輸出訊號為00100110。

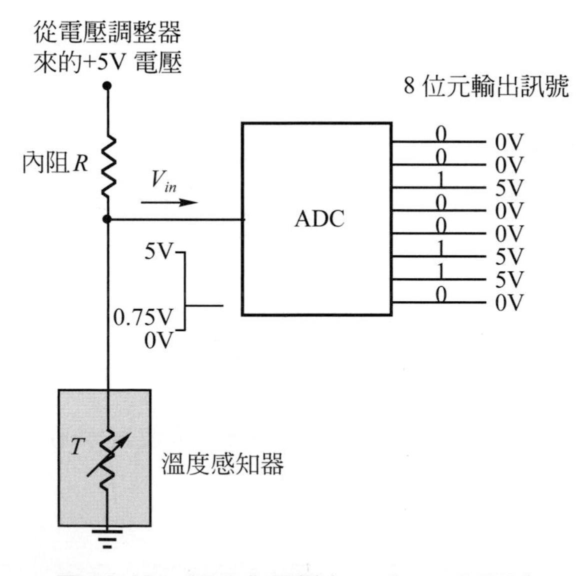


圖12-10　ADC作用例之一　($V_{in} = 0.75\text{V}$)

8位元一共可以產生$2^8 = 256$種電壓值的變化，因此，5V輸入電壓便可以被分割成256級，每一級等於$\frac{5}{256}$V。今$V_{in} = 0.75V$，其在256級中所佔的比值爲：

$$0.75V \div \frac{5V}{2^8} \fallingdotseq 38(\text{級})$$

而38經換算成二進制恰爲00100110。

如圖12-11所示，當輸入電壓$V_{in}$變成2.5V時，可以同樣的方法換算其在256級中的比值爲：

$$2.5V \div \frac{5V}{2^8} = 128(\text{級})$$

128經換算成二進制恰等於$2^7$，以8位元方式表示則爲10000000。

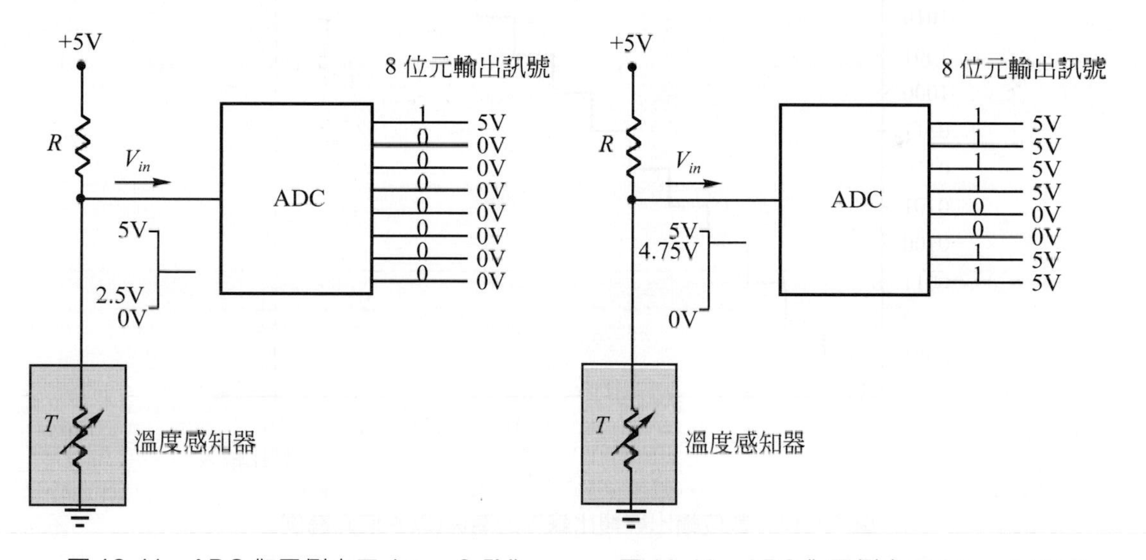


圖12-11　ADC作用例之二 ($V_{in} = 2.5V$)　　圖12-12　ADC作用例之三 ($V_{in} = 4.75V$)

假設溫度感知器屬於負溫度係數型(NTC)，則當流體溫度下降時，電阻值反而增大，並使輸入到電腦的電壓$V_{in}$升高。如圖12-12所示，當$V_{in} = 4.75V$時，則其在256級中的比值爲：

$$4.75V \div \frac{5V}{2^8} \fallingdotseq 244$$

244換算成二進制以8位元表示則爲11110011。

目前車用電腦多以16位元傳輸爲主流，讀者們不妨試著以本例練習16位元的轉換結果(見例12-1)。ADC將類比DC電壓轉換成數位式的二進位數值的過程很快，快到幾乎是同步顯示。通常轉換時間在數微秒($\mu$s)以內。如圖12-13所示爲(4位元)數位輸出與類比輸入間的關係，4位元可將電壓訊號等分成$2^4 = 16$級，同理可推，8位元爲$2^8 = 256$級，16位元爲$2^{16} = 65536$級⋯。

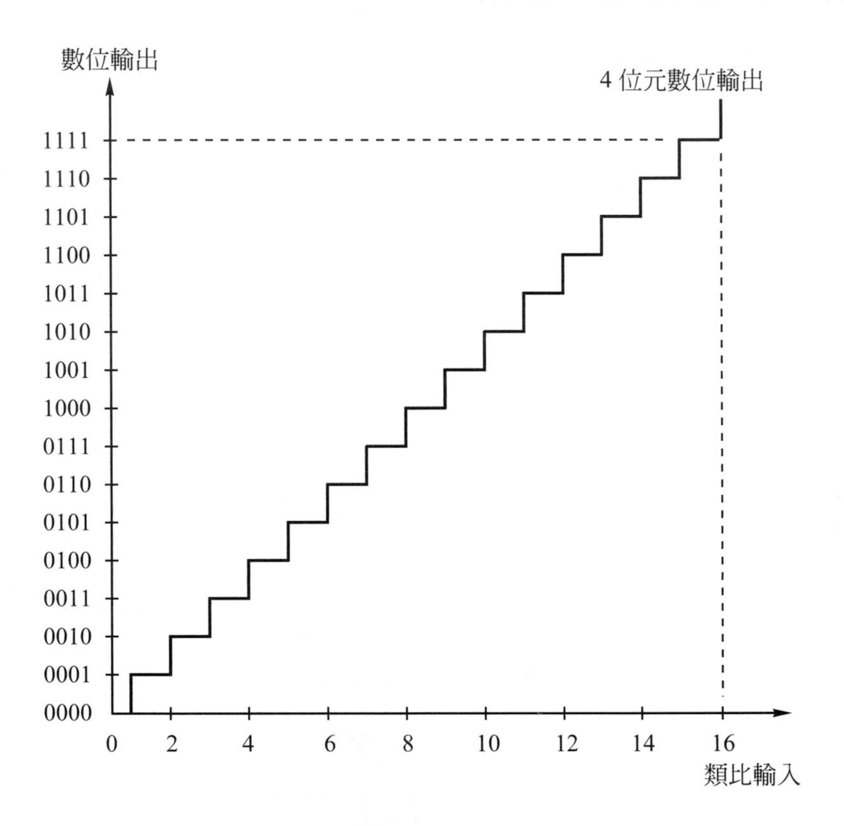


圖12-13　數位輸出與類比輸入的關係(以4位元為例)

汽車上常見的類比輸入電壓訊號有：進氣壓力、進氣量、電瓶電壓、冷卻水溫、進氣溫度、節汽門位置和含氧感知器等。

**【例12-1】** 試以圖12-10、12-11及12-12爲例，換算其16位元數位輸出訊號各是多少？

**解**

16 bits共可分割5V爲$2^{16} = 65536$級。

⑴當 $V_{in}$＝0.75V 時，輸出為：

$$0.75\text{V} \div \frac{5\text{V}}{2^{16}} \doteqdot 9830_{10} = 0010\ 0110\ 0110\ 0110_2$$

⑵當 $V_{in}$＝2.5V 時，輸出恰為一半，即：

$$2.5\text{V} \div \frac{5\text{V}}{2^{16}} \doteqdot 32768_{10} = 1000\ 0000\ 0000\ 0000_2$$

⑶當 $V_{in}$＝4.75V 時，輸出為：

$$4.75\text{V} \div \frac{5\text{V}}{2^{16}} \doteqdot 62260_{10} = 1111\ 0011\ 0011\ 0100_2$$

【說明】電腦以 16 位元處理相同的訊號時，可以做更精細的量測。以本題為例，5V 電壓能夠被分割成 6 萬多級，因此，當輸入電壓有微量的變化時，轉換後的輸出電壓就可以立刻反應出來。

---

## 12-2-2 交／直流電壓轉換器

汽車電子控制系統中所使用的許多感知器都是以AC電壓訊號做為輸出，例如拾波線圈類感知器。AC 電壓訊號無法像 DC 電壓訊號般可以直接轉換成數位訊號，所以必須先藉由**交／直流電壓轉換器(AC to DC Converter)轉換**成DC訊號後，再送到 ADC 去。如圖 12-14 所示為交／直流電壓轉換器的相關位置，**交／直流電壓轉換器主要由兩部分所構成：**

1. **整流電路：將交流電壓轉變成直流電壓。(參見第 7-1 節)。**
2. **電壓平均值電路(Voltage Averaging Circuit)：負責將脈波 DC 電壓值積分並轉換成平均值後輸出。這個輸出的類比電壓大小直接和脈波電壓的工作能力成比例。其實，電壓平均值電路就是一個「積分器」電路。(參見第 9-4-3 節)。**

以防鎖死煞車系統(ABS)為例，ECM必須隨時監測輪速感知器AC訊號的振幅(振幅大小與頻率成反比)。AC 訊號在以數位型式儲存到記憶體之前，須經過至少三個轉換電路，前兩個便屬交／直流電壓轉換器，也就是整流電路與積分器電路，它們將AC波形改變成DC電壓。第三個電路便是前一節所介紹的ADC電路了，如圖 12-15 所示。

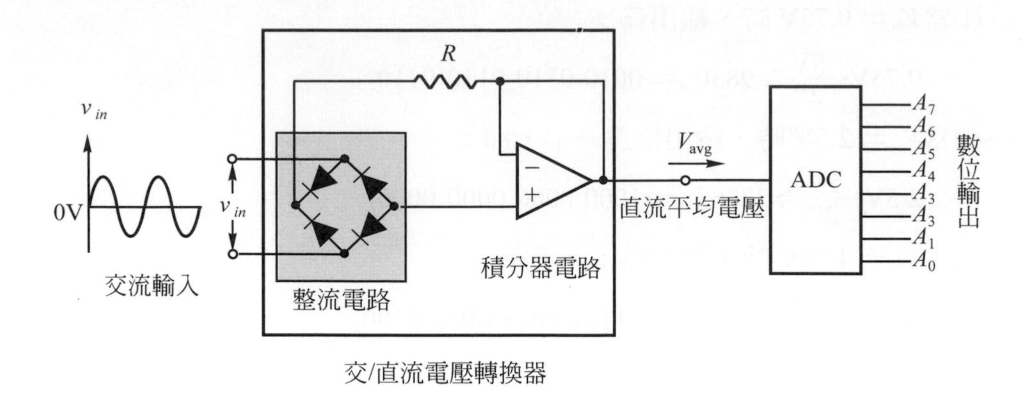


圖 12-14　交／直流電壓轉換器的位置與構成

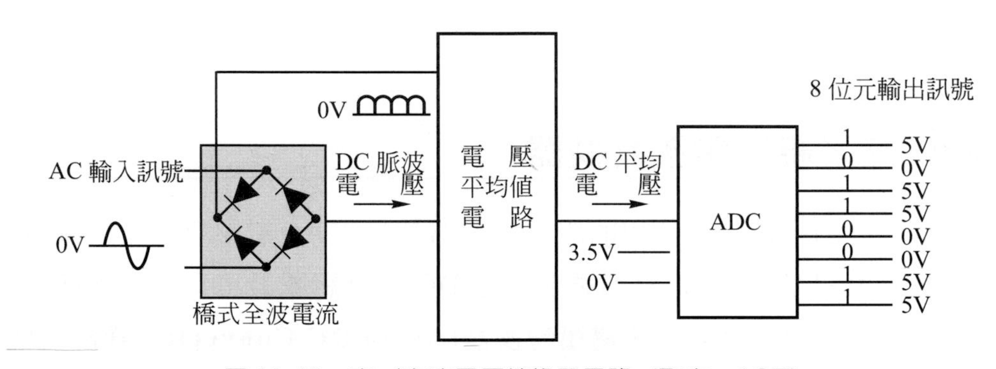


圖 12-15　交／直流電壓轉換器電路（取自：ASE）

## 12-2-3 頻率／直流電壓轉換器(FDC)

在本書第 10-3 及 10-4 節中曾介紹過汽車上所使用的一些產生頻率波形的感知器，如 MAP、MAF 和 BARO 感知器等。以 MAP(進汽岐管絕對壓力感知器)爲例，此感知器用來偵測出岐管內的絕對壓力值，並且輸出一變動頻率波形來代表平均讀數。但是頻率訊號在被 CPU 使用前，必須先經過頻率／直流電壓轉換器(Frequency to DC Voltage Converter，FDC)，將訊號轉換成 DC 類比電壓。如圖 12-16 所示爲 FDC 電路圖。

FDC 內部的電路設計有許多方式，利用積分器電路是其中的一種。由 FDC 所產生的DC輸出電壓大小直接與輸入訊號頻率大小成正比。訊號頻率愈低，其輸出電壓也愈小；反之，輸入到 FDC 的頻率訊號愈高，則所產生的輸出電壓也愈大。在 FDC 將訊號轉換成相對應的 DC 電壓之後，電壓緊接著被送到 ADC 去(與前幾節所述同)。

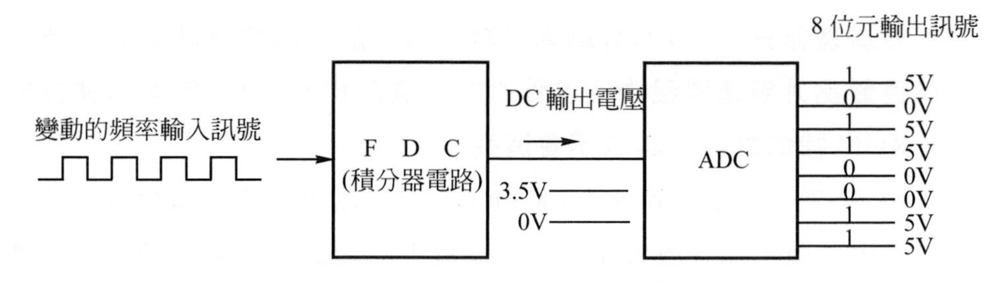


圖 12-16　頻率／直流電壓轉換器(FDC)電路 (取自：ASE)

## 12-3 記憶體

在經過了「輸入訊號處理器」的處理之後，訊號將變成為二進位數值，並且以此二進位數字來代表先前的輸入訊號。緊接著，輸入訊號以 8 位元(或 16 位元)的二進位型式送入**記憶體(memory)**。

微處理器所用的記憶體是由數以千計的“記憶細胞”(cells)所組成，所有“細胞”都包含在模組內的一些小晶片上。每一個記憶細胞由一個稱作“閂”(latch)的電路所構成。閂是一常用的電子儲存電路，它能鎖定單一位元資料值。在數位電子學中，“閂”類似正反器，可組合成暫存器，形成記憶體電路。請參閱本書第 11-5 節內文。

微處理器的計算、比對等工作都必須由各類記憶體支持。記憶體晶片在外觀上很類似微處理器晶片，汽車電腦內常用的記憶體種類有：

1. 隨機存取記憶體(RAM)：

   微處理器將需要暫時儲存的資料送到 RAM。由於車輛行駛中狀況隨時在改變，所以 RAM 內儲存了這些變動的資料。微處理器也將計算結果和其他可以改變的資料寫入 RAM 中。RAM 裏面的資料能夠被微處理器讀取或刪除。

假如 RAM 屬於揮發性記憶體，則當點火開關關掉後，RAM 所儲存的資料也一併被清除掉。若 RAM 屬於非揮發性記憶體，如 FLASH(快閃記憶體)，則熄火後資料仍能保存。

2. 唯讀記憶體(ROM)：

微處理器只能從ROM讀取資料，卻不能寫入或刪除資料。所有資料在記憶體晶片製造過程中便以程式方式燒入ROM內，因此即使拔掉電瓶線，ROM 裡的儲存資料也不會消失。

ROM有一位址資料表(look-up table)，包含使車輛維持運作的資料。例如表內含有引擎在各種不同工作狀態下的理想歧管真空值。微處理器利用這張表來比對實際的感知器輸入訊號與理想真空值，並做出適當的調整動作。

3. 可程式唯讀記憶體(PROM)：

有許多車廠，如GM，在汽車電腦中安裝了一個可拆卸的PROM。它可以進行獨立的檢修。PROM 內含有一些特定的程式，例如點火提前程式，它針對特定的車種而做設定。若要更改設定值，如最大馬力速限，只需拆下，更新程式內容即可。

目前也有毋需拆下PROM，只要藉掌上型掃描器(scanner)，如THCH2，便可經由車上的診斷接頭進行程式內容的更新工作。

4. 活性記憶體(KAM)：

KAM 在特性上很像RAM。微處理器可以從KAM上讀取、寫入和刪除資料。當點火開關切掉後，KAM 內的資料仍可保存；但是若拔掉電腦的電源(電瓶)線之後，KAM 所儲存的資料便消失了。參見第 11-6 節。

**所謂「程式」是指一組令微處理器工作時得以遵循的指示**。也就是說，微處理器的運算、比對等工作全由程式所決定。例如程式會告訴電腦何時該從感知器擷取訊號，以及該如何處理這些輸入資料等。程式記憶體(ROM)內即含有“程式”和其他有關於車輛的資料，甚至包括現今漸已受到重視的車籍防盜辨識資料。

當引擎運轉期間，電腦正接收大量的感知器輸入資料，電腦也許不立刻處理所有的資料；許多時候，電腦要搜集足夠的輸入訊號後才能下決定。此時，電腦便需要一個 RAM 來存放所搜集到的資料，微處理器將搜集的資料寫入 RAM，然後再從中讀取資料…。

**ROM** 儲存有關於各種行車狀況下所需之理想空燃比(A/F 比)。感知器則負責將引擎和車輛的運作狀況傳送到電腦。微處理器自ROM中讀取理想的A/F比資料，並與感知器輸入資料做比對，然後根據程式做噴油之修正量，以使車輛維持在最佳行駛狀態，如圖 12-17 所示。

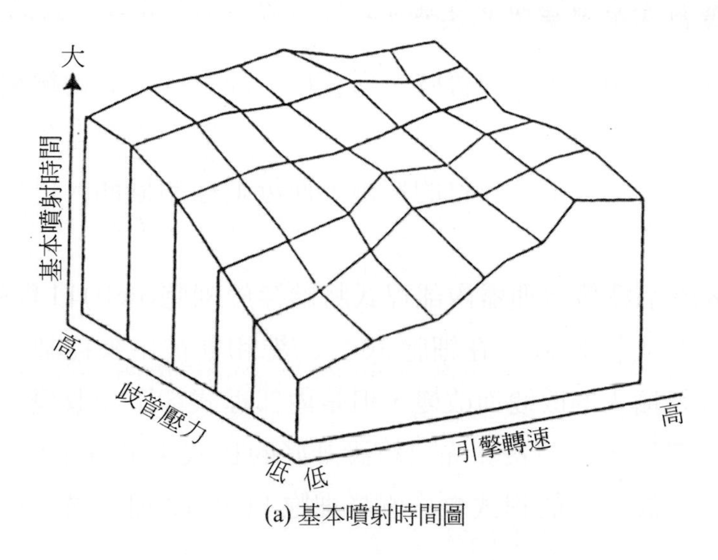


(a) 基本噴射時間圖

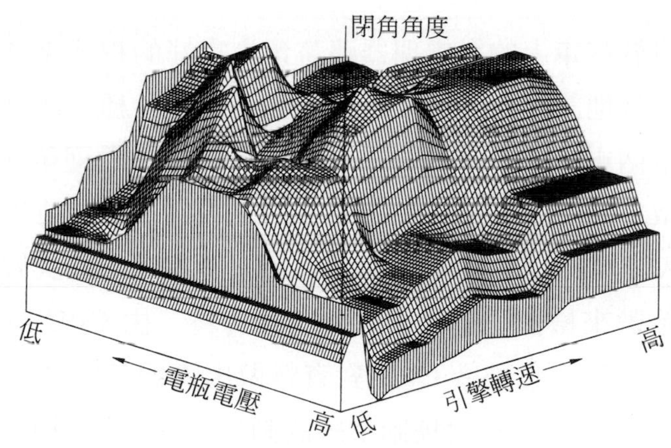


(b) 閉角角度圖

圖 12-17　ROM 內建資料地圖(map)

## 12-4 微處理器

微處理器(microprocessor)具有許多不同的功能，它能夠：

1. 擷取或找尋資料，
2. 利用內建的時脈(clock)電路來控制工作時序，
3. 依據數學計算的結果做出決定。

舉例來說，當您在使用電子計算機時，您會按下計算機上的按鍵來輸入資料。在此同時，您也告訴計算機該執行什麼功能。您可以把微處理器想像成計算機，所不同的是，它可以自行按下它自己的按鍵，而毋須您的協助。這是因爲藉助內部程式的結果。

如圖 12-18 所示爲微處理器內部程式將儲存於細胞(cell)11 與細胞 12 內的二進位數值相加後存入細胞 30。在細胞 30 內的總和則被用來控制一輸出裝置。雖然計算的結果會因輸入的改變而改變，但是內部程式卻不能改變。換句話說，微處理器不能“思考”，它只按原先已經設計好的程式來進行工作。

在上例中，所設計好的程式會一直將細胞 11 和 12 裡的內容相加，然後儲存到細胞 30 中。

同樣地，使用於汽車上的微處理器藉著預先寫好的程式來計算並控制系統的運作。程式寫得非常地詳細並且可以應付系統運作時各種可能發生的狀況組合。

微處理器是整個電腦的“大腦”，也常被稱爲**中央處理單元(CPU)**，由數千個電晶體置於一微小晶片上所構成，如圖 12-19 所示。CPU將資料帶進及帶出電腦的記憶體。輸入資料在CPU內被處理並且和記憶體內的程式做比對檢查，CPU也會根據程式的參數來檢核記憶體任何其他的資料。由 CPU 所獲得的資料則會依程式指令而改變；程式也許令 CPU 對資料做出邏輯性的決定。一旦所有計算工作完成，CPU 便輸送命令來對控制系統的動作，做出必要的修正或調整。

CPU 有幾個主要組成部份：

1. 暫存器(register)：用以組成「累進器」(accumulator)、資料計數器、程式計數器和指令暫存器等。
2. 控制單元(control unit)：負責實現位在指令暫存器內的各種指令。
3. 數學邏輯單元(ALU)：執行數學和邏輯功能。

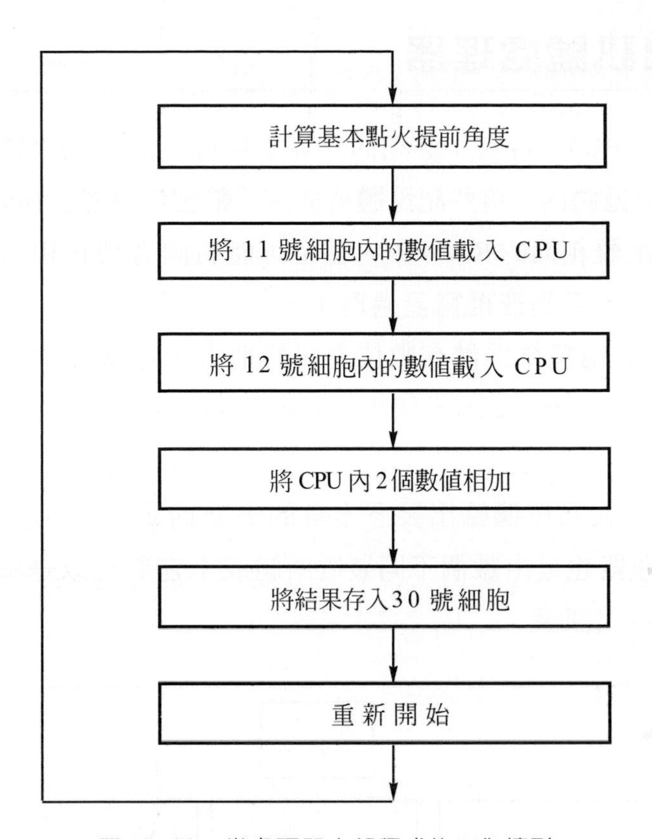


圖 12-18　微處理器內部程式的工作情形

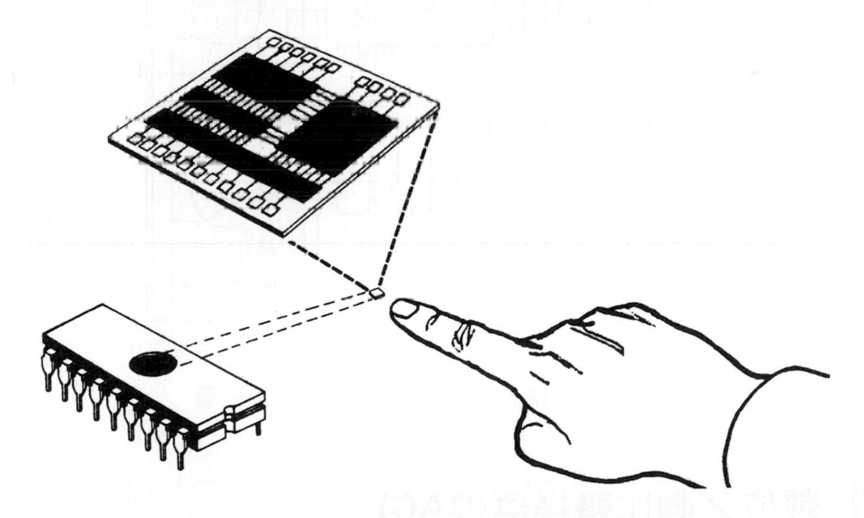

圖 12-19　蝕刻在 IC 晶片上的微處理器元件（取自：汽車電子學與電腦控制，B.Hollenmbeak 著，Delmar 出版）

# 12-5 輸出訊號處理器

在微處理器(CPU)執行完了必須的計算工作後，計算結果便儲存在特別保留給輸出資料用的記憶體內。這些記憶體被稱作**「輸出記憶體」(output memory)**，常置於與輸入記憶體相同的RAM中，甚至可能將兩者製在相同的晶片上。輸出資料可被暫時儲存，直到被覆寫蓋過爲止。

CPU 以輸出記憶體做爲儲存數位資料的地方，這些數位資料將被輸出訊號處理器(output signal processor)使用，以產生各種不同的控制訊號。CPU 並不直接驅動輸出裝置。

輸出訊號的型式乃依據輸出裝置本身的需要而定。就像輸入訊號處理器一樣，輸出訊號處理器也是由數個不同裝置所組成，它們可以是單獨的，也可以是組合的，以產生輸出訊號。

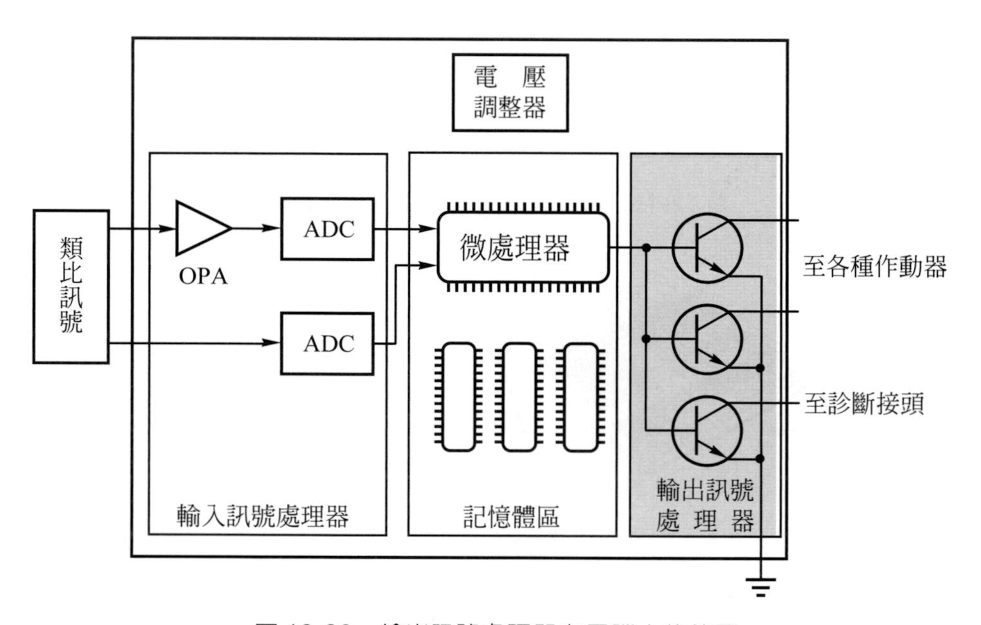


圖 12-20　輸出訊號處理器在電腦中的位置

## 12-5-1 數位／類比轉換器(DAC)

**數位／類比轉換器(Digital to Analog Converter，DAC)**可將儲存在輸出記憶體內的數位訊號轉換成類比電壓訊號，以驅動各種作動器，如噴油嘴、繼電器或馬達等。

在第九章的第9-4-2節中，我們曾經介紹過利用反相運算放大器來形成「加法器」。其實，最簡單的DAC便是由加法器電路所構成，如圖12-21所示。我們以簡單的4位元數位輸入訊號來說明DAC的工作原理。

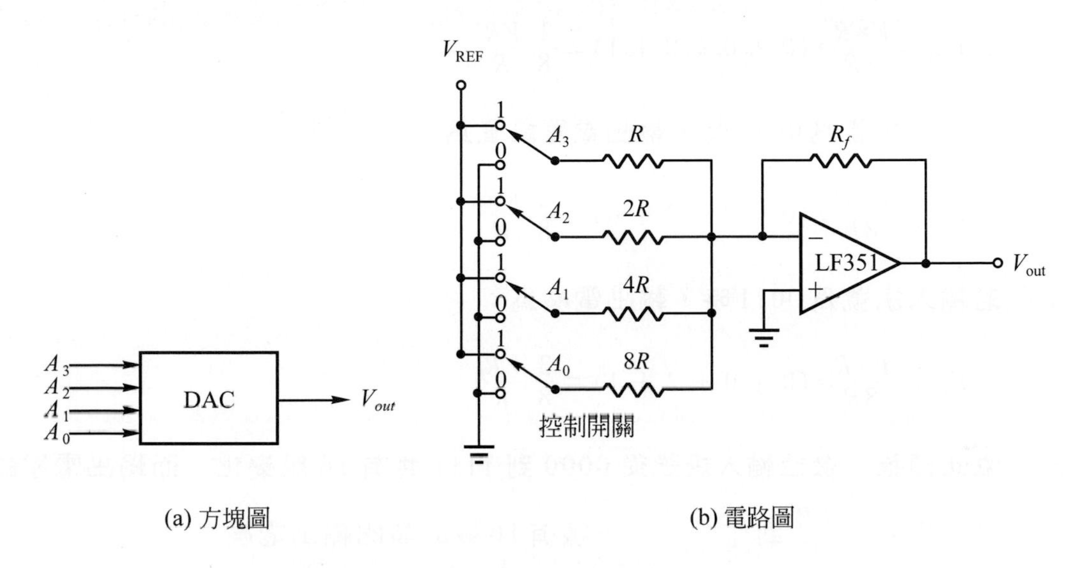


(a) 方塊圖　　(b) 電路圖

圖12-21　數位／類比轉換器(以4位元為例)

由加法器公式9-16：

$$v_{\text{out}} = -\left(\frac{v_1}{R_1} + \frac{v_2}{R_2}\right) \times R_f \tag{9-16}$$

可得到DAC輸出電壓值$V_{\text{out}}$等於

$$V_{\text{out}} = -\left(\frac{V_{REF}}{R} + \frac{V_{REF}}{2R} + \frac{V_{REF}}{4R} + \frac{V_{REF}}{8R}\right) \times R_f$$

$$= \frac{-V_{REF} \times R_f}{8R} \times (8 + 4 + 2 + 1) \tag{12-1}$$

DAC電路屬於反相OPA電路，設參考電壓爲負值$-V$，則DAC輸出電壓$V_{\text{out}}$可爲正值：

$$V_{\text{out}} = \frac{V \times R_f}{8R} \times (8 + 4 + 2 + 1) \tag{12-2}$$

1. 當所有輸入控制開關都為1時，輸出電壓達到最大值：

$$V_{\text{out}}=\frac{V\times R_f}{8R}\times 15=\frac{15}{8}\frac{VR_f}{R}$$

2. 若輸入訊號為0001時，輸出電壓則為：

$$V_{\text{out}}=\frac{V\times R_f}{8R}\times(0+0+0+1)=\frac{1}{8}\frac{VR_f}{R}$$

3. 若輸入訊號為0010時，輸出電壓訊號為：

$$V_{\text{out}}=\frac{V\times R_f}{8R}\times(0+0+2+0)=\frac{2}{8}\frac{VR_f}{R}$$

4. 若輸入訊號為0011時，輸出電壓為：

$$V_{\text{out}}=\frac{V\times R_f}{8R}\times(0+0+2+1)=\frac{3}{8}\frac{VR_f}{R}$$

5. 依此類推，數位輸入訊號從0000到1111共有16級變化，而輸出電壓的變化也從$\frac{0}{8}\frac{VR_f}{R}$到$\frac{15}{8}\frac{VR_f}{R}$，一樣有16級的類比輸出電壓。

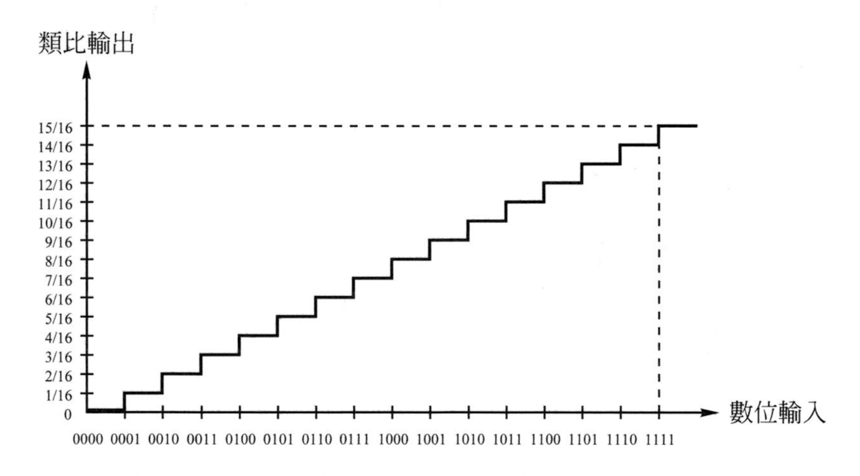


圖 12-22　類比輸出與數位輸入的關係(以4位元為例)

如圖12-22所示為以4位元為例，其類比輸出與數位輸入間的關係。

汽車電子控制模組(ECM)中最常見的輸出處理器便是DAC了，簡單來說，DAC與ADC作用相反，ADC將DC電壓轉變成具有高低兩種電壓變化的數位訊號；DAC則將一個二進制數位訊號轉換成為一個我們所熟悉的類比DC電壓值。數位數值愈大，則轉換成的類比電壓值也愈大，反之，則愈小。

在輸出訊號處理器中，DAC 也是資料自輸出記憶體所送出後的第一個處理裝置。圖 12-23 到 25 為 8 位元的 DAC 轉換例。輸出記憶體將儲存其內的數位訊號送到DAC，DAC則依據數位訊號的變化而轉換成相對應的DC類比輸出電壓。

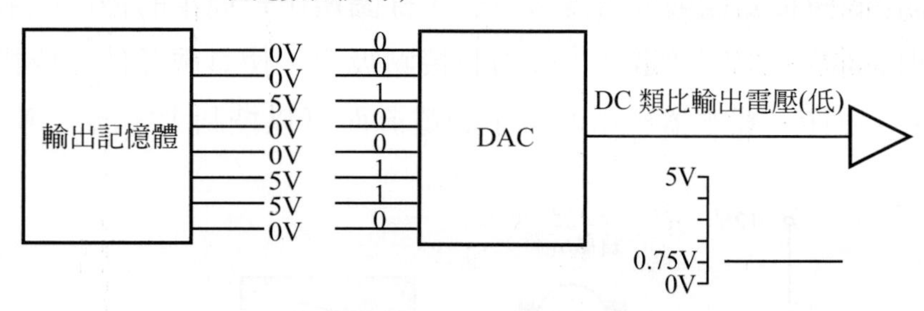


圖 12-23　DAC 轉換例之一($V_{out}$ = 0.75V)

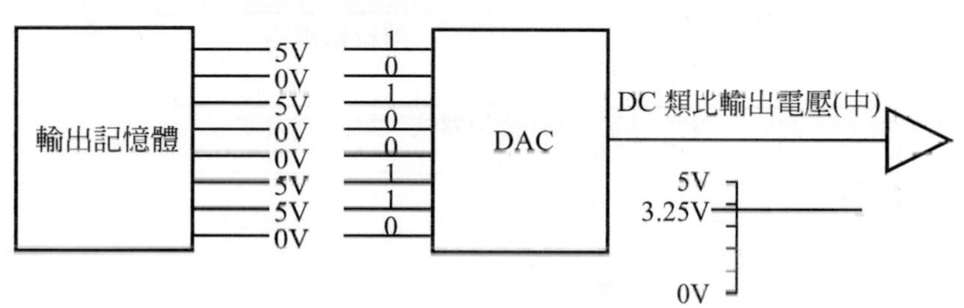


圖 12-24　DAC 轉換例之二($V_{out}$ = 3.25V)

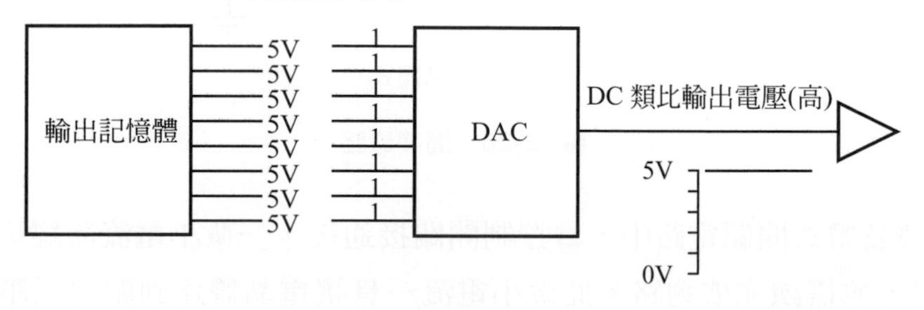


圖 12-25　DAC 轉換例之三($V_{out}$ = 5V)

## 12-5-2 電晶體開關

電晶體基本功用之一便是能夠提供良好的開關作用。汽車電子控制模組(ECM)中第2個常見的輸出處理器便是**「切換晶體」(switching transistor)**，又稱爲**開關晶體、轉換晶體**。

一個切換晶體可以說是傳統單線圈繼電器的"固態電子版"，如圖12-26所示。繼電器線圈與接點開關共用搭鐵端子，線圈藉由一簡單的控制開關與電源連接，當開關接通時，線圈通電產生吸力將接點吸合，使負載元件完成搭鐵迴路，元件因此得以運作。繼電器利用非常小的電流而可以控制大電流之導通。

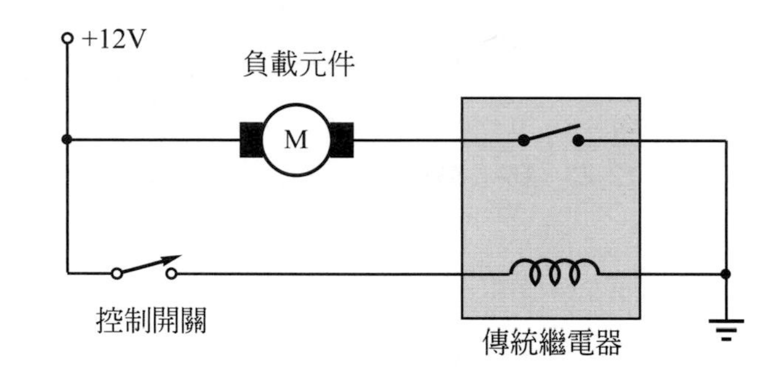


(a) 繼電器式

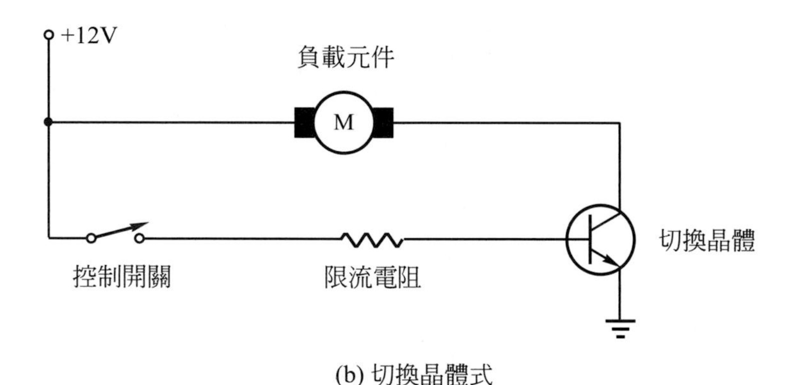


(b) 切換晶體式

圖 12-26 開關電路

在切換晶體式開關電路中，當控制開關接通後，一微小電流流經切換晶體的基–射極間，並搭鐵完成迴路。此微小電流一旦讓電晶體達到順向偏壓後，電晶體便允許電流自集極流向射極，完成搭鐵迴路。整個過程裡，電晶體的作用就像一個開關般，故名切換晶體。當電壓加在基極時，切換晶體便接合；移去基極電壓時，切換晶體便如同一個斷開的開關。

利用切換晶體做開關的主要優點在於速率的考量。傳統繼電器受到內部線圈通電後必須有一段充磁(建立磁場)的時間，才能將接點吸合。因此繼電器接點常常無法做即時性的控制之用。雖然以肉眼來看，繼電器的接點似乎夠快，但和電晶體式的開關相比，兩者在接點閉合的時間，卻相差100倍以上。速率在電路的控制上佔有非常重要的影響地位，例如噴油嘴或 ABS 中的電磁閥，它們的開、關動作都需要極快的速率來完成任務。

在某些要求大電流、低頻率，卻不需要求切換速率的電路中，如汽油泵線路，常常將一個速率快但電流小的切換晶體連接到繼電器的線圈端，做爲一控制開關，讓 12V 電流可以流到汽油泵，如圖 12-27 所示。

這種切換控制方式的缺點是線圈充磁需要時間，故只可用在毋需對速率太要求的地方。

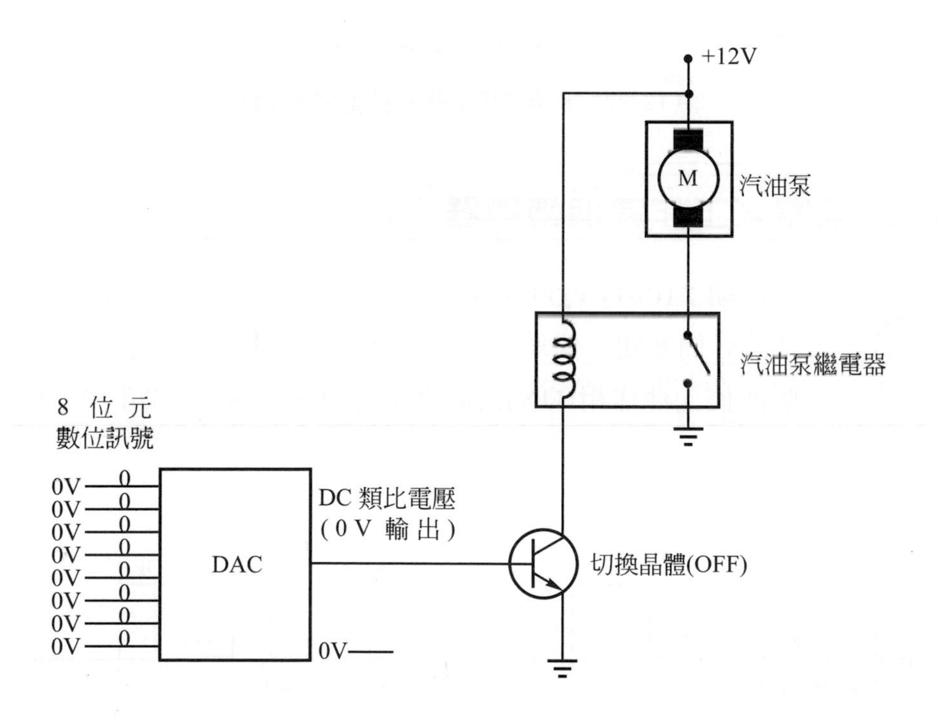


(a) 汽油泵停止

圖 12-27　利用切換晶體控制繼電器

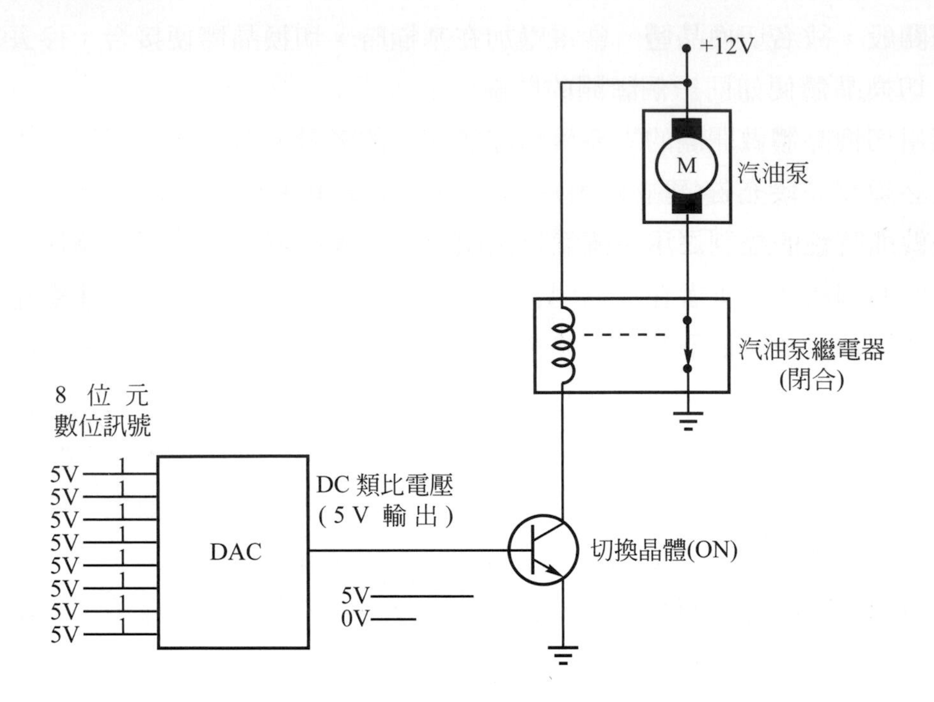


(b) 汽油泵轉動

圖 12-27　利用切換晶體控制繼電器 (續)

## 12-5-3 電壓／工作週期轉換器

有關於**「工作週期」(duty cycle)**的意義和應用在本書第 4-2-3 節與 3-5-5 中有詳細的敘述，請讀者們參閱。簡單地說，工作週期是指工作脈波寬度與脈波週期之比，亦即，脈波使元件作用(ON)的時間與週期的比值，如圖 12-28 所示。

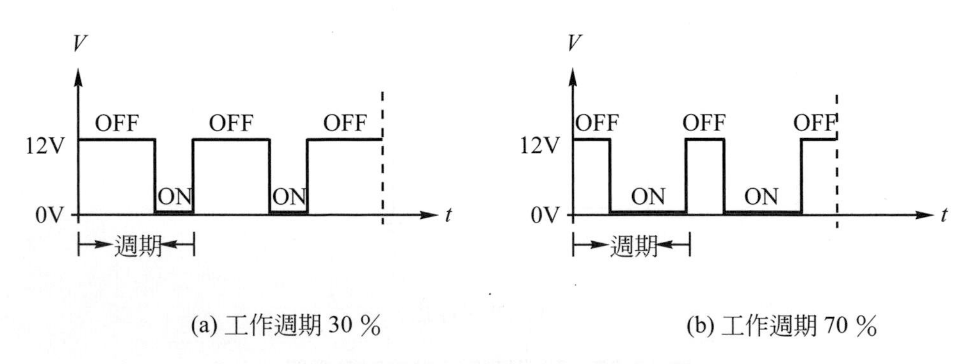


(a) 工作週期 30 %　　(b) 工作週期 70 %

圖 12-28　汽車上的工作週期 (搭鐵端控制電路用)

汽車上許多電子控制元件，如噴油嘴、各種電磁閥都由數位方波(脈波)的ON/OFF 時間比例所控制，此數位方波便須藉由**「電壓／工作週期轉換器」(Voltage to Duty Cycle Converter)**來產生。電壓／工作週期轉換器屬於一種**「電壓／頻率轉換器」(Voltage to Frequency Converter，VFC)**，惟前者可產生一變頻式方波訊號，即其頻率與工作週期皆為變動的，如圖 12-29 所示。

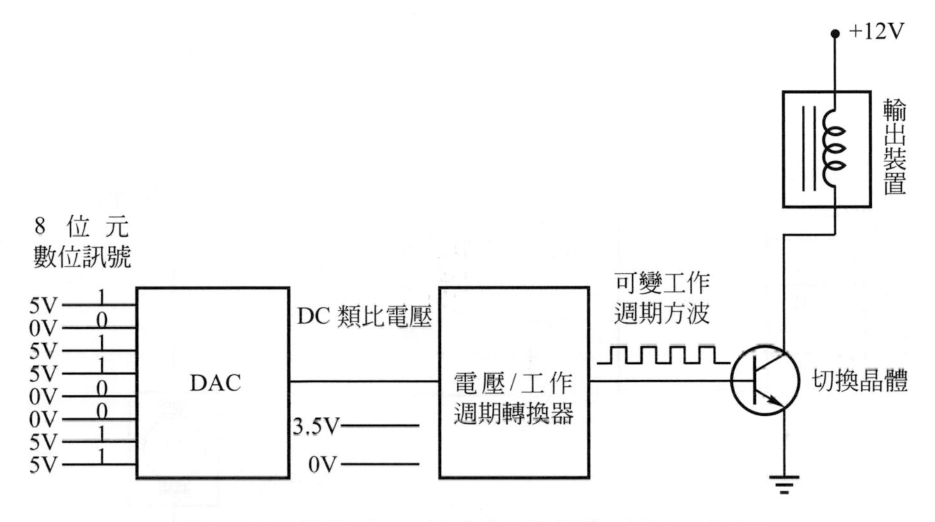

圖 12-29　電壓／工作週期轉換器電路（取自：ASE）

為了產生可變式工作週期(variable duty cycle)的方波控制訊號，CPU 根據輸出記憶體內的資料，令電晶體做 ON-OFF 切換，而以 8 位元數位型式傳送到DAC。由 DAC 所送出的 DC 類比電壓再作用電壓／工作週期轉換器，而使訊號轉換成方波輸出。

輸出方波訊號的 ON/OFF 時間由送到轉換器的 DC 電壓大小所決定。DC 輸入電壓愈高，ON時間便愈長，OFF時間愈短；反之，當輸入到電壓／工作週期轉換器的電壓降低時，OFF時間增加，而ON時間則縮短。自轉換器送出的方波訊號便被用來改變切換晶體的導通與截止。

切換晶體的功能如前節所述，為一開關作用。電壓作用於基極上，可使集–射極導通，於是讓電流流到輸出裝置上。此種單晶體線路型式可用在負載電流不超過晶體規格的條件狀況下。

## 12-5-4 直接類比電壓輸出控制

微處理器控制模組(MCM)內的輸出處理器也可以產生一個直接的類比電壓輸出。如圖 12-30 所示，儲存在輸出記憶體內的數值經 DAC 轉換爲定值的類比電壓值，此電壓再送入一類比電壓放大器，利用放大器所產生之較大電流來驅動如馬達類的作動元件。

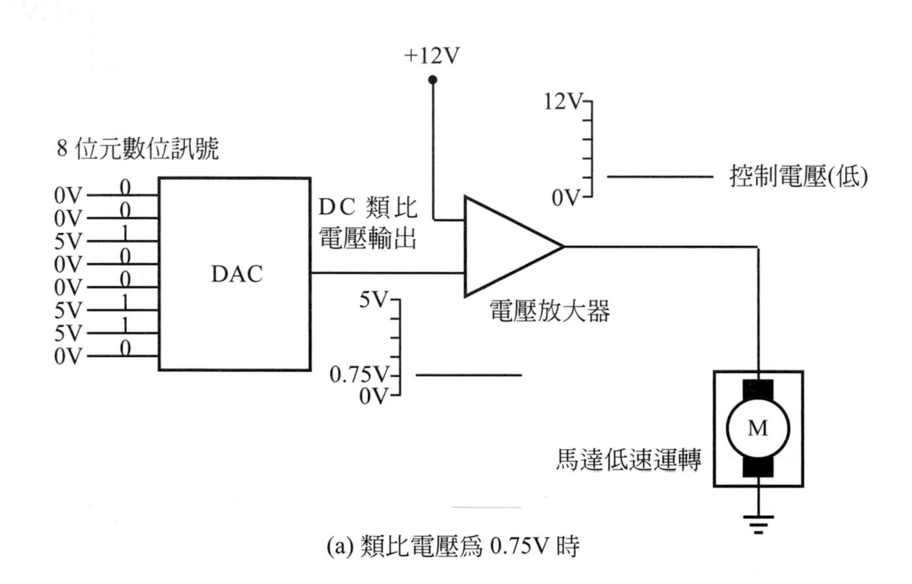


(a) 類比電壓爲 0.75V 時

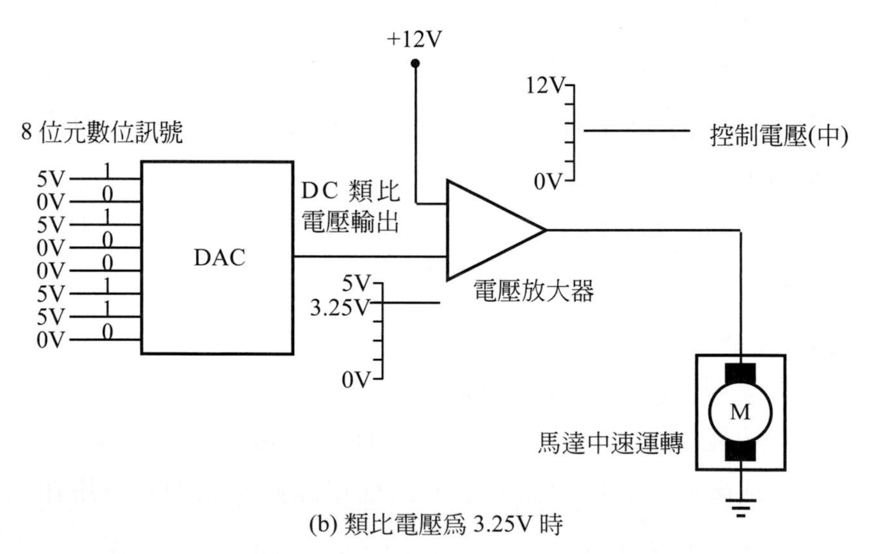


(b) 類比電壓爲 3.25V 時

圖 12-30 直接類比電壓輸出控制

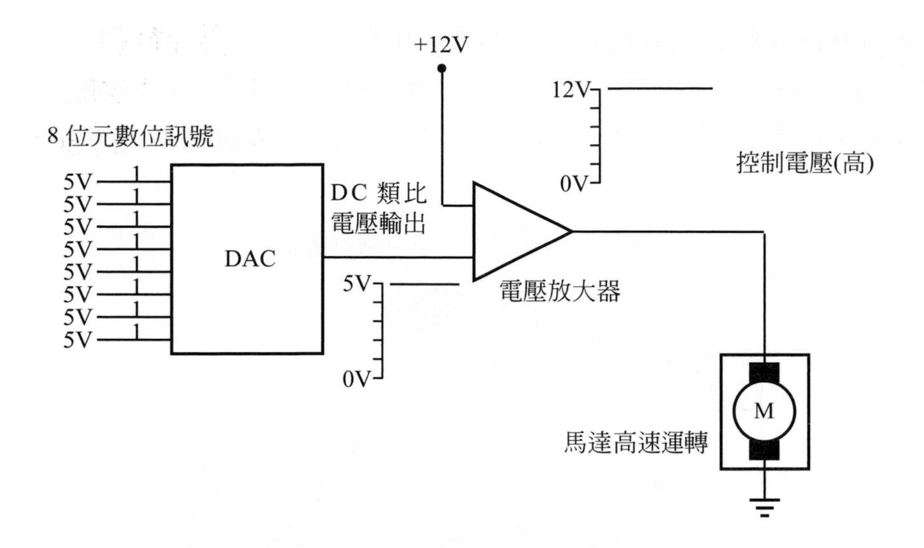


(c) 類比電壓爲 5V 時

圖 12-30　直接類比電壓輸出控制 (續)

## 12-6 系統自我測試

現代汽車的電子控制系統都具有**自我測試(self-test)**的能力。自我測試功能實際上是一個儲存在電子控制模組(ECM)內永久記憶體(ROM)中的程式，這個程式可以讓 ECM 從系統內各個不同的輸出、入訊號中取樣(sampling)。萬一所監測的某一個訊號超出標準規範值時，控制器便會儲存一個故障碼於記憶體中，稍後藉車輛測試設備，就可以將 ECM 內所儲存的故障碼傳送出來，如圖 12-31 所示。

有一些 ECM 在偵測到系統有故障時，會自動地點亮警告燈或發出蜂鳴聲；其他的則需要藉維修人員以簡單的步驟來叫出故障碼，叫故障碼的方法各車廠間略有不同。舉例來說，像引擎電子控制系統(EECS)中需由維修人員以一小段銅線跨接或是接上如 TECH2、MUT II 之類的掃描測試儀器(scan tool)來使故障碼顯示線路與搭鐵間產生短路。藉此將解碼電路進行搭鐵短路而叫出故障碼。另外像是在 ABS 系統中，車輛維修人員則只需要轉動點火開關至 ON 位置，而毋須發動引擎即可叫出故障碼。

雖然自我測試特性對找尋電子控制系統中嚴重的故障非常好用，但是對於找出**間歇性(intermittent)故障**，卻顯出了它的缺點和不足。爲了瞭解何以會存在這樣的缺失，我們必須先實際認識自我測試是如何在控制模組內運作。

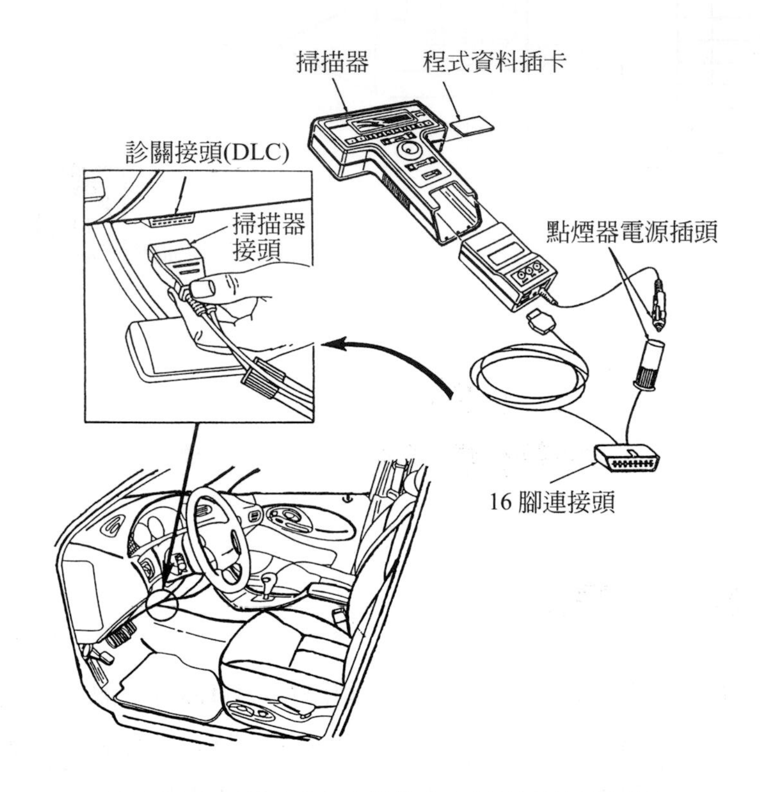


圖 12-31　利用掌上型掃描器叫出故障碼(FORD)

在典型的自我測試流程中，控制模組內所設計的程式會連續性地搜取每一個監測訊號，並且將它與儲存在永久記憶體內的一組參數訊號值做比對。如圖 12-32 所示爲自我測試程式取樣與比對工作的簡化流程。請留意，若您打算自行執行這些功能時，您必須一次只做一個步驟。事實上，此系統的缺點就是：控制模組(ECM)也無法一次執行所有的步驟。ECM 和你我一樣，也只能一次針對一個訊號值做取樣與比對。

當控制器必須擷取並比對多個訊號值時，所花費的時間將會增長。這種一次做一個的作業方式，也就表示隨著流程(步驟)不斷地進行，在訊號值第一次被檢查與再次被檢查之間，對該訊號值而言，將出現一段時間空檔(the lapse in time)。

這段空檔時間的流逝便會阻礙自我測試功能擷取控制系統電路內所出現的短暫或間歇性故障。

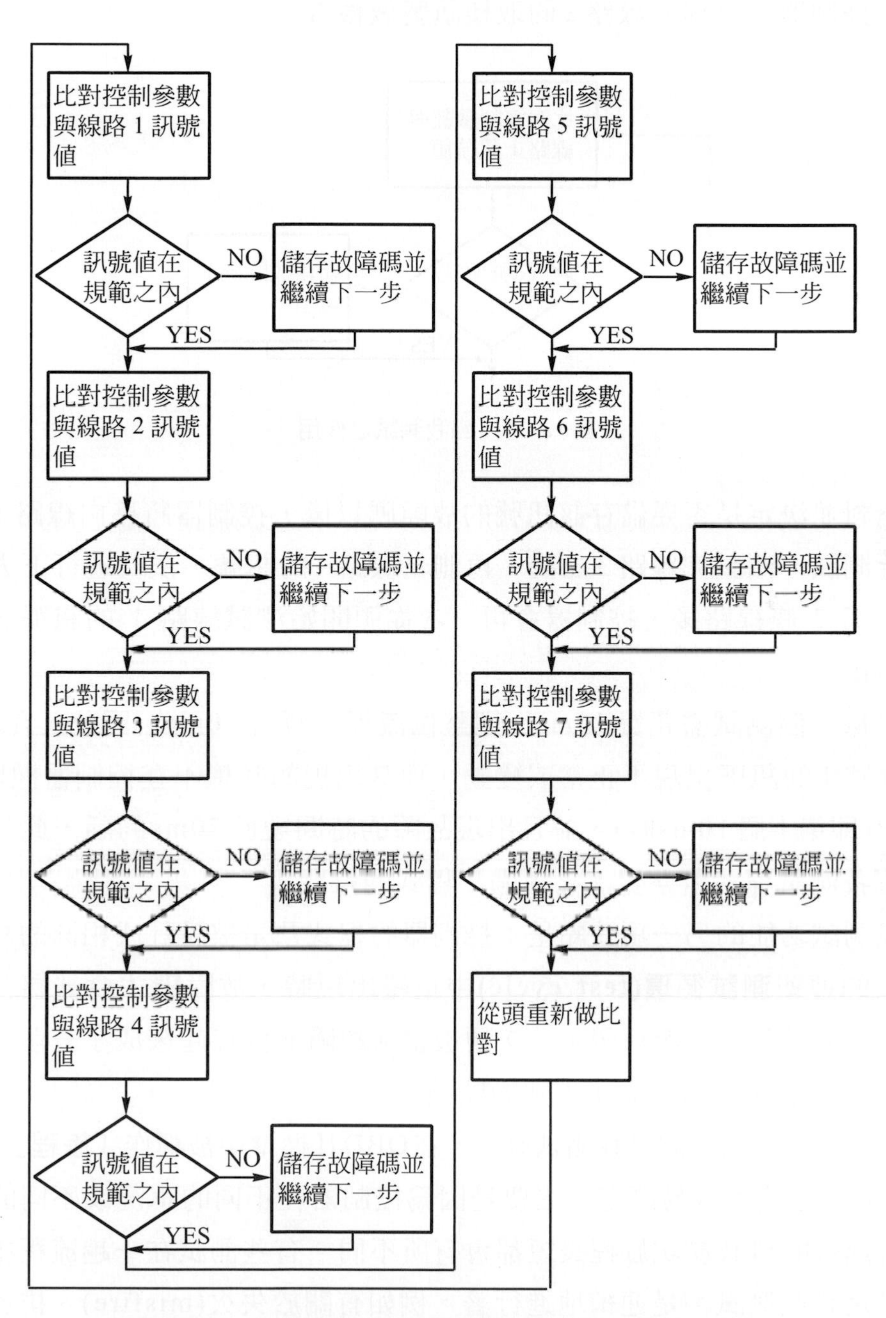


圖 12-32　自我測試功能的取樣與比對流程 (取自：ASE)

現以圖 12-33 為例說明。當控制器所設計的程式開始掃描各個輸入裝置時，控制器首先擷取線路 1 的輸入值並將之與記憶體內數值做比對。假如監測值符合規範值，控制器接著移向線路 2 的取樣訊號做檢查。

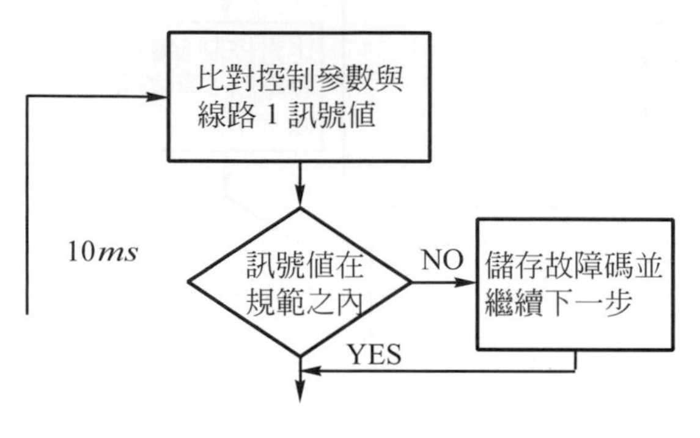


圖 12-33　自我測試之作用

在比對並決定是否要儲存該訊號的故障碼以後，控制器將移向線路 3 的訊號資料進行測試。測試完線路 3 之後，再測試線路 4 的訊號，依次進行下去…。在測試完全部 7 條線路後，控制器會再一次從頭開始測試線路 1 的訊號值，如圖 12-34 所示。

如果每一個測試需花費 10ms，則整個流程共費時 70ms。因此，在這 70ms 中，若線路 1 的訊號出現不正常或變動，而其出現的時機不在控制器擷取線路 1 的訊號時(即第 1 個 10ms 時)，並且出現故障的時間短於 70ms 的話，此一故障將無法被自我測試程式所察覺。它逃過了程式的監測！

自我測試功能的另一項缺點是：控制器的程式乃是被設計成相同的故障碼必須在幾次的連續**測試循環(test cycle)**中重覆出現時，故障碼才會被儲存。如此設計是為了避免某些狀況只發生一次便被當成故障而儲存起來成了一個故障碼。但也因此使間歇性故障逃過了程式的監控。

上述控制器所進行的自我測試流程，在 OBD II 標準中被稱作**「旅程」(trip)**。trip 這個詞的定義不容易訂定，主要是因為控制器在不同的車況或不同的行駛狀態下，所進行的自我測試旅程長短都會有所不同。有些測試在一趟流程中只執行一次，但是有些測試卻是連續地進行著。例如有關於失火(misfire)、排放廢汽或是燃料系統等的監控，便是從引擎暖車後就一直持續執行。

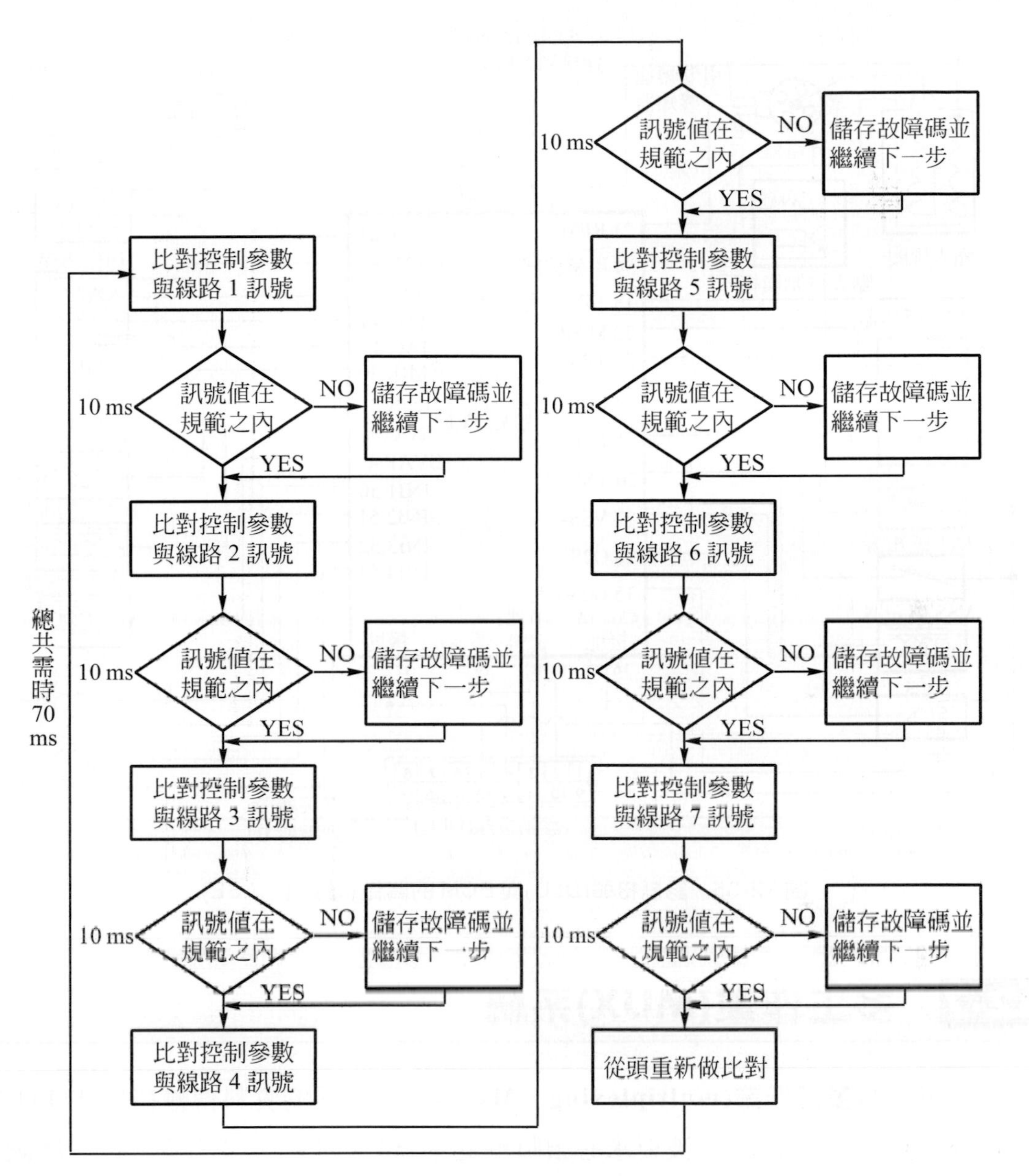


圖 12-34　自我測試的時間

有些時候自我測試工作會停止，這是由於引擎本身某些故障而使測試“暫停”。例如當$O_2S$故障而使引擎故障燈(MIL)亮起時，觸媒監控器的測試電路將會中斷。因爲$O_2S$發生故障，即使電腦繼續監測，所得的數值也不準確，故使測試工作暫停。

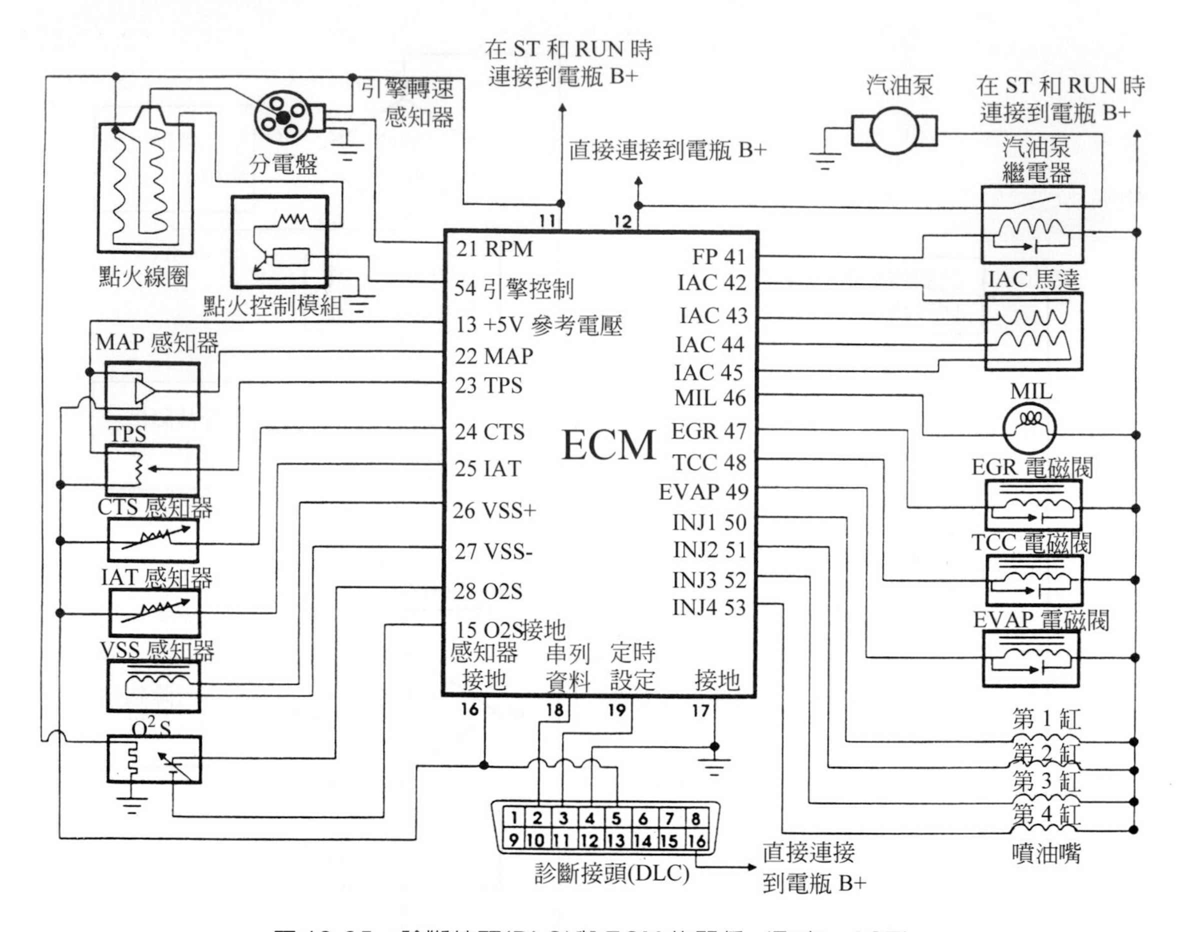


圖 12-35　診斷接頭(DLC)與 ECM 的關係　(取自：ASE)

## 12-7 多工作業(MUX)系統

汽車上的**多工作業(multiplexing，MUX)**是一種新的資料傳輸技術(以FORD汽車公司爲例，其技師已被要求必須瞭解此系統)。究竟何爲“多工”？**所謂多工是指利用單一線纜(cable)來傳送車內資料的能力**。非常類似今天普遍使用在車上，做不同控制模組間資料共享的**資料傳輸聯結(data communication links)**。MUX系統經由單一線束來傳輸大量數位資訊流(streams)，如此將可以大大地減少大捆電線束的使用(註)。

註：根據 VOLVO Car Co.在 1998 年日內瓦車展與 Motorola 公司技術結盟後公佈，使用 MUX 平台後，一部 VOLVO 汽車將減少 50 %的電線量，重量約爲 15kg。

在MUX系統中，所有的感知器都被連接到相同的線束上，而線束的另一端則連接到控制模組，如圖12-36所示。將一個系統予以“多工化”，即是指資料的傳輸。藉由提供單一的傳輸線，MUX減少了接線數、接頭，並且可以增加線路傳遞方式的彈性，因此將更容易管理和診斷。

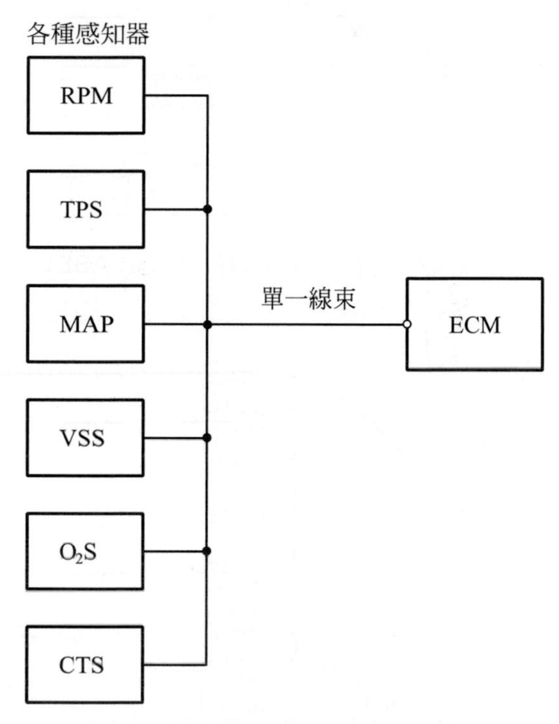


圖 12-36　MUX系統利用單一線束來傳送感知器的資料

為便於明瞭多工作業的意義，我們先來看看二進位資料傳輸中，串列式(serial)和並列式(parallel)之間的不同點。這也是使用在汽車電子工程學上的兩種資料傳送型式。

如圖12-37所示，以8線道高速公路說明**並列式資料傳輸**的原理。8輛車子可以在同一時間行經高速公路。在二進位並列式傳輸中，8位元碼亦能以如此相同的方式進出。

再如圖12-38所示，單線道的公路則代表著**串列式資料傳輸**的原理。在行經單線道時，所有車子必須被迫只能一次通過一輛。在串列傳輸中，8位元數位資料只能夠在一條電線內，一次傳送一個位元。在一多工系統裡，串列傳輸方式被運用在控制模組(ECM)與感知器間資料的傳送和接收。

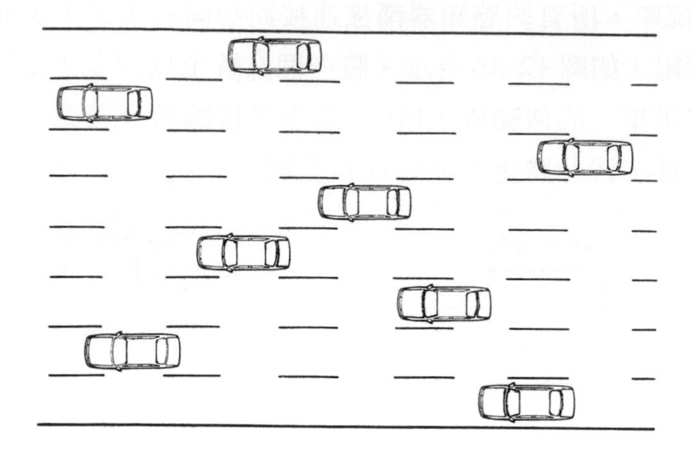

圖 12-37　並列式資料傳輸 (取自：ASE)

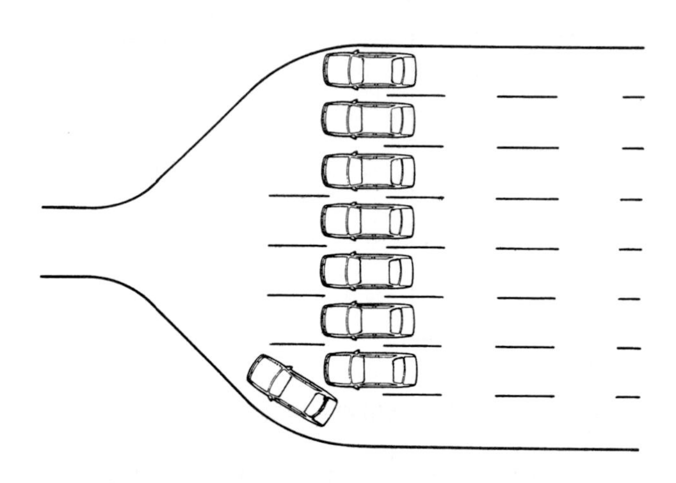

圖 12-38　串列式資料傳輸 (取自：ASE)

如前所述，二進位制資料只由兩個數字“0”與“1”所組成。例如某一個4位元的二進位資料爲“1010”，而 8 位元資料便是“10011011”…。汽車感知器的訊號以二進位制表示，“0”代表“低”訊號，“1”代表“高”訊號。所以，若以資料“1010”爲例，從訊號線上面所看到的結果是：第1秒有一高的讀數訊號，接著第2秒是低的讀數，然後又是高的讀數，最後爲低的讀數。(註)。

註：實際上，每一位元傳送出來的時間遠低於 1 秒。目前典型的資料傳輸速率都在 10 到 100kbit/s(bps)之間。

**串列式資料傳輸中，8 位元碼的傳送乃是在一條線上，一次傳送一個二進位數字**。但是在**並列式的資料傳輸中，8 個二進位數字都在同一時間內，藉由 8 條線(一組)傳送出去**。

電腦內的記憶體只能夠接受資料以並列式的型態來傳輸位元碼，儘管如此，串列式資料傳輸的方式卻可以應用在多工系統中的資料傳送。這就是何以多工系統不同於傳統的系統的原因。接下來，我們再更詳細地看看非多工與多工之間的差異處。

## 非多工作業系統

傳統的感知器系統利用類比式資料感知器來提供固定的引擎資料流量(flow)，在一典型的汽車上，您可以找到爲數不少的這類感知器。它們被用來監測引擎或全車的各種不同狀況。感知器藉由個別獨立、分開的電線與控制模組連接，並且固定地將未經轉換的類比訊號直接傳送到控制模組去。

現以冷卻水溫感知器(CTS)爲例說明電子控制模組(ECM)的作用情形，如圖 12-39 所示。CTS屬於一類比式感知器，它持續地根據引擎溫度變化而將類比電壓訊號傳送到控制模組。此類比電壓以一條 CTS 專線直接被控制模組所監控。

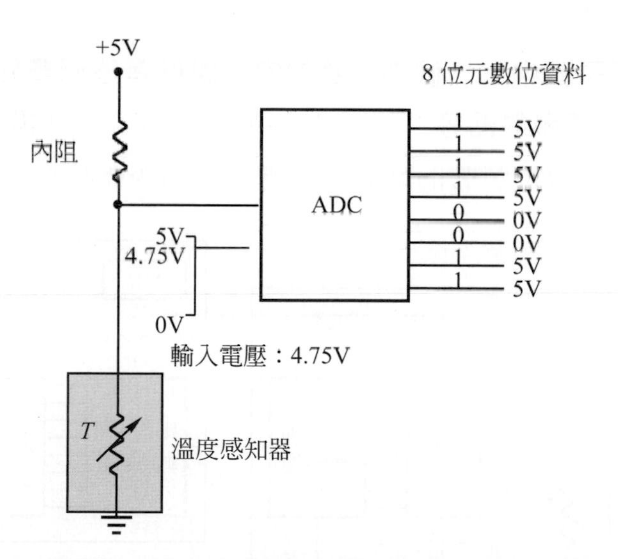


圖 12-39 非多工作業系統的資料傳輸 (取自：ASE)

ECM內包含有一個ADC，負責將4.75V類比電壓轉換成一個8位元的“並列式”二進位碼。此二進位數位可以讓微處理器(CPU)接受，並能存放在記憶體中。所有8位元碼都在同一時間內進入到電腦記憶體中。ECM固定地接受來自各個不同感知器的訊號，而每個訊號都需要以它們自己的電線連接到ECM。ECM將這些類比感知器的訊號轉換成8位元碼，並以8位元碼型態儲存，以供CPU做計算用。

## 多工作業系統

雖然多工系統(MUX)也使用控制模組和感知器，但是其工作卻不相同。在MUX系統中，所有的感知器都是“感知器訊號線”(sensor signal line)的一部份，全都連接到一條單一資料線，然後再接到控制模組去，如圖12-36所示。訊號的傳送和接收都是藉由相同的電線來完成。

多工與非多工系統最主要的不同點在於：資料的搜集與處理上。非多工系統中，感知器的輸出訊號是以類比型式經由專線傳送到控制模組去，在控制模組內，訊號由各種型式的處理器轉變成數位碼。因爲每個感知器都需使用自己的專門訊號線，所以感知器傳送資料的電線以及傳輸控制訊號到各輸出作動裝置的電線數量都必須相當地多。

但是，**在多工系統中，一個感知器的內部即併有感測電路、訊號處理器(或稱作轉換器)以及訊號發射器等**，如圖12-40所示。如此可讓每個感知器在監測到狀況時，能將它以數位訊號的型式依所需傳送到控制模組去。

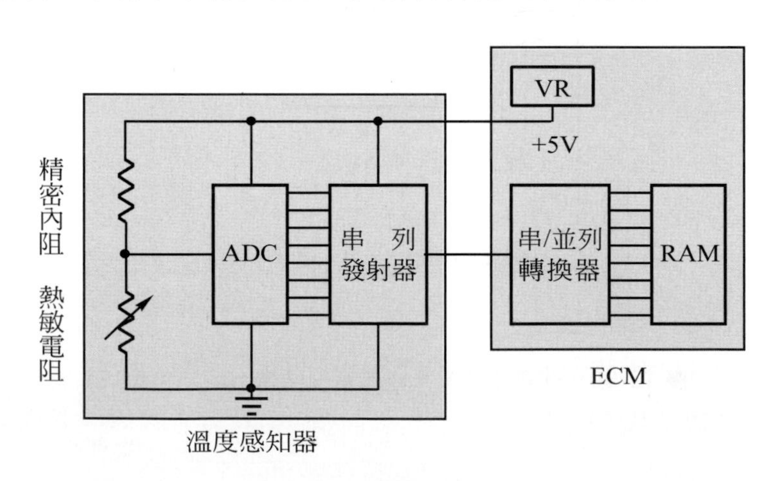


圖12-40　多工作業系統的資料傳輸 (取自：ASE)

在任何電腦控制的系統中，微處理器(CPU)一次都只能取樣一個輸入訊號。所以，必須藉由將感知器到控制模組間的資料傳輸予以定時(timing)，以便能夠配合感知器線路的取樣工作。於是，只需單一條資料線便足可用來連接全部的元件了，如圖 12-41 所示。

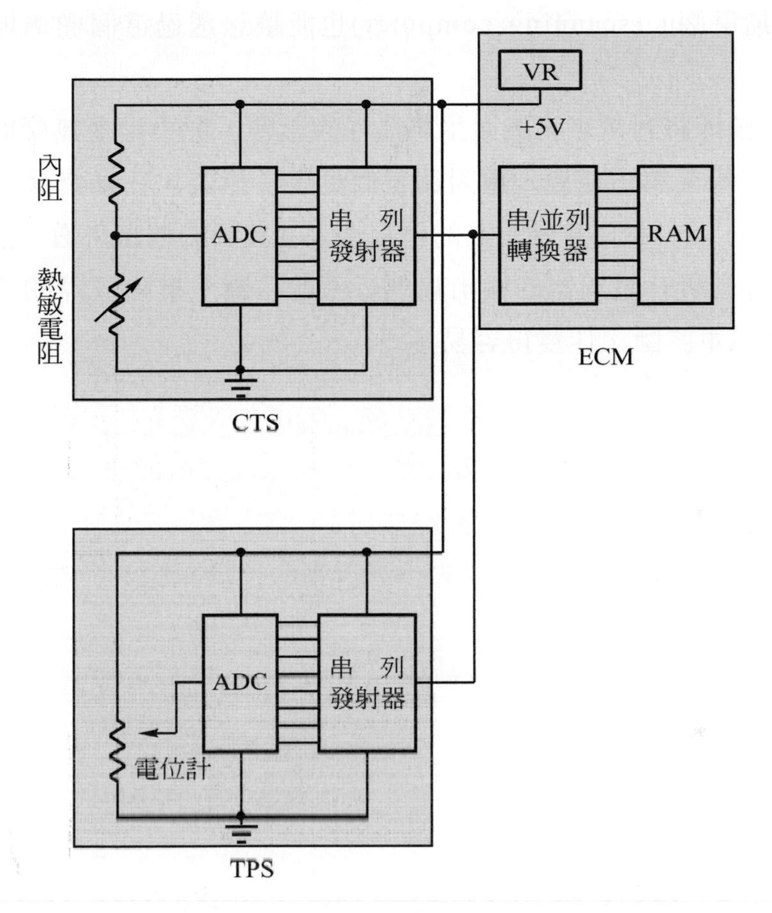


圖 12-41　MUX 系統中的感知器 (取自：ASE)

在傳送資料間的時間區段，每個感知器會以電子方式脫離該訊號線。另外，最大的不同點是：在MUX中，類比／數位訊號的轉換是在感知器內部完成的。

目前，汽車電子學與網路通訊方面的研究人員已著手開發一種新的多工作業技術。在最新的MUX技術裡使用了所謂的「智慧型感知器」(smart sensor)，這些感知器結合了數位處理電路，不僅可直接將類比訊號轉換成數位訊號，其內建電路還可以校正諸如溫度波動和元件衰化(磨損)等的誤差。

總地來說，汽車工業已漸漸開始支援MUX系統了。多工接線方式將會很快地成為通用標準，舉例來說，大部分的汽車微電腦(microcomputer)有一串列式傳輸埠(port)，這是過去幾乎不會採用的。此埠將可能很快地取代現行標準並成為一標準埠，它可以讓串列式的二進位傳輸訊號從感知器傳送到控制模組。除此之外，「掃描電腦」(scanning computer)也能讓您透過這個標準埠來進入整個電子系統中。

MUX系統即將對汽車工業產生革命性的影響，似乎是毫無疑問的！不止因為 MUX 系統較簡單、便宜，還因為它們更容易組裝，在維修保養程序上也簡化、改善許多，並且提供車輛更高的穩定性。從技師的觀點來看，這種藉由單一接線，便可監測所有感知器的輸出以執行系統診斷、排除故障的方式，已證明MUX正在使汽車診斷工作變得容易了！

# 第十二章 習題

## A. 選擇部份：

### 12-1 概述

( ) 1. 各感知器的輸出訊號送入微處理器控制模組後，首先進入： (A)CPU (B)輸入記憶體 (C)程式記憶體 (D)輸入訊號處理器。

( ) 2. 負責供應電腦內各元件穩定電壓源的是： (A)電壓調整器 (B)輸入訊號處理器 (C)CPU (D)記憶體。

( ) 3. DAC 屬於微處理器控制模組中的： (A)輸入訊號處理器 (B)輸出訊號處理器 (C)中央處理單元 (D)數學運算單元。

( ) 4. 唯讀記憶體(ROM)多使用於微處理器控制模組中的： (A)輸入記憶體 (B)輸出記憶體 (C)程式記憶體 (D)以上皆是。

( ) 5. 汽車上採用匯流排作爲ECM傳輸的優點爲： (A)可減少感知器的使用數量 (B)訊號線將減少 (C)車重降低 (D)以上皆是。

( ) 6. 車身網路化之後，車用電腦與電腦間的傳輸訊號屬於： (A)電壓訊號 (B)電流訊號 (C)頻率訊號 (D)低頻數位訊號。

( ) 7. 在車身網路化(或多工化)之後，汽車的維修與保養工作必須藉助何種儀器？ (A)三用電錶 (B)示波器 (C)頻譜分析儀 (D)檢驗燈。

### 12-2 輸入訊號處理器

( ) 8. 輸入訊號處理器的主要目的爲： (A)將類比訊號轉換成數位訊號 (B)將大訊號轉換成小訊號 (C)將低頻訊號轉換成高頻訊號 (D)將交流電壓訊號轉換成直流電壓訊號。

( ) 9. ADC 上必須要有哪些輸入訊號端？ (A)類比訊號 (B)時脈訊號 (C)清除(CLR)訊號 (D)以上皆是。

( )10. 以 8 位元 ADC 爲例，其輸出的數位訊號一共可以出現幾種變化？ (A)8 種 (B)16 種 (C)64 種 (D)256 種。

( )11. 若汽車電腦採用 32 位元來處理訊號，則其優點爲： (A)量測值更精準 (B)容許誤差較大 (C)晶片體積減小 (D)處理速度較快。

(　)12. 下列何種感知器的輸出訊號屬於交流波形？　(A)O2S　(B)爆震感知器　(C)輪速感知器　(D)以上皆是。

(　)13. 其實，電壓平均值電路即是一個：　(A)微分器　(B)積分器　(C)加法器　(D)振盪器　電路。

(　)14. 若送入 FDC 的頻率愈高，則輸出的：　(A)頻率也愈高　(B)頻率愈低　(C)電壓愈高　(D)與輸入頻率無關。

(　)15. 下列何種感知器的輸出訊號非頻率訊號？　(A)BARO　(B)卡門渦流式MAF　(C)MAP　(D)以上皆非。

## 12-3 記憶體

(　)16. RAM 裡面的資料：　(A)可以被讀取與刪除　(B)可以被讀取、但不可被刪除　(C)不可以被讀取、但可被刪除　(D)不可以被讀取與刪除。

(　)17. 車輛行駛中的一切變動資料都被儲存在ECM裡的：　(A)ROM　(B)PROM　(C)RAM　(D)KAM。

(　)18. 當引擎熄火之後，下列哪一種記憶體內的資料將會消失？　(A)Flash　(B)ROM　(C)RAM　(D)KAM。

(　)19. 在改裝車界中所謂的更換電腦，其所指的是更換 ECM 內的：　(A)ROM或PROM　(B)Flash　(C)RAM　(D)KAM。

(　)20. 未來，引擎電腦(ECM)內的何種記憶體，可直接藉由網際網路(Internet)進行更新？　(A)Flash　(B)ROM　(C)RAM　(D)KAM。

(　)21. 程式記憶體指的是：　(A)Flash　(B)ROM　(C)RAM　(D)KAM。

(　)22. ECM裡的內建資料地圖(map)，它屬於一種：　(A)Flash　(B)ROM　(C)RAM　(D)KAM。

## 12-4 微處理器

(　)23. 下列對於微處理器的敘述，何者為非？　(A)是整個ECM的“大腦”　(B)亦常被稱作CPU　(C)可以執行數學與邏輯的運算　(D)內含有記憶體。

(　)24. 通常，微處理器內不包含有：　(A)程式　(B)暫存器　(C)ROM記憶體　(D)ALU。

(　)25. 微處理器可以做哪些工作？ (A)邏輯比對 (B)數學計算 (C)讀取與送出資料 (D)以上皆是。

12-5 輸出訊號處理器

(　)26. 由微處理器所執行完的計算結果會儲存在： (A)輸入記憶體 (B)輸出記憶體 (C)PROM (D)暫存器。

(　)27. 微處理器與汽車上各作動器之間的轉換元件爲： (A)緩衝區 (B)暫存器 (C)輸出訊號處理器 (D)輸出記憶體。

(　)28. 簡單的DAC便是由什麼電路所構成？ (A)微分器 (B)積分器 (C)加法器 (D)振盪器。

(　)29. 通常， DAC 的輸出電壓愈高，則表示其輸入的： (A)頻率也愈高 (B)類比電壓也愈高 (C)工作週期愈大 (D)數位數值愈大。

(　)30. DAC的輸出訊號屬於： (A)數位電壓 (B)頻率訊號 (C)類比直流電壓 (D)交流訊號。

(　)31. 在切換晶體式開關電路中，控制電流大多流經電晶體的： (A)基－射極 (B)基－集極 (C)集－射極 (D)以上皆是。

(　)32. 下列何種情形特別適合以切換晶體作爲開關： (A)大電流導通 (B)低頻電路 (C)開關動作要求極高的速率 (D)汽油泵線路。

(　)33. 噴油嘴接受 ECM 內何種輸出訊號處理器送出的訊號？ (A)DAC (B)電壓/頻率轉換器 (C)電壓/工作週期轉換器 (D)FDC。

(　)34. ECM 內的電晶體開關大多供何種作動元件使用？ (A)繼電器類 (B)電磁閥類 (C)小馬達類 (D)以上皆是。

(　)35. 電壓／工作週期轉換器所接受的輸入訊號屬於： (A)數位電壓 (B)類比直流電壓 (C)類比交流電壓 (D)頻率訊號。

(　)36. 一般來說，輸入至電壓／工作週期轉換器的電壓愈低，則其輸出的：(A)電壓愈低 (B)頻率愈低 (C)工作週期愈小 (D)以上皆非。

(　)37. DAC 的輸出電壓值： (A)與輸入電壓值成正比 (B)與輸入數位訊號成正比 (C)與輸入電壓頻率成正比 (D)與輸入工作週期成反比。

12-6 系統自我測試

(　)38. 自我測試功能的程式大多儲存在 ECM 內的：(A)ROM (B)RAM (C)KAM (D)EPROM 中。

(　)39. 下列對於系統自我測試的敘述，何者爲非？ (A)需要以特定的步驟來叫出故障碼 (B)當系統有故障時，會點亮警告燈 (C)在發現系統內有異常值時，故障碼便被儲存於記憶體中 (D)記憶體中的故障碼資料在引擎熄火之後，便會自動消失。

(　)40. 下列何種方法可以叫出故障碼？ (A)跨接 ECM 的診斷接頭 (B)以各車廠專用之掃描器 (C)轉動點火開關或是踩、放煞車踏板 (D)以上皆是。

(　)41. 下列對於間歇性故障的敘述，何者爲對？ (A)偶爾短暫的故障會逃過自我測試程式的監控 (B)若故障碼在單次的測試循環中出現時，故障碼即被儲存於記憶體內 (C)程式的測試與比對時間越長，越不容易出現間歇性故障 (D)以上皆對。

(　)42. 系統自我測試工作：(A)引擎一發動後，便持續進行 (B)出現超出規範值時，才進行 (C)出現某些故障時，會暫停自我測試 (D)以上皆是。

(　)43. 診斷接頭的英文簡稱爲：(A)MIL (B)OBD (C)Code (D)DLC。

12-7 多工作業(MUX)系統

(　)44. MUX系統具有何種特性？ (A)採用單一傳輸線 (B)必須使用MUX專用的感知器 (C)採用串列式資料傳輸方式 (D)以上皆是。

(　)45. 以 16 位元爲例，若採用串列式資料傳輸方式，則資料的傳送需要幾條訊號線？ (A)1 (B)2 (C)4 (D)16 條。

(　)46. 同上題，若採用並列式資料傳輸方式，則資料的傳送需要幾條訊號線？ (A)1 (B)2 (C)4 (D)16 條。

(　)47. ECM 內部的運算、比對、資料讀寫等工作，是以何種方式進行？(A)並列式資料傳輸方式 (B)串列式資料傳輸方式 (C)以上皆可 (D)以上皆非。

(　)48. 傳統的汽車電子控制系統中，感知器與ECM之間的訊號不可能為：(A)低頻訊號　(B)高頻訊號　(C)類比訊號　(D)數位訊號。

(　)49. 採用串列式資料傳輸方式，其感知器所輸出的訊號為：　(A)類比直流電壓　(B)類比交流電壓　(C)數位低頻脈波　(D)高頻脈波　訊號。

(　)50. OBDⅡ系統中，典型的資料傳輸最大鮑率(baud rate)為：　(A)1 Kbps　(B)10 Kbps　(C)100 Kbps　(D)256 Kbps。

(　)51. 在1996年著手制定的OBDⅢ規範中，資料傳輸速率至少為：　(A)1 Kbps　(B)10 Kbps　(C)100 Kbps　(D)256 Kbps。

(　)52. 傳統非多工作業系統資料傳輸有何特性？　(A)感知器須以專線與ECM連接　(B)ECM內含有串/並列轉換器　(C)感知器內含有ADC電路　(D)感知器彼此間為並聯的關係。

(　)53. 下列對於多工作業系統中的感知器敘述，何者為非？　(A)無法使用在現今非多工作業系統中　(B)感知器內必須含有各種輸入訊號處理器，例如：ADC、FDC…　(C)感知器含有並列傳輸用發射器　(D)各感知器間可採並聯連接，再輸入至ECM。

(　)54. MUX系統對汽車的維修將產生什麼影響？　(A)訊號傳輸系統變得簡單　(B)維修技術資料較容易免費取得　(C)必須利用頻譜分析儀檢測感知器訊號　(D)以上皆是。

## B. 簡答及繪圖部份：

### 12-1 概述

1. 試列舉出汽車上所使用的電子控制模組名稱(5例)。
2. 請寫出微處理器控制模組(MCM)的7個基本組成部分。
3. 請繪圖說明微處理器控制模組的內部結構。
4. 簡述車身網路化的優點。
5. 任選一入口網站，鍵入"ISO 9141或SAE J1850"等關鍵字，搜尋其資料並簡述何謂ISO 9141或SAE J1850協定？

### 12-2 輸入訊號處理器

6. 常見的輸入訊號處理器有哪幾種？

7. 試以課本圖 12-10 至 12-12 爲例，計算出在下列輸入電壓時，16 位元 ADC 的輸出值各是多少？(輸入類比電壓 Vin 範圍：0～5V)
   (1) $V_{in}$ = 1V，
   (2) $V_{in}$ = 3V，
   (3) $V_{in}$ = 4.8V。
8. 何謂頻率/直流電壓轉換器(FDC)？

### 12-3 記憶體

9. 試寫出汽車電腦內所使用的記憶體有哪些種類？
10. 試比較 RAM 與 ROM 的異同處。
11. 何謂"程式記憶體"？請舉例說明其功用。
12. 何謂活性記憶體(KAM)？

### 12-4 微處理器

13. 請寫出微處理器的功用。
14. 微處理器內通常包含哪三個部分？
15. 請以圖示說明微處理器(CPU)、記憶體與程式之間的三角關係。

### 12-5 輸出訊號處理器

16. 請列出常見的輸出訊號處理器(4 種)。
17. 何謂數位／類比轉換器(DAC)？
18. 試以 8 位元爲例，繪出 DAC 的輸入與輸出數值關係。
19. 何謂切換晶體(switching transistor)？有何優點？試簡述之。
20. 請舉出以電壓／工作週期轉換器作爲控制的元件例(3 項)。

### 12-6 系統自我測試

21. 請簡述汽車電子控制系統上的自我測試(self-test)功能。
22. 請列舉出目前汽車自我測試(診斷)系統所採用的叫故障方法(4 種)。
23. 目前車輛所採用之清除故障碼的方法有哪些？
24. 何謂"間歇性故障"？何以較難偵測？
25. 傳統自我測試功能的缺點(盲點)爲何？

12-7 多工作業(MUX)系統

26. 什麼是汽車上的多工作業(MUX)系統？試簡述之。
27. 請寫出多工作業(MUX)的優點(4 項)。
28. 試列舉出傳統非多工作業系統資料傳輸的特性。
29. 在多工作業系統中所使用的感知器與傳統感知器有何不同？
30. 請寫出使用於多工作業系統中的感知器，其內部須含有哪些基本電路(單元)？
31. 試從本書所附錄之相關網站找尋MUX的資料，並說出目前各車廠、系統製造廠的研發概況。

# 附錄

## 各章習題參考解答

# 現代汽車電子學常用符號表

| 符號 | 名稱 |
|---|---|
| $V$ | 電壓 |
| $V_{\mathrm{in}}$ | 直流輸入電壓 |
| $V_{\mathrm{out}}$ | 直流輸出電壓 |
| $v_m$ | 交流電壓最大值 |
| $v_{\mathrm{avg}}$ | 交流電壓平均值 |
| $v_{\mathrm{rms}}$ | 交流電壓有效值 |
| $v_P$ | 交流電壓峰值 |
| $V_R$ | 負載端電壓 |
| $V_r$ | 漣波電壓 |
| $v$ | 交流電壓 |
| $v_{\mathrm{in}}$ | 交流輸入電壓 |
| $v_{\mathrm{out}}$ | 交流輸出電壓 |
| $I$ | 直流電流 |
| $i$ | 交流電流 |
| $R_{\mathrm{in}}$ | 直流內阻 |
| $r_{\mathrm{in}}$ | 交流內阻 |
| $R$ | 電阻 |
| $R_L$ | 負載電阻 |
| $C$ | 電容 |
| $C_L$ | 電容抗 |
| $L$ | 電感 |
| $X_L$ | 電感抗 |

◎第六章

5. (a)$\frac{1300}{8}\Omega$，(b)$300\Omega$。

6. $I=4A$。

7. $I=0.5A$。

10. $R=35\Omega$。

11. 6A，12A，18A，9A，$I=45A$。

13. (a)7.5V；4.5V，(b)24V；10V；38V。

14. (a)3V，(b)84V。

15. $R_1=60\Omega$，$R_2=140\Omega$。

25. $I=1A$。

27. $I=4A$。

28. $I_{2\Omega}=I_{4\Omega}=1A$，$I_{3\Omega}=I_{5\Omega}=3/4A$，$I_{6V}=1/4A$。

29. $I_{12\Omega}=\frac{5}{3}A$。

30. $I_{6\Omega}=\frac{1}{6}A$。

33. (a)$R_{TH}=75\Omega$，$V_{TH}=\frac{25}{3}V$，(b)$R_{TH}=1.2k\Omega$，$V_{TH}=8V$。

34. $I=4A$。

36. $I=3A$。

39. $R_4=160\Omega$。

◎ 第七章

3. $V_{rms}=84.84V$，$V_{avg}=38.16V$，PIV = 120V。

4. $V_{rms}=18.33V$，$V_{avg}=16.5V$，$I_{peak}=1A$，PIV = 52V。

5. 1N4002。

8. $V_{avg}=26.99V$，PIV = 42.4V。

9. $I=53.8mA$。

19. $I_Z=8.5mA$。

21. $I_L=166.7mA$，$I_B=1.667mA$。

23. $V_{out}=8.4V$。

29. $V_{out}=6V$，duty cycle $=30\%$。

◎ 第八章

4. $I_C=25mA$，$V_{CE}=5V$，$I_{C(sat)}\fallingdotseq 0.03A$。
6. $R_B=140k\Omega$，$V_{CE}=5.97V$。
7. $I_B=96.5\mu A$，$I_C=9.65mA$，$V_{CE}=10.25V$。
9. $I_B=5.88\mu A$，$I_E=0.588mA$，$V_{CE}=10.72V$。
11. $I_B=16.03\mu A$，$V_{CE}=3.91V$。
12. $I_E=1.3mA$，$V_{CB}=1.704V$。
15. $r_e=65.8\Omega$。【註：$I_E=(V_{CC}-0.6)/(R_C+R_B/\beta)=0.38mA$】
19. $r_{in}=88.375\Omega$或$87.5k\Omega$(忽略$r_e=2.5\Omega$時)，$R_{in}=8.16k\Omega$，$A_V=0.990$，$A_I=16.16$。
24. $r_{in}=10M\Omega$，$A_V=1$。

◎ 第九章

13. $V_{out}\fallingdotseq 0.1V$。
18. $A_{cl}=50$，$V_{out}=100mV$。
20. $A_{cl}=-0.01$，$V_{out}=-100mV$。
21. $i_{in}=0.2mA$，$V_{out}$不動作$=-0.2V$。
23.

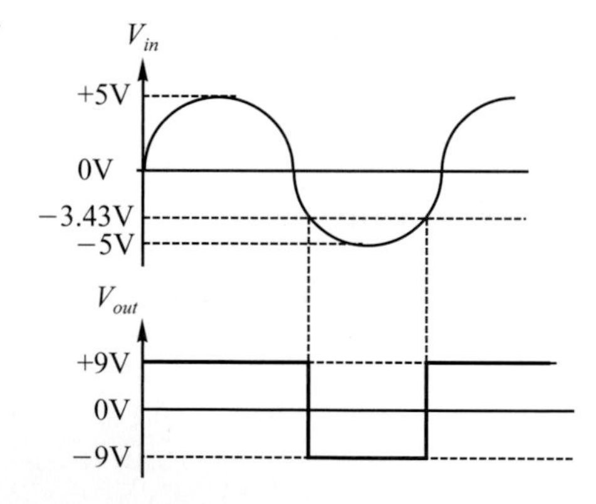


24. $V_{REF}=-3.43V$。
25. $V_{out}=-41mV$。
26. (a)$V_{out}=-3.5V$，(b)$V_{out]}=-1.1V$。

◎ 第十一章

6. (a)39，(b)237，(c)38698。

7. (a)101 0110，(b)11 1110 1000，(c)1010 1111。

10. (a)$X=\overline{AB}$，

| $A$ | $B$ | $X$ |
|---|---|---|
| 0 | 0 | 1 |
| 0 | 1 | 1 |
| 1 | 0 | 1 |
| 1 | 1 | 0 |

(b)$X=(A+B)C$

| $A$ | $B$ | $C$ | $X$ |
|---|---|---|---|
| 0 | 0 | 0 | 0 |
| 0 | 0 | 1 | 0 |
| 0 | 1 | 0 | 0 |
| 0 | 1 | 1 | 1 |
| 1 | 0 | 0 | 0 |
| 1 | 0 | 1 | 1 |
| 1 | 1 | 0 | 0 |
| 1 | 1 | 1 | 1 |

18. $X=\overline{A}$，$Y=\overline{B}$

| $A$ | $B$ | $X$ | $Y$ |
|---|---|---|---|
| 0 | 0 | 1 | 1 |
| 0 | 1 | 1 | 0 |
| 1 | 0 | 0 | 1 |
| 1 | 1 | 不動作 | |

21. $S=$ 0000 1010 1000 0000，$C=1$。

29. (a)$C$與$I$，

(b)$E$。

31.

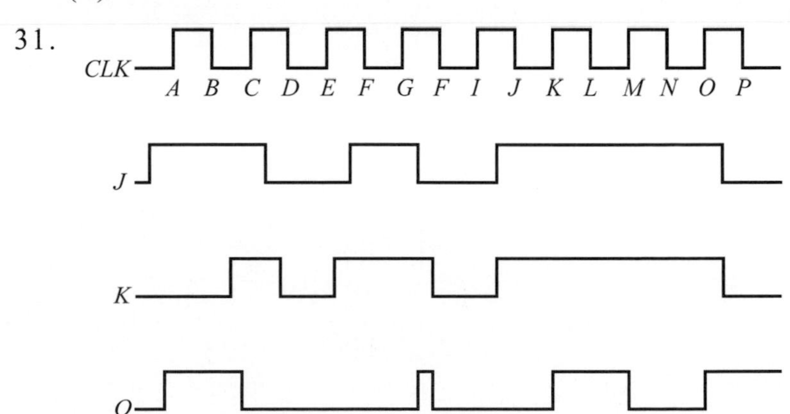

32. 25MHz。

42. 22條位址線，16條資料線。

◎ 第十二章

7. (a)1V≒$13107_{10}$＝$0011\ 0011\ 0011\ 0011_2$，

(b)3V≒$39322_{10}$＝$1001\ 1001\ 1001\ 1010_2$，

(c)4.8V≒$62915_{10}$＝$1111\ 0101\ 1100\ 0011_2$。

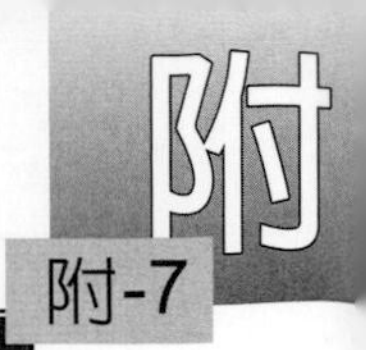



# 參考書目

## 一、英文部份：

1. Don Knowles(1996). Automotive Computer Systems. Albany ,New York：Delmar Publishers.
2. Barry Hollembeak(1997). Automotive Electricity and Electronics. Albany ,New York：Delmar Publishers.
3. Barry Hollembeak(1999).Automotive Electricity ,Electronics and Computer Controls.Albany ,New York：Delmar Publishers.
4. Boyce H.Dwiggins & Edward F. Mahoney(1996). Automotive Electricity and Electronics. Englewood Cliffs ,New Jersey： Prentice Hall ,Inc.
5. ASE. Automotive Electronics(ASE reference book).
6. F. Meyer etc.(1988). Automotive Electric/Electronic systems. Postfach , Stuttgart：Robert Bosch GmbH.
7. Horst Bauer etc.(1996). Automotive Handbook(4th ed.). Postfach , Stuttgart：Robert Bosch GmbH.
8. Kalton C. Lahue(1995).Electronic and Automatic Transmissions (international ed.).Singapore：McGraw-Hill ,Inc.
9. Ulrich Adler etc.(1991).Engine Electronics(Bosch technical instruction). Postfach ,Stuttgart：Robert Bosch GmbH.
10. H. Schwarz etc.(1997).Emission Control(Bosch technical instruction). Postfach ,Stuttgart：Robert Bosch GmbH.
11. Ulrich Steinbrenner etc.(1994).Motronic Engine Management(Bosch technical instruction). Postfach ,Stuttgart：Robert Bosch GmbH.
12. Anton van Zanten etc.(1999).ESP Electronic Stability Program(Bosch technical instruction). Postfach ,Stuttgart：Robert Bosch GmbH.

13. B. Mattes etc.(1999).Safety ,comfort and convenience systems(Bosch technical instruction). Postfach ,Stuttgart : Robert Bosch GmbH.
14. Thomas M. Frederiksen(1982).Intuitive IC Electronics. New York : McGraw-Hill ,Inc.
15. ASE(1995). 1996 New Model Training (Service reference book). FORD Motor Co.

二、中文部份：

1. 王俊澤、朱永昌(民79)。電子學。台北：華興書局。
2. 梁季倉等(民88)。電子學。台北：全華圖書。
3. 莊謙本(民77)。電子學。台北：全華圖書。
4. 郭明彥(民75)。電子學。台北：啓台圖書。
5. 陳文山(民87)。電子學。台北：全華圖書。
6. 彭信成、戴建耘(民74)。電子學。台北：同步科技圖書。
7. 楊禮龍(民75)。電子學。台北：啓台圖書。
8. 蔡銘石(民77)。電子學。台北：東大圖書。
9. 戴建耘(民86)。電子學入門。台北：全華圖書。
10. 朱堯倫(民76)。現代電子學。台北：徐氏基金會。
11. 陳炳陽(民80)。電子儀表。台北：全華圖書。
12. 陳方(民82)。電子測試儀器。台北：徐氏基金會。
13. 郭塗註等(民87)。電工大意。台北：華興書局。
14. 許志堅(民71)。電能、電學和電子。台北：徐氏基金會。
15. 楊維楨(民77)。基本電學。台北：東大圖書。
16. 朱永昌(民89)。數位電子學(一)。台北：科友圖書。
17. 劉明舜等(民88)。數位電子學(二)。台北：科友圖書。
18. 孫來成(民63)。電子計算機。台北：雲陽出版社。
19. 薛福隆(民72)。數位計算機電子學。台北：全華圖書。
20. 許益适(民83)。步進馬達原理與應用。台北：全華圖書。
21. 陳熹棣(民87)。步進馬達應用技術。台北：全華圖書。

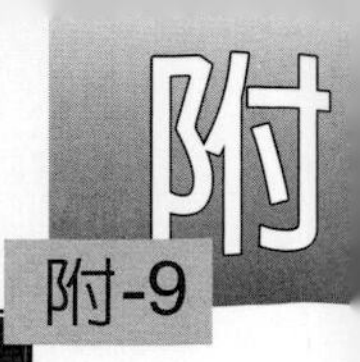



22. 林子程(民 87)。示波器原理及實務。台北：全華圖書。
23. 古偉業(民 64)。積體電路。台北：全華圖書。
24. 黃明煌(民 76)。類比積體電路應用。台北：全華圖書。
25. 林葵隆(民 73)。電源電路故障分析與檢修。台北：全華圖書。
26. 林文得(民 72)。穩壓電源電路集。台北：全華圖書。
27. 張西川(民 87)。電子電路零組件應用手冊。台北：全華圖書。
28. 吳啓明(民 85)。汽油噴射引擎。台中：全國工商。
29. 吳啓明(民 85)。實技汽車電學。台中：全國工商。
30. 李書橋、林志堅(民 85)。汽車感測器原理。台北：全華圖書。
31. 李添財(民 88)。現代汽車電子電腦系統。台北：全華圖書。
32. 李添財(民 85)。電子控制式汽車引擎。台北：全華圖書。
33. 陸昌壽(民 86)。高級汽車電學。台北：大嘉出版公司。
34. 黃能堂、賴宏奇(民 87)。汽車電學。台北：全華圖書。
35. 黃靖雄(民 79)。汽車電學。台北：全華圖書。
36. 黃靖雄(民 73)。現代汽車原理。台北：全華圖書。
37. 楊成宗等(民 89)。汽車最新科技裝備。台北：全華圖書。
38. 張珉豪。笛威汽車技術研討會會刊。台北：笛威出版公司。
39. 開富公司(民 89)。FLUKE 98 II 中文說明操作手冊。台北：開富公司。
40. 裕隆汽車服務部(民 84)。A32 車系修護手冊(裕隆服務叢書)。苗栗：裕隆汽車。
41. 三菱汽車公司。ECLIPSE 修護手冊燃油系統。
42. 本田汽車海外服務部(民 81)。HONDA 服務訓練教材。彰化：本田汽車。
43. 商富公司(民 89)。SAAB 9-5 修護手冊(Trionic T7 引擎管理系統)。台北：長連汽車。
44. 財訊編輯部(民 88)。88 年萬用手冊(電子業篇)。台北：財訊雜誌社。

# 汽車電子學相關網站

| 編號 | 網　址 | 服 務 內 容 | 備 註 |
|---|---|---|---|
| 1 | http://www.semiconductors.bosch.de/en/20/can/index.asp | 1. Bosch 的 CAN 網站<br>2. 提供車用電子及相關開發文獻<br>3. 介紹車身網路系統 | 1. 免費閱讀、下載<br>2. 圖片有版權 |
| 2 | http://www.sae.org/automag/ | SAE automotive engineering 線上雜誌 | 1. 免費閱讀、下載<br>2. 圖片有版權 |
| 3 | http://automobile.sae.org/ | 1. 美國汽車工程師協會（SAE）官方網站<br>2. 網路代售 BOSCH 汽車叢書 | 1. 免費閱讀、下載<br>2. 圖片有版權 |
| 4 | http://www.motor.com/ | 1. "Motor Magazine"報導世界最新汽車科技動態<br>2. 提供實際維修技術研討 | 1. 免費閱讀、下載<br>2. 圖片有版權 |
| 5 | http://www.freescale.com.cn/Applications/automotive.asp | 1. freescale半導體中文網(簡)，<br>2. 提供各種車用電子系統及元件線路產品資料 | 1. 免費閱讀、下載<br>2. 有英文版 |
| 6 | http://www.autosite.com/garage/encyclop/tocdoc.asp | 1. AutoSite 汽車百科全書<br>2. 汽車技術資訊<br>3. 汽車的未來發展趨勢 | 1. 免費閱讀、下載<br>2. 圖片有版權 |
| 7 | http://www.autosite.com/garage/garmenu.asp | 汽車電子、機械等維修保養實務 | 1. 免費閱讀、下載<br>2. 圖片有版權 |
| 8 | http://www.alldata.com/index.jsp | 1. 提供 CAN_BUS、LIN 結構資訊<br>2. 提供最新多工（MUX）系統資訊 | 1. 部份免費<br>2. 圖片有版權 |

(續前表)

| 編號 | 網　址 | 服 務 內 容 | 備 註 |
|---|---|---|---|
| 9 | http://test.canopen.info/test/index.php? id=12&L=1 | 1. CAN 協定組織<br>2.提供所有可用的 CAN 產品數據資料、規範的出版 | 1. 免費閱讀、下載<br>2. 圖片有版權 |
| 10 | http://www.flexray.com/ | 1. 提供FLEXRAY網路協定資料、研討會訊息<br>2. 可作爲各類車身網路系統之入口網站。 | 1. 免費閱讀、下載<br>2. 圖片有版權<br>3. 德、英文 |
| 11 | http://www.mostnet.de/home/index.html | 1. 介紹光纖網路MOST協定規範<br>2. 提供相關文獻、技術電子書 | 1. 免費閱讀、下載<br>2. 圖片有版權 |
| 12 | http://www.meca.org/ | 提供各項有關車輛排放廢汽的文獻與控制技術 | 免費閱讀、下載 |
| 13 | http://www.trw.com/products/auotmotive/automotive_main.asp | 1. 介紹汽車各項新系統及產品應用<br>2. 提供元件、線路圖示 | 1. 免費閱讀、下載<br>2. 圖片有版權 |
| 14 | http://www.Borg-Warner.Com/what-snew /newidx.html | 提供汽車各種新產品、圖片 | 1. 免費閱讀、下載<br>2. 圖片有版權 |
| 15 | http://www.mentor.com/products/vnd/index.cfm | 提供車用網路設計文章 | 1. 免費閱讀、下載<br>2. 圖片有版權 |
| 16 | http://www.tttech.com/technology/articles.htm | 1.提供 TTP 網路協定相關文章、書籍<br>2. 介紹車用網路歷史文章 | 1. 免費閱讀、下載<br>2. 德、英文 |
| 17 | http://www.spectrum.ieee.org/search?queryText=automotive&RadioGroup=Radio1 | 提供 IEEE 關於汽車之文章 | 免費閱讀、下載 |
| 18 | http://www-03.ibm.com/industries/automotive/index.jsp? cm_re=masthead-_-business-_-ind-auto | IBM 汽車工業產品網站 | 免費閱讀、下載 |
| 19 | http://www.troublecodes.net/articles/ | 各種 OBD2 相關文章 | 免費閱讀、下載 |
| 20 | http://www.obdii.com/ | 介紹 OBD2 相關文章網站 | 免費閱讀、下載 |
| 21 | http://www.pbs.org/transistor/ | 1. 美國的 PBS 網站<br>2. 提供電晶體相關資料 | 1. 免費閱讀、下載<br>2. 圖片有版權 |
| 22 | http://www-us.semiconductors.philips.com/automotive/ | 1. Philips 車用半導體電子裝置、網路等資料<br>2. 報導最新研發多工（MUX）技術 | 1. 免費閱讀、下載<br>2. 圖片有版權 |

(續前表)

| 編號 | 網　址 | 服 務 內 容 | 備 註 |
|---|---|---|---|
| 23 | http://www.can-cia.de/pc.htm | 列出100個以上與CAN_BUS、LIN相關網站 | 免費閱讀、下載 |
| 24 | http://www.cms.dmu.ac.uk/~c94dd/can/devices.htm | 提供各製造廠CAN_BUS、LIN的硬體資料 | 免費閱讀、下載 |
| 25 | http://www.qclt.com/wego/wavform/ | 介紹各種引擎波型 | 免費閱讀、下載 |
| 26 | http://www.irf.com/indexsw.html | 提供各種車用IC開發技術與產品 | 免費閱讀、下載 |
| 27 | http://www.autotap.com/technical_library.asp | 關於汽車上常見故障的討論 | 免費閱讀、下載 |
| 28 | http://www.autotap.com/ | 1. 分享汽車維修技術與經驗<br>2. 提供最新汽車檢修診斷電子設備資訊 | 免費閱讀、下載 |
| 29 | http://www.freescale.com/webapp/sps/site/prod_summary.jsp? code=68HC908RK2&nodeId=01M98634 | 介紹CAN_BUS用68Hc系列晶片 | 免費閱讀、下載 |
| 30 | http://www.lin-subbus.org/ | 提供關於LIN協定、內涵 | 免費閱讀、下載 |
| 31 | http://www.can.bosch.com/content/ | 提供關於CAN協定、內涵 | 免費閱讀、下載 |
| 32 | http://www.icm.com.tw/ | 1. 以勤汽車中文資訊網站<br>2. 提供歐美日各車系線路、元件圖<br>3. 開放技術交流園地 | 1. 部份資訊免費<br>2. 會員制（可申請） |
| 33 | http://www.autoth.com/ | 1. 中文汽車技術網<br>2. 目前台灣最大的汽車網站部落<br>3.提供各種車輛相關資訊 | 免費閱讀、下載 |
| 34 | http://www.motorchina.com/ | 1. 中國〝汽車維修與保養〞雜誌<br>2. 提供汽車維修、保養技術研討<br>3. 可查閱中國汽車市場現況 | 1. 免費閱讀、下載<br>2. 圖片有版權 |

國家圖書館出版品預行編目資料

現代汽車電子學 / 高義軍編著. -- 三版. --
新北市：全華圖書，2011.03
面 ； 公分
ISBN 978-957-21-8045-7(平裝)
1. CST:汽車電學
447.1 100004751

# 現代汽車電子學

作者／高義軍
發行人／陳本源
執行編輯／蔣德亮
出版者／全華圖書股份有限公司
郵政帳號／0100836-1 號
印刷者／宏懋打字印刷股份有限公司
圖書編號／0395002
三版九刷／2022 年 09 月
定價／新台幣 680 元
ISBN／978-957-21-8045-7 (平裝)
全華圖書／www.chwa.com.tw
全華網路書店 Open Tech／www.opentech.com.tw
若您對本書有任何問題，歡迎來信指導 book@chwa.com.tw

**臺北總公司(北區營業處)**
地址：23671 新北市土城區忠義路 21 號
電話：(02) 2262-5666
傳真：(02) 6637-3695、6637-3696

**南區營業處**
地址：80769 高雄市三民區應安街 12 號
電話：(07) 381-1377
傳真：(07) 862-5562

**中區營業處**
地址：40256 臺中市南區樹義一巷 26 號
電話：(04) 2261-8485
傳真：(04) 3600-9806(高中職)
(04) 3601-8600(大專)

(請由此線剪下)

# 歡迎加入 全華會員

## ● 會員獨享

會員享購書折扣、紅利積點、生日禮金、不定期優惠活動…等。

## ● 如何加入會員

掃 QRcode 或填妥讀者回函卡直接傳真（02）2262-0900 或寄回，將由專人協助登入會員資料，待收到 E-MAIL 通知後即可成為會員。

# 如何購買 全華書籍

## 1. 網路購書

全華網路書店「http://www.opentech.com.tw」，加入會員購書更便利，並享有紅利積點回饋等各式優惠。

## 2. 實體門市

歡迎至全華門市（新北市土城區忠義路 21 號）或各大書局選購。

## 3. 來電訂購

(1) 訂購專線：(02) 2262-5666 轉 321-324
(2) 傳真專線：(02) 6637-3696
(3) 郵局劃撥（帳號：0100836-1　戶名：全華圖書股份有限公司）
※ 購書未滿 990 元者，酌收運費 80 元。

全華網路書店 www.opentech.com.tw
E-mail: service@chwa.com.tw

※ 本會員制如有變更則以最新修訂制度為準，造成不便請見諒。

廣　告　回　信
板橋郵局登記證
板橋廣字第540號

行銷企劃部　收

23671
新北市土城區忠義路21號
全華圖書股份有限公司

（請由此線剪下）

# 讀者回函卡

填寫日期：　/　/

姓名：＿＿＿＿　生日：西元＿＿年＿＿月＿＿日　性別：□男 □女

電話：（　）＿＿＿＿　傳真：（　）＿＿＿＿　手機：＿＿＿＿

e-mail：（必填）＿＿＿＿

註：數字零，請用 Φ 表示，數字 1 與英文 L 請另註明並書寫端正，謝謝。

通訊處：□□□□□＿＿＿＿

學歷：□博士　□碩士　□大學　□專科　□高中・職

職業：□工程師　□教師　□學生　□軍・公　□其他

學校／公司：＿＿＿＿　科系／部門：＿＿＿＿

・需求書類：

□ A. 電子 □ B. 電機 □ C. 計算機工程 □ D. 資訊 □ E. 機械 □ F. 汽車 □ I. 工管 □ J. 土木

□ K. 化工 □ L. 設計 □ M. 商管 □ N. 日文 □ O. 美容 □ P. 休閒 □ Q. 餐飲 □ B. 其他

・本次購買圖書為：＿＿＿＿　書號：＿＿＿＿

・您對本書的評價：

封面設計：□非常滿意　□滿意　□尚可　□需改善，請說明＿＿＿＿

內容表達：□非常滿意　□滿意　□尚可　□需改善，請說明＿＿＿＿

版面編排：□非常滿意　□滿意　□尚可　□需改善，請說明＿＿＿＿

印刷品質：□非常滿意　□滿意　□尚可　□需改善，請說明＿＿＿＿

書籍定價：□非常滿意　□滿意　□尚可　□需改善，請說明＿＿＿＿

整體評價：請說明＿＿＿＿

・您在何處購買本書？

□書局　□網路書店　□書展　□團購　□其他＿＿＿＿

・您購買本書的原因？（可複選）

□個人需要　□幫公司採購　□親友推薦　□老師指定之課本　□其他＿＿＿＿

・您希望全華以何種方式提供出版訊息及特惠活動？

□電子報　□ DM　□廣告（媒體名稱＿＿＿＿）

・您是否上過全華網路書店？（www.opentech.com.tw）

□是　□否　您的建議＿＿＿＿

・您希望全華出版那方面書籍？＿＿＿＿

・您希望全華加強那些服務？＿＿＿＿

～感謝您提供寶貴意見，全華將秉持服務的熱忱，出版更多好書，以饗讀者。

全華網路書店 http://www.opentech.com.tw　　客服信箱 service@chwa.com.tw

2011.03 修訂

親愛的讀者：

感謝您對全華圖書的支持與愛護，雖然我們很慎重的處理每一本書，但恐仍有疏漏之處，若您發現本書有任何錯誤，請填寫於勘誤表內寄回，我們將於再版時修正，您的批評與指教是我們進步的原動力，謝謝！

全華圖書　敬上

## 勘誤表

| 書號 | | 書名 | | 作者 | |
|---|---|---|---|---|---|
| 頁數 | 行數 | 錯誤或不當之詞句 | | 建議修改之詞句 | |
| | | | | | |
| | | | | | |
| | | | | | |
| | | | | | |
| | | | | | |
| | | | | | |
| | | | | | |
| | | | | | |
| | | | | | |

我有話要說：（其它之批評與建議，如封面、編排、內容、印刷品質等・・・）